现代混凝土实用技术丛书

现代混凝土配合比设计手册

（第二版）

张应立　主　编
杨柏科　周玉华　副主编

人民交通出版社

内 容 提 要

本书在扼要阐述混凝土配合比设计的基本原则与原理的基础上，详细地介绍了国内外普通混凝土、特种材料混凝土、特种性能混凝土、特种施工方法混凝土、掺外加剂混凝土、沥青混凝土等100多种混凝土的原材料技术要求、配合比设计方法、步骤及设计实例。本书具有**混凝土配合比设计百科全书**的功能。

本书对从事混凝土配合比设计、混凝土施工的工程技术人员具有比较实用的参考价值，同时亦可供混凝土科研人员、大专院校师生及混凝土结构设计人员参考使用。

图书在版编目(CIP)数据

现代混凝土配合比设计手册/张应立主编. —2版. —北京:人民交通出版社,2013.5

ISBN 978-7-114-10048-2

Ⅰ.①现… Ⅱ.①张… Ⅲ.①混凝土—配合比设计—手册 Ⅳ.①TU528.01-62

中国版本图书馆CIP数据核字(2012)第201973号

现代混凝土实用技术丛书

书 名: 现代混凝土配合比设计手册（第二版）
著 作 者: 张应立 杨柏科 周玉华
责任编辑: 曲 乐 李 喆
出版发行: 人民交通出版社股份有限公司
地 址: （100011）北京市朝阳区安定门外外馆斜街3号
网 址: http://www.ccpress.com.cn
销售电话: （010）59757973
总 经 销: 人民交通出版社股份有限公司发行部
经 销: 各地新华书店
印 刷: 北京市密东印刷有限公司
开 本: 787×1092 1/16
印 张: 58.75
字 数: 1480千
版 次: 2002年11月 第1版
2013年5月 第2版
印 次: 2015年3月 第2版 第2次印刷
书 号: ISBN 978-7-114-10048-2
定 价: 138.00元
（有印刷、装订质量问题的图书由本社负责调换）

第二版前言

《现代混凝土配合比设计手册》于2002年出版以来，先后重印六次，深受广大读者欢迎，令作者欣慰的是本手册得到了广大读者的认可，值此第二版出版之际，特向支持、关心本手册的广大读者致以深深的谢意。

随着改革开放的不断深入、国民经济的持续发展和科学技术的迅速发展，建筑行业混凝土技术也得到了相应的发展，诸如对很多混凝土技术标准进行了修订，出现不少新型混凝土配合比设计方法。为适应新形势的需要，在保持本手册原有整体结构、章节编排及突出理论与实践相统一的特色之外，本着吐故纳新、去粗取精的宗旨，对本手册进行修订，力求更为简明实用，以满足广大读者的需要。

本手册此次修订的主要内容是：删除水泥、砂石集料、拌和用水及粉煤灰等掺和料技术标准，一律采用现行的国家和行业新标准；剔除一些较为陈旧的混凝土配合比设计内容，增加了耐热混凝土、耐海水混凝土、导电混凝土、防爆混凝土、抗冻混凝土、大体积混凝土、自密实混凝土、商品混凝土、绿化混凝土、小砌块混凝土、粉煤灰轻集料混凝土、城市步行道路混凝土（透水性混凝土）配合比设计及水工砂浆配合比设计等内容；充实完善了轻集料混凝土、粉煤灰混凝土、高强混凝土、高性能混凝土、泡沫混凝土、防水抗渗混凝土，喷射混凝土、离心混凝土及水下不分散混凝土等配合设计及参考配合比；对第一版错漏之处进行了纠正及补充，使之至臻完善，从而进一步增强了本手册的科学性、系统性与实用性，相信会受到广大读者的欢迎，成为广大读者的良师益友。

本手册由张应立主编，杨伯科、周玉华副主编，参加编写的还有张峥、吴兴惠、周玉良、周玥、刘军、耿敏、周琳、程世明、杨再书、张莉、吴兴莉、李家祥、梁润琴、邓尔登、唐猛、王丹、王正常、谢美、贾晓娟、陈洁、张军国、毕韬、王登霞、连杰、杨雪梅、陈明德、张举素、张应才、唐松惠、王正荣、张举容、王杰、李祥云、侯勇、程力、钱璐、薛安梅、徐婷、黄月圆、李守银、王海、陆彩娟、方汪键、郭会文、王杰、王美玲、智日宝、王威振、车宣雨。全书由张梅（高级工程师）、申爱琴（教授）审定。在编写与修订过程中，曾得到中国建筑业混凝土协会、贵州路桥工程有限公司领导、专家的大力支持与帮助，值此本书第二版出版之际，特向各位领导、专家、审稿者和引用文献的原著者表示由衷感谢！

由于作者水平有限，加之时间仓促，书中难免存在缺点和不足，敬请专家和广大读者不吝批评指正，谢谢！

作　者
2013年1月

前　言

混凝土是现代主要建筑材料之一,也是目前世界上生产量最大的人造材料。据统计,20世纪60年代全世界混凝土的平均用量不到20亿吨,70年代已超过30亿吨,到80年代已达50亿~60亿吨,而90年代则达80亿吨,到2000年估计可达100亿吨,每年每人平均消耗量约1.54t,这是任何其他材料难以比拟的。混凝土将成为21世纪用量最大、用途最广的建筑材料已是人们的共识。其原因是混凝土具有原材料丰富易得,施工简便,可浇筑成各种形状,能适应各种使用环境,配制成所需强度,具有耐久、防渗、保温、耐火、耐蚀、防射线、节约能耗、减少环境污染、成本较低等特点。混凝土工程不仅可以创造良好的居住环境,而且还可利用结构群体构成现代化城市优美的风貌。

在现代土建工程中的铁路与公路的隧道、大桥，水利水电的大坝、电站，河道整治中的河堤、河坝，工业与民用建筑等各项工程中，混凝土对整个工程的质量和成本影响，起着举足轻重的作用。然而，在影响工程质量与成本的诸多因素中，配合比设计乃是成败的关键，对于那些经验还不丰富的混凝土配合比设计人员来说，选准一套适当的配合比方案，是至关重要的。

随着科学技术的发展和建筑结构形式与造型的多样化,各种混凝土层出不穷,品种繁多,且在日新月异地发展。新型混凝土有其特殊的性能和施工方法,适合于某些特殊领域,有些已在国内外得到广泛应用。为适应我国经济建设的需要,更好地满足社会各界对混凝土越来越高的要求,以适应各种混凝土对于不同品种的原材料、不同技术性能的要求,提供在不同生产工艺、设备及质量管理条件下的混凝土配合比设计的思路和方法,作者广泛收集国内外资料,历时十余年,几易其稿,编写了《现代混凝土配合比设计手册》。

编写本书的宗旨是:将广大混凝土工作者的生产实践经验和科研成果,以及国内外的先进技术归纳整理,以飨广大读者。

本书从实用出发,坚持理论联系实际的原则。因此,在分别介绍了国内外100多种混凝土配合比的设计原理、方法、步骤的同时,详细介绍了每种混凝土配合比设计实例。

书中所使用的标准是现行标准,如有新标准出台,请按新标准使用。

本书通俗易懂,文字流畅,深入浅出,图文并茂,具有配合比设计百科全书之功能,无论遇到哪种混凝土需要进行配合比设计时,便可以从容不迫地在此手册中寻找到满意的答案。因此,此手册对从事混凝土工程的技术人员具有指导性作用和实用价值。

本书由张应立主编，杨柏科、申爱琴副主编。参加编写和提供资料的还有周玉华、张福、赵朋志、苏知咸、张梅等。在编写过程中，曾得到中国建筑业混凝土协会专家们的指导、帮助和铁道部都匀桥梁厂领导的大力支持，全书由高级工程师陈功审定。桥梁厂等单位的技术图书室为本书提供了不少宝贵资料，书中还引用了一些作者的著作、文献、资料。值此本书出版之际，特向关心和支持本书的各位领导、专家、审定人及引用文献的原编著者，表示由衷感谢。

由于这部书涉及面广，内容较多，作者知识有限，实践经验不足，如有错误不妥之处，敬请专家们和广大读者不吝批评指教，谢谢！

作　者
2002 年 4 月

符号使用说明

$f_{cu,0}$——混凝土配制强度(MPa)

$f_{cu,k}$——混凝土立方体抗压强度标准值(MPa)

f_{ce}——水泥 28d 抗压强度实测值(MPa)

$f_{ce,g}$——水泥强度等级值(MPa)

m_{wa}——掺外加剂时每 $1m^3$ 混凝土中的用水量(kg)

m_{c0}——基准配合比混凝土每 $1m^3$ 的水泥用量(kg)

m_{g0}——基准配合比混凝土每 $1m^3$ 的粗集料用量(kg)

m_{s0}——基准配合比混凝土每 $1m^3$ 的细集料用量(kg)

m_{w0}——基准配合比混凝土每 $1m^3$ 的用水量(kg)

m_c——每 $1m^3$ 混凝土的水泥用量(kg)

m_g——每 $1m^3$ 混凝土的粗集料用量(kg)

m_s——每 $1m^3$ 混凝土的细集料用量(kg)

m_w——每 $1m^3$ 混凝土的用水量(kg)

m_{cp}——每 $1m^3$ 混凝土拌和物的假定质量(kg)

γ_c——水泥强度等级值的富余系数

β——外加剂的减水率(%)

β_s——砂率(%)

ρ_c——水泥密度(kg/m^3)

ρ_g——粗集料的表观密度(kg/m^3)

ρ_s——细集料的表观密度(kg/m^3)

ρ_w——水的密度(kg/m^3)

α——混凝土的含气量百分数(%)

$\rho_{c,t}$——混凝土表观密度实测值(kg/m^3)

$\rho_{c,c}$——混凝土表观密度计算值(kg/m^3)

δ——混凝土配合比校正系数

P_g——石子的空隙率(%)

V_s——砂子体积(m^3)

V_g——石子体积(m^3)

M_k——砂子细度模数

P_s——砂子的空隙率(%)

V_{sg}——砂石混合集料总体积(m^3)

m_{sg}——砂石混合集料总质量(kg)

w_s——砂子的含水率(%)

w_g——石子的含水率(%)

ρ_{sg}——混合集料加权平均密度(kg/m^3)

w_{sg}——混合集料含水率(%)

m_{F0}——粉煤灰混凝土粉煤灰用量(kg)

ρ_A——混合集料表观密度(kg/m^3)

ρ'_A——混合集料视密度(kg/m^3)

K_a——混凝土含水量(%)

K_b——减水系数

σ——混凝土强度的标准差(MPa)

C_v——混凝土强度的离差系数

ρ'_g——粗集料视密度(g/cm^3)

ρ'_s——细集料视密度(g/cm^3)

f_2——砂浆抗压强度平均值(MPa)

$f_{m,0}$——砂浆试配强度(MPa)

其余符号含义详见书中所注。

目　录

第一章　混凝土配合比设计的基本原则与原理

混凝土配合比设计，其过程包括两个相关的步骤：①选择混凝土的适宜组分（水泥、集料、水及外加剂）；②求出它们的相应数量（配合比），使之尽可能经济地配制出工作性、强度和耐久性合适的混凝土。这些比例将随混凝土所用的具体组分而定，而组分本身又取决于其用途。也可以考虑其他指标，诸如为了使收缩率和徐变趋于最小值，或为了周围特别的化学介质而设计。然而，尽管在配合比设计的理论方面已经做了大量的工作，但它仍停留在经验方法上。而且，虽然许多混凝土性质是重要的，但大多数设计方法主要是以某一指定的工作性和龄期时达到规定的抗压强度为基准。这是假设如果达到规定抗压强度，则其他性质（如抗冻融性等）也将得到满足。

第一节　混凝土配合比设计的基本原则

混凝土配合比设计就是根据工程要求、结构形式和施工条件来确定混凝土的组分，即水泥、集料、水及外加剂的配合比例。

一、配合比设计的基本参数

(1)混凝土的强度要求——强度等级。

(2)所设计混凝土的稠度要求——坍落度或维勃稠度值。

(3)所使用的水泥品种、强度等级及其质量水平，即水泥强度等级值的富余系数 γ_c。

(4)粗细集料的品种、最大粒径、细度以及级配情况。

(5)可能掺用的外加剂或掺和料。

(6)除强度及稠度以外的其他性能要求。

二、配合比设计的基本原则

配合比设计的基本原则，就是按所采用的材料定出既能满足工作性、强度及耐久性和其他要求且又经济合理的混凝土各组成部分的用量比例。

1. 工作性

一个设计适当的配合比，必须易于浇筑并用现有设备能完全捣实，易修饰性必须得到满足，离析和泌水应降至最小，原则上应是供应工作性满足要求而又便于浇筑的混凝土。有关工作性的需水量，主要取决于集料的特性而不是水泥的特性。如果工程需要，应当以增加砂浆用量重新设计配合比来改善工作性，而不是单纯地用更多的水或更多的细集料来改善工作性。因此，为了获得良好的混凝土拌和料，配合比设计者与工程承包者之间的合作是必不可少的。

2. 强度及耐久性

一般来说，各种混凝土规范要求一个最小抗压强度。这些规范还包括允许水灰比和最小水泥用量等的限制，保证这些要求不相互矛盾是很重要的。在实际工作中，28d 强度未必最重要，可以用其他龄期强度控制设计。

规范还可能要求混凝土满足某些耐久性要求，例如抗冻融性或化学侵蚀性。考虑这些要求，可以对水灰比或水泥用量作进一步的限制，此外还可以要求使用外加剂。

因此，配合比设计的步骤，应包括令人满意地解决上述所有的要求。因为这些要求不能同时使之最佳，所以有必要采用某些折中办法（如在强度与工作性之间）。必须记住的是，除非采用正确的浇筑、抹面和养护，否则即使是一个“完善的”配合比也不能正确地实现。

3. 经济性

混凝土的成本是由材料、人工和设备费用所构成。但是，除某些特种混凝土外，人工及设备费大都与所生产混凝土的种类和性质无关。因此，在确定不同配合比设计的相对费用中，材料费是非常重要的。因为水泥比集料昂贵得多，将水泥用量减至最低是降低混凝土造价唯一的最重要因素。一般来说，为达到降低水泥用量的目的，可采用有可能充分浇筑密实的最小坍落度，或采用切实可行的集料最大粒径，或采用最佳含砂率，并且当工程需要时，更可使用适当的外加剂。应该注意到，除成本外，使用低水泥用量还可使收缩率降低，并且使水化热较小。但是，如果水泥用量太低，则将减弱混凝土的早期强度，并使混凝土的均匀性处于更不利的条件。

具体配合比设计的经济性，还应与施工工地所要求的质量控制等级有关。但由于混凝土固有的变异性，混凝土平均强度必须大于规定的最低抗压强度。至少在小工地上，“超标准”设计的混凝土比经济效率较高但要严格控制质量的混凝土更为便宜。

第二节　混凝土配合比设计的基本原理

混凝土配合比设计的基本原理是建立在混凝土和混凝土混合料的性能变化规律的基础上的。如普通混凝土的配合比有四个基本变量：水泥、水、细集料和粗集料，可分别用 C、W、X 和 Y 表示单位体积混凝土的用量，配合比设计就是要确定这四个基本变量。为此，必须建立起四个表示各未知数之间相互关系的方程。这些方程体现出混凝土和混凝土混合料性能的变化规律。

一、确定用水量的方程——需水性定则

这个定则表示在实际应用的情况下，混凝土混合料的流动性与用水量之间的依赖关系。在不同的配合比设计方法中，都直接或间接地采用了这个基本定则。混凝土每 $1m^3$ 的用水量可用式(1-1)计算，也可查表选用。

$$m_{w0} = \frac{10}{3}(T + k) \tag{1-1}$$

式中：T——坍落度(cm)；

k——集料常数。

二、确定水灰比和水泥用量的方程——水灰比定则

水灰比定则阐明水和水泥的质量比与混凝土抗压强度之间的依赖关系。利用这个定则，就可以根据混凝土配制强度确定水灰比。

混凝土的强度与水灰比在0.4～0.84近似地呈线性关系，其一般的表达式为：

$$\frac{W}{C}=\frac{\alpha_a f_{ce}}{f_{cu,0}+\alpha_a\alpha_b f_{ce}} \tag{1-2}$$

式中：$\frac{W}{C}$——水灰比；

$f_{cu,0}$——配制强度(MPa)；

α_a、α_b——回归系数；

f_{ce}——水泥的实测强度(MPa)，计算公式为：

$$f_{ce}=\gamma_c f_{ce,g}$$

其中$f_{ce,g}$——水泥28d抗压强度等级值(MPa)，

γ_c——水泥强度等级富余系数，按1.00～1.13取值。

在当地缺乏配合比实际资料的情况下，回归系数可按表1-1采用。

回归系数 α_a、α_b 选用表 表1-1

系数 \ 石子品种	碎石	卵石
α_a	0.46	0.48
α_b	0.07	0.33

知道了$\frac{W}{C}$及m_{w0}后，即可按式(1-3)求得水泥用量m_{c0}：

$$m_{c0}=\frac{m_{w0}}{\left(\frac{W}{C}\right)} \tag{1-3}$$

三、确定集料总用量的方程——绝对体积法和假定质量法的假设

利用以上两个定则算出单位体积混凝土的用水量和水泥用量后，即可应用绝对体积法或假定质量法算出单位体积混凝土中的集料总用量(绝对体积或质量)。

1.绝对体积法(又称体积法)

这个方法是假设混凝土组成材料绝对体积的总和等于混凝土的体积，因而得下列方程：

$$\frac{m_{c0}}{\rho_c}+\frac{m_{s0}}{\rho_s}+\frac{m_{g0}}{\rho_g}+\frac{m_{w0}}{\rho_w}+10\alpha=1\,000 \tag{1-4}$$

$$\beta_s=\frac{m_{s0}}{m_{s0}+m_{g0}}\times 100\%$$

式中：m_{c0}、m_{s0}、m_{g0}、m_{w0}——分别为每1m^3混凝土中水泥、砂、石、水的用量(kg/m^3)；

ρ_c、ρ_w、ρ_s、ρ_g——分别为水泥、水的密度，砂、石的视密度(单位g/cm^3，计算时换算成kg/m^3)，ρ_c可取2.9～3.1，$\rho_w=1.0$；

1 000——指1m^3的体积为1 000L；

α——混凝土的含气量百分数(%)，在不使用引气型外加剂时，α取为1；

β_s——砂率(%)。

2.假定质量法(又称质量法)

这种方法是假定混凝土混合物湿表观密度(又称计算湿表观密度)为已知，因而，可求出

单位体积混凝土的集料总用量(质量)。

当采用质量法时,应按式(1-5)计算:

$$m_{c0}+m_{g0}+m_{s0}+m_{w0}=m_{cp} \tag{1-5}$$

式中:m_{cp}——每 $1m^3$ 混凝土拌和物的假定质量(kg),其值可取 2 360 ~ 2 450。

四、确定粗细集料比例的方程——颗粒级配问题

在建立第四个依赖关系上,即在处理颗粒级配的问题上,各种配合比计算方法有着不同的特点。

(1)最佳含砂率,即在保证混凝土强度与和易性要求的情况下用水量或水泥用量为最小时的含砂率 β_s:

$$\beta_s=\frac{m_{s0}}{m_{s0}+m_{g0}}\times 100\% \tag{1-6}$$

因此,处理颗粒级配的问题也是确定最佳含砂率的问题。影响最佳含砂率的因素包括如下内容。

①最大粒径:随着最大粒径的增大,含砂率减小。

②粗集料品种:碎石混凝土的含砂率较卵石混凝土的大。

③细集料的粗细程度:用细砂时的含砂率较用粗砂时的小。

④水泥用量:随着水泥用量的增大,含砂率减小。

(2)美国混凝土协会根据下述规律建立第四个依赖关系:在单位体积混凝土中按捣实体积计的粗集料最佳用量,取决于粗集料最大粒径和细集料的细度模数,而与粗集料的形状无关。

为了便于使用,根据美国混凝土协会配合比设计资料,第四个依赖关系可简化为式(1-7):

$$m_{g0}=\left[V_y+\frac{1}{10}(2.80-M_k)\right]\times 1\,000\rho_g(\mathrm{kg}) \tag{1-7}$$

式中:ρ_g——在干燥捣实状态下,粗集料的表观密度(kg/L);

M_k——细集料的细度模数;

V_y——$M_k=2.80$ 时单位体积混凝土粗集料的最佳用量,按捣实体积计,V_y 可根据最大粒径按表 1-2 选择。

V_y 选择表 表 1-2

最大粒径(mm)	10	20	40	80
V_y	0.42	0.61	0.72	0.80

显然,这个规律直接或间接地包含了上述所有影响最佳含砂率的因素。在水灰比和用水量为一定的情况下,水泥用量和集料的总量不变,m_{g0} 随着 M_k 的增大而减少,这表示含砂率随着 M_k 的增大而增大。同时,粒形对粗集料空隙率的影响,已体现在同一集料最佳用量内,卵石的空隙率较碎石小,所以同一最佳用量的含砂率也小。在用水量为一定的情况下,水泥用量随着水灰比的增大而减少,水和水泥的绝对体积总和也减小。因此,集料绝对体积的总和增大,则在 m_{g0} 不变的情况下,含砂率增大。在水灰比为一定的情况下,根据需水性定则,用水量将随着最大粒径的增大而减少。因此,水和水泥绝对体积的总和也减小,集料的总量则增大;另一方面,最大粒径增大,含砂率则减小,所以 V_y 随着最大粒径的增大而有着较大幅度的增加。

(3)前苏联计算方法的特点是采用砂浆拨开系数,该法认为:在混凝土混合料中砂浆的体

积应较粗集料的空隙体积大。

前苏联建议计算每 1m^3 混凝土中粗集料用量的公式为：

$$m_{g0}=\frac{1\ 000}{\frac{P_g}{\rho_g}+\frac{1}{\rho_g'}+\alpha} \tag{1-8}$$

式中：m_{g0}——每 1m^3 混凝土中粗集料含量(kg/m^3)；

P_g——粗集料空隙率(%)；

ρ_g——粗集料表观密度(kg/m^3)；

ρ_g'——粗集料视密度(kg/m^3)；

α——砂浆拨开系数。

P_g、ρ_g 及 ρ_g'均可对具体采用的集料经试验测得，α 可由表 1-3 查得。

砂浆拨开系数表

表 1-3

混凝土混合料种类	每 1m^3 混凝土水泥用量(kg)	α	
		碎　石	卵　石
塑 性 的	200	1.25	1.30
	250	1.30	1.37
	300	1.35	1.42
	350	1.42	1.50
	400	1.47	1.57
干硬性的	不限	1.05 ~ 1.10	1.05 ~ 1.10

(4)美国和前苏联的方法，均直接采用了水灰比定则和需水性定则及绝对体积法，但在处理颗粒级配问题上则不同，各有特点。英国的方法在直接采用水灰比定则和绝对体积法上是与美国和前苏联相同的，但在采用需水性定则和处理颗粒级配问题上则不同。英国方法的特点是，采用了集灰比，即集料与水泥的质量比。混凝土混合料的和易性按密实因数分为四个等级。最大粒径为 10mm、20mm 和 40mm 的集料级配曲线按粗细程度分为四种标准类型。根据表格，按和易性等级、集料级配曲线标准类型和水灰比，选择集灰比。根据粗集料和细集料的筛分结果，确定细集料与粗集料的比例，使其与某一标准集料级配曲线相似，这样，就得到$\frac{m_{s0}}{m_{g0}}$的质量比。

在水灰比、集灰比和粗细集料比选定后，应用绝对体积法即可算出各基本组成材料的配合比。

由此可见，集灰比实际上是需水性定则和颗粒级配的综合反映。按照美国和前苏联的方法，在水灰比和用水量确定后，集灰比实际也已确定。因此，三种方法的不同点，还是体现在如何正确处理颗粒级配的问题上。严格地讲，颗粒级配应包含所有固体粒子的级配，即包含水泥和集料的级配，它们对混凝土拌和物的和易性，都会有或多或少的影响。但是，这种严格的精密性在实际应用的误差范围内不能完全体现出来。在实际应用中，不考虑水泥的级配问题，而只考虑单位体积混凝土的水泥用量对和易性的影响。用级配曲线或表格分别规定粗集料和细集料的级配范围，以及规定集料级配范围以确定含砂率，这对配合比设计计算也是合理的，而且使用方便。但必须指出的是，在此情况下含砂率是对混凝土混合料和易性影响的主要因素。

第二章　普通混凝土配合比设计

普通混凝土是指由水泥、粗细集料（碎石或卵石及硅质砂）加水拌和，经水化硬化而成的一种人造石，主要作为承受荷载的结构材料使用。为了改善混凝土的工艺性能和力学性能，常加入某些适量的外加剂及矿物掺和料。

普通混凝土配合比设计，各国都有比较成熟的方法，本章除介绍一般普通混凝土配合比设计方法外，对单粒级、最经济水泥用量的方法一并加以介绍，以供借鉴参考。

第一节　常见普通混凝土配合比设计

一、原材料技术要求

（一）水泥

水泥属水硬性胶凝材料，在混凝土中主要起胶结作用。

1. 水泥品种

水泥品种极多，按大类分为通用水泥、特种水泥和专用水泥三类。土建工程常用的为通用水泥，主要品种有表2-1所列的五种。

土建工程常用五种水泥的组成　　表2-1

名　称	简　称	主要组成
硅酸盐水泥	硅酸盐水泥	由硅酸盐熟料0~5%石灰石或粒化高炉矿渣、加适量石膏磨细而成
普通硅酸盐水泥	普通水泥	以硅酸盐熟料为主，加适量混合材及石膏磨细而成；所掺材料不能大于下列数值（按水泥质量计）：活性混合材15%，非活性混合材10%
矿渣硅酸盐水泥	矿渣水泥	以硅酸盐熟料为主，加入不大于水泥质量的20%~70%的粒化高炉矿渣及适量石膏磨细而成
火山灰硅酸盐水泥	火山灰水泥	以硅酸盐熟料为主，加入不大于水泥质量的20%~50%的火山灰混合料及适量石膏磨细而成
粉煤灰硅酸盐水泥	粉煤灰水泥	以硅酸盐熟料为主，加入不大于水泥质量的20%~40%的粉煤灰及适量石膏磨细而成

2. 水泥强度及品质指标

水泥强度指标列于表2-2，除按28d强度确定水泥等级外，3d的强度也应满足表2-2的要求。除强度指标外的其他指标列于表2-3。

土建工程常用五种水泥的强度指标（GB 175—2007） 表2-2

品种	强度等级	抗压强度（MPa）		抗折强度（MPa）	
		3d	28d	3d	28d
硅酸盐水泥	42.5	≥17.0	≥42.5	≥3.5	≥6.5
	42.5R	≥22.0		≥4.0	
	52.5	≥23.0	≥52.5	≥4.0	≥7.0
	52.5R	≥27.0		≥5.0	
	62.5	≥28.0	≥62.5	≥5.0	≥8.0
	62.5R	≥32.0		≥5.5	
普通硅酸盐水泥	42.5	≥17.0	≥42.5	≥3.5	≥6.5
	42.5R	≥22.0		≥4.0	
	52.5	≥23.0	≥52.5	≥4.0	≥7.0
	52.5R	≥27.0		≥5.0	
矿渣硅酸盐水泥、火山灰硅酸盐水泥、粉煤灰硅酸盐水泥	32.5	≥10.0	≥32.5	≥2.5	≥5.5
	32.5R	≥15.0		≥3.5	
	42.5	≥15.0	≥42.5	≥3.5	≥6.5
	42.5R	≥19.0		≥4.0	
	52.5	≥21.0	≥52.5	≥4.0	≥7.0
	52.5R	≥23.0		≥4.5	

土建工程常用五种水泥的品质指标 表2-3

序号	项目	品质指标
1	氧化镁	熟料中氧化镁的含量不得超过5%，如水泥经蒸压安定性试验合格，则允许放宽到6%
2	三氧化硫	水泥中三氧化硫的含量不得超过3.5%，但矿渣硅酸盐水泥不得超过4%
3	烧失量	Ⅰ型硅酸盐水泥不大于3%，Ⅱ型硅酸盐水泥不大于3.5%，普通水泥不大于5%
4	细度	硅酸盐水泥比表面积大于300m^2/kg，普通水泥80μm方孔筛筛余不得超过10%
5	凝结时间	初凝不得早于45min，终凝硅酸盐水泥不得迟于6.5h，普通水泥不得迟于10h
6	安定性	用沸煮法检验，必须合格
7	不溶物	Ⅰ型硅酸盐水泥不超过0.75%；Ⅱ型硅酸盐水泥不超过1.5%

3. 水泥的特性及对水泥的选用

五种常用水泥的特性列于表2-4。根据工程特点及施工环境选用水泥时可参照表2-5。

五种常用水泥的特性　表 2-4

项目		硅酸盐水泥	普通硅酸盐水泥	矿渣硅酸盐水泥	火山灰硅酸盐水泥	粉煤灰硅酸盐水泥
密度(g/cm^3)		3.0~3.15	3.0~3.15	2.9~3.1	2.8~3.0	2.8~3.0
特性	硬化	快		慢	慢	慢
	早期强度	高	高	低	低	低
	水化热	高	高	低	低	低
	抗冻性	好	好	较差	较差	较差
	耐热性	较差	较差	好	较差	较差
	干缩性			较大	较大	较小
	抗水性			较好	较好	较好
	耐硫酸盐类化学侵蚀性			较好	较好	较好

五种常用水泥的选用　表 2-5

项目		硅酸盐水泥	普通硅酸盐水泥	矿渣硅酸盐水泥	火山灰硅酸盐水泥	粉煤灰硅酸盐水泥
环境条件	在普通气候环境中的混凝土		✓✓	✓	✓	✓
	在干燥环境下的混凝土		✓✓	✓	×	×
	在高湿度环境中,或永远处在水下的混凝土			✓✓	✓	✓
	在严寒地区的露天混凝土、寒冷地区的经常处在水位升降范围内的混凝土		✓✓	✓	×	×
	严寒地区处在水位升降范围内的混凝土(水泥强度≥42.5MPa)		✓✓	×	×	×
工程特点	厚大体积的混凝土			✓✓	✓✓	✓✓
	要求快硬的混凝土	✓✓	✓	×	×	×
	C40 以上的混凝土	✓✓	✓	✓	×	×
	有抗渗要求的混凝土		✓✓	✓	✓✓	✓
	有耐磨性要求的混凝土	✓✓	✓✓	✓	×	×

注:1. 符号意义:✓✓优先选用,✓可以选用,×不得选用。

2. 受侵蚀性环境水或侵蚀性气体作用的混凝土,应根据侵蚀性介质的种类、浓度等具体条件,按专门(或设计)规定选用。

3. 蒸气养护用的水泥品种,宜根据具体条件通过试验确定。

4. 寒冷地区、严寒地区的区分,请参阅有关资料使用。

4. 水泥强度等级选择

水泥强度等级选择,应与混凝土的设计强度相适应。根据生产实践经验得出以下结论:

(1)配制高强度混凝土时,应采用高强度水泥;配制低强度混凝土时,最好采用低强度等级水泥。一般情况下,以水泥强度为混凝土强度的1.5~2.0倍为宜。

(2)配制高强度混凝土(30MPa以上的混凝土)时,水泥强度等级可降低为混凝土强度等级的0.9~1.5倍。

(3)用高强度等级水泥配低强度混凝土时,由于水泥强度等级高会使每1m³混凝土的水泥用量偏少,影响和易性及密实度,所以必须用高强度等级水泥配低强度混凝土时,应掺入一定数量的混合材料。

(4)用低强度等级水泥配制高强度混凝土时,即使掺用减水剂,也会使每1m³混凝土中水泥用量过多,影响混凝土其他技术性质。

(5)钢筋混凝土和预应力混凝土所采用的水泥强度等级,在一般情况下,应比配制的混凝土强度高10MPa。

(二)集料(JGJ 52—2006)

集料分为细集料及粗集料。粗集料在混凝土中堆聚成紧密的骨架,细集料与水泥混合成为砂浆,填充骨架的空隙。细集料和粗集料在混凝土中起骨架作用,水泥起凝胶作用。

1.细集料

(1)细集料的分类

细集料按其来源或按其细度模数的分类分别列于表2-6。

细集料分类 表2-6

分类法	名称	说明
按来源分	人工砂	包括机制砂、混合砂
	天然砂	包括河砂、湖砂、山砂、淡化海砂
按细度模数分	粗砂	细度模数为3.1~3.7
	中砂	细度模数为2.3~3.0
	细砂	细度模数为1.6~2.2
	特细砂	细度模数为0.7~1.5

(2)砂的颗粒级配

除特细砂外,砂的颗粒级配可按公称直径630μm筛孔的累计筛余量(以质量百分率计,下同),分成三个级配区(表2-7),且砂的颗粒级配应处于表2-7中的某一区内。

砂颗粒级配区 表2-7

公称粒径 \ 累计筛余(%)	级配区		
	Ⅰ区	Ⅱ区	Ⅲ区
5.00mm	**0~10**	**0~10**	**0~10**
2.50mm	5~35	0~25	0~15
1.25mm	35~65	10~50	0~25
630μm	**71~85**	**41~70**	**16~40**
315μm	80~95	70~92	55~85
160μm	90~100	90~100	90~100

砂的实际颗粒级配与表 2-7 中的累计筛余相比，除公称粒径为 5.00mm 和 630μm（表 2-7 黑体所标数值）的累计筛余外，其余公称粒径的累计筛余可稍有超出分界线，但总超出量不应大于 5%。

砂的级配，也可用级配曲线来表示，如图 2-1 所示。

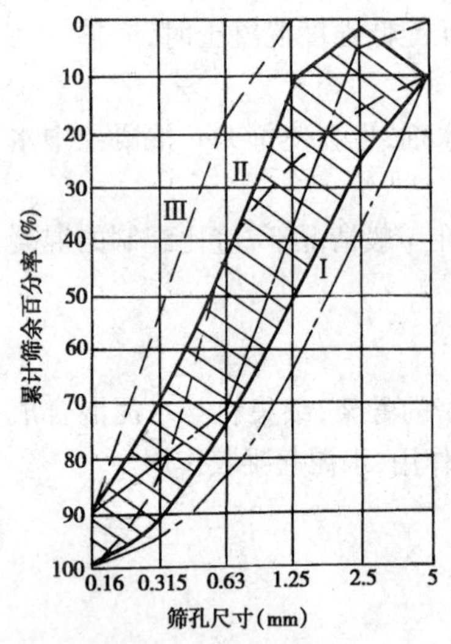

图 2-1　砂的筛分曲线

注：图中点画线为Ⅰ区，细实线为Ⅱ区，虚线为Ⅲ区，斜实线部分为普通混凝土常采用的 2 区中砂级配区范围。

当天然砂的实际颗粒级配不符合要求时，宜采取相应的技术措施，并经试验证明能确保混凝土质量后，方允许使用。

配制混凝土时宜优先选用Ⅱ区砂。当采用Ⅰ区砂时，应提高砂率，并保持足够的水泥用量，满足混凝土的和易性；当采用Ⅲ区砂时，宜适当降低砂率；当采用特细砂时，应符合相应的规定。

配制泵送混凝土，宜选用中砂。

(3) 砂的含泥量

天然砂中含泥量应符合表 2-8 的规定。

对于有抗冻、抗渗或其他特殊要求的小于或等于 C25 混凝土用砂，其含泥量不应大于 3.0%。

(4) 砂的泥块含量

砂中泥块含量应符合表 2-9 的规定。

对于有抗冻、抗渗或其他特殊要求的小于或等于 C25 混凝土用砂，其泥块含量不应大于 1.0%。

(5) 砂的石粉含量

人工砂或混合砂中石粉含量应符合表 2-10 的规定。

天然砂中含泥量　　表 2-8

混凝土强度等级	≥C60	C30～C55	≤C25
含泥量（按质量计，%）	≤2.0	≤3.0	≤5.0

砂中泥块含量　　表 2-9

混凝土强度等级	≥C60	C30～C55	≤C25
泥块含量（按质量计，%）	≤0.5	≤1.0	≤2.0

人工砂或混合砂中石粉含量　　表 2-10

混凝土强度等级		≥C60	C30～C55	≤C25
石粉含量（%）	MB<1.4（合格）	≤5.0	≤7.0	≤10.0
	MB≥1.4（不合格）	≤2.0	≤3.0	≤5.0

(6) 砂的坚固性

①砂的坚固性应采用硫酸钠溶液检验，试样经 5 次循环后，其质量损失应符合表 2-11 的规定。

砂的坚固性指标 表 2-11

混凝土所处的环境条件及其性能要求	5 次循环后的质量损失(%)
在严寒及寒冷地区室外使用并经常处于潮湿或干湿交替状态下的混凝土; 有抗疲劳、耐磨、抗冲击要求的混凝土; 有腐蚀介质作用或经常处于水位变化区的地下结构混凝土	≤8
其他条件下使用的混凝土	≤10

②人工砂的总压碎值指标应小于 30%。

(7)砂的有害物质含量

砂不应混有草根、树叶、树枝、塑料品、煤块、炉渣等杂物。

当砂中含有云母、轻物质、有机物、硫化物及硫酸盐等有害物质时,其含量应符合表 2-12 的规定。

砂中的有害物质含量 表 2-12

项 目	质量要求
云母含量(按质量计,%)	≤2.0
轻物质含量(按质量计,%)	≤1.0
硫化物及硫酸盐含量(折算成 SO_3,按质量计,%)	≤1.0
有机物含量(用比色法试验)	颜色不应深于标准色,当颜色深于标准色时,应按水泥胶砂强度试验方法进行强度对比试验,抗压强度比不应低于 0.95

对于有抗冻、抗渗要求的混凝土用砂,其云母含量不应大于 1.0%。

当砂中含有颗粒状的硫酸盐或硫化物杂质时,应进行专门检验,确认能满足混凝土耐久性要求后,方可采用。

(8)砂的碱集料反应

对于长期处于潮湿环境的重要混凝土结构用砂,应采用砂浆棒法(快速法)或砂浆长度法进行集料的碱活性检验。经上述检验判断为有潜在危害时,应控制混凝土中的碱含量不超过 $3kg/m^3$,或采用能抑制碱—集料反应的有效措施。

(9)砂的氯离子含量

砂中氯离子含量应符合下列规定:

①对于钢筋混凝土用砂,其氯离子含量不得大于 0.06%(以干砂的质量百分率计)。

②对于预应力混凝土用砂,其氯离子含量不得大于 0.02%(以干砂的质量百分率计)。

(10)海砂的贝壳含量

海砂中贝壳含量应符合表 2-13 的规定。

海砂中贝壳含量 表 2-13

混凝土强度等级	≥C40	C30 ~ C35	C15 ~ C25
贝壳含量(按质量计,%)	≤3	≤5	≤8

对于有抗冻、抗渗或其他特殊要求的小于或等于 C25 混凝土用砂,其贝壳含量不应大于 5%。

(11)砂的表观密度、堆积密度、空隙率

砂的表观密度、堆积密度、空隙率应符合如下规定：表观密度大于2 500kg/m^3；松散堆积密度大于350kg/m^3；空隙率小于47%。

2. 粗集料

(1)石子的种类

石子的分类列于表2-14。

石子的种类　　表2-14

分类法	类别	说明
按粒形分	卵石	天然水流冲刷而成
	碎石	人力破碎，针片状少；机械破碎，颚式破碎机破碎的，针片状多
按石质分	火成岩	深成火成岩（花岗岩、正长岩）；喷出火成岩（玄武岩、辉绿岩）
	水成岩	石灰岩、砂岩
	变质岩	片麻岩、石英岩
按级配分	连续级配	
	单粒级配	应根据混凝土工程、资源情况进行技术经济分析后采用；用时应注意避免混凝土离析

卵石表面光滑、多呈圆形，而碎石表面粗糙、多棱角，因此在相同水泥用量的情况下，卵石混凝土混合物的流动性大于碎石，但其与水泥浆的黏结力较碎石差。故同样配合比情况下，卵石混凝土的强度较碎石混凝土的低，配制高强度等级混凝土宜用碎石。常选用致密的花岗岩、玄武岩碎石等作为高强度等级混凝土的粗集料。

(2)石子的颗粒级配

石子级配和砂子级配原理基本相同，各级比例要适当，使集料空隙率及总表面积尽可能小。

石子的级配有两种，即连续粒级与单粒级。

连续粒级是指石子的分级尺寸是互相衔接的，由大到小，一级接一级，每级均占一定数量[图2-2a)]。一般天然河卵石就属于这一类。混凝土混合物的和易性好，不易发生离析现象，且无需进行人工级配的手续，所以在施工中应用较为普遍。

单粒级是指石子的分级尺寸不相衔接，有意剔去某些中间尺寸的粒级，造成颗粒级配的间断。颗粒尺寸的大小不是连续的，大颗粒与小颗粒集料间有相当大的"空档"，因而减少集料间的干扰。大颗集料间的空隙，直接由比它小得多的小集料来填充，使空隙率降低，密度增大[图2-2b)]，密实性增加，从而节约水泥。但由于颗粒粒径相差较大，混凝土混合物易产生离析现象。

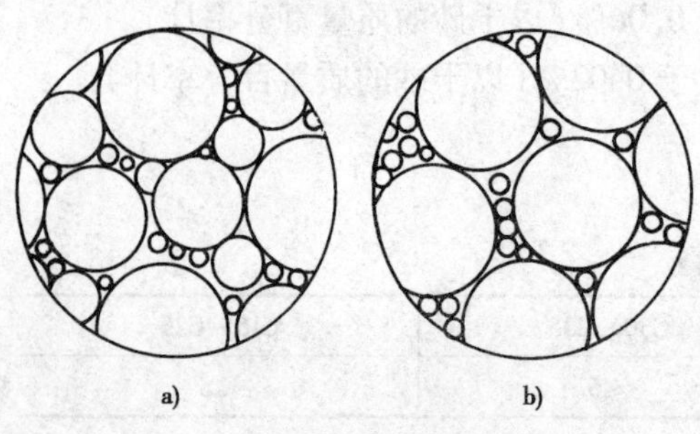

图2-2　石子级配示意图
a)连续粒级；b)单粒级

工程中所用碎石或卵石的颗粒级配，一般应符合表2-15的规定。

碎石或卵石的颗粒级配范围　表 2-15

级配情况	公称粒级（mm）	累计筛余量（按质量计，%）											
		方孔筛筛孔边长尺寸（mm）											
		2.36	4.75	9.5	16.0	19.0	26.5	31.5	37.5	53	63	75	90
连续粒级	5～10	95～100	80～100	0～15	0	—	—	—	—	—	—	—	—
	5～16	95～100	85～100	30～60	0～10	0	—	—	—	—	—	—	—
	5～20	95～100	90～100	40～80	—	0～10	0	—	—	—	—	—	—
	5～25	95～100	90～100	—	30～70	—	0～5	0	—	—	—	—	—
	5～31.5	95～100	90～100	70～90	—	15～45	—	0～5	0	—	—	—	—
	5～40		95～100	70～90	—	30～65	—	—	0～5	0	—	—	—
单粒级	10～20	—	95～100	85～100	—	0～15	0	—	—	—	—	—	—
	16～31.5	—	95～100	—	85～100	—	—	0～10	0	—	—	—	—
	20～40	—	—	95～100	—	80～100	—	—	0～10	0	—	—	—
	31.5～63	—	—	—	95～100	—	—	75～100	45～75	—	0～10	0	—
	40～80	—	—	—	—	95～100	—	—	75～100	—	30～60	0～10	0

注：1. 根据结构或构件对混凝土粗集料的粒度要求，连续粒级也可与其相接的单粒级构成较大粒度的连续粒级。

2. 根据混凝土工程和资源的具体情况进行综合技术经济分析后，允许直接采用单粒级。

3. 最大粒径通过 40mm 筛孔的连续粒级，可参考有关资料使用。

(3)碎石的针、片状含量

碎石或卵石中针、片状颗粒含量应符合表 2-16 的规定。

碎石或卵石中针、片状颗粒含量　表 2-16

混凝土强度等级	≥C60	C30～C55	≤C25
针、片状颗粒含量（按质量计，%）	≤8	≤15	≤25

(4)碎石的含泥量

碎石或卵石中含泥量应符合表 2-17 的规定。

碎石或卵石中含泥量　表 2-17

混凝土强度等级	≥C60	C30～C55	≤C25
含泥量（按质量计，%）	≤0.5	≤1.0	≤2.0

对于有抗冻、抗渗或其他特殊要求的混凝土，其所用碎石或卵石中含泥量不应大于1.0%。当碎石或卵石的含泥是非黏土质的石粉时，其含泥量可由表 2-17 中的 0.5%、1.0%、2.0%，分别提高到 1.0%、1.5%、3.0%。

(5)碎石的泥块含量

碎石或卵石中泥块含量应符合表 2-18 的规定。

碎石或卵石中泥块含量　表 2-18

混凝土强度等级	≥C60	C30～C55	≤C25
泥块含量（按质量计，%）	≤0.2	≤0.5	≤0.7

对于有抗冻、抗渗或其他特殊要求的强度等级小于 C30 的混凝土，其所用碎石或卵石中泥块含量不应大于 0.5%。

(6)碎石的强度

碎石的强度可用岩石的抗压强度和压碎值指标表示。岩石的抗压强度应比所配制的混凝土强度高至少20%。当混凝土强度等级大于或等于C60时,应进行岩石抗压强度检验。岩石强度首先应由生产单位提供,工程中可采用压碎值指标进行质量控制。碎石的压碎值指标宜符合表2-19的规定。

碎石的压碎值指标 表2-19

岩石品种	混凝土强度等级	碎石压碎值指标(%)
沉积岩	C40~C60	≤10
	≤C35	≤16
变质岩或深成火成岩	C40~C60	≤12
	≤C35	≤20
喷出火成岩	C40~C60	≤13
	≤C35	≤30

注:沉积岩包括石灰岩、砂岩等;变质岩包括片麻岩、石英岩等;深成火成岩包括花岗岩、正长岩、闪长岩和橄榄岩等;喷出火成岩包括玄武岩和辉绿岩等。

卵石的强度可用压碎值指标表示。其压碎值指标宜符合表2-20的规定。

卵石的压碎值指标 表2-20

混凝土强度等级	C40~C60	≤C35
压碎值指标(%)	≤12	≤16

(7)碎石的坚固性

碎石或卵石的坚固性应用硫酸钠溶液法检验,试样经5次循环后,其质量损失应符合表2-21的规定。

碎石或卵石的坚固性指标 表2-21

混凝土所处的环境条件及其性能要求	5次循环后的质量损失(%)
在严寒及寒冷地区室外使用并经常处于潮湿或干湿交替状态下的混凝土; 有腐蚀性介质作用或经常处于水位变化区的地下结构或有抗疲劳、耐磨、抗冲击等要求的混凝土	≤8
在其他条件下使用的混凝土	≤12

(8)碎石的有害物质含量

碎石或卵石中的硫化物和硫酸盐含量以及卵石中有机物等有害物质含量,应符合表2-22的规定。

碎石或卵石中的有害物质含量 表2-22

项目	质量要求
硫化物及硫酸盐含量(折算成SO_3,按质量计,%)	≤1.0
卵石中有机物含量(用比色法试验)	颜色应不深于标准色,当颜色深于标准色时,应配制成混凝土进行强度对比试验,抗压强度比应不低于0.95

当碎石或卵石中含有颗粒状硫酸盐或硫化物杂质时，应进行专门检验，确认能满足混凝土耐久性要求后，方可采用。

(9)碎石的碱—集料反应

对于长期处于潮湿环境的重要结构混凝土，其所使用的碎石或卵石应进行碱活性检验。

进行碱活性检验时，首先应采用岩相法检验碱活性集料的品种、类型和数量。当检验出集料中含有活性二氧化硅时，应采用快速砂浆棒法和砂浆长度法进行碱活性检验；当检验出集料中含有活性碳酸盐时，应采用岩石柱法进行碱活性检验。

经上述检验，当判定集料存在潜在碱—碳酸盐反应危害时，不宜用作混凝土集料；否则，应通过专门的混凝土试验，做最后评定。

当判定集料存在潜在碱—硅反应危害时，应控制混凝土中的碱含量不超过3kg/m^3，或采用能抑制碱—集料反应的有效措施。

(10)石子的密度、体积密度、空隙率

石子的密度、体积密度、空隙率，应符合如下规定：密度大于2.5g/cm^3；松散体积密度大于1 500kg/m^3；空隙率小于45%。

(三)拌和用水

(1)凡符合国家标准的生活饮用水，均可用以拌制混凝土。

(2)当采用地表水、地下水或工业废水时，应进行检验，符合下列规定方可用以拌制混凝土：

①拌和用水应不影响混凝土的和易性及凝结；不影响混凝土强度的发展；不降低混凝土的耐久性；不加快钢筋的锈蚀及导致预应力钢筋脆断；不污染混凝土表面。

②用拌和用水与用蒸馏水(或符合国家标准的生活饮用水)进行对比试验，所得的水泥初凝时间差及终凝时间差均不得大于30min，且其初凝及终凝时间尚应符合现行水泥标准的规定。

③用拌和用水拌制的水泥砂浆或混凝土的28d抗压强度不得低于用蒸馏水(或符合国家标准的生活饮用水)拌制的对应砂浆或混凝土抗压强度的90%。

④拌和用水的pH值、不溶物、可溶物、氯化物、硫酸盐及碱含量应符合表2-23的规定。

水的化学分析，应分别按有关标准的规定进行。

混凝土拌和用水水质要求(JGJ 63—2006)　　表2-23

项　目	预应力混凝土	钢筋混凝土	素混凝土
pH值	≥5.0	≥4.5	≥4.5
不溶物(mg/L)	≤2 000	≤2 000	≤5 000
可溶物(mg/L)	≤2 000	≤5 000	≤10 000
Cl^-(mg/L)	≤500	≤1 000	≤3 500
SO_4^{2-}(mg/L)	≤600	≤2 000	≤2 700
碱含量(mg/L)	≤1 500	≤1 500	≤1 500

注：1. 碱含量按 $Na_2O+0.658K_2O$ 计算值来表示。采用非碱活性集料时，可不检验碱含量。

2. 使用钢丝或经热处理钢筋的预应力混凝土氯化物含量不得超过350mg/L。

(3)采用磁化水拌制混凝土可以提高其强度。其做法是在供水系统中增加相应规格的磁水器，使水先行磁化。一般情况下，最佳磁场强度为150～175kA/m，流速为0.9～1.0m/s，可提高混凝土早期强度10% ~15%。但各地磁场强弱及水的矿物质含量不同,可通过试验后确定。

二、设计流程

混凝土配合比设计的流程,如图2-3所示,有三个阶级。

(1)第一阶段是了解原始条件。从施工项目中找出施工项目的要求和按施工计算所定的技术措施,列成具体数据。

(2)第二阶段是根据原始条件的数据,按有关规范、标准确定各种参数。

(3)第三阶段是根据前两阶段的参数进行运算、试配、调整。

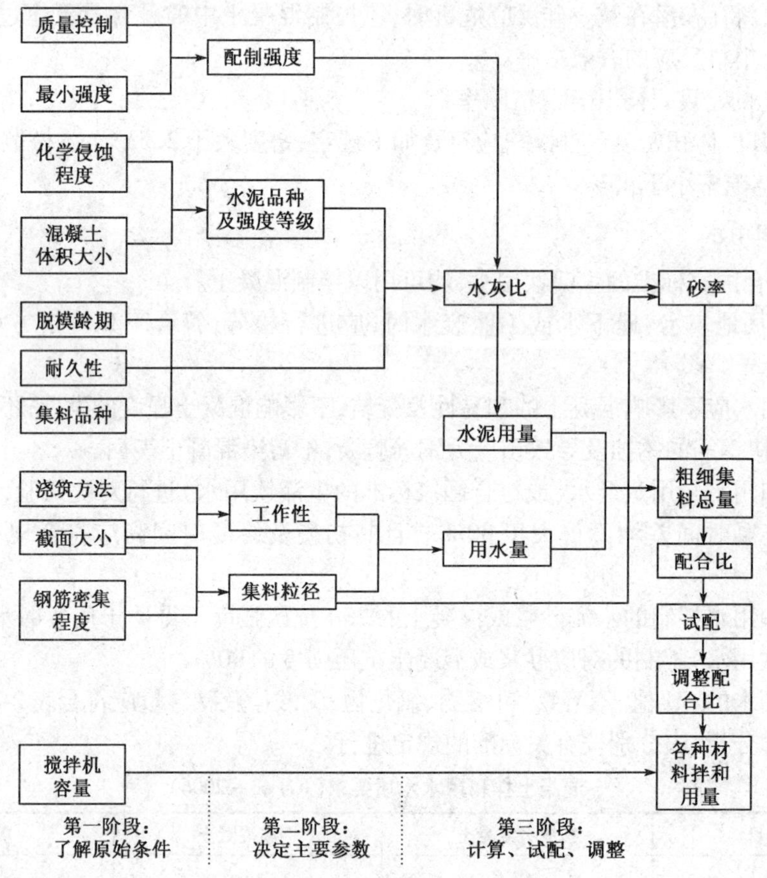

图2-3 普通混凝土配合比设计流程图

三、配合比设计参数

(一)混凝土强度

为使所配制的混凝土具有必要的强度保证率,混凝土的配制强度必须大于其强度等级值,即:

$$f_{cu,0} = f_{cu,k} + t\sigma \tag{2-1}$$

式中:$f_{cu,0}$——混凝土配制强度(MPa);

$f_{cu,k}$——混凝土立方体抗压强度标准值(MPa);

σ——混凝十强度标准差(MPa);

t——为达到一定保证率所需的标准离差倍数,当保证率为85%时 t 取1;当保证率为95%时 t 取1.645。

式中混凝土强度标准差又称均方差、根方差,取决于混凝土生产过程中的质量管理水平,应由各施工单位根据自身的强度等级、设备、工艺、材料、配合比等方面基本相同的历史资料,按式(2-2)计算:

$$\sigma = \sqrt{\frac{\sum_{i=1}^{n} f_{cu,i}^2 - n\mu_{f_{cu}}^2}{n-1}} \tag{2-2}$$

式中:σ——混凝土强度标准差(MPa);

$f_{cu,i}$——第 i 组混凝土试件强度代表值(MPa);

$\mu_{f_{cu}}$——统计周期内混凝土试件强度平均值(MPa);

n——统计周期内混凝土试件总组数。

混凝土强度标准差可根据施工单位近期的同类混凝土强度统计资料(不少于25组)求得。其下限值,对C20~C25混凝土取2.5MPa;对C30及C30以上混凝土取3.0MPa。如计算结果中强度标准差低于下限值,则取其下限值作为计算混凝土配制强度时的标准差。

如施工单位无历史统计资料时,强度标准差可根据要求的强度等级按下列规定取用:当强度等级小于等于C15时,混凝土强度标准差取4MPa;当强度等级为C20~C35时,混凝土强度标准差取5MPa;当强度等级大于等于C40时,混凝土强度标准差取6MPa。

(二)配制强度

配制强度也称试验强度,是配合比设计所要达到的强度。配制强度可按式(2-3)确定:

$$f_{cu,0} \geqslant f_{cu,k} + 1.645\sigma \text{(MPa)} \tag{2-3}$$

式中符号意义同前。

混凝土配制强度根据标准差值按表2-24选取。当按《混凝土结构设计规范》(GB 50010—2010)设计工程时,混凝土的配制强度可按表2-25选用。

混凝土的配制强度 表2-24

强度等级	强度标准差(MPa)					
	2.0	2.5	3.0	4.0	5.0	6.0
C7.5	10.8	11.6	12.4	14.1	15.7	17.4
C10	13.3	14.1	14.9	16.6	18.2	19.9
C15	18.3	19.1	19.9	21.6	23.2	24.9
C20	24.1	24.1	24.9	26.6	28.2	29.9
C25	29.1	29.1	29.9	31.6	33.2	34.9
C30	34.9	34.9	34.9	36.6	38.2	39.9
C35	39.9	39.9	39.9	41.6	43.2	44.9
C40	44.9	44.9	44.9	46.6	48.2	49.9
C45	49.9	49.9	49.9	51.6	53.2	54.9
C50	54.9	54.9	54.9	56.6	58.2	59.9
C55	59.9	59.9	59.9	61.6	63.2	64.9
C60	64.9	64.9	64.9	66.6	68.2	69.9

混凝土标号换算为强度等级后的配制强度　　表 2-25

混凝土标号	强度等级	强度标准差(MPa)					
		2.0	2.5	3.0	4.0	5.0	6.0
10	C8	11.3	12.1	12.9	14.6	16.2	17.9
15	C13	16.3	17.1	17.9	19.6	21.2	22.9
20	C18	21.8	22.1	22.9	24.6	27.2	27.9
25	C23	27.1	27.1	27.9	29.6	31.2	32.9
30	C28	32.6	32.6	32.9	34.6	36.2	37.9
40	C38	42.9	42.9	42.9	46.6	46.2	47.9
50	C48	52.9	52.9	52.9	54.6	56.2	57.9
60	C58	62.9	62.9	62.9	64.6	66.2	67.9

(三)水泥品种及强度等级

(1)水泥品种的选择,如设计文件已指定,按设计文件选用;如设计文件未指定,视工程项目的性质,参照表 2-4 及表 2-5 选用。

(2)水泥强度等级的选择,可参照表 2-26 选用。

水泥强度等级的选择　　表 2-26

混凝土强度等级	≤C10	C15～C25	C30～C40	≥C50
水泥强度等级	32.5	32.5～42.5	42.5～52.5	52.5～62.5

(四)稠度

有些设计图纸标有坍落度(或稠度)的要求,此时可按所要求的坍落度值进行配合比设计。如果设计图纸没有标明坍落度要求,则可根据结构物的类型及施工条件选择合理的坍落度值(表 2-27)。

混凝土浇筑时的坍落度　　表 2-27

序号	结构种类	坍落度(cm)	
		振动器捣实	人工捣实
1	基础或地面等的垫层	1～3	2～4
2	无筋的厚大结构(挡土墙、基础、厚大块体)或配筋稀疏的结构	1～3	3～5
3	板、梁和大型及中型截面的柱子等	3～5	5～7
4	配筋密列的结构(薄壁、斗仓、筒仓、细柱等)	5～7	7～9
5	配筋特密的结构	7～9	9～12

注:其他情况的工作性指标,可按下列说明选定。

1. 使用干硬性混凝土时采用的工作度,应根据结构种类和振捣设备通过试验后确定。
2. 需要配制大坍落度混凝土时,应掺用外加剂。
3. 浇筑在曲面或斜面上混凝土的坍落度,应根据实际情况试验选定,避免流淌。
4. 轻集料混凝土的坍落度,可比表 2-27 的值减小 1～2cm。

生产预制构件时往往采用坍落度小于10mm的干硬性混凝土。此时混凝土稠度应以维勃稠度来计量。混凝土所需的维勃稠度值应根据结构或构件的种类及振实条件按生产经验或经过试验决定。

目前,有些单位已经开始采用流动性混凝土并且取得了较好的效果。一般情况下,流动性混凝土以选择坍落度为100~150mm的为宜。泵送高度较大以及在炎热气候下施工时可采用150~180mm或坍落度更大的混凝土。

(五)粗集料的最大粒径

粗集料的级配除应符合表2-15的要求外,其最大粒径应符合下列三点要求:

(1)不得大于构件截面最小边长的1/4。

(2)对于实心板,允许采用最大粒径等于板厚的1/2的颗粒级配,但不得超过50mm。

(3)不得大于钢筋间最小间距的3/4。

(六)砂率

细集料在集料总量中所占的比例称为砂率。砂率对混凝土拌和物的流动性及黏聚性有较大的影响,在配合比设计时应确定合理的砂率值。

合理砂率值,是指在用水量及水泥用量一定的情况下,能使混凝土拌和物获得最大的流动性,且能保持黏聚性及保水性能良好时的砂率值。

1.影响砂率的因素

(1)粗集料粒径大,砂率小;粗集料粒径小,砂率大。

(2)细砂的砂率小,粗砂的砂率大。

(3)碎石的砂率大,卵石的砂率小。

(4)水灰比大则砂率大,水灰比小则砂率小。

(5)水泥用量大则砂率小,水泥用量小则砂率大。

2.确定砂率的方法

合理的砂率值可用以下几种方法确定。

(1)计算法

砂率也可按式(2-4)计算。

$$\beta_s = \alpha \frac{\rho_s P_g}{\rho_s P_g + \rho_g} \times 100\% \tag{2-4}$$

式中:β_s——砂率(%);

ρ_s——砂的表观密度(kg/m^3);

ρ_g——石子的表观密度(kg/m^3);

P_g——石子的空隙率(%);

α——拨开系数,采用机械振捣时为1.1~1.2;采用人工捣实时为1.2~1.4。

(2)查表法

在具有一定工程实践经验并对所采用的原材料性能比较了解的情况下,可以按表2-28选取合理砂率值。

选取的砂率值经试配,如所得到的混凝土黏聚性及保浆保水性能均良好,且坍落度值也能达到要求,则此选定的砂率值就可定为合适。否则,应根据试配结果予以适当调整。

混凝土的砂率（%）　　表 2-28

水灰比	卵石最大粒径(mm)			碎石最大粒径(mm)		
	10	20	40	16	20	40
0.40	26~32	25~31	24~30	30~35	29~34	27~32
0.50	30~35	29~34	28~33	33~38	32~37	30~35
0.60	33~38	32~37	31~36	36~41	35~40	33~38
0.70	36~41	35~40	34~39	39~44	38~43	36~41

注：1. 本表数值是中砂的选用砂率，对细砂或粗砂，可相应地减小或增大。

2. 只用一个单粒级粗集料配制混凝土时，砂率应适当增大。

3. 对薄壁构件砂率取偏大值。

4. 本表中的砂率是指砂与集料总量的质量比。

（3）试验法

需要比较准确地确定合理砂率的范围或需要了解砂率变化对混凝土拌和物性能的影响时，应经试验来确定合理砂率。其步骤如下：

①至少拌制5组不同砂率的混凝土拌和物，它们的用水量及水泥用量均相同，唯砂率值以每组相差2%~3%的间隔变动。

②测定每组拌和物的坍落度（或维勃稠度），并同时检验其黏聚性和保水性。

③用坐标纸做坍落度—砂率关系图，如图上具有极大值，则极大值所对应的砂率即为该拌和物的合理砂率值。如因黏聚性能不好而得不出极大值，则合理砂率值应为黏聚性及保水性能保持良好且混凝土坍落度最大时的砂率值。

（七）水灰比

混凝土强度主要取决于其水灰比值，根据混凝土施工配制强度可按式（1-2）计算。

用式（1-2）进行水灰比计算时应注意：

水泥强度等级值的富余系数 γ_c 对每一水泥厂每一种水泥都不相同，因此，要求各使用单位按积累的数据或使用经验分别选取，并应根据水泥质量的波动情况及时调整。

由式（1-2）计算得出的水灰比值仅满足了试配强度的需要，从耐久性的角度出发，混凝土还必须满足最大水灰比和最小水泥用量的要求。按我国《铁路混凝土工程施工技术指南》（TZ 210—2005）的规定，对于普通混凝土，最大水灰比和最小水泥用量的限值规定如表2-29所示。

混凝土的最大水灰比和最小水泥用量（kg/m^3）（摘自TZ 210—2005）　　表 2-29

环境条件	环境作用等级	钢筋混凝土及预应力钢筋混凝土结构设计使用年限级别					
		一（100年）		二（60年）		三（30年）	
		最大水灰比	最小水泥用量	最大水灰比	最小水泥用量	最大水灰比	最小水泥用量
碳化环境	T1	0.55	280	0.60	260	0.65	260
	T2	0.50	300	0.55	280	0.60	260
	T3	0.45	320	0.50	300	0.50	300
氯盐环境	L1	0.45	320	0.50	300	0.50	300
	L2	0.40	340	0.45	320	0.45	320
	L3	0.36	360	0.40	340	0.40	340
化学侵蚀环境	H1	0.50	300	0.55	280	0.60	260
	H2	0.45	320	0.50	300	0.50	300

续上表

环境条件	环境作用等级	钢筋混凝土及预应力钢筋混凝土结构设计使用年限级别					
		一(100 年)		二(60 年)		三(30 年)	
		最大水灰比	最小水泥用量	最大水灰比	最小水泥用量	最大水灰比	最小水泥用量
化学侵蚀环境	H3	0.40	340	0.45	320	0.45	320
	H4	0.36	360	0.40	340	0.40	340
冻融破坏环境	D1	0.50	300	0.55	280	0.60	260
	D2	0.45	320	0.50	300	0.50	300
	D3	0.40	340	0.45	320	0.45	320
	D4	0.36	360	0.40	340	0.40	340
磨蚀环境	M1	0.50	300	0.55	280	0.60	260
	M2	0.45	320	0.50	300	0.50	300
	M3	0.40	340	0.45	320	0.45	320

环境条件	环境作用等级	素混凝土结构设计使用年限级别					
		一(100 年)		二(60 年)		三(30 年)	
		最大水灰比	最小水泥用量	最大水灰比	最小水泥用量	最大水灰比	最小水泥用量
碳化环境	T1、T2、T3	0.60	280	0.65	260	0,65	260
氯盐环境	L1、L2、L3	0.60	280	0.65	260	0.65	260
化学侵蚀环境	H1	0.50	300	0.55	280	0.60	260
	H2	—	—	0.50	300	0.50	300
	H3	—	—	—	—	—	—
	H4	—	—	—	—	—	—
冻融破坏环境	D1	0.50	300	0.55	280	0.60	260
	D2	—	—	0.50	300	0.50	300
	D3	—	—	—	—	—	—
	D4	—	—	—	—	—	—
磨蚀环境	M1	0.55	280	0.60	260	0.65	260
	M2	0.50	300	0.55	280	0.60	260
	M3	—	—	0.50	300	0.50	300

对有明确抗冻或抗渗要求的混凝土,应根据所要求的抗冻或抗渗等级按表 2-30 及表 2-31 控制其最大水灰比值。

抗渗混凝土最大水灰比 表 2-30

抗渗等级	最大水灰比	
	C30 以上混凝土	C20 ~ C30 混凝土
P6	0.60	0.55
P8 ~ P12	0.55	0.50
P12 以上	0.50	0.45

注:未掺外加剂及掺和料。

抗冻混凝土的最大水灰比值 表 2-31

抗冻等级	普通混凝土无引气剂时	掺引气剂时
F50	0.55	0.60
F100	—	0.55
F150 及以上	—	0.50

注:有抗冻要求的混凝土宜优先采用引气剂和普通水泥配制。

以上所作的水灰比计算均是在自然干燥的材料状态下进行的,如果以饱和面干为基准来设计混凝土配合比,则其水灰比值应按集料的吸水率予以修正。

(八)用水量和水泥用量

1.用水量(m_{w0})

混凝土用水量是指混凝土搅拌时每 $1m^3$ 的用水量。用水量的确定直接影响所配制混凝土的性能和经济效果,是配合比设计中的一个重要环节。混凝土的用水量主要与所选用的稠度(或坍落度)和集料的品种、粒径有关。可用查表法或计算法确定,然后通过试拌,根据实际测量结果予以修正。

(1)查表法

干硬性混凝土和塑性混凝土的用水量可查阅表2-32 、表2-33,集料影响见表2-34。

干硬性混凝土的用水量(kg/m³)　　表2-32

拌和物稠度		卵石最大粒径(mm)			碎石最大粒径(mm)		
项目	指标	10	20	40	16	20	40
维勃稠度(s)	16~20	175	160	145	180	170	155
	11~15	180	165	150	185	175	160
	5~10	185	170	155	190	180	165

塑性混凝土的用水量(kg/m³)　　表2-33

拌和物稠度		卵石最大粒径(mm)				碎石最大粒径(mm)			
项目	指标	10	20	31.5	40	16	20	31.5	40
坍落度(mm)	10~30	190	170	160	150	200	185	175	165
	35~50	200	180	170	160	210	195	185	175
	55~70	210	190	180	170	220	205	195	185
	75~90	215	195	185	175	230	215	205	195

注:1.本表用水量是采用中砂时的平均取值。采用细砂时,每 $1m^3$ 混凝土用水量可增加 5~10kg;采用粗砂时,可减少 5~10kg。

2.掺用各种外加剂或掺和料时,用水量应相应调整。

流动性混凝土用水量计算式的集料常数　　表2-34

粗集料最大粒径(mm)		10	20	40	80
K	碎石	57.5	53.0	48.5	44.0
	卵石	54.5	50.0	45.5	41.0

注:采用火山灰硅酸盐水泥时,K 增加 4.5~6.0;采用细砂时,K 增加 3.0。

在使用表2-33 选择用水量时,尚应考虑下列因素的影响。

①水泥中混合材品种的影响。水泥在生产时如采用火山灰或沸石作为混合材或替代部分混合材,则在配制混凝土时就应相应增加用水量。

②集料质量的影响。对风化颗粒多、质量差的集料,用水量也需适当增加。

③施工条件的影响。在气候炎热、干燥或远距离运输的情况下也应适当增加用水量。

(2)计算法

用水量的计算法可用式(2-5):

$$m_{w0} = \frac{10(T+K)}{3} \tag{2-5}$$

式中：m_{w0}——每 $1m^3$ 混凝土的用水量(kg)；

T——坍落度(cm)；

K——集料常数，见表2-34。

2. 水泥用量(m_{c0})

所需的水灰比和用水量确定后就可算出每 $1m^3$ 混凝土的水泥用量：

$$m_{c0}=\frac{C}{W}\times m_{w0} \tag{2-6}$$

式中：m_{c0}——每 $1m^3$ 混凝土的计算水泥用量(kg)；

$\frac{C}{W}$——计算得到的灰水比值；

m_{w0}——选用的用水量(kg)。

最小水泥用量须符合表2-29的规定。

(九)集料用量

用水量和水泥用量确定以后就可以计算出每 $1m^3$ 混凝土中的粗细集料用量。一般可以用质量法或绝对体积法两种方法来进行计算。由于要解出粗集料用量和细集料用量两个未知数，每种方法都必须由两个关系式联立求解。

(1)用质量法时，按下列关系式计算：

$$m_{c0}+m_{g0}+m_{s0}+m_{w0}=m_{cp} \tag{2-7}$$

$$m_{s0}=(m_{cp}-m_{c0}-m_{w0})\times\beta_s \tag{2-8}$$

$$m_{g0}=m_{cp}-m_{c0}-m_{w0}-m_{s0} \tag{2-9}$$

式中：m_{c0}——每 $1m^3$ 混凝土的水泥用量(kg)；

m_{g0}——每 $1m^3$ 混凝土的粗集料用量(kg)；

m_{s0}——每 $1m^3$ 混凝土的细集料用量(kg)；

m_{w0}——每 $1m^3$ 混凝土的用水量(kg)；

β_s——砂率(%)，$\beta_s=\frac{m_{s0}}{m_{s0}+m_{g0}}\times 100\%$；

m_{cp}——每 $1m^3$ 混凝土拌和物的假定质量(kg)，其值可根据本单位积累的试验资料确定；如缺乏资料，可根据集料的视密度、粒径以及混凝土强度等级，在2 400～2 450kg的范围内选定。

(2)用绝对体积法时，按下列关系式计算：

$$\frac{m_{c0}}{\rho_c}+\frac{m_{g0}}{\rho_g}+\frac{m_{s0}}{\rho_s}+\frac{m_{w0}}{\rho_w}+0.01\alpha=1 \tag{2-10}$$

$$\beta_s=\frac{m_{s0}}{m_{s0}+m_{g0}}\times 100\% \tag{2-11}$$

式中：ρ_c——水泥密度(g/cm^3)；

ρ_g——粗集料的密度(g/cm^3)；

ρ_s——细集料的密度(g/cm^3)；

ρ_w——水的密度(g/cm^3)；

α——混凝土的含气量百分数(%)，在不使用引气型外加剂时，α 可取为1。

在上述关系式中，ρ_c 取2.9～3.1g/cm^3；ρ_w 取1.0g/cm^3；ρ_g 及 ρ_s 经试验测得；m_{cp}一般取

2 400 ~ 2 450kg/m^3。

经过上述计算后，即可获得混凝土的计算材料用量 m_{c0}、m_{w0}、m_{s0}及 m_{cp}。

四、试配和校准

(一)试配

试配是混凝土配合比设计中的一个重要阶段。上面得到的混凝土计算材料用量必须经试配、检验并调整后才能最后确定。

试配时所需的混凝土数量取决于集料的最大粒径，混凝土检验项目以及搅拌机的容量。集料最大粒径不大于 30mm 时，一般约制备 15L 混凝土拌和物；最大粒径大于 30mm 但不大于 40mm 时，一般应制备 30L 混凝土拌和物。如除强度外还需进行耐久性检验，混凝土的制备量还应适当增加。此外，还应注意在用搅拌机拌制混凝土时，所搅拌的混凝土数量不应低于搅拌机额定搅拌量的 1/4。

1. 试配混凝土的材料用量

由试配所必需的混凝土用量，算出配制试配混凝土所需的材料用量：

$$m'_{g0}(\text{或 } m'_{s0}、m'_{c0}、m'_{w0}) = \frac{m_{g0}(\text{或 } m_{s0}, m_{c0}, m_{w0})}{1\,000} \times J \tag{2-12}$$

式中：m'_{g0}(或 m'_{s0}、m'_{c0}、m_{w0})——每盘混凝土的粗集料(或细集料、水泥、水)的称量(kg)；

m_{g0}(或 m_{s0}、m_{c0}、m_{w0})——每 1m^3 混凝土的粗集料(或细集料、水泥、水)的计算用量(kg)；

J——试配所必需的混凝土量(L)。

试配时，应采用工程中实际使用的材料，粗、细集料的称量均以干燥状态为基准。如果采用的集料不是干料，则应根据它们的含水率修正每盘混凝土的材料称量。

2. 试配混凝土的坍落度检验

混凝土按规定搅拌完毕后，首先应检验其稠度(坍落度或维勃稠度)是否符合要求。检验结果可能有以下几种情况。

(1)如果测得的坍落度值符合设计要求，且混凝土的黏聚性和保水性都很好，则此配合比即可定为供检验强度用的基准配合比。该盘混凝土可用以浇制检验强度或其他性能指标用的试块。

(2)如果测得的坍落度值符合设计要求，但混凝土的黏聚性及保水性能不好，则应加大砂率，增加细集料用量，重新称料、搅拌并检验混凝土稠度。该盘混凝土不作强度检验用。

(3)如果坍落度低于设计要求，即混凝土过干，则可把所有拌和物(包括做过试验以及散落在地的)重新收集入搅拌机，加入少量拌和水(事先须经计量)，并同时加入相当数量的水泥以使其水灰比保持不变，重新搅拌后再检验其坍落度。如果一次添料后即能满足要求，则此调整后的配合比即可定为基准配合比。如果一次添料不能满足要求，则该盘混凝土作废，重新调整用水量(水灰比保持不变)或砂率，称料、搅拌直到检验合格为止。

(4)如果测得的坍落度大于设计要求，即混凝土过稀，则此盘混凝土不再继续其他项目试验。此时，应降低用水量及水泥用量，重新称料、搅拌、进行测定。

经稠度检验并调整用水量后取得的配合比称为基准配合比。

3. 试配混凝土的强度检验及水灰比校准

确定基准配合比后即可进行强度检验及水灰比值校准。为此，除基准配合比的混凝土外，尚需拌制2～4盘混凝土,其配合比基本上和基准混凝土一致,唯水灰比值应以每个间隔0.05的差别拉开,也就是说以3～5个不同水灰比的混凝土进行强度试验。此时,每盘混凝土应进行的检验项目如下:

(1)制作强度试块,以确定28d或其他龄期时的混凝土强度。

(2)测定混凝土拌和物的密度,以供最后修正材料用量用。

(3)检验混凝土的坍落度、黏聚性和保水性。

制成的强度试块经28d标准养护后进行试压,取得各盘混凝土立方体的强度值。把不同水灰比值的立方体强度标在纵轴为强度、横轴为灰水比的坐标上就可以得到强度—灰水比值线性关系。由该直线上相应于试配强度的灰水比值即可定出所需要的设计灰水比值。

(二)配合比校准

按稠度和强度检验结果再经两次修正后即可定出最终的配合比设计值。

1. 按强度检验结果修正配合比

用水量:取基准配合比中的用水量值,并根据制作强度试块时测得的坍落度值加以适当调整。

水泥用量:取用水量乘以由强度—灰水比关系直线上定出的为达到试配强度所必需的灰水比值。

粗、细集料用量:取基准配合比中的粗、细集料用量,并按定出的灰水比值作适当调整。

2. 按实测得到的混凝土拌和物密度值修正配合比

计算出密度校正系数K:

$$K = \frac{m_{cp}}{m_{w0} + m_{c0} + m_{s0} + m_{g0}} \tag{2-13}$$

式中: K——密度校正系数;

m_{cp}——混凝土拌和物实测密度(kg/m^3);

m_{w0}、m_{c0}、m_{s0}、m_{g0}——每$1m^3$混凝土的水、水泥及粗细集料用量(kg/m^3)。

把得到的各项材料用量(m_{g0}、m_{s0}、m_{c0}、m_{w0})均乘以校正系数K即得到最终定出的配合比设计值。

五、配合比设计方法与计算实例

为了正确地设计配合比,在设计前必须做好调查研究工作,并掌握下列资料:

(1)混凝土工程情况,包括强度要求、结构物种类、部位尺寸,周围环境是否侵蚀、钢筋分布情况等。

(2)原材料的性能指标,包括水泥的品种、强度等级,集料的密度、空隙率、级配等试验数据及拌和混凝土用水情况。

(3)施工情况,包括混凝土拌和、捣实方法及其他施工技术等。

混凝土配合比设计方法常采用质量法和体积法,在条件相同时,两种方法的计算结果应当是一致的。普通混凝土即使不掺加引气剂,仍然存在裹入的含气量。这种含气量在不同石子最大粒径的混凝土中有0.2%～3%的波动,除了实测之外难以取得准确的数值。根据这种含气量的波动,再加上组成材料密度的误差,若采用体积法,计算误差在1%左右。在试拌时,直接测定混凝土密度,误差也在1%左右。因此两种方法皆可用。

(一)绝对体积法

1.基本理论

绝对体积法是以组成混凝土混合物的水泥、砂、石等材料经过充分搅拌后,互相填充而达到绝对密实为原则进行设计的,即混凝土的体积等于各组成材料绝对体积的总和。

假定1m^3 混凝土的材料——水泥、砂石、水、空气拌和后或成型完毕时,为完全密实状态,且正好为1m^3 混凝土,用公式表示如下:

$$V_1+V_2+V_3+V_4+V_5=1\,000$$

$$\frac{m_{c0}}{\rho_c}+\frac{m_{g0}}{\rho_g}+\frac{m_{s0}}{\rho_s}+\frac{m_{w0}}{\rho_w}+10\alpha=1\,000 \tag{2-14}$$

式中:V_1、V_2、V_3、V_4、V_5——水泥、砂、石、水、空气的体积(m^3);

m_{c0}、m_{g0}、m_{s0}、m_{w0}——水泥、砂、石、水的质量(kg);

ρ_c、ρ_s、ρ_g、ρ_w——水泥、砂、石、水的密度(kg/m^3),ρ_c 取2.9~3.1,$\rho_w=1$;

α——混凝土含气量百分数(%),在不使用含气型外加剂时,α 可取为1。

ρ_s、ρ_g 可按《普通混凝土用砂、石质量及检验方法标准》(JGJ 52—2006)所规定的方法测得。

2.设计顺序

1)计算水灰比

确定水灰比,必须从混凝土的强度和耐久性两方面同时考虑。

(1)按强度要求确定水灰比

应按混凝土的试配强度计算出所要求的水灰比值。

①混凝土试配强度的确定。施工中各项原材料的质量能否保持均匀一致,混凝土配合比能否控制准确,拌和、运输浇筑、振捣及养护等工序是否正确,都会影响混凝土的质量。考虑到实际施工条件与试验室条件的差别,混凝土试配强度应比设计有所提高,可按下式计算:

$$f_{cu,0}\geqslant f_{cu,k}+1.645\sigma \tag{2-15}$$

式中:$f_{cu,0}$——混凝土试配强度(MPa);

$f_{cu,k}$——混凝土立方体抗压强度标准值(MPa);

σ——混凝土强度标准差(MPa),当无统计资料计算标准差时,可参考表2-35取值。

标准差取值表 表2-35

混凝土强度等级	C10~C20	C25~C40	C50~C60
标准差(MPa)	4	5	6

②根据水泥实际强度及粗集料种类,可利用经验公式[式(2-16)、式(2-17)]计算水灰比。

碎石混凝土

$$f_{cu,0}=0.46f_{ce}\left(\frac{C}{W}-0.07\right) \tag{2-16}$$

卵石混凝土

$$f_{cu,0}=0.48f_{ce}\left(\frac{C}{W}-0.33\right) \tag{2-17}$$

式中:$f_{cu,0}$——混凝土试配强度(MPa);

$\frac{C}{W}$——混凝土的灰水比值;

f_{ce}——水泥28d抗压强度实测值(MPa)。

在无法取得水泥实际强度数值时,可用式(2-3)代入:

$$f_{ce}=\gamma_c f_{ce,g} \tag{2-18}$$

式中:$f_{ce,g}$——水泥强度等级值;

γ_c——水泥强度等级值的富余系数,应按不同地区水泥具体情况定出,当无统计资料时,可采用全国平均水平值1.13。

求出水泥实际强度后代入式(2-18)或式(2-19)中求出水灰比。

$$f_{cu,0}=0.46\times1.13f_{ce,g}\left(\frac{C}{W}-0.07\right) \tag{2-19}$$

$$f_{cu,0}=0.48\times1.13f_{ce,g}\left(\frac{C}{W}-0.33\right) \tag{2-20}$$

即得,碎石混凝土

$$f_{cu,0}=0.52f_{ce,g}\left(\frac{C}{W}-0.07\right) \tag{2-21}$$

卵石混凝土

$$f_{cu,0}=0.54f_{ce,g}\left(\frac{C}{W}-0.33\right) \tag{2-22}$$

对于出厂期超过3个月或存放条件不良而变质的水泥应重新鉴定其强度等级,并按实际强度计算。

(2)按耐久性要求复核水灰比

按强度要求计算出的水灰比值应满足表2-29的规定。若计算得的水灰比值大于规定的最大水灰比值时,应按表2-29规定的最大水灰比选取。

2)确定用水量

在满足施工和易性的条件下,当水泥用量维持不变时,用水量越少,水灰比越小,混凝土质量就越好;当水灰比保持不变时,用水量越少,水泥用量越少,同时混凝土的体积变化也越小。因此,在混凝土配合比设计时,应力求采用最小单位用水量。各地区可根据施工单位所用材料按经验选用单位用水量;如无使用经验时可按集料品种、规格及施工要求的坍落度值参照表2-33、表2-34选用每1m³混凝土的用水量。

另外,也可按式(2-23)估算:

$$m_{w0}=\frac{10}{3}(T+K) \tag{2-23}$$

式中:m_{w0}——每1m³混凝土用水量(kg或L);

T——坍落度(cm),每增加3~4L水,坍落度增加1cm;

K——常数,与集料品种及最大粒径有关,可查表2-36选取。

混凝土用水量计算公式中的*K*值 表2-36

系数	最大粒径(mm)							
	碎石				卵石			
	10	20	40	80	10	20	40	80
K	57.5	53.0	48.5	44.0	54.5	50.0	45.5	41.0

注:1.采用火山灰硅酸盐水泥时,增加4.5~6.0。

2.采用细砂时,增加3.0。

3）计算水泥用量

根据已确定的水灰比及用水量可求出水泥用量：

$$m_{c0}=\frac{C}{W}\times m_{w0} \tag{2-24}$$

由式(2-24)计算得的水泥用量少于规定的最小水泥用量值时，应采用表2-29规定的最小水泥用量。

4）确定砂率

砂率是砂子质量与砂石质量的百分数，可通过下列方法确定。

(1)根据《普通混凝土配合比设计规程》要求，按集料品种、规格及水灰比值，通过查表2-28确定砂率值。

(2)根据需要，按下列确定原则经试验确定合理砂率值。

确定合理砂率值的原则如下：

①混凝土拌和物的合理砂率是指在一定用水量及水泥用量的情况下，能使混合物获得最大的流动性，且能保持黏聚性及保水性能良好的砂率值。

②进行确定拌和物合理砂率值试验时，应至少拌制5组不同砂率的拌和物。各组的用水量及水泥用量应相同，而砂率值应以每组相差2%~3%的间隔变动。

分别测定每组混凝土的坍落度值，并同时检验其黏聚性及保水性情况。然后，各制作强度试块备用。对坍落度小于20mm的干硬性或半干硬性混合物，应测定其工作性，并以工作性指标作为确定合理砂率值的基础。

③用坐标纸做坍落度—砂率关系图。一般情况下，如砂率过大，集料的总表面积和空隙率都增大，混合物显得干稠，流动性较小。如砂率过小，则砂浆量不足，也将降低混合物的流动性。因此，在图上将出现一个坍落度的极大值，与此相应的砂率值即为合理砂率值。此外，在水灰比及用水量比较大的情况下，砂率过小会引起混凝土的离析及泌水。此时，坍落度大而不稳定，以致在关系图上反映不出极大值点来，故合理砂率值应为黏聚性及保水性保持良好，且混合物坍落度值为最大时所对应的砂率值。

④砂率对混凝土强度的影响，在一定范围内并不明显。因此，合理砂率值主要应根据混合物的坍落度及黏聚性、保水性等特征来确定。各组强度试验结果作为分析时参考之用。

(3)按式(2-24)计算砂率值。

$$\beta_s=\frac{m_{s0}}{m_{s0}+m_{g0}}\times 100\% \tag{2-25}$$

式中：β_s——砂率(%)；

m_{s0}——混凝土中砂子用量(kg/m^3)；

m_{g0}——混凝土中石子用量(kg/m^3)。

确定砂率的原则是以砂子来填充石子空隙，并稍有富余。砂率计算公式如下：

$$\beta_s=\alpha\frac{\rho_s P_g}{\rho_s P_g+\rho_g}\times 100\% \tag{2-26}$$

砂率计算公式推导如下。

按填充原则，有：

$$V_s=V_g P_g$$

又因

$$\rho_s = \frac{m_s}{V_s}, \rho_g = \frac{m_g}{V_g}$$

故

$$\beta_s = \frac{m_s}{m_s + m_g} = \frac{\rho_s V_s}{\rho_s V_s + \rho_g V_g} = \frac{\rho_s V_g P_g}{\rho_s V_g P_g + \rho_g V_g}$$

$$= \frac{\rho_s V_g P_g}{V_g(\rho_s P_g + \rho_g)} = \frac{\rho_s P_g}{\rho_s P_g + \rho_g}$$

将上式乘以修正系数 α,得:

$$\beta_s = \alpha \frac{\rho_s P_g}{\rho_s P_g + \rho_g} \times 100\%$$

式中:β_s——砂率(%);

ρ_s、ρ_g——砂子、石子的表观密度(kg/m^3);

α——增加混凝土流动性的修正系数(又称拨开系数或砂浆剩余系数),表示砂子除填充石子空隙外应有一定余量,一般 α 取 1.1~1.4,机械振捣的 $\alpha = 1.1 \sim 1.2$,人工振捣的 $\alpha = 1.2 \sim 1.4$;

V_s——砂子体积(m^3);

V_g——石子体积(m^3);

P_g——石子的空隙率(%),计算公式为

$$P_g = \frac{\rho_g' - \rho_g}{\rho_g'} \times 100\% = \left(1 - \frac{\rho_g}{\rho_g'}\right) \times 100\%$$

其中 ρ_g'——石子视密度(g/cm^3)。

5)计算砂石用量

用体积法计算时,可使用以下两个关系式:

$$\begin{cases} \dfrac{m_{c0}}{\rho_c} + \dfrac{m_{s0}}{\rho_s} + \dfrac{m_{g0}}{\rho_g} + \dfrac{m_{w0}}{\rho_w} + 10\alpha = 1\ 000 \\ \dfrac{m_{s0}}{m_{s0} + m_{g0}} \times 100\% = \beta_s \end{cases} \tag{2-27}$$

解此联立方程,求出砂子、石子的用量。

6)得出初步配合比

配合比表示形式有两种。第一种以 $1m^3$ 混凝土中各材料的用量(kg)表示;第二种以混凝土中砂子、石子用量比例(以水泥用量为 1 的质量比)和水灰比表示。即水泥:砂子:石子 = $Q:X:Y,\frac{W}{C}$。

7)试配与调整,得出试验室配合比(又叫理论配合比)

以上求出的初步配合比的各材料用量,是借助于一些经验公式和数据计算出来的,或是利用经验资料查得的,而在实际工作中,所用材料[1]的情况往往是有变化的,同时影响混凝土性能的因素又很多,所以用以上办法得到的数据仅是初步配合比,需要经过试配进行调整。

---

[1]以上配合比计算公式及表格,均以干燥状态集料(即干燥状态含水率,砂 <0.5%,石 <0.2%)为基准。如需以饱和面干集料为基准进行计算时,则应作相应的修改。

下面介绍调整方法。

初步配合比确定后，即可称取材料试配，试配拌和量应根据集料最大粒径确定，见表2-37。如需进行抗冻、抗渗或其他项目的试验，则应根据试验项目的需要计算用量。

混凝土试配用拌和量　　表2-37

集料最大粒径(mm)	拌和物数量(L)
30及以下	15
40	30

采用机械搅拌时，拌和量应不小于搅拌机定额拌量的1/4。

(1)和易性调整

按计算量称取各材料进行试拌，搅拌方法应尽量与生产时使用的方法相同。搅拌均匀后测坍落度并观察有无分层、析水、流浆等情况出现。

如果坍落度不符合设计要求，可保持水灰比不变，增加适量水泥浆，并相应减少砂石用量。对于普通混凝土，每增加10mm坍落度，需增加水泥浆2%～5%。然后重新拌和试验，直至坍落度符合要求为止。

如果坍落度大于要求，且拌和物黏聚性不足，可减少水泥浆用量，并保持砂石总质量不变，适当提高砂率(增加砂用量的同时，相应地减少石子用量，以保持砂石总质量不变)，重新拌和，试验直到满足坍落度要求为止。

另外，为简化起见，也可只增减水泥浆数量不相应改变砂石数量使和易性合格。

坍落度的调整时间不宜过长，一般以不超过20min为宜。

经过调整后，应重新计算每$1m^3$水泥、砂子、石子、水的用量，提出供检验混凝土强度用的基准配合比。

(2)水灰比调整

检验混凝土强度时至少应采用三个不同的配合比。除基准配合比以外，另外两个配合比的水灰比值应按基准配合比分别相应增加及减少0.05，其用水量应该与基准配合比相同，但砂率值可作适当调整。

应调整使不同水灰比的三组混合物均满足和易性要求，然后制作混凝土强度试块。

每种配合比应至少制作一组(3块)试块，标准养护28d试压。有条件的单位可同时制作一组或n组试块，供快速检验或较早龄期时试压，以便提前定出混凝土配合比供施工使用。但以后仍必须以标准养护28d的检验结果为基准调整配合比。

根据计算得出的强度值作出$f_{cu,0}$与$\frac{C}{W}$图。由图中求出或计算出最适宜的$\frac{W}{C}$值(以满足$f_{cu,0}$且$\frac{W}{C}$又小者为最好)。

至此，即可定出调整后的配合比(又叫理论配合比)。

用水量：取基准配合比中用水量，并根据制作强度试块时测得的坍落度(或工作度)值，加以调整。

水泥用量：取用水量乘以经试验定出的为达到$f_{cu,0}$所必需的灰水比值。

石子、砂子用量：取基准配合比中石子、砂子用量，并按定出的水灰比值作适当调整。

8)确定施工配合比

试验室配合比是以干燥材料为基准，而实际施工现场存放的砂、石材料都含有一定的水分，并且含水率经常变化，所以应随时根据现场砂石含水情况调整配合比，调整后的配合比称为施工配合比。

实测砂子含水率为 $a\%$，石子含水率为 $b\%$，则换算施工配合比，其材料用量为：

水泥　　$C(\text{kg})$，无变化

砂子　　$m'_{s0}=m_{s0}(1+a\%)(\text{kg})$

石子　　$m'_{g0}=m_{g0}(1+b\%)(\text{kg})$

水　　$m'_{w0}=m_{w0}-m_{s0}\times a\%-m_{g0}\times b\%(\text{kg})$

故，水泥∶砂子∶石子 $=1:X:Y,\dfrac{W}{C}$。

3. 计算实例

设某工程制作钢筋混凝土梁，混凝土设计强度等级为 C20，机械拌和，机械振捣，坍落度 30～50mm，确定配合比。

水泥：强度为 32.5MPa 的普通水泥，$\rho_c=3.1\text{g/cm}^3$。

砂子：$M_k=2.7$，中砂，$\rho_s=1\,490\text{kg/m}^3$。

石子：碎石，最大粒径 40mm，$\rho_g=1\,500\text{kg/m}^3$。

水：自来水。

设计步骤如下。

(1)选定混凝土配制强度。查表 2-35，取 $\sigma=4\text{MPa}$。

确定混凝土配制强度，由式(2-3)，得：

$$f_{cu,0}=f_{cu,k}+1.645\sigma=20+1.645\times4=26.58(\text{MPa})$$

(2)计算水灰比。采用的集料是碎石，最大粒径为 40mm。

由式(2-1)，得：

$$f_{ce}=\gamma_s f_{ce,g}=1.13\times32.5=36.72(\text{MPa})$$

$$\frac{W}{C}=\frac{\alpha f_{ce}}{f_{cu,0}+\alpha\alpha_b f_{ce}}=\frac{0.46\times36.72}{26.58+0.46\times0.07\times36.72}=0.61$$

对照表 2-29，符合耐久性要求。

(3)确定用水量。查表 2-33，得 $m_{w0}=175\text{kg/m}^3$。

(4)计算水泥用量。由式(1-3)，得：

$$m_{c0}=\frac{m_{w0}}{\dfrac{C}{W}}=175/0.61=287(\text{kg/m}^3)$$

(5)确定砂率。查表 2-28，得 $\beta_s=34\%$。

(6)计算砂石用量。按以下两个关系式计算：

$$\begin{cases}\dfrac{m_{s0}}{\rho_s}+\dfrac{m_{g0}}{\rho_g}=1\,000-\dfrac{m_{c0}}{\rho_c}-\dfrac{m_{w0}}{\rho_w}-10\alpha\\ \dfrac{m_{s0}}{m_{s0}+m_{g0}}\times100\%=\beta_s\end{cases}$$

因是不掺外加剂的普通混凝土，取 $\alpha=1$。

解联立方程 $\begin{cases}\dfrac{m_{s0}}{2.65}+\dfrac{m_{g0}}{2.73}=722\\ \dfrac{m_{s0}}{m_{s0}+m_{g0}}\times100\%=34\%\end{cases}$，得：

$$m_{s0}=664\text{kg}, m_{g0}=1\ 289\text{kg}$$

(7)计算初步配合比,见表2-38。

混凝土设计初步配合比 表2-38

用料名称	水泥	砂	石	水
每 1m^3 混凝土材料量(kg)	287	664	1 289	175
配合比	1	2.31	4.49	0.61

(8)试配与调整。

①第一种调整情况。若测得坍落度小于要求,可保持水灰比不变,增加水泥浆,同时砂率不变,相应减少砂石的用量。

首先按初步配合比计算出15L拌和物的材料用量,分别为:$m_{c0}=4.46\text{kg}$,$m_{s0}=10.3\text{kg}$,$m_{g0}=20.03\text{kg}$,$m_{w0}=2.72\text{kg}$。

按上述材料拌和后,测得混合物坍落度为10mm,小于设计要求的坍落度(30~50mm),保持水灰比不变,水和水泥各增加2%,同时按砂率不变相应减少砂石的质量,再重新称料拌和试验,若测得坍落度为30mm,则符合要求,重新计算配合比(基准配合比)。

$$m_{c0}=287+287\times2\%=287+5.74=293(\text{kg})$$

$$m_{w0}=175+175\times2\%=175+3.5=179(\text{kg})$$

因为 m_{c0}增加5.74kg,m_{w0}增加3.5kg,共增加9.24kg,则 m_{s0}、m_{g0}应相应减少9.24kg。

由于 $\beta_s=0.34$,故:

$$m_{s0}=664-9.24\times0.34=664-3.14=661(\text{kg})$$

$$m_{g0}=1\ 284-9.24\times0.66=1\ 284-6.1=1\ 278(\text{kg})$$

然后按基准配合比做强度试验,假定满足要求,则不需再调整。于是,试验室配合比(又叫理论配合比)为:

$$m_{c0}:m_{s0}:m_{g0}=293:661:1\ 278=1:2.26:4.36$$

$$\frac{W}{C}=\frac{179}{293}=0.61$$

②第二种调整情况。当坍落度大于要求,且拌和物黏聚性不好时,可保持水灰比不变,减少水泥浆数量,并保持砂石质量不变,适当增加砂子用量(调整砂率)。

按初步配合比材料用量进行调整。

减少用水量5kg,同时相应地减少水泥用量,以保持水灰比不变。增加砂率2.0%,并在增加砂量的同时,相应地减少石子用量,以保持砂石总质量不变。

$$m_{w0}=175-5=170(\text{kg}), m_{c0}=\frac{170}{0.61}=279(\text{kg})$$

$$\begin{cases}\dfrac{m_{s0}}{2.65}+\dfrac{m_{g0}}{2.73}=1\ 000-\dfrac{170}{1}+\dfrac{279}{3.1}=740(\text{kg})\\[2ex]\dfrac{m_{s0}}{m_{s0}+m_{g0}}\times100\%=36\%\end{cases}$$

解联立方程,得:

$$m_{s0}=720\text{kg}, m_{g0}=1\ 282\text{kg}$$

调整后每 1m^3 混凝土材料用量及质量比为:

$$m_{c0}:m_{s0}:m_{g0}=279:720:1\,282=1:2.58:4.59$$

$$\frac{W}{C}=\frac{170}{279}=0.61$$

上述为基准配合比,用这种配合比做强度试验,假定强度符合要求,则理论配合比同上。

③第三种调整情况。为简化起见,调整坍落度时,只增减水泥浆,不改变砂石用量。

按初步配合比计算15L拌和物的材料用量为:水泥4.46kg、水2.72kg、砂子10.30kg、石子20.03kg。

假定上述材料混合物的坍落度为0,小于设计要求30~50mm。

保持水灰比不变,增加2%的水泥浆再做坍落度试验。此时15L拌和物的水泥用量为:4.46+4.46×2%=4.55(kg),15L拌和物中水用量为:2.72+2.72×2%=2.77(kg)。

增加2%的水泥浆后,测得坍落度为10cm,仍不符合要求,再作调整,即再增加2%的水泥浆。

水泥用量为:4.55+4.55×2%=4.64(kg),水用量为:2.77+2.77×2%=2.83(kg)。

此次测坍落度为30mm,满足要求,即可做检验抗压强度用的试块。

假定强度符合要求,故不需调整。

于是得出试验室配合比(又叫理论配合比),如表2-39所示。

试验室配合比 表2-39

用料名称	水泥	砂	石	水
$1m^3$ 混凝土材料用量(kg)	298	664	1 289	182
配合比	1	2.23	4.33	0.61

(9)计算施工配合比。

按上述第三种情况计算。

若经实测现场砂子含水率为5%,石子含水率为1%,则需要求出湿料的实际用量,并在加水量中扣除由砂子、石子带入的水量。其计算如下。

以水泥100kg为基准的试验室配合比(又叫理论配合比)为:

$$m_{c0}:m_{s0}:m_{g0}=100:233:433$$

$$\frac{W}{C}=0.61$$

以水泥100kg为基准的施工配合比为:

$$m_{s0}=233+233\times5\%=233+11.65=245(\text{kg})$$

$$m_{g0}=433+433\times1\%=433+4.33=437(\text{kg})$$

$$m_{w0}=61-11.65-4.33=45(\text{kg})$$

$$m_{c0}=100(\text{kg})$$

上述计算结果列于表2-40。

试验室配合换算成施工配合比 表2-40

用料名称	水泥	砂	石	水	用料名称	水泥	砂	石	水
试验室配合比	100	233	433	61	砂石含水率(%)		5	1	
校正含水率(kg)		11.65	4.33	15.98	施工配合比(kg)	100	245	437	45
施工称量(kg)	50	123	219	22.5					

（二）假定质量法

1. 基本理论和设计顺序

根据经验，如果原材料情况比较稳定，所配制的混凝土拌和物的密度将接近一个固定值，这就可以先假定一个混凝土混合物表观密度值，再根据各材料之间的质量关系，计算出各材料的用量。该方法目前正在广泛采用。其主要优点在于：节省了体积法中把质量变成绝对体积和把绝对体积变成质量这些繁琐换算，从而使配合比的设计更加简捷。具体计算方法如下。

（1）假定混凝土的计算表观密度。

新浇筑混凝土表观密度，可根据施工单位积累的试验资料确定，在无资料时可按表 2-41 选用。

混凝土的计算表观密度 表 2-41

混凝土强度等级	≤C10	C15 ~ C30	>C30
计算表观密度（kg/m^3）	2 360	2 400	2 450

（2）选定混凝土的试配强度。

（3）计算水灰比。

（4）确定用水量。

（5）计算水泥用量。

（6）确定砂率。

以上各项计算方法和初步确定与绝对体积法相同。

（7）计算砂、石用量。

先根据表 2-41 选出一个计算表观密度 $\rho_{c,c}$，然后则可根据以下两个关系式计算：

$$\rho_{c,c} = m_{c0} + m_{s0} + m_{g0} + m_{w0}$$

$$\rho_s = \frac{m_{s0}}{m_{s0} + m_{g0}} \times 100\%$$

式中： $\rho_{c,c}$——拌和物的计算表观密度（kg/m^3）；

ρ_s——含砂率（%）；

m_{c0}、m_{s0}、m_{g0}、m_{w0}——1m^3 混凝土中所用水泥、砂子、石子、水的质量。

砂、石用量可按下式计算：

$$m_{s0} + m_{g0} = \rho_{c,c} - m_{c0} - m_{w0}$$

$$m_{s0} = (m_{s0} + m_{g0}) \times \beta_s$$

$$m_{g0} = (m_{s0} + m_{g0}) - m_{s0}$$

（8）计算初步配合比。

将各种材料的用量除以水泥质量即得以水泥为 1 的质量配合比。

$$水泥:砂:石 = 1:\frac{砂}{水泥}:\frac{石}{水泥}$$

即

$$m_{c0}:m_{s0}:m_{g0} = 1:\frac{m_{s0}}{m_{c0}}:\frac{m_{g0}}{m_{c0}}$$

（9）试配与调整。

按计算出的初步配合比，称取 10 ~ 25L 的用料量，拌制混凝土，测定其坍落度并观察其黏聚性与保水性，如果不合要求，应适当调整用水量及砂率，再行拌和试验，直至符合要求为止。和易性与水灰比调整的原则与绝对体积法相同。

当试拌调整工作完成后，应测出混凝土拌和物的实际表观密度。其表观密度的调整方法为将实测表观密度除以计算表观密度得出材料用量修正系数，即：

$$K=\frac{\text{混凝土表观密度实测值}}{\text{混凝土表观密度计算值}}$$

将配合比中每项材料用量均乘以校正系数 K，即得试验室配合比。

(10)确定施工配合比。

施工配合比的确定与绝对体积法相同。

2.计算实例

制作钢筋混凝土梁，混凝土设计强度等级为C20，机械振捣，坍落度30～50mm，确定配合比。

水泥：强度为32.5MPa的普通水泥（不知实际强度），$\rho_c=3.1\text{g/cm}^3$。

砂子：中砂，$\rho_s=1\,500\text{kg/m}^3$（表观密度）。

石子：碎石，$\rho_g=1\,480\text{kg/m}^3$（表观密度），最大粒径40mm。

水：自来水。

设计步骤如下。

(1)设 $\rho_{c,c}=2\,400\text{kg/m}^3$。

(2)选定混凝土的试配强度。与上述绝对体积法相同，即 $f_{cu,0}=26.58\text{MPa}$。

(3)计算水灰比。与上述绝对体积法相同，即 $\frac{W}{C}=0.61$。

(4)确定用水量。查表2-33，得 $m_{w0}=175\text{kg}$。

(5)计算水泥用量。

$$m_{c0}=\frac{m_{w0}}{\frac{C}{W}}=\frac{175}{0.61}=287(\text{kg/m}^3)$$

(6)确定砂率。查表2-28，得 $\beta_s=34\%$。

(7)计算砂石用量。砂石用量可按下式计算：

$$m_{c0}+m_{s0}+m_{g0}+m_{w0}=2\,400(\text{kg/m}^3)$$

$$m_{s0}+m_{g0}=2\,400-(m_{c0}+m_{w0})$$

$$=2\,400-(287+175)=1\,938(\text{kg})$$

$$\beta_s=\frac{m_{s0}}{m_{s0}+m_{g0}}\times100\%=34\%$$

$$m_{s0}=(m_{s0}+m_{g0})\times\beta_s=1\,938\times0.34=659(\text{kg})$$

$$m_{g0}=(m_{s0}+m_{g0})-m_{s0}=1\,938-659=1\,279(\text{kg})$$

(8)计算初步配合比。

水泥∶砂∶石＝287∶659∶1 279＝1∶2.30∶4.46

$$\frac{W}{C}=\frac{175}{287}=0.61$$

(9)调整。调整坍落度和调整水灰比与绝对体积相同。

调整表观密度：混凝土表观密度实测值为 $2\,455\text{kg/m}^3$。

$$m_{c0}=\frac{2\ 455}{2\ 400}\times 287=294(\mathrm{kg})$$

$$m_{s0}=\frac{2\ 455}{2\ 400}\times 659=674(\mathrm{kg})$$

$$m_{g0}=\frac{2\ 455}{2\ 400}\times 1\ 279=1\ 308(\mathrm{kg})$$

$$m_{w0}=\frac{2\ 455}{2\ 400}\times 175=180(\mathrm{kg})$$

得出试验室配合比(又叫理论配合比)为：

$$294:674:1\ 308=1:2.29:4.45$$

$$\frac{W}{C}=\frac{180}{294}=0.61$$

(10)计算施工配合比。计算施工配合比与绝对体积法相同。

六、参考配合比

详见附录十八。

第二节 单粒级普通混凝土配合比设计

混凝土工程中,正常的集料级配是集料从最大粒径开始,由大到小各级连续,一直到150μm 筛孔尺寸为止,然而,有些集料级配可以抽掉中间的某一级或几级,前者称为"连续级配",后者称为"间断级配"。在施工中掌握配合比的某些问题使人们产生这样的看法:当用间断级配来配制混凝土时需要特殊的技术。其实不然,间断级配不是什么特殊的级配,只需掌握熟练的技术和良好的控制条件。比起连续级配,间断级配要求失误更少,更细心和细致的监控。

一、单粒级混凝土的两种设计法

单粒级混凝土的设计方法有两种。第一种是比面法(运用表面积指数),另一种则以尝试预测待浇筑混凝土构件中粗集料的填料分布情况,来推断出填满现有空隙所需的砂浆量。

(一)颗粒填充

用第二种方法,可参照斯图尔特(Stewart)提出的程序。先假设有一单位体积的容器,用其浇满混凝土,混凝土是由一定比例的水、水泥和集料组成的(假定为零空隙)。

设 m_{A0} = 混合集料的绝对体积,m_{c0} = 水泥的绝对体积,m_{w0} = 水的绝对体积,则:容器的容积 = 混凝土的体积 = $m_{A0}+m_{c0}+m_{w0}$。

这个设计方法有如下假定:

(1)粗集料的容积(主体积)等于密实的混凝土所要求的体积。

(2)水的绝对体积、水泥拌和物的绝对体积等于水的绝对体积、水泥的绝对体积。

设 ρ_A' = 混合集料的视密度,ρ_c = 水泥密度,$\frac{A}{C}$ = 集(混合集料)灰质量比,$\frac{W}{C}$ = 水灰比。

故

$$\text{混合集料的表观密度} = \frac{\text{质量}}{\text{体积}} = \frac{m_{A0}\rho_A'}{m_{A0} + m_{c0} + m_{w0}} \tag{2-28}$$

因为

$$\frac{A}{C} = \frac{m_{A0}\rho_A'}{m_{c0}\rho_c}, m_{A0}\rho_A = \frac{A}{C}m_{c0}\rho_c, \frac{W}{C} = \frac{m_{w0}}{m_{c0}\rho_c}$$

所以

$$m_{c0} = \frac{W}{C}m_{c0}\rho_c$$

$$\frac{m_{A0}\rho_A'}{m_{A0} + m_{c0} + m_{w0}} = \frac{\frac{A}{C}m_{c0}\rho_c}{\frac{A}{C}\frac{m_{c0}\rho_c}{\rho_A'} + m_{c0}\frac{\rho_c}{\rho_c} + \frac{W}{C}m_{c0}\rho_c}$$

$$= \frac{\frac{A}{C}}{\frac{A}{C}/\rho_A' + \frac{1}{\rho_c} + \frac{W}{C}} = \rho_A \tag{2-29}$$

式中：m_{A0}——混合集料的绝对体积(m^3)；

m_{c0}——水泥的绝对体积(m^3)；

m_{w0}——水的绝对体积(m^3)；

ρ_A'——混合集料的相对表观密度(kg/m^3)；

ρ_c——水泥密度(kg/m^3)；

$\frac{W}{C}$——水灰比；

$\frac{A}{C}$——集(混合集料)灰质量比。

已知$\frac{W}{C}$、$\frac{A}{C}$、ρ_A、ρ_c的值，就可求ρ_A并可算出粗集料的表观密度ρ_g和砂率β_s。

$$\beta_s = \frac{\rho_A - \rho_g}{\rho_A} \times 100\%$$

式中：ρ_A——混合集料的表观密度(kg/m^3)；

β_s——砂率(%)；

ρ_g——粗集料的表观密度(kg/m^3)。

下列各点应注意：

(1)假定粗集料的容积等于待浇筑混凝土容器的容积，并且式(2-28)也正确，就可再假定所用砂能渗入填塞于粗集料之间，而不会使它们离析，所以，理想的砂的最大半径应小于粗集料之间的空隙。

(2)从上面第(1)点看出，所用砂必须是细级配的，但不能过分细，否则用水量将太大。

(3)砂率不能小于20%，否则配合比不适用。

(4)由于水泥浆的初期水化阶段有体积上的变化，前面第(2)点中提到的假设就不符合实际了，但因为这种变化很小，因此，假设还是可以接受的。

下面列出了与粗集料合理匹配的最大砂的粒径(表2-42),作为参考。

(二)粗集料的容积密度(松密度)

与粗集料合理匹配的最大砂的粒径 表2-42

粗 集 料	砂
20.0~40.0mm	所有能通过2.36mm筛孔的
10.0~20.0mm	所有能通过1.18mm筛孔的
5.0~10.0mm	所有能通过600μm筛孔的

要算出粗集料的表观密度并不难,只要有一个不小于粗集料最大粒径8倍的容器,将集料倒入振动着的容器,使颗粒密实,就可得到表观密度,一般应取样6次,以获得合理的平均值。如果集料颗粒形状很不一致,取样次数就应更多些,因为集料颗粒形状的变化会影响表观密度以及对拌和浆料的要求,且这种影响会导致不利后果。

(三)水灰比和集灰比

通常以强度和耐久性来确定水灰比,而以斯图尔特提供的数据得出的水灰比和集灰比的关系(表2-43和表2-44)适用于振捣条件下具有稳定和易性的情况。

其和易性定得很低,但不一定要与密实度所表明的完全一致。

适用于几种最大粒径的河道集料的水灰比和集灰比,见表2-43。

适用于几种最大粒径的碎石集料的水灰比和集灰比,见表2-44。

表2-43

	集灰比						最大集料粒径(mm)
	3:1	4:1	5:1	6:1	7:1	8:1	
水灰比	0.32	0.36	0.39	0.42	0.46	0.50	40.0
	0.32	0.36	0.40	0.44	0.49	0.56	20.0
	0.37	0.42	0.47	0.52	0.59	0.67	10.0

表2-44

	集灰比						最大集料粒径(mm)
	3:1	4:1	5:1	6:1	7:1	8:1	
水灰比	0.34	0.38	0.41	0.46	0.52	0.58	40.0
	0.34	0.39	0.43	0.48	0.55	0.62	20.0
	0.40	0.47	0.54	0.61	0.69	0.77	10.0

(四)集料的相对表观密度

由于粗、细集料的相对表观密度往往不同,集料中的砂率只有在混合集料的相对表观密度值ρ'_A求出之后才能得知,因此,需要一个反复试验和修正的过程。可根据经验,先假定砂率,然后算出ρ_A,以此算出集料的相对表观密度的比值;在此基础上,已知了粗集料的表观密度,就可得知砂率。如果这个砂率与预先假定的砂率相一致,就成功了;若不一致,则需重新假定一个砂率,再继续试算。

典 型 砂 率 表2-45

集料最大粒径(mm)	砂率(%)
40.0	20~25
20.0	25~30
10.0	28~35

下面是几个典型的砂率,见表2-45。

所要求的集粒相对表观密度是以集料内部含饱和水但表面干燥为基础的。

(五)颗粒影响

前面已经提出了最大粒径不同的粗集料要求配用一定细度的砂,使其在振捣时能填充粗集料之间的空隙。如果有些砂达不到要求,往往会把粗集料的颗粒挤开或卡住,其结果是会加大集料空隙容积。由于砂浆用量是按较小的空隙容积计算的,因此砂浆量不足以填满新的空隙,配合比将难以令人满意。

发生这种空隙容积增大的原因,不是砂太粗,就是粗集料的颗粒在较小的筛孔上的通过率太高。均匀颗粒的密级配最理想。标称均匀颗粒20.0mm的集料有相当大的部分能通过10.0mm筛孔,有些还能通过5.0mm的筛孔,可以满足BS882的级配要求。这样用砂量比固定级配(20.0mm 的集料有 5% 通过 10.0mm 筛孔)大大增加。

当集料比例通过试验和调整之后,应该严格控制集料的级配。

二、配合比设计实例

由最大粒径为 20.0mm 的砾石和第 3 区级砂构成下面的级配,见表 2-46。

最大粒径为 20.0mm 的砾石和第 3 区级砂构成的级配 表 2-46

筛孔尺寸	20.0mm	10.0mm	5.0mm	2.36mm	1.18mm	600μm	300μm	150μm
通过率(%)	100	5	100	100	100	750	30	5

已知:砾石表观密度 =1 440kg/m^3,砾石视密度 =2.55g/cm^3,砂视密度 =2.65g/cm^3。

假定要求的水灰比是 0.50,从表 2-38 中可看到集灰比大约是 7。假定粗、细集料之比为 70/30(注意这 30% 的砂率是指适配的砂),则有:

$$\rho_A' = 0.30 \times 2.65 + 0.70 \times 2.55 = 2.58(g/cm^3)$$

$$\rho_A = \frac{7.0}{(7.0/2.58 + 1/3.15 + 0.50)/100}$$

$$= 1.99 \times 1\,000(kg/m^3)$$

$$砂含量 = \frac{1.99 - 1.44}{1.99} \times 100\% = 27.6\%,取 28\%$$

这样可求出 $\rho_A' = 2.583g/cm^3$,很合适。配合比为 1:1.96:5.04:0.50。

三、比面法

混凝土混合集料获得所要求级配的几种方法参见第九章第十一节。很明显,本法原则上也适用于单粒级混凝土,它不考虑颗粒影响,因此,必须有一种“典型”级配作为比较的标准。本法指出对给定的集料和“典型”级配的用砂量相同,而不考虑混合料的和易性及浓度。不过,通过选择“典型”级配以满足这些要求,本法仍是可行的。

用本节配合比设计实例中的级配时可看到,如果想要接近第九章第十一节“图解法”中所标出的级配范围的下限,大约需要 20% 的砂,而上限约为 27%。从经验可知,对于惯用的少灰、干拌拌和物来说,用 20% 的砂太低了,大概应该用 30% 左右。

四、一些总的说明

要对单粒级和连续粒级进行比较是困难的。实际上只能在理论上尝试,因为这两种级配都是为了配制同一物理特性的混凝土,而一组给定的集料只有一种级配。换句话说,只能采用两种级配之一来配制优质的混凝土,通常取决于可以得到哪一种级配。要正确地设计配合比自然应该考虑集料的特性。

有时,当粗、细集料的视密度相差悬殊时,使用间断级配可能更合适。但一般来说,应该采用更经济的级配。一方面,间断级配混凝土的砂浆含量低,对用水量的变化很敏感,因此,必须掌握好用水量,否则会产生离析现象。另一方面,粗集料用量和填料配置会使刚浇筑的混凝土密度变化最小。

斯图尔特的方法之所以令人感兴趣,在于他尝试着使水、水泥和集料三项含量之间的关系合理化,并抛开了难以复制的“典型”级配。当然,这个方法只是近似的方法,并没有代替最终定出配合比的工艺。本法比其他常用方法更易引起非议，这是因为本法砂浆含量低，考虑到在搅拌机、倾卸车、翻斗车和另外一些施工过程中砂浆的损耗，就可能不得不提高砂浆用量。与普通的连续级配混凝土相比，试配比更成问题，预计和易性很低，加上新拌混凝土的独特外观——一般都是粗颗粒，缺乏细颗粒，需加水以“改进”，非常不利。通常，混凝土振捣后，密实情况良好。不过，在实验室里的浇筑设备功率远远小于施工现场的设备功率，小的振捣器，如一个 50mm 或 75mm 插入式振捣器，在功率上的差别就可能很大。由于试配材料用量比实际材料用量都小很多，因此，往往极少的浆料损耗（比如粘在搅拌机盘上、铲上或是粘在正方形模型表面上的浆料），都会严重影响混凝土浇筑的完成。所以，一定要放宽砂浆用量（可能是加上 5%）。随着经验的积累，就可以把试配比推广到全面的实际应用中去。

第三节　最经济水泥用量普通混凝土配合比设计

最经济水泥用量的混凝土，是指合理选择水泥，通过科学方法获得粗集料的最佳级配，寻求到包裹所有粗集料的最小砂浆体积和包裹细集料颗粒所需的最小水泥浆体积，而配制的一种人造石材。这对于降低工程成本有十分重要的意义，因此具有推广价值。

一、原材料技术条件

原材料技术条件除符合普通混凝土用原材料技术要求外，还必须考虑粗、细集料品质对水泥用量的影响。

（一）集料粒形、品种对水泥用量的影响

集料的粒形主要是通过两方面来影响水泥用量。一是通过集料空隙率和表面积来影响，二是通过拌和物的和易性来影响。如果集料中，特别是粗集料中，针状、片状颗粒含量很高，空隙率势必增大，表面积也大。因此，水泥用量随着针状、片状含量的增加而增加。针片状石料通常规定不得超过石子总重的 15%。不同粒形碎石的空隙率见表 2-47。

碎石粒形与空隙率的关系　　表 2-47

粒　形	空隙率（%）	粒　形	空隙率（%）
近乎立方体	30	近乎球形	35
棱角形	38	碎块状	42
碎片状	45 ~ 60		

不同品种的集料相对表观密度、表观密度及空隙率见表 2-48。

不同种类集料相对表观密度、表观密度、空隙率　　表 2-48

集料类别	粒径（mm）	相对表观密度（g/cm^3）	表观密度（kg/m^3）	空隙率（%）
深暗石	76.35	2.90	1 570	46.5
	13 ~ 40	2.90	1 440	50.2
	40 ~ 75	2.90	1 500	48.1
石英石	>6.35	2.67	1 480	44.3
	6 ~ 40	2.67	1 380	48.1
花岗石	>6.35	2.62	1 520	41.8
	6 ~ 40	2.62	1 380	47.0
	6 ~ 32	2.62	1 420	45.6
	6 ~ 50	2.62	1 360	48.1
	0 ~ 25	2.58	1 520	40.9

续上表

集料类别	粒径(mm)	相对表观密度(g/cm^3)	表观密度(kg/m^3)	空隙率(%)
石灰石	0~25	2.49	1 560	37.1
卵石	6~25	2.45	1 640	33.0
	6~40	2.77	1 770	36.0
卵石(原坑)	0~40 (51%>6)	2.77	2 020	27.0
卵石(湖产)	2~25	2.75	1 800	34.4
卵石	6~15	2.70	1 680	37.7
	6~32	2.70	1 640	39.2
煤渣	0~32 (37%>6)	1.53	750	50.9
高炉重矿渣	25~65	2.99	1 290	57.6
	5~40	2.99	1 350	54.7

(二)集料最大粒径对水泥用量的影响

一般情况下,集料最大粒径越大,则单位体积中(或单位质量中)集料表面积就越小,粗集料的骨架作用越强。因此,在所用砂的性质一定时,在相同坍落度要求下选用的粗集料最大粒径越大,则拌和混凝土所需的用水量越少。因而在同一水泥用量情况下,混凝土拌和料随着水灰比的降低而强度提高。对于坍落度和强度一定的混凝土拌和料,则随着集料粒径的增大而水泥用量降低。但这只是在石子处于某一最大粒径范围内,超过这一粒径限度水泥用量又将增加。对于高、中、低强度等级混凝土,所增加水泥的用量不一。表2-49综合表示了粗集料最大粒径、水泥用量和混凝土强度等级的相互关系。

混凝土强度等级、碎石最大粒径与水泥用量的关系　　表2-49

强度等级 水泥用量(kg/m^3) 碎石最大粒径(mm)	高强度区			中强度区			低强度区	
	C60(C50)	C50(C40)	C40(C25)	C40(C20)	C25	C20	C20	C10
10	500	400	355	318	288	268	240	214
20	465	370	330	292	280	250	230	196
40	450	355	316	275	255	230	204	180
60	480	365	300	265	240	214	186	166
80	—	380	315	260	235	210	180	156
100	—	—	322	255	230	200	172	147
120	—	—	350	255	227	190	167	—
140	—	—	410	—	225	185	160	—
160	—	—	—	—	—	180	—	—
不同强度混凝土粗集料最佳最大粒径及相应水泥用量	30mm (440)	40mm (350)	60mm (300)	100mm (255)	140mm (225)	160mm (180)	140mm (160)	100mm (147)

注:1. 原材料用强度等级42.5级硅酸盐水泥、优质碎石及砂子。

2. 混凝土强度等级在圆括号内的数字指塑性混凝土的强度等级,在圆括号外的数字为低流动性混凝土的强度等级。

由表2-49可以看出,由于坍落度要求不同,因此同一等级混凝土的最低水泥用量及最佳最大集料粒径也不同。例如,若为C25塑性混凝土时,最佳最大集料粒径为10mm,相应最低水泥用量为355kg/m^3。若为C25低流动性混凝土时,最佳最大集料粒径为40mm,相应最低水泥用量为255kg/m³。此外,由表2-49还可看出,低强度塑性混凝土如C20、C10混凝土实际上不可能用强度等级42.5级硅酸盐水泥拌制,而应选用强度等级32.5级矿渣硅酸盐水泥,已超出本表所讨论的范围。

必须强调指出的是,集料最大粒径不是单纯从最低水泥用量方面考虑,对于构件尺寸、钢筋净距等都应统筹考虑,以使所选用的粗集料最大粒径既尽可能减少水泥用量,又保证钢筋混凝土质量,方便施工。

(三)集料的颗粒级配对于水泥用量的影响

在混凝土组成结构中,粗集料(包括大小尺寸的石子)的空隙用细集料(包括大小尺寸的砂粒)来填充,在更细集料的空隙中用水泥浆来填充。从节约水泥角度来看,一个良好的混凝土集料级配要求空隙率最小,比表面积最小,密度或密实度最大。

获得集料最佳级配通常有以下两种方法。

(1)在粗、细集料相混后的总体中,通过某个尺寸的筛孔的颗粒占总体中的质量百分数,可用式(2-30)表达:

$$P = A + (100 - A)\sqrt{\frac{d}{D}} \tag{2-30}$$

式中:P——砂、石总体中通过$d$mm筛孔颗粒的百分率(%);

D——集料中的最大粒径(mm);

d——规定筛的净孔直径(mm);

A——系数,取决于混凝土混合料的流动度及集料的品种,其值如表2-50。

表2-50

拌和物流动度 \ 集料品种	碎石+砂	卵石+砂
干硬性混凝土(坍落度为0)	8	10
塑性混凝土(坍落度在1~2cm以上)	10	12

混凝土粗集料(逐级规定)应符合表2-51。

混凝土粗集料级配标准(逐级规定) 表2-51

集料粒径(mm)	<100	90~100	75~90	64~75	50~64	40~50	25~40	20~25	13~20	10~13	5~10	2.5~5	<2.5
40~90	100	0~10	64~90 40~65		40~64 25~45		20~40 0~10		<20 0~5				
40~60				0~10	30~55	35~55	20~40 0~10						
5~50					0~5	25~50 30~60		13~25 25~40					
5~40						0~5	20~40 30~60		10~20 25~40		10~25	0~5	
5~25							0~5	40~70	13~5 25~50	0~5		0~5	5

续上表

<table>
<tr><th>集料粒径（mm）</th><th><100</th><th>90～100</th><th>75～90</th><th>64～75</th><th>50～64</th><th>40～50</th><th>25～40</th><th>20～25</th><th>13～20</th><th>10～13</th><th>5～10</th><th>2.5～5</th><th><2.5</th></tr>
<tr><td>5～20</td><td></td><td></td><td></td><td></td><td></td><td></td><td></td><td>0～10</td><td colspan="2">⏟
10～20
45～70</td><td>20～45</td><td>5</td><td>0～5</td></tr>
<tr><td>5～13</td><td></td><td></td><td></td><td></td><td></td><td></td><td></td><td></td><td>0～10</td><td>30～50</td><td>40～55</td><td>0～10</td><td>0～5</td></tr>
<tr><td>25～50</td><td></td><td></td><td></td><td></td><td>0～5</td><td>30～60</td><td>35～55</td><td colspan="2">⏟
13～25
0～10</td><td><13
0～5</td><td></td><td></td><td></td></tr>
<tr><td>20～40</td><td></td><td></td><td></td><td></td><td></td><td>0～10</td><td>45～70</td><td>20～50</td><td>0～5</td><td>—</td><td>0～5</td><td></td><td></td></tr>
</table>

（2）将经验级配曲线化为表格形式，并把水泥用量作为级配设计的考虑因素。有关经验数值综合后见表2-52。

集料总级配与水泥用量关系 表2-52

水泥用量（kg/m^3）	通过筛孔百分率（%）					
	$\frac{D}{50}$	$\frac{D}{20}$	$\frac{D}{10}$	$\frac{D}{4}$	$\frac{D}{2}$	D
230	$\frac{17}{14}$	$\frac{26}{24}$	$\frac{39}{35}$	$\frac{59}{54}$	$\frac{78}{74}$	$\frac{100}{100}$
270	$\frac{15}{12}$	$\frac{23}{22}$	$\frac{35}{31}$	$\frac{56}{52}$	$\frac{76}{72}$	$\frac{100}{100}$
320	$\frac{13}{10}$	$\frac{20}{19}$	$\frac{33}{28}$	$\frac{53}{49}$	$\frac{74}{70}$	$\frac{100}{100}$
400	$\frac{11}{9}$	$\frac{18}{16}$	$\frac{31}{26}$	$\frac{50}{46}$	$\frac{72}{68}$	$\frac{100}{100}$
500	$\frac{8}{7}$	$\frac{16}{14}$	$\frac{28}{23}$	$\frac{48}{43}$	$\frac{70}{66}$	$\frac{100}{100}$

注：D为集料最大粒径；分子值适于碎石，分母值适于卵石。

由于砂、石场地分布广泛，质量难免有所波动，甚至某些场地所产砂、石本身品质低劣，距最经济水泥用量的混凝土配合比设计要求有很大差距。为此，往往需要将不同规格碎石通过级配试验，以确定最佳级配。即按最大密度法（即最大密实度法），确定各级碎石比例。

例如，现有20～50mm和5～20mm碎石，其质量指标分别如表2-53、表2-54所示，试确定其最佳级配。

碎石原始质量指标（一） 表2-53

<table>
<tr><th>碎石规格（mm）</th><th>20～50</th><th>筛孔径（mm）</th><th>分计筛余百分率（%）</th><th>累计筛余百分率（%）</th></tr>
<tr><td rowspan="2">表观密度（g/cm³）</td><td rowspan="2">2.61</td><td>50</td><td>5.4</td><td>5.4</td></tr>
<tr><td>40</td><td>16.46</td><td>21.86</td></tr>
<tr><td rowspan="2">视密度（kg/m³）</td><td rowspan="2">1 378</td><td>35</td><td>32.04</td><td>53.90</td></tr>
<tr><td>30</td><td>23.30</td><td>77.20</td></tr>
</table>

续上表

碎石规格(mm)	20~50	筛孔径(mm)	分计筛余百分率(%)	累计筛余百分率(%)
空隙率(%)	47	25	16.06	93.08
		20	4.10	97.09
针片状含量(%)	5.4	15	1.94	99.08
		5	0.06	100.06

碎石原始质量指标(二) 表 2-54

碎石规格(mm)	5~20	筛孔径(mm)	分计筛余百分率(%)	累计筛余百分率(%)
		25	3.3	
视密度(g/cm^3)	2.65	20	3.0	6.3
		15	7.8	14.1
表观密度(kg/m^3)	1 401	10	45.0	59.1
		5	37.3	96.4
空隙率(%)	47	底	3.7	100.1

两种碎石的级配试验数据,综合后见表 2-55。

碎石级配及级配的碎石质量 表 2-55

20~50mm 碎石		5~20mm 碎石			碎石总重(g)	表观密度(kg/m^3)	最佳级配的碎石表观密度(kg/m^3)
百分率(%)	质量(g)	百分率(%)	质量(g)	递增量(g)			
75	4 200	25	1 400		5 600	1 440	视密度(kg/m^3)
70	4 200	30	1 800	400	6 000	1 530	空隙率(%)
65	4 200	35	2 262	462	6 462	1 484	针片状含量(%)

由表 2-48、表 2-49 及表 2-51 可看出:由于采取两种规格碎石级配,粗集料空隙率由 47% 降低至 41.8%,针片状含量也由 5.4% 降低至 3.78%。优质的原材料,为降低每 $1m^3$ 水泥用量创造了条件。

有时需根据原材料的实际情况,决定进行间断级配或三种规格碎石的连续级配。有关试验情况,分别如图 2-4、图 2-5 所示。

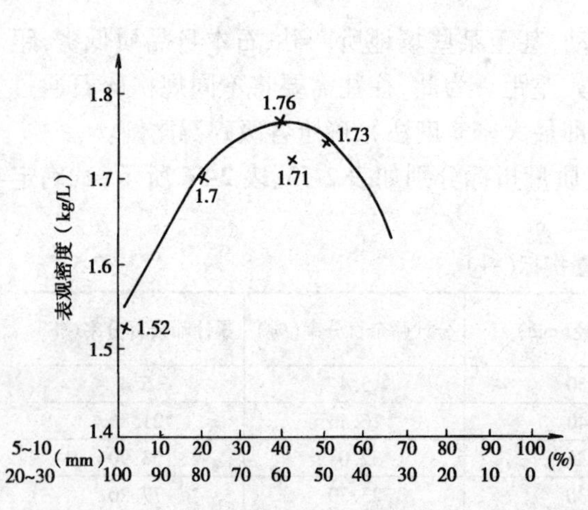

图 2-4 间断级配表观密度曲线

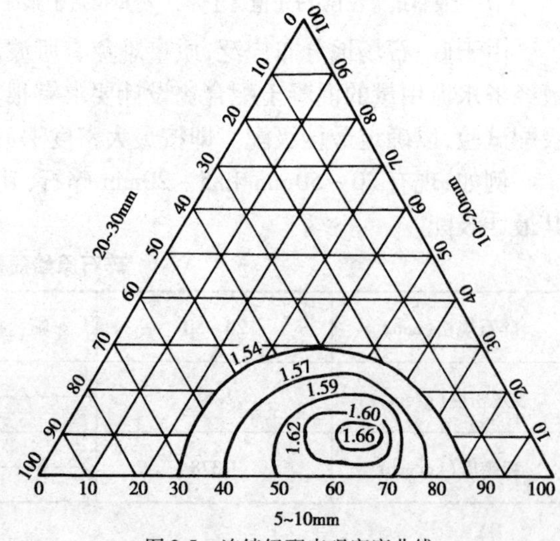

图 2-5 连续级配表观密度曲线

级配的第二种是由砂率来设计,砂率即砂子占砂、石总量的百分数。对于连续级配、间断级配都通用。一般根据实践经验为基础的表格数据或作简单计算初步选定,然后进行试配——按施工和易性、混凝土强度及耐久性等综合指标,确定施工配合比的砂率。

以混凝土强度等级为基础的砂率参数表(表2-56),对低、中、高强度及塑性、干硬性混凝土都基本适用。虽幅度范围较大,但可着重于在此范围内试配。表2-57是一般施工情况下砂率的最小值,据此可保证拌和料有适当的和易性;设计高强度混凝土时趋于应用最小值,此时适宜参照表2-55选用砂率。

塑性混凝土砂率参数表

表2-56

混凝土强度等级	<C10	C10~C20	C25~C40	C50~C60
砂　率(%)	35~38	32~36	28~34	25~29

砂率最小值表

表2-57

近似的水泥用量(kg/m^3)	集料最大粒径(mm)					
	卵石			碎石		
	20	40	80	20	40	80
250	0.30/0.36	0.28/0.34	0.27/0.33	0.38/0.40	0.31/0.37	0.29/0.35
300	0.28/0.34	0.27/0.32	0.26/0.32	0.30/0.36	0.29/0.34	0.28/0.33
350	0.27/0.32	0.26/0.31	0.25/0.29	0.28/0.35	0.27/0.33	0.26/0.31
400	0.26/0.30	0.25/0.28	0.24/0.27	0.27/0.33	0.26/0.31	0.25/0.28

注:分子适用于干硬性混凝土,分母适用于塑性混凝土。

表2-58为一般施工条件下塑性混凝土的砂率参考表,且低强度至高强度的范围均适用。

塑性混凝土砂率参考表

表2-58

近似的水泥用量(kg/m^3)	集料最大粒径(mm)			
	10~20	40	60	>80
200	0.46/0.40	0.42/0.38	0.39/0.36	0.37/0.35
250	0.44/0.38	0.40/0.36	0.37/0.34	0.35/0.33
300	0.42/0.36	0.38/0.34	0.34/0.32	0.33/0.30
350	0.40/0.35	0.36/0.32	0.33/0.30	0.31/0.28
400	0.38/0.34	0.35/0.31	0.32/0.29	0.30/0.27
500	0.34/0.32	0.32/0.28	0.30/0.27	0.28/0.25

注:分子适用于碎石,分母适用于卵石。

二、配合比设计原理、步骤及实例

最经济水泥用量混凝土配合比设计原理是,在混凝土组成中,水泥浆的体积正好等于填充粗、细集料混合后的剩余空隙体积和包裹所有砂、石水泥浆膜的体积之和。

(一)计算公式的推导

1L 混凝土体积中,粗集料之间空隙体积就是它的空隙率 P_g。石子间的空隙由水泥砂浆(水泥 + 水 + 砂)来填充,同时每颗石子包裹着一层砂浆,它的厚度为 t_1(cm)。因而原来 1L 的混凝土体积就膨胀至$(1+\alpha)$L,α 为砂浆体积。

因此,在 1L 混凝土中填充空隙和包裹石子所需的砂浆体积为:

$$\text{砂浆体积总和} = \frac{P_g + \alpha}{1 + \alpha} \tag{2-31}$$

又由于 1L 混凝土中,石子所占体积为$(1-P_g)$L,若把石子视为平均粒径为 $d_{石}$(cm)的球体,每个球体的体积等于$\frac{\pi}{6}d_{石}^3$(cm^3),则在$(1-P_g)$体积中有$\frac{(1-P_g)\times 1\,000}{\frac{\pi}{6}d_{石}^3}$个球。每个石子的表面积为 $\pi d_{石}^2$(cm^2),砂浆膜厚度为 t_1(cm),包裹每颗石子的砂浆体积等于 $\pi d_{石}^2\, t_1$(cm^3),则包裹所有石子所需的砂浆体积 α 可近似用式(2-32)计算。

$$\alpha \approx \frac{(1-P_g)\times 1\,000}{\frac{\pi}{6}d_{石}^3} \times \frac{\pi d_{石}^2\, t_1}{1\,000} \times 6(1-P_g)\frac{t_1}{d_{石}} \tag{2-32}$$

由于碎石、卵石都不是球体,并且表面凹凸不平,实际平面比球大。为此式(2-32)应乘以一个修正系数。对于碎石、卵石可分别试乘 1.25、1.1。同时,当水灰比为 0.4 ~0.7 的低流动性混凝土时,砂浆厚度 t_1 可以三粒砂子直径($3d_{砂}$)来估算,$d_{砂}$ 是砂的平均粒径。这样可使石子有回旋余地。如高流动性混凝土,可区别情况考虑(4 ~6)$d_{砂}$。于是有:

$$\alpha = \begin{cases} 1.25 \times 6(1-P_g) \times \dfrac{3d_{砂}}{d_{石}}(\text{碎石}) \\ 1.1 \times 6(1-P_g) \times \dfrac{3d_{砂}}{d_{石}}(\text{卵石}) \end{cases}$$

或者

$$\alpha = \begin{cases} 22 \times (1-P_g) \times \dfrac{d_{砂}}{d_{石}} \\ 20 \times (1-P_g)\dfrac{d_{砂}}{d_{石}} \end{cases} \tag{2-33}$$

同理,在 1L 砂浆中,砂子所占空隙的体积就是它的空隙率 P_g。每颗砂子包裹水泥浆后,原来 1L 砂子便膨胀为$(1+\beta)$L 了。

$$\text{在 1L 砂浆中填充空隙和包裹砂粒所需水泥浆的总体积} = \frac{P_s + \beta}{1 + \beta} \tag{2-34}$$

设 t_2 为水泥浆膜厚度,则依前述推导式(2-34)的理由,可得包裹砂粒所需水泥浆体积为:

$$\beta \approx 6(1-P_s)\frac{t_2}{d_{砂}} \tag{2-35}$$

鉴于山砂、河砂、海砂都并非球形,山砂多棱角,面粗;河砂、海砂则略显球形,仍分别乘以 1.25、1.1 表面修正系数。对于水灰比为 0.4 ~0.7 的低流动性混凝土,可以 t_2 为两粒水泥颗粒厚度来估算。水泥颗粒的平均粒径可取 0.015mm,则 $t_2 = 2 \times 0.015$mm,于是式(2-34)就变成:

$$\beta=\begin{cases}1.25\times6\times(1-P_s)\times\dfrac{2\times0.015}{d_{砂}}(山砂)\\1.1\times6(1-P_s)\times\dfrac{2\times0.015}{d_{砂}}(河砂、海砂)\end{cases}\tag{2-36}$$

或者

$$\beta=\begin{cases}\dfrac{0.225(1-P_s)}{d_{砂}}(山砂)\\\dfrac{0.20(1-P_s)}{d_{砂}}(河砂、海砂)\end{cases}\tag{2-37}$$

综合式(2-32)~式(2-37),将 $1m^3$ 混凝土换算成 1 000。每 1L 砂浆所需水泥浆为$\dfrac{P_s+\beta}{1+\beta}$L,因此:

$$1m^3\ 混凝土中所需水泥浆体积=1\,000\times\left(\frac{P_g+\alpha}{1+\alpha}\right)\left(\frac{P_g+\beta}{1+\beta}\right)(L)\tag{2-38}$$

此体积的水泥浆由水泥和水来组成。设 $1m^3$ 混凝土中水泥的用量为 m_{c0}(kg),水泥密度为 ρ_c(kg/L),用水量为 m_{w0}(kg/L),则:

$$1m^3\ 混凝土水泥浆的体积=\frac{m_{c0}}{\rho_c}+m_{wo}$$

或者

$$1m^3\ 混凝土水泥浆的体积=m_{c0}\left(\frac{1}{\rho_c}+\frac{W}{C}\right)$$

当使用普通硅酸盐水泥时,$\rho_c=3.1$kg/L,则:

$$1m^3\ 混凝土水泥浆体积=m_{c0}\left(0.32+\frac{W}{C}\right)\tag{2-39}$$

$\dfrac{W}{C}$为水灰比,式(2-37)与式(2-38)必须相等,因此有:

$$m_{c0}\left(0.32+\frac{W}{C}\right)=1\,000\times\left(\frac{P_g+\alpha}{1+\alpha}\right)\times\left(\frac{P_s+\beta}{1+\beta}\right)$$

或者

$$m_{c0}=\frac{1\,000}{\left(0.32+\dfrac{W}{C}\right)}\times\left(\frac{P_g+\alpha}{1+\alpha}\right)\times\left(\frac{P_s+\beta}{1+\beta}\right)\tag{2-40}$$

式中

$$\alpha=\begin{cases}225(1-P_g)\dfrac{d_{砂}}{d_{石}}(碎石)\\20(1-P_g)\dfrac{d_{砂}}{d_{石}}(卵石)\end{cases}$$

$$\beta=\begin{cases}\dfrac{0.225(1-P_s)}{d_{砂}}(山砂)\\\dfrac{0.20(1-P_s)}{d_{砂}}(河砂、海砂)\end{cases}\tag{2-41}$$

式(2-40)、式(2-41)适用于水灰比为 0.4~0.7 的低流动性混凝土。

(二)配合比设计步骤

配合比的设计步骤如下:

(1)计算粗集料(石子)的平均粒径 $d_石$。

(2)计算包裹粗集料(石子)的砂浆体积 α 及包裹细集料(砂粒)的体积 β。

(3)计算水泥用量 m_{c0}。

(4)计算用水量 m_{w0}。

(5)选择合理的砂率 β_s。

(6)计算砂、石用量(m_{s0}、m_{g0})。

(7)试配调整,确定最佳配合比。

(三)由配合比设计实例

[例 2-1] 配制 C35 混凝土,低流动性(坍落度为 0~1cm),$\frac{W}{C}=0.45$,42.5 级硅酸盐水泥,$\rho_c=3.1\text{g/cm}^3$,碎石视密度 2.70g/cm³,砂子视密度 2.65g/cm³,混凝土含气量 1%。

碎石级配:(分计筛余)5~20mm 20%,20~40mm 20%,40~60mm 60%;空隙率 44%。

砂:平均粒径 0.4mm,空隙率 40%,河砂。

解:(1)计算石子的平均粒径。

5~20mm: $平均粒径=\frac{5+20}{2}=12.5(\text{mm}),20\%$

20~40mm: $平均粒径=\frac{20+40}{2}=30(\text{mm}),20\%$

40~60mm: $平均粒径=\frac{40+60}{2}=50(\text{mm}),60\%$

$$100\times\frac{\pi}{6}d_石^3=60\times\frac{\pi}{6}\times5^3+20\times\frac{\pi}{6}\times3^3+20\times\frac{\pi}{6}\times1.25^3$$

$$d_石^3=0.6\times1.25+0.2\times27+0.2\times1.95=80.8(\text{cm}^3)$$

$$d_石=\sqrt[3]{80.8}=4.3(\text{cm})=43(\text{mm})$$

(2)计算 α 及 β。

$$\alpha=22.5(1-P_g)\frac{d_砂}{d_石}=\frac{22.5(1-0.44)\times0.4}{43}=0.12$$

$$\frac{P_g+\alpha}{1+\alpha}=\frac{0.44+0.12}{1+0.12}=0.5$$

$$\beta=\frac{0.2(1-P_s)}{d_砂}=\frac{0.2(1-0.40)}{0.40}=0.30$$

$$\frac{P_s+\beta}{1+\beta}=\frac{0.40+0.30}{1+0.30}=0.54$$

(3)求 m_{c0}。

$$m_{c0}=\frac{1\,000}{0.32+\frac{W}{C}}\times\left(\frac{P_g+\alpha}{1+\alpha}\right)\times\left(\frac{P_s+\beta}{1+\beta}\right)$$

$$=\frac{1\,000}{0.32+0.45}\times0.5\times0.54=350(\text{kg/m}^3)$$

(4)求用水量 m_{w0}。

$$m_{w0}=m_{c0}\frac{W}{C}=350\times0.45=158(\text{kg})$$

(5)选择砂率 β_s。查阅表2-56～表2-58可得最小砂率 $\beta_{smin}=0.26$;当水泥用量 $m_{c0}=350\text{kg/m}^3$ 时,碎石集料混凝土砂率为0.33,取二者平均值29.5%为中值,进行砂率分别为28%、29.5%、31%的试配。试验结果综合后见表2-59。

砂率调整试验结果及评定　　表2-59

试验编号	配合比(kg/m^3)				拌和物坍落度(cm)	蒸气12h平均强度(MPa) 28d平均强度(MPa)	综合评定
	水泥	水	砂	5～60mm碎石			
C35-1	350	158	541	1 390	1.8	$\frac{23.64}{36.40}$	$\beta_s=0.28$ 和易性、R最佳
C35-2	350	158	569	1 362	1.1	$\frac{22.15}{34.60}$	$\beta_s=0.295$ 性能中等
C35-3	350	158	599	1 332	0.5	$\frac{21.80}{33.43}$	$\beta_s=0.31$ 砂率偏大

(6)按 $\beta_s=0.295$ 计算混凝土的砂、石用量(绝对体积法)。

$$\begin{cases}\beta_s=\dfrac{m_{s0}}{m_{s0}+m_{g0}}=0.295\\ \dfrac{m_{c0}}{\rho_c}+\dfrac{m_{w0}}{\rho_w}+\dfrac{m_{s0}}{\rho_s}+\dfrac{m_{g0}}{\rho_g}+10\alpha'=1\,000\end{cases}$$

$$\begin{cases}\dfrac{m_{s0}}{m_{s0}+m_{g0}}=0.295\\ \dfrac{350}{3.1}+\dfrac{158}{1.0}+\dfrac{m_{s0}}{2.65}+\dfrac{m_{g0}}{2.70}+10\times1=1\,000\end{cases}\tag{2-42}$$

将 $m_{s0}=0.418m_{g0}$,代入式(2-42)解之:$m_{g0}=1\,362\text{kg}$,$m_{s0}=569\text{kg}$。

于是:

$$\begin{cases}m_{co}=350\text{kg/m}^3\\ m_{w0}=158\text{kg/m}^3\\ m_{s0}=569\text{kg/m}^3\\ m_{g0}=1\,362\text{kg/m}^3\end{cases}$$

(7)根据调整试验结果见表2-59,当砂率 $\beta_s=0.28$ 时,拌和物施工性能及混凝土强度最佳。因此终定的最佳配合比为:

$$\begin{cases}m_{c0}=350\text{kg/m}^3\\ m_{w0}=158\text{kg/m}^3\\ m_{s0}=541\text{kg/m}^3\\ m_{g0}=1\,390\text{kg/m}^3\end{cases}$$

[**例2-2**]　配制C40混凝土,低流动性,$\frac{W}{C}=0.42$,用强度为32.5MPa硅酸盐水泥。

碎石：级配同前，空隙率为35%。

砂子：平均粒径0.4mm，空隙率38%，河砂。

解：

$$\alpha=\frac{22.5(1-0.35)\times0.4}{43}=0.136$$

$$\frac{P_g+\alpha}{1+\alpha}=\frac{0.35+0.14}{1+0.14}=\frac{0.49}{1.14}=0.43$$

$$\beta=\frac{0.20(1-0.38)}{0.4}=0.31$$

$$\frac{P_s+\beta}{1+\beta}=\frac{0.38+0.31}{1+0.31}=\frac{0.69}{1.31}=0.526$$

$$m_{c0}=\frac{1\ 000}{0.32+0.42}\times0.43\times0.526=1\ 350\times0.43\times0.526$$

$$=305(\mathrm{kg/m^3})$$

如水灰比仍为0.45，则 $C=305\times\frac{1\ 300}{1\ 350}=294(\mathrm{kg/m^3})$

由[例2-1]、[例2-2]计算结果可以看出，碎石或卵石空隙率的大小，极明显地影响水泥用量。$1\mathrm{m}^3$ 混凝土中，由于空隙率由40%减少至35%，水泥用量相差50kg之多。

如前所述，用5～20mm与20～50mm碎石进行级配，空隙率将由47%减少至41.8%，$1\mathrm{m}^3$ 混凝土将减少水泥用量50kg左右。商品混凝土厂（搅拌站）或混凝预制构件厂，尤其是在具有电子秤计量微机控制的工艺条件下，既不需增加设备、又不需使用其他混合材料和外加剂，只是多一次碎石的计量和加料，即可获得如此可观的节约水泥效果。此举可以说是节约水泥诸措施中，既现实又可取的措施之一。

[例2-3]　仍用[例2-1]中的条件，水泥和石子都不变，把0.4mm平均粒径的砂换掉，变更其平均粒径分别为0.15mm、0.25mm、0.5mm、0.6mm、0.7mm、0.8mm、1.0mm的河砂，以及20mm、40mm的石屑作细集料，各种砂、石屑空隙率仍维持0.4，试计算各情况下的水泥用量。

解：以砂平均粒径 $d_{砂}=0.6\mathrm{mm}$ 为典型参数进行计算。

$$\alpha=\frac{22.5(1-P_g)d_{砂}}{d_{石}}=\frac{22.5(1-0.44)\times0.6}{43}=0.176$$

$$\frac{P_g+\alpha}{1+\alpha}=\frac{0.44+0.176}{1+0.176}=0.52$$

$$\beta=\frac{0.2(1-P_s)}{d_{砂}}=\frac{0.2(1-0.4)}{0.6}=0.2$$

$$\frac{P_s+\beta}{1+\beta}=\frac{0.4+0.2}{1+0.2}=0.5$$

$$m_{c0}=\frac{1\ 000}{0.32+\frac{W}{C}}\times\left(\frac{P_g+\alpha}{1+\alpha}\right)\left(\frac{P_s+\beta}{1+\beta}\right)$$

$$=\frac{1\ 000}{0.32+0.45}\times0.52\times0.5=338.0(\mathrm{kg/m^3})$$

按上述方法，可分别计算不同砂平均粒径的细集料配制C35混凝土的水泥用量，综合后见表2-60。

不同平均粒径砂的水泥用量 表 2-60

项目 \ 品种	河砂								石膏	
$d_{砂}$(mm)	0.15	0.25	0.4	0.5	0.6	0.7	0.8	1.0	2.0	4.0
m_{c0}(kg/m^3)	402	396	350	342	338	339	339	342	367	405

由表 2-60 计算结果可以看出,用不同平均粒径的砂拌制同强度等级的混凝土,其水泥用量是不同的,过粗过细都将多用水泥。从集料级配的角度来看,砂子过粗则无法填入碎石空隙中,以致粗集料胀开,空隙率反而增加;反之,砂子过细,虽能顺利填充碎石(或卵石)的空隙,但比表面积大为增加,同样导致水泥用量增加。砂子平均粒径 $d_{砂}$ 在 0.5 ~ 1.0mm 范围内,则水泥用量最低。

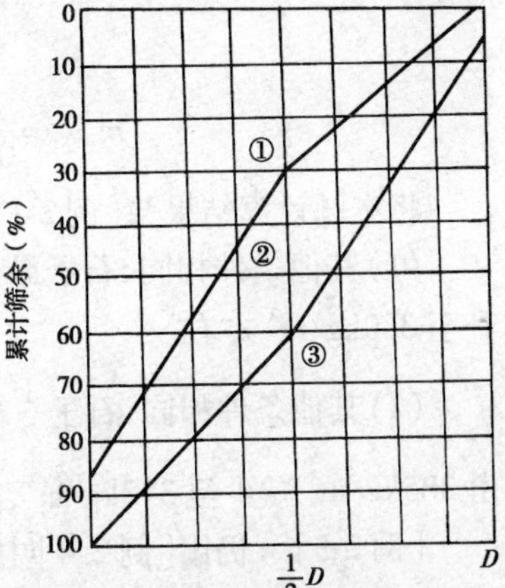

图 2-6 粗集料标准规格

[例 2-4] 仍用[例 2-1]中的条件,水泥和砂都不变,变更石子规格,分别用粗集料标准图 2-6 中①、②、③点所表示的石子,最大粒径 D_{max} 为 40mm,石子空隙率仍为 0.44,试计算三种情况下的水泥用量。

解:①点石子 5 ~ 20mm 档平均粒径 12.5mm,70%。

20 ~ 40mm 档平均粒径 30mm,30%。于是石子平均粒径 d 则为:

$$d_{石} = \sqrt[3]{0.7 \times 1.25^3 + 0.3 \times 3^3} = 2.13(\text{cm}) = 21.3(\text{mm})$$

②点石子 5 ~ 20mm 档 50%,20 ~ 40mm 档 50%,各档平均粒径与上同。

$$d_{石} = \sqrt[3]{0.5 \times 1.25^3 + 0.5 \times 3^3} = 2.44(\text{cm}) = 24.4(\text{mm})$$

③点石子 5 ~ 20mm 档 40%,20 ~ 40mm 档 60%,各档平均粒径与上同。

$$d_{石} = \sqrt[3]{0.4 \times 1.25^3 + 0.6 \times 3^3} = 2.57(\text{cm}) = 25.7(\text{mm})$$

以①点石子作粗集料时:

$$\alpha = \frac{22.5(1-0.44)\times 0.4}{21.3} = 0.24$$

$$\frac{0.44+0.24}{1+0.24} = 0.55$$

$$\beta = \frac{0.2(1-P_s)}{d_{砂}} = \frac{0.2(1-0.40)}{0.4} = 0.3$$

$$\frac{P_s+\beta}{1+\beta} = \frac{0.40+0.30}{1+0.30} = 0.54$$

于是

$$m_{c0①} = \frac{1\,000}{0.32 + \frac{W}{C}(0.45)} \times 0.55 \times 0.54 = 386(\text{kg/m}^3)$$

以②点砂子作粗集料时:

$$\alpha=\frac{22.5(1-0.44)\times0.4}{24.3}=0.21$$

$$\frac{0.44+0.21}{1+0.21}=0.54;\beta=0.54$$

$$m_{c0②}=\frac{1\,000}{0.32+0.45}\times0.54\times0.54=380(\mathrm{kg/m^3})$$

以③点作粗集料时：

$$\alpha=\frac{22.5(1-0.44)\times0.4}{25.7}=0.2$$

$$\frac{0.44+0.20}{1+0.20}=0.53;\beta=0.54$$

$$m_{c0③}=\frac{1\,000}{0.32+0.45}\times0.53\times0.54=372(\mathrm{kg/m^3})$$

将本题计算结果与[例 2-1]计算结果相比，可以看出：

(1)其他条件相同，石子最大粒径 D_{max}从 60mm 下降至 40mm 时，水泥用量从 350kg/m^3 上升至 380kg/m^3 左右。

(2)其他条件相同，石子$\frac{1}{2}D_{max}$的累计筛余在规定允许范围内由上限变至下限，水泥用量由 385kg/m^3 减少至 372kg/m^3，变化不大。

[例 2-5] 仍用[例 2-4]中条件，只是石子最大粒径 $D_{max}=20$mm，求应用②点石子的水泥用量，并综合[例 2-1]、[例 2-4]、[例 2-5]绘制成曲线。

解：②点石子 5～10mm 档平均粒径 7.5mm，50%；10～20mm 档平均粒径 15mm，50%。

$$d_{石}=\sqrt[3]{0.5\times0.75^3+0.5\times1.5^3}=1.23(\mathrm{cm})=12.3(\mathrm{mm})$$

$$\alpha=\frac{22.5(1-0.44)\times0.4}{12.3}=0.41$$

$$\frac{0.44+0.41}{1+0.41}=0.61;\beta=0.54$$

$$C=\frac{1\,000}{0.32+0.45}\times0.61\times0.54=427(\mathrm{kg/m^3})$$

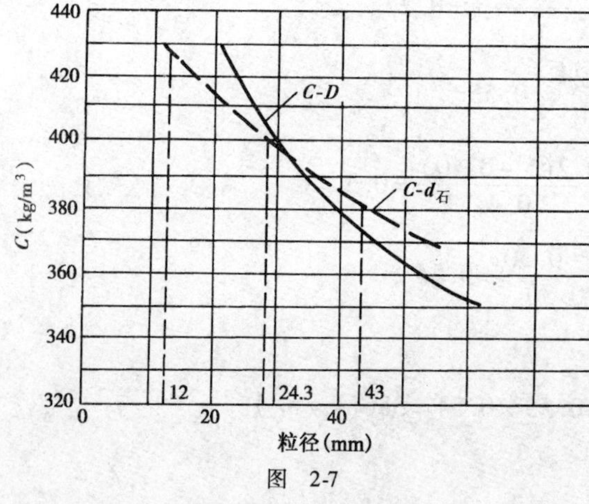

图 2-7

D-最大粒径；$d_{石}$-平均粒径

由图 2-7 可以理解，从水泥浆满足填充集料空隙和包裹集料表面的实际需要出发，随着石子最大粒径或平均粒径的增大，水泥用量逐渐减少。但由于石子最大粒径超过一定限度之后，又有别的因素逐步起作用，水泥用量又将增加。因此，如前所述，存在一个最少水泥用量的最大粒径（即最佳最大粒径问题）。

三、实施设计配合比的注意事项

基于最经济水泥用量即最少水泥用量，生产实践中计量系统的负公差可能导致最终生产的混凝土低于设计强度。因此，为保证混凝土质量，确保设计配合比付诸实施，必须注意以下几个问题：

(1)加强对水泥和混凝土实际强度的鉴定，以便按水泥实测强度设计混凝土配合比。

(2)积极推广水泥强度等级快速测定，以及促凝压蒸，用推定混凝土强度的方法，对设计配合比及时进行调整。

(3)加强科学管理，严格控制集料含水率及原材料称量误差。操作人员可根据实测数据借助于微机或人工随时调整配合比。

(4)加强施工控制，采用先进设备及先进操作方法，如采用强制式搅拌机，磁化水拌制混凝土，严格控制搅拌时间、拌和物坍落度、超振动等，从而确保混凝土质量与设计配合比付诸实施。

第三章　特种材料混凝土配合比设计

第一节　轻集料混凝土配合比设计

用轻集料和胶结料配制而成的，表观密度不大于 1 900kg/m^3 的混凝土称为轻集料混凝土。轻集料混凝土一般用水泥胶结料，但有时也使用石灰、石膏作胶结料。

依据其集料的不同，可分为全轻混凝土（用轻砂）、砂轻混凝土（用普通砂）。完全不用细集料的轻集料混凝土则称为大孔轻混凝土。

依据粗细集料品种的不同又可具体命名为陶粒混凝土、陶粒陶砂轻混凝土，或更具体地命名为黏土陶粒混凝土、粉煤灰陶粒混凝土及页岩陶粒混凝土等。

轻集料混凝土大量应用于工业和民用建筑及其他工程，可收到减轻结构自重、节约材料用量、提高构件运输和吊装效率、减少地基荷载及改善建筑功能等效益。

一、原材料的技术要求

（一）胶结料

一般采用性能满足相应国家标准的硅酸盐水泥、普通硅酸盐水泥、矿渣硅酸盐水泥、火山灰硅酸盐水泥和粉煤灰硅酸盐水泥。必要时，也可采用其他品种的水泥，或石灰、石膏等灰质胶结料或其他有机胶结料。

在选择水泥品种和强度等级时，主要应当根据混凝土强度和耐久性的要求进行。由于轻集料混凝土的强度可以在一个很大的范围内（5～50MPa）变化，所以在通常情况下不宜用高强度等级的水泥配制低于强度等级的轻集料混凝土，以免影响混凝土拌和物的和易性。在一般情况下，如果轻集料混凝土的强度为 $f_{cu,L}$，所采用的水泥强度（f_{ce}）可用式（3-1）进行计算。

$$f_{ce} = (1.2 \sim 1.8) f_{cu,L} \tag{3-1}$$

如果因为各种原因的限制，必须采用高强度等级的水泥配制低强度的轻集料混凝土时，可以通过掺加适量的粉煤灰进行调节。轻集料混凝土合理水泥品种和强度等级的选择，可参考表 3-1。

（二）轻集料

轻集料是松散表观密度小于 1 200kg/m^3 的多孔轻质集料的总称。轻集料分轻粗集料和轻细集料（又称轻砂），其划分见表 3-2。

轻集料按原材料来源，可分为三类。

（1）工业废料轻集料——如粉煤灰陶粒、膨胀矿渣珠、自然煤矸石等；

（2）天然轻集料——如浮石、火山渣等；

（3）人造轻集料——如页岩陶粒、黏土陶粒，膨胀珍珠岩集料等。

轻集料混凝土合理水泥品种和强度等级的选择　　表3-1

混凝土强度等级	水泥强度等级	适宜水泥品种	混凝土强度等级	水泥强度等级	适宜水泥品种
CL5.0 CL7.5 CL10 CL15 CL20	32.5	火山灰硅酸盐水泥、矿渣硅酸盐水泥、粉煤灰硅酸盐水泥、普通硅酸盐水泥	CL 30 CL 35 CL 40 CL 45 CL 50	52.5 (或62.5)	矿渣硅酸盐水泥、普通硅酸盐水泥、硅酸盐水泥
CL20 CL25 CL30	42.5				

轻粗、细集料的划分　　表3-2

名　称	粒　径　(mm)	松散表观密度(kg/m^3)
轻粗集料	≥5	<1 000
轻细集料(人造的)	<5	<1 100
轻细集料(天然的)	<5	<1 200

轻集料的主要技术指标,应符合下述要求。

1.颗粒级配

粗集料累计质量筛余小于10%的该号筛孔尺寸,称为该粗集料的最大粒径。我国轻集料国家标准规定:粉煤灰陶粒最大粒径为20mm,天然集料为40mm,其他陶粒一般为30mm。轻集料的颗粒级配对混凝土用水量、水泥用量和强度等的影响,一般与普通密实集料相似。考虑到某些轻集料混凝土的水泥用量较大,则颗粒级配的影响就减弱了。在我国的国家标准中,对轻集料的颗粒级配及空隙率要求如表3-3所示,对轻砂颗粒级配的规定如表3-4所示。

轻集料的颗粒级配及空隙率　　表3-3

轻集料种类		筛孔尺寸 D_{min}	筛孔尺寸 $\frac{1}{2}D_{max}$	筛孔尺寸 D_{max}	筛孔尺寸 $2D_{max}$	空隙率(%)
		累计筛余百分比(按质量计,%)				
粉煤灰陶粒	单一粒级	≥90	—	≤10	0	—
	混合粒级					≤47
黏土陶粒	单一粒级	≥90	—	≤10	0	—
	混合粒级					≤50
页岩陶粒	圆球形单一粒级	≥90	—	≤10	0	—
	普通型混合粒级	≥90	30~70	≤10	0	≤50
天然轻集料	单一粒级	≥90	—	≤10	0	—
	混合粒级	≥90	40~60	≤10	0	—

轻砂颗粒级配的规定 表3-4

品种名称	等级划分	细度模数	不同筛孔的累计筛余百分比(按质量计,%)			
			10.0mm	5.0mm	630μm	160μm
粉煤灰陶砂	不划分	≤3.7	0	≤10	25~65	≥75
黏土陶砂	不划分	≤4.0	0	≤10	40~80	≥90
页岩陶砂	不划分	≤4.0	0	≤10	30~70	≥90
天然轻砂	粗砂	3.1~4.0	0	0~10	50~80	>90
	中砂	2.3~3.0	0	0~10	30~70	>80
	细砂	1.5~2.2	0	0~5	15~60	>70

2. 堆积密度

轻集料松散表观密度测定方法与普通混凝土集料表观密度测定方法相同。轻集料的表观密度与筒压强度应满足表3-5的规定。

轻集料的堆积表观密度及筒压强度 表3-5

种　　类	密度等级	堆积表观密度范围(kg/m^3)	筒压强度(MPa)
粉煤灰陶粒	700	610~700	≥4.0
	800	710~800	≥5.0
	900	810~900	≥6.5
黏土陶粒	400	310~400	≥0.5
	500	410~500	≥1.0
	600	510~600	≥2.0
	700	610~700	≥3.0
	800	710~800	≥4.0
	900	810~900	≥5.0
页岩陶粒	400	310~400	≥0.8
	500	410~500	≥1.0
	600	510~600	≥1.5
	700	610~700	≥2.0
	800	710~800	≥2.5
	900	810~900	≥3.0
天然轻集料	300	<300	≥0.2
	400	310~400	≥0.4
	500	410~500	≥0.6
	600	510~600	≥0.8
	700	610~700	≥1.0
	800	710~800	≥1.2
	900	810~900	≥1.5
	1 000	910~1 000	≥1.8

3. 吸水率及含泥量

轻集料的吸水率及含泥量应符合表 3-6 的规定。

轻集料的吸水率及含泥量(%) 表 3-6

项目名称	指标			
	粉煤灰陶粒	黏土陶粒	页岩陶粒	天然轻集料
吸水率	≤22	≤10	≤10	—
含泥量	<2	<2	<2	<3

4. 集料的抗冻性

轻集料的抗冻性一般用直接冻融循环后的质量损失表示。按我国《粉煤灰陶粒和陶砂》(JC T 785—1981)的规定,粉煤灰陶粒、黏土陶粒、页岩陶粒和天然轻集料的抗冻性,经 15 次冻融循环(D15)的质量损失不应大于 5%。

(三)砂

采用普通砂作细集料时,其性能指标必须满足《普通混凝土用砂质量标准及试验方法》(GB/T 52—2006)的要求。

(四)拌和水

轻集料混凝土拌和用水与普通混凝土用水要求相同。

二、基本参数的选择

(一)水泥强度等级和用量

轻集料混凝土所用水泥的强度等级与水泥用量可按照表 3-7 所列资料确定与选用。

增加水泥用量,可以提高混凝土的强度。当轻集料混凝土的强度未达到给定集料的强度顶点以前,水泥用量平均增加 20%,轻集料混凝土的强度约提高 10%。但随着水泥用量的增加,混凝土密度提高,水泥用量每增加 $50kg/m^3$,密度增加约 $30kg/m^3$。水泥用量过高时,不但密度大、水化热高、收缩大,而且在经济上也不适宜。我国规定高强度等级轻集料混凝土的最大水泥用量不得超过 $550kg/m^3$。另一方面,为了保证轻集料混凝土的耐久性,其最小水泥用量不得低于 $200kg/m^3$。

不同强度等级轻集料混凝土的水泥强度等级和水泥用量 表 3-7

<table>
<tr><th>序号</th><th>轻集料混凝土强度等级</th><th>水泥强度等级</th><th>水泥用量(kg/m^3)</th></tr>
<tr><td>1</td><td>C5</td><td rowspan="6">32.5</td><td>200</td></tr>
<tr><td>2</td><td>C7.5</td><td>200 ~ 250</td></tr>
<tr><td>3</td><td>C10</td><td>200 ~ 320</td></tr>
<tr><td>4</td><td>C15</td><td>250 ~ 350</td></tr>
<tr><td>5</td><td>C20</td><td>280 ~ 380</td></tr>
<tr><td>6</td><td>C25</td><td>330 ~ 400</td></tr>
<tr><td>7</td><td>C30</td><td rowspan="2">42.5</td><td>340 ~ 450</td></tr>
<tr><td>8</td><td>C40</td><td>420 ~ 500</td></tr>
<tr><td>9</td><td>C50</td><td>52.5</td><td>450 ~ 550</td></tr>
</table>

注:1. 表中的水泥用量下限值适用于圆球形(如粉煤灰陶粒、黏土陶粒等)、普通型(如页岩陶粒、膨胀珍珠岩集料等)的粗集料;上限值适用于碎石型(如浮石、膨胀矿渣等)的粗集料。采用轻砂时,水泥用量宜采用表中的上限值。

2. 轻集料混凝土的最大水泥用量不宜超过 $550kg/m^3$。

(二)用水量和有效水灰比

每 $1m^3$ 混凝土的总用水量中减去干集料 1h 吸水量后的净用水量称为有效用水量,有效用水量根据混合料和易性要求按表 3-8 选用。

轻集料混凝土的有效用水量 表 3-8

轻集料混凝土的施工条件	拌和物稠度		有效用水量(kg/m^3)
	维勃稠度(s)	坍落度(cm)	
预制混凝土构件现浇混凝土	<30	0~3	155~200
机械振捣	—	3~5	165~210
人工捣实或钢筋较密	—	5~8	200~220

注:1. 表中数值适用于圆球形和普通型粗集料,对于碎石型粗集料需按表中数值增加 10kg 左右的水。

2. 表中值是指采用普通砂。如采用轻砂时,需另加 1h 吸水率的附加水或 10L 左右的水。

每 $1m^3$ 混凝土中有效用水量与水泥用量之比称为有效水灰比。有效水灰比根据轻集料混凝土的设计强度等级要求进行选择,不能超过构件和工程所处环境规定的最大水灰比,如超过则应按规定的最大水灰比选用。最大水灰比和最小水泥用量可按表 3-9 选用。

轻集料混凝土最大水灰比和最小水泥用量 表 3-9

序号	混凝土所处的环境条件	最大净水灰比	最小水泥用量(kg/m^3)	
			无筋	配筋
1	不受风雪影响的结构	—	225	250
2	受风雪影响的露天结构、位于水中及水位升降范围内的结构和在潮湿环境中的结构	0.70	250	275
3	严寒地区水位升降范围内的结构、受水压作用的结构	0.65	275	300
4	严寒地区水位升降范围内的结构	0.60	300	325

注:严寒地区指最寒冷月份的月平均温度低于 -15℃者;寒冷地区指最寒冷月份的月平均温度处在 -15~-5℃者。

配制全轻混凝土时,可采用总水灰比,但须加以说明。

(三)轻集料的密度和强度

根据轻集料的原材料和制造方法不同,一般轻集料的颗粒视密度、强度和松散表观密度均随颗粒尺寸的增大而减小。用大粒级的轻集料配制的轻混凝土,强度一般较低。为了克服这个缺点,可在混凝土拌和物中减小集料的最大粒径或掺入适量的砂。这种方法虽然增加了轻集料混凝土的表观密度,但只要混凝土表观密度不超过规定值,配制高等级轻集料混凝土还是可行的。

为了便于掌握各种轻集料配制成的轻集料混凝土可能达到的性能指标,特将各种表观密度和强度的轻集料混凝土所需与之相适应的轻集料的松散表观密度和筒压强度列于表 3-10。

各种轻集料可能达到的混凝土性能指标 表 3-10

粗集料			细集料		混凝土可能达到的指标	
品种	松散表观密度(kg/m^3)	筒压强度(MPa)	品种	松散表观密度(kg/m^3)	表观密度(kg/m^3)	强度(MPa)
浮石	400	1.0	轻砂	<250	800~1 000	7.5
	400	1.0	普通砂	1 450	1 200~1 400	10.0~20.0
煤渣	800	2.0	轻砂	<250	1 000~1 200	7.5~10.0
	800	2.0	普通砂	1450	1 600~1 800	10.0~20.0

续上表

粗集料			细集料		混凝土可能达到的指标	
品 种	松散表观密度（kg/m³）	筒压强度（MPa）	品 种	松散表观密度（kg/m³）	表观密度（kg/m³）	强度（MPa）
页岩陶粒	450	1.5	轻砂	<250	<1 000	7.5
	450	1.5	陶砂	<900	1 000 ~ 1 200	10.0
	450	1.5	普通砂	1 450	1 400 ~ 1 600	10.0 ~ 15.0
	750	2.5	轻砂	<250	1 000 ~ 1 200	7.5 ~ 10.0
	750	2.5	陶砂	<900	1 400 ~ 1 600	10.0 ~ 20.0
	750	2.5	普通砂	1 450	1 600 ~ 1 800	20.0 ~ 30.0
黏土陶粒	550	2.0	轻砂	<250	1 000 ~ 1 200	7.5 ~ 10.0
	550	2.0	陶砂	900	1 200 ~ 1 400	10.0 ~ 15.0
	550	2.0	普通砂	1 450	1 400 ~ 1 600	15.0 ~ 20.0
	850	4.0	轻砂	<250	1 200 ~ 1 400	10.0
	850	4.0	陶砂	<900	1 400 ~ 1 600	10.0 ~ 25.0
	850	4.0	普通砂	1 450	1 600 ~ 1 800	20.0 ~ 50.0
粉煤灰陶粒	650	3.0	轻砂	<250	1 000 ~ 1 200	7.5 ~ 10.0
	650	3.0	陶砂	<900	1 400 ~ 1 600	10.0 ~ 25.0
	650	3.0	普通砂	1 450	1 600 ~ 1 800	20.0 ~ 30.0
	800	4.0	轻砂	<250	1 200 ~ 1 400	10.0
	800	4.0	陶砂	<900	1 400 ~ 1 800	15.0 ~ 30.0
	800	4.0	普通砂	1 450	1 600 ~ 1 900	25.0 ~ 50.0
膨胀珍珠岩集料	400	1.5	轻砂	<250	800 ~ 1 500	7.5 ~ 10.0
	400	1.5	普通砂	1 450	1 200 ~ 1 400	10.0 ~ 20.0

(四)粗细集料总体积

粗细集料总体积是指配制每 1m³ 轻集料混凝土所需粗细集料松散体积的总和。它是用松散表观密度法设计配合比时的一个重要参数。粗细集料总体积主要与粗集料的粒形、细集料的品种以及混凝土的内部结构(是密实的或是多孔的等)有关。

采用圆球形的轻粗集料时,每 1m³ 混凝土所需的粗细集料总体积,比采用碎石型集料时略小;而采用普通砂作细集料时,则比采用轻砂时所需的粗细集料总体积小。

密实结构的普通轻集料混凝土的粗细集料总体积,可按表 3-11 选用。

粗细集料总体积选择不当时,配制成的轻集料混凝土的制成量系数往往小于 1 或大于 1。若小于 1,则是说明其粗细集料总体积偏小;反之,则偏大,应适当调整。

(五)轻集料混凝土的砂率

砂率大小对施工的和易性影响较大,而且在一定程度上影响轻集料混凝土的弹性模量、表观密度和强度。砂率主要根据粗集料的粒形和空隙率来决定。轻集料混凝土砂率可按表 3-12 选用。

普通轻集料混凝土所需的粗细集料总体积 表 3-11

序号	轻粗集料粒形	细集料品种	粗细集料总体积(m^3)
1	圆球形(如粉煤灰陶粒及粉磨成球的黏土陶粒等)	轻砂	1.30~1.50
		普通砂	1.30~1.35
2	普通型(如页岩陶粒及挤压成型的黏土陶粒等)	轻砂	1.35~1.60
		普通砂	1.30~1.40
3	碎石型(如浮石、火山渣、炉渣等)	轻砂	1.40~1.65
		普通砂	1.40~1.50

注:在"轻砂"一栏中,当采用膨胀珍珠砂时,取表中值的上限;当采用陶砂或其他天然砂时,取表中值的下限。

轻集料混凝土的砂率 表 3-12

序号	混凝土用途	细集料品种	砂率(%)
1	预制构件用	轻砂	35~40
		普通砂	28~40
2	现浇混凝土用	轻砂	40~45
		普通砂	30~45

在计算轻集料混凝土配合比时,可采用密实体积砂率,也可采用松散体积砂率,轻砂和普通砂可以混合使用;对弹性模量或抗渗性有特殊要求的轻集料混凝土,应对普通砂用量适当提高,并通过试验确定。

(六)外加剂和掺和料

轻集料混凝土允许采用各种外加剂(如减水剂、塑化剂及加气剂等),其用量必须通过试验确定,或按有关技术规程执行。

配制 C10 以下的轻集料混凝土时,允许加入占水泥用量 20%~25% 的粉煤灰或其他磨细的水硬性矿物掺和料,以改善混凝土拌和物的和易性。

三、配合比设计原则与特点

(一)设计原则

1. 基本要求

轻集料混凝土配合比设计的任务,是在满足使用要求的前提下,确定施工用的合理混凝土材料用量。为满足工程使用要求,并使混凝土具有较理想的技术经济指标,应考虑以下几项基本要求进行配合比设计。

(1)轻集料混凝土的设计强度等级与表观密度等级。

(2)满足施工要求的和易性。

(3)混凝土的其他性能,如变形性、耐久性等(在某些情况下应考虑)。

(4)节约水泥,降低成本。

轻集料混凝土的强度等级主要与水泥砂浆和集料的强度有关。当配制全轻混凝土时,轻粗集料的强度往往大于砂浆的强度。这时,全轻混凝土的强度主要取决于轻砂浆的强度。在配制轻砂混凝土时,由于普通砂浆的强度往往大于轻粗集料的强度,轻砂混凝土的强度主要取决于轻粗集料的强度和刚度。

2. 提高轻集料混凝土强度的措施

(1)选用圆球形、颗粒级配较好、筒压强度较高的陶粒作粗集料。

(2)采用普通中砂作细集料,或是在轻砂中掺入一定比例的普通砂(以占细集料总质量的20%~30%为宜)。

(3)选用最大粒径较小的轻粗集料(最大粒径以不大于20mm为宜)。

(4)采用较高强度等级的水泥。

(5)正确选择混凝土的水灰比,使之具有符合施工所要求的混凝土拌和物稠度指标的最小水灰比。

(6)选择与混凝土拌和物稠度相适应的成型和养护制度。

(7)掺入提高混凝土密实性的化学外加剂,或火山灰的磨细矿物掺和料(如粉煤灰等)。

3. 降低轻集料混凝土表观密度等级的措施

(1)选用圆球形、表面孔隙少、空隙率低的轻粗集料。

(2)尽可能减少水泥和普通砂的用量。

(3)选用较大粒径的轻粗集料(最大粒径以不小于40mm为宜)。

(4)采用松散表观密度较小的轻砂和轻粗集料(用于保温轻集料混凝土的轻砂,其松散表观密度以200~300kg/m^3为宜;轻粗集料以不大于500kg/m^3为宜)。

(5)采用引气剂或泡沫外加剂。

(6)采用无砂大孔混凝土。

(7)限制混凝土拌和物的搅拌时间和成型时的振捣时间。

(二)设计特点

与普通混凝土相比,轻集料混凝土配合比设计有以下几个特点。

(1)对配合比设计的要求,除了与普通混凝土相同者外,即强度、稠度、耐久性和经济性有要求以外,还要考虑密度的要求。

(2)轻集料混凝土的表观密度主要取决于集料的密度和在混凝土中的体积含量。而轻集料混凝土的强度,不但取决于水灰比,集料的强度和体积含量也对它有很大影响。所以在轻集料混凝土配合比的设计中,必须考虑集料性质这个重要影响因素。

(3)轻集料呈多孔结构,必须考虑其吸水性能的影响。若使用干集料,则加到混凝土中的总用水量分为两部分,一是净用水量(又称有效用水量),一是附加水量。附加水是考虑到被轻集料在1h内吸走的水量。余下的水量为与水泥形成水泥浆的水,所以净用水量多少决定了水泥石的强度。混凝土的水灰比也分为两种,一是总水灰比(总用水量/水泥用量),一是净水灰比(净用水量/水泥用量),又称有效水灰比。若用预先被水饱和的轻集料,则计算配合比时与普通混凝土一样,只需要考虑净用水量。

四、配合比设计方法与实例

我国轻集料混凝土配合比的设计方法主要采用绝对体积法和松散体积法,现分别介绍如下。

(一)绝对体积法

绝对体积法的原则和普通混凝土完全相同,其中砂子的确定是根据砂子填充粗集料的空隙并有剩余来计算的,一般适用于轻砂混凝土。对于全轻混凝土,在测得轻砂的颗粒密度和吸水率数值后,亦可按此法进行配合比选择。

1. 配合比选择步骤

(1)根据构件截面形状的复杂程度及配筋情况,确定粗集料的最大粒径。

(2)测定粗集料松散表观密度ρ_g、颗粒视密度ρ'_g、筒压强度及1h吸水量m_{w1},同时测定细集料的松散表观密度 ρ_s 和颗粒视密度 ρ'_s。

(3)根据混凝土设计强度等级选用水泥强度等级和水泥用量 m_c(表 3-7),并根据表 3-10 确定陶粒筒压强度。

(4)按制品生产工艺和施工要求的混凝土拌和物所需的稠度确定有效用水量 m_{w0}(表 3-8)。

(5)根据表 3-12 选用砂率或根据松散状态粗集料的空隙率计算细集料用量 m_{s0}。

$$m_{s0} = \left(1 - \frac{\rho_g}{\rho'_g}\right)\rho_s f(\text{kg}) \tag{3-2}$$

式中:f——砂浆过剩系数,对圆球形、普通型的粗集料为 1.05,对碎石型粗集料为 1.15。

(6)计算粗集料用量 m_{g0}。

$$m_{g0} = \left[1 - \left(\frac{m_{c0}}{\rho_c} + \frac{m_{s0}}{\rho_s} + m_{w0}\right) \div 1\,000\right]\rho'_g(\text{kg}) \tag{3-3}$$

(7)计算总用水量 m_{wz}。

$$m_{wz} = m_{w0} + m_{g0}m_{w0}(\text{kg}) \tag{3-4}$$

当配制全轻混凝土时,m_{wz}还应加上轻砂的附加水量。

2. 拌和物的试配与调整

(1)以计算的配合比为基础,参考表 3-7 所列水泥用量,再挑选两个水泥用量,用同样方法计算混凝土配合比,分别按 3 个配合比拌制混凝土拌和物,并调节用水量致使拌和物达到要求的和易性为止,分别校正混凝土配合比。

(2)按校正后的 4 个混凝土配合比进行试配,测定混凝土强度等级及干密度,取达到混凝土设计强度、水泥用量最少且干密度符合设计要求的配合比作为选定的配合比。

(3)测出选定的混凝土拌和物浇筑后的振实表观密度,计算制成量系数,然后再计算出每 1m^3 混凝土的原材料用量。制成量系数按式(3-5)计算。

$$K = \frac{m_{c0} + m_{w0} + m_{s0} + m_{g0}}{\rho_{c,t}(V_c + V_w + V_s + V_g)} \tag{3-5}$$

式中:V_c、V_w、V_s、V_g——分别为水泥、水、砂、粗集料的实体积;

$\rho_{c,t}$——新浇混凝土拌和物的振实表观密度。

3. 计算实例

某工地要求配制强度等级为 C28(硬练)的粉煤灰陶粒混凝土,用于浇筑钢筋混凝土梁,其钢筋最小净距为 20mm,细集料采用普通砂,要求混凝土拌和物坍落度为 3~5cm,试选择该混凝土的配合比。

(1)计算步骤

①根据构件形状及配筋情况,确定粉煤灰陶粒最大粒径不超过 15mm。

②测得陶粒松散表观密度为 750kg/m³,表观密度为 1 250kg/m³,吸水率为 16%,陶粒筒压强度为4.2MPa;砂子松散表观密度为 1 450kg/m³,视密度为 2.6g/cm³。

③根据混凝土设计强度等级 C28,应选用 42.5 级普通硅酸盐水泥(其用量为 400kg,见表 3-7)和筒压强度大于 3.0MPa 的粉煤灰陶粒(表 3-9),现采用的粉煤灰陶粒的筒压强度为 4.2MPa,完全满足要求。

④根据要求的坍落度选定净用水量为 165kg/m³(表 3-8)。

⑤计算砂子用量,选用 f=1.05。

$$m_{s0} = \left(1 - \frac{\rho_g}{\rho'_g}\right)\rho_s f - \left(1 - \frac{750}{1\,250}\right) \times 1\,450 \times 1.05 = 0.4 \times 1\,450 \times 1.05 = 610(\text{kg})$$

⑥计算陶粒用量。

$$m_{g0} = \left[1 - \left(\frac{m_{c0}}{\rho_c} + m_{w0} + \frac{m_{s0}}{\rho_s}\right) \div 1\,000\right]\rho'_g$$
$$= \left[1 - \left(\frac{400}{3.1} + 165 + \frac{610}{2.6}\right) \div 1\,000\right] \times 1\,250$$
$$= (1 - 0.529) \times 1\,250 = 590(\text{kg})$$

⑦计算总用水量。

$$m_{wz} = m_{w0} + m_{g0}m'_{w0} = 165 + 590 \times 16\% = 260(\text{kg})$$

⑧计算混凝土的配合比。

水泥:砂子:陶粒:水 =400:610:590:165 =1:1.53:1.48:0.41

(2)试配和调整

①以计算的配合比为基准,再选择两个水泥用量(360kg/m^3、450kg/m^3),用水量暂为165kg/m^3,计算得到4个配合比,经试拌调节用水量分别达到要求的施工和易性,校正配合比。

②经试配测定轻集料混凝土的强度,其中除水泥用量为360kg/m^3的配合比未达到设计的强度等级外,其余两个水泥用量(400kg/m^3、450kg/m^3)的配合比均达到设计强度等级,故确定水泥用量为400kg/m^3的配合比为选定的混凝土配合比。

③测出选定的混凝土拌和物浇筑后的振实表观密度为$1\,840\text{kg/m}^3$。

④制成量系数计算如下:

$$K = \frac{m_{c0} + m_{w0} + m_{s0} + m_{g0}}{\rho_g(V_c + V_w + V_s + V_g)}$$
$$= \frac{400 + 165 + 610 + 590}{1\,840 \times \left(\frac{400}{3\,100} + \frac{165}{1\,000} + \frac{610}{2\,600} + \frac{590}{1\,250}\right)} = \frac{1\,765}{1\,840 \times 1} = 0.96$$

调整后的混凝土配合比如下:

水泥 $\frac{400}{0.96} = 417(\text{kg})$

净用水量 $\frac{165}{0.96} = 172(\text{kg})$

砂 $\frac{610}{0.96} = 635(\text{kg})$

陶粒 $\frac{590}{0.96} = 615(\text{kg})$

总用水量 $172 + 615 \times 16\% = 270.5(\text{kg})$

(二)松散体积法

1.基本原理

松散体积法是假定1m^3轻集料混凝土中所用的粗细集料的松散体积之和为粗细集料的总体积V_z,即:

$$V_z = V_g^c + V_s^v \tag{3-6}$$

式中:V_z——根据粗集料的粒形和细集料类型进行选择的(表3-13)。

2. 配合比选择步骤

(1)根据原材料的性能和轻集料混凝土设计强度、表观密度和稠度的要求,参考表3-7、表3-8和表3-12,选择水泥强度等级、水泥用量、有效用水量和砂率等有关参数。

(2)根据表3-13 选用粗细集料总体积 V_z。

粗细集料总体积选用表 表3-13

粗 集 料 粒 形	细集料品种	粗细集料总体积
圆球形(如粉煤灰陶粒、黏土陶粒等)	轻砂	1.3~1.4
	普通砂	1.1~1.3
普通型(如页岩陶粒、膨胀珍珠岩等)	轻砂	1.35~1.5
	普通砂	1.2~1.35
碎石型(如浮石、炉渣等)	轻砂	1.4~1.5
	普通砂	1.3~1.4

(3)根据选用的粗细集料总体积和砂率 β_s,计算每 $1m^3$ 轻集料混凝土中细集料的松散体积 V_s^u 和细集料用量 m_{s0}。

$$V_s^u = V_g^c \times \beta_s \tag{3-7}$$

$$m_{s0} = V_s^x \times \rho_s (kg) \tag{3-8}$$

(4)求每 $1m^3$ 粗集料的松散体积 V_g^c 和粗集料用量 m_{g0}。

$$V_g^c = V_z - V_s^u (m^3) \tag{3-9}$$

$$m_{g0} = V_g^c \times \rho_g (kg) \tag{3-10}$$

(5)根据施工要求的和易性选定用水量 m_w(表3-8),再根据粗集料1h的吸水率计算附加水量,则总用水量可按式(3-4)计算求得。

若缺乏轻砂吸水率的数据,在选择有效用水量时,可增加10kg左右的水,作为考虑轻砂吸水率的附加水。而在试拌时,可根据混合料工作性质的要求再进行调整。

(6)根据算出的材料用量估算混凝土干表观密度 $\rho_{c,c}$。

$$\rho_{c,c} = 1.15m_{c0} + m_{g0} + m_{s0} (kg/m^3) \tag{3-11}$$

估算的 $\rho_{c,c}$ 应符合设计要求,误差不得大于5%,否则再进行调整计算。

3. 拌和物的试配和调整

(1)根据试配所用试模尺寸大小和试件组数计算出试模总容积。考虑混凝土成型时密实度加大及在配制时混凝土还有些损耗,因此试模总体积乘以1.05的系数来计算试配实际下料量。

(2)为了选择较优的配合比,可根据上述选用的水泥用量再增选两个水泥用量(±30kg),试配6组试件(3个水泥用量,用水量暂时不变,在制模时根据工作度要求,调整用水量,并制作7d、28d两个龄期共18个试件)。试件成型后养生7d、28d做抗压强度的合格性试验,并测定混凝土的干密度,最后取满足设计强度等级和密度要求而水泥用量最少的配合比作为选用的配合比。

(3)根据选用配合比的各组成材料用量和拌和物振实后的湿表观密度,计算每 $1m^3$ 轻集料混凝土的实际材料用量。

4. 计算实例

已知陶粒松散表观密度为 $620kg/m^3$,1h吸水率为3.8%,人工破碎陶砂松散表观密度为 $760kg/m^3$,试用强度等级32.5级矿渣硅酸盐水泥配制C10干表观密度为 $1\,400kg/m^3$ 的全轻混凝土，拌和物用机械拌和，振动捣实，需要工作度为20s。

(1)计算步骤

①根据表3-7及表3-12选择水泥用量为280kg/m³，砂率为38%。

②粗细集料总体积按表3-13选为1.45。

③计算细集料用量。

$$V_s^u = 1.45 \times 0.38 = 0.55(\mathrm{m}^3)$$
$$m_{s0} = 0.55 \times 760 = 418 \approx 420(\mathrm{kg})$$

④计算粗集料用量。

$$V_g^c = 1.45 - 0.55 = 0.9(\mathrm{m}^3)$$
$$m_{g0} = 0.9 \times 620 = 560(\mathrm{kg})$$

⑤根据稠度的要求按表3-8选择有效用水量为165kg，因使用陶砂为细集料，再增加10kg水，测得1h吸水率为3.8%，则总用水量为：

$$m_{wx} = m_{w0} + m_{g0}m'_{w0} = 165 + 10 + 560 \times 0.038 = 196(\mathrm{kg})$$

⑥核算混凝土干表观密度$\rho_{c,c干}$。

$$\rho_{c,c干} = 1.15m_{c0} + m_{g0} + m_{s0} = 1.15 \times 280 + 560 + 420 = 1\,302(\mathrm{kg/m^3})$$

符合预定的干表观密度为1 400kg/m³的表观密度要求。

(2)拌和物的试配和调整

①计算试模容积和试配用料量。

以10cm×10cm×10cm试模两组、每组3块和15cm×15cm×15cm试模两组、每组3块为例。

试模容积：

$$V_{模} = (0.1 \times 0.1 \times 0.1 + 0.15 \times 0.15 \times 0.15) \times 2 \times 3 = 0.026\,3(\mathrm{m}^3)$$

试配用料体积：

$$V_{试} = 1.05 \times V_{模} = 1.05 \times 0.026\,3 = 0.027\,6(\mathrm{m}^3)$$

试配材料质量：

水泥 $m_{c0} = 280 \times 0.027\,6 = 7.75(\mathrm{kg})$

陶粒 $m_{g0} = 560 \times 0.027\,6 = 15.5(\mathrm{kg})$

砂 $m_{s0} = 420 \times 0.027\,6 = 11.6(\mathrm{kg})$

总用水量 $m_{wz} = 196.2 \times 0.027\,6 = 5.42(\mathrm{kg})$

试拌后用水量符合和易性要求，测得表观湿密度$\rho_{c,t湿} = 1\,500\mathrm{kg/m^3}$，一般$\rho_{c,t湿}$比$\rho_{c,c干}$多150～200kg，这样$\rho_{c,t干}$为1 300～1 350kg/m³，符合要求。

②根据选用的水泥用量280kg/m³再选两个与其相近似的用量(±30kg)，即250kg/m³和310kg/m³，试配6组试件(3个水泥用量和3个用水量)，待7d和28d做抗压强度试验。其中水泥用量为280kg/m³时，抗压强度为11.5MPa，干表观密度为1 350kg/m³，符合设计要求。水泥用量为250kg/m³和310kg/m³的抗压强度和表观密度与设计要求相差较大。

③调整配合比。

选定水泥用量为280kg，$\rho_{c,t湿} = 1\,500\mathrm{kg/m^3}$。试配用料量中水泥7.75kg、陶粒15.5kg、砂11.6kg、总用水量5.42kg，合计40.27kg。

所以实际混凝土的制成体积为：

$$V_{制} = \frac{40.27}{1\,500} = 0.026\,8(m^3)$$

故调整后每 1m³ 混凝土制成量所需材料用量为：

水泥 $$m_{c0} = \frac{775}{0.026\,8} = 289(kg)$$

陶粒 $$m_{g0} = \frac{15.5}{0.026\,8} = 578(kg)(0.93m^3)$$

砂 $$m_{s0} = \frac{11.6}{0.026\,8} = 433(kg)(0.57m^3)$$

总用水量 $$m_{wz} = \frac{5.42}{0.026\,8} = 202(kg)$$

五、高强轻集料混凝土

英国水泥和混凝土协会发表的一种配合比设计通用方法，特别适用于高强轻集料混凝土。

(一)基本配合比

"基本配合比"的目的，在于制出一种水泥用量约为 500kg/m³ 及维勃稠度为 8～12s 的混凝土。

(二)混凝土强度及轻集料视密度

使用"基本配合比"时，某一特定轻集料其混凝土的预期强度大体上与集料密度的关系如表 3-14 所示。

特定轻集料混凝土的预期强度与集料视密度的关系 表 3-14

粗集料颗粒视密度(kg/m³)	可能的最大抗压强度(MPa)	粗集料颗粒视密度(kg/m³)	可能的最大抗压强度(MPa)
1 400	<50	1 700～1 900	<75
1 400～1 500	<55	1 900～2 200	<80
1 500～1 600	<65	2 200～2 500	<90
1 600～1 700	<70	2 500～2 800	<100

(三)拌和物组成

配合比设计以表 3-15 为基础。从表 3-15 得到的配合比设计是试验用拌和物的适宜的原始组成，可用以系统估计水泥用量增减对混凝土强度的影响。

高强轻集料混凝土的基本配合比 表 3-15

粗集料粒径最大/最小(mm)	细集料 600μm 筛孔通过量(%)	粗集料 圆滑形 细	圆滑形 粗	不规则形 细	不规则形 粗	棱角形 细	棱角形 粗	用水量(L/m³)
20/15	45～64	450	1 200	520	1 150	590	1 080	180
	65～84	380	1 290	450	1 220	520	1 150	
	84～100	310	1 360	380	1 290	450	1 220	
15/10	45～64	420	1 190	480	1 130	540	1 070	200
	65～84	360	1 250	420	1 190	480	1 130	
	85～100	300	1 310	360	1 250	420	1 190	
10/5	45～64	400	1 150	450	1 100	500	1 050	225
	65～84	350	1 200	400	1 150	450	1 100	
	85～100	300	1 250	550	1 200	400	1 150	

在这种方法中，水泥被看做是细集料的一部分，随着水泥用量的增加，减少细集料比例而增加粗集料比例。

图 3-1 给出了采用这个方法得出的标准配合比的一个图表实例。

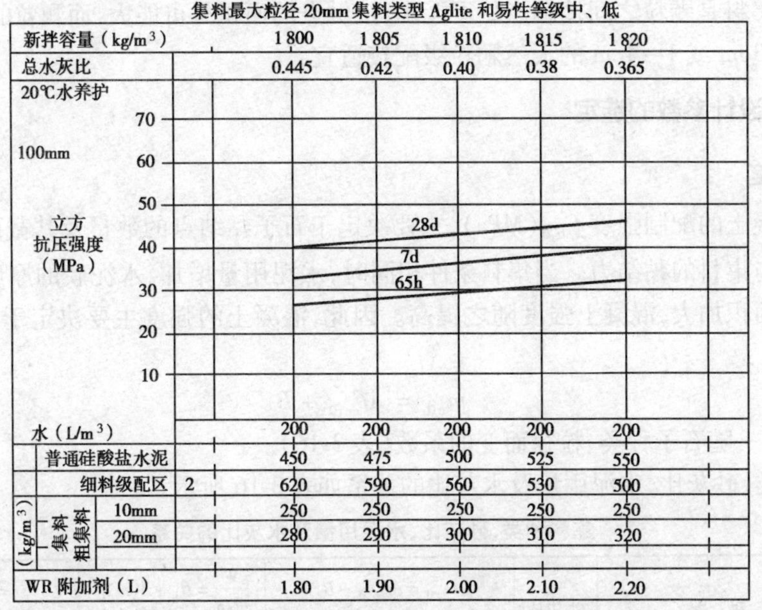

图 3-1 高强度混凝土配合比设计图表

(四) 高强轻集料混凝土的配制

为了保证高强轻集料混凝土的质量(>50MPa)，建议要求做到以下几点：

(1) 工厂生产要有高标准的质量控制。

(2) 最好开始是低频振动密度，随后是高频振动密实(开始小于 4 000 次/s，最后大于 16 000次/s)。

(3) 注意保持与要求的稠度相应的尽可能少的用水量。

粗细集料的估计配料质量是以集料颗粒视密度 2 600kg/m³、水泥用量 500kg 为基础。对于轻集料，按与其颗粒视密度成正比来调整其配料质量，以得到相同的集料体积。

第二节 普通大孔混凝土配合比设计

普通大孔混凝土是采用卵石或碎石、水泥和水制成的一种多孔性混凝土，有时也掺入少量细砂作为改善水泥浆的辅助材料，而并非用以填充石子的空隙。大孔混凝土在无砂或砂子太细的地区和缺乏砖材的地方可用作墙材，表观密度一般在 1 900kg/m³ 以下，质量比普通混凝土轻1/4，强度低(C10 以下)。

一、原材料选择

(一) 水泥

宜采用强度等级高的水泥。

(二)集料

卵石最好，碎石次之，碎砖最差。在水泥用量及水灰比相同的情况下，卵石大孔混凝土强度为100%，碎石大孔混凝土为40%～70%，碎砖大孔混凝土为28%～47%。

理想的集料是颗粒之间接触点尽可能多，接触点的面积尽可能大，而颗粒的总面积不应过分增大。1～3cm或1～4cm的天然颗粒级配较适宜。

二、主要设计参数的选定

(一)强度

大孔混凝土的配制强度$f_{cu,0}$(MPa)，主要决定于石子黏结点的数量及其截面面积，水泥石的强度及其与集料的黏结力。当集料条件相同时，水泥用量增加，水泥膜的厚度增加，每个黏结点的截面面积加大，混凝土强度随之提高。因此，混凝土的强度主要决定于水泥用量m_{c0}，其关系式为：

$$m_{c0} = Af_{cu,0} + B \tag{3-12}$$

式中：A、B——随石子种类、粒径而变的系数(表3-16)。

集料种类、砂灰比、水泥用量及水灰比的关系如表3-16所示。

集料种类、砂灰比、水泥用量及水灰比的关系 表3-16

集料种类	砂灰比	$m_{c0}=Af_{cu,0}+B$			$\frac{W}{m_{c0}}=B_1+A_1m_{c0}$		$r=A_2f_{cu,0}+B_2$		
		A	B	r	B_1	A_1	A_2	B_2	r_2
1～3cm自然级配卵石	0	1.21	48.8	0.95	0.833	-0.002 61	0.001 09	1.723	
0.5～2cm人工级配卵石	0	1.25	21.2	0.81	0.746	-0.001 52	0.001 75	1.708	
1～3cm自然级配卵石	1.00	1.03	41.5	0.86	0.890	-0.002 90	0.001 68	1.729	
	1.25	0.79	56.5	0.81	0.875	-0.002 47	0.001 47	1.768	
	1.50	0.82	52.7	0.75	0.718	-0.001 00	0.001 69	1.746	
1～4cm自然级配卵石	0	1.58	36.8	0.78	0.758	-0.002 15	0.001 80	1.676	0.77
1～3cm石灰岩碎石	0	2.31	37.0	0.92	0.830	-0.002 66	0.003 18	1.642	0.91
1～3cm空心砖砖渣	0	3.93	57.8	0.96	3.285	-0.012 00	0.004 65	0.997	0.93

注：表中水泥强度等级为“普”52.5级，W/m_{c0}为水灰比，r为相关系数。

(二)水灰比适用范围

大孔混凝土的水灰比可变范围较小，超过一定区间，就会导致水泥浆流失和不能成型，比较理想的范围是0.45～0.6(不包括集料本身的吸水率)，可用表3-16中的系数进行估算。

水灰比用得较低者可达0.35。表3-17是宿舍墙体用的碎石大孔混凝土设计资料。

碎石大孔混凝土设计参考资料 表3-17

序号	灰集比	水灰比	水泥		用水量 (kg/m³)	碎石 (kg/m³)	强度(MPa)				备注
			强度等级(MPa)	用量(kg/m³)			3d	7d	10d	28d	
1	1:10	0.364	“普”42.5	157	57	1 570	14		4.21	5.70	碎石
2	1:10	0.582	“普”42.5	152	88	1 520	2.32		4.54		
3	1:12	0.408	“普”42.5	133	54	1 597	1.42		2.63		
4	1:15	0.41	“普”42.5	107	44	1 598	1.31		2.54		0.5～3

续上表

序号	灰集比	水灰比	水泥		用水量 (kg/m³)	碎石 (kg/m³)	强度 (MPa)				备注
			强度等级 (MPa)	用量 (kg/m³)			3d	7d	10d	28d	
5	1:8	0.35	"普"42.5	201	70	1 608	2.59		6.71	7.78	第一组为施工实用配合比
6	1:10	0.36	"普"42.5	158	57.5	1 580	3.07	4.98			
7	1:12	0.408	"普"42.5	133	54	1 597	2.11	4.32			
8	1:10	0.364	"普"42.5	162	1 620	1 620	3.57	4.59			碎石
9	1:10	0.364	"普"42.5	145	1 450	1 450	1.96	2.30			13

(三)在水泥浆中掺入细砂

加入部分细砂后,大大减小了振捣的摩阻力,使混凝土拌和物黏结点增加,水泥浆膜加强,对混凝土强度有较有利的影响,但不能过多,见表3-18。

掺砂的效果　　表3-18

掺砂	当 $m_{c0}=75\sim150kg/m^3$ 时强度平均提高(%)	当 $f_{cu,0}=1.5\sim10.0MPa$ 时强度平均降低(%)
1:1.00	31.0(20~65)	14.9
1:1.25	34.0(0~41)	13.9(12.2~20.2)
1:1.50	38.0(20~42)	15.5(2.8~20.6)

(四)表观密度

表观密度的计算见表3-16,与石子表观密度、掺砂量及捣实情况有关。

三、配合比设计

(一)配合比设计步骤

(1)根据材料条件及大孔混凝土设计强度等级(分C8、C6、C4、C2.5、C1.5五种),确立每 $1m^3$ 大孔混凝土的水泥计算用量 m'_{c0},计算公式如下:

$$m'_{c0}=Af_{cu,0}+B \tag{3-13}$$

(2)根据材料条件及 m'_{c0},确定计算水灰比 $\frac{W}{C}$,可由下式计算:

$$\frac{W}{C}=B_1+A_1m'_{c0} \tag{3-14}$$

(3)由水泥计算用量 m'_{c0} 及计算水灰比 $\frac{W}{C}$,计算初始用水量 m_{w0},可由下式计算:

$$m_{w0}=m'_{c0}\frac{W}{C}(kg/m^3) \tag{3-15}$$

(4)根据材料条件及混凝土设计强度等级,计算干表观密度 $\rho_{c,c干}$。

(5)当掺砂时,由 m'_{c0} 及砂灰比 $\frac{S}{C}$,确定计算用砂量 m_{s0},可用下式计算:

$$m'_{s0}=m'_{c0}\frac{S}{C} \tag{3-16}$$

(6)由 m'_{w0}、m'_{c0}、m'_{s0} 确定集料计算用量 m_{g0},可用下式计算:

$$m_{g0}=\rho_{c,c干}-m'_{w0}-0.15(m'_{c0}-m'_{s0})(kg/m^3) \tag{3-17}$$

式中:0.15——水泥化合水系数,若不掺砂,则 $m_{s0}=0$。

(7)计算配合比。

$$水泥:砂:集料:水=m'_{c0}:m'_{s0}:m'_{g0}:m'_{w0}$$

(8)试拌调整。按上列计算配合比称取材料，试拌一盘；另按$\frac{W}{C}$增减0.03～0.04，各拌一盘。观察试拌结果，如拌和物干涩起粉，颗粒间不黏结，为水灰比过小；如颗粒表面光滑异常，拌板底部淌浆，为水灰比过大；如颗粒表面浆膜包裹均匀，有光泽，手指触之呈拉毛状，即属合格。

(二)强度校验及拌和物表观密度测定

以适宜水灰比调整材料配合比，试拌27L，测定拌和物表观密度$\rho_{c,t}$，并制作20cm×20cm×20cm强度校验试件一组。

调整水泥用量，使m'_{c0}加减10kg/m^{3}并相应调整m_{s0}、m_{w0}，各试拌一盘，测$\rho_{c,t}$，并制作试件各一组。

以上三组置于室外自然养护(室外气温过低时可放室内养护)，头7d每天浇水3次，并避免暴晒，到28d龄期试压，选定实测强度符合设计强度等级者进行实际材料配合比计算。

(三)决定现场配合比

1. 产量系数

$$\delta = \frac{m'_{c0} + m'_{s0} + m'_{g0} + m'_{w0}}{\rho_{c,t}} \tag{3-18}$$

2. 材料实际用量

$$m_{c0} = \frac{m'_{c0}}{\delta}, m_{s0} = \frac{m'_{c0}}{\delta}, m_{g0} = \frac{m'_{c0}}{\delta}, m_{w0} = \frac{m'_{c0}}{\delta} \tag{3-19}$$

第三节　无砂大孔混凝土配合比设计

无砂大孔混凝土就是不含砂的混凝土，它由水泥、粗集料和水拌和而成。粗集料可以是碎石、卵石，也可以是人造轻集料，如黏土陶粒、粉煤灰陶粒等。由于没有细集料，所以其中存在着大量较大的孔洞，孔洞的大小与粗集料的粒径大致相等。正是由于这些孔洞的存在，使得无砂大孔混凝土显示出与一般混凝土不同的特性。

无砂大孔混凝土与普通混凝土相比，具有以下优点：

(1)表观密度小，通常在1 400～1 900kg/m^3。

(2)热传导系数小。

(3)水的毛细现象不显著。

(4)水泥用量少。

(5)混凝土侧压力小，可使用各种轻型模板，如钢丝网模板、胶合板模板等。

(6)表面存在蜂窝状孔洞，抹面施工方便。

(7)由于少用了一种材料(砂子)，简化了运输及现场管理。

此外，无砂大孔混凝土施工简便，靠自重落料即可成型，不需插捣，对工人技术水平要求不高。除了碎石、陶粒之外，无砂大孔混凝土还可直接利用炉渣等工业废料，甚至强度较高的建筑垃圾，如碎砖、碎混凝土块等，而旧的无砂大孔混凝土构件破碎后，又是很好的粗集料。这样，地方材料的利用及陈旧建筑物拆除后，垃圾处理等问题都可以得到较圆满的解决。

无砂大孔混凝土可用于6层以下住宅的承重墙体，或用于6层以上的框架填充料。国外曾在13层住宅建筑中将其用作承重墙。它还可用于地坪、路面、停车场等。此外，我国还生产了一种无砂大孔陶粒混凝土夹层复合外墙板及大楼板，现在已用这两种构件建筑了12 000m^2的住宅，技术经济效果较好。

一、原材料选择

无砂大孔混凝土的材料包括水泥、粗集料和水。水泥常用普通硅酸盐水泥，多用42.5级和52.5级。粗集料可以是卵石或碎石，也可以是浮石、粉煤灰陶粒、黏土陶粒等轻集料，甚至是碎砖。

大孔混凝土所用原材料除应符合有关的国家标准或规范要求外，其特殊要求见表3-19。

对原材料的特殊要求 表3-19

序号	原材料名称	性 能 要 求
1	水泥 （胶结料）	（1）通用普通硅酸盐水泥、矿渣硅酸盐水泥，若用其他品种水泥，则需在确保早期脱模强度和设计强度等级前提下，通过实测确定。 （2）大孔混凝土强度等级建议采用水泥强度等级为： C6以上的大孔混凝土宜用52.5级水泥，C4、C6大孔混凝土宜用42.5级或52.5级水泥，低于C4的大孔混凝土宜用32.5级或42.5级水泥
2	粗集料 （包括普通或轻集料）	（1）要求粗集料为单一粒级，如10～20mm或10～30mm，不允许用小于5mm、大于40mm的集料。 （2）碎石型粗集料除应满足强度和压碎指标基本要求外，碎石中针片状颗粒总含量不宜大于15%。包裸型和半包裸型的总含泥量（包括含粉量）不宜大于1%。 （3）人造轻集料各项指标均应符合《黏土陶粒和陶砂》（JC/T 786—1996）的有关规定。炉渣、碎石中未燃烧煤的含量应不超过5%～15%
3	外加剂	一般不予采用，冬季施工可酌用硫酸钠、氯化钠等早强剂，以加速混凝土的硬化

二、配合比设计

（一）设计原则

根据已知材料性能及所需强度等级和密度，在确保混凝土稠度的前提下，以采用最小的水泥用量为原则，进行配合比设计。大孔混凝土单位体积的质量应为1m^3紧密状态的集料密度和单位水泥用量及水泥用水质量之总和。

国外进行配比设计多采用查表法、图示法、计算公式法等。我国常用的是计算公式法。

（二）设计步骤及计算公式

1. 计算大孔混凝土配制强度

$$f_{cu,0}=\frac{f_{cu,k}}{1-\sigma_v} \tag{3-20}$$

式中：$f_{cu,0}$——配制强度（MPa）；

$f_{cu,k}$——设计强度（MPa）；

σ_v——强度标准差，应根据施工单位以往积累的数据分析确定，若没有这方面的数据，也可根据施工单位的管理水平，从表3-20中查找；如缺乏施工无砂大孔混凝土的经验时，可取为25%。

2. 估算每1m^3大孔混凝土所需的水泥用量

根据粗集料种类，可选用如下的统计经验式。

管理水平与离散率σ_v的关系 表3-20

管理水平	甲级	乙级	丙级
σ_v（%）	<16	16～20	21～25

(1)碎石大孔混凝土

$$m_{c0}=69.36+784.93\frac{f_{cu,0}}{f_{ce}} \tag{3-21}$$

式中：m_{c0}——每 $1m^3$ 混凝土的水泥用量（kg/m^3），指 42.5 级水泥；

f_{ce}——水泥实测强度（MPa），如无实测值，可按 1.13 倍水泥强度等级值取用。

注：此式由原贵州四局建筑科研所提供，若遇水泥、集料变动较大，可按每 $1m^3$ 混凝土水泥用量差值为 20kg，通过强度测定结果加以调整。

(2)陶粒大孔混凝土

$$\bar{f}_{cu,0}=0.329m_{c0}-3.4\text{（用 42.5 级矿渣硅酸盐水泥）} \tag{3-22a}$$

$$\bar{f}_{cu,0}=0.314m_{c0}+8.84\text{（用 52.5 级普通硅酸盐水泥）} \tag{3-22b}$$

注：此式由上海市建筑科学研究所提供，陶粒表观密度为 $800kg/m^3$。

3. 确定合理水灰比及用水量

(1)对于碎石等普通集料大孔混凝土，水灰比的确定非常重要。为了确定最佳水灰比，可在水泥用量一定的情况下，用从小到大几种不同的水灰比分别拌制，然后通过试验求出它们的抗压强度，再按图 3-2 绘出曲线，求出最大抗压强度所对应的水灰比，该水灰比即为最佳水灰比。这种方法繁杂，实际工作中常根据经验来判别水灰比是否合适。如取出一些拌好的无砂大孔混凝土拌和物进行观察，如果水泥在集料表面包裹均匀，没有水泥浆下淌的现象，而且颗粒有金属光泽，则说明水灰比较为合适。对于碎石等普通集料无砂大孔混凝土，通常水灰比可采用下列统计经验计算：

$$\frac{W}{C}=0.58-0.000\,715m_{c0}\text{（人工全捣法）} \tag{3-23a}$$

$$\frac{W}{C}=0.537\,2-0.000\,791\,4m_{c0}\text{（锤击板法）} \tag{3-23b}$$

设 $\frac{W}{C}=K$，一般可选用 3 个水灰比值，即 $K-0.05$、K、$K+0.05$，以拌和物稠度适中者选作试验用水灰比值，亦可以水泥标准稠度的 1～1.3 倍定为水灰比值，用水量则为：

$$m_{w0}=\frac{W}{C}\times m_{c0}\,(kg) \tag{3-24}$$

(2)对于陶粒等轻集料无砂大孔混凝土，水灰比的确定更加困难，因为水灰比与集料的湿度有关。为了防止水泥浆中的水分被集料吸去，或者由于集料太湿导致水泥浆从集料上滑下，应使集料处于饱和干面状态（即集料已经饱和，但表面干燥），这样才能保证拌制的混凝土的质量。

这种混凝土的合理水灰比可按图 3-3 取值。

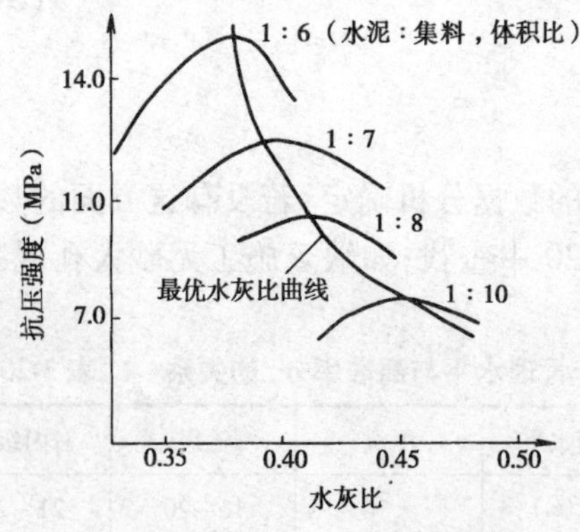

图 3-2　水灰比与抗压强度的关系

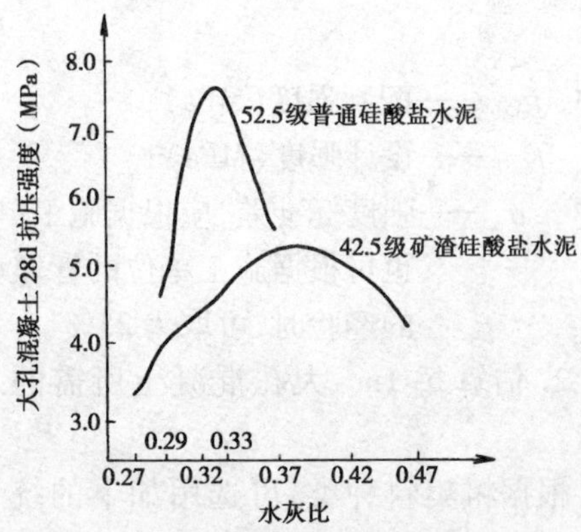

图 3-3　大孔混凝土水灰比与抗压强度的关系

通常的适宜范围为：

陶粒大孔混凝土（净水灰比）

$$\begin{cases} 52.5\text{级普通硅酸盐水泥}: \dfrac{W}{C} = 0.30 \sim 0.37 \\ 42.5\text{级矿渣硅酸盐水泥}: \dfrac{W}{C} = 0.34 \sim 0.42 \end{cases}$$

4. 集灰比

集灰比的取值由所需配制的无砂大孔混凝土强度而定，一般对于 C10 以上的无砂大孔混凝土，可取集灰比 6:1 ~ 8:1。随着无砂大孔混凝土强度等级的降低，集灰比逐步增大，一般可达 15:1。

5. 确定每 $1m^3$ 大孔混凝土的粗集料用量

每 $1m^3$ 大孔混凝土的粗集料用量可取为：

每 $1m^3$ 紧密状态的碎石质量或每 $1m^3$ 紧密状态的陶粒质量 ×0.98

大孔混凝土的制成系数分别为：

(1)全捣法成型碎石大孔混凝土——0.94 ~ 0.96。

(2)半捣法成型陶粒大孔混凝土——0.96 ~ 0.98。

(3)料斗自由落料——1.0。

最后试拌并制作试件以验证试配强度的可靠性。

三、配合比设计实例

某宿舍墙体用 C5 碎石大孔混凝土，用大模现浇施工工艺。碎石粒级为 10 ~ 20mm，用 42.5级普通硅酸盐水泥，实测强度为 45 MPa，施工管理水平中等，$\sigma_v = 15\%$。

(1)计算配制强度。

$$\bar{f}_{cu,0} = \frac{f_{cu,k}}{1-\sigma_v} = \frac{5.0}{1-0.15} = 5.882(\text{MPa})$$

(2)根据配制强度，估算每 $1m^3$ 大孔混凝土水泥用量。

$$m_{c0} = 69.36 + 784.93 \times \frac{f_{cu,0}}{f_{ce}} = 69.36 + 784.93 \times \frac{5.882}{45.0} = 171.96(\text{kg/m}^3)$$

(3)按确定水泥用量，估算其合理水灰比。

$$\frac{W}{C} = 0.58 - 0.000\,715 m_{c0} = 0.457$$

(4)依上述水灰比，求其用水量。

$$m_{w0} = 0.457 \times 171.96 = 78.59(\text{kg/m}^3)$$

(5)$1m^3$ 大孔混凝土用 $1m^3$ 紧密状态的碎石。根据原材料检验，紧密状态下碎石表观密度为 1 512kg/m^3。

(6)试拌和制作试件，待 28d 的抗压强度确能满足设计要求后，可用于工程实践中。

四、常用施工配合比

表 3-21 ~ 表 3-24 所示为国内外一些常用无砂大孔混凝土的配合比，可供配合比设计时参考。

卵石无砂大孔混凝土配合比 表 3-21

水泥:粗集料(体积比)	水 灰 比	水泥用量(kg/m^3)	$f_{cu,k}$(MPa)	表观密度(kg/m^3)
1:6	0.38	259	14.6	1 999
1:8	0.41	103	9.6	1 913
1:10	0.45	155	7.2	1 862

碎石无砂大孔混凝土配合比 表 3-22

水泥:粗集料	水灰比	水泥用量(kg/m^3)	龄期(d)	表观密度(kg/m^3)	抗压强度(MPa)
1:6	0.333	259	3	2 080	3.3
			7	2 080	11.6
			28	2 075	15.0
1:7	0.338	223	3	2 045	7.1
			7	2 012	9.6
			28	2 040	12.6
1:8	0.348	194	3	2 000	5.7
			7	2 000	7.8
			28	1 995	10.2
1:10	0.360	156	3	1 945	4.1
			7	1 945	5.6
			28	1 942	7.3
1:12	0.372	131	3	1 926	3.2
			7	1 920	4.1
			28	1 917	5.4
1:15	0.392	104	3	1 890	2.1
			7	1 888	2.8
			28	1 887	3.6

原贵州四局建筑科学研究所无砂大孔混凝土的配合比 表 3-23

水泥:粗集料	水灰比	水泥用量(kg/m^3)	表观密度(kg/m^3)	抗压强度(MPa)
1:9	0.40	170	1 850	5.5
1:10	0.45	150	1 800	4.5
1:12	0.50	130	1 750	3.5
1:15	0.55	110	1 700	2.5

膨胀矿渣无砂大孔混凝土配合比(集料密度 $\rho_g = 1\ 235kg/m^3$) 表 3-24

水泥:粗集料	水灰比	水泥用量(kg/m^3)	表观密度(kg/m^3)	抗压强度(MPa)
1:6	0.335	265	1 780	12.4
1:7	0.345	226	1 723	10.0
1:8	0.355	199	1 702	9.8
1:10	0.370	156	1 662	5.7
1:12	0.388	133	1 629	4.3
1:15	0.413	106	1 585	2.5

第四节　轻集料大孔混凝土配合比设计

一、配合比设计的基本原则

(1)轻集料大孔混凝土的强度首先取决于集料的强度、水泥用量及浇灌的密实度。

(2)由于水灰比值可能的变化而引起的水泥石密实度及强度的变化,对轻集料大孔混凝土强度的影响不大。

(3)大孔混凝土的密实度与集料的浇灌密实度有紧密联系,混凝土强度与每 $1m^3$ 混凝土中集料的用量有直接关系。当集料用量固定时,大孔混凝土的密实度和强度与水泥用量有关。因此,在选择大孔混凝土配合比时,正确的方法是先在拌和物不分层的条件下根据集料包盖得最好的条件选择必要的水灰比,然后改变水泥用量,而不是改变水灰比。

(4)混凝土拌和物中的最优含水率应根据以下两个条件来确定:①所制成的混凝土拌和物无分层现象(含水率上限);②混凝土中的集料经振捣密实,其数量约与经过振实的集料表观密度 $\rho_{g振}$ 相等(最小含水率)。$\rho_{g振}$ 与混凝土中集料用量间的差不应超过 5%,$\rho_{g振}=1.5\rho_{g松}$($\rho_{g松}$ 为集料松散状态的表观密度)。

含水率上限按混凝土拌和物振动时从拌和物中分离出的水泥浆的百分率来确定。为此使用 1 块 40mm×40mm 带有 2.5mm 孔的底板,当混凝土拌和物的选配正确时,从拌和物分离出来并聚集在底板上的水泥浆的数量应不超过 1.5%。

(5)各种轻集料质量有很大差别,可按下列孔隙特征分为三类。

第一类集料——具有小气孔的集料,包括天然浮石、凝灰岩及砂岩的碎块,陶瓷碎块及碎砖等。气孔均匀地分布于材料的整个体积内,并突出于颗粒的表面。

第二类集料——具有光化烧结表面的陶粒。

第三类集料——表面有大孔和空洞的多孔烧结料,如矿渣、浮石等,需要多用水泥。采用混合胶结材料可以降低水泥用量,但会导致水泥石抗冻性和强度的降低。

(6)第三类集料的混凝土,可考虑用两阶段搅拌组成的配制方法。即集料先和一种磨细材料(如多孔烧结料、粉煤灰等)及一部分水一起搅拌 2min,这时形成的无水泥浆体覆盖了表面的气体和空洞,使集料表面减小。以后再加入水泥和余下的水,再搅拌 1.5~2min。这样水泥几乎可以完全用于胶结集料。只有在磨细材料的含量能保证气孔填满($120\sim200kg/m^3$)的条件下,混凝土强度才能最大,最优磨细材料用量与集料用量有关。

试验证明,采用两阶段搅拌可提高混凝土强度,减少水泥用量并增强抗冻性。

二、对配合比设计方法的要求

选择轻集料大孔混凝土的配合比,其方法要求如下:

(1)在已知集料性能的条件(性能一定的条件)下,选择规定强度等级的混凝土。

(2)在给定的所用集料条件下,选择规定密度的混凝土配合比。

(3)选择最合理的集料种类,以制备规定性能的轻集料大孔混凝土。

在所有情况下,胶结料的用量都应当是最低的。

三、配合比设计

(一)用第一、二类集料配制的混凝土

(1)先确定出干燥集料经振实后的密度($\rho_{g振}$)及水泥的实测强度。

(2)确定水泥用量:根据所要求的混凝土强度及集料的密度ρ_g,采用32.5级水泥时,按图3-4确定出$1m^3$拌和物中的水泥用量(采用42.5MPa水泥时乘以系数0.9,采用52.5MPa水泥时乘以系数0.8)。此时,集料的用量在数值上取振实状态下集料的密度值。

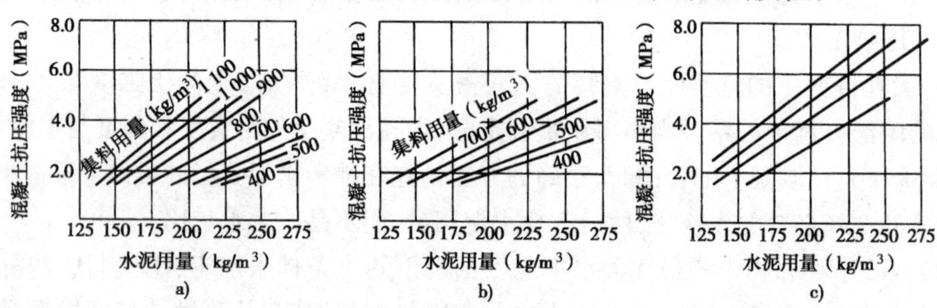

图3-4 轻集料大孔混凝土强度与水泥(32.5级)用量关系

a)第一类集料;b)第二类集料;c)第三类集料

注:采用其他强度等级水泥的大致用量可乘以下列系数:42.5级—0.9;52.5级—0.8。

(3)确定用水量:用水量由试拌料来确定(不必制作试件)。最佳用水量为当混凝土振捣密实时,水泥浆流失百分率不超过1.5%时的用水量。而$1m^3$混凝土中集料的用量在数值上等于振实状态下集料的密度值,偏差不大于5%。

(4)计算混凝土的密度:混凝土的密度可用下式近似地求出:

$$\rho_{c,c} = m_{g0} + 1.15m_{c0} \tag{3-25}$$

式中:$\rho_{c,c}$——混凝土表观密度计算值(kg/m^3);

m_{c0}——水泥用量(kg/m^3);

m_{g0}——混凝土中集料的用量(kg/m^3)。

(5)确定混凝土配合比:配制并试验三组尺寸为15cm×15cm×15cm或20cm×20cm×20cm的混凝土试件,其水泥用量根据图3-4来定,误差为±10%。

根据用三组试拌料做的混凝土试件的强度试验结果,规定$1m^3$混凝土拌和物中水泥和集料的精确用量,并按1:y确定混凝土配合比(质量比)。

$$y = \frac{m_{g0}}{m_{c0}}, m_{c0} = \frac{\rho_{c,c}}{1 + y + \frac{W}{C}} \tag{3-26}$$

式中:m_{g0}——集料用量(kg/m^3);

m_{c0}——水泥用量(kg/m^3);

$\frac{W}{C}$——水灰比;

$\rho_{c,c}$——新拌混凝土表观密度计算值(kg/m^3)。

(二)用第三类集料配制的混凝土

(1)先确定干燥集料在振实状态下的密度,确定出水泥实测强度及所用磨细材料的无水

泥净浆的标准稠度 P。

(2)根据所要求的混凝土强度及集料的密度,按图 3-4 确定 $1m^3$ 拌和物中水泥的大致用量。

(3)配制三组混凝土试拌料,每组分别掺有 $120kg/m^3$、$150kg/m^3$、$200kg/m^3$ 的磨细料。

(4)在混凝土搅拌的第一阶段向拌和物中加入水量 m'_{w0},可按下式估算,以使无水泥净浆达到标准稠度,并保证集料在混凝土中的吸水率。

第一阶段用水量 m'_{w0},公式为:

$$m'_{w0} = M\frac{P}{100} + 0.1m_{g0} \tag{3-27}$$

式中:m'_{w0}——混凝土用水量(kg/m^3,或 L/m^3);

M——磨细料用量(kg/m^3);

P——磨细料无水泥净浆的标准稠度;

m_{g0}——集料用量(kg/m^3)。

(5)确定混凝土搅拌第二阶级时的用水量,与前述第一、二类集料配制混凝土时相同。

(6)按三组试件快速试验的结果(蒸养后即进行试压),决定出磨细掺料的最佳用量。在最佳用量时,混凝土的强度便是最大强度。

(7)混凝土 $\rho_{c,c}$ 计算。

混凝土的 $\rho_{c,c}$ 可按下式计算:

$$\rho_{c,c} = m_{g0} + M + 1.2m_{c0} \tag{3-28}$$

混凝土配合比选择的以下步骤,与用第一、二类集料配制混凝土时的一样。对于水泥用量不同的三组拌和料的用水量,由以保证在第二阶段搅拌时使拌和料具有同一水灰比值的计算来加以确定。混凝土配合比以 $1:m:y$ 表示。

$$m = \frac{M}{m_{c0}}, y = \frac{m_{g0}}{m_{c0}}, m_{c0,1} = \frac{\rho_{c,c}}{1 + m + \rho_{c,c} + \frac{W}{C}} \tag{3-29}$$

(三)振实密度为 $400 \sim 1\,200kg/m^3$ 的轻集料大孔混凝土

采用 32.5 级水泥时,可参考图 3-4 中的曲线来确定水泥大致用量。

集料级配对混凝土强度的影响是借三种水泥用量条件下的试拌配合比来考虑的,磨细料的磨细度应相当于水泥磨细度。

用第一、二类集料配制混凝土配合比,其步骤如下。

(1)根据规定强度及集料密度按图 3-4 决定水泥用量,这时集料用量为最优振实下集料的密度 $\rho_{g振}$(偏差不大于 5%)。

混凝土密度可按下式估计:

$$\rho_{c,c} = m_{g0} + 1.15m_{c0} \tag{3-30}$$

式中:m_{g0}——混凝土中集料用量;

其余符号意义同前。

(2)以后步骤与第一、二类集料的配制法相同。水泥用量不同的三次试拌用水量是根据第二阶段搅拌时相同的计算决定的。

(3)配合比以 $1:m:y$ 表示。

$$m = \frac{M}{m_{c0}}, \rho_{c,c} = \frac{m_{g0}}{m_{c0}}, m_{c0,1} = \frac{\rho_{c,c}}{1 + m + y + \frac{W}{C}} \tag{3-31}$$

式中符号意义同前。

四、配合比设计实例

[**例 3-1**]　试选择 C5 轻集料大孔混凝土配合比。用粒径 5～20mm 的膨胀黏土集料，集料振实时的密度为 600kg/m³；用 32.5 级硅酸盐水泥。

磨细膨胀黏土粉的标准稠度为 32%。

解：由图 3-4 查得混凝土中水泥的大致用量 $m_{c0}=220\text{kg/m}^3$，集料用量 $m_{g0}=600\text{kg/m}^3$。

计算三种磨细掺料用量（120kg/m³、150kg/m³、200kg/m³），在第一阶段可搅拌时的用水量：

$$m'_{w01}=120\times0.32+0.1\times600=98.4(\text{L/m}^3)$$

$$m'_{w02}=150\times0.32+0.1\times600=108(\text{L/m}^3)$$

$$m'_{w03}=200\times0.32+0.1\times600=124(\text{L/m}^3)$$

对每一种磨细材料用量，均通过试验来决定其在第二阶段搅拌时的修正用水量：

$$m''_{w01}=40\text{L/m}^3, m''_{w02}=45\text{L/m}^3, m''_{w03}=45\text{L/m}^3$$

采用上述修正用水量时，混凝土的集料用量相应为 585kg/m³、580kg/m³、590kg/m³，即与 $\rho_{g振}$ 相差不超过 5%。

对每批拌和料，总的用水量为：

$$m_{w01}=98.4+40=138.4(\text{L/m}^3)$$

$$m_{w02}=108+45=153(\text{L/m}^3)$$

$$m_{w03}=124+45=169(\text{L/m}^3)$$

以 600kg/m³ 的集料用量，220kg/m³ 的水泥用量及 120kg/m³、150kg/m³、200kg/m³ 的磨细掺料用量，制作三组试件，用蒸气养生，并在冷却后直接试验。

混凝土的极限强度为：$m_{m1}=120\text{kg/m}^3$ 时，为 2.9MPa；$m_{m2}=150\text{kg/m}^3$ 时，为 4.7MPa；$m_{m3}=200\text{kg/m}^3$ 时，为 4.1MPa。

$m_{m2}=150\text{kg/m}^3$ 取为磨细掺料最佳掺量，按 1:0.75:2.9、1:0.68:2.7、1:0.6:2.4 的配合比（相应的水泥用量大致为 200kg/m³、220kg/m³、250kg/m³），配制三组试拌料。

在计算第二阶段搅拌加入的用水量时，最适宜的水灰比值大致为 20%，而 1m³ 混凝土中总的水量相应为 148L/m³、153L/m³、158L/m³。

在上述配合比条件下，28d 龄期混凝土的抗压强度分别为 5.1MPa、6.4MPa、7.0MPa。因此，对 C5 混凝土只需从三组试件中取水泥用量最小的一组即可。

1m³ 混凝土中材料用量按公式算出：

$$m_{c0}=\frac{\rho_{c,c}}{1+m+\gamma+\dfrac{W}{C}}=\frac{1\,100}{1+0.75-2.9+0.74}=204(\text{kg})$$

$$m_{g0}=m_{c0}\times\gamma=204\times2.9=592(\text{kg})$$

$$M=m_{c0}\times m=204\times0.75=153(\text{kg})$$

$$W=m_{c0}\frac{W}{C}=204\times0.74=151(\text{kg})$$

第五节　特细砂混凝土配合比设计

以特细砂（砂子细度模量在 1.5mm 以下，平均粒径在 0.25mm 以下的细砂）代替中粗砂和细砂配制的混凝土称为特细砂混凝土。长期实践证明，特细砂在其他技术要求合格的情况下，可以配制一般混凝土、钢筋混凝土和预应力混凝土，广泛用于工业民用建筑、道路桥梁和某些水工建筑。特细砂在国际上也逐步推广使用，如奥地利在水工混凝土中所用砂子粒径为0.08～1.0mm，且每1m^{3}混凝土的水泥用量只有135～150kg，证明能够满足技术要求。

一、配制原则

（一）砂率

特细砂混凝土如套用粗中砂混凝土的砂率，不仅水泥用量增多，而且混凝土强度得不到提高，混凝土制品收缩大。特细砂混凝土适用低砂率的原理可从两种途径来解释。

（1）集料的排列从物理力学观点的几何图形出发，必须做到：

①颗粒的排列应该是最紧密的，每个颗粒的位置应该最安定而且位能减至最小。

②在大小颗粒密度相差不大的情况下，受颗粒分布概率的支配，集料中大小颗粒处于互相均匀交错的位置。

③排列紧密主要取决于颗粒粒形及其干涉程度。

④假设集料为球形，球体积按集料的平均粒径计算。

对单纯粗集料（石子）而言，将其盛于某单位体积容器中，若容器边长与粗颗粒$D_{石}$之比值较大，当颗粒平排时，每排颗粒数$N_1=\frac{1}{D_{石}}$，共有颗粒数$N_1=\left(\frac{1}{D_{石}}\right)^3$。当颗粒错排时，每排颗粒数$N_2=\frac{2}{\sqrt{3}D_{石}}$，共有颗粒数$N_2=\left(\frac{2}{\sqrt{3}D_{石}}\right)^2\frac{1}{D_{石}}=\frac{4}{3D_{石}^3}$。

错排时盛石料的单位体积容器的空隙为：

$$P_{石}=1-N_2\frac{\pi D_{石}^3}{6}=0.302$$

在砂石混合排列时，石料间距离在理想情况下等于砂粒粒径，如图3-5所示。

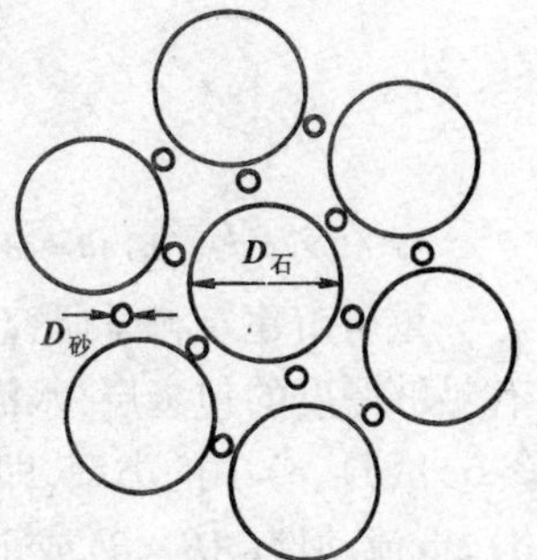

图3-5　石子间的理想距离

在此容器内砂石混合体中石子颗粒数为：

$$N_c=\frac{4}{3(D_{石}+D_{砂})^3}$$

如夹于石子中的砂子体积忽略不计，砂石颗粒混合错排时，集料的理想空隙体积为：

$$P_c=1-N_c\frac{\pi D_{石}^3}{6}=1-0.698\left(\frac{D_{石}}{D_{石}+D_{砂}}\right)^3$$

由上式可知$D_{砂}$越大，则P_c也越大；$D_{砂}$越小，则P_c也越小。

如取石子平均粒径为10mm＝1cm，砂子$D_{砂}$分别为0.05cm、0.04cm、0.03cm及0.02cm，则相应的理想空隙率分别为：

$$P_{0.05}=1-0.698\times\frac{1}{(1+0.05)^3}=0.40, P_{0.04}=1-0.698\times\frac{1}{(1+0.04)^3}=0.38$$

$$P_{0.03}=1-0.698\times\frac{1}{(1+0.03)^3}=0.36, P_{0.02}=1-0.698\times\frac{1}{(1+0.02)^3}=0.34$$

或砂子粒径固定为0.02cm，石子改为20mm、30mm，则：

$$P_{10} = 0.342$$

$$P_{20} = 1 - 0.698 \times \left(\frac{2}{2 + 0.02}\right)^3 = 1 - 0.618 = 0.322$$

$$P_{30} = 1 - 0.698 \times \left(\frac{3}{3 + 0.02}\right)^3 = 1 - 0.683 = 0.317$$

说明混凝土中石子粒径越大,空隙率相应减小,但减小的速度没有砂子粒径的变化大。

显然,在实际混凝土的集料中,砂石颗粒排列不规则,粒形不圆,有互相干涉现象,实际空隙率必然较上述计算值为大。如能确定粒形改正系数和颗粒干涉系数(可根据颗粒干涉理论推导,干涉系数是砂石平均粒径的函数,在已知平均粒径后可从相关曲线中查得),就可获得接近实际情况的混合体的空隙率近似值。然后,按砂粒紧密填充石子空隙的原则,即可求出混凝土的近似最佳砂率。上述推导可证明最佳砂率在特细砂混凝土中必然比粗中砂混凝土为小。

(2)从水泥浆膜厚度阐明特细砂混凝土低砂率:

①混凝土可视为由水泥砂浆包裹石子表面填充石子空隙组成的统一体。而砂浆则可理解为由水泥浆部分包裹于砂粒表面,部分填充砂子空隙组成的体系,它是混凝土产生结构生成作用的基本部分。砂浆通过显微观察,在砂粒四周有一层扩散结构的水泥胶体薄膜,薄膜中所含水分呈不均匀分布,由集料向薄膜四周递增,而水泥胶体的黏度则递减。当截取某一单元进行分析时,由于砂粒间的距离不同,将会出现下列 6 种不同的结构生成情况(图 3-6)。

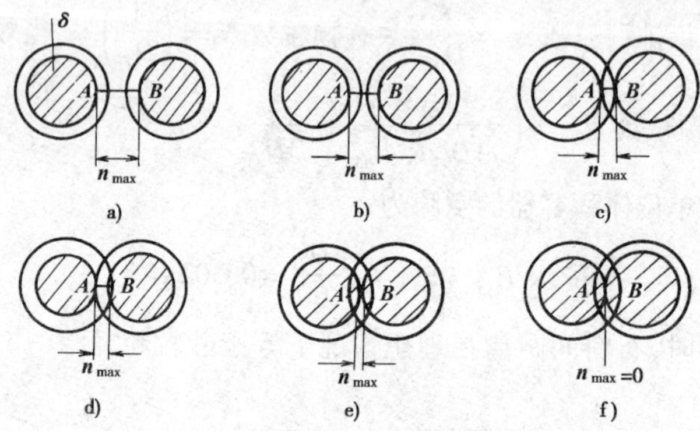

图 3-6　不同砂粒间距对拌和物流动性的影响

a) $AB > 2\delta$ 流态;b) $AB = 2\delta$ 塑性;c) $2\delta > AB > \delta$ 低塑性;d) $AB = \delta$ 低流动性;e) $\delta > AB > 0$ 干硬性;f) $AB = 0$ 松散

重庆市建筑科学研究所的试验,认为砂浆组成中水泥浆除需满足填充砂的空隙外,还需要有足够厚度的包裹层,水泥浆越稠,包裹层就要厚些。这里所谓足够厚度的包裹层,正是指图 3-6c)、d)、e)中的类型,即砂粒逐渐靠近,薄膜互相作用呈面接触,拌和物呈低塑性($2\delta > AB > \delta$)、低流动性($AB = \delta$)或干硬性($\delta > AB > 0$),砂浆显示出逐渐增强的结构生成作用,体系的强度和密实度不断提高。接触界面上的水泥浆的性质和接触面积大小及砂粒多少与拌和物黏度砂浆或混凝土强度和密实度有关。

②水泥浆膜厚度与砂浆强度的关系:浆膜厚度 t 与水泥砂浆的强度存在一定关系。

浆膜厚度 t 的计算可按配合比计算的水泥浆量,扣除砂的振实空隙体积,以其剩余水泥浆分布于砂的总表面积上,即:

$$t = \frac{V_p - V_t}{S} \tag{3-32}$$

式中:V_p——水泥浆量;

V_t——砂子振实空隙体积;

S——砂子总表面积(用拉氏公式计算,粒形系数取1.3)。

采用矿渣硅酸盐水泥与不同粒径的砂,在$\frac{W}{C}=0.4$的情况下拌制成的砂浆压强如表3-25所示。

水泥浆膜厚度 t 与砂浆强度的关系　　表3-25

砂　种	砂子细度模数 M_k	砂子平均粒径 D_h (mm)	砂子表面积 S (cm^2/g)	砂灰比 X/C	水泥浆膜厚度 t (μm)	压　强 (MPa)
简阳中砂	2.39			1.7	37.9	46.8
				2.0	28.0	42.8
				2.3	20.5	39.5
				2.6	15.2	36.6
				2.9	10.5	32.0
重庆李家沱特细砂1号	0.93	0.186	138	0.6	65.8	49.4
				0.9	37.7	47.9
				1.2	23.5	45.1
				1.5	15.1	35.5
				1.8	9.5	29.1
重庆混合特细砂3号	0.73			0.6	55.0	44.3
				0.9	31.5	43.7
				1.2	19.8	36.1
				1.5	13.0	33.1
				1.8	8.2	17.2
重庆混合特细砂4号	0.53			0.6	46.3	47.1
				0.9	26.7	43.5
				1.2	16.5	39.2
				1.5	10.5	33.0
				1.8	6.6	17.0

表3-25的数据说明:

a. 当水泥浆膜厚度相近时,砂浆压强较为接近。由此可以初步推知,浆膜厚度t与砂浆压强的关系,在中砂与特细砂中不受砂种的影响。

b. 当t由5μm增至20μm时,砂浆压强陡增,20μm以上增长速率缓和(表3-26)。

水泥浆膜厚度 t 与砂浆强度增长速率的关系　　表3-26

t(μm)	砂浆压强(MPa)				t(μm)	砂浆压强(MPa)			
	中	细1号	细3号	细4号		中	细1号	细3号	细4号
10±0.5	32.0	29.1		33.0	37.8±0.1	46.8	47.9	—	
15±0.5	36.6	35.5	—		46.3				—
20±0.5	39.5	—	36.1		55.0			44.3	47.1
26.5~28.0	42.8	—	—	43.5	65.8		49.4		
31.5			43.7						

由水泥浆薄膜厚度与砂浆28d强度关系图(图3-7)可知,两者关系呈双曲线变化。其关系式为:

$$f_{28} = 521 - \frac{2\,380}{t} \tag{3-33}$$

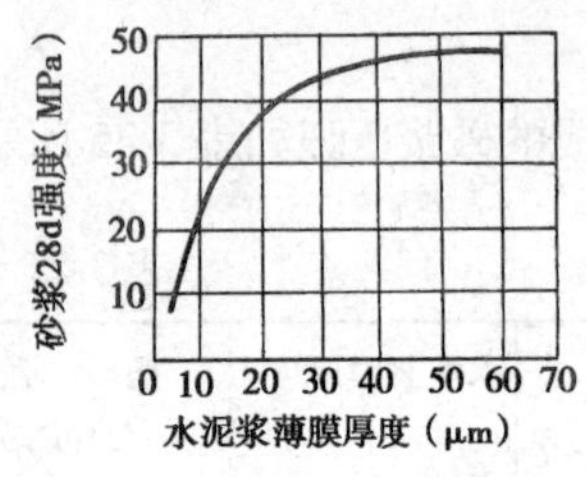

图 3-7　砂浆 28d 强度与浆膜厚度关系图

因此,水泥浆膜厚度不宜小于 20μm,也不宜大于 30μm,否则水泥消耗量大增而砂浆强度所增有限,且增加了收缩。最优厚度 $t = 20 \sim 30\mu m$。

c. 当水灰比加大时,最优浆膜厚度较上述数值减小。可以看出,砂粒粗细本身不是影响强度的直接因素,影响混凝土的主要因素是水泥浆膜厚度,影响拌和物稠度的因素之一,也是浆膜厚度。

在水灰比和工作性相同的条件下,由于砂粒粗细不同,要取得相等的强度,就需要有相等的浆膜厚度。

如砂的空隙率为 α,单位实体积的表面积为 A,砂表面水泥浆膜厚度为 t,则 $1m^3$ 砂浆的实体积砂用量 V_s:

$$V_s = \frac{1}{\frac{1}{1-\alpha} + At} \tag{3-34}$$

因为特细砂的总面积较普通砂大得多,空隙率也较大,因而上式的 V_s 值就比中粗砂砂浆为小。

同理,在混凝土中设石子空隙率为 α,单位实体积石子的表面积为 A,石子表面砂浆包裹层厚度为 t,则 $1m^3$ 混凝土的实体积石子用量 V_g:

$$V_g = \frac{1}{\frac{1}{1-\alpha} + At} \tag{3-35}$$

由于特细砂砂率小,砂浆包裹厚度 t 可以相对地薄一些,在石子粒径和空隙率固定的情况下,石子用量可以增大一些,而砂浆用量减小一些,这样可以使骨架坚强,节约水泥,减小收缩。

总的来说,特细砂混凝土必须采用较少的砂浆,而砂浆中为保证足够的水泥浆膜厚度又需用较少的砂子,故特细砂混凝土必须采用低砂率。

(二)流动性

特细砂混凝土由于砂子细,颗粒数量多,所以拌和物的黏滞度大、黏聚力较强,要靠混凝土自重来克服结构黏度及极限剪应力而产生变形流动是比较困难的。在相同的砂量下,特细砂混凝土比粗中砂混凝土拌和物需消耗较多的水泥浆才能获得相同的坍落度。

但坍落度对特细砂混凝土拌和物来说,并不能表征拌和物的真正和易性,因为即使坍落度较小的拌和物,在棍度抹面方面均表现出有较好的性能,经过振动,也不易产生离析与分层,对浇灌成型并无困难。

(1)需用振动法的工作性来表达特细砂混凝土拌和物的和易性。在外力振动下,混凝土拌和物能够从弹性、黏性、塑性状态转变到黏滞的液体状态。此时,特细砂粒子较小,粒形通常较粗中砂整齐,不致过分凸出或内凹,表面较光滑,在振动的条件下滑动的能力较强,流动速度较快。通过实践也证明:外观较中粗砂混凝土干涩的特细砂混凝土拌和物在振动时反而易于先振实。

在当前的生产条件下,特细砂混凝土拌和物的和易性用工作度作为其主要指标,比用坍落度的真实性强。

(2)当前特细砂混凝土拌和物适用于低流动性混凝土或半干硬性混凝土。由于特细砂混凝土拌和物中砂浆用量较少,为了增加流动性,就得多用水泥浆或提高水灰比——导致水泥强度等级提高,这对技术经济性能均不利,故其流动性应以小为宜。一般适用范围为工作度在 30s 以内、坍落度在 3cm 以内的情况。然而过分干稠,在现有设备下达到振实也较困难。

(3)在水灰比一定的条件下,用水量实质就是水泥用量,是与技术经济有关的问题。

由于特细砂比表面积大,为达到同一稠度,须较粗中砂混凝土多用一些水,随即发生超用水泥问题。

试验发现,为达到一定坍落度,特细砂混凝土的需水量随砂率的增大而增加,参见表3-27。

原河南省建工局科研所的研究得出的结论是:

①砂子粒度小,并不一定导致混凝土拌和物的和易性差,粒度与和易性间并无比例关系存在。

②影响拌和物和易性的因素是多方面的,集料总面积的多少只是主要因素之一,它还与粒形、水泥用量、粗集料石子的质量等因素有关。为改善细砂混凝土拌和物的和易性,不能认为只有加水是唯一可以达到指定和易性的措施,通常采用较低砂率,也能改善和易性。

特细砂混凝土与需水量的关系 表3-27

原材料	用水量(kg/m³)	砂率(%)	坍落度(cm)	抗压强度(MPa)		原材料	用水量(kg/m³)	砂率(%)	坍落度(cm)	抗压强度(MPa)	
				$f_{cu,7}$	$f_{cu,28}$					$f_{cu,7}$	$f_{cu,28}$
32.5级矿渣硅酸盐水泥 $m_{c0}=350kg/m^3$ 0.5~2cm卵石	150	14	2.5	14.1	23.5	32.5级矿渣硅酸盐水泥 $m_{c0}=250kg/m^3$ 0.5~4cm卵石	140	16	3	10.0	17.2
	155	16	2	13.0	23.4		145	18	5	9.8	17.2
	160	18	3	13.3	20.6		150	20	4.5	11.4	17.4
	165	20	3	11.8	19.9		160	22	4.5	9.4	15.3
	170	22	2	12.0	18.9		170	24	4.5	8.6	16.0
	175	24	3.5	11.9	19.0		180	26	4.5	6.5	11.1
	180	26	3	11.6	18.0						

特细砂混凝土每1m³混凝土用水量参考表见表3-28。

特细砂混凝土用水量参考表(kg/m³) 表3-28

工作性 \ 最大粒径(mm) \ 石子种类		卵石				碎石	
		10	20	40	60	20	40
维勃稠度	20~30s	145±5	135±5	125±5	115±5	175±5	165±5
	10~20s	155±5	145±5	135±5	125±5	185±5	175±5
坍落度	0~1cm	165±5	155±5	145±5	135±5	195±5	185±5
	1~3cm	175±5	165±5	155±5	145±5	205±5	195±5
	3~5cm	185±5	175±5	165±5	155±5	215±5	205±5
	5~7cm	195±5	195±5	175±5	165±5	225±5	215±5

二、配合比设计

特细砂混凝土的特点是采用低砂率,流动性低,测定和易性采用工作度,坍落度不能充分反映出特细砂混凝土的真正情况。因此在选择砂率与工作度时需按特细砂混凝土专用图表(表3-29、表3-30)选用。

特细砂混凝土砂率参考表(%) 表3-29

石子品种	水泥用量(kg) \ 石子最大粒径D(mm) \ 水泥剩余系数F.M	20		30		40		60	
		0.7~1.0	1.0~1.5	0.7~1.0	1.0~1.5	0.7~1.0	1.0~1.5	0.7~1.0	1.0~1.5
卵石	200	25~27	28~30	24~26	27~29	23~25	26~28	22~24	25~27
	250	23~25	26~28	22~24	25~27	21~23	24~26	20~22	23~25
	300	21~23	24~26	20~22	23~25	19~21	22~24	18~20	21~23
	350	19~21	22~24	18~20	21~23	17~19	20~22	16~18	19~21
	400	18~20	11~23	17~19	20~22	16~18	19~21	15~17	18~20
碎石	200	22~30	31~33	27~29	30~32	26~28	29~31	—	—
	250	26~28	29~31	25~27	28~30	24~26	27~29	—	—
	300	24~26	27~29	23~25	26~28	22~24	25~27	—	—
	350	22~24	25~27	21~23	24~26	20~22	23~25	—	—
	400	21~23	24~26	20~22	23~25	19~21	22~24	—	—

特细砂混凝土拌和物的坍落度 表3-30

结构种类	机械捣实		人工捣实	
	维勃稠度(s)	坍落度(cm)	维勃稠度(s)	坍落度(cm)
1. 基础或地面等的垫层	50~70	—	50~70	0
2. 无配筋的厚大结构或配筋稀疏的结构	—	—	—	1~3
3. 板、梁和大型及中型截面的柱子	30~50	0~1	30~50	3~5
4. 配筋密列的钢筋混凝土结构	10~30	1~3	10~30	5~7
5. 配筋特密的钢筋混凝土结构	5~15	3~5	5~15	—

在配合比设计方法上特细砂混凝土并无特殊不同，主要参数选择上要掌握表3-29、表3-30中的特点。特细砂混凝土不宜配制高流动性的塑性混凝土，特别是混凝土要求强度等级较高时，塑性混凝土不仅耗用水泥量大而且强度不易达到要求，在有条件的施工单位，可采用干硬性或半干硬性混凝土，一般宜采用低流动性混凝土。现将按剩余系数(F·M)法举例说明配合比设计步骤。

某工程配制屋面板用混凝土，采用机械搅拌，机械振捣，要求混凝土强度等级为C20，要求坍落度为0~1cm。

原材料情况如下。

水泥：重庆水泥厂32.5级矿渣硅酸盐水泥，实测强度$f_{ce}=43\text{MPa}$，$\rho_c=3.0$。

砂：特细砂，$M_k=0.85$，$\rho_s=1\ 300\text{kg/m}^3$，$\rho_s'=2.69$，$P_{砂}=51.6\%$。

石子：5~20mm 卵石，$\rho_g=1\ 750\text{kg/m}^3$；$\rho_g'=2.64$，$\rho_{sg}'=0.2\times2.69+0.8\times2.64=0.538+2.112=2.65$。

(1)水灰比 W/C

因为 $$F.M<1$$

所以 $$C20=0.31f_{ce}(\frac{C}{W}-0.39)$$

即 $$C20=0.31\times430(\frac{C}{W}-0.39)$$

$$\frac{C}{W}=1.90$$

$$\frac{W}{C}=\frac{1}{1.90}=0.525$$

若做比较试验,可采用0.48、0.53、0.58三种水灰比。

(2)用水量 m_{w0}

查表3-26,取 $W=155$kg。

(3)水泥用量 m_{c0}

$$m_{c0}=W\frac{C}{W}=155\times1.9=294(\text{kg})$$

(4)石子用量 m_{g0}

$$V_g=\frac{1\ 000}{1+\alpha\frac{P_g}{1-P_g}} \tag{3-36}$$

查表3-31,α 取1.05,$\rho_g=1\ 720\text{kg/m}^3$。

石子密度 $\rho_g'=2.65\text{kg/m}^3$ 时,每 1m^3 混凝土石子用量 表3-31

ρ_g(kg/m³) \ α	1.00	1.05	1.10	1.15	1.20	1.25	1.30	1.35	1.40
1 400	1 400	1 370	1 340	1 310	1 280	1 250	1 230	1 200	1 180
1 450	1 450	1 420	1 390	1 345	1 330	1 300	1 280	1 250	1 230
1 500	1 500	1 468	1 438	1 408	1 380	1 353	1 327	1 302	1 278
1 550	1 550	1 518	1 488	1 445	1 431	1 404	1 378	1 353	1 329
1 600	1 600	1 570	1 539	1 510	1 482	1 456	1 430	1 393	1 381
1 650	1 650	1 619	1 599	1 562	1 534	1 508	1 482	1 445	1 433
1 700	1 700	1 670	1 641	1 613	1 586	1 560	1 534	1 497	1486
1 750	1 750	1 720	1 692	1665	1 639	1 613	1 588	1 564	1 540
1 800	1 800	1 771	1 744	1 717	1 691	1 666	1 642	1 618	1 595
1 850	1 850	1 822	1 796	1 770	1 745	1 720	1 696	1 673	1 650
1 900	1 900	1 873	1 848	1 823	1 798	1 774	1 751	1 729	1 707
1 950	1 950	1 922	1 896	1 870	1 845	1 820	1 797	1 774	1 752

(5)砂子用量 m_{s0}

$$V_s=1\ 000-155-\frac{294}{3.0}-\frac{1\ 720}{2.64}=845-98-651=96$$

$$m_{s0}=V_s\rho_s=96\times2.69=254(\text{kg/m}^3)$$

(6)初步配合比

$$294:254:1\ 720:155=1:0.865:5.85:0.525$$

(7)试拌校核坍落度

方法同前,只在调整坍落度时,水量的加减较普通砂混凝土稍多。

三、特细砂掺中砂混凝土配合比设计

在混凝土配合比的其他材料都确定的情况下,将特细砂与中砂掺和使用,改善特细砂的级配，使之符合普通混凝土用砂质量标准。这对于盛产特细砂的地区，为克服砂源不足，尤其是在中砂价格偏高的情况下，配制出质量稳定的混凝土，提高经济效益有重要意义。

特细砂与中砂掺和配制混凝土，其配合比设计的具体方法如下：

(1)在混凝土工程施工前由实验室对所有混凝土原材料进行试验。

(2)将特细砂与中砂选用三个方案进行试配掺和，使其混合砂的细度模数(M_k)在1.6～2.2范围内。

(3)根据混凝土原材料的各项技术指标进行混凝土配合比设计和试配工作，使混凝土的各项指标符合设计要求。

(4)确定施工配合比。如1992年10月某公司承建的黄海饭店工程，承台的混凝土强度设计等级为C20，所使用的细集料如表3-32所示。

特细砂在混凝土配合比设计中的应用实例 表3-32

筛孔尺寸	累计筛余百分比(%)				
	甲　砂	乙　砂	第　一　方　案	第　二　方　案	第　三　方　案
			甲砂20%＋乙砂80%	甲砂50%＋乙砂50%	甲砂70%＋乙砂30%
5.00mm	0	3	0×0.2＋3×0.8＝2.4	0×0.5＋3×0.5＝1.5	0×0.7＋3×0.3＝0.9
2.50mm	0	10	0×0.2＋10×0.8＝8.0	0×0.5＋10×0.5＝5.0	0×0.7＋10×0.3＝3.0
1.25mm	0	30	0×0.2＋30×0.8＝24	0×0.5＋30×0.5＝15	0×0.7＋30×0.3＝9.0
630μm	1	55	1×0.2＋55×0.8＝44.2	1×0.5＋55×0.5＝28	1×0.7＋55×0.3＝17.2
315μm	10	83	10×0.2＋83×0.8＝68.4	10×0.5＋83×0.5＝465	10×0.7＋83×0.3＝3 169
160μm	84	97	84×0.2＋97×0.8＝94.4	84×0.5＋97×0.5＝90.5	84×0.7＋97×0.3＝87.9
80μm	100	100	100×0.2＋100×0.8＝100	100×0.5＋100×0.5＝100	100×0.7＋100×0.3＝100
细度模数	0.95	2.68	2.33	1.80	1.48
级配评定	特细砂，级配很差	中砂，符合二级配区	中砂，符合二级配区	细砂，比第三级配区偏细	特细砂

在表3-32中，甲砂为特细砂，细度模数为0.95，该砂的级配很差；乙砂为中砂，细度模数为2.68，该砂的级配良好，在第二级配区内。为了调整特细砂的颗粒级配，将特细砂和中砂按不同比例进行了试配。第一种方案是按甲砂20%＋乙砂80%，配合后的混合砂的细度模数为2.33，仍可评定为中砂。第二种方案是按甲砂50%＋乙砂50%，配合后的混合砂的细度模数为1.80，可评定为细砂。第三种方案是按甲砂70%＋乙砂30%，配合后的混合砂的细度模数为1.48，仍评定为特细砂。

从以上三个方案比较可知：第一方案虽然混合砂的级配较好，但特细砂的掺量小。第三方案虽然混合砂中的特细砂掺量大，但混合砂的颗粒级配仍很差。在实际施工时选用了第二方案的混合砂作为混凝土配合比用砂，这样仍可直接按《普通混凝土配合比设计规程》(JGJ 55—2000)标准进行配合比设计，经试配及调整，施工配合比确定为1:0.61:2.24:4.76(水泥:水:混合砂:石子)。该配合比每1m^3混凝土的水泥用量为279kg，砂率为32%。该工程混凝土承台施工时留置了18组试块，其混凝土试块28d抗压强度试验结果是该批混凝土的强度完全满足设计要求，从而降低工程造价，取得了较好的经济效益。

第六节　浮石轻混凝土配合比设计

一、原材料的技术要求

(一)对浮石的要求

(1)密度和强度较大,表面孔隙较小而清洁。

(2)最大粒径不宜超过20mm。

(3)一般可分成二级:5～10mm,10～15mm。使用前试配,使水泥用量减小。

(4)砂子宜用普通中砂,若采用浮石砂可减轻混凝土密度,但对和易性和混凝土强度不利。

(二)对胶结材料的要求

(1)水泥一般用32.5级普通硅酸盐水泥。

(2)水泥用量 m_{c0} 一般不应低于250kg/m^3,试配可参考表3-33。

水泥用量参考表　　表3-33

混凝土强度等级	C10	C20	C30
水泥用量(kg/m^3)	180～220	200～300	300～360

(3)为节约水泥、改善和易性,可掺入磨细的粉煤灰、硅藻土、烧黏土15%～30%(以水泥为100%),或塑化剂、加气剂。若用带浆废液,可加入水泥量的0.2%～0.3%。

二、配合比设计

(一)浮石用量

先测得浮石的紧密密度 ρ_g,并测得其颗粒间的空隙率 P_g,在紧密密度大和空隙率小的情况下的级配最好,其质量即为每1m^3 混凝土的浮石用量。

一般级配采用5～10mm颗粒60%和10～15mm颗粒40%较好,见表3-34。

浮石颗粒级配和紧密密度、孔隙率参考表　　表3-34

配合比例(%)		紧密密度 ρ_g(kg/m^3)	空隙率 P_g(%)
5～10mm颗粒	10～15mm颗粒		
0	100	746	43.6
30	70	781	40.8
40	60	811	39.0
60	40	833	37.4

(二)砂子用量

先确定砂子紧密密度及石子空隙率计算砂子用量,再乘以剩余系数1.1～1.2。一般用量为680～800kg/m^3,如表3-35所示。

(三)水泥用量 m_c

可参阅表3-33试配,在中低强度混凝土中,必须加入15%～30%的掺和料或0.2%～

0.3%的塑化剂。

(四)用水量 m_w

最初用水量以所配的拌和物能在掌中挤压成团而不黏手为准。一般用水量在 150 ~ 200kg/m³。

在不同水泥用量的条件下,选择最优用水量,以所配混凝土的强度为最大(或拌和物制成系数最小)的用水量为最优用水量。

石子空隙与砂子用量参考表 表 3-35

石子空隙率 P_s(%)	砂子用量(kg/m³)
43.8	790
40.8	735
39.0	700
37.4	674

(五)测定密度

先在试件破型前称取质量,然后在破型后将试块烘干,根据其含水率,可得浮石混凝土的标准密度 ρ_g(干密度)。

(六)选定配合比

按不同颗粒组成、不同水泥用量、不同用水量进行试配,可利用正交试验法求得符合强度和表观密度要求的最优配合比。

第七节 泡沫混凝土配合比设计

泡沫混凝土是指用机械方法将泡沫剂水溶液制成泡沫,再将泡沫加入含硅材料(砂、粉煤灰)、钙质材料(石灰、水泥)、水及附加剂组成的料浆中,经混合搅拌、浇筑成型、蒸气养护而成的轻质多孔建筑材料。其中气孔率可达76%,抗压强度一般为3 ~ 14MPa,导热系数为0.75 ~ 1.89kJ/(m·h·℃)[0.2 ~ 0.51W/(m·K)],表观密度为600 ~ 1 200kg/m³,常用于屋面和热力管道的保温层。

一、常用泡沫及其原材料技术要求

(一)泡沫剂

1. 泡沫剂的各类

(1)松香胶泡沫剂

松香胶泡沫剂是指用碱性物质定量中和松香中的松脂酸,生成松香皂,加入适量稳定剂——胶溶液,再加水熬制而成的液体泡沫剂。

视密度不同,制造1m³ 泡沫混凝土,用胶 150 ~ 200g、松香 100 ~ 140g、碱 18 ~ 24g。

松香:其软化温度不低于65℃,不含松脂油和其他脂肪杂质,不发黏且不成浊红色。

胶:骨胶或皮胶。胶应在30 ~ 40℃的水中慢慢溶解,不应有腐臭或发霉现象,不应含有脂肪杂质。

碱:工业用苛性钠或苛性钾均可。

(2)废动物毛泡沫剂

废动物毛泡沫剂是指将废动物毛溶于沸腾的氢氧化钠溶液中,用硫酸中和酸化后滤得的红棕色液体,再经浓缩、干燥、粉磨而成的粉状物质。这种泡沫剂是动物毛在水解过程中产生的中间体的混合物,是一种表面活性物质。

废动物毛泡沫剂的发泡能力随泡沫溶液浓度的增加而增强。当浓度低于2%时,泡沫呈流性,泌水性大。当浓度大于3%时,泡沫易呈脆性。所以选定泡沫剂浓度为2.5%~3%。

废动物毛:可采用毛制品下脚料、地毯毛、毛毡,要求毛料清洁、干燥。

碱:工业用氢氧化钠。

酸:工业用硫酸。

(3)其他泡沫剂

树脂皂素泡沫剂用含皂素的植物制成。石油硫酸铝泡沫剂由煤油促进剂、硫酸铝和苛性钠制成。

水解血胶泡沫剂由新鲜(未凝结的)动物血、苛性钠、硫酸亚铁和氯化铵制成。

2. 泡沫剂的配合比计算

(1)计算法

常用的松香泡沫剂是用一定量的松香、碱和胶,并加适量的水配制而成。

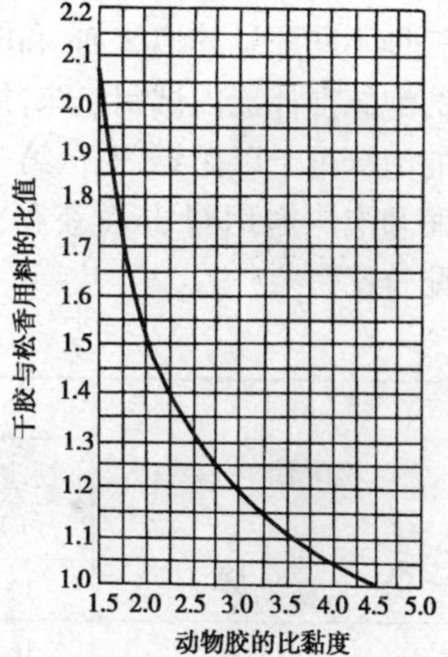

图3-8 胶用量与比黏度的关系

每1kg松香所用干胶量根据胶的比黏度可由图3-8查得。

含水胶的用量根据其含水率(w)可按下式计算:

$$含水胶用量 = \frac{干胶用量}{1 - w} \tag{3-37}$$

将含水胶配成浓度为50%的胶溶液。

每1kg松香所需固体碱的用量可按下式计算:

$$a = K \times \frac{\delta}{C} \tag{3-38}$$

式中:a——每1kg松香的用碱量(g);

δ——松香的皂化系数;

C——碱的总含碱率;

K——当使用氢氧化钠时需要乘以的比例系数,即氢氧化钠的当量与氢氧化钾的当量之比,$K = \frac{40}{56.1} = 0.731$。

使用时将固体碱的用量稀释成1kg碱溶液。

计算实例:已知皮胶的比黏度为3,含水率为15%;松香的皂化系数为171;氢氧化钠的总含碱量为73%,计算每1kg泡沫剂的各种材料用量。

每1kg松香所用的干胶量根据图3-8查得为1.18kg,则含水胶用量为$\frac{1.18}{1-0.15} = 1.39$(kg),故:

配制浓度为50%的胶溶液的用水量为:

$$1.18 - (1.39 - 1.18) = 0.97(\text{kg})$$

每1kg松香所需固体碱的用量为:

$$0.713 \times \frac{171}{0.73} = 167(\text{g})$$

固体碱稀释成1kg碱溶液应添加的水量为:

$$1 - 0.167 = 0.833(\text{kg})$$

每 1kg 泡沫剂所用的各种材料为：

$$松香 = \frac{1}{1+0.167+0.833+1.39+0.97} = 0.229(\text{kg})$$

$$碱溶液 = \frac{1}{1+0.167+0.833+1.39+0.97} = 0.229(\text{kg})$$

$$折合干碱用量 = 0.167 \times 0.229 = 0.038(\text{kg})$$

$$含水胶 = \frac{1.39}{1+0.167+0.833+1.39+0.97} = 0.319(\text{kg})$$

$$胶中加水 = \frac{0.97}{1+0.167+0.833+1.39+0.97} = 0.222(\text{kg})$$

(2)经验试配法

在选择泡沫的配合比时，通常可根据表 3-36 所列经验数值，按照所采用泡沫剂的种类，取三种不同配量的泡沫剂，和以同样配量的水，然后把这些配合成的组成物在泡沫混凝土搅拌机的泡沫搅拌器内试制泡沫，每一个配合比做三次试验性搅拌。每个配合比第一、第二次搅拌成的泡沫可予以抛弃，而从第三次搅拌物取试样用以测定泡沫性能。凡搅拌物能在泡沫特性方面和泡沫剂用量方面获得最好结果的，其配合比即可被视为制备多孔体用的最佳泡沫配合比。

水和泡沫剂的配合比 表 3-36

泡沫剂的种类	500L 泡沫混凝土搅拌机				750L 泡沫混凝土搅拌机			
	水量(L)	泡沫剂的配量(L)			水量(L)	泡沫剂的配量(L)		
		Ⅰ	Ⅱ	Ⅲ		Ⅰ	Ⅱ	Ⅲ
松香胶	10	0.8	1.0	1.2	15	1.5	2.0	2.5
树脂皂素	16	2.1	2.3	2.5	24	4.0	4.5	5.0
石油磺酸铝	16	2.8	3.0	3.2	24	5.5	6.0	6.5
水解血胶	16	0.5	0.75	1.0	24	1.0	1.5	2.0

3. 泡沫剂的制备

(1)胶液的配制

将胶擦试干净，用锤砸成 4 ~ 6cm 的碎块，经天平称量后，放入内套锅内，再加入计算用水量(同时增加耗水量 2.5% ~ 4%)浸泡 2 000h，使胶全部变软，连同内套锅套入外套锅内隔水加热，随熬随拌，待全部溶解为止，熬煮时间不宜超过 2h。

(2)松香碱液的配制

将松香碾成粉末，用 100 号细筛过筛。将碱配成碱液装入玻璃容器中。称取定量的碱液盛入内套锅中，待外套锅中水温加热到 90 ~ 100℃时，再将盛碱液的内套锅套入外套锅中，继续加热。待碱液温度为 70 ~ 80℃时，将称好的松香粉末徐徐加入，随加随拌，松香粉末加完后，熬煮 2 ~ 4h，使松香充分皂化，成为黏稠的液体。在熬煮时，蒸发掉的水分应予补足。

(3)泡沫剂的配制

待熬好的松香碱液和胶液冷却至 50℃左右时，将胶液徐徐加入松香碱液中急速地搅拌，至表面有漂浮的小泡为止，即成为泡沫剂。

4. 泡沫质量的鉴定

泡沫的质量通过坚韧性、发泡倍数、泌水量三个指标来鉴定。泡沫的韧性就是泡沫在空气中在规定时间内不致破坏的特性，常以泡沫柱在单位时间内的沉陷距来确定。发泡倍数是泡沫体积大于泡沫剂水溶液体积的倍数。泌水量是指泡沫破坏后所产生泡沫剂水溶液的体积。当泡沫指标符合下列指标时，即可用来生产泡沫混凝土。

(1)1h 后泡沫的沉陷距不大于 10mm；

(2)1h 的泌水量不大于 80mL；

(3)泡沫的倍数不小于 20。

泡沫的沉陷距和泌水量可用图 3-9 所示仪器测定。该仪器由容器、玻璃管和浮称组成，容器底部有孔，玻璃管与容器的孔相连接，玻璃管直径为 14mm，长度为 700mm，底部有水龙头。浮标是一块直径为 190mm、重 25g 的圆形铝板。根据上端容器上的刻度，测定泡沫的沉陷距。根据量管（管子）上的刻度，测定由破裂泡沫所分泌出液体的容量，即泌水量。

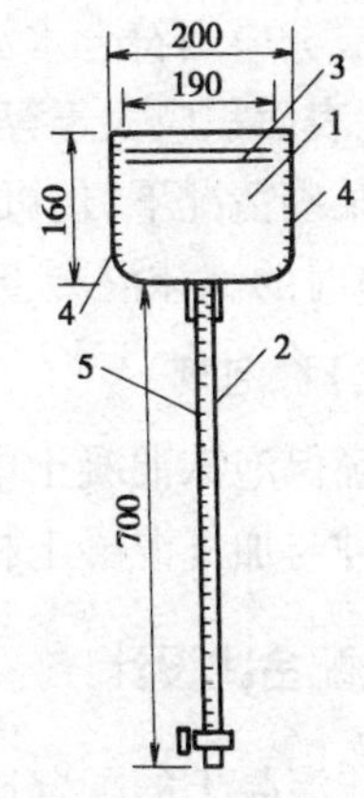

图 3-9　测定泡沫质量用仪器（尺寸单位：mm）

1-容器；2-玻璃管；3-浮标；4-测泡沫柱高度用刻度；5-测泌水量用刻度

发泡倍数的测定方法是将制成的泡沫注满容积为 250mL、直径为 60mm 的无底玻璃桶内，两端刮平，称其质量。发泡倍数 M 可按式(3-39)计算：

$$M = \frac{V\rho_r}{m_{g2} - m_{g1}} \tag{3-39}$$

式中：M——发泡倍数；

V——玻璃桶容积(cm^3)；

ρ_r——泡沫剂水溶液密度（近于 $1g/cm^3$）；

m_{g1}——玻璃桶质量(g)；

m_{g2}——玻璃桶和泡沫质量(g)。

(二)水泥

配制泡沫混凝土，一般可采用硅酸盐系列的水泥，如硅酸盐水泥、普通硅酸盐水泥、矿渣硅酸盐水泥、火山灰硅酸盐水泥、粉煤灰硅酸盐水泥和复合硅酸盐水泥等；也可根据实际情况采用硫铝酸盐水泥和高铝水泥。

泡沫混凝土根据养护方法的不同，所采用的水泥品种和强度等级也不应相同。当采用自然养护时，应采用早期强度高、强度等级也高的水泥，如早强型(R 型)硅酸盐水泥、R 型普通硅酸盐水泥、硫铝酸盐水泥及高铝水泥；当采用蒸气养护时，可采用一些掺混合材的硅酸盐水泥，对水泥的强度等级也无特殊要求。但应特别注意，当采用蒸气养护时千万不能选用高铝水泥。

(三)石灰

如果泡沫混凝土采用蒸气养护，可以掺加适量的石灰代替水泥作为钙质原料，所用石灰的质量应符合加气混凝土中提出的标准，其中主要包括：有效氧化钙的含量（大于 60%）、氧化镁的限量（小于 7%）和磨细程度（比表面积 2 900 ~ 3 100cm^2/g）等。

(四)掺和料

用于配制泡沫混凝土的掺和料品种很多，主要有粉煤灰、沸石粉和矿渣粉。对粉煤灰的质量要求同加气混凝土中的要求，对于沸石粉和矿渣粉的质量要求，主要包括以下两个方面：

①化学成分应当符合水泥混合材对矿渣和沸石的要求；②配制泡沫混凝土的矿渣和沸石的细度，其比表面积应大于等于3 500cm^2/g。

在某些情况下，也可以用石英粉作为硅质掺和料，但掺用石英粉(或石英砂与其他原料共同磨细)时的泡沫混凝土，必须采用蒸压养护，其配料基本上类似于加气混凝土。

(五)稳泡剂

为确保泡沫混凝土中的泡沫数量和稳定，在制备泡沫时可以加入适量的稳泡剂，所用稳泡剂的品种与加气混凝土相同。

二、配合比设计

泡沫混凝土的配合比设计，可以分为试配设计法和配合比计算法两种。这两种配合比设计方法有一定的差别，应通过配比试验加以确定。

(一)试配设计法

泡沫混凝土的配合比设计原则与加气混凝土相同。对于水泥—砂泡沫混凝土和石灰—水泥—砂泡沫混凝土，其配合比可首先以表3-37和表3-38的配合比数据作依据，初步选定两种配合比方案，每种配合比以三种与“开始时的”水料比相差0.02～0.04的水料比来进行试拌。例如，“开始时的”水料比等于0.32，那么需对规定配合比的试验拌料采用0.32、0.30和0.28三种水料比来配合。然后制备6组拌料，每种拌料分别浇灌6件尺寸为10cm×10cm×10cm的立方试块和1件30cm×30cm×30cm的立方试块。按规定方法进行物理力学性质试验。凡试样没有多孔拌和物的沉陷，并在所规定的密度下具有所需的抗压极限强度，同时胶凝材料用量又最小，那么，这种试样就有最佳的胶凝材料和砂子的配合比及最佳水料比。

对规定密度的多孔混凝土，其多孔拌和物的密度，可根据式(3-40)计算。

$$\rho_G = K\rho_{g1}\left(1 + \frac{W}{B}\right) + m_{wn} \tag{3-40}$$

式中：ρ_G——多孔拌和物的密度(kg/m^3)；

ρ_{g1}——在已烘干状态下的多孔混凝土密度(kg/m^3)；

K——泡沫混凝土和泡沫硅酸盐蒸压后，所含的结合水和吸附水的计算系数，等于0.95；

$\frac{W}{B}$——水料比；

m_{wn}——在泡沫混凝土搅拌机的泡沫搅拌器中倒入的水量和泡沫剂溶液量(L)。

水泥-砂泡沫混凝土试验拌料配合比 表3-37

原材料 \ 配合比 \ 密度(kg/m^3)		800		1 000		1 200	
		Ⅰ配合比	Ⅱ配合比	Ⅰ配合比	Ⅱ配合比	Ⅰ配合比	Ⅱ配合比
每1m^3的材料用量(kg)	水泥	300	350	300	350	300	350
	磨细砂	460	410	650	600	840	790
水泥:砂子(质量比)		1:1.5	1:1.2	1:2.2	1:1.17	1:2.8	1:2.3
开始时的水料比		0.32	0.34	0.28	0.30	0.26	0.28

石灰-水泥-砂泡沫混凝土试验拌料配合比　　表 3-38

原材料 \ 配合比 \ 密度(kg/m^3)		800		1 000		1 200	
		Ⅰ配合比	Ⅱ配合比	Ⅰ配合比	Ⅱ配合比	Ⅰ配合比	Ⅱ配合比
每 $1m^3$ 的材料用量(kg)	石灰	100	100	100	100	100	100
	水泥	70	100	70	100	70	100
	磨细砂	590	560	780	750	970	940
石灰:水泥:砂子(质量比)		1:0.7:1.5	1:1:1.56	1:0.7:7.8	1:1:7.5	1:0.7:9.7	1:1:9.4
开始时的水料比		0.38	0.40	0.36	0.38	0.34	0.36

注:1. 泡沫用水量不计算在水料比内。

2. 如果用试验方法测得的多孔混凝土的抗压极限强度符合规范或设计要求,则多孔混凝土配合比采用较小的胶凝材料用量。

每 $1m^3$ 多孔混凝土的材料可根据式(3-41)确定。

$$m_{A0} = \frac{K\rho_{g1}}{1 + m_{sh}}, m_{sh} = m_{A0}n, m_{w0} = (m_{A0} + m_{A0}n)\frac{W}{C} \tag{3-41}$$

式中:m_{A0}——每 $1m^3$ 多孔混凝土用水泥或石灰和水泥拌和物的用量(kg);

n——每 1 份胶凝材料所用的磨细砂的分数;

m_{sh}——每 $1m^3$ 多孔混凝土的磨细砂用量(kg);

m_{w0}——每 $1m^3$ 混凝土的用水量(L)。

目前国内常生产的是粉煤灰泡沫混凝土,其常用配合比见表 3-39。

粉煤灰泡沫混凝土配合比　　表 3-39

原材料名称	配　合　比	混合料有效 CaO(%)	抗压强度(MPa)
粉煤灰:生石灰:废模型石膏	74:22:4	8~10	9.92

水料比控制在 0.6 左右。泡沫以压缩空气喷制,喷泡时间约为 1min。料浆密度控制在 1 250~1 300kg/m^3,料浆稠度以锥入度测定,锥入度控制在 0.95~10.5cm。

要获得规定密度的生产用拌料,就必须变动装在泡沫混凝土搅拌机砂浆滚筒中的露天煤矿物质(水泥、石灰、磨细砂子)的数量,对于密度为 500L 和 750L 的泡沫混凝土搅拌机,根据多孔混凝土不同密度而定的露天煤矿物质的参考数量列于表 3-40。

泡沫混凝土搅拌机每 1 次搅拌所需露天煤矿物质的参考数量　　表 3-40

多孔混凝土密度(kg/m^3)	每 1 次搅拌所需的露天煤矿物质数量(kg)	
	500L 的泡沫混凝土搅拌机	750L 的泡沫混凝土搅拌机
800	260	550
1 000	330	675
1 200	400	750

(二)计算法

1. 确定混凝土的砂灰比

泡沫混凝土的砂灰比,可按式(3-42)进行计算。

$$K = \frac{S_0}{H_a} \tag{3-42}$$

式中：K——泡沫混凝土的砂灰比；

S_0——泡沫混凝土的砂用量（kg/m^3）；

H_a——泡沫混凝土的总用灰量（石灰用量＋水泥用量）（kg/m^3）。

砂灰比 K 值与泡沫混凝土的要求表观密度有关，其关系见表 3-41。

砂灰比 K 值的选用 表 3-41

混凝土表观密度（kg/m^3）	K 值	混凝土表观密度（kg/m^3）	K 值
≤800	5.0～5.5	1 000	7.0～7.8
900	6.0～6.5		

2. 计算总用灰量

当泡沫混凝土以水泥和石灰为胶凝材料时，其总用灰量（水泥用量＋石灰用量）可按式（3-43）、式（3-44）进行计算。

$$H_a = \frac{a\rho_f}{1 + K} \tag{3-43}$$

$$H_a = C_0 + H_0 \tag{3-44}$$

式中：a——结合水系数，随混凝土的表观密度而变化，当 $\rho_f \leqslant 600kg/m^3$ 时，$a = 0.85$，当 $\rho_f \geqslant 700kg/m^3$ 时，$a = 0.90$；

ρ_f——泡沫混凝土绝干表观密度（kg/m^3）；

C_0——泡沫混凝土中的水泥用量（kg/m^3）；

H_0——泡沫混凝土中的石灰用量（kg/m^3）。

3. 计算水泥用量

根据泡沫混凝土的施工经验，其水泥用量可按式（3-45）进行计算。

$$C_0 = (0.7 \sim 1.0)H_a \tag{3-45}$$

4. 计算石灰用量

根据水泥用量和石灰用量的关系，石灰用量可用式（3-46）进行计算。

$$H_0 = H_a - C_0 = (0 \sim 0.3)H_a \tag{3-46}$$

5. 确定水料比

泡沫混凝土的水料比，可按式（3-47）进行计算

$$k = \frac{W}{T} \tag{3-47}$$

式中：k——泡沫混凝土的水料比；

W——$1m^3$ 泡沫混凝土中的总用水量（kg）；

T——$1m^3$ 泡沫混凝土中的用灰量与砂用量总和（kg）。

泡沫混凝土的水料比，与泡沫混凝土的表观密度有关，可参考表 3-42 中的数值。

水料比 k 值的选用 表 3-42

混凝土表观密度（kg/m^3）	k 值	混凝土表观密度（kg/m^3）	k 值
≤800	0.38～0.40	1 000	0.34～0.36
900	0.36～0.38		

6. 计算泡沫混凝土料浆用水量

由计算或查表确定的水料比和已知的总用灰量、砂用量，用式(3-48)可计算用水量。

$$W = k(H_a + S_0) \tag{3-48}$$

式中：W——$1m^3$ 泡沫混凝土中的总用水量(kg)；

k——泡沫混凝土的水料比；

H_a——泡沫混凝土的总用灰量(石灰用量 + 水泥用量)(kg/m^3)；

S_0——泡沫混凝土的砂用量(kg/m^3)。

7. 计算发泡剂用量

泡沫混凝土中发泡剂用量，可按式(3-49)进行计算。

$$p_t = \frac{\left[1\,000 - \left(\frac{H_0}{\rho_h} + \frac{S_0}{\rho_s} + \frac{C_0}{\rho_c} + W_0\right)\right] g V_p}{Z} \tag{3-49}$$

式中：p_t——泡沫混凝土中发泡剂用量(kg/m^3)；

ρ_h、ρ_s、ρ_c——分别为石灰、砂和水泥的密度(kg/m^3)；

Z——泡沫活性系数；

V_p——1kg 发泡剂泡沫成型体积(L)，对于 U-FP 型发泡剂，$V_p = 700 \sim 750L/kg$；对于松香皂发泡剂，$V_p = 670 \sim 680L/kg$。

8. 计算泡沫剂所用材料

当采用松香皂发泡剂时，其 1kg 泡沫剂所用材料可查表 3-43 获得，然后乘以泡沫混凝土中发泡剂用量(P_t)，即可求得泡沫剂所用各种材料的用量。

1kg 泡沫剂所用的各种材料的量(kg) 表 3-43

松香	碱溶液	干碱用量	含水胶	胶中加水
0.229	0.229	0.038	0.319	0.222

三、配合比设计实例

试设计密度为 $800kg/m^3$、抗压极限强度为 5MPa 的多孔混凝土的配合比，泡沫采用水解血胶。

(一)选择制备泡沫用的最佳水量和泡沫剂量

根据表 3-36 挑选下列水和泡沫剂的比值：16:0.5、16:0.75、16:1。在生产用泡沫混凝土搅拌机中按上述配合比，各做 1 个试验拌料，并测定泡沫的质量。在研究这 3 个泡沫试验拌料的效果时，较好的泡沫在水和泡沫剂的比值等于 16:0.75 时获得。采用这种配合比作为最适合的配合比。因而，在 1 次搅拌中需 16L 水和 0.75L 水解血胶泡沫剂。

(二)选择最佳的泡沫混凝土配合比和最佳的水料比

首先确定水泥和砂子的比值。在泡沫混凝土的密度等于 $800kg/m^3$ 时，每 $1m^3$ 所需干燥物质的数量为：

$$K \times 800 = 0.95 \times 800 = 760(kg)$$

水泥用量根据第一种配量方案(表 3-35)为 $300kg/m^3$ 时，水泥和砂子的比值为：

$$1 : \frac{760 - 300}{300} = 1 : 1.53$$

水泥用量根据第二种配量方案为350kg/m^3 时，水泥和砂子的比值为1∶1.37。

根据这两个配合比，在实验室的泡沫混凝土搅拌机中制备6个试验拌料，这6个试验拌料是按两种水泥和砂子的配合比及三种水料比的配量方案制出的。随后将每一拌料制备成尺寸为10cm×10cm×10cm的立方试块6块，将各试块蒸压，并在110℃以下烘干到恒重以后，测定它们的抗压极限强度。那些水泥用量最少，同时抗压极限强度又能达5MPa的试样，就有着最好的水泥和砂子的配合比以及最好的水料比。以本例来说，1∶1.53的水泥和砂子的配合比在水料比为0.30时产生最佳的配合比。

(三)多孔拌和物密度的测定

根据公式：

$$\rho_g = 0.95 \times 800(1 + 0.30) + 16.75 = 1\,004.75(\text{kg/m}^3)$$

因而，在检查生产用拌料时，1L多孔拌和物的质量应为1 005g。

(四)每1m^3 泡沫混凝土用料的确定

根据公式确定水泥(m_{A0})、砂子(m_{sh})和水(m_{w0})的需用量：

$$m_{A0} = \frac{0.95 \times 800}{1 + 1.53} = 300(\text{kg})$$

$$m_{sh} = 300 \times 1.53 = 460(\text{kg})$$

$$m_{w0} = (300 + 460) \times 0.30 = 228(\text{L})$$

(五)500L泡沫混凝土搅拌机1次搅拌用料的确定

根据表3-37，1次搅拌干燥物质总的数量为260kg。在所研究的例子中，水泥和砂子的配合比等于1∶1.53，因而，1次搅拌需要用料是：

水泥 $$\frac{260}{1 + 1.53} = 103(\text{kg})$$

砂子 $$260 - 103 = 157(\text{kg})$$

水 $$0.3 \times (103 + 157) = 78(\text{L})$$

四、参考配合比

表3-44列出了水泥泡沫混凝土配合比及技术性能，表3-45中列出了粉煤灰泡沫混凝土常用配合比，加上表3-37和表3-38中列出的两种泡沫混凝土的配合比，均可供泡沫混凝土设计和配制参考。

水泥泡沫混凝土配合比及技术性能 表3-44

100kg水泥泡沫剂用量(kg)	100kg水泥泡沫掺水量(kg)	每1m^3 混凝土水泥用量(kg)	泡沫混凝土堆积密度(kg/m^3)	泡沫混凝土28d强度(MPa)
0.70	4.2	340	400	0.68
0.80	5.6	320	380	0.64
0.90	6.3	310	365	0.58
1.00	8.0	300	345	0.54

粉煤灰泡沫混凝土常用配合比

表 3-45

原材料名称	配合比(质量比)	混合料中有效氧化钙含量(%)	粉煤灰泡沫混凝土的 28d 抗压强度(MPa)
粉煤灰:生石灰:模型石膏	72:22:4	8 ~ 10	9.82

第八节　石膏混凝土配合比设计

石膏混凝土是以水硬性石膏、水和集料为主要原料,经搅拌、硬化而制成。它与混凝土的组成材料相似,只是胶结料使用石膏,与水泥混凝土相比,具有显著不同的性质。在集料的种类、石膏混凝土的性质以及利用方法等方面都有独特之处。

一、原材料的技术要求

(一)石膏

石膏的种类如表 3-46 所示,大体可以分为 6 种,其中和水拌和能够硬化的有 α 型半水石膏、β 型半水石膏、Ⅱ型无水石膏等。这三种石膏的水化凝结反应、拌和物的流动性、硬化体的强度等各有特点。用于石膏混凝土的石膏,为了获得高强度,主要使用 α 型半水石膏或Ⅱ型无水石膏。

石 膏 的 种 类

表 3-46

<table>
<tr><th colspan="3">类别</th><th>二水石膏</th><th>α 型半水石膏</th><th>β 型半水石膏</th><th>Ⅰ型无水石膏</th><th>Ⅱ型无水石膏</th><th>Ⅲ型无水石膏</th></tr>
<tr><td colspan="3">分子式</td><td>$CaSO_4 \cdot 2H_2O$</td><td colspan="2">$CaSO_4 \cdot \frac{1}{2}H_2O$</td><td colspan="3">$CaSO_4$</td></tr>
<tr><td colspan="3">大气中的安定条件</td><td>常温</td><td colspan="2">常温 ~ 250℃</td><td>仅高温</td><td>常温 ~ 1 000℃</td><td>绝干状态</td></tr>
<tr><td colspan="3">和水拌和</td><td>少量溶解</td><td colspan="2">快速水化凝结,5 ~ 20min 硬化</td><td>—</td><td>在促凝剂作用下硬化</td><td>—</td></tr>
<tr><td colspan="3">可能的凝结调节时间</td><td>—</td><td colspan="2">数分钟 ~ 数小时</td><td>—</td><td>数十分钟 ~ 数十小时</td><td>—</td></tr>
<tr><td rowspan="4">硬化体</td><td rowspan="2">抗压强度(MPa)</td><td rowspan="2">干燥吸水</td><td>—</td><td>30.0 ~ 60.0</td><td>2.0 ~ 8.0</td><td>—</td><td>30.0 ~ 60.0</td><td>—</td></tr>
<tr><td>—</td><td>10.0 ~ 30.0</td><td>0.5 ~ 3.0</td><td>—</td><td>10.0 ~ 35.0</td><td>—</td></tr>
<tr><td rowspan="2">密度(g/cm^3)</td><td rowspan="2">干燥吸水</td><td>—</td><td>1.4 ~ 1.8</td><td>0.7 ~ 1.2</td><td>—</td><td>1.5 ~ 1.9</td><td>—</td></tr>
<tr><td>—</td><td>1.8 ~ 2.0</td><td>1.0 ~ 1.6</td><td>—</td><td>1.8 ~ 2.0</td><td>—</td></tr>
</table>

为使石膏凝结缓慢,可加入适量的塑化剂或缓凝剂,为了加速石膏凝结,可加入适量的促凝剂或采用磨细的双水石膏。

(二)集料

集料除使用珍珠岩、蛭石等轻质细集料或天然砂以外,还使用植物纤维、动物的毛、石棉、木片等。最近还试用了多孔质人造轻料。

由于石膏表面很滑,黏结性弱,应该力求使用比表面积大或多孔质的集料,以增加机械黏结力。卵石或碎石的附着面积相对较小,视密度又大,不宜使用。

二、配合比设计

(一)石膏强度的选择

为了合理地选择建筑石膏与混合石膏的强度等级,以制取规定强度等级的石膏混凝土,可采用下述方法进行选择。

(1)坚实集料的石膏混凝土可采用:$\frac{f_{ce,g石}}{f_{cu,0石}}=1.8\sim3.5$。

(2)轻质集料的石膏混凝土可采用:$\frac{f_{ce,g石}}{f_{cu,0石}}=2.7\sim6.0$。

其中,$f_{ce,g石}$为石膏强度,$f_{cu,0石}$为石膏混凝土强度。

如果石膏实测强度与石膏混凝土的强度比值超过上述范围,那么,为保证混凝土混合料具有必要的工作度,最好掺用磨细的掺料,使建筑石膏成为具有所要求强度的混合石膏。

(二)用石料作集料时配合比的确定

(1)决定混凝土强度的公式:

$$f_{cu,0石} = Kf_{ce,石}\left(\frac{\frac{C}{W}-0.5}{\frac{C_1}{W_1}-0.5}\right) \tag{3-50}$$

(2)决定水膏(石膏)比的公式:

$$\frac{W}{C} = \frac{f_{ce,石}}{f\frac{f_{cu,0石}}{K}\left(\frac{C_1}{W_1}-0.5\right)+0.5A} \tag{3-51}$$

(3)决定1m^{3}石膏混凝土中,石膏用量的公式:

$$m_{c石} = \frac{m_{w0}\left[\frac{f_{cu,0石}}{K}\left(\frac{C_1}{W_1}-0.5\right)+0.5f_{ce,石}\right]}{f_{ce,石}} \tag{3-52}$$

上述式中:$f_{cu,0石}$——在(50±5)℃下干燥至恒重的试件的抗压极限强度(MPa);

$f_{ce,石}$——石膏的实测强度(MPa);

m_{w0}——按表3-47决定的1m^{3}混凝土中的用水量(kg);

$\frac{W}{C}$——水膏(石膏)比(按质量计);

$\frac{C}{W}$——膏水比(按质量计);

$\frac{C_1}{W_1}$——标准稠度石膏浆的水膏比;

f——系数,在使用具有标准磨细度的石膏及重集料时,等于1.3;

K——系数,按表3-48来决定。

石膏混凝土用水量参考表　　表 3-47

石膏种类	在 $1m^3$ 石膏混凝土中的用水量(kg)		
	当集料为碎石和砂子		磨细掺料
	重的	轻的	
高强度石膏	250	320	450
建筑石膏	300	410	

注:使用振动器时,用水量可降低 10% ~15%;人工浇筑时,则增加 10% ~20%。

系 数 *K* 值　　表 3-48

立方体试块的尺寸(cm × cm × cm)	系 数 *K*	
	用重集料时	用轻质集料时
7.07 ×7.07 ×7.07	1.0	0.7
10 ×10 ×10	0.9	0.65
15 ×15 ×15	0.8	0.55
20 ×20 ×20	0.75	0.50

(三)用锯屑作集料时配合比的确定

(1)水膏比可按式(3-51)求得。

(2)$1m^3$ 石膏混凝土中石膏用量可按式(3-53)求得。

$$m_{c石} = \frac{1\,000}{\frac{1}{\rho_{ry}} + \frac{n}{\rho_{re}} + \frac{W}{C}} \tag{3-53}$$

式中:$m_{c石}$——$1m^3$ 混凝土中的石膏用量(kg);

ρ_{ry}——石膏的密度,建筑石膏为 $2.6g/cm^3$,高强度石膏为 $2.7g/cm^3$;

ρ_{re}——干木材的密度,松木为 $0.45g/cm^3$;

$\frac{W}{C}$——水膏比。

n 值可由下列计算确定。

①按式(3-54)确定干锯屑单位体积空隙率。

$$p_h = 1 - \frac{\rho_{r0}}{\rho_{re}} \tag{3-54}$$

式中:ρ_{r0}——干锯屑在松散状态下的密度(t/m^3);

p_h——干锯屑单位体积空隙率(%);

其他符号意义同前。

②当用石膏浆充满锯屑中空隙的系数为 1.45 时,测定 $1m^3$ 干锯屑中石膏的用量:

$$m_{c0石} = \frac{1.45p_h \times 1\,000}{\left(\frac{1}{\rho_{ry}} + \frac{W}{C}\right)} \tag{3-55}$$

③按式(3-56)确定 n 的数值。

$$n = \frac{\rho_{r0}}{m_{c0石}} \tag{3-56}$$

(3)确定 $1m^3$ 中干锯屑的用量:

$$m_{c0石} = m_{c石,n} \tag{3-57}$$

(4)确定 $1m^3$ 中的用水量:

$$m_{w0}=\frac{W}{C}m_{c石} \tag{3-58}$$

在 $1m^3$ 石膏混凝土中胶凝材料的最小用量规定见表 3-49。

$1m^3$ 石膏混凝土中胶凝材料(石膏或石膏+掺料)**最小用量表** 表 3-49

石膏种类	集 料 (kg)		
	重的	轻的	锯屑
高强度石膏	250	300	350
建筑用石膏	300	400	600

第九节 硫黄混凝土配合比设计

硫黄混凝土是将刚熬好的硫黄胶泥或砂浆灌注于耐酸粗集料中制成。这类材料的特点是结构密实,抗渗、耐水、耐稀酸性能好,硬化快(30min 可达极限强度的 65%),强度高(48h 的抗压强度可达到 40MPa 以上),施工方便,不需养护,故特别适用于抢修工程;但收缩性大,耐水性差,性较脆,与板(块)材黏结力较差。硫黄混凝土常用于灌注整体地坪面层、设备基础和池槽槽体。

硫黄混凝土能耐硫酸、盐酸及 40% 的硝酸,当用石墨或硫酸钡作填料时,可耐轻氟酸和氟硅酸;能耐一般铵盐、氯盐、纯机油及醇类溶剂;不耐浓硝酸、强碱;不适用于温度高于 80℃ 或冷热交替部位、与明火接触部位或受重物冲击部位。

一、原材料的技术要求

(一)硫黄

工业用的块状硫或粉状硫皆可。其技术指标要求见表 3-50。

(二)耐酸粉料

可用石英粉、辉绿岩粉、安山岩粉。辉绿岩粉不宜单独使用,可与石英粉按 1:1 混合使用。要求耐氢氟酸时,可用石墨粉或硫酸钡。耐酸粉技术指标见表 3-51。

硫 黄 技 术 指 标 表 3-50

项 目		指 标
含硫量(%)	不小于	49
含水率(%)	不大于	1

注:硫黄纯度稍低时,可适当调整施工配合比。

耐酸粉技术指标 表 3-51

项 目			指 标
耐酸率(%)		不小于	94
含水率(%)		不大于	0.5
细度	1 600 孔/cm^2 筛余(%)	不大于	5
	4 900 孔/cm^2 筛余(%)		10~30

(三)耐酸细集料

常用石英砂,其技术指标见表 3-52。

(四)耐酸粗集料

常用石英石、花岗岩、耐酸砖块等,其技术指标见表 3-53。

细集料技术指标　　表 3-52

项　　目		指　　标
耐酸率(%)	不小于	94
含水率(%)	不大于	0.5
含泥量(%)	不大于	1
粒径 1mm 筛孔筛余(%)	不大于	5

粗集料技术指标　　表 3-53

项　　目			指　　标
耐酸率(%)		不小于	94
含水率(%)			不允许
含泥量(%)			不允许
粒径	20~40mm 含量(%)	不小于	85
	10~20mm 含量(%)	不大于	15

(五)增韧剂

目前多采用聚硫橡胶。固态聚硫橡胶应质软、富弹性,细致无杂质,使用前应烘干。也可使用聚氯乙稀粉,但制成的砂浆或胶泥收缩性大,使用温度低,一般不大于 60℃。

二、常用施工配合比

硫黄混凝土的配合比设计,用计算法计算比较烦琐。目前很多单位都采用经验配合比作为初始配合比,再通过试拌调整和抗拔等性能试验,在满足施工要求前提下,确定适用的配合比。

硫黄混凝土常用施工参考配合比见表 3-54。

硫黄混凝土施工参考配合比　　表 3-54

材料名称	配合比(质量比)								
	硫黄	硅质粉料	碳质粉料	辉绿岩粉	细集料	石棉绒	聚硫橡胶	聚氯乙烯	粗集料
硫黄胶泥	58~60	17~20	—	19~20	—	—	1~2	—	—
	54~60	18~20	—	18~20	—	—	—	5	—
	70~72	—	26~28	—	—	—	1~2	—	—
硫黄砂浆	50	8.5	—	8.5	30	0~1	2~3	—	—
硫黄混凝土	40~50(硫黄胶泥或硫黄砂浆)								50~60

注:碳质粉料石墨粉,用于耐氢氟酸工程。

第十节　彩色混凝土配合比设计

彩色混凝土是以白色水泥为胶结料,白色或浅色矿石为集料,或掺一定数量的颜料而制成的混凝土。目前所应用的颜料多半为红、黄、黑、褐、蓝、绿等色。

彩色混凝土与白色混凝土所用材料基本相同,所不同的是彩色混凝土除用白色水泥、白色集料制作外,还可使用彩色水泥、彩色集料及彩色颜料。

彩色混凝土主要用作建筑物的装饰材料。

一、原材料的技术要求

1. 彩色水泥

彩色水泥是在普通灰水泥或白水泥熟料中,加入适量的颜料,经磨细混合加工制成的。混合时,加入色散剂和表面活性剂,可使色彩更均匀。各国生产彩色水泥的方法基本相同,只是掺入的颜料不同,所得水泥的颜色也不同。

一般使用天然或合成的矿物颜料较为适宜,不会与水泥或集料反应。有机颜料易褪色。适于做彩色水泥和混凝土的颜色有红、黄、黑、褐、绿、蓝等,所用颜料如下。

(1)红色:天然或合成颜料都可以,氧化铁红颜料更好(四氧化三铁)。加1% ~2%氧化铁可使淡红颜料产生橙红色。

(2)浅黄、黄色:氧化铁黄颜料(四氧化三铁)。一般用50%的合成颜料和白水泥混合而成。

(3)黑色:合成氧化铁。用四氧化三铁还能产生灰色和深灰色。

(4)褐色:合成氧化铁褐色颜料(四氧化三铁)。在混合物中加1% ~3%的褐色氧化物和淡色水泥制成淡褐色,用量为6% ~8%时,则呈深褐色。

(5)绿色:氧化铬。

(6)蓝色:用氧化铬或合成颜料都不能得到很好的蓝色。美国采用含98%钴的合成颜料。

国产彩色水泥的定义是:凡以白色硅酸盐水泥熟料和优质白色石膏在粉磨过程中掺入颜料、外加剂(防水剂、保水剂、增塑剂、促硬剂等)共同粉磨而成的水硬性彩色胶凝材料,均称为彩色硅酸盐水泥,简称彩色水泥。彩色硅酸盐水泥产品技术标准见表3-55。

彩色硅酸盐水泥的技术标准 表3-55

<table>
<tr><th colspan="3">项　目</th><th colspan="6">技 术 标 准</th></tr>
<tr><td rowspan="6">物理性能</td><td colspan="2">细度</td><td colspan="6">4 900孔/cm² 标准筛,筛余量不得超过10%</td></tr>
<tr><td colspan="2">凝结时间</td><td colspan="6">初凝不早于30min,终凝不迟于12h</td></tr>
<tr><td colspan="2">体积安定性</td><td colspan="6">用煮法试验,试体体积变化必须均匀</td></tr>
<tr><td rowspan="3">强度(MPa)</td><td>强度类别及龄期</td><td colspan="3">抗 压 强 度</td><td colspan="3">抗 拉 强 度</td></tr>
<tr><td>强度等级</td><td>3d</td><td>7d</td><td>28d</td><td>3d</td><td>7d</td><td>28d</td></tr>
<tr><td>≥32.5</td><td>30.0</td><td>42.0</td><td>60.0</td><td>1.6</td><td>2.0</td><td>2.6</td></tr>
<tr><td rowspan="3">化学成分</td><td colspan="2">烧失量</td><td colspan="6">水泥烧失量不得超过5%</td></tr>
<tr><td colspan="2">氧化镁</td><td colspan="6">熟料中氧化镁的含量不得超过4.5%</td></tr>
<tr><td colspan="2">三氧化硫</td><td colspan="6">水泥中三氧化硫的含量不得超过3%</td></tr>
</table>

2. 彩色集料

混凝土制品的集料,不允许含有尘土、有机物和可溶盐,因此须将集料清洗后使用。一般采用天然石材,如花岗岩或陶瓷材料。特殊混凝土制品的集料常用膨胀矿渣、页岩、火山灰、浮石以及带色石子。

3. 掺和料

(1)引气剂:在塑性混凝土中加入占体积3% ~10%的引气剂,能增加抗风化力、抗冻性,并破坏毛细渗透作用从而减少水分流通现象。

(2)促凝剂:应用最广泛的促凝剂是氯化钙,其使用量通常为水泥质量的2%。这样,3d就能达到普通7d的强度。

(3)填充料:为了增加和易性、密实度,特别在制作混凝土砌块时,有时掺加磨细的硅石、黏土和硅藻土。掺加量占水泥用量的3% ~8%。

(4)防水剂:为了增加混凝土的防水性能,可使用各种油类、乳剂和金属(特别是铝、钙和锌)硬脂酸盐。掺加量占水泥用量的2%。

(5)火山灰:火山灰(例如粉煤灰)能和水泥水化时产生的石灰质发生作用。它在含有高碱性集料的混凝土拌和物中特别有用。但粉煤灰含有碳质,能使带色混凝土制品变成墨色或减弱它的颜色。

二、配合比设计

(一)装饰用彩色混凝土配合比设计

1. 要求与步骤

(1)配制彩色水泥,并确定其强度。白水泥可掺赭石5%。采用掺10%~20%赭石的灰水泥和白水泥混合,可制得带灰色的黄色混凝土。掺铁丹时,掺量为水泥的5%时颜色和强度较好,增至10%~20%时混凝土强度下降。

(2)选择集料混合物的颗粒级配。对浇筑在密实混凝土基层上的装饰混凝土,孔隙体积应在25%左右,对浇筑在轻混凝土基层上的装饰混凝土则应为33%~35%,粗集料最大粒径不得大于20mm。

(3)用水量W要求。集料采用石灰石时大致用水240L/m^3,采用大理石或河砂时为120L/m^3。

(4)按一般混凝土强度公式,求得水灰比W/C,混凝土强度等级多为C7.5~C15。

(5)求水泥用量C。为使彩色混凝土具有最大的气候稳定性,必须使水泥用量较少,而表面突出的集料颗粒较多。

水泥用量及最优用水量以试拌确定,集料用量按彩色砂浆的制成系数0.65~0.75来确定。

(6)混凝土拌和物的捣实系数(标准松散状态的拌和物体积与捣实后的拌和物体积之比)应近似1.3~1.4。

(7)试压后调整配合比。

2. 示例

选择外墙陶粒混凝土预制板装修层彩色混凝土配合比。采用强度为$f_{ce}=43$MPa的白水泥,要求浅黄色,$f_{cu,0}=10$MPa,集料用粒径小于10mm的石灰石碎屑,块状密度为2 250kg/m^3。

设计计算步骤如下。

(1)掺5%赭石的水泥在球磨机中细磨至颜色均匀制成彩色水泥,确定$f_{ce}=43$MPa。

(2)对石灰石碎屑做筛分试验,测得振实的集料混合物密度为1.54g/cm^3。混合物的空隙率为$\frac{2.25-1.5}{1.5}\times 100\%=33\%$,符合要求。

(3)用水量,选用240kg/m^3。

(4)求水泥用量m_{c0}。

按公式$f_{cu,0}=0.55f_{ce}\left(\frac{C}{W}-0.5\right)$,有:

$$100=0.55\times 430\left(\frac{C}{W}-0.5\right)$$

$$\frac{C}{W}=\frac{100}{2\ 365}+0.5=0.923$$

故:
$$m_{c0}=0.923\times 240=222(\text{kg/m}^3)$$

(5)在选用混凝土制成系数为0.7时,确定集料用量为1 250kg/m^3 混凝土。

(6)按 $m_{c0}=222kg$,$m_{w0}=190kg$、215kg 及 240kg 三种用水量试拌,得最大捣实系数的一组为 $m_{w0}=190kg$,捣实系数为1.35,符合要求。

(7)制作试块,得抗压强度 $f_{cu,k28}=8MPa$,未达到强度等级要求,在原有配合比基础上增加水泥用量10%,取 $m_c=244kg/m^3$,重新选择配合比。

3. 常用装修层彩色混凝土施工配合比

常用多孔混凝土装修层彩色混凝土施工配合比见表3-56。

多孔混凝土装修层彩色混凝土施工配合比参考表 表3-56

混凝土种类	混凝土(砂浆)质量配合比				水胶比	表面特征
	水泥	石灰	砂	碎石		
泡沫混凝土	1	—	4	—	0.6	细粒状
加气混凝土	1	—	2	2	0.5	中粒状
加气粉煤灰混凝土	1	—	1	3	0.45	粗粒状
泡沫硅酸盐混凝土	—	1	4	—	1.4	细粒
加气硅酸盐混凝土	—	1	2	2	1.2	中粒

(二)结构用彩色混凝土配合比设计

1. 要求与步骤

(1)集料混合物颗粒级配的选择。采用细度模量不小于2的中粗砂和细度模量不大于4的碎石,必要时可采用彩色集料,如大理石与石灰石集料。

(2)水泥颜色。为保证水泥的强度不致降低太多,颜料的掺量应加以限制:铁丹≤5%,赭石≤15%。

(3)强度。若采用干硬性混凝土,可参考有关经验公式计算,例如:

$$f_{cu,蒸}=0.15f_{ce,g}\left(\frac{C}{W}-0.5\right) \tag{3-59}$$

式中:$f_{cu,蒸}$——混凝土经2h蒸养后的强度(MPa)。

(4)水泥用量。用试验法确定,先近似地选用胶集比,例如:

台座法生产的预制板:

$$\frac{m_{c0}}{m_{s0}+m_{w0}}=1:3.5,m_{c0}:m_{s0}:m_{w0}=1:2.5:1$$

压轧板

$$\frac{m_{c0}}{m_{s0}+m_{w0}}=1:2,m_{c0}:m_{s0}:m_{w0}=1:1.5:0.5$$

按先确定的 C/W 加水,测混凝土的强度,然后调整水泥浆使混凝土工作度达到30~40s。

(5)试压强度和鉴定颜色后再改变水泥用量及颜料用量。

2. 示例

选择外墙压轧板用结构彩色混凝土的配合比。水泥 $f_{ce,g}=52.5MPa$,灰色,普通硅酸盐水泥;要求混凝土呈粉红色,$f_{cu,蒸}=21MPa$;集料为砂;混凝土工作度为40s。

设计计算步骤如下。

（1）水泥和5%铁丹在球磨机中搅拌均匀。

（2）彩色水泥实测强度 $f_{ce}=55MPa$。

（3）进行砂样筛分，结果如表3-57所示。

砂样筛分结果　　表3-57

筛孔(mm)	10	5	2.5	1.2	0.6	0.3	0.15	通过0.15
分计筛余(%)	0	5.5	6.1	16.4	16.2	20.3	24.6	
累计筛余(%)	0	5.5	11.6	28.0	44.2	64.5	89.1	

$$集料\ M_k=0.01\times(5.5+11.6+28+44.2+64.5+98.1)=2.4372$$

（4）求 W/C，将已知值代入强度公式：$21=0.15\times55.0(C/W-0.5)$，得 $W/C=0.33$。

（5）进行试拌，先按1∶2∶0.33制作3块10cm×10cm×10cm试块，需用水泥2.25kg、砂4.5kg、水0.74kg。用工业黏度计测得工作度为45s，太干，增加水泥浆(按1∶0.33增加水泥及水)，材料用量改为：

水泥：$2.25+0.25=2.5$kg；

水：$2.5\times0.36=0.9$kg；

砂：4.5kg。

（6）制作试块。经2h蒸养后得 $f_{cu,蒸}=24MPa$，折合成20cm×20cm×20cm强度为 $240\times0.9=21.6MPa$，符合设计要求。

（7）混凝土的配合比为：$1:\frac{4.5}{2.5}:\frac{0.90}{2.5}=1:1.8:0.36$。

第十一节　白色混凝土配合比设计

白色混凝土是以白色水泥为胶结料，白色矿石为集料而配制的混凝土。白色混凝土除用作建筑物装饰材料外，还常用于道路工程中。

一、原材料的技术要求

（一）白色水泥

凡以适当成分的生料烧至部分熔融，所得以硅酸钙为主要成分及含少量铁质的熟料，加入适量的石膏，磨成细粉，制成的白色水硬性胶凝材料，称为白色硅酸盐水泥，简称白色水泥或白水泥。

各国制造白色硅酸盐水泥的方法各有不同，大致有以下几种。

（1）脱色法：日本制作的一种白色水泥是将含有2%氧化铁的白土或黏土与纯度在90%以上的石灰石烧成的淡灰色熟料，在1 100℃以上的炽热状态下，用氯化石灰(漂白粉)溶液或氯化镁溶液浸渍使熟料转瞬全部变成白色，经过水洗、干燥后，再加入适量的石灰，磨细而成。

（2）用不起氧化作用的液体或气体冷却剂将熟料很快冷却的方法：目前最常用的冷却剂是水，其用量为水泥熟料质量的一半。这种冷却剂能消除水泥熟料中的氧化物。

（3）含氧化钡的白色硅酸酸水泥：罗马尼亚用氧化钡代替一部分氧化钙，且尽量不掺加有害的熔剂，来制造白色硅酸盐水泥。

试验表明，在水泥原料混合料中，掺加占混合料质量10%的工业用硫酸钡(含98.2%

Ba_2SO_4)，或 8% 的人造碳酸钡(99.13% $BaCO_3$、0.18% Fe_2O_3)，或 12% 的氧化铁含量极低的天然重晶石最适宜。

国产白色硅酸盐水泥的技术标准见表 3-58。

白色硅酸盐水泥的技术标准 表 3-58

<table>
<tr><th colspan="3">项　　目</th><th colspan="6">技 术 标 准</th></tr>
<tr><td rowspan="9">物理性质</td><td colspan="2">白度</td><td colspan="6">在白色度测定方法尚未规定前，该水泥白度由售、购双方协定</td></tr>
<tr><td colspan="2">细度</td><td colspan="6">4 900 孔/cm^2 标准筛，筛余量不得超过 15%</td></tr>
<tr><td colspan="2">凝结时间</td><td colspan="6">初凝不早于 30min，终凝不迟于 12h</td></tr>
<tr><td colspan="2">体积安定性</td><td colspan="6">用气蒸或沸煮法试验，试体体积变化必须均匀</td></tr>
<tr><td rowspan="5">强度(MPa)</td><td rowspan="2">强度类别及龄期 / 强度等级</td><td colspan="3">抗 压 强 度</td><td colspan="3">抗 拉 强 度</td></tr>
<tr><td>3d</td><td>7d</td><td>28d</td><td>3d</td><td>7d</td><td>28d</td></tr>
<tr><td>32.5</td><td>—</td><td>18.0</td><td>30.0</td><td>—</td><td>1.5</td><td>2.2</td></tr>
<tr><td>32.5</td><td>16.0</td><td>26.0</td><td>40.0</td><td>1.5</td><td>1.9</td><td>2.4</td></tr>
<tr><td>42.5</td><td>22.0</td><td>35.0</td><td>50.0</td><td>1.9</td><td>2.3</td><td>2.7</td></tr>
<tr><td rowspan="3">化学成分</td><td colspan="2">烧失量</td><td colspan="6">水泥烧失量不得超过 5%</td></tr>
<tr><td colspan="2">氧化镁</td><td colspan="6">熟料中氧化镁的含量不得超过 4.5%</td></tr>
<tr><td colspan="2">三氧化硫</td><td colspan="6">水泥中三氧化硫的含量不得超过 3%</td></tr>
</table>

(二)白色或浅色集料

选用适当的集料对白色混凝土的亮度影响很大。天然存在的硬性岩石(如石英等)一般是透明的，用它作集料时，在混凝土磨光面上，粒径为 1mm 以上的颗粒会呈现出暗色。用作道路混凝土时，粗大颗粒在车辆不断行驶之下会使混凝土表面变暗。如在细小和中等的颗粒成分中间掺加一种不透明的白色岩石(天然存在的只有白色的石灰石)，则可以克服这一缺点。

但是，掺加石灰石有利于亮度，却不利于耐磨性。如果需要较大的耐磨性，则只能使用少量石灰石，但色彩就暗淡；如果需要较大的亮度，则磨损度大。因此，用石灰石制成的白色混凝土可用于不受磨或受磨较少的地方。国外经验表明，在各种由方解石矿物形成的岩石中，最常用的是侏罗系的白色石灰石。

如果白色混凝土既要满足耐磨性的要求，又要满足亮度的要求，则用煅烧过的燧石更为适宜。因为它具有硬性岩石的硬度，以及不透明的侏罗系石灰石的白度。使用时，须使它不沾染颜色，并磨细到 0~3mm 粒度。用它制成的混凝土，如进行蒸压养护，则效果更好。同时，由于用煅烧的燧石粉代替一部分水泥，可以减少混凝土中水泥的用量。

(三)水

混凝土拌和用水必须是清洁的，不含油质、碱、酸和盐类。水的质量在很大程度上能决定混凝土制品的耐久性、强度和防水性。

(四)颜料

在混凝土中掺加一定数量的白色颜料，可以提高白色混凝土的亮度。如用氧化镁反射的百分率来表示亮度，则其最低值在干燥的情况下应为 70%，在沾湿时应为 60%。普通的白色混凝土达不到这一数值，因此可掺加一些白色颜料。所采用的颜料应具备下列条件：

(1)要使混凝土反射白色，就不应有吸色现象(彩色颜料起作用主要是由于材料吸色)。

(2)颜料颗粒越细越好,因为白色混凝土对照射光的反射率是随着颜料表面的扩大而增长的。颜料颗粒越小,表面积越大;表面积越大,其反射和折射的本领也越大。

(3)折射能力越大越好。如果仅具备上述两个条件,则在干燥时能满足白度要求,但湿润后亮度大大削减,原因是水与颜料接触面的折射率太小。

表3-59列出了一些能很好反射出白色,并易于制成细颗粒状的物质。

能反射出白色并易于制成细颗粒状的物质　　表3-59

材　料	化学成分	对水的折射率 n	材　料	化学成分	对水的折射率 n
金刚石	C	1.83	毒重石(碳酸钡)	$BaCO_3$	1.20
金红石(二氧化钛)	TiO_2	2.03	硬石膏(硫酸钙)	$CaSO_4$	1.19
锐钛矿(二氧化钛)	TiO_2	1.91	方解石	$CaSO_3$	1.18
硫化锌	ZnS	1.78	石英	SiO_2	1.16
氧化锑	Sb_2O_4	1.64	石膏	$CaSO_4 \cdot 2H_2O$	1.14
铅白	$Pb_3(OH)_2$	1.51	玻璃	—	1.13~1.36
氧化锌	ZnO	1.50	水	H_2O	1.09
重晶石(硫酸钡)	B_2SO_4	1.23	空气	—	0.75

根据对水的折射率n,可以确定这些材料是否适合用作白色混凝土的颜料。n必须大大高于1,因为当数值为1时,根本不可能发生光的折射。表3-59中所列物质都具有较大的折射能力,但并不等于它们都适宜用作白色混凝土的颜料,一方面是价格高,另一方面铅白会破坏水泥的硬化能力,铅白在一定的气候条件下会发黑。

(4)所掺加的颜料对混凝土的某些重要性能不应产生不良影响。国外试验证明,白垩纪石英砂对水的折射率小,因此不适合用作白色颜料,最适用的是二氧化钛和硫化锌,其价格也较便宜。当其掺量达10%左右时,也不会破坏混凝土的抗压强度或抗拉强度。相反,有时甚至能提高强度,因为易于加以湿润的颜料在无细砂的集料中能更好地密实。

(5)由于作标志用的白色混凝土一般是分两道工序来制造的,即底面层用普通的灰色混凝土,上面再铺设含白色颜料的白色混凝土,因此,必须避免上面一层混凝土的收缩比底面层大,否则会引起内应力,产生裂缝和高低不平。

从试验结果可以看出,颜料掺加量达最高时的收缩应比不掺颜料的白色混凝土的收缩小。在111d完全干燥后,普通白色混凝土比底面层多收缩0.21mm/m,而掺加占水泥质量15%硫化锌的混凝土仅多收缩0.02mm/m,因此是完全无损害的。二氧化钛和硫化锌对抗冻、抗霜性能也无不利作用。

白色颜料在潮湿情况下特别显眼,对亮度起决定性作用的是其中所含的二氧化钛或硫化锌。其掺加量为水泥质量的3%~5%时最为适宜。

二、配合比设计

参见普通混凝土和彩色混凝土配合比设计方法。

第十二节　上釉混凝土配合比设计

上釉混凝土是用磨得很细的水泥、石英砂和玻璃等材料制成的装饰材料。所用原材料及生产工艺如下。

一、原材料的技术要求

(一)水泥

符合国家标准的矾土水泥。

(二)细玻璃

掺加玻璃成分是为了提高混凝土焙烧后的性能,改进釉底料和混凝土表面的黏着力。根据水泥成分的不同,其所用玻璃也不同,如硅铅玻璃、硅石玻璃、碱硅铅玻璃、碱硅硼铅玻璃或硼硅碱玻璃。

(三)釉底料

釉底料可由黏土、高岭土和一种助溶剂组成。为了减少收缩,可在釉底料中加入20%~30%已经煅烧并磨细的釉底料。

二、配合比及配制方法

上釉混凝土配合比应通过试验确定。下述配合比可供设计时参考。

制造涂玻璃釉的泡沫混凝土有不同的配比。

制造1m^{3}泡沫混凝土的配合比(kg)如下:

(1)矾土水泥	188
石英砂	376
磨细玻璃	180
水	280
(2)矾土水泥	300
砂	500
玄武岩和火山灰填充料	1 280
磨细玻璃	180
水	180

配制方法如下:

将上述混合料倒入快速搅拌机中搅拌。搅拌后,将混合料倾入振动模内,待混凝土硬化后(3~4h),即放在潮湿空气中养护,制作制品的整个过程需10~15h。然后储存数天,就能涂釉。釉料可直接涂上,也可先涂底料,以保证釉的黏附力,并能把水泥中氧化铁所造成的棕色遮盖住。为了减少收缩,可往釉底料中加入20%~30%预先已煅烧过的磨细的釉底料。涂釉后,即可在800~1 100℃的高温中焙烧。由50℃提高到500℃时必须缓慢地升温(约需经1h),使混凝土中的水分消失后,再迅速增温至1 100℃。

第十三节　钢纤维混凝土配合比设计

以适量的钢纤维掺入混凝土拌和物中,形成一种可浇灌或可喷射的材料,即为钢纤维混凝土。与一般混凝土相比,钢纤维混凝土抗拉强度、抗弯强度等以及耐磨、耐冲击、耐疲劳、韧性和抗裂、抗爆等性能都可得到提高。

由于大量很细的钢纤维均匀地分散在混凝土中,钢纤维与混凝土的接触面积很大。如钢

纤维尺寸较小的 ϕ0.25mm ×12.7mm、尺寸较大的0.5mm ×0.5mm ×30mm，按2%（体积比）掺入混凝土时，每1m^3 混凝土有钢纤维26万～3 200万根，表面积为160～320m^2，与同样质量的钢筋相比（按 ϕ16mm ×100m 计算），钢材表面积增加32～64倍，因而在所有方向使混凝土得到增强，即具有各向同性的增强，大大地改善了混凝土各项性能，并使钢纤维混凝土作为一项新的复合材料，具有普通钢筋混凝土至今还没有的性能。

虽然由于价格等原因，钢纤维混凝土还不能作为普通混凝土的代用品，但在国外工程应用上已证明它在许多预制混凝土产品、现浇混凝土结构和喷射混凝土中具有优良的性能。钢纤维混凝土除已用于道路、飞机、跑道、桥面、铺装、隧道衬里等土木工程外，还在需要薄的断面或不规则形状断面、不易于或不能配置普通钢筋时更为有效。

一、原材料的技术要求

（一）对钢纤维的要求

1. 钢纤维的强度

钢纤维混凝土被破坏时，往往是钢纤维被拉断，因此要提高其韧性，但也没有必要过于增加其抗拉强度。若材料是用淬火或其他激烈加工硬化方法获得较高的抗拉强度，则质地变脆，在搅拌过程中易被折断，反而降低了强化效果。因此，仅从强度方面看，只要不是易脆断的钢材，通常强度较高的纤维均可满足要求。

2. 钢纤维的尺寸和形状

钢纤维的尺寸主要由强化特性和施工难易性决定。钢纤维如太粗或太短，其强化特性差；如过长或过细，则在搅拌时容易结团。

较合适的钢纤维尺寸：断面积为0.1～0.4mm^2，长度为20～50mm。资料表明，在1m^3 混凝土中掺入2%的0.5mm ×0.5mm ×30mm 的钢纤维时，其总表面积达到1 600m^2，是与其质量相同的18根 ϕ16mm ×5.5m 钢筋的320倍左右。

为使钢纤维能均匀分布于混凝土中，必须使钢纤维具有合适的长径比，一般均不应超越纤维的临界长径比值。当使用单根状钢纤维时，其长径比不应大于100，多数情况为60～80。

为了增加钢纤维同混凝土之间的黏结强度，常采用增大表面积或将纤维表面加工成凹凸形状等方法。但也不宜做得过薄或过细，因为这不仅在搅拌时易于折断，还会提高成本。表面呈凹凸形状的钢纤维，只是在同一方向定向时效果显著，在均匀分散状况下则不一定有效。

3. 钢纤维的主要技术指标

水泥混凝土增强用钢纤维的主要技术指标应符合表3-60的要求。

4. 钢纤维的掺量

对每一种规格的钢纤维与每一种混凝土组分，均存在一最大纤维掺量的限值，若超过此限值，则拌制过程中钢纤维会互相缠结形成“刺猬”。钢纤维的掺量以体积率表示，一般为0.5%～2%。

水泥混凝土增强用钢纤维主要技术指标　　表3-60

材料名称	相对表观密度（kg/m^3）	直径（$\times10^{-3}$mm）	长度（mm）	软化点/能熔点	弹性模量（$\times10^{-3}$MPa）	抗拉强度（MPa）	极限变形（%）	泊松比
低碳钢纤维	7.80	250～500	20～50	500/1 400	200	400～1 200	4～10	0.3～0.33
不锈钢纤维	7.80	250～500	20～50	550/1 450	200	500～1 600	4～10	—

（二）对水泥基材的要求

（1）一般使用42.5级、52.5级的普通硅酸盐水泥，配制高强钢纤维混凝土可使用62.5级以上的硅酸盐水泥或明矾石水泥。

（2）砂的粒径为0.15～5mm。卵石或碎石的最大粒径一般不宜大于15mm，对钢纤维喷射混凝土则不宜大于10mm。

（3）为降低水灰比、改善拌和物的和易性，其单位体积水泥用量应适当增加，必要时可掺加减水剂或超塑化剂。配制钢纤维喷射混凝土则需掺入适量速凝剂。

（4）为保证钢纤维混凝土拌和物的和易性，混凝土的砂率一般不应低于50%。水泥用量一般较未掺纤维的混凝土高10%左右。

（5）拌和物有较好的工作性，使短切纤维可均匀分布于其中，在浇筑时无离析、泌水现象并易于捣实。

（6）硬化体应具有尽可能高的致密度以保证纤维混凝土的抗渗、抗冻融、耐蚀、抗风化等性能。

（7）某些纤维（如玻璃纤维、矿棉与多数植物纤维）要求所用水泥基材具有低碱度，以防止或减少基材对纤维的化学侵蚀。

二、配合比设计

在选定钢纤维补强混凝土的配合比时，最关键的问题是，要摆脱把它当作一种普通混凝土的认识。与其说钢纤维补强混凝土不是一种普通混凝土，倒不如说它是可以同钢铁和塑料相提并论的一种新型的构造材料。这就意味着，选定配合比的基本思路应与原有的混凝土有很大的不同。

选定钢纤维补强混凝土配合比时，还应考虑的另一个重要问题是，它同纤维强化塑料等一样，是一种复合材料，可以说是一种运用最新手段问世的建筑材料。

通常，复合材料的最大特征是，它是把两种或两种以上的素材相互组合起来，经复合化而产生出来的一种具有新的性质而不带原有素材性质的新材料。在这种情况下，最重要的问题是，使两种或两种以上的素材在各自规定的空间进行均匀配置和制造，若这一条件一经失去，作为复合材料的性质就会大受损失。钢纤维补强混凝土可认为是把钢纤维和混凝土作为素材的双相复合材料，因此，在制作钢纤维混凝土时，把钢纤维均匀地分散在混凝土中，是必要而不可缺少的条件。在决定钢纤维补强混凝土的配合比时，也必须首先考虑和满足这一条件。

（一）根据抗拉强度及抗弯强度确定钢纤维混凝土配合比

确定钢纤维混凝土的配合比时，首先要使钢纤维均匀地分散在混凝土中。

1. 钢纤维掺量和混凝土水灰比的确定

钢纤维混凝土的抗拉强度及抗弯强度，基本上受钢纤维的平均间隔（S）和混凝土基体强度（σ_m）所支配。钢纤维的平均间隔越小（即增加钢纤维掺量并使用直径小的钢纤维）、混凝土的水灰比越小，则钢纤维混凝土的抗拉强度或抗弯强度也越高。式（3-60）是抗拉强度的推定式，至于抗弯强度，尚没有实用方面的推定式。

$$\sigma_t = K\left(\frac{1}{\sqrt{S}} - 1\right) + \sigma_m \tag{3-60a}$$

$$S = 5\sqrt{\frac{\pi}{\beta}} \cdot \frac{d}{\sqrt{P}} \tag{3-60b}$$

式中：σ_t——钢纤维混凝土的抗拉强度(MPa)；

σ_m——普通混凝土的抗拉强度(MPa)；

S——在拉伸断面上的钢纤维平均间隔(cm)；

K——由钢纤维和混凝土黏结强度所决定的常数，使用切断钢丝时为45，使用冷轧钢板切断钢纤维时为57；

β——钢纤维的定向系数，用考虑长径比影响的下式求得：

$$\beta = 0.002\frac{l}{d} + 0.4 \tag{3-61}$$

其中 l——钢纤维长度(cm)，

d——钢纤维的直径(cm)；

P——钢纤维的体积掺量(%)。

2. 粗集料最大粒径的确定

普通混凝土主要根据构件尺寸和钢筋间距来决定粗集料的最大粒径，而钢纤维混凝土中的粗集料最大粒径对抗弯强度有较大的影响(图3-10)。当钢纤维掺量为1%左右时，其影响较小，达到1.8%时则变得十分明显，在粗集料最大粒径为15mm左右时，能获得最高强度，而为25mm时，由于钢纤维增强效果较差，使影响明显降低。其主要原因是钢纤维混凝土的抗拉强度和抗弯强度受钢纤维的平均间隔所支配。如果粗集料的粒径较大，钢纤维就不能均匀分散，引起局部混凝土中平均间隔加大，导致抗弯强度降低。因此，粗集料的最大尺寸，不是以构件尺寸为基础来确定的，而是根据强度方面的要求来决定它的最佳值的。

3. 砂率的确定

钢纤维混凝土配合比中的砂率，比普通混凝土的砂率具有重要的意义。其原因是：①砂率支配着钢纤维在混凝土中的分散度，对强度有影响(图3-10)；②砂率是支配钢纤维混凝土稠度最重要的因素。从强度方面考虑，砂率在60%左右较合适；但从稠度方面考虑，砂率大致在60%~70%较合适。

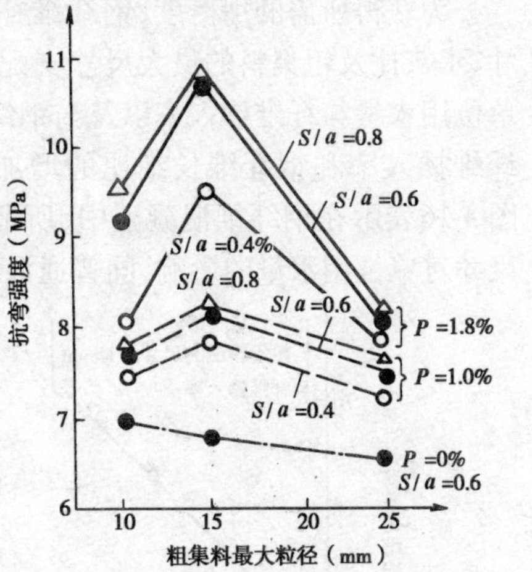

根据抗拉强度及抗弯强度设计钢纤维混凝土配合比时，应该把重点放在纤维掺入率的选定上，其次是确定水灰比。其理由是，因为纤维掺入率不仅支配弯曲强度和拉伸强度，而且还影响钢纤维补强混凝土的韧性和抗裂性能等固有的优良特征。

图3-10 粗集料最大粒径和砂率对钢纤维混凝土抗弯强度的影响

具体地说，应把着眼点放在期待于钢纤维补强混凝土的主要性能上。在考虑施工方法等事宜的同时，决定纤维掺入率。总之，参考以上事项，按照最后采用的材料，通过试验来求出符合所需强度的配比是不难的。

(二)根据稠度确定钢纤维混凝土配合比

确定具有所需稠度的钢纤维补强混凝土的配合比时，对于半干硬性混凝土或塑性混凝土，必须首先确定最佳细集料率和单位用水量的值。对于铺装混凝土，必须首先确定最佳单位粗集料体积和单位用水量。

1. 最佳细集料率和单位用水量的确定

钢纤维混凝土的最佳细集料率,除受纤维掺入率和钢纤维的形状尺寸所支配外,和普通混凝土一样,随粗集料最大尺寸、空气量、水灰比等的不同而改变。然而,当上述值一定时,不论坍落度如何都取一定值(图 3-11)。

图 3-12 表示纤维掺入率对最佳细集料率的影响。由图看出,随着纤维掺入率的增加,最佳细集料率大体上呈直线增加,其增加程度,粗集料最大尺寸越小越明显。另外,图 3-13 表示钢纤维尺寸对最佳细集料率的影响。由图可知,若钢纤维尺寸用长细比表示时,则在长细比和最佳细集料率之间存在着直线关系,当长细比增加时,最佳细集料率也随之增大。最佳细集料率受水灰比及空气含量影响的程度,和普通混凝土没有多大的差别。

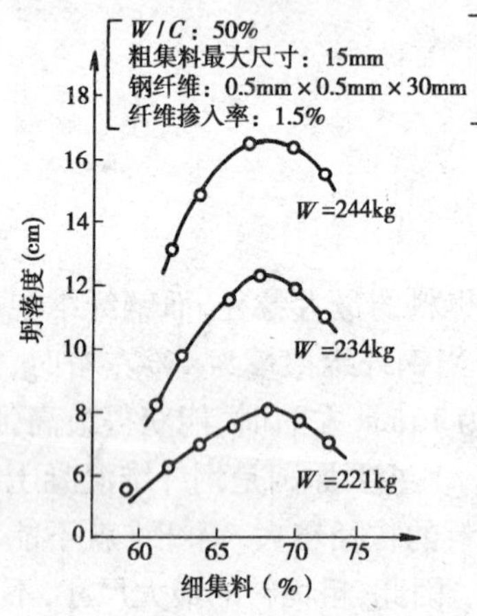

图 3-11　坍落度和最佳细集料的关系

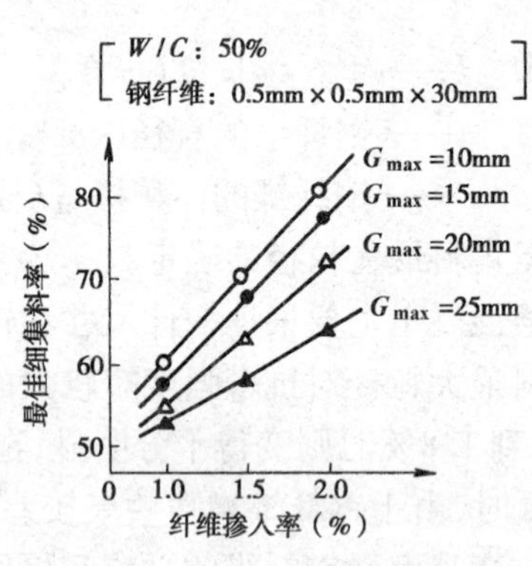

图 3-12　纤维掺入率对最佳细集料率的影响

为获得所需的坍落度,钢纤维补强混凝土的必要的单位用水量受纤维掺入率、钢纤维尺寸、水灰比及粗集料的最大尺寸支配。图 3-14 和图 3-15 分别表示获取 8cm 坍落度时所需的单位用水量与纤维掺入率以及与钢纤维的长细比之间的关系。由这些图可以明显看出,随着纤维掺入率和钢纤维长细比的增加,为获取所需的坍落度而必需的用水量大幅度地增加。图 3-16表示在钢纤维混凝土中,所谓单位用水量一定的法则是不成立的。同时,粗集料最大尺寸对单位用水量的影响,同普通混凝土一样,没有大的差别。

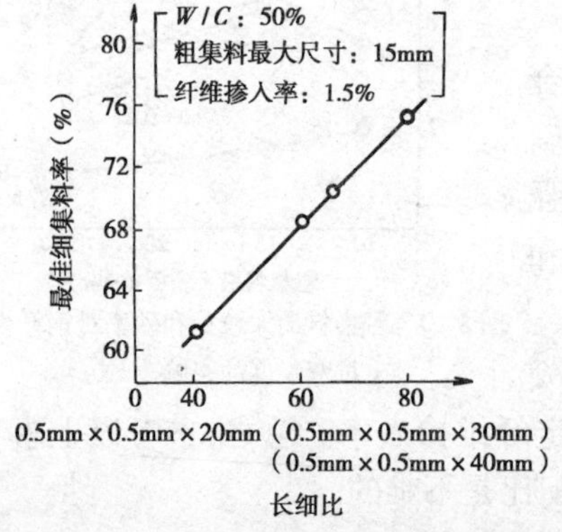

图 3-13　钢纤维尺寸对最佳细集料率的影响

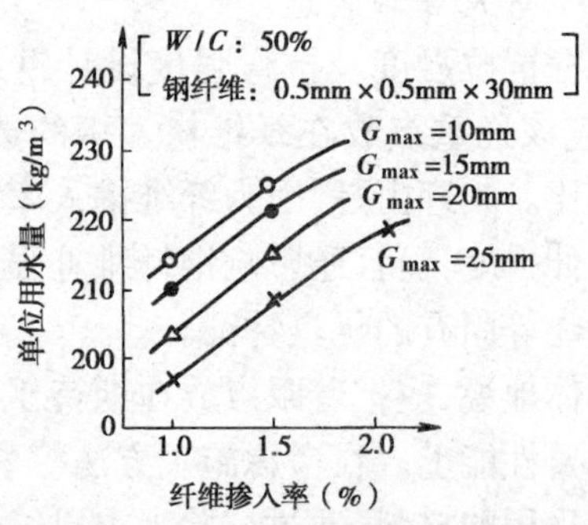

图 3-14　坍落度为 8cm 时,单位用水量和纤维掺入率之间的关系

表 3-61 是根据上述结果归纳出的配合比参考表,它列出了最佳细集料率和单位用水量的参考值,以及条件不同时的修正表。

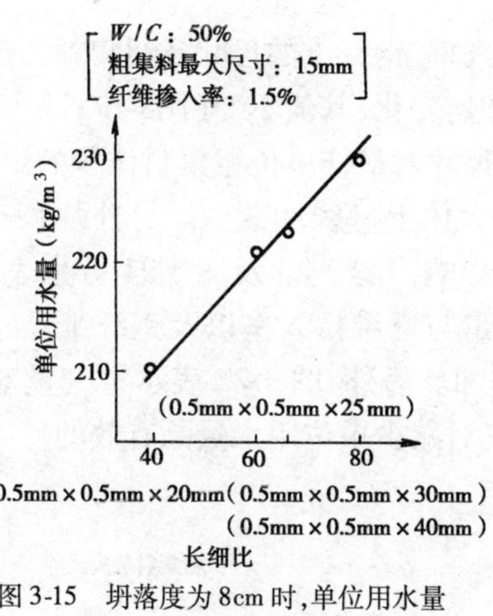

图 3-15　坍落度为 8cm 时，单位用水量和纤维尺寸之间的关系

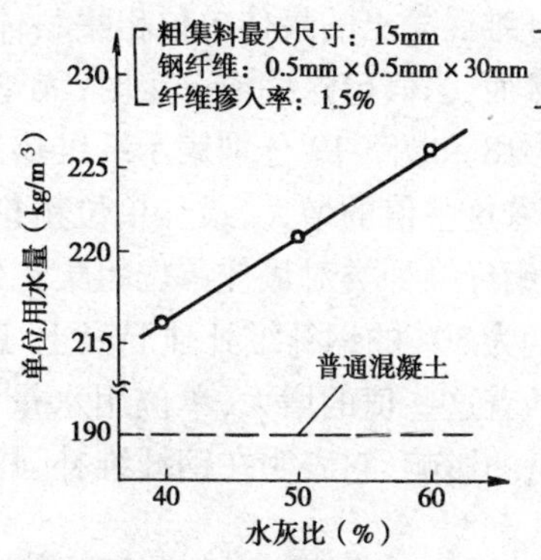

图 3-16　坍落度为 8cm 时，单位用水量和水灰比之间的关系

决定钢纤维补强混凝土配合比时的参考表　　表 3-61

本表值适用于下述条件。

(1)钢纤维形状尺寸:0.5mm×0.5mm×30mm;

(2)钢纤维掺入率:1.5%;

(3)细集料细度模量:3.0,粗集料使用碎石,使用质量良好的减水剂;

(4)水灰比:50%,坍落度:约 8cm。

粗集料最大尺寸 G_{max}(mm)	不用引气的混凝土			引气混凝土(空气含量 5%)	
	截留空气(%)	细集料率 S/a(%)	单位用水量 m_w(kg)	细集料率 S/a(%)	单位用水量 m_w(kg)
10	3.0	70	225	68	214
15	2.8	68	221	65	208
20	2.5	63	215	60	200
25	2.1	58	208	55	191

对与上述条件不同时的修正

条件变化	细集料率(%)		单位用水量(kg)
钢纤维混入率增减 0.5% 的调整	G_{max}:10mm,15mm	±10	±10
	G_{max}:20mm	±8	
	G_{max}:25mm	±5	
水灰比增减 0.05 的调整	±1		±2.5
细集料的 F.M 增减 0.1 的调整	±0.5		不修正
坍落度增减 1cm 时的调整	不修正		±3
空气含量增减 1% 的调整	1		6
钢纤维长细比增减 10 的调整	±3		±10

注:本表只适用于钢纤维断面积尺寸为 0.3~0.6mm² 的范围。

2. 最佳单位粗集料体积和单位用水量的确定

钢纤维混凝土的最佳单位粗集料体积,受纤维掺入率、钢纤维的尺寸及粗集料的最大尺寸影响。然而,当假定这些值一定时,无论沉降度的值如何变化,其值不变(图3-17)。

图3-18和图3-19分别表示纤维掺入率和钢纤维尺寸对最佳单位粗集料体积的影响,由图可知,随着这些值的增大,最佳单位粗集料体积的值,大体上呈线性减少。另外,由表3-62可以看出,钢纤维种类对最佳单位粗集料体积几乎没有影响。图3-20及图3-21分别表示,为获得工作度为30s的钢纤维补强混凝土,所需单位用水量与纤维掺入率以及钢纤维尺寸之间的关系。随着这些值的增大,单位用水量大致呈线性增加。另外,图3-22表示空气量对上述单位用水量的影响,它表明在钢纤维补强混凝土中,加气对减少单位用水量是有效的。

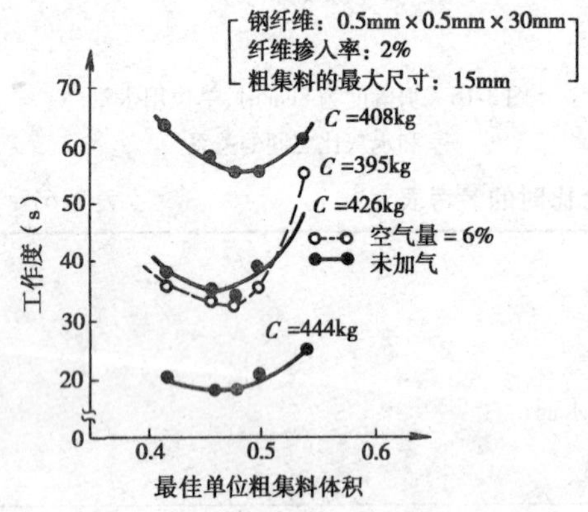

图3-17 最佳单位粗集料体积和单位水泥用量之间的关系

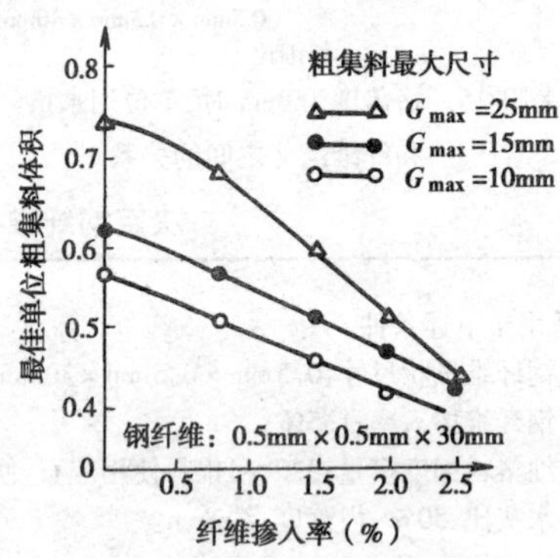

图3-18 最佳单位粗集料体积和纤维掺入率之间的关系

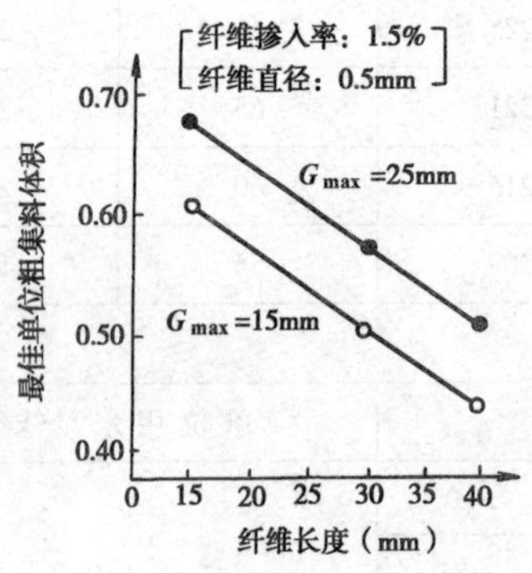

图3-19 最佳单位粗集料体积和纤维长度之间的关系

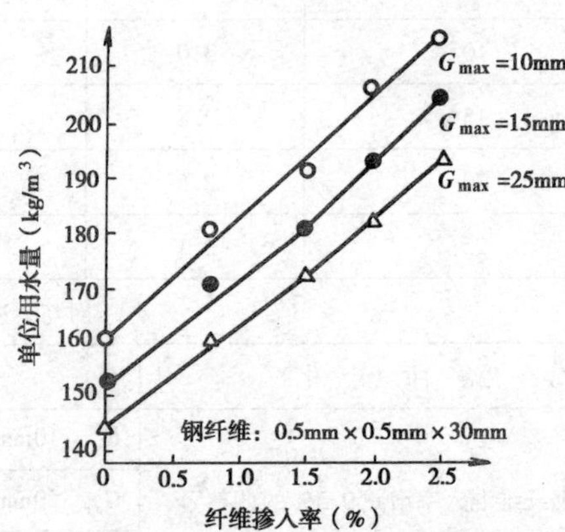

图3-20 工作度为30s时,钢纤维补强混凝土的单位用水量和纤维掺入率之间的关系

图3-23表示钢纤维混凝土的工作度和坍落度之间的关系。为便于参考,普通混凝土的值也一并列出。由图可清楚看出,若坍落度相同时,钢纤维混凝土的工作度要相对小一些,它意味着,钢纤维混凝土所需要的捣固工作量要小一些。此外,用于混凝土路面,相当于工作度标准值30s的坍落度,在普通混凝土中大约是2.5cm,而在钢纤维混凝土中,则大约为1cm。其理由是,在钢纤维补强混凝土中,一般情况下,单位水泥用量要大些,且细集料用量较高,也就是说,多为富配合比的砂浆。

最佳单位粗集料及单位用水量见表3-62。

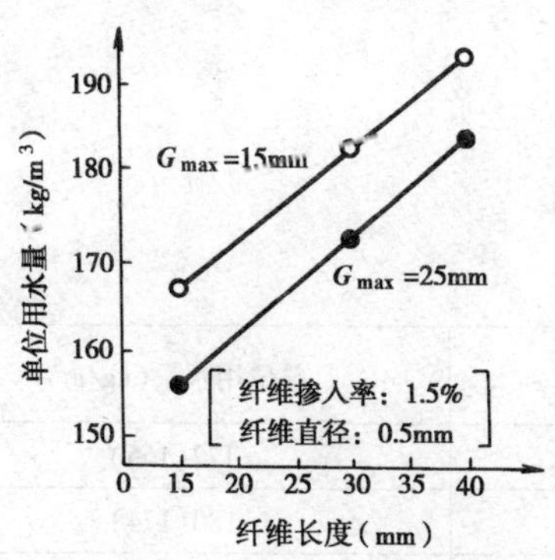

图3-21　工作度为30s时，钢纤维补强混凝土的单位用水量和纤维长度的关系（使用剪断纤维）

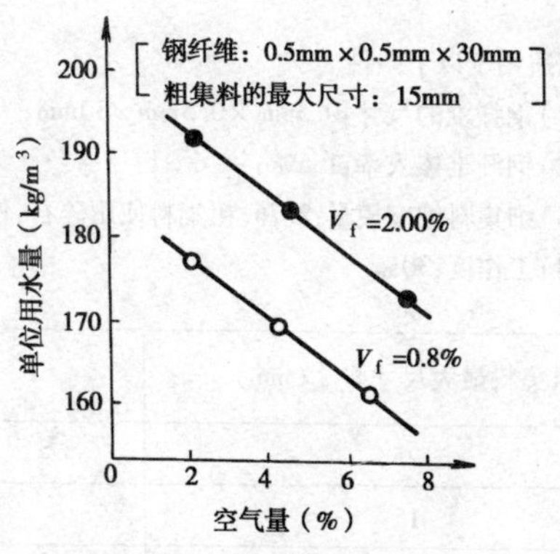

图3-22　工作度为30s时，钢纤维补强混凝土的单位用水量和空气量之间的关系

钢纤维的种类和最佳单位粗集料及单位用水量（纤维掺入率:1.5%）　表3-62

钢纤维种类和尺寸(mm)	粗集料最大尺寸(mm)	最佳粗集料单位体积	单位用水量(kg/m³)
切断纤维0.5×0.5×30	15	0.51	180
	25	0.59	172
切断异形纤维0.5×0.5×25	15	0.49	187
	25	0.58	182
切断纤维 ϕ0.5×30	15	0.50	184
	25	0.57	176

表3-63是根据以上试验结果归纳出的配比参考表，它列出了最佳粗集料体积和单位用水量的参考值，以及条件不同时的修正表。

(三)外加剂的使用

一般来讲，在钢纤维混凝土中，单位水泥用量有增大的趋势，产生某种程度坍落度的钢纤维混凝土的单位水泥用量超过400kg/m³ 的情况是比较普遍的。大幅度减少单位水泥用量的有效手段，是利用高性能的减水剂。表3-64是它的运用实例。该表示出适当地使用高性能减水剂，产生一定坍落度的钢纤维混凝土的单位水泥用量大约减少15%是可能的。

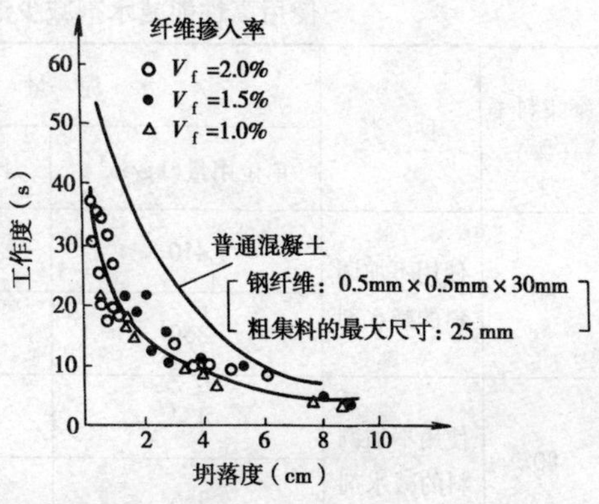

图3-23　工作度和坍落度的关系

(四)实用配合比示例

(1)美国衣里欧斯大学经过试验研究，得出一种典型的钢纤维混凝土的设计配合比（表3-65）。

决定钢纤维补强混凝土配合比的参考表 表 3-63

本表值适用于以下条件。

(1)钢纤维的尺寸:0.5mm×0.5mm×30mm;

(2)钢纤维掺入率:1.5%;

(3)细集料细度模量:2.76,粗集料使用碎石,使用质量良好的减水剂;

(4)工作度:30s。

粗集料最大尺寸 G_{max}(mm)	单位集料体积 V_G	单位用水量(kg/m^3)
25	0.59	172(165)
15	0.51	180(174)
10	0.46	191(185)

对于与上述条件不同时的修正值

<table>
<tr><th>条件的变化</th><th colspan="2">单位粗集料体积</th><th colspan="2">单位用水量(kg/m^3)</th></tr>
<tr><td rowspan="2">纤维掺入率为0.5%的增减</td><td>G_{max}:10mm,15mm</td><td>$\mp 0.08V_G$</td><td colspan="2" rowspan="2">±11</td></tr>
<tr><td>G_{max}:25mm</td><td>$\mp 0.13V_G$</td></tr>
<tr><td rowspan="2">工作度为10s的增减</td><td colspan="2" rowspan="2">不修正</td><td>$V_f \approx 1\%$</td><td>±3.5</td></tr>
<tr><td>$V_f \approx 2\%$</td><td>±5</td></tr>
<tr><td>容气量为1%的增减</td><td colspan="2">不修正</td><td colspan="2">∓3.5</td></tr>
<tr><td>粗集料的FM为0.1的增减</td><td colspan="2">$\pm 0.01V_G$</td><td colspan="2">不修正</td></tr>
<tr><td>0.25mm×0.5mm×25mm的剪断异形纤维</td><td colspan="2">不修正</td><td colspan="2">+10</td></tr>
</table>

注:1. 括号内数字表示空气量4%时的单位用水量。

2. 本表只适用于细集料的FM为2.50~3.00的范围。

使用高性能减水剂减少钢纤维补强混凝土的单位水泥用量的效果 表 3-64

<table>
<tr><th rowspan="2">细集料率(%)</th><th rowspan="2">种 类</th><th colspan="2">水 泥 量</th><th colspan="5">钢纤维补强混凝土的坍落度(cm)</th></tr>
<tr><th>单位用量(kg/m^3)</th><th>比例(%)</th><th>P=0%</th><th>P=0.5%</th><th>P=1.0%</th><th>P=1.5%</th><th>P=2.0%</th></tr>
<tr><td rowspan="2">60</td><td rowspan="2">使用不加调料的减水剂</td><td>410</td><td>1.00</td><td>7.0</td><td>4.7</td><td>2.4</td><td>0.6</td><td>0</td></tr>
<tr><td>350</td><td>0.85</td><td>8.0</td><td>6.0</td><td>2.8</td><td>0.2</td><td>0</td></tr>
<tr><td rowspan="2">80</td><td rowspan="2">使用不加调料的减水剂</td><td>434</td><td>1.00</td><td>5.7</td><td>4.8</td><td>3.8</td><td>2.8</td><td>1.7</td></tr>
<tr><td>366</td><td>0.84</td><td>7.0</td><td>5.7</td><td>4.7</td><td>3.4</td><td>1.4</td></tr>
</table>

注:高性能减水剂使用量是水泥用量的1.5%;P为纤维掺入率。

典型的钢纤维混凝土设计配合比

表 3-65

原材料	用量(kg/m^3)	原材料	用量(kg/m^3)
水泥	297	石子(最大粒径4.5mm)	837
粉煤灰	139	钢纤维	71~119
砂子	848	水	142

他们认为,这是经济、切实可行,具有较高强度和较小干燥收缩值的配合比,这种拌和物28d强度见表3-66。表中提供了相同配合比的素混凝土强度对比。

典型配合比的钢纤维混凝土强度(MPa)

表 3-66

混凝土类别	抗压强度	抗拉强度	弯折模量	抗弯强度
素混凝土	42.0	3.0	4.1	
钢纤维混凝土	45.0	5.5		7.8

注:抗拉强度采用间接拉力试验法,即圆柱体模向受压的方法求得。

(2)日本在实际工程中使用的配合比见表3-67。

钢纤维混凝土配合比

表 3-67

粗集料最大粒径(mm)	水灰比(%)	砂率(%)	钢纤维掺量(%)	坍落度(cm)	混凝土用量(kg/m^3)					
					水	水泥	砂子	石子	外加剂	钢纤维
25	42	50	1.5	5	182	434	808	839	1.11	118
10	42	80	2.5	5	215	512	1 116	231	1.28	196
9.5	40	70	1.3	3.8~7.6	155	384	842	366	1.68	100
10	53	72	1.4	7.5	207	393	1 151	471	—	133

(3)国内钢纤维混凝土配合比及特性见表3-68。

钢纤维混凝土配合比及特性

表 3-68

纤维体积(%)	混凝土中混合物的比例(质量比)				水泥用量(kg/m^3)	湿堆积密度(kg/m^3)	含气体积(%)
	水泥	集料	钢纤维	水			
0	1	4.51	0	0.42	400	2.39×10^3	0.3
1.0	1	4.38	0.20	0.42	400	2.46×10^3	0
2.0	1	4.31	0.40	0.42	400	2.50×10^3	0.1
2.5	1	4.28	0.50	0.42	400	2.52×10^3	0.3
3.0	1	4.25	0.60	0.42	400	2.55×10^3	0
1.5	1	3.90	0.27	0.42	400	2.47×10^3	0.1
1.5	1	3.90	0.27	0.42	430	2.47×10^3	0
2.0	1	3.87	0.37	0.42	430	2.48×10^3	0.2

续上表

纤维体积(%)	混凝土中混合物的比例(质量比)				水泥用量(kg/m^3)	湿堆积密度(kg/m^3)	含气体积(%)
	水泥	集料	钢纤维	水			
2.0	1	3.87	0.37	0.42	430	2.50×10^3	0
2.0	1	3.87	0.37	0.42	430	2.49×10^3	0
2.5	1	3.84	0.46	0.42	430	2.51×10^3	0
2.5	1	3.84	0.46	0.42	430	2.53×10^3	0
2.5	1	4.28	0.50	0.42	400	2.49×10^3	0.5
2.5	1	4.28	0.50	0.42	400	2.52×10^3	0.3

第十四节　植物及其他有机纤维混凝土配合比设计

植物纤维混凝土是在混凝土中掺入植物纤维(剑麻、苎麻、黄麻、亚麻、龙舌兰、象鼻草、水芦苇等)而改善性能的复合材料,它具有普通钢筋混凝土所没有的许多优良品质,例如抗拉强度、抗弯强度、抗裂强度、韧性或抗冲击等较好。

植物纤维属有机纤维。有机纤维还包括聚丙烯、聚乙烯、尼龙、芳香族聚酰亚胺等合成纤维。现以植物纤维和聚丙烯纤维混凝土为例对有机纤维作增强材料的混凝土配合比设计做概略介绍。

一、原材料的技术要求

(一)对纤维的基本要求

(1)高抗拉强度:纤维的抗拉强度至少应比水泥基材高两个数量级。

(2)高弹性模量:纤维与水泥基材弹性模量的比值(简称“弹模比”)越高,则会有更多的应力由基材传至纤维上。

(3)高变形能力:纤维的极限延伸率越大,则越有利于纤维增强水泥复合材料韧性的增高。

(4)泊桑比不宜过大,一般不大于0.40,可保证纤维不致过早地与基材脱开。

(5)与水泥基材有良好的化学相容性,纤维不受水泥水化产物的侵蚀。

(6)若使用短纤维时,应有一定的长径比(l/d),目的在于兼顾抗拉强度、抗弯强度与韧性。

(7)若使用短纤维时,与基材应有一定的黏结强度,其理由同上。

(8)对人体健康无害。

(9)来源较广。

(10)价格较低廉。

当用纤维作为水泥基材的增强材时,还需注意以下两个问题。

(1)纤维表面的缺陷:纤维本身在加工、处理过程中,或纤维增强水泥复合材料在制造过程中均有可能使纤维表面出现缺陷,因而导致复合材料强度与韧性的下降。纤维长度增加,其抗拉强度下降,因此纤维越长,其表面缺陷也越多。当表面有严重缺陷的纤维埋入水泥基材内,在复合材料受拉时,纤维会在缺陷处发生断裂。另外,纤维束的抗拉强度要低于其中的单根纤维,因束中纤维在受拉时不可能同时均匀受力。

(2)纤维的交互作用:当使用非连续的短纤维时,在纤维端头间的“非连续区”会产生应力集中。国外分析了纤维的交互作用对纤维水泥复合材料中应力传递的影响,认为当纤维表面无缺陷时,最多只能贡献其抗拉强度的6/7;当纤维表面有严重缺陷时,则只能贡献其抗拉强度的1/2。

(二)植物纤维的主要技术指标

水泥混凝土增强用植物纤维的主要技术指标应符合表3-69所示要求。

水泥混凝土增强用植物纤维主要技术指标 表3-69

材料名称		直径($\times10^{-3}$mm)	长度(mm)	密度(kg/m^3)	弹性模量($\times10^{-3}$MPa)	抗拉强度(MPa)	极限变形(%)	备注
天然纤维①	石棉	0.02~20	1~50	2 600	200	3 000	233	
	剑麻	300~500	15~50①	1 500	15~30	300~400	—	
合成	聚丙烯	20~4 000	10~70①	900	4~18	350~700	5~20	
	尼龙	5~25	10~70①	1 100	4	800	12	
	岩碳棉	8~10	10~70①	1 300	250	2 500	1	
	赛璐珞	2~10	2~20	2 500	80	1 000	1~2	
		15~40	2~6	1 500	8	300~500	2~10	

注:①也可以用连续的纤维。

(三)对水泥基材的要求

参见“钢纤维混凝土”所述内容。

二、配合比设计

(1)纤维掺量为1.5%(按混凝土体积计算),在最佳含砂率的基础上,采用充分发挥最佳含砂率优势(颗粒级配合理、集料表面作用最佳)的生产方法混拌纤维,即通过维勃稠度仪使振平拌和物所需时间、计算含砂量,其值是最低的。

(2)图3-24所示为用长约1.5mm纤维所做试验结果。所用的细集料为15%~30%,比素混凝土要高一些。

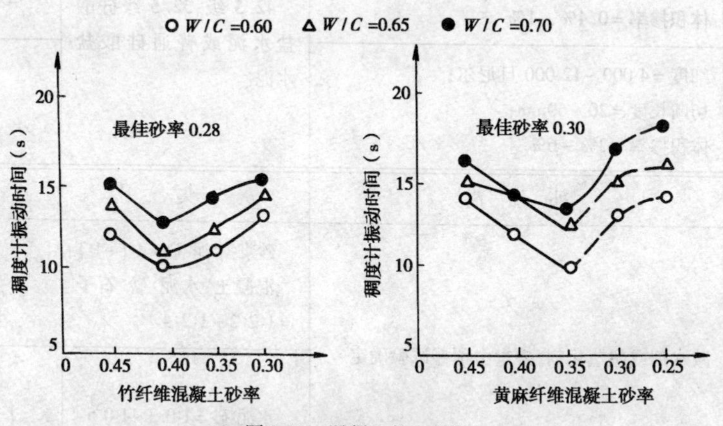

图3-24 混凝土的和易性

(3)需要注意,纤维的含量高,砂的含量也相应要高些。纤维的长径比也会影响砂的含量。当采用的纤维控制参数(纤维含量的体积百分比、纤维的长径比)相同时,在软纤维中掺入的砂比硬纤维(如钢纤维)中掺入的量要小。

(4)混拌程序是逐步地往混凝土中加自然干燥的纤维和少量的水,每次加水时要加少量纤维。

当砂的含量最佳时,拌和物按比例配料可呈现最高强度,如图3-25所示。

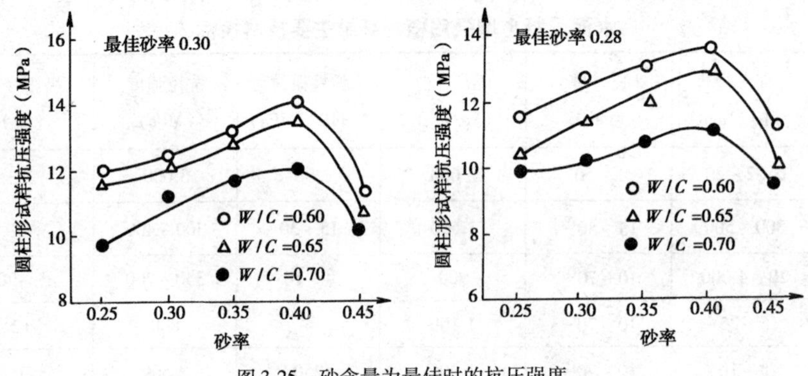

图3-25 砂含量为最佳时的抗压强度

三、聚丙烯纤维混凝土配合比设计

聚丙烯膜裂纤维是一种束状的合成纤维,拉开后呈网络状,其纤维直径以旦尼尔(每9 000m长的克数)计,一般为6 000~26 000。可将连续的聚丙烯膜裂纤维卷绕成为圆筒形的纱团,也可切成一定的长度(19~64mm)以供使用。为防止老化,使用前应将其装于黑色包装容器中。

聚丙烯纤维混凝土既可用于制作预制品,也可用于现场施工。

聚丙烯纤维混凝土的配合比设计原则与钢纤维混凝土相同,其配料却因成型工艺而异,表3-70所示配料要求可供配合比设计时参考。

聚丙烯纤维混凝土不同成型工艺的配料要求 表3-70

<table>
<tr><th>成型工艺</th><th>聚丙烯膜裂纤维</th><th>水泥</th><th>集料</th></tr>
<tr><td>搅拌法</td><td>细度=6 000~13 000旦尼尔;
切断长度=40~70mm;
体积掺率=0.4%~1%</td><td rowspan="2">42.5级、52.5级硅酸盐水泥或普通硅酸盐水泥</td><td>细集料:$d_{max}=5mm$
粗集料:$d_{max}=10mm$</td></tr>
<tr><td>直接喷射法</td><td>细度=4 000~12 000旦尼尔;
切断长度=20~60mm;
体积掺率=2%~6%</td><td>$d_{max}=2mm$</td></tr>
<tr><th>成型工艺</th><th>外加剂</th><th>灰集比</th><th>水灰比</th></tr>
<tr><td>搅拌法</td><td rowspan="2">减水剂或超塑化剂,掺量由预拌试验确定</td><td>砂浆:水泥:砂=1:1~1:3
混凝土:水泥:砂:石子=1:2:2~1:2:4</td><td>0.45~0.50</td></tr>
<tr><td>直接喷射法</td><td>水泥:砂=1:0.3~1:0.5</td><td>0.32~0.40</td></tr>
</table>

在混凝土中掺加适当短切的聚丙烯膜裂纤维即可部分或全部地代替制品或构件中的钢筋,达到提高抗冲击性、保持裂石整体性与降低自重等目的。

第十五节　玻璃纤维混凝土配合比设计

在水泥中掺入玻璃纤维而配制的复合材料叫玻璃纤维混凝土。由于玻璃纤维直径仅为5~20μm,几乎接近水泥,使用这种纤维时,所用的结合材料为水泥浆,或者在其中掺入细砂来使用,几乎不使用粒径较大的粗集料。所以,用这种素材制作而成的复合材料,又叫纤维补强水泥(GFRC)。

近年来,国外对玻璃纤维增强混凝土的研究重点是研制耐碱玻璃纤维,并用它与普通硅酸盐水泥复合使用;同时也适当进行了涂层和减少水泥腐蚀性等方面的研究工作。如英国即在普通硅酸盐水泥中加入40%的粉煤灰,以降低水泥水化过程中析出的碱性物对玻璃纤维的侵蚀。我国建筑材料研究院于1974~1975年成功试制硫铝酸盐水泥,1978年又在硫铝酸盐熟料中掺入二水石膏、硬石膏以及矿渣等成功试制低碱水泥,可以与不含二氧化锆的中碱玻璃纤维复合使用,做非承重水泥制品。

玻璃纤维混凝土的使用对象限于断面较薄的工场制品,其厚度只有5~20mm,因此,现阶段的应用领域大部分是建筑方面的屏障墙和外层护墙板等。然而,玻璃纤维确实有着钢纤维所不具备的卓越的拉伸强度(对单纤维而言)和非磁性等特点。因此,在土木工程方面的应用具有广阔的前途。

一、原材料的技术要求

(一)对纤维的基本要求

玻璃纤维混凝土所用玻璃,除满足一般纤维的要求外,尚应符合下列技术指标要求。

1. 抗碱玻璃纤维

(1)成分与性能

抗碱玻璃纤维的成分中含有一定量的ZrO_2(氧化锆)。在碱液作用下,此种纤维表面的ZrO_2会转化成含$Zr(OH)_4$的胶状物,并经脱水聚合在玻璃纤维表面形成一致密的膜层,从而减缓了$Ca(OH)_2$对玻璃纤维的侵蚀。表3-71与表3-72分别列出了中国、英国与日本所产的抗碱玻璃纤维的化学成分与物理力学性能。

表3-73列出了国产抗碱玻璃纤维的耐碱液侵蚀能力,并与中碱、无碱玻璃纤维作比较。

抗碱玻璃纤维的化学成分　　表3-71

类别	化学成分(质量%)								
	SiO_2	CaO	Na_2O	K_2O	ZrO_2	TiO_2	Al_2O_3	MgO	Fe_2O_3
中国锆钛纤维	61.0	5.0	10.4	2.6	14.5	6.0	0.3	0.25	0.2
英国 Cem-fil-2	60.0	4.7	14.2	0.3	18.0	0.1	0.7	—	—
日本 Minilon L	62.0	6.9	12.1	0.3	14.1	—	1.6	0.1	0.3

抗碱玻璃纤维的物理力学性能 表 3-72

类　别	单丝直径 (μm)	长　度 (mm)	密　度 (g/cm^3)	抗拉强度 (MPa)	弹性模量 ($\times 10^4$MPa)	极限延伸率 (%)
中国锆钛纤维	12 ~ 14	30 ~ 40	2.7 ~ 2.78	2 000 ~ 2 100	6.3 ~ 7.0	4.0
英国 Cem-fil-2	12.5	30 ~ 40	0	2 500	8.0	3.6
日本 Minilon L	13.0	30 ~ 40	2.66	2 300	7.0	—

抗碱玻璃纤维与普通玻璃纤维的耐蚀能力比较 表 3-73

玻璃纤维类别	纤维经碱液侵蚀后的抗拉强度保留率(%)	
	100℃饱和 $Ca(OH)_2$ 溶液 4h	80℃合成水泥滤液①24h
抗碱	66.2 ~ 88.1	54.3 ~ 84.3
中碱	41.5 ~ 44.3	24.6 ~ 26.4
无碱	29.2 ~ 35.5	25.3 ~ 32.0

注:①合成水泥滤液成分:$Ca(OH)_2$ 为 0.48/L,NaOH 为 0.88g/L,KOH 为 3.45g/L。

(2)形式

制备玻璃纤维混凝土用的抗碱玻璃纤维主要有以下两种形式。

①无捻粗纱。将 30 股左右的连续玻璃纤维原丝(含 200 根左右的单丝)不经加捻直接平行合并,并卷绕成为圆筒形的纱团,称为无捻粗纱。在使用时可由纱团的内孔抽出粗纱并切割成任意长度。

②网格布。网格布是由玻璃纤维无捻粗纱经、纬相交编织而成的具有方形网孔的织物。根据玻璃纤维混凝土制品或构件的受力状况,可织成经、纬纱粗细不等的网格布。表 3-74 列出了常用的一种抗碱玻璃纤维网格布的规格。

抗碱玻璃纤维网格布的规格 表 3-74

网格尺寸 (mm × mm)	幅宽 (mm)	经　向		纬　向		质量 (g/m^2)
		经纱密度(根/cm)	承载力(kg/cm)	纬纱密度(根/cm)	承载力(kg/cm)	
5 × 5	850	4	32.4	2	15.1	130

2. 硫铝酸盐水泥

抗碱玻璃纤维在硅酸盐水泥基材中仍会受到水泥水化物的侵蚀,只是其侵蚀速率较之普通玻璃纤维有明显的减缓。为大幅度提高玻璃纤维混凝土的使用寿命,应使用硫铝酸盐水泥,其有早强型与 I 型低碱度两种。此类水泥主要有以下特性。

(1)液相的碱度低

液相的 pH 值显著低于硅酸盐水泥,早强型为 11 ~ 11.5,I 型低碱度为 10.5 左右。

(2)水泥石的结构密实

水泥的主要水化产物是钙矾石,故水泥石的结构密实,可减少碱液的毛细管渗透几率。

表 3-75 列出了这两种硫铝酸盐水泥的化学成分。

两种硫铝酸盐水泥的化学成分 表 3-75

类 别	化 学 成 分 （质量%）						
	SiO_2	Fe_2O_3	TiO_2	Al_2O_3	CaO	MgO	SO_2
早强型	11.38	1.11	1.58	26.53	37.54	2.66	14.53
Ⅰ型低碱度	4.93	0.72	0.73	13.83	40.38	2.23	31.67

(二)对水泥基材的要求

水泥:除普通波特兰水泥以外,还可使用以降低碱性为目的的各种混合水泥,以及矾土水泥等。

砂子:为了减少干燥收缩,常使用粒径小于 2mm 的砂子,砂的使用量同普通砂浆相比要少得多,为富配合比的基体。

二、配合比设计

(一)影响强度的主要因素

玻璃纤维混凝土的强度,受玻璃纤维的掺入率、玻璃纤维的长度、水泥品种、成型的龄期和干湿条件、成型方法等所左右。因此,进行配合比设计时对这些影响因素应认真考虑。

1. 纤维的掺入率

玻璃纤维的掺入率在 10% 以内时,玻璃纤维增强水泥的抗弯破坏强度及抗冲击强度均随纤维含量百分率的增加而增大,超过 10% 后,强度不再增加,其原因可能是由于水泥砂浆与玻璃纤维的接触状态所致。另外,纤维掺入率超过 10% 后,成型也比较困难,操作不便,所以一般将纤维掺入率定为 5% 左右。图 3-26 为玻璃纤维含量与抗弯破坏强度及抗冲击强度的关系。

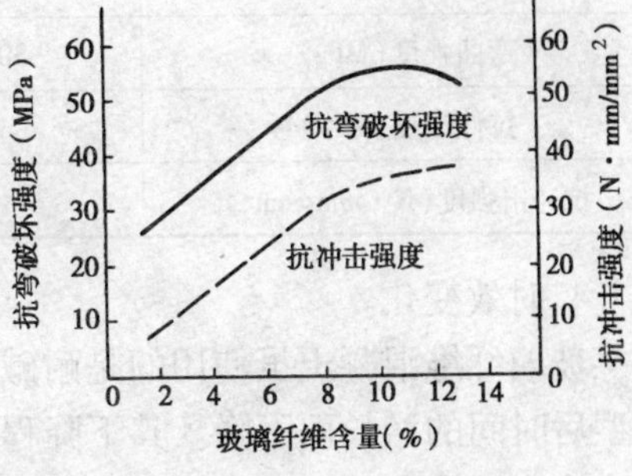

图 3-26 玻璃纤维含量与强度的关系

2. 纤维的长度

从图 3-27 可以看出,随玻璃纤维长度的增加,抗弯破坏强度及抗冲击强度相应增加,但由于实际上成型困难,纤维长度不能过大,特别是预搅拌法成型时,纤维在搅拌过程中易于折断,增强效果随之减弱,如图 3-28 所示。

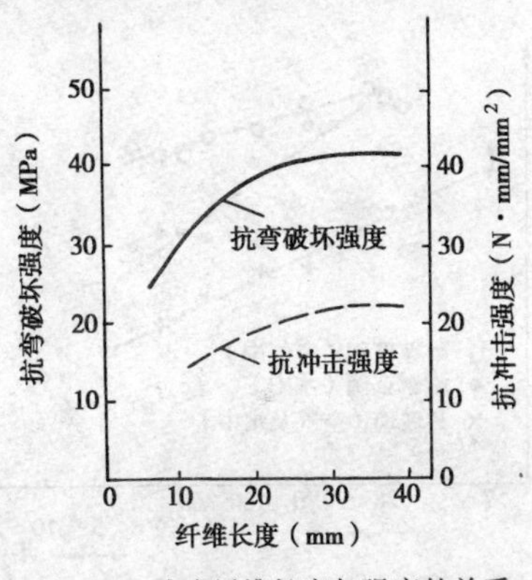

图 3-27 玻璃纤维长度与强度的关系

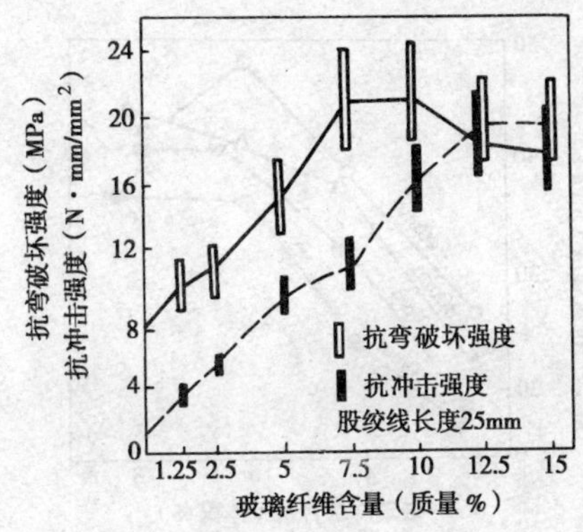

图 3-28 预搅拌成型时玻璃纤维含量与强度的关系

3. 水泥品种

不同的水泥品种对纤维混凝土的力学性能有一定的影响，见表 3-76。试件的水灰比为 0.3，纤维含量为 5%（质量比），龄期为 28d。

水泥品种与纤维混凝土的强度 表 3-76

水泥品种	弹性模量（MPa）	拉伸比例极限应力（MPa）	拉伸极限应力（MPa）	弯曲极限应力（MPa）	抗冲击强度（N·mm/mm²）	密度（g/cm³）
普通硅酸盐水泥	2×10^4	9.0	16.0	40.0	25	2.0～2.1
高铝水泥	2×10^4	9.0	16.0	40.0	25	2.0～0.1
60%硅酸盐水泥、40%磨细烟灰	1.2×10^4	6.0	12.0	30.0	20	2.0～2.1

采用喷射吸水法成型时，玻璃纤维含量及长度与纤维增强混凝土强度的关系如图 3-29 所示。

表 3-77 表示不同成型法对强度的影响。从它们的制造工艺容易推测，各种强度以真空吸引喷射法的制品为最佳。

各种不同成型法的玻璃纤维补强水泥特性 表 3-77

特性	喷射脱水法	直接喷射法	预先混合法
弯曲比例强度（MPa）	10.0～15.0	8.0～13.0	5.0～10.0
弯曲强度（MPa）	30.0～40.0	25.0～35.0	10.0～20.0
拉伸强度（MPa）	16.0	9.0～15.0	5.0～8.0
抗冲击强度（N·mm/mm²）	15～25	12～18	8～10

4. 时效变化

玻璃纤维混凝土虽使用的是耐碱性玻璃纤维，但由于它的耐碱性未必完善，所以强度随着成型后时间的增长而下降。其下降程度，被该期间内的干湿条件所左右。在潮湿条件下，强度下降速度要快些（图 3-30）。

图 3-31 是用普通波特兰水泥，在其中掺入 5% 玻璃纤维的玻璃纤维混凝土在暴露于室外的条件下的强度时效变化曲线。根据这个结果可知，玻璃纤维混凝土的弯曲强度，在最初的两年间，下降了 3%～4%，其后基本上趋于稳定。此外，使用碱性弱的矾土水泥或粉煤灰水泥时，这一影响较小。

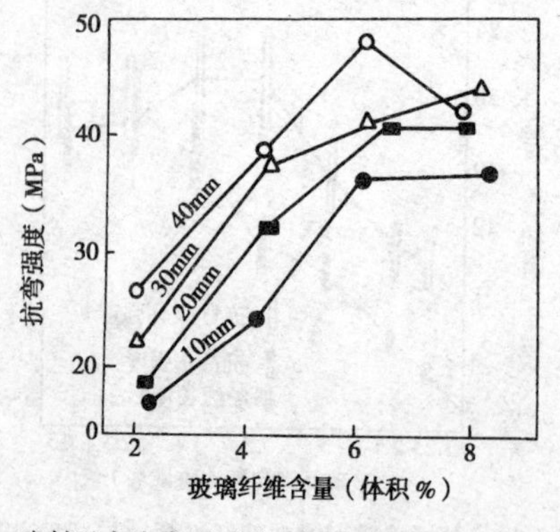

图 3-29 喷射吸水法成型时玻璃纤维含量、长度与强度的关系

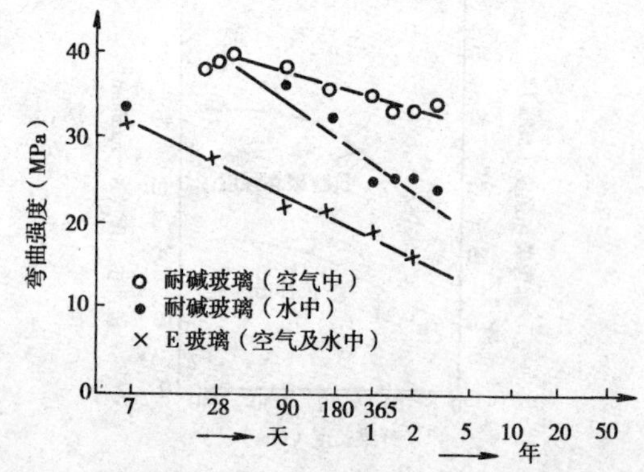

图 3-30 玻璃纤维补强水泥复合体中弯曲强度的时效变化

（二）设计方法

玻璃纤维混凝土配合比设计方法与水泥砂浆基本相同。通过试验，来选定符合工程技术要求的施工配合比。

（三）设计应用范围的限制

（1）对于必须经受长期荷载检验的一些主要构件，使用会造成重大损失者，应禁止使用。如结构框架、梁和柱；大负荷的承重墙；悬桥桥面；大负荷自承重屋面；蓄水池等。

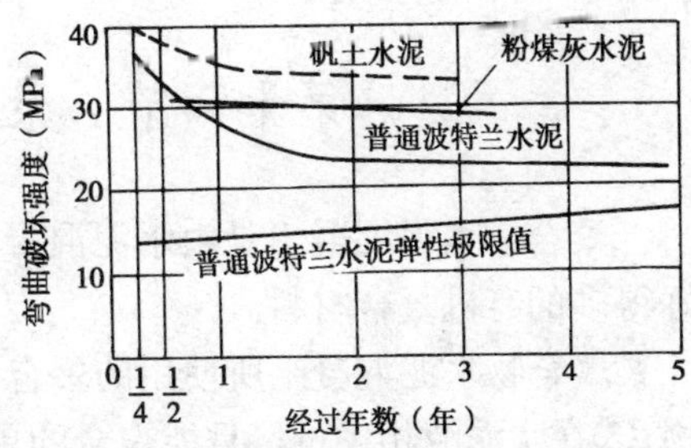

图 3-31　玻璃纤维补强水泥的弯曲强度时效变化曲线（条件：天然暴露）

（2）对于承载相对较轻，并在预期长期荷载特性范围内的次要结构件，可以采用玻璃纤维混凝土制作。如永久性模板，一些低压管道；复合板构成的次要屋面构件，一些非框架结构；小型防护结构；某些储藏用的池、罐、仓；防火设施等。

（3）对于负荷较小，纵有失误而不致造成损害的非结构构件，如连接盒和盖板；街头设施；门窗框；通风道；围墙和遮阳板等，同样也可采用玻璃纤维混凝土。

（四）其他注意事项

（1）设计计算要以发表的性能数据为基础，并要有充分的安全系数，由于各厂家都有一定的试验能力，因此使用时必须与对方联系，如建筑墙板要承受风荷载和其他应力，就须做相应的试验。

（2）使用直接喷射法制作墙板，标准厚度为 10～19mm，但由于表面偏差，最小厚度可能在 6～13mm，因此必须用加劲肋增强，以提高其刚度，增强其抗变形的能力。

（3）玻璃纤维混凝土，包括不含砂的玻璃纤维增强混凝土，很少出现收缩裂缝。但如果玻璃纤维含量少，抑制不住裂缝的扩展，沿玻璃纤维方向就会出现收缩裂缝。

（4）对于长、大断面的构件，在玻璃纤维增强混凝土中如埋入钢筋和其他钢材，由于混凝土干缩会出现变形和裂缝。

（5）对于带有沟、槽或尖棱的制品，喷射玻璃纤维增强水泥时，玻璃纤维容易出现“搭接”现象，水泥基体不能充分覆盖，容易造成薄弱区域。因此，在制作时必须进行碾压和精细的处理，为减少纤维的“搭接”，应研制一种更柔软的玻璃纤维。

三、常用施工配合比

玻璃纤维混凝土的配料因成型工艺而异，常用施工配合比如表 3-78 所示，可供配合比设计时参考。

玻璃纤维混凝土不同成型工艺的配料要求　　表 3-78

成型工艺	玻璃纤维	水泥	集料	外加剂	灰砂比	水灰比
直接喷射法	抗碱玻璃纤维无捻粗纱，切断长度 = 33～44mm，体积掺率 = 2%～5%	早强型或Ⅰ型低碱硫铝酸盐水泥	d_{max} =2mm，细度模数 = 1.2～2.4，含泥率≤0.3%	减水剂或超塑化剂，掺量由预拌试验确定	1:0.3～1:0.5	0.32～0.38
喷射—抽吸法				一般情况可不掺		起始值：0.50～0.55 最终值：0.25～0.30
铺网—喷浆法	抗碱玻璃纤维网格布，厚为 10mm 的板用 2 层网格布，体积掺率 =2%～3%			减水剂或超塑化剂，掺量由预拌试验确定	1:1～1:1.5	0.42～0.45

第十六节　聚合物水泥混凝土配合比设计

聚合物水泥混凝土是由水泥混凝土和高分子材料有效结合而成的一种性能比普通混凝土好得多的有机复合材料。

聚合物水泥混凝土所使用的聚合物可分为以下三类：①聚合物的水分散体；②水溶性聚合物；③在水泥液相中可溶且能聚合的单体。这些聚合物的使用方法与混凝土外加剂一样，将它们同水泥、集料、水一起搅拌即可。

由于聚合物水泥混凝土制作简单，现有普通混凝土的设备即能生产，因而其成本较低，其研究的历史较长，实际应用也较多，近年来更被进一步扩大应用到混凝土中。目前主要用于地面、路面、桥面和船舶的内外板面，更适宜洒落有化学物质的楼地面，也可用作衬砌材料、喷射混凝土和新旧混凝土的接头。

一、原材料的技术要求

（一）胶结料

1. 水泥

除普通硅酸盐水泥外，还可使用各种硅酸盐水泥、矾土水泥、快硬水泥等。

2. 聚合物

与水泥掺和使用的聚合物有天然和合成橡胶浆、热塑性及热固性树脂乳胶、水溶性聚合物等。对水泥掺和用聚合物，除符合如表 3-79 所示要求外，尚应满足下述要求：

（1）对水泥的凝结硬化和胶结性能无不良影响。

（2）在水泥的碱性介质中不被水解或破坏。

（3）对钢筋无锈蚀作用。

掺和用聚合物在出厂商品内未加消泡剂的，拌和时务必加适量的消泡剂。

掺和用聚合物的质量要求　　表 3-79

试验种类	试验项目	规定值
分散体试验	外观	应无粗颗粒、异物和凝固物
	总固体成分	35% 以上，误差在 ±1.0% 以内
聚合物水泥砂浆试验	抗弯强度（MPa）	4 以上
	抗压强度（MPa）	10 以上
	黏结强度（MPa）	1 以上
	吸水率（%）	15 以下
	透水量（g）	30 以下
	长度变化率（%）	0 ~ 0.15

（二）集料

使用与普通水泥混凝土相同的粗集料与细集料，即河卵石、河砂、硅砂、碎砂、碎石，有时也使用人造轻集料。当用于防腐目的时，应使用硅质碎石和碎砂。

（三）水

与普通混凝土使用的水相同。

(四)主要助剂

1. 稳定剂

聚合乳液和水泥拌和时,由于水泥溶出的多价离子(Ca^{2+}、Al^{3+})等的影响,往往使聚合物乳液破乳,产生凝聚现象。为了防止乳液与水泥拌和时及凝结过程中聚合物过早凝聚,保证聚合物与水泥混合均匀,并有效地结合起来,通常需要加入一定量的稳定剂。常用的有 OP 型乳化剂、均染剂 102、农乳 600 等。

2. 消泡剂

将胶乳与水泥拌和时,由于乳液中的乳化剂和稳定剂等表面活性剂的影响,通常会产生许多小泡,如不把这些小泡消除,就会增加砂浆的空隙率,使它的强度明显下降,因此必须添加适量的消泡剂。常用的消泡剂如下。

醇类:异丁烯醇、3-辛醇等。

脂肪酸脂类:甘油(三)硬脂酸异戊酯。

磷酸脂类:磷酸三丁酯。

有机硅类:二烷基聚硅氧烷等。

良好的消泡剂必须具备三个条件:①较好的化学惰性;②表面张力比被消泡介质低;③不溶于被消泡介质。消泡剂还必须具有较好的分散性、破泡性、抑泡性及碱性。值得注意的是,消泡剂的针对性很强,它们往往在一种体系中能消泡,而在另一体系中却有助泡作用,因此,应很好地选择消泡剂。通常,几种消泡剂复合使用有较好的效果。

二、配合比设计

与常规水泥混凝土和砂浆的配合比设计相比,聚合物水泥混凝土除应着重其和易性及抗压强度外,还必须考虑抗拉强度、抗弯强度、黏结性、水密性(防水性)、耐腐蚀性等其他一些性能。这些性质虽然和水灰比有关,但与聚灰比(聚合物与水泥在整个固体中的质量比)的关系更密切,所以确定的配比必须符合使用要求。

聚合物混凝土的配合比设计,除考虑聚灰比以外,其他可大致按水泥混凝土进行。由于水灰比的影响没有像对水泥混凝土那样大,为此,聚合物水泥混凝土的水灰比,主要以被要求的和易性即坍落度或流度来确定。通常聚合物水泥砂浆的配合比是水泥:砂 =1:2 ~1:3(质量)。聚灰比在5% ~20%范围内,水灰比可根据和易性适当选择,大致在 0.3 ~0.6 范围内。各种用途的聚合物水泥砂浆的参考配合比见表 3-80。此外要注意,即使聚合物的种类相同,含于市售聚合物分散体中的安定剂、乳化剂、消泡剂等也不相同,应事先通过试验,确定聚合物分散体系的性质之后再行使用。

聚合物水泥砂浆的参考配合比 表 3-80

用途	参考配合比(质量比)			涂层厚度(mm)	用途	参考配合比(质量比)			涂层厚度(mm)
	水泥	砂	聚合物			水泥	砂	聚合物	
路面材料	1	3	0.2 ~0.3	5 ~10	黏结材料	1	0 ~3	0.2 ~0.5	
地板材料	1	3	0.3 ~0.5	10 ~15		1	0 ~1	0.2 以上	
防水材料	1	2 ~3	0.3 ~0.5	5 ~20		1	0 ~3	0.2 以上	
防腐材料	1	2 ~3	0.4 ~0.6	10 ~15					

所添加的消泡剂数量和聚合物水泥砂浆强度的关系如图 3-32 所示。

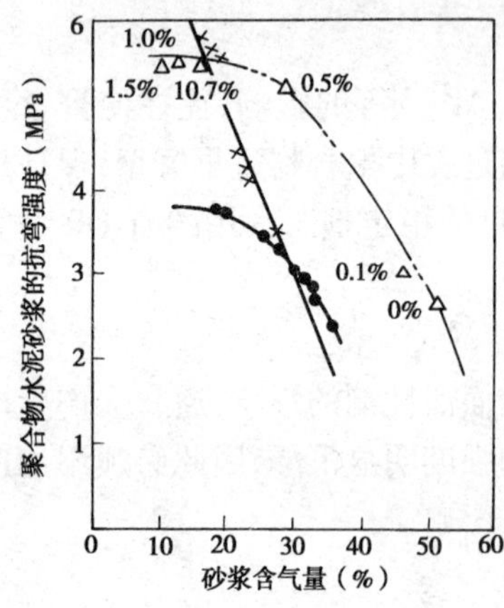

图 3-32　消泡剂对丁苯橡胶胶乳水泥砂浆的含气量和抗弯强度的影响

注：×为 2d 湿空气、5d 水中养护，聚合物水泥比 20%；·为 2d 湿空气、5d 水中养护，聚合物水泥比 12%；△为 2d 湿空气、5d 干养，聚合物水泥比 20%；图中数值为消泡剂掺入率。

三、聚合物水泥混凝土的配制

(一)聚醋酸乙烯混凝土

聚醋酸乙烯是以 50% 的乳浊液形式加入砂浆和混凝土中，当砂浆配合比为 1:2.5(水泥:砂子)时，在 100 份质量的水泥中加入 40 份质量的聚醋酸乙烯酯乳浊液。如配合比为 3:1 的砂浆，每 100 份水泥中加入 20 份乳浊液，就能得到最好的结果。加入这样数量的外加剂，可使混凝土凝结期大大延长，而加入少量的促硬剂 $CaCl_2$，能有效地使硬化时间缩短，但$CaCl_2$的掺量不得超过一定的数量，否则聚醋酸乙烯就会沉淀；掺加 $CaCl_2$ 还可以大大降低聚醋酸乙烯分散剂在冬季存放和运输时对严寒的敏感性。

(二)橡胶混凝土

采用橡胶水泥作胶结料。天然的橡胶分泌液是一种由树胶分解的蛋白质和水组成的乳浊液。生橡胶(橡浆)是一种牛奶状的、易溶化的乳浊液，它有 60% 的橡胶、2% 蛋白质和 38% 的水，其中橡胶颗粒大小只有 0.5 ~ 1μm，干燥时迅速形成一种坚韧而有弹性的膜。

橡胶水泥是将水泥砂浆加到生橡胶中，再加防止凝结的稳定剂而制成的。稳定剂多半使用酪素胶。此外，蛋白质也是一种天然的稳定剂。

水泥砂浆中橡胶的掺加量必须合适，如果橡胶含量小于全部物料的 10%，形成的物质就会过分硬，橡胶的作用也就消失了。相反，如果水泥用量过小，水泥就不能耗尽橡胶溶液中所有的水分，部分水蒸发，这会引起收缩而产生裂缝。

除了用天然橡胶作混凝土外加剂外，随着合成橡胶工业的发展，开始更多地采用合成橡胶。

橡胶混凝土的集料采用大理石或花岗石碎屑、碎块、橡皮或锯末等。

(三)乙烯基均聚物或不含氮的乙烯基共聚物混凝土

将乙烯基均聚物或不含氮的乙烯基共聚物作胶结料，这些合成树脂要求能溶解在所选用的抗溶剂中(如丙酮、醋酸乙酯和丁酮)，并对集料具有一定的黏结力，同时需有适当的强度和硬度。最好的树脂是氯乙烯和醋酸乙烯的共聚物。

集料采用普通建筑用的砂、碎石。

为了改善混凝土性能，还可以掺加一些其他的成分，如铝之类的粉状金属、水泥、橡胶、沥青材料、软木、锯末、泥土、粉状填料、增塑剂等。

所用成分的配比可以有很大的变化，所需要的树脂数量一般是拌和物质量的 2% ~5%，但如果集料吸收性能较大时，树脂的比例也要增加。

其配制过程可用下例来说明：

集料、砂填料、混合料是由 56% 的含有 0.96cm、0.64cm 和 0.32cm 的碎石集料、32% 的尖角砂和 12% 硅酸盐水泥或其他细填料做成的。

合成树脂采用的是一种改良的氯乙烯和醋酸乙烯共聚物(称作“VMCH”树脂),其中氯乙烯含量占共聚物质量的85%～88%,共聚的二元酸占1%,其余为醋酸乙烯。此种树脂的用量占集料、砂填料、混合料总质量的2%～3%,将它溶在占上述混合物总质量15%的丙酮溶剂中制成溶液。

集料、砂填料、混合料与上述溶液一起搅拌,当搅拌料还湿的时候即进行铺设,丙酮很快蒸发,而得到强度很大的混凝土。

(四)呋喃苯胺树脂混凝土

呋喃苯胺树脂混凝土是在混凝土拌和物中掺入呋喃醇、盐酸苯胺和氯化钙而制成。

呋喃醇是在碱性介质中聚合水溶性单体最适用的一种。它在水泥悬浮液中是一种表面活性物质,可减缓混凝土中水泥石内部结构生成过程。因此,需掺入能加速聚合过程的氯化钙。

苯胺是易溶的盐酸盐,盐酸苯胺能加速呋喃醇的聚合过程,也能加速水泥悬浮液内部结构的生成过程,苯胺本身和呋喃形成树脂。

呋喃醇、盐酸苯胺和氯化钙的浓度取决于所规定的混凝土的性能、混凝土水泥石中可能的应力、树脂聚合和水泥悬浮液内部结构生成过程必要的速度等。

当在干燥空气条件下采用呋喃苯胺树脂混凝土时,在熟料水泥中必须加入微集料。但在水中使用时,不必加微集料。

四、配合比示例

聚合物水泥混凝土的配合比示例见表3-81。其中水灰比为聚合物分散体中的水量和加水量之和对水泥的质量比。

聚合物水泥混凝土配合比示例(聚丙烯酸乙酯)　　表3-81

聚合物水泥比(%)	水灰比(%)	砂率(%)	聚合物分散体用量(kg/m³)	用水量(kg/m³)	水泥用量(kg/m³)	粗集料用量(kg/m³)	细集料用量(kg/m³)	测定值	
								坍落度(cm)	含气量(%)
0	50	45	0	160	320	812	510	5	5
5	50	45	36	140	320	768	485	17	7
10	50	45	71	121	320	749	472	21	7

注:粗集料使用人造轻集料。

玻璃纤维聚合物混凝土的配合比设计,可利用水泥砂浆的设计原理。以下是糠醛丙酮玻璃纤维聚合物混凝土的配合比示例:石英砂55%,辉绿岩粉15%,玻璃纤维6%,糠醛丙酮树脂20%,苯磺酸4%。

这种玻璃纤维聚合物混凝土一般用在必须保证长期使用的耐久性结构中。

第十七节　聚合物浸渍混凝土配合比设计

混凝土硬化干燥后存在微空隙,将其浸渍在以树脂为原料的液态单体中,在此状态下将单体聚合而成为一体的混凝土叫聚合物浸渍混凝土(PIC)。由于聚合物浸渍混凝土大大减少了水泥混凝土的孔隙,因此具有高强、密实、防腐、耐磨等优点,很快引起了人们的广泛重视。日本、前苏联、原联邦德国、英国、意大利、挪威、瑞士、波兰、澳大利亚等国也先后开展了研究，取得了一批成果。目前主要用于要求耐腐蚀、高温、耐久性好的一些构件制作，如管道内衬、隧道衬砌、桥面板、路缘石、铁路轨枕、混凝土船、海上采油平台等。将来，随着其制作工艺的简化和成本的降低，可作为防腐蚀材料、耐压材料，在水下和海洋开发结构方面将扩大其应用范围。

当前，国外研究的方向有：低聚合物含量（1% ~3%）的聚合物浸渍混凝土，简化生产工艺，在密封的模板内进行浸渍和聚合的方法；扩大应用范围，除研究聚合物浸渍混凝土外，还研究聚合物浸渍石棉水泥、石膏水泥、陶瓷等。

一、原材料的技术要求

制造聚合物浸渍混凝土用的原材料主要是基材（被浸渍材料）和浸渍液（浸渍材料）两种。此外，根据工艺和性能需要，在基材和浸渍液中还加入适量的添加剂。

（一）基材

基材为预先成型并已硬化的混凝土制品及其他材料。一般来说，凡是用无机胶结料将集料固结起来的混凝土材料均可使用。主要的基材见表3-82。

聚合物混凝土用的主要材料　　表3-82

基材种类	单体和聚合物种类	添加剂
水泥砂浆 普通水泥混凝土 轻集料混凝土 钢筋混凝土 预应力钢筋混凝土 纤维增强混凝土 石棉水泥 钢丝网水泥 石膏制品 陶瓷 混凝土管、杆、桩、板、柱等	甲基丙烯酸甲酯 苯乙烯 丙烯腈 聚酯树脂 环氧树脂 石蜡 硫黄	引发剂 阻聚剂 促进剂 交联剂 稀释剂

所用基材应满足下列要求：

（1）有适当的孔隙，能为浸渍液所渗填。

（2）有一定的强度，能承受干燥、浸渍、聚合过程中的作用应力，并不因搬动而产生裂缝等缺陷。

（3）其化学成分不会妨碍浸渍液的聚合。

（4）材料结构应尽可能是均质的。

（5）要充分干燥，几乎不含水分。

（6）尺寸和形状要与浸渍、聚合的方法和设备相适应。

基材对聚合物浸渍混凝土性能的影响：一般来说，混凝土配合比设计中水灰比、加气剂含量、坍落度、外加剂含量、砂率等变化不大时，对浸渍混凝土的强度没有显著的影响。

（二）浸渍液

浸渍用的单体是指流体状的聚合反应的原始分子。一般来说，凡是能被基材所吸收，并能在其中聚合的单体，均可使用。常用的浸渍液见表3-82。浸渍液的组成可采用单一一种单体，也可采用几种单体或单体与聚合物的混合物，或加入其他添加剂（稀释剂、增塑剂、促进剂、交联剂或引发剂等）。浸渍液应符合下列要求：

(1)有适当的黏度，浸渍时容易渗入基材，并能达到要求的深度。

(2)有较高的沸点和较低的蒸汽压力，以减少浸渍后和聚合时的挥发损失。

(3)聚合后，能在基材内转化为固体聚合物。

(4)聚合收缩率小，聚合后不因水分等作用而软化或膨润。

(5)聚合后与基材的黏结力好，能使两者形成一个整体。

(6)聚合物的玻璃软化温度必须超过材料的使用温度。

采用局部浸渍时，需用黏度较大的单体。为降低材料的生产成本，在满足用途和工艺要求的前提下，应尽量用价格低、来源广的单体。

几种常用的单体和聚合物的性能见表3-83。

常用的一些单体和聚合物的性能 表3-83

单体或聚合物名称	简称	单体性能			聚合物性能						
		蒸汽压(20℃)(kPa)	密度(20℃)(g/cm^3)	沸点(101kPa)(℃)	软化温度(℃)	密度(20℃)(g/cm^3)	收缩(mm/mm)	伸长率(%)	抗压强度(MPa)	拉伸强度(MPa)	拉伸弹性模量($\times 10^4$MPa)
甲基丙烯酸甲酯	MMA	4.665	0.936	100	80~120	1.18~1.19	2~7	7~130	75~90	3.1	
苯乙烯	S	0.38	0.909	145	90~120	1.03~1.10	0.002~0.007	1.5~3.7	80~110	35~80	2.8~4.0
丙烯酸甲酯	MA		0.953	79.9		1.17~1.20	0.001~0.004	2.0~10.0	77~130	50~77	2.4~3.1
聚酯树脂	P	(24℃) 0.93	1.13~1.15		60~100	1.10~1.46	(体积) 7	1.3	92~190	42~71	2.1~4.5
环氧树脂	E		1.12~1.43		300	1.15	0.004~0.010	1.7	110~130	65~85	3.2
丙烯腈	AN	11.33	0.806	77.5~79.0	270	1.17					

(三)其他添加剂

1. 阻聚剂

凡适用于浸渍混凝土的单体几乎都是不稳定的，即在常温下都会不同程度地自行发生聚合，所以在工厂生产的单体中，一般均含有一定量的阻聚剂，以防止单体过早聚合。常用的阻聚剂有对苯二酚、苯醌等。

2. 引发剂

采用加热聚合法时，必须同时使用引发剂，以引发单体产生聚合。当加热到一定温度时，引发剂以一定的速度分解生成游离基，诱导单体产生连锁反应。常用的引发剂有过氧化物(如过氧化二苯甲酰、过氧化甲乙酮、过氧化环已酮等)、偶氮化合物(如偶氮二异丁腈、α-特丁基偶氮二异丁腈等)和过硫酸盐等。

引发剂的用量对聚合速度和高聚物的分子量有很大的影响，过少，不能克服阻聚剂和为完全聚合产生足够的游离基；过多，会引发单体过早、过快聚合，可能产生爆炸事故，且生成物的分子量过小，影响产品的性能，所以引发剂的用量必须适当，一般为单体质量的0.1%~2.0%。

3. 促进剂

促进剂主要用来降低引发剂的正常分解温度，加快引发剂分解生成游离基的速度，以促进单体在常温下聚合。促进剂主要有环烷酸钴、辛酸钴、二甲基苯胺等。

4. 交联剂

交联剂能使线形结构的聚合物转化成体形结构的聚合物。通常用的交联剂有甲基丙烯酸甲酯、苯乙烯、邻苯二甲酸二丙烯酯等。

5. 稀释剂

稀释剂主要用于降低浸渍液的黏度,提高它的渗透能力。例如聚酯树脂类的高黏度浸渍液不加稀释剂时,要渗进混凝土的内部孔隙中是有困难的。稀释剂主要有甲基丙烯酸甲酯、苯乙烯等。

二、配合比设计

聚合物浸渍混凝土基体配合比设计是采用普通混凝土设计方法。浸渍砂浆各成分的构成体积比如表 3-84 所示。

浸渍砂浆的成分浓度　　表 3-84

砂浓度(%)	理论密度(g/cm^3)	脱模时实测密度(g/cm^3)	绝干密度(g/cm^3)	计算含气量(%)	成分体积比					水泥反应率(%)	浸渍率(%)
					聚合物	反应水泥	未反应水泥	砂	最后空隙		
0	2.110	2.11	1.797	0	0.221	0.325	0.310	0	0.144	39.7	14.98
0.2	2.162	2.17	1.893	0	0.213	0.240	0.24	10.207	0.099	38.5	13.12
0.4	2.198	2.16	1.902	1.5	0.224	0.137	0.170	0.410	0.059	34.9	13.98
0.5	2.145	2.05	1.772	4.5	0.245	0.086	0.100	0.470	0.090	34.9	16.97

图 3-33、图 3-34 分别为聚合物浓度、最终孔隙浓度与实测抗弯强度和抗压强度的关系。从图 3-33 得知,抗压强度和聚合物浓度有相关性,而抗弯强度则完全无相关性。相反,从图 3-33看出,最终孔隙浓度与抗弯强度显示有相关性,而与抗压强度无相关性,这反映了弯曲和压缩破坏的机理不同。由此可见,浸渍处理方法也应考虑是以抗弯强度为目标,还是以抗压强度为目标。

三、聚合物浸渍混凝土参数示例

经树脂浸渍过的基材强度极大增加,增加的幅度根据基材的种类、单体的种类、浸渍处理条件等不同而有所不同。表 3-85 为聚合物浸渍材料的有关参数和强度值。可以看出,经聚合物浸渍后,砂浆的抗压强度接近 200MPa,混凝土的抗压强度达 170MPa,抗弯强度达 24MPa,砂浆的抗弯强度可达 45 ~ 50MPa。石棉水泥制品的抗压强度达 270MPa,抗弯强度达 67MPa。

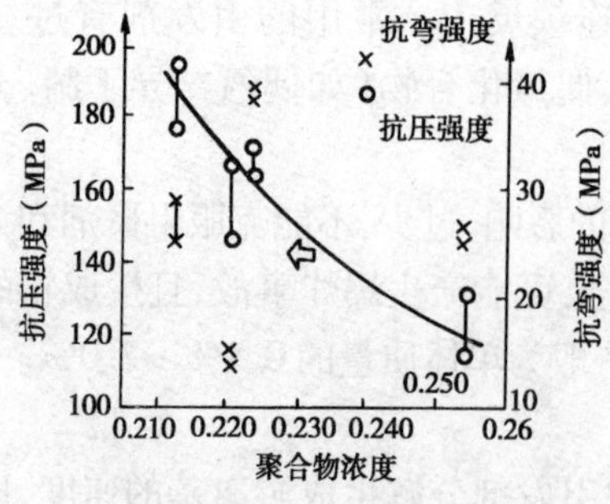

图 3-33　聚合物浓度和强度的关系

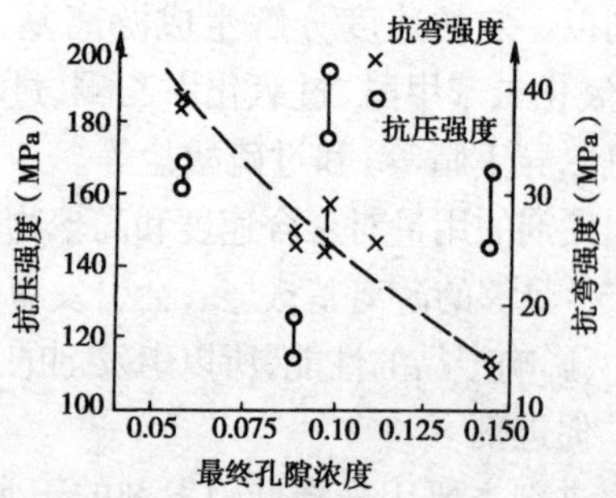

图 3-34　最终孔隙浓度和强度的关系

表 3-85

聚合物浸渍材料的有关参数

基材的种体	使用集料		配合比				试件尺寸	浸渍率（%）	抗压强度（MPa）	抗弯强度（MPa）	劈裂强度（MPa）	对基材强度的增长倍数
	砂子	石子	水	水泥	砂子	石子						
砂浆（Ⅰ）	标准砂	—					4cm×4cm×4cm	13.6～15.7	108.8～188.7	21.5～52.1	12.2～17.7	9.5～16.8
砂浆（Ⅱ）	标准砂	—					ϕ5cm×10cm	13.4～13.9			8.25～9.58	
水泥浆	—	—	480	1 588	1 000		4cm×4cm×16cm	14.5～15.2	145.2～165.8	14.4～15.1		1.5～2.2
砂浆（Ⅲ）	标准砂	—	330	794	764	1 141	4cm×4cm×16cm	13.8～14.2	162.4～167.3	38.3～39.3		2.5～3.8
混凝土（Ⅰ）	标准砂	碎石（Ⅰ）	171.5	380	764	1 141	ϕ10cm×20cm	5.85～7.92	101.9～137.0			
混凝土（Ⅱ）	标准砂	碎石	171.5	380			10cm×10cm×40cm	3.91～7.30	91.0～129.2	10.6～24.2		2.7～4.5
混凝土（Ⅲ）	标准砂	碎石	171.5	380	764	1 141	ϕ15cm×30cm	6.0～6.1	91.0～93.8			4.1～4.2
混凝土（Ⅳ）	河砂	碎石（Ⅱ）	165	450	756	1 019	ϕ10cm×20cm	4.83～5.23	160.6～178.2			2.3～2.5
石棉板	—	—					4mm 和 6mm	22.5～23.1		44.6～61.1		3.3～3.5
石棉水泥制品	—	—	231	1 120			4cm×4cm×16cm	12.0～20.0	150.0～270.0	40.0～67.0		1.6～3.2
石膏浆	—	—	201	358		394	4cm×4cm×16cm	26.0～26.1	47.0～68.8	13.8～17.4		
轻混凝土	人造轻集料	人造轻集料	222	347	433	361	4cm×4cm×16cm	24.8～25.2	101.6～105.0	14.6～17.4		5.4～5.5
轻混凝土	珍珠岩	天然轻集料	208	398	143	737	4cm×4cm×16cm	51.0～52.3	51.7～53.5	11.8～14.2		8.1～8.4
轻混凝土	珍珠岩	珍珠岩			614		ϕ10cm×20cm	39.7～40.2	25.2～26.8			2.8～2.9
亚黏土	含水率 18%～35%						ϕ5cm×10cm	24.6～30.6	10.9～12.5			7.0～100.0
岩石	砂岩						25cm×40cm×150cm	5.41～6.21		46.4～516		4.5～5.2

从聚合物浸渍砂浆切片的光学显微镜观察得知，基材的空隙均被树脂填充。混凝土强度的离散依存于孔隙的离散，由于聚合物浸渍使混凝土成为均匀性高的材料，实测的强度变动系数小，适用于韦布尔理论（随机变数分布），而所求的均匀性系数值比普通混凝土为大。

第十八节　树脂混凝土配合比设计

树脂混凝土是指胶结材料只使用树脂，同集料相结合而成的复合材料。由于完全不使用水泥，因此可称作塑料混凝土，又称作聚合物胶结混凝土（PC）。前苏联、英国也称其为聚合物混凝土。使用不同的树脂和集料，可制得不同性质的树脂混凝土。为了减少树脂的用量，还加有填料粉砂等。从广义上讲，树脂混凝土也包含树脂砂浆。

树脂混凝土的研究始于1950年，虽然发展历史比较短，但在基础理论研究和工程应用研究均取得显著进展。发展较快的有日本、前苏联、原联邦德国、美国、法国、意大利等国家。各国重点使用的树脂材料也不尽相同，如日本、原联邦德国以不饱和聚酯树脂为主，前苏联则以呋喃树脂（糠醛、丙酮树脂）为主。近年来，我国有关部门也已开始进行研究，并取得了较好的成绩。

树脂混凝土亦可掺加增强材料，经增强的聚合物混凝土，其抗裂性能比普通混凝土高很多倍。

树脂混凝土与普通混凝土相比，具有强度高，耐化学腐蚀，耐磨性、耐水性和抗冻性好，易于黏结，电绝缘性好等优点，较广泛用于耐腐蚀的化工结构和高强度的接头。另外，由于树脂混凝土具有漂亮的外貌，也可用作饰面构件，如窗台、窗框、地面砖、花坛、桌面、浴缸、舆洗室等。有些绝缘性能好的树脂混凝土，也可用作绝缘材料。

一、原材料的技术要求

（一）胶结材料

树脂混凝土所用胶结材料主要为各种热固性树脂、沥青等。作为胶结材料主要成分的液态树脂主要有下述数种：

（1）热固性树脂——不饱和聚酯（收缩型、低收缩型）树脂、环氧树脂、呋喃树脂（糠醛、丙酮树脂等）、聚亚胺酯树脂、苯酚树脂。

（2）热塑性树脂——聚氯乙烯树脂、聚乙烯树脂。

（3）沥青及树脂改性沥青——环氧树脂沥青、橡胶沥青等。

（4）煤焦油改性树脂——焦油环氧树脂、焦油尿烷。

（5）乙烯基系单体——甲基丙烯酸甲酯。

从价格和性能综合考虑，以不饱和聚酯树脂使用最多。

在选择用作胶结材料的液态树脂时，一般以下述条件为依据：

（1）黏度低（几泊以下），是具有流动性的黏稠性液体；黏度容易调整，便于同集料混合。

（2）当掺入硬化剂或催化剂、溶剂蒸发、同空气中的水分反应时，不论加热或不加热，均需硬化至固态；硬化过程中不得产生有害物质。

（3）容许静置时间及硬化时间容易调整，并可任意选择。

（4）硬化后当被加热，受到溶剂或水分的作用时，不会软化或膨胀；硬化收缩率应较小。

（5）具有良好的耐水性、耐碱性及化学稳定性。

（6）在通常的成型条件或现场施工条件下，温度及湿度对硬化过程的影响不大。

(7)同集料的黏结力强。

(8)耐大气腐蚀性、耐老化性良好。

(9)使用在建筑工程中,应有较高的耐热性,要尽可能不易燃烧。

(10)适应预制品的成型条件或现场施工条件,而且达到完全硬化的时间要短。

(二)填充材料

树脂混凝土用填充材料应具备如下条件:

(1)基本不含水分。

(2)不含对液态树脂硬化反应产生有害影响的杂质。

(3)对液态树脂的吸收量小。

(4)在改善液态树脂流变性质的同时,能满足强度增长的要求。

此外,在要求具有耐化学侵蚀性的用途上,为免受酸类的侵蚀,不得使用碳酸氢钙。除特殊场合以外,如使用普通硅酸盐水泥那样的填充材料,因吸附水分将妨碍液状树脂的硬化,应加以注意。

填充材料在胶结材料中主要是产生增量效果,与液态树脂一起使用的填充材料可举出以下几种:

(1)碳酸氢钙。

(2)二氧化硅粉末、硅石粉、粉煤灰、火山灰,其粒径为1~30μm。这些细颗粒填充材料也可看做是集料的一部分。

(三)集料

树脂混凝土所用的集料要求具备如下条件:

(1)应具备使空隙率尽可能小的颗粒形状(为了减少液态树脂的使用量)。

(2)强度尽可能高些(为了提高树脂混凝土的强度)。

(3)基本不含水分,其容许含水率应为胶结材料质量的0.3%以下。

(4)不含对液态树脂硬化反应产生有害影响的杂质。

(5)使用多孔质集料时,应对液态树脂的吸收量小。

树脂混凝土的集料与水泥混凝土同样,可使用河卵石、河砂、硅砂、安山岩或石灰岩等的碎石,有时可使用轻集料。其粒径粗集料为10~20mm,细集料为2.5~5mm。

(四)其他材料

液态树脂原料本身不会硬化,在制造树脂混凝土的搅拌过程中,要添加适当的外加剂(如固化剂、稀释剂、增韧剂)、引发剂和促进剂,如表3-86所示。适当选择它们的种类和添加率,就可控制树脂混凝土的硬化时间。

为降低水分对液态树脂硬化的有害作用,或加强集料同液态树脂间的黏结力,常使用硅烷耦合剂。为防止集料同胶结材料分离,常掺入适量玻璃纤维。

常用的外加剂 表3-86

名称	外观	作用	用量(质量%)
苯二甲胺	浅黄色液体	环氧固化剂	18~20
乙二胺	无色液体,有刺激臭味	环氧固化剂	6~8
多乙烯多胺	浅黄色液体	环氧固化剂	10~15
聚酰胺	深棕色黏稠液体	环氧固化剂	50~100
环氧丙烷丁基醚	无色透明液体	环氧稀释剂	5~15

续上表

名　　称	外　　观	作　　用	用量(质量%)
丁基多缩水甘油醚	淡黄色透明液体	环氧稀释剂	10~20
多缩水甘油醚	微黄色液体	环氧稀释剂	10~30
邻苯二甲酸二丁酯	无色液体	增韧剂	10~20
聚酰胺	深棕色黏稠液体	环氧增韧剂	20~30
液体聚硫橡胶	浅蓝色黏稠体	环氧增韧剂	50~300
聚酯树脂	浅黄色黏稠体	环氧增韧剂	10~20
苯乙烯	无色液体	聚酯稀释剂	20~30
过氧化环己酮、苯甲酰	白色固体	引发剂	0.5~2.5
偶氮二异丁腈	白色固体粉末	引发剂	0.5~2.0
环烷酸钴	紫褐色液体	促进剂	0.1~0.5
二甲基苯胺	浅黄色液体	促进剂	0.1~0.5

二、配合比设计

配合比设计合理与否,对树脂混凝土的性能及成本有很大的影响。配合比设计一般可分为三步。

(1)确定树脂与硬化剂的适当比例,以保证有适宜的使用(施工操作)期和硬化后树脂混凝土的性能。硬化剂(引发剂、促进剂)用量过多,硬化就会过快,来不及捣实,所生产的树脂混凝土不密实、性能差。硬化剂用量过少,延长了硬化时间,不仅硬化不完全,而且会影响硬化树脂混凝土的性能。

(2)按最大密实体积法选择最佳集料级配,级配可采用连续级配或间断级配。填料、集料用量对树脂混凝土性能的影响见表3-87~表3-89。

(3)用最佳集料级配与树脂搅拌配制混凝土,并根据拌和物的施工工艺要求和硬化后树脂混凝土的性能,确定树脂用量。

常用的树脂混凝土的参考配合比列于表3-90。表3-91列出了各种树脂混凝土的实用配合比。

砂率对聚酯树脂混凝土强度的影响　　表3-87

砂率(%)	集料视密度(kg/m^3)		混凝土抗压强度(MPa)	砂率(%)	集料视密度(kg/m^3)		混凝土抗压强度(MPa)
	松　散	密　实			松　散	密　实	
30	1 660	1 840	40.1	40	1 700	1 920	50.0
35	1 680	1 840	46.2	45	1 730	1 920	63.4

填料用量对聚酯树脂混凝土强度的影响　　表3-88

填料占集料量的比率(%)	集料视密度(kg/m^3)		混凝土抗压强度(MPa)
	松　散	密　实	
10	1 730	2 010	78.6
20	1 780	2 070	92.4
30	1 830	2 130	102.5
40	1 860	2 110	100.0

不同密度环氧砂浆的强度 表 3-89

河砂用量（kg/m^3）	水泥用量（kg/m^3）	砂浆视密度（kg/m^3）	强度（MPa）	
			抗压	抗拉
260	0	1 840	61.2	11.5
200	100	1 920	67.7	12.8

树脂混凝土（$1m^3$）的参考配合比 表 3-90

材料	环氧树脂混凝土（质量）	聚酯树脂混凝土（质量）
环氧树脂	180 ~ 220	—
溶剂	36 ~ 44	—
不饱和聚酯树脂	—	180 ~ 220
乙二胺	8 ~ 10	—
引发剂	—	2.0 ~ 4.0
促进剂	—	0.5 ~ 2.0
粉	350 ~ 400	350 ~ 400
砂	700 ~ 760	700 ~ 760
石	1 000 ~ 1 100	1 000 ~ 1 100

各种树脂混凝土的实用配合比 表 3-91

材料名称		树脂混凝土的种类和质量配合比				
		聚酯树脂混凝土（Ⅰ）	聚酯树脂混凝土（Ⅱ）	环氧树脂混凝土	聚亚胺酯树脂混凝土	呋喃树脂混凝土
胶结料	液态树脂	不饱和聚酯 10	不饱和聚酯 11.25	环氧树脂（含硬化剂） 10	聚亚胺酯（含硬化剂、填充材料） 20	FA 单体 5.0
	填充材料	碳酸钙 12	碳酸钙 11.25	碳酸钙 10	—	粉砂 32.9
集料（粒径 mm）	细砂	0.1 ~ 0.8　20	<1.2　38.8	<1.2　20	<1.2　20	—
	粗砂	0.8 ~ 4.8　25	1.2 ~ 5　9.6 安山岩碎石	1.2 ~ 5　15	1.2 ~ 5　15	— 5 ~ 20　27.0
	石子	4.8 ~ 20　33	5 ~ 20　29.1	5 ~ 20　45	5 ~ 20　45	20 ~ 40　33.3
其他材料		玻璃纤维适量，过氧化物催化剂适量，早强剂适量	过氧化甲基乙基甲酮适量，辛烯酸钴适量	邻苯二甲酸二丁酯适量	—	苯磺酸　1.6 丙酮　0.2

三、大孔陶粒树脂混凝土的配制

制造大孔陶粒塑料混凝土所用的胶结料可采用任何热固性树脂，其中按其性能最适用于这种用途的是酚醛树脂。酚醛树脂是单原子和多原子的酚和甲醛（福尔马林）缩合而制成的。纯结晶态的酚是用合成方法和从固体燃料热处理产物中析出而制得的，但大孔陶粒塑料混凝土宜使用含酚废料制成的树脂。

集料采用陶粒，其温度不得超过2%～3%，湿度更高时，应稀释树脂，降低树脂的黏度，以便树脂从颗粒表面流失。

为了降低合成树脂的用量和提高胶结料的总体积，在树脂中可掺入石炭灰、磨细石英砂、磨细陶粒、硅藻土的黏土作掺和料，掺和料的磨细度应相当于比表面为1 500～2 000cm²/g。采用尿素树脂时，硬化剂可采用氯化铵或草酸。

制作时，将合成树脂和硬化剂一起进行搅拌，然后在混合料中掺加磨细矿物掺和料，所得的胶结料和干的陶粒在砂浆搅拌机或混凝土搅拌机中搅拌2～4min。

将制得的混凝土混合料填入可拆卸的金属模型中。混合料的筑模是用普通大孔混凝土的方法轻轻捣固。模型必须免受摇晃和振动，因为它们会使胶结料从陶粒上流失。

模型和灌在其中的陶粒混凝土混合料应立即送入聚合室进行热处理。

陶粒混凝土制品的热处理制度是按所采用的合成树脂和制品厚度来选择的。

对酚醛树脂来说，最大温度不应超过150～160℃，对尿素树脂，不应超过120～130℃。温度应以6～10℃/min的速度升高到这个值，停放时间为25～35min，制品在模型中冷却10～50min。

第十九节　低收缩聚酯混凝土配合比设计

低收缩聚酯混凝土是在聚酯混凝土（或聚酯砂浆）中加入聚氯乙烯粉而制得的低收缩复合材料。它为树脂混凝土（或树脂砂浆）的应用开辟了新的前景，受到了国际上的重视。

一、原材料

重晶石；硫酸钡粉，细度为320目；聚氯乙烯粉；3301不饱和聚酯树脂，含苯乙烯40%，外观为浅黄色黏稠液体，无固体沉积物，黏度1′40″～2′40″；过氧化环己酮，含二丁酯50%；环烷酸钴，含环烷酸钴6%的苯乙烯溶液；过氧化苯甲酰，含二丁酯50%；二甲基苯胺，含二甲基苯胺10%的苯乙烯溶液。

二、砂石级配

(1)重晶砂级配。理论上要求重晶砂级配要符合最佳级配曲线，但由于实际上不易做到，因此应尽量接近最佳级配。

(2)重晶石级配。重晶石级配以表观密度大小来反映密实程度，重晶石级配见表3-92。

重晶石级配　　表3-92

粒径(mm)	20以上	15～20	5～10
级配(%)	—	64	36

三、配合比设计

粗细集料组成比例以具有最大表观密度和最小树脂用量来选择。经过经验选用的配合比为：

粉：砂：石 = 1：3：3.6

3301 不饱和聚酯树脂：粉 = 1：1.65

配合比中粉料由硫酸钡粉和聚氯乙烯粉组成，通过试验测定各项性能，其比例以 1：1 为好。

配合比中树脂的固化要另加入引发剂（用量为树脂量的 2% ~4%）和促进剂（用量为树脂量的 0.1% ~1%），它们的用量要随使用时环境温度高低和施工速度、总用量等因素而作适当调整。

第二十节　硅酸盐混凝土配合比设计

硅酸盐混凝土是用石灰、含硅原料（砂、粉煤灰、炉渣、矿渣、烧煤矸石、尾矿粉及其他天然含硅原料）和工业废料，以一定的工艺方法制成的人造石材。因为这类人造石材中的胶凝物质基本上或主要是水化硅酸盐类，所以这类石材称为硅酸盐混凝土。由于组成材料和成型方法不同，视密度一般为 1.2 ~2.2t/m^3；用自然砂和石灰为原料制作的灰砂硅酸盐混凝土，其强度可达 10 ~ 20MPa；如果在拌和物中加入磨细砂或其他磨细硅质材料，其强度可达 50 ~70MPa。

一、原材料的技术要求

（一）石灰

（1）细度：要求全部通过筛孔为 0.2mm 的筛（相应于 900 孔/cm^2 筛），在筛孔为 80μm 的筛（相应于 4 900 孔/cm^2 筛）上的筛余不应大于 15%。

（2）石灰的终凝不应早于 20min 且不应迟于 60min。

（3）对石灰的活性要求：石灰活性是指石灰中活性氧化钙和活性氧化镁含量的总和，石灰活性越高越好，一般要求应大于 70%。

（4）对氧化镁（MgO）含量要求：不应大于 5%。

（5）对过烧、欠烧石灰含量要求：过烧石灰含量以不大于石灰活性的 5% 为宜；欠烧石灰含量不宜太多。

（6）消化时间：不应大于 30min，一般以小于 15min 为宜。对于采用生石灰工艺方法制造硅酸盐制品时，石灰消化时间不宜小于 5min。消化温度一般应大于 50℃。

（二）砂

砂、砂岩及黄土、亚砂土、尾矿砂等均可用来作为制造蒸压硅酸盐制品的硅质原料，其技术指标要求如下。

（1）SiO_2 含量：一般要求砂中 SiO_2 的含量应大于 65%。对于制造高强度的灰砂硅酸盐混凝土，砂中 SiO_2 的含量宜大于 80%。

（2）级配：级配不是太差的天然砂均可使用。

（3）黏土杂质含量：一般不宜超过 10%，特别是蒙脱石含量不宜超过 4%。

（4）云母含量：以小于 0.5% 为宜。

（5）水溶性碱类化合物（$Na_2O + K_2O$）含量：不得超过 2%（按质量计）。

(6)有机物含量:通过比色试验鉴定,砂的试验液颜色以不深于标准色为宜。

(三)粉煤灰

粉煤灰为灰色细粉,密度 1.9～2.4g/cm^3,松散密度为 550～700kg/m^3,比表面积为 2 700～3 500cm^2/g,80μm 孔的筛余为 10%～30%,空隙率为 55%～75%。主要技术指标要求如下。

(1)细度:一般要求 80μm 孔筛上的筛余不大于 20%。

(2)化学成分:要求见表 3-93。

粉煤灰的化学成分　　表 3-93

组　成	含量及其波动范围	生产建筑制品的要求	组　成	含量及其波动范围	生产建筑制品的要求
SiO_2	40%～60%	>40%	CaO	1.5%～5%	
Al_2O_3	20%～35%	>15%	Na_2O+K_2O	0.5%～2.5%	<2.5%
Fe_2O_3	3%～10%	<15%	SO_3	微量～1.5%	<4%
MgO	0.5%～2.5%	<5%	烧失量	3%～20%	<15%

(四)炉渣

炉渣为多孔状的融结结构,呈灰黑色或褐红色,松散密度在 700～900kg/m^3,颗粒密度为 1 250～1 500kg/m^3,颗粒强度在 0.85～2.2MPa,吸水率为 5.5%～15%。

用于制作硅酸盐制品的炉渣,应满足表 3-94 的要求。

炉渣的质量技术要求　　表 3-94

化学成分(%)						作集料的粒度要求	体积安定性
SiO_2	Al_2O_3	MgO	K_2O+Na_2O	SO_3	烧失量		
>40	>15	<5	<2.5	<4	<20	1.2mm 以下者 <25%	良好

(五)矿渣

矿渣中,若 CaO、Al_2O_3 含量高,SiO_2 含量低时,矿渣活性高,一般以下面三个系数综合评定矿渣的活性。

(1)碱性系数 M_0:碱性系数大时,活性高,一般要求 $M_0>0.5$。

(2)活性系数 M_a:

$$M_a=\frac{Al_2O_3(\%)}{SiO_2(\%)} \tag{3-62}$$

活性系数大,矿渣活性高,一般要求 $M_a>0.12$。

(3)质量系数 K:

$$K=\frac{CaO(\%)+MgO(\%)+Al_2O_3(\%)}{SiO_2(\%)+MnO(\%)} \tag{3-63}$$

质量系数大,矿渣活性高,一般要求 $K>1.0$。

矿渣碎石应经过稳定性试验并确认合格后方可应用。

二、基本参数的选择

影响硅酸盐混凝土强度的主要因素有:混合料的活性石灰用量、硅质材料的细度(当加入磨细砂或其他磨细硅质材料时,主要是磨细砂和这些磨细硅质材料的细度)、混合料的成型含水率,以及湿热处理的制度等。现将这些参数的选择分述如下。

(一)混合料中活性石灰(及石膏)用量

混合料的活性石灰用量(混合料活性),对硅酸盐混凝土的强度影响很大。当其他条件相同时,特别是当硅质材料的细度一定时,其强度起初是随着活性 CaO 数量的增加而增长。但当活性 CaO 数量超过一定值时,其强度反而降低。因此,存在一个最佳的活性 CaO 含量。对于采用自然砂生产灰砂砖而言,其最佳活性 CaO 含量在 10 ~ 12。此时,水化硅酸钙胶凝物质数量最多。若活性 CaO 的用量超过最佳值时,混凝土中存在的游离氧化钙增多,强度反而下降。一般对于采用自然砂生产灰砂砖时,混合料中活性 CaO 的含量根据砂的细度和混凝土的强度等级确定,通常介于 5% ~10%。

同理,对于粉煤灰砌块的胶结料,其最佳活性石灰用量在 15% ~26%(图 3-35),对于粉煤灰砖而言,混合料的最佳石灰用量在 12% ~14%。

在我国生产的蒸养粉煤灰硅酸盐制品中,往往在胶结料中掺入石膏作为激发剂,其掺量多少,也影响到制品的强度,如图 3-36 所示。对于粉煤灰砌块,最佳石膏掺量为胶结料的 2% ~5%。对于压制成型的粉煤灰砖,石膏的最佳掺量为石灰用量的 8% ~11%,或总用料量的 1.6% ~2.2%。

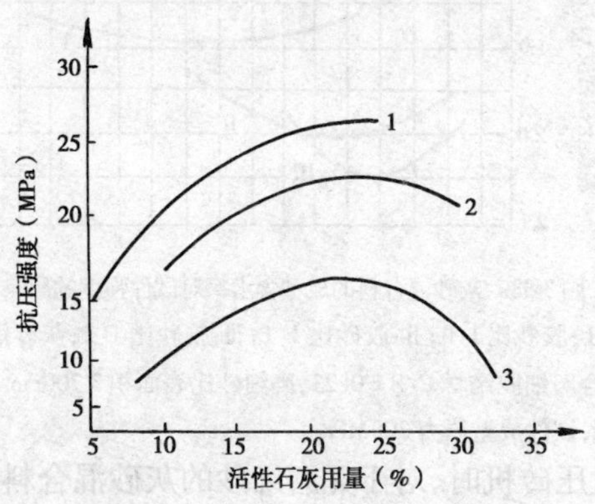

图 3-35 活性石灰用量对粉煤灰砌块强度的影响

1、2-采用干排灰制作的试件;3-采用湿排灰制作的试件

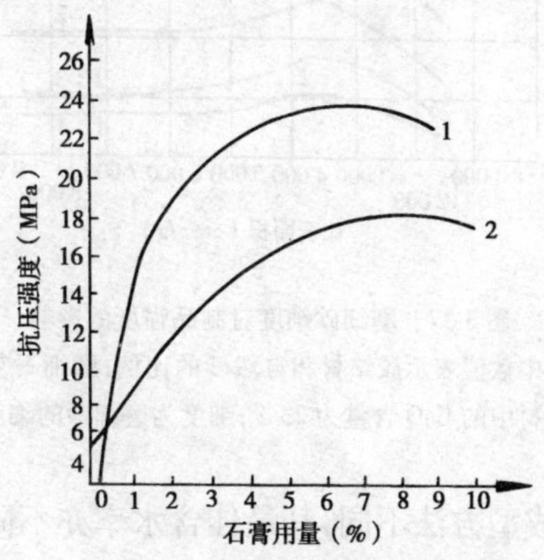

图 3-36 石膏掺量对粉煤灰砌块强度的影响

1-干排灰、半水石膏;2-湿排灰、二水石膏

(二)硅质材料细度的影响

砂的细度对灰砂硅酸盐制品的强度影响极大,细度增大,砂子参加反应的表面积越大,产生的水化硅酸钙胶凝物质越多。

自然砂由于细度不够,往往要加入部分磨细砂,以提高灰砂硅酸盐制品的强度。图 3-37 表示了磨细砂对灰砂硅酸盐混凝土强度的影响。当磨细砂的细度增加时,强度增大,但增大到一定值后,其强度反而下降。一般磨细砂的最佳细度为 3 000 ~5 000cm^2/g。

当磨细砂的细度一定时，随着磨细砂在混合料中数量的增加（相应的 CaO 用量也要增加），混凝土强度不断上升。当加入磨细砂时，最佳 CaO 含量主要决定于磨细砂的细度和用量。在这种情况下，一般把磨细砂和石灰总称为石灰—砂胶结材（简称灰砂胶结材）。这种胶结材中的 CaO 和 SiO_2 之比 CaO/SiO_2 称为原料钙硅比（简写 C/S），最佳 C/S 值随着灰砂胶结材细度的增大而增大。一般磨细砂的比表面积在 3 000cm^2/g 左右时，灰砂胶结材的最佳 C/S 为 0.25 左右；当比表面积在 5 000cm^2/g 时，最佳 C/S 为 0.5 左右。

（三）混合料含水率的影响

混合料的含水率与成型后制品的密实度有直接关系。在一定的成型方法下，混合料含水过多或过少，制品的强度都将因密实度降低而降低。对于每一种具体的成型方法和一定配比的硅酸盐混凝土都存在一个最佳的含水率，它可用试验方法确定。图 3-38 表示了压制成型的灰砂硅酸盐混凝土强度随混合料含水率变化的情况。同时，还可以看出，随着混合料中粉料（灰砂胶结材）增加，最佳含水率的数值增大。这是因为粉料增多时，整个混合料的表面积增大，所需要的水分增加。

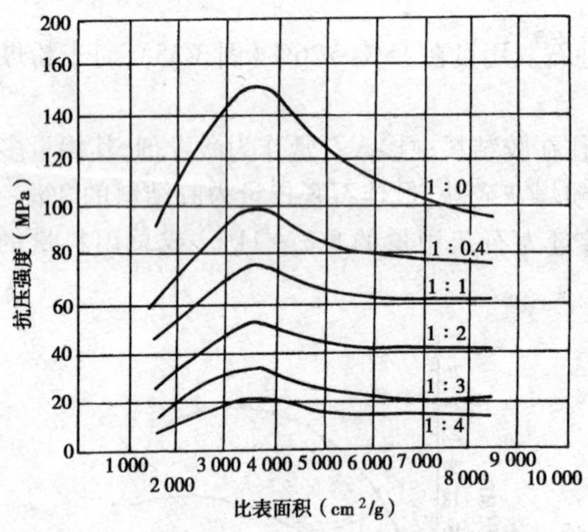

图 3-37　磨细砂细度对制品强度的影响

注：图中数值表示胶结材和自然砂的比例；磨细石灰砂胶结材中的 CaO 含量为 23%；细度为磨细砂的细度。

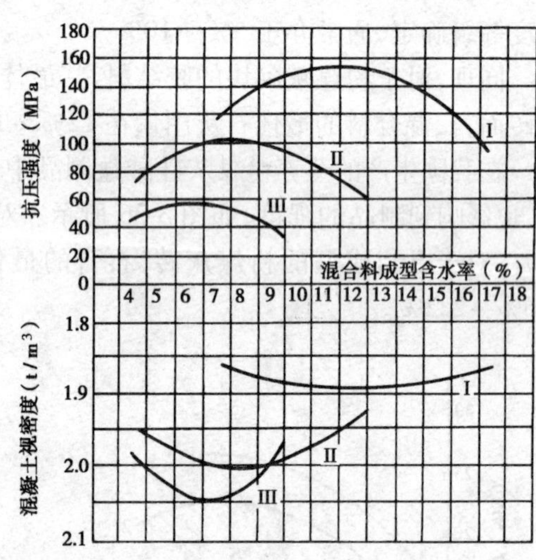

图 3-38　灰砂混合料的成型含水率对试件强度的影响

Ⅰ-胶砂比 1:0；Ⅱ-胶砂比 1:1；Ⅲ-胶砂比 1:2；灰砂混合磨细胶结材 C/S = 0.23，磨细砂比表面积 3 700cm^2/g，试件成型压力 300MPa

成型方法不同，其最佳含水率亦不同：采用圆盘压砖机时，对于无磨细砂的灰砂混合料，其最佳含水率一般在 7% ~10%；采用高压杠杆压砖机时，一般在 6% ~9%。采用振动成型时，使用经过消化的粉状熟石灰拌制混合料，其最佳含水率在 10% ~15%；使用磨细生石灰时，其最佳含水率（按计算）在 16% ~20%。

对每一种灰渣硅酸盐混凝土混合料亦存在一个相应的最佳含水率。例如，对于用湿排灰的粉煤灰砌块，其最佳含水率在 30% ~36%，对于用压制成型的粉煤灰砖而言，其混合料最佳含水率在 19% ~27%。

三、配合比设计

对于各类硅酸盐混凝土的配合比，目前尚缺乏简单可靠的计算方法。一般是结合当地原材料条件，综合考虑到强度、耐久性、成型条件、经济性等方面的要求，用试验方法进行计算。

（一）灰砂硅酸盐砖的配合比设计

灰砂硅酸盐砖的配合比设计，一般对照已有的生产经验，以当地原材料进行试验、选择物理力学性能优良而又经济的配合比作为生产用配合比。表3-95所列数据可作为选择配合比时的参考。

灰砂硅酸盐砖配合比　表3-95

物料名称		数量
石灰	以干湿混合料的活性（CaO + MgO）计	6% ~8%
	以石灰的用量计	10% ~20%
砂		80% ~90%
用水量（按干混合料的百分数计）		7% ~9%

（二）高强度灰砂硅酸盐混凝土配合比设计

高强度灰砂硅酸盐混凝土配合比设计亦是根据已有资料用试验方法来完成，其步骤如下。

（1）评定原材料的质量。如测定石灰活性、MgO 含量、消解速度等；确定砂矿物成分，SiO_2 的含量、颗粒组成，平均粒径及杂质含量。

（2）确定磨细砂的细度。一般使用的磨细砂细度在 2 000 ~ 5 000cm^2/g 之间，而经常使用的细度为 3 000cm^2/g。

（3）确定灰砂胶结材的 C/S。一般 C/S 为 1 ~ 0.25。磨细砂细度大者取大值。

（4）确定灰砂胶结材的用量。若磨细砂细度为 3 000cm^2/g 时，其用量可按表 3-96 中数据选择。

（5）根据成型方法所要求的工作度，选择最佳用水量。一般振动成型的混合料最佳用水量为干混合料的 10% ~15%（熟石灰工艺）或 16% ~20%（生石灰工艺）。

高强度灰砂硅酸盐制品配合比参考表　表3-96

混凝土强度等级（MPa）	各组分的用量（%）				
	磨细灰砂胶结材				自然砂
	活性 CaO	石灰	磨细砂	胶结材（石灰 + 磨细砂）	
150	5 ~ 6	6 ~ 10	5 ~ 12	10 ~ 22	89 ~ 78
200	7 ~ 7.5	9 ~ 12.5	7 ~ 15	16 ~ 27.5	84 ~ 72.5
300	9 ~ 9.5	11 ~ 16	9 ~ 19	20 ~ 35	80 ~ 65
400	10 ~ 11	12.5 ~ 18	10 ~ 22	22.5 ~ 40	77.5 ~ 60

（三）粉煤灰硅酸盐砖配合比设计

在粉煤灰砖的配合比设计中，除了本节档题二已经阐述过的要保证混合料的最佳活性灰含量和最佳成型用水量外，为了改善混合料的成型性能，需要在混合料中掺入适当数量较粗的物料（如炉渣、水碱矿渣、砂子等）来调整混合料的颗粒级配。否则，砖坯在成型过程中易产生层裂，且制品的抗折强度偏低。有时，为了提高蒸养粉煤灰砖的强度，可以在混合料中掺入石膏，其掺量为石灰用量的 8% ~11%。掺量过多，对提高强度无显著效果，不但提高了砖的成本，而且还影响到砖的碳化稳定性和抗冻性。表 3-97 中列出了粉煤灰砖配合比选择参考资料。

粉煤灰砖配合比资料　　表 3-97

制品名称	原材料配合比(%)				混合料中活性氧化钙含量(%)	成型含水率(%)	备注
	粉煤灰	炉渣	石灰				
			生石灰	电石渣			
蒸养粉煤灰砖	60~70	13~25	13~15		9~11	19~27	成型方法为圆盘压砖机压制成型
	55~65	13~28		15~20	9~12	19~27	
	65~70	13~20	12~15		8~11	19~23	

(四)粉煤灰硅酸盐砌块配合比设计

粉煤灰硅酸盐砌块由石灰、石膏、粉煤灰、炉渣等原材料制成,除在本节档题二中业已论述过的混合料最佳石灰用量、最佳石膏掺量和最佳含水率外,在这种硅酸盐混凝土配合比中,胶结材(石灰+石膏+粉煤灰)和集料(炉渣)之间保持适当的比例(称胶集比)也是十分重要的。在一定范围内增大集料的用量,对制品强度影响不大,在保证制品强度不变的前提下,增加集料的用量,可以减少胶结材的用量,降低砌块在湿热处理过程中膨胀应力的破坏作用,并减小制品的密度和改善制品的热工性能。除此之外,增强集料的用量还可降低制品的收缩值并提高制品的抗裂性,但是集料用量过多时,混合料的和易性差,容易产生蜂窝现象,降低制品的密实度和强度。一般胶结材和炉渣的比例以 1:1~1:1.5 为宜。表 3-98 中列举了粉煤灰硅酸盐砌块的参考性配合比。

粉煤灰硅酸盐砌块配合比　　表 3-98

原料名称	适宜用量	备注
胶结材中活性氧化钙用量	15%~25%	以胶结材总量的百分比计
石膏掺量	2%~5%	以胶结材总量的百分比计
胶集比	1:1.0~1:1.5	炉渣用量按胶集比标出
含水率(湿排粉煤灰)	30%~36%	振动成型,工作度 15~30s

第二十一节　煤矸石混凝土配合比设计

煤矸石混凝土主要由煅烧煤矸石、生石灰和石膏组成。在湿碾中加入水,块状煅烧煤矸石经过轮碾有一小部分碾碎成细小颗粒,氢氧化钙生成水化硅酸钙而产生强度,大部分煤矸石成为集料。因此,煤矸石混凝土的配合比与一般水泥混凝土不同,组分中没有明确的胶结料和粗、细集料之分,生石灰和石膏用量应根据材料的质量,通过试验来确定。

一、煤矸石混凝土空心砌块

煤矸石混凝土空心砌块是以煤矸石无熟料水泥作胶结料,以自然煤矸石作粗细集料所配制的混凝土制品。在了解和掌握各种原材料的性能和作用的基础上,合理地确定煤矸石空心砌块的配合比,对保证产品质量、满足工艺要求和降低生产成本都有着重要的作用。

(一)原材料的技术要求

1. 煤矸石无熟料水泥

在煤矸石空心砌块各组成材料中，煤矸石无熟料水泥是起主导作用的。因为煤矸石无熟料水泥和水拌和以后发生一系列的物理化学反应，特别是通过蒸汽养护，其反应更为剧烈，使之凝结硬化，并将粗、细集料包裹且紧密地联结在一起，形成组织紧密、质地坚实的人工石材。所以煤矸石无熟料水泥的质量，对煤矸石空心砌块的强度和性能起着重要的作用。

煤矸石无熟料水泥是由自然或人工煅烧的煤矸石加生石灰、石灰膏混合磨细而制成的。

(1)原材料及化学成分

①煤矸石。某地煤矿排出的煤矸石，主要是碳质页岩、高岭石类黏土岩及少部分砂岩、石灰岩等矿物。煤矸石的化学成分见表3-99。

煤矸石的化学成分(%) 表3-99

原材料 \ 成分	煤矸石产地	SiO_2	Fe_2O_3	Al_2O_3	TiO_2	CaO	MgO	烧失量
自燃煤矸石1号	某矿井	54.76	6.64	16.93	0.16	2.52	1.68	12.66
自燃煤矸石2号	某矿井		5.29	16.83	0.23	2.42	1.56	14.15
自燃煤矸石3号	某矿井	57.98	8.27	16.88	0.16	2.27	1.09	9.93
自燃煤矸石4号	某矿井	52.96	6.47	17.94	0.39	4.42	0.53	8.72
自燃煤矸石5号	某矿井	55.68	7.35	16.88	0.56	2.33	0.68	10.65
自燃煤矸石6号	某矿井	64.50	9.06	16.63	0.48	1.95	0.50	3.65
自燃煤矸石	某矿二立井	58.24	8.07	17.60	0.39	2.83	0.77	6.96
煤矸石碎砖	某市砖厂	58.50	8.88	20.09	0.48	2.64	1.63	2.93

配制无熟料水泥用的煤矸石，要经过950~1 100℃煅烧，以提高煤矸石的活性。在煅烧过的煤矸石中，须将坚硬的砂岩拣除，这样不仅能提高无熟料水泥的质量，而且也能改善水泥的易磨性能。

②石灰。石灰是煤矸石无熟料水泥中的碱性激发剂。石灰中的有效氧化钙与煤矸石中的活性氧化硅、氧化铝，在湿热条件下，反应生成水化硅酸钙和水化铝酸钙，它是砌块产生强度的主要因素。石灰的有效氧化钙较高，以正火生石灰为好，已消解的石灰不宜采用。

③石膏。石膏是硫酸盐激发剂，它与煤矸石中的活性氧化铝进行湿热反应，形成硫铝酸钙，可以显著提高制品的强度。在无熟料水泥中，以天然二水石膏为宜(CaO32.48%、SO_3 44.55%)，废模型石膏也可采用。

(2)水泥的配合比选择

煤矸石无熟料水泥配合比的选择，既要符合设计要求，又要经济合理，所以尽量减少石灰、石膏的用量，增加煤矸石的用量。

从图3-39可以看出，在一定范围内，随着生石灰掺量(以有效氧化钙计)的增加，煤矸石无熟料水泥的强度相应提高。这是由于生石灰掺量的增加，提高了无熟料水泥中氢氧化钙的浓度，通过蒸汽养护，水化产物不断增多的缘故。但生石灰掺量超过某一含量继续增加时，煤矸石无熟料水泥中将出现没有起反应的游离石灰，加之过量生石灰消化时体积膨胀对结构产生破坏作用，反而使无熟料水泥的强度下降。所以必须选择适宜的生石灰掺量，才能保证煤矸石无熟料水泥具有良好的性能。

根据煤矸石空心砌块的生产实践并参照粉煤灰硅酸盐砌块的生产经验，煤矸石无熟料水泥中生石灰的掺量，一般应控制其有效氧化钙含量在15%~25%范围内。这样既可保证砌块的强度,又能提高砌块的耐久性能(如抗碳化能力等)。

从图3-40可以看出,石膏掺量对煤矸石无熟料水泥强度的影响很灵敏,其规律与生石灰掺量的影响类似。石膏掺量一般在3%~6%的范围内较为适宜。

运用正交试验设计方法,选择煤矸石无熟料水泥配合比。人工配料入球磨机磨细,水泥细度要求4 900孔/cm^2筛的筛余不超过7%。

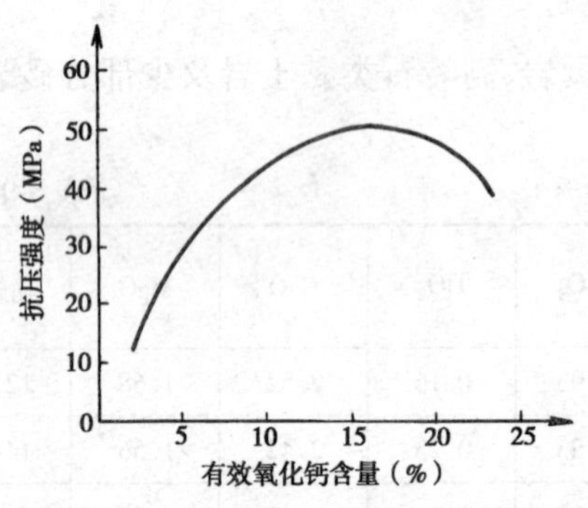

图3-39 有效氧化钙含量对煤矸石无熟料水泥强度的影响

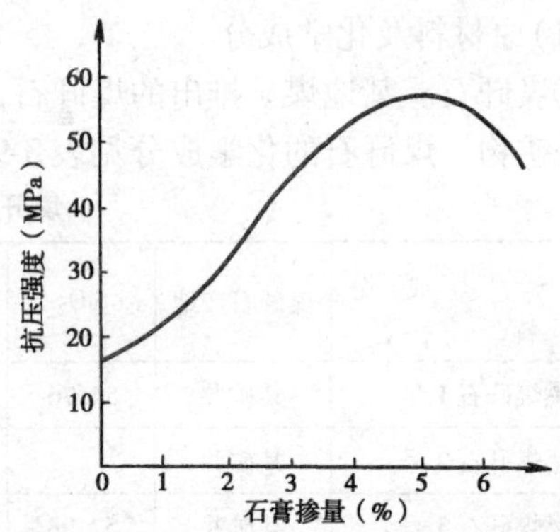

图3-40 石膏掺量对煤矸石无熟料水泥强度的影响

目前我国有关单位生产的煤矸石空心砌块,其煤矸石无熟料水泥配合比列于表3-100。

煤矸石无熟料水泥配合比实例 表3-100

生产单位	胶结料品种	配合比(煤矸石:生石灰:石膏)	蒸养抗压强度(MPa)	备注
焦作市硅酸盐制品厂	沸腾炉渣	70:25:5	>40	硬练强度
株洲市煤矸石制品厂	烧结煤矸废砖	70:25:5	>40	硬练强度
株洲市墙体材料厂	沸腾炉渣	71:23:6	>20	软练强度
淄博市博山房建二公司	烧结煤矸废砖	70:25:5	>20	软练强度
徐州市九里山采石厂	人工煅烧煤矸石	71:25:4	>40	硬练强度

(3)煤矸石煅烧温度对活性的影响

①自燃煤矸石配制无熟料水泥。水泥配合比(%)为煤矸石:石灰:石膏=70:25:5。实践表明,在煤矸石空心砌块生产中,一直不宜采用自燃煤矸石配制无熟料水泥。因为煤矸石的活性波动很大,在同一堆场,取样点不同,即使化学成分接近,在相同条件下配制的水泥强度,差别也很大。

②煅烧温度对煤矸石活性的影响。将煤矸石在不同温度煅烧后,配合比(%)为煤矸石:石灰:石膏=70:25:5。随着煅烧温度的提高,煤矸石中活性SiO_2和Al_2O_3含量增加,配制的水泥强度也随之提高。但是,在配制无熟料水泥时,煤矸石必须控制在950~1 100℃的煅烧范围内,才能达到稳定生产。

在烧结煤矸石砖企业中,煤矸石砖的煅烧温度一般控制在950~1 100℃。因此,利用砖厂的碎砖代替煅烧煤矸石配制无熟料水泥是可行的。如用正火、欠火或过火碎砖,按碎砖:石灰:石膏=75:25:5配合比(%),水灰比为0.42~0.49,其蒸养后抗压强度为23.1~33.4MPa,抗折强度为4.5~5.4MPa,可以满足生产煤矸石空心砌块的要求。

(4)利用次石灰和废模石膏配制煤矸石水泥

采用电石厂的下脚料次石灰(有效氧化钙为73.16%)和陶瓷厂的废模石膏,配合比(%)按煤矸石:次石灰:废模石膏=67:28:5或76:19:5,水料比为0.45~0.49,蒸养后抗折强度为5.0~6.3MPa,抗压强度为30.1~36.0MPa。利用次石灰和废模石膏配制的煤矸石水泥,可以满足砌块生产的要求。有条件的地方,应尽可能采用这两种原料,既可以综合利用,又可降低生产成本。但在生产控制中,一定要使无熟料水泥中的有效氧化钙和三氧化硫的含量稳定在控制的指标范围内。

2.集料

自燃煤矸石为混凝土的集料,要经过拣选破碎和筛分。细集料的粒径为2.5~5.0mm,粗集料的粒径为5~20mm。

未经自燃的煤矸石,不能作为混凝土的集料。因为煤矸石中不少岩石受大气作用和日晒雨淋后容易风化解离,严重影响制品质量。

作集料用的自燃煤矸石,要求体积稳定,并具有较高的强度。集料中严禁夹杂石灰僵块,否则,制品在蒸养过程中或堆放应用过程中将逐渐消解,体积膨胀,造成制品开裂。

3.水

水的质量要求与普通混凝土相同。

(二)配合比设计

煤矸石混凝土砌块的配合比设计及正确选择,既要考虑制品能满足墙体材料的使用要求,又要经济合理,便于生产操作。

煤矸石混凝土的胶集比以1:(3~4)比较合适,细集料与粗集料以1:(2~3.5)为宜。水灰比宜控制在0.5~0.6之间,以0.5~0.55较好。自燃煤矸石吸水性较强,应根据集料含水率和气候变化情况,在生产中及时调整加水量,避免水灰比不适宜而影响制品质量。目前生产煤矸石混凝土空心砌块的各单位,其混凝土配合比多采用正交设计或试配等试验方法来确定。表3-101所示为煤矸石混凝土空心砌块配合比及水灰比。

煤矸石混凝土空心砌块配合比及水灰比 表3-101

煤矸石产地	混凝土配合比					蒸后密度(kg/m³)	蒸后强度(MPa)
	水灰比	胶结料	细集料	粗集料	胶集比		
A地	0.55	1	1.04	2.66	1:3.7	2 043	22.0
	0.60	1	0.80	2.70	1:3.5	2 117	17.7
	0.50	1	1	2	1:3	2 117	32.8
	0.55		1	2	1:3	2 163	26.1
B地	0.50	1	1.03	3.18	1:4.21	2 071	21.7
	0.60	1	0.80	2.70	1:3.5	2 115	31.3
	0.50	1	1	2	1:3	2 131	35.9
	0.55	1	1	2	1:3	2 115	38.6

在上述混凝土配合比及水灰比范围内,混凝土强度等级都在C20以上,可以满足砌块生产要求。如采用1:1:2配合比进行生产,其产品质量基本稳定。表3-102、表3-103所示为湿碾煤矸石混凝土空心砌块的配合比,可供设计时参考。

湿碾煤矸石混凝土配合比(一) 表 3-102

编号	原材料配合比(%)			用水量(%)	备注
	煅烧煤矸石	生石灰	石膏		
1	88~92	8~10	0.5~1	18~20	立窑煅烧,振动成型
2	85	10~12	3	16~18	沸腾炉煅烧,成型机成型

湿碾煤矸石混凝土配合比(二) 表 3-103

编号	集料品种	混凝土配合比(胶结料:细集料:粗集料)	水胶比	蒸养抗压强度(MPa)
1	自燃煤矸石	1:1:3	0.5~0.55	150~200
2	卵石、河砂	1:2:4	0.5~0.55	200
3	卵石、河砂	1:2:4	0.5~0.55	150~200
4	自燃煤矸石	1:1:2	0.5~0.55	200
5	人工煅烧煤矸石、碎石屑	1:2.3:3	0.45~0.5	150~200

二、压蒸煤矸石混凝土

压蒸(即压制蒸养)煤矸石混凝土是以煤矸石或沸腾炉渣为主要原料,再掺入一定量的生石灰、石膏,经压力成型后再经过蒸养而成的,煤矸石混凝土的抗压强度稳定在8~12MPa。

(一)原材料的技术要求

1.原材料的化学性质

压蒸煤矸石混凝土的主要原材料是煤矸石、生石灰。

煤矸石的化学成分与黏土质相似,其中二氧化硅(SiO_2)、三氧化二铝(Al_2O_3)的含量占大多数,三氧化二铁、氧化钙和氧化镁等含量极少。二氧化硅与三氧化二铝是煤矸石的主要活性成分,活性愈高,制品质量愈好。生产煤矸石混凝土,一般要求二氧化硅的含量不低于40%,三氧化二铝的含量不低于15%。

生石灰的主要化学成分是氧化钙及少量氧化镁。它在蒸制煤矸石混凝土中起激发作用,使煤矸石混凝土具有一定的物理力学性能。生产煤矸石混凝土,应尽可能地选用新鲜生石灰。

2.原材料的制备

将自燃后的煤矸石用锤式破碎机粉碎,通过4mm筛孔的筛子,其粗料(1~3mm)占25%。生石灰用球磨机磨细,通过4 900孔/cm^2的筛网,其筛余量为15%。

(二)配合比设计

压蒸煤矸石混凝土的配合比设计,应通过试验确定,下述配合比可供设计时参考。

某厂采用的配比为:自燃煤矸石80%,生石灰20%,水20%。生石灰的掺量,是配比中选择的主要问题,为使煤矸石活性充分发挥,必须用生石灰激发,才能使砖获得一定的强度。因此,生石灰的掺量不能过多或过少,一定要掺得适宜为好。

第二十二节　灰砂硅酸盐混凝土配合比设计

灰砂硅酸盐建筑制品是以石灰与砂子为主要原料,用一定的工艺方法制成砖、砌块、预制构件、墙板等建筑制品。这类制品都是在水热合成条件下产生强度,其内部的胶凝物质基本上是水化硅酸盐类的矿物,所以称为硅酸盐建筑制品。

1880 年,德国学者米哈依列斯提出了以石灰与砂子为原料,在蒸压釜中用高温饱和蒸汽处理的水热合成方法来生产建筑材料的建议。此后,灰砂硅酸盐砖的生产在世界许多国家得到了迅速的发展。近一个世纪以来,随着研究工作的不断深入,这种水热合成的硅酸盐材料性能不断改善,其应用范围也逐渐扩大。目前,可以用这种材料制作密实混凝土、轻集料混凝土、加气和泡沫混凝土,做成的制品种类繁多,诸如:砖、砌块、墙板、预应力构件等。总之,除现浇工程外,几乎所有在工厂生产的建筑制品与构件,基本上都可以用灰砂硅酸盐混凝土制作,其性能完全可以同水泥混凝土制品媲美。

一、原材料的技术性质

(一)石灰

1. 石灰活性

石灰中 CaO + MgO 的含量对于制品的质量十分重要。一般来说,石灰活性越高,为使灰砂硅酸盐混合料和其他硅酸盐混合料内达到一定数量的 CaO + MgO 的含量所用的石灰量就越少。但是这种高质量的石灰往往价格较高,而且不易获得。因此,在灰砂硅酸盐制品的生产实践中,石灰活性是指石灰中活性氧化钙和活性氧化镁含量的总和,一般要求石灰的活性大于 60% 即可。

2. MgO 含量

MgO 在高温条件下也和 CaO 一样能与砂和其他含硅原料产生水化硅酸盐胶凝物质,计算石灰的活性时实际上也把它计算在内。但对于石灰中 MgO 的有害影响却要加以限制,一般在生产实践中,对于生产灰砂密实硅酸盐制品用的石灰,其 MgO 含量不应大于 5%(称低镁石灰)。MgO 含量高的石灰,例如镁质石灰(MgO 含量为 5% ~20%)和白云质石灰(高镁石灰,MgO 含量为 20% ~40%)也并非不可以应用,不过此时应该降低石灰的煅烧温度,或者提高石灰的消化温度,使之完全消化后方可用于配料。

3. 过烧石灰含量

过烧石灰是指 CaO 在高温(1 400 ~1 700℃)作用下重结晶为粗大的氧化钙晶粒(大于 10μm 者),其含量以不大于石灰活性的 5% 为宜。

4. 欠烧石灰含量

欠烧石灰是煅烧时没有分解完全或未分解的石灰石,即未分解的 $CaCO_3$。用于生产密实硅酸盐制品的石灰消化速度不应大于 30min,一般以小于 15min 为宜。对于采用生石灰工艺方法制造硅酸盐制品时,石灰消化速度不宜大于 5min,消化温度一般应大于 50 ℃。

(二)硅质原料

作为制造蒸压硅酸盐制品的硅质原料,广泛使用的是砂和泡砂岩,其他原料,如黄土、亚砂土、尾矿粉等亦可用来制作蒸压硅酸盐制品。

砂的矿物成分对于灰砂硅酸盐制品的强度影响很大。生产中经常使用含石英矿物为主的砂。在因地制宜的原则下,也可使用长石砂或含长石矿物为主的砂。一般要求砂中 SiO_2 的含量大于60%。对于制造高强度灰砂硅酸盐混凝土,砂中 SiO_2 的含量宜大于80%。砂的级配好,空隙率小,填充于空隙中的胶结料(石灰或石灰砂混合磨细胶结料)就可以少掺。生产实践证明,不需要追求理想的级配,只要级配一般的天然砂即可使用。表3-104中列举了作为生产灰砂硅酸盐制品用砂的参考级配。

生产灰砂硅酸盐制品用砂的参考级配 表3-104

粒径(mm)	所占数量(%)
2.5~5	3~5
1.2~2.5	3~5
0.3~1.2	45~60
0.15~0.3	20~30
<0.15	<30

砂中的黏土杂质含量一般不宜超过10%。特别是蒙脱石含量不宜超过4%,砂中云母含量以小于0.5%为宜。

砂中水溶性碱类化合物(Na_2O+K_2O)按质量计不得超过2%。砂中有机杂质的含量必须通过比色试验鉴定。砂的试验液颜色以不深于标准色为合格。砂中不得含有草根、树皮等杂质。

(三)外加剂

在灰砂硅酸盐制品生产工艺中,常采用四种外加剂:①胶结料的快硬剂;②石灰的缓凝剂(水化延缓剂);③混合料的塑化剂;④晶种。

碱(NaOH,KOH)、硫酸钠(Na_2SO_4)、硫酸钾(K_2SO_4)、氯化钙($CaCl_2$)、氯化钠(NaCl)、氯化钾(KCl)、氯化铵(NH_4Cl)和盐酸(HCl)等可以作为快硬剂。其掺量通常为胶结料的0.5%(按质量计)。提高掺量会出现相反的效果,如出现盐析、引起钢筋锈蚀等。

石膏作为缓凝剂具有重要的实际意义,加入石灰活性3%~5%的石膏可以有效延缓石灰的水化凝结速度。同时石膏在石灰消解过程中,可以将氢氧化钙晶体尺寸缩小至$\frac{1}{10}$乃至$\frac{1}{100}$。这样,$Ca(OH)_2$ 的分散度增大,加强了它和 SiO_2 之间的水热反应。

亚硫酸酒精废液同时也是混合料的塑化剂,其掺量为石灰活性的0.1%~0.5%。

晶种掺料,一般是用废品加工而成。例如,在制造灰砂硅酸盐砖时,掺入碎砖。碎砖按比例和石灰一起进行粉磨。碎砖磨细的细度要求为在88μm筛孔的筛上筛余量不大于15%~20%,碎砖的掺量一般为石灰质量的10%~20%。

二、普通灰砂硅酸盐混凝土配合比设计

在普通灰砂硅酸盐混凝土砖生产中,一般参照已有的生产经验,结合当地原材料的实际情况,选择制品物理力学性能优良而又经济的配合比作为生产用配合比。一般可以以表3-105的数据作为设计灰砂混凝土砖配合比时的参考。

灰砂硅酸盐砖配合比 表3-105

物料名称	质量配合比(%)
干混合料的活性(即活性 CaO + MgO 含量,以占干混合料的%计)	6~8
石灰用量(以占干物料总量的%计,根据石灰的活性和干混合料所需要的活性算出)	10~12
砂用量(占干混合料的%计)	80~90
成型水分(按干混合料的%计)	7~9

已知石灰的活性和干混合料所需要的活性后，干混合料中的石灰用量(%)可按下式算出：

$$G_{石灰} = \frac{C_f}{C_s} \tag{3-64}$$

式中：$G_{石灰}$——干混合料中石灰的用量(%)；

C_s——生石灰的活性(%)；

C_f——干混合料中所需的石灰活性(%)。

例如，设干混合料所需的活性为7%，而生石灰的活性为70%，则干混合料中的石灰用量为：

$$G_{石灰} = \frac{C_f}{C_s} = \frac{7}{70} = 10\%$$

$G_{石灰}$值亦可按表3-106查出。

$G_{石灰}$ 值 表 表3-106

石灰活性 C_s (%)	干混合料所需活性 C_f(%)																	
	5	6	7	8	9	10	11	12	13	14	15	16	17	18	19	20	21	22
50	10.0	12.0	14.0	16.0	18.0	20.0	22.0	24.0	26.0	28.0	30.0	32.0	34.0	36.0	38.0	40.0	42.0	44.0
55	9.1	10.9	12.7	14.5	16.3	18.2	20.0	21.8	23.6	25.5	27.3	29.1	30.9	32.7	34.5	36.3	38.2	40.0
60	8.3	10.0	11.7	13.3	15.0	16.7	18.4	20.0	21.6	23.3	25.0	26.7	28.4	30.0	31.6	33.2	35.0	36.7
65	7.7	9.2	10.8	12.3	13.8	15.4	16.9	18.5	20.0	21.5	23.0	24.6	26.1	27.7	29.2	30.7	32.3	33.8
70	7.1	8.6	10.0	11.4	12.8	14.2	15.7	17.1	18.6	20.0	21.5	22.9	24.3	25.7	27.1	28.6	30.0	31.5
75	6.7	8.0	9.3	10.6	12.0	13.3	14.6	16.0	17.4	18.7	20.0	21.3	22.7	24.0	25.3	26.6	28.0	29.3
80	6.3	7.5	8.7	10.0	11.2	12.4	13.7	15.0	16.3	17.5	18.8	20.0	21.2	22.5	23.7	25.0	26.2	27.5
85	5.9	7.1	8.2	9.4	10.6	11.8	12.9	14.1	15.3	16.5	17.7	18.8	20.0	21.1	22.4	23.5	24.6	25.9

知道了干混合料中石灰用量的百分数后，砂用量的百分数即可算出：

$$G_{砂} = 1 - G_{石灰} \tag{3-65}$$

式中：$G_{砂}$——干混合料中砂的用量(%)。

如前例，已算出石灰用量为干料总量的10%，则砂子用量的百分数为：$G_{砂} = 1 - 10\% = 90\%$。

根据砖的干密度和砖的体积，即可算出1 000块砖的干混合料需要量：

$$m = \rho_{干} V \tag{3-66}$$

式中：m——1 000块砖的干混合料用量(t)；

$\rho_{干}$——砖的干密度(t/m^3)；

V——1 000块砖的体积(m^3)。

这样，根据石灰和砂子的百分比及1 000块砖的干混合料需要量，便可以计算出1 000块砖中两种原料的需要量。在考虑原料的供应计划时，还要考虑外加2%～3%的生产中的损失量。

三、配筋灰砂硅酸盐混凝土配合比设计

到目前为止，尚缺乏比较精确和简便的配筋灰砂硅酸盐混凝土配合比的计算方法，选择其配合比时，主要是参照已有的试验和生产资料结合当地的具体情况用试验的方法来确定。

在选择配合比之前，首先要选用好原材料。要采用低镁石灰，其活性要在60%以上。

宜采用 SiO_2 含量不低于80%的石英砂来制造高强度灰砂硅酸盐混凝土。作集料用的自然砂，可以采用含长石在25%以内的砂子。尽可能采用粗砂和中砂作为集料，作为磨细砂的原料宜用细砂。

灰砂磨细胶结料中的C/S值随胶结料的细度而定，宜控制在0.25～0.5，细度高的取小值，细度低的取大值。胶结料中的磨细砂的细度应在2 000～5 000 cm^2/g，过低不能保证制品的强度，过高会降低磨细设备的生产率、增加电耗。如石灰和砂子单独磨细时，石灰的细度应比磨细砂的细度高1～1.5倍。最好采用混合磨细方法，因为单独磨细难于保证灰砂胶结料在混合料中的高度均匀性。

根据成型设备的捣实能力，选择灰砂混合料的和易性（工作度或坍落度）。用振动台成型空心板时，一般宜采用坍落度为1～2cm（工作度为15～25s）的低流动性混合料。用振动台加附重（$50g/cm^2$）成型时，干硬度可以提高到80s以内，用振动心模加附重时为100s。最好用试验方法来决定成型设备的捣实能力和确定混合料的和易性，再参照表3-107确定混合料的成型含水率。

灰砂硅酸盐混合料工作度（s） 表3-107

混合料含水率（%）	自然砂种类			
	特细砂 $\rho_s=1.2\sim1.29$	细砂 $\rho_s=1.3\sim1.39$	中砂 $\rho_s=1.4\sim1.55$	粗砂 $\rho_s=1.56\sim1.65$
10	—	—	300	180
11	—	400	200	100
12	400	300	120	60
13	300	200	80	40
14	200	120	50	25
15	140	60	30	15
16	80	40	20	10
17	50	25	15	5

注：ρ_s 为表观密度（g/cm^3）。

灰砂硅酸盐混凝土常用的几种配合比可参照表3-108确定。

灰砂硅酸盐混凝土配合比 表3-108

混凝土强度等级	配合比（%）				
	活性石灰	石灰	磨细砂	磨细胶结料（石灰+磨细砂）	自然砂
C18	7～7.5	9～12.5	7～15	16～27.5	84～72.5
C28	9～9.5	11～16	9～19	20～35	80～65
C38	10～11	12.5～18	10～22	22.5～40	77.5～60

表3-108中数据是以生石灰、磨细砂（细度为3 000cm^2/g）和中砂为原材料的。当使用熟石灰时，混合料的活性相应提高20%。当其条件不变，使用粗砂时，胶结料用量要适当降低，使用细砂时，胶结料用量要适当提高。胶结料细度不够时，其用量适当提高；细度超过时，其用量适当降低。

四、灰砂胶结料的制备

如前所述，根据生产工艺的不同，灰砂胶结料（磨细生石灰和磨细砂）的制备方法可以分为单独磨细和混合磨细两种。一般建议采用石灰与砂混合磨细的方法，因为这种方法能保证灰砂胶结料中磨细砂粒子高度均匀地分散在胶结料中。若采用生石灰工艺流程，在粉磨石灰或混磨灰砂胶结料时，尚需加入活性石灰质量5%以内的二水石膏与之一起粉磨。

在入磨以前块状石灰需在破碎机（颚式、反击式或辊式破碎机等）中破碎，破碎后的粒度不大于20~30mm。同样，二水石膏亦需破碎到上述粒度。

需要磨细的那部分砂子可以预先在干燥筒内干燥（干燥后砂子的含水率不大于2%~2.5%），然后按比例与碎石灰、二水石膏一起送入球磨机中进行磨细。也可以用不经干燥的自然含湿状态的砂子（含水率5%~7%）按比例与碎石灰、二水石膏在搅拌机中混合。然后将这种混合料在料斗中存放2h左右，使部分石灰吸收砂中的水分而消化，而砂子也因石灰的吸湿作用而被干燥。这样，就可以不需要干燥筒，使流程简化。然后将这种部分消化后的灰砂混合料送入球磨机中，经磨细到规定细度，即得到所需要的灰砂混合料，再将其送入球磨机中，经磨细到规定细度，即得到所需要的灰砂胶结料。

采用第三种工艺流程（熟石灰流程）时，碎石灰、砂子和水一起搅拌混合并在料斗中存放消化，消化后的混合料的水分应不大于2%，然后送入球磨机中磨细到规定细度。

磨细后的灰砂胶结料应有下列细度：

在0.2mm孔筛上的筛余量	0.5%
在88μm孔筛上的筛余量	10%~15%
按比表面积计	4 500~7 500cm^2/g

磨细后的灰砂胶结料活性应控制在25%~45%范围内，胶结料的细度越高，其活性应越大。

砂是较难磨细的物料，磨机磨细砂子和灰砂胶结料时的生产率较磨石灰时为低，特别是细度要求较高时。图3-41是采用ϕ1 500mm×7 500mm双仓磨机磨石灰、灰砂胶结料和湿磨砂时的生产率参考资料。

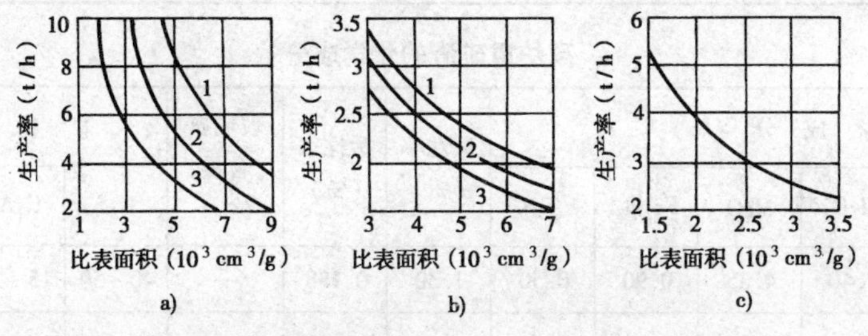

图3-41 ϕ1 500mm×7 500mm双仓磨机的生产率

a）磨石灰：1-密度低的软石灰；2-中等密度的石灰；3-密度大的硬石灰。b）磨灰砂胶结料：1-石灰：砂=1:1；2-石灰：砂=1:1.5；3-石灰：砂=1:2。c）湿磨砂

由于商品石灰或自烧石灰的质量波动较大，常使灰砂胶结料的活性及消化速度变化较大。

为了使生产过程稳定，产品质量均匀，工艺控制容易，可以采用空气搅拌装置或空气、机械联合作用的搅拌装置将灰砂胶结料匀化后再使用。

第二十三节　矿渣及全矿渣混凝土配合比设计

矿渣混凝土是以矿渣碎石为粗集料，普通砂为细集料配制的混凝土。粗、细集料均为矿渣则称全矿渣混凝土。用矿渣砂代替全部砂子，配制的砂浆称矿渣砂浆。它们有着区别于普通混凝土、砂浆的工艺特点及性能。

应用高炉重矿渣作混凝土集料，既有节约能源、改善环境、开辟新型石材资源等综合社会效益，又有极为显著的经济效益。

一、原材料的技术要求

(一)水泥

符合国家强度等级标准的42.5级、52.5级普通硅酸盐水泥和32.5级矿渣硅酸盐水泥。

(二)高炉矿渣

高炉矿渣大致可以根据：①化学成分与矿物组成；②碱性率与活性率；③物理、力学性能；④矿渣的结构稳定性来综合评定重矿渣的质量，并作为选择使用条件的依据。反过来又可根据不同用途，对四个方面的指标要求各有不同的侧重。

作为混凝土集料，要求矿渣具有结构稳定性良好、孔隙少、吸水率低、强度高的优点。如果用来制造用离心法成型的钢筋混凝土电杆，则需严格控制其含铁量。否则，容易在制品表面出现花点铁锈斑。

1. 化学成分与矿物组成

我国高炉重矿渣的化学成分，综合后见表3-109和表3-110。

我国各类重矿渣的化学成分　　表3-109

矿渣种类	化学成分(%)								
	CaO	SiO_2	Al_2O_3	MgO	MnO	FeO	∑S	TiO_2	V_2O_5
普通重矿渣	31~50	31~44	6~18	1~16	0.05~2.6	0.2~1.5	0.2~2	—	—
锰铁重矿渣	28~47	22~35	7~22	1~9	3~24	0.2~1.7	0.17~2	—	—
钒铁重矿渣	20~31	19~32	13~17	7~9	0.3~1.2	0.2~0.9	0.2~0.9	6~31	0.06~1

高炉重矿渣的化学成分　　表3-110

化学成分(%)						碱性率(%)	活性率(%)	玻璃质含量(%)	矿物成分(%)			
CaO	SiO_2	Al_2O_3	MgO	Fe_2O_3	∑S				C_2S	C_2AS	α-CS	CMS_2
46.80	39.40	7.40	4.35	0.90	0.50	1.30	0.188	—	40~50	15~20	10~15	—
46.45	38.32	7.19	4.76	0.61	0.60	1.12	0.188	3~5	25~30	20~25	—	30~35
46.00	38.80	8.11	5.04	—	0.69	1.08	0.21	3~5	25~35	30~35	—	30~35
45.44	38.98	7.01	6.45	—	0.48	1.03	0.181	—	25~35	30~35	—	25~30

续上表

化学成分（%）						碱性率（%）	活性率（%）	玻璃质含量（%）	矿物成分（%）			
CaO	SiO_2	Al_2O_3	MgO	Fe_2O_3	∑S				C_2S	C_2AS	α-CS	CMS_2
43.63	40.90	7.21	2.90	FeO 0.60	0.87	0.950	0.174	3~5	20~30	30~35	—	30~35
42.51	41.60	8.06	2.74	FeO 0.75	0.87	0.914	0.194	3~5	20~30	30~35	—	—
43.58	36.70	8.50	7.26	FeO 0.50	0.80	1.03	0.232	3~5	25~30	30~35	5~10	—
40.10	20.30	4.84	15.93	FeO 0.15	0.50	2.24	0.232	—	20~25	30~35	—	—

我国普通型重矿渣包括如下矿物成分：C_2S、C_2AS、α-CS、CMS、CMS_2、MA 等。

各结晶矿物对其使用性能的影响如下。

（1）C_2S——硅酸二钙，多含于碱性矿渣中。它是水泥熟料的一种矿物组成，重矿渣中含C_2S，除了流态渣在冷却中可能发生晶型转化外，别无他害。C_2S 含量高的矿渣，具有相当潜在活性，有利于提高混凝土的后期强度。

（2）C_2AS——铝黄长石，无胶凝性质，亦无结晶晶型转化。

（3）其他矿物——假硅灰石 α-CS、钙镁橄榄石 CMS、透辉石 MS_2、镁铝尖晶石 MA 等多数为耐火材料中的矿物，所以重矿渣块、重矿渣粉均具有一定的耐热性，可用于配制 700℃ 的中温耐火混凝土。

2. 结构稳定性

作为矿渣混凝土集料的首要条件是体积稳定性。影响矿渣体积稳定性的主要因素如下。

（1）硅酸盐分解：碱性矿渣含有较多的 C_2S，C_2S 在加热或冷却过程中常伴生多晶转化。尤其是冷却至 525~673℃ 时会由 β-C_2S 转变为 γ-C_2S，视密度由 $3.28g/cm^3$ 变成 $2.79g/cm^3$，体积增大约 10%，晶体内应力致使出现粉末。但经长期的观察研究认为：重矿渣的硅酸盐分解在矿渣冷却后几天、甚至几小时内就基本结束。常温下长期堆存的陈渣，一般不再发生硅酸盐分解。

（2）石灰分解与铁、锰分解，其方程式如下：

$$CaO + H_2O = Ca(OH)_2 \qquad FeS + 2H_2O = Fe(OH)_2 + H_2S$$

$$MnS + 2H_2O = Mn(H)_2 + H_2S \qquad CaS + 2H_2O = Ca(OH)_2 + H_2S$$

产生 $Ca(OH)_2$、$Fe(OH)_2$、$Mn(OH)_2$ 的同时伴生的体积效应，导致矿渣酥碎。

试验表明，即使含有 β-C_2S 的重矿渣作混凝土集料，不仅试块完好无损，而且后期强度增长率略高于普通碎石混凝土。因为重矿渣属微活性集料，促进了混凝土后期强度的增长。

此外，通过对碱性渣的十余次压蒸试验，25 次矿渣冻融试验，平均质量损失 1.17%，小于原冶金工业部《高炉重矿渣应用暂行技术规程》中 5% 的规定。

重矿渣中总含硫量控制在小于 1.0% 时，均可保证结构稳定性良好。

经 1.1MPa、170℃恒温 8h 压蒸处理，试件未显现任何裂纹，证明用作混凝土集料具有良好的结构稳定性。

3. 物理、力学性能

(1)重矿渣的密度

重矿渣的密度大小，取决于其所含矿物的密度。矿渣中不同矿物的密度，列于表3-111。

矿渣中各矿物的密度 表 3-111

矿物名称	视密度(g/cm^3)	矿物名称	视密度(g/cm^3)	矿物名称	视密度(g/cm^3)
黄长石	2.9~3.1	方锰矿	5.09~5.18	透辉石	3.2~3.38
假硅灰石	2.995	蔷薇辉石	3.4~3.68	钛辉石	3.4~3.48
硅酸二钙	3.2~3.38	钙钛矿	4.03	尖晶石	3.55~3.80

由于普通矿渣所含的主要矿物 C_2AS、C_2S、CMS_2 等的密度较接近，因此矿渣的视密度波动不大，一般在 2.97~3.0g/cm^3。

(2)重矿渣的密度与空隙率

矿渣的空隙率与其形成条件有关。如 CaO、MgO 含量较高，气体含量较少的热熔矿渣，倾倒在干燥场地上缓慢冷却，则形成较致密的重矿渣；如熔渣中气体含量较高，熔渣又倾倒在潮湿场地上或在熔渣冷却过程中，偶尔混入碳酸盐一类矿物，就可能形成多孔体。

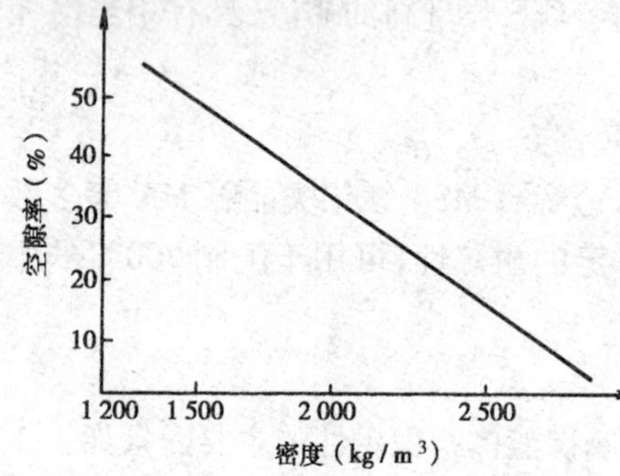

图 3-42 重矿渣空隙率与其密度的关系

重矿渣的密度与空隙率，两者呈线性关系，见图3-42。

重矿渣块体密度多在 1 900kg/m^3 左右，相应的空隙率在 35% 以下。

(3)重矿渣的抗冻性

虽然重矿渣的吸水率多数高于普通石料，但其饱和水系数低，多数在 0.6 以下，远低于 0.9。当水冻结成冰时，重矿渣的空隙率有缓冲膨胀的作用，不致产生很大内应力，因此，具有较好的抗冻性。

重矿渣的抗冻性试验结果，列于表 3-112。

重矿渣的抗冻性试验结果 表 3-112

矿渣结构特征	块体密度(kg/m^3)	冻融试验后矿渣外观	
		冻融 15 次	冻融 25 次
密实矿渣	2 640~2 890	完好无损	完好无损
较密实矿渣	1 950~2 500	完好无损	完好无损
含较多孔洞矿渣	1 580~1 850	完好无损	完好无损
多孔矿渣	1 140~1 390	完好无损	完好无损

(4)重矿渣的抗压强度

重矿渣的抗压强度，一般随其密度的增大而提高。我国各大钢铁企业所产的重矿渣，密度多在 1 900kg/m^3 以上，抗压强度大于 50MPa，相当于一般质量的天然石材。

将矿渣制成 $\phi \times h = 50\text{mm} \times 50\text{mm}$ 的圆柱试体，测得不同密度的矿渣，抗压强度如表3-113所示。

当要求使用较高强度的矿渣时，可选用密度较大的重矿渣。

矿渣的紧密密度，可看做衡量其强度的间接指标。

(5)重矿渣的撞击强度

将重矿渣加工成 $\phi \times h = 25\text{mm} \times 25\text{mm}$ 的圆柱体，在石材撞击机上进行测试。不同结晶状态的重矿渣的撞击强度，列表于3-114。

由表3-114可看出：一般重矿渣（结晶质，接近结晶密实体）均具有良好的抗冲击韧性。

重矿渣的密度与抗压强度 表3-113

试块编号	试块密度（kg/m^3）	抗压强度（MPa）
1	2 890	162.0
2	2 840	155.0
3	2 640	136.5
4	2 230	62.0
5	2 070	49.6
6	2 040	49.7
7	1 870	36.3
8	1 820	29.8
9	1 780	42.0
10	1 750	26.0
11	1 690	23.0

重矿渣的撞击强度 表3-114

序号	试样编号	结晶结构状况	试件密度（kg/m^3）	孔隙率（%）	撞击强度（MPa）	按脆性分组
1	C_6	结晶质密实矿渣	2 580	13.6	3.5	极韧的
2	C_5	结晶质密实矿渣	2 520	15.6	2.0	极韧的
3	C_8	结晶质密实矿渣	2 500	16.2	1.1	极韧的
4	C_2	近于结晶质密实矿渣	2 820	6.0	1.1	极韧的
5	C_3	近于结晶质密实矿渣	2 930	2.33	0.8	韧性的
6	C_4	近于结晶质密实矿渣	2 370	21.0	0.8	韧性的
7	C_1	近于结晶质密实矿渣	2 520	16.0	0.7	韧性的
8	C_7	结晶质小孔矿渣	2 430	18.6	0.8	韧性的
9	C_9	结晶质小孔矿渣	1 910	36.0	0.6	韧性的
10	C_{10}	结晶质小孔矿渣	1 920	35.8	0.5	韧性的
11	C_{12}	结晶质大孔矿渣	1 860	37.6	0.6	韧性的
12	C_{13}	结晶质大孔矿渣	1 710	42.6	0.4	脆的
13	C_{14}	结晶质大孔矿渣	1 320	55.7	0.2	脆的

4. 矿渣碎石的韧度与磨耗率

矿渣碎石与天然碎石进行韧度与磨耗率对比试验，试验结果见表3-115。

矿渣与天然碎石的韧度与磨耗率 表3-115

序 号	碎石种类	来 源	松散表观密度（kg/m^3）	韧 度 σ	磨耗率（%）
1	天然碎石	鞍钢花岗石	1 315	45.5	—
2	天然碎石	昌图	1 316	115.21	21.65
3	天然碎石	昌图	1 387	44.61	33.90
4	石灰石	昌图	—	—	25.65

续上表

序　号	碎石种类	来　源	松散表观密度(kg/m^3)	韧　度 σ	磨耗率(%)
5	矿渣碎石	鞍钢	1 266	87.70	22.70
6	矿渣碎石	鞍钢	1 251	89.41	20.38
7	矿渣碎石	鞍钢	1 103	56.08	28.46
8	矿渣碎石	鞍钢	1 371	76.48	16.12
9	矿渣碎石	重钢	1 260	69.98	25.43
10	矿渣碎石	首钢	1 298	63.96	—
11	矿渣碎石	新钢	1 232	67.94	23.22
12	矿渣碎石	新钢	—	—	27.08
13	矿渣碎石	新钢	—	—	33.03
14	矿渣碎石	鞍钢	1 260	69.98	25.43
15	矿渣碎石	鞍钢	1 239	60.17	28.98
16	矿渣碎石	鞍钢	1 190	64.67	21.59
17	矿渣碎石	鞍钢	1 204	54.06	29.44

选取各种密度的矿渣碎石与天然碎石，按相关规范规定，韧度与磨耗率分别采用洛杉矶磨耗机测定。矿渣碎石密度在1 200kg/m^3以上，磨耗率与天然碎石（石灰石、花岗岩等）相接近。

（三）粗集料

5~20mm矿渣碎石，松散表观密度为1 240~1 586kg/m^3；20~40mm矿渣碎石，松散表观密度为1 270~1 485kg/m^3；5~20mm石灰石碎石，松散表观密度为1 435~1 402kg/m^3。

（四）细集料

（1）矿渣砂：5mm以下细料，松散表观密度为1 349~1 579kg/m^3；7mm以下细料，松散表观密度为1 390~1 470kg/m^3，平均粒径0.54mm。

（2）河砂：中砂。

（五）水

与普通混凝土相同。

二、矿渣混凝土工艺及性能

1. 砂率与和易性的关系

矿渣碎石的吸水率随着密度的减小而增加，变化幅度也较大，饱和吸水率波动于0.57%~4.65%之间（高于普通碎石的吸水率）。此外，矿渣碎石的空隙率也多数高于普通碎石，其表面粗糙，内摩阻大。为此，宜采用下列措施以改善矿渣混凝土的稠度：

（1）适当提高砂率，以减小矿渣碎石颗粒间内摩擦阻力，减少泌水和离析倾向。

（2）由于矿渣碎石多孔，必然要从混凝土拌和物中吸取较多的水分，而使混凝土稠度变差。为此，需补上附加水。附加水量相当于矿渣碎石从开始搅拌至浇灌这段时间所吸附的水分。所以只要砂率适当，就不会导致混凝土强度降低。

为了进一步改善稠度，激发矿渣的表面活性，提高混凝土强度、节约水泥，宜掺入适量木钙、萘磺酸盐甲醛缩合物之类的减水剂。

砂率对矿渣碎石混凝土强度及稠度的影响，见表3-116。

不同砂率的矿渣碎石混凝土稠度与和易性 表3-116

序号	矿渣碎石表观密度（kg/m^3）	混凝土配合比（质量比）	水灰比	砂率（%）	维勃稠度（s）	水泥用量（kg/m^3）	抗压强度（MPa）
1	1 170	1:1.35:3.28	0.55	29.2	30	360	220
2	1 170	1:1.50:3.15	0.55	32.3	11	360	246
3	1 170	1:1.66:3.02	0.55	35.5	9	360	301
4	1 170	1:1.80:2.86	0.55	38.7	9	360	277
5	1 170	1:1.93:2.77	0.55	41.0	7	360	275
6	1 170	1:2.05:2.67	0.55	43.5	6	360	269
7	1 170	1:2.15:2.56	0.55	45.7	7	360	275
8	1 170	1:2.26:2.48	0.55	47.6	9	300	253
9	1 170	1:1.52:3.10	0.65	33.0	10	350	190
10	1 170	1:1.67:2.96	0.65	36.0	11	350	207
11	1 170	1:1.81:2.84	0.65	39.0	10	350	202
12	1 170	1:1.93:2.72	0.65	41.5	9	350	187
13	1 170	1:2.05:2.62	0.65	44.0	9	350	167
14	1 170	1:2.16:2.52	0.65	46.2	9	350	173

由表3-116可看出：矿渣碎石混凝土虽比普通混凝土砂率略高一些，但也要适中。砂率过高，仍导致强度降低。砂率适中，混凝土和易性也大为改善。表中14个配合比中，以砂率35.5%～36.0%为佳。

2. 玻璃质矿渣含量对混凝土力学性能的影响

不同玻璃质含量矿渣对混凝土性能的影响，见表3-117。

玻璃质矿渣含量对混凝土力学性能的影响 表3-117

粗集料		水灰比	水泥用量（kg/m^3）	维勃稠度（s）	抗压强度（MPa）	抗拉强度（MPa）	钢筋黏结强度（MPa）
种类	玻璃质矿渣含量（%）						
重矿渣	0	0.75	250	17.5	13.0	1.22	1.13
重矿渣	5	0.75	250	13.5	13.0	1.29	—
重矿渣	20	0.75	250	12.5	12.7	1.23	1.21

表3-117中的数据表明：在<20%的范围内，玻璃质矿渣含量对混凝土强度没有多大影响。

3. 矿渣密度对矿渣碎石混凝土物理、力学性能的影响

矿渣密度对混凝土物理、力学性能的影响，见表3-118、表3-119。

矿渣碎石密度对混凝土和易性与抗压强度的影响　　表 3-118

种类	粗集料			水泥品种及强度等级（MPa）	砂率（%）	水泥用量（kg/m³）	混凝土湿密度（kg/m³）	维勃稠度（s）	水灰比	抗压强度（MPa）
	粒径（mm）	松散表观密度（kg/m³）	附加水（%）							
石灰石	5 ~ 20	1 435	0	普通硅酸盐水泥 42.5 级	36	320	—	14.5	0.55	303
重矿渣	5 ~ 20	1 415	1.0		36	320		13.5	0.55	301
重矿渣	5 ~ 20	1 300	1.0		38	320		21.5	0.55	335
重矿渣	5 ~ 20	1 200	1.5		40	320		23.5	0.55	298
重矿渣	5 ~ 20	1 100	2.5		42	320		29.0	0.55	302
石灰石	5 ~ 20	1 400	0	普通硅酸盐水泥 42.5 级	34	360	—	23	0.50	381
重矿渣	5 ~ 20	1 216	0		36	360		40	0.50	434
重矿渣	5 ~ 20	1 110	0		38	378		43	0.50	439
重矿渣	5 ~ 20	1 000	0		40	404		48	0.50	439
石灰石	5 ~ 20	1 435	0	普通硅酸盐水泥 52.5 级	34	600	2 476	14.0	0.34	608
重矿渣	5 ~ 20	1 440	1.0		34	600	2 397	16.0	0.34	613
重矿渣	5 ~ 20	1 301	1.5		36	600	2 363	19.3	0.34	611
重矿渣	5 ~ 20	1 200	2.0		36	600	2 294	16.9	0.34	625

重矿渣密度对矿渣碎石混凝土物理、力学性能的影响　　表 3-119

粗集料		混凝土配合比（质量比）	水灰比	水泥用量（kg/m³）	维勃稠度（s）	物理力学性能							
种类	松散表观密度（kg/m³）					f_{cu}（MPa）	$f_{cu,a}$（MPa）	$f_{cu,z}$（MPa）	$f_{cu,l}$（MPa）	$E\times10^4$（MPa）	λ(4.2kJ/m·h·℃)	$f_{cu,l}/f_{cu}$（%）	$f_{cu,kz}/f_{cu}$（%）
石灰石	1 400	1:3.16:5.16	0.80	240	8	15.1	14.4	4.16	0.91	2.627	1.117	6.0	27.5
重矿渣	1 216	1:3.06:4.58	0.80	240	17	17.2	14.4	3.87	1.1	2.517	0.959 4	6.4	22.5
重矿渣	1 110	1:3.12:4.03	0.80	240	17	20.4	19.0	4.45	1.56	2.450	0.644 8	7.6	21.8
重矿渣	1 000	1:3.19:4.70	0.80	240	30	18.6	19.7	4.41	1.42	2.345	0.598 4	7.6	23.6
石灰石	1 400	1:1.79:3.47	0.50	360	23.0	36.0	33.2	7.06	2.20	3.285	—	6.1	19.5
重矿渣	1 216	1:1.70:3.08	0.50	360	40.0	41.0	38.0	6.40	1.93	3.008	—	4.7	15.6
重矿渣	1 110	1:1.69:2.76	0.50	378	43.0	41.5	41.2	6.9	2.12	2.898	—	5.1	16.6
重矿渣	1 000	1:1.62:2.44	0.50	404	48.0	41.4	40.5	7.16	1.89	2.848	—	4.6	17.3
石灰石	1 400	1:2.32:4.12	0.60	300	6	28.2	25.4	5.42	2.8	3.187	—	9.9	19.2
重矿渣	1 216	1:2.23:3.65	0.60	300	20	33.4	23.0	5.63	2.73	3.135	—	8.2	16.9
重矿渣	1 110	1:2.34:3.52	0.60	300	35	33.6	30.0	5.84	2.68	2.697	—	8.5	18.4
重矿渣	1 000	1:2.56:3.07	0.60	300	40	35.1	25.0	6.24	2.75	2.983	—	7.8	17.8
重矿渣	1 190	1:2.28:3.71	0.60	300	5.8	21.2	17.5	—	1.76	2.390	—	—	—
重矿渣	1 171	1:2.24:3.66	0.60	300	17.0	17.3	—	—	1.65	—	—	—	—
重矿渣	1 093	1:2.22:3.65	0.60	300	18.5	23.4	19.6	—	1.88	2.300	—	—	—

由表 3-118 中的试验数据可看出：孔隙率高、密度小的矿渣碎石，虽然其本身抗压强度明显低于普通碎石，但其密度越小，孔隙率越多，水泥浆与活性集料之间接触面积越大，矿渣碎石与水泥石之间黏结也更牢固，因而增强了混凝土的整体工作性能。

因此，松散表观密度大于 1 200kg/m^3 的矿渣碎石，其密度波动对配制 C60 以下混凝土的抗压强度无明显影响。

以上试验由于保持水灰比相同，砂率增大，工作度增大，而提高混凝土密实性。因而，在一定范围内，增大砂率，混凝土抗压强度有所提高。

由表 3-119 可以看出：用矿渣碎石配制 C40 及 C40 以下的混凝土，只要工艺得当，对混凝土物理、力学性能无显著影响。有些性能指标，还比普通混凝土略高。但静力弹性模量 E 比普通碎石混凝土低 8.6% ~19%。

提高 E 值的方法：

(1)选用密实性好，密度大的矿渣集料。

(2)国外研究指出，"在潮湿或水中养护的全矿渣混凝土，动弹性模量高于普通碎石混凝土。相反，如果在干燥环境中养护，则低于普通砂石混凝土的 E 值"。

因此，矿渣混凝土应尽量置于潮湿环境中养护，以利于提高弹性模量值。

4. 养护条件对矿渣碎石混凝土强度的影响

蒸养对普通碎石与矿渣碎石混凝土强度的影响，见表 3-120。

矿渣混凝土与普通混凝土蒸养效果对比 表 3-120

粗集料种类	混凝土配合比（质量比）	水灰比	水泥用量（kg/m^3）	抗压强度(MPa)		$f_{cu蒸}/f_{cu40}$ (%)	蒸养制度 (h)(℃)
				$f_{cu,40}$	$f_{cu蒸}$		
石灰石	1:1.53:2.84	0.41	420	32.7	31.1	95.1	3~18~3
重矿渣	1:1.50:2.79	0.41	420	34.0	37.7	110.8	85~90℃
石灰石	1:2.94:4.07	0.65	277	21.8	13.9	63.8	
重矿渣	1:2.93:3.72	0.65	277	24.1	18.4	76.3	
石灰石	1:1.98:2.96	0.60	367	27.7	15.0	54.2	3~18~3
重矿渣	1:1.96:2.71	0.60	367	27.7	18.3	66.1	85~95℃
石灰石	1:1.81:3.36	0.50	360	34.3	20.4	59.5	
重矿渣	1:1.81:3.08	0.50	360	37.9	28.6	75.3	
石灰石	1:1.69:2.76	0.55	400	21.3	12.6	59.2	
重矿渣	1:1.68:2.52	0.55	400	26.4	19.0	72.0	3~18~3
石灰石	1:2.46:4.02	0.60	300	16.0	9.4	58.8	85~90℃
重矿渣	1:2.40:3.91	0.60	300	18.1	15.3	84.5	

注：1. 重砂渣是新钢铁锰渣。

2. 水泥采用的是 62.5 级普通硅酸盐水泥。

由表 3-120 可以看出：用矿渣碎石配制的混凝土，比普通混凝土常温强度提高 5% ~10%，蒸养 85 ~95℃、24h 强度则提高 30% 左右，而且蒸汽养护与常温养护的强度比率也较高。因此,有理由认为:矿渣混凝土对蒸汽养护有良好的适应性。因为高温养护有利于激发矿渣表面的潜在活性,增强了水泥浆与矿渣表面的黏结,因而显著提高强度。

预制构件广泛采用矿渣集料,混凝土强度提高,预制构件自重减轻,成本降低,一举多得。

三、全矿渣混凝土与矿渣砂浆工艺及性能

鉴于矿渣块粗集料的饱和吸水率波动于 0.57% ~2.74%,矿渣砂的饱和吸水率波动于4.9% ~7.85%,均高于普通砂、石,且表面粗糙,密度多数略低于普通砂、石。因此,在配制混凝土时,应充分考虑这些特点,采取如下相应措施:

(1)配合比设计中,除配料水外,还应考虑矿渣砂、块在混凝土搅拌至浇灌时间内所吸取的所谓“附加水”。

(2)通过试验确定最佳砂率。

(3)每 $1m^3$ 矿渣砂浆、全矿渣混凝土,宜掺入 100 ~150kg 粉煤灰、尾矿粉之类细粉及通常用量的木钙、萘磺酸盐甲醛缩合物等减水剂,既有利于改善砂浆及混凝土和易性,又有利于激发水泥和矿渣细粉的潜在活性。

(4)表 3-121 为大模板工程用全矿混凝土及矿渣砂浆的配合比及其性能。

大模板工程用全矿渣混凝土及矿渣砂浆的配合比及其性能 表 3-121

混凝土强度等级	坍落度(cm)	配合比(kg)						常温常护不同龄期抗压强度(MPa)			
		水	水泥	矿渣砂	5~25矿渣块	尾矿粉	木钙减水剂	16h拆模强度	3d	7d	28d
C15	3~4	230	32.5 级矿渣水泥 310	710	1 160	50	1.24	—	—	—	15.0~16.3
C15	1	230	32.5 级矿渣水泥 310	710	1 160	—	1.24	—	5.1~5.5	9.7~10.8	16.3~18.8
C15	2~4	220	42.5 级普通水泥 300	680	1 090	100	1.2	0.5~0.9	—	—	14.4~16.4
C20	3~4	210	42.5 级普通水泥 360	660	1 170	—	1.44	—	—	—	16.6~18.2

砂浆强度等级	稠度(cm)	配合比(kg)					常温养护不同龄期抗压强度(MPa)	
		水	42.5 级普通水泥	矿渣砂	尾矿粉	木钙减水剂	7d	28d
M10	6~7	360	250	1 390	150	1.0	4.7~5.0	10.0~12.0
M7.5	6~7	360	200	1 500	120	0.8	5.2~6.4	9.0~11.0

(5)全矿渣混凝土及矿渣砂浆的强度:

普通砂浆与矿渣砂浆,抗压强度对比试验的结果,见表 3-122。

常温养护的矿渣砂浆,除一组相等外,一般均高于普通砂浆强度,平均提高 15% ~20%。

蒸汽养护 12h,除有一批强度降低 20% 外,其余均高于普通砂浆强度,平均提高 25% 左右。

全矿渣混凝土与普通混凝土蒸汽养护的抗压强度对比见表 3-123,常温养护的抗压强度对比见表 3-124。

由表 3-123 与表 3-124 可以看出,无论是蒸汽养护还是常温养护,全矿渣混凝土与同强度等级的普通砂石混凝土抗压强度相接近或略有提高。有关试验还进一步证明,只要保证矿渣

和矿渣砂的松散密度在1 200kg/m³以上,其密度的波动,对于配制强度等级为C50及C50以下的混凝土抗压强度无明显影响。这是因为矿渣的孔隙率较大,表面粗糙,与水泥浆之间的黏结增强,整体工作性能亦随着增强的缘故。

普通砂浆与矿渣砂浆强度对比　　表3-122

试验编号	稠度(cm)	1m³所需材料(kg)					不同养护条件的强度及其增长率ΔR(±%)			
							70~80℃蒸汽养护12h		常温养护28d	
		水	32.5级矿渣水泥	砂(矿砂)	尾矿粉	木钙减水剂	抗压强度(MPa)	ΔR(±%)	抗压强度(MPa)	ΔR(±%)
17	2	300	350	1 500	—	—	3.3~3.6/3.4	—	8.8~9.7/9.2	—
18	2	316	350	矿砂 1 350	150	1.40	4.1~4.9/4.3	+23.3	14.6~16.1/15.2	+65.2
23	2	295	350	1 490	—	—	2.9~3.4/3.1	—	8.3~9.0/8.7	—
24	1.8	307	350	矿砂 1 340	150	1.40	5.2~5.4/5.3	+71.0	10.7~12.7/11.5	+32.1
30	3.5	310	350	1 500	—	—	4.8~5.6/5.3	—	15.4~18.0~16.5	—
31	2.5	330	350	矿砂 1 350	150	1.40	7.3~8.8/8.1	+52.8	19.6~20.0/19.9	+20.6
34	2.5	300	350	1 500	—	—	2.6~3.2/3.0	—	6.4~7.6/7.0	—
36	3.7	316	350	矿砂 1 350	150	1.40	2.2~2.6/2.4	-20.0	7.8~8.4/8.0	+14.3
46	1.8	300	310	1 540	—	—	—	—	6.6~7.1/6.8	—
47	1.8	300	310	矿砂 1 440	100	—	—	—	6.6~8.6/7.5	+10.03

注:表中分子为波动值,分母为平均值。

全矿渣混凝土与普通混凝土蒸养的抗压强度对比　　表3-123

试验编号	坍落度(cm)	水泥		碎石(或矿渣块)规格(mm)	配合比(kg)						70~80℃蒸养12h抗压强度(MPa)				
		品种	强度等级		水	水泥	砂(矿砂)	碎石(矿块)	尾矿粉	木素磺酸钙	1	2	3	平均	Δf_{cu}(±%)
104	3	矿渣	32.5	20~40	195	410	670	1 140	—	—	19.3	18.6	19.6	19.2	—
105	2.5	矿渣	32.5	20~40	200	410	矿砂 600	矿块 1 200	—	—	18.8	19.3	19.1	—	—
148	3.5	五羊(普硅)	52.5	20~40	190	270	720	1 200	—	—	16.3	16.1	16.2	—	—
149	2.5	五羊(普硅)	52.5	20~40	190	270	矿砂 740	矿块 1 180	100	—	16.3	16.4	16.4	16.4	+1.24
158	维勃稠度10s	矿渣	32.5	20~40	200	310	755	1 135	—	—	10.4	10.9	12.3	11.2	—

续上表

试验编号	坍落度(cm)	水泥		碎石(或矿渣块)规格(mm)	配合比(kg)						70~80℃蒸养12h抗压强度(MPa)				
		品种	强度等级		水	水泥	砂(矿砂)	碎石(矿块)	尾矿粉	木素磺酸钙	1	2	3	平均	Δf_{cu}(±%)
160	维勃稠度23s	矿渣	32.5	20~40	200	310	矿砂779	矿块1 011	100	1.24	13.3	11.1	12.8	12.4	+10.7
167	3.5	矿渣	32.5	20~40	205	310	矿砂910	矿块860	100	1.24	11.9	13.4	—	12.6	—
166	3.5	矿渣	32.5	20~40	199	310	810	1 090	—	—	13.6	13.6	—	13.6	—
170	2.5	矿渣	32.5	20~40	200	310	矿砂770	矿块1 000	100	1.24	13.8	14.2	14.2	14.1	+16.7
171	4.0	矿渣	32.5	20~40	210	310	845	1 045	—	—	12.4	11.7	—	12.1	—
174	1.5	矿渣	32.5	20~40	220	310	矿砂970	矿块1 112	—	1.24	12.0	12.1	—	12.1	—
188	2.5	矿渣	32.5	20~40	200	310	770	1 112	—	—	10.8	11.2	11.7	11.2	—
191	1.5	矿渣	32.5	20~40	200	310	矿砂779	矿块1 011	100	1.24	12.5	12.3	13.3	12.7	+13.4

常温养护条件下全矿渣混凝土与普通混凝土强度对比 表3-124

试验编号	坍落度(cm)	水泥		碎石(或矿渣块)规格(m/m)	配合比(kg)						抗压强度$f_{cu,28}$(MPa)				
		品种	强度等级		水	水泥	砂(矿砂)	碎石(矿块)	尾矿粉	木素磺酸钙	1	2	3	平均	Δf_{cu}(±%)
138	2.0	矿渣	32.5	20~40	220	310	811	1 089	—	—	17.4	19.1	18.5	18.5	—
143	2.0	矿渣	32.5	20~40	207	310	矿块634	矿砂1 176	100	1.24	19.7	17.6	—	18.7	—
158	维勃稠度10s	矿渣	32.5	20~40	200	310	755	1 135	—	—	20.4	18.8	18.7	19.3	—
160	维勃稠度23s	矿渣	32.5	20~40	200	310	矿砂779	矿块1 011	100	—	20.8	21.3	22.0	21.4	+10.9
104	C28混凝土3.0	矿渣	32.5	20~40	195	410	670	碎石1 140	—	—	30.5	31.1	29.8	30.5	—
105	C28混凝土2.5	矿渣	32.5	20~40	200	410	矿砂600	矿块1 200	—	—	30.4	31.0	31.3	30.9	+1.2
172	4.0	矿渣	32.5	20~40	203	310	845	1 045	—	—	21.6	22.1	22.2	21.9	—
174	5.0	矿渣	32.5	20~40	220	310	矿砂911	矿块864	100	1.24	23.4	22.4	22.1	22.7	+5

四、全渣泵送混凝土

在重矿渣加工成矿渣碎石过程中产生20%~30%粒径在5mm以下的副产品矿渣粉(矿渣砂),在一定条件下可与水泥水化产物发生二次反应,用它代替河砂配制全渣混凝土,其力学性能、长期性能、耐久性能同普通混凝土,蒸汽养护的全渣混凝土强度略高于普通混凝土。

在推广应用全渣混凝土构件的同时,随着混凝土泵和运输车的出现、高层建筑群的兴起,近几年国内开始研制泵送大流动性全渣混凝土。

(一)原材料的技术要求

(1)水泥采用42.5级矿渣硅酸盐水泥,其性能见表3-125。

矿渣硅酸盐水泥性能　　表3-125

品　种	抗折强度(MPa)		抗压强度(MPa)		安定性(沸水煮法)
	7d	28d	7d	28d	
42.5级矿渣硅酸盐水泥	6.1	7.7	32.7	42.8	合格

细度模数:2.59~3.1,接近中砂标准,含泥量0.1%。

矿渣砂级配见表3-126。

矿渣砂级配(试样500g)　　表3-126

筛孔尺寸(mm)	分计筛余		累计筛余	备　注	筛孔尺寸(mm)	分计筛余		累计筛余	备　注
	(g)	(%)	(%)			(g)	(%)	(%)	
10.0	4.00	0.80	0.80		0.63	86.0	17.2	75.8	
5.0	43.0	18.6	19.1		0.315	61.0	12.2	88.0	
2.5	130.0	26.0	45.4		0.16	21.0	4.2	92.2	
1.25	66.0	13.2	58.6		0.08	39.0	7.8	100	0.08mm以下

(2)外加剂用木质素磺酸钙,掺量0.25%。干粉掺在水泥表面上。

(3)水采用饮用水。

(4)粗集料采用20~40mm矿渣碎石,5~20mm矿渣碎石,视密度为1 250~1 558kg/m^3。

(5)细集料采用矿渣砂,视密度为1 395~1 550kg/m^3。

(二)配合比设计

以C30强度等级的大流动性全渣混凝土为例,其配合比设计参照《普通混凝土配合比设计规程》(JGJ 55—2011)规定。

1. C30试配强度取值根据

(1)按数理统计:$mf_{cu}=30+1.645S=30+1.645\times5=38$MPa;

(2)按非数理统计:$mf_{cu}=30\times115\%=34.5$MPa。

取C30试配强度:$mf_{cu}=38$MPa。

2. 选择适宜砂率

考虑矿渣碎石、矿渣砂多孔,表面粗糙,粒径间摩擦力大,且矿砂5mm以上颗粒在18%以上,为增大拌和物流动性,全渣混凝土砂率比矿渣碎石配制混凝土砂率提高2%~3%。

3. 矿渣砂、矿渣碎石的吸水率

矿渣砂石的视密度小,孔隙率大,吸水率大,在拌制全渣混凝土时,矿渣砂、石要从混凝土拌和物中吸去较多水分,使拌和物的和易性变差,故在配合比设计中,除配料水外还应补添集料附加水。该水量相当于矿渣砂石在混凝土搅拌运输时间内的吸水量,时间一般按 1 ~ 2h 考虑。

矿渣碎石 2 ~ 4cm,吸水 1.8%,矿渣碎石 5 ~ 20cm,吸水 2.0%,矿渣砂吸水 4.5%。

4. 坍落度

C30 大流动性混凝土的坍落度为 12 ~ 14cm。

(三)配合比选择

根据实际工程需要进行配合比选择,表 3-127 可供参考。

表 3-127

序 号	强度等级	设计坍落度(cm)	选用水泥等级	选用粗细集料	双掺情况及说明
1	C30	12 ~ 14	42.5 级矿渣水泥	矿渣碎石、矿渣砂	掺减水剂增加集料吸附水
2	C30S8	12 ~ 14	42.5 级矿渣水泥	矿渣碎石、矿渣砂	掺减水剂增加集料吸附水
3	C30	12 ~ 14	42.5 级矿渣水泥	矿渣碎石、矿渣砂	掺减水剂粉煤灰
4	C20	5	42.5 级矿渣水泥	矿渣碎石、矿渣砂	预应力构件或结构配合比
5	C30	12 ~ 14	42.5 级矿渣水泥	矿渣碎石、矿渣砂	耐热 500℃掺或不掺耐火粉

通过试验和工程使用证明,C30 系列塑性和大流动性混凝土,可在混凝土结构和构件中使用。在防渗混凝土工程中,采用全渣混凝土,抗渗强度等级可达 S20,受到用户赞许。在 C20 耐热 500℃混凝土工程中采用全渣混凝土,技术性能达到有关标准,经济效益巨大。

第二十四节　钢(铁)渣混凝土配合比设计

钢(铁)渣是经过高温熔炼而成的含钙、硅、镁、铝等多种氧化物的材料,它具有和水泥相似的胶凝性能,可用来生产砌块、墙板等制品。

一、矿渣砖与钢渣砖

矿渣砖(即高炉矿渣砖)与钢渣砖,一般以水淬粒状渣为主要原料,掺入少量激发剂如石灰、石膏等,加水湿搅拌,经轮碾、压制成型,然后蒸养而成。

矿渣砖与钢渣砖的配合比应根据产品性能要求,通过试验确定。下述配合比可供配合比设计时参考。

矿渣砖:矿渣 88% ~92%,生石灰 8% ~12%。

钢渣砖:钢渣 50% ~60%,掺和料 30% ~40%,生石灰 5%,石膏 5%。

二、湿碾矿渣混凝土块

湿碾矿渣混凝土砌块,是以高炉水渣为主要原料,加入少量激发剂(生石灰或水泥等),经搅拌、湿碾而成砂浆,再与集料(重矿渣或天然碎石)拌和成混凝土,然后进行浇筑入模、振动成型、蒸汽养护等工序而制成的。

湿碾矿渣混凝土砌块配合比,是根据原材料的性质、质量要求、工艺条件等因素通过试验确定的。强度为 10 ~ 20MPa 的砌块,可在配合比设计时参考下列配合比:

水渣 85% ~90%，生石灰 10% ~15%，水 20% ~22%，砂浆细度（0.085mm 孔筛的通过量）33% ~36%，砂浆与集料比 1:（0.8 ~1）。

三、膨胀矿渣珠墙板

膨胀矿渣珠墙板是用水泥作胶结材料，用膨胀矿渣珠作轻集料，拌和成混凝土，浇筑入模，振动成型，蒸汽养护而成的板状制品。

膨胀矿渣珠（简称膨珠）是热融的高炉矿渣经过机械（滚筒）的运动和高压水的作用膨胀制成的。外壳具有釉化玻璃体，珠内有微孔。颗粒直径为 1.2 ~10mm 的约占 70%，最大颗粒可达 30mm。松散密度为 960 ~1 400kg/m^3。膨胀矿渣珠具有吸水率小（<1%）、表面光滑、保温好等优点。

膨胀矿渣珠混凝土配合比，是根据构件性能要求，通过试验确定，一般可配制 C10 ~ C30 的混凝土。为了改善膨胀矿渣珠混凝土的稠度，减少水泥用量，往往需要加入适量的混合材（如粉煤灰等）。表 3-128 所列配合比可供使用时参考。

膨胀矿渣珠混凝土配合比 表 3-128

水泥用量（kg/m^3）	粉煤灰（kg/m^3）	膨胀矿渣珠（kg/m^3）	用水量（kg/m^3）	蒸养后抗压强度（MPa）	湿密度（kg/m^3）
250 ~300	100 ~200	1 000 ~1 400	179 ~200	10 ~30	1 770 ~2 100

用膨胀矿渣珠为集料拌和成混凝土生产的外墙板，已在北京高层民用住宅上应用。

第二十五节 液态渣混凝土配合比设计

用水泥、细砂、卵石（或碎石）、液态渣（电厂排出的废渣）与水拌和而成的一种墙体材料叫液态渣混凝土，可用以生产四排孔空心砌块等建筑材料。

一、原材料的技术要求

1. 水泥

32.5 级普通硅酸盐水泥或矿渣水泥。

2. 细砂

粒度 1.2 ~0.15mm，表观密度 1 426kg/m^3，视密度 2.49g/cm^3，空隙率 42.7%，平均粒径 0.35mm，细度模量 2.1。

3. 液态渣

电厂排出废渣，呈黑绿色半透明玻璃状颗粒。细渣粒度 0.15 ~5mm，表观密度 1 283kg/m^3，密度 2.43g/cm^3，空隙率 47.3%，平均粒径 0.38mm，细度模量 3.76；粗渣粒度 5 ~10mm，表观密度1 390kg/m^3，视密度 2.43g/cm^3，空隙率 42.8%。

4. 石子

卵石，规格为 5 ~20mm，表观密度 1 665kg/m^3，视密度 2.7g/cm^3，空隙率 38.3%。

二、配合比设计

液态渣混凝土配合比设计，应根据制品技术要求通过试验确定。表 3-129 所示配合比可供参考。

液态渣混凝土(四排孔空心砌块)配合比　　表 3-129

材料名称	水泥	水	细砂	细液态渣	粗液态渣	卵石
$1m^3$ 用量(kg)	270	124	450	500	300	700
质量比	1	0.46	1.68	1.85	1.11	2.59

第二十六节　蒸压磷尾矿砂混凝土配合比设计

蒸压磷尾矿砂混凝土是用石灰和花岗岩混合磨细料与尾矿砂加水制成砖坯经蒸压养护而成的人造石料。它可以做到化害利农,又能为房屋建筑提供建筑材料,实为一举两得。

一、原材料的技术要求

1. 磷尾矿砂

磷尾矿砂表观密度 1 400kg/m^3,视密度 2.98g/cm^3,平均粒径 0.162mm,≤0.15mm 的颗粒占 85%。磷尾矿的含硅量低,对生产蒸压砖不利,其化学成分见表 3-130。

磷尾矿砂化学成分　　表 3-130

原料名称	化学成分(%)						
	烧失量	SiO_2	Al_2O_3	Fe_2O_3	CaO	MgO	SiO_2
磷尾矿砂	28.33	25	3.95	3.12	26.56	11.56	1.68

2. 花岗岩砂

为了提高砖的强度,必须增加硅质材料。利用当地的花岗岩资源,在砖中加入部分花岗岩砂。花岗岩砂的 SiO_2 含量在 75% 以上,平均粒径 8.1mm,视密度 2.66g/cm^3,表观密度 1 520kg/m^3。

3. 生石灰

使用的石灰中 CaO 含量为 68.61%,消解时间 12min,消解温度 65℃。

二、试样制备

1. 石灰和花岗岩砂的混磨

石灰进厂后经破碎、储存、计量与经过计量的花岗岩砂按配合比同时入磨混合,细度为 4 900孔/cm^2 筛筛余 7.5%。

在尾矿砖坯体中加入 1% ~3% 的石膏混磨。为降低产品成本,简化工艺,可以考虑不再加入石膏。

2. 坯料制备

混合磨细料和尾矿砂各自计量,连续加到双轴搅拌机混合,同时加水,坯料含水率为 12%(应视尾矿渣中含水率大小及时调整),混合后再将混合料送至间歇式消解仓,消解后再经二次搅拌并调节水分至 10%,即可成型。

3. 成型及蒸压养护

坯料用 6 孔杠杆式压砖机压制成砖坯,然后码车、编组入蒸压釜进行蒸压养护。蒸压程序为升压 2h、恒压 5h、降压 2h,蒸养压力为 1MPa,出釜即为成品砖。

三、配合比设计

蒸压磷尾矿砂混凝土砖的配合比应通过试验确定,下列配合比可供参考:

石灰15%,尾矿砂68%,花岗岩砂17%。

应注意尾矿砂的掺量不宜增加,否则蒸压磷矿砂混凝土砖的强度会下降。

第二十七节　碱矿渣高强混凝土配合比设计

一、概述

1957年,前苏联研制成功碱矿渣水泥,并首次运用于建筑工程。经过40多年的研究和发展后,已成功地大量应用于各种不同的建筑工程。除前苏联外,波兰、美国、法国、印度等国也进行了大量的研究。国内,重庆建筑大学从基础理论到工程应用,对碱矿渣混凝土(JK混凝土)进行了卓有成效的研究。

碱矿渣混凝土集高强、快硬、高抗渗、高抗冻、低热、高耐久等优越性能于一身,因此,可以称为高级混凝土。它的性能是目前广泛使用的硅酸盐水泥混凝土难以达到的,或者是不可能达到的。

碱矿渣混凝土的宏观结构与普通硅酸盐水泥混凝土基本一样,但其微观结构则有很大的不同,其特点是:碱矿渣水泥石的结构致密,孔隙率低,且孔隙多是封闭的微孔;水泥石与集料的黏结十分牢固;其水化产物中,除了$CaO—SiO_2—H_2O$系统的水化物外(如托贝莫来石等),尚含有大量的$R_2O—CaO—Al_2O_3—SiO_2—H_2O$系统的水化物(如方沸石、方钠石等)。碱矿渣混凝土的这些特点赋予了这种混凝土以优良的物理力学性能。根据观察,碱矿渣混凝土受荷破坏时,断裂面发生在水泥石和集料中,而很少发生在它们的界面上。

长期以来,人类所使用的矿物胶结材,基本上都是周期表第二族元素的化合物,而第一族元素的化合物则被认为是没有胶凝性能的,或者是不耐水的。碱矿渣胶结材的发现和其他碱金属化合物胶结材的发现,在理论上有重大意义,它把水硬性矿物胶结材从第二族元素的化合物扩展到了第一族元素的化合物,并发现了性能更为优越的矿物胶结材。

碱矿渣胶结材的制造工艺简单,只需将合适的原料根据选定的配比磨细到规定细度即可,不需要高温煅烧熟料。

碱矿渣混凝土的施工工艺与普通混凝土的基本一样,没有什么特别不同的地方。它可以用来生产构件,也可以用于现浇工程,具有普通水泥混凝土的万能性(灰砂混凝土就不具备这样的万能性),应用现有的施工方法和施工机具即可进行施工,所以推广应用方便。

根据前苏联的资料,碱矿渣混凝土的成本比普通硅酸盐水泥混凝土的成本低得多。这是由于碱矿渣胶结材的主要原料为工业副产物或工业废料,资源丰富,价格低廉。例如和硬练62.5级的硅酸盐水泥比较(因为没有62.5级以上的硅酸盐水泥),62.5级以上的碱矿渣胶结材,其成本要低41%~65%;由于碱矿渣胶结材的制造工艺十分简单,无需高温煅烧熟料,其煤耗要降低66%~86%,电耗要降低50%,可见碱矿渣混凝土又是低能耗混凝土和低成本混凝土。因此,开发碱矿渣混凝土具有重大的直接经济利益,并可节约大量国家短缺的能源。

由于碱矿渣混凝土强度很高,容易制成C60~C100的混凝土,因而可以满足大跨、高耸等建筑结构的需要,可以减小构件断面,减轻建筑物的自重,从而减少材料的用量,带来巨大的节约。

由于碱矿渣混凝土是快硬和超快硬混凝土,模板可以早期脱模,结构可以早期加荷,从而大大加快施工进度,加快施工机具和模板的周转,缩短工期,使工程项目及早投入使用,发挥经济效益,并大大加快建设资金的周转,由此而带来的经济和社会效益更是不可估量的。

二、碱矿渣胶凝材料的配制

碱矿渣胶凝材料是矿渣通过碱性激发后,生成沸石类的水化硅铝酸盐。因此,如何选择水玻璃模数、掺量及调节凝固时间,成为配制碱矿渣胶凝材料的技术关键。

1. 水玻璃模数、掺量以及养护条件对强度的影响

将磨细矿渣与不同掺量和模数的水玻璃及适量的水拌和,制备试件,养护至规定龄期,分别测定浆体的抗压强度(表3-131)。

配合比及养护工艺对混凝土抗压强度的影响 表3-131

序号	溶性玻璃		养护条件	抗压强度(MPa)		
	模数	掺量(%)		3d	7d	28d
1	0.8	10	标准养护	29.5	35.3	49.8
2	1.0			33.2	38.2	58.2
3	1.5			25.5	31.7	42.5
4	2.0			9.0	25.2	39.8
5	1.0	5	普通养护	21.7	30.0	46.6
6		8		26.8	35.1	52.2
7		10		33.2	38.2	58.2
8		15		27.0	35.3	51.0
9	1.0	1.0	空气中	29.0	35.3	51.5
10			标准养护	33.2	38.2	58.2
11			水中	30.0	34.8	44.4

注:1. 全部试件 $W/C=0.26$。

2. 水中养护温度为20℃ ±2℃。

由表3-131可见:①1~4号试样中,水玻璃掺量一定(10%)时,水玻璃的模数对浆体的强度影响较大,从试验结果来看,1.0为最佳模数。②5~8号样品中,水玻璃模数为1.0,掺量在5%~15%变化。浆体强度随着掺量的增加而提高,但当掺量增至15%时,浆体的抗压强度反而下降,故水玻璃最优掺量为10%。③9~11号样品用三种养护制度养护,对早期强度影响不大,但从28d强度来看,还是标准养护好。

2. 凝结时间的调整

采用上述试验结果模数为1,掺量为10%的水玻璃制备碱矿渣水泥胶凝材料,初凝及终凝时间均很短,故需要掺入一定量的可溶性碳酸盐,调节其凝结时间,试验结果见表3-132。

由表3-132可见,掺入0.10%的 Na_2CO_3 后,初凝时间由8min延至22min,终凝时间由38min延至58min。可见掺入可溶性碳酸盐(Na_2CO_3),可以调节凝结时间,这是因为 CO_3^{2-} 与矿渣表面溶出 Ca^{2+} 反应,形成 $CaCO_3$ 沉积包裹在颗粒表面,起到阻止矿渣水化的作用。

碱矿渣胶结料的最优配合比选择出来以后，就可以按照混凝土的配制规律选择混凝土的配合比了。碱矿渣混凝土的粗集料可以用石灰岩碎石、花岗岩碎石；细集料可用中砂、粉砂，其含泥量范围较宽。

试件凝结时间　　表 3-132

序号	Na_2CO_3 含量（%）	初凝时间（min）	终凝时间（min）
1	0	8	38
2	0.05	17	44
3	0.10	22	58

三、碱矿渣混凝土配合比设计

碱矿渣水泥混凝土不同于硅酸盐水泥混凝土，它是由磨细的矿渣（如粒化高炉矿渣、粒化电炉磷渣等）、碱性组分、集料及水按一定比例配制而成的，因此这种混凝土的配合比设计也不同于普通混凝土。

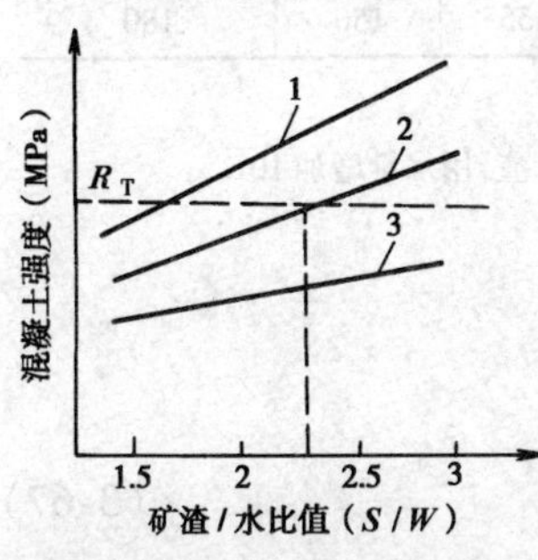

图 3-43　混凝土的强度与矿渣/水比值（S/W）的关系

1-碱性溶液浓度为 20%；2-碱性溶液浓度为 15%；3-碱性溶液浓度为 10%；R_T-混凝土设计强度

（一）参数的确定

对于碱矿渣水泥来说，其强度不仅取决于拌和水的量，而且还取决于碱性组分的加入量。同时，在碱性组分加入量相同的情况下，拌和水的量越多，则溶液中碱性组分的浓度就越小，因此常常采用固定碱性组分的浓度来确定加水量和碱性组分的加入量。

图 3-43 为使用不同浓度的碱性溶液来拌和混合料时，混凝土的强度与矿渣/水比值的关系。

根据实际工程对混凝土强度的要求，选择一种碱性组分浓度及加水量适当的矿渣/水比值。

在混凝土的实际使用过程中，要求混合料具有一定的流动性，这样才能便于成型。混凝土混合料的流动性与混合料中水泥浆的含量及粗细集料的比例（m_{g0}/m_{s0}）有关。图 3-44、图 3-45 为混合料中矿渣浆量与其流动性的关系及混合料集料的砂子份数与混合料流动性的关系。根据实际工程对混合料流动性的要求，根据试验结果确定混合料中水泥浆的含量及集料中砂子的份数。

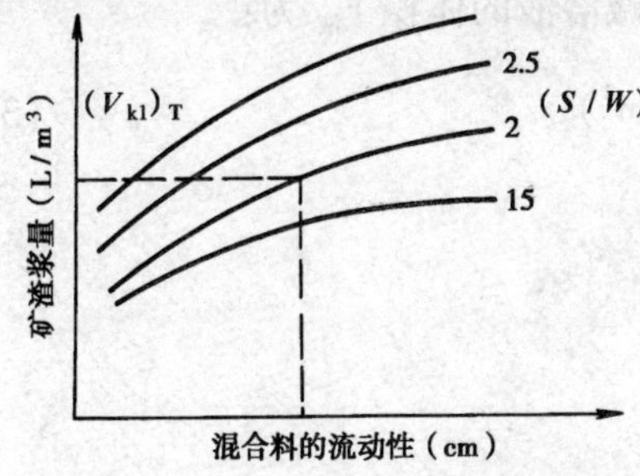

图 3-44　混合料流动性与矿渣浆量的关系

注：$(V_{k1})_T$ 为在给定混凝土混合料的流动度时，碱矿渣浆体的量。

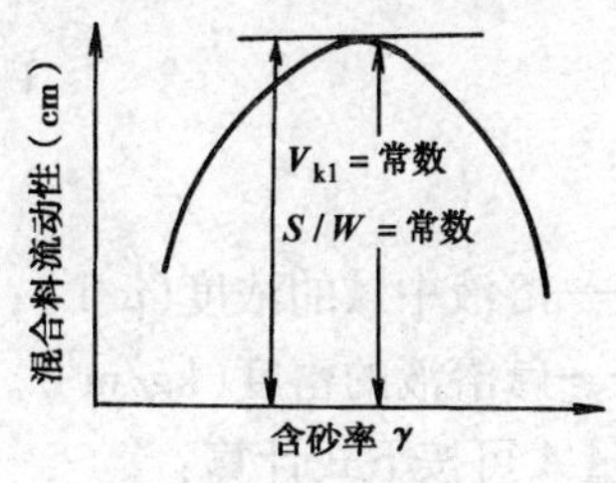

图 3-45　混合料流动性与含砂率之间的关系

（二）配合比设计步骤

1. 确定需水量

混凝土混合料中的加水量取决于混合料的流动性及集料的质量，表 3-133 为每 $1m^3$ 碱矿渣混凝土的用水量。

每 $1m^3$ 碱矿渣混凝土的用水量(L) 表 3-133

流动性		最大集料尺寸(mm)								砂质混凝土
流动度(cm)	维勃稠度(s)	砾石				碎石				
		5	10	20	40	5	10	20	40	
10 ~ 12	—	235	215	195	183	250	225	203	195	
5 ~ 7	—	230	205	180	175	240	215	195	185	
1 ~ 3	—	220	190	165	160	230	200	180	170	
—	15 ~ 30	—	—	—	—	—	—	—	—	220
—	30 ~ 50	200	175	155	145	210	185	165	155	200
—	60 ~ 80	180	160	145	140	190	170	155	150	180

注:1. 如果所用砂子的细度模数小于 2.5,则 $1m^3$ 混凝土用水量增加 10L。

2. 如果每 $1m^3$ 混凝土矿渣用量超过 400kg,则在 400kg 以上部分,每增加 100kg 矿渣,用水量增加 10L。

2. 确定水渣比和矿渣用量

对于碱渣混凝土,其强度与渣水比呈近似线性关系。

在通常条件下:

$$f_{cu,0} = 0.35\left(\frac{W}{G} - 0.55\right)f_{ce,g} \tag{3-67}$$

式中:$f_{cu,0}$——混凝土的配制强度(MPa);

$\frac{W}{G}$——水用量与矿渣用量之比;

$f_{ce,g}$——碱矿渣水泥强度(MPa)。

知道了 W/G 及用水量 m_{w0}(kg)以后,则可按下式求出矿渣用量:

$$m_{gs} = m_{w0} \times \frac{G}{W}(\text{kg}) \tag{3-68}$$

3. 确定用碱量

若碱溶液的密度为 ρ,则每 $1m^3$ 混凝土混合料所需碱溶液的体积 $V_{液}$ 为:

$$V_{液} = \frac{m_{w0}}{\rho - \frac{C}{1\,000}}(\text{L/m}^3) \tag{3-69}$$

式中:C——溶液中碱的浓度(g/L);

ρ——碱溶液的密度(kg/m^3)。

用碱量 A 可按下式计算:

$$A = V_{液}\frac{C}{1\,000}(\text{kg/m}^3)$$

4. 确定集料用量

总的集料用量可按下式计算:

$$m_{s0} + m_{g0} = \rho_{sg} - (m_{gs} + V_{液}\rho) \tag{3-70}$$

式中:m_{s0}——每 $1m^3$ 混合料中细集料用量(kg/m^3);

m_{g0}——每 $1m^3$ 混合料中粗集料用量(kg/m^3);

ρ_{sg}——混合料的密度(kg/m^3)。

当使用砾石作为集料时,集料中的含砂率为$\beta_s = 0.36 \sim 0.38$;而使用碎石作为集料时,则$\beta_s = 0.40 \sim 0.47$,故集料用量可按下式计算:

$$m_{s0} = \beta_s(m_{s0} + m_{g0}),m_{g0} = (m_{s0} + m_{g0}) - m_{s0} \tag{3-71}$$

(三)配合比计算实例

现要配制C35混凝土,混合料中含水率为13%,混合料的组成为:集料占75%(用细砂作集料),矿渣占25%,集料中含水率不超过1.5%,在计算中可忽略不计。用Na_2CO_3浓度为15%的溶液来拌和,计算所需材料的用量。

计算过程如下:

(1)确定用水量。

$$m_{w0} = \frac{350 \times 0.13}{1 + 0.13} = 40.26(kg)$$

(2)确定苏打用量。

$$85:15 = 40.26:A$$

$$A = 7.069kg$$

(3)确定矿渣和细砂的总量。

$$m_{gs} + m_{s0} = 350 - 40.26 - 7.0369 = 302.67(kg)$$

(4)确定细集料用量。

$$m_{s0} = 302.67 \times 75\% = 227.00(kg)$$

(5)确定矿渣用量。

$$m_{gs} = 302.67 \times 25\% = 75.67(kg)$$

(6)确定苏打溶液体积。

所需苏打溶液的质量为40.26+7.069=47.329kg。

含$Na_2CO_3$15%的溶液密度约等于1.15g/cm^3,则所需苏打溶液的体积为:

$$47.329 \div 1.15 = 41.15(L)$$

第二十八节　粉煤灰混凝土配合比设计

粉煤灰混凝土是指在水泥混凝土中掺加一定量粉煤灰的混凝土,这是现代混凝土技术所潮流中发展起来的一种新型经济改性混凝土。

在混凝土中掺加粉煤灰:节约大量的水泥和细集料;减少用水量;改善混凝土拌和物的和易性;增强混凝土的可泵性;减少混凝土的徐变;减少水化热、热能膨胀性;提高混凝土抗渗能力;增加混凝土的修饰性。粉煤灰混凝土已广泛应用于城市建设和地下混凝土工程中,如地铁、隧道、污水管道、排水管道、大型基础、市政工程、水利工程等方面,在预应力混凝土、道路混凝土、商品混凝土等中,也取得了成功的经验,具有非常广泛的发展前景。

一、原材料技术要求

1.粉煤灰

根据国家标准《用于水泥和混凝土中的粉煤灰》(GB 1596—2005)中的规定,按产生粉煤灰的煤种不同,可以将粉煤灰分为F类粉煤灰和C类粉煤灰两种:由无烟煤或烟煤煅烧收集的粉煤灰称为F类粉煤灰,F类粉煤灰是低钙灰;由褐煤或次烟煤煅烧收集的粉煤灰称为C类粉煤灰，C 类粉煤灰是高钙灰，其氧化钙含量一般大于 10%。拌制混凝土和砂浆用粉煤灰，可分Ⅰ级、Ⅱ级、Ⅲ级三个等级。

根据国家标准《用于水泥和混凝土中的粉煤灰》（GB 1596—2005）中的规定，拌制混凝土和砂浆用粉煤灰，其技术要求应符合表 3-134 中的要求。

拌制混凝土和砂浆用粉煤灰技术要求　　表 3-134

项　目		粉煤灰种类	技术要求		
			Ⅰ级	Ⅱ级	Ⅲ级
细度（45μm 方孔筛筛余）（%）	≤	F、C 类粉煤灰	12.0	25.0	45.0
需水量比（%）	≤	F、C 类粉煤灰	95	105	115
烧失率（%）	≤	F、C 类粉煤灰	5.0	8.0	15.0
含水率（%）	≤	F、C 类粉煤灰	1.0	1.0	1.0
三氧化硫（%）	≤	F、C 类粉煤灰	3.0	3.0	3.0
游离氧化钙（%）	≤	F、C 类粉煤灰	1.0	1.0	1.0
雷氏夹沸煮后增加距离（mm）	≤	C 类粉煤灰	5.0	5.0	5.0

2. 其他材料

由于粉煤灰混凝土是由基准水泥混凝土按照设计要求，掺加一定量的合格粉煤灰配制而成的，因此，粉煤灰混凝土的组成材料除粉煤灰必须符合以上规定外，其他组成材料必须符合现行的国家或行业标准。

为确定粉煤灰混凝土的质量，在配制粉煤灰混凝土时，宜优先选用硅酸盐水泥或普通硅酸盐水泥，其技术指标应符合《通用硅酸盐水泥》（GB 175—2007/XG 1—2009）中的规定；选用的细集料和精集料，应符合《普通混凝土用砂、石质量及检验方法标准》（JGJ 52—2006）普通混凝土用砂、石质量的规定；拌制混凝土的水，应符合《混凝土用水》（JGJ 63—2006）中的规定；需用掺加的各种外加剂，应符合《混凝土外加剂定义、分类、命名与术语》（GB 8075—2005）中的有关规定。

二、配合比设计

粉煤灰混凝土配合比设计方法很多，现将常用的几种介绍如下。

（一）用规定强度法进行配合比设计

粉煤灰混凝土配合比设计中的所谓“规定强度法”，是指英国的 I. A. Smith（史密斯）以粉煤灰胶凝系数 k 和等效水灰比为理论基础的等稠度和 28d 强度的设计方法。

粉煤灰胶凝效率系数 k 反映了粉煤灰对混凝土强度效应所产生的效率，即在混凝土中加入质量为 F（相当于水泥用量 kF）的粉煤灰，当达到一定龄期时，它能对混凝土强度作出相当于 k 份水泥的贡献。由于粉煤灰胶凝效率系数 k 的提出，简化了粉煤灰对强度效应以及水泥水化反应和粉煤灰二次反应之间的复杂性，建立了“等效水灰比”（或称“有效水灰比”）公式，是一种比较简单的方法。

1. 配合比设计基本方程式

用等效水灰比进行粉煤灰混凝土配合比设计的三个基本方程式如下。

(1)水/水泥质量比(即 W/C,水灰比)方程式

$$\frac{W}{C}=\left(\frac{W}{C}\right)_s\left(1+k\frac{F}{C}\right)\text{❶} \tag{3-72}$$

上式表示粉煤灰混凝土中实际水灰比(质量比)与等效水灰比及粉煤灰胶凝材料系数 k 的关系,它是决定粉煤灰混凝土与基准混凝土等强度的基本关系式。

(2)粉煤灰/水泥质量比(即 F/C)方程式

$$\frac{F}{C}=\frac{\left(\frac{W}{C}\right)_s-\left(\frac{W}{C}\right)_w}{\frac{3.15}{g}\left(\frac{W}{C}\right)_w-k\left(\frac{W}{C}\right)_s}\text{❷} \tag{3-73}$$

式(3-43)是确定等稠度和等强度的粉煤灰混凝土中粉煤灰和水泥组合的基本关系式,即粉煤灰掺量的关系式。

(3)集料/水泥质量比(即 A/C,集灰比)方程式

$$\frac{A}{C}=N\frac{\frac{W}{C}}{\left(\frac{W}{C}\right)_w}\text{❸} \tag{3-74}$$

以上三式中:k——粉煤灰胶凝效率系数;

$\frac{W}{C}$——粉煤灰混凝土中水/水泥(质量比);

$\left(\frac{W}{C}\right)_s$——普通水泥基准混凝土粉煤灰与混凝土强度相等的等效水灰比或有效水灰比(质量比);

---

❶用等效水灰比进行粉煤灰混凝土配合比设计的三个基本方程推导如下:

$\because \left(\frac{W}{C}\right)_s=\frac{W}{C+kF}\quad \therefore \frac{W}{C}=\left(\frac{W}{C}\right)_s\left(1+k\frac{F}{C}\right)$

因基准混凝土中$\frac{W}{C}$体积比和$\frac{W}{C+F}$体积比相等,故$\left(\frac{W}{C}\right)_w=\frac{\frac{W}{C}}{1+\left(3.15\times\frac{F}{gC}\right)}$。

❷

将$\frac{W}{C}=\left(\frac{W}{C}\right)_s\left(1+k\frac{F}{C}\right)$代入上式得:$\frac{F}{C}=\frac{\left(\frac{W}{C}\right)_s-\left(\frac{W}{C}\right)_w}{\frac{3.15}{g}\left(\frac{W}{C}\right)_w-k\left(\frac{W}{C}\right)_s}$

❸因基准混凝土中集料/水泥浆体积比和粉煤灰混凝土中集料/胶凝材料浆体积比相等,故

$$\frac{A}{C}=\frac{N}{1+3.15\left(\frac{W}{C}\right)_w}\left[1+\left(3.15\frac{F}{gC}\right)+\left(3.15\frac{W}{C}\right)\right]$$

又 $\left(\frac{W}{C}\right)_w=\frac{\frac{W}{C}}{1+3.15\left(\frac{F}{gC}\right)}$,即$1+\left(3.15\frac{F}{gC}\right)=\frac{\frac{W}{C}}{\left(\frac{W}{C}\right)_w}$,故$\frac{A}{C}=N\frac{\frac{W}{C}}{\left(\frac{W}{C}\right)_w}$

$\left(\frac{W}{C}\right)_w$——与粉煤灰混凝土和易性相等的普通水泥基准混凝土的等效水灰比(质量比);

3.15——硅酸盐水泥的平均密度;

$\frac{F}{C}$——粉煤灰混凝土中粉煤灰/水泥质量比;

$\frac{A}{C}$——粉煤灰混凝土中集料水泥质量比;

N——与粉煤灰混凝土稠度相等,水灰比为$\left(\frac{W}{C}\right)_w$的普通水泥基准混凝土中集料/水泥质量比。

2. 配合比设计程序

(1)按照粉煤灰混凝土的强度要求,查抗压强度与$\left(\frac{W}{C}\right)_s$的各关系表(英国习惯用"道路第4号纪要"的图表),选择与一定龄期等强度的基准混凝土的等效水灰比$\left(\frac{W}{C}\right)_s$。

(2)按照粉煤灰混凝土的和易性要求,按常规查集灰比关系图表(英国习惯用"道路第4号纪要"的图表),获得与粉煤灰混凝土和易性相等的基准混凝土的水灰比$\left(\frac{W}{C}\right)_w$(通常为0.35~0.4)及普通水泥基准混凝土中集料/水泥质量比N。

(3)计算粉煤灰混凝土中粉煤灰/水泥质量比,即$\frac{F}{C}$值,可用前述式(3-41)计算。

(4)计算粉煤灰混凝土中水/水泥质量比,即$\frac{W}{C}$值,可用前述式(3-40)计算。

(5)计算粉煤灰混凝土中集料/水泥质量比,即$\frac{A}{C}$值,可用前述式(3-42)计算。

(6)最后列出粉煤灰混凝土初步设计配合比:水∶粉煤灰∶水泥∶集料 = $\frac{W}{C}:\frac{F}{C}:1:\frac{A}{C}$。

英国中央发电局照此原理,绘制了k-$\left(\frac{W}{C}\right)_s$关系图(图3-46)❶。由图可确定相应的$\frac{W}{C}$和$\frac{F}{C}$值,从而简化了配合比设计。现举例说明。

[例3-2] 设计28d强度为40MPa的粉煤灰混凝土,稠度:中等,粉煤灰$k=0.25$,标准稠度需水量为32.5%,水泥:需水量为25%,碎石:最大粒径20mm石灰石。

解:查基准混凝土强度曲线,$\left(\frac{W}{C}\right)_s$为0.50,据$\left(\frac{W}{C}\right)_s$和$k$值从图3-46中查得$\frac{F}{C}=0.28$,$\frac{W}{C}=0.53$。再查"道路第4号纪要",取$\left(\frac{W}{C}\right)_w=0.4$,得$N=3.4$。代入上式(3-42),得$\frac{A}{C}=\frac{3.4\times0.58}{0.4}=4.5$,故水∶粉煤灰∶水泥∶集料=0.53∶0.28∶1∶4.5。

❶引自D. C. Teychenne′, R. E. Franklin和H. C. Erntroy著《普通混凝土配合比设计》一书,建筑科学研究中心,运输及道路研究试验室出版,1975年。

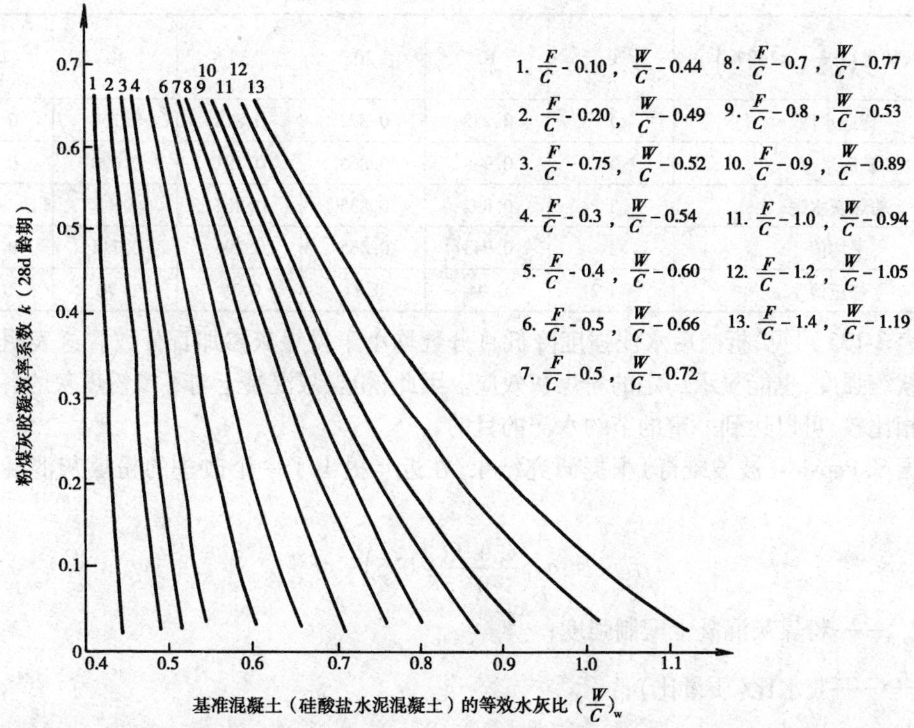

图 3-46　k-$\left(\frac{W}{C}\right)_w$ 图（粉煤灰混凝土与基准混凝土 28d 等强度，图右上角为相应的$\frac{F}{C}$、$\frac{W}{C}$值）

（二）用改良取代法进行配合比设计

上述用粉煤灰胶凝效率系数 k 和等效水灰比确定粉煤灰混凝土配合比设计中最重要的强度与水灰比关系的方法在欧美一些国家中有一定的影响。在史密斯提出设计方法的同一期间，也有人直接提出粉煤灰混凝土强度和水胶比的公式。这些公式一般只是通过试验对普通混凝土的强度公式加以适当的调整。因此，也就可以用修改的公式，按指定龄期配制与基准混凝土等强度的粉煤灰混凝土。

1. 粉煤灰混凝土强度改进公式

粉煤灰混凝土强度公式，经引入折减系数 φ 后为：

$$f_{cu,28} = 0.49\varphi f_{ce}\left(\frac{C+F}{W} - a_b\right) \tag{3-75}$$

式中：$f_{cu,28}$——粉煤灰混凝土的配制强度（MPa）；

f_{ce}——水泥软练实测强度（MPa）；

φ——水泥强度软练强度等级的折减系数，如表 3-135 所示；

a_b——常数，用普通水泥时为 0.45，用矿渣水泥或粉煤灰水泥时为 0.48；

$\frac{C+F}{W}$——胶凝材料与水质量之比（胶水比），C 为水泥用量 m_{c0}（kg），F 为粉煤用量 m_{F0}（kg），W 为用水量 m_{w0}（L）。

掺磨细粉煤灰水泥强度的折减系数 φ 值　　表 3-135

粉煤灰掺量$\left(\frac{F}{C+F}\times 100\%\right)$	0	10	20	30	40	50
普通水泥	1	0.942	0.872	0.818	0.737	0.599
矿渣水泥	1	0.948	0.863	0.791	0.690	0.589
粉煤灰水泥	1	0.892	0.835	0.761	—	—
平均值	1	0.943	0.865	0.796	0.714	0.596
修正值	1	0.94	0.87	0.79	0.70	0.60

由表 3-135 可见,折减后水泥强度降低百分数均小于粉煤灰掺加百分数。这表明粉煤灰对水泥软练强度,也能显示一定的粉煤灰效应。因此,粉煤灰混凝土与不掺粉煤灰的各种水泥混凝土相比较,可以达到一定的节约水泥的目的。

美国 S. Popvics(波波维奇)根据研究结果,在近年提出了一个改进的粉煤灰混凝土强度公式:

$$f_{cu,0} = a_b\left(\frac{C+F}{W} - 0.5\right) - cF'^{n} \tag{3-76}$$

式中:$f_{cu,0}$——粉煤灰混凝土配制强度;

$\frac{C+F}{W}$——胶水比(质量比);

a_b、c、n——试验常数;

F'——粉煤灰掺量百分数,即$\frac{F}{C+F}\times 100\%$。

此式是按照美国试验条件所确定的常数值;$a_b = 3\,250$,$c = 0.6$,$n = 2$;强度单位为 psi(如换为法定计量单位 MPa,则乘以 0.006 9)。

研究结果认为,上式适用于 ASTM 标准规定的 F 级低钙粉煤灰;但粉煤灰用量 F' 不得超过 50% ~60%。由于这一公式可与粉煤灰最佳掺量联系起来,因此比以前的粉煤灰混凝土强度公式有了一定的改进。

南非学者根据近年的研究,考虑粉煤灰的减水作用,提出了在理论上更为完整的等效水灰比关系式,即在史密斯的等效水灰比的方程中,再引入"粉煤灰减水系数 l",即:

$$\frac{C}{W} = \frac{m_{c0} + km_{F0}}{lm_{w0}} \tag{3-77}$$

式中:$\frac{C}{W}$——等强度基准混凝土的等效灰水比,即史密斯公式中$\left(\frac{W}{C}\right)_s$的倒数;

m_{c0}——粉煤灰混凝土中的水泥用量(kg/m^3);

m_{F0}——粉煤灰混凝土中的粉煤灰用量(kg/m^3);

k——粉煤灰胶凝效率系数;

l——粉煤灰减水系数;

m_{w0}——基准混凝土中的用水量(L/m^3)。

粉煤灰减水系数 l,可通过等稠度混凝土系统试验测定。如果同时采用减水剂、引气剂等影响用水量的化学外加剂,则可以经过试验,合并考虑综合减水系数。但是并非所有粉煤灰都有减水作用,且减水也有一定的范围,所以这个减水系数 l,实际上就是"粉煤灰需水性系数"。

l 值与粉煤灰混凝土和易性效率系数有关的 k_w 值完全相同，仅符号不同而已。

如果在粉煤灰混凝土配合比的用水量中，已经考虑了粉煤灰对用水量的影响，则可直接从图表中查出经过增减的粉煤灰混凝土用水量。如美国田纳西州水利工程局建议的粉煤灰对混凝土减水或增水的规律，可供当地工程实际应用。

以上只是说明了改良强度公式的基本原理，实际上，其计算也是比较简便的。除必须测定所用粉煤灰的 k 值和 l 值外，粉煤灰混凝土配合比设计程序，都是按照与基准混凝土对比的方法，先设计好基准混凝土的配合比，再通过简化的办法计算粉煤灰混凝土中各种材料用量。主要公式是：

$$m_{c0} = l\frac{m_{w0}}{\frac{W}{C}} - km_{F0} \tag{3-78}$$

式中：m_{c0}——粉煤灰混凝土中水泥用量（kg/m^3）；

m_{F0}——粉煤灰混凝土中粉煤灰用量（kg/m^3）；

$\frac{W}{C}$——基准混凝土的等效水灰比；

m_{w0}——基准混凝土的用水量（L/m^3）。

国内外在配合比试验中，常用规定粉煤灰掺量法，即先确定粉煤灰最佳掺量，在试配的各拌混凝土中用同一粉煤灰掺量。

[例 3-3] 基准混凝土水泥用量 $m_{c0} = 360kg/m^3$，用水量 $m_{w0} = 180L/m^3$，水灰比 $= 0.5$，$k = 0.4$，$l = 0.95$，$m_{F0} = 80kg/m^3$。求粉煤灰混凝土中水泥及水的用量。

解：$m_{c0} = l\frac{m_{w0}}{\frac{W}{C}} - km_{F0} = \frac{0.95 \times 180}{0.5} - (0.4 \times 80) = 310(kg/m^3)$

$$m_w = km_{wo}0.95 \times 180 = 171(L/m^3)$$

2. 粉煤灰掺量体积等值和质量等值换算

粉煤灰混凝土强度公式较好地反映了混凝土组分的结构关系及孔隙关系。胶凝等效系数 k、减水系数 l 等的影响，实际上已经包含在改良公式所体现的粉煤灰效应之中。因此，它可以用于另一个较好的粉煤灰混凝土强度公式体系。用它来计算粉煤灰混凝土强度时，水胶比（质量比）的简化公式为：

$$f_{cu,0} = a_b\left(1 + \frac{W}{C + F}\delta\right)_{eq} \tag{3-79}$$

这一公式还是比较简单而实用的。

不论是何种粉煤灰混凝土强度公式，都可以按绝对体积，或者按质量计算粉煤灰掺量。如美国混凝土学会制订的混凝土配合比设计方法（ACI211・1—81）规定，根据粉煤灰混凝土配合比中的水胶比与基准混凝土的水灰比方程，可分绝对体积等值和质量等值两种基准计算粉煤灰掺量。这两种基准都可应用，并可互相换算，但须加以注明，以避免发生混淆误用。其计算方法如下。

（1）按质量等值基准

$$\frac{W}{C} = \left(\frac{W}{C + F}\right)_{eq} \text{（质量比，质量等值）} \tag{3-80}$$

式中：$\frac{W}{C}$——基准混凝土水灰比（质量比）；

$\left(\frac{W}{C+F}\right)_{eq}$——粉煤灰混凝土等值水胶比（质量比）。

记粉煤灰掺量，即粉煤灰占胶凝材料总量的百分数为 F_w，则：

$$F_w = \frac{m_{F0}}{m_{c0} + m_{F0}} \tag{3-81}$$

式中：F_w——粉煤灰掺量（质量比，以小数表示）；

m_{F0}——粉煤灰（或其他矿物质粉料，下同）质量；

m_{c0}——水泥质量。

如需将按绝对体积计算的粉煤灰掺量 F_v 换算为质量比的粉煤灰掺量 F_w，公式是：

$$F_w = \frac{1}{1 + \frac{\rho_c}{\rho_f}\left(\frac{1}{F_v} - 1\right)} \tag{3-82}$$

式中：F_v——粉煤灰掺量（绝对体积比，以小数表示）；

ρ_c——水泥密度，ACI211 · 1—81 中规定一般取 3.15；

ρ_f——粉煤灰密度。

例如，按质量等值基准水灰比为 0.60，粉煤灰掺量 $F_w = 0.20$，即 $\left(\frac{W}{C+F}\right)_{eq} = \frac{W}{C} = 0.60$，$F_w = \frac{m_{F0}}{m_{c0} + m_{F0}} = 0.20$。

假设预估混凝土单位用水量为 160L/m^3，则胶凝材料用量为 $160 \div 0.6 = 267$kg/m^3，粉煤灰用量为 $0.20 \times 267 = 53$kg/m^3，水泥用量为 $267 - 53 = 214$kg/m^3，如果粉煤灰掺量 $F_w = 0.20$，以绝对体积计，即 $F_v = 0.20$，而 $\rho_c = 3.15$，$\rho_f = 2.40$，则：

$$F_w = \frac{1}{1 + \frac{\rho_c}{\rho_f}\left(\frac{1}{F_v} - 1\right)} = \frac{1}{1 + \frac{3.15}{2.40}\left(\frac{1}{0.2} - 1\right)} = 0.16$$

这样，按绝对体积计 $F_v = 0.2$，而以质量计 $F_w = 0.16$，故粉煤灰用量只有 $0.16 \times 267 = 43$kg/m^3，水泥用量为 $267 - 43 = 224$kg/m^3。

（2）按绝对体积等值基准

$$\left(\frac{W}{C+F}\right)_{eq} = \frac{\rho_c \frac{W}{C}}{\rho_c(1 - F_v) + \rho_f F_v} \text{（绝对体积比）} \tag{3-83}$$

式中：$\left(\frac{W}{C+F}\right)_{eq}$——粉煤灰混凝土等值水胶比（质量比）；

$\frac{W}{C}$——基准混凝土水灰比（质量比）；

ρ_c——水泥密度，ACI211 · 1—81 规定一般取 3.15；

ρ_f——粉煤灰密度；

F_v——粉煤灰掺量（绝对体积比，以小数表示）。

如果 F_w 已知，则可按下式换算绝对体积比的 F_v：

$$F_v = \frac{1}{1 + \frac{\rho_f}{\rho_c}\left(\frac{1}{F_w} - 1\right)} \tag{3-84}$$

例如，所需水灰比仍为0.60(质量比)，$F_v = 0.20$，测定$\rho_c = 3.15$，$\rho_f = 2.40$，按绝对体积等值基准，等值水胶比公式为：

$$\left(\frac{W}{C+F}\right)_{eq} = \frac{\rho_c \frac{W}{C}}{\rho_c(1 - F_v) + \rho_f F_v} = \frac{3.15 \times 0.60}{3.15(1 - 0.20) + 2.40 \times 0.20} = 0.63$$

所以按绝对体积等值水胶比应为0.63。如用水量仍为160L/m³，那么胶凝材料用量为$160 \div 0.63 = 254\text{kg/m}^3$。因为相应于$F_v = 0.20$的$F_w = 0.16$，故粉煤灰中粉煤灰质量为$0.16 \times 254 = 41\text{kg/m}^3$，而水泥质量为$254 - 41 = 213\text{kg/m}^3$。从而可见如按绝对体积比例，粉煤灰混凝土中胶凝材料的用量较低。

再将上述换算结果校核如下：

$$\text{粉煤灰} = \frac{41}{2.4 \times 1\,000} = 0.017(\text{m}^3)$$

$$\text{水泥} = \frac{213}{3.15 \times 1\,000} = 0.068(\text{m}^3)$$

$$\text{胶凝材料总量} = 0.017 + 0.068 = 0.085(\text{m}^3)$$

$$\text{粉煤灰掺量(按绝对体积)} = \frac{0.017}{0.085} \times 100\% = 20\%$$

假使进一步将绝对体积比$F_v = 0.20$改为质量比$F_w = 0.20$，则须重新计算F_v：

$$F_v = \frac{1}{1 + \frac{2.40}{3.15} \times \left(\frac{1}{0.20} - 1\right)} = 0.247$$

于是，在这种情况下，粉煤灰掺量的绝对体积比和质量比都是0.20，可是实际上20%的质量比的粉煤灰掺量大致要等于25%的绝对体积比的粉煤灰掺量。若再按绝对体积比粉煤灰掺量$F_v = 0.25$重作换算，则绝对体积计的等值水胶比$\left(\frac{W}{C+F}\right)_{eq}$为：

$$\left(\frac{W}{C+F}\right)_{eq} = \frac{3.15 \times 0.60}{3.15(1 - 0.25) + 2.40 \times 0.25} = 0.64$$

胶凝材料总质量则为$160 \div 0.64 = 250\text{kg/m}^3$。于是按$F_w = 0.20$计，有：

$$\text{粉煤灰用量} = 250 \times 0.20 = 50(\text{kg/m}^3)$$

$$\text{水泥用量} = 250 - 50 = 200(\text{kg/m}^3)$$

尚需指出，上述ACI211.1—81所举的例子，只是说明粉煤灰掺量的绝对体积比与质量比的换算，因为其等值基准并不是等强度的基准。波波维奇根据美国试验条件提出的28d龄期粉煤灰混凝土与硅酸盐水泥混凝土等强度的$\frac{W}{C+F}$的等值基准公式是：

$$\left(\frac{m_{w0}}{m_{c0} + m_{F0}}\right)_e = \frac{1}{\left(\frac{C}{W}\right)_0 + 0.184\,6 \times 10^{-3} F'^2} \tag{3-85}$$

式中：m_{c0}——水泥用量；

m_{F0}——粉煤灰用量；

m_{w0}——用水量；

$\left(\frac{C}{W}\right)_0$——28d 龄期等强度的基准混凝土的灰水比(质量比)；

$\left(\frac{m_{w0}}{m_{c0}+m_{F0}}\right)_e$——等强度的等值水胶比(质量比)；

F'——胶凝材料中粉煤灰的掺量，$F'=\frac{m_{F0}}{m_{c0}+m_{F0}}\times 100\%$(质量百分数)。

(三)用理性法进行配合比设计

粉煤灰混凝土配合比设计方法中的理性法是指一些偏重于按照材料科学的原则，讲究严密的配合比设计程序的方法。其特点是较多地考虑混凝土的性能、粉煤灰的特长研究、粉煤灰混凝土成分组合的基本关系、经济合理的优化配合比等设计原则。

目前推行的多种粉煤灰混凝土配合比设计的理性法，往往都是建立于不掺粉煤灰的基准混凝土的技术基础上的。配合比设计理性法的程序和步骤基本上和现行的普通混凝土的实验配合法相同，包括"选材"和"配料"两部分工作。"选材"还要为粉煤灰的因材设计取得必要的技术资料。现在粉煤灰品种的扩大和品位的提高，使得在配合比设计中"有材可选"。"配料"就是按照工程要求的混凝土性能进行所谓"量体裁衣"。理性法的"配料"计算之前，一般需建立较多的配合技术参数与混凝土性能的基本关系，如强度关系、和易性关系、耐久性关系、经济性关系等，因为原来普通混凝土配合比设计的基本关系已经不能"照搬"了。

1. 粉煤灰混凝土用水量的选择和强度的计算

混凝土配合比计算通常是从用水量选择和强度计算开始的，粉煤灰混凝土的理性法配合比设计也是以用水量选择和强度计算为开端的。

粉煤灰混凝土的需水性受水泥品种、用量，粉煤灰性质、用量，集料种类、粒径、级配以及用量等因素的影响，尤其应当考虑的是新拌混凝土的不同和易性的要求。这就需要进行大量的试验工作。因此，在理性法中往往使用的普通混凝土配合比设计规程中选择用水量的参考表，然后，乘以前面章节中所述的粉煤灰减水性系数 l 或需水性系数 K_w，来确定粉煤灰混凝土的用水量。即：

$$m_w = K_w m_{w0} \tag{3-86}$$

式中：m_w——粉煤灰混凝土的用水量；

K_w——需水性系数；

m_{w0}——查普通混凝土用水量参考表。

粉煤灰的种类和掺量对混凝土用水量的影响最大，因为并不是所有的粉煤灰都有减水作用，即使是有减水作用的粉煤灰，也有一定的减水范围，而且不同粉煤灰，其掺量影响也不同。因此，l 值或 K_w 值是粉煤灰混凝土配合比设计的重要系数。其取值既要依靠技术资料的不断积累，也要通过实用材料试验的校正。

在我国的粉煤灰混凝土配合比设计中，所用的磨细粉煤灰的需水量比在 100% 左右，但有关研究工作不多，常常直接用普通混凝土用水量参考表，在试拌中再作调整。但是，其准确性是有问题的。因此，还是应当重视 l 值或 K_w 值的测定。

根据前面提到的南非公式，将减水系数 l 引入等效灰水比公式，即：

$$\frac{C}{W} = \frac{m_{c0} + k m_{F0}}{l m_{w0}} \tag{3-87}$$

就可以用它来建立更为合理的强度公式：

$$f_{cu,0} = a_a\left(\frac{m_{c0} + km_{F0}}{lm_{w0}} - a_b\right) \tag{3-88}$$

如使用菲莱的改良粉煤灰混凝土强度公式，同样将 K_w 引入，则：

$$f_{cu,0} = K\left(\frac{m_{c0} + m_{F0}}{m_{c0} + m_{F0} + m_w m_{w0} + a}\right)^2 \tag{3-89}$$

式中：$f_{cu,0}$——粉煤灰混凝土配制强度（MPa）；

K——系数，为0.2～0.33；

m_{c0}——水泥绝对体积（m^3）；

m_{F0}——粉煤灰绝对体积（m^3）；

a——空气的绝对体积，为0.5%以下；

m_w——粉煤灰混凝土需水量（kg）；

m_{w0}——基准混凝土的用水量（kg）。

上述公式也都没有脱离对比的基准。

近年来国外有些学者还提出了一些新的粉煤灰配合比设计方法。但不管用何种方法，处理好用水量、水泥用量、粉煤灰掺量、强度、耐久性、经济性关系之后，尚需对集料作适当调整，其余的配合比计算方法和步骤与常规的混凝土配合比计算和试验方法基本相同。

2. 试配强度和坍落度的选择

粉煤灰混凝土配合比设计时，对配制强度，可参照现行的规程，依照普通混凝土的规定，考虑现场实际施工条件的差异和变化，按下式计算：

$$f_{cu,0} = f_{cu,k} + 1.645\sigma \tag{3-90}$$

式中：$f_{cu,0}$——混凝土的配制强度（MPa）；

$f_{cu.k}$——混凝土结构设计要求的强度（MPa）；

σ——施工单位混凝土标准差的历史统计水平（MPa）。

一般工程可参照《混凝土结构工程施工质量验收规范》（GB 50204—2002）的规定或其他有关的标准规范执行。

施工单位如具有25组以上混凝土试配强度的历史统计资料，则 σ 可按下式求得：

$$\sigma = \sqrt{\frac{\sum^{n} f_{cu,i}^2 - nf_{cu}^2}{n-1}} \tag{3-91}$$

式中：$f_{cu,i}$——第 i 组试块的强度；

f_{cu}——n 组试块强度的平均值。

施工单位无历史统计资料时，σ 可按表3-136取值。

σ 取 值 表 表3-136

f_{cu}（MPa）	C10～C20	C25～C40	C50～C60
σ	4.0	5.0	6.0

至于粉煤灰混凝土浇筑时的坍落度选择，也可以按照表3-137选用。根据国内施工经验，粉煤灰混凝土与普通混凝土虽然坍落度相同，但粉煤灰混凝土比较容易工作，因此，选用表3-137实际效果要好一些。

粉煤灰混凝土浇筑时的坍落度选择表 表3-137

项次	结构种类	坍落度(cm)
1	基础或地面等的垫层、无配筋的厚大结构(挡土墙、基础或厚大的块体等)或配筋稀疏的结构	1~3
2	板、梁和大型及中型截面的柱子等	3~5
3	配筋密列的结构(薄壁、斗仓、筒仓、细柱等)	5~7
4	配筋特密的结构	7~9

注:1. 本表是指采用机械振捣的坍落度,采用人工捣实时其值可适当增大。

2. 需要配制大坍落度混凝土时,应掺用外加剂。

3. 曲面或斜面结构的混凝土,其坍落度值应根据实际需要另行选定。

4. 轻集料混凝土的坍落度,宜比表中数值减小1~2cm。

5. 本表摘自《混凝土结构工程施工质量验收规范》(GB 50204—2002)。

3. 按耐久性要求设计配合比

如果对粉煤灰混凝土的耐久性无特殊的要求,则在配合比设计时,可参照《混凝土结构工程施工质量验收规范》(GB 5024—2002)的规定,根据粉煤灰混凝土所处的环境条件,按表3-138中的最大水灰比和最小水泥用量考虑。该表中的水灰比和水泥用量,实际上是包括粉煤灰在内的水胶比和最小胶凝材料用量。

混凝土的最大水灰比和最小水泥用量表 表3-138

项次	混凝土所处的环境条件	最大水灰比	最小水泥用量(kg/m^3)			
			普通混凝土		轻集料混凝土	
			配筋	无筋	配筋	无筋
1	不受雨雪影响的混凝土	不作规定	225	200	250	225
2	①受雨雪影响的露天混凝土 ②位于水中及水位升降范围内的混凝土 ③在潮湿环境中的混凝土	0.7	250	225	275	250
3	①寒冷地区水位升降范围内的混凝土 ②受水压作用的混凝土	0.65	275	250	300	275
4	严寒地区水位升降范围内的混凝土	0.6	300	275	325	300

注:1. 本表所列水灰比,普通混凝土是指水与水泥(包括外掺混合材料)用量之比,轻集料混凝土是指水与水泥的净水灰比(所指水不包括轻集料1h吸水量,水泥不包括外掺混合材料)。

2. 表中最小水泥用量(普通混凝土包括外掺混合材料,轻集料混凝土不包括外掺混合材料),当用人工捣实时应增加$25kg/m^3$,当掺用外加剂且能有效地改善混凝土的稠度时,水泥用量可减少$25kg/m^3$。

3. 强度等级≤C8的混凝土,其最大水灰比和最小水泥用量可不受本表的限制。

4. 寒冷地区是指最冷月份的月平均温度在-15~-5℃之间,严寒地区则指最冷月份的月平均温度低于-15℃。

但是,《混凝土结构工程施工质量验收规范》(GB 5024—2002)还规定混凝土的最大水泥用量不宜大于$550kg/m^3$,因为水泥用量过大,对耐久性也是不利的。

如果对所制备的粉煤灰混凝土耐久性有特殊的要求,则配合比设计时应根据混凝土所处的环境条件,专门设计与基准混凝土耐久性等效的或耐久性更高的粉煤灰混凝土。这样就要求通过相应的耐久性单项试验,如碳化、抗渗、抗冻、抗化学侵蚀等,测定耐久性效率系数,说明它能够满足工程的要求。

4. 按强度等级控制粉煤灰混凝土耐久性

众所周知,在对耐久性有要求的混凝土配合比设计方法中,强度的设计必须服从耐久性所要求的最大水灰比和最小水泥用量的规定,这样,原来规定的强度指标就失去了作用。

在一定条件下,混凝土的强度指标可以看做是混凝土的质量指标。现代水泥的强度有较大程度的提高,即使在水灰比较大的情况下,混凝土也可获得较高的强度,而混凝土质量却往往只凭强度来考核,忽视混凝土的耐久性,甚至不顾耐久性的要求。这样也就造成了现代混凝土劣化加速的问题。强度和耐久性之间存在着一定的关系。单就碳化深度问题而论,已有大量的试验研究资料证实,强度和碳化深度之间的关系,总的趋势是混凝土强度越高,碳化深度越小。值得注意的是,不掺粉煤灰的普通混凝土,强度在40MPa以上时,碳化深度一般较小,而强度在30MPa以下时,碳化深度往往大些。对于粉煤灰混凝土来说,这样的趋势更为明显。所以国内目前通常使用的结构混凝土强度为20~30MPa,显然对抗碳化不利。若能将平均强度提高到30MPa以上,则碳化问题的影响也就缩小了。

我国专家参照英国固定耐久性分级的试验,提出的粉煤灰混凝土耐久性分级的建议已列于表3-139中。表3-139与表3-140比较,表3-139中对混凝土的耐久性要求要偏高一些。表3-139中所提出的一般、较严酷、严酷这三级耐久性,分别相当于表3-140中耐久性项次第2、3、4项,至于表3-139中特严酷这一级则是对应耐久性要求特别高的粉煤灰混凝土。按表3-139中的建议,强度耐久性可分为25MPa、35MPa、45MPa和55MPa四级。

粉煤灰混凝土耐久性分级 表3-139

耐久性条件	混凝土强度(MPa)	最小胶凝材料用量(kg/m^3)	最大水胶比(质量比)	追加强度(MPa)
一般	25	250	0.7	与基准混凝土等强度
较严酷	30	300	0.6	+5
严酷	35	350	0.5	+10
特严酷	40	400	0.4	+15

注:表内耐久性条件分级与《混凝土强度检验评定标准》(GB/T 50107—2010)对照如下。

1. 一般:相当于《混凝土强度检验评定标准》(GB/T 50107—2010)表4.2.4项次2;
2. 较严酷:相当于项次3;
3. 严酷:相当于项次4;
4. 特严酷:海水或受地下水侵蚀工程。

如按强度等级控制粉煤灰混凝土耐久性,则可以在配合比设计中全面地考虑强度与耐久性的关系。如能在国内应用这样简单而又稳妥的方法,将具有较大的实用意义。

5. 集料的调整和外加剂的共同掺用

粉煤灰混凝土理性法配合比设计的结果,与基准混凝土对比,水泥浆体中成分已起变化。如按绝对体积计算,在单位体积的混凝土中,掺加粉煤灰的胶凝材料体积略有增加,所以对集料体积也应有所调整。通常按粉煤灰增加的体积,扣除细集料的用量来计算,而对粗集料则不作调整。这样,在粉煤灰掺量较高的情况下,扣除细集料用量将影响集料的砂率。但是,由于混凝土整个粒料级配中,粉料增多对砂率的降低有一定的补偿作用,因此不论从新拌混凝土的和易性或者从混凝土的密度来观察,都无不利的影响。当然,为了研究包括粉煤灰和水泥的理想颗粒级配,也可以对集料进行更多的调整。

在粉煤灰混凝土中同时掺加减水剂,即国内所谓"双掺混凝土",会取得进一步改善混凝土性能的效果。在粉煤灰混凝土中掺加木质素磺酸钙普通型减水剂,就能够制备出比基准混凝土抗碳化能力更高的混凝土。这是提高粉煤灰混凝土抗碳化性能简单而有效的技术措施。木质素磺酸钙的掺量一般为水泥质量的2.5%～3%。澳大利亚也曾进行系统的掺粉煤灰、掺减水剂、共同掺加减水剂和粉煤灰的混凝土与基准混凝土对比的试验。试验表明,双掺的效果最好。

根据国内外经验,将单掺粉煤灰或减水剂和双掺的混凝土与基准混凝土性能对比,列于表3-140,供粉煤灰混凝土配合比设计中,总体“剪裁”时参考。掺加减水剂前,应通过试验测定外加剂与水泥的相容性,并对配合比适当调整。

在粉煤灰混凝土中掺加减水剂或超塑化剂(高效能减水剂),可制备高强度混凝土。

英国粉煤灰标准(BS 3892),规定“粉煤灰中烧失量限值为不大于7%”,是因为考虑到粉煤灰中碳分对引气剂具有较大的吸附作用,因而会增加引气剂量并影响对含气量的控制。规定的限值7%是根据试验结果确定的使用引气混凝土所能接受的最大限值。引气的粉煤灰混凝土常用于抗冻性要求较高的水利工程中,如加拿大安大略水电局的一些水工结构地处严寒地带,采用引气粉煤灰混凝土均能满足抗冻性要求。在配合比设计试验中,应将混凝土中的含气量控制在6.5%±1%范围内。如粉煤灰中碳分提高,引气剂的剂量也要成比例地提高,以获得适应的含气量。

粉煤灰混凝土性能对比　　表3-140

混凝土性质(与普通水泥基准混凝土对比)	单掺减水剂基准混凝土		单掺粉煤灰混凝土		双掺减水剂粉煤灰混凝土	
	性能对比	改善或削弱程度	性能对比	改善或削弱程度	性能对比	改善或削弱程度
凝结时间*	近似	≈	近似或稍低	≈或－	近似	≈
稠度	稍好	+	较好	++	较好	++
泌水性*	稍高	－	较低	++	近似	≈
离析现象	近似	≈	较好	++	较好	++
坍落度损失	稍大	－	稍小	+	稍小	+
密实度*	稍高	+	稍高	+	较高	++
早期强度*	近似	≈	稍低	－	稍低	－
最大抗压强度	近似	≈	稍高	++	较高	++
弹性模量*	近似	≈	近似	≈	稍高	++
抗弯强度与抗拉强度	近似	≈	稍高	+	稍高	+
水化热	近似	≈	较低	+	较低	++
收缩性*	稍高	－	稍低	+	近似	≈
徐变*	稍高	－	较低	++	稍低	++
抗硫酸盐性	近似	≈	较好	++	较低	++
抗碱集料反应性	近似	≈	较好	++	较好	++
抗磨性	近似	≈	近似	≈	近似	≈
抗渗性	近似	≈	较好	++	较好	++
抗冻性	近似	≈	近似	≈	近似	≈
抗碳化能力*	近似	≈	稍低	－	近似或稍高	≈或+

注:1. 一般适用于结构混凝土的中等质量粉煤灰,减水剂为木质素磺酸钙,对比条件为等坍落度和28d等强度。

2. 符号说明:*为以往认为粉煤灰混凝土性能显著降低;≈为性能近似;+为性能稍好;++为性能较大改善;－为性能稍差。

(四)按经济原则(最佳化)进行配合比设计

1. 粉煤灰的经济效应

广义地说,活性效应、形态效应和微集料效应的发挥,能从节约水泥、节省能源,以及由改善混凝土性能或扩大混凝土品种等方面获得直接和间接的经济效益,都可认为是粉煤灰的经济效应。混凝土配合比设计中,经济性也是重要的设计依据之一,而粉煤灰混凝土配合比设计的目的,就是要更加合理地挖掘粉煤灰在混凝土中所能发挥的经济潜力。因此,这里谈到的粉煤灰混凝土的经济效益,只限于粉煤灰用量、水泥用量、粉煤灰取代水泥量等配合比组成问题,都是为了少用一些水泥或者多用一些粉煤灰。实际上,粉煤灰混凝土配合比设计就是把技术和经济科学地结合起来,即在保证粉煤灰混凝土获得最大技术效益的同时,又获得最大的经济效益。这也是粉煤灰混凝土配合比设计技术的一个重要方面。

2. 影响粉煤灰混凝土配合比经济效应的因素

影响粉煤灰混凝土经济效应的,有三个主要因素:①粉煤灰与水泥的相对成本;②水泥和粉煤灰的质量;③所制备的混凝土的性能要求。

(1)粉煤灰与水泥的相对成本对经济效应的影响

粉煤灰的回收、加工、制备、储存、运输都有一定的成本,其成本的高低,取决于产品化的过程和条件。对使用部门来说,成本是指采购价格,因此粉煤灰成本与水泥成本之比,也就是两者购入单价之比,叫做粉煤灰与水泥的相对成本$\left(\frac{F}{C}\right)_s$,粉煤灰与水泥的相对成本也可以百分数表示。

按照目前国际市场行情,商品粉煤灰与水泥单价比,一般为30%~50%,国内的单价比则为15%~30%。如果使用非商品粉煤灰,单价比则可降至5%~10%。不论价格比如何,粉煤灰价格总是低于水泥的。采用粉煤灰等量取代水泥,一般都可以取得比较好的经济效益。最好的例子,是20世纪50年代初世界上第一座大量应用粉煤灰的俄马坝工程,由于美国粉煤灰生产和供销条件还处于初创阶段,工程附近没有适用的粉煤灰,所用的粉煤灰经过长途运输之后,$\left(\frac{F}{C}\right)_s$高达73%,但应用等量取代(质量比),整个工程在当时仍取得了节约资金167.5万美元的效益。如果采用超量取代的办法,$\left(\frac{F}{C}\right)_s$越高,粉煤灰掺量越大,经济效益降低的影响也越大。美国田纳西州水利工程管理局建立了粉煤灰与水泥成本比$\left(\frac{F}{C}\right)_s$和粉煤灰用量与水泥用量(质量)比$\frac{F}{C}$的关系,并说明了这种经济组合与配合比设计时规定龄期的强度有关。按照28d龄期和90d龄期强度考虑得出的$\frac{F}{C}$与$\left(\frac{F}{C}\right)_s$的关系曲线,分别见图3-47和图3-48。

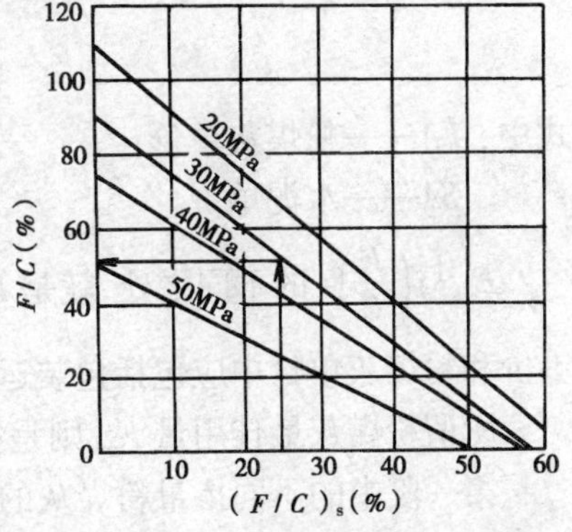

图3-47 按28d龄期抗压强度配合比设计的F/C与$(F/C)_s$的经济组合

(2)水泥和粉煤灰质量对经济效应的影响

图3-47和图3-48是根据美国Ⅱ型硅酸盐水泥和中等质量品位的粉煤灰的试验结果绘制的。如果水泥品种、强度和粉煤灰的质量发生较大的变化,就要调整其关系。受混凝土中粉煤灰效应的影响,图中曲线的位置可能会发生变动,曲线的形

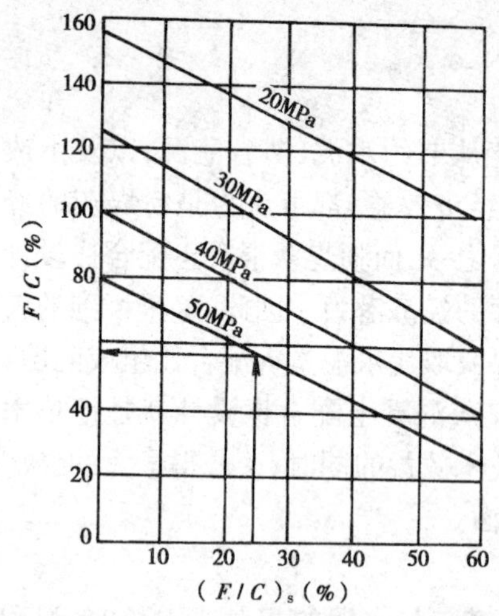

图 3-48　按 90d 龄期抗压强度配合比设计的 F/C 与 $(F/C)_s$ 的经济组合

式也可能会发生变化。因此,图中所示的曲线只表示$\frac{F}{C}$与$\left(\frac{F}{C}\right)_s$的大致趋势。对一般的粉煤灰混凝土工程来说,没有必要对每一种粉煤灰都绘出一系列$\frac{F}{C}$与$\left(\frac{F}{C}\right)_s$的关系图表,只要绘制一些有代表性的水泥和粉煤灰的图表就可作参考之用,再者,必要时还可通过试验再作核算。

(3)混凝土性能要求对经济效应的影响

钢筋混凝土规程中由于混凝土的耐久性或其他性能的需要规定了最小胶凝材料用量或水泥用量,有的也规定了粉煤灰的最大掺量或最小掺量,这些规定都使粉煤灰混凝土配合比设计受到一定的限制。这样,混凝土中粉煤灰的掺量就得优先服从于混凝土的性能要求,其次才去考虑经济性。正确的做法应当是,在配合比设计中选择粉煤灰用量时,兼顾技术性和经济性,以确定最佳粉煤灰混凝土配合比。

3. 粉煤灰最佳用量和成本比系数

澳大利亚专家曾提出名为“两段法”的粉煤灰混凝土配合比设计方法,也就是把配合比设计程序分为两段。在第一段中,先试配粉煤灰掺量为 0 ~ 30% 或 40% 的一系列包括基准混凝土在内的不同配合比的粉煤灰混凝土,然后根据试验结果绘制混凝土强度与水泥用量等的关系曲线,作为确定有效利用粉煤灰对强度效应的粉煤灰用量、水泥用量、粉煤灰取代水泥量的基本依据。在第二段中,进一步根据粉煤灰与水泥的成本比系数 E_{cr} 和粉煤灰最佳用量 F_{opt} 分析和确定粉煤灰混凝土的经济配合比。

所谓粉煤灰与水泥的成本比系数 E_{cr},与前面所述的$\left(\frac{F}{C}\right)_s$基本相同,$E_{cr}$ 也是指粉煤灰单价与水泥单价之比,即:

$$E_{cr}=\frac{FA}{SA} \tag{3-92}$$

式中:FA——粉煤灰单价;

SA——水泥单价。

E_{cr} 与$\left(\frac{F}{C}\right)_s$的不同之处,就是 E_{cr} 以比值表示,而不是用百分数表示。顺便说明一下,水泥单价和粉煤灰单价中应包括包装运费、储存费等所有其他费用。

所谓粉煤灰最佳用量 F_{opt} 则是指最经济的粉煤灰用量。

第一段中的不同掺量粉煤灰的系列试验,可以绘出如图 3-49 所示的混凝土抗压强度和水泥用量的基本关系图(可包括基准混凝土、掺减水剂混凝土、粉煤灰混凝土、掺减水剂粉煤灰混凝土),从而可以确定不同配合比条件下 28d 等强度的粉煤灰混凝土的各种水泥用量 C、粉煤灰用量 F,以及取代水泥量 C_0-C,其中 C_0 为基准混凝土水泥用量。

这里列举某一系列混凝土抗压强度与水泥用量关系图(图 3-49)及所对应的等强度粉煤灰混凝土的胶凝材料用量表(表 3-141)。

30MPa 等强度混凝土中的水泥用量、粉煤灰用量和取代水泥量　　表 3-141

粉煤灰掺量$\frac{F}{C+F}\times 100(\%)$	0	10	20	30
水泥用量 $C(kg/m^3)$	271 *	260	244	241
粉煤灰用量 $F(kg/m^3)$	0	29	61	103
取代水泥量 C_0-C (kg/m^3)	0	11	27	30

注：* 为 C_0。

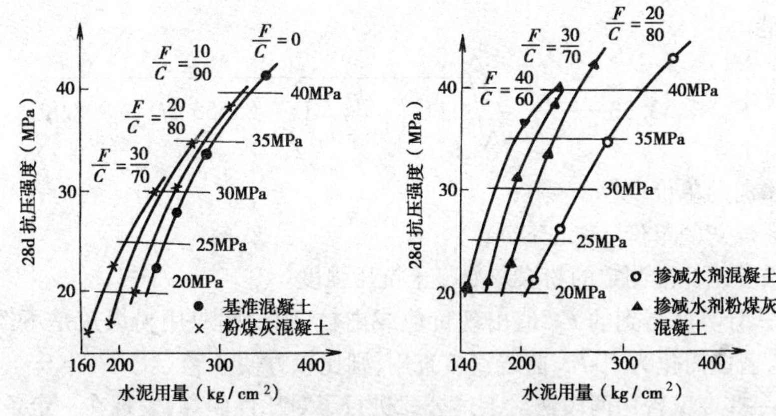

图 3-49　水泥用量与 28d 抗压强度的关系

取得表 3-141 中有关数据以后，就能绘制出粉煤灰最佳掺量 F_{opt} 曲线图（图 3-50）。图中以取代水泥量 C_0-C 为竖轴，以粉煤灰用量 F 为横轴。按粉煤灰和水泥比$\frac{F}{C}$关系从零点作一斜线，即图中 $E_{cr}=0.3$ 时的节约零点线，在此线上任何一点均无节约效益。ABC 曲线是根据粉煤灰掺量分别为 10%、20%、30% 时的 F 值和 C_0-C 值绘成，B 点处曲线斜率发生转折，BD 是 ABC 曲线与 $E_{cr}=0.3$ 节约零点线取代水泥量的差值，B 点也是曲线离零点线的最远点。BD 差值最大，因此可认为粉煤灰节约效益最好。但是通过更多的试验，就可以发现 C_0-C 的最大值不一定在 B 点处。$\frac{C_0-C}{F}$即相当于粉煤灰胶凝效率系数 k，在澳大利亚叫做粉煤灰强度有效利用系数 K_C（或以 K_F 表示）。一般地说，在粉煤灰混凝土 28d 等强度的条件下，K_C 或$\frac{C_0-C}{F}>\frac{FA}{SA}$即有盈利，可是如要进一步考虑经济性要求，则须选用最佳粉煤灰用量 $F_{opt}=61kg/m^3$。

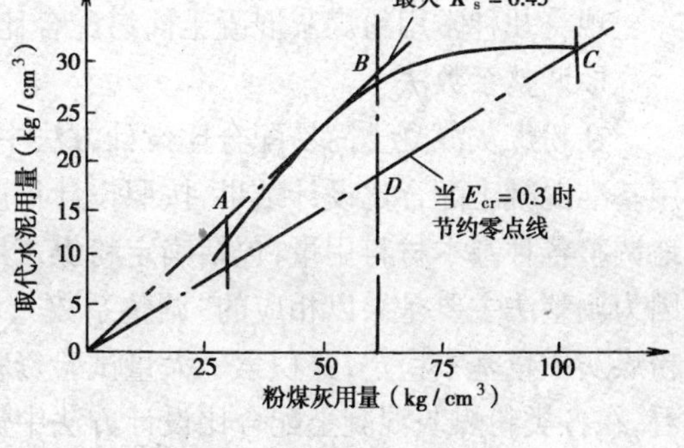

图 3-50　最佳粉煤灰用量曲线

如果粉煤灰与水泥成本比系数 $E_{cr}=0.3$，则节约费用可按下式计算：

$$节约费用=SA[(C_0-C)-E_{cr}F] \tag{3-93}$$

式中：SA——水泥单价（元/kg）；

C_0-C——取代水泥量（kg/m^3）；

F——经济的粉煤灰用量；

E_{cr}——粉煤灰单价与水泥单价之比。

例如，某粉煤灰混凝土配合比，取代水泥用量为 60kg/m^3，$E_{cr}=0.2$，$F=80$kg/m^3，水泥单价为 0.30 元/kg，则 1m^3 混凝土节约费用为 $0.30\times[60-(0.2\times80)]=13.2$ 元/m^3。

上述方法是最为简便的按经济原则进行粉煤灰混凝土配合比设计的方法。近年，鉴于耐久性因素的影响较为重要，且与粉煤灰用量和取代水泥量以及经济性有关，澳大利亚专家又提出了按耐久性要求而另行建立的粉煤灰耐久性有效利用系数。

4. 最佳化粉煤灰用量的定量公式

据波波维奇对粉煤灰混凝土配合比设计的研究，粉煤灰超量取代水泥配制等强度和等和易性的粉煤灰混凝土时，尚需考虑最佳化的经济配合比。通过微分的演算，得出的最佳粉煤灰用量 F_{opt} 公式是：

$$F_{opt}=33.33\frac{k_c}{k_c-k_f}-\sqrt{1\,111\left(\frac{k_c}{k_c-k_f}\right)^2-0.555\,6f'_c-902.8} \tag{3-94}$$

式中：k_c——水泥的单价（美元/磅）；

k_f——粉煤灰的单价（美元/磅）；

f'_c——按美国标准测定的粉煤灰混凝土抗压强度。

如运用上式计算所得到的 F_{opt} 值出现负值或虚数，则说明应用粉煤灰是不经济的。此式计算略显复杂，若能简化为 f'_c-F_{opt} 曲线直接查用，则比较方便。

澳大利亚一些专家曾用两段法对上述公式进行了对比性验算，发现在一定条件下，两种方法得到的 F_{opt} 比较接近，但在混凝土抗压强度较高的情况下，则有差异，因此认为采用实际材料进行试验比仅靠公式计算更接近于实际情况。

此外，前联邦德国的 W. Vom Berg（冯·贝格）也提出了一个类似的公式：

$$\varphi_{1,2}=-\frac{p_1}{p_2}\sqrt{\left(\frac{p_1}{p_2}\right)^2+\frac{p_2p_3-p_1p_4}{p_2p_5}} \tag{3-95}$$

式中：$\varphi_{1,2}$——经济的粉煤灰掺量（粉煤灰/水泥）；

p_1、p_2、p_3、p_4、p_5——考虑粉煤灰混凝土强度、稠度等系数。

可是这种方法，在很大程度上要借助于程序式计算器和电子计算机的运算，必须输入满足与前联邦德国标准 DIN1045 相应的程序才能演算，并且也要求与基准混凝土进行对比。因此，采用此法者不多。

（五）粉煤灰混凝土简易配合比设计

现将几种常用粉煤灰混凝土简易配合比设计方法介绍于下。

1. 调整系数法

在粉煤灰混凝土简易配合比设计方法中，调整系数法是比较合理的。调整系数法直接引用基准混凝土配合比设计结果，按照设计稠度相等和 28d 强度相等的粉煤灰混凝土要求，适当地调整各种基本材料用量，包括确定粉煤灰用量、取代水泥量、水泥用量等，然后确定配合比。因为调整法主要是乘以相应的“调整系数”，所以这些方法也叫“调整系数法”。简易法适合于粉煤灰质量基本稳定，并积累了大量试验资料的混凝土工厂和现场试验室。从实用的角度来看，在各类粉煤灰混凝土配合比设计方法中调整系数法还是比较简单易懂、简捷易行且的一种方法。

现行的粉煤灰混凝土配合比设计调整系数法有好几种，尽管它们在某些问题或者细节上有所区别，但是基本原则是相同的。调整系数法也只不过提供了初次试拌的配合比，最终配合比的确定仍需依靠试验室试拌及现场调整和校正的结果。调整系数实际上也就是“试验系数”和“校正系数”。

用好调整系数法有三个关键：首先是要选好基准混凝土的配合比；其次是要求该地区有质量稳定的粉煤灰供应，因为粉煤灰质量波动过大，固定的调整系数法就无法应变；第三是通过系统试验制订适用的调整系数表。

这里只以英国评议局鉴定的 ABC81/841《用于混凝土中质量保证的粉煤灰——波佐琅》中所提供的调整系数表（表 3-142）作典型，来说明具体的粉煤灰混凝土配合比设计方法。

由表 3-142 可见，表中所用粉煤灰质量是较高的，尤其是用水量调整系数 γ，随着粉煤灰掺量增加而不断降低，这对充分发挥粉煤灰效应十分有利。英国普遍采用的普通混凝土配合比设计方法是“道路第 4 号纪要”配合比设计法；另一个方法是由英国环境部制订的，叫做“环境部法”（简称 D_0E 法），这一方法比“道路第 4 号纪要”法要简便一些。所以当粉煤灰混凝土配合比设计采用调整系数法时，也比较方便。

粉煤灰混凝土调整系数表 表 3-142

$\frac{m_{F0}}{m_{c0}+m_{F0}}\times 100(\%)$	水泥用量调整系数 β	用水量调整系数 γ	胶凝材料用量调整系数 α
15	0.970	0.880	1.035
20	0.965	0.840	1.050
25	0.945	0.800	1.065
30	0.920	0.756	1.080
35	0.895	0.712	1.095
40	0.870	0.666	1.110
45	0.845	0.619	1.125
50	0.820	0.570	1.140

注：此表即 P·欧文思建议表，英国另有类似的粉煤灰混凝土调整系数表，如 D·霍勃斯调整系数表，其中数值略有差别。

试举调整系数法例题，计算如下。

选用普通混凝土配合比设计确定的基准混凝土水泥用量 m_{c0} 为 300kg/m³，用水量 m_{w0} 为 190L/m³，水灰比为 0.63。要求配制 28d 龄期等强度的粉煤灰混凝土，选用的粉煤灰掺量 $\frac{F}{C+F}$ 为 30%，调整系数可查用表 3-142。配合比计算如下（计数至 5kg/m³）：

用水量 $m_w = m_{w0}\times\beta = 190\times 0.92 = 175(\text{L/m}^3)$

水泥用量 $m_c = m_{c0}\times\alpha\times(1-30\%) = 300\times 1.08\times 0.7 = 225(\text{kg/m}^3)$

或 $m_{c0}\times\gamma = 300\times 0.756 = 225(\text{kg/m}^3)$

粉煤灰用量 $m_{F0}\times\alpha\times 30 = 300\times 1.08\times 0.3 = 100(\text{kg/m}^3)$

水胶比 $\frac{W}{C+F} = \frac{175}{225+100} = 0.54$

为了进行配合比设计试验，同时试配了两组水泥用量 $C\pm 60$kg/m³ 的配合比。

水泥用量减少 60kg/m³，则粉煤灰掺量为：

$$\frac{m_{F0}}{(m_{c0}-60)+m_{F0}}\times 100\% = \frac{100}{(225-60)+100}\times 100\% = 38\%$$

水胶比 $$\frac{m_w}{(m_{c0}-60)+m_{F0}} = \frac{175}{(225-60)+100} = 0.66$$

水泥用量增加 $60kg/m^3$,则粉煤灰掺量为:

$$\frac{m_{F0}}{(m_{c0}+60)+m_{F0}}\times 100\% = \frac{100}{(225+60)+100}\times 100\% = 26\%$$

水胶比 $$\frac{m_w}{(m_{c0}+60)+m_{F0}} = \frac{175}{(225+60)+100} = 0.45$$

国产粉煤灰的质量波动较大,如果是需水量比小于 95%、细度为 45μm、筛余量小于 12.5% 的优质细灰,可采用表 3-142 中的调整系数。

根据上海市的经验,使用磨细粉煤灰产品,需水量比的变化范围比较稳定,一般为 98% ~ 102%,也就是符合规定的不大于 105% 的要求。在粉煤灰掺量百分数不高的条件下,如 $\frac{m_{F0}}{m_{c0}+m_{F0}}\times 100\%$ 不超过 30%,则配合比设计中可不调整用水量,只调整胶凝材料用量。但如用需水量比大于 105% 的粉煤灰,或者粉煤灰掺量较高时,胶凝材料调整系数 α、用水量调整系数 γ 均应重新确定。

根据我国具体情况,用于钢筋混凝土的应符合《用于水泥和混凝土中的粉煤灰》(GB/T 1596—2005)规定的磨细粉煤灰,水泥品种可选用 42.5 级以上的矿渣硅酸盐水泥以及普通硅酸盐水泥和纯硅酸盐水泥,建议参照表3-143选择胶凝材料调整系数,而用水量系数一般先不考虑。

掺国产磨细粉煤灰混凝土胶凝材料调整系数表 表 3-143

粉煤灰掺量 $\frac{F}{C+F}\times 100(\%)$	不同品种水泥混凝土胶凝材料用量调整系数 α		
	42.5 级矿渣硅酸盐水泥	52.5 级普通硅酸盐水泥	纯硅酸盐水泥
0	1.00	1.00	1.00
10	1.025 ~ 1.045	1.030 ~ 1.050	1.035 ~ 1.055
15	1.045 ~ 1.065	1.050 ~ 1.070	1.055 ~ 1.075
20	1.065 ~ 1.085	1.070 ~ 1.090	1.075 ~ 1.095
30		1.090 ~ 1.100	1.095 ~ 1.150

注:粉煤灰质量偏低时,取上限;质量较优时,取下限。如用 42.5 级普通硅酸盐水泥,可选用介于 42.5 级硅酸盐水泥和 52.5级普通硅酸盐水泥之间的调整系数 α,即接近 42.5 级矿渣硅酸盐水泥的上限,或 52.5 级普通硅酸盐水泥的下限。

2. 超量系数法

根据《粉煤灰混凝土应用技术规范》(GBJ 146—1990)的规定,掺粉煤灰混凝土配合比的设计可采用超量取代法。

(1)配合比设计原则

粉煤灰混凝土的配合比设计以基准混凝土的配合比为基础,按等稠度(是指粉煤灰混凝土拌和物具有与基准混凝土拌和物相同的坍落度)、等强度等级(是指粉煤灰混凝土具有与基准混凝土相同的抗压强度等级)原则,用超量系数法(又称超量取代法,是粉煤灰占配合比设计的一种方法,即为达到粉煤灰混凝土与基准混凝土等强度的目的,粉煤灰的掺入量超过其取代的水泥量,其掺入量 = 取代水泥量 × 超量系数)进行调整。

(2)配合比设计顺序

①计算水泥用量。根据基准混凝土配合比,按所选用的粉煤灰,查表 3-144,按不同的混凝

土强度等级及所取代水泥的种类,选择适当的粉煤灰取代水泥率。

$$m_c = m_{c0}(1 - f) \tag{3-96}$$

式中:m_c——粉煤灰取代水泥后的水泥用量(kg/m^3);

m_{c0}——基准混凝土水泥用量(kg/m^3);

f——粉煤灰取代水泥率(%)。

②计算粉煤灰的掺入量。按表 3-145 确定超量系数,按下式算出粉煤灰的掺入量 m_F。

$$m_F = K(m_{c0} - m_c) \tag{3-97}$$

式中:m_c——粉煤灰取代水泥后的水泥用量(kg/m^3);

m_{c0}——基准混凝土水泥用量(kg/m^3);

K——粉煤灰超量系数。

粉煤灰取代水泥率 f　　表 3-144

混凝土强度等级或类别	取代普通水泥(%)	取代矿渣水泥(%)	粉煤灰级别
≤C15	15~25	10~20	Ⅲ级
C20	10~15	10	Ⅰ~Ⅱ级
C25~C30	15~20	10~15	Ⅰ~Ⅱ级
预应力混凝土	<15	<10	Ⅰ级

注:以 32.5 级水泥配制的混凝土取表中下限值;以 52.5 级水泥配制的混凝土取表中上限值。

粉煤灰超量系数　　表 3-145

粉煤灰级别	超量系数 K	附　　注
Ⅰ	1.0~1.4	混凝土强度等级为 C25 以下时取上限,为 C25 以上时取下限
Ⅱ	1.2~1.7	
Ⅲ	1.5~2.0	

③计算粉煤灰超出水泥的体积。算出每 $1m^3$ 粉煤灰混凝土中水泥、粉煤灰的绝对体积,并按下式求出粉煤灰超出水泥的体积(此体积一般在细集料砂中扣除),即:

$$m_s = m_{s0} - \left(\frac{m_F}{\rho_F} + \frac{m_c - m_{c0}}{\rho_c}\right)\rho_s \tag{3-98}$$

式中:ρ_F、ρ_s、ρ_c——粉煤灰、砂子、水泥的密度;

m_s——砂在粉煤灰混凝土中的实际用量(kg/m^3)。

④粉煤灰混凝土的用水量,按基准配合比的用水量取用,粗集料也同样按基准配合比取用。即:

$$m_w = m_{w0}, m_g = m_{g0}$$

⑤根据计算的掺粉煤灰混凝土配合比,通过试配,在保证设计所需和易性的基础上,进行混凝土配合比的调整。调整后的配合比,作为现场施工用的粉煤灰混凝土配合比。

(3)计算实例

根据某工程的要求,设计掺粉煤灰混凝土的配合比。

已知:混凝土设计强度等级为 C30,其标准差 $\sigma = 5MPa$,混凝土拌和物坍落度为 30~50mm,水泥采用 32.5 级普通硅酸盐水泥,粗集料为碎石,其最大粒径为 20mm,细集料为河砂,属中砂。

设计计算(按新规程):

①根据公式计算混凝土试配强度$f_{cu,0}$。

$$f_{cu,0}=f_{cu,k}+1.645\sigma=30+1.645\times5=38.2(\text{MPa})$$

②计算出基准混凝土(不掺粉煤灰的混凝土)的材料用量。

a. 由公式 $\dfrac{W}{C}=\dfrac{\alpha_a f_{ce}}{f_{cu,0}+\alpha_a\alpha_b f_{ce}}$,得:

$$f_{ce}=r_c f_{ce,g}=23.5\times1.13=36.725(\text{MPa})$$

$$\frac{W}{C}=\frac{0.46\times36.725}{38.2+0.46\times0.07\times36.725}=0.43$$

b. 查表2-33 得用水量 $m_{w0}=195\text{kg/m}^3$。按公式求得水泥用量。

$$m_{c0}=\frac{C}{W}\times m_{w0}=2.25\times195=439(\text{kg/m}^3)$$

c. 查表2-28 取砂率为35%。

d. 按质量法计算,得 $m_{cp}=2\ 400\text{kg/m}^3$,砂子用量 $m_{s0}=586.4\text{kg/m}^3$,石子用量 $m_{g0}=1\ 139.2\text{kg/m}^3$。

e. 基准混凝土材料用量为 $m_{c0}=453\text{kg/m}^3$,$m_{w0}=195\text{kg/m}^3$,$m_{s0}=613\text{kg/m}^3$,$m_{g0}=1\ 139\text{kg/m}^3$。

(4)掺粉煤灰混凝土配合比设计。以基准混凝土为基础,用粉煤灰超量取代法进行计算调整。

①按表3-144 选取粉煤灰取代水泥率$f=15\%$。

②按公式和取代水泥的百分率算出水泥用量m_c。

$$m_c=m_{c0}\times(1-0.15)=385(\text{kg/m}^3)$$

③由表3-145 选取粉煤灰的超量系数K。

$$K=1.5$$

④按公式计算粉煤灰用量m_F。

$$m_F=K(m_{c0}-m_c)=1.5\times(453-385)=102(\text{kg/m}^3)$$

⑤按公式计算水泥、粉煤灰和砂的绝对体积,求出粉煤灰超出水泥部分的体积,并扣除同体积用砂量。取$\rho_c=3.1$,$\rho_F=2.2$,$\rho_s=2.6$。

$$\begin{aligned}m_s&=m_{s0}-\left(\frac{m_c}{\rho_c}+\frac{m_F}{\rho_F}-\frac{m_{c0}}{\rho_c}\right)\rho_s\\&=613-\left(\frac{38.5}{3.1}+\frac{102}{2.2}-\frac{453}{3.1}\right)\times2.6\\&=549.6(\text{kg/m}^3)\end{aligned}$$

⑥粉煤灰混凝土的用水量和粗集料量,按基准配合比用量不变。即:

$$m_w=m_{w0}=195(\text{kg/m}^3)$$

$$m_g=m_{g0}=1\ 139(\text{kg/m}^3)$$

根据以上计算得出每1m^3 掺粉煤灰混凝土各材料用量(精确到1kg):$m_c=385\text{kg}$,$m_w=195\text{kg}$,$m_F=102\text{kg}$,$m_s=549\text{kg}$,$m_g=1\ 139\text{kg}$。

⑦经试配调整得出设计配合比。因试配得粉煤灰的实测密度为$2\ 400\text{kg/m}^3$,计算密度为

2 370kg/m^3，故得校正系数：

$$\delta = \frac{2\ 400}{2\ 370} = 1.012$$

计算结果 $\delta < 2\%$，可不进行调整。

求出粉煤灰混凝土的配合比。

水: 水泥: 粉煤灰: 砂: 石子 = 195: 385: 102: 549: 1 139 = 0.51: 1: 0.27: 1.42: 2.96

3. 固定用量法和固定掺量比法

国内曾采用的另外两种粉煤灰混凝土配合比设计简易方法是“固定用量法”和“固定掺量比法”，这两种方法的全称应当是“固定粉煤灰用量法”和“固定粉煤灰掺量比法”。前者的特点是预先确定 1m^3 混凝土中粉煤灰的用量 m_{F0}(kg)，后者则预先选定粉煤灰的掺量比$\frac{F}{C}$(或粉煤灰掺量百分数，$\frac{F}{C} \times 100\%$)。因两者的原理和计算方法基本相同，故合并为一类，分述如下。

(1) 固定用量法

固定用量法已在一些欧洲国家沿用多年，它主要是根据多年制备粉煤灰混凝土的经验确定的。在混凝土中粉煤灰用量 m_{F0} 的范围有些国家是 50 ~ 150kg/m^3，有的则是 70 ~ 120 kg/m^3。这样，凭配合比设计工作经验或通过水泥用量变化的配合试验，选择粉煤灰用量固定的合适配合比。由于粉煤灰用量固定不变，因此对于粉煤灰作为一种混凝土基本组分的概念也能比其他方法明确一些，且配合比设计时也暂可不受其他条件的影响。实际上，按这种方法设计也是建立在对基准混凝土对比和调整的基础上的，要求 28d 等强度和等稠度，并受胶凝效率系数 k 的支配。具体方法是根据等效水灰比的公式，取基准混凝土与强度相应的水灰比，作简单的计算。等效水灰比的公式可列为：

$$\left(\frac{W}{C}\right)_s = \left(\frac{W}{C}\right)_0 = \frac{m_w}{m_{c0} + km_{F0}} \tag{3-99}$$

则

$$C = \frac{m_w}{\left(\frac{W}{C}\right)_0} - km_{F0} \tag{3-100}$$

式中：$\left(\frac{W}{C}\right)_s$——等效水灰比；

$\left(\frac{W}{C}\right)_0$——基准混凝土水灰比；

m_w——粉煤灰混凝土中用水量(kg/m^3)；

m_{F0}——粉煤灰混凝土中粉煤灰用量(kg/m^3)；

k——粉煤灰胶凝效率系数。

此法必须先测定粉煤灰胶凝效率系数 k，粉煤灰混凝土用水量则需根据粉煤灰的需水性高低，对照基准混凝土用水量确定。

[例 3-4] 试算固定粉煤灰用量为 50kg/m^3，28d 等强度和等稠度的粉煤灰混凝土配合比。

基准混凝土配合比设计资料：水泥用量为 250kg/m^3，用水量为 175kg/m^3，水灰比$\left(\frac{W}{C}\right)_0$为

0.7,砂/石为40/60。

解:所用粉煤灰胶凝效率系数 $k=0.5(28d)$,经选定,粉煤灰混凝土用水量可比基准混凝土减少 $8kg/m^3$,即 $175-8=167kg/m^3$。

$$m_{c0}=\frac{m_w}{\left(\frac{W}{C}\right)_0}-km_{F0}=\frac{167}{0.7}-0.5\times50=214(kg/m^3)$$

胶凝材料用量 $m_{c0}+m_{F0}=214+50=264kg/m^3$,集料用量可按绝对体积常规计算。计算后,查核是否符合有关规范的要求。

(2)固定掺量比法

这种方法的特点是先行确定粉煤灰混凝土中粉类灰与水泥的掺量比$\frac{F}{C}$。在配合比设计中保持$\frac{F}{C}$比值不变,往往是出于经济方面的原因。选择的$\frac{F}{C}$是经济效益最好的最佳掺量比。至于此法的其他配合原则,则与固定粉煤灰用量法完全相同。但需将等效水灰比公式列成如下形式:

$$C=\frac{m_w}{\left(\frac{W}{C}\right)_s\left[1+k\left(\frac{F}{C}\right)\right]}=\frac{m_w}{\left(\frac{W}{C}\right)_0\left[1+k\left(\frac{F}{C}\right)\right]}$$

上式中$\frac{F}{C}$为已选择的粉煤灰与水泥掺量比(质量比),其余符号与前述符号相同。在已测定出粉煤灰胶凝效率系数 k,确定了粉煤灰混凝土用水量 m_w 后,即可计算粉煤灰混凝土中水泥用量 m_c。

[例3-5] 试算固定粉煤灰掺量比$\frac{F}{C}$为0.25的28d等强度和等稠度的粉煤灰混凝土配合比。

基准混凝土配合比设计资料与固定用量法例题中设计资料同。

解:

$$m_c=\frac{m_w}{\left(\frac{W}{C}\right)_0\left[1+k\left(\frac{F}{C}\right)\right]}=\frac{167}{0.7(1+0.5\times0.25)}=211(kg/m^3)$$

$$m_{F0}=0.25\times211=53(kg/m^3)$$

胶凝材料用量 $m_c+m_{F0}=211+53=264kg/m^3$,其余计算与常规方法相同。

三、参考配合比

表3-146~表3-149中列出了多种粉煤灰混凝土配合比,可供设计和施工参考。

活化粉煤灰混凝土设计配合比 表3-146

编号	混凝土配合比(kg/m³)					取代系数λ
	水泥	活化粉煤灰	砂	石子	水	
H-01	286	0	596	1 314	165	0
FH-11	257	35	581	1 308	165	1.2
FH-21	243	56	570	1 304	165	1.3
FH-31	229	80	558	1 296	165	1.4
FH-41	215	107	539	1 292	165	1.5

续上表

编　号	混凝土配合比(kg/m^3)					取代系数 λ
	水泥	活化粉煤灰	砂	石子	水	
H-02	386	0	600	1 243	170	0
FH-12	328	73	570	1 227	170	1.25
FH-22	309	100	554	1 224	170	1.3
FH-32	290	134	537	1 213	170	1.4
FH-42	270	174	518	1 196	170	1.5

超细粉煤灰高强混凝土配合比　　表 3-147

配合比编号	水—胶结料比	砂率(%)	混凝土材料组成(kg/m^3)						
			水	水泥	粉煤灰	磨细矿渣	粗集料	细集料	超塑化剂
1	25.0	38.0	170	680	0	0	964	564	2.10
2	25.0	38.0	170	612	98	0	954	558	1.20
3	25.0	38.0	170	408	98	204	994	553	1.80
4	25.0	38.0	170	476	0	204	955	559	2.00
5	27.5	38.5	168	609	0	0	997	596	1.50
6	27.5	38.5	168	548	61	0	988	591	1.00
7	27.5	38.5	168	365	61	183	980	586	1.20
8	27.5	38.5	168	426	0	183	989	591	1.30
9	27.5	38.5	160	349	58	175	1 002	602	1.40
10	27.5	38.5	165	360	60	180	989	592	1.30
11	27.5	38.5	170	371	62	186	971	580	1.10
12	27.5	38.5	168	609	0	0	998	596	1.50
13	25.0	38.5	152	548	61	61	1 013	605	1.50
14	27.3	38.5	166	365	61	61	982	587	1.50

常用粉煤灰混凝土配合比与抗压强度　　表 3-148

编号	用量配合比(kg/m^3)				干硬度(s)	抗压强度(MPa)		
	砂	水泥	碎石	粉煤灰		28d	60d	120d
1	616	350	938	0	23	32.5	37.8	39.5
2	585	350	931	37	21	32.4	38.9	43.5
3	554	350	925	74	21	33.1	42.3	44.7
4	523	350	919	111	20	34.7	43.5	47.8
5	492	350	913	148	21	35.9	44.7	55.4
6	431	350	901	221	20	35.6	48.5	59.2
7	369	350	889	295	19	34.7	47.6	52.1

注:粉煤灰均按超量 1.2 代替砂。

粉煤灰流态混凝土参考配合比　　表3-149

序号	混凝土材料用量(kg/m³)					FDN-100	坍落度(cm)	28d平均抗压强度(MPa)	7d抗压强度(MPa)	28d抗压强度(MPa)
	水泥	砂	石子	水	ASH					
1	370	950	950	200	—	—	8.0	44.3	39.6	51.5
2	370	950	950	200	—	加	18.4	43.8	39.6	47.7
3	320	919	996	200	53	加	18.4	40.2	36.7	38.5

第二十九节　粉煤灰泵送混凝土配合比设计

一、普通粉煤灰泵送混凝土

(一)掺粉煤灰泵送混凝土的特性

泵送混凝土在掺加粉煤灰,特别是它与减水剂复合使用时,不仅经济效益显著,而且改善了混凝土的技术性能,有利于发挥泵送工艺的优越性,具体有以下几个特点。

1. 改善混凝土可泵性,扩大泵送适应范围

由于泵送工艺的要求,泵送混凝土对水泥的最小掺量和砂率的要求较为严格,因此水泥用量较多的高强度等级混凝土一般都可泵送,反之贫水泥的低强度等级混凝土就难于泵送。倘为满足可泵性要求,势必增加水泥的掺量,造成水泥的浪费和混凝土的超强度等级,为此有关单位曾限定≤C15混凝土不得泵送。当低强度混凝土中掺用粉煤灰后,混凝土中浆体料总量增加,其可泵性问题也就迎刃而解了。同时粉煤灰经磨细后呈光滑致密的球形细颗粒,在混凝土中能起很好的润滑作用,提高了混凝土的和易性(也降低了混凝土在管道内的摩擦),从而扩大泵送工艺的适用范围(C10以下低强度混凝土)。

上海宝电工程先后用过掺磨细灰和减水剂的C10、C15低强度泵送混凝土(坍落度为10~21cm),其可泵性良好,在用布料杆和300m水平硬管输送中,没有发生过堵管事故。

2. 改善混凝土拌和物稠度,提高工程质量

粉煤灰掺入混凝土后,它除了可取代部分水泥外,还取代了部分砂子,降低了砂率,从而减少了细集料对输送管壁的摩擦。同时粉煤灰磨细后的微细球形颗粒,能使混凝土在不增加需水量的条件下提高和易性,又增加了浆体料总量,因此具有流动性大、黏聚性良好、泌水少等特点。

工程实践证明掺粉煤灰泵送混凝土的施工性能良好。现场坍落度一般达11~15cm,并按施工需要可增至19~21cm。其黏聚性好,在输送管口混凝土能以柱状连续泵出而不发生分离。混凝土入模后自流性好,易于振捣密实,拆模后表面光洁。

3. 降低泵送压力,减少机械磨损

由于掺粉煤灰的泵送混凝土的可泵性好,故正常泵送压力可以降低。例如在水泥用量为200kg/m³、磨细灰掺量为80kg/m³、水平输送距离为300m和坍落度为13~15cm时,其泵送压力仅需40~45MPa。由于泵送压力较低,混凝土与管壁的摩擦也小,减少了泵车的动力消耗,相应延长了泵车的使用寿命。

4. 水泥用量少,工程成本低

根据宝电工程实践，与宝钢现行定额相比，用42.5级矿渣水泥配制C15泵送混凝土，可节约水泥25%（$68kg/m^3$），节约砂子16%（$141kg/m^3$）。配制C20泵送混凝土，可节约水泥16%（$52kg/m^3$），节约砂子18%（$146kg/m^3$）。配制C25泵送混凝土，可节约水泥15%（$54kg/m^3$），节约砂子15.2%（$118kg/m^3$）。

5. 充分发挥混凝土后期强度

泵送混凝土中掺用磨细粉煤灰后，可以较大幅度地提高混凝土的后期强度，因此把非早期受荷结构的混凝土28d设计强度改用60d强度，在技术上是可行的，在经济上是有利的。宝电工程采用这项技术措施后，既满足了强度要求，又节约了水泥。例如采用42.5级矿渣水泥，对$R_{28}=22.5MPa$的混凝土，每$1m^3$水泥用量为260kg，而$R_{60}=22.5MPa$的混凝土只需230kg水泥，可节约水泥11.5%。

（二）配合比设计

1. 配合比设计原则

粉煤灰泵送混凝土配合比设计，必须满足两项基本要求：保证混凝土达到设计强度、均匀性、耐久性，以及满足现场施工要求，具有良好的稠度和可泵性。另外，还应根据《普通混凝土配合比设计规程》（JGJ 55—2011）、《粉煤灰混凝土应用技术规范》（GBJ 146—1990）和《混凝土泵送施工技术规程》（JGJ/T 10—2011）中的有关规定进行配合比设计。即以基准混凝土为基础，按照与基准混凝土等稠度、等强度的原则，用超量取代法进行设计。

对于有抗渗要求的粉煤灰泵送混凝土，在进行配合比设计时，必须考虑以下几个问题。

（1）水泥最小用量。水泥用量除满足强度、耐久性外，还需满足可泵性的要求。对于普通泵送混凝土，我国规范中规定的水泥最小用量宜为$300kg/m^3$。根据工程实践，对于有抗渗要求的粉煤灰混凝土，水泥最小用量宜为$320kg/m^3$。

（2）坍落度。坍落度大小直接影响混凝土的浇筑和泵送。混凝土泵的工作压力和摩擦阻力一般随混凝土坍落度减小而增大。对于普通泵送混凝土，规范中规定的坍落度宜为80～180mm。根据工程实践，对于有抗渗要求的泵送混凝土，最大坍落度不宜超过140mm，而混凝土经过泵送，坍落度损失20～40mm。为保证混凝土的流动性，施工前应根据气温、水泥品种等因素，进行坍落度损失试验。

（3）水灰比。水灰比不仅对混凝土强度、耐久性有影响，而且对泵送混凝土的流动阻力也有很大影响。工程实践证明，当水灰比小于0.45时，混凝土的流动阻力很大，泵送较为困难；当水灰比为0.5时，可泵性较好；当水灰比超过0.6时会使混凝土保水性、黏聚性下降而产生离析。因此，水灰比宜在0.5～0.55范围内。

（4）砂率。根据工程实践，在原材料级配良好，掺用磨细粉煤灰和减水剂时，砂率宜在40%～42%之间。

（5）磨细粉煤灰与减水剂复合掺用。减水剂为表面活性剂，掺入混凝土中能对水泥颗粒起扩散作用，把水泥凝聚体内包含的水释放出来，保证水泥充分水化，从而减少用水量，降低水灰比。掺入粉煤灰可增加混凝土中浆体的浓度，有助于提高混凝土的和易性、可泵性，节约水泥。国内外的试验与实践证明粉煤灰与减水剂复合掺用，是改善和提高混凝土性能的有效措施。

对于有抗渗要求的泵送混凝土，磨细粉煤灰的掺量宜为基准混凝土内水泥质量的15%，取代水泥10%，超量部分取代等体积的砂子。减水剂选用FDN高效减水剂时，掺量宜为水泥质量的0.3% ~0.5%。

2.配合比设计示例

以下为宝电工程粉煤灰泵送混凝土配合比设计示例。

(1)原材料

①细集料:中砂,细度模数 $M_k=2.6\sim2.8$。

②粗集料:碎石(连续级配),粒径 2 ~38mm。

③粉煤灰:某厂磨细灰(是由某厂干灰磨细加工而成),质量符合国家颁发的有关技术标准。

④减水剂:木质素磺酸钙(吉林开山屯产),JN 减水剂(镇江焦化厂产)。

⑤水泥:42.5 级矿渣水泥。

(2)掺量的选择

对粉煤灰的掺用,由于“等量取代法”影响早期强度,而“外掺法”虽可提高早期强度,但却不节约水泥,故试验采用“过量取代法”,对不同品种的水泥进行粉煤灰掺量的选择。通过试验和分析,认为对小于 C25 的泵送混凝土,粉煤灰的掺量以 $80kg/m^3$ 为宜。以掺用 42.5 级吴淞水泥厂生产的矿渣水泥的泵送混凝土为例,当坍落度为(10 ±1)cm,粉煤灰掺量分别为 $60kg/m^3$、$80kg/m^3$ 和 $100kg/m^3$ 时,粉煤灰掺量与泵送混凝土强度之间的关系见表 3-150。

粉煤灰掺量与强度关系 表 3-150

水灰比 $\frac{W}{C+F}$	砂率(%)	掺量 $\frac{F}{C+F}$	材料用量(kg/m^3)						坍落度(cm)	$f_{cu,k7}$(MPa)	$f_{cu,k28}$(MPa)	$f_{cu,k60}$(MPa)
			水	水泥	磨细灰	砂	石子	木钙				
0.28	43	0	204	205	—	810	1 075	0.625	10	115	232	265
0.66	41	0.19	204	250	60	741	1 067	0.775	10	112	262	341
0.62	39	0.24	204	250	80	695	1 087	0.825	10	129	278	342
0.58	37	0.28	204	250	100	650	1 106	0.875	11	124	282	355

在粉煤灰掺量的选定方面,引用了“粉煤灰效应”的概念,并以胶结指数 α 来定量分析在不同粉煤灰掺量的混凝土中,粉煤灰效应的大小。一般来说,在 $\frac{F}{C+F}<0.4$ 的条件下,随粉煤灰掺量的增加和水灰比的减小,混凝土强度也会随之提高,但是粉煤灰掺量并不是越高越好,它要受 α 值的制约,应使 α 值尽可能地大,以获取理想的粉煤灰效应。

胶结指数 α_b 可按下式求取:

$$\alpha_b=\frac{K'}{K\left(1-\frac{m_{F0}}{m_c+m_{F0}}\right)} \tag{3-101}$$

式中:K——掺粉煤灰混凝土强度特征系数;

K'——不掺粉煤灰混凝土强度特征系数;

m_{F0}——每 $1m^3$ 混凝土的粉煤灰掺量;

m_c——每 $1m^3$ 粉煤灰混凝土的水泥掺量。

由上式可算得不同掺量下粉煤灰的胶结指数,见表 3-151 和图 3-51。

不同掺量下粉煤灰的胶结指数　　表 3-151

粉煤灰掺量		胶结指数 α_b		
$\frac{F}{C+F}$	kg/m^3	7d	28d	60d
0.19	60	0.80	0.93	1.06
0.24	80	0.91	0.96	1.04
0.28	100	0.85	0.94	1.04

由表 3-151 可见，当$\frac{F}{C+F}=0.24$，即粉煤灰掺量为 $80kg/m^3$ 时，其 7d 和 28d 的胶结曲线均出现峰值，说明此时粉煤灰效应最高，而 60d 曲线却比较平缓，说明此时粉煤灰掺量的变化对 α 值的影响不大。此外，从经济角度考虑，商品磨细粉煤灰掺量过多，混凝土总的费用增高，而掺量过少，对节约水泥和发挥强度作用不大。鉴于上述原因，认为选定粉煤灰掺量 $80kg/m^3$ 比较相宜。

对于 C25（硬）以下泵送混凝土，采用粉煤灰掺量固定在 $80kg/m^3$ 和$\frac{F}{C+F}<0.4$ 的范围内，通过调节水泥掺量的办法来确定合理的配合比。根据经验，泵送混凝土强度等级与水泥掺量有以下关系：

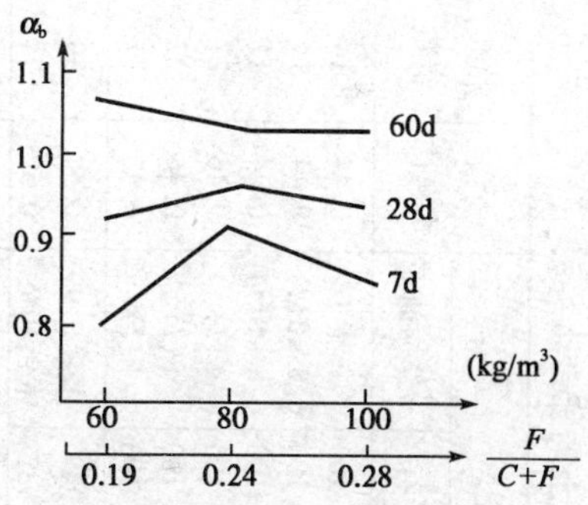

图 3-51　粉煤灰掺量与胶结指数关系图

C15 级混凝土

$$m_{c0}=1.25f_{cu,k28} \tag{3-102a}$$

C20 ~ C25 级混凝土

$$m_{c0}=1.15f_{cu,k28} \tag{3-102b}$$

式中：m_{c0}——水泥掺量（kg/m^3）；

$f_{cu,k28}$——混凝土强度等级。

应用上法，在宝电工程浇筑了 4 000m^3 的泵送混凝土，合格率为 100%，超强度系数 >1.5。

3. 配合比实例

配合比实例见表 3-152。

二、高强粉煤灰泵送混凝土

下面介绍采用优质粉煤灰和高效减水剂配制强度为 45 ~ 75MPa 的高流动性、高强混凝土。

C60 级的泵送混凝土已用于广东国贸大厦 63 层钢筋混凝土结构、上海供销商厦、上海新新美发厅以及恒丰路高层建筑等工程中。

粉煤灰高强泵送混凝土解决的主要课题是粉煤灰的质量、数量对混凝土流动性、可泵性及强度的影响。

（一）粉煤灰混凝土的可泵性

混凝土的可泵性表示其可压缩性的大小。塑性大、和易性好的混凝土，泵送性能也好。但与可泵性还有区别。在泵的压力作用下，混凝土在管内输送很顺利。可泵性良好的混凝土，必须满足压送阻力减小与防止离析这两个条件。具体来说，可以用坍落度与压力泌水总量两个指标表达（表 3-153），前者反映拌和物的流动性，后者主要反映拌和物的稳定性与保水性。

表 3-152

粉煤灰泵送混凝土的配合比实例

序号	工程名称部位	混凝土强度等级	水泥品种与强度等级（MPa）	碎石粒径（mm）	坍落度（cm）	配合比（kg/m³）						有效水灰比	试块组数	抗压龄期（d）	抗压强度（MPa）	均方差（MPa）	变异系数（%）	生产单位
						水	水泥	粉煤灰	砂	石	外加剂							
1	南浦大桥	C40 且 f_{cu} ≥ 28.5MPa	52.5 级 R 普	5～15、13～25，各 50%	12±2	185	400	40	648	1 100	南浦-1	0.44	14	3	29.4	5.49	18.7	长桥拌和
					12±2	185	400	40	648	1 100	6.8～8(*l*)	0.44	14	28	53.6	5.13	9.6	长桥拌和
					12±2	185	400	40	648	1 100	6.8～8(*l*)	0.44	11	28	60.6	4.70	7.8	浦东拌和
					16±2	190	400	40	648	1 100	8(*l*)	0.46	27	3	30.0	5.08	16.9	长桥拌和
					16±2	190	400	40	648	1 100	8(*l*)	0.46	27	28	54.2	4.98	9.2	长桥拌和
					16±2	190	400	40	648	1 100	8(*l*)	0.46	37	28	58.9	5.07	8.6	浦东拌和
2	上海商城	C35	52.5 级普	5～25	16±2	223	395	50	684	949	木钙 0.99	0.53	99	28	49.4	4.97	10.1	7.6
			52.5 级普	5～25	18±2	219	396	50	699	933	木钙 0.99	0.52	74	28	48.6	3.69		
3	海伦宾馆基础	f_{cu}45/C30	42.5 级矿	5～40	13±2	196	330	60	710	1 029	WL-1	0.54	54	28	36.9	3.31	8.5	宝山拌和
						196	330	60	710	1 029	2.64(*l*)	0.54	54	45	39.5	3.09	7.8	宝山拌和
						196	330	60	710	1 029	WL-1	0.54	30	28	30.5	1.59	5.2	长桥拌和
						196	330	60	710	1 029	2.64(*l*)	0.54	30	45	33.8	1.78	5.3	长桥拌和
											WL-1			30				
											2.64(*l*)							
											WL-1							
											2.64(*l*)							
4	耀华浮法玻璃熔窑基础	f_{cu}60/C30	42.5 级矿	5～40	12±2	198	350	50	719	1 018	木钙 0.875	0.53	13	28	37.4	2.06	5.5	宝山拌和
						198	350	50	719	1 018	木钙 0.875	0.53	13	60	43.1	3.33	7.7	宝山拌和
						198	350	50	708	1 009	木钙 0.875	0.53	17	28	36.7	3.23	8.8	浦东拌和
						198	350	50	708	1 009	木钙 0.875	0.53	17	60	46.7	2.45	5.5	浦东拌和
									730				31	60	37.9	2.45	6.7	真如拌和
5	锦江分馆基础	f_{cu}60/P6/C30	42.5 级矿	5～40	8～10	198	350	50	720	1 010	木钙 0.875	0.53	61	60	38.5	2.98	7.7	
6	上钢三厂 3.3m 墙板	S6/C25	42.5 级矿	5～40	11±1	195	360	40	699	1 014	木钙 0.955	0.51	32	28	36.7	2.72	7.4	
7	虹桥宾馆基础	f_{cu}60P6/C30	42.5 级矿	5～40	11±1	195	300	50	748	1 036	木钙 0.75	0.60	15	60	30.7	1.66	5.4	
8	上钢一厂基础	C20	42.5 级	5～40	11±1	193	272	50	764	1 015	C6210 1.14	0.64	10	28	25.8	2.10	8.1	

高强度等级混凝土，水灰比低，细颗粒总量多，内聚性太高，在管内做塞形运动时，阻碍形成合适的润滑层，导致流动阻力增加。处于饱和状态的混凝土（即混凝土中有足够的水来填充干料之间的间隙），其流动阻力与不饱和混凝土相比可以忽略不计。如果按常规方法配制高强混凝土，由于水灰比低，高强混凝土将处于不饱和状态，流动阻力大。因此，高强混凝土提高可泵性的技术关键是降低混凝土内聚性，减小流动阻力。具体的技术措施如下。

（1）配以适宜的高效减水剂，以使浆体"稀化"，即削弱粒子间的联系力，降低浆体的黏聚性，使混凝土处于饱和状态。

（2）控制细粉料总量在450～500kg/m^3内，使混凝土流动阻力有较小的控制值。掺入适量粉煤灰，使混凝土在不增加浆体黏性的前提下，提高玻璃珠颗粒含量，减小流动阻力。

坍落度和压力泌水总量与可泵性 表3-153

项　目	混凝土可泵性		
	可泵性好	可泵性中等	不可泵
压力泌水总量（mL）	70～130	40～70	<40或>130
坍落度（cm）	16	8～16	<8

图3-52是混凝土拌和物达到20cm坍落度时，粉煤灰掺量（以胶结料总质量百分比表示）与减水剂用量（以占水泥重的千分比表示）的关系。由图可见，在粉煤灰掺量为15%～50%的范围内，随粉煤灰掺量提高，减水剂用量相应增大，当$\frac{F}{C+F}$大于30%时，$\frac{SP}{C}$的增加尤为明显。从图3-52还可以看出水胶比$\frac{W}{C+F}$对混凝土拌和物也有重要的影响。$\frac{SP}{C}$也随$\frac{W}{C+F}$减小而增大，当$\frac{W}{C+F}<0.35$时，$\frac{SP}{C}$的增加更为明显。

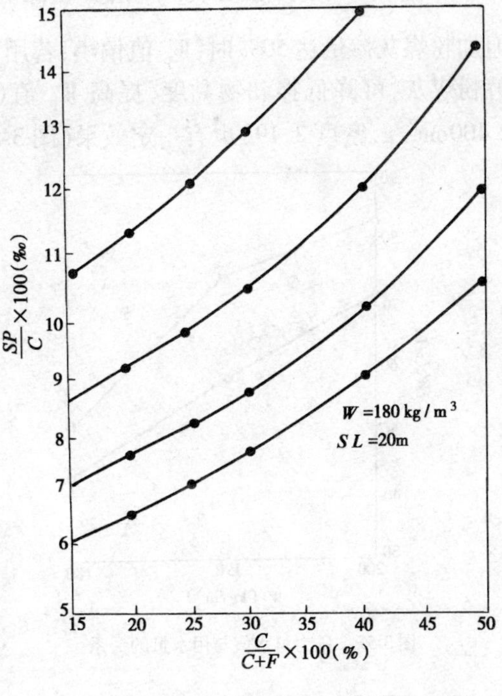

图3-52　坍落度相同时粉煤灰掺量与减水剂用量的关系

如表3-153所示，压力泌水总量小于40mL或大于130mL的混凝土拌和物，均泵送困难。而压力泌水总量在40～130mL之间均可泵送，但泵送压力随压力泌水总量而增大。对于低强度等级混凝土拌和物，当坍落度值要求较高时，易由于泌水量过大而造成可泵性不良；对高强度等级混凝土则相反，易由于压力泌水过小而泵送困难。在掺入粉煤灰混凝土中，水灰比低，可泵性是否良好主要取决于压力泌水值的大小。

单位体积用水量、水灰比（或水胶比）及粉煤灰掺量与压力泌水值的关系列于表3-154、图3-53及图3-54。

掺粉煤灰混凝土的压力泌水 表 3-154

编号	m_{w0} (kg/m³)	m_{c0} (kg/m³)	m_{F0} (kg/m³)	$\frac{W}{C+F}+S_g$ (%)	$\frac{F}{C+F}$ (%)	$\frac{S_g}{F}$ (%)	S_L (cm)	W_P (mL)	注
1	200	488	0	41.0	0	0	22	83	
2	200	434	109	36.8	20	0	21	79	
3	200	402	173	34.5	30	0	23	72	
4	200	366	245	32.7	40	0	23	58	掺细矿渣
5	200	325	325	30.8	50	0	24	40	
6	200	325	260	30.8	40	20	24	49	
7	200	325	260	30.8	40	20	24	46	
8	200	434	109	36.8	20	0	22	49	

注：m_{w0}为水，m_{c0}为水泥，m_{F0}为粉煤灰，S_g为磨细矿渣，S_L 为坍落度，W_p 为压力泌水量。

压力泌水值随用水量与水胶比的减小而降低。为了保证混凝土的强度基本相同（即等强度），当$\frac{F}{C+F}$增大时，$\frac{W}{C+F}$需相应减小，此时 W_p 也随之减小。这是由于掺入较多的粉煤灰时，粉状材料增加对保水性有利。一般掺粉煤灰混凝土中，当$\frac{F}{C+F}$在 20% ~40% 时，可泵性尚好。但加粉煤灰掺量达 50% 时，W_p 值偏小；若用 10% 粗矿渣（比表面积1 080cm²/g，密度 2.19）代替粉煤灰，可降低拌和物黏度，提高 W_p 值（图 3-54 中 A 点），掺入 10% 细矿渣，（比表面积 2 400cm²/g，密度 2.19）也有一定效果（图 3-54 中 B 点）。

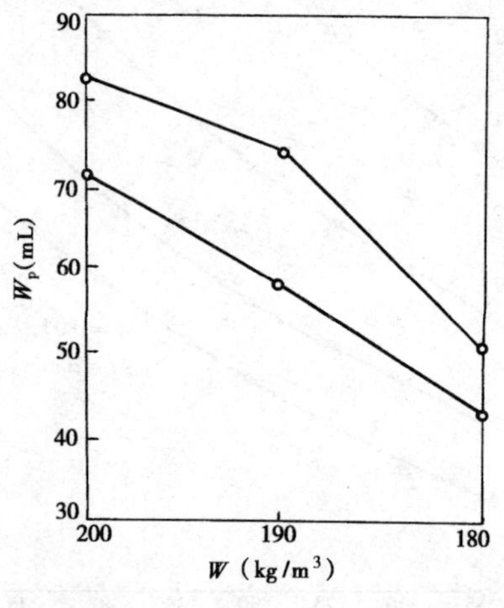

图 3-53　压力泌水值与用水量的关系

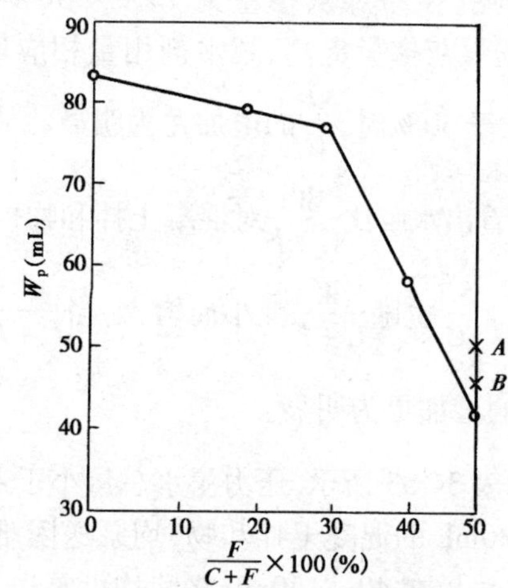

图 3-54　压力泌水值与粉煤灰掺量的关系

（二）原状灰或磨细灰对强度的影响

1. 原状灰与磨细灰对抗压强度的影响

混凝土配合比相同，在混凝土中原状灰与磨细灰的掺量相同时，强度差别很大。如图 3-55 所示，28d 龄期的抗压强度磨细灰比原状灰约高 15MPa，说明粉煤灰细度对强度影响很大。

2. 磨细灰掺量对抗压强度的影响

在混凝土中，以部分磨细灰代替水泥，磨细灰作为胶凝材料的一部分，胶凝材料总量与水胶比不变，强度随磨细灰的掺量增加而降低。当$\frac{W}{C+FK}=\frac{W}{C}$的关系使掺粉煤灰混凝土强度与纯水泥混凝土强度相等时，这时的K值称为粉煤灰的胶凝效率系数。其实际意义是1kg的粉煤灰相当于Kkg水泥对强度的贡献。图3-56是在不同水灰比下，磨细灰掺量与强度的关系。

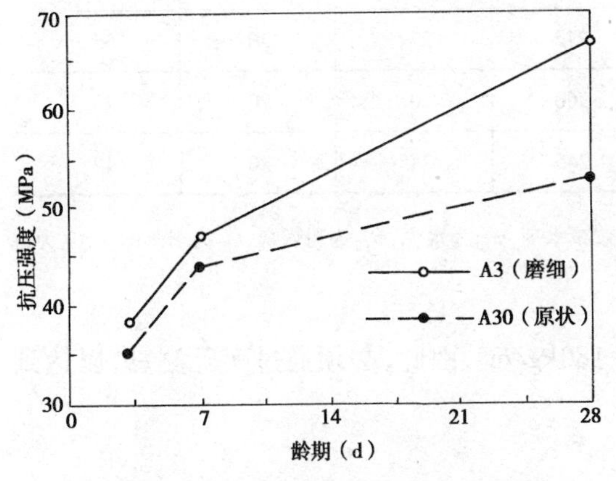

图3-55　粉煤灰细度对抗压强度影响

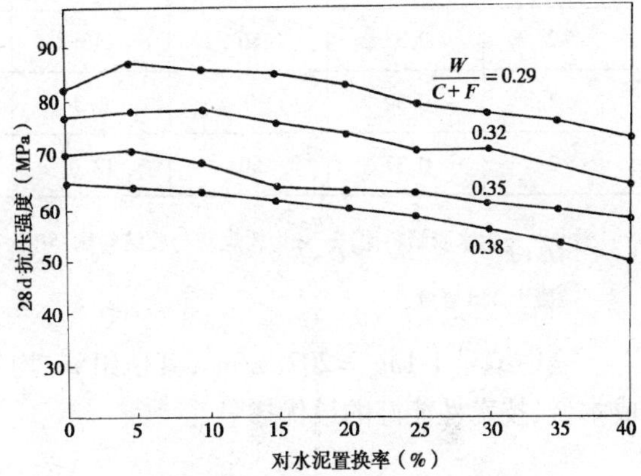

图3-56　磨细灰掺量对抗压强度影响

粉煤灰对水泥置换量与强度关系K值不是一个定值，它与养护条件、龄期、混凝土同强度等级及水泥品种等有关。

（三）粉煤灰在高强混凝土中的最优掺量

在保证混凝土的流动性与高强度的前提下，粉煤灰的掺量主要不是受强度限制，而是受流动性、可泵性以及经济效益的限制。

表3-155为C60、C50及C40的三种强度等级的混凝土，其$\frac{F}{C+F}$最大值分别为50%、50%及40%。为达到纯水泥混凝土强度等级，必须降低水胶结料比；但为了满足泵送要求，必须多掺高效减水剂以提高坍落度，这样就造成成本提高。

混凝土的粉煤灰最大掺量　　表3-155

编号	$\frac{W}{C+F}$	$\frac{F}{C+F}$（%）	$\frac{SP}{C}$（%）	m_{c0}（kg/m^3）	m_{F0}（kg/m^3）	S_L（cm）	$f_{cu,28}$（MPa）
1-1	0.40	0	4.5	505	0	20	64.1
1-2	0.32	40	12.0	338	225	19	67.9
2-1	0.46	0	6.5	391	0	18	54.0
2-2	0.32	50	13.0	279	279	21	58.5
3-1	0.49	0	8.0	367	0	18	46.8
3-2	0.35	50	12	261	261	18	47.8
4-1	0.40	0	5.4	450	0	20	65
4-2	0.33	42	12.0	323	217	20	65

续上表

编号	$\frac{W}{C+F}$	$\frac{F}{C+F}$ (%)	$\frac{SP}{C}$ (%)	m_{c0} (kg/m³)	m_{F0} (kg/m³)	S_L (cm)	$f_{cu,28}$ (MPa)
5-1	0.45	0	6.5	400	0	20	55
5-2	0.33	50	13	272	272	20	55
6-1	0.50	0	6.0	360	0	20	45
6-2	0.37	50	12.0	245	245	20	45

注：$\frac{W}{C+F}$为水胶结料比，$\frac{F}{C+F}$为粉煤灰与胶结料比，SP 为高效减水剂，m_{c0}为水泥，m_{F0}为粉煤灰，S_L 为坍落度，$f_{cu,28}$为混凝土 28d 强度。

表中编号 1-1m_w = 202kg/m³，其他组 m_w 均为 180kg/m³，因此，必须通过实际测算，以达到成本低、技术性能好的最优掺量。

第三十节　普通高强粉煤灰混凝土配合比设计

一、C60～C80 粉煤灰混凝土

四川省建筑科学研究院采用低钙粉煤灰磨细到比表面积 6 000cm²/g 左右，或 45μm 筛余（气流法）达 2.0% 左右，采用我国现行混凝土工艺，$\frac{W}{C+F}=0.3$，水泥用量为 373～480kg/m³，磨细粉煤灰的水泥取代率为 10%～30%，配制出 C60～C80 的高强混凝土，而其力学性能基本上与基准高强混凝土一致。

（一）原材料要求

（1）水泥：52.5 级普通硅酸盐水泥。

（2）砂子：①表观密度 1 440kg/m³，视密度 2.64g/cm³，细度模量 M_k = 2.64，中砂。

②表观密度 1 495kg/m³，视密度 2.60g/cm³，细度模量 M_k = 2.37，中砂。

（3）石子：①河卵石，表观密度 1 690kg/m³，视密度 2.69g/cm³。

②河卵石，表观密度 1 695kg/m³，视密度 2.67g/cm³。

两批河卵石粒径 5～20mm，均有少量风化岩石，符合《普通混凝土用砂、石质量及检验方法标准》(JGJ 52—2006) 标准规定指标。

（4）外加剂：萘系高效减水剂 NNO，减水效果 15%～20%。

（5）粉煤灰：热电厂粉煤灰，采用磨细方法。

（二）磨细灰在高强混凝土中的基本作用

1. 经磨细的粉煤灰显著改善了原状灰的形貌

粉煤灰的“形貌效应”是其基本效应。原状粉煤灰经磨细后，其形貌有了显著的改变。

从扫描电镜照片上可以观察到，湿排粉煤灰的玻璃球体极少，大多数颗粒为不规则玻璃体，较多的颗粒直径为 5～6μm，部分颗粒为 20～40μm，少量颗粒为 200μm。但经磨细的湿排

灰,颗粒直径大多为2μm,约占90%以上,且多为小玻璃球体,颗粒表面光滑、密实。

F-3 干排粉煤灰几乎没有玻璃球体,大多数为不规则玻璃块体和碳粒,颗粒表面粗糙,孔洞大且多,一般颗粒直径为100~200μm。磨细的干排粉煤灰的玻璃球体很多,表面光滑且密实,其中混有较大的颗粒。

不论是湿排或湿排粉煤灰经磨细后,不仅改变了它的形貌,而且也显著地改善了它的物理性能,表3-156列出了粉煤灰磨细前后的物理性能。

粉煤灰磨细前后的物理性能 表3-156

编　号	粉煤灰产地	表观密度（kg/m^3）	视密度（g/cm^3）	比表面积（cm^2/g）	颗粒级配			标准稠度需水量（%）	取样时间
					筛孔尺寸(mm)				
					1.0	0.085	0.045		
F-2-1	成都热电厂湿排粉煤灰	750	2.01	2 945	5.1	15.6	9.9	50.0	1989年
F-2-2	成都热电厂磨细干排粉煤灰	788	2.58	5 282	0.1	2.1	0.5	33.6	1989年
F-3-1	成都热电厂干排粉煤灰	559	1.83	1 375	微	59.2	11.7	84.0	1989年
F-3-2	成都热电厂磨细干排粉煤灰	631	2.52	6 580	微	1.1	0.2	38.8	1989年
F-5-1	成都热电厂三场干排粉煤灰	670	2.32	5 620	—	2.8	1.5	91.0*	1991年
F-5-2	成都热电厂三场磨细干排粉煤灰	700	2.42	6 350	—	0.2	1.1	89.0*	1991年

注:*为标准稠度需水量比。

表3-156中粉煤灰磨细前后物理性能有很大的变化,原状粉煤灰磨细后由于形貌、颗粒表面、密实度起了变化,因此磨细粉煤灰的表观密度、相对密度都比未经磨细粉煤灰有所增加,颗粒级配好,标准稠度需水量或需水量比都有较大的减小,这对用它配制高强混凝土是有利因素。

2. 磨细灰的火山灰效应显著增强

粉煤灰的火山灰效应是指粉煤灰的活性成分(可溶 SiO_2 和可溶 Al_2O_3)与混凝土中水泥析出的 $Ca(OH)_2$ 的化学反应,但是粉煤灰火山灰效应的大小和它的反应速度、反应产物性质、结构以及反应产物的数量有着密切的联系。低钙质粉煤灰的火山灰效应主要是可溶 SiO_2 和可溶 Al_2O_3 与 $Ca(OH)_2$ 的化学反应,而高钙质粉煤灰除火山灰效应外,还有一些类似于水泥矿物的水化作用,即高钙质粉煤灰具有上述两者综合的效应。

如何评价粉煤灰的火山灰效应,国内外长期以来主要采用以下三种方法:

(1)石灰吸收值。

(2)粉煤灰的可溶 SiO_2 和可溶 Al_2O_3 测定值。

(3)在粉煤灰中加入一定数量的CaO(或水泥),经加水搅拌,成型,养护28d测定其抗压强度值。

试验采用了前两种方法,即测定粉煤灰磨细前后可溶 SiO_2 和可溶 Al_2O_3 测定总量;粉煤灰磨细前后与一定量水泥加水拌和,做成浆体试件,在不同龄期测试件中的游离CaO值。表

3-157 给出了粉煤灰磨细前后可溶 SiO_2 和可溶 Al_2O_3 测定值；表 3-158 给出了粉煤灰与水泥混合浆体试件中的游离 CaO 值。

粉煤灰可溶 SiO_2 与可溶 Al_2O_3 测定值(%)　　表 3-157

粉煤灰		可溶 SiO_2	可溶 Al_2O_3	可溶 SiO_2 + 可溶 Al_2O_3	取样时间
F-2-1	原状灰	3.92	1.68	5.60	1986 年
F-2-2	磨细灰	6.72	2.92	9.62	
F-3-1	原状灰	4.0	1.53	5.63	1989 年
F-3-2	磨细灰	6.45	2.41	8.86	
F-5-1	原状灰	1.58	0.46	2.04	1991 年
F-5-2	磨细灰	1.88	0.72	2.60	

表 3-157 中数据说明粉煤灰磨细后的可溶 SiO_2 和可溶 Al_2O_3 有显著增加；表 3-158 中数据证明磨细粉煤灰与水泥混合浆体试件的游离 CaO，随龄期的延长比纯水泥浆体和原状粉煤灰与水泥混合浆体的游离 CaO 有明显的减少。两种测试数充分证明磨细粉煤灰的火山灰效应比原状粉煤灰显著地增强了。

不同龄期粉煤灰与水泥混合浆体游离 CaO 测定值　　表 3-158

试件 \ 游离 CaO \ 试件龄期	3d	7d	28d	90d
纯水泥浆体	—	15.0	16.9	18.9
F-1 磨细灰与水泥浆体	—	11.0	10.2	9.5
纯水泥浆体	14.08	15.48	14.94	—
F-2-1 原状灰与水泥浆体	12.16	14.50	14.6	—
F-2-2 磨细灰与水泥浆体	0.58	9.86	10.19	—

3. 磨细灰具有较好的微集料功能

磨细粉煤灰颗粒小，表面光滑，密实，分散度高，因此在混凝土的搅拌过程中能较均匀地分散在混凝土中，并能填塞混凝土的孔隙和毛细孔通道，密实混凝土。另外，随着水泥水化作用的深化，粉煤灰颗粒与水泥浆体界面之间的距离越来越近，而且在界面间会生成粉煤灰可溶 SiO_2、可溶 Al_2O_3 与水泥中析出的 $Ca(OH)_2$ 反应产物，这种反应产物凝胶也会使集料之间界面联结致密，增强混凝土的结构强度。

(三)高强粉煤灰混凝土的配制

1. 高强粉煤灰混凝土强度与 $\frac{W}{C+F}$ 的关系

经用 52.5 级普通硅酸盐水泥、掺有萘系减水剂 NNO 和不同磨细粉煤灰取代水泥率试验结果表明，高强粉煤灰混凝土强度发展与 $\frac{W}{C+F}$ 的关系，服从于混凝土强度与 $\frac{W}{C+F}$ 的关系(图 3-57)。

2. 磨细湿排粉煤灰与干排粉煤灰对高强混凝土强度的影响

采用磨细湿排与干排粉煤灰配制高强混凝土，经多次不同水泥取代率试验证明，磨细湿排粉煤灰的效果低于磨细干排粉煤灰，如图 3-58 所示。

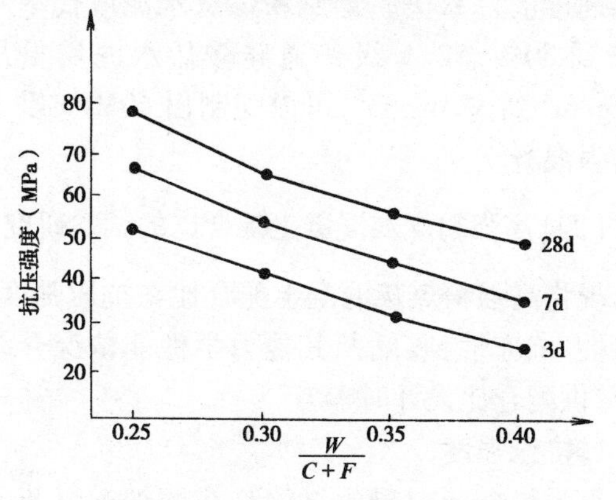

图 3-57　高强粉煤灰混凝土强度与$\frac{W}{C+F}$的关系曲线

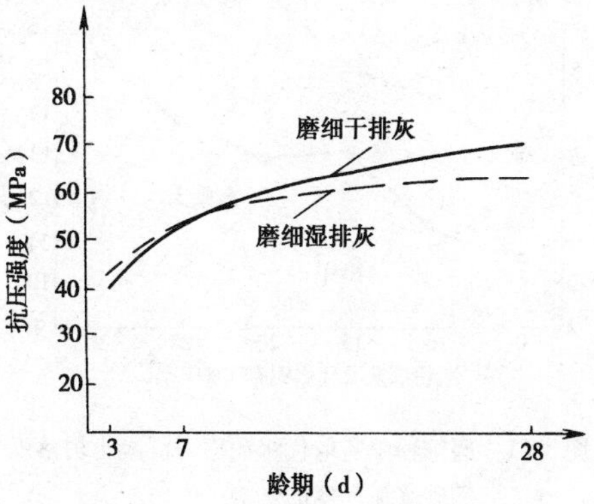

图 3-58　磨细湿排与干排粉煤灰对配制高强混凝土强度的影响

3. 粉煤灰磨细时间与高强粉煤灰混凝土强度的关系

采用成都热电厂干排低钙质粉煤灰进行 3h、6h、10h 磨细后，以同样水泥取代率配制混凝土试验结果见图 3-59。根据试验室的磨机条件和成都热电厂粉煤灰的品质，磨细 3 ~ 6h 的粉煤灰较好。

4. 磨细粉煤灰水泥取代率对混凝土强度的关系

采用 10% ~30% 磨细粉煤灰水泥取代率配制高强混凝土，其强度与粉煤灰水泥取代率的关系绘于图 3-60。但当粉煤灰的水泥取代率达到 25% ~30% 时，混凝土 28d 强度下降趋势较大。

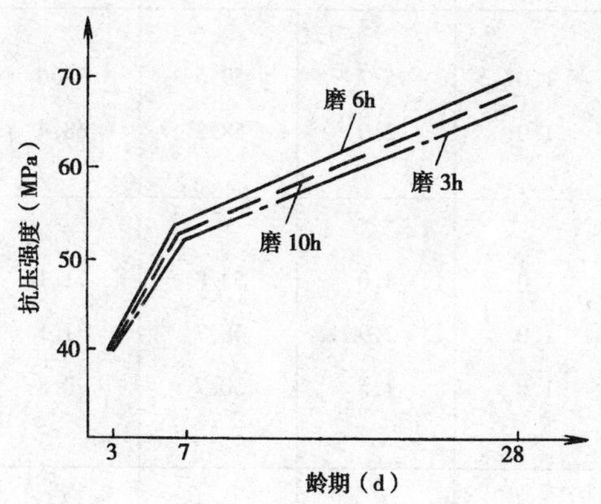

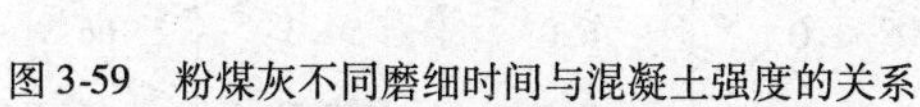
图 3-59　粉煤灰不同磨细时间与混凝土强度的关系

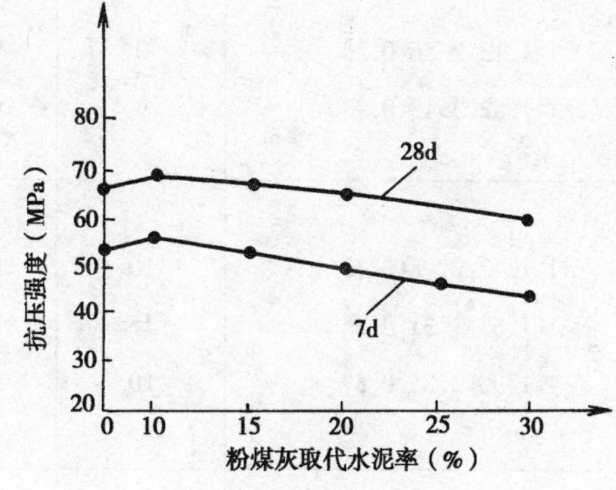

图 3-60　磨细混凝土水泥取代率与高强混凝土强度的关系曲线

5. 磨细粉煤灰对配制高强混凝土坍落度的影响

磨细粉煤灰形貌的变化，对配制高强混凝土的坍落度影响较大。磨细粉煤灰对混凝土坍落度和砂浆流动度的影响绘于图 3-61。

根据前面磨细粉煤灰与混凝土强度的几种关系曲线和基本规律，认为磨细粉煤灰的细度

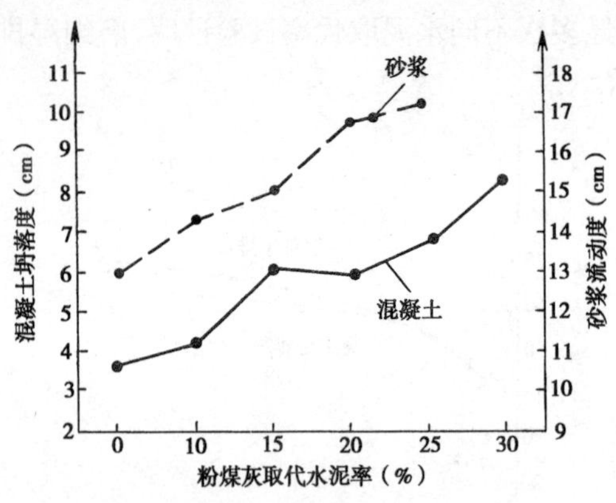

图 3-61　磨细粉煤灰取代水泥率对混凝土坍落度和砂浆流动度的影响

达到 6 000cm^2/g 左右时，采用$\frac{W}{C+F}=0.3$，NNO 减水剂掺量为 1.0%，磨细粉煤灰水泥取代率从 10% 到 30%，52.5 级普通硅酸盐水泥用量从 480kg/m^3 到 373kg/m^3，可以配制出 60MPa 以上的高强混凝土。

（四）高强粉煤灰混凝土配合比的试验研究

现将高强粉煤灰混凝土配合比在抗压强度、抗渗性、抗冻性、收缩及其他力学性能情况介绍如下，供配合比设计时参考。

1. 抗压强度

高强粉煤灰混凝土试验是在磨细粉煤灰不同水泥取代率条件下进行的。同时，也对混凝土长期强度和大坍落度混凝土的强度进行了试验，部分结果列于表 3-159 ~ 表 3-161。

大坍落度混凝土强度试验说明，磨细粉煤灰水泥取代率达 30% 时，也可以配制 60MPa 的高强混凝土，但水泥用量提高约 9.0%。高强粉煤灰混凝土一年的强度仍在继续上升（试件放置室外空气中），但磨细粉煤灰取代水泥率为 20%、25% 和 30% 的混凝土后期强度较大。

高强粉煤灰混凝土的抗压强度　　表 3-159

混凝土配合比（水泥:砂:石:水）（%）	粉煤灰掺量（%）	$\frac{W}{C+F}$	NNO 减水剂（%）	坍落度（cm）	抗压强度（MPa）	
					7d	28d
1:1.13:2.56:0.30	0	0.30	1.0	5.7	59.6	68.6
1:1.52:3.13:0.33	9	0.30	1.0	2.0	58.3	68.4
1:1.47:2.98:0.33	10	0.30	1.0	4.0	53.8	71.1
1:1.63:3.31:0.35	15	0.30	1.0	2.9	48.7	71.1
1:1.90:3.85:0.37	20	0.30	1.0	1.5	50.7	70.8
1:0.98:2.32:0.3	0	0.3	1.0	6.0	54.3	66.9
1:1.09:2.57:0.33	10	0.3	1.0	7.5	55.3	66.7
1:1.15:2.72:0.35	15	0.3	1.0	4.7	53.9	66.3
1:1.22:2.90:0.37	20	0.3	1.0	4.0	53.9	66.2
1:1.30:3.09:0.40	25	0.3	1.0	4.0	47.8	63.4
1:1.40:3.31:0.43	30	0.3	1.0	1.2	46.0	60.7

大坍落度高强粉煤灰混凝土的强度　　表 3-160

混凝土配合比(水泥:砂:石:水)(%)	粉煤灰掺量(%)	$\frac{W}{C+F}$	NNO减水剂(%)	坍落度(cm)	抗压强度(MPa)	
					7d	28d
1:0.82:2.08:0.30	0	0.3	1.0	17.8	64.1	68.6
1:0.94:2.24:0.33	10	0.3	1.0	20.5	51.6	65.2
1:1.00:2.37:0.35	15	0.3	1.0	21.0	50.4	68.9
1:1.07:2.52:0.37	20	0.3	1.0	21.5	47.8	61.6
1:1.14:2.69:0.40	25	0.3	1.0	20.5	45.3	63.7
1:1.22:2.88:0.43	30	0.3	1.0	22.0	43.8	60.7

高强粉煤灰混凝土长期强度　　表 3-161

混凝土配合比(水泥:砂:石:水)(%)	粉煤灰掺量(%)	$\frac{W}{C+F}$	NNO掺量(%)	坍落度(cm)	抗压强度(MPa)				
					7d	28d	91d	180d	360d
1:1.15:2.38:0.30	0	0.3	1.0	4.0	59.3	68.0	70.7	76.3	—
1:1.09:2.57:0.33	10	0.3	1.0	1.3	54.0	64.0	76.3	78.9	75.5
1:1.15:2.72:0.35	15	0.3	1.0	5.0	53.0	64.0	70.6	76.7	81.4
1:1.22:2.90:0.37	20	0.3	1.0	4.5	53.6	62.1	85.4	80.4	80.2
1:1.30:3.09:0.40	25	0.3	1.0	11.0	50.8	62.1	80.3	82.3	80.4
1:1.39:3.31:0.43	30	0.3	1.0	14.7	46.0	60.8	75.8	82.3	80.9

2. 抗渗性、抗冻性及碳化(表 3-162)

高强粉煤灰混凝土抗渗、抗冻与碳化　　表 3-162

混凝土配合比(水泥:砂:石:水)(%)	粉煤灰掺量(%)	在大气压下水渗透深度(cm)	25d 冻融循环		碳化深度(cm)		
			质量损失(%)	强度损失(%)	人工碳化($20\%\ CO_2$) 140d	自然碳化 室内 140d	自然碳化 室外 140d
		1.0MPa					
1:1.09:2.38:0.3	0		0.21	0.82	4.1	极微	极微
1:1.25:2.61:0.33	9	0.7	0.09	4.83	5.0	极微	极微
		1.2MPa					
1:0.98:2.32:0.3	0	1.2	-0.1	1.75	—	—	180d 极微
1:1.15:2.72:0.35	15	1.8	-0.03	0.82	—	—	极微
1:1.22:2.90:0.37	20	2.5	0.0	2.12	—	—	极微
1:1.3:3.09:0.40	25	2.5	0.03	5.06	—	—	极微

3. 收缩

高强粉煤灰混凝土的收缩试验是在成型后,将试件置放于室内的养护架上,定期测定它的收缩值,由于室内温度和相对湿度变化,试件的收缩值不十分稳定,但在半年后也可以测出规律,即半年后收缩趋于稳定。表 3-163 给出了高强粉煤灰混凝土收缩测定值。

高强粉煤灰混凝土的收缩 表 3-163

混凝土配合比（水泥:砂:石:水）（%）	粉煤灰掺量（%）	$\frac{W}{C+F}$	NNO 减水剂（%）	收缩值(mm/m)					
				7d	28d	100d	120d	180d	850d
1:1.18:2.45:0.3	0	0.3	1.0	0.063 3	0.162	0.360	0.295	0.643	0.620
1:1.36:2.82:0.33	9.0	0.3	1.0	0.016 4	0.186	0.387	0.387	0.691	0.700
1:1.40:2.87:0.33	9.0	0.3	1.0	0.096 7	0.214	0.440	0.571	—	0.564
1:0.98:2.32:0.30	0	0.3	1.0	—	0.111	0.294	0.261		
1:1.15:2.72:0.35	15	0.3	1.0	—	0.124	0.279	0.255		
1:1.22:2.90:0.37	20	0.3	1.0	—	0.125	0.377	0.281		
1:1.30:3.09:0.40	25	0.3	1.0	—	0.044	0.370	—		

4. 其他力学性能（表 3-164）

表 3-164 中数据表明，高强粉煤灰混凝土除抗拉强度稍低于基准混凝土外，长直强度、弹性模量、黏结力与基准混凝土基本上一致，但以碎石为集料的高强粉煤灰混凝土的抗拉强度和弹性模量都高于基准混凝土。总的来看，高强粉煤灰混凝土的力学性能与基准混凝土无显著差别。

高强粉煤灰混凝土的力学性能 表 3-164

混凝土配合比（水泥:砂:石:水）（%）	粉煤灰掺量（%）	抗压强度（MPa）	抗拉强度（MPa）	长直强度（MPa）	弹性模量（$\times 10^4$MPa）	与钢筋黏结力（MPa）
1:0.98:2.32:0.3	0	67.3	2.48	54.7	3.34	72.8
1:1.09:2.57:0.33	10	67.1	1.94	55.1	3.15	77.34
1:1.15:2.72:0.35	15	65.6	1.79	56.1	3.22	77.81
1:1.22:2.90:0.37	20	67.8	1.61	55.7	3.24	81.18
1:1.30:3.09:0.40	25	67.6	1.68	56.7	3.15	74.68
1:1.39:3.31:0.43	30	60.0	2.29	49.7	3.16	76.93
1:1.15:2.72:0.35	15	66.7	2.31	57.3	3.94	61.54
1:1.22:2.90:0.37	20	65.7	2.66	60.0	3.93	59.2
1:1.30:3.09:0.40	25	70.8	2.71	59.7	3.88	61.4
1:0.85:2.20:0.30	0	69.9	3.79	62.2	3.31	62.1
1:1.0:2.37:0.35	15	67.5	2.31	59.3	3.12	61.28
1:1.07:2.52:0.37	20	65.1	2.20	60.3	3.10	57.84

二、C50～C60 粉煤灰混凝土

沈阳铁路局和北方交通大学采用内蒙古元宝山电厂的电吸尘粉煤灰、广东湛江外加剂厂的 FDN-1000 高效减水剂的双掺技术，配制强度等级为 C50～C60 的粉煤灰高强混凝土。在等稠度和强度等效水灰比设计原则下，使粉煤灰高强混凝土的力学性能和耐久性能均达到或超过基准混凝土，满足普通高强混凝土的技术要求，以便用于混凝土结构工程中。

（一）原材料要求

（1）水泥：52.5 级硅酸盐水泥。

(2)集料:砂石物理性能见表 3-165。

砂 石 物 理 性 能　　表 3-165

品种 \ 性能	饱和面干		紧装密度 (kg/m^3)	细度模数 Mx	最大粒径 (mm)	空隙率 (%)	含泥量 (%)	细粉含量 (%)
	含水率(%)	表观密度(g/cm^3)						
砂	1.25	2.69	1868	2.65 ~ 2.89	—	41.0	1.2	6.25
石	0.42	2.76	2828	—	20	44.5	—	—

(3)外加剂:FDN-1000 高效减水剂。

(4)粉煤灰:元宝山电吸尘灰化学成分和物理力学指标分别见表 3-166、表 3-167。

元宝山吸尘灰化学成分(%)　　表 3-166

品种 \ 成分	SiO_2	Al_2O_3	Fe_2O_3	CaO	MgO	SO_3	烧失量
元宝山灰	54.8	20.9	9.4	3.2	1.4	0.5	0.6
Ⅰ级灰标准	50 ~ 60	10 ~ 30	3 ~ 10	1 ~ 3	0.5 ~ 2	≤3	≤5

元宝山吸尘灰物理指标　　表 3-167

密　度 (g/cm^3)	堆积密度 (kg/m^3)	含水率 (%)	80μm 筛余 (%)	比表面积 (cm^2/g)	需水量比 (%)	抗压强度比(超量系数为 1.4)		
						取代 10% 水泥	取代 15% 水泥	取代 20% 水泥
2.16	890	1	3.2	3250	96	105	100	88

通过对粉煤灰的颗粒形貌、化学成分和矿物组成的定量定性研究,发现元宝山电吸尘粉煤灰的矿物,主要为铝硅酸盐球状玻璃体组成,约 80% 以上,决定了粉煤灰化学活性;此外,还有高温型的石英晶体 7% ~13%,莫来石微晶 8% ~13%,它们处于热力学不稳定状态,也赋予粉煤灰化学活性。

X 射线能量色散谱法试验结果表明,元宝山粉煤灰含有大量硅石(SiO_2)、矾土(Al_2O_3)、氧化铁(Fe_2O_3)及少量其他氧化物和碱。试验还表明粉煤灰中不含未燃烧的碳。其化学成分是游离石灰 $CaO + Al_2O_3 + SiO_2$,超过标准规定的Ⅰ级粉煤灰的要求,属于优质粉煤灰,具有酸性铝硅酸盐的特征,有很好的火山灰化学活性。

扫描电子显微镜法试验结果表明,元宝山粉煤灰的颗粒为 0.5 ~30μm,其中粒度为 0.5 ~20μm 的实心球形颗粒约占 85%,这些微小而密实的球形颗粒称为实心微粒,强度高,需水性小,它们赋予该灰很高的强度活性和形态效应,可作为高强混凝土的理想掺和料。

(二)配合比设计

本粉煤灰高强混凝土采用双掺技术,配合比是在等稠度和等效水灰比原则下进行,在优化配合比设计中,粉煤灰采用超量取代法。超量取代法既能保证混凝土拌和物的工作性及硬化混凝土的强度等效,又能节约水泥、提高工程质量。因此,双掺技术是配制高强混凝土的有效技术措施。具体数据如下。

1. 抗压强度与轴心抗压强度

抗压强度与轴心抗压强度如表 3-168 所示。

双掺高强混凝土抗压强度 表 3-168

试件序号	每 1m³ 用量 / 配合比	FDN-1000 (*C*%)	粉煤灰用量 (kg)	抗压强度 强度值(MPa)/强度比 3d	7d	28d	60d	180d	360d	28d 轴心抗压 (MPa)	轴压比 (%)
36 (基)	484:525:1 285 / 1:1.085:2.66:0.32	0.75	—	54.5/84.9	58.0/90.3	64.2/100	64.6/101	66.8/104	71.8/112	45.7	71.2
				50.1/80.7	52.7/84.9	62.1/100	64.7/104	68.2/110	69.3/111.6	45.1	72.6
				49.5/80.2	55.2/89.5	61.7/100	61.9/100.3	64.5/104.5	68.2/111.2	44.7	72.4
37 (粉)	4 261:491:1 286:58 / 1:1.15:3.2:0.32	0.75	58×1.2	42.4/70.8	48.7/81.3	59.9/100	64.4/107.5	68.2/113.8	83.1/139	44.2	73.8
				48.2/82.0	52.5/89.3	58.8/100	62.4/106	66.7/113.4	79.0/134.3	46.0	78.0
				49.8/80.0	54.1/87.0	62.2/100	64/103	68.1/109.5	82.1/132	46.9	75.4

由表 3-168 可见，强度等效水灰比设计的粉煤灰高强混凝土，其早强增进率接近基准混凝土，长期强度增进率明显高于基准混凝土，较 28d 抗压强度增进率增长 30% ~40%。这对混凝土强度利用极为有利。另外，粉煤灰高强混凝土的轴心抗压与立方体抗压强度之比平均为 0.76，高于基准混凝土的平均值 0.72。

2. 抗拉强度与抗折强度

抗拉强度与抗折强度如表 3-169 所示。

对掺高强混凝土抗拉强度、抗折强度 表 3-169

试件序号	每 1m³ 用量 / 配合比	FDN-1000 (*C*%)	粉煤灰用量 (kg)	28d 抗拉强度 (MPa)	拉压比 (%)	28d 抗折强度 (MPa)	折压比 (%)
38 (基)	484:525:1 286 / 1:1.085:2.66:0.32	0.75	—	4.82	7.5	7.11	11.1
				4.22	6.8	6.52	10.5
				4.38	7.1	7.04	11.4
39 (粉)	426:491:1 286:58 / 1:1.15:3.02:0.32	0.75	58×1.2	4.68	7.8	9.97	16.6
				4.56	7.8	8.38	14.3
				4.48	7.8	7.58	12.2

由表 3-169 可见，粉煤灰高强混凝土的拉压比为 7.8%，高于基准混凝土拉压比 6.8% ~7.5%。所以，粉煤灰的掺用对改善混凝土的抗拉强度有利。粉煤灰高强混凝土的折压比为 12.2% ~16.6%，明显高于基准混凝土的折压比 10.5% ~11.4%。因此说，粉煤灰的掺用能明显改善混凝土的抗裂性能。

3. 静弹性模量

静弹性模量如表 3-170 所示。

双掺高强混凝土弹性模量　　表 3-170

试件序号	每 $1m^3$ 用量 / 配合比	FDN-1000 (C%)	粉煤灰用量 (kg)	静弹性模量(MPa)	
				7d	28d
40 (基)	484:525:1 286 / 1:1.085:2.66:0.32	0.75	—	3.86×10^4 3.69×10^4 3.54×10^4	4.1×10^4 4.02×10^4 3.96×10^4
41 (粉)	426:491:1 286:58 / 1:1.15:3.02:0.32	0.75	58×1.2	3.45×10^4 3.38×10^4 3.49×10^4	4.0×10^4 3.85×10^4 3.98×10^4

由表 3-170 可见，粉煤灰高强混凝土(41 粉)的 28d 静弹性模量为$(3.85\sim4.0)\times10^4$MPa，接近于同龄期基准混凝土(40 基)的$(3.96\sim4.1)\times10^4$MPa，而 7d 静弹性模量也呈现同样的变化规律。但粉煤灰高强混凝土的静弹性模量增长率为 14.6%，明显高于基准混凝土 9.1%。

4. 干缩率

干缩率如表 3-171 所示。

双掺高强混凝土干缩率　　表 3-171

试件序号	每 $1m^3$ 用量 / 配合比	FDN-1000 (C%)	粉煤灰用量 (kg)	干缩率(10^{-5}kg/m)					
				7d	14d	28d	60d	90d	180d
42 (基)	484:525:1 286 / 1:1.085:2.66:0.32	0.75	—	26.21 28.26 29.35	29.33 27.63 30.85	31.42 30.54 30.72	38.72 29.87 31.51	32.12 30.41 30.71	31.25 30.72 31.54
41 (粉)	426:491:1 286:58 / 1:1.15:3.02:0.32	0.75	58×1.2	23.95 22.63 24.11	24.59 24.47 24.37	27.46 26.34 26.34	29.04 25.30 25.30	27.17 27.12 27.12	27.63 26.71 26.71

由表 3-171 可见，等稠度和等强度设计下的粉煤灰高强混凝土的干缩率低于基准混凝土。粉煤灰高强混凝土各龄期干缩率变化早期较小，后期因新凝胶填充毛细孔作用，对体积变化影响不大。

5. 握裹强度

握裹力是钢筋混凝土受弯构件设计的一个重要参数，它反映了混凝土与钢筋之间的摩擦力和黏结强度。粉煤灰高强混凝土与光面钢筋、螺纹钢筋的握裹强度分别为 28d 抗压强度的 11.2% 和 12%，均高于基准混凝土 10.4%。试验表明，粉煤灰高强混凝土与钢筋的黏结力增大，将有利于预应力混凝土结构的稳定性。

6. 抗冻性

抗冻性如表 3-172 所示。

粉煤灰混凝土抗冻性指标　　表 3-172

试件序号	每 $1m^3$ 用量 / 配合比	FDN-1000 (C%)	粉煤灰用量 (kg)	冻融循环次数和强度(MPa)						强度损失(%)		
				50 次		100 次		200 次				
				冻后	相当龄期	冻后	相当龄期	冻后	相当龄期	50 次	100 次	200 次
53 (基)	484:525:1 286 / 1:1.085:2.66:0.32	0.75	—	26.1	65.4	68.2	69.4	58.6	71.4	5.0	2.0	17.9

续上表

试件序号	每1m³用量 配合比	FDN-1000 (C%)	粉煤灰用量 (kg)	冻融循环次数和强度(MPa)						强度损失(%)		
				50次		100次		200次		50次	100次	200次
				冻后	相当龄期	冻后	相当龄期	冻后	相当龄期			
54(粉)	426:491:1 286:58 1:1.15:3.02:0.32	0.75	58×1.2	59.5	62.2	56.4	65.2	55.9	68.8	4.3	13.5	18.8

由表3-172可见,粉煤灰高强混凝土经50~200次冻融循环后,其强度损失低于规范规定的≤25%的要求。这表明粉煤灰高强混凝土与基准高强混凝土同样具有良好的抗冻性。

7.抗渗性

抗渗性如表3-173所示。

粉煤灰混凝土抗渗性指标 表3-173

试件序号	每1m³用量 配合比	FDN-1000 (C%)	粉煤灰用量 (kg)	抗渗等级	渗水高度 (m)
40(基)	484:525:1 286 1:1.085:2.66:0.32	0.75	—	>P22	2.8~5.0
41(粉)	426:491:1 286:58 1:1.15:3.02:0.32	0.75	58×1.2	>P22	2.6~4.8

由表3-173可见,采用粉煤灰高强混凝土的抗渗等级>P22,远远超过普通混凝土P8~P12水平,这表明粉煤灰高强混凝土具有良好的抗渗性。由于粉煤灰高强混凝土单位体积的凝胶物质浓度增大和不断进行的粉煤灰火山灰反应,使其孔隙变小且均匀,有效地提高了混凝土密实性。

8.锈蚀钢筋性能

采用4种介质溶液进行对比试验,用恒电流测定其阳极极化电位,借以判断在该介质条件下钢筋所处的电化学状态。试验结果表明,粉煤灰水泥净浆的阳极极化电位为钝化标准,处于钝化状态,证实粉煤灰的掺用对钢筋无锈蚀危害作用。

第三十一节 高压养护粉煤灰加气混凝土配合比设计

高压养护粉煤灰加气混凝土,是利用粉煤灰、石灰、石膏、水泥等作为基本材料,以铝粉作为发气剂,在高压养护条件下硬化而成的一种人造墙体材料。这种加气混凝土的优点是综合利用工业废渣,节省原材料,生产成本低,仅原材料成本就可以降低30%左右。因此,在建筑工程中得到了越来越广泛的应用。

一、原材料的技术要求

(一)粉煤灰

1.粉煤灰的成分和性质

(1)物理性质

粉煤灰密度为1.9~2.3g/cm³,比砂子的密度小(砂子视密度约为2.65g/cm³)。松散表观密度为500~1 100kg/m³。细度以比表面积计一般为1 900~4 100cm²/g,其4 900孔/cm²

筛余量为10%～40%，平均粒径为50～100μm。国内几种粉煤灰的密度、松散表观密度和细度列于表3-174，其筛分曲线如图3-62所示。

国内几种粉煤灰的物理性质　　表3-174

粉煤灰产地	排灰方式	视密度（g/cm^3）	松散表观密度（kg/m^3）	比表面积（cm^2/g）	4 900孔/cm^2筛余（%）	平均粒径（μm）
北京市石景山电厂	干	1.99	720	2 630	11.0	53.8
北京市高井电厂	干	2.07	780	2 910	29.6	76.4
北京市东郊热电厂(1)	干	2.13	560	3 543	18.7	62.4
北京市东郊热电厂(2)	湿	2.12	780	3 680	22.8	70.4
鞍山市鞍钢发电厂	干	2.22	870	2 135	18.4	66.5
沈阳市发电厂	湿	2.22	1 020	1 935	15.9	60.1
湖南省株洲市电厂	湿	2.04	810	3 450	22.0	70.5
南京市下关电厂	湿	2.01	610	3 535	36.3	90.1
武汉市青山电厂	湿	2.14	690	4 090	23.7	68.8
新疆乌鲁木齐市电厂	干	2.05	—	—	48.8	—

在粉煤灰的粒度组成中，有50%～75%能通过10 000孔/cm^2筛，90%～99%能通过900孔/cm^2筛。粒径为200μm以上的部分占量很少。

（2）化学成分

粉煤灰的化学成分主要是二氧化硅（SiO_2）、氧化铝（Al_2O_3），也含有一些未燃炭（以烧失量表示）、氧化钙（CaO）、氧化铁（Fe_2O_3）；此外，还有少量的氧化镁（MgO）、三氧化硫（SO_3）和钾钠氧化物等。国内几种粉煤灰化学成分列于表3-175。

国内几种粉煤灰的化学成分（%）　　表3-175

粉煤灰产地	烧失量	二氧化硅（SiO_2）	氧化铝（Al_2O_3）	氧化钙（CaO）	氧化铁（Fe_2O_3）	氧化镁（MgO）	三氧化硫（SO_3）	氧化钾（K_2O）	氧化钠（Na_2O）
北京市石景山电厂	3.05	55.03	32.09	3.04	5.02	1.02	1.20	—	—
北京市高井电厂	5.13	46.34	33.45	4.84	5.88	1.64	0.41	0.20	0.27
北京市东郊热电厂(1)	9.60	54.00	23.30	3.05	8.02	1.02	0.97	—	0.65
北京市东郊热电厂(2)	10.10	53.00	24.30	2.91	8.08	1.00	0.16	—	—
鞍山市鞍钢发电厂	4.96	57.80	17.22	5.47	9.55	2.16	—	2.63	0.74
沈阳市发电厂	3.40	62.45	17.10	3.59	10.50	2.41	0.40	2.54	1.08
湖南省株洲市电厂	26.12	44.35	15.16	1.53	3.52	1.10	0.82	—	—
南京市下关电厂	12.32	49.28	20.71	2.08	3.31	1.54	0.70	—	—
武汉市青山电厂	6.12	55.94	25.92	3.54	6.15	1.75	0.36	—	—
新疆乌鲁木齐市电厂	51.00	29.08	9.40	3.31	4.82	1.32	1.02	—	—

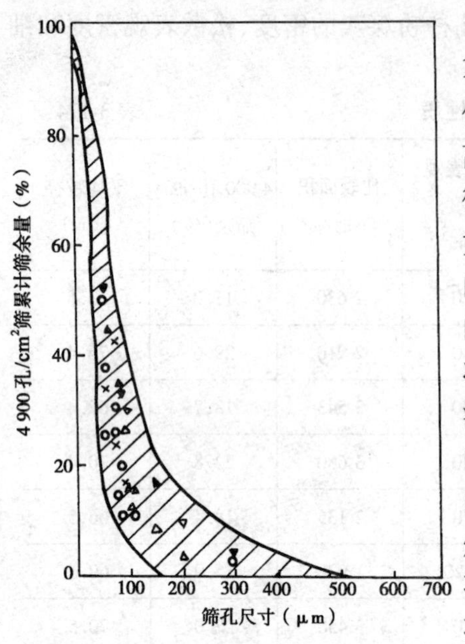

图 3-62　粉煤灰的筛分曲线

粉煤灰是煤粉燃烧后剩下的灰分。煤粉燃烧时，在1 400℃左右的高温下部分融熔，由于灰粒表面张力的作用，融熔的灰分可以形成许多细小的球形颗粒。灰粒离开燃烧室后，由于急速冷却而成为玻璃质颗粒。在显微镜下，可以看到粉煤灰中大部分为灰白色、浅黄色或黄褐色的玻璃体；少量为完全透明的，大量的是半透明的颗粒。含铁量高的颜色较深。另外，还有一部分黑色的、未燃烧完全的煤炭，呈多孔的、粗糙而不规则的形状，属于焦炭或半焦炭。对粉煤灰各筛分部分的烧失量测定（表 3-176）说明，一般在颗粒较粗的部分，粉煤灰的未燃炭（以烧失量表示）含量较高，而颗粒较细部分的粉煤灰烧失量较低。例如，北京东郊热电厂（1）的粉煤灰，平均烧失量为 9.60%，其中 62.5% 通过 10 000 孔/cm^2 筛，通过筛网部分的烧失量仅为 5.3%，而 1 600 孔/cm^2 筛余部分，烧失量达 15% 以上。

2. 粉煤灰的技术要求

粉煤灰各筛分部分的烧失量（%）　　表 3-176

粉煤灰产地 \ 筛孔（cm^2）	10 000	6 400	4 900	3 600	1 600	900	400	144
北京市高井电厂①	6.56	3.40	7.25	6.20	8.04	13.88	11.73	16.66
北京市东郊热电厂(1)	5.30	6.78	6.34	5.08	16.84	21.76	18.31	5.47

注：①取烧失量较高的粉煤灰样品。

粉煤灰的质量对加气混凝土的生产工艺和制品性能有着很大的影响。生产加气混凝土对粉煤灰的技术要求主要是：活性、烧失量和细度。

（1）活性

活性是综合地表示粉煤灰中各项成分在蒸气养护条件下与氧化钙反应能力的一项重要指标。活性高的粉煤灰所生产的制品强度较高，活性低的粉煤灰所生产的制品强度较低。

粉煤灰实质上是一种烧黏土质人造火山灰材料，煤粉中的黏土质矿物在高温下脱水形成的偏高岭土以及其他硅铝活性氧化物是粉煤灰活性的主要来源。但是，由于硅铝氧化物部分在高温下形成一种称为莫来石（$3Al_2O_3 \cdot 2SiO_2$）的矿物，不具有活性，不能参与水热反应。所以，粉煤灰活性高低不仅与化学成分有关，而且与燃烧条件、收集方法等因素也有关系。

一般情况下，二氧化硅和氧化铝含量较高的粉煤灰活性较高。二氧化硅是生成水化硅酸盐的必要成分，一般要求大于 40%。氧化铝的存在可以促进二氧化硅的水热反应，而且本身也可形成水化产物，然而部分氧化铝在燃烧过程中与二氧化硅形成莫来石却又降低了粉煤灰的活性。所以，粉煤灰中的氧化铝一般要求为 15% ~35%。氧化铁、氧化钙、三氧化硫等成分都对提高粉煤灰活性不利，要求氧化铁含量不大于 15%，氧化钙含量不大于 10%，三氧化硫含量不大于 4%。

（2）烧失量

烧失量是表示粉煤灰中未燃炭含量的一个指标。粉煤灰的烧失量与加气混凝土制品的抗压强度和干燥收缩值的关系示于图 3-63。由图中可见，随着粉煤灰中烧失量的增大，加气混凝土制品的抗压强度降低，干燥收缩值减小。因此生产加气混凝土时希望粉煤灰的烧失量小些，这是由于粉煤灰中的未燃炭没有活性，属于焦炭或半焦炭，在加气混凝土中只能起着惰性集料的作用。未燃炭（烧失量）含量过高，降低了粉煤灰中活性成分的含量，同时，多孔状的未燃炭吸附大量水分，使料浆的水料比大大增大，不利于浇筑。例如，新疆乌鲁木齐市电厂粉煤灰烧失量高达51%，即使采用1.2以上的水料比，料浆依然很稠，流动性差，容易泌水、冒泡、塌模，很难实现浇筑，制品强度很低。

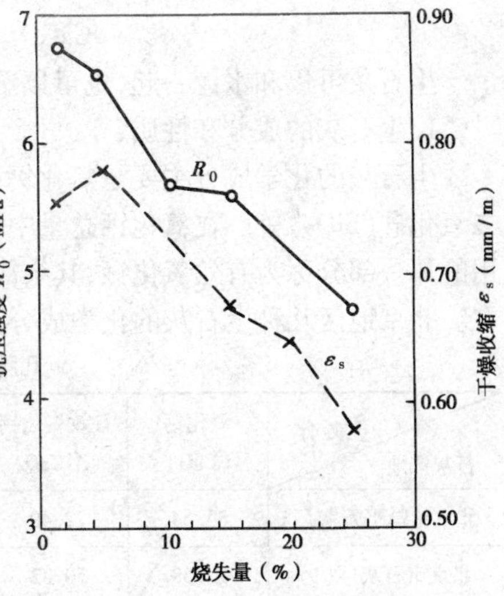

图3-63 烧失量与制品抗压强度和收缩值的关系

所以，为了提高制品强度，保证加气混凝土制品的正常生产，降低粉煤灰的烧失量是非常必要的。粉煤灰的烧失量最好能在10%以下。

但是，如果由于种种原因，粉煤灰的烧失量在10%以上时，只要粉煤灰活性较高，经试验后，能够保证加气混凝土正常浇筑生产，制品强度符合要求，那么即使烧失量稍大一些，仍然可以用来生产加气混凝土。

（3）细度

粉煤灰的细度与煤质、煤粉的磨细度以及燃烧情况等因素有关。在同样条件下，较细的粉煤灰燃烧比较完全，烧失量较低，冷却速度较快，活性往往较高。此外，较细的粉煤灰，有较大的比表面积，反应速度较快，有利于提高制品强度。一般要求粉煤灰的比表面积大于3 000cm²/g，其4 900孔/cm²筛余量不大于30%。

综上所述，在加气混凝土生产中，粉煤灰应符合下列要求。

①化学成分：二氧化硅含量 >40%；氧化铝含量15%～35%；氧化铁含量≤15%；氧化钙含量≤10%；三氧化硫含量≤4%。

②烧失量最好小于10%。

③细度：比表面积大于3 000cm²/g，或4 900孔/cm²筛余量小于30%。

国内几种粉煤灰浇筑加气混凝土的情况列于表3-177。

国内几种粉煤灰浇筑加气混凝土试验结果 表3-177

粉煤灰产地	水料比	绝干密度（kg/m³）	绝干强度（MPa）	粉煤灰产地	水料比	绝干密度（kg/m³）	绝干强度（MPa）
北京市石景山电厂	0.68	509	6.18	沈阳市发电厂	0.58	508	4.42
北京市高井电厂	0.66	520	6.19	湖南省株洲市电厂	0.67	512	4.87
北京市东郊热电厂（1）	0.83	485	3.56	南京市下关电厂	0.82	465	4.08
北京市东郊热电厂（2）	0.68	500	4.54	武汉市青山电厂	0.75	497	6.01
鞍山市鞍钢发电厂	0.62	508	4.53	新疆乌鲁木齐市电厂	71.2		

（二）石灰

生石灰是石灰石（主要成分是碳酸钙）经高温煅烧后得到的白色块体。在高温下，碳酸钙分解，逸出二氧化碳，得到生石灰。其反应式为：

$$CaCO_3 \xrightarrow{900\sim1\ 200℃} CaO + CO_2 \uparrow$$

生石灰可以和水泥一起,也可以单独作为钙质材料来生产加气混凝土。

1. 生石灰的成分和性质

生石灰的化学成分主要是氧化钙(CaO),也含有少量的氧化镁(MgO)、氧化铁(Fe_2O_3)和二氧化硅(SiO_2)等。在氧化钙总量中能够与二氧化硅反应生成水化硅酸钙,起到钙质材料作用的那一部分称为有效氧化钙,其余部分氧化钙则以未分解的碳酸钙或以其他化合物形态存在。北京地区几种生石灰的化学成分列于表3-178。

几种生石灰的化学成分(%) 表3-178

成分 石灰产地	氧化钙(CaO)	有效氧化钙(A-CaO)	氧化镁(MgO)	氧化硅(SiO_2)	氧化铝(Al_2O_3)	氧化铁(Fe_2O_3)	烧失量
北京市昌平石灰厂	83.54	72.40	12.38				
北京市石灰厂(1)	77.58	70.32	8.17	3.81	4.05	0.39	6.81
北京市石灰厂(2)	76.65	69.02	5.85	4.02	3.65	0.32	10.36

生石灰的相对密度为3.1~3.4,与生石灰的化学成分、煅烧温度和煅烧时间有关。煅烧温度越高,时间越长,生石灰的密度越大。

生石灰中的氧化钙是立方体结晶,与水接触后立即发生消解反应,并放出大量消解热。反应式如下:

$$CaO + H_2O = CaO(OH)_2 + 65.1kJ$$

生石灰消解生成的氢氧化钙[$Ca(OH)_2$]称为消石灰。消石灰的体积几乎比生石灰大1倍以上,稍溶于水,在温度为20℃时,每100g水中可以溶解$Ca(OH)_2$0.118g,但随着温度的提高,溶解度降低。当在水中加入糖、甘油等外加剂时,消石灰的溶解度可显著提高;当水中含有氢氧化钠(NaOH)、氢氧化钾(KOH)等时,它的溶解度降低。

生石灰的消解速度以消解时间来表示。消解时间是指一定量的生石灰加入一定量的水在绝热条件下(是相对的,一般在保温瓶中进行)消解达到最高温度所需的时间(min)。消解所达到的最高温度称为消化温度(℃)。根据消解速度可以将生石灰分为:快速消解(消解时间在10min以内)、中速消解(消解时间10~30min)和慢速消解(消解时间在30min以上)三种。

生石灰的消解速度与石灰煅烧温度和时间、石灰中的杂质、水的温度以及石灰的细度等有关。一般石灰石在850℃即可开始分解,实际工厂生产的煅烧温度为900~1 200℃。较低的煅烧温度所得到的生石灰密度较小,消解速度较快;提高煅烧温度,延长煅烧时间,可以得到密度较大,消解速度较慢的生石灰。

加入某些外加剂可以有效地延缓和加速生石灰的消解。例如,石膏、芒硝等硫酸盐、水玻璃、三乙醇胺、糖、甘油、酒石酸等能延缓石灰的消解,而氯化钙、氯化钠等则可促进消解。

石灰是气硬性材料,在一定条件下也具有水硬性。在一般情况下,生石灰消解成消石灰,例如建筑灰膏那样,只有通过干燥后,石灰水化物的结晶和空气中二氧化碳的作用,生成碳酸钙晶体以后才具有一定的强度。但是,生石灰粉在一定的水灰比和适当的工艺条件下,可以由于生成石灰水化物的微结晶的膨胀密实而具有一定的水硬强度。

2. 对生石灰的技术要求

(1)必须采用生石灰粉

在加气混凝土生产中,不宜使用消石灰,必须采用生石灰粉。这不仅是为了有效地利用生石灰的消解热,更重要的是为了改善生产工艺和提高制品质量。采用生石灰和消石灰浇筑粉煤灰加气混凝土的结果对比示于表3-179。

两种石灰浇筑加气混凝土的结果 表3-179

石灰品种	水料比	浇筑情况	硬化情况	制品强度(MPa)
生石灰	0.6	良好	正常	40.5
消石灰	大于0.7	稠化很快	很慢	31.4

采用消石灰来生产加气混凝土会出现一些问题。这主要是因为增大水料比,料浆稠化快,容易引起坯体收缩和沉陷;坯体温度较低,坯体硬化很慢,硬化时间比采用生石灰几乎要延长一倍;制品强度比采用生石灰的要低20%左右。这可能与消石灰本身的疏松结构有关,比起生石灰,消石灰的密度较小,结构要疏松得多,比表面积也大得多,因而可以吸收大量的水分,造成加气混凝土骨架结构强度较低。而采用生石灰则由于在消解初期有较大的溶解度,而且发气后期还可进一步水化,使加气混凝土骨架进一步密实,促进了坯体硬化,提高了制品强度。

(2)消解速度

在加气混凝土生产中,生石灰的消解速度具有重要的意义。这是因为生石灰的消解速度对于加气混凝土的浇筑工艺和制品性能都有重要的影响。几种不同消解时间的生石灰浇筑粉煤灰加气混凝土的结果见表3-180。

不同消解时间的生石灰浇筑粉煤灰加气混凝土的结果 表3-180

石灰编号	生石灰性能			浇筑静停过程			制品强度(MPa)
	有效氧化钙(%)	消解温度(℃)	消解时间(min)	浇筑情况	稠化	硬化	
1	69.05	95	3	“面包头”竖起,坯体沉陷、收缩	快	慢	3.56
2	75.36	88	5	“面包头”竖起	较快	较慢	3.80
3	78.77	87	7	稍好	稍快	正常	5.10
4	77.87	84	14	良好	良好	较快	6.02

由表可见,采用快速消解石灰(特别是消解时间在5min以内的石灰),由于在浇筑过程早期就大量消解,引起料浆过早稠化,与发气过程很不适应,结果产生“面包头”竖起、坯体收缩和沉陷等现象。浇筑后,坯体虽然较快达到最高温度,但硬化还是较慢,制品强度较低,所出现的情况与采用消石灰的情况有些近似。随着生石灰消解时间的延长,稠化逐渐缓慢,浇筑工艺得到改善,坯体硬化加速,制品强度也有较大的提高。采用4号中速消解灰得到了比较满意的结果,制品强度竟比采用1号快速生石灰的提高60%以上,这可能是与发气过程后期,石灰进一步水化,使气孔骨架结构比较密实有关。但是,当采用消解时间过长的慢速消解石灰时,由于坯体硬化稳定以后石灰还在继续大量消解,破坏了已经形成的骨架结构,因而对工艺、对制品强度均会带来不利的影响。

因此,在加气混凝土生产中,采用中速消解生石灰(消解时间10~20min)是保证正常生产、提高制品质量的有效途径。由于生石灰的消解时间同煅烧温度和煅烧时间有关,为了生产所需要的中速消解生石灰,一般要求煅烧温度为1 100~1 200℃,并在高温区使生石灰有较长的停留时间，以便形成尺寸较大、结构比较致密的氧化钙晶体。

(3)化学成分

对生石灰化学成分的要求，主要是控制有效氧化钙和氧化镁含量。有效氧化钙含量越高，石灰的质量越好。在加气混凝土生产中，一般要求有效氧化钙含量大于65%。生石灰中的氧化镁会提高加气混凝土坯体在蒸压过程中的膨胀值。为了不使坯体产生过分的膨胀，生石灰中氧化镁含量应不大于8%。

(4)细度

为了有效地发挥生石灰的作用，必须提高生石灰粉的磨细度。一般要求生石灰粉在4 900孔/cm^2 筛上的筛余量不大于15%。生石灰在粉磨过程中有时会发生糊磨结块等现象，使粉磨效率降低。为了提高粉磨效率，可以在粉磨时加入一些固体助磨剂(如粉煤灰、砂子等)，也可加入一些化学外加剂(如三乙醇胺等)。例如加入0.1%三乙醇胺助磨，生石灰的细度可由4 900孔/cm^2 筛余量15%提高到1%，消解速度降低，浇筑加气混凝土制品的强度可以提高20%左右。

综上所述，在蒸压粉煤灰加气混凝土生产中，生石灰应符合下列要求：

①消解时间10～20min。

②活性氧化钙含量大于65%，氧化镁含量不大于8%。

③细度在4 900孔/cm^2 筛上的筛余量小于15%。

(三)水泥

水泥可以和生石灰一起，也可以单独作为钙质材料来生产加气混凝土。在加气混凝土生产中，水泥能够促进料浆的凝结和硬化，质量比较稳定，对于保证浇筑稳定性有着重要的作用。水泥水化时生成的氢氧化钙[$Ca(OH)_2$]，在蒸压过程中与含硅材料中的硅铝氧化物反应生成的水化物使制品获得强度；同时，水泥本身的硅酸盐、铝酸盐等也在坯体硬化和蒸压过程中进行水化成为具有强度作用的产物。

一般要求采用普通硅酸盐水泥。但是，由于加气混凝土制品的强度主要并不是依靠水泥本身的硅酸盐，因此，在加气混凝土生产中，对水泥的要求也与一般建筑工程有所不同。

1. 水泥的成分

水泥的化学成分主要是氧化钙、二氧化硅、氧化铝、氧化铁以及少量的氧化镁和三氧化硫等。几种普通硅酸盐水泥的化学成分列于表3-181。四种主要化学成分在水泥熟料中形成四种主要的矿物：硅酸三钙($3CaO \cdot SiO_2$ 或 C_3S)、硅酸二钙($2CaO \cdot SiO_2$ 或 C_2S)、铝酸三钙($3CaO \cdot Al_2O_3$ 或 C_3A)和铁铝酸四钙($4CaO \cdot Al_2O_3 \cdot Fe_2O_3$ 或 C_4AF)。一般普通硅酸盐水泥熟料矿物组成为：

C_3S：50%～55%；C_2S：20%～30%；C_3A：5%～10%；C_4AF：10%～15%。

几种水泥的化学成分 表3-181

水泥品种	大同水泥厂 42.5级普通水泥	首都水泥厂 42.5级普通水泥	首都水泥厂 32.5级矿渣水泥
CaO(%)	59.7	58.85	52.1
SiO_2(%)	20.2	24.24	27.8
Al_2O_3(%)	4.9	5.64	6.7
Fe_2O_3(%)	3.4	5.64	2.5

续上表

水泥品种	大同水泥厂 42.5级普通水泥	首都水泥厂 42.5级普通水泥	首都水泥厂 32.5级矿渣水泥
MgO(%)	3.6	1.28	6.4
K_2O(%)	2.0	1.13	0.8
Na_2O(%)	0.3	0.24	0.3
SO_3^-(%)	2.3	2.93	1.7
CrO_3(%)	1.3		微
Cl^-(%)	微		微
烧失量(%)	3.8	1.38	1.4
碱度(毫克当量/升)	52	53.36	45
混合材	<14%矿渣或石灰石	<14%矿渣	50%矿渣

在浇筑过程中，水泥水化时，C_3S、C_2S 和水反应生成含钙量较低的低碱性水化硅酸钙，同时放出游离的氢氧化钙，这部分氢氧化钙成为水热反应中所需的氧化钙量的一部分，与含硅材料中的二氧化硅、氧化铝等作用生成水化硅酸盐和水化铝酸盐，使制品获得强度。铝酸三钙水化后与石膏反应生成水化硫铝酸钙，防止水泥速凝并促进了坯体的凝结和硬化。

所以在一般情况下，特别是单独采用水泥作为钙质材料时，水泥中的氧化钙含量高（硅酸三钙含量高），加气混凝土坯体硬化快，制品强度高。因此，在加气混凝土生产中要求熟料成分中氧化钙含量大于60%。但是，在采用水泥—石灰混合钙质材料时，水泥所提供的氢氧化钙不一定是主要的，水泥中的硅铝酸盐主要是在浇筑过程中保证浇筑稳定性，加速坯体硬化，促进高压养护过程中的水热反应，所以，即使采用等级较低、熟料中硅酸三钙含量较低、硅酸二钙含量较高的水泥仍然能够得到良好的结果。至于水泥中游离氧化钙的含量，在加气混凝土生产中，只要游离氧化钙大部分在高压蒸气养护以前完成消解，则并没有危害。因此，生产加气混凝土时所用水泥的游离氧化钙含量可比一般水泥混凝土制品略高，一般要求水泥中游离氧化钙不大于6%。目前甚至已经提出，如果在加气混凝土生产中采用混合烧成的石灰—硅酸二钙钙质材料可以进一步提高制品强度，改善制品性能。所以，在水泥—石灰—粉煤灰加气混凝土生产中，采用低等级水泥有着宽广的发展前途。我国武汉、哈尔滨等地采用立窑生产的32.5级水泥来生产高压养护粉煤灰加气混凝土都取得良好的效果。武汉生产加气混凝土所采用的立窑水泥的化学成分和性能列于3-182和表3-183。

武汉水泥厂立窑水泥熟料的化学成分(%) 表3-182

SiO_2	Al_2O_3	CaO	Fe_2O_3	MgO	SO_3	Na_2O	游离 CaO
19.85	5.80	64.24	3.38	0.37	2.23	1.67	5.41

武汉水泥厂立窑水泥的物理性质 表3-183

细度 4 900孔/cm² 筛余(%)	凝结时间		体积安定性		抗压强度(MPa)	
	初凝	终凝	蒸	煮	3d	7d
20	1h	1h50min	溃	溃	29.6	35.9

水泥中的氧化镁很大一部分会以方镁石形式存在，这和死烧的游离石灰类似，含量过高，也将使制品在高压养护时膨胀过大而损坏。一般要求水泥中氧化镁含量不大于6%。

2. 混合材

我国水泥生产中，在熟料粉磨时，加入一定量的矿渣等混合材。普通硅酸盐水泥中仅掺加15%以下，而矿渣水泥中则可掺加20% ~85%矿渣。

在加气混凝土生产中，水泥熟料是主要起作用的有效成分。水泥中掺加了混合材虽然在建筑工程上并不影响使用，但是，在生产加气混凝土时却减少了有效的熟料成分，降低了氧化钙含量。生产中当采用混合材掺量较多的水泥时，对加气混凝土的浇筑工艺、坯体硬化和制品强度都有一定的影响，如果为了保证制品的强度，往往需要增加水泥用量。在相同条件下，采用首都水泥厂42.5级普通硅酸盐水泥和首都水泥厂32.5级矿渣硅酸盐水泥进行粉煤灰加气混凝土浇筑试验的结果对比列于表3-184。

两种水泥对比试验的结果　表3-184

水泥品种与强度等级(MPa)	料浆稠化	坯体硬化	出釜密度(kg/m^3)	出釜强度(MPa)
首都水泥厂42.5级普通水泥	正常	正常	602	3.72
首都水泥厂32.5级矿渣水泥	较慢	较慢	617	2.29

由表可见，采用32.5级矿渣水泥，由于其中一半是矿渣，熟料成分减少了50%，因此，浇筑后料浆稠化和坯体硬化都较慢，制品强度降低40%。大约需要增加水泥用量1倍左右，才能达到使用普通42.5级水泥时的制品强度。

图3-64所示的结果可以进一步说明矿渣混合材对粉煤灰加气混凝土制品强度的影响。在一定的配比下，用一部分磨细矿渣取代普通水泥进行浇筑试验。结果表明，水泥中矿渣混合材掺加量在30%以下，对制品强度的影响并不明显；超过30%后，混合材掺加量越大，制品强度越低。

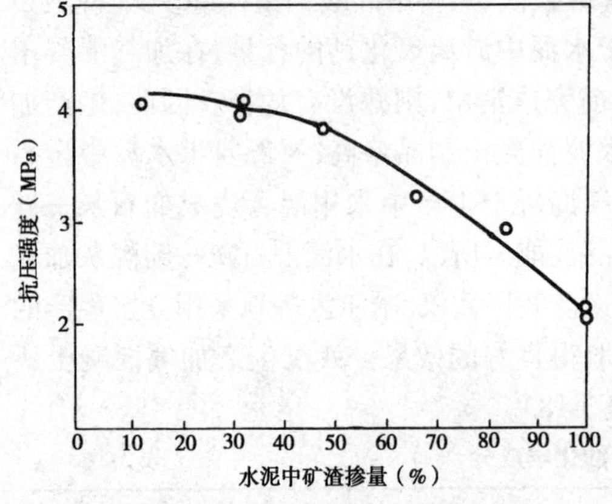

图3-64　水泥中矿渣掺量对制品强度的影响

所以，在加气混凝土生产中，最好采用硅酸盐水泥或普通硅酸盐水泥。32.5级矿渣水泥等也可使用，但因加入了大量混合材，水泥用量必须增加，这就提高了加气混凝土制品的生产成本。

3. 细度

提高水泥的细度，增大比表面积，有利于水化反应的进行。一般要求水泥细度以比表面积计大于3 000cm^2/g。

综上所述，在粉煤灰加气混凝土生产中，水泥应符合下列要求：

(1)最好采用硅酸盐水泥或普通硅酸盐水泥，水泥熟料中氧化钙含量大于60%。

(2)立窑熟料水泥，质量稳定并经试验以后也可使用。

(3)水泥中游离氧化钙含量不大于6%(立窑水泥还可以更宽一些)，氧化镁含量不大于6%。

(4)细度：比表面积大于3 000cm^2/g。

(四)石膏

石膏是粉煤灰加气混凝土生产中，最主要最有效而又最经济的调节剂。由于水泥中已经含有的石膏量还不能满足需要，往往还要另外加入适量的石膏。

1. 石膏的成分

石膏的主要化学成分是硫酸钙($CaSO_4$)，按其结晶水的多少，可以分为二水石膏($CaSO_4 \cdot 2H_2O$，又称生石膏)、半水石膏($CaSO_4 \cdot \frac{1}{2}H_2O$)和无水石膏($CaSO_4$)。

化学中纯的二水石膏含有氧化钙32.56%、三氧化硫46.51%和结晶水20.93%。例如山西二级石膏含氧化钙32.19%、三氧化硫40.86%和结晶水19.71%。此外，生石膏中还含有少量石灰石、黏土矿物及有机物质等。

二水石膏加热到150℃左右，就会很快失去一部分结晶水而变成半水石膏，继续加热还能进一步脱水生成无水石膏。

2. 石膏的作用和要求

在粉煤灰加气混凝土生产中，石膏主要有两方面的作用。一方面，可以延缓生石灰的消解和料浆的凝结稠化；另一方面，可以促进坯体硬化，有效地提高制品强度。

石膏对生石灰消解速度的影响如图3-65所示。加入5%(占石灰用量)的二水石膏，可以使生石灰的消解时间延长4倍以上，消解速度大大降低。但是，石膏用量超过5%以上，继续增加用量，对于延缓生石灰消解的作用，并无显著提高。这可能是因为石膏延缓生石灰消解的作用，主要是通过硫酸钙吸附在生石灰颗粒表面，形成一层难溶盐的吸附层而达到的。这样，当石灰颗粒表面已经形成一层吸附层后，多余的石膏对于石灰消解的延缓作用就不大了。

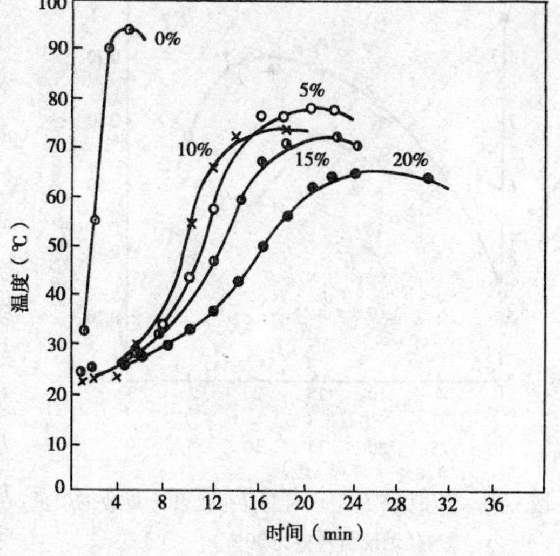

图3-65　石膏加入量对石灰消解的影响

为了有效地发挥石膏的作用，一般要求石膏中生石膏量大于80%。磨细度在4 900孔/cm^2筛上的筛余量不大于15%。二水石膏、半水石膏、废模型石膏，甚至化工副产品石膏都可用作加气混凝土的调节剂。

二、配合比设计

设计一个良好的粉煤灰加气混凝土配合比，必须考虑下列要求。

第一，制品具有良好的性能。由于粉煤灰制品往往干燥收缩较大，影响建筑使用，因此，粉煤灰加气混凝土配合比除考虑制品强度外，还需要注意降低制品的干燥收缩值等。

第二，浇筑稳定性良好，生产工艺过程容易实现和控制。

第三，尽可能地大量利用粉煤灰，减少调节材料的品种和用量，降低生产成本。

因此，粉煤灰加气混凝土的配合比要根据各地原材料的情况，因地制宜，就地取材，经过充分试验以后才能最后选定。

(一)钙质材料

水泥和石灰都可以单独或混合作为钙质材料来生产加气混凝土。因此，钙质材料品种的确定也要因地制宜。一般来说，以水泥单一钙质材料来生产水泥—粉煤灰加气混凝土，最适宜的水泥用量约为40%，但水泥用量较大，而且制品强度较低。采用石灰单一钙质材料生产石灰—粉煤灰加气混凝土,粉煤灰用量可达75%以上。然而,往往由于石灰质量波动较大,较准控制石灰的消解和料浆稠化,坯体硬化慢,制品强度低。所以,目前一般趋向于采用水泥—石灰混合钙质材料来生产加气混凝土。这样不仅可以降低水泥用量,而且料浆温度和浇筑稳定性都比较容易控制,制品强度较高,其他性能良好。因此,本节主要介绍水泥石灰—粉煤灰加气混凝土的基本配合比。

1. 钙质材料的组成

混合钙质材料中水泥和石灰的组成(相对比例)对于生产工艺和制品性能影响很大。

当钙质材料用量固定时,钙质材料的组成对制品强度和干燥收缩的影响示于图3-66。由于在表观密度波动范围不大时,制品抗压强度和表观密度之间可以看成直线关系。因此,为了消除表观密度波动对制品强度的影响,便于考察钙质材料组成对制品强度的影响,可以采用抗压强度和表观密度之比 σ 来统一进行比较。

$$\sigma = \frac{f_{cu}}{\rho_{c,0}} \tag{3-103}$$

式中:f_{cu}——制品的出釜抗压强度(MPa);

$\rho_{c,0}$——制品的绝干密度(t/m^3)。

由图3-66可见,当钙质材料用量一定时(例如30%),随着石灰的加入,水泥量减少,显著地促进了坯体硬化,提高了制品强度,降低了制品的干燥收缩值。这是由于生石灰消解时,每1kg有效氧化钙可以放出1 163.4kJ的热量,足以使坯体温度升高到80℃。较高的坯体温度对于加速坯体硬化是非常有利的。而且,生石灰提供了大量的氧化钙,使粉煤灰中的活性组分能够和氧化钙充分进行反应,生成硅铝酸盐水化物,在高压养护过程中部分转变成较为稳定的结晶形态(称为托勃莫来石),因此,有利于制品强度的提高和降低干燥收缩。

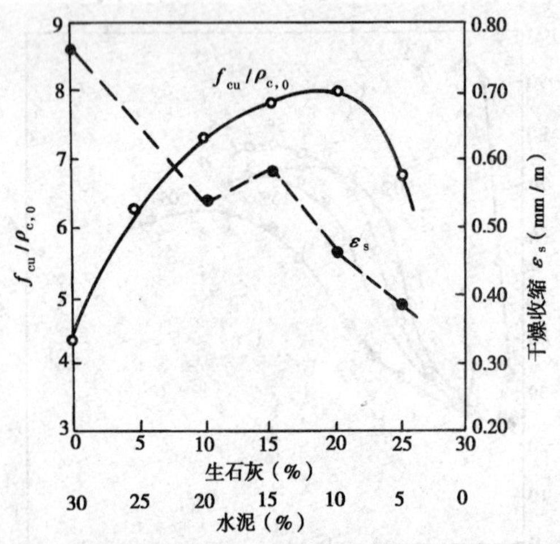

图3-66 钙质材料的组成对制品强度和干燥收缩值的影响(钙质材料量为30%)

但是,在达到某一最适宜的石灰加入量后,继续增加石灰量,料浆稠化显著加快,硬化缓慢,制品强度反而降低。因此,对于每一种钙质材料用量,都有一个相应的最适宜的组成(以水泥和石灰的相对比例表示),以这个组成浇筑的粉煤灰加气混凝土,浇筑稳定性良好,制品强度最高。如果钙质材料用量不同,则相应的钙质材料最适宜组成以及所能获得的制品最高强度也不同。

2. 钙质材料的用量

钙质材料用量对钙质材料的组成和制品强度的影响示于图3-67。

由图3-67可见,随着钙质材料用量的增加、粉煤灰用量的减少,钙质材料最适宜组成中石灰量相对减小,水泥量相对增大,制品所能获得的最高抗压强度也随之提高。但是,当钙质材料用量超过35%时,制品所能获得的最高强度反而降低。

因此,为了获得最高的制品强度,最适宜的钙质材料用量为35%左右,相应钙质材料最适宜的组成为水泥: 石灰 =20: 15(有效氧化钙为10%)。但是,这时制品的干燥收缩仍然较大。从保证制品强度、降低制品干燥收缩、尽可能多地利用粉煤灰等因素全面考虑,建议钙质材料用量采用 30%。

钙质材料组成:水泥 10%(42.5 级普通硅酸盐水泥)、石灰 20%(以有效氧化钙计为 14.5%)。

武汉市第五砖瓦厂等单位,利用武汉立窑水泥(表 3-182、表 3-183)进行了配合比试验,结果选用的钙质材料量为 23% ~27%;其中水泥用量为 8% ~10%,生石灰用量为 15% ~17%(以有效氧化钙量计为 10%),效果良好。

(二)石膏调节剂

粉煤灰加气混凝土生产中采用的石膏调节剂,一部分是水泥本身已经含有的石膏,但由于随水泥加入的石膏量不能满足生产要求,还需另外补充加入一部分石膏。石膏的作用和掺量的选择分析如下。

1. 缓凝作用

一般硅酸盐水泥中的石膏加入量约为水泥量的 5%。这部分石膏,不仅有效地延缓了水泥的凝结,而且在加气混凝土中对于抑制石灰消解和料浆凝结稠化也有重要的作用。

曾经将没有外加石膏的粉煤灰加气混凝土料浆迅速进行抽滤后的滤液加入生石灰中进行消解试验,结果示于图 3-68。采用滤液时生石灰消解时间比采用蒸馏水时要延长 1 倍左右。而且,即使采用快速消解石灰来浇筑粉煤灰加气混凝土,料浆达到最高温度的时间,在不外加石膏时一般也需 10min 以上。因此,水泥中的石膏以及料浆中的某些可溶物对于延缓石灰消解起着一定的作用。

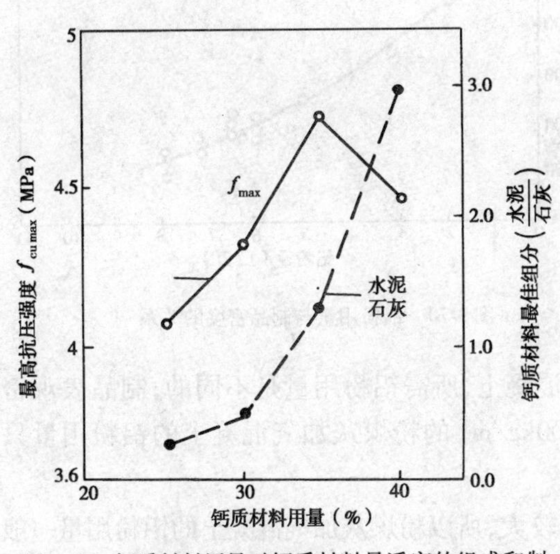

图 3-67 钙质材料用量对钙质材料最适宜的组成和制品最高抗压强度的影响

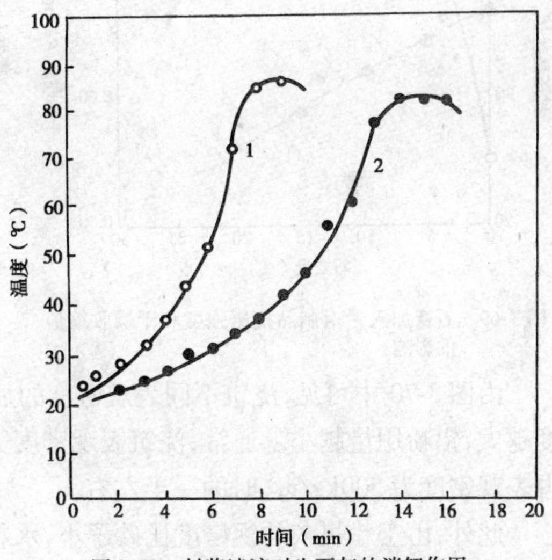

图 3-68 料浆滤液对生石灰的消解作用

1-蒸馏水;2-料浆滤液

但是水泥中的石膏含量,对于加气混凝土料浆的缓凝作用,仍然感到不足。如果掺入石膏外加剂占水泥、石灰(钙质材料)总量的 1% ~5%,不仅可以抑制料浆稠化,还可以使浇筑水料比稍有降低,改善料浆流动性。但是,外加石膏过多时,反而促进了料浆的凝结稠化,对于提高浇筑稳定性并无益处。

2. 增强作用

外加石膏另一个重要的作用是可以有效地提高制品强度、降低制品干燥收缩。

石膏加入量对制品抗压强度和干燥收缩值的影响示于图 3-69。

由图可见,加入少量石膏(5%),就可以使制品强度提高 60% 以上。但是,如果石膏加入量超过 10% 以上时,继续增加石膏量,制品强度并没有显著提高。过多地加入石膏,甚至反而会使制品强度降低。

随着石膏加入量的增加，制品的干燥收缩值稍有降低。所以，石膏的加入对于降低粉煤灰加气混凝土制品的收缩也是有利的。

综合考虑加气混凝土的浇筑稳定性、制品强度和干燥收缩等因素，一般石膏的加入量以占钙质材料用量的10%为宜（二水石膏）。

（三）铝粉用量

铝粉是生产加气混凝土的发气剂。在浇筑过程中，铝粉在石灰的碱性介质中置换水中的氢而产生氢气，使坯体中形成多孔结构。反应式如下：

$$2Al + 3Ca(OH)_2 + 6H_2O \longrightarrow 3CaO \cdot Al_2O_3 \cdot 6H_2O + 3H_2 \uparrow$$

铝粉用量主要决定于制品的表观密度和强度要求。原材料的视密度、配合比、水料比和铝粉的质量等对于铝粉用量也有一定的影响。

浇筑不同密度的粉煤灰加气混凝土所需要的铝粉量示于图3-70。

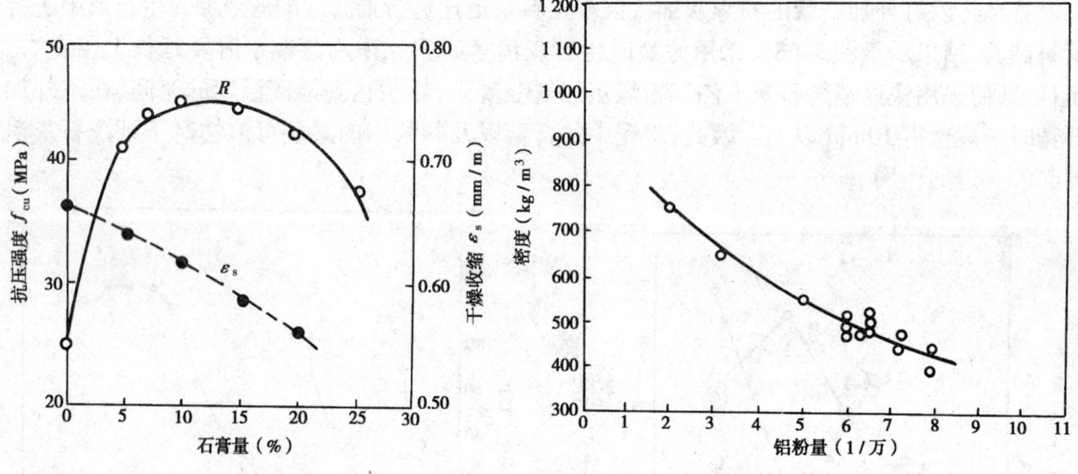

图3-69 石膏加入量对制品抗压强度和干燥收缩值的影响

图3-70 铝粉用量与制品密度的关系

由图3-70中可见，浇筑不同表观密度的加气混凝土，所需铝粉用量是不同的；制品表观密度越大，铝粉用量越小。通常，浇筑表观密度为700kg/m^3的粉煤灰加气混凝土的铝粉用量只占表观密度为500kg/m^3时的一半左右。

此外，由于粉煤灰的视密度比砂子小，水料比较大，所以粉煤灰加气混凝土的铝粉用量一般较以砂子为原料的加气混凝土少。例如，浇筑表观密度为500kg/m^3的粉煤灰加气混凝土的铝粉用量约为万分之六，而浇筑相同密度的、以砂子为原料的加气混凝土时，其铝粉用量约为万分之八。

综上所述，生产表观密度为500kg/m^3的高压养护粉煤灰加气混凝土，其配合比如下：

水泥（42.5级硅酸盐水泥）	10%
生石灰（有效氧化钙以14.5%计）	20%
二水石膏（占钙质材料用量）	10%
粉煤灰	约70%
铝粉	6‰
气泡稳定剂（可溶油）	少量
水料比	0.6~0.7

第三十二节　常压养护粉煤灰加气混凝土配合比设计

常压养护粉煤灰加气混凝土，是用粉煤灰、石灰、石膏和水等作基本材料，以化铁炉渣、水淬矿渣等作改性材料，经过湿碾(或湿磨)、搅拌，加入发气剂铝粉，使料浆在模内发气膨胀后，在100℃常压蒸气养护条件下硬化而成的一种轻质多孔墙体材料。

用常压养护方法生产粉煤灰加气混凝土砌块，是我国发展加气混凝土的一条新途径。它的特点是：不用水泥(有的也可加一定量水泥)，不用高压釜，不用高压锅炉，生产工艺简单，建厂耗钢量小，投资少。

一、原材料性能与技术要求

根据各种原材料对常压养护粉煤灰加气混凝土砌块性能所起的作用不同，大体可划分为基本材料、改性材料和发气材料三类。

(一)基本材料

常压养护粉煤灰加气混凝土砌块是一种水硬性硅酸盐制品。它是由粉煤灰中的活性氧化硅(SiO_2)和活性氧化铝(Al_2O_3)在一定的温度湿度条件下，与生石灰中的有效氧化钙(A-CaO)作用，并在石膏的参与下，促进具有胶结能力的水化硅酸钙和水化铝酸钙等水硬性胶凝物质的生成，具有一定的强度。为此，将粉煤灰、生石灰、石膏和水作为配制常压养护粉煤灰加气混凝土砌块的基本原材料。

1.粉煤灰

发电厂收集和排除粉煤灰的方法有干法和湿法两种。干排灰颗粒细，比表面积大，有利加速水化反应和获得较高的制品强度；湿排灰常常混入较粗的炉下灰，颗粒较粗，采用时对它的细度要严加控制，要求4 900孔/cm^2筛余量不大于20%。

粉煤灰是常压养护粉煤灰加气混凝土砌块的主要组成材料，在它的化学成分中，活性二氧化硅(SiO_2)和三氧化二铝(Al_2O_3)含量多，它们与气硬性生石灰化合后的胶结性能好，制品强度高。其中三氧化二铝含量越多，对大气稳定性越好。要求粉煤灰中二氧化硅的含量不低于40%，三氧化二铝的含量不低于15%。

粉煤灰中含有的少量残余炭分(一般以烧失量表示)是一种有害成分。它的含量多，二氧化硅和三氧化二铝的成分就相对减少，影响制品的强度；同时炭分本身也会影响制品的耐久性，因此要求粉煤灰的烧失量不大于15%。

2.生石灰

生石灰是石灰石经高温煅烧而成。其主要成分是氧化钙(CaO)，其次是氧化镁(MgO)。生石灰遇水消化，即为消石灰，并放出热量，其化学反应式为：

$$CaO + H_2O \longrightarrow Ca(OH)_2 + 65.1kJ/mol$$

配制常压养护粉煤灰加气混凝土砌块通常采用磨细生石灰，它的主要作用是在湿热条件下与粉煤灰化合产生强度。同时，在原材料混合搅拌成型时，遇水消化放出热量，有助于发气剂铝粉反应产生氢气形成气孔，完成料浆的发气膨胀过程，并促进料浆的凝结和硬化。

根据生石灰的作用，使用时对它的质量应有适当的要求。

(1)有效氧化钙含量。生石灰中的氧化钙总含量包括有效氧化钙和碳酸钙($CaCO_3$)、硅酸钙($CaSiO_3$)以及其他钙盐中的氧化钙含量。其中只有有效氧化钙才能与粉煤灰的活性二氧化硅、三氧化二铝起反应。因此,生石灰的质量一般以有效氧化钙(A-CaO)含量来表示,要求有效氧化钙含量不低于65%。

(2)氧化镁含量。生石灰中的氧化镁是石灰石中碳酸镁($MgCO_3$)煅烧后分解的产物。碳酸镁的分解温度(700℃)低于碳酸钙的分解温度(900℃),生成的氧化镁为过烧成分。过烧氧化镁消化速度比较缓慢,在养护过程中还会继续消化,使制品体积膨胀,产生裂缝。因此,要求生石灰中氧化镁含量在5%以内为宜。

(3)消化温度与消化速度。生石灰遇水放热,使物料温度升高,温度的高低与石灰的消化温度和消化速度有关。为了使铝粉的发气速度与凝结时间相适应,要求生石灰的消化温度不低于60℃,消化速度以在10~30min为宜。

(4)细度。生石灰细度越细,则比表面积越大,反应就越充分。使用时,要求生石灰的细度为4 900孔/cm^2筛余量不大于20%。

3. 石膏

石膏即为含水硫酸钙,其分子式为$CaSO_4 \cdot 2H_2O$(也称二水石膏),其主要化学成分是氧化钙和三氧化硫。加热失去结晶水,可变成半水石膏($CaSO_4 \cdot \frac{1}{2}H_2O$)或无水石膏($CaSO_4$)。这几种石膏均可用以生产加气混凝土砌块,除此以外,还可用工业废渣——氟石膏、磷石膏以及模型石膏等。

石膏在常压养护粉煤灰加气混凝土砌块中起到增强和缓凝作用,它既能显著提高制品的强度,又能降低石灰的溶解度,减缓其消化速度,从而延缓料浆的稠化和凝结时间,使之与发气速度相适应。为此,要求石膏中硫酸钙含量在80%以上,细度要求4 900孔/cm^2筛余量不大于20%。

4. 水

生产常压养护粉煤灰加气混凝土砌块时,一般可供饮用的地下水、天然水和自来水均可使用。

为了满足料浆发气和硬化的温度要求,在物料混合搅拌时需用温水,水的温度随石灰的消化热与气温条件而定,一般为45~70℃。

(二)改性材料

用常压养护方法,并以粉煤灰、石灰、石膏、水为基本材料配制常压养护粉煤灰加气混凝土砌块时,其碳化稳定性差,收缩值大,易于开裂。为了改善它的技术性能,在基本材料的基础上,掺入部分碱性废渣作为改性材料。碱性废渣种类很多,有高炉矿渣、化铁炉渣、平炉渣、电炉渣、铬渣、磷渣等,可根据因地制宜、就地取材的原则选用。

1. 高炉水淬矿渣

高炉水淬矿渣是熔融状态的矿渣自高炉内流出经水急冷而成的粒状材料。其化学成分主要是氧化物,其中氧化钙含量在40%~50%,氧化铝含量在30%~40%,是一种活性较高的工业废渣。

高炉水淬矿渣的活性对料浆硬化和制品性能影响很大,活性的高低,通常用碱性率(M_0)和活性率(M_a)来表示。碱性率和活性率越大,则矿渣活性越高,水硬性也表现得越明显。因此,要求矿渣的碱性率大于或等于1。

碱性率 $$M_0 = \frac{CaO + MgO}{SiO_2 + Al_2O_3}$$

活性率 $$M_a = \frac{Al_2O_3}{SiO_2}$$

高炉水淬矿渣中氧化锰是一种有害成分，它会降低矿渣活性和体积安定性。因此，要求矿渣的氧化锰含量小于4%。

高炉水淬矿渣的颗粒强度对制品质量有很大影响。颗粒强度与密度有一定关系，当密度为700~1 200kg/m³ 时，颗粒强度比较高，同时活性也比较高，为满足常压养护粉煤灰加气混凝土砌块性能的需要，要求矿渣密度在700~1 000kg/m³。

2. 化铁炉渣粉

化铁炉渣粉是化铁炉熔化铁锭、铁屑和废钢铁排除的废渣，经过球磨机加工磨细而得。为了便于加工磨细，采用水淬化铁炉渣为好，水淬化铁炉渣是在高温下经水急冷而成的粒状材料。其生成方法、技术性能与矿渣相似。这种废渣来源广泛，不仅钢厂有，比较大的机械厂也有。

化铁炉渣的碱度波动较大，根据碱度的大小，分为碱性与酸性两种。碱性化铁炉渣活性高，呈灰白色或淡黄绿色，是质脆多孔的颗粒，密度为800~1 000kg/m³，在空气中易风化。酸性化铁炉渣活性低，呈灰黑色，是带有绿色玻璃体的多孔颗粒，表观密度为1 200kg/m³ 左右，在空气中不易风化。使用时，应预先进行化学分析，区别选择。

(三)发气材料

1. 铝粉

铝粉是用铝锭熔融后，用压缩空气喷成粉状颗粒，经磨细而成的银白色粉末。它与料浆中生石灰等碱性物质发生反应放出氢气，使料浆形成气孔结构。其化学反应式为：

$$2Al + 3Ca(OH)_2 + 6H_2O \longrightarrow 3CaO \cdot Al_2O_3 \cdot 6H_2O + 3H_2 \uparrow$$

铝粉中活性铝含量的高低是决定产气量的重要因素。活性铝含量高，产气量就多，活性铝含量低，产气量就少。铝粉的产气量决定了加气混凝土的铝粉用量，因此，要求铝粉中活性铝含量不低于85%。

铝粉细度是决定铝粉发气时间的重要因素，在一定的碱度和温度条件下，铝粉越细反应速度越快，越粗反应速度越慢。粗细不均则发气速度不易控制，这对料浆的膨胀是不利的。因此，要求铝粉颗粒大小均匀，全部通过4 900 孔/cm² 筛。

2. 脱脂剂

铝是一种比较活泼的元素，在空气中极易氧化，为了防止其氧化、燃烧甚至于爆炸，在磨细过程中加入一定量的硬脂酸，使铝粉表面形成一层保护膜。它的存在，阻碍铝粉与碱的发气反应。因此，铝粉在使用前必须进行脱脂处理，否则影响铝粉的使用效果。

铝粉脱脂方法可分为物理方法与化学方法两种。化学脱脂方法操作简便、安全。可采用合成洗涤剂(日用洗衣粉)或选用其他材料作为脱脂剂。

在研究和试制常压养护粉煤灰加气混凝土砌块时，曾使用过的各种原材料的化学成分和物理性能列于表3-185~表3-187。

二、配合比设计

生产任何一个品种的墙体材料，在选定符合技术条件的原材料后，都要选择各种原料用量的比例，即混合料的配合比。在保证制品具有足够的强度和质量稳定的条件下，力求做到简化工艺设备，节约原材料和减少成本。用常压养护方法生产粉煤灰加气混凝土砌块时，还有它特殊的目的、要求和方法。

原材料技术性能 表 3-185

类别	材料名称	化学成分(%)											物理性能	
		烧失量	二氧化硅 (SiO_2)	氧化铁 (Fe_2O_3)	氧化铝 (Al_2O_3)	氧化钙 (CaO)	氧化镁 (MgO)	三氧化硫 (SO_3)	氧化锰 (MnO)	有效钙 (A-CaO)	结晶水	酸性不溶物	表观密度 (kg/m^3)	细度 4 900 孔/cm^2 筛余(%)
基本材料	抚顺党章电厂粉煤灰	6.95	51.86	8.58	25.32	4.24	1.34	微量					682	18.2
	沈阳铁西电厂粉煤灰	2.46	57.50	10.71	22.03	2.54	2.66	微量					745	20.2
	砖厂生石灰	24.45				64.92	7.15			61.2		2.38		15~20
	碱厂生石灰	18.14				72.53	4.62			70.4		3.30		15~20
	沈阳废模型石膏					36.97	0.20	49.58			7.94	2.79		15~20
	抚顺氟石膏					32.15	0.63	42.17			18.46	0.68		15~20
	半水石膏					36.91		51.15			5.60	1.36		15~20
改性材料	抚顺矿渣	7.64	37	1.24	8.60	45.29	5.49		0.86				884	
	鞍山矿渣	1.27	38.95	1.33	8.07	43.34	5.71	1.53	0.93				912	
	沈阳矿渣	1.54	30.40	0.59	17.13	47.73	3.43	3.35	0.74				734	
	沈阳化铁炉渣	0.07	30.41	5.76	13.38	40.40	3.30	6.12						

发气材料(铝粉)技术性能 表 3-186

产地	牌号	化学成分(%)							物理性质	
		活性铝 (Al)	铜 (Cu)	铁 (Fe)	硅 (Si)	锰 (Mn)	水 (H_2O)	油质	表观密度	008 细度号筛余(%)
哈尔滨 101 厂	FLU_{1-3}	88.42	0.013 3	0.164	0.16	0.003 4	0.022	2.93	—	0.25

脱脂剂成分(%) 表 3-187

材料名称	烷基苯磺酸钠	硫酸钠	焦磷酸钠	羧甲基纤维素	荧光增白剂	水分
上海五洲牌洗涤剂	30	56.6	10	1	0.03	2

(一)配合比设计的原则

在以往研制用常压养护方法生产粉煤灰加气混凝土砌块时，由于对它的材料特性认识不全面，设计配合比时着重密度轻、强度高，其他因素考虑不多，曾经使这种制品存在一些弊病。这些弊病主要是：

(1)碳化稳定性差。主要是制品经大气中二氧化碳作用后,强度降低。试件用人工碳化后,强度降低约50%。

(2)收缩值大。试件经快速干燥法测定,收缩值曾达3mm/m左右。

(3)易于开裂。制品无论放在室内或室外均呈网状龟裂,特别是放置室外的制品,经过风吹、雨淋、日晒造成的干湿循环影响后,甚至开裂。

现将仅用粉煤灰、石灰、石膏和水等基本材料配制的、在工艺方法上又不采取湿碾(或湿磨)等措施的一个常压养护粉煤灰加气混凝土砌块的配合比及其主要技术性能列于表3-188。

基本材料的配合比及制品主要技术性能 表3-188

配合比(%)			水料比	表观密度(kg/m³)	抗压强度(MPa)	碳化稳定性		收缩值(mm/m)	裂缝情况
生石灰	粉煤灰	石膏				强度(MPa)	系数 K_c		
20	75	5	0.6	848	8.9	4.2	0.47	3.54	龟裂

从表3-188可见:用上述材料及配合比配制的常压养护粉煤灰加气混凝土砌块的抗压强度虽然很高,但它的碳化稳定性、收缩值和裂缝情况却不能符合实际使用要求。通过多年实践逐步认识到,选择常压养护粉煤灰加气混凝土砌块的原材料配合比,应首先满足制品的碳化稳定性、收缩值和抗裂性的要求。同时,在原材料和工艺上辅以一定的措施,以保证制品的强度和其他应用性能。

根据实践的结果和各地的经验,经与有关科研、设计单位商讨,初步拟订了能满足三层住宅建筑承重墙体和普通工业与民用建筑五层以下承重墙体使用要求的主要技术性能指标,以作为配合比设计的依据:

制品绝干密度	$\rho_{干}=850\text{kg/m}^3$
抗压强度	$f_{cu,干}\geqslant50\text{MPa}$
砌块强度	$f_{cu,1h}\geqslant30\text{MPa}$
碳化稳定性	$K_c\geqslant0.7$
干燥收缩值	$\varepsilon_s\leqslant1\text{mm/m}$
抗冻性	15次冻融循环合格
抗裂性	室外自然条件下基本不裂

(二)选择配合比的方法

用常压养护方法生产粉煤灰加气混凝土砌块时,它的质量是否过关,主要取决于制品的碳化稳定性、收缩值、抗裂性这三大技术指标。

在这三大技术指标中,决定制品能否作为墙体材料实际应用的主要前提,是视其收缩值的大小和抗裂性能。因此,在选择配合比时,应把主要精力放在最大限度地减小制品收缩值、防止制品开裂的基础上,再去努力提高抗压强度和碳化稳定性,从而使制品的质量全面达到在一定使用范围内所要求的技术性能指标。也就是说,首先要紧紧抓住减小收缩值、增强抗裂性这个主要矛盾。

按照各种原材料的不同作用,深入细致地对它们的不同用量进行试验调整,从中找出各种不同原材料和原材料的不同用量对收缩开裂的影响及其与抗压强度、碳化稳定相关联的一些规律,最后确定配合比中各组成材料的合理用量。

1.掺入水淬矿渣的试验

在固定石灰和石膏用量的情况下，确定水淬矿渣用量。掺入水淬矿渣的目的，是为了减小制品收缩值和增强制品抗裂性。试验时曾经做了磨细水淬矿渣粉和轮碾水淬矿渣的对比试验，它们对制品的强度和抗裂性的影响见表3-189。

磨细/轮碾水淬矿渣对制品收缩裂缝的影响　　表3-189

配合比（%）				水灰比	水淬矿渣处理方法	制品性能			
生石灰	粉煤灰	石膏	水淬矿渣			表观密度（kg/m^3）	强度（MPa）	收缩值（mm/m）	裂缝情况
14	51	5	30	0.55	全部磨细	871	7.4	2.48	网状
14	51	5	30	0.40	轮碾	816	6.7	1.77	条状

由表3-189可见，采用粒状水淬矿渣经过轮碾，成型时可以降低水灰比，在制品性能上与完全磨细水淬矿渣相比，收缩裂缝得到明显的改善。经试验，粒状水淬矿渣的适宜掺量为25%（图3-71）。

2. 调节石膏用量的试验

在固定石灰和水淬矿渣用量的情况下，确定石膏用量。掺入石膏的目的是在水淬矿渣改性的基础上，进一步提高强度和减小收缩值。不同石膏掺量对制品强度和收缩值的影响见图3-71。

由图3-71可见，随着石膏用量的增加，制品强度提高，收缩值降低。但它有一定的范围，就是石膏掺量由1%增加到4%左右，制品强度明显提高，继续增加石膏掺量，则强度略有下降。另外，试件的收缩值随着石膏用量的增加而降低，当石膏用量超过4%时，收缩值趋于稳定。因此，石膏的适宜掺量选定为4%。

3. 大幅度降低有效氧化钙用量的试验

实践证明，在配合比中有效氧化钙用量与收缩值有关。在固定水淬矿渣、石膏用量的情况下，变动生石灰（即有效氧化钙）用量对制品收缩值、抗裂性的影响及其与抗压强度、碳化稳定性的关系见图3-72和表3-190。

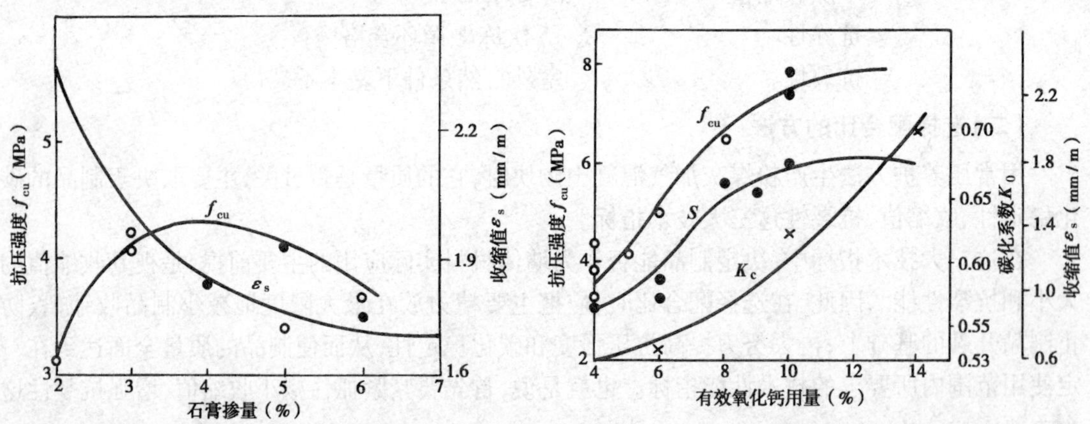

图3-71　石膏掺量对制品性能的影响　　图3-72　有效氧化钙用量与制品性能的关系

由图3-72可见：

（1）生石灰用量对收缩值影响很大，它的用量增加，收缩值提高；用量减小，收缩值显著降低。在配合比中，有效氧化钙掺量在4%～6%时，收缩值在1mm/m以内；当有效氧化钙掺量在14%时，收缩值达1.8mm/m左右。

(2)生石灰用量与抗压强度和碳化稳定性密切相关。它的用量增加，抗压强度、碳化稳定性也提高；用量减小，抗压强度、碳化稳定性显著降低。在配合比中，有效氧化钙掺量在4%～6%时，抗压强度为4.4～5.6MPa，碳化稳定性系数为0.5～0.55；当配合比中有效氧化钙掺量在12%～14%时，抗压强度为7.5～8.0MPa，碳化稳定性系数为0.65～0.7。

有效氧化钙用量对制品收缩值和抗裂性的影响　表3-190

混合料有效氧化钙用量(%)	收缩值(mm/m)	室外砌块裂缝情况		混合料有效氧化钙用量(%)	收缩值(mm/m)	室外砌块裂缝情况	
		放置10d	放置45d发展趋势			放置10d	放置45d发展趋势
10	1.81	2条粗裂缝	有发展	6	1.06	2条细裂缝	无发展
8	1.63	3条粗裂缝	有发展	4	0.89	1条微裂缝	无发展

再由表3-190可见，砌块放置室外自然条件下的抗裂性与收缩值大小有关。收缩值减小，裂缝出现的晚、数量少、发展慢。当收缩值在1mm/m以内时，裂缝基本消除。

上述试验结果表明：

(1)在配合比中大幅度降低有效氧化钙掺量，是减少制品收缩值、提高抗裂性的一项十分有效的措施。掺量选用6%时，制品能达到技术性能指标拟订的干燥收缩值≤1mm/m和基本不裂的要求。

(2)减小收缩值、防止制品开裂与提高抗压强度和碳化稳定性是互相矛盾的。收缩值小抗裂性好，但强度低，碳化稳定性差；强度高，碳化系数大，收缩值也大，抗裂性差。在配合比中有效氧化钙掺量选在6%时，虽然收缩裂缝这一主要矛盾基本解决了，但抗压强度在5.0MPa左右波动，碳化系数仅为0.55，距离≥0.7的要求还相差很大，尚需采取适当措施，提高制品的抗压强度和碳化稳定性。

4. 掺入化铁炉渣粉的试验

为了在保持较低收缩值的基础上，提高常压养护粉煤灰加气混凝土的碳化稳定性，试验中加入了化铁炉渣粉。化铁炉渣的主要成分是氧化钙和二氧化硅，它与矿渣成分基本相同，唯碱度较大。加入化铁炉渣能提高碳化稳定性是因为在水化产物中形成单硫型硫铝酸钙($C_3A \cdot CaSO_4 \cdot H_{12}$)，它比三硫型硫铝酸钙($C_3A \cdot 3CaSO_4 \cdot H_{32}$)含结晶水少，碳化后密实度系数高，所以碳化系数也高。在固定有效氧化钙和石膏用量的情况下，掺入化铁炉渣对改善碳化稳定性有显著效果(图3-73)。

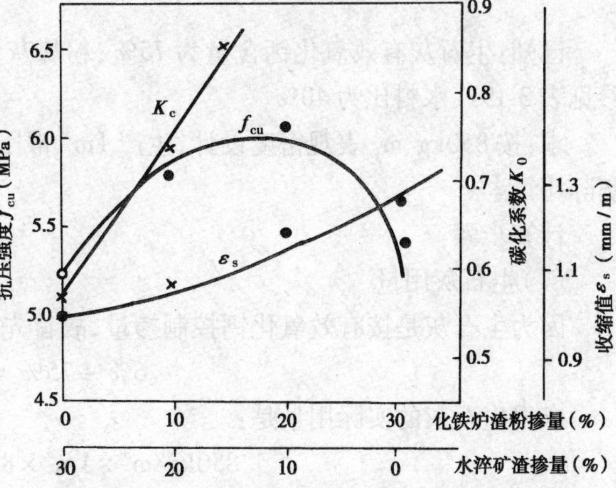

图3-73　化铁炉渣、水淬矿渣掺量对制品性能的影响

由图3-73可见，在配合比中掺入10%化铁炉渣，可使碳化系数提高0.2左右，掺量过多时，虽然碳化系数仍在增加，但会降低制品强度，增大收缩值。因此，综合考虑到掺入化铁炉渣后制品的碳化、收缩和抗压强度等因素，选定化铁炉渣的适宜掺量为10%。

5. 铝粉用量的选择

在一定的原材料组成条件下，铝粉用量与蒸养粉煤灰加气混凝土制品密度的关系见图3-74。

图3-74说明，在常压养护粉煤灰加气混凝土配合比中，铝粉的用量是按不同的密度来确定的。配制密度为850kg/m³的常压养护粉煤灰加气混凝土砌块，铝粉用量约为3.4/万。

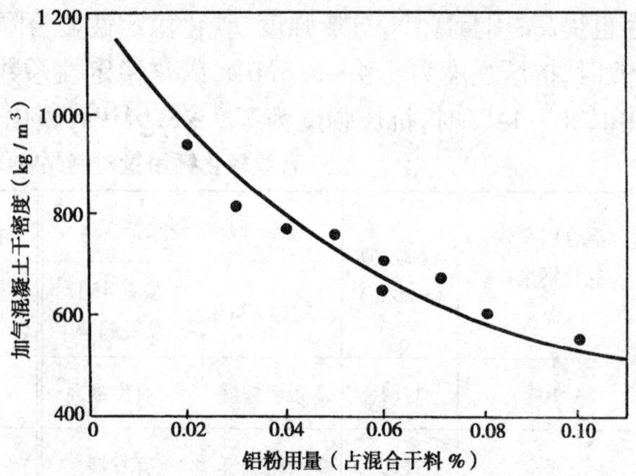

图3-74　铝粉用量与蒸养粉煤灰加气混凝土密度的关系

通过对上述组成材料的选择与调整，以及对试件性能的测定，选出了常压养护粉煤灰加气混凝土砌块原材料用量的较好配合比，其具体配合比及制品主要技术指标见表3-191。

由表3-191可见，制品的主要技术指标均达到了选择配合比的要求，其碳化稳定性和收缩裂缝都得到了根本的改善。

配合比及制品主要技术指标　　表3-191

配合比（%）						表观密度（kg/m³）	抗压强度（MPa）	碳化系数 K_c	收缩值（mm/m）	15次冻融抗冻性	砌块		
有效氧化钙	粉煤灰	石膏	水淬矿渣	化铁炉渣	铝粉						表观密度（kg/m³）	强度（MPa）	裂缝情况
6	≤55	4	25	10	0.034	861	5.7	0.73	1.04	合格	1058	3.3	基本不裂

注：1. 配合比中粉煤灰用量随着生石灰中有效氧化钙含量的增减而增减。

2. 砌块抗压强度为出池1d测得的数值。

三、配合比计算实例

已知：生石灰有效氧化钙含量为75%；粉煤灰含水率为10%，水渣含水率为75%；配合比参见表3-191；水料比为40%。

求：按850kg/m³表观密度设计，生产1m³常压养护粉煤灰加气混凝土所需原材料和水的实际用量。

计算步骤：

(1)生石灰用量

因为生石灰是按有效氧化钙控制掺量，故首先定出它在配合比中的总料量为：

$$6\% \div 75\% = 8\%$$

求得生石灰的实际用量是：

$$850\text{kg/m}^3 \times 1\text{m}^3 \times 8\% = 68(\text{kg})$$

(2)石膏用量

$$850\text{kg/m}^3 \times 1\text{m}^3 \times 4\% = 34(\text{kg})$$

(3)水淬矿渣用量

因为水淬矿渣的含水率为5%，故实际用量为：

$$(850\text{kg/m}^3 \times 1\text{m}^3 \times 25\%) \div (1-5\%) = 212.5\text{kg} \div 95\% = 223.7(\text{kg})$$

(4)化铁炉渣用量

$$850kg/m^3 \times 1m^3 \times 10\% = 85(kg)$$

(5)粉煤灰用量

按有效氧化钙控制生石灰掺量后，粉煤灰在配合比中所占比例数为：

$$1 - (8\% + 4\% + 25\% + 10\%) = 53\%$$

因为粉煤灰含水率为10%，故粉煤灰的实际用量为：

$$(850kg/m^3 \times 1m^3 \times 53\%) \div (1 - 10\%) = 450.5kg \div 90\% = 500.1(kg)$$

(6)铝粉用量

$$850kg/m^3 \times 1m^3 \times 0.034\% = 0.289(kg)$$

(7)水用量

常压养护粉煤灰加气混凝土所需加水量等于应加入的水量，减掉水淬矿渣和粉煤灰中的含水量，故水的用量为：

$$(850kg/m^3 \times 1m^3 \times 40\%) - (11.2kg + 49.6kg) = 340kg - 60.8kg = 279.2(kg)$$

因此，按上述经验配合比计算各种材料的最后用量为：

生石灰68kg，石膏34kg，水淬矿渣224kg，化铁炉渣85kg，粉煤灰500kg，铝粉0.289kg，水279kg。

第三十三节　高钙粉煤灰混凝土配合比设计

我国排放的粉煤灰通常为低钙、高硅的烟煤灰，而在如云南省开远地区等盛产的第三世纪褐煤，其粉煤灰性能特殊，CaO含量较高，而SiO_2含量却较低。采用高钙粉煤灰做胶结剂，以山砂作惰性集料，黏土作辅助原料，水泥作激发剂，经过自然养护，生产出的非烧结民用建筑材料，具有良好的性能。

一、原材料的技术要求

(一)高钙粉煤灰

作为胶结料。外观呈淡黄色或淡灰色。

松散密度在0.7~1.05t/m³之间，视密度为2.50~2.69g/cm³，细度为0.08mm方孔筛筛余<7%，比表面积为4 000~6 000cm²/g。高钙粉煤灰粒径分布见表3-192所示。

高钙粉煤灰粒径分布　　表3-192

粒径(μm)	>60	50~60	40~50	30~40	20~30	10~20	5~10	<5
高钙粉煤灰含量(%)	12.16	2.23	3.31	6.11	9.85	25.90	29.7	10.76

高钙粉煤灰中有70%~80%的玻璃体，20%左右为结晶矿物。这种灰的化学成分见表3-193。

高钙粉煤灰化学成分　　表3-193

成分 / 含量(%)	LOSS	SiO_2	Fe_2O_3	Al_2O_3	CaO	MgO	SO_3	f-CaO
平均数值	<5	20~25	9~12	10~15	35~45	3~5	2~4	7~10

续上表

含量(%) \ 成分	LOSS	SiO_2	Fe_2O_3	Al_2O_3	CaO	MgO	SO_3	f-CaO
最大值	7	32	12	17	55	6	5.5	17.81
最小值	0.5	18	7	8	28	2	1.0	5

(二)山砂

山砂是主要的惰性集料,采用当地的白云石山砂,经破碎筛分后用,细度模数为2.4~3.0。

(三)黏土

辅助原料,对黏土的限制很少,常见的黄土、红土都可以使用,要求有一定的塑性。

(四)水泥

作为激发剂,32.5级以上的普通硅酸盐水泥和矿渣水泥都可使用。

(五)水

对水质没有特殊要求。

二、配合比设计

高钙粉煤灰混凝土配合比设计应根据工程技术要求通过试验确定。表3-194列出了G-1、G-2两种配方,可供设计时参考。

表3-194

原料	粉煤灰(%)	黏土(%)	山砂(%)	水泥(%)
G-1	20	—	79	1
G-2	20	20	59	1

G-1号配方中未加黏土,砖坯初始强度差,但经养护1~2d后,即相当坚硬,强度最终发展较高。G-2号配方中加入了少许黏土,减少部分砂量,这样既克服了G-1号配方中的上述缺点,又能保证所需的强度,两种配方相比较,后者可作为基本配方。

第三十四节　粉煤灰硅酸盐混凝土配合比设计

粉煤灰硅酸盐混凝土,是利用粉煤灰、石膏、炉渣、生石灰配制的混凝土,可用来生产内、外墙板、条板,应用于装配式住宅和工业厂房外墙。

一、粉煤灰炉渣硅酸盐混凝土

粉煤灰炉渣硅酸盐混凝土,以粉煤灰、生石灰、石膏为胶结料,炉渣为集料配制的混凝土,通常用于生产混凝土墙板。

(一)原材料的技术要求

1. 粉煤灰

电厂湿排粉煤灰,烧失量小于15%,含硫量(以SO_3计)不大于4%,SiO_2含量大于50%,Al_2O_3含量大于20%,细度4 900孔/cm^2筛余量30%左右。

2. 生石灰

有效 CaO 含量不低于 50%，MgO 含量在 10% 左右，消化温度在 48℃ 以上，消化时间小于 30min，细度 4 900 孔/cm^2 筛余量 15% 以下（石灰与石膏混合磨细）。

3. 石膏

煅烧的熟石膏。

4. 炉渣

一般锅炉渣。粒径 10 ~ 60mm，烧失量不大于 20%，含硫量（以 SO_3 计）不大于 4%，松散密度在 800kg/m^3 以下。

（二）配合比设计

混凝土配合比通常是根据制品强度等性能要求，通过试验确定，以下配合比可供设计时参考。

胶结料的配合比：粉煤灰 65%，石灰 30%，石膏 5%（干料质量计）。胶结料与集料比为 1∶1.5。每 1m^3 混凝土中：水 360kg，胶结料 600kg，炉渣 900kg。

二、粉煤灰硅酸盐混凝土

以下介绍 C15 级粉煤灰硅酸盐混凝土。它由粉煤灰、生石灰、磷石膏作胶结料，煤渣作集料配制而成。混凝土配筋率为 0.056%。上下各配受力钢筋 2ϕ8，分布筋为 ϕ4@250，配筋电焊联结，两层网片间用 ϕ4 筋作槽形撑环固定。配筋保护层厚度 3cm（长度方向）和 1.5cm（厚度方向）。通常用于生产混凝土条板。

（一）原材料的技术要求

1. 煤渣

锅炉排出的烧结渣，除按粉煤灰制品对炉渣的一般要求外，需经过破碎筛分加工，要求最大粒径不大于 25mm、小于 5mm 的粒径全部过筛。如采用锤式破碎机，煤渣经破碎筛分后基本上符合上述要求。

2. 粉煤灰

含氧化硅 50% 以上，含氧化铝 30% 左右，烧失量小于 8%，质量符合要求。

3. 生石灰

块石灰，其消化温度为 54 ~ 69℃，消化时间为 12 ~ 26min，有效氧化钙含量为 55% ~ 62%，其粉磨细度为 4 900 孔/cm^2 筛余量 9% ~ 32%。

4. 磷石膏下脚料

其粉磨细度为 900 孔/cm^2 筛余量 8% ~ 10%，4 900 孔/cm^2 筛余量 21% ~ 24%。

5. 钢筋

1 级钢筋，经冷拉点焊成骨架。

6. 钢筋防锈涂料

钢筋表面刷两遍红丹防锈漆。

（二）配合比设计

混凝土配合比通常根据制品强度等性能要求，通过试验确定。以下配合比可供设计时参考。

干物料质量百分比为：煤渣∶粉煤灰∶生石灰∶磷石膏 = 56∶24∶18∶2。集料比一般控制在

1∶1.5。混合料中有效氧化钙含量应在10%以上。

水料比一般控制在28%～30%为宜。如水料比过小，混合料不易搅拌均匀，振动不易密实；水料比大时，混合料流动性虽好，成型方便，但成型时易出现泌水、分层等现象，降低制品强度。

第三十五节　粉煤灰陶粒混凝土配合比设计

粉煤灰陶粒混凝土具有隔热、抗渗、抗冲击、耐热、抗腐蚀等优良性能。在高层建筑、桥梁工程、地下建筑工程、造船工业及耐热混凝土等工程中正逐渐得到越来越广泛的应用。

一、粉煤灰陶粒

（一）基本特点

粉煤灰陶粒是用粉煤灰作为主要原料，掺加少量黏结剂（如黏土）和固体燃料（如煤粉），经混合、成球、高温焙烧（1 200～1 300℃）而制得的一种人造轻集料。

粉煤灰陶粒一般是圆球形，表皮粗糙而坚硬，呈淡灰黄色；内部有细微气孔，呈灰黑色。其主要特点是表观密度轻、强度高、导热系数低、耐火度高、化学稳定性好等。因而比天然石料具有更为优良的物理力学性能。

粉煤灰陶粒一般用来配制各种用途的高强度轻质混凝土。根据需要，可以配制不同强度等级的无砂大孔陶粒混凝土、素陶混凝土、钢筋陶粒混凝土和预应力陶粒混凝土。

粉煤灰陶粒根据焙烧前后体积的变化（收缩或膨胀），可以分为烧结粉煤灰陶粒和膨胀粉煤灰陶粒两种。前者比后者表观密度大，强度高，因而应用范围也有所不同。

焙烧后的粉煤灰陶粒常出现不结块的和结块的两种。前者为松散圆球状，即为粉煤灰陶粒。后者称为粉煤灰陶块，需经破碎和筛分后方能使用。破碎后部分外壳被破坏，形状也不规则，通常与球状陶粒混合使用。

（二）技术条件

如天津市硅酸盐制品厂根据多年来生产经验和各地使用要求，拟订该厂烧结粉煤灰陶粒的技术条件如下。

（1）干燥状态下松散表观密度：650～700kg/m³。

（2）容器强度：

压入4cm	>7MPa
压入4.5cm	>8MPa
压入5cm	>12MPa

（3）陶粒粒径规格是$\phi5$～$\phi15$的混合级配。其中：

粒径	含量（%）
<$\phi5$	≤5
$\phi8$～$\phi12$	>65
$\phi12$～$\phi15$	25
>$\phi15$	≤5

(4)干燥状态下吸水率：

1h	16%～17%
24h	20%～21%

(5)抗冻性：陶粒经25次冻融循环后，抗压强度损失≤25%，质量损失≤5%。

(三)对粉煤灰的性能要求

粉煤灰占粉煤灰陶粒原材料总量的80%左右。

生产粉煤灰陶粒对粉煤灰的技术要求如下。

(1)细度：4 900孔/cm^2筛余量小于40%。若遇粗灰须与细灰掺和使用。

(2)残余含碳量：含碳量高可以减少固体燃料的掺入量，因而能节约燃料，但含碳量过高，即使不掺加固体燃料，仍然超过配合比要求，焙烧时会产生过烧。因而粉煤灰含碳量一般不宜高于10%，并希望含碳量稳定。

(3)粉煤灰不应混有有害杂质，如块状煤渣、杂草等。

(4)高温性能：高温变形温度应为1 200～1 300℃，软化温度为1 500℃左右。

(5)化学成分，一般不受严格限制。但三氧化铁(Fe_2O_3)含量不宜大于10%，并希望含有较多的氧化钠(Na_2O)、氧化钾(K_2O)和较少的三氧化硫(SO_3)。这是因为三氧化二铁被还原时产生氧化亚铁(FeO)，有显著助熔作用，但氧化亚铁过多，又会使焙烧温度范围减小，不利于焙烧控制。氧化钠和氧化钾不仅有助熔作用，使焙烧温度降低，而且使焙烧温度范围较宽，有利于焙烧控制。三氧化硫多对设备和管道腐蚀严重。

现将天津市硅酸盐制品厂目前生产陶粒所用粉煤灰的物理性能、工业分析、化学成分列于表3-195～表3-197。

粉煤灰的物理性能 表3-195

细度 4 900孔/cm^2筛余(%)	密度 (g/cm^3)	干密度 (kg/m^3)
≤40	2.1	730

粉煤灰的工业分析 表3-196

灰分(%)	挥发分 (%)	固定碳 (%)
94.12	4.50	1.38

粉煤灰的化学成分(%) 表3-197

SiO_2	Al_2O_3	Fe_2O_3	CaO	MgO	Na_2O+K_2O	SO_3	烧失量
46.32～50.48	35.64～40.47	3.35～6.52	2.6～4.8	0.75～2.76	未测	0.41	3.18～4.7

(四)粉煤灰陶粒的主要性能

以天津市硅酸盐制品厂生产的粉煤灰陶粒为例。

1. 化学成分

粉煤灰陶粒的化学成分比较稳定，其波动范围列于表3-198。

表3-198说明，粉煤灰陶粒的化学成分与粉煤灰的化学成分比较接近。这是因为生产粉煤灰陶粒的主要原料是粉煤灰，而辅助原料黏土和无烟煤(经焙烧后的灰分)与粉煤灰的化学成分也比较接近。

粉煤灰陶粒化学成分(%) 表3-198

SiO_2	Al_2O_3	Fe_2O_3	CaO	MgO	SO_3	烧失量	残余含碳量
50.09～54.50	32.56～36.44	3.94～5.82	2.26～3.43	0.13～1.77	微量	1.18～2.00	0.55～1.79

2. 矿物组成

粉煤灰陶粒的矿物组成主要是晶体矿物：莫来石($3Al_2O_3 \cdot 2SiO_2$)，α-石英(α-SiO_2)，可能还有少量含铁镁的氧化硅化物。此外,还有较多的玻璃体。

分析认为,莫来石等晶体矿物具有较高的强度。特别是陶粒的表面部分,玻璃体较多,不仅强度高,耐火性和化学稳定性也较好。

3. 物理力学等性能

干燥的粉煤灰陶粒的物理力学性能,经反复测定,其结果列于表3-199和图3-75、图3-76中。

(1)物理力学性能

粉煤灰陶粒的物理力学性能 表3-199

粒径	密度(kg/m^3)			孔隙率(%)	吸水率(%)		颗粒级配	容器强度(MPa)	
	松散	密实	颗粒		1h	1d		压入4cm	压入5cm
$\phi5\sim\phi15$	630~700	720~730	1 200~1 300	45~48	16~17	20~21	<5mm,≤5% 8~12mm,65%~70% 12~15mm,25%~30% >15mm,≤5%	6.5~9	11~15

(2)吸水率与吸水时间的关系

从图3-75中可见,粉煤灰陶粒在1h以内的吸水率增长较快,特别是10min以内的吸水率增长极快,1h以后的吸水率增长逐渐缓慢,24h以后几乎不再增加,即陶粒1d的吸水率与饱和吸水率相近。

试验还证明,陶粒质量不同,吸水率也不同。陶粒焙烧质量好,容器强度高,吸水率小;反之,吸水率大。这说明,陶粒烧结越差,水分越容易渗入内部。

(3)容器强度与压入深度的关系

测定粉煤灰陶粒的颗粒强度比较复杂,所测结果的代表性也较差。生产中常以容器强度作为陶粒强度性能的主要指标。测定陶粒容器强度的方法比较简便,取样的代表性也好,但所测结果只间接反映了陶粒强度的大小。

陶粒容器强度与测定时压模的压入深度关系很大。图3-76就是陶粒容器强度与压入深度的关系曲线。曲线表明,在压入3cm以前,容器强度增长较慢,几乎与压入深度呈线性关系。压入4cm以后,容器强度增长很快,超过5cm时,容器强度增长极快,已不能代表陶粒的强度性能。目前,实际生产中常以压入4cm、4.5cm和5cm时的容器强度作为粉煤灰陶粒的主要强度指标。

试验证明,陶粒容器强度还与陶粒的颗粒级配有关。在陶粒颗粒强度相同的条件下,级配好,容器强度稍高,反之,容器强度稍低。

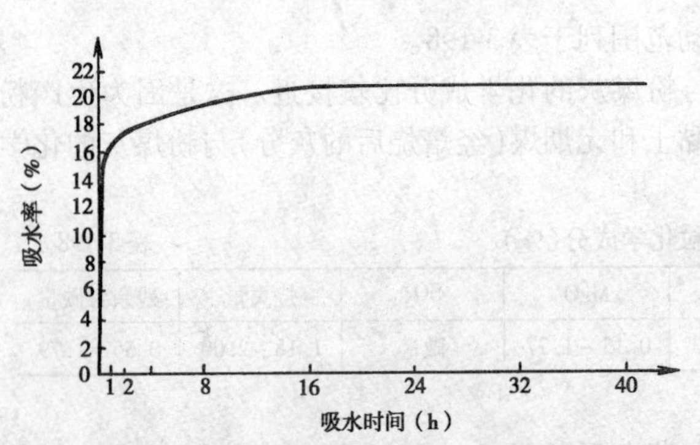

图3-75 粉煤灰陶粒吸水率与吸水时间关系

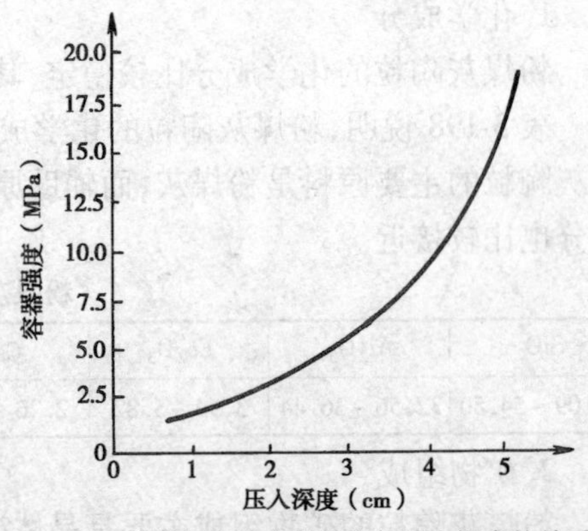

图3-76 粉煤灰陶粒容器强度与压入深度的关系

4. 化学稳定性

粉煤灰陶粒的化学稳定性好，测定其耐酸性能列于表 3-200。

粉煤灰陶粒的耐酸性能　　表 3-200

品种＼项目	酸浓度（当量）	取样质量（g）	浸后质量（g）	质量损失（%）	浸前容器强度（MPa）	浸后容器强度（MPa）	强度损失（%）
盐酸	1	2 180	2 100	3.67	15.9	11.8	6.9
	3	2 180	2 100	3.67	15.9	15.4	3.14
硝酸	1	2 180	2 135	2.06	15.9	15.8	0.6
	4	2 180	2 100	3.67	15.9	14.8	6.9
硫酸	1	2 180	2 005	0.92	15.9	14.1	9.1
	6	2 180	2 005	0.92	15.9	15.0	5.65

注：表中所列数据系陶粒在酸溶液中浸泡 1 个月时测得。

5. 热工性能

由于粉煤灰陶粒内部有许多细微气孔，因而不仅密度小，而且导热系数低，保温性能好。用以配制 C20 陶粒混凝土，其导热系数为 0.55 ~ 0.58W/mK，比 C20 普通混凝土的导热系数低。

粉煤灰陶粒是经高温焙烧的人造轻集料，内含有较多的二氧化硅（SiO_2）和三氧化二铝（Al_2O_3），因此耐火度较高。经天津市耐火器材厂中心试验室测定，粉煤灰陶粒的耐火度为 1 610℃，可以用来配制耐热 1 000℃左右的陶粒混凝土。

二、粉煤灰陶粒混凝土配合比设计

（一）配合比计算

粉煤灰陶粒混凝土的配合比计算有几种方法，下面仅介绍一种比较简易的计算方法。

1. 计算原则

按实体积法计算。根据混凝土的设计强度等级和实践经验确定水泥用量，并假定水泥砂浆填满陶粒间的孔隙和包裹粉煤灰陶粒表面。

2. 计算步骤

（1）根据陶粒混凝土强度（设计强度等级）和水泥强度等级，确定水泥用量。

（2）根据混凝土设计强度等级和工作度指标，确定水灰比和有效用水量。

（3）根据陶粒孔隙率计算砂子用量。

（4）由水泥、砂、水用量计算各组分体积。

（5）计算陶粒用量：

陶粒用量 = 陶粒表观密度 ×（1 − 水泥体积 − 砂体积 − 水体积）

（6）根据陶粒吸水率，算出陶粒 15min 吸水量和总拌和水用量（有的地区采用陶粒 30min 的吸水量）。

3. 计算举例

试用 32.5 级硅酸盐水泥配制 C25 低流动性陶粒混凝土。已知陶粒表观密度为 1 240kg/m³，孔隙率为 46.2%，15min 吸水为 16.8%。

计算步骤：

（1）确定水泥用量为 33kg。

(2)确定水灰比为0.45。有效用水量=330×0.45=148kg。

(3)砂子用量=46.2×1 420=656kg。

(4)算出水泥、有效水、砂子的实体积。

已知:水泥视密度为3 100kg/m³,砂子视密度为2 600kg/m³,水的密度为1 000kg/m³,则水泥体积为 $330\times\frac{1}{3\,100}=0.406\text{m}^3$,砂子体积为 $656\times\frac{1}{2\,600}=0.251\text{m}^3$,有效水体积为 $148\times\frac{1}{1\,000}=0.148\text{m}^3$。

(5)计算陶粒用量。

$$陶粒用量=1\,240\times(1-0.106-0.251-0.148)=614(\text{kg})$$

(6)计算总加水量。

陶粒15min吸水量=614×16.8%=103kg,则总加水量=103+148=251kg。所以,该陶粒混凝土每1m³原材料用量计算结果如下:水泥为300kg,水(总加水量)251kg,砂子656kg,陶粒614kg。

(二)常用配合比

用天津市硅酸盐制品厂生产的粉煤灰陶粒,一般可配制C10~C30普通陶粒混凝土,现将一些使用单位常用的配合比列于表3-201,供参考。

粉煤灰陶粒混凝土常用配合比 表3-201

混凝土强度等级	水泥强度等级	配合比(质量)水泥:砂:陶粒	水灰比	每1m³混凝土原材料用量(kg)			
				水泥	砂	陶粒	有效水
C10	32.5	1:3:3	0.67	230	690	690	155
C15	32.5	1:2.4:2.4	0.55	280	680	680	155
C20	32.5	1:2.33:2.33	0.49	305	680	680	150
C25	32.5	1:2.03:2.03	0.45	330	670	670	150
C20	42.5	1:2.52:2.52	0.56	270	680	680	150
C25	42.5	1:2.26:2.26	0.50	300	680	680	150
C30	42.5	1:2.09:2.09	0.47	320	670	670	150

第三十六节　预应力粉煤灰陶粒混凝土配合比设计

在预应力混凝土结构中,混凝土抗拉强度不足的问题,是由预应力钢筋对混凝土预先施加压应力后得到妥善解决的。如果混凝土的抗压强度不足,就会影响钢筋预应力值的建立。因此,在预应力结构中应该采用较高强度的混凝土,一般常用C30~C50。

此外,用于预应力构件中的混凝土还应具有较高的早期强度、较小的收缩和徐变,对混凝土与钢筋的黏结性能也有一定的要求。

一、原材料要求

配制高强度等级陶粒混凝土,应采用较高强度的粉煤灰陶粒,其容器强度(压入4cm)应大于6.5MPa;胶结料最好采用42.5级或42.5级以上的普通硅酸盐水泥,不宜采用火山灰质水泥;细集料最好采用中粗黄砂,不宜采用粉砂或陶砂。

二、配合比计算方法

(1)根据施工条件确定每 $1m^3$ 混凝土加水量(150~190kg)。

(2)在保证混凝土强度等级与工作度(40s)的情况下,确定水灰比(0.37~0.42)。

(3)求得水与水泥体积。

(4)再求出砂子和陶粒的体积和质量。

试验证明,为了克服陶粒混凝土弹性模量偏低的缺点,确保弹性模量大于 1.8×10^4MPa,体积砂率必须控制在33%~38%范围内,水泥(42.5级硅酸盐水泥)用量应大于 $400kg/m^3$。

现将高强度等级陶粒混凝土配合比范围列于表3-202。

高强度等级粉煤灰陶粒混凝土配合比　　表3-202

陶粒混凝土设计强度(MPa)	水泥品种与强度等级(MPa)	水泥用量(kg/m^3)	水灰比(%)	配合比(质量)水泥:砂:陶粒	试块抗压强度28d(MPa)
>30	硅酸盐水泥42.5级	400~450	0.37~0.42	1:1.36:1.24~1:1.84:1.48	>30

第三十七节　高强粉煤灰陶粒混凝土配合比设计

在轻集料质量良好的前提下,配制高强度等级轻集料混凝土的方法很多,例如:①采用高强水泥。陕西省建科所曾采用52.5级普通水泥配制过C50陶粒混凝土。但高强水泥的产量还不够多,且价格昂贵,不宜推广。②水泥重磨活化。此方法复杂,成本高。③为使其工艺简便,经济合理,该所采用掺减水剂同时改革成型工艺条件(采用两次变频振捣)的方法。试验证明两次变频的成型工艺的作用是显著的。

一、原材料技术要求

(1)胶结料:42.5级普通水泥。

(2)细集料:中砂(偏细)。

(3)粗集料:粉煤灰陶粒,其性能见表3-203、表3-204。

粉煤灰陶粒物理力学性能　　表3-203

试样编号	密度(kg/m^3)			空隙率(%)	孔隙率(%)	1h吸水率(%)	筒压强度(MPa)	
	松散	密实	颗粒					
1	890	1 500	2.61	41	42	10.9	10.8	>30.0
2	860	1 478	2.61	42	43	11.2	10.4	85.1

累计筛余(%)/分计筛余(%)

孔径(mm)	>20	15~20	10~15	5~10	底
1	9.6/9.6	57.7/48.7	97.6/39.9	99.7/2.1	100/0.4
2	0.4/0.4	10.2/9.8	78.3/68.1	99.7/21.4	100/0.3

粉煤灰陶粒化学成分(%)　表 3-204

试样编号	SiO_2	Al_2O_3	Fe_2O_3	CaO	MgO	SO_3	烧失量	残余含碳量
1	54.24	19.69	10.07	5.90	0.78	—	—	—
2	55.40	22.21	8.39	5.28	1.08	—	—	—
3	54.49	20.84	9.22	6.78	0.81	—	—	—

(4)减水剂:选用的 5 种减水剂是木质素磺酸钙(开山屯)、建 1(北京)、MF(上海)、FDN(武汉)、UNF(天津)。

二、影响混凝土强度的因素

(一)各种配制因素对混凝土强度的影响

影响混凝土强度的因素较多。为了确定配比的最佳方案,采用了在水灰比固定的情况下正交设计试验法。由试验可知,水泥用量取 500 ~ 550kg/m^3,减水率取 15%,砂子利用系数取 1 是较合适的。对陶粒混凝土来讲,减水剂掺量:UNF 取 0.5%、建 1 取 1%、木钙取 0.15% 为宜。从正交分析的极差看,在水灰比固定的情况下,水泥用量对陶粒混凝土的影响较大,其次是减水剂掺量,再次为减水率,砂子综合利用系数影响很小,可以不加考虑。

(二)工艺条件对混凝土强度的影响

经过分析得到了以上各种材料的最佳用量。但从最初的试验结果看,混凝土 28d 抗压强度未能全部达到预期的要求。经分析认为其主要原因与成型工艺有关。因有的减水剂本身是引气的,混凝土中存在气泡会使强度下降,一般每增加 1% 的气泡,混凝土强度要降低 5%。为了消泡采用高频插捣是必要的。

此外,还作了“单插”、“单振”、“复合变频”振捣以及人工搅拌和机械搅拌、减水剂先掺和后掺的对比试验,其结果见表 3-205。

三、配合比设计

配合比设计原则:按“轻集料及轻集料混凝土的统一试验方法”中的绝对体积法计算。

不同成型工艺法对比试验结果　表 3-205

试样编号	混凝土设计强度等级	水灰比	稠度(s)	每 1m^3 混凝土材料用量(kg)				减水剂品种与掺量(%)	$f_{cu,28}$(MPa)	$\rho_干$(kg/m^3)	备注
				水泥	砂	陶粒	水				
1	C50	0.28	6.3	550	630	621	减水 20% 193	木钙 0.15	56.3	1 820	单插
2	C50	0.28	10.8	550	630	621	193	木钙 0.15	52.0	1 850	单振
3	C50	0.28	5.8	550	630	621	193	木钙 0.15	55.5	1 870	复合
4	C50	0.28	6.0	550	628	634	225	0	52.6	1 820	单插
5	C50	0.28	3.0	550	628	634	减水 30% 179	建 11.00	53.2	1 840	单插
6	C50	0.28	4.6	550	628	634	减水 15% 201	木钙 0.25	50.0	1 830	单插
7	C50	0.28	5.9	550	628	634	225	0	52.9	1 830	单振

续上表

试样编号	混凝土设计强度等级	水灰比	稠度(s)	每 $1m^3$ 混凝土材料用量(kg)				减水剂品种与掺量(%)	$f_{cu,28}$(MPa)	$\rho_干$(kg/m^3)	备注
				水泥	砂	陶粒	水				
8	C50	0.28	2.9	550	628	634	179	建1 1.00	46.9	1 810	单振
9	C50	0.28	4.8	550	628	634	201	木钙0.25	53.1	1 870	单振
10	C50	0.28	6.3	0.28	628	634	225	0	54.2	1 810	复合
11	C50	0.28	3.3	550	628	634	179	建1 1.00	52.8	1 830	复合
12	C50	0.28	5.0	550	628	634	201	木钙0.25	55.2	1 830	复合
13	C50	0.28	7.2	550	628	634	225	0	50.3	1 820	人工
14	C50	0.28	7.7	550	628	634	201	木钙0.25	56.6	1 850	人工
15	C50	0.28	6.9	550	628	634	225	0	53.7	1 800	机械
16	C50	0.28	4.5	550	628	634	201	木钙0.15	58.5	1 850	机械
17	C50	0.28	7.1	550	630	621	201	木钙0.15	55.7	1 850	先掺
18	C50	0.28	6.4	550	630	621	201	木钙0.25	56.5	1 860	先掺
19	C50	0.28	5.2	550	630	621	201	木钙0.35	58.2	1 860	先掺
20	C50	0.28	8.0	550	630	621	201	木钙0.15	56.2	1 860	后掺
21	C50	0.28	6.5	550	630	621	201	木钙0.25	60.8	1 880	后掺
22	C50	0.28	5.2	550	630	621	201	木钙0.35	52.6	1 860	后掺

三种减水剂的试验结果列于表3-206。由表3-206可见,掺木钙减水剂的混凝土其强度最高,建1次之。木钙在陶粒混凝土中有这样好的效果是值得重视的。

掺三种减水剂的试验结果　　表3-206

减水剂品种	$f_{cu,28}$(MPa)	S(MPa)	n(组数)	G_v(%)	备注
UNF	50.2	0.9	5	—	1. $f_{cu,28}$ 为加权平均值 2. S 为均方差 3. G_v 为变异系数
建1	52.4	2.4	12	4.6	
木质素磺酸钙	55.9	3.4	30	6.1	

第三十八节　粉煤灰页岩混凝土配合比设计

粉类灰页岩混凝土具有轻质、高强、保温好的性能。如每块粉煤灰页岩混凝砖质量为2kg,比黏土砖轻20%;抗压强度为10MPa左右,导热系数为0.42~0.48W/mK。在满足防寒条件下,可使墙的厚度变薄,节约运输和施工费用,降低工程造价。

一、原材料技术要求

(1)页岩:煤矿煤层上面覆盖的一种绿色页岩,是采煤时的排弃物,塑性指数为12.46,化学成分为 SiO_2 49.60%,Fe_2O_3 7.2%,Al_2O_3 16.53%,CaO 5.01%,MgO 4.07%,SO_3 0.73%,烧失量17.55%。

(2)煤矸石:煤矿洗煤场洗煤后处理的一种含热值较低的矸石。其化学成分为 SiO_2 12.04%,Fe_2O_3 11.52%,Al_2O_3 11.03%,CaO 1.00%,MgO 0.11%,烧失量58.0%。

(3)粉煤灰:发电厂排放工业废料。其化学成分为 SiO_2 46.7%,Fe_2O_3 12.38%,Al_2O_3 24.42%,CaO 1.32%,MgO 1.08%,烧失量13.20%。

煤矸石、粉煤灰工业分析见下表3-207。

表3-207

项目 / 原料名称	水分(%)	挥发分(%)	灰分(%)	固定碳(%)	发热量(kJ/kg)
煤矸石	1.96	21.37	60.90	15.71	8.0
粉煤灰	0.92	1.68	93.20	4.20	1 310

注:发热量是直接测定的。

二、原材料处理

配合比设计前,应对原材料作如下处理。

(1)页岩:先用颚式破碎机破碎到20mm以下,送入笼式粉碎机粉碎,再经16目筛网的六角筛筛选,然后经单轴搅拌机加水后,送入湿化库湿化处理(闷料),以提高粉料的塑性,使其水分均匀一致。页岩主要用来代替黏土作为胶结料。

(2)煤矸石:与页岩合并一起进行粉碎。

(3)粉煤灰:含水率较大,须先经自然脱水到20%~25%以上,经8目筛筛选后使用。

三、配合比设计

粉煤灰页岩混凝土砖配合比是根据制品对强度等的性能要求,通过试验确定。下述配合比(质量比)可供设计时参考:页岩:煤矸石:粉类灰=40:20:40。

第三十九节 无集料粉煤灰轻质混凝土配合比设计

这种无集料粉煤灰轻质混凝土是以粉煤灰为主要原料,掺入少量的胶结料及微量的外加剂,经轮碾、干热养护而成的轻质混凝土。由徐州煤矸石研究所研制。它具有投资少、收效快、利用方便、工艺简单、经济效益显著等特点,因而是经济合理地利用粉煤灰的有效途径之一。可用以生产密实砌块、空心砌块等墙体材料,还可做保温隔热层及建造低层建筑物的外墙砌块和地面砖等。

一、原材料的技术要求

(1)粉煤灰:电厂干排粉煤灰,某电厂粉煤灰化学成分如表3-208所示。

(2)生石灰:化学成分如表3-208所示。

(3)磷石膏:化学成分如表3-208所示。

(4)水泥:42.5级普通硅酸盐水泥。

(5)外加剂:选用减水剂和早强剂。目的是激发粉煤灰活性,减小制品收缩,提高制品的质量等。

原材料化学成分(%)　　表 3-208

品种	SiO_2	Al_2O_3	Fe_2O_3	CaO	A-CaO	MgO	SO_3	烧失量	不熔物	4 900 孔筛余
磨细生石灰	5.25	1.60	0.58	84.00	75.44	2.85	—	—	—	7.5
磷石膏	—	0.23	0.06	30.39	—	0.04	42.22	—	4.23	3.5
粉煤灰	51.22	28.58	6.73	4.00	—	0.77	0.33	5.13	—	9.6

二、配合比设计

无集料粉煤灰轻质混凝土配合比设计通常利用试验方法,以其强度来选择其配合比。

(一)试验方法

先将定量的粉煤灰、石膏、石灰和水泥混合后轮碾 3min,称取一定量的混合料与外加剂的溶液混合轮碾 5min,人工制作 15cm×15cm×15cm 的试样后,采用在 70℃温度下养护 14h,冷却后测定其强度。

(二)胶结材配比

无集料粉煤灰轻质混凝土配合比设计最重要的一步是选择合适的胶结料配比。对不同的粉煤灰都存在一个石灰、石膏的最佳掺量。在有集料的情况下,这个最佳掺量一般以达到最高强度而定,在无集料的情况下,则必须同时兼顾强度和收缩值两项指标,以强度最高、收缩值最小(限制在 1mm/m 以下)而定。因此,无集料粉煤灰轻质混凝土的配比,采用同一原料不同配比进行试验,以其强度来选定其配合比,其结果如表 3-209 所示。然后通过最高强度值的配比,加以调整测定其收缩值。

不同配比的试件强度　　表 3-209

编号	粉煤灰(%)	石灰(%)	石膏(%)	水泥(%)	水/灰(%)	强度(MPa)	表观密度(kg/m^3)	快速收缩值(mm/m)
B-1	75	20.0	5.0		60	4.2	1 020	1.01
B-2	70	25.0	5.0		60	3.5	1 040	
B-3	77	18.2	4.8		60	5.3	1 070	1.30
B-4	73	22.0	5.0		55	6.3	1 210	0.97
B-5	74	21.5	4.5		55	6.7	1 240	
B-6	72	23.0	5.0		40	7.8	1 350	0.98
B-7	74	21.2	4.8		40	8.3	1 300	1.00
B-8	68	15.5	6.5	10.0	35	11.6	1 420	0.97
B-9	70	14.5	5.5	10.0	35	15.3	1 490	0.96
B-10	70	13.0	5.0	12.0	35	20.2	1 560	0.96

注:外加剂及早强剂的掺量分别为 0.25% 及 0.30%。

(三)配合比选择

通过上述试验后,无集料粉煤灰轻质混凝土的配比选定的方案采用:3.5~7.5MPa 的配合比为石灰: 石膏: 粉煤灰 =20: 5: 75;10~20.0MPa 的配合比为石灰: 石膏: 水泥: 粉煤灰 =15: 5: 10: 70。

第四十节　粉煤灰免蒸制品配合比设计

由湖南大学研制的粉煤灰免蒸制品属于高粉煤灰用量应用技术的范围，制品主要原料为粉煤灰和砂，另加入适量活化剂，经自然养护而成。它不需蒸汽，故节约能源，降低成本，利于大面积推广使用。

一、原材料的技术要求

(1)粉煤灰：粉煤灰的物理、化学性能及品质指标见表3-210、表3-211。

粉煤灰物理性质及品质指标　　表3-210

产地	细度筛余(%)		视密度(g/cm^3)	表观密度(kg/m^3)	含水率(%)	需水量比(%)	品质指标(强度比)
	0.080(mm)	0.160(mm)					
湘潭	16	2	1.84	999.9	1	92	1.45
岳阳	20	3	1.77	692.7	1.5	95	1.47

粉煤灰化学成分(%)　　表3-211

产地	SiO_2	Al_2O_3	Fe_2O_3	CaO	MgO	K_2O	SO_3	烧失量
湘潭	52.44	26.53	7.00	3.46	1.05	1.18	—	5.64
岳阳	54.86	25.06	7.56	1.65	1.13	1.23	0.11	6.80

(2)石灰：有效氧化钙含量为63.28%。

(3)砂：河砂，其最大粒径≤2.5mm。

(4)复合外加剂：本制品中所加外加剂由几种外加剂复合而成，其主要作用为促使粉煤灰活化，提高制品早期强度。

二、配合比及工艺参数

影响粉煤灰制品物理力学性能的因素很多，通过小试(试验室制作40mm×40mm×160mm长方体试块及普通地面砖、连锁砖)、半工业性试验(在砖厂制造批量砖)，分析影响制品抗折、抗压强度的主要因素，从而确定较好的配合比以及工艺参数。

(一)原料掺量对强度影响

(1)石灰：磨细生石灰作为粉煤灰的碱性激发剂，有效氧化钙含量应不小于60%。试验结果表明，当石灰掺量为10%～16%时，制品可以达到一定强度。石灰掺量不宜过高，否则将引起制品爆裂、强度降低、收缩加大；石灰掺量过少，粉煤灰活性激发的适宜碱性条件又难以满足。

(2)石膏：建筑石膏的化学成分为$CaSO_4 \cdot \frac{1}{2}H_2O$，它是熟石膏磨细而成的白色粉末，视密度为2.60～2.75g/cm^3，表观密度为800～1 000g/m^3。加入石膏后，水化产物导致制品密实度进一步提高。但掺量过多，生成物膨胀力过大，将导致硬化体开裂、强度降低、甚至受到破坏，故其掺量必须适宜。试验结果见图3-77。

(3)砂：砂起集料作用，它与强度的关系见图3-78。当掺量粉煤灰质量为15%～20%时强度最高。当掺量过多时，在胶凝材料含量不变的情况下，相对地胶凝材料量显得不够，不能有效地将混合材胶结在一起。砂量过少时，也即集料的量不够，集料的支承作用减弱，从而使强度降低。从试验结果看，合适的砂量在15% ~20%为宜。

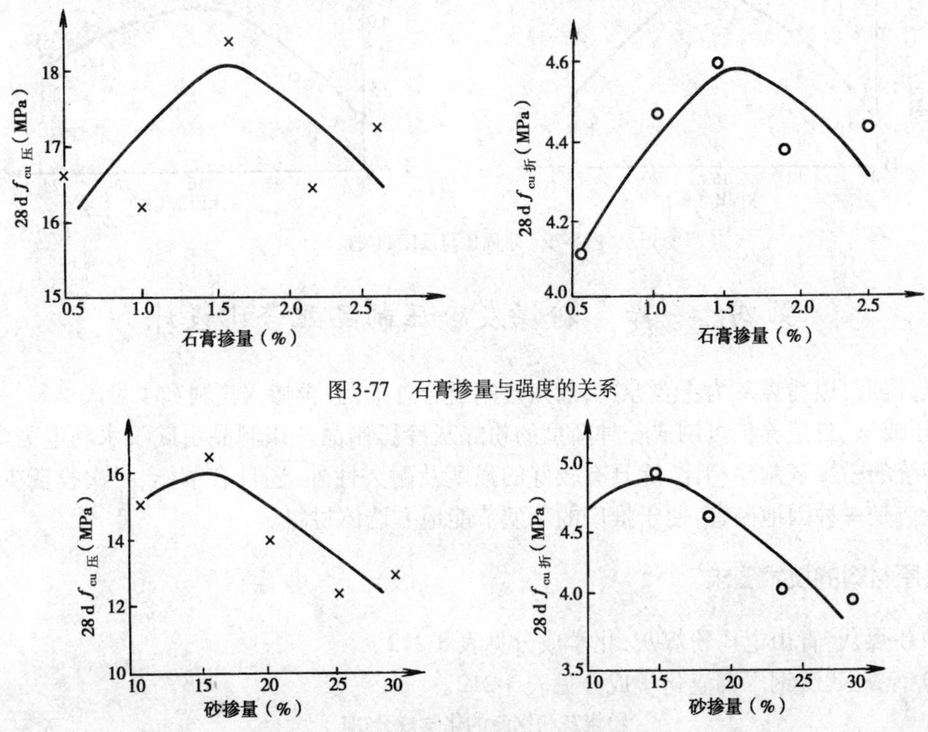

图3-77 石膏掺量与强度的关系

图3-78 砂掺量与强度的关系

(4)复合外加剂：加入复合外加剂，主要是促使粉煤灰活化，提高制品强度。但掺量不能过多，过多含量引起不良反应，从而影响制品的耐久性。试验结果表明：加入1% ~2%的复合外加剂，制品28d抗压强度提高20% ~50%，抗折强度提高5% ~40%。

(二)成型水分确定

制品中的水分不仅参与化学反应，而且还影响制品结构和各项主要性能。成型水分在其他原材料一定时，主要与粉煤灰的性质有关。粉煤灰影响水的性质主要有含碳量、细度、玻璃微珠的数量。图3-79是成型水分与制品所用固体材料的质量比(简称水固比)与强度的关系。试验结果表明：当水固化适宜时，强度较高，水固比过小，将出现分层、黏结较差、制品强度低，水固比过高，气孔较多，表观密度降低。因此，水固比存在一个最佳值，当用水量小于此值时，随着用水量的增加，强度提高。从成型方面看，此值基本适宜。

(三)成型压力选择

在10 ~25MPa压力范围内随着压力增加，制品强度成正比增加。根据实际条件与制品要求，成型压力达到20MPa时，已能适应生产，过大则能耗增加，模具易损坏。

(四)多因素共同影响制品的规律及设计配比

在上述试验基础上，对影响制品性能的某些因素进行了正交试验。根据分批分期试验结果，优选出最佳配比范围。在设计抗压强度20 ~30MPa、抗折强度2 ~4MPa的粉煤灰免蒸制品时，可确定各种基材的大致范围如下：粉煤灰用量60% ~70%，砂掺量15% ~20%，石灰用量10% ~16%，外加剂1% ~2%，水固比18% ~22%。

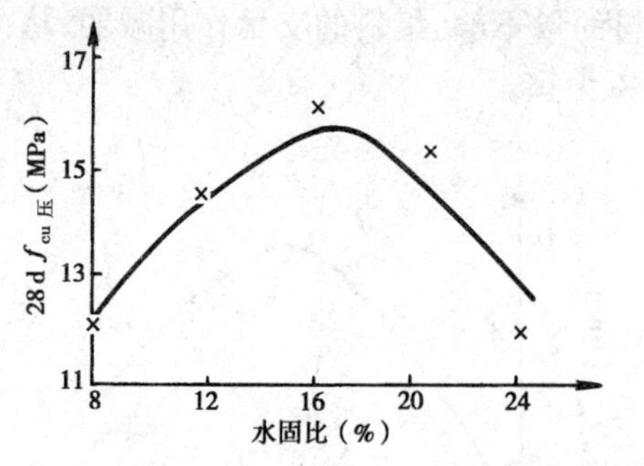

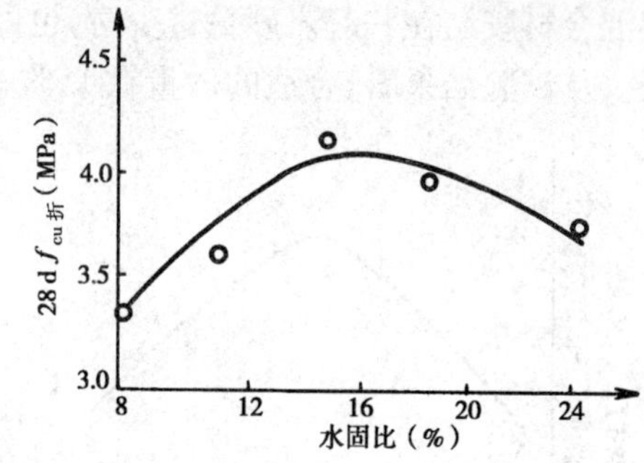

图 3-79 水固比与强度的关系

第四十一节 粉煤灰冷压制品配合比设计

通过混磨,以粉煤灰为主要原料,加入自制复合外加剂,再掺入集料和少量胶结料,采用半干法加压成型、自然养护可制成一种新型的粉煤灰冷压制品。该制品由武汉水利电力学院研制,同传统的粉煤灰制品相比,除具有较好的强度及耐久性外,还具有节能、一次投资少、成本低等特点,是一种因地制宜,便于推广的新型节能地方墙体材料。

一、原材料的技术要求

(1)粉煤灰:青山电厂粉煤灰,化学成分见表 3-212。

(2)钢渣:武汉钢厂钢渣化学成分见表 3-212。

粉煤灰和钢渣的化学成分(%)　　表 3-212

试　样	SiO_2	Al_2O_3	Fe_2O_3	FeO	CaO	MgO	Na_2O	K_2O	SO_3	烧失量
粉煤灰	53.20	24.16	4.33	2.23	3.38	0.93	0.29	1.25	0.41	7.29
钢渣	15.46	3.13	3.03	10.07	62.24	6.09	—	—	—	—

钢渣用来作集料(经破碎处理,以达到一定的颗粒级配)可提高砖的强度、减少收缩、提高砖的耐久性。同时,由于钢渣中 CaO 含量较高,它与粉煤灰颗粒之间发生化学反应,提高制品密实度和强度。

(3)胶结料:采用 42.5 级矿渣硅酸盐水泥,并加入一定量的石灰、石膏。

(4)外加剂:利用纯碱、亚硝酸钠、重铬酸钾、氯化钠、硫酸钠、木质素磺酸钙、硅酸钠等物质,经精密配制成六种多功能复合外加剂。其作用是激发粉煤灰的潜在强度,提高制品的早期强度。

二、配合比设计

通过正交设计试验得知,各种外加剂石灰、石膏、水泥加入量对强度影响较大,而且以石灰:水泥:粉煤灰:石膏=6:5:80:2.5,外加剂取二水平时的试样强度较好。考虑经济性和产品性能两个方面,确定石灰:水泥:粉煤灰:石膏=6:5:5.5:85.5:2.5 为混合料最佳配方,外加剂取 *A*、*B*、*F* 三种,且加入二水平的量,再掺入混合料 20% 的集料。

第四十二节 硅灰超高强混凝土配合比设计

制备超高强混凝土的技术路线很多,但为从实用出发,应考虑两个因素,即材料易得;与当前广泛采用的施工工艺和施工机械条件相适应,注重工厂化生产的技术经济效果。淮南矿业学院建工系为此采用目前国际上通用的"双掺"技术线路，即较高强度等级的水泥+硅灰+高效减水剂的方案，研制成功了超高强混凝土，其制品"超高强混凝土弧板支架"已批量生产，供煤矿业使用。

一、对原材料的要求

(1)水泥：南京江南水泥厂生产的五羊牌52.5级纯硅酸盐水泥，细度0.080mm，方孔筛筛余量3.9%，标准稠度23.5s，初凝2h9min，终凝3h29min，其力学性能见表3-213。

实测五羊牌水泥强度 表3-213

种类	强度（MPa）		
	$f_{cu,3d}$	$f_{cu,7d}$	$f_{cu,28d}$
抗压	34.2	50.7	64.6
抗折	6.3	7.4	7.1

(2)粗集料：花岗石碎石，最大粒径25mm，要求活性SiO_2含量不得大于1%，花岗岩表观密度$\rho_r = 3.33 t/m^3$，$\phi 5cm \times 10cm$圆柱试件抗压强度为171MPa。

(3)细集料：中粗砂，细度模数2.6。

(4)减水剂：NF高效减水剂，无引气性。

(5)活性掺料：硅灰，上海铁合金厂生产，其化学成分见表3-214。

硅灰化学成分分析 表3-214

SiO_2（%）	Al_2O_3（%）	Fe_2O_3（%）	MgO（%）	CaO（%）	Na_2O（%）	K_2O（%）	SO_3（%）	烧失量（%）
93.0	0.5	0.6	0.5	0.4			0.4	3.6

二、硅灰高强混凝土配合比设计

以下为上海市建筑科学研究所提出的硅灰高强混凝土配合比设计方法。

(一)硅灰—减水剂掺量关系

与普通混凝土相比，硅灰高强混凝土的组分中多了硅灰和减水剂。其中减水剂有两个作用，第一是减少混凝土用水量，第二是减少硅灰润湿并帮助分散到混凝土中去。为找出减水剂—硅粉用量对应关系，选定6种W/C的混凝土，每种混凝土中分别掺0~15%硅粉(分6种掺量)。通过调节减水剂用量来保证各组混凝土坍落度基本一致。这样得到了表3-215各种W/C下的硅灰—减水剂掺量线性关系。

硅灰—减水剂掺量关系 表3-215

水泥用量（kg/m^3）	W/C	坍落度范围（cm）	硅灰（%）						$y = \alpha_a x + \alpha_b$
			0	2.5	5.0	7.5	10.0	15.0	
340	0.532	3.1~3.8	0	0.16	0.31	0.43	0.69	0.98	$y = 0.0661x - 0.0124$
	0.477	3.0~3.6	0.38	0.62	0.83	0.95	1.19	1.55	$y = 0.0766x + 0.409$
	0.413	3.0~4.0	0.86	1.16	1.38	1.57	2.06		$y = 0.112x + 0.844$
460	0.388	3.2~4.0	0	0.24	0.43	0.57	0.74	1.09	$y = 0.071x + 0.040$
	0.323	3.0~4.0	0.48	0.78	0.97	1.09	1.41	1.85	$y = 0.0887x + 0.507$
	0.287	3.0~4.2	1.14	1.38	7.71	1.85	2.20		$y = 0.104x + 1.138$

注：硅灰、减水剂均以水泥质量百分比计。

可以看出，在大多数情况下，每掺加1%硅灰要增加0.07%～0.09%的减水剂（当然，减水剂性能不同，这个数字可能变化）。

（二）硅灰混凝土的f_{cu}-C/W关系

上述混凝土试验的28d强度与C/W关系形成了在不同硅灰掺量下的f_{cu}-W/C关系，见表3-216。

硅灰混凝土的f_{cu}-C/W关系　　表3-216

Si（%）＼ C/W	1.88	2.10	2.42	2.58	3.10	3.45	$f_{cu,0}=\alpha_{cu,0}C/W+\alpha_b$
0	35.2	41.4	41.7	49.8	59.2	65.6	$f_{cu,0}=19.32C/W-1.15$
2.5	38.7	43.6	48.2	49.3	60.8	70.3	$f_{cu,0}=19.46C/W+1.49$
5.0	41.9	43.5	54.6	55.9	66.7	72.1	$f_{cu,0}=19.88C/W+2.35$
7.5	43.4	44.2	52.8	57.8	72.4	73.5	$f_{cu,0}=21.64C/W+1.46$
10.0	44.0	49.2	57.0	61.5	75.0	77.5	$f_{cu,0}=22.05C/W+2.51$
15.0	45.4	52.8	63.3	61.7	77.4	85.6	$f_{cu,0}=24.99C/W+0.27$

从表3-216数据发现；在同样C/W下，混凝土强度随硅灰增加而提高。

实测表3-216试验用水泥强度为51.4MPa（28d压）同样配比，用强度为60.5kg/m^{3}的水泥得到在硅灰为7.5%时的f_{cu}-C/W关系为：

$$f_{cu}=24.48C/W-0.23$$

这样，形成了一个f_{cu}-C/W关系范围（图3-80），根据水泥活性，用插入法可查得所设计混凝土的硅灰用量和W/C。在强度可以达到的情况下，硅灰用得越少越经济。

（三）配合比设计参考方法

以下介绍硅灰混凝土配合比设计方法，尽量使之与设计普通混凝土方法接近。其中许多参数与硅灰、减水剂、水泥以至砂石品种质量均有密切关系，应根据实际情况加以调整，这里仅作为一种配比设计思路供参考。具体步骤如下。

（1）确定需水量：根据需水性定则$W=\frac{10}{3}(T+K)$，按普通混凝土方法计算需水量，然后减去15%～20%（高效减水剂对混凝土的减水率），在强度较低（60MPa左右）和坍落度较小（6cm以下）时取下限15%～20%，反之取上限。

（2）根据强度要求选定硅灰掺量，一般取5%～10%。

（3）按"一"条说明，确定减水剂用量（包括混凝土本身所需超塑剂0.5%～0.75%）。

（4）按图3-80或其他硅灰掺下的$f_{cu,0}$-C/W关系，确定C/W和水泥用量。

（5）按普通混凝土方法选择砂率，并提高10%～20%。

（6）用绝对体积法计算配比。硅灰可以作为胶结材之一计算。也可用扣除等体积砂方法计算，通过适当调整砂率，两者实际上无多大差别。

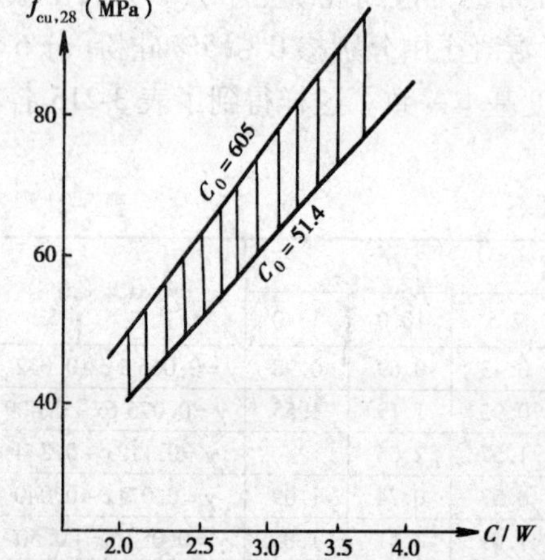

图3-80　硅灰混凝土f_{cu}-C/W关系（Si=7.5%）

三、实例

［例 3-6］ 要求混凝土强度 60MPa；坍落度 6～8cm；水泥实测强度 56MPa；5～25mm 碎石，密度 2.67g/cm^3；中砂，密度 2.60g/cm^3。

解：(1)需水：$m_{w0}=\frac{10}{3}(7+51)=193kg/m^3$，减 20% 为 155kg/m^3。

(2)选硅灰 7.5%，需多用超塑剂约 0.6%，混凝土本身需 0.6%，共 1.2%。

(3)查图 3-80，$C/W\approx2.6$，$m_{c0}=2.6\times m_{w0}=403kg/m^3$。

(4)查表知砂率为 32，乘以 1.2 系数为 $\beta_s=38$。

(5)用绝对体积法算出配方如下：

$$m_{w0}=155kg/m^3, m_{c0}=403kg/m^3, m_{si}=302kg/m^3$$

塑化剂 =4.84kg/m^3，$m_s=706kg/m^3$，$m_{g0}=118kg/m^3$

扣除硅灰等体积砂，得

$$m_{s0}=m_s-\frac{m_{csi}}{m_{ksi}}\rho_s=671(kg/m^3)$$

试配结果：坍落度 9.5cm，$f_{cu,28}=65.2MPa$，不需调整。

第四十三节　掺粉煤灰轻集料混凝土配合比设计

一、原材料技术要求

(1)粉煤灰

参见本章第二十八节所述内容。

(2)其他材料

参见本章第一节所述内容。

二、配合比设计

1. 设计强度

粉煤灰混凝土配制强度应与基准混凝土相同，其强度的龄期可因工程而不同，如表 3-217 所示。

粉煤灰混凝土设计强度的龄期　　表 3-217

工程项目	设计龄期(d)	工程项目	设计龄期(d)
地上工程	28	地下工程	60 或 90
地面工程	28 或 60	大体积工程	90 或 180

粉煤灰混凝土配合比应按体积法计算，其掺用量的计算方法如表 3-218 所示。

粉煤灰掺用量计算方法及其适用工程　　表 3-218

方法名称	计算方法	适用工具
等量取代法	掺用量和水泥减少量按 1:1 取代	结构混凝土或大体积混凝土
超量取代法	掺和量比水泥减少量有一定的超量，超量系数如表 2-220 所示	
外加法	基准混凝土水泥用量不变，粉煤灰另加	改善混凝土和易性

粉煤灰取代基准混凝土水泥的最大限量，因水泥品种不同而异，如表 3-219 所示。

粉煤灰取代水泥的最大限量 表 3-219

混凝土种类	粉煤灰取代水泥最大限量(%)			
	硅酸盐水泥	普通硅酸盐水泥	矿渣硅酸盐水泥	火山灰质硅酸盐水泥
预应力混凝土	25	15	10	—
钢筋混凝土 高强度混凝土 高抗冻融性混凝土 蒸养混凝土	30	25	20	15
中、低强度混凝土 泵送混凝土 大体积混凝土 水下混凝土 地下混凝土 压浆混凝土	50	40	30	20
碾压混凝土	65	55	45	35

注：当钢筋混凝土中钢筋保护层厚度小于 5cm 时，粉煤灰取代水泥的最大限量，应比本表的规定相应减少 5%。

粉煤灰的超量系数见表 3-220。

粉煤灰的超量系数 *K* 表 3-220

粉煤灰等级	超量系数	粉煤灰等级	超量系数
Ⅰ	1.1~1.4	Ⅲ	1.5~2.0
Ⅱ	1.3~1.7		

2. 设计顺序

(1)按体积法计算出基准混凝土的配合比，设：

$$水:水泥:砂:石子 = W_0 : C_0 : S_0 : G_0$$

(2)按表 3-219 选用取代水泥率 $f(\%)$，按表 3-220 选择出超量系数 K。

(3)计算粉煤灰取代水泥量 F。

$$F = C_0 f(\mathrm{kg/m^3}) \tag{3-104}$$

(4)计算粉煤灰总掺量 F_t，计算超量部分的质量 F_e。

$$F_t = KF(\mathrm{kg/m^3}) \tag{3-105}$$

$$F_e = F_t - F(\mathrm{kg/m^3}) \tag{3-106}$$

(5)计算水泥的实际用量 C。

$$C = C_0 - F(\mathrm{kg/m^3}) \tag{3-107}$$

(6)在基准配合比砂的用量中扣除粉煤灰超量部分的体积，即砂的实际用量 S_e。

$$S_e = S_0 - \frac{F_e}{\rho_f}\rho_s(\mathrm{kg/m^3}) \tag{3-108}$$

(7)水、石子用量维持基准配合比，便可得出新的配合比：

$$W_0 : C : F_t : S_e : G_0$$

(8)新的水灰比值：

$$\text{水灰比} = \frac{W_0}{C + F_t} \tag{3-109}$$

三、配合比设计实例

[例 3-7] 基准混凝土配合比如表 3-221 序号 1。拟掺用Ⅱ级商品粉煤灰。掺用目的:保证强度和稠度,节约水泥。用超量取代法计算,并查得下列参数。

(1)粉煤灰取代量:

查表 3-219,根据基准混凝土属中等强度,水泥为普通水泥,最大取代率不得超过 40%,又根据经验,总用量不宜超过 80kg/m³。故取 $f = 18\%$。

(2)超量系数查表 3-220,取 1.3。

(3)经测得:粉煤灰的密度 $\rho_f = 2.2$,砂的密度 $\rho_s = 2.65$。

解:如表 3-221 所示。

粉煤灰混凝土配合比计算表 表 3-221

序号	项　目	符号	计算式或表号	计算结果
1	基准混凝土配合比	C_0		316kg/m³
		S_0		685kg/m³
		G_0		1 227kg/m³
		W_0		180kg/m³
2	粉煤灰取代量	F	式(3-104),316 × 0.18	57kg/m³
3	粉煤灰总掺量	F_t	式(3-105),57 × 1.3	74kg/m³
4	粉煤灰超量部分的质量	F_e	式(3-106),74-57	17kg/m³
5	水泥实际用量	C	式(3-107),316-57	259kg/m³
6	砂实际用量	S_e	式(3-108),$685 - \frac{17 \times 2.65}{2.2}$	664.5kg/m³
7	新水灰比		式(3-109),$\frac{180}{259 + 74}$	0.54
8	新配合比为 $W_0:C:F_t:S_e:G_0 = 180:259:74:664.5:1\,227$			

注:1. 新配合比应按“3.5”进行试配调整。

2. 新水灰比较基准混凝土低,混凝土强度不必复算。

3. 可掺用减水剂以提高强度和稠度。

4. 各种材料均为干料计算。

第四章　特种性能混凝土配合比设计

第一节　高强混凝土配合比设计

一般认为,强度等级不低于 C50 的混凝土即为高强混凝土。它是用优质集料,强度不低于 42.5 级的水泥,较低水灰比,在强烈振动密实作用下制取的。

高强混凝土本身的重度可能较大,但用于结构物后,可以显著地减少断面尺寸,从而减轻结构自重,节约各种原材料,从单一结构整体考虑,高强与轻质是一致的。

一、原材料的技术要求

(一)水泥

配制高强混凝土,应采用矿物组成合理、细度合格的高强度水泥,但并非所有的水泥都能用于生产高强混凝土。一般常用规定强度较高的硅酸盐水泥或普通硅酸盐水泥,其强度不宜低于 57MPa,也有采用较高强度的矿渣水泥或矾土水泥。

过去,在配制高强混凝土选择水泥时,水泥的强度往往是混凝土设计强度的0.9 ~ 1.5 倍,也即水泥的强度一般要高于混凝土强度,或者是略低于混凝土的强度。但是,随着材料性质及工艺方法的改进,尤其是外加剂的广泛应用,配制高强混凝土也就更加容易。

水泥在使用前,经过二次振动磨细后亦可提高其强度。磨得越细,比表面和越大,水化反应越充分,强度越高。

生产高强混凝土,胶凝物质的用量是至关重要的,它直接影响到水泥石与界面的黏结力。从施工要求来讲,也应具有一定的维勃稠度。为了增加砂浆中胶结料的比例,水泥含量要高,一般 500 ~ 700kg/m^3。水泥含量过高,易于引起水化期间散热太快或收缩量过大等问题。如果经济上可行,应减少水泥用量,最好是掺加一部分高质量的粉煤灰或其他粉状活性材料,把放热和干缩副作用减至最低限度。

经验表明,通过对各种水泥进行试配,来确定制备高强混凝土所用水泥种类和数量。在满足既定抗压强度的前提下,以经济适用作为选择水泥的依据。

(二)粗集料

粗集料在混凝土的组织结构中起主要骨架作用。

粗集料对混凝土强度的影响主要取决于:水泥浆与集料的黏结力;集料的弹性性质;混凝土拌和物中水上升时在集料下方形成的“内分层”状况;集料周围的应力集中程度等。对高强混凝土来说,粗集料的重要优选特性是:抗压强度、表面特征及最大粒径等。

1. 粗集料的抗压强度

为了制备高强混凝土,要优先采用抗压强度高的粗集料,以免粗集料首先破坏。当集料的强度大于混凝土的强度时,集料的质量对混凝土强度的影响较小,但含有多量的软弱颗粒和针片状石料时，混凝土的强度将会降低。

在试配混凝土之前，应合理地确定各种粗集料的抗压强度。应尽量采用优质集料，优质集料系指高强度内料和活性集料（采用水泥熟料作集料）。按规定，所用粗集料除进行压碎指标试验外，对碎石尚应进行岩石立方体抗压强度试验，其结果不应小于要求配制的混凝土抗压强度标准值$f_{cu,k}$的 1.5 倍。即：

$$强度指标 = \frac{岩石立方体抗压强度}{混凝土抗压强度} \geqslant 1.5$$

所以，最好是采用致密的花岗岩、辉绿岩、大理石等作集料。但是，即使采用最坚硬的粗集料，也未必能制出强度最高的混凝土，因为水化水泥与集料的黏结也必须考虑在内。

2. 粗集料的表面特征

因为混凝土初凝时，水化水泥与粗集料的黏结是以机械式为主，所以要制备高强混凝土，应采用立方形的碎石，而不用天然砾石。同时，粗集料的表面必须干净而无粉尘，否则会影响混凝土内部黏结力。必要的情况下，应对集料进行冲洗，将含泥量降低到最低限度。

3. 粗集料的最大粒径

试验研究表明，用以制备高强混凝土的粗集料，其最大粒径与所制备的混凝土的最大抗压强度有一定关系。通常用最大粒径不应大于 31.5mm 的集料可得到最大强度，采用标准为 0.5 ~ 1cm或 0.5 ~ 1.5cm 规格的集料最适宜。

4. 其他

粗集料针片状颗粒含量不宜大于 5.0%，含泥量（质量比）不应大于 1.0%，泥块含量（质量比）不应大于 0.5%。

（三）细集料

因为混凝土拌和物含砂量较大，相对地使用中砂或粗砂，可以避免混凝土过于干硬。通常宜用细度模数大于 2.6 的砂，并尽可能降低含砂率。细集料的含泥量（质量比）不应大于 2.0%，泥块含量（质量比）不应大于 1.0%。

另外，砂的矿物组成也相当重要。

（四）拌和用水

拌和用水量应减到最低限度。在目前生产的 42.5 ~ 62.5 级水泥条件下，为了节约水泥和正确利用水泥，在绝大多数情况下配制高强混凝土，要求利用水灰比较小的干硬性混凝土。一般的水灰比取 0.28 ~ 0.35。

1. 普通拌和水

在拌制混凝土用的水中，不得含有影响水泥正常凝结与硬化的有害杂质。一般来说，pH > 4的水即可使用。

2. 磁化水

磁化水是使普通水流经磁场得以磁化，以此来提高其“强度”。在用磁化水拌制混凝土时，水与水泥进行水解水化作用，就会使水分子比较容易地由水泥颗粒的表面进入颗粒的内部，加深水泥的水化作用，从而提高混凝土的强度。

据前苏联有关资料介绍，利用磁化水拌和混凝土，可增加强度 50%。我国现有试验资料表明，在不减少水泥用量的情况下，混凝土强度可提高 30% ~ 40%。这些资料都清楚地指出，磁化水将开拓一条配制高强混凝土的新途径，而且是经济有效的。这尚有待于进一步地深入试验研究。

（五）减水剂

减水剂（又称塑化剂），特别是高效减水剂，具有较好的减水率。掺入混凝土中，特别是干硬性混凝土中，可提高混凝土的流动性。如果保持施工要求的流动性不变，则可通过减少单位用水量，降低混凝土混合物的水灰比，从而取得提高强度和密实度的效果。试验证明，采用高效能减水剂与高强度水泥联合使用，可制得高强混凝土。

目前国内常用于配制高强混凝土的减水剂主要有 NF、FDN、UNF 和木质素磺酸盐系减水剂等。其中前三种减水剂是高效减水剂，实际减水率高达 25% 左右，抗压强度提高 10 ~ 20MPa，同时也能提高混凝土的抗拉强度和弹性模量，减少徐变，对钢筋及混凝土的耐久性也无不利影响。目前我国有能力配制出高强混凝土的地方和单位，都采用减水剂。

二、配合比设计

（一）决定混凝土强度的主要因素

(1)集料具有较强的抗压能力，与水泥胶结性能良好，因此要采用优质集料和富水泥用量。

(2)胶结材料本身强度要高，硬化后形成的水泥石密实坚硬，胶空比大，因此要采用高强度水泥，并强烈振捣密实。

(3)混凝土混合物的水灰比小，因此要采用干硬性混凝土，同时掺入减水剂配合使用，使混凝土在极小的水灰比下能够浇筑密实。

（二）配合比设计步骤

1. 确定水灰比

高强混凝土水灰比计算，主要有以下两种方法。

(1)计算法

卵石高强混凝土：

$$R_{yc} = 0.296R_b \cdot \left(\frac{C}{W} + 0.71\right) \tag{4-1}$$

碎石高强混凝土：

$$R_{yc} = 0.304R_b \cdot \left(\frac{C}{W} + 0.62\right) \tag{4-2}$$

上述两式中 R_{yc} 为设计强度，R_b 为水泥强度等级。

(2)查表法

查表 4-1，取 W/C 值。

高强混凝土强度等级与水灰比关系 表 4-1

水泥		水灰比 W/C	混凝土强度等级(MPa)
品种	强度等级		
高级水泥	82.5	0.36	C70
高级水泥	62.5	0.33 0.41	C60 C50
普通水泥	52.5	0.40	C50

2. 选择用水量

根据已给定条件,查表 4-2 取值。

高强混凝土用水量(单位:kg/m^3) 表 4-2

粗集料		混凝土拌和物工作度(s)					
种类	最大粒径(mm)	30~50	60~80	90~120	150~200	250~300	400~600
卵石	40	160	150	140	130	122	120
	20	170	160	155	145	140	135
碎石	40	170	160	150	138	130	128
	20	180	170	160	150	145	140

高强混凝土用水量一般控制在 $130 \sim 140 kg/m^3$。

3. 计算水泥用量

水泥用量按下式计算:

$$C_0 = W_0 \times \frac{C}{W} \tag{4-3}$$

4. 选择砂率

高强混凝土砂率,按经验和统计资料分析,一般控制在 $S_P = 24\% \sim 28\%$。

5. 计算砂、石用量

砂石占用体积:

$$V_{s+G} = 1\,000 - \left[\left(\frac{W_0}{\rho_w} + \frac{C_0}{\rho_c}\right) + 10 \cdot \alpha\right] \tag{4-4}$$

砂用量:
$$S_0 = V_{s+G} \cdot S_P \cdot \rho_s \tag{4-5}$$

卵石用量:
$$G_0 = V_{s+G} \cdot (1 - S_P) \cdot \rho_q \tag{4-6}$$

6. 初步确定配合比

7. 试配和调整

三、配合比设计实例

[例 4-1] 某预制件厂为新建外资企业厂房桁架结构,配制混凝土强度等级为 C70 的高强混凝土。拟采用原材料如下:

水泥:82.5 级高级水泥,密度 $3.1g/cm^3$;

细集料:中砂,密度 $2.561g/cm^3$;

粗集料:碎石,最大粒径 10mm,密度 $2.65g/cm^3$;

外加剂:NF 减水剂 1.5%,密度 $3.05g/cm^3$;

水:自来水。

一般干硬性混凝土工艺,经普通蒸汽养护。

解:(1)确定水灰比

查表 4-1 取 $W/C = 0.36$。

(2)选择用水量

根据工作度 46s,粗集料最大粒径 $D_{max} = 10mm$,查表 4-2,取 $W_0 = 180kg$。

(3)计算水泥用量

$$C_0 = W_0 \cdot \frac{C}{W} = 180 \times \frac{1}{0.36} = 500(kg)$$

(4)选择砂率

取砂率 $S_P = 26\%$。

(5)计算砂、石用量

设 $\alpha = 4$,

$$
\begin{aligned}
V_{s+G} &= 1\,000 - \left[\left(\frac{W_0}{\rho_c} + \frac{C_0}{\rho_c}\right) + 10 \cdot \alpha\right] \\
&= 1\,000 - \left[\left(\frac{180}{1} + \frac{500}{3.1}\right) + 10 \times 4\right] \\
&= 1\,000 - 381.29 \\
&= 618.7(\text{L}),\text{取 } 619\text{L}
\end{aligned}
$$

砂用量:

$$
\begin{aligned}
S_0 &= V_{s+G} \cdot S_P \cdot \rho_q \\
&= 619 \times 0.26 \times 2.56 \\
&= 412(\text{kg})
\end{aligned}
$$

碎石用量:

$$
\begin{aligned}
G_0 &= V_{s+G}(1 - S_P) \cdot P_q \\
&= 619 \times (1 - 0.26) \times 2.65 \\
&= 1\,213.9(\text{kg}),\text{取 } 1\,214\text{kg}
\end{aligned}
$$

外加剂用量:

$$
\begin{aligned}
Q_0 &= C_0 \Delta_q \\
&= 500 \times 0.015 \\
&= 7.5(\text{kg})
\end{aligned}
$$

(6)强度等级验算

$$
\begin{aligned}
R_{yc} &= 0.304 R_b \left(\frac{C}{W} + 0.62\right) \\
&= 0.304 \times 82.5\left(\frac{500}{180} + 0.62\right) \\
&= 85.22(\text{MPa}) > 1.15 \times R_y \\
&= 1.15 \times 70 = 80.50(\text{MPa}),\text{符合强度要求}
\end{aligned}
$$

(7)初步配合比

$$
\begin{aligned}
C_0 : S_0 : G_0 : Q_0 : W_0 &= 500 : 412 : 1\,214 : 7.5 : 180 \\
&= 1 : 0.824 : 2.43 : 0.015 : 0.36
\end{aligned}
$$

(8)试配和调整

标准养护 28d 试验结果,平均强度 82.60MPa,符合设计要求。

四、参考配合比

为方便配制高强度混凝土,现将我国常用的强度等级为 C60 和 C80 的典型配合比列于表 4-3,表 4-4 中列出了 60MPa 高强混凝土常用配合比,表 4-5 中列出了高强混凝土试配参考用量配合比,表 4-6 中列出了几个工程中所用的经验配合比,供配合比设计和施工参考。

高强混凝土工程实例典型配合比 表 4-3

混凝土强度等级	水灰比	最大粒径(mm)	减水剂种类及用量(%)	砂率(%)	每立方米混凝土材料用量(kg/m^3)				混凝土配合比(质量比)水泥:砂:石:水:减水剂
					水泥	水	砂	石子	
C60	0.350	25	FDN0.8	35	167	477	629	1 168	1:1.32:2.45:0.350:0.008
C80	0.280	15	NF1.0	32	154	550	575	1 221	1:1.05:2.22:0.280:0.010
C80	0.325	15	NF1.0	28	179	550	496	1 275	1:0.90:2.32:0.325:0.010

60MPa 高强混凝土常用配合比 表 4-4

编号	水灰比(*W/C*)	砂率(%)	泵送剂 NF(%)	每 1m^3 混凝土材料用量(kg/m^3)				7d 强度(MPa)	28d 强度(MPa)
				水泥	水	砂	石子		
1	0.330	33.0	1.0	500	165	606	1 229	—	70.2
2	0.350	35.7	1.2	550	195	566	1 020	51.7	62.3
3	0.327	33.8	1.4	550	180	572	1 118	52.4	65.1
4	0.360	36.0	1.4	500	180	634	1 125	58.1	65.1
5	0.360	35.3	1.4	450 粉煤灰 50	180	613	1 125	59.7	69.8
6	0.330	34.8	0.8	550	180	597	1 120	63.4	74.2
7	0.330	34.8	1.4(NF-2)	550	180	597	1 120	58.4	63.4
8	0.330	34.8	1.2	550	180	597	1 120	55.6	60.4
9	0.330	34.8	1.0	550	180	597	1 120	61.9	70.1
10	0.390	40.0	10	500	195	689	1 034	51.1	69.4
11	0.390	40.0	1.3	500	195	689	1 034	49.5	67.8
12	0.336	34.0	1.4(NF-0)	550	185	579	1 125	59.9	69.7
13	0.360	36.5	1.4	500	180	634	1 105	59.9	72.0
14	0.360	35.3	1.4	450 粉煤灰 50	180	613	1 125	58.8	70.4
15	0.380	40.0	0.7(NF-1)	513	195	685	1 028	57.4	73.1
16	0.400	40.0	0.55(NF-1)	488	195	694	1 040	55.4	67.6

高强混凝土试配参考用量配合比 表 4-5

混凝土强度分级	平均圆柱体抗压强度(立方强度)(MPa)	选择方案	胶凝材料(kg/m^3)			总用水(kg/m^3)	粗集料(kg/m^3)	细集料(kg/m^3)	堆密度(kg/m^3)	砂率(%)	水灰比(*W/C*)
			硅酸盐水泥	粉煤灰或矿渣	硅灰粉						
A	65(75)	1	534	—	—	160	1 050	690	2 434	40	0.30
		2	400	106	—	160	1 050	690	2 406	40	0.32
		3	400	64	36	160	1 050	690	2 400	40	0.32
B	75(85)	1	565	—	—	150	1 070	670	2 455	39	0.27
		2	423	—	—	150	1 070	670	2 426	39	0.28
		3	423	—	38	150	1 070	670	2 419	39	0.28

续上表

混凝土强度分级	平均圆柱体抗压强度(立方强度)(MPa)	选择方案	胶凝材料(kg/m³)			总用水(kg/m³)	粗集料(kg/m³)	细集料(kg/m³)	堆密度(kg/m³)	砂率(%)	水灰比(W/C)
			硅酸盐水泥	粉煤灰或矿渣	硅灰粉						
C	90(100)	1	597	—	—	140	1 090	650	2 477	37	0.23
		2	447	119	—	140	1 090	650	2 446	37	0.25
		3	447	71	40	140	1 090	650	2 438	37	0.25
D	105(115)	1	—	—	—	—	—	—	—	—	—
		2	471	125	—	130	1 110	630	2 466	36	0.22
		3	471	75	42	130	1 110	630	2 458	36	0.22
E	120(130)	1	—	—	—	—	—	—	—	—	—
		2	495	131①	—	120	1 120	620	2 486	36	0.19
		3	495	79	42	120	1 120	620	2 487	36	0.19

注:①包括高效减水剂中的水量,根据坍落度和强度的需要,可为 10 ~ 20L/m³。

几个工程所用高强混凝土经验配合比 表 4-6

构件名称	水灰比(W/C)	砂率(%)	坍落度(cm)	泵送剂 NF(%)	每 1m³ 混凝土材料用量(kg/m³)				28d 强度(MPa)
					水泥	水	砂	石子	
连续梁	0.340	37.0	—	FDN 0.8	500	170	685	1 165	66.9
柱子 1	0.390	35.0	18.0	FDN 1.0 木钙 0.25	467 硅粉 33	195	612	1 139	74.5
柱子 2	0.310	30.5	14.0	UNF-2 1.0	500	155	544	1 241	63.5
T 形梁	0.336	34.0	16.0	NF-2 1.2	550	185	579	1 125	67.5
柱子 1	0.300	30.0	6.0	UNF-2 1.0	500	150	534	1 246	64.9
柱子 2	0.352	35.7	18.0	FTH-ZA 1.0	480 粉煤灰 60	190	575	1 034	66.2

五、石砂(山砂)高强混凝土配合比设计

早在 20 世纪 60 年代原中建四局科研设计所就用生产碎石的副产品石屑当砂,拌和混凝土或改善砂的级配,即用石砂(原名山砂)代替河砂配制混凝土,为国家节约了大量的基建资金。近年来,中建四局科研设计所又用贵州生产的 52.5 级普通硅酸盐水泥和当地石灰石破碎的碎石和中砂成功地配出了 C60 ~ C80 的高强塑性混凝土。

现将其配合比设计分别作简要介绍。

(一)原材料的技术要求

试验用材料:贵州乌江牌 52.5 级普通硅酸盐水泥作胶结料,实测强度为 54.4MPa;石灰石碎石,粒径为 1 ~ 3cm,表观密度 1 374kg/m³,振捣密度 1 278kg/m³,视密度 2.74;中细石砂,细度模数 3.33。

（二）石砂高强塑性混凝土配合比设计

1. 水灰比的计算

《普通混凝土配合比设计规程》(JGJ 55—2011)中的强度计算公式:$f_{cu,0}=0.46\cdot f_{ce}(C/B-0.07)$,是全国碎石混凝土的经验统计式,只适用于 C60 以下的河砂碎石混凝土。从统计的 270 组中、低强度等级石砂混凝土资料和 35 组 60 ~ 80MPa 的高强度石砂混凝土资料,与上述公式对比发现:中低强度石砂混凝土与上述公式计算结果相近,而高强度石砂混凝土当灰水比相同时强度却高得多。这一结论对配制高强度混凝土很有意义,说明用一般高强度等级水泥(52.5 级或 62.5 级)就完全可以配出比水泥强度大 10 ~ 30MPa 的高强度混凝土。主要措施是尽量降低水灰比,这不但保证了混凝土强度要求,而且大大改善了混凝土耐久性和降低了混凝土的收缩、徐变值。从有关资料介绍,掺用国产高效减水剂,可以配出低水灰比(达 0.25)的塑性混凝土,并充分发挥水泥的活性作用。

试验结果表明:用 52.5 级水泥配制 C60 ~ C80 混凝土在技术上是完全可能的。为了确保计算强度的可靠性,建议石砂高强混凝土强度计算式取 $f_{cu,0}=0.40f_{ce}(C/W+0.31)$。

2. 粗集料的质量和用量的确定

在高强混凝土中,因水灰比低而水泥石强度很高,粗集料的颗粒强度要求更高,配制高强石砂混凝土时应用未风化的母岩破碎砂、石。其碎石的吸水率应小于 0.5%(风化岩石的强度低且吸水率增大),其他质量指标应符合《普通混凝土用碎石的质量标准及试验方法》(JGJ 52—2006)要求。根据石灰石的石质强度和高强石砂混凝土抗压破坏状态观察,用石灰石碎石配制 C80 以上高强混凝土比较困难。

由于高强混凝土的水灰比低,水泥用量相对较多,砂率也偏小,因而混凝土中有相当一部分水泥起微细填料作用而未能发挥其胶结作用。在配合比设计中应尽量降低粗集料空隙率和增加单方混凝土的用量,由此减少了水泥用量,不但节约了经费而且降低了混凝土的收缩和徐变值。根据试验经验,$1m^3$ 混凝土碎石用量为 $0.91\sim0.95m^3$ 松散容积为宜。

3. 砂率的确定原则

根据试验情况,当水灰比为 0.25 ~ 0.35 时,适宜砂率为 0.28 ~ 0.35。

4. 水泥和用水量的确定

用体积法或质量法参见《普通混凝土配合比设计规程》(JGJ 55—2011)确定水泥浆的体积或质量,然后换算出水泥和水的质量。

5. 拌和物稠度的处理

高强混凝土的水灰比小,拌和物干稠,增加水泥浆量是不能增加流动性的,因此,应根据施工工艺要求加入适量的高效减水剂来调整拌和物的稠度。

6. 配合比计算

(1)水灰比计算

按《混凝土强度检验评定标准》(GB/T 50107—2010)规定,当标准差 $\sigma=4MPa$ 时,配制强度取 66.6MPa,水泥的实际强度 f_{ce} 为 52.2MPa,将其代入建议的石砂高强混凝土强度计算式:$f_{cu,0}=0.4f_{ce}(C/W+0.31)$,整理移项得 $C/W=(66.6-0.4\times52.2\times0.31)/(0.4\times52.2)=2.88$,则 $W/C=0.35$。

(2)粗细集料用量计算

1 ~ 3cm 碎石:

$$m_{g0}=0.93\times\rho_g=0.93\times1\,374=1\,278(\text{kg})$$

石砂：取砂率0.3，则

$$m_{s0}=(1\,278/0.7)\times0.3=548(\text{kg})$$

(3)水泥及用水计算

假定混凝土混合物密度为2 500kg/m^3，则：

$$\text{水泥浆重}=2\,500-(1\,278+548)=674(\text{kg})$$

水重 $$m_{w0}=\frac{0.35}{1+0.35}\times674=175(\text{kg})$$

水泥重 $$m_{c0}=\frac{1}{1+0.35}\times674=499(\text{kg})$$

(4)配合比：

水：水泥：砂：石 = 175：499：548：1 278 = 0.35：1：1.1：2.56

第二节 高性能混凝土配合比设计

随着混凝土技术的不断发展以及工程的需要，世界各国使用混凝土的强度在不断提高，特别是近年来，越来越多的大跨桥梁、高层建筑、地下水下建筑等工程的使用和修建，高性能混凝土的需求越来越大。何谓高性能混凝土，目前，在国际上，存在几种不同的解释，尽管各有差异，但基本认为：高性能混凝土是一种高强度、高工作性、高耐久性的混凝土。

一、原材料技术要求

1. 水泥

混凝土中水泥用量过多会产生多种不利后果，如会产生大量的水化热，收缩增加而引起裂缝的发生。因此配制高性能混凝土用的水泥宜用52.5级或更高强度的硅酸盐水泥或普通硅酸盐水泥，水泥用量宜控制在550kg/m^3 以内。

2. 水

高性能混凝土拌和用水用饮用水。水胶比(水-胶结料之比)则是控制混凝土强度的重要参数，水胶比越小，配制的混凝土强度越高，高性能混凝土的水胶比一般小于0.4，而水胶比的降低使混凝土工作性变坏，可通过加入高效减水剂来解决。

3. 粗细集料

配制高性能混凝土时，粗集料的强度要高于混凝土强度的1.5~2倍，采用表面粗糙的碎石为好，尤其是密实坚硬的石灰岩碎石更好。

粗集料的粒径大小，也会影响高性能混凝土的强度，最大粒径不宜大于30mm，最好在20mm以下，具体选用可参考表4-7。另外，粗集料宜于采用连续级配，改善混凝土的工作度。

粗集料最大粒径参考表 表4-7

强度等级	C50 ~ C60	C70 ~ C80	C90 ~ C100	C100 以上
粗集料粒径	≤30mm	≤20mm	≤15mm	≤10mm

高性能混凝土的细集料最好采用圆形颗粒洁净的天然河砂，含泥量不超过2%，砂子的细度模数宜为2.6~3.1，即为中粗砂。

4. 高效减水剂

高效减水剂是配制高性能混凝土的重要组分，高效减水剂的加入，可以大大降低混凝土的水灰比，增加流动性，使坍落度达到20cm左右，有利于施工。

5. 超细粉状矿物活性材料

高性能混凝土水灰比一般较小，水泥石中有一部分水泥是不能水化的，只能起填充作用，所以，在配制高性能混凝土时，一般掺超细粉状矿物活性材料（其平均粒径远小于水泥）来置换水泥。

常用的矿物活性材料主要有：优质粉煤灰，磨细矿渣，沸石粉，硅粉等。

二、高性能混凝土配合比设计

（一）根据混凝土结构所处环境进行设计

1. 试配强度

高性能混凝土的试配强度应按下式确定：

$$f_{cu,0} \geqslant f_{cu,k} + 1.645\sigma \tag{4-7}$$

式中：$f_{cu,0}$——混凝土试配强度（MPa）；

$f_{cu,k}$——混凝土强度标准值（MPa）；

σ——混凝土强度标准差，当无统计数据时，对商品混凝土可取4.5MPa。

2. 抗碳化耐久性设计

高性能混凝土的水胶比宜按下式确定：

$$\frac{W}{B} \leqslant \frac{5.83c}{\alpha \times \sqrt{t}} + 38.3 \tag{4-8}$$

式中：$\frac{W}{B}$——水胶比（%）；

c——钢筋的混凝土保护层厚度（cm）；

α——碳化区分系数，室外取1.0，室内取1.7；

t——设计使用年限（年）。

3. 抗冻害耐久性设计

（1）冻害地区可分为微冻地区、寒冷地区、严寒地区。应根据冻害设计外部劣化因素的强弱，按表4-8的规定确定水胶比的最大值。

不同冻害地区或盐冻地区混凝土水胶比最大值　表4-8

外部劣化因素	水胶比（W/B）最大值
微冻地区	0.50
寒冷地区	0.45
严寒地区	0.40

（2）高性能混凝土的抗冻性（冻融循环次数）可采用现行国家标准《普通混凝土长期性能和耐久性能试验方法标准》（GB/T 50082—2009）规定的快冻法测定。应根据混凝土的冻融循环次数按下式确定混凝土的抗冻耐久性指数，并符合表4-9的要求：

$$K_m = \frac{PN}{300} \tag{4-9}$$

式中：K_m——混凝土的抗冻耐久性指数；

N——混凝土试件冻融试验进行至相对弹性模量等于60%时的冻融循环次数；

P——参数，取0.6。

高性能混凝土的抗冻耐久性指数要求 表 4-9

混凝土结构所处环境条件	冻融循环次数	抗冻耐久性指数 K_m
严寒地区	≥300	≥0.8
寒冷地区	≥300	0.60～0.79
微冻地区	所要求的冻融循环次数	<0.60

(3)高性能混凝土抗冻性也可按现行国家标准《普通混凝土长期性能和耐久性能试验方法》(GB/T 50082—2009)规定的慢冻法测定。

(4)受海水作用的海港工程混凝土的抗冻性测定时,应以工程所在地的海水代替普通水制作混凝土试件。当无海水时,可用 3.5% 的氯化钠溶液代替海水,并按现行国家标准《普通混凝土长期性能和耐久性能试验方法》(GB/T 50082—2009)规定的快冻法测定。抗冻耐久性指数可按式(4-9)确定,并应符合表 4-9 的要求。

(5)受除冰盐冻融作用的高速公路混凝土和钢筋混凝土桥梁混凝土,其抗冻性的测定可按《高性能混凝土应用技术规程》(CECS 207—2006)附录 A 的规定进行。测定盐冻前后试件单位面积质量的差值后,可按下式评价混凝土的抗盐冻性能:

$$Q_s = \frac{M}{A} \tag{4-10}$$

式中:Q_s——单位面积剥蚀量(g/m^2);

M——试件的总剥蚀量(g);

A——试件受冻面积(m^2)。

设计时,应确保混凝土在工程要求的冻融循环次数内,满足 $Q_s \leq 1\,500 g/m^2$ 的要求。

(6)高性能混凝土的集料除应满足本节一、3. 的规定外,其品质尚应符合表 4-10 的要求。

集料的品质要求 表 4-10

混凝土结构所处环境	细集料		粗集料	
	吸水率(%)	坚固性试验质量损失(%)	吸水率(%)	坚固性试验质量损失(%)
微冻地区	≤3.5	≤10	≤3.0	≤12
寒冷地区	≤3.0		≤2.0	
严寒地区				

(7)对抗冻性混凝土宜采用引气剂或引气型减水剂。当水胶比小于 0.30 时,可不掺引气剂;当水胶比不小于 0.30 时,宜掺入引气剂。经过试验检定,高性能混凝土的含气量应达到 4%～5% 的要求。

4. 抗盐害耐久性设计

(1)抗盐害耐久性设计时,对海岸盐害地区,可根据盐害外部劣化因素分为:准盐害环境地区(离海岸 250～1 000m);一般盐害环境地区(离海岸 50～250m);重盐害环境地区(离海岸 50m 以内)。盐湖周边 250m 以内范围也属重盐害环境地区。

(2)高性能混凝土中氯离子含量宜小于胶凝材料用量的 0.06%,并应符合现行国家标准《混凝土质量控制标准》(GB 50164—2011)的规定。

(3)在盐害地区,高耐久性混凝土的表面裂缝宽度宜小于 $c/30$(c 为混凝土保护层厚度,单位为 mm)。

(4)高性能混凝土抗氯离子渗透性、扩散性,应以 56d 龄期、6h 的总导电量(C)确定,其测定方法应符合《高性能混凝土应用技术规程》(CECS 207—2006)附录 B 的规定。根据混凝土导电量和抗氯离子渗透性,可按表 4-11 进行混凝土定性分类。

根据混凝土导电量试验结果对混凝土的分类 表 4-11

6h 导电量(C)	氯离子渗透性	可采用的典型混凝土种类
2 000 ~ 4 000	中	中等水胶比(0.40 ~ 0.60)普通混凝土
1 000 ~ 2 000	低	低水胶比(<0.40)普通混凝土
500 ~ 1 000	非常低	低水胶比(<0.38)含矿物微细粉混凝土
<500	可忽略不计	低水胶比(<0.30)含矿物微细粉混凝土

(5)混凝土的水胶比应按混凝土结构所处环境条件采用(表 4-12)

盐害环境中混凝土水胶比最大值 表 4-12

混凝土结构所处环境	水胶比最大值
准盐害环境地区	0.50
一般盐害环境地区	0.45
重盐害环境地区	0.40

5. 抗硫酸盐腐蚀耐久性设计

(1)抗硫酸盐腐蚀混凝土采用的水泥,其矿物组成应符合 C_3A 含量小于 5%、C_3S 含量小于 50% 的要求;其矿物微细粉应选用低钙粉煤灰、偏高岭土、矿渣、天然沸石粉或硅粉等。

(2)胶凝材料的抗硫酸盐腐蚀性应按《高性能混凝土应用技术规程》(CECS 207—2006)附录 C 规定的方法进行检测,并按表 4-13 评定。

胶砂膨胀率、抗蚀系数抗硫酸盐性能评定指标 表 4-13

试件膨胀率	抗蚀系数	抗硫酸盐等级	抗硫酸盐性能
>0.4%	<1.0	低	受腐蚀
0.4% ~ 0.35%	1.0 ~ 1.1	中	耐腐蚀
0.34% ~ 0.25%	1.2 ~ 1.3	高	抗腐蚀
≤0.25%	>1.4	很高	高抗腐蚀

注:检验结果如出现试件膨胀率与抗蚀系数不一致的情况,应以试件的膨胀率为准。

(3)抗硫酸盐腐蚀混凝土的最大水胶比宜按表 4-14 确定。

抗硫酸盐腐蚀混凝土的最大水胶比 表 4-14

劣化环境条件	最大水胶比
水中或土中 SO_4^{2-} 含量大于 0.2% 的环境	0.45
除环境中含有 SO_4^{2-} 外,混凝土还采用含有 SO_4^{2-} 的化学外加剂	0.40

6. 抑制碱-集料反应有害膨胀

(1)混凝土结构或构件在设计使用期限内,不应因发生碱-集料反应而导致其开裂和强度下降。

(2)为预防碱-硅反应破坏,混凝土中碱含量不宜超过表 4-15 的要求,碱含量的计算宜按《高性能混凝土应用技术规程》(CECS 207—2006)附录 D 的规定进行。

预防碱-硅反应破坏的混凝土碱含量 表 4-15

环 境 条 件	混凝土中最大碱含量(kg/m^3)		
	一般工程结构	重要工程结构	特殊工程结构
干燥环境	不限制	不限制	3.0
潮湿环境	3.5	3.0	2.1
含碱环境	3.0	采用非碱活性集料	

(3)检验集料的碱活性，宜按《高性能混凝土应用技术规程》(CECS 207—2006)附录E和附录F的规定进行。

(4)当集料含有碱-硅反应活性时，应掺入矿物微细粉，并宜采用玻璃砂浆棒法[《高性能混凝土应用技术规程》(CECS 207—2006)附录G]确定各种微细粉的掺量及其抑制碱-硅反应的效果。

当集料中含有碱-碳酸盐反应活性时，应掺入粉煤灰、沸石与粉煤灰复合粉、沸石与矿渣复合粉或沸石与硅复合粉等，并宜采用小混凝土柱法确定其掺量[《高性能混凝土应用技术规程》(CECS 207—2006)附录F]和检验其抑制效果。

(二)常见高性能混凝土配合比设计

1. 混凝土配制强度

高性能混凝土配制强度可按式(4-3)确定。

2. 参数的选择

根据大量的试验、经验以及资料，现将几种参数的选用，根据不同情况在下面列出，可作为参考。

(1)水泥

水泥用量取400~550kg/m^3。

(2)水

水的用量参考表4-16。

推荐用水量 表4-16

强度等级	C50	C60	C70	C80	C90	C100
用水量(kg/m^3)	185	175	165	155	145	135

(3)水胶比

高性能混凝土水胶比大小可参考表4-17。

高性能混凝土水胶比推荐选用表 表4-17

强度等级	C50	C60	C70	C80	C90	C100
水胶比	0.33~0.37	0.30~0.34	0.27~0.31	0.24~0.28	0.21~0.25	0.19~0.23

(4)砂率

砂率的大小可参考表4-18选用。

高性能混凝土砂率选用表 表4-18

胶结料总量(kg/m^3)	400~450	450~500	500~550	550~600
砂率	40%	38%	36%	34%

(5)高效减水剂

高效减水剂是配制高性能混凝土重要的组分，混凝土流动性的大小主要靠高效减水剂的掺量来调节，而不是靠用水量来调节。不同的减水剂其掺量有所不同，用量一般为胶凝材料的0.5%~1.8%，如NF、FDN，一般选用1%左右。高效减水剂掺量越大，减水效果越好，但掺量超过一定量后，就不再明显，同时超量也不经济，因此高效减水剂掺量要适中，具体掺量可经试配确定。

(6)超细粉状矿物活性材料

关于粉煤灰取代水泥多少才算合适，有几种说法，据波波维奇对粉煤灰取代水泥量的考虑，须同时考虑其强度、工作性和经济性，通过微分的演算，得出粉煤灰用量 F_{opt} 公式是：

$$F_{opt} = 33.33\frac{K_c}{K_c - K_f} - \sqrt{1\,111\left(\frac{K_c}{K_c - K_f}\right)^2 - 0.555\,6f'_c - 902.8} \tag{4-11}$$

式中：K_c——水泥单价；

K_f——粉类灰单价；

f'_c——按美国标准测定的粉煤灰混凝土抗压强度。

前联邦德国的 W·冯·贝格也提出了一个类似的公式：

$$\varphi_{1.2} = -\frac{P_1}{P_2}\sqrt{\left(\frac{P_1}{P_2}\right)^2 + \frac{P_2P_3 - P_1P_4}{P_2P_5}} \tag{4-12}$$

式中：　　$\varphi_{1.2}$——经济的粉煤灰掺量$\left(\frac{粉煤灰}{水泥}\right)$；

P_1、P_2、P_3、P_4、P_5——考虑粉煤灰混凝土强度、稠度、胶凝材料价格的各项参数。

这些公式的计算比较复杂，我国目前多采用超量系数取代法，超量系数一般为 1.2～1.4，即用 1.2～1.4kg 粉煤灰取代 1kg 水泥。

硅粉、沸石粉和超细矿渣可等量代换水泥，在其他条件不变的情况下，掺入其中的一种，质量约为水泥质量 10% 时，流动性不降低（有的甚至有改善），混凝土强度提高 10% 左右。矿物掺和料掺入量：单独掺入粉煤灰时取 10%～30%，掺入硅粉时，取 5%～10%，掺入沸石粉时，取 10%，也可同时掺入粉煤灰和硅粉等。在配制高性能混凝土时掺入矿物活性材料增加了胶凝材料的绝对体积，应减少部分砂量。

3. 高性能混凝土配合比确定

高性能混凝土配合比计算步骤见图 4-1。

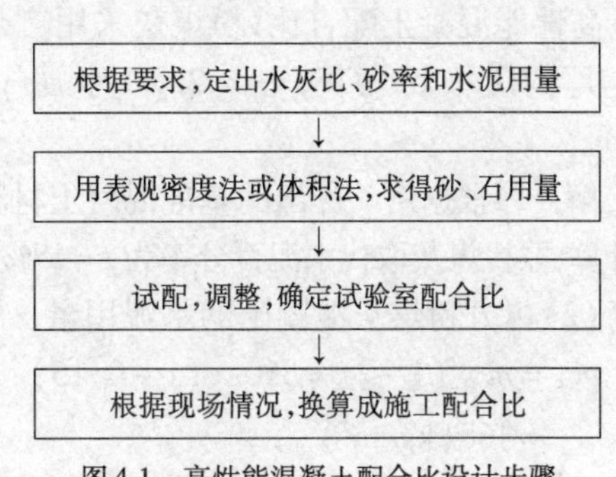

图 4-1　高性能混凝土配合比设计步骤

[例 4-2]　珠江牌 52.5 级硅酸盐水泥，粗集料为石灰岩碎石，粒径为 5～20mm，表观密度为 2.70g/cm^3，砂为中粗砂，细度模数为 2.8，表观密度为 2.62g/cm^3，掺加高效减水剂，要求配制坍落度 20cm 左右，强度等级为 C60 的高性能混凝土。

解：用表观密度法（2 500kg/m^3）计算：

(1)取水泥用量为 550kg/m^3，水灰比为 0.32，用水量为 175kg/m^3，砂率为 36%。

(2)按表观密度法和砂率概率得以下方程：

$$\begin{cases} m_{c0} + m_{s0} + m_{g0} + m_{w0} = 2\,500 \\ \dfrac{m_{s0}}{m_{s0} + m_{g0}} \times 100\% = 36\% \end{cases} \tag{4-13}$$

将已知代入得：　　　$m_{s0} = 639\text{kg/m}^3$　$m_{g0} = 1\,136\text{kg/m}^3$

(3)试配实测表观密度为 2 457kg/m^3，故校正系数 $K = 2\,457/2\,500 = 0.983$，所以单方混凝土材料用量为：

$$m_{w0} = 172\text{kg}\quad m_{c0} = 541\text{kg}\quad m_{s0} = 628\text{kg}\quad m_{g0} = 1\,116\text{kg}$$

(4)试配检验强度和流动性。以水灰比0.30、0.32、0.34拌制混凝土,加入适量高效减水剂,控制坍落度在20cm左右,结果见表4-19,抗压强度与水灰比的关系见图4-2。

混凝土试配原材料及试验结果 表4-19

编号	W/C	单方混凝土材料用量(kg)				高效减水剂(%)	坍落度(cm)	抗压强度(MPa)	
		水	水泥	砂	石			7d	28d
1	0.30	172	573	613	1 100	1.2	17	60	74
2	0.32	172	541	628	1 116	1.1	19	58	70
3	0.34	172	505	640	1 133	1.0	20	54	67

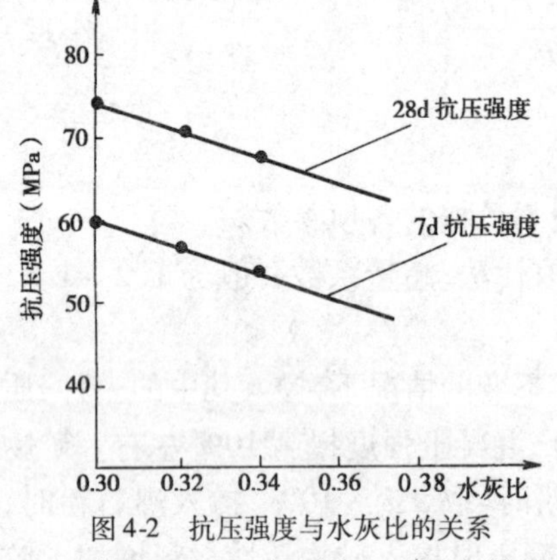

图4-2 抗压强度与水灰比的关系

从表4-19中可知,水灰比为0.32的混凝土28d的抗压强度为70MPa,满足C60混凝土的强度要求,可初步确定其为试验室配合比,我们曾按此配合比进行过批量试验,在标准条件下养护28d,该批混凝土28d龄期立方抗压强度平均值为70.38MPa,最小值为64MPa,标准差为4.32,能满足要求。

高性能混凝土中,为了增加强度,改善其性能,大多掺有矿物材料,以掺粉煤灰的高性能混凝土为例,要配制掺有粉煤灰的高性能混凝土,可根据前面基准混凝土的数据来进行设计,其设计步骤如图4-3所示。

[例4-3] 同例1,设计掺有粉煤灰的C60高性能混凝土配合比,粉煤灰采用广州黄埔电厂的Ⅰ级粉煤灰,$\gamma_F = 2.2$(水泥 $\gamma_c = 3.1$)。

解:(1)根据例1算出的基准混凝土材料用量计算,取粉煤灰取代水泥百分率为$f = 15\%$。

(2)单方粉煤灰混凝土的水泥用量:

$$m_{c0} = m_{c0}'(1-f) = 550 \times (1-0.15) = 468(\text{kg/m}^3)$$

(3)Ⅰ级粉煤灰,取超量系数$K = 1.2$。

(4)单方混凝土粉煤灰掺量:

$$m_I = K(m_{c0}' - m_{c0}) = 1.2 \times (550 - 468) = 98(\text{kg/m}^3)$$

(5)求出粉煤灰超出水泥部分的体积,扣除同体积的砂量,求得单方高性能混凝土的砂量。

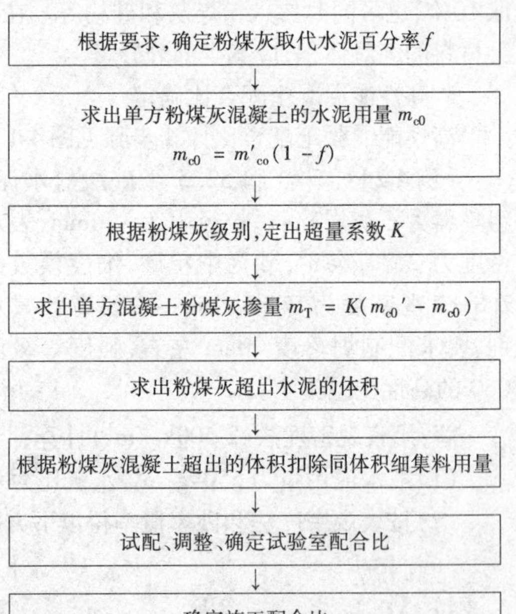

图4-3 高性能粉煤灰混凝土配合比设计步骤

$$m_{so} = m'_{so} - \left(\frac{m_{c0}}{\rho_c} + \frac{m_{F0}}{\rho_F} - \frac{m_{c0}'}{\rho_c}\right)\rho_s$$

$$= 639 - \left(\frac{468}{3.1} + \frac{98}{2.2} - \frac{550}{3.1}\right) \times 2.62$$

$=592(kg/m^3)$

(6)单方高性能粉煤灰混凝土材料量为：

$m_{w0}=175kg/m^3$　$m_{c0}=468kg/m^3$　$m_{F0}=98kg/m^3$　$m_{s0}=592kgm^3$　$m_{g0}=1\ 136kgm^3$，计算表观密度 $\rho_h=175+468+98+592+1\ 136=2\ 469(kg/m^3)$

(7)试配测得，混凝土实际表现密度 2 455kg/m³，故校正系数 $K=2\ 455/2\ 469=0.994$，所以单方混凝土材料用量为：

$m_{w0}=174kg/m^3$　$m_{c0}=465kg/m^3$　$m_{F0}=97kg/m^3$　$m_{s0}=589kg/m^3$　$m_{g0}=1\ 130kg/m^3$

其他步骤同例 1，最后得出满足 C60 强度要求，同时坍落度为 20cm 左右的高性能粉煤灰混凝土原材料用量及试验数据见表 4-20。

C60 高性能粉煤灰混凝土材料用量及试验结果　　表 4-20

$\frac{m_W}{m_{c0}+m_{F0}}$	S_p (%)	高效减水剂 $(m_{c0}+m_{F0})$%	材料用量(kg/m³)					坍落度(cm)	抗压强度(MPa)	
			m_{w0}	m_{c0}	m_{F0}	m_{s0}	m_{g0}		7d	28d
0.31	34	1	174	465	97	589	1 130	20	58	71

三、高性能混凝土配合比推荐值

根据经验、试验及计算，在表 4-21 中列出了各强度等级的高性能混凝土配合比推荐值，可作为参数，有一定指导意义，实际工程可根据不同情况加以调整。

高性能混凝土推荐配合比　　表 4-21

强度等级	水胶比	混凝土材料用量(kg/m³)					
		水泥	粉煤灰	硅粉	水	砂	石
	0.36	510	—	—			
C50	0.35	434	91	—	185	640	1 080
	0.36	434	48	32			
	0.32	545	—	—			
C60	0.31	463	98	—	175	630	1 090
	0.32	463	52	33			
	0.29	564	—	—			
C70	0.28	479	102	—	165	620	1 100
	0.29	479	56	34			
	0.27	578	—	—			
C80	0.26	491	104	—	155	610	1 110
	0.27	491	60	35			
	—	—	—	—			
C90	0.24	493	111	—	145	600	1 120
	0.24	493	64	36			
	—	—	—	—			
C100	0.22	496	117	—	135	590	1 130
	0.22	496	68	37			

注：这里数据都经取整处理，高性能混凝土都需加入一定量高效减水剂。

第三节 干硬性混凝土配合比设计

干硬性混凝土与塑性混凝土比较,具有用水量小、水灰比小、含砂率小、快硬、高强、密实性好、抗冻性、抗渗性强、收缩小等特点,对节约水泥、提高质量、降低成本、提高模板周转率、保证工期等有十分重要的意义。因此,在满足技术、经济指标要求的前提下,特别是在水泥制品厂或混凝土预制厂,应尽量采用干硬性混凝土或低流动性混凝土。

一、原材料的技术要求

水和水泥与塑性混凝土要求相同;砂石除提出以下要求供参考外,其他方面的要求与塑性混凝土一样。

(一)砂子

尽可能采用级配好、含泥少(一般规定含泥量不超过3%)的中砂。细砂不仅增加了水泥用量,而且增大了混凝土的干硬度,造成施工方面的一些困难。

(二)石子

(1)含泥量应严格控制,不得大于1%。

(2)卵石的砂率尽可能不超过5%。

(3)粒径应根据振动设备及物件尺寸而定,一般以不超过50mm为宜,级配良好,以便容易振捣。

(4)吸水率要小。

二、配合比设计

(一)设计原理

干硬性混凝土配合比设计所根据的原理有以下两点:

(1)通过试验,找出混凝土强度与水灰比的关系及用水量与干硬度的关系。

(2)根据混凝土的实体积,计算砂、石的用量。

计算时,以石材为集架,把水泥砂浆看作一个整体,水泥砂浆必须填满石子的空隙,并且还有一部分剩余,以包裹石子的表面。水泥砂浆的剩余系数K(水泥砂浆实体积对石子空隙体积之比),比一般塑性混凝土小得多,仅为1.05~1.20,建议采用1.1,细砂时可采用1.2。

(二)设计步骤

1. 确定水灰比

根据水泥强度等级及混凝土龄期强度$f_{cu,\sigma}$,计算出混凝土强度与水泥强度等级的比值,然后由表4-22查出水灰比值(W/C)。在计算中,如果所得$f_{cu,\sigma}/f_{ce,g}$之值不能正好等于表4-22列某一数值时,可用插入法求得。

按上述方法求出所需水灰比后,在试拌时应取3个水灰比,即:

(1)由表4-22中求得的水灰比。

(2)比表4-22中求得的水灰比大于20%。

(3)比表4-22中求得的水灰比小于20%。

干硬性混凝土强度与水灰比的关系 表 4-22

水灰比	灰水比	混凝土龄期强度与水泥强度等级的比值 $f_{cu,\sigma}/f_{ce,g}$(%)			
		1d	2d	3d	28d
0.30	3.33	30	47	57	110
0.35	2.86	28	45	55	100
0.40	2.50	25	38	48	80
0.45	2.22	20	32	40	70
0.50	2.00	16	27	34	63
0.55	1.81	14	22	28	56
0.60	1.67	12	19	25	50

根据3个水灰比值配制混凝土进行强度试验,把试验结果绘成与强度的图表,根据这个图表,我们就可以确定所需要的混凝土强度的水灰比。

2. 确定用水量

单位用水量是根据干硬度来确定的,干硬度的选择必须考虑到搅拌机及振动器的能力,一定要保证混凝土搅拌均匀,振捣得密实。

单位用水量可参考表4-23确定。

干硬性混凝土的用水量(kg/m^3) 表 4-23

拌和物稠度		卵石最大粒径(mm)			碎石最大粒径(mm)		
项 目	指 标	10	20	40	16	20	40
维勃稠度(s)	16~20	175	160	145	180	170	155
	11~15	180	165	150	185	175	160
	5~10	185	170	155	190	180	165

3. 计算水泥用量

根据选定的水灰比及单位用水量,即可按下式算出水泥用量:

$$m_{c0} = \text{用水量}/\text{水灰比} = \frac{m_{w0}}{W/C} \tag{4-14}$$

或

$$m_{c0} = \text{用水量}\ m_{w0} \times \text{灰水比} = m_{w0} \times \left(\frac{C}{W}\right) \tag{4-15}$$

4. 计算石子用量

$$m_{g0} = \frac{1\,000\rho_g{}'}{1 + \frac{\rho_g{}'}{\rho_g} P_g b} \tag{4-16}$$

式中:m_{g0}——石子用量(kg/m^3);

ρ'_g、ρ_g——分别为石子的视密度和表观密度(kg/m^3);

P_g——石子的空隙率,以体积百分数计;

b——水泥砂浆即空隙填充系数,或为剩余系数,值可由表4-24查得。

5. 计算砂子用量

$$m_{s0} = \left[1\,000 - \left(\frac{m_{c0}}{\rho_c} + \frac{m_{g0}}{\rho_g{}'} + m_{w0}\right)\right]\rho_s{}' \quad (4\text{-}17)$$

式中： m_{s0}——砂子用量(kg/m^3)；

m_{c0}、m_{g0}、m_{w0}——分别为水泥、石子及水的用量(kg/m^3)；

ρ_c、$\rho_g{}'$、$\rho_s{}'$——分别为水泥密度和石子、砂视密度。

空隙填充系数 *b* 表 表 4-24

混凝土混合料状态	*b* 值
维勃稠度 >50s	1.05 ~ 1.10
维勃稠度 30 ~ 50s	1.20 ~ 1.40
水泥用量≥500kg/m³	1.10 ~ 1.20

6. 试拌并根据试验结果校正配合比

根据上述计算出来的每 1m³ 各种材料用量，取其 1/4 进行试拌，并制作混凝土试块。测其强度及按规定的方法检验混凝土拌和物的干硬度、表观密度，并计算其理论表观密度。根据试验数据对水灰比和其他参数进行校正，以满足设计的要求。

混凝土拌和物表观密度的实测结果与理论计算数值之差不得大于 2% ~3%，否则按下述方法进行修正：

$$Y = \frac{\rho_{c,c}}{\rho_{c,t}} \quad (4\text{-}18)$$

式中：Y——材料修正系数；

$\rho_{c,c}$、$\rho_{c,t}$——分别为拌和物的理论计算表观密度和实测表观密度。

修正的方法是用 Y 分别乘以原设计中 1m³ 混凝土的材料用量，即得 1m³ 混凝土中各种材料的实际用量。

三、配合比选择实例

(一)材料技术条件

(1)水泥：52.5 级(硬练)普通水泥，视密度 3.15。

(2)砂：视密度 2.66，含水率为 0%。

(3)石子：卵石，粒径为 5 ~40mm，相对密度为 2.53，表观密度为 1.55，空隙率 39%，含水率 0%。

(二)设计要求

C30 混凝土拦圈砌块，用水量要求尽量压低，干硬度控制在 60 ~80s(用振动台振动)。

(三)设计计算

1. 选择水灰比

$$\frac{f_{cu,\sigma}}{f_{ce,g}} = \frac{30}{52.5} = 0.57$$

查表 4-21，当 $\frac{f_{cu,\sigma}}{f_{ce,g}} = 0.57$

内插得 $(W/C)_1 = 0.54$

按求出结果加大 20% $(W/C)_2 = 0.65$，减小 20% $(W/C)_3 = 0.43$。

2. 确定混凝土的用水量

按表 4-23 查得 $m_{w0} = 140kg$。

3. 计算混凝土的水泥用量

$(W/C)_1=0.54$ 时,水泥用量 =259kg;

$(W/C)_2=0.65$ 时,水泥用量 =215kg;

$(W/C)_3=0.43$ 时,水泥用量 =326kg。

4. 计算卵石用量

取水泥砂浆剩余系数为 1.10,则:

$$m_{g0}=\frac{1\,000\times2.53}{1+\frac{2.53}{1.55}\times39\%\times1.10}=1\,488(\text{kg/m}^3)$$

5. 计算混凝土的砂子用量

当$(W/C)_1=0.54$ 时,水泥用量 269kg:

$$m_{s01}=\left[1\,000-\left(\frac{259}{3.15}+\frac{1\,488}{2.53}+140\right)\right]\times2.66=505(\text{kg})$$

当$(W/C)_2=0.65$ 时,水泥用量 226kg:

$$m_{s02}=\left[1\,000-\left(\frac{215}{3.15}+\frac{1\,488}{2.53}+140\right)\right]\times2.66=543(\text{kg})$$

当$(W/C)_3=0.43$ 时,水泥用量 333kg:

$$m_{s03}=\left[1\,000-\left(\frac{326}{3.15}+\frac{1\,488}{2.53}+140\right)\right]\times2.66=450(\text{kg})$$

6. 确定配合比

按以上材料进行试拌,测定其干硬度,看是否适合施工要求。并通过强度鉴定,最后决定配合比。

四、配合比设计中的几个问题说明

(一)砂率

从上面的算例中可以看出,砂浆剩余系数小,石子用量就多,砂子用量就少。这就增加了石子的骨架作用,减少了用水量(砂浆少,用水量就降低),因而提高了混凝土的强度,特别是早期强度,节约了水泥。并且由于减少了砂子的数量,就减少了颗粒间的接触面,也就减少了混凝土拌和物内部的摩擦力,同时降低了混凝土的干硬度。所以,适当地降低砂率是干硬性混凝土配合比设计的重要环节。

(二)干硬度

在符合技术、经济指标要求的前提下应尽量降低干硬度。因为干硬度只是和易性的一项指标,而不是用水量的一项指标,更不是水泥用量的指标。在不同的条件下,干硬度相同,可能其用水量、水泥用量不一样。由于所有测定干硬度的办法本身并不都是完善的。所以,配合比设计时,不可盲目地追求干硬度。因为干硬度越大,施工越困难。国外有的将干硬度做到几百秒,不一定是我们的方向。一般讲,我们所用的干硬性混凝土干硬度在 30 ~ 50s 比较合适,有一些工程还可以采用低流动性混凝土,也可以收到较大的经济效果。

(三)表格运用

配合比设计中,主要利用了表 4-22、表 4-23。这些表格都是在一些特定的条件下试验的经验数字,并不存在普遍意义。它只是供工程量较小,试验室条件不够或时间不足,不可能进行一套完整的混凝土配合比试验时参考之用。因此,不可受其束缚。事实上,有一些试验已经打破了它的一些规定。读者可根据当地情况积累资料供配合比设计时使用。

(四)假定质量法

干硬性混凝土配合比设计也可以采用假定质量法。计算时可先假定混凝土拌和物表观密度为2 500kg/m^3,最后根据测定的表观密度进行修正。

第四节 预应力混凝土配合比设计

为了弥补钢筋混凝土的不足,在受弯构件的受拉区配置预应力钢筋,并把它拉伸到规定的控制应力值,待混凝土达到规定的强度(一般为设计强度的70%)后,放松并切断被张拉的钢筋,这时钢筋即产生弹性回缩。由于钢筋已被锚固住,故其回缩力传给混凝土,而使构件受拉区的混凝土预先受到一个压应力(这就是通常所谓的预应力)。这样,就使构件受到荷载作用的时候,其受拉区受到的拉应力要首先抵消其预压应力之后,才开始产生拉伸变形,这就提高了构件的抗裂能力。用这样的方法制成的构件,就叫做预应力混凝土构件。

预应力混凝土与钢筋混凝土相比,具有如下的主要优点:

(1)提高构件的抗裂度和刚度。

(2)增加构件的耐久性。

(3)节约材料,减轻自重。

但是,制作预应力混凝土时,要增加张拉工序和张拉机具及锚固装置等,制作技术也比钢筋混凝土复杂。

一、原材料的技术要求

(一)混凝土

预应力混凝土结构的混凝土强度,不宜低于C30;当采用碳素钢丝、钢绞线、V级钢筋(热处理)作预应力钢筋时,混凝土强度不宜低于C40。目前国内某些重要的预应力混凝土结构,混凝土强度已采用C60~C80,甚至到C100,而且逐渐向更高强度发展。

在预应力混凝土结构中采用比较高的混凝土强度,是因为预应力混凝土中所用的预应力钢筋,其强度比一般钢筋混凝土中的钢筋高得多,所以混凝土的强度等级也要相应提高,使钢筋与混凝土的强度有一定的比例,共同承受外力,从而可以减小截面尺寸,减轻构件自重,并节约材料用量。同时,强度较高的混凝土,可以提高钢筋与混凝土之间的黏结力,保证钢筋在混凝土中的锚固性能。

(二)钢筋(丝)

预应力混凝土结构的钢筋有非预应力钢筋和预应力钢筋。非预应力钢筋可采用Ⅰ级、Ⅱ级、Ⅲ级钢筋和乙级冷拔低碳钢丝;预应力钢筋有冷拉Ⅱ级、冷拉Ⅲ级、冷拉Ⅳ级钢筋、V级钢筋(热处理)、甲级冷拔低碳钢丝、碳素钢丝、刻痕钢丝和钢绞线等。

(三)必须确保材料的质量

预应力混凝土对其所用材料的要求是十分严格的。如果材料质量不合格,不仅会影响到构件的正常使用,而且可能在制造过程中发生事故(如钢筋在张拉时突然断裂),以致造成国家财产和生命安全的严重损失。因此,切不可粗心大意。

对于混凝土来说，所用水泥首选硅酸盐水泥或普通水泥，其强度宜比所配制的混凝土强度高一级；所用砂石和搅拌用水必须符合规定（详见第二章第一节原材料技术要求所述）；混凝土拌和物中不得掺用对钢筋有腐蚀作用的氯盐（如氯化钙、氯化钠等）。

对于钢筋来说，入厂时，应作严格检验，必须满足对预应力钢筋的性能要求；入厂后，须分类堆存，不得混淆。预应力钢筋要特别注意防止锈蚀和污染，因为锈蚀和污染都将影响其与混凝土的黏结性能。

二、配合比选择的要求

混凝土配合比的选择，应满足下列几项基本要求。

（1）满足强度要求

混凝土的主要指标是抗压强度，因此在配合比选择中就是根据这个设计强度进行选定的。为保证绝大部分混凝土强度达到设计强度，选择时所采用的配合比强度（即配制强度）应高于工程设计强度。

（2）满足拌和物稠度要求

混凝土拌和物的稠度是保证构件质量和便于操作的重要条件，应根据结构种类、施工方法等加以选定。采用机械振捣可以减少坍落度，节约水泥，保证均匀、密实的质量。一般可根据经验并查阅有关表格选用坍落度。

（3）满足耐久性要求

混凝土制品中，耐久性主要指混凝土的抗渗性、抗冻性和抗腐蚀性。配合比选择时，必须考虑这些要求。

（4）满足经济性的要求

配合比选择中，在保证强度、稠度、耐久性的前提下，还必须尽量降低造价。如节约水泥，合理使用当地材料以节省运费。

三、配合比设计

混凝土的配合比目前都采用计算与试配调整相结合的方法，即利用一些经验公式、图表，根据结构物的技术要求、材料情况及施工条件，计算出初步配合比。再经过试验室的复核和试配调整，得出各原材料用量和实测密度计算出的配合比，称为试验室配合比。施工时，还应换算成砂石实际含水状态下的配合比，即施工配合比。施工配合比常以每次搅拌或拌和 $1m^3$ 混凝土的各种原材料用量来表示。

配合比设计方法目前常用绝对体积法及假定质量法。

（一）计算程序

1. 绝对体积法。其程序如下：

（1）根据工程设计强度和对混凝土强度保证率的要求，确定配制强度。

$$f_{cu,0} = f_{cu,k} + \sigma \tag{4-19}$$

式中：$f_{cu,0}$——混凝土的配制强度；

$f_{cu,k}$——混凝土设计强度等级；

σ——施工单位的混凝土标准差的历史统计水平。

施工单位如具有25组以上混凝土试配强度的历史统计资料时，σ 可按下式求得：

$$\sigma = \sqrt{\frac{\sum_{i=1}^{n} f_{cu,i}^{2} - n\mu f_{cu}^{2}}{n-1}} \tag{4-20}$$

式中：$f_{cu,i}$——第 i 组的试块强度；

μf_{cu}^{2}——n 组试块强度的平均值。

施工单位如无历史统计资料时，σ 可按表 4-25 取值：

σ 取值表 表 4-25

$f_{cu,k}$(MPa)	100～200	250～400	500～600
σ	40	50	60

按现行规范，可较设计强度提高 10%～15% 作为配制强度，注意积累资料，以便修正配合比。

(2) 根据配制强度、水泥品种强度等级，并参照有关耐久性要求按以下公式计算水灰比：

用硅酸盐水泥或普通水泥拌制碎石混凝土：

$$\frac{W}{C} = \frac{0.525 f_{ce}}{f_{cu,0} + 0.299 f_{ce}} \tag{4-21}$$

用矿渣水泥、火山灰水泥或粉煤灰水泥拌制碎石混凝土：

$$\frac{W}{C} = \frac{0.503 f_{ce}}{f_{cu,0} + 0.292 f_{ce}} \tag{4-22}$$

用硅酸盐水泥或普通水泥拌制卵石混凝土：

$$\frac{W}{C} = \frac{0.444 f_{ce}}{f_{cu,0} + 0.204 f_{ce}} \tag{4-23}$$

用矿渣水泥、火山灰水泥或粉煤灰水泥拌制卵石混凝土：

$$\frac{W}{C} = \frac{0.501 f_{ce}}{f_{cu,0} + 0.334 f_{ce}} \tag{4-24}$$

式中：$\frac{W}{C}$——水灰比；

f_{ce}——水泥实测强度(MPa)；

$f_{cu,0}$——按设计强度等级求出的混凝土配制强度(MPa)。

(3) 根据工程特征和施工工艺，选择混凝土拌和物的坍落度(表 4-26)，并参照砂石种类和粒径选择每 $1m^3$ 混凝土的用水量(表 4-27、表 4-28)，再经过试验加以校正。

(4) 根据水灰比及选定的用水量计算出水泥用量。并检查是否符合有关最小水泥用量的规定，当计算值小于规定值时，则按表中规定的最小值取用。

(5) 选定含砂率(表 4-29)。

(6) 根据集料绝对体积、含砂率，计算每 $1m^3$ 混凝土中的砂石用量。

每 $1m^3$ 混凝土中砂、石总体积按下式计算：

$$V = 1\,000 - V_W - V_C \tag{4-25}$$

式中：V——每 $1m^3$ 混凝土中砂石总体积(L)；

V_W——每 $1m^3$ 混凝土中水的体积(L)；

V_C——每 $1m^3$ 混凝土中水泥的体积，$V_C = \frac{m_{c0}}{3.1}$(l)，3.1 为水泥相对密度，m_{c0}为水泥质量。

混凝土浇筑时的坍落度　　表 4-26

使用条件	坍落度(cm)	
	振动器捣实	人工捣实
基础或地面等的垫层	0 ~ 3	2 ~ 4
无配筋的厚大结构(挡土墙、基础或厚大的块体等)或配筋稀疏的结构	1 ~ 3	3 ~ 5
板、梁和大型及中型截面的柱子等	3 ~ 5	5 ~ 7
配筋密集的结构(薄壁、斗仓、筒仓或细柱等)	5 ~ 7	7 ~ 9
配筋特密的结构	7 ~ 9	9 ~ 12

注:1. 曲面或斜面结构的混凝土、采用滑动式模板的混凝土,掺毛石的混凝土和用混凝土泵输送的混凝土等,其坍落度值应根据实际需要另行选定。

2. 连续浇筑高大结构时,混凝土的坍落度宜随浇筑高度的上升酌情予以分段递减。

每 $1m^3$ 混凝土中砂的质量按下式计算:

$$m_{s0} = V\beta_s \rho_s \tag{4-26}$$

式中:β_s——含砂率;

ρ_s——砂的表观密度。

塑性混凝土的用水量(kg/m^3)　　表 4-27

拌和物稠度		卵石最大粒径(mm)				碎石最大粒径(mm)			
项　目	指　标	10	20	31.5	40	16	20	31.5	40
坍落度(mm)	10 ~ 30	190	170	160	150	200	185	175	165
	35 ~ 50	200	180	170	160	210	195	185	175
	55 ~ 70	210	190	180	170	220	205	195	185
	75 ~ 90	215	195	185	175	230	215	205	195

注:1. 本表用水量系采用中砂时的平均取值。采用细砂时,每立方米混凝土用水量可增加 5 ~ 10kg;采用粗砂时,则可减少 5 ~ 10kg。

2. 掺用各种外加剂或掺和料时,用水量应相应调整。

干硬性混凝土的用水量(kg/m^3)　　表 4-28

拌和物稠度		卵石最大粒径(mm)			碎石最大粒径(mm)		
项　目	指　标	10	20	40	16	20	40
维勃稠度(s)	16 ~ 20	175	160	145	180	170	155
	11 ~ 15	180	165	150	185	175	160
	5 ~ 10	185	170	155	190	180	165

混凝土的砂率(%)　　表 4-29

水灰比(W/C)	卵石最大粒径(mm)			碎石最大粒径(mm)		
	10	20	40	16	20	40
0.40	26 ~ 32	25 ~ 31	24 ~ 30	30 ~ 35	29 ~ 34	27 ~ 32
0.50	30 ~ 35	29 ~ 34	28 ~ 33	33 ~ 38	32 ~ 37	30 ~ 35
0.60	33 ~ 38	32 ~ 37	31 ~ 36	36 ~ 41	35 ~ 40	33 ~ 38
0.70	36 ~ 41	35 ~ 40	34 ~ 39	39 ~ 44	38 ~ 43	36 ~ 41

注:1. 本表数值是中砂的选用砂率,对细砂或粗砂,可相应地减少或增大砂率。

2. 只用一个单粒级集料配制混凝土时,砂率应适当增大。

3. 对薄壁构件,砂率取偏大值。

4. 本表中的砂率系指砂与集料总量的质量比。

每 1m³ 混凝土中石子质量按：

$$m_{g0} = V(1 - \beta_s)\rho_g \tag{4-27}$$

式中：ρ_g——石子表观密度。

2. 假定质量法。

1）计算程序

（1）当混凝土强度等级不大于 C8 时，假定表观密度计算值为 2 360kg/m³；当 C15 ~ C30 时为 2 400kg/m³；大于 C30 时为 2 450kg/m³。

（2）水灰比、用水量、水泥用量和含砂率的确定与“绝对体积法”相同。

（3）砂、石总质量等于混凝土的假定表观密度计算值减去用水量和水泥用量。

（4）砂的质量等于砂石总质量乘以含砂率。

（5）石子的质量等于砂石总重减去砂的质量。

对以上计算所得的配合比进行试拌，以验证拌和物的稠度、测定坍落度和表观密度，对计算结果作初步调整，再制作试块测定强度。如不符合，则需调整水灰比重新试验。如混凝土另有抗冻、抗渗、抗侵蚀要求时，还要做相应的试验。

2）试拌方法

（1）验证拌和物稠度

称取一定数量材料用量，测定砂石含水率，求出砂石所含水分，在砂石称量时加上相应质量，同时从拌和水中减去。

拌和物的稠度可从流动性、黏聚性、保水性三方面检查。流动性用坍落度或维勃稠度测定；黏聚性和保水性从抹面、捣插、泌水等观察。如稠度不符合要求，则在保证水灰比不变的前提下调整配合比。

如坍落度过小，可增加水和水泥用量，坍落度每差 1cm，增加水和水泥用量各 1.5%；如坍落度过大，可减少水和水泥用量，坍落度每差 1cm，减少水和水泥用量各 1.5%。

如砂浆过多，可降低含砂率；如砂浆过少，则增加含砂率。砂率调整后如坍落度不够，还应同时增加水和水泥用量。

（2）验证表观密度

当水、水泥用量以及砂率都已调整，拌和物的稠度达到要求时，则做表观密度试验。当实测表观密度与计算表观密度值超过 2% 时，需将每 1m³ 混凝土中各材料用量作相应增减。

（3）验证强度

当稠度、密度已经调整，即可按 $W/C \pm 0.05$ 的范围取三种不同水灰比计算三种配合比，分别制作试块，进行标准养护。根据实际试压结果，对照原定强度选定一种配合比作为试验室配合比。

根据试验室配合比和现场砂石含水率，计算拌制混凝土时每次投料数量。

根据施工中抽样试压的结果，计算混凝土的平均强度等，作为提高质量控制水平的依据。

当掺入外加剂时，还要根据适宜掺量、有效物质含量等计算每 1m³ 混凝土的掺加量。

（二）配合比选择举例

S-2 型预应力钢丝混凝土枕，配合比设计要求：混凝土 60MPa，早期脱模强度（蒸养 6h 后）为 42MPa，机械拌和、振动台成型。原材料为：新疆 52.5 级（实测为 52.5MPa）普通水泥，5 ~ 30mm 卵碎石，相对密度 2.72；中砂，相对密度 2.70；掺 FDN-S 减水剂。

用绝对体积法计算如下：

(1)确定配制强度$f_{cu,0}$：比设计强度提高10%～15%，以15%计算：

$$f_{cu,0} = 600 \times (1 + 15\%) = 690(\text{MPa})$$

(2)确定水灰比：根据经验公式得：

$$\frac{W}{C} = \frac{0.444f_{ce}}{f_{cu,0} + 0.204f_{ce}}$$

$$= \frac{0.444 \times 525}{690 + 0.204 \times 525} = 0.32$$

(3)选择用水量：据经验，维勃稠度为30～40s，参考表4-28选用165kg，加FDN-S减水剂后估计减水率为6%，得单位用水量m_{w0}：

$$m_{w0} = 165 - 165 \times 6\% = 155(\text{kg/m}^3)$$

(4)计算水泥用量

$$m_{c0} = m_{w0}/\frac{W}{C} = 155/0.32 = 484(\text{kg/m}^3)$$

(5)选定含砂率：参考表4-29并结合经验选用0.29。

(6)计算砂石用量：每1m³混凝土中砂石总体积为：

$$V = 1\,000 - V_W - V_C = 1\,000 - 155 - \frac{484}{3.1}$$

$$= 689(\text{L})$$

每1m³混凝土中砂的质量为：

$$m_{s0} = V \cdot P_s \cdot \rho_s{}' = 689 \times 0.29 \times 2.7 = 540(\text{kg})$$

每1m³混凝土中石子质量为：

$$m_{g0} = V \cdot P_g \cdot \rho'_g = 689 \times (1 - 0.29) \times 2.72$$

$$= 1\,330(\text{kg})$$

(7)减水剂FDN-S的掺量据经验为0.3%～0.35%（指有效物质与水泥质量之比），取0.3%，配制成20%的浓度使用。因此，每1m³混凝土中FDN-S的掺量（有效物质）为：

$$484 \times 0.3\% = 1.45(\text{kg})$$

由此，每1m³混凝土中材料用量化成质量配合比为：水泥：砂：石 = 484：540：1 330 = 1：1.116：2.748。

必须指出，混凝土中要掺入浓度为20%的减水剂FND-S，因此，混凝土的拌和用水应扣除配制减水剂浓度的用水量，保持总的用水量不变。1.45kg减水剂（有效物质）配成20%浓度时，总质量为：

$$1.45 \div 20\% = 7.25(\text{kg})$$

因此需水：

$$7.25 - 1.45 = 5.8(\text{kg})$$

在混凝土实际拌和时应加水：

$$155 - 5.8 \approx 149(\text{kg})$$

通过以上计算，得出混凝土的初步配合比（表4-30）。在此基础上进行试拌，以验证其稠度、密度和强度，必要时进行调整，最后确定试验室配合比，其方法参见计算程序。

混凝土初步配合比　　表 4-30

材料名称	规格	每 $1m^3$ 混凝土用量(kg)	技术要求
水	自来水	155	表观密度 2 500kg/m^3，维勃稠度 30～40s，28d 抗压强度 60MPa
水泥	52.5 级新疆水泥	484	
砂	中砂	540	
石子	最大粒径 30mm 卵石	1 330	
FDN-S	有效物质	1.45	

假定试拌符合要求，即可作为试验室配合比。

在施工前，还要根据砂石实际含水率算出各种材料的投料数量，即为混凝土的施工配合比。

假定测得砂的含水率为 5%，石子含水率为 3%，修正后的每 $1m^3$ 混凝土各类材料用量为：

水泥：484kg

砂 $=540+540\times5\%=540+27=567(kg)$

石 $=1\,330+1\,330\times3\%=1\,330+40=1\,370(kg)$

FDN-S（有效物质）为 1.45kg，配制成 20% 浓度需加水 5.8kg。

混凝土拌和时加水：$155-(27+40+5.8)\approx82(kg)$。

第五节　自应力混凝土配合比设计

自应力混凝土是用特制的自应力水泥，加砂、石、水制成。经水养护，混凝土发生大量膨胀，带着配筋一起伸长，张拉了钢筋，在钢筋中建立了拉应力，而本身却受到钢筋弹性回缩给予的压应力。因此，凡是不借助外力，用自身膨胀来张拉钢筋达到预应力目的的混凝土，称为自应力混凝土，有时简称为膨胀混凝土，又称化学预应力混凝土。用自应力混凝土可以制作自应力压力管，节约钢材代替钢管。以下为快硬高强自应力水泥混凝土的配制方法。

一、对原材料的技术要求

(1) 石膏：应采用二水石膏 $CaSO_4\cdot2H_2O$，石膏中 SO_3 含量不应小于 37%。

(2) 矾土水泥或其熟料：Al_2O_3 含量应大于 40%，强度不低于 32.5 级。

(3) 普通硅酸盐水泥或其熟料：应采用 42.5 级以上不掺混合材料的纯普通硅酸盐水泥，就矿物组成而言，最好采用 C_3A 高的水泥，或采用高 Al_2O_3、低 Fe_2O_3 含量的水泥。

(4) 砂：中粗砂。

(5) 碎石：随管壁而变，5～13mm。

二、混凝土的主要控制因素

在我国，用来配制自应力混凝土的自应力水泥主要有三种：硅酸盐自应力水泥、铝酸盐自应力水泥和硫铝酸盐自应力水泥，所配制的自应力混凝土，必须满足以下几点要求。

(一) 具有最优的膨胀值范围

对于生产自应力管的硅酸盐自应力混凝土，其自由膨胀率（试件尺寸 30mm×30mm×275mm）应在 1%～3%，而后期增加的膨胀值不超过 0.2%。

(二)具有最低限度的强度值

对用于生产自应力管的自应力水泥混凝土的自由试体抗压强度的要求是:

冷水养护前的预养强度≥10MPa;

冷水养护7d强度≥15MPa。

(三)具有合适的膨胀速度

膨胀稳定期应不早于3d,一般不超过7~10d,最迟不应超过28d(所谓膨胀稳定,是指自应力混凝土的自由膨胀试体到28d后,继续在水中养护所测得的膨胀值与原始读数之比不超过0.2%)。

(四)具有一定的自应力值

自应力值越高,混凝土的抗裂性能越好,要求自应力值≥2.5MPa。

(五)水泥细度及化学成分的控制

水泥细度一般采用4 500cm^2/g±200cm^2/g,可在3 800~5 000cm^2/g内选用。初凝不早于30min,终凝不迟于8h。

试验证明,对用于生产自应力管的硅酸盐自应力水泥,SO_3和Al_2O_3的含量,根据水泥细度、气候条件、养护制度等条件不同,有如下的合适范围:

SO_3　　6.5%~8.5%

Al_2O_3　　9%~13%

相应的水泥配合比大致范围如下:

硅酸盐水泥　　70%~75%

矾土水泥　　12%~13%

石膏　　14%~17%

对于铝酸盐自应力水泥,宜将SO_3的含量控制为15.5%~16.5%,相应的水泥配合比大致范围如下:

矾土水泥熟料　　60%~66%

二水石膏　　34%~40%

滑石粉(助磨剂)　　2%

对于硫铝酸盐自应力水泥,则根据熟料中C_4A_3S的含量,按$CaSO_4 \cdot 2H_2O/C_4A_3S=2\sim6$控制石膏掺入量。一般这个比值增加,自应力值也增大,但有一个最佳值,应根据实际条件,通过试验确定。

三、自应力水泥配合比设计

通过研究试验和生产实践验证,当养护制度、混凝土配合比和水泥细度等条件相同时,即使采用原材料不同,但制成符合上述质量指标的自应力水泥,其SO_3与Al_2O_3含量总处在某一范围内。表4-31可作为设计自应力水泥配比的初步依据。

设计自应力水泥配合比参考资料　　表4-31

灰集比	水灰比	自由膨胀(%)	预养方法	冷水温度	自应力水泥中含量(%)	
					SO_3	Al_2O_3
1:1	0.28~0.30	1~2.5	自然预养	常温	5.5~6.0	10~12

续上表

灰集比	水灰比	自由膨胀（%）	预 养 方 法	冷水温度	自应力水泥中含量（%）	
					SO_3	Al_2O_3
1：1	0.28~0.30	1~2.5	自然预养附加80℃热水养护1h	常 温	6.5~7.0	11~13
1：2	0.38	1~3	自然预养	常 温	6.5~7.0	11~13
1：2	0.38	1~3	自然预养加80℃热水养护1h	常 温	6.7~7.2	11~13
1：2	0.38	1~3	带模80℃蒸汽快速预养	常 温	7.0~7.5	11~13
1：2	0.38	1~3	带模90~100℃蒸汽快速预养	常 温	7.5~8.0	11~13

先假定自应力水泥中 SO_3 和 Al_2O_3 含量，求自应力水泥配合比。

设自应力水泥中石膏、矾土水泥和普通硅酸盐水泥的比例数 m_x：m_g：m_z。

a：自应力水泥中 SO_3 含量；b：自应力水泥中 Al_2O_3 含量；

c：石膏中 SO_3 含量； d：普通硅酸盐水泥中 Al_2O_3 含量；

e：矾土水泥中 Al_2O_3 含量； f：普通硅酸盐水泥中 Al_2O_3 含量。

可列出下列联立方程式：$\begin{cases} m_x c + d m_z = a \\ m_y e + f m_z = d \\ m_x + m_y + m_z = 1 \end{cases}$

解方程式得：

$$m_x = \frac{a - dz}{c} \quad m_y = \frac{b - f m_z}{e} \quad m_z = \frac{ce - ae - bc}{ce - de - fc}$$

计算步骤如下：

（1）通过化学分析得出 c、d、e、f 值。

（2）根据工艺制度，从表4-31中选择 SO_3 和 Al_2O_3 含量 a 及 b 值。

（3）计算确定 n 个水泥成分配合比。

（4）按计算的配合比配料，在球磨机内磨制自应力水泥，若有已磨好的原料，可由人工拌制。

（5）制作试体，作膨胀、强度、自应力等物理检验。经过比较鉴别，选择1~2种质量好的自应力水泥配合比，供生产水泥时参考，调整至产品符合要求为止。

四、自应力混凝土配合比选择

自应力混凝土的配合比（水泥：砂：石，水/灰），目前尚无完整的理论和方法，大都通过试验以达到自应力混凝土几项主要控制指标的要求来确定。现将国内几家生产自应力混凝土的工厂所采用的配合比介绍如下，供设计选择配合比参考：

1. 压力管混凝土

301 自应力水泥：砂子：石子：水=1：0.8：1.2：（0.38~0.40）

2. 油库、反应罐混凝土

303 自应力水泥：砂子：石子：水=1：1.4：2.1：（0.45~0.5）

3. 压力管道接头砂浆

303 自应力水泥：砂子：水=1：（1~2）：（0.3~0.4）

4. 防渗砂浆

302 自应力水泥：砂子：水=1：（1~2）：（0.3~0.4）

第六节　流态混凝土配合比设计

在预拌的坍落度为 8 ~ 12cm 的基体混凝土中，加入流化剂，经过搅拌，使混凝土的坍落度顿时增大至 20 ~ 22cm，能像水一样地流动，这种混凝土称为“流态混凝土”。流态混凝土在英国、美国、加拿大等国称为超塑性混凝土（Super-plasticized concrete）或流动混凝土（Flowing concrete），在德国和日本称流动混凝土。

流态混凝土，一方面具有水泥用量较多、坍落度约 20cm 的大流动性混凝土的施工性能，便于泵送运输和浇筑；另一方面又可以得到近似于坍落度 5 ~ 10cm 的塑性混凝土的性能，既满足了施工要求，又改善了混凝土的质量，因而受到广泛的重视，应用规模逐渐扩大。

一、原材料的技术要求

流态混凝土所用的材料，除流化剂外与普通混凝土用的材料基本相同。现将各种材料的具体技术要求（主要为日本工业技术标准）分别介绍如下。

（一）水泥

流态混凝土对水泥无特殊要求。对不同品种的水泥掺入流化剂后进行流态化试验的结果表明，除了细度较高的超早强硅酸盐水泥以外，各种水泥的流态化效果、流化后的坍落度，含气量等的经时变化基本相同。不同品种水泥加入流化剂后坍落度显著增大，仅超早强水泥流态化效果较差。

在流态混凝土中使用最多的是普通硅酸盐水泥。在大体积混凝土中使用流态混凝土时，为了控制混凝土的绝热温升，必须降低单位体积混凝土中水泥的用量，掺入部分粉煤灰，甚至采用中等水化热水泥、B 种粉煤灰水泥等。

超早强硅酸盐水泥、耐硫酸盐硅酸盐水泥，在流态混凝土中很少应用，使用这些水泥配制流态混凝土时，必须对流态混凝土的品质、施工性能等进行充分的试验研究，在可靠的基础上进行。

总之，普通水泥、早强水泥、中等发热量的硅酸盐水泥、高炉矿渣水泥、硅质水泥、粉煤灰水泥，均可使用。

（二）集料

流态混凝土中所用的集料，除了符合普通混凝土“集料”的规定以外，还要符合下述要求。

卵石、砂、要符合表 4-32 和表 4-33 所列的品质要求。

卵石、砂和碎石的质量　　表 4-32

种类 \ 材料标准等级 \ 项目		相对密度	吸水率（%）	绝对体积百分率（石）（%）	黏土含量（%）	冲洗试验质量损失（%）	有机不纯物含量	盐分
卵石和碎石	Ⅰ级	2.5 以上	2.0 以下	57 以上	0.25 以下	1.0 以下	—	—
	Ⅱ级	2.5 以上	3.0 以下	55 以上	0.25 以下	1.0 以下		
	Ⅲ级	2.4 以上	4.0 以下	53 以上	0.5 以下	—		

续上表

种类	材料标准等级	相对密度	吸水率（%）	绝对体积百分率（石）（%）	黏土含量（%）	冲洗试验质量损失（%）	有机不纯物含量	盐分
砂	Ⅰ级	2.5 以上	3.0 以下	—	1.0 以下	2.0 以下	试验溶液颜色不能比标准液色浓	0.4 以下
砂	Ⅱ级	2.5 以上	3.5 以下	—	1.0 以下	3.0 以下	试验溶液颜色不能比标准液色浓	0.1 以下
砂	Ⅲ级	2.4 以上	4.0 以下	—	2.0 以下	5.0 以下	试验溶液颜色不能比标准液色浓	0.1 以下

注：用碎石时，冲洗试验失去的碎石粉量要在 1.5% 以下。

碎石除了满足普通混凝土用碎石中规定的要求以外，还要符合表 4-32 所规定的要求。

流态混凝土中用的破碎高炉矿渣，除了符合规范要求外，还要符合表 4-34 中所规定的质量要求。

卵石和砂的标准粒度 表 4-33

种类	最大尺寸（mm）	材料标准等级	通过筛孔质量百分率（%）：筛孔尺寸（mm）50	40	25	20	15	10	5	2.5	1.2	0.6	0.3	0.15
卵石	40	Ⅰ级	100	95 ~ 100	—	40 ~ 65	—		0 ~ 10	10 ~ 30	—	—	—	—
卵石	40	Ⅱ级	100	95 ~ 100	—	35 ~ 70	—		0 ~ 10	10 ~ 30	—	—	—	—
卵石	40	Ⅲ级	100	95 ~ 100	—	25 ~ 75	—		0 ~ 10	5 ~ 40	—	—	—	—
卵石	25	Ⅰ级	—	100	95 ~ 100	65 ~ 85	—	25 ~ 45	0 ~ 10	0 ~ 5	—	—	—	—
卵石	25	Ⅱ级	—	100	95 ~ 100	60 ~ 90	—	25 ~ 50	0 ~ 10	0 ~ 5	—	—	—	—
卵石	25	Ⅲ级	—	100	95 ~ 100	50 ~ 90	—	10 ~ 60	0 ~ 5	—	—	—	—	—
卵石	20	Ⅰ级	—	—	100	90 ~ 100	55 ~ 80	25 ~ 50	0 ~ 10	0 ~ 5	—	—	—	—
卵石	20	Ⅱ级	—	—	100	90 ~ 100	55 ~ 80	20 ~ 55	0 ~ 10	0 ~ 5	—	—	—	—
卵石	20	Ⅲ级	—	—	100	90 ~ 100	40 ~ 85	10 ~ 60	0 ~ 15	—	—	—	—	—
砂		Ⅰ级	—	—	—	—	—	100	90 ~ 100	80 ~ 100	55 ~ 85	30 ~ 55	15 ~ 30	2 ~ 10
砂		Ⅱ级	—	—	—	—	—	100	90 ~ 100	80 ~ 100	50 ~ 90	25 ~ 65	10 ~ 35	2 ~ 10
砂		Ⅲ级	—	—	—	—	—	100	—	—	30 ~ 100	20 ~ 70	—	0 ~ 20

流态混凝土中所用的破碎砂，要符合普通混凝土用砂中规定的质量要求。

破碎矿渣的质量要求 表 4-34

材料标准等级	根据 JISA5001 分类，密度、吸水率及单位量	绝对体积百分率（%）	冲洗试验质量损失（%）	细度模量波动允许范围
Ⅱ级	A 或者 B 类集料	55 以上	5 以下	±0.3
Ⅲ级	A 或者 B 类集料	53 以上	—	±0.3

注：高炉矿渣碎石混凝土的设计强度 22.5MPa 以上时采用 B 类集料。

流态混凝土中所用的轻集料要符合“轻集料混凝土的技术标准”。

不符合上述规定的集料，通过试验，能获得符合性能要求的流态混凝土时，也可以采用。

在流态混凝土中，水泥浆的黏性较低，与具有相同坍落度的大流动性混凝土相比，集料的用量稍多。考虑混凝土的工作度、离析等因素,必须注意选择集料的最大粒径、粒型和级配等。

基体混凝土是塑性混凝土,虽然集料的粒径级配等稍有不好,但混凝土的工作度、离析等不会发生引人注目的变化,然而,经过流化以后,集料特性对流态混凝土的影响却很明显。

例如,碎石的级配不好,在级配曲线的中间部分颗粒和细颗粒太少时,流化以后,混凝土的黏性不足,容易离析,泌水多。特别是微粒部分少的海砂及采用混式法分级的碎石砂,石粉部分被冲走了,离析、泌水更加严重,更需注意。在这种情况下,把粉煤灰等加入混凝土中,加入量为使混凝土中 0.3mm 以下的颗粒(包括水泥部分)含量达 400 ~ 450kg/m^3,这时流态混凝土拌和物的性能得到很好的改善。

采用碎石和破碎高炉矿渣时,要适当除去粒径 40mm 以上部分,使用这种粗集料配制混凝土,容易产生离析。如果必须采用 40mm 以上碎石时,集料的料度和微粉部分的含量、混凝土的配合比、流态化的程度等必须有可靠的资料,而且要通过试验慎重地研究。

采用人造轻集料配制流态混凝土的实例很多。一般地说,人造轻集料混凝土的坍落度在 18cm 以下时,想通过泵送是相当困难的。但流化后则比较容易输送。

至于天然轻集料、副产品轻集料,即使在通常非流态混凝土中使用也极少;而在流态混凝土中根本没使用,故不论述。

(三)水

流态混凝土用水,要符合普通混凝土用水标准的要求。一般地说自来水即可。

(四)混合材料

流态混凝土中所用的混合材料包括化学外加剂、粉煤灰、膨胀材料等。

1. 混凝土化学外加剂

作为混凝土用的化学外加剂,使用的有以下数种。

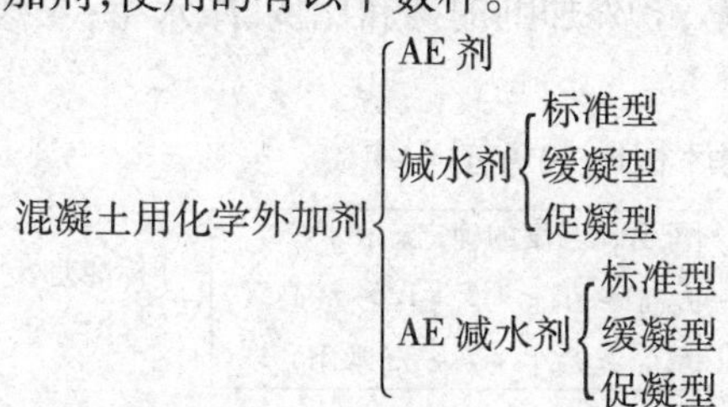

在基体混凝土中所用的化学外加剂是 AE 剂或 AE 减水剂。而在流态混凝土中,作为流化剂使用的减水剂,多为 NL(多环芳基聚合磺酸盐类)、NN(高缩合三聚氰氨盐类)以及 MT(萘磺酸盐缩合物)为主要成分的表面活性剂,也称之为超塑化剂。试验证明,现在日本市场上销售的所谓高效能减水剂的固体成分的减水效果,不管哪一种大体上是相同的。

在夏天浇筑混凝土要使混凝土缓凝时,可用缓凝型的减水剂加入基体混凝土中,也有时加入标准型流化剂。而希望促凝时,则用促凝型的减水剂加入到基体混凝土中。一般情况下都用标准型的流化剂。

2. 粉煤灰

粉煤灰是使用最多的混合材。在流态混凝土中采用粉煤灰能改善工作度,降低混凝土的水化热;特别是单位体积中水泥用量少的情况,集料中的微粉不足,会因为流态化而使混凝土的工作度变坏,这时最好加入粉煤灰;但是,掺入粉煤灰后流化剂的用量稍有增加。

3. 膨胀材料

在流态混凝土中掺入膨胀材料,目的是为了减少由于混凝土收缩而产生的裂纹。

日本在建筑工程中使用的混凝土,多为大流动性混凝土,容易产生干缩裂纹,因此,多在混凝土中加入膨胀材料;另一方面,也可以采用流态混凝土,降低单位用水量,以达到同样效果。如果两者同时采用,可以更有效地防止裂纹产生。

采用掺有膨胀材料的水泥,流态化的效果基本上不受影响。把膨胀材料作为水泥的组分考虑和通常情况一样,决定其流化剂的加入量即可。

对于其他的混合材料,在流态混凝土中使用的实例很小,用前必须进行充分的试验。

二、一般流态混凝土配合比设计

(一)设计程序

流态混凝土的配合比可以由基体混凝土的配合比和流化剂的添加量表示。流态混凝土一般用泵送施工,因此在配合比设计时,必须考虑泵送混凝土的有关因素,以保证良好的可泵性。流态混凝土硬化后的物理力学性能与基体混凝土相近。因此,流态混凝土的配合比设计,在基体混凝土配合比设计时,要考虑流化后混凝土的可泵性。基体混凝土与流态混凝土坍落度之间要有合理的匹配。

在配合比设计之前,还必须事先明确设计上和施工上的具体要求。

(1)设计要求:混凝土种类,设计标准强度,耐久性,气干密度,集料的最大粒径,含气量,水灰比范围,最小水泥用量,坍落度,混凝土温度,发热量等。

(2)施工要求:混凝土浇筑时间,工程级别,输送管管径,配管的水平换算距离,混凝土的运输距离等。

此外,还必须对使用材料的种类及性能加以检定。即:①水泥的种类、强度;②粗细集料的种类、细度模量、密度、吸水率;③外加剂的掺和比例、减水率;④掺和料的密度、掺和比例,用水量校正比例。

流态混凝土配合比的设计程序参考图4-4。

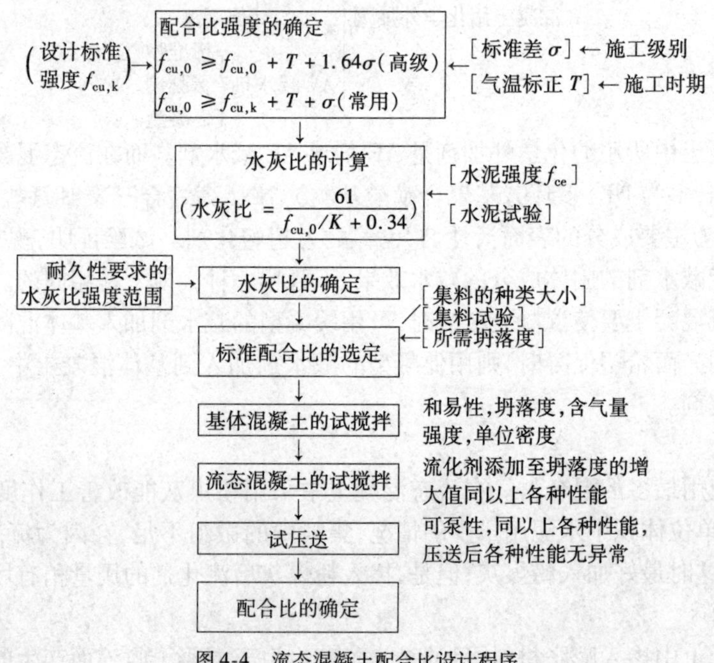

图4-4 流态混凝土配合比设计程序

(二)配合比强度的确定

流态混凝土配制强度,根据设计标准强度、施工级别、浇筑时间,可由下式求得:

1. 高级混凝土

$$f_{cu,0} \geqslant f_{cu,k} + T + 1.64\sigma(\mathrm{MPa}) \tag{4-28}$$

$$f_{cu,0} \geqslant 0.8(f_{cu,k} + T) + 3\sigma(\mathrm{MPa}) \tag{4-29}$$

2. 常用混凝土

$$f_{cu,0} \geqslant f_{cu,k} + T + \sigma(\mathrm{MPa}) \tag{4-30}$$

$$f_{cu,0} \geqslant 0.7(f_{cu,k} + T) + 3\sigma(\mathrm{MPa}) \tag{4-31}$$

式中:$f_{cu,0}$——混凝土配制强度(MPa);

σ——由于施工级别而产生的混凝土强度的标准差(MPa);

$f_{cu,k}$——设计标准强度(MPa);

T——根据浇筑时期的气温进行调整的强度校正值(MPa)。对于高级混凝土,根据在预计平均温度进行养生与标准养生的强度差确定。对于常用的混凝土可根据表4-35确定。

根据气温调整的混凝土强度校正值 T 的标准值(MPa) 表4-35

水泥种类	从混凝土浇筑到28d以后的预计平均气温或预计平均养护温度(℃)				
早强硅酸盐水泥	>1.8	1.5~1.8	0.7~1.5	0.4~0.7	0.2~0.4
硅酸盐水泥,高炉矿渣水泥A种,	>1.8	1.5~1.8	0.9~1.5	0.5~0.9	0.3~0.5
硅质水泥A种,粉煤灰水泥A种	>1.8	1.5~1.8	0.9~1.5	0.7~1.0	0.5~0.7
高炉矿渣水泥B种,硅质水泥B种,粉煤灰水泥B种硅酸盐水泥,高炉矿渣水泥A种,硅质水泥A种,粉煤灰水泥A种,混凝土强度的气温修正值T(MPa)	0	1.5	3.0	4.5	6.0

σ 是考虑到混凝土强度偏差的增值,通常如图4-5所示,小于设计标准强度的许可不良比率为16%。为了减少商品混凝土的不良比率,需增值(1~2.5)σ。

设计基体混凝土配合比时,标准差 σ 可参考表4-36确定。

混凝土标准差 表4-36

混凝土等级	工程现场搅拌的混凝土	预拌混凝土
高级混凝土	2.5MPa	采用预制厂生产的实际的标准差
常用混凝土	3.5MPa	采用预制厂生产的实际的标准差

(三)水灰比的计算

流态混凝土的水灰比与基体混凝土相同,是根据要求的强度和耐久性去确定。

混凝土的强度与水灰比的关系根据使用的材料的种类而有所不同。因此,应根据实际使用的材料,按几种水灰比进行试拌,求出其关系式,然后再用此关系式去计算所需要的水灰比。

如果新建工程需要现场试配时,可以参考以下公式求出水灰比。

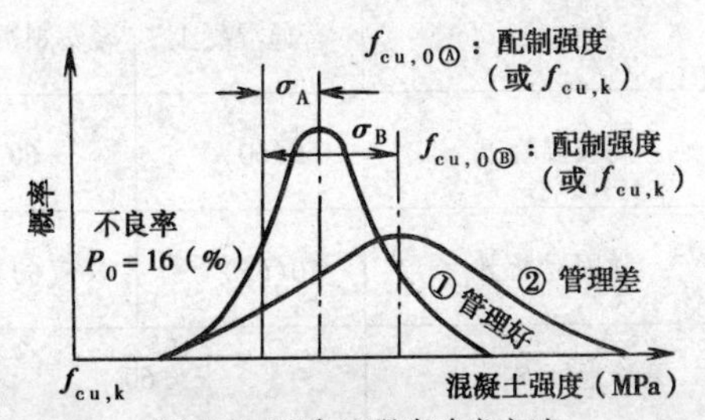

图4-5 配合比强度确定方法

注:①管理良好时曲线;②管理不好时曲线;$f_{cu,k}$-混凝土设计标准强度;$f_{cu,0Ⓐ}$-管理水平高(曲线①)时的配合比强度;$f_{cu,0Ⓑ}$-管理水平较低时(曲线②)的配制强度。

$$W/C = \frac{61}{F/f_{ce} + 0.34}(\%) \tag{4-32}$$

式中：f_{ce}——水泥实测强度（MPa）。

式（4-32）适用于早强硅酸盐水泥、普通硅酸盐水泥及掺入混合材料的A种水泥的普通混凝土。水泥强度f_{ce}值应通过检验水泥强度等级求出，其最大值控制在表4-37中数值内。轻集料混凝土的水灰比，用由式（4-23）求出的水灰比值乘以根据粗细集料的种类确定的修正系数β求得。β数值见表4-38。

水泥强度 *K* 的最大值（JASS5） 表4-37

水泥种类	f_{ce}的最大值（MPa）	水泥种类	f_{ce}的最大值（MPa）
早强硅酸盐水泥	40	火山灰水泥A种	37
普通硅酸盐水泥 高炉矿渣水泥A种 粉煤灰水泥	37	高炉矿渣水泥B种	35
		粉煤灰水泥B种 火山灰水泥B种	32

轻集料混凝土水灰比修正系数 β 表4-38

轻集料混凝土种类	β的标准值	轻集料混凝土种类	β的标准值
1种，2种	0.90	4种	0.75
3种	0.85	5种	0.65

注：1.1种、2种轻集料混凝土是指人造粗轻集料，用砂、石灰石、破碎砂或人造轻砂或轻砂与重砂的拌和物。

2.3种、4种、5种是指天然轻集料或工业废料的轻集料与砂、石灰石、破碎砂或天然轻质砂或其与重砂拌和物配制的混凝土。

除了从强度上考虑水灰比之外，流态混凝土还必须满足结构物的耐久性要求。因此，流态混凝土的最大水灰比必须满足表4-39的水灰比范围。如果根据强度要求的水灰比超出此范围时，则应采用表4-39中根据耐久性提出的水灰比。

流态混凝土的最大水灰比 表4-39

区分	水灰比的最大值（%）		区分	水灰比的最大值（%）	
	普通混凝土	轻集料混凝土		普通混凝土	轻集料混凝土
高级混凝土	65（60）*1	60	密实混凝土	50	
常用混凝土	70（65）*3	65（60）*2	受海水作用混凝土	55	
寒冷地区混凝土	60		屏蔽混凝土	60	
高强混凝土	55				

注：*1、*2、*3括号中数值系混合水泥（B种）。所谓混合水泥是指以矿渣、硅质材料以及粉煤灰作掺和料的水泥，此外，直接与水接触的轻集料混凝土，水灰比的最大值为55%。

（四）坍落度

流态混凝土的性能受到基体混凝土的坍落度和流化后坍落度增大值的影响。基体混凝土的坍落度小，单位用水量小，能有效地改善混凝土的各种品质。但流化后坍落度增大值过大时，难以保证工作度，采用这样的流态混凝土，其效果正相反。因此，基体混凝土的坍落度与流态混凝土的坍落度之间，要有合理的匹配。两者间的组合，考虑混凝土的种类、使用材料、运输、浇筑等施工条件，参考表 4-40 进行选择。

流态混凝土坍落度的标准组合　　表 4-40

混凝土种类	普通混凝土		轻集料混凝土	
	基体混凝土	流态混凝土	基体混凝土	流态混凝土
坍落度（cm）	8	15	12	18
	8	18	12	21
	12	18	15	18
	12	21	15	21
	15	21	18	21

关于轻集料混凝土，为了确保泵送性能，坍落度的增大值总的要比普通混凝土要低些。基体混凝土坍落度 12cm 或者 15cm，流化后坍落度为 18cm，这种坍落度组合的轻集料混凝土，泵送是相当困难的，必须加以注意。

表 4-40 中坍落度数值，对基体混凝土来说，指的是就要开始流化时的坍落度；对流态混凝土来说，是指浇筑时的坍落度。它与基体混凝土搅拌好时的坍落度以及刚流化后流态混凝土的坍落度是有差别的。其变化程度与流化剂添加时间，流化方法；混凝土的运输时间、方法；混凝土种类，坍落度增大值；流化剂的种类及温度等有关。事先确定这些因素，找出其坍落度变化值，以便确定对坍落度要求时把这些因素考虑进去。

（五）含气量

为了提高混凝土的抗冻融性能，混凝土中一般要有一定的含气量。一般情况下，普通混凝土的含气量是 4%，轻集料混凝土是 5%。但是，由于流化剂的牌号、流化时间及方法、混凝土运输方法及配合比等的不同，而稍有不同。因此，事先测定其含气量的变化，采取相应的技术措施是很重要的。

由于流化剂的主要成分属于非引气型，添加流化剂的混凝土，由于水泥的分散，坍落度的增大，以及再搅拌等原因，使得含气量有所减小。流态混凝土的含气量要比基体混凝土的含气量减小 0.3% 左右，而泵送后的流态混凝土含气量也减小 0.3% 左右。普通塑性混凝土泵送后没有出现这种特别的变化。在流态混凝土配合比设计中要考虑这些因素，必要时加入适量的 AE 剂，提高其含气量。

（六）单位用水量

流态混凝土的单位用水量，根据基体混凝土坍落度的大小而定。但是，即使基体混凝土坍落度相同，也视与流态混凝土坍落度的组合及基体混凝土坍落度的增大值而有所不同。

在获得规定的混凝土性能的前提下，应尽量降低用水量。普通硅酸盐水泥、采用 AE 减水剂的混凝土单位用水量的标准值如表 4-41 所示。

普通硅酸盐水泥,AE 减水剂的混凝土单位用水量标准值(kg/m³)　　表 4-41

水灰比(%)	坍落度搭配(cm)		普通混凝土		轻集料混凝土			
					坍落度搭配(cm)		A 种	B 种
	基体混凝土	流态混凝土	卵石	碎石	基体混凝土	流态混凝土		
45	8	15	146	159	12	18	166	161
	8	18	148	161	12	21	170	165
	12	18	158	174	15	18	168	163
	12	21	163	177	15	21	171	169
	15	21	175	187	18	21	177	170
50	8	15	145	158	12	18	164	160
	8	18	147	160	12	21	168	163
	12	18	156	168	15	18	165	163
	12	21	161	171	15	21	169	164
	15	21	168	181	18	21	176	167
55	8	15	144	158	12	18	163	158
	8	18	146	160	12	21	166	161
	12	18	154	161	15	18	164	160
	12	21	159	170	15	21	167	163
	15	21	165	179	18	21	174	166
60	12	18	153	161				
	12	21	157	169				
	15	21	164	179				

注:砂的细度模量 $M_k = 2.8$;粗集料最大粒径,碎石 20mm,卵石 25mm;人造轻集料最大粒径 15mm。

表 4-41 的单位用水量的标准值,是在试验和施工基础上确定的。对于使用 AE 剂的基体混凝土的坍落度所对应的单位用水量,砂率增加 1%,用水量增加 1.5kg/m³。

由于地区不同,使用集料的质量不同,单位用水量与标准值有差异。实际工程中混凝土的单位用水量要根据具体材料,参考表 4-41 中数据,进行试配确定。

(七)单位水泥用量

流态混凝土中的水泥用量,除了满足强度、耐久性之外,还要考虑满足工作度的要求。此外,单位水泥用量的最小值,还必须满足表 4-42 的要求。

单位水泥用量最小值(kg/m³)(JASS5)　　表 4-42

混凝土质量等级	普通混凝土	轻集料混凝土
"高级"	270	300
"常用"	250	300(1,2 种) 320(3,4 种)

注:地下或与水经常接触部分的轻集料混凝土的水泥用量最小值为 340kg/m³。

流态混凝土的单位水泥用量太低时,工作度变坏,泌水量加大、浇筑时容易造成堵管,混凝土表面也容易出现蜂窝麻面。图 4-6 是单位水泥用量和泌水量的关系。由图可见,单位水泥用量在 280kg 以下时,泌水量显著增加。因此,对于基体混凝土配合比,必须注意以下几点:

(1)坍落度7.5cm的基体混凝土的砂率,最好比普通混凝土增加4%～5%。

(2)粗集料最大粒径为40mm时,在水泥和细集料中,通过0.3mm筛的微粉量不少于400kg/m^3;最大粒径为20mm时为450kg/m^3。

(3)单位水泥量270kg/m^{3}以上时,全部集料中细集料对1.2mm筛的通过率为24%～35%;单位水泥量270kg/m^{3}以下时,必须为35%以上。

(4)砂中的微粉不够时,可用火山灰、石粉等代替。

表4-43是流态混凝土与普通混凝土配合比比较的一个实例。

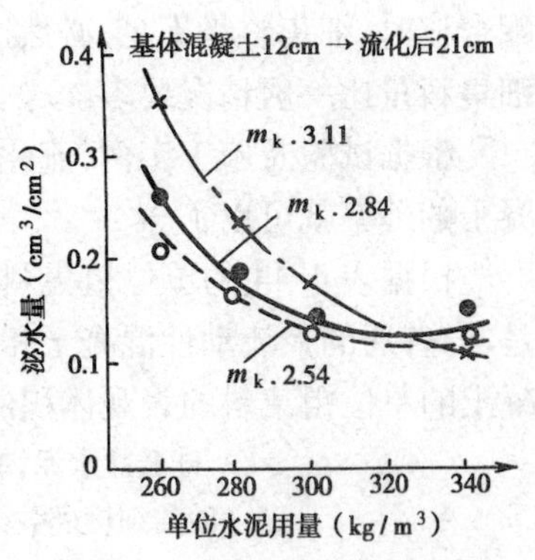

图4-6　单位水泥量、砂的细度模数和泌水量的关系

改变微粉掺入量流态混凝土的配合比和混凝土的性质　　表4-43

		普通混凝土	流态混凝土		
水泥(普通硅酸盐水泥)		3.00kg	3.00kg	3.00kg	3.00kg
细集料		6.53kg	6.53kg	7.00kg	7.43kg
粗集料(10～50mm卵石)		12.10kg	12.10kg	11.63kg	11.20kg
水		1.80kg	1.73kg	1.73kg	1.73kg
减水剂(B型)		0	标准量	标准量	标准量
集料水泥比		6.2:1	6.2:1	6.2:1	6.2:1
微粒部分水泥比		35:65	35:65	375:62.5	40:60
混凝土性质					
流动(宽度cm)		—	60	60	60
坍落度(cm)		5	—	—	—
外观		正常	显著离析	离析	有黏着性
立方体强度(MPa)	7d	30.5	28.5	26.5	27.5
	28d	48.5	47.5	49.0	49.5

注:1.英国标准BS882、1201规定的集料的粒度范围,是从1区到4区。

2.B型减水剂是萘磺酸盐甲醛缩合物。

(八)单位粗集料用量

确定混凝土中粗细集料比例,可以用砂率的方法。通常采用单位粗集料表观容积的标准值作为基准来决定,从单位粗集料表观容积的标准值求粗集料用量,按下述办法进行。

粗集料的绝对体积(L/m^3)=单位粗集料表观体积(m^3/m^3)×粗集料的实积率×1 000,

单位粗集料量(kg/m^3)=粗集料的绝对体积(L/m^3)×粗集料密度(kg/L)。

单位粗集料的表观体积可以参考表4-44确定。

流态混凝土的特征是,与具有相同坍落度的普通混凝土相比,水泥浆量少,即使水灰比相同,水泥浆本身的流动性也显著增大。因此,基体混凝土原封不动地搬用通常的硬练混凝土的配合比时，细集料量不足，必然产生离析。为了获得适宜工作度的流态混凝土，基体混凝土的细集料量比一般情况要多。

根据试验及施工实例，流化后不离析的混凝土的砂率，采用坍落度与之相同的大流动性混凝土的砂率就可以了。

根据表4-44的单位粗集料表观体积的标准值，通过计算就可以确定粗集料与用量。但是，与普通的大流动性混凝土相比，即使砂率相同，由于单位用水量、单位水泥用量低，流态混凝土的单位粗集料的表观体积的标准值要比表4-44中所列的稍多(多$0.2m^3/m^3$左右)。

硅酸盐水泥，AE减水剂混凝土的单位粗集料的表观体积标准值 表4-44

(砂的细度模数是2.8；卵石最大尺寸25mm，碎石的最大尺寸20mm；人造轻集料的最大尺寸5mm)

水灰比(%)	普通混凝土				轻集料混凝土			
	坍落度的组合(cm)		卵石(m^3)	碎石(m^3)	坍落度的组合(cm)		A种	B种
	基体混凝土	流态混凝土			基体混凝土	流态混凝土		
45	8	15	0.71	0.69	12	18	0.59	0.59
	8	18	0.69	0.67	12	21	0.59	0.59
	12	18	0.68	0.66	15	18	0.57	0.57
	12	21	0.64	0.63	15	21	0.57	0.57
	15	21	0.63	0.62	18	21	0.57	0.57
50~60(55)*	8	15	0.71	0.69	12	18	0.58	0.58
	8	18	0.69	0.67	12	21	0.58	0.58
	12	18	0.68	0.66	15	18	0.56	0.56
	12	21	0.64	0.63	15	21	0.56	0.56
	15	21	0.63	0.62	18	21	0.56	0.56

注：*轻集料混凝土时是50~55。

如果原材料条件不同，单位粗集料量有所差别，为了获得流态混凝土所规定的性能，应根据可靠资料进行试验，确定单位粗集料用量。

(九)单位细集料量

如上所述，根据已确定的单位水量、单位水泥量、单位粗集料用量及事先假定的含气量，根据下式，求出单位细集料量。

$$V_s = 1\,000 - (V_w + V_c + V_g + k_a) \tag{4-33a}$$

$$m_{s0} = V_s \cdot \rho_s \tag{4-33b}$$

式中：V_s——细集料的绝对容积(L/m^3)；

m_{s0}——单位细集料量(kg/m^3)；

V_w——水的绝对容积(L/m^3)；

V_c——水泥的绝对体积(L/m^3)；

V_g——粗集料的绝对体积(L/m^3)；

k_a——含气量(L/m^3)；

ρ_s——细集料密度。

（十）轻集料混凝土的气干表观密度

流态轻集料混凝土配合比设计中，除了满足强度、流动性、耐久性要求以外，还必须满足气干表观密度要求。表4-45为轻集料混凝土种类与气干表观密度的关系。

流态轻集料混凝土的气干单位重可按式（4-35）通过试拌推算。

轻集料混凝土种类与气干表观密度　　表4-45

轻集料混凝土种类	细　集　料	粗　集　料	气干表观密度范围（t/m^3）	设计基准强度最大值（MPa）
1种	砂	膨胀页岩、膨胀黏土、煅烧烟灰、硬质轻集料的改良集料	1.7～2.0	22.5
2种	膨胀页岩、膨胀黏土、煅烧烟灰或在这些集料中掺入砂	膨胀页岩、膨胀黏土、煅烧烟灰、硬质轻集料的改良集料	1.4～1.7	21.0
3种	砂	硬质火山渣工业废渣	1.8～2.0	18.0
4种	砂	轻质火山渣	1.6～1.8	13.5
5种	软质火山渣	轻质火山渣	1.2～1.6	9.0
非结构用的轻集料混凝土	砂 轻质细集料	软质粗集料	—	—

$$m_{m0} = m_{g0} + m_{s0} + m_{s0}{}' + 1.25m_{c0} + 120 \quad (4\text{-}34)$$

式中：m_{m0}——气干表观密度（kg/m^3）；

m_{g0}——配合比设计中轻质粗集料量（绝干）（kg/m^3）；

m_{s0}——配合比设计中轻质细集料量（绝干）（kg/m^3）；

m'_{s0}——配合比设计中普通细集料量（绝干）（kg/m^3）；

m_{c0}——配合比设计中水泥用量（kg/m^3）。

（十一）基准混凝土外加剂与流态混凝土流化剂的选择与用量

基准混凝土的外加剂一般采用AE剂或AE减水剂（过去总称为表面活性剂）。AE剂及AE减水剂均有标准型、缓凝型及促凝型三种。夏天在延迟混凝土的凝结时间时，基准混凝土中要采用缓凝型的AE减水剂，而用标准型的流化剂。在希望加速流态混凝土硬化时，基准混凝土采用促凝型的AE减水剂、标准型的流化剂。

基准混凝土的外加剂与流化剂可如表4-46搭配使用。

基准混凝土与流化混凝土的外加剂与流化剂　表4-46

基准混凝土	流态混凝土
引气减水剂（缓凝型）	流化剂（标准型）
引气减水剂（促凝型）	流化剂（标准型）
引气减水剂（标准型）	流化剂（标准型）

在基准混凝土中使用AE剂及AE减水剂，根据要求的坍落度及含气量决定其使用量。AE减水剂应根据基准混凝土坍落度要求决定使用量，用对水泥质量的百分数表示。AE剂应根据含气量要求决定使用量，普通混凝土中带进的含气量标准是3%～4%，而轻集料混凝土则为3%～6%。如果混凝土中规定的含气量不能满足，就要使用AE剂。而且要考虑泵送前后含气量的变化（一般降低0.5%），适当提高AE剂的用量。

流化剂的添加量，基本上是根据目标坍落度的增大值决定的。流化效果受流化剂的添加时间，添加后的搅拌方法，混凝土的温度等因素的影响；而水泥种类，集料种类及性能，流化剂的牌号等也稍有影响。因此，流化剂的添加量，应使用实际工程中的材料，通过试验确定。

此外，作为混合材料而较多采用的有粉煤灰、膨胀材料、防锈剂等。在流态混凝土中采用这种掺和料，其本身没有什么特殊问题，使用量随着混凝土的种类和使用目的而有所不同。为了获得需要性能的流态混凝土，应通过试验决定使用量。

(十二)试拌及配合比调整

设计出混凝土配合比后，使用实际材料进行试搅拌，确定是否已能达到设计规定的性能，流态混凝土进行试拌时，要检查下列项目：(1)维勃稠度；(2)坍落度；(3)含气量；(4)单位表观密度；(5)抗压强度。其中，可以通过坍落度试验时混凝土的形状来判断其工作度及可泵性。而在坍落度试验中，重要的是观察好坍落时的形状、坍落方式、集料和水的离析状态等(图 4-7)，坍落度与流化剂添加量密切相关。搅拌好的状况是流态化时的混凝土及刚流态化的混凝土的坍落度与目标坍落度差在 ±1.0cm 左右。

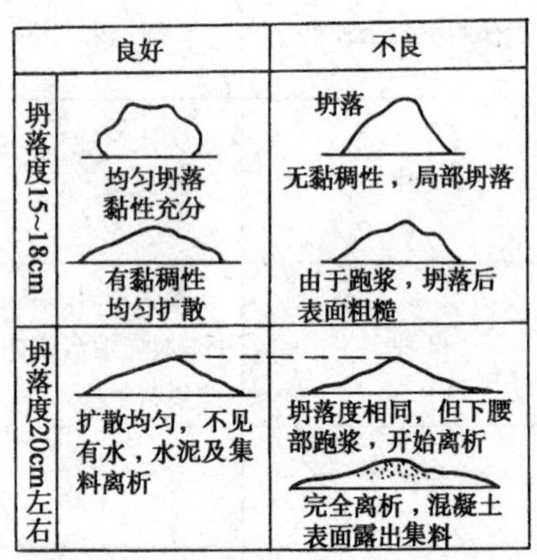

图 4-7 根据坍落情况判定轻质混凝土和易性

除了坍落度以外，还要测定流动度，并根据两者比值，确定流态混凝土的稠度。如表 4-47 所示。

根据坍落度和流动度确定稠度　　表 4-47

流动度和坍落度的比值	确定内容
1.6 以下	这种混凝土没有离析现象，但现场浇筑与捣实困难
1.7 ~ 1.8*	是稠度较理想的混凝土
1.4 以上	表示混凝土开始离析

注：* 日本建筑学会关于流态混凝土的指南中认为是 1.8 ~ 1.9。

关于含气量，由于基准混凝土中使用的 AE 剂、AE 减水剂的量是根据资料确定的，其试验测定值与设计目标值相差在 0.5% 左右即可。关于轻集料混凝土的含气量，测定轻集料混凝土密度的变化，在 ±2% 范围内即可。

用含气量测定表观密度，可以同时测出混凝土的质量，用此质量除以容器的容积(约 7L)，则可以求出单位重，根据实际表观密度，计算出每 1m^3 混凝土的材料量，此即为调整后的混凝土配合比。

设每盘混凝土各种材料的计量质量(干表观密度)

水泥 m_{c0}　kg(密度 ρ_c)
细集料 m_{s0}　kg(干颗粒密度 ρ_s，吸水量 $a_s\%$)
粗集料 m_{g0}　kg(颗粒密度 ρ_g，吸水量 $a_g\%$)
水　m_{w0}　kg
+ 掺和料 F　kg(密度 ρ_f)
总质量

$$m_{m0} = m_{c0} + m_{s0}\left(1 + \frac{a_s}{100}\right) + m_{g0}\left(1 + \frac{a_g}{100}\right) + m_{w0} + m_{Fo}(\text{kg}) \tag{4-35}$$

设实测混凝土的单位表观密度为$\rho_{c,t}$(kg/m^3),则每盘混凝土的各种材料用量(干表观密度)为:

水泥 $m'_{c0}=m_{c0}\times\rho_{c.t}/M_{m0}$(kg/m^3)

细集料 $m'_{s0}=m_{s0}\times\rho_{c.t}/M_{m0}$(kg/m^3)

粗集料 $m'_{g0}=m_{g0}\times\rho_{c.t}/M_{m0}$(kg/m^3)

水 $m'_{w0}=m_{w0}\times\rho_{c.t}/M_{m0}$(kg/m^3)

混合材料 $m'_{F0}=m_{F0}\times\rho_{c.t}/M_{m0}$(kg/m^3)

含气量k_a由下式求出:

$$k_a=\frac{1}{100}\left[1\,000-\left(\frac{m'_{c0}}{\rho_c}+\frac{m'_{s0}}{\rho_s}+\frac{m'_{g0}}{\rho_g}+m'_{w0}+\frac{m'_{F0}}{\rho_f}\right)\right](\%) \tag{4-36}$$

一般要检验流态混凝土的7d、28d的抗压强度,但泵送的流态混凝土值一般高于规定值。

(十三)配合比计算实例

流态混凝土的配合比设计由试拌决定,可以按下法计算作为参考。

1.砂率的修正

根据经验坍落度在15cm以下的混凝土单位粗集料量是一定的,但15cm以上时单位粗集料量变小。即稀软混凝土的砂浆部分要增加,以尽量防止混凝土的离析。

由于流态混凝土是在基准混凝土中掺加少量流化剂而使坍落度增加,因此如果按照一般的塑性混凝土坍落度(8~12cm)的原样来流化,那么由于砂浆成分的不足将使混凝土产生离析。因而必须提高基体混凝土的砂率,以保证掺入流化剂后混凝土不产生离析。也就是说,基准混凝土的砂率不应是掺加流化剂前坍落度所合适的砂率,而应是掺加流化剂后坍落度所合适的砂率。流化后坍落度为15cm以下时,砂率可不必修正。

2.单位用水量的修正

相当于基准混凝土指定的坍落度的单位用水量,按照砂率的增加部分加进单位用水量的修正值。每增加砂率1%,增加单位用水量1.5kg/m^3。

3.单位水泥用量

为了得到要求的混凝土强度,流态混凝土的强度与普通混凝土强度相同时,水灰比应该相同。由上面求得的单位用水量和水灰比可以求得单位水泥用量。

4.实例

水灰比60%、坍落度12cm的基准混凝土流化成坍落度为18cm的流态混凝土,进行配合比计算。表4-48所示配合比可供设计时参考。

(1)砂率选择及用砂量计算

按坍落度为18cm时,砂率为45.9%。

原来坍落度为12cm时,砂率为44.6%,砂用量为801kg。

砂率为45.9%时,砂用量为m_{s0},801:44.6=m_{s0}:45.9,所以m_{s0}=824kg。

(2)粗集料用量m_{g0}

$824/(824+m_{g0})=45.9\%$

参考配合比表 表4-48

水灰比	坍落度(cm)	砂率(%)	单位用水量(kg/m^3)	质量(kg/m^3)		
				水泥	砂	卵石
60%	8	45.5	168	280	832	997
	12	44.6	176	293	801	996
	15	43.7	183	305	772	996
	18	45.9	193	322	793	936
	21	48.4	209	348	806	861

$$m_{g0} = \frac{824 \times 0.541}{0.459} = 971(\text{kg})$$

(3)单位用水量

$S_1 = 12\text{cm}$ 时

$$m_{w0} = 176\text{kg/m}^3$$

砂率增加 45.9% − 44.6% = 1.3%，作相应修正后为 $176 + 1.3 \times 1.5 = 178(\text{kg/m}^3)$。

(4)单位水泥用量

由 $m_{w0} = 178.8$ 和 $W/C = 60\%$，求得水泥用量 $178 \div 0.60 = 297(\text{kg/m}^3)$。

配合比计算结果如表 4-49 所示。

配合比计算结果 表 4-49

项目 / 混凝土类别	W/C	砂率(%)	坍落度(cm)	每 1m³ 混凝土用料(kg/m³)				合计(kg/m³)
				水	水泥	砂	卵石	
普通混凝土	60%	44.6	12	176	293	801	996	2 266
流态混凝土	60%	45.9	18	178	297	824	971	2 270
大流动性混凝土	60%	45.9	18	193	322	793	936	2 244
流态混凝土*	60%	38.7	18	153	255	732	1156	2 296

注：* 日本建筑学会 1983 年制定的流态混凝土施工指南及说明的推荐值。

由此可见，流态混凝土与普通大流动性混凝土相比，单位水泥用量由 322kg/m³ 降至 297kg/m³，减少 25kg/m³，用水量由 193kg/m³ 降至 178kg/m³，降低 15kg/m³，粗集料由 936kg/m³ 增至 971kg/m³，增加35kg/m³，细集料由 793kg/m³ 增至 824kg/m³，增加 31kg/m³。

我国有些单位根据北京地铁工程原材料情况，采用正交设计，选择坍落度为 20cm 时的砂率；当 $D_{max} = 20\text{mm}$ 时，石子用量 1 050kg/m³，$D_{max} = 40\text{mm}$ 时，石子用量 1 100kg/m³。

此时砂率为 35% ~ 41%。为了改善流态混凝土的黏聚性，又不降低混凝土的强度，用 1.5kg磨细粉煤灰代替 1kg 水泥的比例，取代 5% ~ 10% 的水泥，砂率为 41%。试验证明，掺用磨细粉煤灰使黏聚性大为改善，虽然基准混凝土坍落度有些降低，但加入流化剂后，坍落度仍在 20cm 以上，强度也不降低。

流态混凝土参考配合比如表 4-50 ~ 表 4-53 所示。

普通硅酸盐水泥、AE 减水剂的砂、卵石混凝土(砂的 $M_k = 2.8$，$D_{max} = 25\text{mm}$) 表 4-50

水灰比(%)	坍落度组合		细集料率(%)	单位水量(kg/m³)	绝对体积(L/m³)			质量(kg/m³)			单位粗集料松散体积(m³/m³)
	基准混凝土	流态混凝土			水泥	砂	卵石	水泥	砂	卵石	
45	8	15	34.7	146	103	247	464	324	642	1 207	0.71
	8	18	36.2	148	104	257	451	329	668	1 173	0.69
	12	18	35.6	158	111	246	445	351	641	1 156	0.68
	12	21	38.6	163	115	264	418	362	685	1 088	0.64
	15	21	37.7	175	123	250	412	389	650	1 071	0.63
50	8	15	35.7	145	92	259	464	290	673	1 207	0.71
	8	18	37.3	147	93	269	451	294	699	1 173	0.69
	12	18	36.9	156	99	260	445	312	677	1 156	0.68
	12	21	39.9	161	102	279	418	322	724	1 088	0.64
	15	21	39.9	168	106	274	412	336	713	1 071	0.63

续上表

水灰比(%)	坍落度组合		细集料率(%)	单位水量(kg/m³)	绝对体积(L/m³)			质量(kg/m³)			单位粗集料松散体积(m³/m³)
	基准混凝土	流态混凝土			水泥	砂	卵石	水泥	砂	卵石	
55	8	15	36.6	144	83	269	464	262	699	1 207	0.71
	8	18	38.1	146	84	279	451	265	725	1 173	0.69
	12	18	37.9	154	89	272	445	280	708	1 156	0.68
	12	21	41.0	159	91	292	418	289	758	1 088	0.64
	15	21	41.1	165	95	288	412	300	749	1 071	0.63
60	12	18	38.7	153	81	281	445	255	732	1 156	0.68
	12	21	41.8	157	83	302	418	262	784	1 088	0.64
	15	21	41.9	164	86	298	412	273	775	1 071	0.63

普通硅酸盐水泥、AE 减水剂,砂、卵石混凝土的参考配合比 表 4-51

(砂的 $M_k = 2.8$,碎石的 $D_{max} = 20mm$)

水灰比(%)	坍落度组合(cm)		细集料率(%)	单位水量(kg/m³)	绝对体积(L/m³)			质量(kg/m³)			单位粗集料松散体积(m³/m³)
	基准混凝土	流态混凝土			水泥	砂	碎石	水泥	砂	碎石	
45	8	15	42.6	159	112	294	395	353	763	1 028	0.69
	8	18	44.0	161	113	302	384	358	786	998	0.67
	12	18	43.0	174	122	286	378	378	743	983	0.66
	12	21	45.1	177	124	298	361	393	774	939	0.63
	15	21	44.5	178	132	286	355	416	743	924	0.62
50	8	15	43.6	158	100	307	395	316	797	1 028	0.69
	8	18	45.0	160	101	315	384	320	819	998	0.67
	12	18	44.8	168	106	308	378	336	801	983	0.66
	12	21	46.9	171	108	320	361	342	832	939	0.63
	15	21	46.4	181	115	309	355	362	802	924	0.62
55	8	15	44.3	158	91	316	395	287	821	1 028	0.69
	8	18	45.7	160	92	324	384	291	843	998	0.67
	12	18	45.7	167	96	319	378	304	829	983	0.66
	12	21	47.8	170	98	331	361	309	860	939	0.63
	15	21	47.5	179	103	323	355	325	839	924	0.62
60	12	18	46.3	167	88	327	378	278	850	983	0.66
	12	21	48.5	169	89	341	361	282	886	939	0.63
	15	21	48.2	179	94	332	355	298	862	924	0.62

注:水泥相对密度:3.16,砂的相对密度:2.60(绝干状态),碎石相对密度:2.60(绝干状态),碎石的密实度57.1%。

普通硅酸盐水泥、AE 减水剂，轻集料混凝土（1 种）参考配合比　　表 4-52

水灰比（%）	坍落度组合（cm）		细集料率（%）	单位水量（kg/m^3）	绝对体积（L/m^3）			质量（kg/m^3）			单位粗集料松散体积（m^3/m^3）
	基准混凝土	流态混凝土			水泥	细集料	粗集料	水泥	细集料	粗集料	
45	12	18	43.9	166	117	293	374	369	762	475	0.59
	15	18	43.3	170	120	286	374	378	744	475	0.59
	12	21	45.5	168	118	303	361	373	787	459	0.57
	15	21	45.1	171	120	298	361	380	774	459	0.57
	18	21	44.3	177	124	288	361	393	748	459	0.57
50	12	18	46.0	164	104	314	368	328	816	467	0.58
	15	18	45.6	168	106	308	368	336	801	467	0.58
	12	21	47.8	165	104	326	355	330	847	451	0.56
	15	21	47.3	169	107	319	355	338	829	451	0.56
	18	21	46.4	176	111	308	355	352	800	451	0.56
55	12	18	46.9	163	94	325	368	296	846	467	0.58
	15	18	46.5	166	96	320	368	302	833	467	0.58
	12	21	48.6	164	94	337	355	298	876	451	0.56
	15	21	48.3	167	96	332	355	304	863	415	0.56
	18	21	47.4	174	100	321	355	316	834	451	0.56

注：水泥相对密度：3.16，细集料（砂）相对密度：2.60（绝干状态），$F_M = 2.8$（2.5mm），人工轻量粗集料相对密度：1.27（绝干状态），$D_{max} = 15mm$，人工轻量粗集料容积率：63.4%。

普通硅酸盐水泥、AE 减水剂，轻集料混凝土（2 种）参考配合比　　表 4-53

水灰比（%）	坍落度组合（cm）		细集料率（%）	单位水量（kg/m^3）	绝对体积（L/m^3）			质量（kg/m^3）			单位粗集料松散体积（m^3/m^3）
	基准混凝土	流态混凝土			水泥	细集料	粗集料	水泥	细集料	粗集料	
45	12	18	44.6	161	113	302	374	358	477	475	0.59
	15	18	44.0	165	115	295	374	367	466	475	0.59
	12	21	46.2	163	116	311	361	362	491	459	0.57
	15	21	45.7	167	117	305	361	371	481	459	0.57
	18	21	45.2	170	120	299	361	378	472	459	0.57
50	12	18	46.6	100	101	321	368	320	508	467	0.58
	15	18	46.2	163	103	316	368	326	500	467	0.58
	12	21	48.0	163	103	329	355	326	520	451	0.56
	15	21	47.9	164	104	327	355	328	516	451	0.56
	18	21	47.5	167	106	322	355	334	509	451	0.56
55	12	18	47.5	158	91	333	368	287	527	467	0.58
	15	18	47.1	161	93	328	368	293	519	467	0.58
	12	21	49.1	160	92	343	355	291	542	451	0.56
	15	21	48.7	163	94	338	355	296	534	451	0.56
	18	21	48.3	166	96	333	355	302	536	451	0.56

注：水泥相对密度：3.16，人工轻量细集料相对密度：1.58（绝干状态），$F_M = 2.8$，人工轻量粗集料相对密度：1.27（绝干状态）$D_{max} = 15mm$，人工轻量粗集料体积率：63.4%。

三、石砂流态混凝土配合比设计

(一)原材料技术要求

试验用材料:贵州乌江牌52.5级普通硅酸盐水泥作胶结料,实测强度为54.4MPa,石灰石碎石,粒径为1~3cm,松表观密度1 374/kg/m³。振捣表观密度1 578kg/m³,相对密度2.74,中细石砂,细度模数3.33。

流态混凝土要求坍落度在18cm以上而不分层离析,大多用河砂或海砂配制。而贵州只有碳酸岩经风化爆破的山砂或用未风化的岩石破碎而得的砂粒(石砂)。下面专门讨论用石砂配制流态混凝土技术。

(二)石砂配制流态混凝土的可行性分析

石砂是风化岩石经爆破筛分级配或未风化的岩石经破碎筛分级配而得,其质量可以人工控制。日本用破碎砂配制流态混凝土时要求通过0.3mm筛孔的砂粒占15%~30%,美国ACI建议为20%,根据贵州石砂资料调查,这种指标是容易达到的。流态混凝土要求一定的细粉含量,日本建议水泥加上通过0.3mm筛孔的细粉料之和每1m³混凝土应在450~500kg,石砂中含有0.15mm(甚至0.075mm)以下颗粒较多,一般在3.2%~37.8%,平均为14.6%,这部分细颗粒对配制流态混凝土有利,特别是0.075mm颗粒作为微细填料,可以改善混凝土的保水性,增加混凝土的密实性以及黏聚性,有利于克服混凝土的泌水和离析。我们用浮球试验(将一乒乓球放入盛有混凝土拌和物的圆筒底部30cm,在振动台上振动测量上浮时间)和裹浆试验(从混凝土拌和物中取出裹有砂浆的粗集料,然后放入5mm筛中用清水冲洗,称量计量出裹于粗集料表面的砂浆与粗集料质量比)证实了石砂混凝土的黏聚力比河砂混凝土优良(表4-54)。

河砂混凝土与石砂混凝土性能比较　　表4-54

混凝土类别	组数	配合比					坍落度(kg)	浮球时间(s)	裹浆量比
		水灰比	水泥(kg)	砂率	粉煤灰(kg)	FDN(kg)			
河砂混凝土	3	0.54	320	0.43	53	17.6	19.6	8.3	0.27
石砂混凝土	4	0.54	320	0.43	53	14.72	18.7	17.5	0.27

(三)石砂流态混凝土的配制

在坍落度为8cm的基础混凝土中加入流化剂使坍落度增大到18cm以上称流态混凝土。流态混凝土配制原则是:

(1)单方混凝土水泥用量不得少于300kg。

(2)石砂流态混凝土基准配合比的砂率比普通混凝土砂率增加5%~10%。

(3)加入粉料改善混凝土的保水性和黏聚性。掺入粉煤灰还可利用其活性,石砂的粉末是有效的微细填料,只要不含泥不必筛除。

根据上述原则配制的基态混凝土和流态混凝土列于表4-55。

基态混凝土和流态混凝土的配制　　表 4-55

配合比号	材料用量						坍落度(cm)(基本/流态)	外观	泌水率(%)	裹浆量比	分层度(%)	凝结时间(h)	
	水(kg)	水泥(kg)	石砂(kg)	碎石(kg)	粉煤灰(kg)	FDN(%)						初凝	终凝
1	200	370	950	950	0	0	8.0/—	均匀	5.38	0.37	0.30	5.0	6.7
2	200	370	950	950	0	0.32	9.0/18.4	一般	5.05	0.24	0.41	5.0	7.5
3	200	320	950	950	50	0.41	6.6/18.4	均匀	5/0	0.27	0.32	5.2	8.7

表 4-55 资料说明,石砂可以配制流态混凝土,如果再加入粉煤灰,不但节约了水泥而且改善了流态混凝土的性能,具体表现在:坍落度值增大,泌水率减小,裹浆量增加,分层度减小,凝结时间延长。

第七节　防水抗渗混凝土配合比设计

防水混凝土是以调整混凝土配合比、掺外加剂或使用新品种水泥等方法提高自身的密实性、憎水性和抗渗性,使其满足抗渗等级要求的不透水性混凝土。

防水混凝土的适用范围很广,主要用于工业、民用与公共建筑的地下防水工程(地下室、地坑、通廊、转运站、沟道、水泵房、设备基础等),储水构筑物(如水池、水塔)和江心、河心的取水构筑物以及处于干湿交替作用或冻融交替作用的工程(如桥墩、海港、码头、水坝等)。此外还可用于屋面工程及其他防水工程。

防水混凝土一般分为普通防水混凝土、外加剂防水混凝土和膨胀水泥防水混凝土三种。后两种已另有介绍,下面主要介绍防水混凝土的配制方法。

一、原材料的技术要求

普通防水混凝土是从材料和施工两个方面抑制和减少混凝土内部空隙的生成,改变空隙的特征(形成和大小),堵塞漏水通路,从而使之不依赖其他附加防水措施,仅靠提高混凝土自身密实性达到防水的目的。

(一)水泥

配制普通防水混凝土用的水泥必需满足《通用硅酸盐水泥》(GB 175—2007/XG1—2009)规定;此外还要求其抗水性好、泌水性小、水化热低并具有一定的抗侵蚀性。

防水混凝土选用的水泥强度应在 32.5 级以上,过期、受潮结块及掺入有害杂质的水泥均不得使用。此外,还应根据不同使用要求选用不同品种水泥(表 4-56)。

(二)集料

防水混凝土用砂、石材质要求见表 4-57,对砂石颗粒组成不作特殊要求,可参照普通混凝土的规定。

防水混凝土水泥品种选择　　表 4-56

水泥品种	普通硅酸盐水泥	火山灰质硅酸盐水泥	矿渣硅酸盐水泥
优点	早期及后期强度都较高,在低温下强度增长比其他水泥快,泌水性小,干缩率小,抗冻耐磨性好	耐水性强,水化热低,抗硫酸盐侵蚀能力较好	水化热低,抗硫酸盐侵蚀性能也优于普通硅酸盐水泥

续上表

水 泥 品 种	普通硅酸盐水泥	火山灰质硅酸盐水泥	矿渣硅酸盐水泥
缺点	抗硫酸盐侵蚀能力及耐水性比火山灰水泥差	早期强度低,在低温环境中强度增长较慢,干缩变形大,抗冻耐磨性差	泌水性和干缩变形大,抗冻和耐磨性均较差
适用范围	一般地下和水中结构及受冻融作用及干湿交替的防水工程应优选采用本品种水泥,含硫酸盐地下水侵蚀时不宜于采用	适用于有硫酸盐侵蚀介质的地下防水工程,受反复冻融及干湿交替作用的防水工程不宜采用	必须采取提高水泥研磨细度或掺入外加剂的办法减小或消除泌水现象后,方可用于一般地下防水工程

防水混凝土砂、石材质要求 表 4-57

项 目 名 称	砂						石		
筛孔尺寸(mm)	0.16	0.315	0.63	1.25	2.50	5.0	5.0	$\frac{1}{2}D_{max}$	$D_{max} \leq 40mm$
累计筛余(%)	100	70 ~ 95	45 ~ 75	20 ~ 55	10 ~ 35	0 ~ 5	95 ~ 100	30 ~ 65	0 ~ 5
含泥量	≤3%,泥土不得呈块状或包裹砂子表面						≤1%,且不得呈块状或包裹石子表面		
材质要求	1. 宜选用洁净的中砂,内含一定的粉细料; 2. 颗粒坚实的天然砂或由坚硬的岩石粉碎制成的人工砂						1. 坚硬的卵石、碎石(包括矿渣碎石)均可; 2. 石子粒径宜为 5 ~ 40mm		

以矿渣碎石为粗集料时,矿渣碎石的坚固性应符合原冶金部制定的《矿渣应用规程》的规定详见表 4-58。

矿渣碎石的坚固性要求 表 4-58

混凝土强度等级	经硫酸钠溶液 5 次浸泡烘干循环后的质量损失(%)
C40	≤3
C30 ~ C20	≤5
C15	≤10

(三)水

采用无侵蚀性的洁净水。

二、配合比设计

1. 确定水灰比

根据工程要求的抗渗等级、强度及结构条件和施工条件,确定水灰比。普通防水混凝土的水灰比可按表 4-59 选用,水灰比为 0.5 ~ 0.6 最佳。

普通防水混凝土的水灰比选择 表 4-59

抗 渗 等 级	水 灰 比	
	C20 ~ C30 混凝土	C30 以上混凝土
P6 ~ 8	0.6	0.55
P8 ~ 12	0.55	0.50
P12 以上	0.5	0.45

2. 确定坍落度

坍落度按表 4-60 选用。施工和易性适宜的坍落度为 30 ~ 50mm。

3. 确定用水量

用水量按表 4-60 选用。

混凝土用水量(kg/m^3)选用表 表 4-60

坍落度(mm)	砂　率(%)		
	35	40	45
10 ~ 30	175 ~ 185	185 ~ 195	195 ~ 205
30 ~ 50	180 ~ 190	190 ~ 200	200 ~ 210

4. 选用砂率

砂率可根据石子空隙率和砂的平均粒径按表 4-61 选用;灰砂比宜为 1∶2 ~ 1∶2.5。

砂率选用表(单位:%) 表 4-61

石子空隙率(%)		30	35	40	45	50
砂的平均粒径(mm)	0.30	35	35	35	35	36
	0.35	35	35	35	36	37
	0.40	35	35	36	37	38
	0.45	35	36	37	38	39
	0.50	36	37	38	39	40

注:1. 本表是按石子粒径 5 ~ 30mm 计算,若采用粒径为 5 ~ 20mm 时,砂率应增加 2%。

2. 若钢筋很密,埋件很多,厚度较小,不易浇捣时可适当提高砂率。

若砂的平均粒径已知,则石子的空隙率按下式计算,即:

$$\Delta_G = \left(1 - \frac{\gamma_g}{\rho_g}\right) \times 100\% \tag{4-37}$$

砂率可按下式计算:

$$S_P = \alpha \cdot \frac{\gamma_s \cdot \Delta_G}{\gamma_s \cdot \Delta_G + \gamma_g} \times 100\% \tag{4-38}$$

砂率以 35% ~ 40% 为宜。

5. 计算水泥用量

水泥用量按下式计算:

$$C_0 = \frac{W}{W/C} \tag{4-39}$$

6. 计算砂、石用量

砂石混合密度:

$$\rho_{s+g} = \rho_s \cdot S_P + \rho_g \cdot (1 - S_P) \tag{4-40a}$$

砂石混合用量:

$$S_0 + G_0 = \left[1\,000L - \left(\frac{W_0}{\rho_0} + \frac{C_0}{\rho_c}\right) - 10L \cdot \alpha\right]\rho_{s+g} \tag{4-40b}$$

砂用量:

$$S_0 = (S_0 + G_0) \cdot S_P \tag{4-40c}$$

卵石用量:

$$G_0 = (S_0 + G_0) - S_0 \tag{4-40d}$$

7. 初步配合比

$$C_0:S_0:G_0:W_0=1:\frac{S_0}{C_0}:\frac{G_0}{C_0}:\frac{W_0}{C_0} \tag{4-41}$$

8. 试配和调整

试配时，应采用水灰比最大的配合比作抗掺试验，其试验结果应符合下式的要求：

$$P_x \geqslant \frac{S}{10}+0.2 \tag{4-42}$$

式中：P_x——6 个试件中 4 个未出现渗水时的最大水压值(MPa)；

S——设计要求的抗渗参数。

三、配合比设计实例

[例 4-4] 配制 C20 普通防水混凝土，抗渗等级 P8，工程配筋较密，采用振捣器振捣，初步选定混凝土的坍落度为 30 ~ 50mm，砂率为 38%。所有材料特性如下：

水泥：32.5 级普通水泥，密度 $\rho_c=3.1g/cm^3$；

砂：中砂，密度 $\rho_s=2.6g/cm^3$；

石：最大粒径 30mm 的卵石，密度 $\rho_g=2.7g/cm^3$。

解：(1) 确定水灰比

根据 C20 和 P8，查表 4-59，取 $W/C=0.55$。

(2) 确定坍落度

已知设计条件，坍落度为 30 ~ 50mm。

(3) 确定用水量

根据已知设计条件坍落度为 30 ~ 50mm，砂率 38%，查表 4-60 取每立方混凝土用水量 $W_0=190kg$。

(4) 计算水泥用量

根据 $W_0=190kg$，$W/C=0.55$，水泥用量计算：

$$C_0=\frac{W_0}{W/C}=\frac{190}{0.55}=345(kg)$$

(5) 计算砂、石用量

根据已知设计条件和计算所得 $S_P=38\%$、$W_0=190kg$、$C_0=345kg$、$\rho_c=3.1g/cm^3$、$\rho_s=2.6g/cm^3$、$\rho_g=2.7g/cm^3$，按式(4-40a) ~ 式(4-40d) 计算：

$$\begin{aligned}\rho_{s+g}&=\rho_s\cdot S_P+\rho_g(1-S_P)\\&=2.6\times0.38+2.7\times(1-0.38)\\&=2.66(kg/L)=2.66(g/cm^3)\end{aligned}$$

取 $\alpha=1$，则

$$\begin{aligned}S_0+G_0&=\left[1\,000-\left(\frac{W_0}{\rho_w}+\frac{C_0}{\rho_c}\right)-10\cdot\alpha\right]\cdot\rho_{s+g}\\&=\left[1\,000-\left(\frac{190}{1}+\frac{345}{3.1}\right)-10\times1\right]\times2.66\\&=1\,832(kg)\end{aligned}$$

砂用量:

$$S_0 = (S_0 + G_0) \cdot S_P = 1\,832 \times 0.38 = 696(\text{kg})$$

卵石用量:

$$G_0 = (S_0 + G_0) - S_0 = 1\,832 - 696 = 1\,136(\text{kg})$$

(6)初步配合比

$$C_0 : S_0 : G_0 : W_0 = 345 : 696 : 1\,136 : 190 = 1 : 2.02 : 3.30 : 0.55$$

混凝土计算密度:

$$r_h = 345 + 696 + 1\,136 + 190 = 2\,367(\text{kg/m}^3)$$

(7)试配和调整

①称量

试配时应采用工程中实际使用的材料,砂、石集料的称量均以干燥状态为基准。如不用干料配制称量时,应在用水量中扣除集料中超过的含水率值,集料称量也应相应增加。

②试拌

按计算出的配合比称量进行试拌,以检定混凝土拌和物的性能。如试拌得出的混凝土拌和物坍落度不能满足要求,或黏聚性和保水性能不好,或含气量不符规定要求时,则应在保证水灰比不等的条件下相应调整用水量或含砂率,直至符合要求为止。然后提出供检验混凝土强度用的基准配合比。

③试配

用以检验混凝土强度及抗渗性能时的试配,应采用3个不同的配合比,其中1个为试拌调整后的基准配合比,另外两个配合比的水灰比值,应较基准配合比分别增加及减少0.05,其用水量应该与基准配合比相同,但砂率值可作适当调整。

④试件制作

制作混凝土强度试块时,尚需检验每个配合比拌和物的坍落度、黏聚性、保水性、含气量及拌和物密度,并以此结果作为代表这一配合比的混凝土拌和物性能。

为检验混凝土强度,每种配合比至少制作1组(3块)抗压试拌,1组(6块)抗渗试块,以鉴定其强度指标及抗渗性能。

(8)配合比确定

由试验中得出的各灰水比(水灰比的倒数)值时的抗压强度值,用作图法或计算法求出与试配强度相对应的水灰比值,并结合抗渗试验值进行核实后以确定配合比。最后确定的配合比必须满足抗渗值与强度值的两项指标。

四、参考配合比

表4-62中列出了普通防水混凝土参考配合比,表4-63中列出了矿渣碎石防水混凝土参考配合比,表4-64中列出了全矿渣防水混凝土参考配合比,均可供防水混凝土设计和配制参考。

普通防水混凝土参考配合比 表4-62

混凝土强度等级(MPa)	混凝土抗渗等级	混凝土组成材料(kg/m³)								坍落度(cm)
		水泥		砂	石子		粉煤灰	水	
		品种	数量		品种(mm)	数量			
C20	P8	42.5级普通	360	细砂564	碎石5~40	1 256	20	200	2.0~4.0
C20	P8	42.5级普通	360	中砂800	碎石5~40	1 050	—	190	3.0~5.0
C20	P8	42.5级普通	360	细砂539	碎石5~50	1 456	—	176	3.0~5.0
C20	P8	42.5级普通	360	细砂450	碎石5~50	1 505	—	176	3.0~5.0
C20	P8	42.5级普通	360	细砂552	碎石5~40	1 228	—	200	2.0~4.0
C20	P12	42.5级普通	360	中砂800	碎石5~20 20~40	415 735	—	190	3.0~5.0
C25	P6	42.5级矿渣	380	细砂626	碎石5~40	1 218	—	191	3.0~5.0
C30	P10	42.5级普通	420	中砂644	碎石5~40	1 156	50	182	2.0~4.5
C40	P8	42.5级普通	455	中砂627	碎石5~20	1 115	—	191	3.5~5.0

矿渣碎石防水混凝土参考配合比 表4-63

序号	水泥用量(kg/m³)	混凝土配合比(质量比)(水泥:砂:矿渣)	水灰比(W/C)	坍落度(cm)	工作度(s)	抗压强度(MPa)	抗渗等级(MPa)	说明
1	400	1:1.44:3.05	0.45	0.6	—	27.7	0.2	干矿渣
2	360	1:2.00:3.13	0.53	2.0	14	22.3	1.2	湿矿渣
3	400	1:1.13:3.40	0.36	0.5	12	24.4	1.8	湿矿渣
4	400	1:1.31:3.21	0.40	0.6	14	17.7	1.4	湿矿渣
5	400	1:1.83:2.73	0.43	3.5	7	20.4	1.2	湿矿渣
6	420	1:1.71:2.60	0.41	1.5	15	24.9	2.0	湿矿渣
7	380	1:1.56:3.01	0.54	2.0	—	22.4	1.4	湿矿渣
8	380	1:1.68:2.98	0.53	4.0	—	20.8	2.2	湿矿渣
9	400	1:1.27:3.25	0.41	5.0	—	21.4	1.0	湿矿渣
10	450	1:1.06:2.92	0.38	—	10.6	21.7	1.4	湿矿渣

全矿渣防水混凝土参考配合比 表4-64

序号	全矿渣防水混凝土材料组成(kg/m³)								坍落度(MPa)	28d抗压强度(MPa)
	水泥			水	矿砂	矿块	尾矿粉	木质素磺酸钙		
	品种	等级	用量							
1	矿渣	32.5	410	200	600	1 200	—	—	2.5	19.2
2	普通	52.5	270	190	740	1 180	100	—	2.5	16.4
3	矿渣	32.5	310	200	770	1 011	100	1.24	—	12.4
4	矿渣	32.5	310	205	910	860	100	1.24	3.5	12.6
5	矿渣	32.5	310	200	770	1 000	100	1.24	2.5	14.1
6	矿渣	32.5	310	220	970	1 112	—	—	1.5	12.1
7	矿渣	32.5	310	200	779	1 011	100	—	1.5	13.4
8	矿渣	32.5	310	207	643	1 176	100	1.24	2.0	18.7
9	矿渣	32.5	310	200	779	1 011	100	—	—	10.9
10	矿渣	32.5	410	195	670	1 140	—	—	—	30.5

续上表

序号	全矿渣防水混凝土材料组成(kg/m^3)								坍落度(MPa)	28d 抗压强度(MPa)
	水泥			水	矿砂	矿块	尾矿粉	木质素磺酸钙		
	品种	等级	用量							
11	矿渣	32.5	410	200	600	1 200	—	—	2.5	30.9
12	矿渣	32.5	310	220	911	864	100	—	5.0	22.7
13	矿渣	32.5	310	222	970	905	—	1.24	2.0	19.1
14	矿渣	32.5	310	200	770	1 000	100	1.24	2.0	24.0
15	普通	52.5	361	191	660	1 170	—	1.24	4.5	44.2
16	矿渣	32.5	450	240	660	1 080	—	—	2.0	27.4
17	矿渣	32.5	310	197	620	1 150	100	1.24	4.5	25.6
18	矿渣	32.5	310	200	750	1 120	—	—	3.0	23.5
19	矿渣	32.5	310	188	770	1 000	100	1.24	3.5	28.2
20	矿渣	32.5	370	246	780	1 050	—	—	1.0	—

第八节　膨胀水泥防水混凝土配合比设计

膨胀水泥防水混凝土是指以膨胀水泥为胶结料配制而成的防水混凝土。

膨胀水泥防水混凝土是依靠水泥本身在水化硬化过程中形成大量体积增大的结晶体(如钙钒石、氢氧化钙),填充和堵塞了空隙,并产生了一定膨胀能,减少或消除混凝土体积收缩,改善混凝土抗裂性,从而提高混凝土防水能力。适用于地下工程和地上防水构筑物、山洞、非金属油罐和主要工程的后浇缝。

一、原材料技术的要求

(一)水泥

水泥为膨胀水泥,主要品种见表4-65。

膨胀水泥的主要品种　　表4-65

品　种	配　　方	膨　胀　源	固相体积膨胀倍率	产　品　名　称
硫铝酸钙型	在水泥中加入一定数量的以下任一组分均可: 1.矾土水泥+石膏; 2.明矾石+石膏; 3.无水硫铝酸钙	水化硫铝酸钙(钙矾石) $3CaO \cdot Al_2O_3$ $3CaSO_4 \cdot 32H_2O$	1.22~1.75倍	石膏矾土膨胀水泥、硅酸盐膨胀水泥、明矾石膨胀水泥、硫铝酸钙膨胀水泥
氧化钙型	在硅酸盐水泥中加入以下任一组分即可: 1.3%~5%过烧石灰; 2.生石灰+有机酸抑制剂	氢氧化钙 $CaO + H_2O \rightarrow Ca(OH)_2$	0.98倍	浇筑水泥、脂膜石灰膨胀剂

此外还有氧化镁型、铁型和铝型膨胀水泥。

(二)集料与水

技术要求同普通混凝土。

二、配合比设计

膨胀防水混凝土的配合比设计与普通混凝土相同。所用的膨胀剂和水泥质量之和为每 $1m^3$ 混凝土的水泥用量，铁屑膨胀剂的质量不计入水泥用量内。要求水灰比不大于 0.60，每 $1m^3$ 水泥用量不少于 350kg。表 4-66 所示“膨胀水泥防水混凝土配制要求”可供配合比设计时参考。

膨胀水泥防水混凝土配制要求　　表 4-66

项　目	技术要求	项　目	技术要求
水泥用量（kg/m^3）	350～380	坍落度（mm）	40～60
水灰比	0.5～0.52 0.47～0.5（加减水剂后）	膨胀度（%）	<0.1
砂率（%）	35%～38%	自应力值（MPa）	0.2～0.7
砂子	宜用中砂	负应变（mm/m）	注意施工与养护，尽量不产生负应变，最多不大于 0.2%

三、常用施工配合比

膨胀水泥种类很多，现将常用的石膏矾土膨胀水泥砂浆、混凝土配合比介绍如下。

（一）补强及预制构件锚接工程

1. 水灰比≤0.5；

2. 水泥用量：

（1）砂浆：水泥：砂≤1：2；

（2）混凝土：水泥用量≥400kg/m^3。

（二）堵漏（堵漏混凝土或钢筋混凝土漏水裂缝或洞穴）

1. 水灰比≤0.5；

2. 水泥用量：

（1）砂浆：水泥：砂：≤1：2。

（2）混凝土：水泥用量≥400kg/m^3。

（三）砂浆防水层工程

1. 防水砂浆：水泥：砂≤1：3；

2. 防水混凝土：水泥用量≥350kg/m^3。

（四）参考配合比

相关参考配合比见表 4-67、表 4-68 所列，供配合比设计和施工参考。

膨胀水泥混凝土的参考配合比　　表 6-67

混凝土强度等级	配合比	水灰比	砂率（%）	坍落度（cm）		混凝土用料量（kg/m^3）				MF 掺量（%）	备注
				出料	15min 后	水泥	砂	石子	水		
C30	1：1.47：2.64	0.44	36	12～14	10～12	450	662	1 188	198	0.50	泵送
C30	1：1.40：2.71	0.43	35	10～12	7～8	450	630	1 220	193	0.50	人工

膨胀水泥防水混凝土的配合比及抗渗性　　表 4-68

水泥品种	水泥用量 (kg/m^3)	配合比 (水泥:砂:石)	水灰比 (W/C)	养护龄期(d)	混凝土的抗渗性			抗渗介质
					抗涌压力 (MPa)	恒压时间 (h)	渗透高度 (cm)	
AEC 水泥	360	1:1.61:3.91	0.50	28	3.6	8.00	13	水
	350	1:2.13:3.20	0.52	28	1.0	11.6	1~2	汽油
	380	1:1.28:2.83	0.52	28	2.5	11.0	13~44	水
CSA 水泥	400	1:1.73:2.66	0.52	28	3.0	11.0	1.2~2.5	水
普通水泥	370	1:2.08:3.12	0.47	28	1.2	8.00	12~13	水

第九节　补偿收缩混凝土配合比设计

补偿收缩混凝土绝大多数是用膨胀水泥制成的，是一种适度膨胀混凝土，就是用膨胀来抵消混凝土的全部或大部分收缩，因而避免或大大减轻混凝土的开裂。此外，补偿收缩混凝土还具有良好的抗渗性和较高的强度，所以它是一种比较理想的结构抗渗材料。

补偿收缩混凝土既可采用普通集料，也可采用轻质集料；既可用于现浇混凝土结构，也可用于预制构件和装配整体式结构。考虑到它不仅能抗裂，而且具有良好的抗渗性和早期强度高等特点，因而广泛用于地下建筑、液气储罐、屋面、楼地面、路面、机场、接缝和接头中。我国已将补偿收缩混凝土用于修建长 52.3m、宽 12m、高 2.6m 的地下人防建筑，1 000m^3 的砖砌轻油罐，纪念性工程中的后浇缝以及各种梁柱接头等，都收到较好的效果。补偿收缩混凝土的应用范围还会迅速扩大，将来在许多方面会取代普通混凝土。

一、原材料的技术要求

(一)水泥与膨胀剂

制备补偿收缩混凝土需利用膨胀水泥，或者掺入膨胀剂。我国与美国、前苏联等国皆利用膨胀水泥，而日本是利用掺入膨胀剂的办法来制备补偿收缩混凝土。

制备补偿收缩混凝土所用的膨胀水泥和膨胀剂，分为五种类型：硫铝酸钙类膨胀水泥（或膨胀剂）、氧化钙类膨胀剂、氧化镁类膨胀剂、氧化铁类膨胀剂和铝粉膨胀剂。其中用得最多的是硫铝酸钙类膨胀水泥（或膨胀剂），我国的硅酸盐自应力水泥、明矾石膨胀水泥、硫铝酸盐水泥、低热微膨胀石膏矿渣水泥等皆属此类，其他如美国的 K 型、M 型、S 型膨胀水泥和日本的 CSA 膨胀剂也属于这种类型。

1. 硫铝酸钙类膨胀水泥与膨胀剂

凡是由于产生硫铝酸钙水化物晶体（钙矾石）而发生膨胀的水泥和膨胀剂皆属此类。这类水泥水化反应生成钙矾石的方程式是：

$$6CaO + Al_2O_3 + 3SO_3 + 31H_2O \rightarrow 3CaO \cdot Al_2O_3 \cdot 3CaSO_4 \cdot 31H_2O$$

(1)明矾石膨胀水泥

明矾石膨胀水泥是用未经煅烧的明矾石、无水石膏、粉煤灰（或水淬矿渣）与 52.5 级(600 号)普通水泥熟料共同粉磨制成。其成分是：普通水泥熟料 58% ~63%，天然明矾石 12% ~15%，天然无水石膏 9% ~11%，粉煤灰（或水淬矿渣）15% ~20%。水泥的细度，要求比面积为$(4\ 800 \pm 200)cm^2/g$,水泥中SO_3为6.5%～7.5%。

这种水泥28d的抗压强度可达70.0MPa,抗拉强度为4.0MPa以上,其膨胀性能符合补偿收缩混凝土的要求。当水泥用量为$400kg/m^3$时,14d潮湿养护(相对湿度大于85%),自由膨胀达$(10 \sim 11) \times 10^{-4}$,移入空气中90d,膨胀率减为$(7 \sim 8) \times 10^{-4}$。水泥用量为$350kg/m^3$时,14d潮湿养护的自由膨胀率为$(4 \sim 5) \times 10^{-4}$,移入空气中90d减为负应变$(2 \sim 3) \times 10^{-4}$(图4-8)。

当配筋率$\mu = 0.24\%$时,水泥用量$400kg/m^3$的补偿收缩混凝土,湿养护14d后的限制膨胀率达$(6 \sim 7) \times 10^{-4}$,相应的自应力值约为0.32MPa;移入空气中90d限制膨胀率减为3.3×10^{-4},剩余自应力0.18MPa(图4-9)。

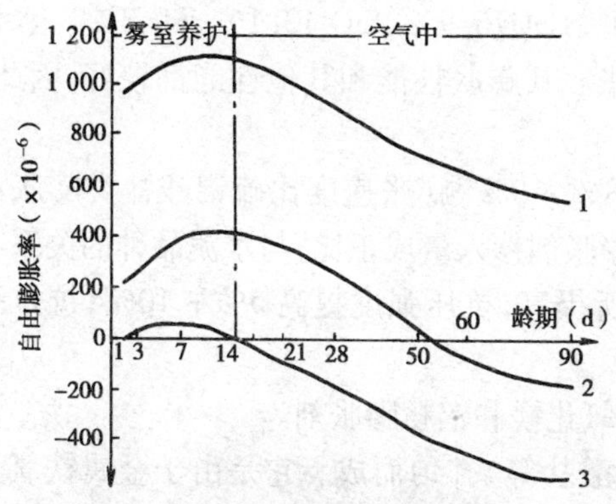

图4-8 明矾石水泥混凝土的自由膨胀率

1-明矾石水泥,$400kg/m^3$;2-明矾石水泥,$350kg/m^3$;3-普通水泥,$247.5kg/m^3$

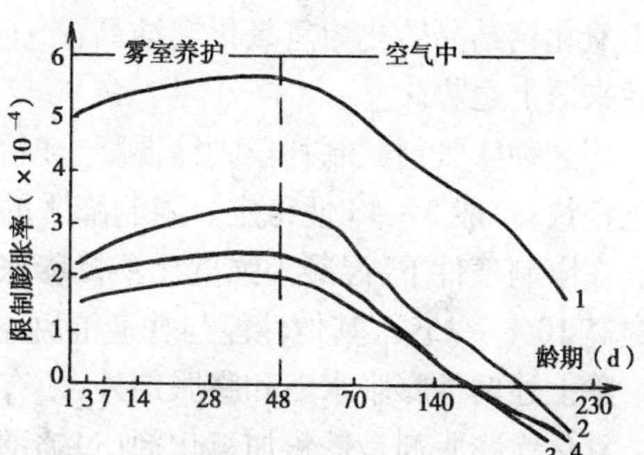

图4-9 明矾石水泥混凝土的限制膨胀率

1-$\mu = 0.24\%$;2-$\mu = 0.56\%$;3-$\mu = 1.08\%$;4-$\mu = 1.57\%$

明矾石水泥混凝土有良好的抗渗性,能承受2.5MPa的水压,相同水泥用量的普通水泥混凝土,只能承受1.2MPa的水压。此外,明矾石水泥的水化热较低,故有利于冷缩的补偿。明矾石水泥混凝土中没有钢筋锈蚀的问题,其他性能也与普通水泥混凝土相近,因此作为一种补偿收缩用的水泥混凝土是有很大发展前途的。

(2)硅酸盐自应力水泥

我国于1957年试制成功硅酸盐自应力水泥,主要用来制作应力压力管。后于1974年调整了这种水泥的膨胀组分,使其配合比改为:水泥熟料85%～88%,矾土水泥6%～7.5%,二水石膏6%～7.5%。制成适于补偿收缩的膨胀水泥,用作屋面刚性防水层,收到良好的效果。当水泥用量为$360 \sim 380kg/m^3$时,混凝土在C20以上,根据膨胀组分的多少自由膨胀率可达$(5 \sim 25) \times 10^{-4}$,限制膨胀率最大达$(2 \sim 5) \times 10^{-4}$,能够满足补偿收缩混凝土的防渗和防止开裂的要求。

(3)低热微膨胀石膏矿渣水泥

这种水泥是介于矿渣硅酸盐水泥与石膏矿渣水泥之间的一种水泥。其配合比为:普通水泥熟料15%,水淬矿渣77%,烧石膏8%。该水泥的特点是水化热低与微膨胀,7d的水化热只为159～175.8J/g,比矿渣大坝水泥低41.8～62.8J/g,并且升温较慢,持续时间较长,有利于冷缩的补偿。当水泥用量为$233kg/m^3$时,自由膨胀率为3×10^{-4},5d内膨胀基本结束。在限制条件下,自应力值为0.33MPa,在空气中存放110d,残余自应力仍有0.07MPa。由于同时具有低热与微膨胀两个特点,特别适用于大体积混凝土的冷缩补偿。

(4)硫铝酸盐早强－微膨胀－自应力水泥

这种水泥是以无水硫铝酸钙和硅酸二钙为主要矿物组成的熟料,外掺二水石膏制成。按石膏掺量的多少，分别得到早强、微膨胀和自应力三种特性。当石膏掺量为1~1.5g·mol时，适用于补偿收缩混凝土。

这种水泥的缺点是抗风化能力差，储运时必须注意防潮。

属于这一类的，还有美国应用较多的K型水泥、S型水泥和日本用来配制补偿收缩混凝土的硫铝酸钙膨胀剂。日本没有膨胀水泥，均以膨胀剂直接掺入搅拌机中使用，当制备补偿收缩混凝土时，掺量为7%~11%。

2. 氧化钙类膨胀剂

这种膨胀剂是日本研制成功的，它是用石灰石、黏土和石膏作原料，而不用价格高来源少的白矾土，因而可以降低成本。它的主要化学成分是：CaO76.9%，$SiO_2$13.1%，$SO_3$3%。水化时由氧化钙结晶转化为氢氧化钙结晶，产生体积膨胀。其膨胀性能和其他性能都较好，因此，有后来居上之势。

用这种膨胀剂配制补偿收缩混凝土时，掺量为8%~9%，膨胀速度比硫铝酸盐类膨胀混凝土稍快，一般3~4d便稳定。限制膨胀的大小与膨胀剂掺入量成正比，与水泥品种的关系不大。在限制条件下，混凝土强度比不掺膨胀剂的有所提高，抗压强度提高5%~10%，抗拉强度提高10%~15%，其他性能与普通混凝土相近。

除上述两类膨胀水泥和膨胀剂外，还有氧化铁、氧化镁和铝粉膨胀剂。

氧化铁膨胀剂是铁粉加氧化剂（过铬酸盐、高锰酸盐等）拌匀而成。它是由于金属铁氧化而产生体积膨胀的。其优点是耐热性好，膨胀稳定较早，适用于干热环境中。

氧化镁膨胀剂是白云石经800~900℃煅烧后粉磨而成。由于氧化镁水化生成氢氧化镁，体积增大而造成混凝土膨胀，常用掺量为5%~9%。

铝粉膨胀剂是金属铝粉加分散剂而制成。掺入混凝土中，加水后产生氢气，发泡而引起体积膨胀。但由于掺量少，不易均匀，且干缩率较大，强度降低，已很少应用。

（二）集料和水

选择集料应使其不对膨胀率和干缩率带来不利影响。如砂岩集料就会降低膨胀率，海砂则会加大干缩率。一般情况下集料采用间断级配有利于提高膨胀性能，水与普通混凝土相同。

（三）外加剂

外加剂如引气剂、氯化钙、缓凝剂等技术要求参见外加剂篇。

外加剂的选用应慎重，一般需通过试验后才能使用。引气剂的掺量和效果，都与普通混凝土相似。

氯化钙一般不宜掺用，如掺量超过1%，将会显著地减少膨胀率和增加干缩率。

缓凝剂也能减少膨胀率和增加干缩率。通过试验证明无其他不良影响时方可使用。

二、配合比设计

进行补偿收缩混凝土配合比设计时，除应遵守普通混凝土关于原材料、配合比设计等方面的要求外，尚应针对补偿收缩混凝土的特点，注意下列事项。

（1）补偿收缩混凝土的需水量较大，所以拌和水应比相同坍落度的普通混凝土多10%~15%。但是增加水量会增大水灰比，使膨胀率减少和干缩增加，所以应在操作条件允许的前提下尽量少加水，或掺加减水剂以减少加水量。

（2）减水剂能加快钙矾石的生成，将会减少膨胀率。但在明矾石膨胀水泥混凝土中，掺加水泥质量0.5%的MF减水剂，可以降低水灰比10%，而且可以改善和易性，增加早期强度和稍增加限制膨胀率，所以是可以掺用的。

(3)普通混凝土的水灰比法则也同样适用于补偿收缩混凝土，美国混凝土学会提出的强度与水灰比的大致关系，如表4-69所示。

我国常用的明矾石膨胀水泥混凝土，当水灰比为0.52、水泥用量为350kg/m^{3}时，28d抗压强度大于30MPa，后期强度还有较大的增长，6个月的强度为28d强度的150%。在限制条件下强度还能增加约10%。

强度与水灰比的关系 表4-69

28d抗压强度(MPa)	水灰比		28d抗压强度(MPa)	水灰比	
	不加气	加气		不加气	加气
42	0.42~0.45	—	28	0.60~0.63	0.50~0.53
35	0.51~0.53	0.42~0.44	21	0.71~0.75	0.62~0.65

(4)进行补偿收缩混凝土的配合比设计时，可以采用试配法。即首先通过3~4个水灰比找出强度和水灰比的关系曲线，再根据要求的强度来选定水灰比；按选定的水泥用量(不少于280kg/m^3)来计算加水量，最后再根据选定的砂率(可略低于普通混凝土)，来计算试配用的混凝土配合比。

进行试配时，要核对坍落度，并制作强度试件、自由膨胀率试件和限制膨胀率试件。当强度和膨胀率均符合设计要求时，再经过现场试拌进行调整，便可确定工程采用的配合比。

三、注意事项

进行配合比设计时，尚需注意下述影响补偿收缩混凝土性能的有关问题。

1. 限制膨胀率 ε_2

限制膨胀率是补偿收缩混凝土最为重要的性能。在采用"试验—估算"法进行补偿收缩混凝土设计时，为了使补偿收缩混凝土的性能符合设计要求，常需要做一些试验和调整，为此需了解影响其限制膨胀率的因素。在这方面国内外都做了许多试验，一般来说，除水泥与集料的品种和性能外，影响的因素还有限制程度(配筋率)、自由膨胀率、水泥用量、水灰比、膨胀剂掺量、养护条件、外加剂、拌和及捣实方法等，其影响如图4-10~图4-13所示。

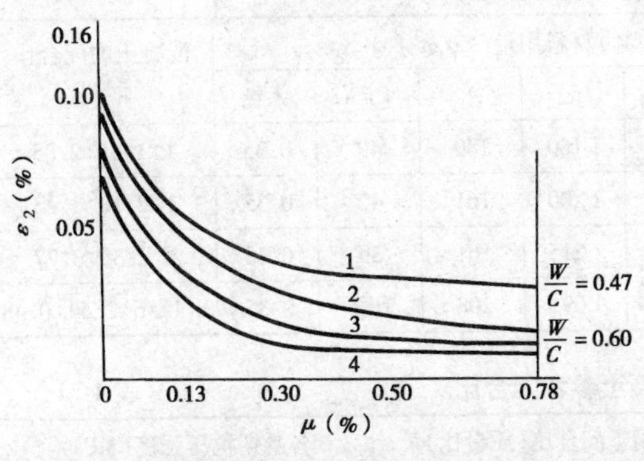

图4-10 配筋率、水灰比、水泥用量对限制膨胀率的影响

1-K型水泥，417kg/m^3；2-K型水泥，417kg/m^3；3-K型水泥，362kg/m^3；4-K型水泥，306kg/m^3

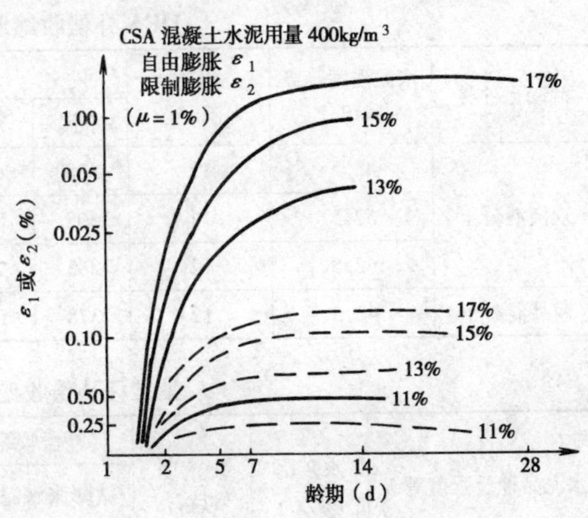

图4-11 膨胀剂掺量对限制膨胀率的影响

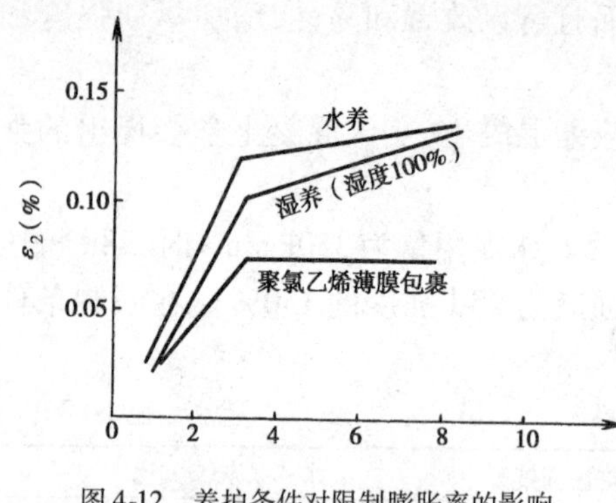

图4-12　养护条件对限制膨胀率的影响

2. 自由膨胀率 ε_1

自由膨胀率对限制膨胀率有一定影响，$\varepsilon_1/\varepsilon_2$ 比值为2～10，视水泥种类、限制程度和龄期等而变化。

自由膨胀率太大时，混凝土的强度和耐久性会显著降低，在钢筋混凝土中甚至会使钢筋保护层脱落。所以为了保证补偿收缩混凝土的性能，对自由膨胀率应加以适当地控制。

影响自由膨胀率的因素，有水泥与集料种类、水泥用量、膨胀剂掺量、养护条件及拌和方法等，如图4-14所示。

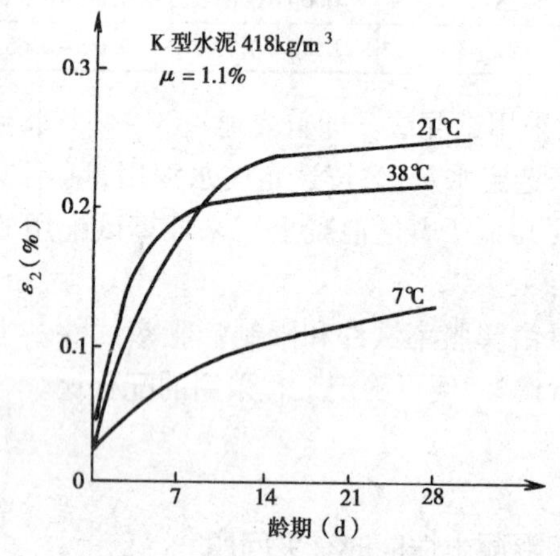

图4-13　养护温度对限制膨胀率的影响

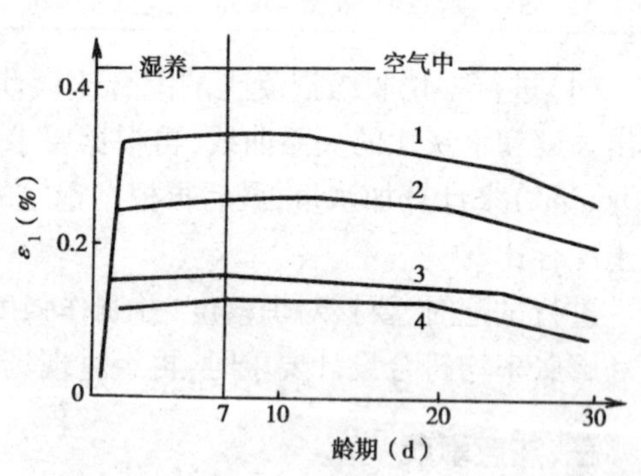

图4-14　水泥用量对自由膨胀率的影响
1-水泥用量533kg/m³；2-414kg/m³；3-325kg/m³；4-266kg/m³

四、参考配合比

表4-70中列出了UEA补偿收缩混凝土配合比参考表、表4-71中列出了某工程补偿收缩混凝土参考配合比，表4-72中列出了石膏高铝膨胀水泥补偿收缩混凝土配合比，表4-73中列出了某工程浇筑水泥混凝土配合比，均可供补偿收缩混凝土配合比设计和施工中参考。

UEA补偿收缩混凝土配合比参考表　　表4-70

混凝土种类	水泥强度等级（MPa）	UEA（%）	单方材料用量（kg/m³）						混凝土的配合比（质量比）
			水泥	砂	石子	水	UEA	木钙	
现浇混凝土	42.5	12	358	655	1 160	180	49	0.35	1∶1.61∶2.85
	52.5	12	308	736	1 200	161	42	0.35	1∶2.10∶3.43
	62.5	12	283	746	1 215	161	39	0.35	1∶2.32∶3.77
商品混凝土	42.5	12	378	669	1 091	208	51.6	0.35	1∶1.56∶2.54∶0.48

某工程补偿收缩混凝土参考配合比　　表4-71

水泥品种及强度等级	水灰比（W/C）	坍落度（cm）	补偿收缩混凝土配合比（质量比）			各龄期抗压强度（MPa）			
			微膨胀水泥（100%）水泥∶明矾∶石膏	砂	石子	1d	3d	7d	28d
江苏嘉华熟料（52.5）	0.350	5.6	100∶0∶0	1	—	19.6	—	48.6	81.0

续上表

水泥品种及强度等级	水灰比（W/C）	坍落度（cm）	补偿收缩混凝土配合比（质量比）			各龄期抗压强度（MPa）			
			微膨胀水泥（100%）水泥：明矾：石膏	砂	石子	1d	3d	7d	28d
江苏嘉华熟料（52.5）	0.418	8.0	96：2：2	1	—	16.8	—	42.1	60.1
普通水泥（42.5）	0.390	4.0	96：2：2	1	—	—	34.3	54.1	57.7
普通水泥（42.5）	0.360	1.0	96：2：2	0.564	1.52	—	30.6	39.8	49.5

石膏高铝膨胀水泥补偿收缩混凝土配合比 表4-72

补偿收缩混凝土种类	配合比（质量比）	水灰比（W/C）	坍落度（cm）	混凝土抗压强度（MPa）			抗裂等级
				1d	3d	28d	
补偿收缩水泥砂浆	水泥：砂＝1：1	0.33	2～4	33.4	36.2	42.8	＞P10
	水泥：砂＝1：2	0.35	2～4	29.4	33.9	42.2	
	水泥：砂＝1：2	0.40	—	—	—	—	
	水泥：砂＝1：3	0.45	2～4	22.3	25.9	37.1	
补偿收缩水泥混凝土	水泥：砂：石子＝1：1.32：3.74	0.40	5～7	33.6	38.2	41.5	—
	水泥：砂：石子＝1：1.85：3.90	0.50	5～7	30.1	32.5	36.2	—
	水泥：砂：石子＝1：2.82：5.50	0.65	3.0	—	—	—	＞P12
	水泥：砂：石子＝1：1.76：4.20	0.47	3.0	—	—	—	＞P12

某工程浇筑水泥混凝土配合比 表4-73

补偿收缩混凝土种类	配合比（质量比）	水灰比（W/C）	坍落度（cm）	各龄期补偿混凝土抗压强度（MPa）			
				1d	3d	7d	28d
补偿收缩水泥砂浆	水泥：砂＝1：1.5	0.30	0～1	14.6	38.8	54.0	79.4
	水泥：砂＝1：1.5	0.41	5～7	8.0	29.1	37.8	59.0
	水泥：砂＝1：2.0	0.36	0～1	10.4	29.5	39.1	69.7
	水泥：砂＝1：2.0	0.48	5～7	5.4	21.0	—	57.5
补偿收缩水泥混凝土	水泥：砂：石子＝1：1.26：3.76	0.39	0～1	—	22.0	—	48.1
	水泥：砂：石子＝1：1.18：2.38	0.39	3～5	—	24.7	—	51.1
	水泥：砂：石子＝1：1.57：4.47	0.45	0～1	—	19.5	—	55.6
	水泥：砂：石子＝1：1.40：3.77	0.45	3～5	—	14.6	—	42.0

第十节　掺铝粉的微膨胀混凝土配合比设计

在建筑工程中,混凝土结构的缺陷修补、装配式结构接头灌缝和有防水抗渗要求的混凝土结构的修补,都需要微膨胀混凝土。我国的水泥品种系列中有各种具有微膨胀性能的特种水泥,但施工或建设单位通常不储存这类水泥,必要时施工部门须自行配制微膨胀混凝土。

一、原材料的选择

(1)优先选用早强型硅酸盐水泥,其3d抗压强度值可达28d抗压强度值的52%以上。适当提高试配强度等级,即可在短期内获得所需的强度。采用其他品种的水泥时,也可在混凝土内加入早强剂或高效减水剂以提高混凝土的早期强度。

(2)优先选用较大粒径的石子。通常采用机碎石比采用卵石配制的混凝土强度要高些,抗渗效果要好些。同时要求石子颗粒级配合理,含泥量不应大于1%。

(3)用于接头浇筑或结构修补的混凝土,通常设计强度等级较高,因此水泥用量也较高。为了使混凝土易于捣固,必须采用较大的砂率。以采用中粗砂为宜。砂石中均不得含有成块状的泥团。

(4)采用普通自来水,施工中要控制混凝土的坍落度。坍落度大的混凝土在硬化过程中将产生较大的收缩,给工程质量带来不利影响,因此要控制混凝土的单位用水量。坍落度以不大于3cm为宜。由于铝粉颗粒极细,密度较小,当混凝土的坍落度过大时,铝粉集中漂浮在混凝土拌和料表面,会降低其作用。

(5)采用铁粉或铝粉作膨胀剂。铝粉比较容易得到,铝粉在与水泥中的碱集料反应时释放气体,使新拌混凝土体积膨胀。这个反应从混凝土加水搅拌开始直至凝固,气体的发生与形成与水泥的细度、混凝土的水灰比、施工时的温度以及铝粉的细度和掺量有关。铝粉越细,反应放出的气体数量越多;铝粉的掺入量较大时,混凝土的体积膨胀量也较大。如果掺量控制适当,可以利用其微膨胀作用,使新老混凝土紧密连成一体,又不致显著降低混凝土的强度。在用作防水工程修补时,也可保证新老混凝土结合面密实不透水。用作微膨胀外加剂的铝粉,细度要求能全部通过4 900孔/cm^2的标准筛,含铝量应在96%以上。

二、配合比设计

下面以一个具体工程的应用实例介绍掺铝粉微膨胀混凝土配合比设计方法。

某工程混凝土孔洞修补需配制微膨胀混凝土,膨胀剂采用铝粉,坍落度控制在3cm以内,要求混凝土3d强度能达到30MPa。根据以上要求,试配时每m^3混凝土中各种材料用量如下:

自来水	195kg
冀东52.5R级硅酸盐水泥	443kg
中粗砂	622kg
豆石	1 180kg

为了探索不同掺量的铝粉对硬化过程中的混凝土的体积变化的影响,试验时铝粉采用两种不同的掺量,分别为水泥质量的0.005%与0.01%。

按以上配合比配制的混凝土,砂率合理,拌和物稠度很好,但坍落度偏大,为4.5cm。

将采用同一配合比配制的不掺铝粉的混凝土试块在标准条件下养护:以测定其早期强度

发展规律，测定结果如下：

$f_{cu,1}=7.6\text{MPa}$，为预定强度的25%；

$f_{cu,2}=18.5\text{MPa}$，为预定强度的62%；

$f_{cu,3}=28.4\text{MPa}$，为预定强度的95%。

根据以上试验，结合现场施工条件，确定每m^3混凝土中各种材料用量为：

自来水	190kg
冀东52.5R级硅酸盐水泥	452kg
中粗砂	628kg
豆石	1 170kg

铝粉按水泥质量的0.01%加入。

由于施工期已进入初冬，尚需加入以下外加剂：

硫酸钠　　按水泥量2%

亚硝酸钠　按水泥量2%

采用人工拌和，拌和用水应略加热，坍落度按3cm控制。

三、配合比膨胀率测定

根据设计配合比配制的混凝土，其膨胀率可采用以下方法测定：按常规方法成型混凝土试块，待初凝（成型后2h）后细心抹压混凝土表面，为避免混凝土在硬化过程中可能产生的收缩影响测试结果，在抹压时使混凝土表面高出试模边缘2mm，然后在混凝土表面覆盖涂抹了脱模剂的平板玻璃，再在平板玻璃上支百分表。混凝土在硬化过程中的体积膨胀或收缩，必然在混凝土试块的高度方向产生一个微小变化，而这一微小变化量可以通过百分表检测出来（精确到0.01mm），这个值与试块原边长的比值称作混凝土的线性膨胀（收缩）率。试块使用边长为10cm的试模制作。

不掺铝粉的混凝土在硬化过程中体积将有所收缩。作为对比，在测定掺铝粉混凝土的线性膨胀率的同时也测定不掺铝粉混凝土的线性收缩率。

进行膨胀（或收缩）性能测定的混凝土试块，成型后置于干燥环境中养护，平均养护温度为13℃，2h后开始测定，结果如表4-74所示。

线性变形测定结果　　表4-74

铝粉掺量（%）	百分表编号	测定用百分表读表						变形计算	
		1	2	3	4	5	6	3~1	6~1
		2h	6h	10h	20h	24h	48h	最大值	最终值
0	1	6.150	6.061	6.063	6.060	6.060	6.060	-0.111	-0.112
	2	6.645	6.515	6.510	6.510	6.512	6.511		
0.005	3	0.100	0.110	0.121	0.085	0.080	0.080	0.069	0.029
	4	0.582	0.680	0.699	0.660	0.659	0.660		
0.01	5	0.695	0.818	0.845	0.790	0.791	0.790	0.210	0.163
	6	0.180	0.418	0.450	0.390	0.390	0.410		

(1)不掺铝粉的混凝土,硬化过程中体积略有收缩,6h后收缩量逐渐趋于稳定。

(2)掺铝粉0.005%的混凝土硬化过程中的体积略有膨胀,10h后线性膨胀达到最大值,尔后略有下降并逐渐趋于稳定。

(3)掺铝粉0.01%的混凝土硬化过程中的线性膨胀率比掺铝粉0.005%的混凝土的线性膨胀率大。两种掺量的混凝土的线性膨胀规律一致。

(4)铝粉的掺量与混凝土的线性膨胀量有密切关系。铝粉掺量较高时,所引起的混凝土的体积膨胀也较大。

(5)使用铝粉作为膨胀剂配制的混凝土不能克服混凝土在硬化过程中由于游离水的蒸发或其他原因而引起的体积收缩,但减少拌和用水量后,这种收缩可得到有效控制。

(6)掺铝粉混凝土的体积膨胀虽然在10h后略有下降,但最终仍表现为明显的膨胀。

四、注意事项

(1)工业用铝粉往往含有油脂,用于混凝土工程施工时必须脱脂。脱脂可采用烘烤法或洗涤法。如用烘烤法,只需将铝粉置于180~200℃的温度下烘烤4h即可。铝粉是易燃品,烘烤时应注意使铝粉与火花或明火保持一定距离,并严格控制温度。万一着火,应用砂子扑灭,不得用水。洗涤法是将铝粉置于容器内,加入少量热水,同时加入铝粉质量的1/3的洗衣粉,然后充分搅拌直至铝粉均匀沉散于水中即可,此方法既简单又安全。

(2)预先剔除原有不密实混凝土,用钢丝刷清除表面尘土杂物。

(3)基层表面应洒水湿润,但不宜浇水,也不应留有积水。

(4)混凝土应背风拌和,以免铝粉飘散。先将铝粉与水泥及砂子充分拌匀再加入其他材料,严格控制混凝土坍落度及铝粉的掺量。

(5)修补时可采用分层施工,每层都应用钢钎仔细捣固密实。

(6)模板支撑要可靠,以免因混凝土体积膨胀导致模板起拱,从而影响下一道工序的施工。修补完毕后将口封严。

(7)加强混凝土的早期养护,以免混凝土在硬化过程中由于干燥或水化不充分而引起体积收缩导致修补失败。如在冬期修补还应防止混凝土早期受冻破坏。

第十一节　耐酸混凝土配合比设计

典型耐酸混凝土是以水玻璃为胶结料,加入固化剂和耐酸集料或另掺外加剂按一定比例配制而成。

耐酸混凝土具有优良的耐酸及耐热性能。除了氢氟酸、热磷酸和高级脂肪酸以外,它能耐几乎所有的无机酸、有机酸及酸性气体的侵蚀,并且在强氧化性酸和高浓度酸如硫酸、硝酸、铬酸、盐酸等的腐蚀下不受损害。同时,耐酸混凝土还能经受高温的考验,在采用耐热性能好的集料时,其混凝土的使用温度可达1 000℃以上。由于上述特点,耐酸混凝土不仅可解决一般工业设备及建筑物的抗酸性腐蚀问题,而且还可解决某些具有苛刻腐蚀条件的工程问题,而这往往是现有的一般有机高分子材料所不能胜任的。

一、原材料的技术要求

耐酸混凝土的原材料包括胶结料、固化剂、耐酸集料及外加剂。

（一）胶结料

水玻璃是耐酸混凝土的胶结料，是碱金属硅酸盐的玻璃状熔合物，其化学组成可用通式 $R_2O \cdot nSiO_2$ 表示（R——碱金属氧化物）。根据碱金属氧化物种类不同，主要可分为钠水玻璃和钾水玻璃两种。目前国内大量使用的是钠水玻璃，它是由石英砂（或粉）与碳酸钠（或硫酸钠）按一定比例混合后经 1 400℃熔融反应而制得。它是一种复杂的碱性胶体溶液，外观为白色，微黄或青灰色黏稠液体，不得混入杂质，其模数（SiO_2 与 Na_2O 的摩尔数的比值，即模数 = $\frac{SiO_2\text{ 含量}(90)}{Na_2O\text{ 含量}(90)} \times 1.032$）和密度对耐酸混凝土的性能影响较大。故在技术规范中规定水玻璃的密度应为 1.36 ~ 1.50，模数应为 2.4 ~ 3.0，但以 2.6 ~ 2.8 为准，相应的相对密度为 1.38 ~ 1.42。

市上出售的水玻璃模数为 1.8 ~ 3.0，密度为 1.28 ~ 1.45。如模数和密度不符合技术要求，则应进行适当调整，调整方法如下。

1. 调整水玻璃模数

如需提高水玻璃模数，可掺入可溶性的非晶质 SiO_2（硅藻土），其数量根据水玻璃模数及硅藻土中的可溶性 SiO_2 含量而定；如需降低水玻璃模数可掺入 NaOH。100g 水玻璃所需氢氧化钠的克数可由下式进行计算：

$$m_{\mathrm{NaOH}} = \left(\frac{s}{n'} - N\right) \times 80.02 \tag{4-43}$$

式中：s——每 100g 水玻璃中 SiO_2 的摩尔数；

N——每 100g 水玻璃中 Na_2O 的摩尔数；

n'——要求调整后的水玻璃模数，80.02 为由 Na_2O 换算成 NaOH 的系数。

2. 调整水玻璃密度

如需提高水玻璃的密度可加热使水分蒸发；如需降低水玻璃的密度，可加 40 ~ 50℃的热水。所调整的密度是否达到要求，可用波美密度计测出水玻璃的波美度（°Be′），再换算为密度，即密度 $r = \frac{145}{145 - °Be'}$。

（二）固化剂

作为水玻璃的固化剂，最常使用的是氟硅酸钠，其分子式为 Na_2SiF_6。

氟硅酸钠质量的好坏，主要看纯度和细度，纯度高者，含杂质较少，相应地可以减少 Na_2SiF_6 的用量。细度的大小与水玻璃的化学反应的快慢及是否完全有密切关系。因此，氟硅酸钠的主要技术指标，应符合表 4-75 的要求。

氟硅酸钠的主要技术指标 表 4-75

指标名称	指标	
级别	一级	二级
外观与颜色	白色结晶颗粒	允许浅灰或浅黄色
纯度（%）	≥95	≥93
游离酸（折合 HCl）（%）	≤0.2	≤0.3
Na_2O（%）	≤3.0	≤5.0
湿度（%）	≤1.0	≤1.2
水不溶物（%）	<0.5	
细度孔径 0.15mm（1 600 孔/cm^2）筛通过	全部	全部

注：氟硅酸钠如有受潮结块现象，应在不高于 60℃温度下烘干、研细、过筛。

(三)耐酸填料

耐酸填料主要由耐酸矿物(辉绿岩)、陶瓷、铸石或含石英质高的石料粉磨而成,要求其细度大、耐酸度(%)高,其主要技术指标应符合表4-76的要求。常用耐酸填料性能比较如表4-77所示。

耐酸填料的主要技术指标 表4-76

指标名称	指　标	指标名称		指　标
填料耐酸度	≥93%	细度	孔径0.20mm(900孔/cm^2)筛余	≤0.5%
湿　度	≤1%		孔径0.088mm(4 900孔1cm^2)筛余	≤15%

注:1.石英粉一般杂质较多,吸水性高,收缩性大,不宜单独使用,可与某质量的辉绿岩粉混合使用。

2.现有商品供应的69号耐酸粉,耐酸性能较好,但收缩性较大,成本较高。

常用耐酸填料胶泥的性能比较表 表4-77

性　能	辉绿岩粉	石英粉	瓷　粉	69号耐酸粉	石墨粉	硫酸钡粉	硅胶粉
外观	黑褐色	白色	白色	白色	黑色	白色结晶	白色结晶
吸水性	小	较大	较大	小	小	小	大
耐酸性	好	一般	较好	好	好	好	—
耐碱性	耐	不耐	不耐	—	耐	耐	不耐
耐氢氟酸	不耐	不耐	不耐	不耐	耐	耐	—
耐磨性	高	一般	一般	一般	较差	—	—
耐热性	高	一般	一般	一般	高	一般	—
导热性	一般	一般	一般	一般	好	—	—
收缩性	小	较大	一般	大	小	小	—
黏结力	高	一般	一般	高	高	低	—
成本(元/kg)	0.30	0.034	0.56	0.15	0.40	0.80	—

(四)耐酸粗细集料

对耐酸粗细集料的主要要求是耐酸度高、级配好和不含泥。用作耐酸粗细集料的岩石有石英质岩石、辉绿岩、安山岩、玄武岩及铸石等的碎石和砂,其主要技术指标,应符合表4-78和表4-79的要求。

耐酸粗细集料主要技术指标 表4-78

指标名称	细集料指标	粗集料指标	指标名称	细集料指标	粗集料指标
耐酸度	≥94%	≥94%	吸水率	—	≤2%
空隙率(自然装料)	≤40%	≤45%	浸酸后安定性	—	无裂缝,掉角
含泥量	不允许有	不允许有	外观检查	—	无风化和非耐酸夹层
湿度	≤2%	≤1%			

注:一般工程也可用黄砂,但需经严格筛洗,并做必要的耐腐蚀检验。

耐酸粗细集料的颗粒级配 表4-79

	细　集　料					粗　集　料		
筛孔尺寸(mm)	0.15	0.3	1.2	2.5	5	5	10	20
筛余量(%)	95~100	70~95	20~55	10~35	0~10	90~100	30~60	0~5

(五)外加剂

在水玻璃中掺入外加剂可以明显改善耐酸混凝土制品的各项性能,特别是抗渗性能,目前,国内外使用的外加剂大体可分为4类,其主要特性如表4-80所示。

外加剂分类及特性　　表4-80

分　类	代表化合物	主要特性
呋喃类有机单体	糠醇,糠醛丙酮,糠醇、糠醛混合物等	以呋喃环为基体,沸点在150℃以上,溶于水。在酸性催化剂(如盐酸苯胺)作用下,糠醇能缩聚成树脂
水溶性低聚物	多羟醚化三聚氰胺,水溶性氨基醛低聚物,水溶性聚酰胺等	均为有机低聚物,水溶性好,如多羟醚化三聚氰胺能与水以任何比例混溶,在酸性介质中可发生聚合反应
高分子化合物	水溶性环氧树脂呋喃树脂等	为黏稠状液体,由于树脂聚合度较高,于水玻璃中的分散状态比以上两类外加剂差
烷芳磺酸盐	木质素磺酸钙、亚甲基二萘磺酸钠等	属阴离子表面活性剂,粉状、易溶于水,其水溶液可均匀分散于小玻璃溶液中

二、配合比设计

根据对耐酸混凝土的基本要求,在设计配合比时必须考虑下面两点。

(1)应使耐酸混凝土具有良好的抗稀酸、抗水稳定性。

(2)应使耐酸混凝土具有适宜的强度。

以上两点同等重要,必须同时兼顾。不应单纯追求高强度,强度高并不一定就意味着其他性能好。例如,水玻璃用量少,混凝土的强度有所增长,但其密实度却降低了,达不到抗酸、抗水的目的。同样,强度低的耐酸混凝土也达不到抗酸、抗水的目的。混凝土强度低,主要是采用了模数低、密度小的水玻璃或者水玻璃用量过多,氟硅酸钠掺量不足以及混凝土在较低的环境下硬化等原因所引起的。在这些条件下,混凝土的抗稀酸、抗水、密实度、耐磨等性能都变坏。因此,耐酸混凝土的强度,一般为150~200MPa为佳。混凝土各组成材料的用量按下述的原则和数据选用。

(一)胶结料(水玻璃)

胶结料(水玻璃)用量应根据拌和物的粉料种类、细度和施工部位温度而定,以测定混凝土坍落度及维勃稠度确定。

胶结料(水玻璃)用量多少对混凝土的稠度及抗酸、抗水性能有很大的影响。用量过多,稠度差,不仅施工操作困难,特别是不易捣固密实,也达不到抗水的目的;用量多,稠度虽好,混凝土的抗酸、抗水的稳定性变坏。选择原则是在确保施工稠度情况下水玻璃用量尽量少。耐酸混凝土坍落度应力0~3cm,掺外加剂的耐酸混凝土的坍落度应为3~7cm。实际施工中可根据不同材质及施工部位对耐酸胺泥稠度作适当调整,以保证施工质量。耐酸砂浆圆锥体沉入度,用于砌筑时为3~4cm,用于涂抹时为4~6cm,通常每$1m^3$混凝土胶结料(水玻璃)用量控制在250~300kg。

（二）氟硅酸钠

固化剂 Na_2SiF_6 的理论用量根据下列反应方程式计算：

$$2Na_2O \cdot nSiO_2 + Na_2SiF_6 + 2(2n+1)H_2O = 6NaF + (2n+1)Si(OH)_4$$

由此得出：

$$G = 1.52\frac{V \cdot d \cdot C}{N} = 1.52\frac{PC}{N} \quad (4\text{-}44)$$

式中：G——氟硅酸钠用量（g）；

V——所用水玻璃的体积（mL）；

P——所用水玻璃的质量（g）；

d——水玻璃的相对密度；

C——水玻璃中氧化钠的含量；

N——氟硅酸钠的纯度（%）；

1.52——$1Na_2SiF_6$ 与 $2Na_2O$ 的分子量之比，即 Na_2O 换算成 Na_2SiF_6 之系数。

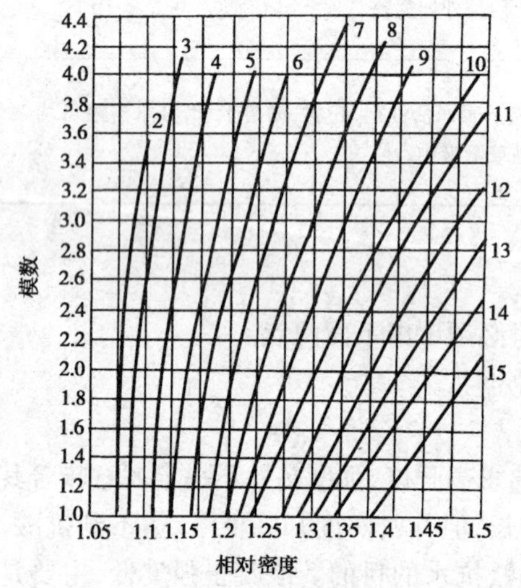

图 4-15　水玻璃模数、相对密度与 Na_2O 含量的关系

计算公式中，氧化钠的含量可由图 4-15 查出，图中曲线上标的数字表示氧化钠的百分含量。

氟硅酸钠的用量根据水玻璃模数、相对密度的大小而变化，模数低和相对密度大的水玻璃其氟硅酸钠的消耗量就大，反之则小。当水玻璃的模数、相对密度确定以后，氟硅酸钠的理论用量就是个定值，如表 4-81 所示。但是实际上，由于水玻璃与氟硅酸钠的化学反应一般是不能进行到底的，其最终反应率只能达到 70% ~80%，因此，通过性能试验得出，氟硅酸钠的实际用量以取理论用量的 90% ~100% 为宜。

由实践得知，氟硅酸钠掺量应以拌制时的温度确定，一般当水玻璃模数在 2.4 ~2.9，相对密度为 1.38 ~1.40 时，其掺量可按表 4-82 选择。

氟硅酸钠理论用量参考值（占水玻璃质量的百分数）　表 4-81

相对密度	模数					相对密度	模数				
	3.2	3.0	2.8	2.6	2.4		3.2	3.0	2.8	2.6	2.4
1.46	—	—	—	—	18.9	1.38	13.5	14.1	14.5	15.4	15.9
1.44	—	15.9	16.3	17.5	17.9	1.36	12.9	13.7	14.0	14.5	14.8
1.42	14.5	15.5	15.9	16.5	17.4	1.34	12.3	—	—	—	—
1.40	13.9	15.0	15.5	16.0	16.7						

氟硅酸钠掺量与拌制温度的关系　表 4-82

制备及养护温度（℃）	>25	25 ~15	15 ~8	备注
氟硅酸钠占水玻璃量（%）	13	15	7	氟硅酸钠纯度 >95%

(三)耐酸填料

耐酸填料起填充集料空隙使混凝土达到最大密实度的作用。耐酸填料用量少,混凝土塑性差,密实度降低,但填料用量过多时,会使混凝土混合料的黏性增大,不易浇捣密实,硬化后内部存在较多的气泡,从而抗渗能力差,吸水率大。填料用量过多或过少,都不能提高混凝土抗渗能力,填料用量一般以每 $1m^3$ 混凝土 400 ~ 550kg 为宜。

(四)粗细集料

粗细集料的用量一般对耐酸混凝土性能的影响,不如水玻璃、氟硅酸钠和耐酸粉三者用量的影响大。但集料的粒径不宜过大,并要求有良好的级配。砂率要求在 40% 以上才能保证耐酸混凝土有良好的密实度。当选择的比例在粉∶砂∶石 = 1∶1.2 ~ 1.5∶1.7 ~ 2.0,可使混凝土表观密度达 2 300 ~ 2 400kg/m^3。粗细集料的总用量可由每 $1m^3$ 耐酸混凝土总质量中减去水玻璃、氟硅酸钠和耐酸填料三者的用量求得。

(五)外加剂

各种外加剂的掺入量,根据混凝土或胶泥的性能测试数据选定,如表 4-83 所示。

外加剂掺量(质量计) 表 4-83

水玻璃	外加剂				
	糠醇单体	糠酮单体	多羟醚化三聚氰胺	木质素磺酸钙 + 水溶性环氧树脂	NNO
100	3 ~ 5	5	5 ~ 8	2 + 3	4 ~ 5

注:用糠醇时也可加入盐酸苯胺,用量为糠醇的 4%。

耐酸混凝土配合比,一般可参考经验配合比设计,然后通过试拌调整,最后确定出合适的配合比。表 4-84、表 4-85 所列配合比可供配合比设计时参考。

普通型耐酸混凝土配合比 表 4-84

材料名称		配合比(质量比)					
		水玻璃	氟硅酸钠	粉料		集料	
				铸石粉	铸石粉∶石英粉 = 1∶1	细集料	粗集料
耐酸胶泥	(1)	1.0	0.15 ~ 0.18	2.55 ~ 2.7	—	—	—
	(2)			—	2.2 ~ 2.4	—	—
耐酸砂浆	(1)	1.0	0.15 ~ 0.17	2.0 ~ 2.2		2.5 ~ 2.7	—
	(2)			—	2.0 ~ 2.2	2.5 ~ 2.6	
耐酸混凝土	(1)	1.0	0.15 ~ 0.16	2.0 ~ 2.2	—	2.3	3.2
	(2)			—	1.8 ~ 2.0	2.4 ~ 2.5	3.2 ~ 3.3

注:氟硅酸钠用量按水玻璃模数变动而调整,其纯度按 100% 计。

密实型耐酸混凝土配合比(质量比) 表 4-85

配方编号	材料类别	水玻璃	氟硅酸钠	铸石粉	石英砂	石英石	外加剂					
							糠醇单体	盐酸苯胺	糠酮单体	多羟醚化三聚氰胺	木质素磺酸钙	水溶性环氧树脂
1	混凝土	100	15	180	250	320	3 ~ 5	0.12 ~ 0.2	—	—	—	—
2	胶 泥	100	15	260 ~ 280	—	—	3 ~ 5	0.12 ~ 0.2	—	—	—	

续上表

配方编号	材料类别	水玻璃	氟硅酸钠	铸石粉	石英砂	石英石	外加剂					
							糠醇单体	盐酸苯胺	糠酮单体	多羟醚化三聚氰胺	木质素磺酸钙	水溶性环氧树脂
3	混凝土	100	15	185	260	330	—	—	—	5~8	—	—
4	胶　泥	100	15	270~285	—	—	—	—	—	5~8	—	—
5	混凝土	100	15	300	250	135	—	—	5	—	—	—
6	混凝土	100	18	210	230	320	—	—	—	—	2	3

注:1. 水玻璃相对密度为1.38~1.42。

2. 氟硅酸钠纯度按100%计。

三、耐酸混凝土的配制

(一)用耐酸水泥配制

国外耐酸水泥品种很多,如俄罗斯利用活性含硅物质生产了耐酸水泥和耐水耐酸水泥,同时利用钼铁矿渣作填充料,用硅氟酸钠作促凝剂配制成耐酸水泥。日本还制成了一种合成树脂水泥,能耐酸碱侵蚀。

利用上述耐酸水泥作胶凝料,用普通砂石作集料即可制成耐酸混凝土。

(二)用氟化剂或四氟化硅气体进行处理

1. 用氟化剂进行表面处理

氢氟酸、氢硅氟酸或其盐类可用作氟化剂,其分子式为 $RSiF_6$。使用时,将它做成水溶液涂于混凝土表面,表面上的钙化合物就发生下列反应:

$$3MgSiF_6+6CaCO_3=6CaF_2+3MgF_2+3SiO_2+6CO_2\uparrow$$

此时,可溶性的钙化物变为不溶性的氟化钙或硅氟化钙,填塞了混凝土表面的空隙,限制了氟化剂进一步深入混凝土的内部,因而只能在混凝土表面形成一层很薄的耐酸保护层。这种保护层不能长期受酸的作用,并且易磨损而削落,因此使这种耐酸混凝土的应用受到了限制。

2. 用四氟化硅气体进行处理

荷兰曾用四氟化硅气体在压力下处理混凝土,以提高其密实度和耐酸度。该方法称作"氟化硅压熏处理法"。

四氟化硅有两种制取方法:

(1)将 Na_2SiF_6 加热分解:在压力为53.2~93.1kPa的反应器内,加热至580~650℃,硅氟酸钠就产生下列反应:

$$Na_2SiF_6\rightarrow 2NaF+SiF_4\uparrow$$

(2)在60~70℃条件下以浓缩硫酸处理 Na_2SiF_6 和 SiO_2,在反应器内形成的无色气体,密度较空气大3.7倍。此法没有上述方法经济和简便。

处理方法:将气态 SiF_4 用压缩和通入气罐,然后再送入蒸压釜中。干燥的混凝土试件置于蒸压釜中,用真空泵将其中的空气抽空。蒸压釜内的最初气压为0.2~1.2MPa个大气压,试件在这种压力下存在时间为1~48h,SiF_4 的最大含量为87.4%。

所用的原料消耗量为:Na_2SiF_6 215kg,硅藻土60kg,H_2SO_4(相对密度为1.84)600kg。一个

工作循环能用 SiF_4 处理 1.5m^3 混凝土。

这一过程的特点是,四氟化硅与混凝土中所含的游离氧化钙起化学反应:

$$2CaO + SiF_4 = 2CaF_2 + SiO_2$$

这一方法的原理基本上与氟化剂处理方法相同,所不同的是氟化剂仅能处理混凝土的表面,其厚度只有 0.02 ~0.03cm,而 SiF_4 气体能深入混凝土内一定的厚度(约为 0.76cm),因而密实度与耐酸度都比上述方法好。

此外,试验证明,混凝土的湿度对 SiF_4 处理的效果起着决定性的影响。混凝土越干,空隙度越大,处理效果也越好。将不同剩余湿度的 3d 和 7d 的湿凝土试件在 0.6MPa 下进行 24h 氟化硅处理。当残余湿度为 4.7% ~4.8% 时,强度与标准试件相同,而当水分含量为 0.6% ~0.7% 时,强度增长 160% ~170%。

经氟化硅处理的混凝土试件的强度则随压力的增加而增长。将残余湿度为 1% 的 7d 和 14d 的混凝土试件,在 0.2 ~1.2MPa 下进行 4h 和 24h 的氟化硅处理。经过 7d 和 14d 的试件,在 0.2MPa 下强度增加 109% 和 65%,在 0.42MPa 下相应增加为 127% 和 53%,在 0.61MPa 下增加为 147% 和 93%,0.8MPa 下增加为 233% 和 108%,0.6 ~0.8MPa 以后强度基本上不再增长。

将残余湿度为 1% 的 7d 和 14d 混凝土试件,在 0.6MPa 下进行 1 ~2h 的 SiF_4 处理,可看出试件强度与处理时间的关系。7d 和 14d 试件强度经 1h SiF_4 处理为 48% 和 59%,2h 为 116% 和 88%,4h 为 129% 和 93%,24h 为 137.5% 和 138%。

氟化硅处理的效果实际上几乎与气体的浓度(20% ~70% 的)无关。气体浓度降低到 20% 时,对效果没有很大影响,但继续降低时,处理过程会减缓,因此蒸压釜内的气体含量应该增加,使 1L 混凝土不少于 25 ~30L SiF_4(换算成 100% 的气体),并使处理后,蒸压釜中的剩余气体仍含有若干 SiF_4。

由此可得出结论:氟化硅处理的混凝土空隙度越大,龄期越小,强度增长越多。在增加混凝土游离石灰含量和降低湿度时,处理效果增长 1.5% ~1.0%。强度的增长与 SiF_4 的浓度(20% ~70%)无关。

(三)用漆、树脂、沥青或地沥青涂刷表面

这种方法是加以薄的保护涂层,使混凝土不受酸类侵蚀,当酸性特别强时,则再加一层耐酸的板材面层,如需抵抗多种侵蚀性物质,还要再包以密封外层。如果保护层有一点空隙,侵蚀性溶液或气体就会侵入。此外,保护层又薄又易磨损,因此不能耐久和长期使用。

第十二节　耐碱混凝土配合比设计

碱性介质对混凝土的腐蚀有时以物理腐蚀为主,有时以化学腐蚀为主,有时则两种腐蚀同时存在。在一般生产条件下,物理腐蚀的可能性比较多。如当混凝土局部处于碱溶液中,碱液单侧毛细孔渗入,或者受碱液的干湿交替作用时都会发生这种腐蚀。化学腐蚀只是在温度较高、浓度较大和介质的碱性较强的情况下才易发生。

从上述两种腐蚀特征可知,如果能提高混凝土的密实度,物理腐蚀是可以防止的,这可用严格控制集料的级配,减少空隙率,降低水灰比或掺外加剂等方法实现;而化学腐蚀,主要是选择耐碱性的集料和磨细掺料,特别是提高水泥的耐碱性来实现。

耐碱混凝土可耐50℃以下、浓度25%的氢氧化钠和50～100℃、浓度12%的氢氧化钠和铝酸钠溶液的腐蚀，以及任何浓度的氨水、碳酸钠、碱性气体和粉尘等的腐蚀。

一、原材料的技术要求

(一)水泥

1. 硅酸盐水泥

水泥的耐碱性能主要取决于化学成分和矿物组成。水泥熟料的矿物组成中，硅酸三钙 C_3S 和硅酸二钙 C_2S 是耐酸性高的矿物，铁铝酸四钙次之。铝酸钙由于易为碱液所分解，故不耐碱。在水泥化学成分中氧化钙是耐碱的。至于氧化铝，只有和氧化铁（Fe_2O_3）等构成络合物，那一部分才是耐碱的，其余大部分是以铝酸盐的形式存在，其耐碱性最差。因此，在配制耐碱混凝土时最好采用32.5级以上的硅酸盐类水泥，其水泥熟料中的铝酸三钙含量不应大于9%。

2. 碳酸盐水泥

碳酸盐水泥成分中水泥熟料与石灰石含量各占一半，其化学成分如表4-86所示。

碳酸盐水泥化学成分　　表4-86

化学成分							相对密度	标准稠度
SiO_2	Al_2O_3	CaO	Fe_2O_3	MgO	SO_2	灼碱		
12.38	4.25	5.25	2.26	1.04	0.82	2.25	2.08	2.25

碳酸盐水泥和普通水泥物理性能比较如表4-87所示。

碳酸盐水泥和普通水泥的物理性能比较　　表4-87

品种	配合成分(%)				密度(kg/m^3)	标准稠度(mm)	安定性
	水泥熟料	石灰石	石膏	活性混合材			
42.5级硅酸盐水泥	85	—	—	<15	—	26.25	合格
42.5R级碳酸盐水泥	48	48	4	—	3.1	27.25	合格
32.5级碳酸盐水泥	50	50	—	—	2.88	28.00	合格

3. 其他水泥

矿渣水泥其成分基本与普通水泥相似，耐碱性能亦较好。但由于泌水性大，配制的混凝土密实性难以保证。如果采取适当措施，也能补偿其缺点，例如掺氢氧化铝密实剂，即能显著提高其耐碱性能。

矾土水泥和火山灰质水泥中含有大量的氧化铝和氧化钙，极不耐碱，故不能用于耐碱混凝土。

(二)集料

集料的耐碱性能主要决定于化学成分中的碱性氧化物含量高低和集料本身的致密性。用作耐碱混凝土的集料常采用石灰岩、白云岩和大理岩。对于碱性不强的腐蚀介质，亦可采用密实的花岗岩、辉绿岩和石英岩，这类火成岩虽然二氧化硅含量高，但由于分子的聚合度高，密实度大，所以其碎石或中等粒径的砂都具有一定的耐碱性。只有细粉状的火成岩在较高的温度下，才易被碱性溶液溶解。

由于耐碱混凝土的密实性要求较高，故对其集料级配的要求也比较严格，应按照图4-16进行级配选择。图中 F、E、D 为卵石混合集料级配曲线，GK 为碎石混合集料级配曲线。

（三）磨细掺料

磨细掺料主要是用来填充混凝土的空隙，提高耐碱混凝土的密实性。掺料也必须是耐碱的，一般采用磨细的石灰石粉，其细度应在 4 900 孔/cm^2 筛，筛余量不大于 25%，且粒径应小于 0.15mm。

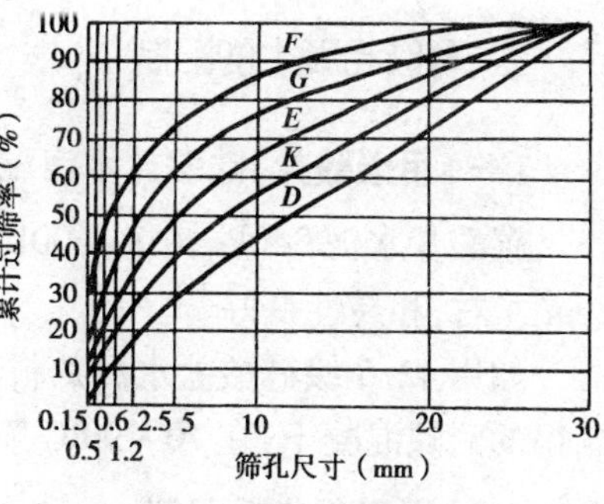

图 4-16　混合集料级配曲线图

二、配合比设计

配合比设计应重点考虑的参数如下。

（一）水灰比

耐碱混凝土的水灰比越小，耐腐蚀的能力越强。根据试验资料和施工经验，在常温情况下，当其他条件相同时，与各种氢氧化钠溶液相应的耐碱混凝土水灰比大致可控制在表 4-88 范围内。

碱浓度与水灰比相关表　　表 4-88

氢氧化钠浓度（%）	混凝土的水灰比	备　注
<10	0.60～0.65	1. 1m^3 用灰量不少于 300kg； 2. 水泥强度不低于 32.5 级
10～25	0.50～0.60	
>25	0.50 以下	

（二）硅酸盐水泥用量

1m^3 耐碱混凝土中硅酸盐水泥的用量一般不得少于 300kg。这个规定不利于节约水泥，应该控制总的粉细料用量（包括水泥和粒径小于 0.15mm 的磨细掺料）不少于一定数值，然后视其具体情况增减水泥用量。例如当耐酸度和强度要求不高时，就可保持粉细料总量不变的前提下，减少水泥用量而相应增加一部分磨细掺料，以达到合理使用和节约水泥的目的。根据经验，总的粉细料用量 1m^3 混凝土应不少于 400kg。水泥强度高其抗碱腐蚀的性能较强，这是因为同品种的水泥熟料中，高强度等级水泥中硅酸三钙含量较低强度等级的高，因此，耐碱性能较好，故耐碱混凝土中一般不采用低于 32.5 级的普通硅酸盐水泥。

耐碱混凝土配合比一般应根据工程技术要求，参考经验配合比进行设计，然后通过试验确定。表 4-89 所列配合比可供配合比设计时参考。

耐碱混凝土参考配合比　　表 4-89

项次	配合比（kg/m^3）：水泥 品种及强度等级	水泥 用量	石灰石粉	中砂	碎石 粒径（mm）	碎石 用量	水	坍落度（cm）	自然养护（d）	浸碱养护（d）	抗压强度（MPa）
1	42.5 级普通	360		780	5～40	1 170	178	5	28	14	21
2	42.5 级普通	340	110	600	5～40	1 120	182	5	24	28	23
3	52.5 级普通	330		637	5～15 5～40	366 855	188	—	—	—	30

注：1. 浸碱养护的碱溶液为浓度 25% 的氢氧化钠溶液。

2. 在混凝土中掺入三氯化铁或氢氧化铁，对提高耐碱性能亦有良好的效果。

三、耐碱混凝土的配制

(一)用碳酸盐、硅酸盐水泥配制

碳酸盐水泥340kg、中砂600kg,1~4cm卵石1 405kg,水150kg。制成混凝土的坍落度至2cm左右,和易性良好。

如用42.5级硅酸盐水泥熟料和破碎石灰石粉,按1∶1(质量比)相混合,并按上述配比所制得的耐碱混凝土,在70~90℃条件下能耐30%苛性钠溶液的作用。

(二)用耐碱集料配制

耐碱集料除应满足普通混凝土所有集料的要求外,还应具有良好的耐碱性能,至少不低于水泥耐碱性能(如采用卵石、碎石)。细集料应占有一定的比例,一般含砂率在45%~50%。集料中0.15mm以下的耐碱性能良好的磨细掺和料的数量以占集料总量6%~8%为最优。

采用耐碱集料制作的混凝土中,所用胶结料为强度等级52.5级的硅酸盐水泥(不得低于42.5级),最好是采用高强度水泥。水泥应有一定的细度,以保证具有良好的密实性,而增强防止溶液渗透的能力。同时不能使用过期或有结块的水泥。

除上述两种耐碱性混凝土外,还有各种耐碱水泥,如法国在水玻璃水泥中掺加一半能引起和控制水泥膨胀的氰氨金属化合物,制成了自硬性耐酸耐碱水泥。

日本公布一种合成树脂水泥,是在麸醇的水溶液中加入磷酸作催化剂,使其起缩合反应而制成麸醇低级聚合物,再加入氯化钙、生石灰、氧化锌的混合物,并根据需要再加入硅酸而制成的。这是一种耐酸、耐碱性能很好的水泥。

耐碱混凝土可用于制造氧化铝的过程中所用的金属槽,如分解槽、沉降槽、混合槽等槽壁,以代替钢材,并保证这些槽壁在100℃左右的温度下,在10%~15%的Na_2O溶液中,能经受机械搅拌、液体扩张等作用。

第十三节　耐油混凝土配合比设计

混凝土受油的侵蚀使其松软的原因,可能有三种情况:

(1)油质含有高分子量的有机酸,如油酸、硬脂酸以及脂族酸,由于有机酸或其他氧化物使油质酸值增加,与水泥中的氢氧化钙[$Ca(OH)_2$]起作用,生成相应的复盐而分解,引起混凝土松软。

(2)油逐渐渗入水泥石结构中,破坏水泥浆粗细集料之间的黏结力,导致混凝土疏软,强度降低。

(3)在混凝土尚未获得一定强度时,过早使混凝土受油质浸入,经过毛细孔隙的吸附和渗透作用,逐渐填充混凝土的毛细孔隙,包裹水泥颗粒,阻碍了水泥颗粒的充分水化,使混凝土后期强度增长受到影响。

耐油混凝土是外渗入氢氧化铁(或三氯化铁混合剂)配制而成。氢氧化铁是不溶于水的黏性胶状物质,能堵塞混凝土毛细孔隙,因而能有效地提高混凝土的不渗油性和强度。在石油、冶金工程中,常用来代替钢板建造抗油渗性很高的轻油缸、重油缸及耐油底板、地坪工程等,以节约大量钢材和陶瓷材料,并能把油缸建造在地下。

一、原材料的技术要求

(1)水泥:不低于42.5级硅酸盐水泥。

(2)粗细集料:粗集料采用5~40mm符合筛分曲线的碎石,空隙率应小于45%,石料应坚实,组织细致,吸水率小。砂子应通过0.5cm筛孔,细度模量应小于2.5,不含泥块杂质,砂石混合后的级配空隙率应小于35%。

(3)水:一般洁净水。

(4)氢氧化铁:用三氯化铁加氢氧化钠或氢氧化钙配制而成。

按计算每1kg纯的三氯化铁加0.74kg纯氢氧化钠(或0.68kg生石灰)可以制成0.66kg的纯氢氧化铁。制得的氢氧化铁含有较多的食盐,需用6倍于总配制量的清水分三次清洗、沉淀、滤净。

(5)三氯化铁混合剂:三氯化铁(固体或废液)掺加含有一定量木质素的木醣浆(固体含量33%)而成。

二、配合比设计

耐油混凝土的配合比通常参考经验配合比设计,然后通过试验确定。

耐油混凝土的设计参考配合比及技术性能见表4-90。根据上海地区经验,在配制混凝土时如加强集料的级配、捣固密实,不掺加化学材料,亦可制得抗油渗能力很高的混凝土。

耐油混凝土(砂浆)参考配合比 表4-90

配合比							抗压强度(MPa)		抗渗性	
42.5级硅酸盐水泥	砂	碎石	水	氢氧化铁	三氯化铁	木醣浆	$f_{cu,k}$	浸油(180d)	等级(MPa)	渗入深度(cm)
$\frac{370}{1}$	$\frac{644}{1.74}$	$\frac{1\,191}{3.22}$	$\frac{204}{0.55}$				281	381	0.4	15
$\frac{370}{1}$	$\frac{644}{1.74}$	$\frac{1\,191}{3.22}$	$\frac{204}{0.55}$	$\frac{7.4}{0.02}$			310	379	1.2	6~8
$\frac{370}{1}$	$\frac{644}{1.74}$	$\frac{1\,191}{3.22}$	$\frac{204}{0.55}$		$\frac{5.55}{0.015}$	$\frac{0.055}{0.001\,5}$	372	431	1.2	2~4.5
$\frac{550}{1}$	$\frac{1\,100}{1}$		$\frac{275}{0.50}$				344		0.1	3.5
$\frac{550}{1}$	$\frac{1\,100}{1}$		$\frac{275}{0.50}$	$\frac{11}{0.02}$			333		0.6	3.5
$\frac{550}{1}$	$\frac{1\,100}{1}$		$\frac{275}{0.50}$		$\frac{8.25}{0.015}$	$\frac{0.825}{0.001\,5}$	352		1.2	1~1.5

注:1. 配合比中分母为混凝土的质量比,分子为1m^3混凝土(或砂浆)的材料用量(kg)。

2. 砂石以绝对干燥计;氢氧化铁、三氯化铁以有效物质计。

3. 采用煤油介质。

4. 为改善三氯化铁的慢缩性,可在三氯化铁溶液中掺加水泥用量0.01%的硫酸铝。

5. 耐油砂浆用于作油罐的后面层。

三、耐油混凝土的配制

制作耐油混凝土的方法主要有两种：

(1)在混凝土中掺入防渗剂——$Fe(OH)_3$，使在混凝土中产生胶溶液，堵塞混凝土中毛细孔道，进一步增加混凝土的防渗性能。

(2)采用集料级配法，以增加混凝土的密实性而达到不透油的目的。

(一)掺氢氧化铁防渗剂制造不透油混凝土

(1)通常用三氯化铁加石灰膏配成：

$$2FeCl_3 + 3Ca(OH)_2 \rightarrow 2Fe(OH)_3 + 3CaCl_2$$

制作方法是将定量的三氯化铁放在木桶或缸中，再将石灰膏用0.6mm筛孔筛于过滤，倒入三氯化铁溶液中，不断搅拌至混合均匀，起化学反应成黄褐色胶体，再用指示纸鉴定其达碱性(pH＝8)时即可。

(2)用三氯化铁加氢氧化钠(工业烧碱)配成：

$$FeCl_3 + 3NaOH \rightarrow Fe(OH)_3 + 3NaCl$$

将工业烧碱用5倍质量的清水溶解，然后逐渐倒入三氯化铁溶液中，边倒边搅拌，直至指示纸呈现pH＝8时为止。

(3)利用阳极电解铁的方法来制取

这种方法能提炼出更纯的、廉价的产品。可以制成以各种浓度不同的胶态氢氧化铁，同时还可以制成粉末状，以便运输和混凝土的搅拌。

一般氢氧化铁的掺加量为水泥质量的1.5%～3%。

(二)用集料级配法制作耐油混凝土

集料级配法就是通过粗细集料的颗粒筛析，进行粗细集料的级配设计，以求获得最大密实度的混凝土，从而提高混凝土的防渗性能。这一部分因与制作防水混凝土方法相同，故不再详述。

此外，国外认为，决定砂浆防止石油渗透性的许多参数中主要有以下几点：水泥与矿砂的适当质量比，水泥对石料颗粒的附着性，石料的无孔性和选择合适的石料。

使用各种水泥和矿石(砂结晶石灰石、风化多孔石灰石、白云石、硅石、玄武岩、斑岩、安山岩)的质量比，用不同的水灰比，不同的养护时间和方法进行试验得出如下的基本论点：水泥颗粒的面积总和必须大于石料颗粒的面积总和；如果水泥颗粒包围了每个石料颗粒，砂浆则是不渗油的。

不透石油的砂浆与20%～30%(干燥成分的质量比)的集料混合，可以制得耐油混凝土。

第十四节　耐热混凝土配合比设计

耐热混凝土是一种能长期承受高温作用(200～1 300℃)，并在高温作用下保持所需的物理力学性能的特种混凝土。代替耐火砖用工业窑炉内衬的耐热混凝土也称为耐火混凝土。

根据所用胶结料的不同，耐热混凝土可分为：硅酸盐耐热混凝土、铝酸盐耐热混凝土、磷酸盐耐热混凝土、硫酸盐耐热混凝土、水玻璃耐热混凝土、镁质水泥耐热混凝土、其他胶结料耐热混凝土。根据硬化条件可分为:水硬性耐热混凝土、气硬性耐热混凝土和热硬性耐热混凝土。

一、原材料技术要求

耐热混凝土在长期高温作用下,应具备与热工设备需要相适应的高温物理力学性质,如耐热度(或混凝土的最高加热温度)、荷载软化温度、烘干强度、残余强度、高温强度、热稳定性、高温体积固定性等特殊性能。因此,必须对其组成材料加以适当的选择。

(一)胶凝材料

1. 水泥

配制耐热混凝土用的普通硅酸盐水泥、矿渣硅酸盐水泥和高铝水泥,除应符合国家现行水泥标准外,还应符合下列要求:

(1)在生产普通硅酸盐水泥时,不得掺有石灰岩类混合材料。

(2)采用矿渣硅酸盐水泥配制最高使用温度为70℃的耐热混凝土时,水泥中磨细水淬矿渣含量不得大于50%。

(3)任何一种水泥的强度等级不得低于32.5MPa。

(4)每立方米耐热混凝土的水泥用量为300~450kg。

2. 水玻璃

(1)配制水玻璃耐热混凝土时,所用水玻璃模数 $M=2.6\sim2.8$,比密度 $\rho_s=1.38\sim1.40$ 为宜。

(2)硬化剂——氟硅酸钠(Na_2SiF_6)其纯度按质量计不少于95%,含水率不大于1%,细度通过0.125mm筛孔,其筛余量小于10%。

(3)每 $1m^3$ 耐热混凝土的水玻璃用量为300~400kg,Na_2SiF_6 用量为水玻璃的2%~15%。

(二)掺和材料

工程经验表明,在配制耐热混凝土时,除使用温度小于350℃的普通水泥耐热混凝土和矿渣水泥耐热混凝土,以及最高使用温度为700℃,水渣含量大于50%的矿渣水泥耐热混凝土可不加掺和材料外,其余的耐热混凝土均需加掺和材料。

1. 胶凝材料与掺和材料的选择

(1)普通硅酸盐水泥与掺和材料

掺和料是在拌制耐热混凝土时掺入的一种具有耐热性能的粉料。掺加这种粉料的主要作用有两个方面:一是可以提高混凝土的密实性,减少在高温状态下混凝土的变形;二是在用普通硅酸盐水泥柄制耐热混凝土时,掺和料中的氧化铝(Al_2O_3)、氧化硅(SiO_2)和水泥水化产物氢氧化钙[$Ca(OH)_2$]的脱水产物氧化钙(CaO)反应,形成耐热性较好的无水硅酸钙和无水铝酸钙,同时避免了氢氧化钙[$Ca(OH)_2$]脱水引起的体积变化。由此可见,配制耐热混凝土应选用熔点比较高、高温不变形、含有一定数量氧化铝(Al_2O_3)的材料作为掺和料。

(2)矿渣硅酸盐水泥与掺和材料

矿渣硅酸盐水泥作为耐热混凝土的胶凝材料,实质上即等于硅酸盐水泥熟料掺矿渣,这里的矿渣本身就是磨细混合材料。

(3)高铝水泥与掺和材料

高铝水泥在高温作用下,易与耐火集料起固相反应,以烧结结合的形式代替水化结合,因而高铝水泥本身即具备耐热性。

2. 掺和材料的技术性质

掺和材料种类繁多,可采用黏土熟料、铝矾土熟料、烧结镁砂、黏土砖粉、粉煤灰等。掺和材料的技术性质应符合表4-91要求。

配制耐热混凝土常用的掺和料及其技术要求 表4-91

掺和料名称	掺和料细度(0.08mm方孔筛筛余)(%)		掺和料的化学成分(%)							高最使用温度(℃)
	水泥耐热混凝土	水玻璃耐热混凝土	Al_2O_3	SiO_2	MgO	CaO	Fe_2O_3	SO_3	烧失量	
黏土砖粉	<70	50	≥30	—	—	—	—	—	—	≤900
黏土熟料粉	<70	50	≥30	—	—	—	≤5.5	≤0.3	—	≤900
高铝砖粉	<70	—	≥65	—	—	—	—	—	—	1 300
矾土熟料粉	—	—	≥48	—	—	—	—	—	—	1 300
镁砂粉	—	70	—	≤4.0	≥87	≤5.0	—	—	≤0.5	1 450
镁砖粉	<8.5	70	—	—	≥87	≤5.0	—	—	—	1 450
粉煤灰	<8.5	—	≥70	—	—	—	—	≤4.0	≤8.0	1 250
矿渣粉	—	—	≥20	—	—	—	—	—	≤5.0	1 250

注:掺和材料含水率不得大于1.5%。

(三)粗细集料

1. 质量要求

(1)耐热混凝土不宜采用石英质集料,如砂岩、石英等,以避免SiO_2受热膨胀而使混凝土破坏。

其他如黏土熟料、铝矾土熟料、耐火砖碎料、红砖碎料、高炉矿渣、安山岩、玄武岩、辉绿岩等,都可用于不同性能要求的耐热混凝土中。其中,铝矾土熟料、烧结镁砂、铬铁矿为耐热优质集料。

(2)集料的燃烧温度为1 350~1 450℃。由于集料及掺料在混凝土中占的比例甚大,它们的耐火度对混凝土的耐热性能起着重要影响。因此,必须根据结构物所承受的温度及各种原料的化学分析结果,参考有关技术规定,通过试验决定。

(3)对于黏土质材料,如已用过的砖,除去表面熔渣和杂质,且强度应大于10MPa;对于镁质材料,使用前,必须经过碳化处理,并不得使用已用过的镁质制品;对于高炉重矿渣,应具有良好的安定性,不允许有大于25mm的玻璃质颗粒。

(4)粗集料粒径一般不得大于20mm,在钢筋不密的厚大结构中,不应大于40mm。

(5)集料中,严禁混入有害杂质,特别是石灰岩类碎块等。

2. 技术性质

耐热混凝土粗集料粒径一般为5~15mm,细集料粒径为0.15~5mm。集料的颗粒级配要求如表4-92所示。

耐热混凝土集料的级配要求 表 4-92

集料名称 \ 级配要求	颗粒级配(累计筛余)(%)					
	粗集料粒径(mm)			细集料粒径(mm)		
	25	10	5	5	1.2	0.5
碎黏土砖	0~5	30~60	90~100	0~10	20~55	90~100
黏土熟料	0~5	30~60	90~100	0~5	20~55	90~100
碎土熟料	0~5	30~60	90~100	0~5	20~55	90~100
矾土熟料	0~5	30~60	90~100	0~5	20~55	90~100
碎镁质砖	0	0~5	90~100	0~5	20~55	90~100
镁砂	0	0~5	90~100	0~5	20~55	90~100
粉煤灰	—	—	—	—	—	—

(四)外加剂

在配制硅酸盐耐热混凝土时,应根据所用胶结料掺加适宜的外加剂。对于硅酸盐系列水泥配制的耐热混凝土,可掺加减水剂以降低水灰比,减少混凝土中的空隙率,提高混凝土的密实度和强度,减水剂宜采用非引气型。对于水玻璃配制的耐热混凝土,应掺加氟硅酸钠固化剂,固化剂的技术要求可参见"耐酸混凝土"。

在配制铝酸盐耐热混凝土时,可加入水泥用量 0.3% ~0.7% 的非引气型减水剂,以改善混凝土的施工性能,提高混凝土的体积密度。

(五)拌和水

耐热混凝土所用的拌和水,没有特殊的要求,与配制普通水泥混凝土相同。其技术指标应符合《混凝土用水标准》(JGJ 63—2006)中的要求。

二、配合比设计

1. 设计原则

(1)设计耐热混凝土配合比,应根据极限使用温度和使用条件,并通过试验确定。

(2)在高温下有较高强度要求的结构,则以采用水玻璃耐热混凝土较为适宜。水玻璃耐热混凝土的特点是在高温下不降低强度。而水泥耐热混凝土在高温作用下,强度有所降低,最大可降低60%左在,但剩余强度在长期高温作用下,仍能保证混凝土不致破坏。

2. 设计方法

由于耐热混凝土的配合比选择用计算方法比较繁琐,故一般常用经验配合比为初始配合比,再通过试拌调整,求出适用的配合比。

三、参考配合比

(一)硅酸盐耐热混凝土参考配合比

硅酸盐系列耐热混凝土材料组成及参考配合比如表 4-93 所示,硅酸盐系列耐热混凝土的参考配合比如表 4-94 所示,硅酸盐系列耐热混凝土配合比工程实例如表 4-95 所示,水玻璃耐热混凝土配合比实例如表 4-96 所示。

硅酸盐系列耐热混凝土材料组成及参考配合比 表4-93

混凝土种类	组成材料及用量配合比(kg/m³)			强度等级	使用范围	最高工作温度(℃)
	胶凝材料	粗细集料	掺和材料			
普通水泥耐热混凝土	普通硅酸盐水泥300~400	高炉重矿渣、红砖、安山岩、玄武岩1 300~1 800	水渣、粉煤灰150~300	C15	温度变化不剧烈,无酸碱侵蚀的工程	700
	普通硅酸盐水泥300~400	黏土熟料、黏土砖1 400~1 600	黏土熟料、黏土砖150~300	C15	无酸碱侵蚀的工程	900
	普通硅酸盐水泥300~400	黏土熟料、黏土砖、矾土熟料1 400~1 600	黏土熟料、黏土砖、矾土熟料150~300	C20	无酸碱侵蚀的工程	1 200
矿渣水泥耐热混凝土	矿渣硅酸盐水泥300~400	高炉重矿渣、红砖、安山岩、玄武岩1 400~1 900	黏土熟料、黏土砖适量	C15	无酸碱侵蚀的工程	700
	矿渣硅酸盐水泥350~450	黏土熟料、黏土砖1 400~1 600	水渣、黏土熟料、黏土砖100~200	C15	温度变化不剧烈,无酸碱侵蚀的工程	900

硅酸盐系列耐热混凝土的参考配合比(单位:kg/m³) 表4-94

胶凝材料		掺和料		粗集料		细集料		水	强度等级	最高工作温度(℃)
种类	用量	种类	用量	种类	用量	种类	用量			
硅酸盐水泥	340	黏土熟料	300	碎黏土熟料	700	黏土熟料砂	550	280	C20	1 100
硅酸盐水泥	320	红砖粉	320	碎红砖	650	红砖砂	580	270	C20	900
硅酸盐水泥	350	矿渣粉	300	碎黏土熟料	680	黏土熟料砂	550	285	C20	1 000
矿渣水泥	480	粉煤灰	120	碎红砖	720	红砖砂	600	285	C20	900
普通水泥	360	粉煤灰	200	碎红砖	700	红砖砂	600	270	C25	1 000

注:1. 所用水泥的强度等级均为32.5。

2. 粉煤灰为Ⅱ级灰。

3. 粗细集料的级配应符合表4-92中的要求。

硅酸盐系列耐热混凝土配合比工程实例 表4-95

工程项目	水泥品种及比例		集料种类及比例		掺和料	水	抗压强度(MPa)	最高工作温度(℃)
	普通水泥	矿渣水泥	粗集料	细集料				
高炉基础	1	—	1.90	2.70	1	0.95	24	1 200
储矿槽	—	1	1.50	2.25	—	0.48	38	900
返矿槽	—	1	1.80	2.50	—	0.70	37	900

注:1. 所用水泥的强度等级均为52.5。

2. 粗集料的粒径范围为5~25mm,细集料的粒径范围为0.15~5mm。

3. 掺和料为粉煤灰为Ⅱ级灰。

水玻璃耐热混凝土配合比实例(单位:kg/m³) 表4-96

胶凝材料	粗集料		细集料		掺和料		固化剂	强度等级	最高工作温度(℃)
水玻璃	品种	用量	品种	用量	品种	用量	氟硅酸钠		
300	镁砖碎块	1 100	镁砂	600	镁砖	600	30	C15	1 200
350	镁砖碎块	1 150	镁砂	550	镁砖	550	35	C20	1 200
350	黏土熟料块	1 180	黏土熟料砂	500	黏土熟料粉	500	35	1 000	

注:1. 表中采用的水玻璃的模数为2.4~3.0,密度为1.38~1.40g/cm³,波美度为40°Be′。

2. 采用的氟硅钠的纯度不小于95%。

(二)铝酸盐耐热混凝土参考配合比

铝酸盐耐热混凝土参考配合比如表4-97所示。

铝酸盐耐热混凝土参考配合比 表4-97

混凝土种类	组成材料及用量配合比(kg/m³)			强度等级	使用范围	最高工作温度(℃)
	胶凝材料	粗细集料	掺和材料			
普通水泥耐热混凝土	高铝水泥 300~400	黏土熟料、高铝砖、矾土熟料 1 400~1 700	黏土熟料、矾土熟料150~300	C20	宜用于厚度小于400mm结构、无酸碱侵蚀的工程	1 300

(三)磷酸盐耐热混凝土参考配合比

磷酸盐耐热混凝土参考配合比如表4-98所示。

磷酸盐耐热混凝土参考配合比 表4-98

结合剂用量(%)		耐热集料用量(%)	掺和料用量(%)	
磷酸盐溶液	磷酸溶液		耐火粉	碳酸钙粉
18~22	—	70~75	5~7	2~3
—	15~20	73~77	5~7	2~3

第十五节 耐火混凝土配合比设计

耐火混凝土是由耐火集料(包括粉料)和胶结料(或加入外加剂)加水或其他液体按一定比例配制而成的耐火温度高于1 500℃的混凝土,通常也可把使用在不低于1 300℃的混凝土耐热混凝土。但在一般情况下可把它们统称耐火混凝土。

耐火混凝土又可分为致密耐火混凝土和隔热耐火混凝土。致密耐火混凝土又称为重质或普通耐火混凝土,通常简称为耐火混凝土;隔热耐火混凝土通常称为轻质耐火混凝土(真空气孔率不低于45%)。

作为特种材料之一的耐火材料,是一种不经煅烧的新型耐火材料,现在又成为不定形的耐火材料的一个重要品种。同耐火砖相比,由于具有工艺简单,使用方便,成本低廉,节约能源,延长窑炉寿命,提高机械化施工水平,便于窑炉结构改革等特点,从而得到广泛应用和迅速发展。

一、原材料的技术要求

(一)胶结料

1. 黏土胶结料

黏土胶结料属于陶瓷胶结料的一种,应用最为广泛。黏土胶结料所用的黏土为软质黏土

(又称结合黏土),能在水中分散,可塑性良好,烧结性能优良。黏土技术指标的有关规定如表4-99所示。

黏土技术指标规定(供参考)　　表4-99

级　别	化学成分(%)		耐火度(℃)	烧失量(%)
	$Al_2O_3+TiO_2$	Fe_2O_3		
一级品	>30	≤2.0	≥1 670	≤17
二级品	26~30	≤2.5	≥1 610	≤17
三级品	22~26	≤3.5	≥1 580	≤17

2. 水泥胶结料

(1)硅酸盐水泥、普通硅酸盐水泥与矿渣硅酸盐水泥,除应符合《通用铝酸水泥》(GB 175—2007)要求外,作为制造耐火混凝土,尚应满足下列要求。

①普通硅酸盐水泥中,不得掺有石灰岩($CaCO_3$)、菱镁石($MgCO_3$)、白云石($CaCl_3 \cdot MgCO_3$)等一类在高温下可分解的惰性混合材,以防止高温使用条件下受热分解,而导致耐火混凝土裂缝、毁坏。

②用矿渣水泥配制极限使用温度为900℃的耐火混凝土时,水泥中的水渣含量不得大于50%。

③因为水泥的耐火度远远低于耐火集料、耐火粉料,在保证耐火混凝土设计强度等级的情况下,尽可能减少胶结料用量,以确保耐火混凝土的高温性能。为此,要求所用水泥强度不得低于32.5级。

④强度高于32.5级的矿渣水泥、火山灰水泥、粉煤灰水泥均可作耐火混凝土的胶结料。三氧化硫(SO_3)含量不得超过4%三种水泥各龄期强度不得低于表4-100的要求。

矿渣水泥火山灰水泥粉煤灰水泥各龄期的强度(MPa)　　表4-100

强度等级(MPa)	抗压强度		抗折强度	
	3d	28d	3d	28d
32.5	10	32.5	2.5	5.5
42.5	15	42.5	3.5	6.4
52.5	21	52.5	4.0	7.2

(2)高铝水泥

高铝水泥又称铝酸盐水泥、矾土水泥,是以铝酸钙为主,氧化铝含量约50%的熟料磨制而成的水硬性胶结材料。该水泥二氧化硅≤10%,三氢化二钙≤30%,水泥为42.5、52.5、62.5、72.5等4个强度等级。强度指标如表4-101所示。

高铝水泥强度指标　　表4-101

强度等级(MPa) \ 强度 / 龄期	抗压强度(MPa)		抗折强度(MPa)	
	1d	3d	1d	3d
42.5	35.3	41.7	3.9	4.4
52.5	45.1	51.5	4.9	5.4
62.5	54.9	61.3	5.9	6.4
72.5	64.7	71.1	6.9	7.4

(3)高铝水泥-60(以倒焰窑生产)

该水泥中 $Al_2O_3 \geq 60\%$,耐火度为 1 530 ~ 1 550℃,强度见表 4-102(实例)。

高铝水泥-60 强度指标　　表 4-102

抗压强度(MPa)		抗折强度(MPa)	
3d	7d	3d	7d
40.0 ~ 50.0	60.0 ~ 70.0	3.7 ~ 4.1	4.4 ~ 5.3

(4)高铝水泥

应符合铝酸盐(GB 201—2000)的有关要求。耐火度 52.5 级水泥不小于 1 580℃;强度指标如表 4-103 所示。

高铝水泥-65 强度指标　　表 4-103

强度等级(MPa) \ 龄期 \ 强度	抗压强度(MPa)			抗折强度(MPa)		
	1d	3d	28d	1d	3d	28d
42.5	11.8	22.5	51.5	1.5	2.9	5.4
52.5	14.7	26.5	61.3	2.0	3.4	6.4

(5)纯铝酸钙水泥

该水泥中 Al_2O_3 含量为 70% ~ 75%,耐火度为 1 730 ~ 1 750℃,强度见表 4-104(实例)。

纯铝酸钙水泥强度指标　　表 4-104

抗压强度(MPa)			抗折强度(MPa)		
1d	3d	7d	1d	3d	7d
30.0	48.0	65.0	2.4	3.5	4.0

(6)超高铝水泥

Al_2O_3 含量约为 80%,耐火度为 1 700 ~ 1 790℃,强度见表 4-105(实例)。

超高铝水泥强度指标　　表 4-105

抗压强度(MPa)		抗折强度(MPa)	
1d	3d	1d	3d
16.9	19.3	3.5	—

3. 化学胶结料

(1)水玻璃

水玻璃又称泡花碱,是由碱金属硅酸盐组成的,其化学式为 $R_2O \cdot nSiO_2$,配制耐火混凝土最常用的是液体钠水玻璃。

①水玻璃的技术条件:如表 4-106 所示。

水玻璃的技术条件　　表 4-106

项　　目	中性水玻璃	碱性水玻璃	
	1 : 3.3 (Na_2O : 3.3SiO_2)	1 : 2.4 (Na_2O : 2.4SiO_2)	
	40°Be′	40°Be′	51°Be′
相对密度(20℃)	1.376 ~ 1.386	1.376 ~ 1.386	1.530 ~ 1.550
Na_2O(%)	8.52 ~ 9.09	10.14 ~ 10.94	13.10 ~ 14.20

续上表

项目	中性水玻璃	碱性水玻璃	
	1∶3.3 (Na_2O∶$3.3SiO_2$)	1∶2.4 (Na_2O∶$2.4SiO_2$)	
	40°Be′	40°Be′	51°Be′
SiO_2(%)	27.20～29.10	23.6～25.50	30.30～33.10
分子比	1∶3.3±0.1	1∶2.4±0.1	1∶2.4±0.1
FeO(%)	<0.06	<0.06	<0.08
水不溶物(%)	0.7	0.7	0.9

②水玻璃的模数及其调整：所谓模数是指 SiO_2 与 Na_2O 的摩尔比值。

$$n=\frac{\dfrac{SiO_2\%}{M_{SiO_2}}}{\dfrac{Na_2O\%}{M_{Na_2O}}} \tag{4-45}$$

式中：$SiO_2\%$、$Na_2O\%$——分别为水玻璃中二氧化硅、氧化钠百分含量；

M_{SiO_2}、M_{Na_2O}——分别为二氧化硅分子量(60)、氧化钠分子量(62)。

代入上式得：$$n=\frac{\dfrac{SiO_2\%}{60}}{\dfrac{Na_2O\%}{62}}=\frac{SiO_2\%}{Na_2O\%}\times\frac{62}{60}=\frac{SiO_2\%}{Na_2O\%}\times 1.0332$$

如水玻璃模数不合适，可加苛性钠降低模数，或溶入硅胶提高模数。亦可用两种模数高低悬殊的水玻璃，调制适用的中间模数。

例如：已有 SiO_2 为 29%、Na_2O 为 13% 的水玻璃，模数为 2.30，当配制模数 2.70 的水玻璃时，与 Na_2O 为 13% 时相对的 SiO_2 之量应为：$\dfrac{2.7\times13\%}{1.0332}=33.96\%$。

即每 100g 上述水玻璃，必须添加 33.96－29.00＝4.96g 硅胶（SiO_2），才能将模数调至2.70。

又如：化学成分为 $SiO_2$28%、Na_2O 9.8% 的水玻璃，模数为 2.95，当配制模数 2.70 时与 $SiO_2$28% 相对的 Na_2O 量为：

$$\frac{28\%\times1.0332}{2.70}=10.72\%$$

即每 100g 上述水玻璃，必须添加 10.72－9.8＝0.92g 纯氧化钠，才能将模数调至 2.70。

再如：现有相对密度均为 1.38（干剩余物即硅酸钠含量 41%）的水玻璃，其模数分别为 2.30与 3.10，按怎样的比例混合，可调制成模数为 2.80 的水玻璃。

设模数为 2.30 的水玻璃 Na_2O 含量为 x%，则 SiO_2 含量为 $(41-x)$%；同理模数 3.10 的水玻璃 Na_2O 含量为 x'%，则 SiO_2 含量为 $(41-x)'$%。于是得方程组：

$$\begin{cases}\dfrac{41-x}{x}\times1.0332=2.30\\[2mm] \dfrac{41-x'}{x'}\times1.0332=3.10\end{cases}\quad 解得\quad \begin{cases}x=12.71\ (Na_2O)\\ x'=10.25(Na_2O)\end{cases}$$

与之对应的 SiO_2 分别为 $\begin{cases}41.00-12.71=28.29(\%)\\41.00-10.25=30.75(\%)\end{cases}$

依调制2.80水玻璃的意图得：[（设2.30模数水玻璃：3.10模数水玻璃 = 1：y（质量比）]

$$\frac{28.29+30.25y}{12.71+10.25y}\times 1.0332=2.80$$

解得：$y=2.1$

于是2.30与3.10模数的水玻璃，按1：2.1（质量）比例，即可配制成模数为2.80的水玻璃。

③水玻璃密度与模数，硅酸钠含量与波美度关系，分别如表4-107和表4-108所示。

水玻璃密度与模数的关系 表4-107

相对密度 d	Na_2O 含量（%）												
	2	3	4	5	6	7	8	9	10	11	12	13	14
	水玻璃溶液模数												
1.050	1.58	1.24											
1.075	3.64	2.10											
1.100		3.21	1.50										
1.125		4.15	2.34	1.38									
1.150			3.40	2.10	1.15								
1.175			4.00	2.92	1.99	1.13							
1.200				3.50	2.52	1.78	1.19						
1.225				3.98	3.02	2.25	1.62						
1.250					3.47	2.68	2.05	1.54					
1.275					3.92	3.11	2.39	1.88	1.50				
1.300						3.51	2.74	2.22	1.78	1.33			
1.350						4.25	3.43	2.86	1.93	1.48			
1.400							4.24	3.48	2.73	2.40	2.03	1.66	1.38
1.450										2.83	2.41	2.09	1.73
1.500											2.87	2.51	2.08

水玻璃溶液干剩余物含量与密度、波美度关系 表4-108

相对密度 d	波美度 °Be′	干剩余物含量		按干剩余物含量（kg）为标准，相对密度1.37的溶液1L的相当量（L）
		质量（%）	1L溶液中（kg）	
1.26	29.7	27.0	0.340	1.42
1.28	31.5	28.6	0.366	1.32
1.30	33.3	30.0	0.390	1.32
1.32	35.0	31.5	0.416	1.17
1.34	36.8	33.0	0.442	1.09
1.36	38.2	34.6	0.471	1.03
1.38	39.8	36.0	0.497	0.97
1.40	41.2	37.6	0.526	0.92
1.42	43.1	39.0	0.554	0.87
1.44	44.1	40.5	0.584	0.83

续上表

相对密度 d	波美度 °Be′	干剩余物含量		按干剩余物含量(kg)为标准,相对密度1.37的溶液1L的相当量(L)
		质量(%)	1L溶液中(kg)	
1.46	45.4	42.0	0.613	0.79
1.48	46.8	43.5	0.644	0.75
1.50	48.1	45.0	0.675	0.72
1.52	49.6	46.4	0.705	0.69
1.54	50.9	48.0	0.739	0.65
1.56	52.2	49.3	0.770	0.63
1.58	53.3	50.8	0.803	0.60
1.60	54.4	52.3	0.837	0.58

水玻璃溶液中的硅酸钠含量,可用浓度表示,水玻璃黏度随温度的下降而增大。水玻璃溶液的冻结温度,视其密度不同而异,波动于-2~11℃,通过测定密度或波美度,可间接查得硅酸钠含量。

水玻璃相对密度(d)与波美度(°Be′)关系为:

$$d=\frac{145}{145-°\mathrm{Be}'}$$

水玻璃溶液的稀释可按下式计算:

$$V=\frac{d_0-d}{d-1}\cdot V_0 \tag{4-46}$$

式中:V——稀释前水量(L);

d_0——稀释前水玻璃溶液的相对密度;

d——稀释后水玻璃溶液的相对密度;

V_0——需要稀释的水玻璃溶液量。

④水玻璃耐火混凝土的促凝剂——氟硅酸钠(Na_2SiF_6):氟硅酸钠是微黄色结晶粉末。工业氟硅酸钠多为生产过磷酸钙或铝厂生产氟化盐的副产品,其纯度(Na_2SiF_6)含量一般在93%以上。如遇受潮结块可烘干粉碎后使用,但温度不宜超过65℃,以免分解出SiF_4。

配制水玻璃耐火混凝土的氟硅酸钠,应符合表4-109的技术要求。

氟硅酸钠的技术要求 表4-109

指标项目	一级	二级	指标项目	一级	二级
纯度(%)不低于	95	90	水分(%)	1.0	1.0
游离酸(%)不大于	0.2	0.3	细度		
氟化钠(%)不大于	0.3	0.3	通过900孔/cm^2(%)	100	100
氯化钠(%)不大于	0.2	0.3	通过1 600孔/cm^2(%)	86~90	80
硫酸钠(%)不大于	0.2	0.3	通过4 900孔/cm^2(%)	70	50

由于氟硅酸钠溶解度很小,温度升高略有提高,如表4-110所示。

氟硅酸钠于不同温度下的溶解度 表 4-110

温 度 (℃)	溶解度(g/cm^3 溶液)	温 度 (℃)	溶解度(g/cm^3 溶液)
0	0.435	45	1.120
16	0.637	55	1.328
25	0.762	78	1.822
35	0.940		

氟硅酸钠有毒,操作人员应注意防护。

对于需速凝快硬的水玻璃耐火混凝土,可选用溶解度大的氟硅酸镁 $MgSiF_6$ 及缩合硼磷酸盐、氟硅酸铝 $Al_2(SiF_6)_3$ 等促凝剂。

(2)磷酸盐

磷酸盐的种类很多,在耐火混凝土中普遍应用磷酸铝。磷酸铝溶液通常是用活性较大的工业氢氧化铝与磷酸反应而制得的,其化学反应产物为:磷酸二氢铝、磷酸一氢铝和磷酸铝,其表示式也可分别写成:($Al_2O_3 \cdot 3P_2O_5 \cdot 6H_2O$)、($2Al_2O_3 \cdot 3P_2O_5 \cdot 3H_2O$)和($Al_2O_3 \cdot P_2O_5$)。

磷酸铝的配制方法是:将浓度 85% 的磷酸、稀释用水和氢氧化铝称量好,再将水与氢氧化铝拌成均匀浆体。徐徐加入浓磷酸,同时用木棒不断搅拌,直至均匀为止。因为是放热反应,故需冷却后经过滤再用。

反之,首先稀释磷酸,再与氢氧化铝拌和配制,容易生硬块、反应不易完全。如配碱性耐火混凝土,则可用氢氧化镁 $Mg(OH)_2$、氧化镁(MgO)和轻烧镁砂与工业磷酸配制。其反应式如下:

$$Mg(OH)_2 + 2H_3PO_4 = Mg(H_2PO_4)_2 + 2H_2O$$

其反应产物只有磷酸二氢镁可在水中溶解,而加以应用。

目前,更为普遍的是直接采用磷酸配制耐火混凝土。磷酸有三种:正磷酸(H_3PO_4)、焦磷酸($H_4P_2O_7$)和偏磷酸(HPO_3)。正磷酸是最稳定的一种,所以配制耐火混凝土主要采用正磷酸(简称磷酸),常用工业磷酸的成分为 $H_3PO_4 \cdot 0.5H_2O$、浓度通常为 85%,配制耐火混凝土所用的磷酸浓度一般为 40% ~60%,加水稀释(不宜使用金属器皿)时,可按下式进行计算:

$$m_w = \frac{A_0 - A_1}{A_1} \tag{4-47}$$

式中:m_w——1kg 磷酸的加水量(kg);

A_0——浓磷酸浓度(%);

A_1——需用磷酸浓度(%)。

工业磷酸的稀释加水量如表 4-111 所示。

磷酸的稀释加水量 表 4-111

磷酸浓度(%)	相对密度	1kg 磷酸加水量(kg)	磷酸浓度(%)	相对密度	1kg 磷酸加水量(kg)
85	1.689	0	50	1.335	0.700
80	1.633	0.063	45	1.293	0.889
75	1.579	0.133	42.5	1.274	1.000
70	1.526	0.214	40	1.254	1.125
65	1.475	0.308	35	1.214	1.429
60	1.426	0.417	30	1.181	1.833
55	1.379	0.546	20	1.113	3.250

(二)集料

耐火混凝土的集料包括粗集料(粒径≥5mm)、细集料(5~0.15mm)和粉料(≤0.088mm)。粗细集料在耐火混凝土组成中用量最多,起骨架作用,因其化学组成的不同,决定或显著影响混凝土的高温性能和适用范围。粉料除起着填充空隙、改善施工性能和保证密实度的作用外,有时可与某些胶结料发生反应,使耐火混凝土具有强度或其他性能。此时粉料细度要求为:小于0.088mm的含量应大于85%(一般填充用粉料含量大于70%即可)。

现将耐火混凝土中常用集料的有关规定择要叙述如下。

1. 黏土质原料

黏土质原料主要指硬质黏土熟料(焦宝石熟料),其 Al_2O_3 含量为30%~50%,矿物成分为高岭石、叶蜡石,并有石英、硫铁矿、金红石、方解石和云母等杂质。作为耐火混凝土的集料,应符合表4-112中的有关规定。

硬质黏土熟料的技术要求 表4-112

项目	单位	限制	数值				《钢筋混凝土工程施工及验收规范》(GB 50204—2002)对配制不超过1 300℃耐火混凝土要求
			特级	一级	二级	三级	
Al_2O_3-TiO_2	%		44~50	42~48	36~42	30~36	Al_2O_3≥30
Fe_2O_3	%	不大于	1.2	2.5	3.0	3.0	≤5.5
耐火度	℃	不小于	1 750	1 730	1 670	1 630	
吸水率	%	不大于	3.0	3.0	5.0	5.0	<3.0
备注	特级和一级经5mm筛下料,不应超过5% 杂质(碎石、山皮、熔瘤和焦粒等)不应超过4%						

2. 高铝质原料

高铝质原料主要指高铝矾土熟料,其 Al_2O_3 含量应大于45%,矿物成分为莫来石($3Al_2O_3 \cdot SiO_2$)、刚玉($\alpha-Al_2O_3$)和微量方石英等。作为耐火混凝土的集料,应符合表4-113中有关规定。

高矾土熟料的技术要求 表4-113

项目		单位	限制	数值				
				特级	一级	二级	三级	《钢筋混凝土工程施工及验收规范》(GB 50204—2002)规范有关要求
$Al_2O_3-TiO_2$		%		>88	80~90	60~80	50~60	$Al_2O_3+TiO_2$>75%
Fe_2O_3		%	不大于	2.5	3.0	3.0	3.5	≤2.5%
CaO		℃	不大于	0.6	0.6	0.8	0.8	须经1 450~1 600℃煅烧
耐火度		℃	不小于	1 770	1 770	1 770	1 770	≥1 750
吸水率	一等品	%	不大于	5	5	5	5	<0.088mm或
	二等品	%	不大于	7	7	7	7	超过85%
备注	级外品不得大于10%,经10mm筛的筛余量不得大于10%、杂质应小于或等于4%							

3. 半硅质原料

作为耐火混凝土集料在实际应用中仅有叶蜡石($Al_2O_3 \cdot 4SiO_2 \cdot H_2O$),其理论成分为 SiO_2: 66.7%; Al_2O_3: 28.3%; H_2O: 5%;叶蜡石可不经煅烧直接用作集料,其技术指标如表4-114(举例)所示。

叶蜡石技术指标 表 4-114

序号	类型	化学成分（%）							真密度	耐火度（℃）
		SiO_2	Al_2O_3	Fe_2O_3	CaO	TiO_2	K_2O	灼碱		
1	高岭石－叶蜡石	50.95	36.75	0.47	0.26	0.15	1.04	9.35	2.75	1 710～1 730
2	水铝石－叶蜡石	48.02	42.16	—	0.13	0.23	—	9.80	2.95	1 750～1 770
3	叶蜡石	65.82	28.19	—	0.18	—	—	5.32	2.79	1 710
4	石英－叶蜡石	72.29	22.62	0.19	0.13	0.19	—	4.30	2.27	1 690

4. 硅质原料

SiO_2 含量不小于 96% 的硅石为主要的硅质原料，为了促进石英转变为方石英或鳞石英，在配制耐火混凝土时一般均加入矿化剂，通常采用的矿化剂为铁鳞以及氧化钙和氧化锰等。作为耐火混凝土集料，硅石原料指标应符合表 4-115 中的有关规定。

此外，还经常利用硅砖破碎分级后的颗粒作为硅质集料。

硅石技术指标 表 4-115

级别	化学成分			耐火度（℃）	吸水率（%）
	SiO_2	Al_2O_3	CaO		
特级品	≥98	≤0.5	≤0.4	≥1 750	≤3
一级品	≥97	≤1.0	≤0.5	≥1 730	≤4
二级品	≥96	≤1.3	≤1.0	≥1 710	≤4

5. 镁质原料

镁质原料主要包括镁石质、镁橄榄石质以及白云石质等品种，按其化学性质又称为碱性原料。应用最多的是镁砂，制造镁砂的原料是菱镁矿或从海水及盐湖中人工提取的氧化镁等，我国目前主要是用菱镁矿制取镁砂，即将菱镁矿预先在竖窑等热工设备中，经高温煅烧制成烧结镁石以供使用。作为耐火混凝土集料，应符合表 4-116 中的有关规定。

镁砂技术指标 表 4-116

类别		MgO（%）不小于	SiO_2（%）不大于	Fe_2O_3（%）不大于	CaO（%）不大于	烧失量（%）不大于	真密度不小于
普通镁砂	MS-91	91	4.5	—	1.6	0.3	3.54
	MS-89	89	5.0	—	2.5	0.5	3.53
	MS-87G	87	7.0	—	2.5	0.5	3.51
	MS-84G	84	9.0	—	2.5	0.5	3.51
	MS-88Ga	88	4.0	—	5.0	0.5	—
	MS-83Ga	83	5.0	—	8.0	0.8	—
	MS-78Ga	78	6.0	—	12.0	0.8	—
合成镁砂（回转窑生产）	MST	80	—	9	—	—	—

6. 特殊原料

以人造合成原料为主，如碳化物、氮化物等，也有天然原料或经再加工的原料如锆英石等，我国也常将刚玉和合成莫来石归入此类。特殊材料的特点是纯度高，耐高温性能好，抗化学侵蚀能力强，但由于价格昂贵，一般仅限于特殊部位使用，其以刚玉、碳化硅、锆英石应用较多。

耐火混凝土所用刚玉是指人造刚玉，人造刚玉的等级标准和化学成分如表 4-117 所示。

人造刚玉的化学成分 表 4-117

等 级	Al_2O_2	TiO_2	Fe_2O_3
一级品	>94	<4	<2.5
二级品	<90	>5	<3.5

碳化硅又称金刚砂，是由二氧化硅和碳质原料（主要为焦炭）混合通电流后制得。工业碳化硅的化学成分主要是 SiC，还有碳化铁、胶体炭和氧化物等杂质。以黏土为胶结料制造的碳化硅其性能如表 4-118（举例）所示，碳化硅化学成分参见表 4-119。

碳化硅技术指标 表 4-118

制 法	SiC（%）	SiO_2（%）	显气孔率（%）	体积密度（g/cm^3）	耐火度（℃）	荷载软化开始温度（2MPa）（℃）	导热系数（W/m·K）
压制	86.88	10.05	31.4	2.10	>1 800	1 620	7.33
捣打	86.92	9.5	—	—	>1 800	1 640	9.88

碳化硅的化学成分（%） 表 4-119

名 称	未洗涤的碳化硅	经 H_2SO_4 洗涤后的碳化硅	非晶质碳化硅	名 称	未洗涤的碳化硅	经 H_2SO_4 洗涤后的碳化硅	非晶质碳化硅
SiC	97.5	99.3	73.27	MgO	—	—	0.4
Fe_2O_3+FeO	1.5	0.5	0.88	R_2O	—	—	1.31
Al_2O_3	0.9	—	2.5	C	—	—	7.10
TiO_2	—	—	0.24	SiO_2	—	—	13.63
CaO	0.1	0.1	0.74				

锆英石（$ZrSiO_4$）是一种天然原料，理论成分为：$ZrO_2$67.03%，$SiO_2$32.97%。锆英石耐火性能良好，我国资源丰富但品位偏低，ZrO_2 含量有 55% 左右。

7. 其他原料

其他原料包括某些天然原料，可以不经煅烧直接作为耐火混凝土的集料，已经使用的有高炉矿渣、白砂石、安山岩、玄武岩、辉绿岩、浮石等。

常用的有废旧耐火砖、工业炉渣。高炉矿渣是具有较好耐热性能的耐火原料。但对于氧化钙含量高的碱性矿渣，由于含有硅酸二钙 C_2S，易发生 $\beta = C_2S \xrightarrow{525\sim673℃} \gamma G_2S$，体积增大约 10%。因而失去晶粒间的联系，甚至变成粉末。因此，采用高炉矿渣作耐火混凝土集料应符合表 4-119 要求：

（1）矿渣中 CaO 含量≤45%，其碱性率$\left(M_o = \dfrac{CuO\% + MgO\%}{SiO_2\% + Al_2O_3\%}\right) < 1.0$ 的酸性矿渣。

（2）矿渣集料最大粒径宜在 15mm 以下，最大也不得超过 20mm。且其玻璃质含量≤10%。

（3）其松散密度≥1 100kg/m^3。

清净熔渣的废旧耐火砖，经破碎后同样可以作耐火集料和粉料，既有利于就地取材，又可降低工程成本。特别是废旧硅砖，经煅烧后石英晶型转化较完全，高温下体积稳定性好，有利于改善高温性能。

此外，黏土质废旧耐火砖，也是常用的耐火集料，其成分和高温性能与耐火黏土砖原料——焦宝石熟料极为相似。选用时要求耐火度不低于1 670℃，抗压强度不低于10MPa，硫酸盐含量（按SO_3计算）不大于0.3%的、已使用过的酸化耐火黏土制品不得使用。

8.集料的最大粒径

一般粒径大于5mm的耐火集料称粗集料，小于5mm（即0～5mm）者为细集料。作为耐火混凝土的粗集料不宜太大。

密里尼可夫研究硅酸盐水泥耐火混凝土高温下结构指出：

水泥环上的裂缝总宽度

$$\delta = \pi d_0(\Delta L_s - \Delta l_u) \tag{4-48}$$

式中：d_0——集料颗粒最初大小；

ΔL_s——集料的相对变形；

Δl_u——水泥胶凝物质的相对变形。

很明显，水泥环的裂缝总宽度δ正比于集料颗粒的最初大小。我国多采用5～10mm粒径耐火粗集料，也有采用最大粒径15mm者。大体积耐火混凝土粗集料，最大粒径也不超过25～30mm。

9.集料级配

为使耐火混凝土达到较高体积密度及物理、力学、高温性能，应以达到最紧密堆积为理想级配。其级配要求，还随着成型方法的不同而略有差别。

各种成型方法的耐火混凝土应符合表4-120的要求。

耐火集料的颗粒级配（%） 表4-120

成型方法	筛孔尺寸（%）					成型方法	筛孔尺寸（%）				
	5～10	10～5	5～0.15	5～1.2	1.2～0.15		5～10	10～5	5～0.15	5～1.2	1.2～0.15
振动	25～30	20～35	45～55	—	—	喷涂	—	25～35	—	30～40	25～45
捣打	—	35～45	—	25～35	20～30	机压	—	—	—	50～60	40～50

（三）轻集料

耐火混凝土所用轻集料依其来源可分为：

1.天然轻集料（如浮石、火山渣等）。

2.人造轻集料

（1）利用天然原料加热膨胀而成的人造轻集料。如蛭石、页岩陶粒、膨胀珍珠岩等。

（2）利用加入外加物煅烧而成的人造轻集料，如多孔黏土熟料等。

（3）利用高温熔融而成的人造轻集料，如氧化铝空心球等。

（4）利用轻质耐火制品或碎块制成的轻集料。

现将适用于较高温度下的轻集料简述如下：

（1）轻质耐火质砖轻集料　用废旧轻质耐火砖经破碎筛分后制得。

（2）多孔熟料轻集料　用硬质黏土或高铝矾土为原料，磨细后加入外加剂，经煅烧后获得多孔熟料，具有强度高、高温性能稳定，适宜于在1 200～1 400℃使用。

（3）氧化铝空心球轻集料　用工业氧化铝经高温电熔吹制而成，颗粒为白色、空心、薄壁的小球，其化学成分为$Al_2O_3 > 99.5\%$，SiO_2 0.1%～0.2%，具有体积密度小、导热系数低、强度高、耐火度等特点，但价格较高，一般只用于高温特殊部位。

（四）外加剂

耐火混凝土采用的外加剂种类多，如促硬剂、膨胀剂、减水剂、矿化剂等。

1. 促硬剂

促硬剂也称为促凝剂。不同胶结料应选用各自的促硬剂。用化学或陶瓷胶结料时，其促硬剂尤其重要，往往成为必不可少的组分。用水泥胶结料时，一般应为适合某种需要的附加组分。

（1）黏土耐火混凝土用促硬剂

以黏土作为耐火混凝土的胶结料、常温强度很低，为适应施工要求，必须加入促硬剂，这种促硬剂一般采用硅酸盐水泥或石灰。

（2）纯铝酸钙水泥耐火混凝土用促硬剂

钝铝酸钙水泥的常温及早期强度较高，以往很少再加入促硬剂。为了调整其硬化性能，国外已经引用各种促硬剂，已知的有：氢氧化钙、氢氧化钠、碳酸钠、锂盐、硅酸钠、硅酸盐水泥等，我国在近期也已开始试用。

（3）磷酸盐耐火混凝土用促硬剂

磷酸盐耐火混凝土的促硬机理比较复杂，主要是磷酸和含水磷酸盐溶液中离解出的磷酸根离子取代促凝剂组分中的金属阳离子（或铵离子），并形成胶凝性能较好的磷酸盐、含水磷酸盐或使生成物沉淀，从而使耐火混凝土发生凝结和硬化。国外常用的促硬剂有氧化镁（MgO）、氧化钙（CaO）、氧化锌（ZnO）、氢氧化铝[$Al(OH)_3$]、氟化铵（NH_4F）等，其中以 MgO 使用最为普遍。其优点是在 1 000℃以下硬化快、强度高，缺点是当温度超过 1100℃时强度大幅度下降。我国采用硅酸盐水泥、高铝水泥、高铝水泥 -60、纯铝酸钙水泥为促硬剂，尤以高铝水泥最为常用，其用量一般为材料总质量的 2%。应该说明，上述促硬剂仅能够提高耐火混凝土的常温强度而往往影响其高温性能，因此，当不要求常温强度或使用温度偏高时，应尽量少用或不用此类促硬剂。

（4）水玻璃耐火混凝土用促硬剂

水玻璃耐火混凝土常用的促硬剂列于表 4-121。

水玻璃耐火混凝土的促硬剂 表 4-121

名　称	化 学 式	名　称	化 学 式
硅	Si	硅酸二钙	$2CaO \cdot SiO_2$
氟硅酸钠	Na_2SiF_6	矿渣	—
磷酸铝	$Al_2O_3 \cdot P_2O_5$	有机酯类	RCOOR
氧化钙	CaO	乙二醛	CHO | CHO

我国普遍采用氟硅酸钠作为这种耐火混凝土的促硬剂，在一定加入量范围内，随着氟硅酸钠用量增加、强度有所提高，但由于氟硅酸钠的熔点较低，特别是它与水玻璃之间的反应产物熔点更低(900 ~980℃)，因此，在能满足强度和硬化时间要求的前提下，也应当尽量减少氟硅酸钠的用量，一般为水玻璃用量的 12% ~15%，如以硅酸盐水泥为促硬剂时，其用量为水玻璃用量的 8% ~12%。

2. 膨胀剂

蓝晶石是一种耐火度高、具有高温体积膨胀特性的天然耐火原料，国外已经大量利用蓝晶石配制耐火混凝土。

蓝晶石与硅线石、红柱石是一族同质多相变体的无水铝酸盐矿物，其化学分子式均为 $Al_2O_3 \cdot SiO_2$。蓝晶石为三斜晶系，通常呈扁平状晶体，晶面上有平行的条纹，颜色为蓝色，有时为绿色、黄色和白色，硬度因方向而异，相对密度为3.53～3.63。

蓝晶石被加热到一定温度时，转化成富铝红柱石（莫来石）其反应式如下：

$$3(Al_2O_3 \cdot SiO_2) \xrightarrow{加热} 3Al_2O_3 \cdot 2SiO_2 + SiO_2$$

蓝晶石在高温煅烧时，在1 200℃时开始分解，不可逆地转化为莫来石并析出游离 SiO_2，到1 360～1 400℃时分解很快，1 500℃以后出现石英玻璃及与原来晶体表面垂直的纤维状莫来石。此反应是由外向里逐渐转化的，伴随这种反应产生约16%～18%的体积膨胀特性，提高与改善耐火混凝土的高温性能。

我国对蓝晶石的应用已着手进行研究，效果也比较好，工业性的应用还处于开发阶段。

在应用减水剂方面，耐火混凝土只是引用一般混凝土常用的减水剂。但由于耐火混凝土品种多，性质差异大，因此选用减水剂需经过试验后确定。

在矿化剂方面，一般只应用于硅质材料配制的耐火混凝土。

二、配合比基本参数

耐火混凝土的配合比不但应满足耐火性能的要求，同时必须满足一定强度的稠度的要求。组成材料本身的性能是决定耐火混凝土高温性能的主要因素。但胶结材料的用量、水灰比（或水胶比）、集料级配、掺料用量和外加剂等对改善耐火混凝土的高温性能也有很大作用。因此，配合比的选择亦非常重要。在进行配合比选择时，必须了解混凝土各组分对其性能的影响。

（一）胶结料的用量

一般情况下，集料的耐火度都比胶结料高些，胶结料的用量超过一定范围时，随着胶结料的用量增加，混凝土的荷载软化点降低，残余变形增大，耐火性能降低。因此，为了提高耐火混凝土的主温性能，在满足施工和易性和常温强度的要求下，尽可能减少胶结料的用量。如水泥耐火混凝土在不同使用要求下，水泥用量一般可控制在10%～20%（以混凝土总质量计）。对荷载软化点和耐火度要求较高而常温强度要求又不高的水泥耐火混凝土，其水泥用量可控制在10%～15%。

（二）水灰比或水胶比

水泥耐火混凝土的水灰比增减对强度和残余变形的影响较显著。与普通混凝土相似，随着水灰比的增加，混凝土的强度降低，但对耐火混凝土更为显著。因为耐火混凝土经常处于高温环境，水分容易散失，导致混凝土内部空隙增加，结构疏松，强度降低。因此，配制耐火混凝土时，在施工条件允许的条件下，应尽可能减少用水量，降低水灰比。一般坍落度不宜大于2cm，最好采用干硬性混凝土。

如胶结料为水玻璃的耐火混凝土，水玻璃的模数常为2.6～2.8，相对密度一般采用1.36～1.40。氟硅酸钠用量常为水玻璃用量的10%～12%。用磷酸作胶结料的耐火混凝土，磷酸浓度一般为50%。

（三）掺料的用量

掺料可以改善混凝土的高温性能，提高施工和易性，同时还可减少水泥用量。从试验得知，硅酸盐水泥石不加掺料的耐火度为1 440℃，烘干强度为80.4MPa，经1 200℃加热后强度降低达46.6%。而加入与水泥质量比为1∶1的掺量后，烘干经度只有52.8MPa，水泥石耐火度增至1 640℃。经加热至1 200℃后，强度为50.8MPa，仅降低3.0%。因此，对常温要求强度不高的耐火混凝土，掺料用量可多些。一般用量为水泥用量的30%～100%，最高可达300%。

（四）集料级配和砂率

集料用量约占耐火混凝土混合料总量的80%左右，改善集料的级配对提高耐火混凝土密实度和高温特性均有良好的效果。选择集料时必须注意集料的类别和耐火度，使之与胶结材料相适应，同时还应选择适宜珠粒度。一般粗集料如果粒径过大，用量过多，则混凝土混合料的和易性差，难于成型，密实度下降，在高温下易于分层脱落。实践表明，砂率宜在40%～50%。

三、配合比设计

由于耐火混凝土的配合比设计用计算法比较繁琐。一般常采用经验配合比为初始配合比，再通过试拌调整，确定适用的配合比。如果用计算法选择配合比，整个计算试配选择到配合比的确定，基本上与轻集料混凝土相同。

（一）配合比的确定

耐火混凝土配合比的确定通常有两种方式：一是根据设计图纸或设计通知书所给定的原材料要求，经试拌满足施工要求即可按此配合比施工；二是设计图纸只提出耐火混凝土品种及其技术要求，可由施工单位根据有关规程、标准，按如下程序确定施工配合比。

（1）由试验部门提出拟用配合比及原材料技术要求，并取样进行试验达到设计要求后，向供应部门提出备料配合比，以便购进各种原材料。

（2）试验部门发出施工配合比，在施工现场进行试拌，如满足施工要求，即可按该配合比施工。

（二）耐火混凝土配料的允许误差

（1）水泥、粉料：±1%。

（2）耐火集料：±3%。

（3）水及各种液体胶结料：±1%。

（三）常用耐火混凝土配合比

详见附录十七。

第十六节　耐海水混凝土配合比设计

海洋工程混凝土由于经常地或周期性地与海水相接触，受到海水或海洋大气的物理化学作用，或者受到波浪、流冰的冲击、磨损、冻融破坏等作用，很容易使这种环境的混凝土遭受损害而缩短其耐用年限。因此，海洋工程混凝土除满足施工的和易性、强度和其他要求外，还应根据建筑结构的具体使用条件，具有海洋工程所需的抗渗性、抗腐蚀性、抗冲刷、抗冻性、防止钢筋锈蚀和抵抗冰凌撞击的性能。

海洋工程所需的混凝土，也称为耐海水混凝土、海工混凝土、海洋混凝土，这是最近几年发展起来的一种能抵抗海水中各种盐类侵蚀的新型混凝土，主要用于海港、码头、引桥、防浪堤坝等与海水接触的海洋工程的混凝土构件。

一、原材料技术要求

1. 水泥

水泥是配制耐海水混凝土的最关键原材料，如果选择的水泥不当，所配制的混凝土则不符合耐海水混凝土的要求。一般耐海水混凝土，可以选择铝酸三钙(C_3A)含量小于6%的中热或低热硅酸盐大坝水泥或普通硅酸盐大坝水泥，也可选择矿渣掺量不小于50%的矿渣硅酸盐水泥。工程实践证明：掺量不小于50%的矿渣硅酸盐水泥，具有较强的抗硫酸盐和抗氯盐腐蚀能力，可以在海水水面以下部位，但这种水泥的抗冻性较差，不宜在水位变动区使用。

为保证耐海水混凝土的抗渗性、抗冻性、抗腐蚀性、抗冰凌撞击性和防止钢筋锈蚀等其他性能，配制耐海水混凝土所用的水泥，既要水泥品种适宜，其强度等级也不应低于32.5MPa。在配制耐海水混凝土时，应当根据不同地区和不同部位，可按照表4-122选用适当的水泥品种。

表4-122中所列抗硫酸盐水泥的主要特点是：不仅抵抗硫酸盐侵蚀能力强，而且具有较好的抗冻性和较低的水化热，其矿物成分中限制铝酸三钙(C_3A)的含量不大于5%、硅酸三钙(C_3S)的含量不大于50%，并限制铝酸三钙(C_3A)和铁铝酸四钙(C_4AF)的总含量不大于22%。

耐海水混凝土水泥品种选择表　　表4-122

环境条件＼选择要求		优先采用	可以采用	不宜采用
水上部位	不冻	硅酸盐水泥、普通硅酸盐水泥	矿渣硅酸盐水泥、粉煤灰硅酸盐水泥(对于混凝土)、抗硫酸盐水泥	—
	偶冻	硅酸盐水泥、普通硅酸盐水泥	矿渣硅酸盐水泥、抗硫酸盐水泥	火山灰质硅酸盐水泥、粉煤灰硅酸盐水泥
水位变动区	受冻	抗硫酸盐水泥、普通硅酸盐水泥、硅酸盐水泥*	矿渣硅酸盐水泥	火山灰质硅酸盐水泥、粉煤灰硅酸盐水泥
	不冻	抗硫酸盐水泥、普通硅酸盐水泥	矿渣硅酸盐水泥、硅酸盐水泥*、粉煤灰水泥(对于混凝土)	火山灰质硅酸盐水泥
水下部位		矿渣硅酸盐水泥、抗硫酸盐水泥、火山灰质硅酸盐水泥、粉煤灰水泥	硅酸盐水泥*、普通硅酸盐水泥	—

注：1. 当有充分论证时，粉煤灰水泥可用于不冻地区的水上部位、水位变动区的钢筋混凝土和处于受冻、偶冻条件下的混凝土。

2. 粉煤灰硅酸盐水泥不得用于受严重冰凌撞击、泥沙冲刷和机械磨损的混凝土。

* 表示尽量选用铝酸三钙(C_3A)含量不大于10%的水泥，如果含量大于10%，宜在混凝土中掺入引气剂或木质磺酸盐系减水剂。

2. 集料

(1)细集料

海洋混凝土施工一般均就地取材采用海砂或从砂源驳运至施工现场作为细集料使用。由于海砂含有盐分，在混凝土中溶解于水并放出氯离子(Cl^-)，当Cl^-达到一定浓度时，就会破坏钢筋的钝化膜，并增加铁的溶解，加速铁的阳极过程。当水、氧具备时，钢筋锈蚀就会因Cl^-的存在而极大地加快。因此，在钢筋混凝土中使用时应限制其含盐量，在《水运工程质量检验标准》(JB 257—2008)规范中规定海砂的氯化钠总含量不得超过0.1%(以全部氯离子换算成氯化钠占干砂质量的百分率计)。超过规定时，应通过淋洗，使降低至0.1%以下，或在所拌制的混凝土中掺入占水泥重0.6~1.0%的亚硝酸钠($NaNO_2$)作为缓蚀剂。

海砂含盐量的变化范围较大，一般为0.01%~0.30%。但除特殊情况(如颗粒细、含水率大或由于海水积聚并经暴晒而积盐较多的砂)外，一般多小于0.15%，而在0.1%左右变动。在波浪溅击线以上者，则多在0.08%以下。施工用砂应尽量采用离波浪溅击线较远的地方并采自地表面。在有小草生长之处，砂的含盐量一般在0.005%以下。

(2)粗集料

①粗集料中的颗粒对混凝土的强度和抗冻性均产生不利的影响，《水运工程质量检验标准》(JTS 257—2008)规范中规定：这种颗粒的含量，对用于无抗冻性要求的混凝土时不宜大于30%；对用于有抗冻性要求的混凝土时，则不宜大于25%。

②当混凝土用的粗集料中含有蛋白石或其他无定形二氧化硅颗粒大于1%，且水泥中的含盐量大于0.6%，并在有水的环境条件下，有出现碱-活性集料反应引起混凝土膨胀开裂的可能，故对这种活性集料含量应限制在1%以内。

(3)集料级配

用于配制耐海水混凝土的粗细集料，不仅要求其质地坚硬、清洁无杂，而且要求其粒径适宜、级配良好。特别是集料级配直接影响混凝土的密实性和耐腐蚀性，所以应当选择优良的集料级配。表4-123中列出了部分耐海水混凝土工程的粗细集料级配实例，可供海洋工程混凝土施工中参考。

部分耐海水混凝土工程的粗细集料级配实例 表4-123

工程名称	集料种类	最大粒径(mm)	集料粒径(mm)			
			80~150	40~80	20~40	5~20
B	卵石	120	19	38	38	25
		120	25	20	25	30
30I	卵石	150	20	20	25	30
		150	30	25	20	30
		80	—	50	20	30
		30	—	40	30	30
E	卵石	150	35	25	20	20
C	卵石	150	40	30	18	12
S	卵石	150	35	19	26	20
G	卵石	150	32	27	19	22
K	卵石	150	32	26	18	24
F	卵石	150	44	36	13	7
H	卵石	150	21.5	31.5	21.5	25.5
V	卵石	150	30	25	20	25

续上表

工程名称	集料种类	最大粒径(mm)	集料粒径(mm)			
			80~150	40~80	20~40	5~20
Q	碎石	150	30	30	20	20
R	卵石	120	30	25	20	25
		120	30	25	15	30
		120	50	—	25	25
		120	55	—	20	25
		80	—	50	20	30
M	碎石	120	36	24	24	16
		120	35	35	—	30

3.拌和用水

配制耐海水混凝土所用的拌和水,没有特殊的要求,与普通水泥混凝土相同。其技术指标应符合《混凝土用水标准》(JGJ 63—2006)中的要求。

当利用海水拌制混凝土时,其早期强度较高,但后期强度则有所降低(28d 强度约降低10%),抗冻性也受到影响,对于钢筋混凝土还会加速钢筋的锈蚀过程,故《水运工程质量检验标准》(JTS 257—2008)规范中规定:混凝土和钢筋混凝土不得采用海水拌和。在缺乏淡水的地区,混凝土允许采用海水拌和,但应符合下列规定:

(1)对于有抗冻性要求的,水灰比应降低0.05。

(2)对于无抗冻性要求的,应加强对混凝土的强度检验,以符合设计要求。

4.外加剂

根据《水运工程质量检验标准》(JTS 257—2008)中的规定,为提高耐海水混凝土的耐久性和强度,改善混凝土拌和物的和易性,达到节约水泥、降低造价、加快进度的目的,在拌制耐海水混凝土时,可以掺加适量的引气剂、减水剂或低温早强剂,对于有抗冻性要求的混凝土必须掺入引气剂。

(1)引气剂

掺入耐海水混凝土的引气剂,主要有松香热聚物或松香皂等,它们的品质标准应符合以下几项要求。松香热聚物0.2%溶液(不包括氢氧化钠)的泡沫度不得小于:手摇时40%;机摇时15%;30min 后泡容量不得小于300mL/g。松香皂1%溶液(包括氢氧化钠)的泡沫度不得小于:手摇时40%;机摇时15%。

引气剂在使用时应配制成溶液,松香热聚物和松香皂引气剂溶液配制的方法分别为如下所述。

①松香热聚物配制的方法

用松香热聚物配制引气剂溶液时,每种原料的比例(以质量计)为松香热聚物∶氢氧化钠∶水=1∶0.2∶30。在进行配制时,先将氢氧化钠按比例溶于占拌和用水量2/3的热水(水温控制在70~80℃)中,并搅拌均匀,再加入捣碎的松香热聚物,再仔细进行搅拌,待全部溶解后加入其余的1/3水,即配制成浓度为3.2%的引气剂溶液。

②松香皂配制的方法

用松香皂配制引气剂溶液比较简单,只要经过稀释,即可用于混凝土中。

用引气剂配制耐海水混凝土时，应严格控制引气剂的掺量，使混凝土的含气量控制为3% ~5%。如果掺量过多，则混凝土中的含气量过大，会使混凝土的强度显著降低；如果掺量不足，则混凝土中的含气量过小，不能获得应当的效果。在一般情况下，松香热聚物的掺量约为水泥用量的0.005% ~0.015%；松香皂配制的掺量为水泥用量的0.007% ~0.012%。

但是，引起混凝土中含气量变化的因素很多，如水泥的品种、水泥细度、集料级配、气温、拌和物流动度等，都会对混凝土含气量产生直接影响。掺入一定量的引气剂，不一定就能获得符合设计要求的含气量。尤其是施工时温度的影响更大，温度越高气泡越不易生成。因此，为获得同样的含气量，引气剂的用量在高温时要适量增加，低温时要适量减少。

(2)减水剂

适用于配制耐海水混凝土的减水剂很多，主要有木质素磺酸钙(又称木钙或M减水剂)、纸浆废液(即苇浆废液、木浆废液)和亚甲基二萘磺酸钠(又称NNO减水剂)等。当有充分论证时，可根据需要使用其他品种减水剂。

(3)低温早强剂

在低温季节进行耐海水混凝土施工时，为提高其早期强度，可采用适宜的低温早强剂，如三乙醇胺、硫化硫酸钠和氯化钙等。当掺加氯化钙时应符合以下规定。

①耐海水混凝土中氯化钙的掺量不得大于2%(以无水氯化钙质量对水泥质量的百分率计)。采用海水配制混凝土时不得掺加氯化钙。对于与海水接触又有抗冻性要求的混凝土，掺入氯化钙时水灰比应酌情降低。

②当采用海砂配制的耐海水混凝土中掺入氯化钙时，氯化钙和海砂中氯盐质量的总和不得超过水泥质量的2%。

二、配合比设计

耐海水混凝土配合比设计基本类同于普通混凝土，但由于其抗冻性、抗渗性要求较高，因此也有一定的特殊性。

具体设计步骤如下。

1. 计算配制强度

配制强度按下式计算

$$f_{cu,0}=\frac{f_{cu,k}}{1-tC_v} \tag{4-49}$$

式中：$f_{cu,0}$——混凝土配制强度(MPa)；

$f_{cu,k}$——混凝土设计强度(MPa)；

t——强度保证系数，一般取1.25 ~1.645；

C_v——离差系数，见表4-124。

离差系数值　表4-124

f_{ce}	<C15	C20 ~ C25	≥C30
C_v	0.20	0.18	0.15

2. 计算水灰比 W/C

W/C 按下式计算：

$$\frac{W}{C}=\frac{1}{\frac{f_{cu,0}}{Af_{ce}}+B} \tag{4-50}$$

式中：W/C——水灰比；

$f_{cu,0}$——混凝土保证强度(MPa)；

f_{ce}——水泥的实际强度(MPa)；

A、B——与水泥品种和粗集料种类有关的系数，见表4-125。

A、B 系 数 值 表4-125

水泥品种	粗集料品种	A	B
普通硅酸盐水坝水泥	碎石	0.642	0.559
	卵石	0.531	0.502
矿渣大坝水泥	碎石	0.623	0.552
抗硫酸盐水泥	卵石	0.527	0.498

按式(4-50)计算出的 W/C 还要同时满足抗渗性的要求。如果工程对混凝土有抗冻性要求，还应满足抗冻性要求。

抗渗性要求的 W/C 和抗冻性要求的 W/C 分别见表4-126和表4-127。

抗渗等级与 W/C 的关系 表4-126

要求抗渗等级	水灰比(W/C)允许值	要求抗渗等级	水灰比(W/C)允许值
P4	0.60～0.65	P8	0.50～0.60
P6	0.55～0.60	≥P10	<0.50

抗冻等级允许最大 W/C 值 表4-127

要求抗冻等级	允许的最大 W/C 值		要求抗冻等级	允许的最大 W/C 值	
	不加引气剂	加引气剂		不加引气剂	加引气剂
D50	0.55	0.60	D150	—	0.50
D100	—	0.55	D200	—	0.45

3. 选择用水量和砂率

耐海水混凝土的用水量和砂率与混凝土中的含气量及粗集料的最大粒径有关。根据给定的条件可查表4-128，并根据表4-129进行调整。

混凝土试拌用水量和砂率选取表 表4-128

石子最大粒径(mm)	未加外加剂混凝土			掺外加剂的混凝土	
	空气含量近似值(%)	砂率(%)	用水量(m^3)	引气混凝土的含气量(%)	用水量(m^3)
20	2	38	172	5.5	单掺引气剂或一般减水剂，可减水6%～8%；引气剂和一般减水剂联合掺用或单掺高效减水剂，可减水15%～20%
40	1.2	32	150	4.5	
80	0.5	28	129	3.5	
120	0.4	25	117	3.0	
150	0.3	24	110	3.0	

注：此表依据水灰比为0.55，卵石、砂子细度模数为2.7，坍落度为60mm条件制定的。

砂率和用水量条件变化调整值 表 4-129

条件变化	调整值	
	砂率	$1m^3$ 用水量(kg)
改用碎石	+3~5	+9~15
采用需水性大的火山灰质掺和料或火山灰水泥	—	+10~20
坍落度 ±10mm	—	+2~3
砂率每 ±1%	—	+1.5
砂的细度模数每 ±0.1	±0.05	—
水灰比每 ±0.05	±0.1	—
含气量每 ±1%	±(0.5~1.0)	±(2%~3%)

4. 计算水泥用量

根据混凝土强度和耐久性而确定的水灰比(W/C),依据选定的单位用水量(W_0),由公式(4-49)计算水泥用量:

$$C_0 = W_0 \frac{C}{W} \tag{4-51}$$

式中:C_0——每 $1m^3$ 混凝土中的水泥用量(kg);

W_0——单位体积混凝土的用水量(kg),根据表 4-129 中选取;

C/W——混凝土的水灰比倒数(即灰水比)。

通过公式(4-51)计算得出的水泥用量,还应当满足耐海水混凝土所处工程环境最小水泥用量的要求,应不小于表 4-130 中的水泥用量。

耐海水混凝土最小水泥用量限值 表 4-130

混凝土所处环境条件	最小水泥用量限值(kg/m^3)	
	配筋混凝土	无筋混凝土
无冰冻海域	≥250	225
有冰冻海域	300	275

5. 砂石用量计算

根据已选定的砂率 S_P 和已计算得的 $1m^3$ 混凝土用水量 W_0 和水泥用量 C_0,利用绝对体积法可求得 $1m^3$ 混凝土的石子用量 G_0 和砂用量 S_0。

$$G_0 = V_{SG}(1 - S_P)\rho_G \tag{4-52}$$

$$S_0 = V_{SG}S_P\rho_S \tag{4-53}$$

式中:S_P——砂率(%);

ρ_G——石子的视密度(kg/m^3);

ρ_S——砂的视密度(kg/m^3);

V_{SG}——$1m^3$ 混凝土中砂石的绝对体积。

$$V_{SG} = 1 - \left[\left(\frac{W_0}{\rho_w} + \frac{C_0}{\rho_c}\right) + 0.01a\right] \tag{4-54}$$

式中:W_0、C_0——分别为 $1m^3$ 混凝土中的用水量和水泥用量;

ρ_w、ρ_c——分别为水和水泥的密度;

a——$1m^3$ 混凝土中的含气量的百分数,如不掺引气剂,a 取 1,如掺引气剂,按实际引气量计算。

6. 试拌和调整

根据所设计的耐海水混凝土配合比进行试拌，并根据原材料情况、混凝土拌和物坍落度和其他情况等，对混凝土配合比进行调整。

[**例 4-5**] 以某工程配制实例为例。

1）设计条件

设计某海港工程混凝土的配合比，基本参数如下。

（1）要求混凝土强度等级 C25，保证率 $P=95\%$，抗冻等级为 D50，抗渗等级为 P8；

（2）坍落度 80mm；28d 强度的离差系数 $C_V=0.15$；

（3）强度等级为 32.5 级普通硅酸盐大坝水泥，实测水泥强度 $f_c=40.5\text{MPa}$、密度 $\rho_C=3.1\text{g/cm}^3$；

（4）加 FDN 减水剂 0.75%（占水泥质量）；

（5）卵石最大粒径 $d_{man}=150\text{mm}$，四级配，150～80：80～40：40～20：20～5＝30：20：20；密度 $\rho_q=2.7\text{g/cm}^3$，中石和小石的表面含水率为 0.3% 和 0.8%；大石和特大石为饱和面干状态；

（6）河砂细度模数 $M_x=2.6$；密度 $\rho_s=2.65$；表面含水率为 4.5%。

2）设计计算步骤

（1）根据保证强度　根据 $f_{cu,k}=25\text{MPa}$，$P=95\%$，按式（4-49）计算保证强度 $f_{cu,0}$ 为：

$$f_{cu,0}=\frac{f_{cc}}{1-tC_v}=\frac{25\text{MPa}}{1-1.645\times0.18}=35.5(\text{MPa})$$

（2）计算水灰比根据 f_{cu}、f_{cc} 之值，查表 4-126 得 $A=0.444$，$B=0.459$ 再按式（4-50）计算：

$$\frac{W}{C}=\frac{1}{\dfrac{f_{cu}}{Af_c}}=\frac{1}{\dfrac{35.5}{0.444\times42.5}+0.459}=0.43$$

根据抗渗、抗冻要求，查表 4-126 和表 4-127，得到 W/C 值 0.5～0.55 和 0.6，计算值均小于以上水灰比值，为同时满足强度和耐久性要求，选用 $W/C=0.5$。

3）选择水泥用量和砂率

根据给定的基本资料，查表 4-128 和表 4-129，用水量和砂率调值见表 4-131。

用水量和砂率调整　　表 4-131

条件变化	砂率调整（%）	用水量调整（$\text{kg}\cdot\text{m}^{-3}$）
查表得	24	110
砂的细度模数 −0.1	−0.5	110
水灰比 −0.05	−1.0	0
坍落度（mm）+2	0	0
外加剂（木钙）（%）	0	−10
含水量（%）+1	−1.0	−3.0
调整结果	21.5	103

经调整得砂率：

$$S_P=21.5\%$$

用水量：

$$W_0=103\text{kg}$$

4）计算水泥用量

根据 $W_0=103\text{kg/m}^3$，$W/C=0.5$，按公式(4-51)计算：

$$C_0=\frac{C_0}{W/C}=\frac{103\text{kg}}{0.5}=206(\text{kg})$$

5)砂、石用量计算

掺加 FDNA 后，四级配混凝土含气量约为 1%，$a=1$。按式(4-54)得：

$$\begin{aligned}V_{SG}&=1\,000\text{L}-\left[\left(\frac{W_0}{\rho_w}+\frac{C_0}{\rho_C}\right)+10\text{L}\cdot a\right]\\&=1\,000\text{L}-\left[\left(\frac{103\text{kg}}{1\text{kg/L}}+\frac{206\text{kg}}{3.1\text{kg/L}}\right)+10\text{L}\times 1\right]\\&=1\,000\text{L}-179.45\text{L}=820.55\text{L}\end{aligned}$$

砂用量

$$\begin{aligned}W_0&=V_{c+G}\cdot S_P\cdot\rho_S\\&=820.55\text{L}\times 0.215\times 2.65\text{kg/L}\\&=457.508\text{kg}\quad 取\ 458\text{kg}\end{aligned}$$

石子用量

$$\begin{aligned}G_0&=V_{s+G}\cdot(1-S_P)\cdot\rho_q\\&=820.55\text{L}\times(1-0.215)\times 2.7\text{kg/L}\\&=1\,739.15\text{kg}\quad 取\ 1\,740\text{kg}\end{aligned}$$

6)试拌和调整

经试拌，满足和易性的用水量和砂率，正与上述数据相符，见表 4-132。

配合比和每立米混凝土材料计算用量 表 4-132

配合比 $C:S:G:W$	水泥 (kg)	砂子 (kg)	石 子 (kg)				FDN (kg)	用水量 (kg)
			150~180	80~40	40~20	20~5		
1:2.27:8.45:0.5	206	468	522	522	348	348	0.52	103

三、参考配合比

表 4-133 中列出了某海洋工程耐海水混凝土的参考配合比；表 4-134 中列出了 1m^3 的耐海水混凝土材料用量配合比，可供设计和施工中参考。

耐海水混凝土的参考配合比(单位：kg/m^3) 表 4-133

配合比 水泥:砂:石子:水	水泥 (kg)	砂子 (kg)	石 子 (kg)				FDN 减水剂 (kg)	用水量 (kg)
			150~80	80~40	40~20	20~5		
1:2.38:8.54:0.5	204	486	523	523	348	348	1.53	102

1m^3 耐海水混凝土材料用量配合比 表 4-134

计算方法	配合比 水泥:砂:石子:水	水泥 (kg)	砂 (kg)	石 子 (kg)				木钙 (kg)	用水量 (kg)
				5~20mm	20~40mm	40~80mm	80~150mm		
绝对体积法	1:2.27:8.45:0.50	206	468	348	348	522	522	0.52	103
假定堆密度法	1:2.26:8.45:0.51	206	465	348	348	522	522	0.52	105

第十七节 导电混凝土配合比设计

导电混凝土是用可导电的材料部分或全部替代混凝土的集料配制而成的具有规定电性能和一定力学性能及耐久性的新型混凝土。

普通水泥混凝土在干燥状态下的电阻率为$10^7 \sim 10^9 \Omega \cdot m$,基本上是一种绝缘材料。但随着混凝土中水分的增加,由于混凝土中水泥水化后有很多离子性的物质(电解质)溶解在水中,并通过毛细管互相连接,因此,随水分的增加,导电性增加。当完全饱和时其电阻率可降至$10^2 \sim 10^3 \Omega \cdot m$。因此,普通水泥混凝土是一种介于绝缘体和导体之间的材料。

如果在混凝土中添加一定量的导电物质,可以使混凝土的导电性大大改善,从而形成具有较好导电性能的导电体。由此可知,用导电相材料部分或全部取代混凝土中的普通集料,经凝结、硬化后所获得的特种混凝土称为导电混凝土,在俄罗斯称其为电工混凝土。导电混凝土具有规定的导电性能和一定的力学指标,是一种具有特殊用途的新型混凝土,这种混凝土可根据导电相集料和胶凝材料的不同而具有不同的导电能力。

随着科学技术的快速发展,导电混凝土在建筑、纺织、电力、交通、印刷、制药、制粉、橡胶、飞机修理等行业的应用范围越来越广泛。

一、原材料技术要求

导电混凝土既可以作为结构混凝土使用,也可和常规混凝土混合使用。导电混凝土比常规混凝土轻,其质量是常规混凝土的70%,而且导电混凝土的热稳定性一点也不比常规混凝土逊色;导电混凝土的制造过程只需用传统的混合和浇筑设备即可,且其用法和常规混凝土基本类似。

配制导电混凝土过程中存在许多要解决的问题,其中主要的问题是保证混凝土符合工程所要求的力学性能和耐久性。因此,对导电混凝土的原材料组成也有特定的要求。

工程实践证明,导电材料是配制导电混凝土的关键性材料。目前可以作为导电混凝土集料的材料,主要是碳质材料。碳质材料的集料主要有石墨集料、炭黑、碳质轻集料、碳纤维等。

1. 导电材料

(1)石墨材料

石墨是一种可行的导电材料,也是应用最早的导电集料,它具有强度比较高、导电性能比较好等特点。工程实践证明,如果配比适合,可以配制成符合一定电性能要求的导电混凝土。但是,石墨要制成一定粒度的集料,在目前技术上有一定难度,配制的导电混凝土电阻不够,再加上其价格较高,在应用上受到很大限制。

(2)炭黑材料

炭黑是以含碳原料(主要为石油)经不完全燃烧而产生的徽细粉末。外观为纯黑色的细粒或粉状物。颜色的深浅,粒子的细度,密度的大小,均随所用原料和制造方法的不同而有差异。炭黑不溶于水、酸、碱;能在空气中燃烧变成二氧化碳。炭黑的主要组成物是碳元素,还含有少量的氢、氧、硫、灰分、焦油和水分。

炭黑的种类和用途很多,用于导电混凝土的炭黑主要有导电炭黑、超导电炭黑等。炭黑虽然在价格上比石墨低廉,但在成粒上也有很大难度,存在着与水泥浆体黏结性差等缺点,也不利于在导电混凝土中应用。

(3)碳质轻集料

碳质轻集料是一种较好的导电集料,其压实堆积密度为$960kg/m^3$,松散堆积密度为$800kg/m^3$,杂质含量很少,pH=7.1,吸水率虽然较大(面干状态时为15%),但是瞬时性的,而且湿胀性很小。与水泥硬化浆体的黏结虽不如普通砂、石,但较石墨和炭黑好。

(4)碳纤维材料

碳纤维是一种导电性材料,不仅可以代替普通混凝土中的细集料,而且又可以作为一种增强材料。在混凝土中加入碳纤维后,不仅不会像其他碳质集料一样对导电混凝土强度有不利的影响,反而还可以提高导电混凝土的强度,特别是对混凝土的抗弯强度提高更为显著,更重要的是其体积电阻率随着外界应力的改变而改变。因此,其混凝土结构直接可以作为一个良好的传感器而被广泛应用。

(5)金属材料

金属的电阻率和各种电解质相比是极低的,如铜的电阻率仅为$1.7\times10^{-8}\Omega\cdot m$、铁的电阻率为$9.7\times10^{-8}\Omega\cdot m$等。由此看来,在水泥混凝土拌和物中掺入研磨、切削或刮下来的少量屑粉、球粉或粒状金属,比较适合配制成导电混凝土。

对于大多数的导电材料来说,一般不能直接用于制作导电混凝土,必须首先对这些材料进行必要的加工处理,制作成一定的粒度、形状和级配,才能作为导电集料用于混凝土。目前,大多数导电混凝土是用碳质轻集料作为粗集料,用碳纤维作为细集料,碳质轻集料的最大粒径不应大于20mm。

2. 胶凝材料

配制导电混凝土的胶凝材料多数是采用水泥。工程实践证明,对于导电混凝土的配制,在选择水泥时,应当像普通水泥混凝土一样,主要应考虑水泥的品种和水泥的强度等级。

(1)水泥的强度等级

在导电混凝土的组成集料中,除碳纤维的强度较高外,其他材料(如碳质轻集料等)的强度均比较低,因此配制出的导电混凝土的强度比普通水泥混凝土低。为保证导电混凝土的强度,应选用强度等级较高的水泥,一般为强度42.5MPa以上的水泥。

(2)水泥的品种选择

配制导电混凝土所用水泥的品种,与普通水泥混凝土一样,应根据工程所处环境、设计要求和耐久性等而确定,最常用的是普通硅酸盐水泥。

(3)水泥的用量选择

由于碳质导电材料一般多为粉末状或细粒状,其总表面积很大,因此配制导电混凝土的水泥用量偏高,一般应当根据导电混凝土的强度要求确定。

3. 拌和用水

配制导电混凝土所用拌和水的要求,与普通水泥混凝土相同。其技术指标应符合《混凝土用水标准》(JGJ 63—2006)中的要求确定。

4. 外加剂

在配制导电混凝土时,可根据实际情况掺加适量的外加剂。常用的外加剂有减水剂、早强剂等。但在掺加含电解质(如$CaCl_2$、Na_2SO_4)的早强剂时,必须考虑到对混凝土导电性能的影响。

二、导电混凝土的配合比设计

导电混凝土配合比设计的原则已如前所述。一方面要满足工程对混凝土电性能的要求,另一方面要满足工程对混凝土强度耐久性的要求,同时还要考虑施工时混凝土拌和物的工作性。因此,在配合比设计时,可以先以强度为基准进行配合比设计。

1. 配制强度的确定

由于除碳纤外,其他碳质材料对混凝土强度有不利影响,所以确定配制强度时,给配制强度增加一个碳质集料对强度的影响系数。

$$f_{cu,0} = \psi \cdot (f_{cu,k} + 1.65\sigma) \tag{4-55}$$

式中：$f_{cu,0}$——导电混凝土的配制强度(MPa)；

$f_{cu,k}$——导电混凝土的设计强度(MPa)；

σ——导电混凝土的强度标准差(MPa)；

ψ——碳质集料影响系数，$\psi = 1.10 \sim 1.15$。

2. 确定用水量

可以参照轻集料混凝土的用水量选取方法确定用水量，即要考虑净水用量和附加吸水量。

3. 确定水泥用量

水泥用量应根据混凝土的强度要求和水泥的强度等级来确定。由于加入碳质集料对混凝土强度的不利影响。因此，水泥的强度等级应比配制同样强度等级的混凝土高一些。

表4-135列出了用全部碳质轻集料作粗细集料的混凝土配料时水泥用量数据，可作为配制导电混凝土的参考。

碳质轻集料导电混凝土1m³ 水泥用量参考 表4-135

混凝土强度等级(MPa)	C10	C15	C20	C25	C30	C35	C40
水泥强度等级(MPa)	32.5	32.5	42.5	42.5	42.5	52.5	52.5
水泥用量(kg·m⁻³)	250~300	300~340	290~330	350~380	400~420	410~430	450~470

4. 确定集料用量

根据工程的需要导电混凝土的集料有可能全部为导电集料，也可能为部分导电集料和部分普通集料。一般情况下导电混凝土的电阻率越小(也即导电性越大)要求所掺的导电集料越多。集料用量的确定步骤如下。

(1)确定砂率

导电混凝土的体积砂率可按下式计算。

$$\begin{aligned} S_{pe} &= \frac{\sum S}{\sum S_0 + \sum G} \\ \sum S &= S_0 + S_1 \\ \sum G &= G_0 + G_1 \end{aligned} \tag{4-56}$$

式中：S_{pe}——导电混凝土的砂率(%)；

$\sum S$——1m³ 导电混凝土中普通砂和碳质细集料或碳纤维的总掺量(kg/m⁻³)；

S_0——普通砂掺量(kg/m⁻³)；

S_1——导电细集料掺量(kg/m⁻³)；

$\sum G$——1m³ 导电混凝土中粗集料的掺量(kg/m⁻³)；

G_0——普通集料(石子)掺量；

G_1——碳质粗集料掺量(kg/m⁻³)。

导电混凝土的砂率 S_{pe} 一般在30%~50%范围内变动，应根据强度要求和电阻率要求通过试验确定。

(2)计算粗集料和细集料用量　用绝对体积法计算粗集料和细集料用量。

上述计算也可以根据强度要求先按普通混凝土配合比设计方法求出原料配合比，然后通过掺入不同比例的导电集料代替普通集料，以调整混凝土的电阻率。

5. 掺和料的确定

导电混凝土的掺和料可分为两种:一种是调节导电混凝土工作性和强度的掺和料,如磨细粉煤灰、磨细矿渣粉和磨细硅灰等;另一种是调节导电混凝土电阻率的掺和料,如石墨粉、炭黑等。但是,在掺加导电掺和料后,在降低混凝土电阻率的同时也会降低其强度。

为满足和确保导电混凝土的设计强度,不至于使混凝土的强度有较大的降低,不仅应选用适宜的掺和料品种,而且应当严格控制掺和料的掺量。材料配制实践证明,如果在导电混凝土中掺加碳纤维,既可以满足混凝土的导电性能要求,又可以满足混凝土的强度要求。

试验证明,导电混凝土在掺和掺和料时,其掺量应当以水泥用量为基数,最高掺量可达到水泥用量的50%。当导电混凝土的强度等级大于或等于C20时,掺和料的掺量一般不应超过25%;当导电混凝土的强度等级大于或等于C30时,掺和料的掺量一般不应超过15%。当掺和料的掺量达到最高限制仍不满足其导电性要求时,可通过掺加项纤维或增加导电细集料来进行调节。

三、参考配合比

在实际工程中,导电混凝土多采用碳质集料混凝土,有的采用碳质导电砂浆和碳质导电水磨石等。

为方便导电混凝土设计和施工,表4-136和表4-137中分别列出了一些参考配合比,供设计和施工中配制参考。

碳质导电混凝土参考配合比 表4-136

材料用量(kg/m^3)			骨胶比(粗集料+细集料+导电材料)/水泥用量	水灰比(W/C)		7d的抗压强度(MPa)
普通水泥	碳质集料	水用量		游离水量	总水量	
485	1 450	385	3.0	0.34	0.79	8.20
550	1 380	380	2.5	0.31	0.69	16.7
645	1 290	375	2.0	0.29	0.58	24.1

碳质导电砂浆和水磨石参考配合比 表4-137

导电混凝土的种类	材料配合比(质量比)			
	普通水泥	碳质粉	砂子	石子或石渣
碳质导电混凝土	1	1	3	10
碳质导电砂浆	1	1	3	—
碳质导电水磨石	1	1	—	2

第十八节　防爆混凝土配合比设计

凡在碰撞冲击和摩擦等机械作用下不产生火花,而可用于生产、存放易爆物品的建筑物的混凝土,称为防爆混凝土。

普通混凝土在遭遇碰撞冲击和摩擦作用下有可能产生火花。如果该建筑物是易燃易爆物品的生产车间或储放仓库,就在可能引发爆炸、燃烧等严重危害生命和财产安全的事故。因此,这些建筑物必须用一些不会产生火花的材料来砌筑(特别是地面)。防爆混凝土(或不发火混凝土、无火花混凝土)就是根据这个要求而研制出来的。

与普通混凝土相比,防爆混凝土主要是将普通混凝土中在冲击、碰撞、摩擦作用下易产生火花的集料(如碳酸钙集料)换成不产生火花的集料。

一、原材料技术要求

1. 胶凝材料

凡在硬化后不会产生火花的胶凝材料都可作为防爆混凝土的组成材料。根据研究，目前用于混凝土配制的几种胶凝材料，如硅酸盐系列水泥、铝酸盐系列水泥及树脂、沥青等都可以用作防爆混凝土的胶凝材料。而常用的胶凝材料是硅酸盐系列水泥。但应注意的是，在用硅酸盐系列水泥时，应尽量选用含 Fe_2O_3 成分低的水泥。

2. 集料

集料的选用是配制防爆混凝土的关键，凡选用的集料必须在使用前经过试验。试验方法：将所选用的集料与用此集料配成的混凝土分别在暗处用转速为 1 500r/min 的金刚砂轮上打磨，如都不产生火花，即可认为该材料可用于防爆混凝土的配制。

目前，常用的粗集料是以 $CaCO_3$ 为主要成分、Fe_2O_3 含量低的白云石、大理石或石灰石。细集料不能用石英砂，也必须用上述粗集料材料制成的细颗粒。典型的可用于防爆混凝土的集料的白云石化学成分见表 4-138。

用于防爆混凝土集料的白云石化学成分 表 4-138

样品名称	序号	与不发生性能有关的化学成分含量(%)				
		SiO_2	Fe_2O_3	Al_2O_3	CaO	MgO
白云石	1	5.79	0.1	0.18	30.61	20.52
	2	2.84	0.06	0.14	30.15	20.86
	3	1.06	0.07	1.06	30.62	21.16
	4	3.06	0.07	0.24	30.21	19.92

粗集料的粒径应控制在 5 ~ 20mm，级配应为连续级配。细集料粒径应控制在 0.15 ~ 5mm，细度模数 M_x 应为02.3 ~3.1 为宜。

除上述要求外，其余应符合混凝土集料的所有质量指标。

3. 水

应选用符合混凝土拌和用水标准的洁净水。

4. 外加剂

在必要的情况下，可以选用减水剂、早强剂、缓凝剂等外加剂。

二、配合比设计

防爆混凝土的配合比设计，除集料有特殊要求外，具体设计步骤与普通混凝土相同。

三、参考配合比

表 4-139、表 4-140 分别为了防爆混凝土和防爆砂浆的参考配合比。

防爆混凝土参考配合比(质量比) 表 4-139

水泥强度	防爆混凝土强度等级及配合比							
	C15				C20			
	水泥	石砂	细石	水	水泥	石砂	细石	水
32.5	1	3.10	5.50	0.82	1	1.90	3.40	0.53
42.5	1	3.70	6.50	0.92	1	2.30	4.00	0.62

防爆砂浆参考配合比(质量比) 表 4-140

水泥强度	防爆砂浆强度等级及配合比					
	M10			M20		
	水泥	石砂	水	水泥	石砂	水
32.5	1	5.00	0.55	1	3.10	0.46
42.5	1	5.60	0.55	1	3.60	0.51

第十九节 抗冻混凝土配合比设计

抗冻混凝土不同于冬期施工混凝土。

抗冻混凝土是指投入使用后能抵抗一定的冻害。冬期施工混凝土是指在施工时能抵抗一定的低温而继续发展其强度。抗冻混凝土有在冬期施工的,也有不在冬期施工的。

普通混凝土通常可以抵受50次以下的冻融循环。设计要求冻融循环在50次以上的,便应按抗冻混凝土考虑配合比的设计。

一、原材料技术要求

(1)应选用硅酸盐水泥或普通硅酸盐水泥,不宜使用火山灰质硅酸盐水泥。

(2)宜选用连续级配的粗集料,其含泥量不得大于1.0%,泥块含量不得大于0.5%。

(3)细集料含泥量不得大于3.0%,泥块含量不得大于1.0%。

(4)抗冻等级F100及以上的混凝土所用的粗集料和细集料均应进行坚固性试验,并应符合现行行业标准《普通混凝土用砂、石质量及检验方法标准》(JGJ 52—2006)的规定。

(5)抗冻混凝土宜采用减水剂,对抗冻等级F100及以上的混凝土应掺引气剂。

二、配合比设计

1. 抗冻混凝土配合比设计的计算方法和试验步骤,均与第二章第一节相同,但应注意下列几点:

①供试配用的最大水灰比应符合表4-141的规定。

抗冻混凝土的最大水灰比 表 4-141

抗冻等级	无引气剂时	掺引气剂时
F50	0.55	0.60
F100	—	0.55
F150及以上	—	0.50

②抗冻混凝土掺用引气剂后,其含气量应符合表4-142的规定。

掺气剂及引气减水剂混凝土的含气量的限制 表 4-142

粗集料最大粒径(mm)	混凝土含气量(%)	粗集料最大粒径(mm)	混凝土含气量(%)
10	7.0	40	4.5
15	6.0	50	4.0
20	5.5	80	3.5
25	5.0	150	3.0

③除按第二章第一节进行稠度、强度、密度等检测试配外，还应进行抗冻性试验。

2. 抗冻性试验

抗冻性能试验主要是抗冻融循环次数和含气量的检测。

抗冻性能试验方法分慢冻法和快冻法。我国建筑工程采用慢冻法；水工、港工多采用快冻法。

抗冻混凝土以F代表其等级，是以抗冻融循环的次数为等级值。经过若干次冻融循环后能符合下述两个指标的便达到等级。这两个指标是：①质量损失不得超过5%；②强度损失不超过25%。

三、配合比实例

表4-143是某氧气站冷箱基础及空气分离塔基础的抗冻混凝土配合比的实例，供参阅。

150次抗冻融混凝土施工配合比 表4-143

序号	质量配合比 $m_{w0}:m_{c0}:m_{s0}:m_{g0}$	每1m^3混凝土水泥用量(kg)	粗集料		泡沫剂掺量(水泥用量的百分数)	抗压强度	
			粒径(mm)	用量(%)		28d	冻融150次后损失(%)
1	0.5:1:1.57:3.35	370	20~40	100	0	30.8	31.4
2	0.5:1:1.57:3.34	368	20~40	100	0.01	21.9	16.0
3	0.5:1:1.57:2.92	384	20~40 5~15	80 20	0.01	23.8	14.5
4	0.5:1:1.63:3.00	380	20~40 5~15	80 20	0.01	31.5	9.6
5	0.45:1:1.77:3.15	385	20~40 15~20 5~15	50 30 20	0.075	32.7	10.0

注：序号1为未掺泡沫剂的配合比，供参考。其余2~5均掺有泡沫剂，强度的损失均合格。

第二十节 防射线混凝土配合比设计

防射线混凝土又称防护混凝土、屏蔽混凝土或重混凝土。它能有效地屏蔽α、β、γ、X射线和中子的辐射，是原子能反应堆、粒子加速器及其他含放射性源装置常用的防护材料。

这种混凝土是采用普通水泥或密度很大，水化后含结合水较多的水泥与特重的集料或含结合水很多的重集料制成。其密度很大(2.5~7t/m^3)，含结合水多，防护效果好。因此，采用这种混凝土作防护结构可以降低结构的厚度，但其造价比普通混凝土高。

对防护混凝土不但要求重度高，含结合水多，而且要求混凝土具有良好的均质性。混凝土在施工和使用期中的收缩应最小，不允许存在空洞、裂纹等缺陷。除此之外，还要求混凝土具有一定的结构强度和耐火性。

一、原材料的技术要求

(一)胶结材

用于防射线混凝土的胶结材可以采用硅酸盐水泥、火山灰质水泥、矿渣水泥、矾土水泥、镁质水泥等。硅酸盐水泥应用最广，因为这种水泥最容易获得，而且需水性和水化热都较小。使用普通硅酸盐水泥其强度等级应不低于32.5级。火山灰质水泥仅用于地下的构筑物。矾土水泥、石膏矾土水泥以及高镁水泥可以增加混凝土中结合水的含量。但矾土水泥、石膏矾土水泥的水化热大，施工时必须采用相应的冷却措施，用氯化镁溶液拌和镁质水泥有良好的技术性能，但这种水泥对钢筋的侵蚀性较大。各种水泥硬化后的结合水含量如表4-144所示。

对防射线要求很高的混凝土可以考虑采用钡水泥或锶水泥，因为这种水泥具有较大的密度（$\gamma>4$），但其产量甚少，价格昂贵，故一般很少采用。

水泥硬化后的结合水含量 表4-144

水泥名称	结合水含量（水泥质量的%）		水泥名称	结合水含量（水泥质量的%）	
	1月	12月		1月	12月
普通硅酸盐水泥	15	20	矾土水泥	25	30
石膏矾土水泥	28	32	镁质水泥（$MgO+MgCl_2$）	35	40

一般情况下，防射线混凝土的水泥用量为270~370kg/m^3。最好是采用低热水泥施工，这样可以降低混凝土的水泥水化热。

（二）集料

作为防护混凝土的集料应选用密度大的褐铁矿、赤铁矿、磁铁矿、重晶石、蛇纹石、废钢块、铁砂或钢砂（碎屑）、钢段等。石英砂常作为细集料使用，碎石和砾石也常部分使用。

1. 褐铁矿（$2FeO_3 \cdot 3H_2O$）

褐铁矿的相对密度为3.2~4，有致密的结构和带孔隙的结构，块密度为1.3~3.2t/m^3，含结合水10%~18%。作为集料，以密度大而结合水不低于10%为宜。用褐铁矿砂制作的砂浆比普通砂浆的黏度大许多倍（12~15倍），因此它能保证在制备浇筑过程中重集料在混凝土中的均匀分布和减少分层的可能性，褐铁矿混凝土的最大表观密度可达2.6~3.0t/m^3。为了增加表观密度，可加入铁质集料。褐铁矿含结合水多，是制作防射线混凝土的良好集料。此外，海绿石、蛇纹石也是含结合水较多的集料。

2. 磁铁矿（Fe_3O_4）和赤铁矿（Fe_2O_3）

磁铁矿的相对密度为4.9~5.2，赤铁矿的相对密度为5.0~5.3，用磁铁矿、赤铁矿做成的混凝土的表观密度为3.2~4.0t/m^3，这类混凝土含水较少，因此，防护中子的性能不及褐铁矿混凝土好。

3. 重晶石（$BaSO_4$）

重晶石密度为4.3~4.7t/m^3，性脆。重晶石混凝土的表观密度为3.2~3.4t/m^3，不允许使用于有流水作用的结构部分。重晶石混凝土抗冻性差，热膨胀系数和收缩值都较大，因此，也不允许用于温度高于100℃和受冻的地方。

4. 铁质集料

铁质集料包括各种钢段、钢块、钢砂、铁砂、切割铁屑、钢球等。采用铁质集料可以增加混凝土的表观密度，最大时可达7.0t/m^3，这种混凝土对防护γ射线十分有效。但是纯粹的铁质集料混凝土采用很少，因为这种混凝土没有足够的结合水，防护中子的能力降低，且铁质集料在中子的作用下，引起第二次γ射线。除此之外，这种混凝土极易分层，不能保证混凝土的均质性，为此必须采用特殊的浇筑方法。

为了增加混凝土表观密度和结合水含量，克服单一集料的缺点，常采用混合集料来拌制防护混凝土。混合集料可以有不同的组合,例如铁质集料作粗集料而用褐铁矿砂作细集料。粗集料也可以是两种或两种以上的铁质集料、铁矿石或普通集料组成。混合集料可以发挥取长补短之效,应用较广。

常用粗集料的最大粒径为40mm,其筛分曲线应落在图4-17上的阴影内,细集料的筛分曲线应落在图4-18上的阴影内。

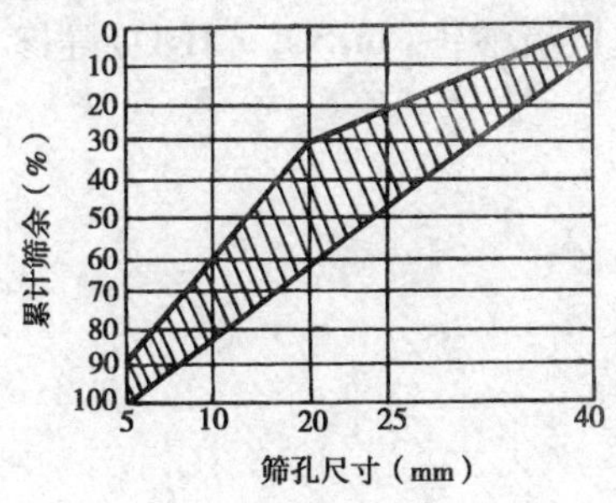

图4-17 防护混凝土的粗集料的筛分曲线

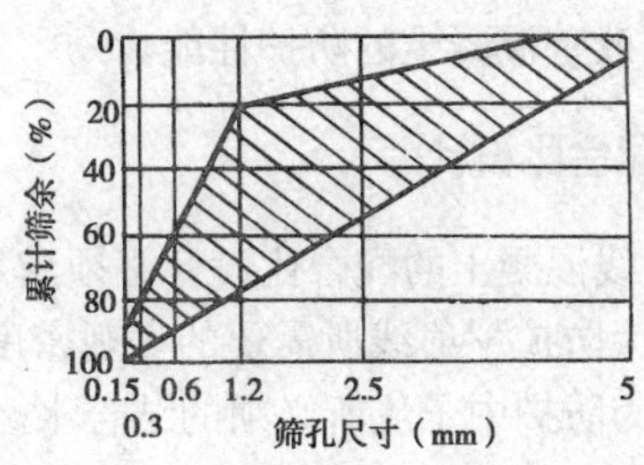

图4-18 防护混凝土的细集料的筛分曲线

防射线混凝土所用集料的技术性能如表4-145所示。

防射线混凝土所用集料的技术性能 表4-145

集料种类	密度(kg/m^3)		相对密度	技术要求
	细集料	粗集料		
赤铁矿	1 600~1 700	1 400~1 500	3.2~4.0	密度应大,坚硬石块含量应多;细集料中 Fe_2O_3 含量不低于60%,粗集料中 Fe_2O_3 含量不低于75%,只允许含少量杂质
磁铁矿	2 300~2 400	2 600~2 700	4.3~5.1	
褐铁矿	1 600~1 700	1 400~1 500	3.2~4.0	Fe_2O_3 含量不低于70%;仅含少量杂质
重晶石	3 000~3 100	2 600~2 700	4.3~4.7	$BaSO_4$ 含量不低于80%;含石膏或黄铁矿的硫化物及硫酸化合物不超过7%

注:1. 集料表观密度应在试验振动台振动30s后的干燥状态下确定。振动台的振幅为0.35mm,频率为50Hz。

2. 细集料粒径为0.15~5mm,粗集料为5~80mm。

3. 重晶石按粒径分为:

重晶石粉——经400孔/cm^2 的筛子筛过的微粒,表观密度约为3 000kg/m^3;

重晶石砂——粒径小于5mm,表观密度约为2 400kg/m^3;

重晶碎石——粒径5~10mm,表观密度约为2 600~2 700kg/m^3。

4. 按质量含0.25%蛋白石和5%玉髓以上的重晶石,只能与低碱性水泥配合使用,因这些杂质易与高碱性水泥发生反应使混凝土裂缝。

5. 重晶石呈白色、灰色、褐色、黄色、红色,是一种脆性材料,加工时易粉碎成为粉末,因此具有严重多孔结构的重晶石,不能用以制备混凝土。

(三)掺和料

为了改善防射线混凝土的防护性能,常常特意加入一定数量的掺和材料,如硼或锂盐等。

硼和硼的化合物是良好的掺和料,硼能有效地捉住中子,且不形成第二次γ射线。例如含硼的同位素的钢材按吸收中子的能力比铅高20倍,比混凝土高500倍。将硼掺入混凝土可以降低防护结构的厚度。

可以把硼加入水或水泥中，也可以采用硬硼钙石矿物、派拉克斯玻璃（含硼的玻璃）、硼砂、硼酸、硼的碳化物、电气石等来制备混凝土。但是，研究表明，将硼或硼的化合物直接加入混凝土会引起混凝土凝结速度极大延缓和物理力学性能的降低。因此，建议用硼和其化合物作为防护结构的内表面涂层，或制作薄片贴在防护结构的内表面上，以有防射线作用。

锂盐如碘化锂（$LiI \cdot 3H_2O$）、硝酸锂（$LiNO_3 \cdot 3H_2O$）、硫酸锂（$Li_2SO_4 \cdot H_2O$）等掺入混凝土中亦可改善混凝土的防护性能。

二、配合比设计

防射线混凝土的配合比设计必须满足下列要求：

（1）为防护 γ 射线所需要的表观密度。

（2）为防护中子流所必须的结合水。

（3）规定的混凝土强度。

（4）必要的拌和物稠度。

（5）良好的经济指标。

为了达到1、2 两项要求，应尽可能采用较多的粗集料和较粗的集料（取决于结构断面和配筋条件）。用振动设备振实的各种混凝土混合料的表观密度如表 4-146 所示。

防射线混凝土的表观密度　　表 4-146

混凝土种类	表观密度（t/m^3）		混凝土种类	表观密度（t/m^3）	
	最　小	最　大		最　小	最　大
普通混凝土	2.3	2.4	混合集料混凝土		
褐铁矿混凝土	2.3	3	褐铁矿砂＋普通碎石	2.4	2.6
磁铁矿混凝土	2.8	4	褐铁矿砂＋重晶石碎石	3	3.2
重晶石混凝土	3.3	3.6	褐铁矿砂＋磁铁矿碎石	2.9	3.8
铸铁碎块混凝土	3.7	5	褐铁矿砂＋钢铁块段	3.6	5

防射线混凝土配合比设计的步骤如下。

（一）确定灰水比（C/W）

防射线混凝土的强度取决于水泥的强度、水灰比、水泥砂浆的多少、集料的吸水程度以及混凝土的捣实程度等。为了大致确定灰水比，用振动器捣实的普通碎石混凝土、贫重晶石混凝土（按质量，水泥浆：集料≥1：12）、贫磁铁矿混凝土（水泥浆：集料＝1：8）以及用褐铁矿砂和钢铁块段作粗集料（或硬质碎石集料）混凝土，可以利用下面的强度公式：

$$f_{cu,0} = 0.55 f_{ce}\left(\frac{C}{W} - 0.5\right) \tag{4-57}$$

对于富磁铁矿混凝土（水泥浆：集料＞1：8），褐铁矿混凝土、褐铁矿砂加磁铁矿或重晶石粗集料的混凝土以及用普通砂和钢铁块段的混凝土等，其强度可用下面的公式计算：

$$f_{cu,0} = 0.45 f_{ce}\left(\frac{C}{W} - 0.6\right) \tag{4-58}$$

（二）确定用水量（m_{wo}）

为了保证拌和物必需的流动性，对于 32.5 级普通硅酸盐水泥混凝土可以按照图 4-19 选择用水量，普通碎石、重晶石、钢铁块段混凝土用下面一根曲线，凡用褐铁矿砂或与之类似的吸水性很大的矿物为细集料的混凝土用中间一根，粗细集料均用褐铁矿的混凝土用上面一根。

干硬性拌和物的用水量可以按照图 4-20 中的曲线选用。图中资料是以 32.5 级水泥用量为 350kg/m^3 制定的，变动水泥用量时，用水量亦需酌情增减。

为了避免混凝土在浇筑过程中的分层现象，建议采用低流动性拌和物（坍落度 2 ~ 3cm）或维勃稠度为 30 ~ 60s 的干硬性混合料，为此，必须要有相应捣实机具。

（三）计算水泥用量（m_{c0}）

$$m_{c0} = \left(\frac{C}{W}\right) \cdot m_{w0} \tag{4-59}$$

（四）按规定表观密度值（$\rho_{c,c}$）计算集料用量（$m_{s0} + m_{g0}$）

$$m_{s0} + m_{g0} = \rho_{c,c} - (m_{c0} + m_{w0}) \tag{4-60}$$

（五）按下式计算砂率（β_s）

$$\beta_s = \frac{P_g \rho_g}{P_g \rho_s + \rho_g} + (0.08 - 0.1) \tag{4-61}$$

式中：P_g——粗集料的空隙率（%）；

ρ_s——砂的表观密度（kg/m^3）；

ρ_g——粗集料的表观密度（用振动方法确定，频率 3 000r/min，振幅 0.35mm，振动时间 30s）。

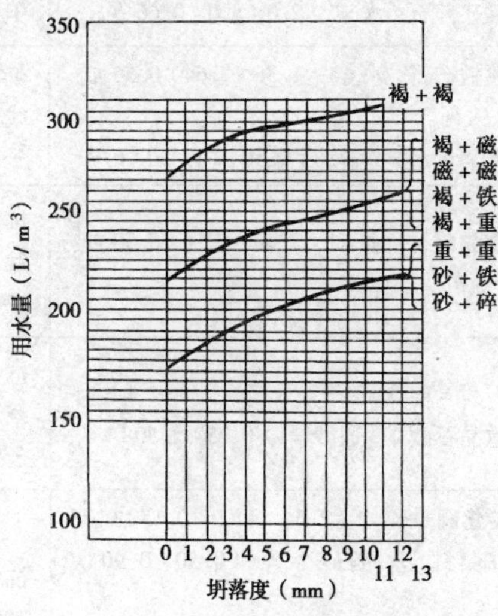

图 4-19　流动性拌和物用水量曲线

褐-褐铁矿；磁-磁铁矿；铁-铸铁或钢段；重-重晶石；砂-普通砂；碎-普通碎石；
前一字表示细集料的类别；后一字表示粗集料的类别

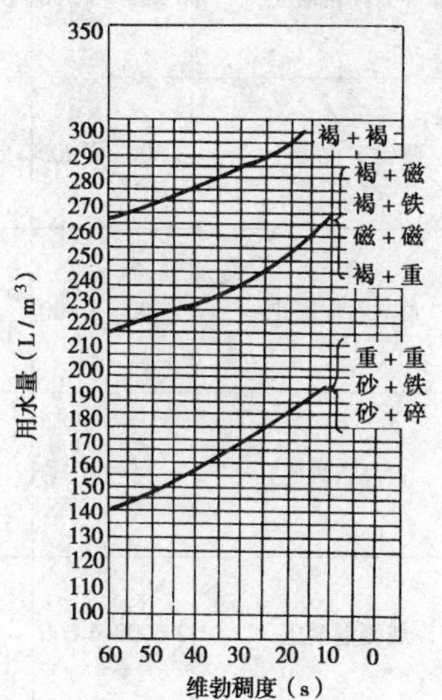

图 4-20　干硬性拌和物用水量的选择

褐-褐铁矿；磁-磁铁矿；铁-铸铁或钢段；重-重晶石；砂-普通砂；碎-普通碎石；
前一字表示细集料的类别；后一字表示粗集料的类别

（六）计算砂用量（m_{s0}）和粗集料用量（m_{g0}）

$$m_{s0} = \beta_s (m_{s0} + m_{g0}), m_{g0} = (m_{s0} + m_{g0}) - m_{s0} \tag{4-62}$$

（七）试拌校正

以上述计算的配合比进行试拌，如果所拌制的混凝土拌和物的实测表观密度不大于规定的10%，则采用此配合比作为试拌拌和物的配合比，若大于10%，则需变动粗集料用量，再行试拌。小于拌和物规定表观密度值则是不允许的。

试拌数组拌和物，测定它们的维勃稠度（或坍落度）、强度和表观密度，按表观密度修正每立方米混凝土材料用量。在测定维勃稠度或坍落度时，应观察是否存在砂子过多或过少现象，在不使混合料性能变坏的条件下，砂率应尽可能小一些。

三、常用防射线混凝土配合比

常用防射线混凝土施工配合比如表4-147所示。

常用防射线混凝土施工配合比 表4-147

序号	名　称	表观密度（kg/m^3）	质量配合比	用途
1	普通混凝土	2 100～2 400	普通硅酸盐水泥∶砂∶石子=1∶3∶6	抗γ射线及中子射线
2	褐铁矿混凝土	2 600～2 800	水泥∶褐铁矿砂∶褐铁矿碎石∶水=1∶2.8∶3.7∶0.8 水泥∶褐铁矿粗细集料∶水=1∶3.3∶0.5	
3	褐铁矿石+废钢铁混凝土	2 900～3 000	水泥∶褐铁矿石细集料∶废钢粗集料∶水=1∶2.0∶4.3∶0.4	
4	赤铁矿混凝土	3 200～3 500	水泥∶普通砂∶赤铁矿砂∶赤铁矿碎石∶水=1∶1.43∶2.14∶6.67∶0.67 水泥∶普通砂∶赤铁矿碎石∶水=1∶2.0∶8.0∶0.66	抗γ射线及中子射线
5	磁铁矿混凝土	3 300～3 800	水泥∶磁铁矿砂∶磁铁矿石∶水=1∶1.36∶2.64∶0.56或1∶1.70∶3.30∶0.55 水泥∶磁铁矿粗细集料∶水=1∶7.6∶0.50或1∶50∶0.73	抗γ射线及中子射线
6	重晶石混凝土	3 200～3 800	水泥∶重晶石砂∶重晶碎石∶水=1∶3.40∶4.54∶0.50或1∶4.46∶5.44∶0.60	抗γ射线及中子射线
7	重晶石砂浆	2 500	石灰∶水泥∶重晶石粉=1∶9∶35 水泥∶重晶石粉∶重晶石砂∶普通砂=1∶0.25∶2.50∶1	抗γ射线及中子射线
8	加硼混凝土	2 600～4 000	水泥∶砂∶碎石∶碳化硼∶水=1∶2.54∶4.00∶0.15∶0.73 水泥∶硬硼酸钙石细集料∶重晶石∶水=1∶0.50∶0.90∶0.38	抗中子射线
9	加硼水泥砂浆	1 800～2 000	石灰∶水泥∶重晶石粉∶硬硼酸钙粉=1∶9∶31∶4	

四、防射线混凝土的配制

防射线混凝土一般表观密度为2 400kg/m^3。混凝土越密实，防护性能越高。随着混凝土表观密度的提高，混凝土的成本也就随之增加。用防射线混凝土代替价值昂贵的铅和施工不方便的钢，来建造反应堆的防护层是经济的、适宜的。

防射线混凝土的制作方法主要有3种：

①用特种胶结料配制的;②特种集料配制的;③掺外加剂配制的。

1. 用特种胶结料配制

制作防射线混凝土用的特种胶结料有高铁质水泥、钡水泥、锶水泥、高密度水泥及镁质水泥等。

(1)高铁质钡矾土水泥

①材料

高铁质钡矾土水泥是一种铝酸盐的气硬性的胶结料,在水的作用下能分解,它溶解于水。氧化铁置换铝酸钡组成成分的一部分碳酸钡后,矾土水泥的硬化过程就加快,而且早期强度就提高,但钡矾土水泥中氧化铁的含量愈高,则硬化过程和强度减弱得愈大。

②配制

用20%钡矾土水泥和80%重晶石集料可制得防射线混凝土。虽然钡矾土水泥的质量不及纯钡水泥,但它也是一种优良的防 X 射线和 γ 射线的防射线水泥。

(2)含硫酸钡的高密度水泥

①成分

高密度水泥制作方法是先把主要成分硫酸钡和黏土、片岩或矾土的混合料进行煅烧,煅烧程度可完全接近于熔融的状态,然后进行冷却或部分结晶。最后现加以磨细,同时加入一部分缓凝剂。

这种水泥的相对密度是3.8~4.2,比一般硅酸盐水泥的相对密度(2.5~3.2)大得多,主要是因为它含有大量的硫酸钡。

②制作

用这种水泥和集料制成的混凝土,能有效地防止射线。这种混凝土所用的集料可以是电气石、重晶石、蛇纹石或其他含有化合水(结构水)的天然或人造的水化矿物。

此外,钡水泥和锶水泥都可以制作防射线混凝土。

2. 用各种集料配制

(1)蛇纹石集料

①材料

蛇纹石的分子式为 $3MgO \cdot 2SiO_2 \cdot 2H_2O$,其中结晶水的含量约为13%(质量)。蛇纹石与其他物质相比较,它的最大特点是在高温下具有保持结晶水的能力。块状蛇纹石的密度为2.55~2.65g/cm^3,相对密度为1.08~1.16。可用蛇纹石作混凝土的集料,用硅酸盐水泥或钙铝水泥作混凝土的胶结料。

②配合比

蛇纹石混凝土的成分列于表4-148。

蛇纹石混凝土的成分 表4-148

材料	每1m^{3}所用的材料的数量				材料	每1m^{3}所用的材料的数量			
	质量(kg)	体积(L)	质量(%)	体积(%)		质量(kg)	体积(L)	质量(%)	体积(%)
蛇纹石	1.206	463.1	54.5	51.5	水	211	221.4	5.5	13.5
砂	567	215.8	25.8	23.9	增塑剂	0.82	—	—	—
水泥	311	99.2	14.2	11.1					

蛇纹石混凝土的试验结果如表4-149所示。

蛇纹石混凝土的试验结果　表4-149

性　　能	拌　和　物	掺蛇纹石的拌和物	
		A	*B*
拌和次数	8	1	1
拌和体积(m^3)	0.765	—	—
新配制的混凝土的密度(g/cm^3)	2.28	2.30	2.36
在550℃时干燥到恒重后的密度(g/cm^3)	2.08	2.09	2.14
在潮湿大气中的抗压强度(MPa)	27.4	—	—
在潮湿条件下的抗弯强度(MPa)	0.754	0.898	0.902
在潮湿条件下质量的损失(%)	0.128	0.38	0.096
线收缩(%)	0.349	0.235	0.285
体积收缩(%)	172	170	181

(2)钢集料

用钢集料制作的重混凝土,它的表观密度或密实性都较普通混凝土大。

①成分

美国对这种混凝土进行了研究,他们采用第一类水泥作胶结料;掺加气剂和水泥分散剂(占水泥质量的1%),细集料是用5mm以下的球状铁砂,粗集料则用冶金工厂的废渣——碎铁屑,其形状大部分是扁圆形的(直径在25.4mm),也可用碎铁屑。

②配制

钢集料配制如表4-150所示。

钢集料混凝土的配比　表4-150

成　分	相对密度	干料表观密度(kg/m^3)	$1m^3$ 混凝土所需材料		成　分	相对密度	干料表观密度(kg/m^3)	$1m^3$ 混凝土所需材料	
			质量(kg)	体积(m^3)				质量(kg)	体积(m^3)
水泥	3.1	—	393	0.126 7	碎铁屑	7.5	3.973	2.819	0.378 1
铁砂	7.46	4.758	2.819	0.378 1	水	1	—	122	0.122 1

③性能

采用钢块及铁砂作集料所配制的混凝土表观密度可达6 800kg/m^3。此种混凝土的成本比较高,因此,只有在需要表观密度特大的(4 250kg/m^3以上)混凝土时,才考虑使用。同时这种混凝土会发生分层现象,并且稠度也低,在某种情况下,由于钢、铁质集料发生腐蚀,会引起混凝土结构强度下降的现象。

(3)褐铁和磁铁细集料及钢质粗集料

①成分

粗集料采用预先破碎和分级的褐铁矿和磁铁矿,粒径从10~40mm。预先通过筛孔为10mm筛的褐铁矿,然后在辊式硫碎机上加工。在褐铁矿混凝土拌和物中掺有粒径为13mm的碎钢块。碎钢块是些钢筋切头,粒径从13~18mm。

钢集料0.38m^3和0.70m^3的粗褐铁矿集料混合,以及磁铁矿和褐铁矿粗集料混合物在移动式搅拌机内拌和。

②配合比

根据美国的资料，这种重混凝土的配合比和各项指标如表 4-151 所示。

用褐铁和磁铁矿细集料及钢质粗集料配制的重混凝土配合比及性能 表 4-151

集 料	单 位	配 合 比			集 料	单 位	配 合 比		
		Ⅰ	Ⅱ	Ⅲ			Ⅰ	Ⅱ	Ⅲ
硅酸盐水泥	kg/m³	396	410	362	海水	kg/m³	194	218	200
褐铁矿细集料	kg/m³	905	1.064	—	性能	kg/m³	—	—	—
磁铁矿细集料	kg/m³	—	—	1.139	密度	kg/m³	5.005	4.641	5.249
钢质粗集料	kg/m³	3.510	2.949	3.548	28d 抗压强度极限	MPa	24.2	22.8	25.9

③配制

这种特种重混凝土是由褐铁矿矿砂和硅酸盐水泥组成的特种重砂浆配制的。特重砂浆是在垂直轴的砂浆搅拌机内制备的，砂浆搅拌机每搅拌一次，用硅酸盐水泥 170kg，褐铁矿砂 220kg，水 95kg 和 3kg 特种塑化剂。这种外加剂在美国是一种专利材料，它往砂浆内的加入量为水泥及其他胶结材料（对砾石混凝土来说）质量的 0.1%，在用重矿石或钢集料的情况下，外加剂增多至 1.5% ~3%。这种外加剂形成一种能减低硬化速度的防护胶体。此外，还使混凝土在凝固时产生一些膨胀。

④性能

用褐铁和磁铁细集料及钢质粗集料制作的混凝土的特点在于其表观密度比普通混凝土大 1 倍。这就说明了这种混凝土具有防护核子放射的能力。在某些情况下只要求密度大的混凝土，而在另一种情况下还要求它具有高的强度。为了结构上的需要，这种混凝土可与普通混凝土一样进行配筋。

（4）氢铁矿石集料

①成分

氢铁矿石是从废铁矿中获得的，这种矿石的性能见表 4-152。

氢铁矿石的性能和成分 表 4-152

性 能	1 组	2 组	3 组	4 组	性 能	1 组	2 组	3 组	4 组
相对密度	4.4	4.5	4.2	4.4	200℃烘失量	0.1	0.3	—	—
含铁量	63.7	59.8	52.9	63.8	500℃烘失量	4.3	4.5	2.7	4.8
含 SiO_2 量	—	5.2	—	—					

②配合比

1m³ 氢铁矿石混凝土的成分：1m³ 用 9 袋硅酸盐水泥，加 1% 稠化剂（占水泥质量），火灰比为 0.43（按质量）。重集料是用氢铁矿石，其中细集料 46.5%，粗的 53.5%，坍落度为 7cm。

③性能

试验结果表明，用氢铁矿石作集料的混凝土所具有的结构特性比任何一种铁质集料都优越。在85℃和200℃的条件下加热14d后，这种混凝土的结构特性只稍有破坏。

在350℃条件下放置时破坏较大，此时黏着强度约降低70%，而弹性模数约降低5%。

④适用范围

应用上述数据就可测定混凝土在特定温度下加热到质量不变后所保留的水量。

中子是放射线中最难防护的一种，在设计弱化快速中子的混凝土防护体时，混凝土成分中必须包括一些原子量小的材料，氢是弱化中子最有效的元素，重元素通常对弱化快速中子也十分有效，但对慢中子或热能中子的效果则很小。

(5)重晶石集料

①成分

德国某原子反应堆的围护结构采用的重晶石混凝土系用重晶石砂和重晶石碎屑作集料。其表观密度为3.7～4.14t/m^3，莫氏硬度为3～3.5。表4-153列有4种集料的级配。

集料的级配 表4-153

集料的种类	筛孔直径(mm)为下列数据时的过筛量(%)										表观密度(t/m^3)
	0.2	1	3	7	10	15	20	25	30	35	
A	2.7	31.4	89.6	100.0	—	—	—	—	—	—	3.70
B	2.2	16.3	98.2	100.0	—	—	—	—	—	—	4.06
B	0.6	1.0	3.0	66.3	—	100	—	—	—	—	4.15
R	6	7.2	8.5	12.0	16.1	29.2	54.3	80.8	92.2	100	4.14

②配合比

采用42.5级和52.5级硅酸盐水泥作为胶结料，水灰比为0.5，四种混凝土配合比的数据列于表4-154。

混凝土拌和物的性能 表4-154

混凝土拌和物序号	符合筛分曲线的集料(见表4-106)	水泥强度等级(MPa)	掺料的质量(%)	配合比 水泥：重晶石：水(按质量)	每1m^{3}混凝土的水泥用量(kg)	混凝土的表观密度(g/cm^3)	视孔率(%)	捣实程度
1	R	42.5	—	1：10.4：0.5	295	3.56	—	1.21
2	B	42.5	—	1：16.8：0.55	200	3.65	1.6	1.33
3	B	42.5	1	1：10.4：0.48	300	3.61	0.6	1.21
4	B	52.5	1	1：11.8：0.5	270	3.61	1	1.27

③性能

利用表4-155所列举的混凝土拌和物制作了直径为150mm和高为300mm的圆柱体试件，以及每边尺寸为300mm的立方体试件。试件在同样条件下进行适当养护之后，测定其抗压强度、弹性模数、收缩率、不透水性和受拉时的抗剪强度见表4-155。

应当指出，重晶石混凝土的热膨胀系数比普通重混凝土大0.8倍，而其余的性能和普通混凝土的性能相差不多。

重晶石混凝土试件的试验结果 表4-155

混合物 序号	圆柱体28d龄期的抗压强度极限(MPa)		表观密度(t/m³)		弹性模数 E (MPa)	横向膨胀系数	1度的单位膨胀系数 (10^{-6})	水的渗透深度 (cm)	在受拉时的拉剪强度 (MPa)	混凝土收缩指标			
										最终的计算收缩率(%)	大块构筑物的换算收缩率(%)	大块混凝土构筑物的最终收缩率(%)	
	单个试样	平均值	单个试样	平均值								用颗粒大小为15~30mm的碎石块	用粗集料
1	26.8	27.9	3.58	3.56	28 650	—	19.1	11	2.2	—	—	—	—
	29.0	—	3.55	—	—	—	—	—	—	—	—	—	—
2	27.4	—	3.63	—	—	—	—	—	—	—	—	—	—
	29.0	27.7	3.65	3.64	29 350	4.2	19.2	11	2.0	—	—	—	—
	26.6	—	3.64	—	—	—	—	—	—	—	—	—	—
3	34.0	36.7	—	3.64	31 000	5.2	20.2	6	2.3	0.32	0.16~0.19	0.22	0.25
	39.3	—	3.64	—	—	—	—	—	—	—	—	—	—
4	34.7	—	3.59	—	—	—	—	—	—	—	—	—	—
	35.4	35.0	3.64	3.62	30 800	4.7	21.2	3	2.5	0.24	0.12~0.15	0.19	0.21

(6)磷化铁集料

①成分

磷化铁是制磷工业的副产品。为了研究重混凝土的集料曾对低质量的铁矿和重晶岩进行过试验,但用这种集料调制的混凝土的最大表观密度还没有超过3 200~3 600kg/m³。

密实的混凝土也有用金属废件(废铁)、破片和碎料作集料的,但用此种集料的混凝土会发生分层现象,同时稠度也低,在某些情况下,由于钢集料发生腐蚀,因而引起混凝土结构的强度下降。在拌制、灌注或凝固过程中要想得到不发生分层的和易性好的混凝土,只有采用磷铁合金来作集料。

②配制

磷铁合金,要先破碎成一定粒度的颗粒,然后放入普通混凝土搅拌机中使与硅酸盐水泥和水一起拌和。

③性能

由于磷铁合金是一种化学的惰性材料,所以用这种集料制成的混凝土不受酸的作用也不会受到腐蚀。这种混凝土的表观密度为4 645~4 806kg/m³。

(7)硼化的硅藻土

①成分

含细小矿物结构的硬化贝壳所形成的石灰岩沉积物称为硅藻土。硅藻土很轻,而且它的隔热性能也很好。硅藻土的孔隙可用硼的化合物填充。并设法使其含量达到4%。胶结料采用硅酸盐水泥和钙铝水泥。

②配制

试件的适宜成分列于表 4-156 内。

含有 2% 硼的硅藻土混凝土的成分　　表 4-156

材　　料	体积成分		质量成分	
	(L)	(%)	(kg)	(%)
硅藻土	56.6	51.3	44.2	38.6
钙铝水泥	28.3	25.6	42.6	39.4
水	25.5	23.1	25.4	22.6

③性能

虽然含有 2% 硼的硅藻土混凝土的表观密度小，但这种混凝土很坚硬，而且由于含有大量的硼，所以特别能吸收中子。

(8) 含水矿石集料

前苏联科学院原子能发电站反应堆的防护建筑采用了含水矿石的混凝土。用这种矿石，旨在增高混凝土中的结合水量以改善其对中子流的防御性能。

①成分

得自阿拉果也夫斯克矿区的含水矿石是含有杂质达 1.5% 的圆形硬块的砂质黏土物质。如作混凝土，仅仅采用粗块轧碎，并按需要组分分类，以含水矿石所作的碎石规格见表 4-157。

表 4-157

筛孔尺寸(mm)	80	40	20	10	5	<5
筛余(%)	—	38	30.3	13.3	6.8	11.8

②配合比

1m^3 含水矿石混凝土的成分如下：32.5 ~ 42.5 级水泥（密度 3）552kg，轧碎含水矿石的细集料（视密度 3.3）410kg，轧碎矿石（视密度 3.57）的粗集料 1 520kg，水 266kg，共计 2 748kg。

用含水矿石能制得质量较好的 C17 混凝土。这种混凝土的表观密度是 2.59t/m^3。

3. 掺外加剂配制

在混凝土中掺加各种含硼外加剂可以提高混凝土的防护中子流的能力。如掺入磨细的派勒克斯玻璃（含 12% B_2O_3）或硬硼钙石（含 30% B_2O_3）。

美国欧克黎市国立实验室对各种防护辐射的混凝土进行试验时，采用了硬硼钙（$2CaO \cdot 3B_2O_3 \cdot 5H_2O$），其成分是：CaO—27，$B_2O_3$—43 ~ 45，$H_2O$—28.3。在混凝土中掺加 1% 的硼一般会使吸收热中子的强度提高 100 倍。

试验表明，在普通混凝土中掺加 1.25% 的磨细含硼派勒克斯玻璃时，中子流的 T1/2 值减小了 4.5%。

在 γ 射线的 T1/2 值几乎稳定的时候（7.7m 和 7.9m）向褐铁矿混凝土中掺加 0.7% 的派勒克斯玻璃，其中子流的 T1/2 值减小 9%。

目前最适宜作外加剂的是硼酸方解石（$CaO \cdot 2B_3O_3 \cdot 4H_2O$），而含钠的硼化物，因其能阻碍水泥的凝结，不宜作外加剂。

第二十一节　抗冲耐磨混凝土配合比设计

以抵抗挟砂石水流冲磨能力来衡量其质量的混凝土称为抗冲耐磨混凝土。普通混凝土受力破坏时，多发生在水泥石及其与集料黏结界面等薄弱环节。一旦薄弱环节破坏，整个混凝土便破坏,而受挟砂石水流冲磨破坏的混凝土,是先把其组成材料中耐冲磨性能较差的部分冲磨掉。若集料中含有软弱颗粒,或集料的耐冲磨性能较砂浆低时,则集料先被冲磨成凹坑;若集料比砂浆耐冲磨性能好时,则挟砂石水流先把砂浆冲磨掉,而粗集料逐渐凸出(凸出的集料便承受挟砂石水流的主要冲磨作用,对水泥石起到一定的保护作用)。也就是说,耐冲磨性能较好的集料,磨损量较小,便凸出来;耐冲磨性能较差的集料,磨损量较大,便凹进去。因此,混凝土的耐冲磨性能主要决定于其组成材料的耐冲磨性能及其在混凝土中的含量。

显然,对于混凝土的磨损,从内因分析,它与混凝土的耐冲磨性有关;从外因分析,它与水流的速度和水流挟带泥砂的含量、颗料大小、形状和硬度等因素有关。为了提高混凝土的耐冲磨性能,增大最小冲磨流速,不仅应尽可能选用耐冲磨性能较好的原材料,而且应根据在有利于提高混凝土耐冲磨性能的原则下进行混凝土配合比设计和施工。

一、原材料的选择

(一)水泥品种及强度等级

水泥的物理力学性能(包括耐冲磨性能),主要取决于水泥的矿物成分及水泥矿物成分的耐冲磨性能。国外学者在试验室合成熟料的单矿物,并进行单矿物水泥石及单矿物水泥砂浆的磨损试验结果表明,C_3S 抗冲磨强度最高,C_2S 最差,C_3A 和 C_4AF 的耐冲磨性能较接近。各种矿物成分的耐冲磨性能列于表 4-158。

水泥矿物成分的抗磨强度 表 4-158

矿物成分	水灰比	水泥石抗磨强度（$h/10N/m^2$）	水灰比	灰砂比	砂浆抗磨强度（$h/10N/m^2$）	砂浆 3 个月龄期的抗压强度（MPa）
C_3S	0.31	3.45	0.48	1:2.5	4.35	45.0
C_2S	0.23	0.80	0.43	1:2.5	不抗磨	15.0
C_3A	0.47	2.94	0.70	1:2.5	0.87	10.3
C_4AF	0.28	3.13	0.45	1:2.5	0.94	6.6

从表 4-158 试验资料可见,C_2S 的水泥石及砂浆的抗冲磨强度最差,但其砂浆 3 个月龄期的抗压强度却比 C_3A 及 C_4AF 的高。这说明材料的抗冲磨强度和抗压强度的线性关系是不明显的。相同强度等级的两个品种水泥,各个水灰比的两种混凝土,其抗压强度基本相同,但由于水泥品种不同,其抗冲磨强度却有较大的差别,也说明了这一问题。

例如,试验使用纯大坝水泥及明矾石水泥两种,其强度均为 52.5 级。混凝土使用集料相同、配合比相同、水灰比不同的两种水泥混凝土的抗压强度见图 4-21,抗冲磨强度见图 4-22。

两种水泥不同水灰比混凝土强度基本相同,差值在试验允许误差范围之内;而两种水泥不同水灰比混凝土抗冲磨强度却相差较大,大坝水泥的抗冲磨强度约高 25%。

水泥的强度,对混凝土的强度和抗冲磨强度影响较大。水泥强度越高,用其拌制的混凝土抗冲磨强度也越高。

混凝土的耐冲磨性能与水泥掺混合材料的种类和数量有关。从国内外试验资料看,一般掺混合材料的水泥制备的混凝土,在所有龄期内,其抗冲磨强度均较纯硅酸盐水泥制备的混凝土为低。如水泥中掺活性混合材 30% ~35% 时,可使混凝土的磨损率增加 30% ~35%。由此可见,抗冲耐磨混凝土使用不掺混合材的高强度硅酸盐水泥较好。

近些年来国内外都进行了掺入硅粉的研究，以提高普通混凝土的抗冲磨强度及抗气蚀强度。据有关资料介绍，在普通混凝土中掺入硅粉后，抗冲磨强度约提高3倍，抗气蚀强度约提高14倍。

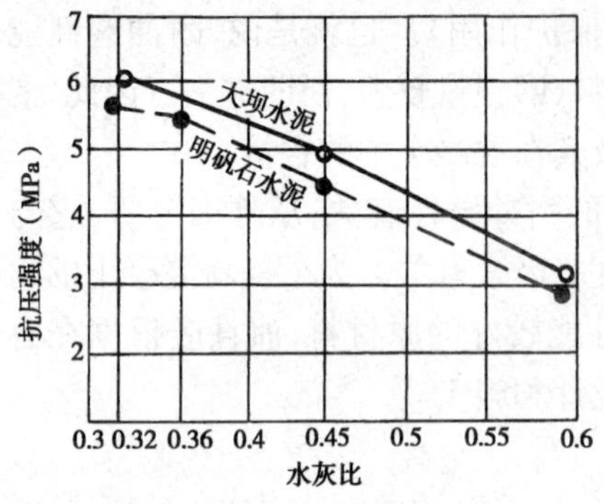

图4-21　不同水灰比的两种水泥混凝土与其抗压强度关系

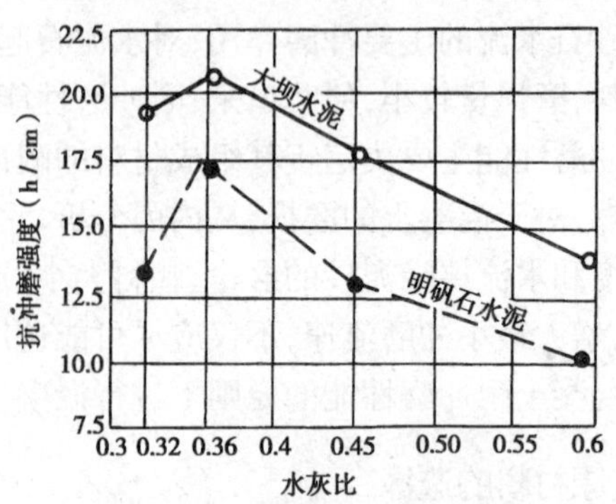

图4-22　不同水灰比的两种水泥混凝土与其抗冲磨强度关系

（二）细集料

混凝土的抗冲磨强度也与砂子的成分及颗粒级配有关。根据试验资料表明，砂子质地坚硬，含石英较多，清洁及级配较好的粗、中砂拌制的混凝土，抗冲耐磨性能较好。水利水电科学研究院试验研究得出，砂子的细度模数从2.31减至1.26，则混凝土的抗冲磨强度约降低两倍。

（三）粗集料

粗集料在混凝土中占的含量最多，由于粗集料的岩石品种比较多，其物理力学性能变化幅度也较大，故粗集料的品种及性能对混凝土抗冲磨强度影响较大。

1. 粗集料岩石品种及其力学性能对混凝土抗冲磨强度的影响

混凝土配合比相同，使用水泥及细集料相同，粗集料的最大粒径均为40mm的碎石，使用不同岩石品种为粗集料拌制的混凝土，其抗压强度基本相同。强度差别也在试验允许范围内，但其抗冲磨强度却有显著的差别。几种岩石品种集料的混凝土相对抗冲磨强度资料见表4-159。

不同岩石品种集料的混凝土相对抗冲磨强度试验资料　　表4-159

粗集料岩石品种	石灰岩	黑云母石英闪长岩	花岗岩	辉绿岩铸石
相对抗冲磨强度	1.00	2.33	1.73	3.04

从花岗岩及辉绿岩铸石集料混凝土的磨损厚度历时曲线（图4-23）及时段抗冲磨强度曲线（图4-24）可见，冲磨开始时段，两种粗集料混凝土的抗冲磨强度是基本相同的。这是由于开始冲磨混凝土表面时，水泥石含量最多，由于使用水泥品种强度相同，混凝土的水灰比又相同，故水泥石的力学性能基本相同，混凝土的抗冲磨强度也基本相同。混凝土不断被磨蚀，粗集料逐渐裸露，粗集料在混凝土冲磨层中所占的比例越来越大，其抗冲磨性能对混凝土抗冲磨强度的影响也越来越大，直至粗集料裸露程度趋于稳定，混凝土的抗冲磨强度也就趋于稳定。花岗岩集料混凝土与辉绿岩铸石集料混凝土的时段抗冲磨强度曲线（图4-24），正是说明了这个问题。

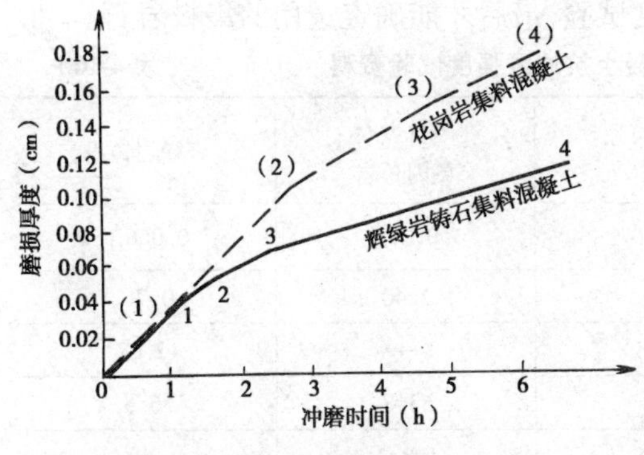

图 4-23　花岗岩、辉绿岩铸石集料混凝土磨损厚度历时曲线

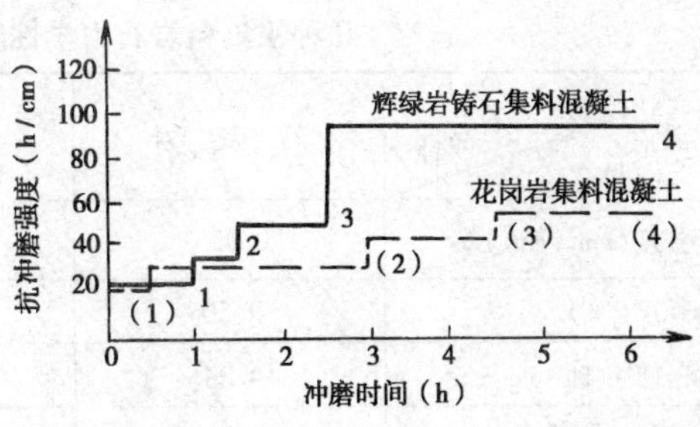

图 4-24　花岗岩、辉绿岩铸石集料混凝土的时段抗冲磨强度曲线

图 4-23 中曲线上数字表示抗冲磨强度的转折点，与图 4-24 相对应。

显然，粗集料岩石力学性能与其拌制的混凝土的抗冲磨强度也应有较密切的关系。几种粗集料岩石力学性能与其拌制的混凝土的抗冲磨强度试验资料列于表 4-158，与抗冲磨性有关的岩石力学性能与混凝土抗冲磨强度的关系曲线如图 4-25、图 4-26 所示。

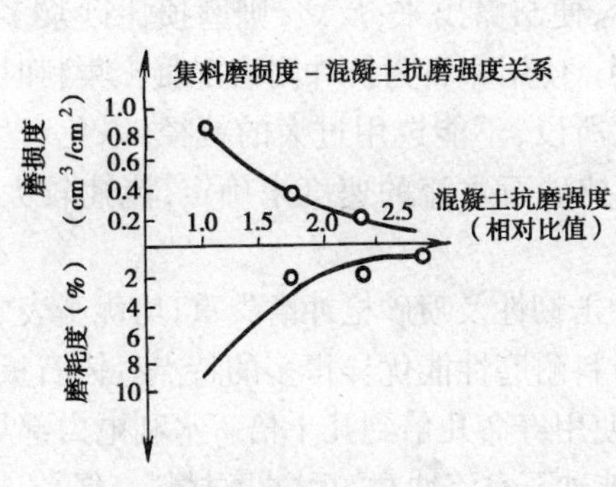

图 4-25　集料冲击韧性－混凝土抗磨强度关系

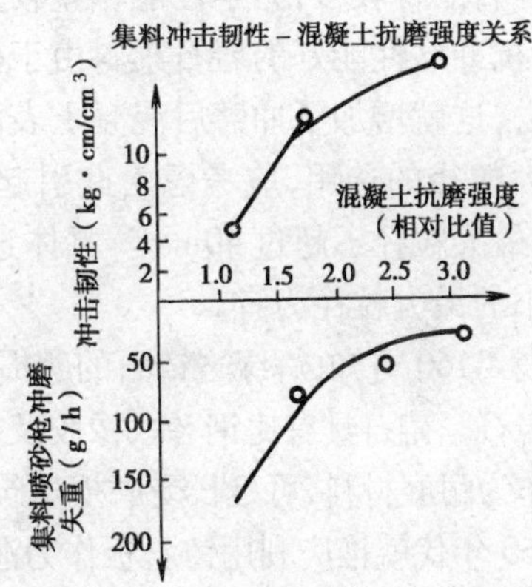

图 4-26　集料岩石力学性能－混凝土抗磨强度关系

一般符合拌制混凝土的规范要求的集料，其岩石力学性能对混凝土的抗压强度影响不大，但对混凝土抗冲磨强度却有非常显著的影响。粗集料岩石的磨损度、磨耗度、冲击韧性及喷砂枪冲磨失重与混凝土的抗冲磨强度有明显的关系。性能好的岩石作为集料拌制的混凝土，其抗冲磨强度就高，反之则低。如表 4-160 中的几种天然岩石，黑云母石英闪长岩的抗压强度最低，但用其拌制的混凝土抗冲磨强度最高；而石灰岩的抗压强度并不低，但用其拌制的混凝土，抗冲磨强度却最低。

选用抗冲耐磨混凝土集料时，可先从岩石与混凝土抗冲磨关系明显的力学性能进行初步筛选。一般属岩浆岩的花岗岩、闪长岩、辉绿岩和属变质岩的片麻岩、石英岩等岩石的硬度、韧性都较大，属沉积岩的石灰岩硬度、韧性都较差。砂岩则因其胶结物的不同而有较大差别，如致密的硅质砂岩各项力学性能均较好，而铁质砂岩、黏土质砂岩的各项力学性能便较差。应该指出，岩石的力学性能不仅与其品种有密切的关系，而且与其风化程度也有密切的关系。如强风化的花岗岩、片麻岩，其各项力学性能都较差，故不能以岩石的品种作为初选集料的依据，而应以工程附近几种可能采用的岩石进行岩石力学性能试验。先初选两三种耐冲磨性能较好的岩石作为混凝土的集料,再进行混凝土抗冲磨强度试验,最后才能确定选用的集料岩石。

几种粗集料岩石力学性能与混凝土抗冲磨强度试验资料 表 4-160

试验项目 \ 岩石品种	石灰岩	花岗岩	黑云母石英闪长岩	辉绿岩铸石
磨损度(cm^3/cm^2)	0.925	0.381	0.245	0.066 1
磨耗度(%)	9.50	2.43	2.40	0.76
冲击韧性($kg \cdot cm/cm^2$)	4.34	10.38	—	12.02
喷砂枪冲磨失重(g/h)	185.7	78.0	53.8	36.5
抗压强度(MPa)	143.3	190.6	118.2	—
混凝土相对抗冲磨强度	1.00	1.73	2.33	3.04

采用未风化的力学性能较好的碎石拌制的混凝土,其耐冲磨性能都比相同水灰比的卵石混凝土较好。碎石表面粗糙,与水泥砂浆之间的黏结力较卵石为好,在相同的冲磨条件下,避免了卵石颗粒易被冲掉的现象;加之碎石品质均匀,不至于出现像卵石中因含有软弱颗粒而被磨蚀后出现的凹陷现象,但在水利工程建筑中,常使用河卵石作为配制混凝土的集料。一般卵石中的岩石品种较多,力学性能相差较大。用卵石配制的抗冲耐磨混凝土经冲磨后,由表面可以看出,抗冲磨性能好的岩石集料由于比砂浆磨损少,便凸露出来;反之,则磨损比砂浆多,便凹陷进去,这就增加了冲磨后混凝土表面的不平整度。使用卵石为抗冲耐磨混凝土集料时,粗集料最大粒径的选用,应考虑由此引起的不平整度,所以,不能选用过大的粒径,以免产生气蚀,一般最大粒径不超过40mm。具体选用还应根据挟砂石水流的速度来确定,流速较大,应选用较小的最大粒径为宜。

由表4-160可知,辉绿岩铸石的磨损度、磨耗度、冲击韧性及喷砂枪冲磨失重,均优于表中其他天然岩石。铸石具有比钢、铁、橡胶及一般高分子材料耐磨性能优异得多的特点。铸石板、管等型材作为耐磨材料,可延长受磨损建筑物或设备的使用寿命几倍到几十倍。水利电力部早在20世纪60年代就推广利用铸石板作为泄水建筑物受挟砂石水流冲磨的耐冲磨材料。但是,虽然铸石本身的冲击韧性比天然岩石好,但铸石以板材形式使用却易被推移质砸碎或易被高速水流冲走,致使铸石作为泄水建筑物的抗冲耐磨材料受到了很大的限制。若把铸石破碎为混凝土的集料,配制成铸石集料混凝土,则上述问题可以克服,同时又可基本保留铸石耐磨性能特别优异的优点。这就为铸石作为泄水建筑物的抗冲耐磨材料广泛使用创造了条件。铸石集料混凝土及铸石砂浆已用于葛洲坝工程,作为1986年春二江泄水闸大修时的主要修补材料。

2. 粗集料粒径对混凝土抗冲磨强度的影响

粗集料粒径大小对混凝土的抗冲磨强度亦有明显的影响。当使用水泥、细集料及粗集料岩石品种相同、混凝土水灰比也相同,只是粗集料粒径不同的混凝土,其抗压强度基本相同,但其抗冲磨强度却随粒径的增加而增大(图4-27)。这是由于粒径增大,则混凝土中抗冲磨强度低的水泥石含量减少所致。

较大粒径的粗集料,是减少混凝土中水泥石含量而有利于提高混凝土抗冲磨强度简单而有效的措施。选用抗冲耐磨混凝土粗集料粒径时,原则上应尽可能选用建筑物允许的最大粒径。然而根据经验得知:粗集料粒径较大,受挟砂水流冲磨后的混凝土表面不平整度较大,产生气蚀的可能性也较大。故对于有可能产生气蚀的抗冲耐磨混凝土,粗集料的最大粒径应受到限制,一般不允许超过40mm。

(四)外加剂

1. 引气剂

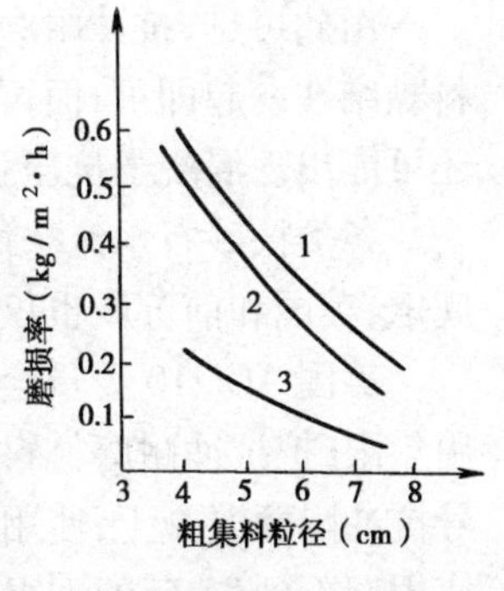

图 4-27 粗集料粒径与混凝土磨损率的关系

1-玢岩;2-砂岩;3-花岗岩

混凝土中掺入引气剂,如果水灰比及流动度不变,减少水泥用量,则含气量较大,混凝土的抗压强度、抗冲磨强度及抗气蚀强度降低较多;如果水泥用量和流动度不变,减少用水量而使水灰比减小,只要控制混凝土含气量,则混凝土抗压强度不降低,而抗冲磨强度与抗气蚀强度虽稍有降低,但却大大提高了混凝土的抗冻性。在严寒地区受挟砂水流冲磨的溢流坝面,建议采用引气剂与减水剂复合使用,这样既可提高混凝土的抗冻性又可不降低混凝土的抗冲磨强度及抗气蚀强度。

2. 减水剂

混凝土中掺入非引气型减水剂,不但能改善混凝土的和易性、节约水泥用量,同时还能提高混凝土的抗冲磨强度。掺入减水剂,不论是保持水泥用量及流动度不变,减少用水量降低水灰比,提高混凝土的抗压强度而使其抗冲磨强度得到提高,还是保持水灰比、流动度不变,减少水泥用量(在此情况下,由于减少了混凝土中抗冲磨能力较低的水泥石含量),混凝土的抗压强度虽然没有提高,但其抗冲磨强度却能提高。因此,对无抗冻性要求的抗冲耐磨混凝土,最好选用非引气型的 NF、UNF 及 FDN 等高效减水剂。掺用量一般为水泥质量的0.5% ~1.0%。当使用的高效减水剂是引气型时,如 MF、NNO 等,可与有机硅消泡剂复合使用采用MF0.75%,木质磺酸钙 0.1% 及有机硅消泡剂 0.12% 的复合外加剂,对混凝土的抗冲磨强度提高比单一外加剂更优。使用前可先将三种外加剂配制成复合外加剂溶液,施工时与单一外加剂同样方便。

二、配合比设计的原则

在选用耐冲磨性能较好的岩石作为混凝土集料时,即使是高强混凝土中的水泥石,其抗冲磨强度也比集料的低得多。因此,抗冲耐磨混凝土配合比设计的原则是尽可能提高水泥石的抗冲耐磨强度及黏结强度。同时,亦要注意尽可能减少水泥石的含量,即应使水灰比要小且尽可能减少水泥浆用量,以求获得抗冲耐磨性能较好的混凝土。

(一)抗压强度的确定原则

混凝土在原材料选定后,其抗压强度随水灰比减小而增大。在水泥浆用量变化不大的条件下,混凝土的抗冲磨强度亦随水灰比的减小而提高。抗冲耐磨混凝土的强度,必须满足在挟砂石水流冲磨条件下足以把集料黏结在一起;否则,由于水泥石黏结强度及抗冲磨强度过低,挟砂石水流先把水泥石冲磨后,便把集料冲走,因而造成较严重的冲蚀磨损现象。显然,抗冲耐磨混凝土的强度与挟砂石水流条件有关。在推移质冲砸严重或水流速度较大的冲磨条件下,混凝土的抗压强度要求应高一些。

值得注意的是水灰比越小,水泥浆就越干稠,达到施工所要求的稠度时水泥浆用量就需要越多。于是就出现由于水泥浆(水泥石)增加而降低混凝土抗冲磨强度的幅度,且此幅度大于由于水灰比减小提高了水泥石强度所提高的混凝土抗冲磨强度的幅度,这样就会出现混凝土抗压强度提高而抗冲磨强度降低的现象。如图 4-22、图 4-23 中的水灰比为 0.32 时的混凝土,抗压强度最高而抗冲磨强度却下降。

由此可见，抗冲耐磨混凝土的抗压强度，只要能满足在挟砂石水流冲磨条件下，足以把集料黏结在一起即可；而再提高混凝土的抗压强度，不但达不到提高混凝土抗冲磨强度的目的，还可能出现混凝土抗压强度提高而抗冲磨强度下降的现象。

各类挟砂石水流条件下的抗冲耐磨混凝土的抗压强度应该选用多少，目前尚未有明确的规定，美国和前苏联也仅提出一些推荐性的意见。

美国ACI210委员会推荐抗冲耐磨混凝土采用40MPa，前苏联根据建筑物的重要程度和使用年限，把抗冲耐磨材料分成几个等级：使用期不到100年的重要建筑物，建议采用C50～C60号抗冲耐磨混凝土；使用年限在50年以上的较重要建筑物，建议采用C40号抗冲耐磨混凝土；使用期不到25年的不很重要的建筑物或运行期不长的(5～10年)重要建筑物，建议采用C30号混凝土，我国葛洲坝水利枢纽泄水闸底板的混凝土，采用了C40号抗冲耐磨混凝土(经现场钻孔取样，后期平均抗压强度达58.24MPa)。

抗冲耐磨混凝土的抗压强度，目前仅能根据泄水建筑物挟砂石水流情况及建筑物重要程度以及参考国内外数据给予确定。

国内一些运行较正常的泄水建筑物，修建或破坏后修补时所采用的混凝土强度等级列于表4-161。

修建或修补时所采用的混凝土强度等级 表4-161

序号	坝名	部位	混凝土强度等级	序号	坝名	部位	混凝土强度等级
1	陆水	护坦	修补使用C30	3	葛洲坝	护坦	修建使用C40，修补使用C50
		溢流面	修建使用C25加真空处理			隔墙	修建使用C30
2	丰满	护坦	修补时均使用C25	4	桓仁	溢流面	修建使用C20加真空处理
		溢流坝面	加真空处理	5	刘家峡	溢洪道	修补使用C30干硬性混凝土

如前所述，混凝土强度相同条件下，水泥品种及强度、集料品种及粒径对混凝土抗冲磨强度有很大的影响。在使用材料品种规格相同及水泥浆用量变化不大的条件下，混凝土抗冲磨和抗气蚀强度，一般随混凝土的抗压强度增加而提高。混凝土抗冲磨和抗气蚀强度与抗压强度的关系，国内外都有不少单位及学者做过研究，并得出它们之间的关系。混凝土抗冲磨强度与抗压强度的关系，原水利电力部水利水电科学研究院试验得出的关系为：

$$f_{cu,A}=0.116f_{cu,k}$$

美国垦务局试验得出的关系为：

$$f_{cu,A}=0.00219R+0.329$$

混凝土抗气蚀强度与抗压强度的关系，原水利电力部水利水电科学研究院试验(10cm×10cm×10cm立方试件)得出的关系为：

$$f_{cu,c}=0.025\times10^{-10}f_{cu,k} \tag{4-63}$$

美国垦务局试验(ϕ15cm×30cm圆柱体试件)得出的关系为：

$$f_{cu,c}=0.0047f_{cu,k}-0.85 \tag{4-64}$$

上四式中：$f_{cu,A}$——混凝土抗冲磨强度；

$f_{cu,c}$——混凝土抗气蚀强度；

$f_{cu,k}$——混凝土抗压强度，0.1MPa。

长江水利水电科学研究院曾于丹江口试验场进行了不同混凝土强度(24.6～60.9MPa)、不同流速(8～17m/s)及不同含砂率的冲磨试验，并综合得出混凝土抗冲磨强度$f_{cu,A}$(h/cm)与抗压强度$f_{cu,k}$的关系式为：

$$f_{cu,A}=Af_{cu,k}-K \tag{4-65}$$

式中，A及K为常数，随R及流速与含砂率而变。

以上所列公式，都是在特定几何边界和水流条件下得出的经验公式，很难符合实际情况，但却能反映出其变化的规律与趋势。

(二)用水量的确定原则

对有抗冲耐磨要求的混凝土，最好是采用干硬性混凝土，以施工所用振捣器能将混凝土拌和物振实为准，一般维勃稠度要求为30～40s。若采用塑性混凝土，坍落度最好不超过5cm，以便尽可能减少混凝土中抗冲磨性能差的水泥石含量来提高混凝土的抗冲磨强度。

水泥石的耐冲磨强度，一般比集料低得多。因此，水泥石含量越多，混凝土抗冲磨强度就越低。当使用原材料相同、水灰比相同(均为0.36)、水泥石含量不同的混凝土抗压强度基本相同；但其抗冲磨强度却随水泥石含量的增加而明显下降。不同水泥石含量混凝土抗冲磨强度及抗压强度试验资料见图4-28。

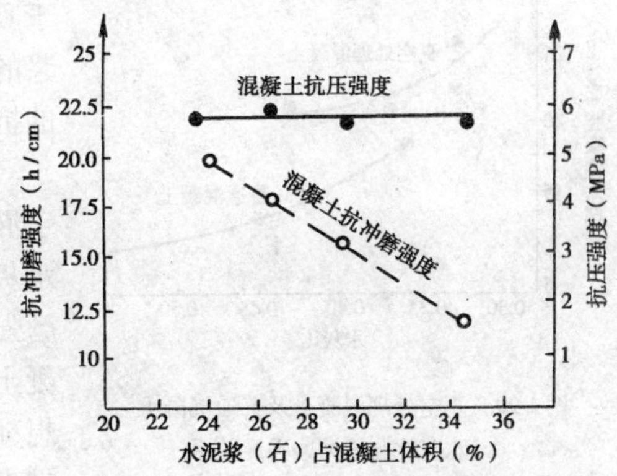

图4-28　水泥浆含量与混凝土抗压抗冲磨强度关系

由此可见，抗冲耐磨混凝土不仅要注意选用耐冲磨性能较好的高强度水泥，而且还要注意在保持水灰比不变的前提下，尽可能少用水泥。这样，不仅可以降低成本、简化温控措施，而且还能提高混凝土的抗冲磨强度。

混凝土原材料及水灰比确定后，混凝土的用水量(即水泥浆用量)决定于混凝土的坍落度。坍落度大，用水量就多，则水泥浆(水泥石)含量也多，从而就会降低混凝土的抗冲磨强度。因此，对抗冲耐磨混凝土流动度的要求是以满足浇筑密实的前提下，流动度越小越好。

(三)砂率的确定原则

砂率的确定原则与普通水工混凝土相同，应通过试验确定最佳砂率来减少水泥浆用量，以利于提高混凝土的抗冲磨强度。

三、真空处理混凝土配合比设计要点

抗冲耐磨混凝土施工若采用真空处理，将能有效地提高混凝土的抗冲磨强度。真空处理混凝土就是将浇筑后的混凝土，立即利用真空模板或气垫薄膜真空吸水装置在混凝土表面造成真空，从表面附近的混凝土中将气泡和水吸走，同时利用大气而将混凝土加压的一种工艺处理。

室内试验资料：当室内试验采用原材料完全相同，一组为不同水灰比的未经真空处理的混凝土，一组为不同水灰比的经过真空处理的混凝土，然后用同样的方法(混凝土冲刷仪法)进行抗冲磨试验,试验结果列于表 4-162 真空处理混凝土与普通混凝土的水灰比与混凝土抗冲磨强度关系如图 4-29 所示。

混凝土抗冲耐磨试验结果　　表 4-162

混凝土种类	原水灰比	真空处理后水灰比	抗冲磨强度(h/cm)
未经真空处理混凝土	0.36	—	18.375
	0.45		13.03
	0.55		10.31
真空处理混凝土	0.36	0.304	26.95
	0.36	0.324	24.99
	0.36	0.332	22.30
	0.45	0.364	20.78
	0.55	0.429	20.70

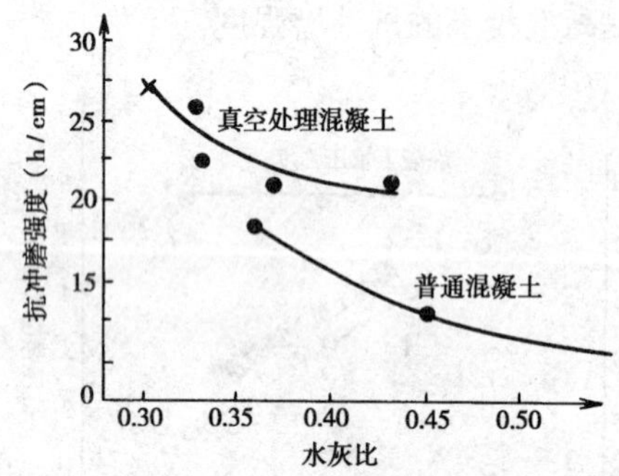

图 4-29　真空处理混凝土及普通混凝土水灰比与抗冲磨强度关系

从室内试验可见,经真空处理的混凝土,不仅由于吸出多余水分而降低水灰比,且由于减少了水泥浆的含量,表面适当压实,从而进一步提高了混凝土的抗冲耐磨强度。

泄水建筑物受冲磨混凝土位于混凝土表层,由于混凝土泌水,形成混凝土的薄弱层,若只采用减小水灰比提高混凝土强度的办法来提高混凝土的抗冲磨强度,正如前面所述,由于水泥浆增加,降低了混凝土中耐冲磨性能较好的集料含量,故效果不够理想;而且水泥用量增加,不但提高了成本,也给温控带来不利因素。

真空处理混凝土的密实度,是随真空影响深度而变化,由于表层较易吸出多余水分和气泡,加上表层受大气压作用,故真空处理混凝土的密实度是表层较高,随深度增加而减小,直到与内部混凝土相同,故表层混凝土抗冲磨强度较内部混凝土高。对于泄水建筑物采用真空处理来提高混凝土抗冲磨强度是有利的,能获得明显的效果。

采用真空处理混凝土时,其配合比的设计要点是:

(1)由于真空处理后剩余水灰比与原水灰比呈线性关系,因此原水灰比不可过大,否则将影响混凝土的最终强度。按剩余水灰比计算混凝土的配制强度,由于未考虑真空处理对混凝土所起的压缩挤压作用,因此,实际强度稍高于配制强度,实际应用中可通过试验确定。

(2)真空混凝土的坍落度的最优值,一般为 3 ~ 5cm。采用气垫薄膜吸水装置及其他柔性吸垫,应降低到 1 ~ 3cm,有利于施工面的平整控制。

(3)根据混凝土真空吸水原理,混凝土的可压缩性是保证吸水密实效果的重要条件,而砂率大小是直接影响因素,因此,真空处理的混凝土最佳砂率要略高于普通混凝土 5% 左右。

四、配合比的确定

抗冲耐磨混凝土配合比的确定,可根据配合比设计原则,初步选用几组混凝土进行抗冲耐磨强度试验,根据试验资料来确定较好的混凝土配合比。

国内几个工程采用的抗冲耐磨及抗蚀性能较好的混凝土的配合比列于表4-163,可供设计选定抗冲耐磨混凝土配合比时参考。

几个工程的混凝土配合比 表4-163

序号	工程名称	使用部位	混凝土配合比	强度等级
1	陆水	修建溢流坝面	0.45:1:1.91:3.55 (二级配)	C25 加真空处理
2	石棉	修补冲砂闸底板	0.25:1:1.25:1.73 (一级配,掺NNO 0.75%)	C55
3	葛洲坝	修补二江泄水闸	0.316:1:1.764:2.414 (一级配,铸石集料混凝土掺FDN1%)	C50
4	葛洲坝	修建二江泄水闸 (40cm抗冲耐磨混凝土)	0.38:1:(1.64~1.89):(4.45~4.47) (二级配,混凝土掺FDN0.8%)	C40后期现场取样 强度达58.24MPa

第二十二节 振动挤压混凝土配合比设计

振动挤压混凝土是特干硬性混凝土,只有在振动和挤压双重作用下才能使其液化密实。它与普通混凝土有许多不同的特性:密实度高、表观密度大、用水量低、砂率高,其拌和物既不能用坍落度桶测定它的坍落度,也不能用普通维勃仪测定其维勃稠度,且难以用普通振动台成型试块。因此,《普通混凝土配合比设计规程》(JGJ/T 55—2011)中的混凝土配合比设计方法和图表不适用于振动挤压混凝土。至今还没有一种和振动挤压混凝土的特性相适应的配合比设计方法,给振动挤压混凝土的进一步发展带来了困难。

河南省建筑科学研究院经过试验研究,提出了一种与振动挤压混凝土的特性相适应的配合比设计方法——二次填充包裹法。

一、原理

(一)理论依据

振动挤压混凝土在振动与挤压作用下实现液化、并使其密实,其内部结构的理想状况是:

(1)水泥浆填充砂子空隙并包裹砂粒。

(2)水泥砂浆填充石子空隙并包裹石子。

这就是二次填充包裹法提出的理论依据。由上述两个理想状况导出以下两个公式:

$$m_{w0}+\frac{m_{c0}}{\rho_c}>K_s m_{s0} \tag{4-66}$$

$$1\,000(1-V_a)-\frac{m_{g0}}{\rho'_g}>K_g m_{g0} \tag{4-67}$$

式中:m_{w0}——用水量(kg/m³);

m_{c0}——水泥用量(kg/m³);

m_{s0}——砂子用量(kg/m³);

m_{g0}——石子用量(kg/m³);

ρ_c——水泥视密度(g/cm³);

ρ_g'——石子视密度(g/cm³);

K_s——砂子振压实空容比($K_s = V_s/\rho_s$);

V_s——砂子振实空隙率($V_s = 1 - \rho_s/\rho_s'$);

ρ_s——砂子振压实密度(g/cm³);

ρ_s'——砂子视密度(g/cm³);

K_g——石子振压实空容比($K_g = V_g/\rho_g$);

V_g——石子振实空隙率($V_g = 1 - \rho_g/\rho'_g$);

ρ_g——石子振压实密度(g/cm³);

V_a——混凝土空隙率(取0.01)。

为了保证在工业化生产条件下制得密实的混凝土,使制品不仅强度符合设计要求,而且表面灰浆饱满、没有蜂窝麻面。因此,水泥浆的绝对体积要充分大于砂子的空隙体积,水泥砂浆的绝对体积要充分大于石子空隙体积。为此,在配合比设计中引入了水泥浆富裕系数 α 和水泥砂浆富余系数 β,并将式(4-66)、(4-67)分别改为:

$$m_{w0} + \frac{m_{c0}}{\rho_c} = \alpha K_s m_{s0} \tag{4-68}$$

$$1\,000(1 - V_a) - \frac{m_{g0}}{\rho_g'} = \beta K_g m_{g0} \tag{4-69}$$

(二)α、β 的取值

用二次填充包裹法设计振动挤压混凝土配合比关键是 α、β 的取值,它关系到新拌混凝土的稠度、硬化混凝土的密实性和强度及制品外观质量的优劣。因此,应综合考虑振动挤压工艺和原材料特性后正确选取,并根据试拌结果和使用效果加以调整。

β 值主要与砂子的细度模数有关,β 值按表4-164 选取,其取值范围为1.6~2.0。

β 值选取表 表4-164

砂细度模数 M_K	3.7~3.1	3.0~2.3	2.2~1.5	<1.5
β 选取范围	≥1.9	1.9~1.7	1.8~1.6	≤1.6
砂率大致范围	>0.42	0.44~0.36	0.40~0.32	<0.34

α 值主要与水灰比有关,水泥强度高、水灰比小,α 取值高。同时,α 取值与 β 值有关,α 与 β 的乘积应大于2、小于4,一般应控制为2.7~3.7。α 值按表4-165 选取,其取值范围为1.4~2.0。

α 值选取表 表4-165

β \ W/C	0.55~0.46	0.45~0.41	≤0.40	β \ W/C	0.55~0.46	0.45~0.41	≤0.40
1.6	1.7~2.0	1.8~2.0	1.9~2.0	1.9	1.5~1.7	1.6~1.8	1.7~1.8
1.7	1.6~1.9	1.7~2.0	1.8~2.0	2.0	1.4~1.6	1.5~1.7	1.6~1.8
1.8	1.5~1.8	1.6~1.9	1.7~1.9				

在选取 α、β 值时还应考虑砂石原材料 K_g、K_s 值的大小。K_g、K_s 值小,即砂石的振压实表观密度大,α、β 取值大;K_g、K_s 值大,即砂、石的振压实表观密度小,α、β 取值小。

二、原材料特性和设计参数

用二次填充包裹法设计振动挤压混凝土配合比所需要的基本参数和原材料性质是:混凝土的设计强度$f_{cu,k}$和配制强度$f_{cu,0}$,水泥的密度ρ_c和实际强度f_{ce},砂的密度ρ_s和细度模数M_k,石子的密度ρ_g,砂的振压实表观密度ρ_s、振压实空隙率V_s和空容比K_s,石子的振压实表观密度ρ_g、振压实空隙率V_s和空容比K_g。

砂、石振压实表观密度ρ_s、ρ_g采用专用的具有适宜频率和振幅的特干硬性混凝土试块振动台测定。其方法是:在10L容重桶里徐徐加入砂或石试料到高出口面,刮平称重,将桶放在振动台上并用螺丝固定之,放下特定质量的压重板,开机振动60s,停机后精心量测压重板至量桶上口的高度h_o(量相互垂直的4个点,取其平均值),则砂或石面层至量桶上口高度为$h = h_0 + \delta$(δ为压重板厚度)。由此即可计算出砂、石的振压实体积和振压实表观密度ρ_s、ρ_g,振压实空隙率V_s、V_g和空容比K_s、K_g。

三、配合比设计方法和步骤

(一)计算法

1. 石子用量

由公式(4-69)直接求出石子用量:

$$m_{so} = \frac{1\,000(1 - V_a)}{\beta \cdot K_g + 1/\rho_g{}'} \tag{4-70}$$

2. 砂子用量

$$m_{s0} = \rho'_s\left[1\,000(1 - V_a) - \left(V_w + \frac{m_{c0}}{\rho_c}\right) - \frac{m_{g0}}{\rho_g{}'}\right] \tag{4-71}$$

将式(4-68)和式(4-70)代入式(4-71)得:

$$m_{s0} = \frac{\beta K_g m_{g0}}{aK_s + 1/\rho_s{}'} \tag{4-72}$$

3. 水泥用量

(1)水灰比

水灰比按下面两个公式计算:

用碎石时:

$$f_{cu,0} = 0.46 f_{ce}\left(\frac{C}{W} - 0.07\right) \tag{4-73}$$

用卵石时:

$$f_{cu,0} = 0.48 f_{ce}\left(\frac{C}{W} - 0.33\right) \tag{4-74}$$

式中:$f_{cu,0}$——混凝土配制强度(MPa);

f_{ce}——水泥实际强度(MPa);

$\frac{C}{W}$——混凝土灰水比$\left(其倒数\frac{W}{C}即为水灰比\right)$。

(2)水泥用量　将$m_{w0} = m_{c0}\left(\frac{W}{C}\right)$代入式(4-68)得水泥用量

$$m_{c0} = \frac{aK_s m_{s0}}{(W/C) + 1/\rho_c} \tag{4-75}$$

4. 用水量

$$m_{w0} = m_{c0}\frac{W}{C} \tag{4-76}$$

(二)查表法

根据公式(4-70)、式(4-72)、式(4-75)制成表 4-166、表 4-167 和表 4-168。按测得的原材料性质和选取的 α、β 值查表,再经简单计算即可求出石子、砂子、水泥和水的用量。其方法是:

(1)按 β、K_g、ρ_s' 值在表 4-166 中查得石子用量和计算砂用量所需的 $\beta K_g m_{g0}$ 的乘积。

(2)根据 α、K_s、ρ_s' 值在表 4-167 中查得砂用量系数 k_1,即可按下式求出砂用量 m_{s0};

$$m_{s0} = k_1\beta K_g \cdot m_{g0} \tag{4-77}$$

(3)按 W/C、ρ_c 值在表 4-168 中查出另一水泥用量系数 k_2,则水泥用量为:

$$m_{c0} = K_1K_2m_{s0} \tag{4-78}$$

(4)按 $m_{w0} = m_{c0}\left(\frac{W}{C}\right)$ 求出用水量。

石子用量及 $\beta \cdot K_g \cdot m_g$ 乘积表 表 4-166

β \ ρ'_s	2.66					2.68					2.70					2.72				
K_g	0.23	0.24	0.25	0.26	0.27	0.23	0.24	0.25	0.26	0.27	0.23	0.24	0.25	0.26	0.27	0.23	0.24	0.25	0.26	0.27
1.6	1 331	1 303	1 276	1 250	1 225	1 336	1 308	1 281	1 255	1 230	1 341	1 312	1 286	1 260	1 234	1 345	1 315	1 289	1 263	1 238
	490	500	510	520	529	492	502	512	522	531	494	504	514	524	533	495	505	515	525	535
1.7	1 291	1 263	1 236	1 210	1 186	1 296	1 268	1 241	1 215	1 191	1 301	1 273	1 245	1 219	1 194	1 304	1 276	1 248	1 222	1 197
	505	515	525	535	544	507	517	527	537	546	509	519	529	539	548	510	520	530	540	550
1.8	1 253	1 225	1 198	1 172	1 148	1 258	1 230	1 203	1 177	1 153	1 263	1 235	1 207	1 181	1 157	1 266	1 238	1 209	1 183	1 159
	519	529	539	549	558	521	531	541	551	560	523	533	543	553	562	524	534	544	554	564
1.9	1 218	1 190	1 163	1 137	1 113	1 273	1 195	1 168	1 142	1 117	1 228	1 200	1 172	1 146	1 121	1 230	1 202	1 174	1 148	1 124
	532	542	552	562	571	534	544	554	564	573	536	546	556	566	576	537	547	557	567	577
2.0	1 184	1 156	1 129	1 105	1 081	1 189	1 161	1 134	1 109	1 084	1 194	1 166	1 138	1 112	1 088	1 196	1 167	1 141	1 115	1 090
	545	555	565	575	584	547	557	567	576	586	549	559	569	578	588	550	560	570	580	590

注:分子为石子用量(kg/m^3);分母为分子与相应的 $\beta \cdot K_g$ 的连乘积即 $\beta \cdot K_g \cdot m_g$,是计算砂用量使用的。

砂用量系数 K_1 及水泥用量系数 K_2 表 4-167

α \ ρ'_s	2.61					2.63					2.65					2.67				
K_g	0.19	0.20	0.21	0.22	0.23	0.19	0.20	0.21	0.22	0.23	0.19	0.20	0.21	0.22	0.23	0.19	0.20	0.21	0.22	0.23
1.4	1.54	1.51	1.47	1.45	1.42	1.54	1.51	1.48	1.45	1.42	1.55	1.52	1.49	1.46	1.43	1.56	1.53	1.50	1.47	1.44
	0.266	0.28	0.294	0.308	0.322	0.266														
1.5	1.50	1.46	1.43	1.41	1.37	1.50	1.46	1.43	1.40	1.37	1.50	1.47	1.44	1.41	1.38	1.51	1.48	1.45	1.42	1.39
	0.285	0.30	0.315	0.33	0.345	0.285														
1.6	1.46	1.42	1.39	1.37	1.33	1.46	1.42	1.39	1.36	1.33	1.46	1.43	1.40	1.37	1.34	1.47	1.44	1.41	1.38	1.35
	0.304	0.32	0.336	0.352	0.368	0.304														

续上表

α \ K_g \ ρ'_s	2.61					2.63					2.65					2.67				
	0.19	0.20	0.21	0.22	0.23	0.19	0.20	0.21	0.22	0.23	0.19	0.20	0.21	0.22	0.23	0.19	0.20	0.21	0.22	0.23
1.7	1.42	1.38	1.34	1.33	1.29	1.42	1.38	1.35	1.32	1.29	1.42	1.39	1.36	1.33	1.30	1.43	1.40	1.37	1.34	1.31
	0.323	0.34	0.357	0.374	0.391	0.323														
1.8	1.38	1.35	1.31	1.29	1.25	1.38	1.34	1.31	1.28	1.25	1.38	1.35	1.32	1.29	1.26	1.39	1.36	1.33	1.30	1.27
	0.342	0.36	0.378	0.396	0.414	0.342														
1.9	1.34	1.31	1.28	1.25	1.22	1.35	1.31	1.28	1.25	1.22	1.35	1.32	1.29	1.26	1.23	1.35	1.32	1.29	1.26	1.23
	0.361	0.38	0.399	0.418	0.437	0.361														
2.0	1.31	1.28	1.25	1.22	1.19	1.32	1.28	1.25	1.22	1.19	1.32	1.29	1.26	1.23	1.20	1.32	1.29	1.26	1.23	1.20
	0.38	0.40	0.42	0.44	0.46	0.38														

注：1. 分子 $k_1 = 1/(\alpha \cdot K_s + 1/\rho'_s)$，分母 $k_2 = \alpha \cdot K_s$。

2. 用本表查得的系数 k_1 乘以表 4-166 查得的 $\beta \cdot K_g \cdot m_{g0}$ 值，即为砂，少量。

3. K_2 是计算水泥用量的一个系数。

四、试拌、试用与调整

配合比设计好之后，先在试验室试拌，并在特干硬性混凝土试块成型台上测定混凝土拌和物的工作度和重度。

当以河砂和石灰石作粗集料时（$\rho'_s \approx 2.65$、$\rho_g \approx 2.70$），振动挤压混凝土的表观密度应为 2 420 ~ 2 450kg/m³。如超出这个范围，应分析原因并采取相应的措施加以调整。

水泥用量系数 K_3 表 4-168

$\frac{W}{C}$ \ ρ_c	2.95	3.00	3.05	3.10	3.15	$\frac{W}{C}$ \ ρ_c	2.95	3.00	3.05	3.10	3.15
0.49	1.21	1.22	1.22	1.23	1.24	0.43	1.30	1.31	1.32	1.33	1.34
0.47	1.24	1.25	1.25	1.26	1.27	0.41	1.34	1.35	1.36	1.37	1.38
0.45	1.27	1.28	1.29	1.30	1.31	0.39	1.37	1.38	1.39	1.40	1.41

注：1. $k_s = 1/(W/C + 1/\rho_c)$。

2. 从本表查得 k_3，乘以从表 4-167 查得 k_2，再乘以砂用量，即得水泥用量。

振动挤压混凝土的维勃稠度以 50 ~ 70s 为宜。调整时，应首先调整用水量。用水量一般应控制为 155 ~ 165kg/m³（特殊情况也不应超出 150 ~ 170kg/m³），如在此范围内调整用水量，而工作度仍不满足要求时，则可调整 α 值，增加或减少水泥用量。倘若在 α 的取值范围内仍不满足要求，则可调整 β 值，增加或减少水泥砂浆用量。

将通过试拌调整好的混凝土配合比拿到构件厂试配，根据挤出板外观质量判断配合比是否合适。振动挤压混凝土的强度一般均能满足要求。因此，配合比适当与否主要看制品的外观。然而，外观不良首先要判明是配合比不当造成的，还是挤压机性能不好造成的。若确是配合比不当，则应根据外观主要缺陷加以调整，若外观粗糙，蜂窝麻面，应适当增加用水量或提高 α 值；若板面坍孔，板侧向弯曲或跑高超厚，应适当减少用水量或降低 α 值。在满足外观质量的前提下，α 在其合理取值范围内，取值越小越好，可节约水泥，降低成本。

第二十三节　贫混凝土配合比设计

贫混凝土主要供道路路面结构的基层、底基层以及一些机场道面结构中使用。这种混凝土的集料的品质是经过配制和控制的,其主要特点是“贫”,也就是其水泥含量很低(典型值为100~140kg/m^3)。

贫混凝土分两类:一是干贫混凝土;二是湿贫混凝土。前者是干硬性的,一般情况不能采用,只适于用振动式路碾或振动板使其密实。如用滑模摊铺机进行混凝土底基层铺筑,则需要很高的稠度。所以一般用的较湿的、同样其水泥量也很低的混凝土就是湿贫混凝土。干贫混凝土用途极广。

一、原材料及技术参数

(一)集料

当在混凝土中掺入细碎石时,会引起压实方面的问题,因此砾砂被广泛地用作细集料。用碎石在技术上是没有问题的,但它需加其他的细集料来调配,在实用中可能不经济或许还会带来一些麻烦。

在普通混凝土中粗集料是一种常用材料,它包括气冷高炉矿渣,所以当地的砾石和碎石等集料都是适用的。

指定的集料级配,注意在混合集料中应有足够的含砂量,确保在水泥含量不足的情况下,同样可以达到适当的黏聚性,同时也要防止过多的细集料,因为它会影响压实。这些级配大致为40% ±5%或35% ±5%(英国标准BS882)的2区砂分别与20~5mm和40~5mm粒级的粗集料相混合。

(二)骨灰比

已经使用了许多年的大骨灰比拌和物,一般可分作两类,卵石混凝土的比例是15:1~20:1(质量比);碎石混凝土的比例是18:1~24:1,这两种混凝土的当量强度相应值近似。最近集灰比倾向于限用15:1~20:1(质量比)。然而按常理干贫混凝土作为基层时,只要满足实用的干硬性低水泥含量的任何混凝土配比都可以,主要是所需的强度、刚度和热性能都必须符合路面设计的要求。

当然,BS886以外的材料也可以用(但不能用于道面),试验表明许多轻质集料都可用于干贫混凝土。

(三)水灰比

一般来讲,水灰比在混凝土技术上是一个极其重要的参数,在干贫混凝土中就恰恰相反,反而很少提及。而含水量却是一个重要参数,它可以提供最佳的强度和表观密度。一般它约占固体质量的5% ~7%,对于集灰比为18:1的混凝土,水灰比约为1.14。所以一般讲干贫混凝土的水灰比要比普通混凝土高得多。水灰比不是影响混凝土强度的唯一因素,但却是一个重要参数。虽然它的力学性能是很差的,但我们也知道稠度和集料体积浓度是有影响的因素,在其中这两个参数都已是极端值(正如干贫混凝土),采取一些措施,以弥补水灰比过高的影响并不少见。因此通过适当的压实处理,干贫混凝土的28d立方强度可以达到15~20MPa。

很显然,压实如此超干的混凝土是相当困难的,因此要用振动路碾;所选用的混合料含水量应使混凝土干到足以使振动路碾能正常工作的程度。在实验室里试件的压实试验中发现了一个附带问题:普通的压实方法显然不够。正确的方法是用振动锤的腿直接压到混凝土使之压实为止,否则很可能会由于压实不够,强度比普通混凝土大大降低,截留 1% 空气的立方强度将降低 8% 左右。

(四)估计最佳配合比含水率

对于指定的集灰比,如果随着含水率的增加而配制一系列的拌和物,并对其试件做加压试验,可以得出含水率和强度的关系曲线。图 4-30a)表示集灰比为 16∶1 和 24∶1 的两种曲线。显然每组配合比都有一个明显的最佳含水率,对于 24∶1 的约为 5.3%;对 16∶1 的约为 6%。图 4-30a)还表明了每组试件的干密度值与其强度的趋向是一样的。对于一般的集灰比来说最佳含水率在 5% ~6%。图 4-30b)是把含水率值换成水灰比而绘制的与强度的关系曲线。可以得知,水灰比低的压实差,而其强度随之降低。

如果我们取 6% 含水率(为所有集灰比的标称最佳值)测定一组集灰比值、相应的强度和弹性模量值,并绘出它们与集灰比的关系曲线,如图 4-31 所示。至少在实验室条件下,混凝土

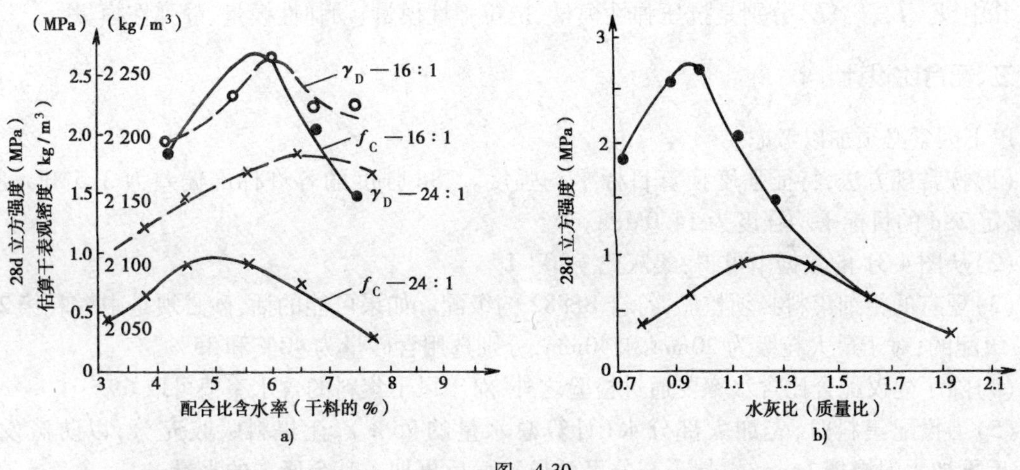

图 4-30

a)干贫混凝土的含水量对 28d 立方强度和干表观密度的影响;b)干贫混凝土的水灰比对 28d 立方强度的影响

在最佳含水率的情况下(恰当压实)可以看到每种集灰比都能得到相应的立方强度、圆柱体劈裂强度、抗弯强度和动弹性模量。

应该指出的是上述含水率的定义是 $100m_{w0}/(m_{s0}+m_{g0}+m_{c0})$,其中 m_{w0} 为水质量,m_{s0}、m_{g0} 为风干的细、粗集料质量,m_{c0} 为水泥质量。实际上这是总含水率的百分数。同样,水灰比也是总值(它们包括集料所吸收的水分),风干集料的含水率约为 0.5%。所以,事实上,标称含水率为 5.5% 的总配合比含水率为 6%。如果假定混合集料吸水为干质量的 0.15%,于是对于集灰比为 18∶1,用风干集料标称含水率 5.5% 的拌和物,具有标称总水灰比为 $(5.5/100)\times 19=1.045$。标称的自由水灰比为 $1.045-0.15\%\times 18=1.018$,相差大约 0.03,这是典型值,其数值很小,没有意义。

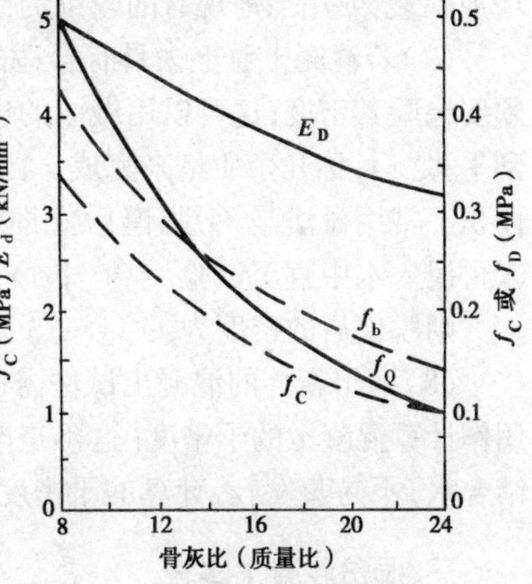

图 4-31 含水率为 6% 时集灰比对 28d 强度模量的影响

然而,对饱和面干集料用标称自由含水率是符合一般规则的,至少是切合实际的。当集料吸水量很小时,没什么关系,但是如果吸水量很大还是有关系的。因此,出于比较的目的,快速测定这个数量的差别就变得很重要。

(五)相对强度和弹性模量

作为参考,下面所提供的近似值均可采用。但须注意,对于高集料含量,特别是用于干贫混凝土时,这些值波动很大。

$$f_{cu,b} \approx 0.1 f_{cu,k}$$

$$f_{cu,t} \approx f_{cu,b}$$

其中,$f_{cu,k}$、$f_{cu,b}$、$f_{cu,t}$分别是抗压、抗弯和直接抗拉强度。由 BS1881 标准试验决定前两个数;$f_{cu,t}$从单轴拉伸试验可知。

立方强度(MPa)	5	10	15	20	25
静态 E_s(kN/mm^2)	15	24	30	35	38

$E_c \approx E_t$　　　　$E_D \approx 7/6 \times E_s$

其中,E_c、E_t、E_D、E_s 分别是抗压弹性模量、抗拉弹性模量、动弹性模量、静弹性模量。

二、配合比设计

以下因素必须加以考虑。

(1)按常规方法,特征强度换算目标平均强度。28d 强度的容许标准偏差为 3.5MPa,所以,假定 28d 的目标平均强度为 14.0MPa。

(2)从图 4-31 的数据中可得:集灰比 =20∶1

(3)现有的粗细集料必须校验,符合 BS882 的级配。如果可能的话,砂必须是中/细(第 2/3 区)级配的;对于最大粒级为 20mm 和 40mm,分别选用含砂量为 40% 和 35% 。

(4)除了建议配合比含水率要通过检验之外,对于风干集料的含水率值可取 6%。

(5)当投配集料时,先加大部分水(计算总水量的 75%),让集料吸收充分,以防蒸发。0.5h 后再加水泥搅拌 1min(搅拌不充分可延长),而后再加入其余所需的水量。

(6)观察混凝土的外观状态,应是潮湿、干硬性,而又有相当的黏性。如果缺少细料则应增加砂量,或用当地现有的较细的砂。除非混凝土是需要特殊压实,否则无需做试件试验。

(7)若混凝土看上去具有合适的稠度和黏性,接着可做试验的试件;要适当地振实;还必须要检验其密度;这可以用做成的边长 150mm 立方体振实(用振动锤底座放在试模顶振实并刮平)之后,称几个质量来完成。已做好的试件最好是分别称出在空气中和水中的质量来求体积。常用做法是:①脱模后立即称重;②浸入水中 24h;③在水中称重;④表面干时称重;⑤再浸入水中直至试验。

则脱模后的密度为①/④ - ③。

(8)两组新拌的混凝土试件需在 105 ~110℃条件下烘干以确定其配合比含水率,此值可用作计算混凝土的干密度[这不是严格的总含水率,因为少部分水(水灰比为 0.01 ~0.02化学结合水)不易蒸发]。计算的干密度应不小于零空隙率时的理论密度值的 0.97 ~0.975倍。

三、湿贫混凝土比较

配合比的含水率一般为 8% ~10%,取决于使其密实所用的设备,这自然会影响其物理性能。表 4-169 是简单的干、湿贫混凝土的比较。两者的集灰比均为 18∶1,龄期 28d。

简单的干、湿贫混凝土的比较表　　表 4-169

技术指标 / 混凝土种类	$f_{cu,k}$	$f_{cu,b}$	$f_{cu,t}$	E_s	E_D
干贫混凝土	21.6	2.61	1.43	34.4	40.3
湿贫混凝土	15.3	1.84	1.09	27.2	36.0

注：$f_{cu,k}$、$f_{cu,b}$、$f_{cu,t}$、E_s、E_D 分别为抗压强度、抗弯强度、单轴抗拉强度（MPa）、静弹性模量、动弹性模量（kN/mm^2）。

第二十四节　快硬混凝土的配制

在施工后的短时间内能达到快硬早强具有一定承载能力的混凝土称为快硬混凝土。它能使混凝土预制构件成型后很快具有强度，从而加速施工模板的周期和缩短生产周期，并以不蒸养或少蒸养来生产混凝土构件，以提高生产效率，降低造价。此外，对一些抢修、抢建堵漏工程及冬期施工工程等，都需要一种早期强度增长很快的混凝土，因此快硬混凝土具有广泛的应用前途。

一、用早强快硬水泥配制快硬混凝土

（一）快硬、特快硬硅酸盐水泥

以适当成分（硅酸三钙和硅酸二钙含量较高）的硅酸盐水泥熟料，加入适量的石膏，磨细制成具有早期强度增长率较高的水硬性胶凝材料即为快硬硅酸盐水泥。一般认为，制造快硬水泥的主要因素是选择合理的熟料矿物组成，提高水泥的比表面磨细度和确定石膏的最优用量。

还有一种特快硬硅酸盐水泥，它是以适当成分的生料，烧至部分熔融，以所炼的硅酸钙为主要成分的熟料，加入适量优质石膏，经过细磨，制成的一种强度发挥极快的水硬性胶凝材料，可用于需要早期强度极高的紧急工程、抢修工程和国防工程以及制造预应力钢筋混凝土物件。

（二）高铝水泥

以石灰石和矾土为主要原料，配制适当成分的生料，经熔融或烧结，所得以铝酸一钙为主要矿物，其氧化铝含量约50%的熟料，再经磨细而成，这种水硬性胶凝材料即为高铝水泥，又称矾土水泥。

高铝水泥的主要特点是：①快硬高强。1d 的强度可达 80% 以上，3d 几乎达到 100%。②低温硬化快。在 5～10℃时，1d 强度仅较正常养护时（20℃）的强度约低 30%，3d 的强度与正常养护时接近。③耐热性好。在干热处理过程中强度下降较少。加热到 900℃时，强度下降 30%；1 300℃时，下降 50%。④耐蚀性、抗冻融性与不透水性均较好。

以高铝水泥配制快硬混凝土应注意以下几点：①集料不得使用含碱性集料（砂、石）。②高铝水泥混凝土表面容易起砂，在养护不当时尤甚。因此，高铝水泥的用量应比使用普通水泥者稍多。③水灰比一般可采用 0.5～0.6。如搅拌完毕隔一段时间后发现表面似乎硬结时，请勿再另加水，只须用工具稍加搅动，灰浆或混凝土即会重新变稀。此外水不能含有碱性。

(三)浇筑水泥

浇筑水泥是一种无收缩或微膨胀的硅酸盐水泥。在高强度等级硅酸盐水泥熟料中加适量煅烧石灰和石膏再经磨细而成,它具有快硬与高强的性能。

(1)用于抢修、补修、加固、接缝时,要求砂、石不得含有泥土及其他杂物,须经过筛选。颗粒级配须按试验结果严格掌握。用料配合比应根据设计的强度要求通过试验确定,但每 $1m^3$ 混凝土的水泥用量不得少于350kg。砂浆强度不需很高时,水泥和砂的质量比可为1∶2。

(2)用于浆锚法连接节点时要求。

水泥砂浆应为中砂,必须经过筛洗,不得含有泥土及其他杂质。水泥砂浆的用料配合比,应根据设计规定办理,一般情况可有1∶1(水泥和砂的质量比)。此种配合比的砂浆,在气温20℃左右潮湿环境下养护时,其抗压强度可达20MPa左右。气温高时,强度有所增加。按此配合比配制的砂浆,强度等级不应低于C50。

灌孔砂浆稠度一般在10cm左右较合适。但因工程具体情况不同,施工前应根据具体工程的设计和施工要求确定的砂浆稠度,并据此测定砂浆的用水量和砂浆强度,并应严格控制用水量。

(四)硫铝酸盐超早强水泥

硫铝酸盐超早强水泥除具有早强和快硬特性外,尚有微膨胀、耐硫酸盐侵蚀等性能。

硫酸盐超早强水泥混凝土的4h强度可达10~25MPa,1d强度可达30~60MPa,主要适用于应急抢修、地下和水下工程、桥梁吊装、快速施工、预埋孔灌注、喷锚支护、节点浆锚、隧道、堵漏等施工。

(五)氟铝酸盐水泥

氟铝酸盐快凝快硬水泥是近几十年发展起来的一种新型水泥,是一种以硅酸三钙和氟铝酸钙为主要矿物的超速快硬水泥。日本曾采用该类水泥配制混凝土,$1m^3$ 水泥用量为500kg,在65℃的温度下养护1h,混凝土的抗压强度达到34MPa;在寒冷的季节,不用热养护1d就可以进行两个周的作业。1982年天津住宅研究所与建材院协作研制的氟铝酸钙制品超快硬水泥,当混凝土水泥用量为 $380kg/m^3$ 时配制的C30预应力混凝土,在0~5℃的低温下露天养护1d,其混凝土强度达24MPa即可断肋起吊。

因此,这种水泥在机场、码头、交通枢纽遭到破坏时被广泛应用。

二、用掺外加剂配制快硬混凝土

(一)用氯化钙和二水石膏配制

往混凝土中加入氯化钙和磨细的二水石膏时,混凝土的强度增长得很快。氯化钙对水泥的主要作用是加速水泥微粒的水化。此外,它还能加快混凝土混合料的流动性,从而有可能使混凝土的水灰比降到0.37~0.40,大大增加了混凝土的强度。

如果混凝土混合料的浇注时间为20~25min,则只加氯化钙和石膏就能满足要求。当输送混凝土混合料的时间为15~45min时,需往混凝土中补加0.35%的水玻璃(占水泥质量),而氯化钙的含量则相对地减少。此时,混凝土的塑化期为40~45min。在浇筑以前,存放混凝土的结果良好,提高了它的最终强度。

在制作C40~C50混凝土时,水泥的用量为 $400\sim450kg/m^3$,而制作C30号混凝土时,水泥的用量则为300～320kg/m^3，水灰比为0.37～0.40。集料的分类如下(按粒度)：40～25mm的为40%，25～10mm的为4%，10～5mm的为20%。表4-170所列配合比可供配合比设计时参考。

用氯化钙和二水石膏配制快硬混凝土的配合比与性能 表4-170

混凝土强度等级	混凝土的配合比(按质量计)	坍落度(cm)	混凝土的塑化期(min)	外加剂(占水泥质量%)			抗压强度极限(MPa)							
				氯化钙(无水石膏)	二水石膏	水玻璃	3h	4h	6h	15h	1d	3d	7d	28d
C30	1:16:4,4:8	3～4	20～25	4.5～5	3～7	—	2.0	4.5	6.5	16.0	16.5	22.0	27.0	39.0
			32.0	40～45	4.5～5	3～5	0.35	1.8	3.0	4.5	13.5	15.0	19.0	22.0
			50～55	3～4	3～5	—	1.5	2.5	4.0	12.5	13.5	17.0	20.0	30.0
C40	1:1,1:2	3～4	20～25	4.5～5.5	3～7	—	4.5	6.5	8.5	20.0	23.0	28.0	34.5	43.0
			40～45	4.5～5	3～5	0.35	2.5	4.0	5.5	16.0	19.0	21.5	29.0	41.0
			50～55	3～4	3～5	—	2.0	3.5	5.0	13.5	16.0	20.0	26.0	40.0

(二)用掺碱金属的硅盐配制

碱金属的硅盐包括单甲基硅、单乙基硅、单丙基硅、单乙烯基硅或单丙烯基硅的锂盐、钠盐、钾盐或铯盐。在这些盐类中，每个硅原子平均含有1～3个碱金属原子。盐中每个硅原子含有1～2个碱金属原子时为最优。这些盐类是普通的商品材料，并可用普通方法来配制。必要时，在1种混凝土拌和料中可使用两种或两种以上的盐类。

集料可用普通混凝土所用的砂、砾石或其他固体的含硅材料，胶结料采用硅酸盐水泥。

将碱金属盐类(其数量为硅酸盐水泥质量的0.05%～0.7%时为最优)掺加到混凝土中如表4-171所示，然后让混凝土凝固。盐类可以在配制混凝土的任一阶段中掺加进去。例如，碱金属盐的溶液可与水一起加到普通混凝土拌和料中。此外，也可以将固体的碱金属盐与硅酸盐水泥混合，而形成干的拌和料。然后将这种干的拌和料与集料和水一起配制成混凝土。

硅盐占硅酸盐水泥的比例与性能 表4-171

硅盐占硅酸盐水泥质量的百分比	凝固时间(min)		抗压强度(MPa)			8d后强度增长(%)	吸水率(%)
	初凝	终凝	2d	7d	28d		
无硅盐时	237	381	5	9.5	14.2	—	8.73
含0.1硅盐时	497	705	4.7	13.9	19.9	41	7.95
含0.2硅盐时	640	872	8.3	15.8	25.2	76	7.70
含0.4硅盐时	598	806	—	18.7	26.8	87	7.49

(三)掺金属氢氧化物和硫酸钙的半液体料浆配制

这是一种便宜的化合物，将少量的这种化合物加到混凝土混合料中，可以加快硬化速度，而不需改变搅拌和浇筑的工序或改变混凝土混合料的成分。

能够加速混凝土混合料硬化速度的化合物是由一种半液体的料浆，或是一种新生成的硫酸钙和胶体状的金属氢氧化物，或具有三价离子的金属所组成的。金属氢氧化物和硫酸钙的半液体料浆(以后称S剂)是由氢氧化钙和该金属的硫酸盐成分起反应而生成的。

S剂可以在各种不同的情况下制作,其方法如下:

(1)一种硫酸铁的溶液是将固体盐溶于水中来制作的,然后加入氢氧化钙,而得到一种氢氧化铁和硫酸的S剂。

(2)以含硫酸铁为主的一种废液体用氢氧化钙来中和。这种废液体是从钢铁工厂中得来的使用过的浸渍液体。

表4-172所示配合比可供配合比设计时参考。

掺金属氢氧化物和硫酸钙的半流体料浆配合比 表4-172

配合比	chelford	600	600	600
	水　泥	60	60	60
	水	70	48 22 >70	26 44 >70
	S剂	0	22水 1固 >23	44水 2固 >46
早强效果(MPa)	1d后	0.14	0.34	0.51
	2d后	0.62	1.16	>1.16

(四)掺结晶核配制

结晶核是已经硬化的并根据一定细度磨碎的水泥——水泥核。在制作这种核时,如果掺加化学掺和料,特别是氯化钙或氢氧化钠溶液与钠甲基硅酸盐同时使用,则用少量新拌的水泥就能在最初几天使混凝土达到很高强度。

由于掺加了结晶核,新拌水泥颗粒的成长速度提高,强度上升。含有27%水和不同核掺料的放置3d的高炉矿渣水泥混合料的试验结果表明:在没有核掺料的试件中,大部分水泥浆没有水化。水泥中掺有2%硅酸盐水泥核,可以清楚地看到水化的颗粒成分比重较大。掺加含有2% $CaCl_2$ 的2%硅酸盐水泥核,则水化成分的数量更多。掺加了含有0.5% $CaCl_2$ 和0.5%钠甲基硅酸盐的2%硅酸盐水泥核,大大地提高了水化的颗粒的数量。

含有化学掺和料的水泥核的试验进行得更多,因为这种核对激发强度的提高比用普通的核(即没有化学掺和料的核)更好。根据试验的结果,新拌水泥中核的最优掺加量约为水泥质量的2%。如果掺加量高于这一数值,即强度降低。

第五章　特种施工方法混凝土配合比设计

第一节　隧道混凝土配合比设计

隧道混凝土是指铁路、公路隧道仰圈、边墙、抑拱、隧底、水沟及电缆槽所用衬砌人造石材。除采用普通混凝土外，还可采用片石混凝土、水泥砂浆砌块石及钢筋混凝土。混凝土强度等指标应满足设计及施工要求。

一、原材料的技术要求

(一)水泥

一般混凝土采用普通硅酸盐水泥。抗冻性混凝土不宜采用火山灰质硅酸盐水泥；抗渗性混凝土不宜采用矿渣硅酸盐水泥。水泥应根据施工的具体条件合理选用。

选择水泥强度等级时，一般为所配制混凝土强度等级的 1.5～3.0 倍；用于 C20 混凝土时一般为2.0～2.5倍，并不得低于 32.5 级，用于 C30 混凝土时可为 1.2～2.0 倍。

有抗冻要求的混凝土所用的水泥的强度等级在寒冷地区不低于 32.5 级；在严寒地区不宜低于 52.5 级；否则必须掺用塑性外加剂。

(二)砂子

混凝土细集料一般采用天然砂，也可以利用经过试验和鉴定合格的炼铁高炉的水淬矿渣砂。采用特细砂时，应按特细砂混凝土有关规定施工。

砂子的技术要求按有关规定选用。

用矿渣砂代替河砂拌制混凝土，1m^3 混凝土能节约水泥 10～28kg，28d($f_{cu,28}$)的抗压强度一般能提高 10%～30%，90d($f_{cu \cdot 90}$)和 130d($f_{cu \cdot 130}$)后期强度增长率也较高，但是矿渣砂拌制混凝土的和易性很差，抗渗性能也差，可用细度模数 1.5～1.9 的河砂与细度模数 3.6～3.9 的矿渣砂对半掺和成细度模数 2.4～2.8 的混合砂，既改善和易性，又提高抗渗性。如掺用塑化剂，效果更好。

(三)石子

混凝土粗集料常用坚硬的卵石和碎石，也可用隧道内试验合格经筛分所得的弃渣，碎石和卵石混合亦可使用。石子的技术要求如表 5-1 所示。

混凝土粗集料应具有适当的颗粒级配。其最大颗粒尺寸不得超过结构截面最小尺寸的 1/4，同时不得大于钢筋间最小间距的 3/4。

对特殊要求的抗渗性、抗冻性和≥C30 混凝土，应采用最佳的集料颗粒级配，可将粗集料按不同尺寸的颗粒适当分 2～5 级，并分别计量拌和，通过试验确定最佳级配率，如表 5-2 所示。

(四)石料

砌石圬工所用的石料，石质应为均匀一致、不易风化、无裂纹和表面剥落的坚硬岩石。片石、块石、粗凿石的极限抗压强度不低于 40MPa 为宜，其厚度不小于 15cm。严寒地区和寒冷地区有渗水或受冻害的部位不宜用石砌体，必须使用时，石料的吸水率不大于 2.5%，砂岩的软化系数在 0.8 以上。

石子的技术要求　　表 5-1

<table>
<tr><th>序号</th><th colspan="2">项　目</th><th colspan="3">卵　石</th><th colspan="3">碎　石</th></tr>
<tr><td>1</td><td colspan="2">空隙率(%)不大于</td><td colspan="3">45</td><td colspan="3">45</td></tr>
<tr><td rowspan="2">2</td><td rowspan="2">颗粒级配</td><td>筛孔尺寸(mm)</td><td>5</td><td>最大粒径之半</td><td>最大粒径</td><td>5</td><td>最大粒径之半</td><td>最大粒径</td></tr>
<tr><td>累计筛余(%)</td><td>90~100</td><td>30~60</td><td>0~5</td><td>90~100</td><td>30~60</td><td>0~5</td></tr>
<tr><td>3</td><td colspan="2">软弱颗粒含量(按质量%计)不大于</td><td colspan="3">10(5)</td><td colspan="3">—</td></tr>
<tr><td>4</td><td colspan="2">边长 35cm 的立方体强度以岩石在饱和水状态下的抗压极限强度与混凝土设计强度之比(%)不小于</td><td colspan="3">—</td><td colspan="3">15(20)并不得小于 30MPa</td></tr>
<tr><td>5</td><td colspan="2">针片状颗粒含量(按质量%计)不大于</td><td colspan="3">15</td><td colspan="3">15</td></tr>
<tr><td>6</td><td colspan="2">含泥量(以冲洗法试验)(%)不大于</td><td colspan="3">2(1)</td><td colspan="3">2(1)</td></tr>
<tr><td>7</td><td colspan="2">SO_3(%)不大于</td><td colspan="3">1</td><td colspan="3">1</td></tr>
<tr><td>8</td><td colspan="2">石子耐久性(抗冻性、抗风化性)按硫酸钠法试验循环次数不少于(且其质量损失不超过 10%)</td><td colspan="6">隧道衬砌暴露在空气中遭受湿气影响但不在吸水范围内的混凝土结构在严寒地区为 7 次，寒冷地区为 5 次，温暖地区不作规定</td></tr>
</table>

注：1. 表中括号数字为有抗渗、抗冻及抗侵蚀性和≥C30 混凝土的技术要求。

2. 严禁石子中混有受过煅烧的白云石和石灰石粒块。

石子颗粒级配参考表　　表 5-2

最大颗粒尺寸(mm)	分 级 的 参 考 值 (%)					百分率合计
	5~20mm	20~40mm	40~60mm	60~80mm	80~100mm	
40	60~45	40~55	—	—	—	100
60	50~35	45~35	20~15	—	—	100
80	35~25	35~25	20~30	15~20	—	100
100	35~25	30~20	25~20	15~20	5~10	100

(五)水

一般能供饮用的自来水或洁净自然水，均可使用。

(六)外加剂

1. 塑化剂

常用的是木质磺酸钙或木质磺酸盐类的塑化剂。其掺量为水泥质量的 0.1%~0.3%，一般最佳剂量为 0.2% 左右。采用酸化废液效果较好；采用碱化废液时，混凝土强度降低较多，应减少掺量 0.06%，并另加掺 0.14% 氯化钙，以控制混凝土强度降低。

2. 引气剂

常用热聚松脂皂、普通松脂皂、石油磺酸、烷基磺酸钠、烷基苯磺酸钠或脂肪醇硫酸钠作为引气剂。掺量一般为0.007 5% ~0.015%，混凝土中含气量不超过表5-3规定。

混凝土拌和物中最佳含气量 表5-3

粗集料最大粒径(mm)	混凝土拌和物中最佳含气量(%)
20	6±1
40	5±1
80	4±1

3. 早强剂

隧道衬砌为了提早拆模，承受外力或其他荷载需要，加快混凝土(砂浆)固结硬化过程，提高早期强度，可掺用早强剂。氯化钙其掺用量为水泥质量的1% ~3%，三乙醇胺的掺量为水泥质量的0.05% ~0.10%，二者合用，效果更优。

4. 速凝剂

目前使用有“红星一型”及“711型”速凝剂。掺量一般为水泥质量的2% ~4%。

5. 减水剂

采用减水剂可以改善混凝土的抗渗性能，提高混凝土的密实度。如水泥用量不变，能提高混凝土或砂浆的强度。

二、配合比设计

(一)设计步骤

隧道混凝土配合比设计通常可按下述步骤进行。

1. 确定水灰比和坍落度

根据混凝土强度、耐久性和工作性的要求，选定混凝土的水灰比和坍落度。隧道混凝土的最大水灰比和坍落度参见表5-4。

隧道混凝土的最大水灰比和坍落度 表5-4

混凝土类别		最大水灰比极限值		坍落度(cm)		说明
		寒冷地区	温暖地区	机械捣固	人工捣固	
混凝土	受冻害	0.55	0.65	1~3	2~5	混凝土掺引气剂
	不受冻害	0.65	0.70	1~3	2~5	水灰比极限值
半干硬混凝土		0.40	0.40	0~1	—	可比表中值放大0.05
钢筋混凝土	配筋稀少	0.55	0.65	1~3	2~5	C20及以下混凝土
	一般配筋	0.65	0.70	3~5	5~7	可放宽水灰比0.05

注：1. 凡维勃稠度(干硬度)指标在10~35s(符合国家标准)且坍落度为0~1cm的混凝土为半干硬混凝土。

2. 按表内说明掺用引气剂时，且是C20混凝土时，其水灰比的总限值，可能遭受冻害者不超过0.70；不受冻害者不超过0.75。

2. 确定用水量

根据粗细集料种类和粒径大小，以及对混凝土坍落度的要求，选定用水量(表5-5)，再经过试拌予以调整。

每 $1m^3$ 混凝土用水量参考表(单位:L) 表5-5

粗细集料种类	石子最大粒径(mm)	坍落度(cm)					粗细集料种类	石子最大粒径(mm)	坍落度(cm)				
		0~1	1~3	3~5	5~7	7~9			0~1	1~3	3~5	5~7	7~9
碎石中砂	20	185	190	195	200	205	卵石中砂	20	175	180	185	190	195
	40	175	180	185	190	195		40	165	170	175	180	185
	80	165	170	175	180	185		80	155	160	165	170	175

注:1. 使用细砂时用水量约需增10L;用粗砂时约减10L。

2. 使用级配较差的粗集料或火山灰质水泥时需增加用水量。

3. 使用塑化剂时,用水量可酌减10L。

3. 计算水泥用量

根据水灰比和选定的用水量,每 $1m^3$ 混凝土的水泥用量可按下式计算:

$$水泥用量=\frac{选定用水量}{水灰比}$$

在隧道的主体工程上,每 $1m^3$ 混凝土的水泥用量在机械拌和时不宜少于200kg。

4. 计算骨灰比

根据水灰比和水泥用量,计算混凝土的集灰比即水泥与粗细集料之和的比,如配合比 $1:m_{s0}:m_{g0}$,则集灰比为 $1:(m_{s0}+m_{g0})$。

$$集灰比=2\,650/水泥用量(kg)-2.65\times水灰比-0.85$$

如混凝土掺用引气剂时,则:

$$集灰比=2\,520/水泥用量(kg)-2.65\times水灰比-0.85$$

上式中的2.65为砂石的加权平均密度。

5. 选择砂率

混凝土的适当砂率与粗集料种类及其最大粒径、空隙率、砂子细度模数和水灰比等因素有关,如表5-6所示。

混凝土砂率参考表 表5-6

混凝土的水泥用量(kg/m^3)	粗集料最大粒径(mm)						混凝土的水泥用量(kg/m^3)	粗集料最大粒径(mm)					
	20		40		80			20		40		80	
	碎石	卵石	碎石	卵石	碎石	卵石		碎石	卵石	碎石	卵石	碎石	卵石
200			43	40	38	36	350	41	37	36	32	32	30
250	47	43	40	35	36	34	400	35	33	33	30	28	26
300	45	41	38	34	34	32							

注:1. 本表是根据水灰比0.65,砂子细度模数2.50,石子空隙率42%和机械捣固等条件制定。

2. 水灰比每增减0.05时,砂率相应增减1%。

3. 砂子细度模数每增减0.1%,砂率相应增减0.5%。

4. 石子空隙率每增减1%,砂率相应增减2%。

5. 人工捣固时,砂率增减2%。

(二)设计方法

通常采用普通混凝土的设计方法,通过试验,选定满足隧道工程要求的配合比作为施工配合比。

三、高防水抗渗性混凝土的配合比设计

对防水抗渗有较高要求的配合比应经试验决定,并需结合改善集料级配进行,必要时还可使用防水水泥或掺密实性外加剂。表 5-7、表 5-8、表 5-9 所示配合比及集料级配可供配合比设计时参考。

混凝土配合比参考表 表 5-7

施工部位	密实度要求	抗渗指标	水灰比	坍落度(cm)	含砂率(%)	水泥品种	每 $1m^3$ 混凝土水泥用量(kg)
拱圈	高密实度	>P6	0.55	3~4	45~50	普通水泥 火山灰水泥	>300
边墙	高密实度	>P6	0.50	2~3	35~45	普通水泥 火山灰水泥	>280

注:使用时应掺引气剂 0.01%。

集 料 级 配 表 5-8

集料类别	砂			石		
筛孔尺寸(mm)	5.0~2.5	1.2~0.6	0.3~0.15	≤20	20~30	>30
累计筛余(%)	0~35	35~75	75~100	40~70	60~90	85~100

防水抗渗隧道混凝土配合比要求 表 5-9

施工部位	密实度要求	抗渗指标	水灰比	坍落度(cm)	含砂率(%)	水泥品种	每 $1m^3$ 混凝土水泥用量(kg)
拱圈	高密实度	>P6	0.55	3~4	45~50	普通水泥或 火山灰水泥	>300
边墙	高密实度	>P6	0.50	2~3	35~45	普通水泥或 火山灰水泥	>280

注:使用时应掺引气剂 0.01%。

第二节 道路混凝土配合比设计

道路水泥混凝土是以硅酸盐水泥或道路专用水泥为胶结材料,以砂和石子为集料,掺入矿物掺和料和少量外加剂拌制而成的混合料,经过浇筑或碾压成型,通过水泥的水化、硬化而形成具有一定强度、用于铺筑道路的混凝土。

道路水泥混凝土不仅具有较高的抗压、抗折、抗磨损、耐冲击等力学性能,而且具有稳定性高、整体性强、耐久性好、色泽鲜明等明显优点,是现代高等级公路路面最常用的材料之一。按组成材料不同,道路水泥混凝土可分为无筋混凝土、钢筋混凝土、连续配筋混凝土和钢纤维混凝土;按施工方法不同,道路水泥混凝土可分为人工摊铺及真空吸水式混凝土、滑模摊铺混凝土和碾压混凝土。

一、原材料的技术要求

(一)水泥

配制道路混凝土所用的普通硅酸盐水泥、矿渣水泥、火山灰硅酸盐水泥、粉煤灰水泥应符合国家现行水泥标准的规定。通常用普通硅酸盐水泥或道路硅酸盐水泥。需要早期强度高或冬季施工时,可选用早强水泥。粉煤灰水泥在冬期施工时由于早期强度低,必须充分养生,所以在选用时必须结合工期、施工时间及施工方法综合考虑。

(二)细集料

细集料中粗细颗粒级配应当良好。用颗粒大小一致的细集料或细颗粒多的细集料拌制所需稠度的混凝土时,需要的单位体积用水量多。反之,粗颗粒过多时,混凝土粗糙泌水,且表面抹压困难。细集料的级配如表5-10所示。

细集料的级配　　表5-10

筛孔公称尺寸(mm)	通过筛孔的质量百分率(%)	筛孔公称尺寸(mm)	通过筛孔的质量百分率(%)
10.0	100	0.630	15~30
5.00	90~100	0.315	5~20
2.50	65~95	0.160	0~10
1.25	35~65		

(三)粗集料

为了得到质量均匀的混凝土板,并且取得良好的施工性能,粗集料的最大粒径最好在40mm以下。粗集料的最大粒径过大,虽单位体积用水量减少,但使强度降低。要制作经济而又质量高的混凝土,必须保证集料颗粒的合理级配,如表5-10所示。

(四)外加剂

在道路混凝土的施工中常应用某些外加剂,所以在工程中应根据外加剂的性能,合理应用。在夏季施工时,为保证捣实及表面修整所需时间,最好用质量好的缓凝剂。冬季施工时,为加速混凝土硬化并保证混凝土性能,以掺加速凝剂和抗冻外加剂为宜。用膨胀剂时,因膨胀受各种因素的影响,应认真试验后再用。混凝土着色剂用量,应在水泥质量的5%以下,为取得所需的颜色,可用耐碱性及气候稳定性好的无机质颜料。用作着色剂的材料有铅丹、氧化铁、铁黑、氧化铬等。

搅拌混凝土所用的水中,不应含有影响混凝土质量的油、酸、盐类、有机物等有害物质。海水不能作为搅拌混凝土用水。养生用水不能含有油、酸、盐类等对混凝土表面有害的物质。

二、配合比设计

(一)设计步骤

道路混凝土配合比设计通常可按下述步骤进行,表5-11所列配合比可供配合比设计时参考。

1.确定拌和物稠度

混凝土应具有与铺路机械相适应的稠度,以保证施工的要求。施工中混凝土的稠度标准,以坍落度为2.5cm,或维勃稠度为30s为宜。在搅拌设备离现场较远时,或者在夏季施工,坍落度会逐渐降低,对此应予以注意。

2.确定单位粗集料体积

单位粗集料体积,应当在所要求的稠度及易修整性的允许范围内,达到最小单位用水量。

过去用砂率的配合比参考表中,如果粗集料的最大尺寸、单位水泥用量、单位用水量、空气量及稠度等有变化,必须对砂率进行修正,而用单位粗集料体积表示混凝土配合比时则不必修正。

3.确定单位用水量

单位用水量根据粗集料的最大尺寸、集料级配及其形状、单位粗集料体积、稠度、外加剂的种类、混凝土温度等而不同;由于运输时间内坍落度降低,所以必须以所用材料进行试验而定。单位用水量定为150kg以下,因为单位用水量增加会影响混凝土的可修整性,并使混凝土的收缩增大而产生早期裂缝。

配合比参考表 表5-11

此表适用于细度模数 $M_k=2.8$ 的细集料,坍落度约2.5cm,用优质减水剂,空气量为4%,刚由搅拌机卸出时的混凝土

粗集料最大尺寸(mm)	卵石混凝土		碎石混凝土	
	单位粗集料体积	单位用水量(kg)	单位粗集料体积	单位用水量(kg)
40	0.76	115	0.73	130
30		120		135
20		125		140

与上述条件不同时的修正

条件的变化	单位粗集料体积	单位用水量
对于细集料的 M_k 增减	单位粗集料体积 = 上述单位粗集料体积 × $(1.37-0.133M_k)$	不修正
对于坍落度增减10s	不修正	±2.5kg
对于空气量增减1%		±2.5kg

注:1.在卵石中掺加碎石时的单位用水量及单位粗集料体积,可按上表中数值按直线变化求得。

2.因单位用水量与固结系数的关系是1g(固定系数)~单位用水量呈直线关系,每10s固结系数单位用水量的变化是:固结系数30s(坍落度2.5cm)时,是2.5kg;固结系数50s时是1.5kg,固结系数80s时是1kg。

3.坍落度8cm时的单位用水量将上表数值增加10kg。

4.单位用水量与坍落度有关,每1cm坍落度的单位用水量的变化是:坍落度8cm时是1.5kg;坍落度5cm时是2kg;坍落度2.5cm时是4kg;坍落度1cm时是7kg。

5.随着细集料的 M_k 增减,单位粗集料体积的修正用细集料的 M_k 在2.2~3.3范围时适用的公式表示。

4.确定单位水泥用量

单位水泥用量应根据要求的混凝土的质量决定,其标准用量为280~350kg。按强度决定单位水泥用量时,必须根据抗折试验结果。如根据耐久性决定单位水泥用量时,水灰比可参考表5-12。

单位水泥用量根据配合比设计的试验结果决定,当超过标准很多时,应对使用的材料尤其是集料质量、配合比设计的基本资料及试验结果进行研究后,再确定单位水泥用量。

由耐久性决定的最大水灰比 表5-12

环境条件	水灰比(%)
特别恶劣的气候,长期冻结,反复干湿或冻融时有时发生冻融情况	45 50

单位水泥用量多,不仅不经济,而且容易产生塑性裂缝、温度裂缝,所以在满足所要求质量的条件下应尽量减少水泥用量。

5. 确定单位外加剂量

单位外加剂量根据所要求的混凝土的质量决定。

(二)配合比设计方法

(1)首先用配合比参考表,或者根据过去的经验资料,假定能够得到符合设计条件及施工条件的混凝土配合比。

(2)用按上述所定的配合比进行试搅拌,研究稠度及空气量是否合适,再根据不同配合比的几种混凝土的强度试验结果及其耐久性决定配合比中的水灰比,对上述假定的配合比进行修正,并且也要对粗细集料的比例进行分析。

(3)考虑搅拌机的性能以及运送过程中稠度及空气量的变化,再对上步中所定的配合比进行修正得到标准配合比,结合实际施工情况,不断加以修正。

配合比设计步骤如图5-1所示。

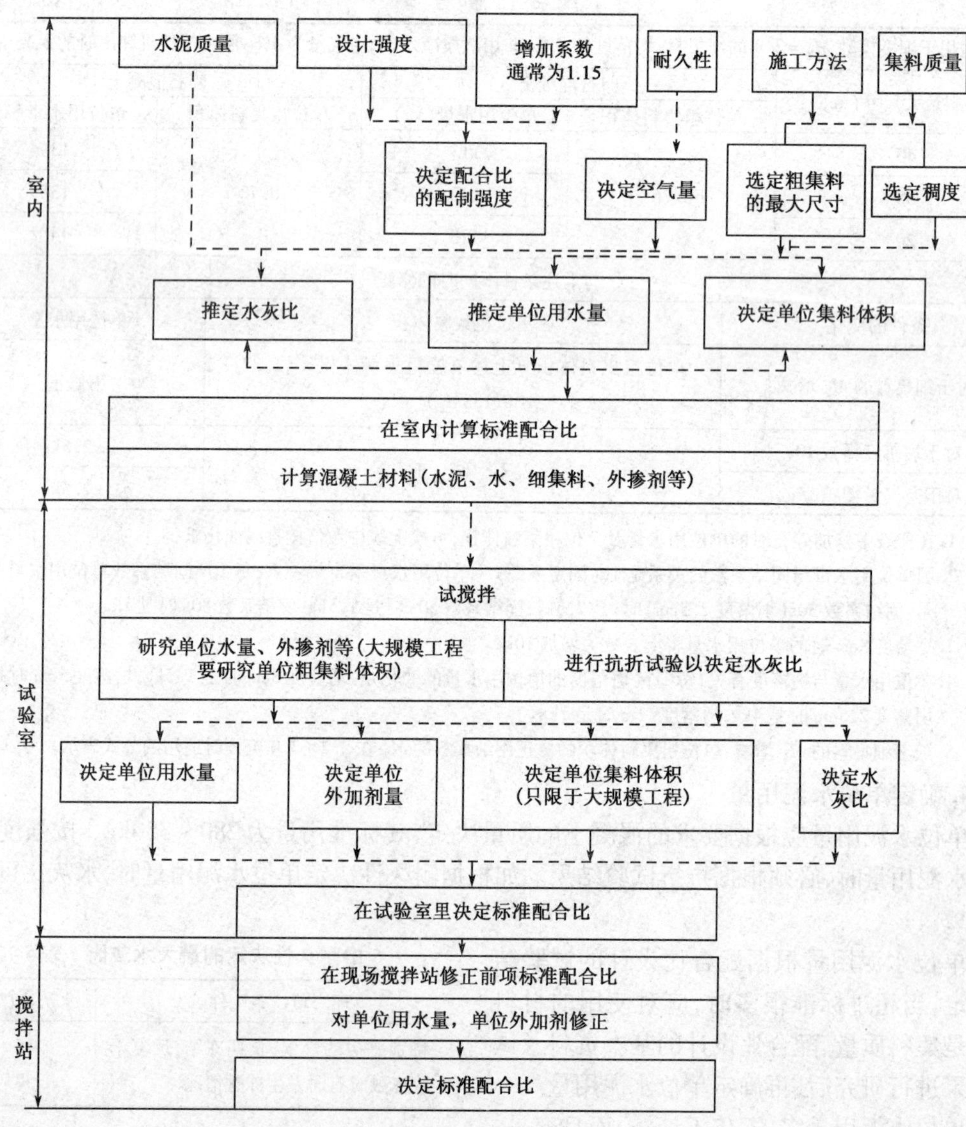

图5-1 决定标准配合比的步骤

三、配合比设计实例

(一)设计条件

混凝土板厚25cm,用机械施工,设计标准抗折强度采用4.5MPa。配合比设计强度应使低于标准强度的概率不大于20%。

使用材料有:普通硅酸盐水泥、河砂、碎石(最大尺寸40mm)、减水剂(水泥用量的0.25%)。

混凝土质量:配制强度5.2MPa(4.5MPa×1.15),浇筑现场坍落度2.5cm,搅拌站坍落度4.0cm,空气量:浇筑现场4%,搅拌站5%。

使用材料质量:如表5-13所示。

配合比设计用材料质量 表5-13

材料名称	种　类	密　度(kg/m^3)	吸水量(%)	单位体积质量(kg/cm^3)
水泥	普通硅酸盐水泥	3.15	—	—
细集料	河砂	2.63	1.8	—
粗集料	碎石	2.65	0.8	1 605

(二)试搅拌用混凝土的配合比

1.水灰比

水灰比根据过去的资料或经验公式求得。若灰水比与强度关系为$f_{cu,0}=15.6+14.0\left(\frac{C}{W}\right)$,则相当配制强度为5.2MPa时的灰水比为2.60(水灰比38.5%)。

2.单位粗集料体积及单位用水量,如表5-14所示。

单位粗集料体积及单位用水量 表5-14

项　目	单位粗集料体积	单位用水量(kg)
因细集料细度模数不同的修正	0.73	130
	0.73×(1.37-0.133×2.87)=0.721	130

3.计算单位用量

根据以上结果,为得到要求质量的混凝土,水灰比为38.5%,单位粗集料体积为0.72,单位用水量为130kg,空气量(K_a)为4%,据此计算使用材料的单位用量如下:

单位用水量 $$m_{w0}=130(kg)$$

单位用水泥量 $$m_{c0}=130\times\frac{1}{0.385}\approx 338(kg)$$

单位粗集料重 $$m_{g0}=1\,605\times 0.72\approx 1\,156(kg)$$

单位细集料重 $$m_{s0}=\left(1-\frac{338}{3\,150}-\frac{130}{1\,000}-\frac{1\,156}{2\,650}-0.04\right)\times 2\,630=763(kg)$$

单位减水剂重 $$m_{A0}=338\times\frac{0.25}{100}=0.845(kg)$$

(三)试搅拌

1.单位粗集料体积、单位用水量及单位外加剂量

试拌结果如表5-15所示。

试 搅 拌 结 果 表 5-15

搅拌次数	单位用量(kg/m³)					单位粗集料体积	固结系数(s)	坍落度(cm)	空气量(%)
	水泥 m_{c0}	水 m_{w0}	细集料 m_{s0}	粗集料 m_{g0}	减水剂 m_{A0}				
1	338	130	753	1 156	0.845	0.72	43	1.5	2.8
2	348	134	735	1 156	0.870	0.72	32	2.5	3.1
3	341	131	748	1 156	0.853	0.72	33	2.5	4.1
备注	单位用量取空气量为 4%								

2. 水灰比

用上述得到的单位用水量 131kg 及单位粗集料体积 0.73，对于 4 种不同水灰比（C/W）的混凝土配合比，求出灰水比（C/W）与 28d 龄期的抗折强度的关系，如表 5-16 所示。

试 验 结 果 表 5-16

灰水比	水灰比(%)	坍落度(cm)	空气量(%)	单位粗集料体积	单位用量(kg/m³)					28d 抗 折 强 度				
					水 W	水泥 C	细集料 S	粗集料 G	减水剂 A	第一次		第二次		$\bar{X}$
										X_1	X	X_1	$\bar{X}$	
										45.1		43.1		
2.10	47.6	2.5	4.1	0.73	131	275	787	1 172	0.687 5	48.5	46.6	42.3	42.2	44.4
									(0.005)	46.2		41.2		
										52.2		48.8		
2.35	42.6	2.5	4.1	0.73	131	308	760	1 172	0.770	50.2	50.2	49.1	48.4	49.3
									(0.005)	48.4		47.3		
										56.8		55.3		
2.60	38.5	2.0	3.9	0.73	131	341	732	1 172	0.852 5	55.0	55.3	54.1	54.5	54.9
									(0.005)	54.1		54.2		
										59.2		62.0		
2.85	35.1	2.0	4.0	0.73	131	373	706	1 172	0.932 5	55.8	57.0	61.8	6.10	59.0
									(0.005)	56.0		59.3		
备注				单位空气量取 4%										

此设计例中相当于配合比强度 5.2MPa 的灰水比为 2.48 ~ 2.5（水灰比 40%），此值亦满足耐久性对水灰比的要求。

(四)确定标准配合比

考虑到运输中的变化，在搅拌站坍落度为 4cm，空气量为 5%，单位用水量 136kg。根据施工具体情况，进行反复调整，以得到适宜的配合比，见表 5-17。

标准配合比 表5-17

粗集料最大尺寸(mm)	坍落度标准值(cm)		空气标准值(%)		水灰比 W/C(%)	单位粗集料体积	单位用量(kg/m^3)				
	搅拌站	现场	搅拌站	现场			水 m_{w0}	水泥 m_{c0}	细集料 m_{s0}	粗集料 m_{g0}	外加剂
40	4.0	2.5	5.0	4.0	40	0.73	136	340	720	1 172	0.842 5 (0.005)
备注	1. 设计标准抗折强度 = 4.5MPa; 2. 配制强度 = 5.2MPa; 3. 水泥种类 = 普通硅酸盐水泥; 4. 细集料细度模数 M_k = 2.87; 5. 粗集料种类 = 碎石; 6. 粗集料空隙率 = 39.4%; 7. 外掺剂 = 减水剂; 8. 运输时间 = 30min,施工期间 = 8 ~ 10月										

四、参考配合比

表5-18中列出了道路水泥混凝土标准配合比参考值;表5-19 ~ 表5-21中列出了配制参考配合比(1)、(2)、(3),在施工中可以根据工程实际查表采用。

道路水泥混凝土标准配合比参考值 表5-18

粗集料最大粒径(mm)	坍落度标准值(cm)		含气率标准值(%)		水灰比	单位粗集料体积(m^3)	道路水泥混凝土材料用量(kg/m^3)				
	搅拌站	现场	搅拌站	现场			水	水泥	砂子	石子	外加剂
40	4.2	2.5	5.0	4.0	0.40	0.73	136	340	720	1 172	0.842 5

注:道路水泥混凝土设计标准抗折强度为4.5MPa;混凝土抗折配制强度为5.2MPa;采用42.5级普通硅酸盐水泥;砂子的细度模数为2.87;外加剂为减水剂;粗集料为碎石;粗集料的空隙率为39.4%;混凝土运输时间为30min。

道路水泥混凝土配制参考配合比(1) 表5-19

水泥强度等级(MPa)	混凝土强度等级(MPa)	水泥用量(kg/m^3)	水灰比(W/C)	质量配合比			
				水泥	中砂	碎石(1 ~ 2cm)	碎石(3 ~ 5cm)
32.5	C30	330	0.450	1	2.08	—	3.880
	C30	340	0.430	1	1.68	0.485	3.740
	C30	365	0.425	1	1.73	—	3.640
42.5	C30	300	0.427	1	2.25	—	4.580
52.5	C40	400	0.400	1	1.61	2.990	—

道路水泥混凝土配制参考配合比(2) 表5-20

序号	水灰比(W/C)	坍落度(cm)	含气率(%)	粗集料体积(m^3)	道路混凝土单位材料用量(kg/m^3)					28d抗折强度(MPa)
					水泥	水	砂子	石子	引气剂	
1	0.476	2.5	4.1	0.73	131	275	787	1 172	0.687 5	4.44
2	0.426	2.5	4.1	0.73	131	308	760	1 172	0.770 0	4.93
3	0.385	2.0	3.0	0.73	131	341	732	1 172	0.852 5	5.49

续上表

序号	水灰比 (W/C)	坍落度 (cm)	含气率 (%)	粗集料体积 (m^3)	道路混凝土单位材料用量(kg/m^3)					28d 抗折强度 (MPa)
					水泥	水	砂子	石子	引气剂	
4	0.351	2.0	4.0	0.73	131	373	706	1 172	0.932 5	5.90
5	0.410	1.0~2.5	—	0.73	149	363	599	1 333	—	7.20

道路水泥混凝土配制参考配合比(3) 表 5-21

序号	混凝土强度等级 (MPa)	水泥强度等级 (MPa)	水泥用量 (kg/m^3)	水灰比 (W/C)	混凝土质量配合比			
					水泥	中砂	碎石(1~2cm)	碎石(3~5cm)
1	32.5	C30	330	0.450	1	2.08	—	3.88
2	32.5	C30	340	0.430	1	1.68	0.485	3.74
3	32.5	C30	365	0.425	1	1.73	—	3.64
4	42.5	C30	300	0.427	1	2.25	—	4.58
5	52.5	C40	400	0.400	1	1.61	2.99	—

第三节　压力灌浆混凝土配合比设计

压力灌浆混凝土又称预填集料混凝土,是混凝土分部浇灌法之一。它先以最优中断级配(间断级配)的粗集料填入模板内,然后用砂浆输送泵,将流动度大,稠度好的砂浆,挤满粗集料之间的空隙,经过一段时间养护,制成密实的混凝土。

压力灌浆混凝土具有需用设备少,浇灌快,节省水泥,便于利用细砂,抗拉强度及钢筋黏结强度高的优点;但有施工工艺较复杂,需要适合现场工作面分散的流动压浆设备,混凝土的早强低、弹模低的缺点,适用于大体积混凝土工程如基石处、挡土墙及桥台墩堤。我国武钢、包钢、石钢和北京工人体育馆曾用以灌筑高炉、平炉基石处及桥台。

一、原材料的技术要求

(一)水泥

压浆混凝土所用的水泥应符合《通用硅酸盐水泥》(GB 175—2007/XG1—2009)的规定。要求泌水性小,收缩性小,最好用普通硅酸盐水泥。

(二)石子

除应符合混凝土对石子(粗集料)的技术要求外,且最小粒径≥2cm,最大粒径≤构件断面,D_{max}≤30cm,使用前须洗干净。

(三)砂

除应符合混凝土对砂(细集料)的技术要求外,且最大粒径≤2.5cm,细度模数应在1.2~2.0的范围之内。

(四)掺和料

最常用的掺和料是火山灰质混合材料和粒状高炉矿渣等,其中以粉煤灰应用最广。粉煤灰的要求应符合下列规定:

(1)细度:细度越细越好,要求通过4 900孔/cm^2筛的筛余量不超过15%。含水率不超过3%。

(2)对化学成分的要求:

$SiO_3>40\%$，$Al_2O_3>15\%$，$SO_3<3\%$，$MgO<3\%$，烧失量$<12\%$，含碱量$<1.5\%$。

（五）塑化剂

适宜掺量为0.2%，常用亚硫酸纸浆废液。

（六）铝粉

掺量为胶结材总量（水泥＋粉煤灰）的万分之0.7～1，可消除砂浆内泌水而产生沉陷和终凝前产生的收缩现象，保证砂浆与石子的黏结。

二、砂浆分层度与流动度的选择

（一）砂浆分层度

砂浆的分层度≤20mm，要求和易性好，不收缩。

（二）流动度

流动度系砂浆由一锥形漏斗（顶径175mm，底径37mm，高187mm＋37mm）流完经过的时间秒数确定，要求如表5-22所示。

砂浆流动度指标　　表5-22

D_{min}粗集料最小粒径（mm）	流动度（s）
20	18～22
>20	22～25

三、配合比设计

1. 根据石子实际最小粒径，查表5-22得出砂浆流动度。

2. 根据$f_{cu,28}$，掺灰比$\frac{D}{C}$（掺和料：水泥）用图5-2查得$\frac{S}{C}$（砂灰比）。

3. 求水胶比$W/(C+D)$（表5-23）。

灌浆混凝土水胶比选择　　表5-23

$\frac{D}{C}$ \ $\frac{S}{C}$	1.5	1.75	2.0	2.25	2.5	2.75	3.0
0.5	0.56	0.58	0.6	0.62	0.65	0.68	0.71
0.4	0.53	0.56	0.6	0.63	0.66	0.69	0.72
0.3	0.55	0.55	0.6	0.64	0.67	0.70	0.73

4. 根据砂浆配合比，确定塑化剂（0.2%）及铝粉（1/10 000或0.7/10 000）。

5. 根据下式计算砂浆需用量V_m：

$$V_m = KP_g$$

式中：P_g——石子空隙率（%）；

K——砂浆包裹石子表面，冲刷管子和横板渗浆等砂浆耗用系数1.05～1.10。

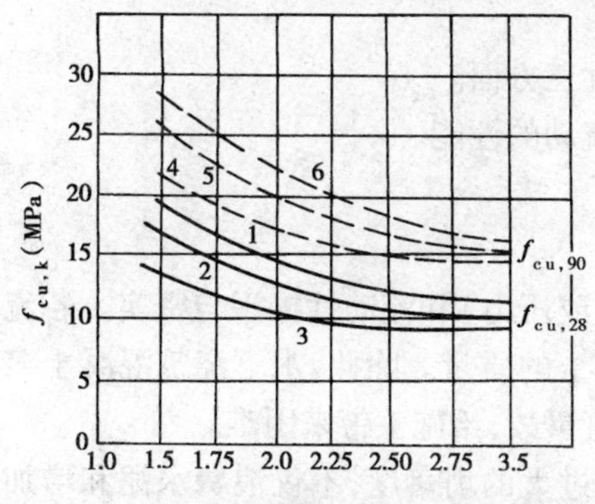

图5-2　混凝土强度与$\frac{S}{C}$关系

1、6-$\frac{D}{C}=0.3$；2、5-$\frac{D}{C}=0.4$；3、4-$\frac{D}{C}=0.5$

6. 1m^3砂浆水泥用量按下式计算：

$$m_{c0} = \frac{1\,000}{\frac{1}{P_c} + \frac{m_{d0}}{m_{c0}\cdot P_d} + \frac{m_{s0}}{m_{c0}\cdot P_s} + \frac{W}{C+D}}$$

$$m_{d0} = m_{c0}\cdot\left(\frac{D}{C}\right)$$

$$m_{s0} = m_{c0}\cdot\left(\frac{S}{C}\right)$$

$$m_{w0} = \left(\frac{W}{C + D}\right)(C + D)$$

塑化剂 $m_{ss} = 0.2\%(m_{c0} + m_{d0})$

铝粉 $m_{al} = \frac{0.7 - 1}{10\,000}(m_{c0} + m_{d0})$

式中：m_{c0}——水泥用量（kg/m³）；

m_{s0}——砂子用量（kg/m³）；

m_{ss}——塑化剂（kg/m³）；

m_{d0}——掺和料用量（kg/m³）；

m_{w0}——水的用量（L/m³）；

m_{al}——铝粉用量（kg/m³）。

第四节　水下浇筑混凝土配合比设计

一、拌和物的基本要求

在干地拌制而在水环境中（淡水、海水、泥浆水）浇筑和硬化的混凝土叫做水下浇筑混凝土。

为满足浇筑要求，水下浇筑混凝土的方法分为两类，一是在水上拌制混凝土拌和物，进行水下浇筑，如导管法等；二是水上拌制胶凝材料，进行水下预填集料的压力灌浆。从施工条件看，水下浇筑混凝土，比陆上干地浇筑混凝土困难得多，有些工作要克服水环境带来的水压、流速、黑暗、缺氧、涌浪等一系列的困难。

若采用隔水施工方法，混凝土拌和物（或胶凝材料）进入浇筑仓面直至浇灌地点以前，避免与环境水接触，进入浇灌地点以后，也要尽量减少与水接触，尽可能使与水接触的混凝土始终为同一部分。浇筑过程宜不间断进行。直至达到一次浇灌所需高度或出水面为止，以减少环境水的不利影响和凝固后清除强度不符合要求的混凝土部分。对已浇筑的混凝土不宜搅动，让它逐渐密实凝固硬化，产生强度。

水下浇筑混凝土拌和物应具备如下的要求。

（一）有较好的稠度

混凝土拌和物的稠度表现在流动性、黏聚性和保水性三方面。

流动性系指混凝土拌和物在本身自重作用下，自行流动的性能。

黏聚性是反映混凝土拌和物的抗离析性能。

保水性指混凝土保持水分不易析出的能力。

水下浇筑混凝土一般不采用振动密实，是依靠自重（或压力）和流动性摊平与密实。若流动性差，就会在混凝土中形成蜂窝和空洞，严重影响混凝土的质量。除此，水下浇筑混凝土多通过各种管道进行输送和浇筑，流动性差也容易造成堵管事故，给施工带来困难。

因此，要求水下浇筑混凝土，应有较大的流动性。但过大的坍落度，不仅浪费水泥和增加灰浆量，当采用导管法、泵送法施工时，易造成开浇阶段下注过快而影响管口脱空和返水事故。

根据水下浇筑混凝土浇筑方法的不同，对其混凝土拌和物的流动性要求如表5-24所示。

浇筑方法对混凝土拌和物流动性的要求　表5-24

水下混凝土浇筑方法	导管法				倾注法		开底容器法	装袋叠置法
	无振捣		振捣	混凝土泵压送	捣动推进	自然推进		
	导管直径200~250(mm)	导管直径300(mm)						
坍落度(cm)	18~20	15~18	14~16	12~15	5~9	10~15	10~16	5~8

在钢筋密集部位浇筑水下混凝土时,其坍落度应比表5-24中所示数字增加2~3cm,在泥浆中浇筑宜增加1~2cm。结合工程实况系采用导管法,不振捣、导管直径ϕ250mm,而又在泥浆中浇筑,故坍落度确定为180~220mm。该值也是施工单位提出的技术要求。

满足强度要求,又保持高的流动性,往往就需要提高单位用水量,但是会增加混凝土拌和物产生离析和损失流动性的倾向。为有高的流动性,又能保持稳定性,可采取增加砂的含量,利用其他细颗粒材料,掺入减水剂、引气剂等措施。

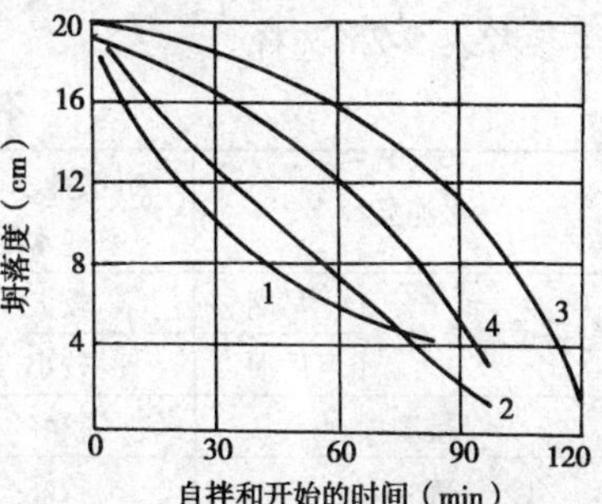

图5-3　坍落度随时间变化曲线

1-每1m^{3}材料用量(kg):水泥354,水212.4,砂679.7,粗集料1 019.5,坍落度19cm;2-每1m^{3}材料用量(kg):水泥356,水213.6,砂854.4,粗集料854.4,坍落度20cm;3-每1m^{3}材料用量(kg):水泥345,水217.4,砂703.8,粗集料1 059.2,坍落度20cm;4-每1m^{3}材料用量(kg):水泥330,水221.1,砂719.4,粗集料1 082.4,坍落度19cm

(二)具有良好的流动性保持能力

图5-3示出不同水泥品种及集料配制的混凝土拌和物的坍落度时间变化的曲线。它们最初坍落度皆为19~20cm,而1h后,有的降为16cm,有的则只有6cm。因此,混凝土拌和物仅仅最初有较好的稠度,还不能适应水下浇筑的要求,应该在运输和浇筑过程中,都保持一定的流动性和均匀性,不产生分层离析,即有良好的流动性保持能力,这样才能适用水下浇筑。

混凝土拌和物流动性保持能力,用其在浇筑条件下保持坍落度15cm流动性的时间t_n(h)来表示。对于用导管法浇筑的水下混凝土拌和物,一般要求流动性保持能力不小于1h,当操作熟练、运距较近时,可不小于0.7~0.8h。本工程要求混凝土拌和物运送到达工地其坍落度不小于18cm,否则,应将混凝土拌和物退回供应站处理后,使坍落度不小于18cm,方同意使用。

(三)较小的泌水率

水下浇筑混凝土拌和物,不但要求有较好的流动性,还要求有较好的黏聚性和保水性。试验表明,泌水率1.2%~1.8%的混凝土拌和物,具有较好的黏聚性。实际施工时,要求2h内析出的水分不大于混凝土体积的1.5%。

(四)有较大的表观密度

水下浇筑混凝土,是靠自重排开仓面的环境水或泥浆进行摊平和密实,因此要求其表观密度不小于2 100kg/m^3。

二、原材料的技术要求

水下灌筑混凝土的基本成分是水泥、集料和水。通过水泥与水产生水化物的胶凝作用,把砂石集料胶结成一整体。

混凝土中的集料分粗集料(粗径大于5mm的卵石、碎石、块石)及细集料(砂)料,一般不与水泥浆起化学反应,而是构成混凝土的骨架,减少混凝土由于水泥硬化引起的收缩。

为了节省水泥和改善水下灌筑混凝土的技术性能,常掺用一些掺和料(混合材)。

为了减少水下灌筑混凝土拌和物的需水量和水泥用量，改善稠度，以及提高水下混凝土的抗渗、抗冻、抗侵蚀性能，在配制混凝土时，加入少量的有机表面活性外加剂。

对原材料的质量要求与工程性质有关。一般说来，在干地浇筑混凝土对原材料的技术性能要求，对水下混凝土也应满足。由于水下施工的特殊环境，还要满足一些其他要求，才能得到符合要求的水下混凝土。

(一)水泥

1. 水泥品种

用于拌制水下浇筑混凝土的水泥品种，根据水下混凝土结构的运用条件及环境水的侵蚀性参考表 5-25 选择。

不同水泥品种制备的水下混凝土性能　　表 5-25

水泥品种		硅酸盐水泥 普通水泥	矿渣水泥	火山灰水泥 粉煤灰水泥	硅酸盐 大坝水泥	矿渣硅酸盐 大坝水泥
强度增长率	早期	较大	较小	最小	次大	较小
	后期	较小	最大	较大	次大	最大
抗磨损		较好	较差	较差	好	
抗　冻		较好	较差	最差	好	
抗　渗		较好	较差	较差		
抗蚀	抗溶出性	较差	较好	好		较好
	抗硫酸盐	较差	较好	最好	好	好
	抗碳酸性	较好	较差	较差		
	抗一般酸性	较差	较好	一般		
	抗镁化性	较好	较差	较差		
防止碱集料膨胀			较有利	最有利	有利	有利
混凝土和易性		次好	较差	好		较差
混凝土泌水性			大	较小		大
说明		可用于具有一般要求的水下混凝土工程，不宜在海水中使用	不适于水下压浆混凝土	可用于具有一般要求及有侵蚀性的海水、矿物水、工业废水中的水下混凝土工程，不宜于低温施工	适用于溢流面、水位变动区及要求抗冻、耐磨部位	适用于大体积结构物，内部要求低热部位

用于拌制水下压浆混凝土浆液的水泥品种主要根据施工要求，参考结构运行条件选择。为保证水下压浆顺利和混凝土质量，宜尽量选用颗粒细、泌水率小、收缩性小的水泥品种（如普通水泥、火山灰水泥、粉煤灰水泥）。矿渣硅酸盐水泥制备的水泥砂浆泌水严重，在运输途中，砂易沉淀离析，只宜用于拌制水泥净浆。

2. 水泥质量

不宜使用出厂已超过 3 个月及受潮结块的水泥。对于次要的临时建筑，可允许使用储存时间超过 3 个月的水泥，但要重新鉴定强度。若使用数量少，可筛除其中已结块的水泥，按表 5-26降低强度等级使用。采用水泥的体积安定性必须合格。

当采用导管法、泵压法、柔性管法浇筑大量水下混凝土时，方使浇筑导管能插入未硬化混凝土内一定深度，宜选择水泥初凝时间较长的品种。采用开底容器法，倾注法及装袋选置法浇筑水下混凝土时,可控制水泥初凝时间不小于45min。水下压浆混凝土中的流态水泥砂浆在水环境中开始凝结时间比较长,一般水泥初凝时间可满足要求。

不同储存时间的水泥强度降低百分数 表5-26

储存时间(月)	3	6	12	18
强度降低(%)	10~20	15~30	25~40	约50

(二)细集料(砂)

为了满足水下浇筑的流动性要求,水下混凝土拌和物的含砂率比较大,为40%~47%。砂对混凝土性质的影响超过粗集料。选择合适的砂子是浇出质量好、成本低的水下混凝土的前提之一。

根据来源的不同,混凝土用砂分为河砂、海砂、山砂(风化砂)及人工砂4种。以河砂(特别是石英砂)最适于用作拌制水下浇筑混凝土的细集料。

1.允许有害杂质含量

砂中常含有一些有害杂质,例如,云母、硫化物、硫酸盐及其他盐类、有机物质、黏土、淤泥、尘屑等。

为了保证水下灌混凝土的质量,上述有害杂质含量不得超过表5-27的规定。

砂的质量技术要求 表5-27

项目	指标	备注
天然砂中黏土、淤泥及细屑含量(%) 其中黏土含量(%)	<3 <1	不应含有黏土细粒 包括黏土及粉粒
云母含量(%)	<2	
视密度(t/m^3)	>2.55	
干表观密度(t/m^3)	>1.5	
空隙率(%)	<40	
轻物质含量(%)	<1	
硫化物及硫酸盐含量(以SO_3含量的%计)	<1	
有机物	浅于标准色	
活性集料含量	有活性集料时,后作专门论证	

2.砂的粗细程度及颗粒级配

为了保证施工质量,制成均匀密实的混凝土,拌制时必须用足够的水泥浆将砂粒包裹,起润滑和胶结作用。砂粒间的空隙也必须用水泥浆填满。从节约水泥和满足水下施工的和易性要求出发,宜采用空隙率较小、总表面积也较小的砂子,也就是颗粒级配好、粗细程度适中的砂子。

在工程中多用累计筛余及细度模数衡量砂的级配、粗细程度。

施工实践证明,对于水下浇筑混凝土宜选用石英含量高、颗粒浑圆、具有平滑筛分曲线

(位于图 5-4 所示实线范围内)的中砂(细度模数为 2.1 ~ 2.8)。最佳级配范围见表 5-28。

砂的最佳级配范围 表 5-28

筛孔尺寸(mm)		5.0	2.5	1.25	0.63	0.315	0.16
累计筛余率(%)	水下浇筑混凝土	0 ~ 15	10 ~ 30	20 ~ 40	40 ~ 60	80 ~ 90	90 ~ 100
	水下压浆混凝土	0	0	0 ~ 10	15 ~ 40	50 ~ 80	70 ~ 95

对于水下压浆混凝土拌制水泥砂浆的用砂,若砂的粒径较粗,易破坏砂浆的黏性,降低水泥砂浆的悬浮能力,引起分层离析,还阻碍水泥砂浆在预填集料空隙间的流动。因此,以采用颗粒浑圆的细砂为宜(图 5-4 中所示虚线范围),细度模数在1.3 ~ 2.1范围(以 1.6 ~ 1.9 最佳),平均粒径可大于 0.35mm。

砂的最大粒径考虑颗粒经过多孔截面的自由透过条件,对水下压浆应满足:

$$\begin{cases} ds_{\max} \leqslant \dfrac{D_{\mathrm{h}}}{(15 \sim 20)} \leqslant 2.5\mathrm{mm} \\ ds_{\max} \leqslant \dfrac{D_{\mathrm{hmin}}}{(8 \sim 10)} \end{cases} \tag{5-1}$$

式中: $ds_{\max}$——砂的最大粒径(mm);

D_{h}——预填集料的平均粒径(mm);

D_{hmin}——预填集料的最小粒径(mm)。

(三)粗集料

用于灌筑水下混凝土的粗集料分为天然卵石、人工碎石及块石 3 种。块石系指粒径大于 80 ~ 150mm 的人工开挖石料,用作水下块石压浆混凝土的预填集料。

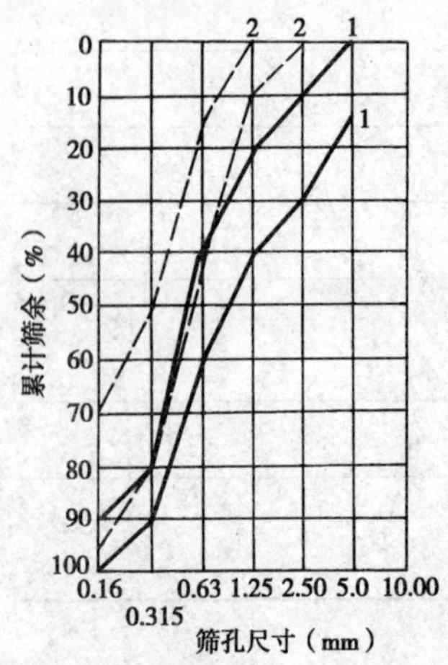

图 5-4 适于灌筑水下混凝土的砂级配范围

1-水下浇筑混凝土;2-水下压浆混凝土

对于水下浇筑混凝土,为保证混凝土拌和物的流动性,宜采用卵石。当需要增加水泥浆与集料的胶结力时,可以掺入 20% ~ 25% 碎石。在缺乏卵石情况下,采用碎石。

采用的碎石母岩应不低于水下混凝土设计强度的 1.5 倍(边长 50mm 立方体饱和含水状态时的极限抗压强度),以与水泥胶结力较强的岩石为优。石料与水泥胶结力从大到小的顺序为石灰石、白云石、花岗岩、玄武岩、砂岩、石英岩。

对于水下压浆混凝土中的预填集料,在饱和含水情况下,火成岩、变质岩不应丧失干状态下强度 10% 以上,沉积岩不丧失 30% 以上。对位于海水中的水下压浆混凝土,不宜采用易被凿石早破坏的石灰岩、砂岩作为预填集料。

1. 允许有害杂质含量

粗集料中的有害杂质有黏土及淤泥、有机杂质、硫酸盐及硫化物、蛋白质及其他无定形硅石等活性集料。含量不应超过表 5-29 的规定。

粗集料的形状在水下压浆混凝土中显得不重要,即使是扁石、板石也能成功地压注。因此,对预填集料可以不限制片状颗粒含量。

2. 颗粒级配

在水下浇筑混凝土中，应使集料颗粒之间的空隙率尽可能小，以节省水泥。而在水下压浆混凝土中，如加压灌注时，亦应使集料颗粒间的空隙率尽可能小。但采取自流方式灌筑水泥砂浆时，要求有一定的空隙率，以保证浆液流通顺畅，形成均匀的水下压浆混凝土。

石子的颗粒级配通过筛分试验鉴定。较好的级配如表5-30所示范围。

粗集料的质量技术要求 表5-29

项目	指标	备注
含泥量(%)	<1	不应有黏土团块
硫酸盐及硫化物含量(以 SO_3 含量的%计)	<0.5	
有机质	浅于标准色	
视密度(t/m^3)	>2.6	
干表观密度(t/m^3)	>1.6	
空隙率(%)	<45	
吸水率(%)	<2.5	对抗冻混凝土 <1.5
冻融损失率(%)	<10	对抗冻混凝土的要求
针片状颗粒含量(%)	<15	
软弱颗粒含量(%)	<5	
活性集料含量	有活性集料时，应做专门的试验论证	

碎石、卵石较好级配范围 表5-30

级配	粒级(mm)	按质量计累计筛余(%)							
		2.5	5	10	20	40	60	80	100
连续粒级	5~10	95~100	85~100	0~15	0				
	5~20	95~100	90~100	40~70	0~10	0			
	5~40		95~100	75~90	30~65	0~5	0		
单粒粒级	5~20		95~100	85~100	0~15	0			
	20~40			95~100	80~100	0~10	0		
	40~80				95~100	70~100	30~65	0~10	0

在水下浇筑混凝土中，为保证较好的稠度、运输及水下浇筑中不发生分层和离析现象，宜采用颗粒(尺寸)由大到小连续分级，每一级集料都占有适当比例的连续级配，组成具有平滑凸形的筛分曲线。水下压浆混凝土中的预填集料亦应采用连续级配。为保证可灌性，对自流灌筑的预填集料空隙率不宜小于35%。

为了保证顺利灌筑和施工质量，对粗集料的最大、最小粒径应有一定限制。对于水下浇筑混凝土，粗集料允许最大粒径与浇筑方法及浇筑设备尺寸有关，如表5-31所示。为保证新浇混凝土拌和物能顺利穿过钢筋笼、网成为整体，在布置有钢筋笼、网结构中，粗集料最大粒径不能大于钢筋间距的$\frac{1}{4}$，为避免堵塞导管和浇筑设备，采用的最粗级集料不允许超过最大粒径，最小粒径亦应控制在10%以内。

粗集料允许最大粒径 表5-31

水下浇注方法	导管法		泵送法		倾注法	开底容器法	装袋法
	卵石	碎石	卵石	碎石			
粗集料允许最大粒径	导管直径的1/4	导管直径的1/5	浇筑管内径的1/3	浇筑管内径的1/3.5	60mm	60mm	视袋大小而定

粗集料粒径越大，需湿滑的比表面愈小。对于水泥用量不大的混凝土，在一定水泥用量及稠度要求下，采用较大粒径的粗集料，可以减少用水量，从而降低水灰比，提高混凝土的强度。但当最大粒径超过40mm以后，试验表明(图5-5)，由于减少用水量获得强度提高，却被较小的黏结面积及较大粒径集料造成的混凝土不连续性的影响所抵消。当水泥用量超过280kg/m^3时，更为明显。每1m^3水下混凝土的水泥用量一般都超过300kg，用大集料对混凝土强度没有什么好处。因此，常用一级配(5~20mm)和二级配(5~20mm、20~40mm)。

我国西南某围堰工程采用二级配水下混凝土。当粒径5~20mm占30%，20~40mm占70%时，常产生堵管现象，改为分别占40%和60%后，浇筑顺利。由此可见，粗集料级配对水下施工质量有很大影响，不宜采用未经筛分的混合级配。

对于水下压浆混凝土，粗集料的最大粒径取决于结构物的大小，且应便于预填集料施工。在大断面中，可以不控制粗集料的最大粒径，按便于施工选择粒径(若布置有钢筋，为保证预填集料能透过钢筋网互相啮合，则不宜超过钢筋间距的1/2)。在小断面中，预填集料粒径不得大于结构物最小尺寸的1/4。

预填集料的最小粒径控制为砂子最大粒径的8~10倍以上，不宜小于20~30mm，且小于40mm的集料也不宜大于10%。若要求高强度压注水泥砂浆，粗集料最小粒径不宜小于40mm。

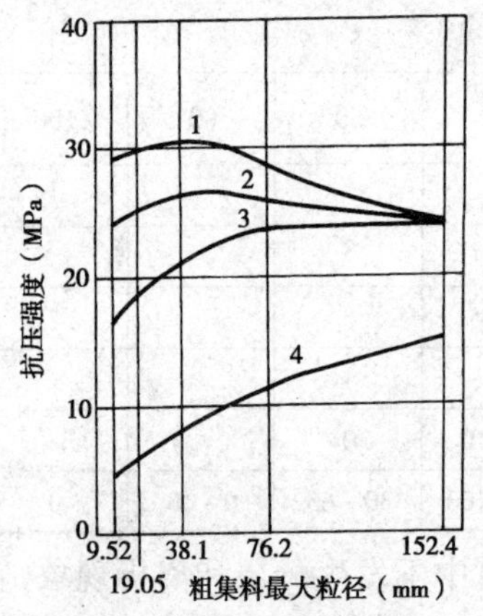

图5-5 粗集料最大粒径对不同水泥用量混凝土28d抗压强度的影响

1-水泥用量290kg/m^3；2-水泥用量330kg/m^3；3-水泥用量280kg/m^3；4-水泥用量170kg/m^3

(四)拌和水及环境水

混凝土中的拌和水直接影响水下混凝土的质量。环境水则影响浇筑方法、水下混凝土的硬化条件及耐久性。

1.拌和水

用于拌制水下混凝土的水不应含有影响水泥正常凝结、硬化的有害杂质，如油脂、糖类及含锌铅的盐类。因此不能使用含有石油或其他油类、有害杂质的工业污水和沼泽水。

一般适于饮用的水、天然清洁水均可满足上述要求，可以不经试验使用。

若天然矿化水的化学成分经化验符合表5-32的规定，也可用来拌制水下混凝土。

由于海水中含有硫酸盐、镁盐和氯化物，对硬化水泥浆有腐蚀作用，并且会锈蚀钢筋。因此，不能用来拌制供建造钢筋混凝土结构的拌和物,更不能用于有可能受电流影响的钢筋混凝土结构。

天然矿化水的化学成分规定 表5-32

水的化学成分	单位	混凝土和水下钢筋混凝土	水位变化区和水上钢筋混凝土
总含盐量不超过	mL/L	35 000	5 000
硫酸根离子含量不超过	mL/L	2 700	2 700
氯离子含量不超过	mL/L	300	300
pH值不小于		4	4

注:当采用抗硫酸盐水泥时,水中 SO_4^{2-} 含量允许加大到10 000mg/L。

2. 环境水

仓面环境水以清水为好。在浑水或泥浆中浇筑水下混凝土须采取一定隔离措施,以减少环境水的不利影响;为保证混凝土浇筑顺畅,仓面环境水与混凝土拌和物的密度差应在1.1以上。

由于仓内泥浆水会严重污染预填集料,影响水泥浆与预填集料的胶结强度,因此不能在泥浆中采用水下压浆法形成压浆混凝土。

环境水的水温不宜过低。水温低于7℃时,水下混凝土凝固很慢;低于2℃便不宜浇筑水下混凝土(用粉煤灰水泥拌制的混凝土低于5℃便停止硬化)。

(五)外加剂

为了减少水下灌筑混凝土拌和物的需水量、水泥用量,改善混凝土拌和物的稠度,以及提高水下混凝土的抗渗、抗冻、抗侵蚀性能,常在配制混凝土时,加入少量的表面活性外加剂。在水下灌筑混凝土中应用的外加剂有以下几种。

1. 减水剂

掺入混凝土应能显著地降低混凝土用水量(5%以上),却基本上不增加或很少增加混凝土的含气量,是水下灌筑混凝土中应用得最多的一种外加剂。目前我国常用的有以下几种:

(1)木质素磺酸盐类

①亚硫酸盐酒精废液:若保持相同坍落度,用水量约减少6%,混凝土的抗冻性、抗渗性也有所提高。掺量为水泥质量的0.1%~0.15%(按干燥物质计)。

②木质素磺酸钙:若维持坍落度不变,可减少用水量10%~15%,抗压强度提高10%~15%,还能延缓混凝土的凝结时间为1~3h,适宜掺量为水泥质量的0.2%~0.3%。

(2)萘磺酸盐甲醛缩合物类

①NNO(粉状):在相同坍落度时,掺入可减少用水量14%~18%,若水泥用量不变,3d强度提高60%,28d强度提高30%左右。混凝土的耐久性、抗硫酸盐能力、抗渗、抗钢筋锈蚀等方面均优于不掺的混凝土。适宜掺量为水泥质量的1%。

②MF(粉状):掺入量为水泥质量的0.5%~1%的MF后,坍落度不变则可减少用水量15%~22%。若水泥用量不变,混凝土1d强度提高25%~100%,28d强度提高14%~31%,其他方面的技术性质亦有改善。

③FDN:当掺量为水泥质量的0.2%~1%时,保持相同坍落度可减少用水量16%~25%,28d强度提高20%~50%。

(3)糖蜜类

为糖厂生产过程中的废液(糖渣、废蜜)经适量石灰处理后所得的一种棕红色黏稠液体、有效成分为乙糖二酸钙。当掺量为0.2%时,可减少用水量约8%,若保持相同水泥用量时可提高28d强度10%~16%。

2. 引气剂

加入引气剂,能在混凝土中产生大量不连续的微细气泡,改善拌和物的保水性、黏滞性,降低泌水率,提高流动性。在坍落度不变情况下,可减少用水量5%~9%,抗冻等级提高约3倍,抗渗性提高50%。但混凝土强度有所降低;当水泥用量相同时,引入1%的引气量,28d强度降低2%~3%。在水下灌筑混凝土中,主要用在需提高抗渗、抗冻性能的防渗墙混凝土工程中。

国内应用较广的加气剂品种及掺量见表5-33。为了不使混凝土强度降低过多,宜控制混凝土的含气量在3%~6%,它与采用粗集料最大粒径有关(表5-34)。

引气剂掺量 表5-33

加气剂	松香热聚物	松脂皂	烷基苯磺酸钠	石油磺酸(水溶性)	烷基磺酸钠
掺量	0.0075~0.015	0.0075~0.015	0.01~0.015	0.01~0.015	0.01~0.015

不同粗集料最大粒径建议混凝土含气量 表5-34

粗集料最大粒径(mm)	20	40	60	80
建议含气量(%)	6.0	5.0	4.5	4.0

3. 膨胀剂

为了减少水泥砂浆硬结时的收缩,增大水泥砂浆与集料的胶结力,可掺入铝粉、铁粉、氧化镁等膨胀剂,借助发泡作用引起的膨胀使水泥浆或水泥砂浆能充分伸入到粗集料的间隙内,使它们之间的胶结更为有效。

在水下压浆混凝土工程中,主要使用鳞片状铝粉作为膨胀剂。铝粉的纯度应在99%以上。有效细度在50μm以下,细度应满足98%以上,通过88μm的筛孔(4900孔/cm^2)。掺有铝粉的水泥砂浆,进入预填集料空隙后1~4h内产生膨胀。为了使混凝土产生加气膨胀作用,拌和好的混凝土应尽早使用。

根据我国某工程试验成果,不掺铝粉的水泥砂浆收缩率为0.47%~0.52%,掺入0.1%铝粉石,水泥砂浆内均布着的铝粉与水泥水化过程中产生的氢氧化钙起作用,产生密用氢气泡,使水泥砂浆在初凝时产生的体胀率为0.93%~1.78%,从而增加了水泥砂浆与预填集料之间的胶结力。

由于铝粉有浮于水面的性质,拌和时应该在加拌和水之前,先将铝粉掺入拌和物中,或事先与干的混合材拌和均匀。

4. 早强剂

在水下混凝土工程中,早强剂仅用于抢险、堵漏混凝土中。可供使用的早强剂有氯化钙(掺量1%~3%,2~3d强度提高40%~100%)、三氯化铁(掺量1%),以及三乙醇胺、氯化钠和亚硝酸钠复合剂等。

在钢筋混凝土及预应力钢筋混凝土结构中,不宜使用上述对钢筋有腐蚀作用的氯盐。我国已试制了不含氯盐的粉状 NC 早强剂,掺量为水泥质量的 3% ~4%,可提高强度 20% 以上。

5. 缓凝剂

缓凝剂宜用在浇筑总时间超过混凝土初凝时间的首批混凝土中。由于它能延长首批水下混凝土的初凝时间,使整个仓面的水下混凝土均能在首批混凝土初凝时间内浇完,从而避免混凝土拌和物在凝结硬化期间受到扰动影响。

可供采用的缓凝剂有:缓凝型减水剂(纸浆废液、糖蜜)、酒石酸或酒石酸钾钠、柠檬酸、硼酸、氯化锌或硫酸和氯化锌的复合物。

三、配合比设计中的重要参数选择

(一)适合水下混凝土坍落度的范围

水下混凝土的稠度测定,以混凝土自重流下,横向也平滑流动,通到各个角落,气泡和空气少,能取得很密实的混凝土。

在陆地上灌筑混凝土,如果坍落度超过 13cm 时,加外力捣固密实和不捣固密实是差不多的,从抗压强度的观点来看,湿稠混凝土也不一定要捣固密实。这在水下混凝土也大致是相同的。另一方面,坍落度过大会失掉黏着性和使材料容易分离。

从便于施工出发,不同水下浇筑方法对混凝土拌和物的流动性要求见表 5-35。

浇筑方法对混凝土拌和物流动性要求 表 5-35

水下混凝土浇筑方法	导管法			混凝土泵压送	倾注法		开底容器法	装袋叠置法
	无振捣		振捣		振捣推进	自然推进		
	导管直径 200 ~250mm	导管直径 300mm						
坍落度(cm)	18 ~20	15 ~18	14 ~16	12 ~15	5 ~9	10 ~15	10 ~16	5 ~8

混凝土拌和物仅仅最初具有好的稠度还不够,还应在运输、浇筑和在浇筑块内的扩散过程中都保持一定流动性和均匀性,拌和物无分层离析现象,即具有良好的流动性保持能力。

混凝土拌和物在浇筑条件下,保持流动性具有坍落度 15cm 的时间 t(h),作为混凝土流动性保持指标。对于导管法浇筑的水下混凝土拌和物一般要求不小于 1h。当操作技术熟练、运距比较近时可以采用不小于 0.7 ~0.8h。

(二)水泥强度等级和用量

用于浇注水下混凝土的水泥强度等级不宜低于 32.5 级。

由于水下施工要求采用的混凝土拌和物坍落度比较大,水泥用量也相应增加。在满足强度要求情况下,采用的水泥强度等级亦不应过高,宜为混凝土设计强度的 2 ~2.5 倍。

为保证水下混凝土的强度和耐久性(在水下混凝土中有部分水泥流出),一方面采用富配合比,同时尽可能降低水灰比,原则上一般在 50% 以下。当精心施工时,有过这样的实例:即使单位水泥用量在 300kg 以下,强度也能够达到 20 ~60MPa,但减少混凝土的黏着性,又容易产生材料离析,因此一般用到 370kg 以上,应根据实际情况增减为宜。像就地打桩或连续墙那样,限定和水接触面积的混凝土量比较,接触面积少的导管混凝土情况下水泥很少流出,混凝土也很少和水混合,一般能达到强度大的混凝土。为此,以单位水泥用量在 320 ~370kg 为宜。

(三)砂率

砂率大小对稠度影响很大。同时,混凝土的黏着性也因细集料而变化,如用量过少显得粗糙，过大时减小流动性，所需单位水量增加但混凝土容易分离。其砂率选择可按公式计算或查表5-36。

水下混凝土砂率选择 表5-36

粗集料最大粒径(mm)	碎石混凝土	卵石混凝土
20	49	45
40	42	39
60	38	35

注：1. 本表所列数值是在水灰比为0.65，砂的细度模数为2.5，石子空隙率42%情况下得出的。

2. 水灰比增减0.05时，砂率应增减1%；砂子的细度模数增减0.1时，砂率增减0.5%；粗集料空隙率增减1%时，砂率增减0.4%；加气混凝土的砂率可减少2%～3%。

四、水下混凝土（砂浆）的配合比设计

（一）配合比设计原则

由于水下施工和质量检查的困难，以及水环境的不利影响，设计高强度的水下混凝土是不适宜的。28d设计抗压强度应在25MPa以内。

确定混凝土配合比设计时，应符合节约水泥的原则。在施工条件许可范围内，尽可能降低用水量。

要努力提高混凝土的匀质性。因此，运用数理统计方法作为控制质量的手段。根据工程统计的混凝土强度的标准差 σ 或离差系数 C_v 来评定混凝土施工管理的质量控制水平（表5-37）。在施工过程中，经常分析抽样检验所得出的强度数据，对材料质量、配合比、拌和、运输、水下、浇筑以及试块成型、试压等各个环节都要进行细致检查。发现问题及时改进，力争把强度标准差 σ 或离差系数 C_v 降低到最低限度。

实际工程统计的强度标准差系数见表5-38。

施工管理质量控制水平 表5-37

项目		等级			
		优秀	良好	一般	较差
控制标准		<35	35～42	42～50	>50
不同混凝土的强度离差系数 C_v	≤C13	<0.15	0.15～0.17	0.18～0.20	>0.20
	C18～C23	<0.13	0.13～0.15	0.16～0.18	>0.18
	>C23	<0.1	0.1～0.12	0.13～0.15	>0.15
	试验	<0.03	0.03～0.04	0.05～0.06	>0.06

连续墙混凝土抗压强度试验成果 表5-38

序号	设计强度(MPa)	龄期(月)	试件个数	平均强度(MPa)	标准差 σ (MPa)	离差系数 C_v	强度不合格率	混凝土表观密度(g/cm^3)
1	24.0	32～33	33	38.5	4.9	0.127	0.2	2.32
2	21.0	3～4	28	34.2	2.3	0.067	0.0	2.32
3	21.0	7	8	30.6	36	0.118	0.4	2.37
4	21.0	12～13	42	33.7	4.1	0.122	0.1	2.32

续上表

序号		设计强度（MPa）	龄期（月）	试件个数	平均强度（MPa）	标准差 σ（MPa）	离差系数 C_v	强度不合格率	混凝土表观密度（g/cm^3）
5	1 号壁	21.0	10	28	32.7	4.5	0.138	0.5	2.27
	2 号壁		11	23	31.4	3.5	0.111	0.2	2.26
	4 号壁		95	44	31.3	4.9	0.156	1.8	2.28
	5 号壁		9	50	29.6	4.1	0.137	1.8	2.28
	6 号壁		8	48	37.8	5.0	0.131	0.0	2.28
	9 号壁	31.5	85	21	46.4	3.4	0.073	0.0	2.31
	10 号壁			21	50.9	3.8	0.075	0.0	2.34

（二）水下浇筑混凝土的配合比选择

1. 配制强度

水下混凝土的质量是不均匀的。为了保证工程质量，在混凝土施工过程中抽样制成的试块抗压强度，不仅总平均值应满足设计强度，还应满足一定的强度保证率要求（水下施工一般取85%～90%）。因此混凝土的配制强度必须大于工程设计强度。

配制强度按标准差法或按离差系数法计算。前者认为在各种不同强度的混凝土中，均方差为一恒量；而后者则认为离差系数为一恒量。一般根据试配验证结果，采用其中一种较准确的方法计算配制强度。

均方差法计算公式为：

$$f_{cu,0} = f_{cu,k} + t \cdot \sigma \tag{5-2}$$

离差系数法计算公式为：

$$f_{cu,0} = \frac{f_{cu,k}}{1 - t \cdot C_v} \tag{5-3}$$

式中：$f_{cu,0}$——混凝土配制强度（MPa）；

$f_{cu,k}$——工程设计强度；

t——保证率系数（见表5-39）；

σ——标准差（MPa）；

C_v——离差系数。

强度保证率系数表　　表5-39

保证率 P（%）	保证率系数 t	保证率 P（%）	保证率系数 t	保证率 P（%）	保证率系数 t
50	0.00	58	0.20	66	0.41
51	0.03	59	0.23	67	0.44
52	0.05	60	0.25	68	0.47
53	0.08	61	0.28	69	0.50
54	0.10	62	0.31	70	0.52
55	0.13	63	0.33	71	0.55
56	0.15	64	0.36	72	0.58
57	0.18	65	0.39	73	0.61

续上表

保证率 P(%)	保证率系数 t	保证率 P(%)	保证率系数 t	保证率 P(%)	保证率系数 t
74	0.64	86	1.08	98	2.05
75	0.67	87	1.13	99	2.33
76	0.71	88	1.18	99.1	2.37
77	0.74	89	1.2	99.2	2.41
78	0.77	90	1.28	99.3	2.46
79	0.81	91	1.34	99.4	2.51
80	0.84	92	1.41	99.5	2.58
81	0.88	93	1.48	99.6	2.65
82	0.92	94	1.55	99.7	2.75
83	0.95	95	1.63	99.8	2.88
84	0.99	96	1.75	99.9	3.09
85	1.04	97	1.88		

当强度保证率已经确定,工程统计的强度标准差亦为已知时,可由图5-6查得配制强度与设计强度的差值,当工程统计的强度离差系数为已知时,由图5-7查得试配强度与设计强度的比值,即可直接算出试配强度。

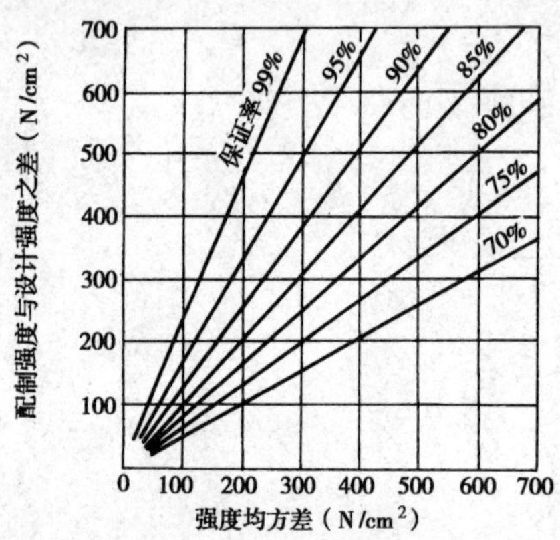

图5-6 在不同的标准时配制强度与设计强度之差

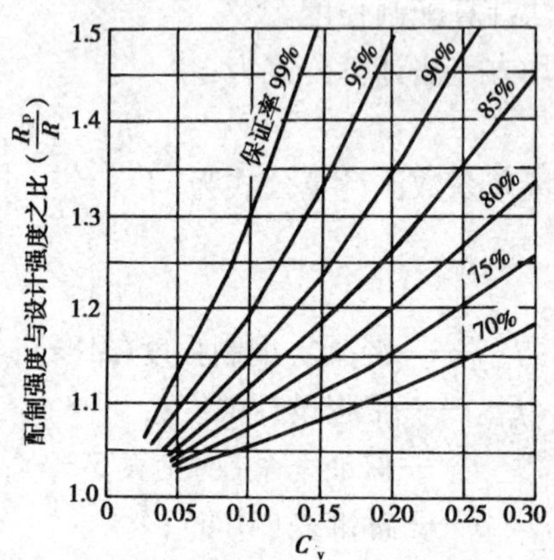

图5-7 在不同的离差系数时配制强度与设计强度之比

2. 配合比选择方法

(1)流动性选择法

按水下浇筑所必需的流动性要求,选择用水量;按要求水下混凝土的配制强度,确定几组水灰比。通过计算或试验资料绘制水灰比—强度相关曲线。选择同时满足强度和水下施工要求的混凝土配合比。

这种方法可以一次选择出适宜水下浇筑的混凝土配合比。但由于满足水下浇筑要求的坍落度较大,引起试验的不便和需耗费较多试验水泥。主要用于计算法或重要工程试验法。

(2)强度选择法

先按要求的设计强度,根据不同水下浇筑方法提高配制强度(提高百分数见表5-40)。

设计强度提高百分数(供参考)　　表5-40

水下混凝土浇筑方法	导管法		倾注法	开底容器法
	C25级以内	C25级及以上		
设计强度提高百分数(%)	15	10	10~20	30

按要求的配制强度选择几组水灰比,按满足干地塑性混凝土施工要求的用水量,通过计算或试验资料绘制水灰比—强度相关曲线。选择水灰比和集料级配。在维持确定的水灰比前提下,调整用水量和水泥用量,以满足水下浇筑对混凝土流动性要求,克服水下施工对混凝土强度的不利影响。

采用这种方法,试验时混凝土拌和物的坍落度适中,简化试验操作;可引用一般混凝土试验室都具有的干地浇筑混凝土的试验资料,简化试验项目。因此适宜通过试验法求出一般水下混凝土工程的混凝土配合比。

3.配合比计算

水下混凝土配合比宜通过试验确定。当工程量小或临时性工程,可参照下述方法计算配合比。然后通过试拌确定采用。

(1)用水量计算

每1m³混凝土拌和物的用水量,一般都通过试验确定。初估时,可根据不同浇筑方法、环境水及仓内钢筋布置情况,参照表5-35选择要求的坍落度。然后按式(5-4)、式(5-5)计算或参考表5-41选择用水量。

塑性混凝土用水量参考表　　表5-41

坍落度(cm)	卵石					碎石				
	粗集料最大粒径(mm)					粗集料最大粒径(mm)				
	10	20	40	60	80	10	20	40	60	80
3~4	190	185	175	165	160	205	200	185	175	170
5~8	200	195	185	175	170	215	210	195	185	180
9~12	210	205	195	185	180	225	220	205	195	190
12~15		215	205	200	195		230	215	210	205
15~18		225	225	215	210		240	230	225	220

注:表中所列数值,适于普通硅酸盐水泥,细集料为中砂。采用粗砂时,宜减少用水量10~15kg;采用细砂时,可增加10~15kg。当使用火山灰水泥时,增加20kg。掺入减水剂,减少10~20kg;掺入引气剂,减少8~15kg。

普通混凝土
$$m_{w0} = \frac{10}{3}(T + K) \tag{5-4}$$

引气混凝土
$$m_{wa} = m_{w0} - K_b \cdot K_a \tag{5-5}$$

式中:m_{w0}——每1m³混凝土用水量(kg);

m_{wa}——加气混凝土用水量(kg);

T——坍落度(cm);

K_b——减水系数,一般为3.4~3.8;

K_a——含气量(%);

K——试验常数,见表5-42。

试验常数 K 值 表5-42

集料最大粒径(mm)		10	20	40	80
K 值	碎石	57.5	53.0	48.5	44.0
	卵石	54.5	50.0	45.5	41.0

注:1. 采用火山灰质硅酸盐水泥时,增加4.5~6.0。

2. 采用细砂时,增加3.0。

(2)水泥用量计算

混凝土中的水灰比根据配制强度、水泥品种及其强度计算。混凝土中的水泥用量根据用水量和水灰比计算。混凝土中的水灰比和单位体积的水泥用量除满足强度要求外,还应满足耐久性要求。当按强度计算的水灰比和水泥用量达不到耐久性要求的有关限值时,应按耐久性有关要求来确定。

①按强度要求初选水灰比

根据采用的水泥品种、强度及要求混凝土配制强度,按式(5-6)计算水灰比。

$$f_{cu,0} = a \cdot f_{ce}\left(\frac{C}{W} - b\right) \tag{5-6}$$

式中:$f_{cu,0}$——混凝土配制强度(28d 抗压强度,MPa);

f_{ce}——水泥实际强度;

$\frac{C}{W}$——灰水比,即水灰比的倒数;

a、b——与水泥品种粗集料种类有关的试验系数,见表5-43。

a、b 系数表 表5-43

粗集料种类	卵石		碎石	
水泥品种	硅酸盐水泥 普通水泥	矿渣水泥 火山灰质水泥 粉煤灰水泥	硅酸盐水泥 普通水泥	矿渣水泥 火山灰质水泥 粉煤灰水泥
a	0.43	0.50	0.52	0.50
b	0.44	0.66	0.56	0.58

②耐久性对水灰比和水泥用量的要求

有抗渗要求的混凝土,其水灰比可参考表5-44 选择。同时,每 $1m^3$ 混凝土的水泥用量不宜小于300kg。

有抗冻要求的混凝土,参照表5-45 选择水灰比。

抗渗等级与水灰比关系 表5-44

抗 渗 等 级	P2	P4	P6	P8	P 12
相应渗透系数(cm/s)	1.96×10^{-8}	0.783×10^{-8}	0.419×10^{-8}	0.216×10^{-8}	0.129×10^{-8}
最大水力梯度	133	267	400	533	800
水灰比		0.6~0.65	0.55~0.6	0.5~0.55	<0.5

抗冻等级与水灰比关系　　表 5-45

<table>
<tr><td>抗冻等级</td><td colspan="2">F 25 ~ F 50</td><td colspan="2">F 100</td><td>F200</td></tr>
<tr><td>强度损失不超过25%的反复冻融次数</td><td colspan="2">25 ~ 50</td><td colspan="2">100</td><td>200</td></tr>
<tr><td>水泥品种</td><td>矿渣水泥或粉煤灰水泥</td><td colspan="2">普通水泥</td><td>普通水泥</td><td>普通水泥</td></tr>
<tr><td>外加剂</td><td>加气剂</td><td colspan="2">不可掺</td><td>可不掺</td><td>加气剂</td></tr>
<tr><td>水灰比</td><td><0.65</td><td colspan="2"><0.55</td><td><0.60</td><td><0.50</td></tr>
</table>

若环境水具有侵蚀性，应针对侵蚀性质参照表 5-25 选择水泥品种，水灰比应适当减小（常减小 0.05）。

③计算水泥用量

每 $1m^3$ 混凝土中的水泥用量，根据用水量、水灰比按式（5-7）计算。

$$m_{c0} = \frac{m_{w0}}{\frac{W}{C}} \tag{5-7}$$

式中：m_{c0}——每 $1m^3$ 混凝土中的水泥用量（kg）；

m_{w0}——每 $1m^3$ 混凝土中的用水量（kg）；

$\frac{W}{C}$——水灰比。

当采用混凝土泵输送时，为防止堵管现象，水泥用量不能过少，应满足图 5-8 所示要求。

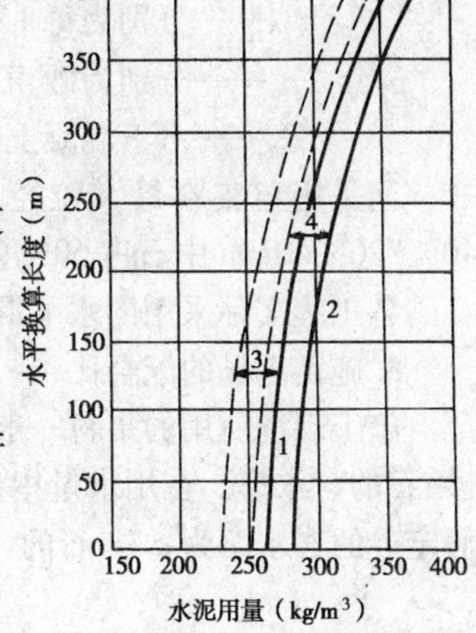

图 5-8　水泥用量与输送

4. 砂石用量计算

（1）砂石级配及粗颗粒最大粒径选择见本节“二”所述。

（2）计算集料的绝对体积：每 $1m^3$ 混凝土中集料（砂和石）所占的绝对体积按式（5-8）计算。

$$V_h = 1\,000 - m_{w0} - \frac{m_{c0}}{\rho_c} - 100K_a \tag{5-8}$$

式中：V_h——$1m^3$ 混凝土中集料的绝对体积（L）；

m_{w0}——$1m^3$ 混凝土中的用水量（kg）；

m_{c0}——$1m^3$ 混凝土中的水泥用量（kg）；

ρ_c——水泥密度（见表 5-46）；

K_a——含气量，一般水下混凝土为 1% ~2%，加气混凝土为 3% ~6%。

水泥密度　　表 5-46

水泥品种	硅酸盐水泥	普通硅酸盐水泥	矿渣硅酸盐水泥	火山灰质硅酸盐水泥	粉煤灰硅酸盐水泥
密度	3.1 ~ 3.2	3.00 ~ 3.15	2.90 ~ 3.05	2.85 ~ 2.95	2.85 ~ 2.95

(3)砂率选择:含砂率为砂的质量占全部集料(砂和石)质量的百分率,按式(5-9)计算或查表5-36。

$$\beta_s = \gamma_c \frac{\rho_g \cdot \rho_s}{\rho_g + P_g \cdot \rho_s} \times 100(\%) \tag{5-9}$$

$$P_g = \left(1 - \frac{\rho_g}{\rho_g'}\right) \times 100(\%)$$

式中:β_s——砂率(%);

P_g——粗集料的空隙率(%);

ρ_s、ρ_g——分别为砂、石表观密度(kg/m^3);

ρ_g'——粗集料视密度(g/cm^3);

γ_c——富余系数。水下混凝土为1.3~1.4。施工条件差,γ_c取大值,水泥用量多,γ_c取较小值。

(4)计算每$1m^3$混凝土的砂、石用量,用绝对体积计算。每$1m^3$混凝土中材料总体积应为1 000L,利用式(5-10)联方程求解。

$$\begin{cases} \dfrac{m_{s0}}{m_{s0} + m_{g0}} = \beta_s \\ m_{s0} + \dfrac{m_{g0}}{\rho_g} = 1\,000 - \left(\dfrac{m_{c0}}{\rho_c} + \dfrac{m_{w0}}{\rho_w}\right) - 1\,000K_a \end{cases} \tag{5-10}$$

式中:　β_s——砂率(%);

m_{s0}、m_{g0}——分别为每$1m^3$混凝土中的砂、石用量(kg);

ρ_g、ρ_c、ρ_w——分别为砂、石、水泥和水的视密度(g/cm^3);

K_a——水下混凝土的含气量。

当采用粗集料最大粒径为40mm的二级配混凝土时,5~20mm小石占粗集料用量的40%,20~40mm中石占60%(当小石储量较多时,亦可各占一半)。

各工程实际采用的水下混凝土配合比见表5-47。

5. 施工现场的配合比

施工现场所用的集料一般都含有水分,在现场配料拌和混凝土之前,应快速测定和计算砂、石的含水率。在用水量中应扣除这部分水量。在称量砂、石子时,则应相应地增大称量。假定砂的含水率为$a\%$,石的含水率为$b\%$,则砂子的称量的校正值为:

$$m_{s0}' = m_{s0}'(1 + a/100) \tag{5-11}$$

石子称量的校正值为:

$$m_{g0}' = m_{g0}(1 + b/100) \tag{5-12}$$

用水量的校正值为:

$$m_{w0}' = m_{w0} - m_{s0} \cdot \frac{a}{100} - m_{g0} \cdot \frac{b}{100} \tag{5-13}$$

当工地使用袋装水泥时,宜按水泥用量为每袋水泥重(50kg)的整数倍,一次拌和物总量又接近拌和机容量的各材料用量,作为施工配合比的依据。

(三)水下压浆混凝土的配合比设计

1. 配制强度计算

水下压浆混凝土的配制强度,根据施工质量控制水平由表5-33查出相应的强度离差系数。然后由式(5-14)及式(5-15)计算,或由表5-48查得强度增值系数a_1。

表 5-47

导管法浇筑水下混凝土配合比实例

序号	施工水深 (m)	导管直径 (cm)	一根导管浇筑面积 (m^2)	粗集料最大粒径 (mm)	坍落度 (cm)	水灰比	含砂率 (%)	每 $1m^3$ 混凝土材料用量(kg)				设计强度 (MPa)	配制强度* (MPa)	钻孔取样试件			强度比
								水	水泥	砂	石			试件尺寸 (cm)	龄期 (d)	抗压强度 (MPa)	
1				20	18 ~ 20	0.60	45					17.0					
2				20	18 ~ 20	0.65	44	302	465	581	744	10.0					
3			20	16 ~ 18	0.60	40	204	340	782	1156	14.0					8.0 ~ 12.0	
4	14.0			20	16 ~ 18	0.57	48	230	410	820	877	15.0	18.0				
5	2.6	25.4	10.0	25	12 ~ 18	0.49	43	183	370	751	1 006	40.0	34.5	ϕ15 × 30	149	38.4	0.91
6				25	19	0.52	46	180	346	840	990		17.0		28	9.2	0.54
7	9.0	25.0		25	15	0.50		185	370			20.0	31.8				
8	0.5 ~ 2.0	25.0	7.0	40	14 ~ 10	0.48	37	176	370	718	1 170	20.0	31.0	ϕ10 × 20	89	37.8	1.03
9	0.6 ~ 6.5	25.0	21.0	40	13 ~ 18	0.43	41	159	370	772	1 115	19.0	38.0	ϕ10 × 9.5	28	19.1	0.5
10	2 ~ 4	20.0	14.0	40	16 ~ 20	0.41	33	152	374	579	1 220	34.0	37.8	ϕ10 × 20	190	23.8	0.5
11	6.0	25.0	15.0	40	12	0.50		158	315			24.0	26.2				
12	1.5	30.0	8.0	40	10	0.44		163	370			25.0	29.7				
13	2.5	30.0	10.0	40	15	0.42		155	370			30.0	28.0				
14				40	18 ~ 20	0.50	37	260	520	546	946	20.0					
15				40	17 ~ 19	0.58	46	215	370	777	925	17.0	15.6 ~ 19.3				
16				40	18 ~ 20	0.60	39	204	340	680	1 054	17.0	14.6 ~ 19.4				
17				40	20	0.55	46	205	375	788	938	14.0	10.0 ~ 14.0				
18				40	18 ~ 20	0.60	50	216	360	900	900	14.0					
19	14.0			40	16 ~ 18	0.57	45	230	410	820	986	15.0	18.0				
20				50	15 ~ 18	0.75	33	262	350	520	1 040		9.4 ~ 17.9		28	8.2 ~ 12.1	0.68 ~ 0.76
21				50	15 ~ 18	0.75	33	262	350	520	1 040		10.0 ~ 13.2		28	5.3 ~ 8.8	0.49 ~ 0.67
22	0 ~ 3.0	30.0		40 ~ 60	15 ~ 18	0.55 ~ 0.57	37 ~ 39	193 ~ 200	350	740 ~ 670	1 150 ~ 1 160		26.4 ~ 27.4	ϕ17 × 33	122 ~ 162	26.5 ~ 32.7	0.89 ~ 1.92

注：* 出拌和机口的实测混凝土强度。

水下压浆混凝土强度增值系数 a_1　　表 5-48

强度离差系数 C_v	0.05	0.10	0.15	0.20	0.25	0.30
强度增值系数 a_1	1.222	1.270	1.322	1.402	1.597	1.858

当离差系数 $C_v \leqslant 0.15$ 时：

$$a_1 = \frac{0.8}{0.85(1-1.645C_v)} \text{ 即 } a_1 = \frac{1}{1.063(1-1.645C_v)} \tag{5-14}$$

当离差系数 $C_v \geqslant 0.2$ 时：

$$a_1 = \frac{1}{0.85(1-1.645C_v\sqrt{5})} \tag{5-15}$$

要求的配制强度为

$$f_{cu,0} = a_1 \cdot f_{cu,k} \tag{5-16}$$

式中：$f_{cu,0}$——配制强度；

$f_{cu,k}$——工程设计强度。

2. 配合比计算

(1)水泥砂浆强度

$$f_{m,0} = \frac{f_{cu,0}}{a_2} \tag{5-17}$$

式中：$f_{m,0}$——灌筑浆液的试配强度(或 MPa)；

$f_{cu,0}$——水下压浆混凝土的配制强度(MPa)；

a_2——强度换算系数，应由试验求出。某工程试验结果见表 5-49。

水泥砂浆强度换算系数　表 5-49

分　类	强度换算系数 a_2	
	水灰比小于 0.75	水灰比大于 0.75
碎石压浆混凝土	0.90	0.72
卵石压浆混凝土	0.85	0.67

(2)水泥砂浆中的水灰比

一般通过试验确定。初选时，可由图 5-9、图 5-10 查出要求的水灰比。图中 $f_{ce,k}$ 指采用水泥的软练强度值。

(3)求灰砂比

根据求出的水泥砂浆水灰比及水泥中的混合材掺量，可按表 5-50 查出灰砂比$\left(\frac{C}{S}\right)$。

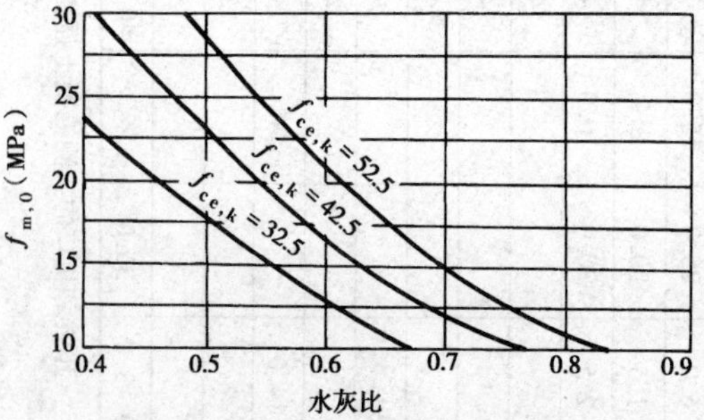

图 5-9　水泥砂浆强度 $f_{m,0}$ 与水灰比关系（硅酸盐水泥、普通硅酸盐水泥）

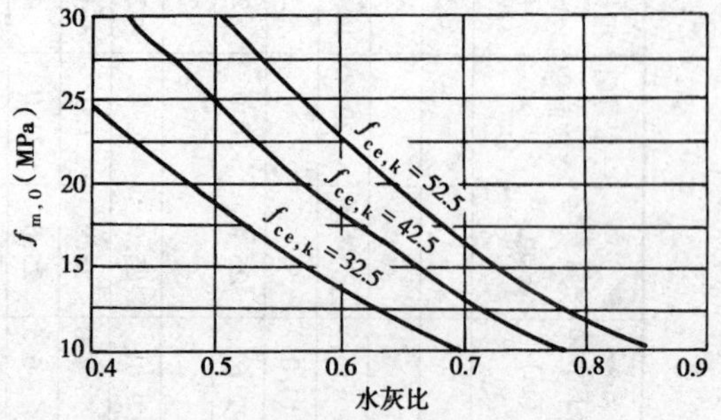

图 5-10　水泥砂浆强度 $f_{m,0}$ 与水灰比关系（矿渣水泥、火山灰质水泥、粉煤灰水泥）

灰砂比与水灰比关系 表 5-50

水灰比		0.45	0.50	0.55	0.60	0.65
混合材料掺量（%）	0	1.5(1:0.67)	1.1(1:0.91)	0.8(1:1.25)	0.67(1:1.49)	0.56(1:1.79)
	10	1.4(1:0.72)	1.03(1:0.97)	0.76(1:1.32)	0.63(1:1.59)	
	20	1.3(1:0.77)	0.98(1:1.02)	0.72(1:1.39)	0.59(1:1.69)	
	30	1.25(1:0.80)	0.91(1:1.1)	0.68(1:1.47)		
	40	1.2(1:0.83)	0.85(1:1.18)	0.64(1:1.56)		

注:1. 本表试验条件稠度 19s ±2s，砂的细度模数 1.55。

2. 在保持流动度一定情况下，砂的细度模数每增加 0.1，灰砂比应增加 0.03；

3. 梁、柱、桩及深断面构件灰砂比不宜小于 1.0(1:1)。

4. 当预填集料最小粒径在 20mm 以内时灰砂比不宜小于 0.67(1:1.5)。

5. 只有当预填集料的最小粒径允许采用粗砂拌制的水泥砂浆，且为加压灌筑时，灰砂比才能小于 0.5(1:2)。

(4)灌筑浆液材料用量

按绝对体积法计算：

$$Q_c = \frac{1\,000}{\dfrac{1}{\rho_c} + \dfrac{1}{\rho_s \cdot \dfrac{C}{S}} + \dfrac{\dfrac{W}{C}}{\rho_w}} \tag{5-18}$$

$$Q_s = \frac{1}{\dfrac{C}{S}} \cdot Q_c \tag{5-19a}$$

$$Q_w = \frac{W}{C} \cdot Q_c \tag{5-19b}$$

式中：Q_c、Q_s、Q_w——分别为每 $1m^3$(1 000L)水泥砂浆中的水泥、砂和水的质量(kg)；

ρ_c、ρ_s、ρ_w——分别为水泥、砂及水的密度；

$\frac{W}{C}$——灌筑浆液的水灰比；

$\frac{C}{S}$——灌筑浆液的灰砂比。

(5)铝粉掺量

在 0.1MPa 压力下的水泥砂浆膨胀率以 5% 左右较妥。水下压浆混凝土中的水泥砂浆铝粉掺量为水泥重的 0.01% ~0.02%，可用式(5-21)估算：

$$\begin{aligned} Ac &= \frac{Ka}{\beta_a}\left(1.2\frac{F}{C} + a_0\right) \\ a_0 &= \frac{1}{3}\left(\frac{S}{C} - 1\right)^2 + \frac{1}{6} \times \frac{S}{C} + \frac{2}{3} \end{aligned} \tag{5-20}$$

式中：Ac——水泥砂浆中的铝粉掺量(与水泥质量比%)；

$\frac{F}{C}$——水泥中粉煤灰与水泥熟料之比(为 0.25 ~0.66)；

β_a——铝粉中的纯铝含量；

Ka——与水泥品种及强度有关系数(表 5-51)；

a_0——与水泥砂浆中的砂灰比有关的系数(按上式计算或查表 5-52)。

不同水泥品种的 *Ka* 值 表 5-51

水泥品种	普通水泥		火山灰水泥、粉煤灰水泥
	42.5	32.5	
Ka	0.011 5	0.01	0.01

不同砂灰比时的 a_0 值　　表 5-52

砂灰比	0.8	0.9	1.0	1.1	1.2	1.3	1.4	1.5	1.6	1.7	1.8	1.9	2.0
a_0	0.813	0.824	0.834	0.853	0.880	0.914	0.953	1.000	1.054	1.113	1.180	1.254	1.333

当控制处于不同水深条件下的压浆混凝土中的水泥砂浆的膨胀率均为5%时，相当于不受水压影响时的膨胀率(0.1MPa 环境下)，如表 5-53 所示。

不同水深下的水泥砂浆膨胀率为5%相当于0.1MPa 下的膨胀率　　表 5-53

水深(m)	5	10	12	14	16	18	20	30	40	50	60	70	80
0.1MPa 下的膨胀率(%)	7.5	10	11	12	13	14	15	20	25	30	35	40	45

可以看出，当水深为20m时，要求在0.1MPa下的膨胀率达15%。若水再深，则在0.1MPa下的水泥砂浆膨胀率要超过15%。过大的膨胀率将会造成施工控制和操作上的困难。因此仍按0.1MPa下的膨胀率不超过15%控制铝粉掺量较妥。

(6)灌筑浆液允许砂最大粒径核算

由求出的水泥砂浆水灰比扣去砂子的吸水量，可得出水泥浆水灰比。

$$\left(\frac{W}{C}\right)=\frac{1}{Q_c}\left[Q_w-(Q_{s1}\cdot Q_{w1}+Q_{s2}\cdot Q_{w2}+\cdots+Q_{sN}\cdot Q_{wN})\right] \tag{5-21}$$

式中：$\frac{W}{C}$——水泥浆的水灰比；

Q_c——1m^3 水泥浆中的水泥量(kg)；

Q_w——1m^3 水泥浆中的用水量(kg)；

Q_{s1}、Q_{s2}、…、Q_{sN}——砂的各组分的质量(kg)；

Q_{w1}、Q_{w2}、…、Q_{wN}——砂的各组分的总吸水率(表 5-54)。

砂的吸水率　　表 5-54

砂的组分尺寸(mm)	平均粒径(mm)	海砂					
		密度	单位体积质量(t/m^3)	比面	总吸水率(%)	表面吸水率(%)	细孔吸水率(%)
2.5~1.25	1.60	2.70	2.60	17.5	1.36	0.70	0.66
1.25~0.63	0.90	2.84	2.68	31.2	2.86	1.25	1.61
0.63~0.315	0.45	3.00	2.80	58.3	2.89	2.33	0.56
0.315~0.16	0.23	3.05	3.05	108.0	4.50	4.32	0.18
砂的组分尺寸(mm)	平均粒径(mm)	河砂					
		密度	单位体积质量(t/m^3)	比面	总吸水率(%)	表面吸水率(%)	细孔吸水率(%)
2.5~1.25	1.60	2.70	2.60	20.2	2.00	0.81	1.26
1.25~0.63	0.90	2.70	2.68	36.0	2.02	1.44	0.58
0.63~0.315	0.45	2.70	2.64	72.0	3.70	2.88	0.82
0.315~0.16	0.23	2.70	2.64	141.0	6.00	5.65	0.35
砂的组分尺寸(mm)	平均粒径(mm)	石英砂					
		密度	单位体积质量(t/m^3)	比面	总吸水率(%)	表面吸水率(%)	细孔吸水率(%)
2.5~1.25	1.60	2.72	2.72	18.5	0.788	0.76	0.0028
1.25~0.63	0.90	2.72	2.72	33.0	1.32	1.32	0
0.63~0.315	0.45	2.72	2.72	66.0	2.65	2.65	0
0.315~0.16	0.23	2.72	2.72	129.0	5.04	5.04	0

根据泥浆(胶体)水力学原理,砂粒在水泥浆中处于平衡状态时,砂粒表面上的最大切应力与球体在液体中的质量成正比,与砂粒表面积成反比。若砂粒粒径为 d,砂粒及水泥浆密度分别为 ρ_s、ρ_h,则

$$\tau_0 = m_0 \frac{\pi d^2}{6\pi d^2}(\rho_s - \rho_h)$$

在极限平衡状态,τ_0 等于水泥浆的极限剪应力 τ_c,则可化简为:

$$\tau_c = \frac{m_0 \cdot d(\rho_s - \rho_h)}{6} \tag{5-22}$$

即

$$d = \frac{6m \cdot \tau_c}{\rho_s - \rho_h}$$

式中:d——不沉于静态水泥浆中的砂粒粒径(cm);

ρ_s、ρ_h——分别为砂粒、水泥浆密度(g/cm^3);

τ_c——水泥浆的极限剪应力(g/cm^2);

m——比例系数。$m = \frac{1}{m_0}$,与水泥品种及水灰比有关,见表5-55。

火山灰质水泥浆液特性　　表5-55

水泥浆的水灰比	0.30	0.35	0.40	0.45	0.50	0.55	0.60	0.65	0.70
水泥浆的密度(g/cm^3)	2.105	1.94	1.86	1.80	1.75	1.73	1.70	1.68	1.62
水泥浆的极限剪应力(g/cm^2)	2.63	1.35	0.61	0.255	0.122	0.06	0.03	0.015	0.012
不沉入静态水泥浆的砂粒粒径(mm)	38.5~39	15.3~16.0	6.5~6.7	4.25~4.3	2.5~3.0	1.1~1.2	0.8~0.9	0.26~0.26	0.22~0.27
m值	0.132	0.140	0.141	0.240	0.270	0.280	0.290	0.290	0.290

普通水泥拌制的水泥浆极限剪应力 τ_c 值可参考式(5-24)、式(5-25)估算。

$$\tau_c = 0.2115\left(\frac{W}{C}\right)^{0.675}\eta \tag{5-23a}$$

$$\eta = 0.012\left[1 + 1.49\left(\frac{W}{C}\right)^{-5.77}\right] \tag{5-23b}$$

式中:η——水泥浆黏度(泊);

$\frac{W}{C}$——水泥浆的水灰比。

若水泥砂浆中含量较多的最大组分的相应粒径不大于公式(5-23)所计的值,或由表5-55查得的不沉于静态水泥浆的砂粒粒径 d,表明采用这种灌筑浆液在运输途中不易离析。否则应减小水灰比,增加矿物粉等细颗粒含量或筛去大粒径砂粒。

采用砂子的最大粒径也不能大于预填集料最小粒径的$\frac{1}{10} \sim \frac{1}{8}$。

各工程实际采用的水下压浆混凝土配合比汇总见表5-56。

3. 配合比试验

水下压浆混凝土配合比试验一般分两个阶段进行。

第一阶段:按要求的流动度、水泥砂浆膨胀率、泌水率确定合适的3种或3种以上水泥砂浆配合比。

某些工程实际采用的水下压浆混凝土配合比 表5-56

序号	压浆混凝土设计强度(MPa)	砂的细度模数	拌和水	预填集料			水泥砂浆稠度(s)	水泥砂浆配合比			每立方米浆液材料用量(kg)		
				种类	粒径(mm)	空隙率(%)		水灰比	混合材掺量(%)	灰砂比	水	水泥+混合材	砂
1	18.9	2.2	淡水	卵石	20~80	36	17.3	0.5	20	1:1	410	820	820
2	$f_{cu,28}=24.0$	1.77	淡水	卵石	15~50	41	18~20	0.5	29	1:1.3	393	785	1 021
3	$f_{cu,28}=24.0$	1.64	淡水	卵石	15~50	37	21.1	0.5	29	1:1.3	366	732	952
4	$f_{cu,28}=20.0$	1.62	淡水	卵石	15~40	43	18~22	0.51	29	1:1.3	369	754	941
5	$f_{cu,28}=21.0$	1.43		卵石	20~60	40	18~22	0.52	29	1:1.3	377	725	943
6	$f_{cu,28}=18.0$	1.65	淡水	卵石	最小20	40	19±3	0.60	17	1:0.8	535	892	714
7	$f_{cu,7}=10.5$	1.17	淡水	卵石	40~100	38~48	19±3	0.44~0.48	29	1:1.2 1:1.5	352 343	801 715	961 1 073
8	浆液25.0	粉细砂	淡水	卵石				0.65		1:1.5	455	700	1 050
9		1.67	海水	卵石	15~50	44	20	0.53	29	1:1.5	414	782	1 173
10	$f_{cu,28}=21.0$	2.0	海水	卵石	15~75	40	17	0.48	33	1:1.3	352	733	953
11	$f_{cu,91}=20.0$	1.71	海水	卵石	10~45	43	20	0.53	29	1:1.5	414	782	1 173
12		1.42	海水	卵石	10~60	38	17.4	0.58		1:1.7	365	630	1 071
13	$f_{cu,28}=15.0$	1.74	海水	卵石	25~150	42	18~22	0.50		1:1.0	378	756	756
14		1.18	海水	卵石	30~150	40	15~19	0.55		1:1.0	437	795	795
15		1.54	海水	卵石	30~150	40	20.8	0.58	29	1:1.6	375	647	1 035
16	$f_{cu,28}=24.0$	1.49		卵石	15~45	45	18~22	0.53	29	1:1.3	363	684	889
17	浆液$f_{cu,28}=18.0$	2.17	淡水	碎石	30~50	42	20~25	0.48	29	1:0.9	398	830	747
18				碎石		40	22	0.52	38	1:1.3	430	827	1 075
19	浆液$f_{cu,28}=15.0$	1.36	淡水	碎石	80~300		17±2	0.54		1:1.2	424	785	942
20	浆液$f_{cu,28}=20.0$	1.36	淡水	碎石	80~300		17±2	0.50		1:0.9	449	897	807
21	$f_{cu,28}=14.0\sim17.0$	1.8~2.0	海水	碎石		40~45	20~22	0.55		1:1.1	358	650	715
22		1.45		碎石	15~100	45	20.8	0.51		1:1.2	393	770	924
23	$f_{cu,28}=11.0$	1.08	海水	碎石	30~150	50	15~19	0.50		1:1.1	398	795	875
24	$f_{cu,91}=1.50$	1.45		碎石	25~50	42	17~18	0.48	23	1:1.2	372	774	929
25	$f_{cu.91}$	1.91	海水	卵石,碎石	15~150	45	17	0.43	20	1:1.0	347	806	806
26		中细砂						0.51		1:1.3	397	779	1 013

第二阶段：按初选的不同配合比的水泥砂浆，注入位于水环境中的预填集料，形成压浆混凝土，通过抗压试验求出混凝土强度等级。

若不符合施工流动度及设计强度要求，可参考表5-57修改配合比，重新试验。

水泥砂浆配合比试验修正方法 表5-57

试验结果		配合比修正方法			备注
		水灰比	砂灰比	铝粉掺量	
稠度	过大（超过23s） 过小（小于15s）	— 减小	减小 —	— —	砂灰比减小0.1，相当水灰比增加0.02，水灰比每减小0.01，流动度增加2s
膨胀率	过大（超过10%） 过小（小于5%）	— —	— —	减小 增加	铝粉掺量每增加0.002 5%，膨胀率增加2%
保水性过小（小于75%）		减小	—	—	水灰比每减小0.01，保水性增加1%
泌水率过大（大于3%）		减小	—	—	水灰比每减小0.01，泌水率减少0.5%
水下压浆混凝土强度	超过配制强度 低于配制强度	— 减小	增加 —	— —	砂灰比每增加0.1，28d抗压强度降低1.6MPa； 灰水比每增加0.1，28d抗压强度增加2.0MPa

第五节 高压力水下灌注混凝土配合比设计

高压力水下混凝土灌注法是将混凝土装入料斗内（容量$2m^3$左右），然后打开闸门，混凝土通过导管突然灌入桩孔底部，利用本身质量和高度所产生的势能把混凝土由下向上翻挤，杂质和水也由下向上翻挤，从而保证混凝土有良好的密实性。因而对混凝土的要求与普通混凝土不一样，除了满足设计强度外，还要有良好的流动度，这样才能很快向下滑动。

例如，某大厦的挖扩桩基础最深达24m，浅的也有9m，在－1m左右便出现地下水流沙等不利因素。除在护壁中采取有效措施堵住流沙外，地下水从坑底部渗透，无法排除。深坑水深有9m左右，浅坑水深也有5m。为了保证工程质量，节省投资，采用高压力混凝土灌筑法施工，收到了很好的效果。

一、混凝土浇筑的基本条件

高压力水下混凝土灌注中对混凝土的基本要求是：①有足够大的含浆量，高压力水下混凝土的含浆量除了能够填满集料间所有空隙外尚存有比较大的富余量。利用这些富余量使导管壁和混凝土间形成一层落浆层。②浆内含有较多的水。这些多余的水分在管壁处凝聚成一层水膜，当混凝土向下滑时起到滑润作用。具备上面两个条件的混凝土我们称它为“饱和混凝土”。

饱和混凝土与非饱和混凝土的流动阻力差别较大。前者当混凝土向下滑时主要产生滑润层的黏阻力，摩阻力极小，可以忽略不计。后者则不同，非饱和混凝土由于没有形成一个完整滑润层，摩阻力很大，这样就形成混凝土流动阻力的主要构成部分。

同时应该看到，饱和混凝土在导管里也并非一成不变。由于混凝土内各成分的流动变异很大，如粗集料（石子）有巨大的内摩阻力，它必须分布在砂浆的介质中才能流动。而水的流动性很好。如果混凝土中的水泥没有足够的吸附能力，有一部分水可能在压力作用下穿过固体颗粒的空隙流向阻力较小的地区形成"泌水"。这些，是考虑设计高压力水下灌筑混凝土配合比设计的前提，也就是基本条件。

二、配合比设计

高压力水下灌注混凝土配合比设计(按规范规定每1m^3混凝土水泥用量不少于350kg，除满足设计强度要求外，必须满足下面所阐述的基本条件。其程序是：

(1)选择一个能满足设计强度又能形成饱和混凝土的水灰比。当前，在基层单位由于受设备的限制尚不能准确测出混凝土与管壁间的内摩阻力情况，可通过试验找出"大"——指混凝土堵塞，费大力在上面滑下；"较大"——振动后才能滑下；"较小"——困难地向下滑小闸门打开立即向下滑的关系，如图5-11所示。

从图5-11看，小于0.5时内摩阻力很大，水灰比增至0.6后流动阻力大大减小，且基本趋向稳定。这表示混凝土与管壁间已形成稳定润滑层。

(2)在形成饱和混凝土的前提下选择最佳坍落度、根据国防标准化协会颁布的混凝土稠度分级(TSO4103)则按混凝土坍落度的大小划分为S_1、S_2、S_3、S_4四个等级，其中$S_4 \geqslant 160$mm。采用160~200mm坍落度值。然后根据此坍落度值决定用水量，在水灰比不变(0.6)的前提下，以用水量、水灰比，反算水泥用量。这样虽水泥用量多了一点，但落浆层更多，浆中含水量更多，润滑作用更好。

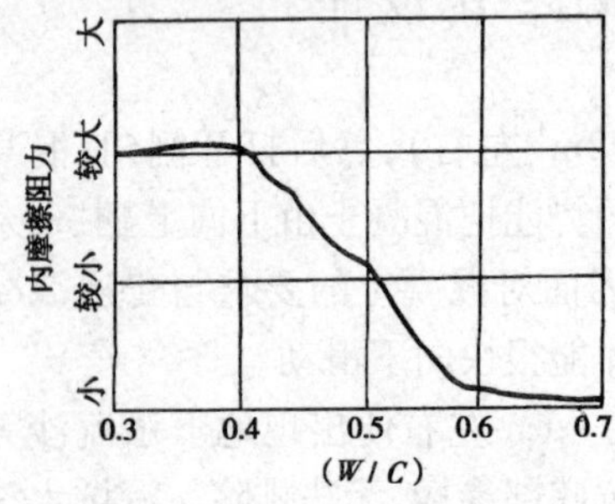

图5-11 内摩擦阻力与水灰比的关系

(3)在流动度好的前提下还需要保水性能好，稠度好，整个固体的空隙小，抗渗性好。要解决这个问题就是采用最佳的集料级配。

①进行所用原材料不同砂率的空隙率测定选出最佳含砂率，对原材料的试验结果如图5-12所示。

同时规定粗集料最大颗粒为30，并使10~15mm颗粒占30%~35%，这样可保证集料级配的密实性。

②集灰比的最佳空隙率，检验水泥用量是否理想。适当调整其试验结果如图5-13所示。

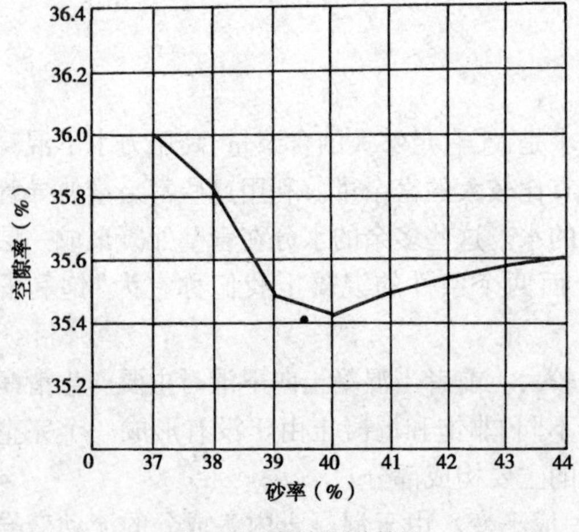

图5-12 原材料试验结果

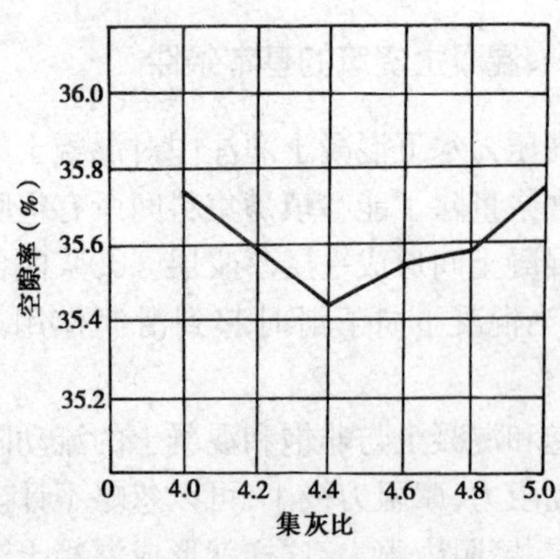

图5-13 对试验结果进行调整集灰比

从图中看出集灰比为4.4时最佳,以前决定的水泥用量的集灰比也是4.4,证明水泥用量是正确的,不需调整。

三、注意事项

(1)混凝土的配合比、计量,搅拌时间要严格控制。随时掌握混凝土坍落度的变化,除保证坍落度值为190~200,还要观察扩展度。一般扩展度小(内聚力高)的混凝土宜吊入料斗,扩展度大的混凝土不宜吊入料斗,如图5-14所示。

(2)搅拌好的混凝土倒入料斗时,应注意下料的高度和方向,防止混凝土离析和部分集料的高度集中。这样避免下滑时的内摩擦阻力急剧增加,使混凝土很快向下滑。

(3)工作如果发生机械故障应采取果断措施,不能把储藏时间过长的混凝土吊入料斗。

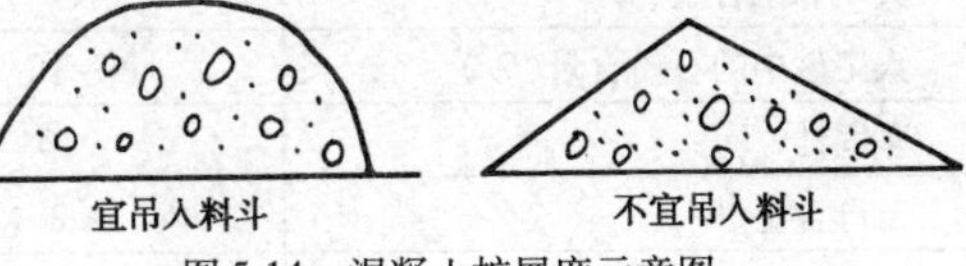

图5-14　混凝土扩展度示意图

第六节　水工混凝土配合比设计

凡经常或周期性地受环境水作用的水工建筑物(或其一部分)所用的混凝土,称水工混凝土,适用于围堰、大坝、墩台基础等工程。

一、原材料的技术要求

(一)水泥

水泥品质应符合现行的国家标准及有关部颁标准的规定。

大型水工建筑物所用的水泥,可根据具体情况对水泥矿物成分等提出专门的要求。每一项工程所用的水泥品种以两三种为宜,并宜固定厂家供应。

选择水泥品种的原则如下:

(1)水位变化区的外部混凝土、建筑物的溢流面和经常受水流冲刷部位的混凝土、有抗冻要求的混凝土,应优先选用硅酸盐大坝水泥的硅酸盐水泥,或普通硅酸盐大坝水泥和普通硅酸盐水泥。

(2)环境水对混凝土有硫酸盐侵蚀时,应选用抗硫酸盐水泥。

(3)大体积建筑物的内部混凝土、位于水下的混凝土和基础混凝土,宜选用矿渣硅酸盐大坝水泥、矿渣硅酸盐水泥、粉煤灰硅酸盐水泥和火山灰质硅酸盐水泥。

选用的水泥强度应与混凝土设计强度相适应。对于低强度等级混凝土,当其强度等级与水泥强度不相适应时,应在施工现场掺用适量的活性混合材。

建筑物外部水位变化区,溢流面和经常受水流冲刷部位的混凝土,以及受冰冻作用的混凝土,其水泥强度不宜低于42.5级。

运至工地的水泥,应有制造厂的品质试验报告;试验室必须进行复验,必要时应进行化学分析。

(二)集料

集料应根据优质经济、就地取材的原则,选用天然集料、人工集料,或两者互相补充。

细集料的质量技术要求:

(1)砂料应质地坚硬、清洁、级配良好;使用山砂,特细砂时,应有试验根据。

(2)砂的细度模数宜在2.4~2.8范围内。天然砂料宜按粒径分成两级,人工砂可不分级。

(3)砂料有活性集料时,必须进行专门试验。

(4)其他质量技术要求应符合表5-58的规定。

细集料质量技术要求　　表5-58

项　　目	指　　标	备　　注
天然砂中含泥量(%) 其中黏土含量(%)	<3 <1	含泥量指粒径小于0.08mm的细屑、淤泥和黏土总量,不含有黏土团粒
人工砂中的石粉含量(%)	6~12	指小于0.15mm的颗粒
坚固性	<10	指硫酸钠溶液法5次循环后的质量损失
云母含量(%)	<2	
密度(t/m^3)	>2.50	
轻物质含量(%)	<1	视密度小于$2.0g/cm^3$
硫化物及硫酸盐含量,按质量计(折算成SO_3)(%)	<1	
有机质含量	浅于标准色	如深于标准色,应配成砂浆进行强度对比

粗集料的质量技术要求:

(1)粗集料的最大粒径不应超过钢筋间距的2/3及构件断面最小边长的1/4,混凝土板厚的1/2。对少筋或无筋结构,应选用较大的粗集料粒径。

(2)施工中宜将粗集料按粒径分成下列几个粒径级

①当最大粒径为40mm时,分成5~20mm和20~40mm两级。

②当最大粒径为80mm时,分成5~20mm、20~40mm和40~80mm三级。

③当最大粒径为150(或120)mm时,分成5~20mm、20~40mm、40~80mm和80~150(或120)mm四级。

(3)采用连续级配或间断级配,应由试验确定。如采用间断级配,应注意混凝土运输中集料的分离问题。

(4)粗集料含有活性集料、黄锈等时,必须进行专门试验后方可使用。

(5)粗集料力学性能的要求和检验,可按国家有关规定进行。

(6)其他质量技术要求应符合表5-59的规定。

粗集料的质量技术要求　　表5-59

项　　目	指　　标	备　　注
含泥量(%)	D_{20}、D_{40}粒径级<1 D_{80}、D_{150}(或$_{120}$)<0.5	各粒径级均不应含有黏土团块
坚固性(%)	<5 <12	有抗冻要求的混凝土 无抗冻要求的混凝土
硫酸盐及硫化物含量按质量折算成SO_3(%)	<0.5	
有机质含量	浅于标准色	如深于标准色,应进行混凝土强度对比试验
密度(t/m^3)	>2.55	
吸水率(%)	<2.5	
针片状颗粒含量(%)	<15	碎石经试验论证,可以放宽至25%

（三）水

凡适于饮用的水，均可用以拌制和养护混凝土。

未经处理的工业污水和沼泽水，不得用以拌制和养护混凝土。

天然矿化水，如果化学成分符合表5-60规定，可以用以拌制和养护混凝土。

拌制和养护混凝土的天然矿化水的化学成分　　表5-60

水的化学成分	单　位	混凝土和水下的钢筋混凝土	水位变化区和水上的钢筋混凝土
总含盐量不超过	mg/L	35 000	5 000
硫酸根离子含量不超过	mg/L	2 700	2 700
氯离子含量不超过	mg/L	300	300
pH值不小于	—	4	4

对拌制和养护混凝土的水质有怀疑时，应进行砂浆强度试验。如用该水制成的砂浆的抗压强度，低于饮用水制成的砂浆28d龄期抗压强度的90%，则这种水不宜作混凝土用水。

（四）活性混合材

为了改善混凝土的性能，合理降低水泥用量，宜在混凝土中掺入适量的混合材，掺用部位及最优掺量应通过试验决定。

非成品原状粉煤灰的品质指标：

（1）烧失量不超过12%。

（2）干灰含水量不得超过1%。

（3）三氧化硫（水泥和粉煤灰总量中的）不得超过3.5%。

（4）0.08mm方孔筛筛余不得超过12%。

（五）外加剂

为了改善混凝土的性能，提高混凝土的质量及合理降低水泥用量，应在混凝土中掺加适量的外加剂，其掺量通过试验确定。

拌制混凝土或水泥砂浆常用的外加剂有减水剂、加气剂、缓凝剂、速凝剂和早强剂等。应根据施工需要，对混凝土性能的要求，及建筑物所处的环境条件，选择适当的外加剂。

有抗冻要求的混凝土，必须掺用加气剂，并严格限制水灰比。

如需提高混凝土的早期强度，宜在混凝土中掺加早强剂。

工业用氯化钙只宜用于无筋混凝土中，其掺量（以无水氯化钙占水泥量的百分数计）不得超过3%，在砂浆中的掺量不得超过5%。

为了避免氯化钙腐蚀钢筋，在钢筋混凝土中应掺用非氯盐早强剂。使用早强剂后，混凝土初凝将加速，应尽量缩短混凝土的运输和浇筑时间，并应特别注意洒水养护，保持混凝土表面湿润。

使用外加剂时应注意：

（1）外加剂必须与水混合配成一定浓度的溶液，各种成分用量应准确，对含有大量固体的外加剂（如含石灰的减水剂），其溶液应通过0.6mm孔眼筛子过滤。

（2）外加剂溶液必须搅拌均匀，并定期取有代表性的拌品进行试验鉴定。

(3)当外加剂储存时间过长,对其质量有怀疑时,必须进行试验鉴定。严禁使用变质的外加剂。

二、配合比设计

(一)基本原则

水工混凝土配合比设计原则基本上与普通混凝土相同,但也有其一定的特殊性。

1. 最小单位用水量

水灰比是决定混凝土强度和耐久性的主要因素,在满足稠度的条件下,力求单位用水量最小。

2. 最大石子粒径和最多石子用量

根据结构物的断面和钢筋的稠密程度以及施工设备等情况,在满足稠度的条件下,应选择尽可能大的石子最大粒径和最多用量。

3. 最佳配料级配

应选择空隙率较小的级配。同时也要考虑料场的天然级配,尽量减少弃方。

4. 选料原则

经济合理地选择水泥品种和强度,优先考虑采用优质、经济的粉煤灰掺和料和外加剂等。

粉煤灰对改善混凝土拌和物的流变性有显著效果,使其易于振捣,故在设计粉煤灰混凝土的坍落度时可取下限值。

在贫混凝土中,以超量取代法(即掺入的粉煤灰数量超过所取代的水泥量)掺粉煤灰最为有效。超量系数以1.5左右为宜。

(二)设计步骤

水工混凝土配合比的设计步骤与普通混凝土基本相同,除应符合水工混凝土所处部位的工作条件,分别满足抗压、抗渗、抗冻、抗裂(抗拉)、抗冲耐磨、抗风化和抗侵蚀等设计要求的规定外,还应满足施工稠度要求,并采取措施合理降低水泥用量。

(1)根据设计要求的强度和耐久性选定水灰比。

(2)根据施工要求的坍落度和石子最大粒径等选定用水量,用水量除以选定的水灰比求出水泥用量。

(3)根据"绝对体积法"或"质量法"计算砂、石料用量。

(4)通过试验和必要的调整,确定1m³混凝土材料用量和配合比。

(三)注意事项

(1)为确保混凝土的质量,工程中所用混凝土的配合比必须通过试验确定。

设计混凝土配合比时,可按下式计算:

$$f_{cu,0} = \frac{f_{cv.k}}{1 - t/C_v} = Kf_{cu,k} \tag{5-24}$$

式中:K——系数,如表5-62所示;

$f_{cu,0}$——混凝土保证强度(MPa);

$f_{cu,k}$——混凝土的设计强度(MPa);

t——保证率系数,如表5-61所示;

保证率和保证率系数的关系　表5-61

保证率 P(%)	80	85	90	95
保证率系数 t	0.84	1.04	1.28	1.63

C_v——离差系数，如表5-63所示。

K 值表 表5-62

C_v \ P	90	85	80	75	C_v \ P	90	85	80	75
0.1	1.15	1.12	1.09	1.08	0.18	1.30	1.22	1.18	1.14
0.13	1.20	1.15	1.12	1.10	0.20	1.35	1.26	1.20	1.16
0.15	1.24	1.19	1.15	1.12	0.25	1.47	1.35	1.27	1.21

(2)对于大体积建筑物的内部混凝土，其胶凝材料用量不宜低于140kg/m³。混凝土的水灰比当以集料在饱和面干状态下的混凝土单位用水量对单位胶凝材料用量的比值为准，单位胶凝材料用量为每1m³混凝土中水泥与混合材质量的总和。

离差系数 C_v 值 表5-63

$f_{cu,k}$(MPa)	<15	20~25	≥30
C_v	0.20	0.18	0.15

(3)混凝土的水灰比应根据设计对混凝土性能的要求，由试验室通过试验确定，并不应超过表5-64的规定。

水灰比最大允许值 表5-64

混凝土所在部位	寒冷地区	温和地区	混凝土所在部位	寒冷地区	温和地区
上、下游水位以上(坝体外部)	0.6	0.65	基础	0.55	0.60
上、下游水位变化区(坝体外部)	0.5	0.55	内部	0.70	0.70
上、下游最低水位以下(坝体外部)	0.55	0.60	受水流冲刷部位	0.50	0.50

注：1.在环境水有侵蚀性的情况下，外部水位变化区及水下混凝土的最大允许水灰比应减小0.05。
2.在采用减水剂和加气剂情况下，经过试验证明，内部混凝土最大允许水灰比可增加0.05。
3.寒冷地区，系指最冷月份月平均气温在-3℃以下地区。

(4)粗集料级配及砂率的选择应考虑集料生产的平衡、混凝稠度及最小单位用水量等要求，综合分析确定。

(5)混凝土的坍落度，应根据建筑物的性质、钢筋含量、混凝土的运输、浇筑方法和气候条件决定，尽可能采用小的坍落度。混凝土在浇筑地点的坍落度可参考表5-65的规定。

混凝土在浇筑地点的坍落度
(使用振捣器) 表5-65

建筑物的性质	标准圆锥坍落度(cm)
水工素混凝土或少钢筋混凝土	3~5
配筋率不超过1%的钢筋混凝土	5~7
配筋率超过1%的钢筋混凝土	7~9

注：有温控要求或低温季节浇筑混凝土时，混凝土的坍落度可根据具体情况酌量增减。

三、配合比设计实例

(一)任务

设计某坝溢流面混凝土的配合比，并计算拌和1.5m³混凝土各种材料的施工用量，基本参数如下：

(1)$f_{cu,k}=25.0$MPa，保证率$P=80\%$；抗冻$F=50$次；抗渗$P=0.8$MPa。

(2)坍落度为80mm;28d强度的离差系数 $C_v=0.15$。

(3)42.5级普通硅酸盐水泥,实测水泥强度 $f_{ce}=42.5$MPa,密度 $\rho_c=3.1$。

(4)加木钙减水剂0.25%(占水泥质量)。

(5)卵石,最大粒径 $D_{max}=150$mm,四级配,150~80:80~40:40~20:20~5=30:30:20:20;密度 $\rho_g'=2.7$;中石和小石的表面含水率分别为0.3%和0.8%;大石和特大石为饱和面干状态。

(6)河砂,细度模数 $M_k=2.6$;密度 $\rho_s=2.65$;表面含水率为4.5%。

(二)解题步骤

1.选择水灰比

根据 $f_{cu,k}=25.0$MPa,$P=80\%$,查表5-61得 $t=0.84$,按下式计算 $f_{cu,0}$:

$$f_{cu,0}=\frac{f_{cu,k}}{1-tC_v}=\frac{25.0}{1-0.84\times0.15}=28.6(\text{MPa})$$

或

$$f_{cu,0}=Kf_{cu,k}$$

式中:$f_{cu,0}$——保证强度(MPa);

$f_{cu,k}$——设计强度(MPa);

t——保证率系数,其值见表5-61;

C_v——离差系数,C_v 值的选用主要根据工地施工水平,当工地无试验资料时,C_v 值可参考表5-63选用;

K——系数,其值可根据表5-62选用。

根据 $f_{cu,k}=\upsilon_a f_{ce}(C/W-\upsilon_b)$,$\upsilon_a$、$\upsilon_b$ 系数查表5-66。

$$W/C=\frac{1}{\dfrac{f_{cu,0}}{\upsilon_a f_{ce}}+\upsilon_b}=\frac{1}{\dfrac{286}{0.444\times425}+0.459}=0.506$$

υ_a、υ_b 系数参考值 表5-66

混凝土类别	水泥品种	υ_a	υ_b	混凝土类别	水泥品种	υ_a	υ_b
碎石混凝土	普通	0.525	0.569	卵石混凝土	普通	0.444	0.459
	矿渣	0.503	0.581		矿渣	0.501	0.666

根据抗渗、抗冻要求,参考表5-67和表5-68,得到 $W/C=0.50$,为同时满足强度和耐久性要求,选用 $W/C=0.5$。

抗渗等级与水灰比关系 表5-67

抗渗等级(28d)	水 灰 比
P2	<0.75
P4	0.6~0.65
P6	0.55~0.60
P8	0.50~0.55

注:未掺外加剂和掺和料。

抗冻等级允许的最大水灰比 表5-68

抗冻等级(28d)	普通混凝土	引气混凝土
F50	0.55	0.60
F100	—	0.55
F150	—	0.50

注:有抗冻要求的混凝土,建议优先采用引气剂和普通硅酸盐水泥配制的混凝土。

2.选择用水量、水泥用量和砂率

根据给定的基本资料,查表5-69,用水量与砂率的调整值综合于表5-70。

水泥用量 $m_{c0}=103\div0.5=206(\text{kg/m}^3)$

混凝土试拌用水量参考表

（水灰比0.55、卵石、砂子细度模数2.7、坍落度60mm）　　表5-69

石子最大粒径（mm）	未掺外加剂的混凝土			掺外加剂的混凝土	
	空气含量近似值（%）	砂率（%）	用水量（L/m^3）	引气混凝土的含气量（%）	用水量（L/m^3）
20	2	38	172	5.5	单掺引气剂或一般减水剂，可减水6%～10%，引气剂和一般减水剂联合掺用或单掺高效减水剂，可减水15%～20%
40	1.2	32	150	4.5	
80	0.5	28	129	3.5	
120	0.4	25	117	3.0	
150	0.3	24	110	3.0	

条件变化	调整值	
	砂率（%）	每$1m^3$用水量（L）
改用碎石	+3～5	+9～15
采用需水性大的火山灰质掺和料或火山灰水泥	—	+10～20
坍落度±10mm	—	±（2～3）
砂率每±1%	—	±1.5
砂的细度模数每±0.1	±0.5	—
水灰比每±0.05	±1.0	—
含气量每±1%	±（0.5～1.0）	±（2%～3%）

3. 计算砂、石用量

用水量和砂率调整值　　表5-70

条件变化	砂率调整（%）	用水量调整（L/m^3）
由表5-65查得	24	110
砂的细度模数0.1	-0.5	0
水灰比-0.05	-1.0	0
坍落度+2	0	+6
外加剂（木钙）	0	-10
含气量+1	-1.0	-3.0
调整结果	21.5	103

（1）绝对体积法：掺用木钙减水剂后，四级配混凝土含气量（K_a）约为1%。砂石集料的绝对体积：

$$V_{sg}=1\,000-10-\left(103+\frac{206}{3.1}\right)=821(\text{L})$$

砂用量：

$$m_{s0}=821\times0.215\times2.65=468(\text{kg/m}^3)$$

石子用量：

$$m_{g0}=821\times(1-0.215)\times2.7=1\,740(\text{kg/m}^3)$$

经试拌，满足和易性的用水量和砂率正与上述数据相符。

（2）质量法：砂石集料饱和面干加权平均密度：

$$\rho_{sg}=0.215\times2.65+2.7\times(1-0.215)=2.69(\text{kg/m}^3)$$

按密度计算公式计算表观密度：

$$\begin{aligned}\rho_A&=10\rho_{sg}(100-K_a)+m_{cg}\left(1-\frac{\rho_{sg}}{\rho_c}\right)-m_{w0}(\rho_{sg}-1)\\&=10\times2.69\times(100-1.0)+206\times\left(1-\frac{2.69}{3.1}\right)-103\times(2.69-1)\\&=2\,516(\text{kg/m}^3)\end{aligned}$$

砂石集料总质量　$m_{sg}m_{s0}+m_{g0}=2\,516-(103+206)=2\,207(\text{kg})$

砂用量　$m_{s0}=\dfrac{2\,207}{2.69}\times0.215\times2.65=467(\text{kg})$

石子用量：$m_{g0}=2\ 207-467=1\ 740(\text{kg})$

经试拌混凝土实测表观密度与计算表观密度基本相符。配合比和 1m^3 混凝土材料的计算用量列于表 5-71。

配合比和 1m^3 混凝土材料的计算用量　　　　表 5-71

计算方法	配合比 水泥:砂:石子:水	水泥 (kg)	砂子 (kg)	石子(kg)				木钙 (kg)	用水量 (L)
				150～80	80～40	40～20	20～5		
绝对体积法	1:2.27:8.45:0.5	206	468	522	522	348	348	0.52	103
质量法	1:2.27:8.45:0.5	206	467	522	522	348	348	0.52	103

4.1.5m^3 混凝土施工用量计算(绝对体积法结果)

扣去集料表面含水率等影响，1.5m^3 混凝土实际材料用量的计算结果列于表 5-72。

1.5m^3 混凝土各种材料用量　　　　表 5-72

项　目	水泥 (kg)	砂子 (kg)	石子(kg)				木钙 (kg)	用水量 (L)
			150～80	80～40	40～20	20～5		
计算用量	309	702	783	783	522	522	0.78(固)	154.5
表面含水率(%)	—	4.5	—	—	0.3	0.8	—	—
表面含水率	—	+32	—	—	+1.6	+4.2	+7(浓度 10%)	-44.8
施工用量	309	734	783	783	524	526	7.8(液)	109.7

第七节　泵送混凝土配合比设计

一、概述

泵送混凝土是以混凝土泵为动力，通过管道将搅拌好的混凝土混合料输送到建筑物的模板中去的混凝土。它与非泵送混凝土相比较，两者不同之点在于非泵送混凝土是根据工程设计所需的强度进行配制的。石子为骨架，砂子填充石子的空隙，水泥浆填充细集料空隙，并使集料黏结在一起。对通常使用的混凝土施工机具，如人力手推车、起重机、吊桶、皮带机等施工方法，在进行非泵送混凝土施工时配合比设计，不是着重考虑的问题。与此相反，泵送混凝土除了根据工程设计所需的强度外，还需要根据泵送工艺所需的流动性、不离析、少泌水的要求配制可泵性的混凝土混合料。其中石子为骨架作用外，它的粒径大小和级配比非泵送混凝土要求严格。因为泵送是否顺利与石子的最大粒径有关，如果在混凝土中石子的最大粒径对于泵送管道来说过大，就会影响到泵送，所以泵送混凝土的石子粒径要适宜。此外，要求混凝土混合料必须具有可泵性，这是保证混凝土泵能否正常工作的关键。

还应指出，在选定泵送混凝土施工配合比时，经济性也是配合比设计时需要加以考虑的问题。众所周知，在混凝土的基本组成材料中水泥用量是影响混凝土配合比经济性的主要因素。但在泵送混凝土中水泥用量多少不仅是一个经济性的问题，而且还关系到能否泵送。虽然单位体积混凝土的水泥用量越少越经济，但对泵送来说，水泥用量越少，则水泥浆含量不足，混凝土混合料的流动性和内聚性越差，泵送也越困难。因此，泵送混凝土最小水泥用量按日本建筑学会《泵送混凝土施工法规程》规定应不低于 280kg/m^3。我国上海宝钢工程为了节约水泥，规定最小水泥用量为 270kg/m^3，并利用减水剂，使混凝土保持水灰比不变、坍落度增大、保水性好和降低水泥水化热;即不是采用加大水泥用量来达到大坍落度,而是采用木质素磺酸钙减水剂以保持水灰比不变的情况下增大坍落度。

基于上述原因,石子粒径过大,特别是使用碎石类材料的干硬性混凝土不能使用混凝土泵输送。所以泵送混凝土配合比设计的目的和基本内容是:根据工程上和泵送施工工艺的要求,设计出既经济且质量又好的可泵性混凝土。

二、对泵送混凝土拌和物的要求

水泥浆体是混凝土组成的基体,混凝土的硬化依赖于水泥浆体。因此,水泥浆体的结构基本上控制了混凝土的各项物理力学性能。它在泵送混凝土中,既是泵送混凝土获得强度的来源,又是混凝土具有可泵性的必要条件。因为它能使混凝土拌和物稠化,提高石子在混凝土拌和物中均匀分散的稳定性。它在泵送过程中形成润滑层,与输送管内壁起着润滑作用,当混凝土拌和物所受的压力超过输送管内壁与砂浆之间存在的摩擦阻力时,混凝土即向前流动。为了能够形成一个很好的润滑层,以保证混凝土泵送能够顺利进行,混凝土拌和物必须满足:

(1)有足够的含浆量,它除了能填充集料间所有空隙外,尚有富余量使混凝土泵输送管道内壁形成薄浆层。

(2)浆层内含有较多的水,以在输送管内壁处产生一层水膜,泵送时起到润滑作用。

假如水泥浆体不足,内聚性差,泌水率大,在混凝土泵输送管道内就会出现离析现象,一旦泵送中断,拌和水浮到表面,再泵送时,表面泌水先流动,则混凝土各组分分离,造成不均匀和失去连续性,往往发生堵管,不能泵送。因此,采用泵送混凝土施工方法,对混凝土拌和物均有一定要求。现将其基本要求叙述如下。

(一)石子在水泥浆体中应保持均匀分布的状态

从水泥、砂子、石子拌和加水后搅拌终了算起,直到混凝土混合料完全失去流动性和可塑性,整个阶段的混凝土并不是匀质体。它是一个多相的分散体系,由各种不同密度、形状、大小等材料组成的。其中石子颗粒最大,沉降速度快,因而混凝土拌和物在停止搅拌的时候,集料迅速沉降积集。此时,原来拌和时石子均匀分散在水泥砂浆体中良好的状态,很快就变成一种水泥浆浮上石子沉析现象。工程实践说明,这种低密度物料向上部、高密度物料向下部聚集的不均匀状态的混凝土拌和物很难进行泵送。因此,自混凝土搅拌站至浆送之间的运输,要使混凝土的石子在水泥浆体中保持均匀分散的状态,必须带有搅拌的运输车。否则采用翻斗车、自卸汽车等运输车辆运输混凝土拌和物时,搅拌站出罐的混凝土拌和物由于停止了搅拌,石子在水泥浆体中均匀分散的状态就不能持久,分层离析作用不断产生,加上运输车辆在运输途中的颠簸振动,使混凝土拌和物几乎完全板结,石子沉底,水泥浆浮在上面。而这样板结的拌和物,要把它卸到混凝土泵的料斗中去进行泵送是很不理想的。所以泵送混凝土从搅拌站一直到泵送全过程都处于动态。这样给石子在水泥浆体中保持均匀分散的稳定性创造了必要条件,对泵送非常有利。但这种稳定性除了与搅拌有关以外,与混凝土的配合比又有密切的关系。对泵送混凝土配合比设计的一些要求,如石子颗粒级配多用连续级配,很少采用间断级配的石子,提高砂率,规定最小水泥用量,掺入减水剂和粉煤灰等大都从这点出发的,目前国内许多搅拌站已使用泵送剂,来提高混凝土拌和物在整个泵送过程中的稳定性,使其具有良好的可泵性。

(二)必须满足一定的技术条件

概括地说,混凝土可泵性就是在压力作用下混凝土拌和物在管道(包括弯管、接头等局部阻力区)内的流动能力。可以说它是在特殊情况下混凝土拌和物的工作性,是一个综合性指标。为了保证泵送和浇灌后的混凝土质量,对混凝土拌和物的技术要求主要包括:

(1)满足设计强度和耐久性。

(2)混凝土初凝时间不得小于混凝土拌和物运输、泵送、直到浇灌完成的全过程所需要的时间。

(3)混凝土坍落度下限值为5cm。与此同时,要具有良好的内聚性、不离析、少泌水。

(4)在混凝土基本组成材料中,石子最大粒径应不大于泵送时输送管道内径的1/3,它的颗粒级配应采用连续级配。

三、影响混凝土泵送的因素

泵送成功与否,首先取决于是否供应可泵送的混凝土拌和物,并不是所有混凝土拌和物都能泵送。如果混凝土坍落度太小,级配不好,或者集料的最大尺寸对于泵送管道来说过大,都会给泵送带来困难。一般来说,不同原材料和配合比,拌制的混凝土的性能固然不同,而相同配合比,若拌和时间、温度以及运输车辆等条件不一,所显示出的泵送混凝土泵送前的性能亦将各异。影响混凝土泵送的因素既是多方面的又是复杂的,摘其主要者分别叙述如下。

(一)水及细粉料对混凝土可泵性的影响

混凝土拌和物是由表面性质、颗粒大小和密度不同的固体材料与液体——水组成的。当拌和物在尚未加水之前，这个体系只是各种固体材料（石子、砂子和水泥等）散状颗粒堆聚体，各颗粒之间无任何有机联系，空隙很多。但在加水拌和之后，就可以使这个散状颗粒堆聚体各组分形成连续性，水泥也由此开始水化。很显然，在混凝土拌和物中水是关键，它是石子、砂子、水泥、外加剂（如减水剂）以及掺和料（如粉煤灰）等组成材料之间的联络相，不但是混凝土混合料中水泥水化的必要条件，而且是主宰混凝土泵送的全过程。混凝土拌和物加水拌和使其流动性满足泵送施工工艺要求，这是水对泵送有利的一个方面。与此相反，在混凝土混合料中水又是可以用泵抽的唯一成分，从表5-73中水的黏度与流动黏度，

水的黏度与流动黏度

表5-73

温度（℃）	η（Pa·s）	温度（℃）	η（Pa·s）	温度（℃）	η（Pa·s）
0	0.001 792	25	0.000 890	70	0.000 404
5	0.001 52	30	0.000 797	80	0.000 355
10	0.001 307	40	0.000 653	90	0.000 315
15	0.001 138	50	0.000 548	100	0.000 282
20	0.001 002	60	0.000 467		

可知在混凝土组成材料中水的流动性最好。如果在混凝土拌和物中的细粉料（水泥加0.3mm以下的细料）对水没有足够的吸附能力和阻力，就会有一部分水在泵压力作用下穿过固体颗粒之间空隙，流向阻力较小的区域内。在泵送过程中，这种现象在输送管内便会造成压力传递不均，以至水先流走，集料与水泥浆分离，这是水对泵送不利的一个方面。由于水通过固体材料之间的空隙的阻力与固体物的粒径大小有关。如图5-15可以看出粗比率的砂水通过的阻力非常小，直到颗粒在0.3mm才有改变。颗粒的粒径越细水通过的阻力越大。因此，在泵送混凝土中更显示出水对细粉料的依赖性，这与混凝土的可泵性有直接的关系。基于上述原因，这部分细粉料在泵送混凝土中应有一定数量。例如前联邦德国对组成泵送混凝

土的成分要求之一是：每 $1m^3$ 混凝土须含有 300～400kg 的细粉料（水泥加0.2mm 以下的细集料和掺和料）。泵送混凝土增加细粉料和使用减水剂的原理，实际上是稠化和提高净浆的内聚性，目的是为了防止混凝土拌和物在泵送的压力下脱水。脱水具有两种渐增的反作用：一是降低混凝土流动性；二是减少起润滑作用的流体。从而在泵送过程中导致管道堵塞，不能泵送。

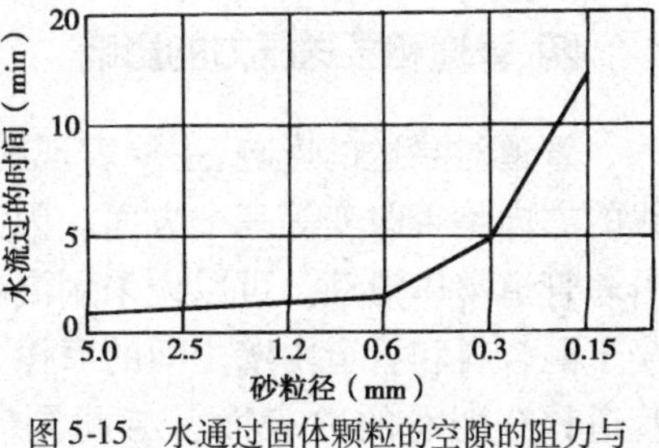

图 5-15　水通过固体颗粒的空隙的阻力与固体物的粒径大小的关系

（二）水泥浆含量的影响

混凝土泵送工艺需要的可泵性，与水泥用量有很大的关系。因为混凝土混合料中石子本身无流动性，它必须均匀地分散在水泥浆体中才能流动（相对位移），而且石子产生相对移动的阻力和水泥浆的厚度有关。在混凝土拌和物中，水泥浆填充集料颗粒间的空隙并包裹着集料，在集料表面形成浆层，而这种浆层的厚度加大，则集料产生相对移动的阻力就会减小。所以含浆量大，则集料含量相对减少，混凝土的坍落度（流动性或工作度）就加大。在泵送过程中能使泵送管道内壁形成薄浆层，起到润滑作用，有利于泵送。这个薄浆层的作用原理可以联系到摩擦理论加以分析，就黏着理论而言，摩擦表面互相黏着，是造成摩擦、磨损的根本原因。如果把泵送压力当成一定值，此时，要降低摩擦系数 μ 值时，主要途径是设法降低或减弱摩擦的剪切强度 S，S 的大小取决于管道内壁表面的润滑性能。很显然，水泥浆的含量对混凝土泵送特别重要。所以泵送混凝土最小水泥用量国外都有明确的规定。实际中，我国泵送混凝土施工经验也证明，水泥用量最好在 $260kg/m^3$ 以上。

泵送混凝土除了水泥用量影响泵送以外，还与水泥浆本身的稠度有密切的关系。稠度过大（水灰比过小），阻力也大，混凝土的流动性就会减小，由此将会引起混凝土拌和物不能泵送。但是水灰比过大，反而不利。图 5-16 表明，随着用水量的增多，混凝土的坍落度是加大了，可是混凝土的泌水率高，对大体积混凝土和较高的墙、柱浇灌混凝土都存在着大量的泌水现象。由于泌水率越大，集料的沉降作用越剧烈，必然会对混凝土质量产生不良的影响。

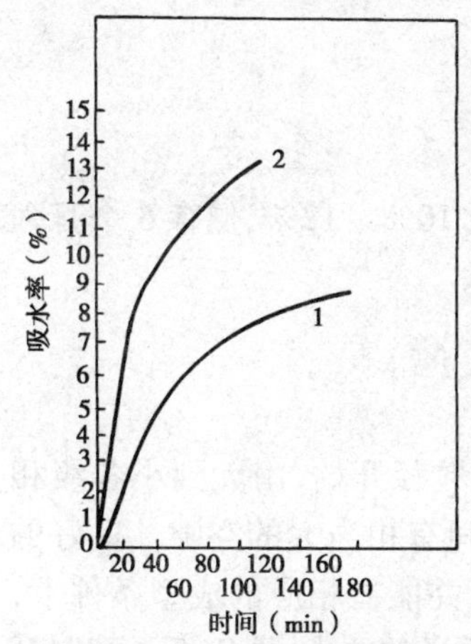

图 5-16　水灰比与泌水率关系

注：曲线 2 的水灰比 $\frac{W}{C}=\frac{245}{360}=0.7$，坍落度 = 20cm；曲线 1 的水灰比 $\frac{W}{C}=\frac{210}{350}=0.6$，坍落度 = 6.5cm

（三）石子粒径和表面性质的影响

石子在混凝土组成材料中用量最多，起骨架作用，能显著影响混凝土的可泵性和硬化后的物理力学性能。而石子粒径的最大尺寸与配筋、施工方法等因素有关。当泵送的时候，如果输送管内有 3 个大颗粒石子并排在一起则容易造成堵塞。因此，石子的粒径大小和颗粒级配是配制泵送混凝土的重要条件。如美国混凝土学会（ACI）304.2R71《泵送混凝土》建议石子的最大粒径应不大于输送管内径的 1/3。

另一方面，石子的形状和表面性质也影响到混凝土拌和物的流动性和硬化后混凝土的强度。因为颗粒较圆、表面较平滑的石子、空隙率较小，填充空隙和包裹颗粒所需要的水泥浆较少，所以水泥浆含量一定时，混凝土拌和物的流动性比较大。从泵送工艺来说，卵石比有棱角的碎石更为适用。但是表面平滑的卵石和水泥浆之间的黏结情况不及表面粗糙的碎石，水灰比相同时，卵石混凝土的强度偏低。

四、管道和泵送压力的影响

管道对泵送的影响,主要表现在管道内表面是否光滑、管道截面的大小由大变小,以及管线的方向是否改变等三个方面。因为混凝土泵最主要的功能是给予混凝土混合料压力,使其沿着管道整体滑动。可以说采用混凝土泵来压送混凝土是通过管道来实现的。因此,此时混凝土混合料和管道内壁之间的摩擦力,直接影响到混凝土泵的压力。正因为这样,很希望输送管道具有光滑的内表面。与此同时,需要有水泥浆使输送管内壁形成薄浆层,起到润滑作用。

混凝土拌和物在管内输送过程中,当改变管线方向,或者输送管道截面由大变小的时候,产生的阻力更大,对泵送很不利。所以泵送时敷设的管道最好弯头越少越好,而且最好在整个泵送系统中采用相同直径的管道。

在泵送时,泵送的压力必须大于混凝土拌和物在管壁上的抗剪力,即:

$$\Delta P \cdot \pi R^2 = 2\pi Rl \cdot S \tag{5-25}$$

式中:R——输送管半径;

l——输送管长度;

P——混凝土输送压力;

S——混凝土混合料和管壁之间的剪应力。

此外,作用在管壁上的剪应力必须小于混凝土拌和物的屈服值。由此可见,泵送的关键,除了提供可泵送的混凝土以外,还必须有以上两个条件,否则泵送不可能顺利进行。

五、泵送混凝土的组成材料及要求

(一)水泥

根据工程上和泵送施工工艺的要求,选用水泥时应考虑以下几项技术条件。

(1)在泵送大体积混凝土时,应选用水化热低的水泥。

(2)在各种温度、湿度的条件下,水泥早期和后期的发展规律。

(3)在混凝土工程的使用环境中,水泥的稳定性。

(4)水泥的储存期一般不应超过3个月(储存3个月强度降低10%～12%,储存6个月强度降低15%～30%)。过期的水泥应进行检验重新确定强度等级。

(5)水泥品质应符合国家标准。

(二)石子

石子的颗粒级配有连续级配和间断级配两种,前者是从最大粒径开始,由大到小各级相连,其中每一级石子都有一定数量。后者的大颗粒和小颗粒集料间有相当大的空隙。良好的石子级配可用较少的加水量制得流动性好,离析泌水少的混合料,并能在相应的成型条件下,得到均匀密实的混凝土,同时达到节约水泥的效果。根据混凝土泵送的要求,选用石子配制泵送混凝土时必须满足以下几项技术条件:

(1)良好的连续级配。

(2)石子的最大粒径不大于混凝土泵输送管径的1/3。

(3)集料的吸水率愈小愈好。在使用吸水率大的集料时,要采取必要的技术措施。

(4)石子的品质要求与非泵送混凝土相同。

(三)水

水质对水泥水化影响很大,所以在拌制泵送混凝土时与非泵送混凝土相同不能使用含有影响混凝土正常凝结和硬化的有害杂质或油脂类及糖类的水。如水中盐类的总含量超过5 000g/L,或硫酸盐含量超过2 700mg/L,以及氢离子指数 pH <4 的水不能用来拌制混凝土。对于工业废水、污水及富有有机杂质的沼泽水均不得使用。拌制泵送混凝土的水可以采用饮用的自来水或清洁的天然水。

(四)砂子

砂子在混凝土中主要用来填充石子空隙,和石子共同起骨架作用。一般按平均粒径和细度模数分为:①平均粒径在0.5mm以上,细度模数在3.2~3.8为粗砂;②平均粒径为0.35~0.5mm,细度模数在2.5~3.2为中砂;③平均粒径为0.25~0.35mm,细度模数在1.8~2.5为细砂;④平均粒径在0.25mm以下,细度模数在1.5以下为特细砂。

细度模数和平均粒径仅可用来作为表示砂子粗细的指标,它不能完全反映颗粒的级配。级配好的砂,其空隙率不超过40%,级配率最好的砂,空隙率可减至30%。而配制泵送混凝土选用砂时应考虑以下技术条件:

(1)通过0.3mm筛孔的细颗粒不小于15%的颗粒级配良好的中砂。

(2)砂的质量要求与非泵送混凝土相同。

(五)减水剂

减水剂对于采用一般施工方法的非泵送混凝土来讲,这仅是一个经济效果问题,而对于采用泵送工艺的泵送混凝土来说就不仅是一个经济问题,而且技术上的作用很大。因为提高混凝土流动性的途径,一是靠加大用水量;二是靠掺用减水剂。增加用水量时,为了保证混凝土具有必要的稠度和强度指标,必须要增加水泥用量,这非但在经济上不合理,而且也会使硬化后的混凝土性能受到一定的影响,严重时并会导致混凝土干缩的增大或开裂。因此,各种高效能的减水剂已成为泵送混凝土组成材料中不可缺少的部分。只要在混凝土中加入水泥质量的千分之几,在达到同样坍落度的条件下可减少用水量10% ~20%,或者在同样的用水量情况下可明显的提高流动性。当混凝土坍落度与不掺减水剂的相同时,也具有比较好的工作度。即混凝土混合料屈服应力比较小,也就是在较小的外力作用下就开始流动,因此,对泵送混凝土非常有利。

我国的减水剂自20世纪70年代以来发展很快,供应的减水剂品种很多,因此,要根据具体情况和要求择优选用,否则就达不到经济上的合理性、技术上的可行性。使用的减水剂应符合有关规定和产品的技术指标。

(六)掺和料

为了既节约水泥又能保证混凝土拌和物具有必要的可泵性,在配制泵送混凝土时可以掺入一定数量的粉煤灰。工程实践表明,掺粉煤灰不仅对混凝土的流动性和内聚性有良好的作用,而且降低坍落度损失和混凝土水化热,延长凝结时间,减少泌水率,增加密实度和强度,使泵送混凝土的技术性能与经济效益得到进一步发挥。

使用粉煤灰的质量应符合国家标准,但作为活性掺和料用的矿物掺料,其活性指标不应低于有关规定,磨细度不小于水泥的细度。对混凝土有害的有机杂质、未燃煤及可溶性盐类含量不得大于有关规定,另一方面,掺和料作为填充料使用时,应当采用不显著提高需水性的材料。

六、配合比设计

泵送混凝土不同于非泵送混凝土的主要特点在于流动性特大,级配良好,石子的最大尺寸也符合混凝土泵输送管道内径的要求。在进行配合比设计时,可以采用与非泵送混凝土相同的方法和步骤。但配制出来的混凝土拌和物必须适合泵送和不降低混凝土硬化后的质量。因此,泵送混凝土配合比设计包括原材料选择、施工配制强度和混凝土可泵性。

(1)原材料选择。组成泵送混凝土用的水泥、砂子、石子、水和外加剂等原材料的质量标准与非泵送混凝土基本相同,但泵送混凝土对石子粒径大小和颗粒级配的要求比较严格。因为石子的大小以及颗粒级配的好坏,对混凝土可泵性影响极大。如果石子粒径过大,即使混凝土流动性和内聚性很好也不能泵送,所以粗集料以小为好。但粗集料的粒径越小,空隙率就越大,从而增加了细集料的体积,加大了水泥用量。为了混凝土可泵性,而无原则地减小粗集料的粒径,既不经济,又影响混凝土质量。

(2)施工配制强度。为使泵送混凝土强度保证率满足混凝土结构规定的要求,在进行配合比设计时,必须使泵送混凝土的配制强度 $f_{cu,0}$ 高于设计要求的强度 $f_{cu,k}$,$f_{cu,0}$ 应比 $f_{cu,k}$ 高多少,不但与保证率有关,还与施工控制水平有关。由于各规范所要求的保证率不同,计算施工配制强度应根据有关混凝土规定进行。

(3)混凝土可泵性。是满足泵送工艺要求的一项重要条件,它与水泥用量、石子大小和颗粒级配、水灰比以及外加剂的品种与掺量等因素有密切的关系。从实际操作角度来看,使用碎石类材料的干硬性混凝土根本不能使用混凝土泵输送。由于泵送混凝土的施工工艺与非泵送混凝土不同,所以配制泵送混凝土必须具有可泵性。

如上所述,对混凝土可泵性有关因素考虑不周,将会引起拌制的混凝土不能泵送。因此,在进行配合比设计时,必须考虑的几个主要问题如下。

(一)水泥用量的限值

水泥是泵送混凝土的主要组成材料之一,是使硬化混凝土具有所需的强度、耐久性等重要性能,其用量多少也将直接影响混凝土泵送。因此,日本泵送混凝土对水泥用量作了一定的要求,见表5-74。按表中所列数字可以看出,输送管径大小与水泥用量多少成反比,水平距离的长短与水泥用量的多少成正比。但是根据国内的施工经验,例如上海宝钢工程采用125mm内径的输送管道压送水泥量为280~285kg/m^{3}的混凝土,而且在宝钢工程中,混凝土强度大多数是32.5级,当用42.5级水泥配 $f_{cu,k}=22.5$MPa泵送混凝土,其水泥用量为285kg/m^3。如用52.5级号水泥配制 $f_{cu,k}=22.5$MPa泵送混凝土,其水泥用量仅275kg/m^3。同日本建筑学会《泵送混凝土施工法规程》规定的最小水泥用量值相比,少用水泥5~10kg/m^3,亦可以比较顺利地进行泵送。工程实践表明,其中水泥用量与水泥品种和坍落度大小有关。因此,泵送混凝土施工配合比应根据所用的原材料具体情况经试验或按已有的经验确定。

泵送混凝土水泥用量的最小值 表5-74

泵送条件	输送管内径尺寸(mm)			输送管水平换算距离(m)		
	ϕ100	ϕ125	ϕ150	<60	60~150	>150
水泥用量(kg/m^3)	300	290	280	280	290	300

虽然水泥用量多的混凝土拌和物具有良好的可泵性,但水泥用量过多很不经济。因此,在满足混凝土质量和泵送要求的前提下,单位体积混凝土的水泥用量越少越经济。水泥用量少不仅是一个经济问题,而且还具有技术的优点。例如,对于大体积混凝土,水的用量少可以减

少由于水化热过大引起开裂的危险性。在结构用混凝土中水泥用量增大会导致干缩的增大和开裂。所以泵送混凝土配合比设计，可以采用一部分掺和料（如粉煤灰），既降低了水泥用量而又不影响泵送混凝土含有必要的细粉料量（水泥加0.3mm以下的细集料），以满足混凝土可泵性。例如日本为了使混凝土达到可泵性要求而提出以下四点要求：

（1）水泥和细集料总量中小于0.3mm颗粒的含量至少有400kg/m³（最大粒径为40mm时）或者450kg/m³（最大粒径为20mm时）。

（2）提高混凝土的砂率，一般情况下应增加4%～5%，对粗集料级配也要注意，不能使用间断级配的粗集料。

（3）细集料中小于1.2mm的颗粒含量：水泥用量大于270kg/m³时应为24%～35%，水泥小于270kg/m³时应大于35%。

（4）如砂中粉细料过少，可以掺入部分火山灰、石粉等，以获得良好的工作性能。

从上述要求可以看出，泵送混凝土配合比与非泵送混凝土相比较，除了石子粒径要适宜，含砂率和细粉料含量高，以及不能使用间断级配的石子以外，水泥用量的最小值更显得重要。

（二）坍落度取值

对于混凝土可泵性的评定和检验目前还没有一个统一的标准，一般是石子粒径适宜，流动性和内聚性比较好的塑性混凝土，其泵送性能基本上也是好的。因此，评定混凝土可泵性现在仍然以坍落度或者稠度来表示，例如德国把稠度在K_2～K_3（相当于坍落度值5～12cm）的混凝土拌和物列为可以泵送的混凝土。根据国内工程实践同样表明，对于大多数混凝土拌和物来说，如果粗集料的粒径适宜和颗粒级配良好，配合比适当，即使坍落度值的变动范围很大都可以泵送。如图5-17所示的上海宝钢工程某一工程的泵送混凝土坍落度变动情况，说明5～20cm坍落度的混凝土仍然可以用日本DC-S115B型混凝土泵顺利地进行泵送。但是坍落度小，摩阻力大，必然产生输送管道和混凝土泵的磨损，影响混凝土泵的使用寿命。除此以外，由于流动性差，输送管道内的阻力增加了，压送效率变小，平均压送量也就因此而降低，所以泵送混凝土坍落度应不小于5cm。可是坍落度过大，对可泵性也不一定有利，反而会引起集料沉淀，使结构物上下部位的质量不匀，也同样影响其使用性能。

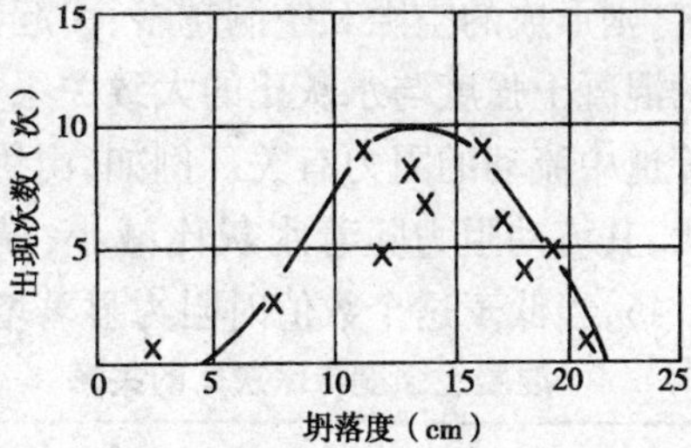

图5-17　泵送混凝土坍落度变动情况

混凝土泵的工作压力，一般是随着混凝土坍落度减小而增大，而泵送混凝土的坍落度又随着时间的延长而减小。坍落度减小的速度，初期较快，后期缓慢，气温高较快，气温低较慢，如图5-18所示。此外，影响坍落度损失的其他因素还包括：

（1）水泥品种。

（2）单位用水量及水灰比。

（3）集料级配及含砂率。

（4）掺和料和外加剂。

实际上混凝土拌制之后到泵送，需要一段运输和停放时间，故掌握泵送混凝土初始坍落度的变化与时间的关系，对泵送是十分重要的。为了保持混凝土原有坍落度，控制坍落度的损失，配制泵送混凝土用的减水剂加入方法，可采用后掺法。后加法能较好地解决停放和运输过程中坍落度损失问题，而硬化后混凝土强度和耐久性仍然达到或超过不掺减水剂的混凝土水平。

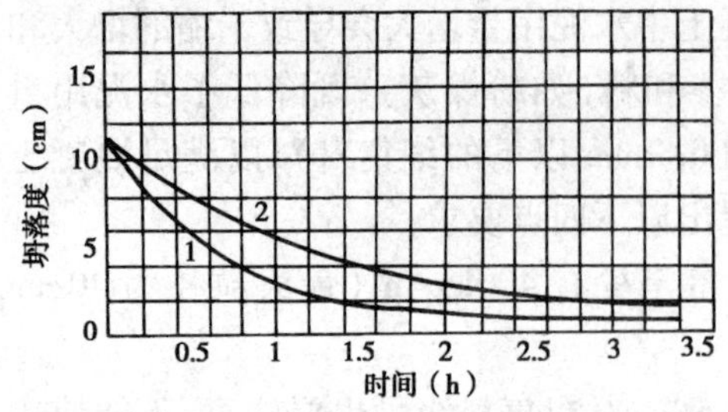

图 5-18　夏天及冬天泵送混凝土坍落度与时间关系

注：①曲线 1 为夏天（33 ~ 35℃）混凝土坍落度与时间关系，混凝土初温为 30℃，初测坍落度为 10.5cm。曲线 2 为冬天（11 ~ 15℃）混凝土坍落度与时间关系，混凝土初温为 14℃，初测坍落度为 10.5cm；②混凝土强度等级为 C25。

由上可见，对泵送而言，在每种具体情况下，显然存在着一个最佳的坍落度值。根据国内上海宝钢工程泵送混凝土施工经验，坍落度取值为 10 ~ 13cm比较适宜。施工表明，所设计的坍落度为以上值的混凝土拌和物，在泵送时排出压力一般为 6 ~ 7MPa，最大为 10MPa，都在混凝土泵的技术性能（排出压力 10 ~ 15MPa）容许范围之内。因此，对管壁的磨损问题不会超过混凝土泵容许范围。

（三）合理的水灰比

混凝土的水灰比主要受施工工作性能的控制，比理想水灰比大。例如拌制泵送混凝土水泥用量按 280kg/m^3 来计算，则水泥水化和硬化的用水量仅为 70kg 左右。但实际用水量比这一数值大，大部分水是与水泥水化和硬化无关，只是供混凝土的集料和粉料吸附，以及保证混凝土的可泵性。一般来说，水灰比大，对泵送有利，但硬化后的泵送混凝土强度，仍然取决于水灰比。而且在一定范围内，混凝土的强度随着用水量的减少而提高。这是因为混凝土拌和物的实际用水量大大超过水泥水化和硬化所需要的用水量，多余的水分除被集料和粉料吸附外，都将在硬化的混凝土中形成孔隙和空洞。用水越多，则形成的空隙和空洞越多，引起混凝土强度降低也越显著。如美国混凝土学会（ACI）提出的混凝土强度与水灰比的大致关系如表 5-75 所列的数值。还应指出，水灰比与泵送混凝土在管道中流动的阻力有关。例如，由伊德测定的不同水灰比的混凝土拌和物流动阻力，清楚地表明，其流动阻力随着水灰比减小，稠度降低而增加（图 5-19），在此情况下，其临界水灰比为 0.45，当低于这个数值时阻力显著增加。

混凝土强度与水灰比的关系　　表 5-75

28d 抗压强度（MPa）	水灰比	
	不加气	加气
42.0	0.42 ~ 0.45	—
35.0	0.51 ~ 0.53	0.42 ~ 0.44
28.0	0.60 ~ 0.63	0.50 ~ 0.53
21.0	0.71 ~ 0.75	0.62 ~ 0.65

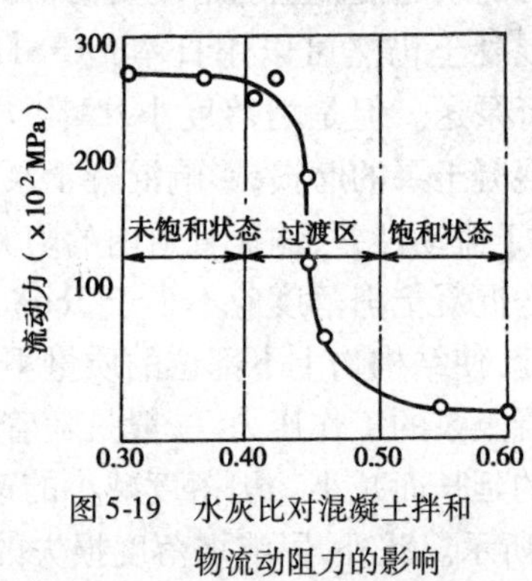

图 5-19　水灰比对混凝土拌和物流动阻力的影响

从上可见，水灰比、强度指标和混凝土可泵性对泵送混凝土来说实际上存在着互相制约的因素。因此，泵送混凝土配合比设计最重要的，就是根据强度和可泵性来考虑水灰比值。为了保证泵送混凝土具有必需的可泵性和硬化后的强度，可以采用加减水剂的方法来提高混凝土的流动性。减水剂的掺量很小，只有水泥用量的千分之几，在同样水灰比条件下，能使混凝土拌和物流动性大大增加，而且不会对混凝土结构物带来不利的影响。

（四）泵送混凝土砂率问题

在泵送混凝土配合比中除单位水泥用量外，砂率也有一定的影响。

这是因为水泥砂浆在泵送过程中的效应主要是：

(1)粗集料被包裹,使输送管道内壁形成砂浆润滑层,所以混凝土拌和物能在管道中被压送。

(2)当混凝土泵送时,输送管道除直管外,还有锥形管、弯管、软管等,当混凝土拌和物通过上述非直管和软管时,粗集料颗粒间相对位置将产生变化。此时,如果水泥砂浆量不足,则混凝土拌和物变形不够,便会产生堵塞现象。

(3)对坍落度较大的混凝土其坍落度值却随着砂率的增加而增大,如表5-76所示。

砂率对混凝土坍落度的影响 表5-76

砂　率	掺木质素磺酸钙减水剂,$\frac{W}{C}=0.55$,用水量170kg/m³	
	坍落度(mm)	28d抗压强度(MPa)
34	108	23.8
37	169	23.1
40	167	21.6
43	186	21.2
46	188	22.4

比较高的砂率是保证大流动性混凝土不离析,少泌水及具有良好的成型和运输性能的必要条件。因此,泵送混凝土砂率比非泵送混凝土高。目前国内配制泵送混凝土都采用通过0.3mm筛孔的细颗粒不小于15%的中砂,当水灰比在0.4~0.9时,砂率按41%~45%选用。

总之,可泵性是泵送混凝土一项综合指标,由于混凝土泵类型较多,各类混凝土泵特点各不相同,且配制混凝土的集料粒度和粒形也不同,故检验混凝土的可泵性时,采用实际试压送方式是必要的,它可直接反映混凝土原材料及配合比是否合适,明显衡量混凝土可泵性的优劣,泵送混凝土的主要特点是:流动性较好,适于泵送,施工方便,能保持干硬性混凝土的良好性能。因此,其配合比同非泵送混凝土不完全一样,即表现为:

(1)要求粗集料是自然连续级配,其最大粒径不大于混凝土泵送管径的1/3。

(2)最小水泥用量按日本建筑学会《泵送混凝土施工法规程》规定,应不低于280kg/m³。上海宝钢总厂为了节约水泥,规定最小水泥用量为270kg/m³。

(3)坍落度一般宜为10~13cm,而坍落度的下限值不应小于5cm。

(4)砂率比普通混凝土高7%~9%。

七、参考配合比

表5-77列出了未掺加粉煤灰泵送混凝土配合比,表5-78中列出了掺加粉煤灰泵送混凝土配合比,表5-79中列出了某些工程泵送混凝土配合比实例,供配合比设计和施工参考。

未掺加粉煤灰泵送混凝土配合比 表5-77

序号	碎石粒(mm)	配合比			每1m³混凝土用料(kg)					坍落度(cm)
		水灰比(W/C)	砂率(%)	木钙含量(M-Ca/C)	水泥	砂	石子	木钙	水	
1	5~40	0.715	44.0	0.25	268	854	1 036	0.670	192	11~13
2	5~40	0.620	43.0	0.25	310	816	1 082	0.775	192	11~13
3	5~40	0.548	42.0	0.25	350	780	1 078	0.875	192	11~13

续上表

序号	碎石粒(mm)	配合比			每 $1m^3$ 混凝土用料(kg)					坍落度(cm)
		水灰比(W/C)	砂率(%)	木钙含量(M-Ca/C)	水泥	砂	石子	木钙	水	
4	5~40	0.515	45.0	0.25	282	861	1 055	0.705	202	11~13
5	5~40	0.620	44.0	0.25	326	825	1 047	0.815	202	11~13
6	5~40	0.548	43.0	0.25	369	786	1 043	0.992	11~13	11~13

注:1. 水泥的用量为 C,水的用量为 W,粉煤灰的用量为 F,砂的用量为 S,石子的用量为 G,木钙的用量为 M-Ca。

2. 水灰比为 W/C,木钙含量为 M-Ca/C。

掺加粉煤灰泵送混凝土配合比 表 5-78

序号	碎石粒径(mm)	配合比				每 $1m^3$ 混凝土用料(kg)						坍落度(cm)
		水胶比(%)	砂率(%)	粉煤灰含量(%)	木钙含量(%)	水泥	砂	石子	木钙	粉煤灰	水	
1	5~40	0.585	42.0	15	0.25	291	780	1 078	0.855	51	200	11~13
2	5~40	0.521	41.0	15	0.25	326	745	1 071	0.960	58	200	11~13
3	5~40	0.470	40.0	15	0.25	361	710	1 065	1.062	64	200	11~13
4	5~40	0.585	42.0	15	0.25	305	770	1 061	0.898	54	210	11~13
5	5~40	0.521	42.0	15	0.25	342	750	1 037	1.007	61	210	11~13
6	5~40	0.470	41.0	15	0.25	379	715	1 029	1.018	67	210	11~13

注:1. 水泥的用量为 C,水的用量为 W,粉煤灰的用量为 F,砂的用量为 S,石子的用量为 G,木钙的用量为 M-Ca。

2. 水胶比为 $W/(C+F)$,粉煤灰含量为 $F/(C+F)$,木钙含量为 M-Ca/(C+F)。

泵送混凝土配合比实例(每 $1m^3$ 用料量) 表 5-79

序号	工程名称	泵送高度(m)	混凝土强度(MPa)	入泵坍落度(mm)	水胶比	砂率(%)	水泥			掺和料		用水量(kg)	用砂量(kg)	碎石用量(kg)	减水剂	
							品种	强度(MPa)	用量(kg)	名称	用量(kg)				品牌	掺量(kg)
1	广东国际大厦顶层	200	C60	190	0.35	36	普硅	52.5	498	粉煤灰	75	198	590	1 031	DP 440	1.0
2	上海东方实业大厦	150	C60	140	0.37		普硅	72.5	440	粉煤灰	50	181			南浦 II	
3	上海南浦大桥	154	C40	180	0.42	33	普硅	52.5	400	粉煤灰	40	185	648	1 100	南浦 II	16.8(L)
4	上海电视塔基础(大体积)	水平	C40	120	0.41		普硅	52.5	360	粉煤灰	70	176			南浦 II	
5	南京金陵饭店	30 层	C30	180	0.55	40	普硅	52.5	390		0	215	732	1 100	木钙	1.95
6	联谊大厦	12 层	C30	160	0.47	38	矿硅	42.5	420	粉煤灰	40	215	632	1 020	木钙	0.88
7	上海八区引水工程	水平	C20	120	0.62	42	矿硅	42.5	364	粉煤灰	46	192	762	1 061	木钙	0.78

续上表

序号	工程名称	泵送高度(m)	混凝土强度(MPa)	入泵坍落度(mm)	水胶比	砂率(%)	水泥			掺和料		用水量(kg)	用砂量(kg)	碎石用量(kg)	减水剂	
							品种	强度(MPa)	用量(kg)	名称	用量(kg)				品牌	掺量(kg)
8	南京邮电大楼	170	C50	215	0.30	34	矿硅	52.5	488	RPA	42	170	568	1 102		
9			C60	215	0.30	33	矿硅	52.5	539	RPA	47	176	531	1 078		
10	上海金茂大厦(基础)	水平	C50	100	0.31	37	矿硅	52.5	420	粉煤灰	70	190	626	1 050	EA_2	3.36
11	上海世界广场地下室	水平	C80	200	0.28	43	硅	72.5	425	FRC	180	169	700	905	YJC_2	3.90
12	新上海国际大厦	87	C80	200	0.27	42	硅	72.5	480	FRC	150	170	680	910	YJC_2	3.60
13	广州中天广场	146	C60	180	0.33	38	硅	52.5	545			180	640	985	RB1000 MBL	2.0(L) 4.36(L)
14	青岛中银大厦	244	C60		0.30	30	普硅	52.5	491	粉煤灰	49	161	560	1 137		

注:掺和料中的 RPA 是江苏省建科院研制的多功能抗裂防渗材料;FRC 是以化铁炉渣为基料研制的掺和料。

第八节　喷射混凝土配合比设计

喷射混凝土是利用压缩空气把按一定配比的混凝土由喷射机的喷口以高速高压喷出,从而在被喷面形成混凝土层。

混凝土喷射法施工有干、湿法两种工艺。湿法喷射工艺是预先在搅拌机里将所有材料搅拌好再喷射;干法喷射工艺则是水泥和集料搅拌混合后从一个喷嘴喷射出,同时从另一个喷嘴喷射水,在喷嘴口处开始和干料混合成混凝土。一般湿法喷射多用于喷射砂浆。

喷射混凝土一般不用模板,有加快施工速度、强度增长快、密实性好、施工准备简单、适应性强等特点。但也有施工厚度不易掌握、回弹量较大、表面粗糙、劳动条件较差等缺点。

喷射混凝土一般大量用于矿山、竖井平巷、交通隧道、水工隧道、地面电站等工程的岩壁衬砌以及坡面护面,也有用于大型构筑物的补强工程以及灌壁结构屋顶、烟囱与各种热工窑炉等特殊工程用途。

一、原材料的技术要求

(一)水泥

水泥品种和强度等级的选择主要应满足工程使用要求,当加入速凝剂时,还应考虑水泥与速凝剂的相容性。

喷射混凝土应优先选用不低于 42.5 级的硅酸盐水泥或普通硅酸盐水泥,因为这两种水泥的 C_3S 和 C_3A 含量较高,同速凝剂的相容性好,能速凝、快硬,后期强度也较高。矿渣硅酸盐水泥凝结硬化较慢,但对抗矿物水(硫酸盐、海水)腐蚀的性能比普通硅酸盐水泥好。

当喷射混凝土遇到含有较高可溶性硫酸盐的地层或地下水的地方，应使用抗硫酸盐类水泥。当结构物要求喷射混凝土早强时，可使用硫铝酸盐水泥或其他早强水泥。当集料与水泥中的碱可能发生反应时，应使用低碱水泥。当喷射混凝土用于耐火结构时，应使用高铝水泥，它同时对于酸性介质也有较大的抵抗能力。高铝水泥由于早期水化作用，发热较高，使用时需要采取一定的预防措施。

(二)砂子

喷射混凝土用砂宜选择中粗砂，细度模数大于2.5。一般砂子颗粒级配应满足表5-80的要求。砂子过细，会使干缩增大；砂子过粗，则会增加回弹。砂子中小于0.075mm的颗粒不应超过20%，否则由于集料周围粘有灰尘，会妨碍集料与水泥的良好黏结。

细集料的级配范围 表5-80

筛孔尺寸(mm)	通过百分数(以质量计)	筛孔尺寸(mm)	通过百分数(以质量计)
10	100	0.6	25~60
5	95~100	0.3	10~30
2.5	80~100	0.15	2~10
1.2	50~85		

(三)石子

卵石或碎石均可，但以卵石为好。卵石对设备及管路磨蚀小，也不像碎石那样因针片状含量多而易引起管路堵塞。尽管目前国内生产的喷射机能使用最大粒径为25mm的集料，但为了减少回弹，集料的最大粒径不宜大于20mm，粗细集料的级配应符合表5-81的限度。集料级配对喷射混凝土拌和料的可泵性、通过管道的流动性、在喷嘴处的水化、对受喷面的黏附以及最终产品的容重和经济性都有重要作用。为取得最大的容重，应避免使用间断级配的集料。经过筛选后应将所有超过尺寸的大块除掉，因为这些大块常常会引起管路堵塞。喷射混凝土需掺入速凝剂时，不得用含有活性二氧化硅的石材作粗集料，以免碱集料反应而使喷射混凝土开裂破坏。

喷射混凝土石子级配范围 表5-81

筛孔尺寸(mm)	通过每个筛子的质量百分比		筛孔尺寸(mm)	通过每个筛子的质量百分比	
	级配1	级配2		级配1	级配2
20.0	—	100	5.0	10~30	0~15
15.0	100	90~100	2.5	0~10	0~5
10.0	85~100	40~70	1.2	0~5	—

(四)水

喷射混凝土用水要求与普通混凝土相同，不得使用污水、pH<4的酸性水、含硫酸盐量(按SO_4)计超过水重1%的水及海水。

(五)外加剂

用于喷射混凝土的外加剂有速凝剂、引气剂、减水剂和增黏剂等。

1. 速凝剂

使用速凝剂的主要目的是使喷射混凝土速凝快硬，减少回弹损失，防止喷射混凝土因重力作用所引起的脱落，提高它在潮湿或含水岩层中使用的适应性能，以及可适当加大一次喷射厚度和缩短喷射层间的间隔时间。

喷射混凝土用的速凝剂同普通混凝土用的速凝剂在成分上有很大不同。普通混凝土常用的氯化钙不能满足喷射混凝土要求的速凝效果，而且在海水或其他硫酸盐物质侵蚀或与预应力钢筋接触的喷射混凝土中根本就不能使用氯化钙。

喷射混凝土用的速凝剂一般含有下列可溶盐：碳酸钠、铝酸钠和氢氧化钙。速凝剂一般为粉状。国内常见的速凝剂见表 5-82。

常用速凝剂的种类 表 5-82

种类	主要成分	常用掺量（占水泥质量%）	生产单位	种类	主要成分	常用掺量（占水泥质量%）	生产单位
红星一型	铝氧熟料 碳酸钠 生石灰	2.5~4	黑龙江鸡西水泥速凝剂厂	782 型	矾泥 矾土 石灰石 碳酸钠	6~7	湖南冷水江市水泥速凝剂厂
711 型	矾土 纯碱 石灰 无水石膏	2.5~3.5	上海硅酸盐制品厂	尧山型	铝矾土 土碱 石灰石		陕西蒲白矿务局水泥厂

某一品种速凝剂对某一品种水泥认为可以采纳时，应符合下列条件：①初凝在 3min 以内；②终凝在 12min 以内；③8h 后的强度不小于 0.3MPa；④极限强度（28d 强度）不应低于不加速凝剂的试件强度的 70%。

（1）速凝剂在水泥凝结硬化过程中的作用

在水泥中掺入速凝剂，遇水混合后立即水化，速凝剂的反应物 NaOH 可与水泥中的石膏（$CaSO_4$）生成 Na_2SO_4，使石膏失去缓凝作用。

$$2NaOH + CaSO_4 = Na_2SO_4 + Ca(OH)_2$$

由于溶液中石膏的浓度降低，C_3A 迅速进入溶液，析出水化物，导致水泥浆迅速凝固，水泥石形成疏松的铝酸盐结构。同时沉淀下来的铝酸盐水化物，如 $C_3A \cdot Ca(OH)_2 \cdot 12H_2O$、$C_3A \cdot CaSO_4 \cdot 12H_2O$ 的固溶体决定了水泥石结构。Na_2SO_4 和 NaOH 也起着加速硅酸盐矿物特别是 C_3S 水化的作用。随着龄期的延长，C_3S 水化物不断地析出，填充加固疏松的铝酸盐结构；随着溶液中 $Ca(OH)_2$ 浓度逐渐增高，使 Na_2SO_4 和 $Ca(OH)_2$ 发生可逆反应重新生成 $CaSO_4$，从而在液相中形成针状的 $C_3A \cdot 3CaSO_4 \cdot 31H_2O$ 晶体，这对疏松的铝酸盐结构的加固、致密作用是有利的。

但是，掺速凝剂的喷射混凝土，后期强度往往偏低，与不掺者相比，后期强度损失 30%。这是因为，掺速凝剂的水泥石中，先期形成了疏松的铝酸盐水化物结构，以后虽有 C_3S 和 C_2S 水化物填充加固，但已使硅酸盐颗粒分离，妨碍硅酸盐水化物在单位面积内达到最大附着和凝聚所必需的紧密接触。

速凝剂不仅加速硅酸盐矿物 C_3S、C_2S 的水化，同时也加速了 C_4AF 的水化。由于水泥中 C_4AF 的含量高达 10% 以上，水化时析出的 CFH 胶体包围在 C_3S 表面，从而阻碍了 C_3S、C_2S 后期的水化。

在凝结硬化的后期，$C_3A \cdot Ca(OH)_2 \cdot 12H_2O$ 和 $C_3A \cdot CaSO_4 \cdot 12H_2O$ 固溶体的连生体被破坏成疏松的条状晶体；在水化硫铝酸盐固体表面和基质中，小颗的固相表面生成极小的针状水化硫铝酸盐晶体；基质中，早期形成的胶体填充物的结晶及次微晶的再结晶，造成了裂隙和空穴。这些内部缺陷，导致了后期强度的损失。

(2)影响速凝剂使用效果的因素

①水泥品种

红星一型速凝剂的掺量为水泥质量的 2.5% ~4% 时，对各厂的普通硅酸盐水泥的凝结时间都很快，即在 1 ~3min 内初凝，2 ~10min 内终凝，能满足喷射混凝土的速凝要求。红星一型速凝剂对抗硫酸盐水泥和火山灰质硅酸盐水泥的速凝效果也很显著，但对矿渣硅酸盐水泥效果较差，当掺量为水泥质量的 4% 时，终凝在 10min 以上。

②速凝剂掺量

速凝剂对普通硅酸盐水泥的最佳掺量为 2.5% ~4%，若掺量超过 4%，凝结时间反而增长。速凝剂掺量对水泥速凝效果的影响如表 5-83 所列。速凝剂掺量对混凝土后期强度的影响如图 5-20 所示，掺量大于 4% 时，混凝土强度的降低更为严重。

速凝剂掺量对水泥速凝效果的影响 表 5-83

掺量（占水泥质量的%）	掺入方式	水灰比	室温（℃）	湿度（%）	凝结时间	
					初凝	终凝
0	干拌	0.4	23 ~26	75	4h51min	6h53min
2	干拌	0.4	23 ~26	75	1min18s	7min12s
4	干拌	0.4	23 ~26	75	2min12s	3min9s
6	干拌	0.4	23 ~26	75	2min11s	5min
8	干拌	0.4	23 ~26	75	2min54s	8min29s

注：速凝剂为红星一型，水泥为唐山东方红水泥厂 42.5 级普通硅酸盐水泥。

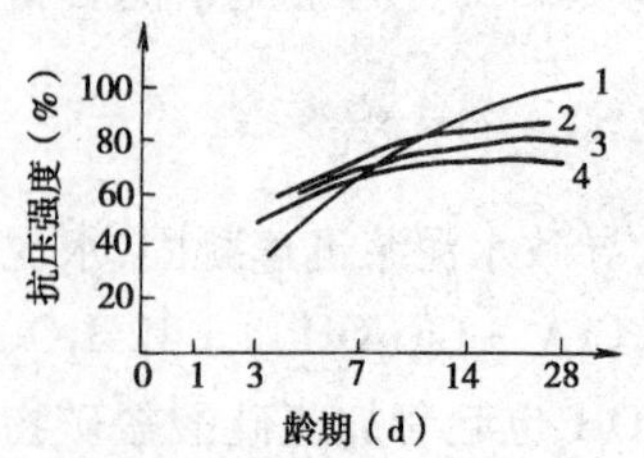

图 5-20 速凝剂掺量对混凝土后期强度的影响

1-不掺；2-掺 2%；3-掺 4%；4-掺 6% 和 8%

③水灰比

水灰比越大，速凝效果越差。表 5-84 为水灰比对水泥凝结时间的影响。

④温度

一般来说，水泥凝结时间随温度升高而加快（表5-85），但相对强度则随温度降低而升高（表 5-86）。应当指出，当温度到达 30℃ 时，在水泥中掺加速凝剂，则对终凝时间及后期极限强度都极为不利。

⑤水泥风化程度

水泥的风化是由于水泥颗粒吸收空气中的水分和二氧化碳后在其表面形成水化层和碳化层的结果。水泥的风化程度对速凝剂的使用效果及喷射混凝土各龄期强度的影响都比较大。表 5-87 为水泥风化程度对红星一型速凝剂速凝效果的影响。喷射混凝土施工时，应尽可能使用较新鲜的水泥，而且必须做水泥—速凝剂相容性试验。

水灰比对水泥凝结时间的影响　　表 5-84

速凝剂名称	掺量（%）	水灰比	凝结时间		速凝剂名称	掺量（%）	水灰比	凝结时间	
			初凝	终凝				初凝	终凝
红星一型	2.5	0.30	1min20s	2min17s	红星一型	2.5	0.45	2min52s	5min
	2.5	0.35	1min50s	2min45s		2.5	0.50	4min32s	7min20s
	2.5	0.40	2min30s	4min10s					

注:水泥为洛阳水泥厂 42.5 级普通硅酸盐水泥;试验温度为 20℃。

温度对水泥凝结时间的影响　　表 5-85

速凝剂名称	速凝剂掺量（占水泥质量）(%)	施工温度（℃）	凝结时间	
			初凝	终凝
红星一型	3	25	1min24s	2min37s
	3	20	2min30s	3min45s
	3	14	2min4s	3min46s
	3	10	2min30s	4min
	3	4	8min	14min3s

不同温度下的水泥净浆性能　　表 5-86

温度（℃）	掺量（%）	凝结时间		抗压强度（MPa）					28d 相对强度(%)
		初凝	终凝	4h	1d	3d	7d	28d	
3	0			—	0.1	2.3	9.4	22.6	100
	3	5min25s	9min30s	0.4	0.9	9.7	20.8	25.7	114
10	0			—	0.3	5.6	14.3	28.6	100
	3	3min45s	9min	0.8	2.8	13.2	16.4	26.3	91.9
20	0			—	2.5	11.7	18.2	34.2	100
	3	2min15s	5min55s	0.5	7.3	15.9	18.6	24.4	71.4
30	0			—	5.8	16.8	23.5	35.8	100
	3	2min25s	>45min	0.3	9.6	12.4	14.5	16.3	45.6

水泥风化程度对速凝效果的影响　　表 5-87

水泥品种	水泥的风化程度	速凝剂掺量（%）	凝结时间	
			初凝	终凝
洛阳水泥厂 42.5 级普通硅酸盐水泥	水泥袋中心取样	2.5	1min35s	4min20s
	水泥袋中心取样后在空气中暴露 3d	2.5	2min	21min40s
江油水泥厂 42.5 级普通硅酸盐水泥	水泥袋中心取样	3	1min15s	2min
	水泥袋表层取样,稍有结块	3	4min55s	1h35min
哈尔滨水泥厂 42.5 级普通硅酸盐水泥	未风化	3	1min20s	4min5s
	在空气中暴露 40d	3	9min	>45min

⑥速凝剂受潮程度

红星一型速凝剂的吸湿性很强,当它吸收空气中的水分后,其中的主要组分 $NaAlO_2$ 即水解成 $Al(OH)_3$ 和 NaOH,与速凝剂的其他组分生成新的化合物,速凝效果显著降低。因此速凝剂要密封保存,严防受潮。表 5-88 为速凝剂受潮程度对速凝效果的影响。

(3)红星一型速凝剂与"782"型速凝剂

①红星一型速凝剂

红星一型速凝剂是国内目前应用最为普遍的一种粉状速凝剂,它的主要成分是铝氧烧结块(氧化铝生产的中间产物,其中含铝酸钠约 50%,硅酸二钙 35%,灰色球状,用时需磨细到与水泥细度相近)、碳酸钠(俗称纯碱,工业用无水碳酸钠,其中含 $Na_2CO_3$98%,白色粉末状)和生石灰(CaO)。其质量配合比,即铝氧烧结块:碳酸钠:生石灰为 1.0:1.0:0.5。

在水泥中掺入 2.5% ~4% 的红星一型速凝剂,一般可使水泥在 2min 内初凝,10min 内终凝。并可显著地提高混凝土的早期强度,对钢筋无锈蚀作用。这种速凝剂的不良影响是一般降低喷射混凝土的后期强度约 25% ~30%,并加大水泥石或混凝土的收缩(图 5-21)。

速凝剂受潮程度对速凝效果的影响 表 5-88

速凝剂存放情况	外观特征	初　凝	终　凝	水　泥
铁桶密闭 3 年零 3 个月	灰白色、松散状	1min5s	5min10s	哈尔滨产
从铁桶内取出,在潮湿环境中敞开放置 3d	灰褐色、结小块	1min15s	18min	42.5 级普通硅酸盐水泥
库中存放(密闭程度不同)	未受潮、灰白色	1min15s	2min45s	江油产 42.5 级普通硅酸盐水泥
	微受潮、没结块	2min	3min25s	
	轻度潮、少量结块	2min50s	6min15s	
	中等潮、结块多	7min50s		
	严重受潮、黄土色	>1h	>20min	

注:试验温度均为 20℃,水灰比:0.4,速凝剂掺量 3%。

②"782"型速凝剂

"782"型速凝剂主要成分包括:

矾泥:应为新鲜矾泥,不得掺有杂物;

矾土:Al_2O_3 的含量越高越好,一般应在 60% 以上;SiO_2 的含量则越少越好;

石灰石:CaO 的含量不得低于 50%;

纯碱:含水率不大于 1%,碳酸钠的含量在 85% 以上。

将上述原材料按一定配比均匀混合,经 1 150 ~1 200℃高温煅烧后粉磨而成。粉磨后的细度,可用 4 900 孔筛检验,筛余量不得超过 15%。

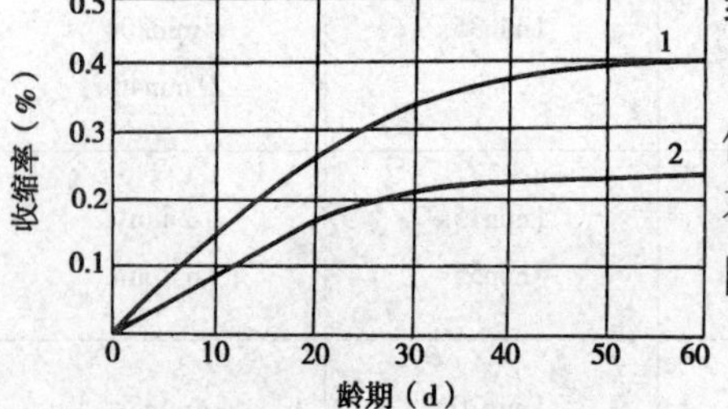

图 5-21　速凝剂对水泥石收缩率的影响

1-掺速凝剂;2-无速凝剂

在水泥中加入 6% ~8% 的 782 型速凝剂,一般能使水泥在 1 ~3min 内初凝,3 ~5min 内终凝,28d 水泥石的抗压强度约降低 15%,由于这种速凝剂含碱量低,因而对于人体的腐蚀性较小。

(4)国外速凝剂的新发展

国外正致力于开发非碱性速凝剂。如美国科罗拉多州 Denver protex 工业公司研制的非碱性速凝性,pH

值为7.0~7.5，属中性（传统的水泥速凝剂 pH 值高达12.7）。在水泥中掺入1%非碱性速凝剂，初凝为38s，终凝在10min以内。在喷射混凝土中采用非碱性速凝剂同传统的碱性速凝剂相比，具有多方面的优点。如对水泥强度损失的影响较小，加入新型速凝剂的水泥其28d强度要比加入传统速凝剂的大24%，而且可显著地减少回弹损失。瑞士 Aliva 公司生产的非碱性速凝剂掺入喷射混凝土拌和料中24h的强度比掺入碱性速凝剂的高40%，7d的强度高1倍，28d的强度高55%。

德国在研究开发无机中性盐类和有机类速凝剂。这些物质对皮肤无腐蚀作用，同时它们不含碱金属或含量极少，所以对强度无不良影响，甚至可使最终强度大大提高，表5-89列出了各类速凝剂的性能及最终混凝土强度的比较。

2. 减水剂

混凝土中掺入减水剂后，可在保持流动性的条件下显著地降低水灰比，一般减水剂的减水率为5%~15%。产生减水的原因主要是由于减水剂的吸附和分散作用。

水泥与水混合以及在凝结硬化过程中，由于水泥矿物所带电荷不同，产生异性电荷相吸等原因，会产生一些絮凝状结构。在这些絮凝结构中，水泥颗粒包裹着很多拌和水，从而减少了水泥水化所需的水量，降低了喷射混凝土的和易性。为了保持混凝土必要的和易性，就必须在混合时相应地增加用水量，这就会在水泥石结构中形成过多的空隙，从而严重影响硬化混凝土的一系列物理力学性能。

各类速凝剂的性能比较 表5-89

速凝剂	性 能	28d强度(%)
氯化钙	腐蚀钢筋	-30
硅酸钠	碱性	-50
铝酸钠	碱性	-20
中性盐	中性	0
有机盐	中性	+30

加入减水剂后，减水剂的憎水基团定向吸附于水泥质点表面，亲水基团指向水溶液，组成了单分子或多分子吸附膜。

由于表面活性剂分子的定向吸附，使水泥质点表面上带有相同符号的电荷，于是在电性斥力的作用下，不但使水泥—水体系处于相对稳定的悬浮状态，并使絮凝结构内的游离水释放出来，从而达到减水的目的。

国内外的实践表明，在喷射混凝土中加入少量（一般占水泥质0.5%~1.0%）减水剂可以提高混凝土强度，减少回弹，并明显地改善其不透水性和抗冻性。

3. 早强剂

喷射混凝土的早强剂也不同于普通混凝土，一般同时要求速凝和早强，而且速凝效果应当与其他速凝剂相当。

铁道科学研究院铁建所研制成的TS早强速凝剂由工业废渣加工制得，其主要化学成分是硅酸钙、铝酸钙及部分水化产物，还有少量活性物质。在硫铝酸盐水泥中掺入6%TS剂，既能使水泥在5min内初凝，8min内终凝，而且有明显的早强作用，8h后的试件强度达12.1MPa（表5-90）。

TS早强剂对硫铝酸盐水泥强度发展的影响 表5-90

编号	水 泥	气温(℃)	TS早强剂	抗压强度(MPa)						
				1h	2h	3h	6h	8h	1d	3d
1	硫铝酸盐水泥	16	0	0	0	0	0	0.29	20.4	23.5
2	硫铝酸盐水泥	16	6%	0.196	0.39	0.59	6.2	12.1	—	24.5

4. 增黏剂

在喷射混凝土拌和物中，加入增黏剂，可以明显地减少施工粉尘和回弹损失。德国杜塞尔多夫 Henkel 厂生产的 Silipon SPR6 型增黏剂，具有良好的减少粉尘浓度的性能。对于干法喷射在拌和物中加入水泥质量3%的 Silipon SPR6 型增黏剂，可以使粉尘浓度分别减少85%（在喷嘴处加水）或95%（集料预湿），见图5-22。因为增黏剂与水反应需要时间，所以采用集料预湿润是很适宜的。

对于湿法喷射，在水灰比为0.36和0.4的条件下，掺入 Silipon SPR6 型增黏剂，其掺量为水泥质量的3‰，可以降低粉尘浓度90%以上（图5-23）。

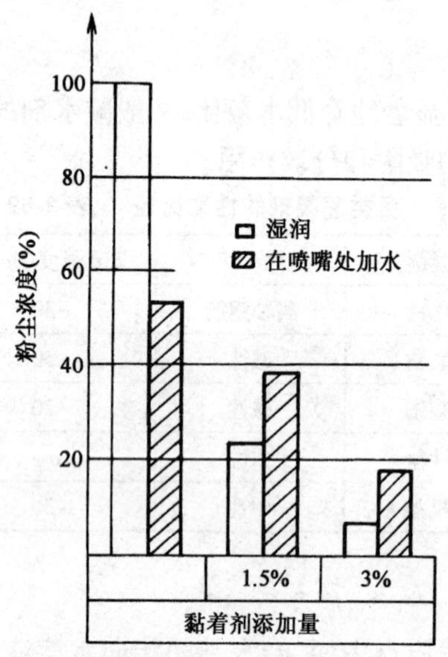

图5-22 干喷法施工时，喷嘴处的粉尘浓度与增黏剂掺量的关系

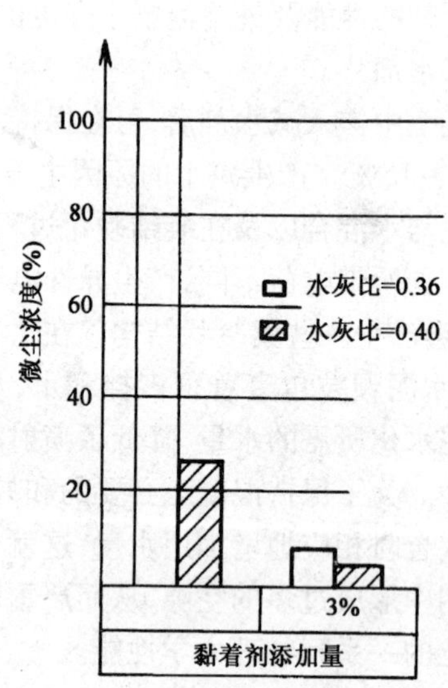

图5-23 湿喷法施工时，喷嘴处的粉尘浓度与增黏剂掺量的关系

Silipon SPR6 型增黏剂还可使回弹损失降低1/4。但是必须指出，它往往使喷射混凝土的早期强度降低，8h的抗压强度降低10%～20%，28d的抗压强度约降低15%。

5. 防水剂

喷射混凝土的高效防水剂的配制原则是减少混凝土用水量，减水或消除混凝土的收缩裂缝，增强混凝土的密实性。

采用明矾石膨胀剂、三乙醇胺和减水剂三者复合的防水剂，可使喷射混凝土抗渗强度达3.0MPa以上（表5-91），比普通喷射混凝土提高1倍；抗压强度达到40MPa，比普通喷射混凝土提高20%～80%。

加入防水剂的喷射混凝土抗渗试验结果　　表5-91

编号	喷射混凝土配合比（水泥:砂:石）	水灰比	外加剂（占水泥质量%）					钻取试样的抗渗强度（MPa）
			明矾石膨胀剂	三乙醇胺	UNF-2	FDN-5	782速凝剂	
1	1:2:2	0.45	20	0.05				1.2
2	1:2:2	0.45	20	0.05			5	1.2
3	1:2:2	0.45	20	0.05	0.3			>3.0
4	1:2:2	0.45	20	0.05	0.3		5	>3.0

续上表

编号	喷射混凝土配合比（水泥:砂:石）	水灰比	外加剂（占水泥质量%）					钻取试样的抗渗强度（MPa）
			明矾石膨胀剂	三乙醇胺	UNF-2	FDN-5	782 速凝剂	
5	1:2:2	0.45	20	0.05		0.3		>3.0
6	1:2:2	0.45	20	0.05		0.3	5	>3.0

6. 引气剂

对湿法喷射混凝土，可在拌和物中加入适量的引气剂。引气剂是一种表面活性剂，通过表面活性作用，降低水溶液的表面张力，引入大量微细气泡，这些微细气泡可增大固体颗粒间的润滑作用，改善混凝土的塑性与稠度。气泡还对水转化成冰所产生的体积膨胀起缓冲作用，因而显著地提高抗冻融性和不透水性，同时还增加一定的抵抗化学侵蚀的能力。

我国使用最普遍的引气剂是松香皂类的松香热聚物和松香酸钠，其次是合成洗涤剂类的烷基本磺酸钠、烷基磺酸钠或洗衣粉。上述两类引气剂的技术性能基本相同，合成洗涤剂是石油化工产品，料源比较广泛。

铝粉和双氧水（过氧化氢）与水泥作用，也能产生直径为 0.25mm 左右的气泡，但不能形成提高混凝土抗冻性的气孔体系，只能作为生产多孔混凝土的加气剂使用，不能作为湿喷混凝土的引气剂。

二、配合比设计

喷射混凝土的配合比设计方法和技术要求不同于普通混凝土，它具有自身的工艺特点。其配合比一般采用经验公式和图表计算确定，其方法和步骤如下：

1. 选择粗集料的最大粒径

粗集料的最大粒径 D_{max} 不得大于喷射系统输料管道最小断面直径的 1/3 ~ 2/5；亦不宜超过一次喷射厚度的 1/3。

目前，国内外大多数国家趋向于 15mm 粒径作为喷射混凝土粗集料的最大粒径。喷射混凝土的粗集料，一般来说卵（砾）石、碎石均可，但以选用卵（砾）石为优。

2. 确定砂率

砂率按下式计算：

$$S_p = 140.63 D_{max}^{-0.3447} \tag{5-26}$$

式中：S_p——砂率（%）；

D_{max}——粗集料最大粒径（mm）。

砂粒粗时，砂率可以偏大；砂粒细时，砂率应当偏低。喷拱肩及拱顶部位宜选择较大的砂率。

3. 选择水泥用量

因系地下洞室和隧道喷射混凝土工程，一般采用 32.5 级和 42.5 级普通硅酸盐水泥。

（1）水泥强度检验

水泥强度检验按下式计算：

$$R_s = A(1.44R_b - 2.04) > R_{yc} \tag{5-27}$$

式中：R_s——喷射混凝土实际达到的强度等级（MPa）；

A——检验调整系数,见表5-92;

R_b——水泥强度(MPa);

R_{yc}——喷射混凝土设计强度等级(MPa)。

若 $R_s > R_b$,则水泥强度满足设计要求;

若 $R_s < R_b$,则水泥强度不能满足设计要求。

(2)计算水泥用量

水泥用量按下式计算:

$$C_0 = 782.4D_{max}^{-0.2377} \cdot B \tag{5-28}$$

式中:C_0——水泥用量;

B——调整系数,当用42.5级水泥,则 $B=1$;当用32.5级水泥,则 $B=1.12$。

选择水泥强度检验调整系数 A 表5-92

砂率 / 水泥强度	35	40	45	50	55	60	65	70	75	80
42.5级	0.44	0.43	0.42	0.415	0.41	0.40	0.39	0.38	0.37	0.366
32.5级	0.58	0.56	0.55	0.54	0.53	0.52	0.50	0.496	0.48	0.378

4. 选择速凝剂及其用量

速凝剂用量一般为水泥质量的2%~4%。喷边墙可掺水泥质量的2%~3%,喷拱顶可掺水泥质量的3%~4%。

速凝剂用量按下式计算:

$$Q_0 = \Delta_g \cdot C_0 \tag{5-29}$$

式中:Q_0——速凝剂用量;

Δ_g——速凝剂占水泥用量的百分比%;

C_0——水泥用量。

5. 确定水灰比及其用水量

水灰比按下式计算:

$$\frac{W}{C} = 0.45S_p + 0.2475 \tag{5-30}$$

式中:W/C——水灰比;

S_p——砂率(%)。

用水量按下式计算:

$$W_0 = \frac{W}{C} \cdot C_0$$

6. 计算砂、石用量

砂石占用体积

$$V_{s+G} = 1000 - \left[\left(\frac{W_0}{\rho_w} + \frac{C_0}{\rho_c} + \frac{Q_0}{\rho_q}\right) + 10 \cdot a\right]$$

砂用量 $S_0 = V_{s+G} \cdot S_p \cdot \rho_s$

卵石用量 $G_0 = V_{s+G} \cdot (1 - S_p) \cdot \rho_s$

7. 初步配合比

$$水泥:砂:卵石:速凝剂:水 = C_0 : S_0 : G_0 : Q_0 : W_0 = 1 : \frac{S_0}{C_0} : \frac{G_0}{C_0} : \frac{Q_0}{C_0} : \frac{W_0}{C_0}$$

8. 试配和调整

9. 施工配合比

(1)确定实喷率

实喷率按下式计算：

$$P = 0.637 \times 1.0218 S_p \cdot M \tag{5-31}$$

式中：P——实喷率；

S_p——砂率；

M——施工技术控制系数，见表 5-93。

施工技术控制系数　　表 5-93

施工技术水平	优秀	良好	一般	不良	初次喷射
M 值	1.25	1.15	1.05	0.95	0.90

(2)确定回弹率

设 $1:S'_0:G'_0:Q'_0:W'_0$——喷射混凝土初步配合比；

$\frac{W}{C}$——水灰比；

K——回弹率；

γ'_g——$1m^3$ 干拌和物重度；

γ_z——实喷混凝土重度。

因为

$$P = (1-K) \cdot \left(1 + \frac{1}{1+S'_0:G'_0:Q'_0} \times \frac{W}{C}\right) \cdot \frac{\gamma'_z}{\gamma_z}$$

所以

$$K = \left(1 - \frac{P}{1 + \frac{1}{1+S'_0:G'_0:Q'_0} \times \frac{W}{C}} \times \frac{\gamma_z}{\gamma'_z}\right) \times 100\% \tag{5-32}$$

(3)每 $1m^3$ 干拌和物喷射面积

每 $1m^3$ 干拌和物喷射面积按下式计算：

$$S = \frac{P}{d} \tag{5-33}$$

式中：S——$1m^3$ 干拌和物喷射面积(m^2)；

P——实喷率；

d——平均喷射厚度(m)。

(4)每喷成 $1m^3$ 混凝土材料

水泥

$$[C_0] = \frac{\gamma'_z}{P(1+S'_0+G'_0+Q'_0)}$$

$$= \left[1 + \frac{1}{1+S'_0+G'_0+Q'_0} \cdot \frac{W}{C}\right]$$

砂　$[S_0] = [S'_0] \cdot [C_0]$

卵石　$[G_0] = G'_0 \cdot [C_0]$

速凝剂　$[Q_0] = Q'_0 \cdot [C_0]$

三、配合比设计实例

[例 5-1]　某地下工程硐室结构，采用喷锚支护，喷射层厚度 $d = 100mm$，喷射混凝土强度等级 C20；用 HPX 型喷射机。拟采用原材料如下：

水泥:32.5 级普通硅酸盐水泥,密度 3.15g/cm^3;

细集料:中粗砂,密度 2.6g/cm^3;

粗集料:卵石,粒径 5 ~20mm,密度 2.61g/cm^3;

速凝剂:红星一型,掺水泥质量的3%,密度 3.05g/cm^3;

水:自来水;

试计算喷射混凝土配合比。

解:1)选择粗集料最大粒径

最大粒径不得超过最小断面直径的 1/3 ~2/5;HPX 型喷射机输料管内径为 76mm。

$$D_m = 76mm \times 1/3 = 25.33mm$$

因此,选择最大粒径 D_{max} =20mm。

2)确定砂率

$$S_P = 140.63 D_{max}^{-0.3447} = 140.63 \times 20^{-0.3447} = 50.08\%$$

3)选择水泥用量

水泥强度检验:

由 S_P =50.08,查表 5-92,取 A =0.54,按式(5-27)计算:

$$R_s = A(1.44R_b - 2.04) = 0.54 \times (1.44 \times 32.5 - 2.04) = 24.17(MPa) > R_{yc}(20MPa)$$

故满足设计要求。

计算水泥用量:

根据 D_{max} =20mm,取 B =1.12,按式(5-28)计算:

$$C_0 = 782.4 \cdot D_{max}^{-0.2377} \cdot B = 782.4 \times 20^{-0.2377} \times 1.12 = 429.97(kg) \quad 取 430(kg)$$

4)计算速凝剂用量

取 Δ_g =0.03,按式(5-29)计算:

$$Q_0 = \Delta_g \cdot C_0 = 0.03 \times 430 = 12.9(kg),取 13kg$$

5)计算水灰比和用水量

根据 S_p =50.08%,按式(5-30)计算:

$$\frac{W}{C} = 0.45S_p + 0.2475 = 0.45 \times 0.5008 + 0.2475 = 0.47$$

$$W_0 = \frac{W}{C} \cdot C_0 = 0.47 \times 430 = 202.1(kg) \quad 取 202(kg)$$

6)计算砂石用量

取 a =1,则

$$V_{s+G} = 1000 - \left[\left(\frac{202}{1} + \frac{430}{3.15} + \frac{13}{3.05}\right) + 10 \times 1\right]$$

$$= 1\,000 - 352.8 = 647.23(\mathrm{L}) \quad 取\ 647(\mathrm{L})$$

砂用量：

$$\begin{aligned} S_0 &= V_{s+G} \cdot S_P \cdot \rho_s \\ &= 647 \times 50.08\% \times 2.6 \\ &= 842.45(\mathrm{kg}) \quad 取\ 843(\mathrm{kg}) \end{aligned}$$

卵石用量：

$$\begin{aligned} G_0 &= V_{s+G} \cdot (1 - S_P) \cdot \rho_q \\ &= 647 \times (1 - 50.08\%) \times 2.61 \\ &= 842.98(\mathrm{kg}) \quad 取\ 843(\mathrm{kg}) \end{aligned}$$

7)初步配合

$$\begin{aligned} 水泥:砂:卵石:速凝剂:水 &= 430:843:843:13:202 \\ &\approx 1:1.96:1.96:0.03:0.47 \end{aligned}$$

8)试配和调整

9)施工配合比

(1)确定实喷率

根据 $S_p = 50.08\%$，查表 5-93，取 $M = 1.05$，按式(5-31)计算：

$$\begin{aligned} P &= 0.637 \times 1.201\,8 S_p M \\ &= 0.637 \times 1.201\,8^{0.500\,8} \times 1.05 \\ &\approx 0.733 \end{aligned}$$

(2)确定回弹率

由初步配合比得：$1:S'_0:G'_0:Q'_0 = 1:1.96:1.96:0.03$

测试得该干拌和物重度为 1 799.16kg/m³，实喷重度 2 001.24kg/m³。按式(5-32)计算：

$$K = \left(1 - \frac{P}{1 + \dfrac{1}{1 + S'_0 + G'_0 + Q'_0} \times \dfrac{W}{C}} \times \frac{\gamma'_z}{\gamma_z}\right) \times 100\%$$

$$= \left(1 - \frac{0.733}{1 + \dfrac{1}{1 + 1.96 + 1.96 + 0.03} \times 0.47 \times \dfrac{2\,001.24}{1\,799.16}}\right) \times 100\%$$

$$= 25.54\%$$

(3)每 $1\mathrm{m}^3$ 干拌和物喷射面积

根据 $P = 0.733$，$d = 0.1$，则由式(5-33)计算：

$$S = \frac{P}{d} = \frac{0.733 \times 1}{0.1} = 7.33(\mathrm{m}^2)$$

(4)每喷 $1\mathrm{m}^3$ 混凝土材料

水泥：

$$[C_0] = \frac{\gamma'_z}{P(1 + S'_0 + G'_0 + Q'_0)}\left[1 + \frac{1}{1 + S'_0 + G'_0 + Q'_0} \cdot \frac{W}{C}\right]$$

$$= \frac{1\,799.16}{0.733 \times (1 + 1.96 + 1.96 + 0.03)} \times \left[1 + \frac{1}{1 + 1.96 + 1.96 + 0.03} \times 0.47\right]$$

$$= 542.85(\mathrm{kg})\ 取\ 543(\mathrm{kg})$$

卵石：$[G_0] = G'_0[C_0] = 1.96 \times 543 = 1\,64.3(\mathrm{kg})$，取 1 064kg；

砂：$[S_0]=S'_0[C_0]=1.96\times543=1\,064.3$(kg)，取 1 064kg；

速凝剂：$[Q_0]=Q'_0[C_0]=0.03\times543=16.29$(kg)，取 16kg。

四、参考配合比

喷射混凝土按施工工艺不同，可分为干式喷射混凝土和湿式喷射混凝土。表 5-94 和表 5-95分别列出了干式喷射混凝土和湿式喷射混凝土的最佳配合比，表 5-96 和表 5-97 中分别列出了在某些配合比下混凝土抗压和抗拉强度，上述配合比可供配合比设计时参考。

干式喷射混凝土的最佳配合比 表 5-94

因　素	混凝土的几种配合比		
	回弹率最小的配合比	28d 强度最大的配合比	综合最佳配合比
水泥用量(kg/m^3)	350	350	350
砂率(%)	70	50	60
水灰比(W/C)	0.60	0.40	0.50
速凝剂掺量(%)	2	2	2
粗集料种类	碎石	卵石	碎石
喷射面角度(°)	90	90	90
喷射距离(cm)	70	70	70
平均回弹率(%)	23.6 ±6.2	47.3 ±6.3	32.1 ±6.3
28d 龄期平均抗压强度(MPa)	12.23 ±0.99	18.18 ±0.99	12.51 ±0.99

湿式喷射混凝土的最佳配合比 表 5-95

因　素	混凝土的几种配合比			
	回弹率最小的配合比	28d 强度最大的配合比	粉度最小的配合比	综合最佳配合比
水泥用量(kg/m^3)	340	340	340	340
砂率(%)	50	50	60	60
水灰比(W/C)	0.47	0.42	0.47	0.42 ~0.47
速凝剂掺量(%)	5.0	1.0	1.5	顶拱 5；侧壁 1
砂细度模数	3.0	3.0	2.0	2.5
喷射面角度(°)	90	45	90	—
缓凝剂掺量(%)	0.2	0	0.4	0.4

在某些配合比下喷射混凝土的抗压强度 表 5-96

水泥强度等级及品种	混凝土配合比(质量比)(水泥:砂:石子)	速凝剂掺量(%)	混凝土抗压强度(MPa)		
			28d	60d	180d
42.5 级普通水泥	1:2.0:1.5	0	35 ~48	40 ~48	45 ~53
42.5 级普通水泥	1:2.0:2.0	0	30 ~40	35 ~45	40 ~50
42.5 级矿渣水泥	1:2.0:2.0	0	25 ~30	30 ~35	35 ~40
42.5 级普通水泥	1:2.0:2.0	2.5 ~4.0	20 ~25	22 ~28	17 ~23

在某些配合比下喷射混凝土的抗拉强度 表 5-97

水泥强度等级及品种	混凝土配合比(质量比) 水泥:砂石子	速凝剂掺量 (%)	混凝土抗拉强度(MPa)	
			28d	150d
42.5 级普通水泥	1:2.0:2.0	0	2.0~3.5	3.0~4.0
42.5 级矿渣水泥	1:2.0:2.0	0	1.8~2.5	2.4~3.0
42.5 级普通水泥	1:2.0:2.0	2.5~4.0	1.5~2.0	2.0~2.5

第九节 钢纤维喷射混凝土配合比设计

钢纤维喷射混凝土是一种采用喷射法施工的典型的复合材料。它同时含有抗拉强度不高的混凝土基体材料和抗裂性大以及弹性模量高的钢纤维材料,可以改善喷射混凝土的性能,如抗拉强度、抗弯强度、抗冲击强度、抗裂性和韧性。

一、原材料的技术要求

1. 钢纤维

喷射混凝土常用的钢纤维直径为 0.25~0.4mm,长度为 20~30mm。长径比一般为 60~100。

不同品种的钢纤维具有不同的功能,碳素钢纤维用于常温下的喷射混凝土,不锈钢纤维则用于高温下的喷射混凝土。端头带弯钢的钢纤维具有较高的抗拔强度,当比平直的纤维掺量少时,也能获得相同性能的喷射混凝土。

2. 水泥

一般采用 42.5 级普通硅酸盐水泥,用量为每 $1m^3$ 混凝土 400kg。

3. 粗集料

其最大粒径为 10mm,这是由于粗集料应完全被长为 20~30mm 的纤维所包裹,以保证其良好的力学特性。

二、配合比设计

钢纤维喷射混凝土配合比设计可采用喷射混凝土配合比设计方法,通过试验确定。下述配合比可供参考使用:

水:砂:石 =1:2:2;钢纤维掺量为每 $1m^3$,混凝土 80~100kg。

第十节 碾压混凝土配合比设计

碾压混凝土(RCC)是 20 世纪 70 年代末作为一种新型筑坝技术在水电工程中首先发展起来的。与常态混凝土相比,碾压混凝土的优点是:水泥用量少,用水量小,而且掺用有大量粉煤灰,拌和物不具有流动性,黏聚性小,呈干松状态,需用振动碾碾压密实。由于节省水泥,施工效率高,混凝土质量好,特别是可以大量利用粉煤灰,因此近年来很快被推广应用于公路、机场、工业地面等混凝土路面工程中。

一、原材料技术要求

(一)水泥

1. 碾压混凝土选用水泥的特点

碾压混凝土对水泥品种没有特别要求,适用于普通大坝混凝土使用的水泥皆可用于碾压混凝土,包括硅酸盐水泥、普通硅酸盐水泥、中热硅酸盐水泥、低热矿渣硅酸盐水泥和粉煤灰硅酸盐水泥。

水泥品种是根据建筑物的要求,而不是由混凝土的浇筑和振实方法来选定。为了使混凝土的温升尽量低,尽可能减少硬化初期的水化热,在选用水泥时应同时考虑掺用混合材料。在有条件现场掺用混合材料的条件下,应优先选用硅酸盐水泥和普通硅酸盐水泥。当无条件现场掺用混合材料时,可选用中热硅酸盐水泥、低热矿渣硅酸盐水泥和粉煤灰硅酸盐水泥。主体工程所用水泥的品种和强度等级以 1 ~2 种为宜,最好由固定厂家供应。

2. 水泥品质

碾压混凝土使用的水泥必须满足水泥国家标准规定。

(二)混合材料

1. 混合材料的种类和适宜碾压混凝土使用的混合材料

(1)分类

混合材料分活性和非活性两大类。粒化高炉矿渣、火山灰质材料和粉煤灰可与水泥中析出的氧化钙作用,称为活性混合材料,其他为非活性材料。

①粒化高炉矿渣

在高炉冶炼生铁时,所得以硅酸钙和铝酸钙为主要成分的熔融物,经淬冷成颗粒后,即为粒化高炉矿渣。

矿渣的化学成分主要是 CaO、SiO_2 和 Al_2O_3,占其总量的 90% 以上,还有少量的 MgO、FeO 和一些硫化物,如 CaS、MnS 和 FeS 等。矿渣活性的大小主要决定于矿物的化学成分和结构形态。

②火山灰质混合材料

天然的或人工的以氧化硅和氧化铝为主要成分的矿物质材料,磨成细粉与石灰混合后再加水拌制成胶泥状态,具有水硬性能者,称为火山灰质混合材料。

火山灰质混合材料按其成因,分为天然的和人工的两类。天然的有火山灰、凝灰岩、浮石、沸石岩、硅藻土和硅藻石等;人工的有煤矸石、烧页岩、烧黏土、煤渣、硅质渣等。

③粉煤灰

从粉煤炉烟道气体中收集的粉末称为粉煤灰,它的化学成分以 SiO_2 和 Al_2O_3 为主,其活性主要决定于活性氧化硅及氧化铝的含量和所含玻璃质的球状颗粒状况。试验表明,球形颗粒多、含碳量小和细度小的粉煤灰活性较高。

④非活性混合材料

凡是不具有活性或活性甚低的人工或天然的矿物材料,称为非活性混合材料。其中包括石英岩、石灰岩、砂岩以及不符合技术要求的粒化高炉矿渣和火山灰质混合材料。对非活性混合材料的品质要求,主要是材料的细度和不含有害的成分。

(2)选择与使用

从目前已建碾压混凝土工程来看,大多数工程采用粉煤灰作为碾压混凝土的混合材料,但也有少数工程采用矿渣,见表5-98。

试验证明,火山灰质混合材料因需水量较大,所以干缩也大,而且对改善碾压混凝土性能的效果不如粉煤灰显著。矿渣类混合材料活性虽高,但需要磨细使用,所以较少工程采用。粉煤灰混合材料对改善碾压混凝土的和易性和降低水化热温升均有显著效果,因此碾压混凝土的混合材料多采用粉煤灰。

碾压混凝土配合比中粉煤灰用量比常规混凝土要大一些(表5-98)。粉煤灰的作用之一是填充集料的空隙,细集料的空隙率为35%~40%,这些空隙如不被胶凝材料填充必然降低碾压混凝土的容量、强度和抗渗性能。

国外已建碾压混凝土工程采用的混合材料及掺量　　表5-98

工程名称	国家	部位	混合材料种类及用量(kg/m^3)		混合材料掺量(%)
			粉煤灰	磨细矿渣	
大川坝	日本	重力式围堰	24		20
玉川坝	日本	重力坝内部	39		30
米尔顿布劳克坝	英国	重力坝内部	142		62.5
柳溪坝	美国	重力坝内部	19		28.7
欧克溪坝	美国	重力坝内部	25.4		32
上静水坝	美国	重力坝内部	170		69
坑口水库	中国	重力坝内部	80		57
岩滩水电站	中国	重力式围堰	105		70
铜田坝	澳大利亚	重力坝内部	30		27
克莱布尼坝	澳大利亚	重力坝	60		46
布卡堰	澳大利亚	重力坝	90		50
卡斯蒂洛勃朗柯坝	西班牙	重力坝	94		52
德米斯特克拉尔坝	南非	重力坝	58		50
扎豪克坝	南非	重力坝		84	70
布拉姆罗本海梅尔坝	南非	重力坝内部		107	70

从水泥中释析出的游离石灰,即使数量少也足以同大量粉煤灰反应。这种反应称火山灰反应或二次水化反应,是水泥水化过程中析出$Ca(OH)_2$离子通过粉煤灰颗粒周围的水间层,扩散到粉煤灰颗粒表面发生界面反应,形成次生的水化硅酸钙。如果水泥水化产物薄壳与粉煤灰颗粒之间的水解层被不断作用的火山灰反应产物所填满,这时混凝土强度将不断增加,粉煤灰颗粒与水化产物之间形成牢固的联结。这段反应时间要在28d龄期以后,甚至更长时间。所以,粉煤灰的另一个作用是提高碾压混凝土的后期强度。

粉煤灰的粒形包括以下部分:①数量较多表面光滑的球形颗粒,又称玻璃微珠;②少量形状不规则的高温大熔融玻璃体颗粒,其表面有许多大小不等的空洞;③多孔碳粒(未燃尽的碳粒),其表面有较多空隙。以玻璃微珠为主的粉煤灰其有效成分SiO_2和Al_2O_3的含量高,所以具有较高的活性。球形颗粒表面光滑,在碾压混凝土中减少集料之间摩阻力,相应减少拌和物用水量。粉煤灰第三个作用是改善碾压混凝土拌和物稠度。

粉煤灰使碾压混凝土产生强度的同时也发生一部分热量，但为数甚微，从而起到减少温度裂缝的作用。采用粉煤灰是一种既可填充碾压混凝土细集料空隙、提高后期强度和改善和易性，又不致引起发热量过大的最可行的措施。

各火电厂生产的粉煤灰性能各有差异，特别是我国的粉煤灰细度和含碳量多数达不到标准要求，但多数情况下可用于碾压混凝土。

2. 混合材料的质量要求

(1)粒化高炉矿渣

①粒化高炉矿渣的质量系数$\left(\frac{CaO+MgO+Al_2O_3}{SiO_2+MnO_2+TiO_2}\right)$不得小于1.2(式中化学成分均为质量百分数)。

②粒化高炉矿渣中锰化合物的含量，以MnO计不得超过4%；钛化合物的含量，以TiO_2计不得超过10%；氟化合物的含量，以F计不得超过2%。

冶炼锰铁所得的粒化高炉矿渣，锰化合物的含量，以MnO_2计不得超过15%，硫化物的含量，以S计不得超过2%。

③高炉矿渣的淬冷处理必须充分，粒化高炉矿渣的容重不得大于1.1t/m^3；未经充分淬冷的块状矿渣，经直观剔选，以质量计不得大于5%，其最大尺寸不得大于100mm。

④粒化高炉矿渣不得混有任何杂物，金属铁的含量亦应严格控制。

(2)火山灰质混合材料

满足下列品质指标的可以作为活性混合材料：

①人工的火山灰质混合材料烧失量不得超过10%。

②三氧化硫含量不得超过3%。

③火山灰性试验必须合格。

④水泥胶砂28d抗压强度比不得低于65%。

只能满足1、2两项者为非活性混合材料。

(3)粉煤灰

粉煤灰的质量标准见表5-99。碾压混凝土使用的粉煤灰应符合标准规定的要求，对超出规定的粉煤灰应经过碾压混凝土性能试验来选定。

粉煤灰质量标准 表5-99

项目		粉煤灰品质技术条件(GB 1596—2005)	水工混凝土掺用粉煤灰技术暂行规定
烧失量	(%)	≤8	<12
含水量	(%)	≤1	—
三氧化硫含量	(%)	≤3	<3.5
细度(0.08mm筛筛余)	(%)	≤8	<12
需水量比(水泥胶砂需水量比)	(%)	≤105	—

(三)集料

根据粒径的大小，集料分为细集料和粗集料。集料全部都能通过10mm筛孔，且85%以上的质量能通过5mm筛孔的集料称为细集料。集料的85%以上质量留在5mm以上筛者称为粗集料。

集料还可分为天然集料和人工集料。前者有河砂、河卵石、山砂和山卵石,后者有碎石和碎砂。采取河砂和河卵石,可使用机动铲、斗轮挖掘机和推土机。筛分采用滚筒筛、振动筛和水力筛等。生产碎石,可采用颚式破碎机和旋回式破碎机。生产人工砂,采用锤式破碎机、球磨机和棒磨机。

集料要占碾压混凝土体积的80%~85%,所以集料品质和结构不仅影响碾压混凝土的和易性,而且也影响强度和耐久性。

1. 集料级配

级配是表示集料大小颗粒互相搭配的比例关系。如果集料级配适当,可减少填充集料空隙的灰浆量,相应减少单位体积用水量和胶凝材料用量,拌和物也不易离析。

级配是使用各种大小尺寸的筛子进行筛析,以通过各种规定尺寸筛子的颗粒的质量百分率表示。细集料的级配推荐范围见表5-100,施工经验表明砂最适宜的细度模数以2.4~3.0为宜。粗集料的级配推荐范围见表5-101。

细集料分类和级配范围 表5-100

分类及级配范围 筛孔直径(mm)	累积筛余(%)			分类及级配范围 筛孔直径(mm)	累积筛余(%)		
	细砂	中砂	粗砂		细砂	中砂	粗砂
10	0	0	0	0.6	30~50	50~67	67~83
5	0	0~8	8~15	0.3	55~70	70~83	83~95
2.5	3~10	10~25	25~40	0.5	85~90	90~94	94~97
1.2	5~30	30~50	50~70	细度模数(M_k)	1.78~2.50	2.50~3.27	3.27~4.00

粗集料级配范围 表5-101

最大粒径(mm)	各级石子的比例(质量比)(%)				
	特大石 80~150(mm)	大石 40~80(mm)	中石 20~40(mm)	小石 5~20(mm)	总计
40	—	—	40~55	45~60	100
80	—	35~50	25~35	25~35	100
150	30~45	25~35	15~25	15~25	100

美国大坝委员会提出一个碾压混凝土集料级配控制界限标准,见图5-24。经验表明,任何在此控制界限内的连续级配集料,都将得到良好的可拌和性和可碾实性的碾压混凝土拌和物。这个控制界限的制定是总结了5个国家的工程,10个以上大坝和100多种碾压混凝土配合比而得出来的,集料包括天然集料和人工集料,集料品种包括玄武岩、花岗岩、石灰岩、砂岩,因此,有较普遍的工程意义。将6个碾压混凝土工程所用集料的级配曲线也绘入图中,除个别工程采用天然未筛分的集料外,其他工程所用集料的级配基本上是在级配控制界限内。

选择集料级配应尽量使弃料最少，为满足级配要求，天然砂的级配可以掺加人工砂来调整，天然石料中的超径部分也可以破碎后利用。

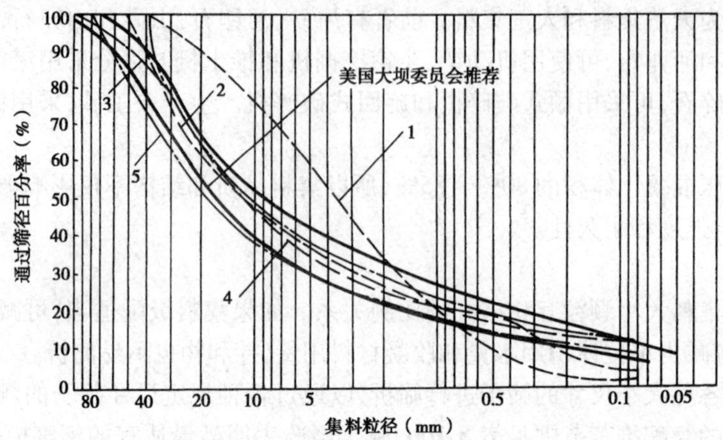

图 5-24　美国大坝委员会推荐集料级配控制界限和各工程集料级配分布曲线

1-安阿尔柯莱玛天然级配集料；2-利俄斯陶克坝；3-蒙克斯委尔坝；4-北环坝；5-西门坝

对大型工程碾压混凝土的集料合理级配应通过振实重度试验来确定。集料的间断级配虽然可取得理想的级配，国外也曾进行过用间断级配拌制碾压混凝土的研究，但是工程效果如何，尚无实践经验。

2. 集料品质

集料中有三类有害杂质：妨碍水泥水化的杂质；妨碍集料与水泥净浆之间很好黏结的浮层；集料本身的一些个别较软弱或不安定颗粒。

集料应该是清洁、坚硬和耐久，并具有适当粒度，其中有机杂质、灰尘、泥土和盐分有害物质，不能超过规定的含量。细集料的质量标准见表 5-102 和粗集料的质量标准见表 5-103。在保证碾压混凝土质量的情况下，表 5-102 中某些项目经试验允许放宽，如天然砂的含泥量和人工砂的石粉含量等。

细集料的质量标准　　表 5-102

项　目	指　标	备　注
天然砂中含泥量（%）	<3	1. 含泥量系指粒径小于 0.08mm 的细屑、淤泥和黏土总量； 2. 不应含有黏土团粒
人工砂石粉含量（%）	<15	指小于 0.15mm 的颗粒
坚固性（%）	<10	指硫酸钠溶液法 5 次循环后的质量损失
云母含量（%）	<2	
密度	>2.50	
轻物质含量（%）	<1	视密度小于 2.0
硫化物及硫酸盐含量，按质量计（折成 SO_3）（%）	<1	
有机质含量	浅于标准色	如深于标准色，应配成砂浆，进行强度对比试验

一般情况下，集料石质好坏可由密度和吸水率来判断，密度大的集料比较密实，而且吸水率小，耐久性高。西泽进行了多种集料的调查研究，提出集料的分类，见表 5-104，A 类是最好的集料，C 类集料不宜用于有耐久性要求的混凝土。

粗集料的质量标准

表 5-103

项　目	指　标	备　注
含泥量（%）	粒径 5 ~ 40mm < 1 粒径 40 ~ 150mm < 0.5	各粒径级均不应含有黏土团粒
坚固性（%）	<5 <12	有抗冻性要求的碾压混凝土 无抗冻性要求的碾压混凝土
相对密度	>2.55	
吸水率（%）	<2.5	有抗冻性要求的碾压混凝土 <2.0
针、片状颗粒含量（%）	<15	经试验验证，可以放宽至 25
硫化物及硫酸盐含量，按质量计（折成 SO_3）（%）	<0.5	
有机质含量	浅于标准色	如深于标准色，应进行碾压混凝土强度对比试验

根据耐久性对集料分类

表 5-104

集　料	类　别	密　度	吸水率（%）	集　料	类　别	密　度	吸水率（%）
细集料	A B C	>2.65 2.65 ~ 2.50 <2.50	<1.5 1.5 ~ 3.5 >3.5	粗集料	A B C	>2.68 2.68 ~ 2.55 <2.55	<1.0 1.0 ~ 2.0 >2.0

3. 集料的振实重度和空隙率

测定集料振实重度和空隙率的目的是供选择集料最优级配和为碾压混凝土配合比设计提供设计参数。

4. 集料的最大粒径

从减少分离的角度考虑，多数国家把最大集料粒径限定为 80mm 左右。

最大集料粒径应小于铺料层厚度的 1/3，对大型振动碾就不会影响振动碾的压实效果。而对小型振动碾只能勉强振实最大集料粒径 80mm 的碾压混凝土。因此，粗集料最大粒径尺寸的选定应考虑料场级配、碾压机械、铺料层厚度和材料分离等，权衡利弊，全面考虑选定。

表 5-105 是国内外已建碾压混凝土工程集料选用最大粒径规格统计结果。

国外已建碾压混凝土工程集料选用的最大粒径规格 表5-105

国家	坝名	碾压层厚度(cm)	集料品质	最大集料粒径(mm)
澳大利亚	铜田	30	天然河卵石	50
	克莱布尼	30	碎石	50
日本	玉川	100	碎石	150
美国	柳溪	30	混合(天然+碎石)	75
	上静水	30	碎石	75
中国	坑口	50	石灰岩碎石	80
	岩滩	30	石灰岩碎石	80
法国	奥利韦特	30	石灰岩碎石	63
摩洛哥	尔韦达	30	石灰岩碎石	63
西班牙	卡斯蒂洛勃朗柯	45	河卵石	75
	山达欧捷尼	30	花岗岩碎石	70(外部) 100(内部)
南非	扎豪克	30	辉绿岩碎石	75
	德米斯特克拉尔	30	辉绿岩碎石	75

5. 碱集料反应

水泥中的碱成分与集料中的活性二氧化硅成分产生化学反应时,由于所产生的物质膨胀,结果导致碾压混凝土发生开裂或崩裂,这种现象称为碱集料反应。

能发生碱集料反应的集料有蛋白石、硅质或镁质石灰岩、凝灰岩、安山岩和页岩等。这些集料也不一定都能发生反应,而与水泥的含碱量有关。当使用有反应的集料时应进行试验,测定这种反应(化学法或长度法)。同时,限制水泥的总含碱量在0.6%以下($Na_2O + 0.658K_2O \leqslant 0.6\%$)。

在碾压混凝土中掺加一定数量的粉煤灰、矿渣等混合材料,可抑制碱集料反应。

(四)外加剂和拌和用水

1. 外加剂

(1)碾压混凝土使用的外加剂

外加剂可提高碾压混凝土强度,改善和易性,推迟凝结时间,从而使碾压混凝土层面保持"新鲜"状态,以防产生冷缝。夏季施工使用缓凝剂的效益非常明显。试验表明,外加剂有助于减少使碾压混凝土达到完全密实所需要的振动时间。

国内工程经常使用的外加剂有木质素磺酸钙和糖蜜等。木质素磺酸钙有减水和缓凝作用,减水率10%,凝结时间推迟3~4h。糖蜜有减水和缓凝作用,减水率8%~10%,凝结时间推迟5~6h。锌盐类缓凝剂可推迟凝结时间8~9h。

(2)外加剂的品质

对外加剂的选用一般都要通过混凝土试验来检验外加剂的质量。碾压混凝土中使用的外加剂性能指标应符合外加剂质量标准。

2. 拌和用水

通常适合于饮用的水,均可拌制和养护碾压混凝土。工业废水、污水和沼泽水中可能含有少量酸、碱、盐、有机质和油脂等有害物质，不能使用。天然矿化水的化学成分必须符合表5-106的规定。

天然矿化水的质量标准 表5-106

水的化学成分	单　位	水下混凝土	水上和水位变化区混凝土
总含盐量	mg/L	<35 000	<5 000
硫酸根离子含量	mg/L	<2 700	<2 700
pH值		>4	>4
氯离子含量	mg/L	<300	<300

如对水质有疑问，要确定水中是否有对水泥强度发展有重大影响的物质时，需要进行试验。从水源中取水制成的水泥砂浆的抗压强度与用蒸馏水制成的水泥砂浆的抗压强度比，低于90%者不宜拌制碾压混凝土。

二、配合比特点与设计原则及依据

(一)配合比特点

碾压混凝土虽与常规混凝土采用基本相同的材料，但混凝土配合比有很大区别。碾压混凝土和常规混凝土在抗压强度、透水性、耐久性及热学、变形性能上有一定差异，这些差异主要是配合比和施工工艺的不同引起的。碾压混凝土配合比与普通大坝内部混凝土相比，有以下几点主要区别：①水泥灰浆量少；②集料最大粒径由于施工方法和碾压机械能量的制约不能过大；③混凝土含砂率较高；④碾压混凝土要求的和易性范围不大；⑤粉煤灰掺量较多等。

碾压混凝土中灰浆量比常规混凝土少1/3，其对砂子空隙的填充系数为1.1～1.3，而常规大坝混凝土的填充系数为1.6～1.8，差别是明显的。日本各种混凝土配合比特性如表5-107。

日本两个碾压混凝土工程配合比特性 表5-107

混凝土种类	工 程 名 称	单位用水量（kg/m^3）	水灰比	砂率（%）	灰浆富余系数
碾压混凝土	岛地川坝	105	0.84	34	1.2
常规混凝土	岛地川坝	130	0.78	31	1.39
碾压混凝土	大川坝	102	0.85	32	1.18
常规混凝土	大川坝	110	0.52	30	1.71

注：混凝土的最大粒径均为80mm。

碾压混凝土含砂率一般较常规混凝土高为3%～5%。增加砂率，相对减少粗集料用量，对减少离析是有效的。常规混凝土一般粉煤灰掺量在30%以内，而碾压混凝土粉煤灰掺量多在30%以上，甚至高达70%，实际已成为碾压混凝土胶凝材料的主要成分了。

(二)配合比设计原则

碾压混凝土配合比设计应考虑碾压混凝土自身的特点，除必须满足强度及耐久性要求外，还要考虑施工时的抗分离性和可碾性。配合比设计稠度应与振动碾的振动特性相适应，要求振动碾振动时不下陷，同时又要求碾压密实。对碾压混凝土最主要的要求是：

(1)满足设计对强度和耐久性等性能要求。当碾压混凝土用于大坝内部，结构物基础或其他承重结构，设计上往往提出强度(等级)要求，这时选择配合比时应和常规混凝土一样，需根据强度要求确定水灰比，以保证硬化后混凝土强度满足设计要求。

碾压混凝土的抗冻融破坏的能力较差，但一般大坝内部混凝土无抗冻要求。配合比选择得当，佐以良好的拌和、浇筑和碾压，碾压混凝土和常规混凝土一样有良好的抗渗能力。迄今为止的碾压混凝土的实践认为：碾压混凝土本身的抗渗能力是足以满足大坝混凝土的要求的；产生渗漏的主要原因是水平施工缝的层面结合不良所引起。

(2)为降低混凝土的发热量，简化温控措施，达到取消埋设冷却水管的要求，碾压混凝土应尽量减少水泥用量，并掺用粉煤灰以保证充足的灰浆量。

(3)碾压混凝土拌和物应具有必要的稠度，适应施工机械、铺料厚度以及气候的变化，以保证碾压密实。

(4)选择最佳的集料级配和最大集料粒径，保证施工过程中不发生明显的离析。

碾压混凝土拌和物是很干硬的，呈松散状态。一个极为突出的问题是在混凝土运输和铺料过程中易于发生集料分离现象。集料的分离，严重损害了碾压混凝土的质量，这主要表现在两个方面：①在粗集料集中处的空洞不易为干硬的砂浆填充而形成"蜂窝"，使硬化混凝土的均匀性和密实性大为降低；②集料分离往往使大集料较多地集中在靠近每一碾压层的底部，造成层间接缝面的黏结强度降低，沿接缝面形成水流渗漏的途径。施工经验表明，造成集料分离的原因是多方面的，如运输方式、卸料高度、铺料厚度和方法等。在施工条件相同时，粗集料用量越多，集料粒径越大，分离现象越加严重，且不易克服。故在配合比设计时，根据具体施工条件，应尽力设法予以保证，减少分离现象。

可见，碾压混凝土配合比选择时，要综合考虑混凝土性能要求和施工机械、铺料厚度、原材料等多方面的因素。因此不能像常规混凝土那样，经室内试验就能大体确定下来，而必须经过现场的工艺性试验，经对碾压施工过程中的观察、分析，及对岩芯试验结果的分析才能确定施工配合比。

配合比设计的目的，是在于优选出使混凝土性能达到最优的配合比参数。目前，各国在进行碾压混凝土配合比选择时，采用的配合比参数和计算方法不尽相同，但不论采取何种方法，只要选择适当，均能配制出优质的碾压混凝土。比较好的方法必须是：①经少量的试验工作能方便可靠地获得所需配合参数；②当混凝土原材料，混凝土生产及施工条件发生变化时，能迅速得到新条件下的参数调整值；③尽量接近常规方法，简化调整时的工作，以利于推广应用。

(三)配合比设计依据

1. 设计对碾压混凝土的要求

包括：设计强度、强度保证率、抗渗等级、抗冻等级和设计表观密度等。

2. 施工对碾压混凝土要求和施工控制水平

包括：施工部位及容许采用的石子最大粒径、碾压混凝土稠度(*VC*)、机口碾压混凝土强度的标准差或离差系数、混凝土的保证强度等基本配合条件。

三、配合比设计方法

据已发表的文献统计，碾压混凝土配合比设计方法有好几种。目前工程单位所采用的方法主要是绝对体积法和填充包裹设计法。

(一)绝对体积法

用绝对体积法计算碾压混凝土配合比，首先需要确定4个设计参数，即用水量、水灰比、混合材料掺量和砂率。用水量应综合稠度试验、强度试验和容量试验来确定；水灰比由设计强度等级确定，混合材料掺量由强度、耐久性和温升来确定；砂率由最佳砂率和集料离析确定。

对大、中型工程，这些参数需要经过试验来确定；对小型工程，可参考本书推荐的图表选定设计参数。

由确定的4个设计参数和单位材料绝对体积为$1m^3$等5个条件，可建立5个方程式。求解5个方程式可得每$1m^3$碾压混凝土各组成材料用量m_{w0}、m_{c0}、m_{F0}、m_{s0}和m_{g0}。

m_{w0}为综合稠度、强度和表观密度试验确定的最优用水量。

$$\left.\begin{aligned} K_1 &= \frac{m_{w0}}{m_{c0}+m_{F0}} \\ K_2 &= \frac{m_{F0}}{m_{c0}+m_{F0}} \\ \beta_s &= \frac{m_{s0}}{m_{s0}+m_{g0}} \\ m_{w0} &+ \frac{m_{c0}}{\rho_c}+\frac{m_{F0}}{\rho_f}+\frac{m_{s0}}{\rho_s}+\frac{m_{g0}}{\rho_g} = 1\,000-10K_a \end{aligned}\right\} \tag{5-34}$$

式中：K_1 ——水灰比；

K_2 ——混合材料掺量；

β_s ——砂率；

m_{w0}——用水量(kg)；

m_{c0}——水泥用量(kg)；

m_{F0}——粉煤灰用量(kg)；

m_{s0}——砂用量(kg)；

m_{g0}——石用量(kg)；

K_a ——碾压混凝土含气量(%)。

(二)填充包裹设计法

填充包裹理论的设想是碾压混凝土由液相变为固相的理想条件是：(1)砂空隙恰好被水泥灰浆所填裹；(2)石子空隙又恰好被水泥砂浆所填裹，凝固后形成坚固的密实体。

由式(5-34)导出：

$$m_{w0}+\frac{m_{c0}}{\rho_c}+\frac{m_{F0}}{\rho_f} = a\left(\frac{10V_s}{w_s}\cdot m_{s0}\right) \tag{5-35}$$

式中：a——水泥灰浆饱和度，即水泥灰浆体积与砂空隙体积比。

V_s——砂子体积(m^3)；

ρ_f——粉煤灰密度(kg/m^3)；

w_s——砂含水率(%)。

由式(5-35)导出：

$$(100-10K_a)-\frac{m_{c0}}{\rho_c} = \beta\left(\frac{10V_g}{w_g}\cdot m_{g0}\right) \tag{5-36}$$

式中：β——水泥砂浆饱和度，即水泥砂浆体积与石子空隙体积比；

V_g——石子体积(m^3)；

w_g——石含水率(%)。

由式(5-36)求出石子用量：

$$m_{g0}=\frac{1\ 000-10K_a}{\beta\left(\frac{10V_g}{w_g}\right)+\frac{1}{\rho_g}} \tag{5-37}$$

砂的体积为：

$$\frac{m_{s0}}{\rho_s}=(1\ 000-10K_a)-\left(m_{w0}+\frac{m_{c0}}{\rho_c}+\frac{m_{F0}}{\rho_f}\right)-\frac{m_{g0}}{\rho_g} \tag{5-38}$$

式(5-27)和式(5-37)代入式(5-38)求得砂用量：

$$m_{s0}=\frac{\beta\left(\frac{10V_g}{w_g}\right)\cdot m_{g0}}{a\left(\frac{10V_s}{w_s}\right)+\frac{1}{\rho_s}} \tag{5-39}$$

将 $K_1=\frac{m_{w0}}{m_{c0}+m_{F0}}$ 和 $K_2=\frac{m_{F0}}{m_{c0}+m_{F0}}$ 代入式(5-35)，则可求得水泥用量：

$$m_{c0}=\frac{a\left(\frac{10V_s}{w_s}\right)}{K_1+\frac{K_1K_2}{1-K_2}+\frac{1}{\rho_c}+\frac{K_2}{(1-K_2)\rho_f}} \tag{5-40}$$

所以：

$$m_{F0}=\frac{K_2}{1-K_2}\cdot m_{c0} \tag{5-41}$$

$$m_{w0}=K_1(m_{c0}+m_{F0}) \tag{5-42}$$

当配合比设计四个参数 α、β、K_1 和 K_2 确定后，由式(5-37)、式(5-39)～式(5-42)可分别求出 m_{g0}、m_{s0}、m_{c0}、m_{F0} 和 m_{w0}，即求得碾压混凝土配合比。

当 $\alpha=\beta=1$ 时，所用水泥灰浆量为最低极限用量，即：

$$\left(m_{w0}+\frac{m_{c0}}{\rho_c}+\frac{m_{F0}}{\rho_f}\right)_{\min}=\frac{10V_s\left(\frac{10V_g}{w_g}\right)(1\ 000-10K_a)}{w_s\left(\frac{10V_s}{w_s}+\frac{1}{\rho_s}\right)\left(\frac{10V_g}{w_g}+\frac{1}{\rho_g}\right)} \tag{5-43}$$

在任何情况下水泥灰浆用量不得低于式(5-43)计算用量。

不论是采用哪种方法计算的配合比，因为原材料物理性质测试误差和复核设计参数选择的准确性，都必须经过试拌调整，方可交付工程使用。试拌调整步骤如下：

1. 工作性(稠度 VC)检验

用计算的各组分材料拌制碾压混凝土，测定稠度(VC)值，检查是否满足要求。

2. 校验碾压混凝土表观密度

计算配合比设计理论表观密度计算值 $\rho_{c,c}$：

$$\rho_{c,c}=m_{w0}+m_{c0}+m_{F0}+m_{s0}+m_{g0} \tag{5-44}$$

试拌碾压混凝土，成型试件后实测表观密度 $f_{c,t}$，如果 $f_{c,t}\neq f_{c,c}$ 时应调整配合比。

$$K_4=\frac{f_{c,t}}{f_{c,c}}$$

将计算的各组分材料用量乘以系数 K_4，即为调整材料用量。

同时,实测表观密度$f_{c,t} \geq 1.03 f_{c,k}$($f_{c,k}$为结构设计表观密度),如果$f_{c,t} < 1.03 f_{c,k}$,则应建议设计者修改结构设计表观密度,或重新调整碾压混凝土配合比。

3. 外观评定密实性

试件脱模后,观察试件表面状况以评定其密实性,见表5-108。

外观评定密实性分级 表5-108

分级	优	良	劣
表面情况	密实无缺	有少量气泡及麻面	麻面蜂窝

对劣等碾压混凝土,稠度(*VC*)测定值满足要求,也应调整配合比。

4. 强度检验

试件养护至规定龄期,测定抗压强度,检验是否满足设计要求。

四、配合比设计参数确定及工程实例

(一)配合比设计参数确定

1. 绝对体积法

(1)用水量选定

根据用水量与稠度关系试验结果,由设计要求的稠度可确定用水量m_{w01};根据用水量与抗压强度试验结果,由最大强度点可确定用水量m_{w02};根据用水量与振实重度关系试验结果,由最大重度点可确定用水量m_{w03}。试验表明:m_{w03}略高于m_{w02},m_{w01}和m_{w02}比较接近。综合分析比较,选定配合比设计用水量m_{w0}。

当无试验资料时,用水量可参照表5-109选定。

用水量参考值(kg/m^3) 表5-109

集料最大粒径(mm)	20	40	80
天然砂石料	100~120	90~115	80~110
人工砂石料	110~125	100~120	85~115

(2)水灰比和粉煤灰掺量选定

根据不同粉煤灰掺量的碾压混凝土灰水比与抗压强度关系试验结果,可以由配合比设计强度确定水灰比和粉煤灰掺量。

当无试验资料时,水灰比和粉煤灰掺量可按公式(5-45)估计。

$$f_{cu,90} = \alpha_a f_{ce}\left(\frac{C+F}{W} - \alpha_b\right) \tag{5-45}$$

式中:$f_{cu,90}$——90d龄期抗压强度(MPa);

f_{ce}——水泥和某一掺量混合材料拌制胶砂,28d龄期抗压强度(MPa);

$\frac{C+F}{W}$——灰水比,m_{c0}、m_{F0}和m_{w0}分别为水泥用量、粉煤灰用量和用水量(kg/m^3);

α_a、α_b——回归系数,其值参见表5-110。

(3)砂率选定

***a*、*b*系数参考值** 表5-110

集料种类	α_a	α_b
天然砂石料	0.733	0.789
人工砂石料	0.811	0.581

当用水量、水灰比和粉煤灰掺量确定后，进行砂率与稠度关系试验，最小稠度点表示碾压混凝土振实所需能量最小，定为最佳砂率。考虑到施工中砂浆流失，配合比设计选定的砂率可适当放宽(1% ~2%)，同时选定砂率时也应考虑集料离析情况。

如无试验资料时，砂率选定可参照表5-111。

砂率参考值(%) 表5-111

集料最大粒径(mm)	40	80
天然砂石料	32 ~ 37	26 ~ 32
人工砂石料	36 ~ 41	30 ~ 36

2. 填充包裹设计法

(1)水灰比和粉煤灰掺量选定

与绝对体积法相同。

(2)α 和 β 选定

α 和 β 值的大小反映了包裹层厚度的大小，包裹层厚度越大，则稠度越小。根据 α 和 β 与稠度关系试验结果，由配合比设计要求的稠度，可确定 α 和 β 值，同时也应考虑有足够的黏聚性，以防集料离析。

当无试验资料时，可根据集料最大粒径和集料种类选定，$\alpha = 1.1 \sim 1.3$，$\beta = 1.2 \sim 1.6$。

(二)工程实例

1. 绝对体积法

沙溪口水电站开关站挡墙碾压混凝土配合比设计采用了绝对体积法，以此工程为例。

(1)设计依据和基本资料

①设计对碾压混凝土要求

设计强度：$f_{cu,k90} = 10\text{MPa}$；

强度保证率：80%；

抗渗等级：P2；

碾压混凝土结构设计表观密度：2 400kg/m^3。

②施工对碾压混凝土要求和施工控制水平

碾压混凝土稠度：$VC = 20 \pm 10\text{s}$；

集料最大粒径：80mm；

机口混凝土强度标准 σ：3.5MPa。

③原材料性质

水泥：42.5级普通硅酸盐水泥；

粉煤灰：邵武电厂粉煤灰；

砂：沙溪口河砂；

石：沙溪口卵石；

减水剂：木质素磺酸钙减水剂。

原材料性质：如表5-112所示。

原材料性质 表5-112

ρ_c	ρ_f	ρ_s	ρ_g	ρ_s (kg/m^3)	ρ_g (kg/m^3)	V_s (%)	V_g (%)
3.06	2.23	2.60	2.68	1 630	1 840	37.3	31.8

(2)设计程序

①根据设计强度计算碾压混凝土配制强度

$$f_{cu,0} = f_{cu,k} \pm t \cdot \sigma \tag{5-46}$$

式中：$f_{cu,0}$——碾压混凝土配制强度(MPa)；

$f_{cu,k}$——碾压混凝土设计强度(MPa)；

σ——强度标准差(MPa)，根据统计资料取3.5；

t——与强度保证率有关的系数，当保证率为80%时，$t=0.842$。

所以：

$$f_{cu,0} = 10 + 0.842 \times 3.5 = 12.95 \approx 13\text{MPa}(\text{选用配制强度不低于}13\text{MPa})$$

②配合比设计参数选定

配合比设计参数选定全部按本节所述内容进行试验。经试验比较选定的配合比设计参数见表5-113三个方案均满足稠度、表观密度、强度和抗渗性要求。

选定的配合比设计参数 表5-113

序号	配合比设计参数	优选方案		
		方案1	方案2	方案3
1	用水量(kg/m³)	80	80	77
2	水灰比	0.57	0.50	0.45
3	粉煤灰掺量(%)	50	56	62.5
4	砂率(%)	28	28	28
5	木钙减水剂剂量(%)	0.25	0.25	0.25

③推荐的配合比

当配合比设计参数选定后，由公式(1)建立5个方程式，求解方程组，可得碾压混凝土配合比。经试拌调整，推荐的配合比见表5-114。

推荐的碾压混凝土配合比 表5-114

编号	水灰比	$\frac{m_{w0}+m_{c0}+m_{F0}}{m_{w0}+m_{c0}+m_{F0}+m_{s0}}$（体积比）	每1m³碾压混凝土材料用量(kg)					
			水(m_{w0})	水泥(m_{c0})	粉煤灰(m_{F0})	砂(m_{s0})	石(m_{g0})	木钙
方案1	0.57	0.352	80	70	70	643	1 653	0.350
方案2	0.50	0.369	80	70	90	637	1 633	0.400
方案3	0.45	0.378	77	70	100	635	1 634	0.425

(3)现场复验

在沙溪口水电站混凝土搅拌楼对推荐的配合比进行复验的结果表明：推荐的配合比与工程复验结果是相当一致的，经研究提出方案2配合比在工程上实施。

开关站挡墙共浇筑碾压混凝土26 670m³。根据现场机口100次稠度抽样检定结果，平均$VC=19$s，标准差4.64s，离差系数0.245，最大值30s和最小值8s，达到了$VC=20\pm10$s控制水平。

现场机口抽样测定90d龄期抗压强度(72组试样)，平均抗压强度28.4MPa，标准差3.99MPa，离差系数0.15。

碾压混凝土抗渗性试验,28d 龄期抗渗等级 P4,90d 龄期抗渗等级 P10。现场钻孔压水试验,渗透系数为 $10^{-6} \sim 10^{-4}$cm/s。

2. 填充包裹设计法

厦门机场现场试验块碾压混凝土配合比设计采用填充包裹设计法,以此工程为例。

(1)设计依据和基本资料

设计和施工对碾压混凝土的要求与沙溪口水电站开关站挡墙相同。原材料的性质如下:

水泥:42.5 级普通硅酸盐水泥;

粉煤灰:南平粉煤灰;

砂:河砂;

石:粗粒花岗岩碎石;

外加剂:木钙和松脂皂复合剂。

原材料性质见表 5-115。

原材料性质 表 5-115

ρ'_c	ρ'_f	ρ'_s	ρ'_g	ρ_s (kg/m^3)	ρ_g (kg/m^3)	V_s (%)	V_c (%)
3.06	2.05	3.59	2.63	1 660	1 796	35.9	31.8

(2)设计程序

①根据设计强度计算碾压混凝土配制强度与绝对体积法相同。

②配合比设计参数选定

配合比设计参数选定全部按本节所述内容进行试验。经试验比较选定的配合比设计参数见表 5-116。

选定的配合比设计参数 表 5-116

序号	配合比设计参数		优选方案		
			方案1	方案2	方案3
1	水灰比		0.65	0.73	0.71
2	粉煤灰掺量(%)		50	50	55
3	水泥灰浆饱和度 α		1.35	1.25	1.27
4	水泥砂浆饱和度 β		1.55	1.55	1.63
5	外加剂	木钙(%)	0.2	0.2	0.2
		松脂皂(‰)	8	8	8

③推荐的配合比

当配合比设计参数选定后,由式(5-37)、式(5-39)~式(5-42)可分别计算 G、S、C、F 和 W,即求得碾压混凝土配合比。经试拌调整,推荐的配合比见表 5-117。

推荐的碾压混凝土配合比 表 5-117

编号	水灰比	$\frac{m_{w0}+m_{c0}+m_{F0}}{m_{w0}+m_{c0}+m_{F0}+m_{s0}}$ (体积比)	每 1m^3 碾压混凝土材料用量(kg)						
			水 (m_{w0})	水泥 (m_{c0})	粉煤灰 (m_{F0})	砂 (m_{s0})	石 (m_{g0})	木钙	松脂皂
方案1	0.65	0.428	108	83	83	606	1 497	0.332	0.133
方案2	0.73	0.417	111	76	76	626	1 493	0.304	0.122
方案3	0.71	0.415	110	70	85	636	1 474	0.310	0.124

(3)现场复验

现场试验块共浇筑碾压混凝土 286m^3。从机口抽样和现场钻取芯样检测结果(表 5-118)表明,3 个配合比设计方案皆能满足设计要求。

机口抽样和钻取芯样测定抗压强度(MPa)　　表 5-118

编　号	机 口 抽 样		ϕ15 × 30cm 芯样	
	28d	90d	150d	180d
方案 1	29.3	32.9	29.0	27.2
方案 2	11.9	17.9	22.5	21.4
方案 3	11.5	16.5	17.7	19.5

第十一节　碾压混凝土简化配合比设计

由于碾压混凝土施工方法是由土石坝施工方法演化而来,从土壤力学与混凝土工程学结合的理论基础出发,美国土木工程学会首先提出按土石坝理论简化碾压混凝土配合比设计的新观点,并在几处小型挡水工程中应用。

一、基本构想

迄今为止,碾压混凝土配合比设计时,均是按混凝土材料对待的。但从拌和物性能和施工方法看,按土石材料来对待似乎更符合实际情况。即从设计阶段开始到碾压密实之前,当作土石料的碾压来研究,而碾压施工完成后按混凝土来看待,对其进行适当的养护及有关性能的测试和研究。

一些研究资料表明,碾压混凝土压实性能与土石材料的振动压实性能相近。英国国家大坝委员会认为,碾压混凝土的含水率和土石材料一样,以能获得最优密实度为选用标准,并指出碾压混凝土的最优含水率为5% ~7% (图5-25)。日本碾压混凝土室内外压实资料

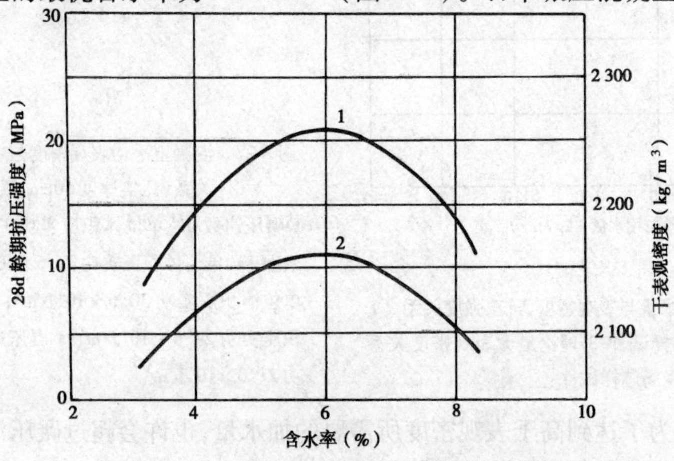

图 5-25　含水率和水泥用量对混凝土强度和表观密度的影响

1-水泥用量 130kg/m^3;2-水泥用量 85kg/m^3

表明，其最大密实度和强度与一定的混凝土用水量相对应，而且最高强度对应的含水率与最大密实度对应的最优含水率很接近（图5-26），这样即把碾压混凝土拌和物作为砾石土材料对待，用标准土力学方法确定它的性能，并可预测硬化后的某些性能。按照土石方压实理论，最佳含水率取决于压实能量，如果增加压实能量可增加干表观密度值，相应的最佳含水率值也随之降低，但对碾压混凝土来说，降低不多。图5-27为武汉水利电力学院为大田坑口坝进行的振动压实试验获得的碾压混凝土压实曲线（压实厚度50cm，振动频率50Hz）。证明了碾压混凝土与土的压实很相似，一定压实能量下，有与最大振实表观密度对应的最佳含水率，而且随压实能量的增大（遍数增加）而减少，与土料的最优含水率的变化规律是一样的。图5-29表明，碾压混凝土能量由 $21.0\times10^4(J/m^3)$ 变化至 $57.6\times10^4(J/m^3)$ 时，碾压混凝土最优含水率由 $102kg/m^3$ 减少至 $100kg/m^3$，变化是不大的。

在土石方压实理论中，水在粒状混合料中，是在各颗粒之间起润滑作用的，能促使土料在适当的压实能量作用下，获得较高的干表观密度，但从混凝土的理论观点看，水的多少对其性能影响是很大的，为了达到高干表观密度所需要的加水量，也许会超过碾压混凝土压实所需要的用水量，这样对硬化混凝土性能就可能得不到保证。所以，干表观密度、压实能量和加水量之间应有一个最佳选择，才能保证碾压密实并使硬化混凝土性能满足各项要求。美国棕木俱

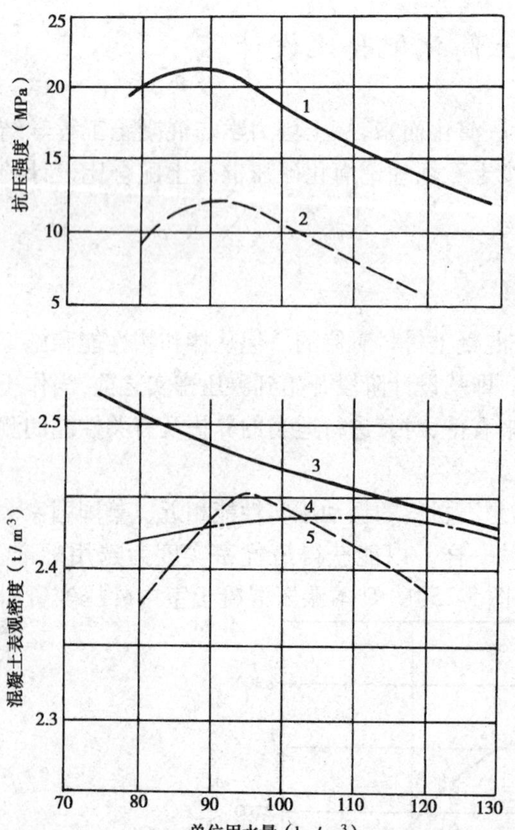

图5-26 单位用水量与表观密度、抗压强度关系

1-标准试件；2-现场芯样试件；3-理论最大表观密度关系曲线；4-标准试件；5-现场芯样试件

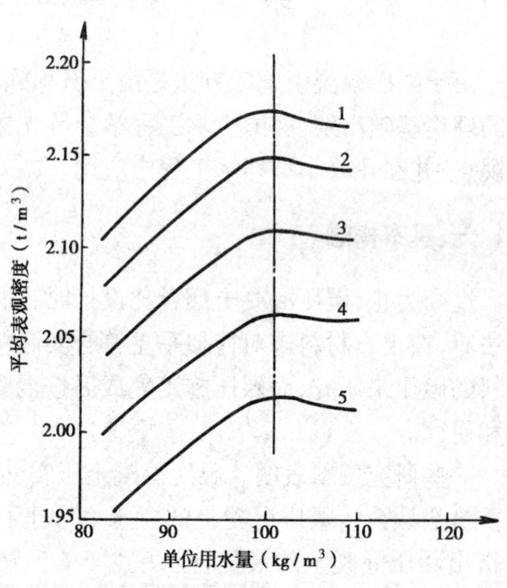

图5-27 混凝土平均表观密度与单位用水量、碾压遍数关系（压实厚度50cm，振动频率50Hz）

1-碾压遍数21，单位体积压实功 $57.6\times10^4 J/m^3$；2-碾压遍数13，单位体积压实功 $42.6\times10^4 J/m^3$；3-碾压遍数7，单位体积压实功 $30.6\times10^4 J/m^3$；4-碾压遍数4，单位体积压实功 $24.6\times10^4 J/m^3$；5-碾压遍数2，单位体积压实功 $21.0\times10^4 J/m^3$

乐部坝建立的压实曲线与强度曲线的关系(图5-28)表明,干表观密度最大值附近混凝土强度是最高的。美国北环坝试验表明(图5-29),混凝土强度与干表观密度成正比,而且和击实能量关系较小。

在把土石方压实理论应用到碾压混凝土方面时,同样必须特别注意集料的性能。为获得较大的干表观密度值,仍然要求集料具有良好的级配,仍需经过精确的衡量配料和拌和,否则对于碾压硬化后的强度、均匀性和密实度都得不到保证。美国棕木俱乐部工程及多列特山坝两个工程对集料级配的要求及实际规格列入表5-119,可见集料并不是无级配要求的。

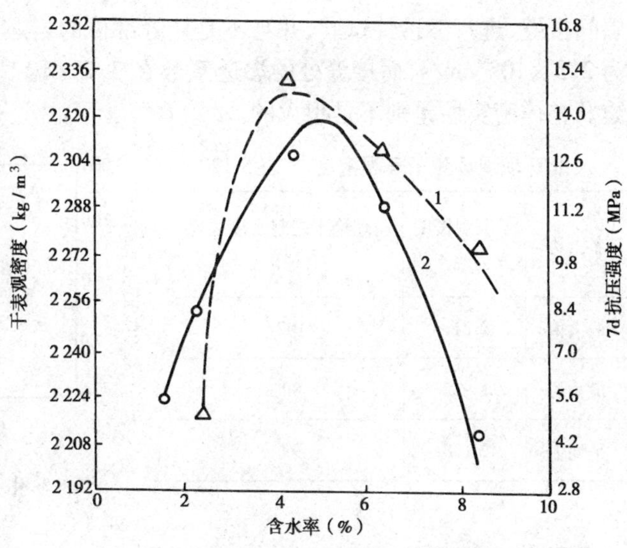

图5-28 棕木俱乐部坝室内压实试验结果

1-混凝土强度曲线;2-混凝土干表观密度曲线

美国两个工程的集料级配 表5-119

筛孔尺寸(mm)	过筛百分数(%)			筛孔尺寸(mm)	过筛百分数(%)		
	标准要求	成品规格			标准要求	成品规格	
		多列特山坝	棕木俱乐部坝			多列特山坝	棕木俱乐部坝
50	100	100	100	2	19~48	51	42
19	57~94	97	80	0.4	12~25	35	21
9.5	37~79	78	55	0.074	8~16	8	12
4.8	25~65	58	49				

二、工程应用

1983年竣工的美国得克萨斯州的北环坝,就是首先采用这种简化方法设计和施工的碾压混凝土工程(之后又在三座小型水工建筑物上应用)。施工中用室内求出的压实曲线,控制碾压混凝土各层的干表观密度和含水率,达到质量控制的目的,指导对拌和加水量的调整。该坝施工期间进行了333次现场密度测定(使用核子水分密度仪,结果与室内标准压实能量下的结果相当一致,见表5-120现场钻取的岩芯试验结果表明,碾压混凝土硬化后的强度随龄期增长而增大(图5-30)、随水泥用量的增加而增高,这和常规混凝土及其他方法设计的碾压混凝土特性是一致的。对钻取岩芯上的

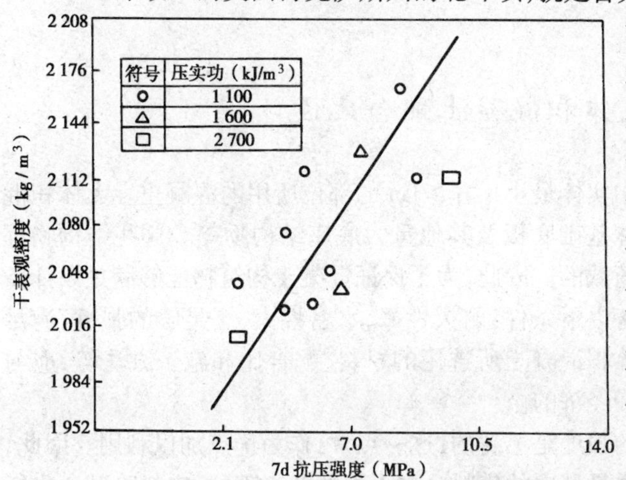

图5-29 北环坝室内压实试验(圆柱体)结果

层间接缝，进行渗透性试验，并与不是接缝部位的岩芯渗透性对比，没有接缝试件的渗透系数为 2.3×10^{-5}cm/s，而接缝处的渗透系数在 $3.2\times10^{-5}\sim1.5\times10^{-7}$cm/s 之间，可见混凝土接缝及整体密实性差别不是很大的。

北环坝现场测干表观密度 表 5-120

名　称	干表观密度（kg/m^3）	与理论干表观密度之比（%）
最大值	2 211	102
最小值	1 922	89
平均值	2 138	99

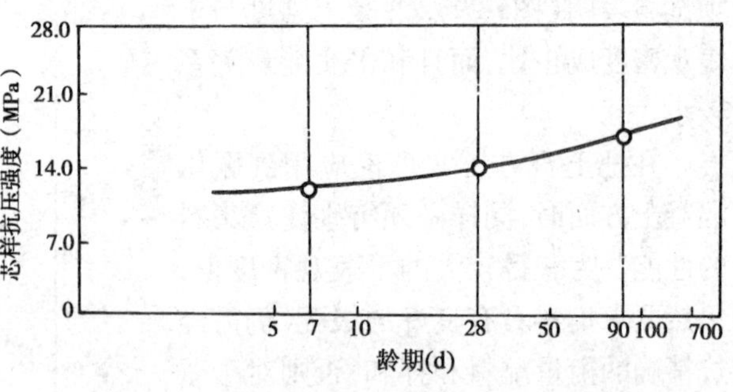

图 5-30 北环坝工程混凝土芯样抗压强度试验结果

三、存在问题

这种简化碾压混凝土配合比设计方法，目前只在美国几个小型水利设施（挡水高度 10m 左右）上作过尝试，有些问题需进一步探讨解决。

(1)碾压混凝土拌和物具有某些土石材料的压实特性，可以应用土石方的压实理论，但最终还必须立足于它还是混凝土这一点上。它比压实土石方有更高的强度、均匀性和不透水性的要求。除用击实方法确定用水量外，仍然存在着如何选定各种材料的配合问题，特别是胶凝材料用量的决定及它与其他材料量之关系，这对能否获得满意的技术经济效益非常重要。

(2)施工中碾压密实度的变化，不仅与用水量有关，还和集料级配变化、拌和及施工均匀性有关，不能单独用改变加水量的办法解决，要同时调整胶凝材料用量才能保证硬化后的质量，所以仍然需要事先弄清混凝土性能与材料用量之间的关系，提供施工中调整的依据以及估计硬化后的质量依据。

(3)室内使用锤击方法建立加水量与干表观密度的关系与施工中用振动碾施于拌和物的能量方式是不同的。相同的振动能量、不同施加方式，对混凝土的密实效果是否一样，需要进一步研究。

第十二节　大体积混凝土配合比设计

大体积混凝土，是指混凝土结构物中实体最小尺寸≥1m 的部位所用的混凝土。大体积混凝土结构，指大坝、反应堆体、高层建筑深基础底板及其他重力底座结构物等。这些结构物都是依靠其结构形状、质量和强度来承受荷载的。因此，为了保证混凝土构筑物能够满足设计条件和经久的稳定性要求，混凝土必须具备以下条件：耐久性好，水密性大，有足够的强度，满足单位质量要求，施工质量波动小等。大体积混凝土所选用的材料、配合比和施工方法等，应与大体积构筑物的规模相适应，并且应是最经济的。

作为整体结构，大体积混凝土所需的强度是不高的，这一点，可作为优点加以利用。因此，通常可以用当地的集料资源，甚至可用质量稍次的集料。在大坝的核心部位，集料除碱—集料反应外，其耐久性不是主要考虑的问题。

大体积混凝土的最主要特点，是以大区段为单位进行施工，施工体积厚大。由此带来的问题是，水泥的水化热引起温度升高，冷却时，产生裂缝。为了防止裂缝的发生，必须采取切实的措施。比如，使用水化热小的水泥和粉煤灰的同时，使用单位水泥量少的配合比，控制一次灌筑高度和浇筑速率，以及人工冷却控制温度等。

一、原材料技术要求

1. 水泥品种选择和用量控制

大体积混凝土结构引起裂缝的原因很多，但其主要原因是：混凝土的导热性能较差，水泥水化热的大量积聚，使混凝土出现早强温升和后期降温现象。因此，控制水泥水化热引起的温升，即减少混凝土内外温差，对降低温度应力、防止产生温度裂缝将起到釜底抽薪的作用。

(1)选用中热或低热的水泥品种

混凝土升温的热源主要是水泥在水化反应中产生的水化热，因此选用中热或低热水泥品种，是控制混凝土温升的最根本方法。如强度等级为42.5MPa的矿渣硅酸盐水泥，其3d的水化热为180kJ/kg；而强度等级为42.5MPa的普通硅酸盐水泥，其3d的水化热却高达250kJ/kg；强度等级为42.5MPa的火山灰质硅酸盐水泥，其3d内的水化热仅为同强度等级普通硅酸盐水泥的60%。根据对某大型基础对比试验表明：选用强度等级为42.5MPa的硅酸盐水泥，比选用强度等级为42.5MPa的矿渣硅酸盐水泥，3d内水化热平均升温高5~8℃。

目前，在大体积混凝土中所用的水泥品种有：普通硅酸盐水泥（须掺加适量的粉煤灰）、矿渣硅酸盐水泥、粉煤灰硅酸盐水泥、中热硅酸盐水泥、低热矿渣硅酸盐水泥、低热粉煤灰硅酸盐水泥、低热微膨胀水泥等。

(2)选用适宜的水泥细度

水泥的细度虽然对水泥水化热量多少影响不大，但却能显著影响水泥水化放热的速率。据试验，比表面积每增加100cm^2/g，1d的水化热增加17~21J/g，7d和28d可增加4~12J/g。但也不能片面地放宽水泥的粉磨细度，否则强度下降过多，反而不得不提高单位体积混凝土中的水泥用量，以导致水泥的水化放热速率虽然较小，但混凝土的放热量反而增加。因此，低热水泥的细度，一般与普通水泥相差不大，只有在确定需要时，水泥的细度才能进行适当调整。

(3)选用适宜的水泥用量

作为整体结构，由于大体积混凝土所需要的强度是不高的，所以对水泥的强度要求并不高。在配制大体积混凝土中，通常会遇到用高强度水泥配制低强度等级混凝土的问题，这就往往需要在施工现场采取掺加适量活性矿物掺和料或严格控制水泥用量的措施。一般情况下，大体积混凝土的单位水泥用量在内部应取其最小用量，日本规定为140kg/m^3左右，我国试验结果表明不超过150kg/m^3，这样有利于降低水化热；在外部的混凝土应取较高用量，但也不宜超过300kg/m^3，这样对降低大体积混凝土内外部由于水化热引起的温度应力，以及保证大体积混凝土的使用强度和耐久性是有利的。

2. 集料的选择

大体积混凝土所需的强度并不是很高的，所以组成混凝土的砂石料比高强混凝土要高，均占混凝土总质量的85%左右，正确选用砂石料对保证混凝土质量、节约水泥用量、降低水化热量、降低工程成本是非常重要的。集料的选用应根据就地取材的原则，首先考虑成本较低、质量优良、满足要求的天然砂石料。根据国内外对人工砂石料的试验研究和生产实践，证明采用人工集料也可以做到经济实用。

(1)粗集料的选择

结构工程的大体积混凝土，宜优先选择以自然连续级配的粗集料配制。这种连续级配粗集料配制的混凝土，具有较好的和易性、较少的用水量、节约水泥用量、较高的抗压强度等优点。在选择粗集料粒径时，可根据施工条件，尽量选用粒径较大、级配良好的石子。根据有关试验结果证明，采用5～40mm石子比采用5～20mm石子，每1m³混凝土可减少用水量15kg左右，在相同水灰比的情况下，水泥用量可节约20kg左右，混凝土温升可降低2℃。

选用较大集料粒径，确定有很大优越性。但是，集料粒径增大后，容易引起混凝土的离析，影响混凝土的质量。为了达到预定的要求，同时又要发挥水泥最有效的作用，粗集料有一个最佳的最大粒径。对于结构工程的大体积混凝土，粗集料的最大粒径不仅与施工条件和工艺有关，而且与结构物的配筋间距、模板形状等有关。因此，进行混凝土配合比设计时，不要盲目选用大粒径粗集料，必须进行优化级配设计，施工时要加强搅拌，细心浇筑和认真振捣。在一般情况下，粗集料的最大粒径不应超过钢筋净间距的2/3，构件断面最小尺寸的1/4，素混凝土板厚的1/2。

用于大体积混凝土的粗集料技术质量要求见表5-121所列。其级配选择可参考表5-122中的数值。

大体积混凝土用粗集料技术质量要求 表5-121

项目	含泥量(%)	坚固性(%)	SO_3含量(%)	有机质含量	密度(g/cm^3)	吸水率(%)	针片状颗粒含量(%)
技术指标	$D_{20}D_{40}$粒级<1 $D_{80}D_{120}$粒级<0.5	<5(抗冻) <10(无抗冻)	<0.5	应浅于标准色	>2.55	<2.5	<15

(2)细集料的选择

大体积混凝土中的细集料，应符合《普通混凝土用砂石质量及试验方法》(JGJ 52—2006)中的规定，砂子的技术质量要求见表5-123所列。以采用优质的中、粗砂为宜，细度模数宜在2.6～2.9范围内。根据有关试验资料证明，当采用细度模数为2.79、平均粒径为0.381mm的中粗砂时，比采用细度模数为2.12、平均粒径为0.336mm的细砂，每1m³混凝土可减少水泥用量28～35kg，减少用水量20～25kg，这样既降低了混凝土的温升又减小了混凝土的收缩。

大体积混凝土用粗骨料级配选择参考值 表5-122

D_{max}(mm)	粒径分级(mm)				总计(%)
	5～20	20～40	40～80	80～120	
	各级石子所占的比例(%)				
40	45～60	45～55	—	—	100
80	25～35	25～35	35～50	—	100
120	15～25	15～25	25～35	30～45	100

大体积混凝土用细集料技术质量要求 表5-123

项目	含泥量(%)	黏土含量(%)	石粉含量(%)	坚固性(%)	云母含量(%)	密度(g/cm^3)	SO_3含量(%)	有机质含量	轻物质含量(%)
指标	<3	<1	6～12	<10	<2	>2.5	<1	浅于标准色	<1

目前，大体积混凝土广泛采用泵送法施工，泵送混凝土的输送管道形式很多，既有直管又有锥形管、弯管和软管。当通过锥形管和弯管时，混凝土颗粒间的相对位置就会发生变化，此

时，如果混凝土中的砂浆量不足，很容易发生堵管现象。所以，在混凝土配合比设计时，可适当提高砂率；但若砂率过大，将对混凝土的强度产生不利影响。因此，在满足混凝土可泵性的前提下，尽可能选用较小的砂率。

（3）集料的质量要求

集料是混凝土的集架，集料的质量如何，直接关系到混凝土的质量。所以，集料的质量技术要求，应符合国家标准的有关规定。混凝土试验表明，集料中的含泥量多少是影响混凝土质量的最主要因素。若集料中含泥量过大，它对混凝土的强度、干缩、徐变、抗渗、抗冻融、抗磨损及和易性等性能都产生不利的影响，尤其会增加混凝土的收缩，引起混凝土抗拉强度的降低，对混凝土的抗裂更是十分不利。因此，在大体积混凝土施工中，对粗细集料的质量要求，一定要符合国家的规定，特别是对其含泥量、黏土含量要严格控制。

3. 活性混合材料

工程经验表明，在大体积混凝土中，掺加活性混合材料，既可以降低水泥用量，又可以降低大体积混凝土的水化热温升。常用的活性混合材料有粉煤灰、火山灰等。

（1）粉煤灰

粉煤灰的粒度组成是影响粉煤灰质量的主要指标。其中，各种粒度的相对比例，由于原煤种类、煤粉细度以及燃烧条件的不同，可以产生很大的差异。由于球形颗粒在水泥浆体中可起润滑作用，所以，在粉煤灰中，如果圆滑的球形颗粒占多数，就具有需水量小、活性高的特点。反之，如果平均粒径大，组合粒子又多，需水量必然增加，其活性较差。一般认为，粉煤灰越细，球形颗粒越多，组合粒子越少，而且水化反应的界面增加，容易激发粉煤灰的活性，从而提高混凝土的强度。有人认为，粒径范围在 5 ~ 30μm 的颗粒，其活性较好。我国规定，粉煤灰的细度以 0.08mm 方孔筛筛余不超过 8% 为宜。另外，对粉煤灰进行粉磨，可将粗大多孔的组合粒子打碎；而且较细的球形颗粒由于很难磨碎而得以保持原来形状，故能有效地改善粉煤灰的质量。

粉煤灰的烧失量，也是影响粉煤灰质量的重要指标。烧失量过大，对于粉煤灰的质量是有害的。未燃炭粒粗大、多孔，含炭量大的粉煤灰掺入混凝土后，往往增加需水量，大大降低强度。并且，未燃尽的炭遇水后，在表面形成一层憎水薄膜，阻碍水分向粉煤灰颗粒内部渗透，从而影响 $Ca(OH)_2$ 与活性氧化物的作用，降低粉煤灰的活性。更因未燃炭在空气中不断氧化挥发，并吸收水分，使体积膨胀。所以，未燃炭也是造成混凝土体积变化及造成混凝土的大气稳定性降低的有害因素。我国规定，粉煤灰烧失量不应大于 8%。

（2）火山灰质混凝土材料

火山灰质混合材料是泛指火山灰一类物质，按其化学成分与矿物结构可分为：含水硅酸质，铝硅玻璃质，烧黏土质等。由于我国火山灰资源相当丰富，因此，对大体积混凝土，火山灰是值得利用的一种很好的活性混合材料。

4. 外加料

国内外常用的大体积混凝土外加剂，有引气减水剂和缓凝剂。

（1）引气减水剂

在大体积混凝土中，掺加一定量的引气减水剂，可降低水泥用量 10% ~ 15%，并可引入 3% ~ 6% 的空气，从而改善混凝土混合物的和易性，提高混凝土的抗冻性和抗渗性。

（2）缓凝剂

大体积混凝土施工时，掺入缓凝剂，可以防止施工裂缝的生成，并能延长可振捣的时间。

在大体积混凝土中，水化放热不易消散，容易造成较大的内外温差，引起混凝土开裂。掺入缓凝剂，可使水泥水化放热速率减慢，有利于热量消散，使混凝土内部温升降低，这对避免产生温度裂缝是有利的。

常用的缓凝剂有：①羟基羟酸盐（酒石酸及其盐、柠檬酸及其盐等）；②多羟基碳水化合物（如糖蜜、多元醇等）；③木质素系物质（如木质素磺酸钙、钠等）；④无机化合物（如 Na_3PO_4、$Na_2B_4O_7$ 等）。

二、配合比设计

大体积混凝土的配合比设计，与普通水泥混凝土基本相同，在配合比设计中要满足强度、耐久性和经济性的要求。与普通水泥混凝土不同之处，是要对混凝土的水泥水化热控制应特别严格。

1. 大体积混凝土配合比设计的原则

大体积混凝土的配合比设计，不仅要满足最基本的强度和耐久性的要求，还应与大体积混凝土的规模相适应，并且应是最经济的。

大体积混凝土结构物的经济问题，是配合比设计中需要考虑的一个最重要的参数。某工程大体积混凝土构筑物形式的选择，有可能取决于经济条件。因此，大体积混凝土的配合比设计，既受结构形式、经济性的要求，又受混凝土强度、耐久性和温度性质的限制。在进行混凝土配合比设计时，主要应考虑以下几个方面。

(1)除集料的最大尺寸之外，用水量应根据能充分地拌和、浇注和捣实的新拌混凝土容许的最干稠度来决定。典型的不配筋的大体积混凝土的坍落度控制在 1～3cm。若要采用预冷却混凝土，则在实验室做试验性拌和物时，也应在相同的低温下进行，因为在低温情况下，水泥水化速度较慢，在 5～10℃达到给定稠度的需水量比在正常室温(15～20℃)下更少些。

(2)在大体积混凝土中，水泥用量是由水灰比与强度之间的关系所决定的。这种关系在很大程度上受到集料组织的影响（表 14.6）。将在标准养护条件下养护过的混凝土试块，与从高坝中钻取芯样（混凝土的水泥用量为 223kg/m³）相比较，结果表明：在混凝土结构中的混凝土的实际强度大大超过了要求。在含有火山灰、粉煤灰等活性混合材料的混凝土中，观察到的强度增幅更为惊人，表明了活性混合材料可以增加强度，替代水泥用量和具有降低水化热的作用。在正常或比较温和的气候中，对大体积混凝土的内部，混凝土的最大容许水灰比为 0.80，而对暴露于水中或空气中的，其允许水灰比为 0.60。不同水灰比引入空气的大体积混凝土抗压强度见表 5-124。

不同水灰比引入空气的大体积混凝土的抗压强度　　表 5-124

混凝土的水灰比	28d 混凝土抗压强度（MPa）	
	天然集料	破碎过的集料
0.40	31.0	34.5
0.50	23.4	26.2
0.60	18.6	21.4
0.70	14.5	17.2
0.80	11.0	13.1

注：当掺加火山灰时，强度应以 90d 为准，而水灰比则变为 $W/(C+F)$。

(3)大体积混凝土的含气量，通常规定为3% ~6%，这样有利于提高混凝土的抗渗性和抗冻性等耐久性指标。根据工程经验，对大体积内部混凝土，按胶凝材料的总体积掺加35%的粉煤灰，对大体积外露混凝土，掺加25%的粉煤灰，可以满足大体积混凝土各项技术性能要求。采用的砂子，其细度模数通常为2.6 ~2.8，粗集料用量为全部集料绝对体积的78% ~80%，细集料的含量相应为20% ~22%。

2. 大体积混凝土配合比设计过程

大体积混凝土的配合比设计，在遵照其设计原则的前提下，整个设计过程必须按照《普通混凝土配合比设计技术规程》(JGJ 55—2011)与《混凝土结构工程施工质量验收规范》(GBJ 50204—2002)的规定执行。

三、大体积混凝土配合比设计实例

大体积混凝土配合比设计比较简单，主要是对内外温差、抗渗性、抗冻性等进行设计，其强度要求不高。因此，对大体积混凝土配合比设计的具体方法步骤，不再叙述。在表5-125中只列出工程中常用的大体积混凝土的配合比，供工程中应用参考。

大体积混凝土参考配合比 表5-125

序号	水灰比 (W/C)	引气剂 (%)	减水剂 (%)	集料 D_{max}(cm)	大体积混凝土中材料用量(kg/m^3)				28d抗压强度 (MPa)
					水泥	混合材料	砂子	石子	
1	0.58	0	0	22.9	225	0	552	1 589	21.3
2	0.60	0	0	15.2	224	0	582	1 523	33.6
3	0.59	0	0	20.3	178	浮石36	559	1 562	28.1
4	0.56	0	0	15.2	219	0	537	1 614	29.6
5	0.47	3.0	0	15.2	111	粉煤灰53	499	1 672	18.7
6	0.54	3.5	0	15.2	111	浮石56	461	1 651	17.9
7	0.50	3.5	0.37	15.2	111	浮石53	474	1 662	24.6
8	0.53	3.5	0	15.2	111	页岩56	432	1 720	20.7
9	0.49	3.0	0	15.2	117	粉煤灰50	528	1 670	18.6
10	0.42	4.3	0	11.4	221	0	376	1 691	33.5
11	0.58	0	0	7.60	276	0	713	1 346	22.5

第十三节　离心混凝土配合比设计

离心成型混凝土简称离心混凝土。其成型过程是将拌和物投放于装有跑轮的模型内，构件的外形多为圆形，亦有设计为正多边形。转动模型使其产生离心力，混凝土压向模型内壁，形成空心构件。多用于制造水管、管桩、电杆等。近年已出现用离心生产的钢管空心混凝土，用于送电杆塔及建筑管柱。

一、原材料技术要求

1. 水泥

通常使用纯硅、普硅或矿渣水泥。

火山灰质水泥因其混合材质量小，在离心力作用下，不易与砂、石同步外压，而被砂、石排挤在内壁，因而减弱了混凝土强度，严禁采用。

2. 粗细集料

通常使用中粗砂，细度模数控制在2.7～3.2。

离心混凝土成型后集料排列比较紧密，有足够的砂浆包裹粗集料便可。配合比通常不考虑砂率而考虑砂灰比。砂灰比值列于表5-126。

离心混凝土的砂灰比值 表5-126

每1m³混凝土水泥用量(kg)	砂灰比	每1m³混凝土水泥用量(kg)	砂灰比
350	1.6～1.7	500	1.2～1.3
400	1.4～1.5	600	1.0～1.1

粗集料粒径不宜过大，通常不大于20mm。粒型要求较规整；针片状颗粒含量应严格控制，不多于10%；软弱颗粒含量应小于3%。

3. 外加剂

可以使用高效减水剂。

离心制品为使模具迅速周转，一般均采用蒸汽养护，因而不得使用引气剂。某些木质素或糖蜜类减水剂有缓凝和引气作用，也不得使用。其他外加剂应通过试验后方可采用。

4. 掺和料

常压蒸汽养护的生产流程一般不掺用掺和料。但采用二次高压蒸汽养护时，可掺入磨细石英砂。磨细砂在高压高温条件下，将原来的水泥水化形成的凝胶体与磨细砂中的SiO_2水热合成为托勃莫来石，强度大大提高，又可节约水泥。石英砂中SiO_2的含量应不少于65%，以超过90%为佳，含量越大则强度提高越显著。磨细砂的细度要求比表面积应大于水泥（水泥比表面积标准值为大于300m²/kg）。

二、配合比设计

离心混凝土配合比设计，除不采用砂率改用砂灰比外，其他基本与普通混凝土相同。

（1）配制强度仍按式(2-3)。

（2）水灰比因离心前后不同，配合比设计仍用离心前水灰比，称为原始水灰比。仍按式(1-2)，代入粗集料的回归系数，再加上离心工艺的两个系数，推导出水灰比公式如下：

碎石离心混凝土水灰比公式：

$$\frac{W}{C}=\frac{0.46f_{ce}\cdot K_1\cdot K_2}{f_{cu,0}+0.0322f_{ce}} \tag{5-47}$$

卵石离心混凝土水灰比公式：

$$\frac{W}{C}=\frac{0.48f_{ce}\cdot K_1\cdot K_2}{f_{cu,0}+0.1584f_{ce}} \tag{5-48}$$

式中：$\frac{W}{C}$——水灰比；

f_{ce}——水泥实际强度（MPa）；

$f_{cu,0}$——离心混凝土配制强度（MPa）；

K_1——离心混凝土强度提高系数，通常$K_1=1.2\sim1.4$；

K_2——常压蒸汽养护条件系数，采用纯硅或普硅水泥时 $K_2 = 0.8 \sim 0.92$，采用矿渣水泥时 $K_2 = 1.0$。

(3)查表 2-33 确定用水量

(4)按式(2-6)计算水泥用量。

(5)按第二章第一节用质量法或体积法计算砂石总用量。如用质量法则 $m_{cp} = 2\,400 \sim 2\,450$kg；如用体积法则 $a = 0$。

(6)按表 5-126 计算砂用量。

(7)石子按式(2-9)计算。

(8)按式(5-49)列出设计配合比。

$$\frac{m_{w0}}{m_{c0}} : \frac{m_{c0}}{m_{c0}} : \frac{m_{s0}}{m_{c0}} : \frac{m_{g0}}{m_{c0}} \tag{5-49}$$

(9)试配：程序同第二章第一节四，但试件成型方法用离心试模和试验用离心机。按式(5-50)计算投料配合比。每 1m³ 混凝土投料配合比总用料量通常大于 2 500kg，但因离心成型时排出的水和水泥，成型后混凝土的表观密度约为 2 500kg/m³。

$$离心混凝土投料量 = \frac{普通混凝土投料量}{K_b} \tag{5-50}$$

式中：K_b——出料系数。K_b 值如表 5-127 所示。

离心混凝土的出料系数 K_b　　表 5-127

每 1m³ 混凝土原始水泥用量(kg)	K_b	每 1m³ 混凝土原始水泥用量(kg)	K_b
600	0.91	400	0.93
500	0.92		

三、配合比设计实例

[例 5-2]　有预应力高架桥管柱一批。标准管柱尺寸为：$\phi 1.2$m，$l = 10$m，壁厚 150mm，设计强度 $f_{cu,k} = 60$MPa。已知搅拌站施工水平的强度标准差 $\sigma = 5.6$MPa。拟用强度等级为 62.5MPa的硅酸盐水泥(P. II)，经检测其实际强度 $f_{ce} = 67.0$MPa，密度 = 3.1。采用中砂，细度模数为 2.7 ~ 3.2，密度 = 2.65。碎石为连续级配 5 ~ 20mm 粒级，密度 = 2.7×10^3kg/m³。混凝土入模坍落度要求为 55 ~ 70mm。不掺外加剂，按常规离心工艺制度操作。设 $K_1 = 1.25$，$K_2 = 0.85$。请设计其配合比。

解：(1)配制强度，按式(2-3)：

$$\begin{aligned} f_{cu,0} &= 60 + 1.645 \times 5.6 \\ &= 69.212(\text{MPa}) \end{aligned}$$

(2)水灰比，按式(5-48)：

$$\begin{aligned} \frac{W}{C} &= \frac{0.46 \times 67 \times 1.25 \times 0.85}{69.212 + 0.032\,2 \times 67} \\ &= 0.46 \end{aligned}$$

(3)每 1m³ 混凝土用水量，查表 2-33，坍落度为 55 ~ 70mm，碎石粒级为 20mm：

$$m_{w0} = 205(\text{kg})$$

(4)每 1m³ 混凝土水泥用量，按式(2-6)：

$$m_{c0} = \frac{205}{0.46} = 446(\mathrm{kg})$$

(5)每 1m^3 混凝土砂用量,查表 5-126,取砂灰比 = 1.25

$$m_{s0} = 446 \times 1.25 = 558(\mathrm{kg})$$

(6)每 1m^3 混凝土石子用量,按质量法计算,设 m_{cp} = 2 400kg,则碎石用量:

$$m_{g0} = 2\,400 - 205 - 446 - 558 = 1\,191(\mathrm{kg})$$

(7)初步配合比:

$$m_{w0} : m_{c0} : m_{s0} : m_{g0} = 205 : 446 : 558 : 1\,191$$
$$= 0.46 : 1 : 1.25 : 2.67$$

(8)试配,按第二章第一节四。但强度试件采用离心试件。从略。

(9)每 1m^3 混凝土投料量。假设试配阶段调整的结果与初步配合比相同,投料量应按表 5-26的出料系数计算。查得 K_b = 0.925,则

$$m_{w0} = 205/0.925 = 222(\mathrm{kg})$$
$$m_{c0} = 446/0.925 = 482(\mathrm{kg})$$
$$m_{s0} = 558/0.925 = 603(\mathrm{kg})$$
$$m_{g0} = 1\,191/0.925 = 1\,288(\mathrm{kg})$$

(10)复核

每 1m^3 混凝土总投料量 = 222 + 482 + 603 + 1 288 = 2 595(kg)

按离心混凝土的特点,成型过程排出一部分水和少量水泥。设排出 30% 的水和 6.5% 的水泥,则每 1m^3 混凝土中:

排出水量 = 222 × 30% = 66.6(kg)

排出水泥量 = 482 × 6.5% = 31(kg)

再核实每 1m^3 混凝土剩余总用料量 = 2 595 − 66.6 − 31 = 2 497(kg)

四、其他

(1)如掺用外加剂时,请参考第六章。

(2)如采用二次高压蒸汽养护掺用磨细石英砂时,可用内掺法。用磨细石英砂等量代换水泥。其代换量以水泥用量的 20% ~ 30% 为佳,是制成 C80 ~ C90 高强混凝土的措施之一。

第十四节　小砌块混凝土配合比设计

混凝土小砌块的质量与混凝土材料有密切关系,混凝土的性质如强度、抗渗、耐久性等,直接与它的组成材料、配合比有关。如果混凝土的组成材料,配合比的全部或少部分发生变化,则混凝土的材性亦将随之改变。为了保证混凝土小砌块的质量,满足工程的设计要求,选择经济合理的混凝土配合比是非常必要的。

一、原材料技术要求

详见第二章第一节之一所述。

二、配合比设计计算步骤

1. 确定试配强度

按公式(2-3)计算,其中 σ 值可按普通混凝土公式计算求得,若无施工单位历史统计资料,则可按普通混凝土表取值。

2. 计算水灰比

按普通混凝土公式计算所要求的水灰比或按普通混凝土表选取。

也可按下式计算:

采用碎石时 $$R_{yp} = 0.46R_s \cdot \left(\frac{C}{W} - 0.52\right) \tag{5-51}$$

采用卵石时 $$R_{yp} = 0.46R_s \cdot \left(\frac{C}{W} - 0.61\right) \tag{5-52}$$

此两式与普通混凝土一致。式中 R_{yp}、R_s、C、W 意义同前。

3. 选择用水量

根据集料品种、规格、小砌块成型机的构造特征,以及生产设备等条件,选择每 1m³ 小砌块混凝土用水量。用水量可根据试验和生产实际,从累积的资料数据中选用。可参照表5-128中的数据选用。

小砌块混凝土用水量选用表 表5-128

混凝土种类	粗集料粒径	用水量(kg/m³)
卵石混凝土	5~15	130~150
碎石混凝土	5~15	140~160
煤渣轻集料混凝土	5~15	140~160

注:1. 表中的数据是以中砂为基准的,若采用粗砂或细砂时,可相应地减少和增加5~10kg。

2. 从河谷中潮湿状态下挖掘砂石时,在石子筛分过程中,小于5mm的砂子被带进5~15mm的卵石内,这样,在已筛分的石子级配中,已有一定比例的砂子。在此情况下应测定卵石中5mm以下的砂子含量,且在计算混凝土用水量时,按本表中规定的用水量予以适当减少。

4. 计算水泥用量

当每 1m³ 混凝土水灰比和用水量选定后,可按普通混凝土公式计算求得水泥用量。

5. 计算砂率

混凝土的砂率,可根据集料品种、成型机构造特征以及生产设备等选定,可参照表5-129中的数值进行试配。

6. 计算砂石用量

用体积法或质量法时,可按普通混凝土相应公式计算。

7. 试配和调整

8. 施工配合比确定

小砌块混凝土砂率选用表 表5-129

混凝土种类	集料粒径(mm)	砂率(%)
卵石混凝土	5~15	36~41
碎石混凝土	5~15	38~44
煤渣轻集料混凝土	5~15	40~45

注:表中数值系中砂的选用砂率,如采用细砂或粗砂时,可相应地减少或增加。

三、配合比设计实例

[例5-3] 某公路工程项目生产路缘石普通混凝土小砌块,其强度等级C20。使用原材料:32.5级硅酸盐水泥,密度3.10g/cm³;中砂,密度2.68g/cm³;碎石,粒径5~15mm,密度

2.66g/cm^3；自来水。混凝土生产由机械搅拌，平板振捣器振捣。试进行小砌块普通混凝土配合比设计。

解：(1)确定试配强度

由普通混凝土表 σ 取 4MPa；$R_y = 20$MPa

试配强度计算：

$$R_{yp} = R_y + 1.645\sigma = 20 + 1.645 \times 4 = 26.58(\text{MPa})$$

(2)计算水灰比

$$R_{yp} = 0.48R_s\left(\frac{C}{W} - 0.61\right)$$

$$0.48 \times 32.5\left(\frac{C}{W} - 0.61\right) = 26.58(\text{MPa})$$

$$\frac{W}{C} = 0.432, \text{取} 0.43$$

(3)选择用水量

按普通混凝土表选择用水量 W_0 取 130kg/m^3。

(4)计算水泥用量

$$C_0 = \frac{W_0}{W/C} = \frac{130}{0.43} = 302(\text{kg}), \text{取} 300\text{kg}$$

(5)计算砂率

按普通混凝土表取砂率 $S_p = 38\%$。

(6)计算砂石用量

取 $\alpha = 1$，

$$\frac{C_0}{\rho_c} + \frac{S_0}{\rho_s} + \frac{G_0}{\rho_g} + \frac{W_0}{p_w} + 10 \cdot \alpha = 1\,000$$

$$\frac{300}{3.1} + \frac{S_0}{2.68} + \frac{G_0}{2.66} + \frac{130}{1} + 10 \times 1 = 1\,000(\text{L})$$

$$\frac{S_0}{2.68} + \frac{G_0}{2.66} = 1\,000 - 236.77 = 763.2(\text{L}) \approx 760(\text{L})$$

解下面联立方程

$$\begin{cases} \dfrac{S_0}{2.68} + \dfrac{G_0}{2.66} = 760 & (5\text{-}53) \\ \dfrac{S_0}{S_0 + G_0} = 0.38 & (5\text{-}54) \end{cases}$$

由式(5-53)得： $G_0 = 2\,029.6 - 0.99S_0$

由式(5-54)得： $G_0 = 1.63S_0$

$$2\,029.6 - 0.99S_0 = 1.63S_0$$

$$2\,029.6 = 2.62S_0$$

$$S_0 = 775\text{kg}$$

$$G_0 = 163S_0 = 1.63 \times 775 = 1\,263(\text{kg})$$

(7)试配和调整

以试配合比为基准,取拌和量为 2 468kg。

试配 1:初步基准配合比

$$C_0 = 300\text{kg},\quad S_0 = 775\text{kg},\quad G_0 = 1\,263\text{kg},\quad W_0 = 130\text{kg}$$

试配 2:水灰比增加 0.05,用水量不变;调整粗、细集料,砂率调整到 36%。

$$C_0 = 270\text{kg},\quad S_0 = 749\text{kg},\quad G_0 = 1\,311\text{kg},\quad W_0 = 130\text{kg}$$

试配 3:水灰比减少 0.05,用水量不变;调整粗、细集料,砂率增加到 40%。

$$C_0 = 340\text{kg},\quad S_0 = 801\text{kg},\quad G_0 = 1\,202\text{kg},\quad W_0 = 130\text{kg}$$

以上同一用水量下三种不同水灰比的混凝土试配结果,以基准配合比的工作度、和易性较为适宜。实测 $\rho_h = 2\,440\text{kg/m}^3$,因此得出重度的较正系数 K 为:

$$K = \frac{2\,440}{2\,468} = 0.988$$

调整后的 1m^3 混凝土配合土如下:

$$C'_0 = 300 \times 0.988 = 296(\text{kg})$$
$$S'_0 = 755 \times 0.988 = 766(\text{kg})$$
$$G'_0 = 1\,263 \times 0.988 = 1\,248(\text{kg})$$
$$W'_0 = 130 \times 0.988 = 128(\text{kg})$$

(8)施工配合比

$$\text{水泥}:\text{砂}:\text{石子}:\text{水灰比} = 296:766:1\,248:128 = 1:\frac{766}{296}:\frac{1\,248}{296}:\frac{128}{296} = 1:2.69:4.22:0.43$$

第十五节　自密实混凝土配合比设计

自密实混凝土是具有高流动度、不离析、均匀性和稳定性,浇筑时依靠其自重流动,无需振捣而达到密实的混凝土。

一、原材料技术要求

(1)自密实混凝土所用原材料除应符合本规程的规定,尚应满足普通混凝土所用原材料的相关标准要求。

(2)根据工程具体需要,自密实混凝土可选用硅酸盐水泥、普通硅酸盐水泥、矿渣硅酸盐水泥、火山灰硅酸盐水泥、粉煤灰硅酸盐水泥、复合硅酸盐水泥;使用矿物掺和料的自密实混凝土,宜选用硅酸盐水泥或普通硅酸盐水泥。

(3)自密实混凝土可掺入粉煤灰、粒化高炉矿渣粉、硅灰、沸石粉、复合矿物掺和料等活性矿物掺和料。其技术性能指标应符合下列要求:

①粉煤灰

用于自密实混凝土的粉煤灰应符合现行国家标准《用于水泥和混凝土中的粉煤灰》(GB/T 1596—2005)中Ⅰ级或Ⅱ级粉煤灰的技术性能指标要求(表 5-130)。强度等级高于 C60 的自密实混凝土宜选用Ⅰ级粉煤灰。C类粉煤灰的体积安定性检验必须合格。

粉煤灰技术性能指标　表5-130

项　目		级别及技术性能指标	
		Ⅰ级	Ⅱ级
细度(45μm方孔筛筛余)(%)≤		12.0	25.0
需水量比(%)≤		95	105
烧失量(%)≤		5.0	8.0
含水率(%)≤		1.0	
三氧化硫(%)≤		3.0	
游离氧化钙(%)≤	F类粉煤灰	1.0	
	C类粉煤灰	4.0	

②粒化高炉矿渣粉

用于自密实混凝土的粒化高炉矿渣粉应符合现行国家标准《用于水泥和混凝土中的粒化高炉矿渣粉》(GB/T 18046—2008)的技术性能指标要求(表5-131)。

粒化高炉矿渣技术性能指标　表5-131

项　目		级别及技术性能指标		
		S105	S95	S75
密度(g/cm^3)≥		2.8		
比表面积(m^2/kg)≥		350		
活性指数(%)≥	7d	95	75	55
	28d	105	95	75
流动度比(%)≥		85	90	95
含水率(%)≤		1.0		
三氧化硫(%)≤		4.0		
氯离子含量(%)≤		0.02		
烧失量(%)≤		3.0		

③沸石粉

用于自密实混凝土的沸石粉应符合表5-132的要求。指标测定按现行国家标准《高强高性能混凝土用矿物外加剂》(GB/T 18736—2002)中的相关规定进行。

沸石粉技术性能指标　表5-132

项　目	级别及技术性能指标	
	Ⅰ级	Ⅱ级
吸铵值(mmol/100g)≥	130	100
比表面积(m^2/kg)≥	700	500
需水量比(%)≥	110	115
活性指数(%)≥	90	85

④硅灰

用于自密实混凝土的硅灰应符合表5-133的要求。比表面积用BET氮吸附法进行测定，并按仪器说明书给定的方法计算出比表面积;二氧化硅含量按现行国家标准《高强高性能混凝土用矿物外加剂》(GB/T 18736—2002)中附录A的相关规定进行检验。

硅灰技术性能指标　表5-133

项　目	技术性能指标	项　目	技术性能指标
比表面积(m^2/kg)≥	15 000	二氧化硅含量(%)≥	85

⑤复合矿物掺和料

用于自密实混凝土的复合矿物掺和料应符合表5-134的要求,细度按照现行国家标准《用于水泥和混凝土中的粉煤灰》(GB/T 1596—2005)中的方法进行测定,流动度比按照现行国家标准《用于水泥和混凝土中的粒化高炉矿渣粉》(GB/T 18046—2008)中的方法测定;其他项目的试验按照现行国家标准《高强高性能混凝土矿物外加剂》(GB/T 18736—2002)中的相关规定进行,并依据复合矿物掺和料中的主要组分来选择相关试验方法。

复合矿物掺和料技术性能指标　表5-134

项　目		级别及技术性能指标		
		F105	F95	F75
比表面积(m^2/kg)≥		450	400	350
细度(0.045mm方孔筛筛余)(%)≥		10		
活性指数(%)	7d ≥	90	70	50
	28d ≥	105	95	75
流动度比(%)≥		85	90	95
含水率(%)≤		1.0		
三氧化硫(%)≤		4.0		
烧失量(%)≤		5.0		
氯离子(%)≤		0.02		

注:选择性指标,当用户有要求时,供货方应提供相关技术数据。

⑥惰性掺和料

通过试验,自密实混凝土中也可采用惰性掺和料,其性能指标应符合表5-135的要求。试验按现行国家标准《用于水泥和混凝土中的粒化高炉矿渣粉》(GB 18046—2008)中的相关规定进行。

惰性掺和料技术性能指标　表5-135

项目	三氧化硫	烧失量	氯离子	比表面积	流动度比	含水率
指标	≤4.0%	≤3.0%	≤0.02%	≥350m^2/kg	≥90%	≤1.0%

(4)细集料宜选用第2级配区的中砂,砂的含泥量、泥块含量宜符合表5-136的要求。试验应按现行行业标准《普通混凝土用砂、石质量及检验方法》(JGJ 52—2006)中的相关规定进行。

砂的含泥量和泥块含量指标　表5-136

项　目	含 泥 量	泥 块 含 量
指标	≤3.0%	≤1.0%

(5)粗集料宜采用连续级配或2个单粒径级配的石子,最大粒径不宜大于20mm;石子的含泥量、泥块含量及针片状颗粒含量宜符合表5-137的要求;石子空隙率宜小于40%。试验应

按现行行业标准《普通混凝土用砂、石质量及标测方法》(JGJ 52—2006)中的相关规定进行。

石子的含泥量、泥块含量和针片状颗粒含量指标　　表5-137

项　目	含 泥 量	泥 块 含 量	针片状颗粒含量
指标	≤1.0%	≤0.5%	≤8%

(6)减水剂应选用高效减水剂,宜选用聚羧酸系高性能减水剂。当需要提高混凝土拌和物的黏聚性时,自密实混凝土中可掺入增黏剂。

(7)自密实混凝土拌和用水应符合现行行业标准《混凝土用水标准》(JGJ 63—2006)的要求。

(8)根据工程需要,自密实混凝土中可加入钢纤维、合成纤维、混杂纤维,其性能应符合现行协会标准《纤维混凝土结构技术规程》(CECS 38—2004)中的相关规定。

二、配合比设计

1. 基本规定

(1)自密实混凝土配合比应根据结构物的结构条件、施工条件以及环境条件所要求的自密实性能进行设计,在综合强度、耐久性和其他必要性能要求的基础上,提出实验配合比。

(2)自密实混凝土自密实性能的确认应按本节二、1.2)(1)及二、1.2)(2)条自密实混凝土自密实性能等级及相对应的使用范围进行。

①自密实混凝土的自密实性能包括流动性、抗离析性和填充性。可采用坍落扩展度试验、V漏头试验(或T_{50}试验)和U形箱试验进行检测。自密实性能等级分为三级,其指标应符合规范的要求,相关项目的检测方法按CECS 203:2006附录A进行。

②应根据结构物的结构形状、尺寸、配筋状态等选用自密实性能等级。对于一般的钢筋混凝土结构物及构件可采用自密实性能等级二级。

一级:适用于钢筋的最小净间距为35~60mm、结构形状复杂、构件断面尺寸小的钢筋混凝土结构物及构件的浇筑;

二级:适用于钢筋的最小净间距为60~200mm的钢筋混凝土结构物及构件的浇筑;

三级:适用于钢筋的最小净间距200mm以上、断面尺寸大、配筋量少的钢筋混凝土结构物及构件的浇筑,以及无筋结构物的浇筑。

(3)在进行自密实混凝土的配合比设计调整时,应考虑水胶比对自密实混凝土设计强度的影响和水粉比对自密实性能的影响。

(4)配合比设计宜采用绝对体积法。

(5)对于某些低强度等级的自密实混凝土,仅靠增加粉体量不能满足浆体黏性的,可通过试验确认后适当添加增黏剂。

(6)自密实混凝土宜采用增加粉体材料用量和选用优质高效减水剂或高性能减水剂,改善浆体的黏性和流动性。

2. 配合比设计

1)使用材料应按下列原则进行选择

(1)粉体的选定

粉体应根据结构物的结构条件、施工条件以及环境条件所需的新拌混凝土性能和硬化混凝土性能选定。

(2)集料的选定

集料应根据新拌混凝土性能和硬化混凝土所需的性能选定。

(3)外加剂的选定

所选用的外加剂应在其适宜掺量范围内,能够获得所需的新拌混凝土性能,并对硬化混凝土性能无负面影响。

2)初期配合比设计应符合下列要求:

(1)粗集料的最大粒径和单位体积粗集料量

①粗集料最大粒径不宜大于20mm。

②单位体积粗集料量可参照表5-138选用。

单位体积粗集料量 表5-138

混凝土自密实性能等级	一级	二级	三级
单位体积粗集料绝对体积(m^3)	0.28~0.30	0.30~0.33	0.32~0.35

(2)单位体积用水量、水粉比和单位体积粉体量

①单位体积用水量、水粉比和单位体积粉体量的选择,应根据粉体的种类和性质以及集料的品质进行选定,并保证自密实混凝土所需的性能。

②单位体积用水量宜为155~180kg。

③水粉比根据粉体的种类和掺量有所不同。按体积比宜取0.80~1.15。

④根据单位体积用水量和水粉比计算得到单位体积粉体量。单位体积粉体量宜为0.16~0.23m^3。

⑤自密实混凝土单位体积浆体量宜为0.32~0.40m^3。

(3)含气量

自密实混凝土的含气量应根据粗集料最大粒径、强度、混凝土结构的环境条件等因素确定,宜为1.5%~4.0%。有抗冻要求时应根据抗冻性确定新拌混凝土的含气量。

(4)单位体积细集料量

单位体积细集料量应由单位体积粉体量、集料中粉体含量、单位体积粗集料量、单位体积用水量和含气量确定。

(5)单位体积胶凝材料体积用量

单位体积胶凝材料体积用量可由单位体积粉体量减少惰性粉体掺和料体积量以及集料中小于0.075mm的粉体颗粒体积量确定。

(6)水灰比与理论单位体积水泥用量

应根据工程设计的强度计算出水灰比,并得到相应的理论单位体积水泥用量。

(7)实际单位体积活性矿物掺和料量和实际单位体积水泥用量。

应根据活性矿物掺和料的种类和工程设计强度确定活性矿物掺和料的取代系数,然后通过胶凝材料体积用量、理论水泥用量和取代系数计算出实际单位体积活性矿物掺和料量和实际单位体积水泥用量。

(8)水胶比

应根据本条(2)、(6)、(7)款计算得到的单位体积用水量、实际单位体积水泥用量以及单位体积活性矿物掺和料量计算出自密实混凝土的水胶比。

(9)外加剂掺量

高效减水剂和高性能减水剂等外加剂掺量应根据所需的自密实混凝土性能经过试配确定。

3)配合比的调整与确定应按下列要求进行

(1)验证新拌混凝土的质量

采用本节二、2.2)条设计的初期配合比进行试拌，按本规程表5-139验证是否满足新拌混凝土的性能要求。

混凝土自密实性能等级指标 表5-139

性能等级	一 级	二 级	三 级
U形箱试验填充高度(mm)	320以上(隔栅型障碍1型)	320以上(隔栅型障碍2型)	320以上(无障碍)
坍落扩展度(mm)	700±50	650±50	600±50
T_{50}(s)	5~20	3~20	3~20
V漏斗通过时间(s)	10~25	7~25	4~25

(2)根据新拌混凝土性能进行配合比调整

①当试拌混凝土不能达到所需的新拌混凝土性能时，应对外加剂、单位体积用水量、单位体积粉体量(水粉比)和单位体积粗集料量进行适当调整。如要求性能中包括含气量，也应加以适当调整。

②当上述调整仍不能满足要求时，应对使用材料进行变更。如变更较难时，应对配合比重新进行综合分析，调整新拌混凝土性能目标值，重新设计配合比。

(3)验证硬化混凝土质量

新拌混凝土性能满足要求后，应验证硬化混凝土性能是否符合设计要求。当不符合要求时，应对材料和配合比进行适当调整后，重新进行试拌和试验再次确认。

(4)配合比的表示方法

配合比的表示方法按表5-140的规定。

配合比的表示方法 表5-140

自密实混凝土强度等级			
自密实性能等级			
坍落扩展度目标值(mm)			
V漏斗通过时间目标值(s)(或T_{50}时间)			
水胶比			
水粉比			
含气量(%)			
粗集料最大粒径(mm)			
单位体积粗集料绝对体积(cm^3)			
单位体积材料用量		体积用量(L)	质量用量(kg)
水 W			
水泥 C			
掺和料			
细集料 S			
粗集料 G			
外加剂	高性能减水剂		
	其他外加剂		

注：1. 当掺和料为多种材料时，分别以不同栏目表示。

2. 液体外加剂中的含水计入单位体积用水量。

三、参考配合比

自密实高性能混凝土参考配合比见表5-141,供配合比设计和施工参考。

自密实高性能混凝土配合比 表5-141

水胶比 [$W/(C+F)$]	砂率 (%)	水 (kg)	水泥 (kg)	粉煤灰 (kg)	砂子 (kg)	石子 (kg)	其他 (kg)	外加剂 ($C\times\%$)	抗压强度(MPa)	
									设计	$f_{ce,28}$
0.370	50	200	350	180	800	800	UEA30	DFS-2(F)0.8	C30	57.0
0.360	50	200	350	180	782	797	UEA30	DFS-2(F)0.8	C30	47.0
0.430	50	200	270	162	834	850	UEA30	DFS-2(F)0.6	C30	37.5
0.365	51	201	382	168	796	760	—	SN1.8	C30	53.3
0.310	44	154	144	197	753	963	矿渣154	SP12.21	C50	60.0

第六章　掺外加剂混凝土配合比设计

第一节　掺减水剂的普通混凝土配合比设计

掺减水剂普通混凝土的配合比可在不掺减水剂普通混凝土的基础上加以调整，减水剂所占的质量和体积不计（明矾石膨胀剂等例外）。普通混凝土的配合比设计按《普通混凝土配合比设计规程》（JGJ 55—2011）进行。掺减水剂混凝土配合比视下列六种情况加以调整。

一、提高混凝土强度

为了提高自然养护构件的产量，加速模板周转，缩短混凝土的热处理时间，或为了提高混凝土的强度等级时，减水剂的品种和掺量应符合有关要求，如木钙掺量为水泥质量的0.2%～0.3%，一般取0.25%；MY减水剂为0.2%～0.5%；WN-1型减水剂为0.25%；CH减水剂为0.2%～0.3%，一般为0.25%；TMN型减水剂为0.35%～0.4%；NNO减水剂为0.5%～1.0%；FDN高效减水剂为0.2%～1%等。配合比设计方法如下：

（1）水泥用量与不掺减水剂时相同。

（2）流动性与不掺减水剂的混凝土相近，利用减水剂可以减少单位体积混凝土的用水量（即减小水灰比提高混凝土强度）。

（3）砂率减小1%～3%，计算砂、石用量。

（4）试拌与调整，若和易性过大则可减少用水量，若强度已满足要求则可减少减水剂用量。

施工中往往仅减少用水量，而砂石用量不变，从而造成混凝土的体积减小。

［例6-1］　预制钢筋混凝土构件用C30混凝土，施工要求坍落度为3～5cm，采用42.5级普通硅酸盐水泥、中砂，实测强度为43.0MPa，碎石最大粒径为15cm，若某高效减水剂为$C\times0.5\%$时的减水率15%，求用高效减水剂提高强度时的混凝土配合比，并预测混凝土28d的强度。

解：1）首先用普通混凝土的配合比设计方法，求得普通混凝土组成材料用量，其方法步骤如下：

（1）计算混凝土配制强度

$$f_{cu,0}=f_{cu,k}+1.645\sigma$$

其中查表2-29得$\sigma=5\text{MPa}$

$$f_{cu,0}=30+1.645\times5=38.23(\text{MPa})$$

（2）计算所要求的水灰比

$$\frac{W}{C}=\frac{\alpha_a\cdot f_{ce}}{f_{cu,0}+\alpha_a\cdot\alpha_b\cdot f_{ce}}$$

$$=\frac{0.46\times43.0}{38.23+0.46\times0.07\times43}=\frac{19.78}{39.6}=0.50$$

(3)查表2-28得混凝土用水量

$$m_{w0} = 210(\text{kg})$$

(4)计算水泥用量 m_{c0}

$$m_{c0} = m_{w0} \times \frac{C}{W}$$

$$= 210 \times 2 = 420(\text{kg})$$

(5)由混凝土砂选用表2-23得 $\beta_s = 35\%$

(6)计算粗细集料用料

按常用质量法计算,取 $p_{c,c} = 2\,400(\text{kg/m}^3)$,并将有关数据代入下式:

$$\begin{cases} m_{c0} + m_{g0} + m_{s0} + m_{w0} = m_{cp} \\ m_{s0}/(m_{s0} + m_{g0}) \times 100\% = \beta_s \end{cases}$$

则得

$$m_{g0} + m_{s0} = 2\,400 - 420 - 210 = 1\,770(\text{kg})$$

$$m_{s0} = 1\,770 \times 35\% = 620(\text{kg})$$

$$m_{g0} = 1\,770 - 620 = 1\,150(\text{kg})$$

(7)试拌与调整

若经试验混凝土坍落度及强度满足要求,但实测表观密度为 $2\,425\text{kg/m}^3$,则材料用量为

水泥 $= 420 \times (2\,425/2\,400) = 420 \times 1.01$

$= 424(\text{kg})$

砂 $= 620 \times 1.01 = 626(\text{kg})$

石 $= 1\,150 \times 1.01 = 1\,162(\text{kg})$

水 $= 210 \times 1.01 = 212(\text{kg})$

混凝土配合比为:

水泥:砂:石:水 $= 424 : 626 : 1\,162 : 212$

$= 1 : 1.48 : 2.74 : 0.50$

2)在求得普通混凝土材料用量后,即可进行掺减水剂混凝土的配合比设计。其方法步骤如下:

(1)水泥用量与不掺减水剂相同。

(2)流动性与不掺减水剂的混凝土相近,利用减水剂可以减少单位体积混凝土的用水量(即减小水灰比提高混凝土强度)。

(3)砂率减小1%~3%,计算砂、石用量。

(4)试拌与调整。若稠度过大则可减少用水量,若强度已满足要求则可减少减水剂用量。

施工中往往仅减少用水量,而砂石用量不变,从而造成混凝土的体积减小,应引起注意。

利用减水剂提高混凝土强度的设计配合比,计算如下:

(1)水泥用量不变,即 $m_{c0} = 424(\text{kg})$;

(2)用水量 $m_{w0} = 212 \times (1 - 15\%) = 180(\text{kg})$;

(3)水灰比 $\frac{W}{C} = 180/424 = 0.42$,灰水比 $= 2.38$;

(4)减水剂用量 $424 \times 0.5\% = 2.12(\text{kg})$;

(5)砂率减小 2%，即 $\beta_s = 33\%$；

(6)砂石总用量 $m_{s0} + m_{g0} = 2\,425 - 424 - 180 = 1\,821$(kg)；

(7)砂用量 $m_{s0} = 1\,821 \times 33\% = 601$(kg)；

(8)石用量 $m_{g0} = 1\,821 - (1 - 0.33) = 1\,220$(kg)。

经试拌，坍落度满足要求，混凝土表观密度假定的 2 425kg/m^3 相符，则混凝土配合比：

水泥∶砂∶石∶水 = 1∶1.42∶2.88∶0.42

标准养护下混凝土 28d 强度：

$$
\begin{aligned}
f_{cu,k} &= 0.46 f_{ce}\left(\frac{C}{W} - 0.07\right) \\
&= 0.46 \times 43 \times (2.38 - 0.07) \\
&= 45.7(\text{MPa})
\end{aligned}
$$

由此可见，应用减水率为 15% 左右的高效减水剂，混凝土强度可由 30.0MPa 提高到 45.7MPa。

二、节约水泥

(1)利用减水剂可以减少单位体积混凝土的水泥用量，一般可减少 5% ~15%。

(2)水灰比不变(或稍有减小)，按比例减少用水量。

(3)砂率保持不变，计算砂、石用量(即减少的水泥和水的体积由砂、石弥补)。

(4)试拌与调整。当稠度不合适时，保证水灰比不变情况下调整用水量；当强度不合适时，调整水灰比或改用引气量少的减水剂。

施工中要注意的是水泥用量不得小于《普通混凝配合比设计规程》(JGJ 55—2011)规定的最低水泥用量。在大体积混凝土中为了避免节省水泥后胶结料太少，可掺加部分粉煤灰。

[例 6-2] 木质素磺酸钙减水剂掺量为 $C \times 0.25\%$ 时可节省水泥 8% 左右，求例 6-1 中利用减水剂节省水泥后的混凝土配合比。

解：水泥用量 $m_{w0} = 424 \times (1 - 8\%) = 390$(kg)；

水灰比稍减小，取 $\frac{W}{C} = 0.48$；

用水量 $m_{w0} = m_{c0} \times \frac{W}{C} = 390 \times 0.48 = 187$(kg)；

木质素磺酸钙减水剂用量 $= 390 \times 0.25\% = 0.98$(kg)；

砂率不变，即 $\beta_s = 35\%$；

砂石总量 $m_{s0} + m_{g0} = 2\,425 - 390 - 187 = 1\,848$(kg)；

砂用量 $m_{s0} = 1\,848 \times 35\% = 647$(kg)；

石用量 $m_{g0} = 1\,848 \times (1 - 35\%) = 1\,201$(kg)。

若经试验，稠度及强度满足要求，而实测表观密度为 2 400kg/m^3，则：

水泥 $= 390 \times \frac{2\,400}{2\,425} = 390 \times 0.99 = 386$(kg)；

砂 $= 636 \times 0.99 = 629$(kg/m^3)；$647 \times 0.99 = 641$(kg)；

石 $= 1\,182 \times 0.99 = 1\,170$(kg/m^3)；$1\,201 \times 0.99 = 1\,189$(kg)；

水 $= 191 \times 0.99 = 189$(kg/m^3)；$187 \times 0.99 = 185$(kg)。

混凝土配合比：

$$水泥:砂:石:水=1:1.52:2.84:0.46=1:1.64:3.05:0.48$$

三、既提高强度又节省水泥

如自然养护构件的生产中，既要提高构件的产量和质量，又希望节省水泥；蒸养混凝土中既要缩短热处理时间或提高脱模强度，又希望节省水泥，配合比按如下方法调整：

(1)根据具体情况决定水泥用量。当要求节省水泥量多时，则强度提高得少些。

(2)拌和物稠度与普通混凝土相近，试拌确定用水量。其水灰比比空白者小。

(3)砂率不变或减少1%～2%，计算砂、石用量。

(4)试拌和调整。当强度富余过多或偏低时，可调整水灰比。

[例6-3] 求例6-1中利用高效减水剂节省水泥10%时的混凝土配合比，并预测混凝土的28d强度。

解：水泥用量 $424\times(1-10\%)=382(\mathrm{kg})$；

经试拌，高效减水剂掺量 $C\times0.5\%$，水灰比0.48时，坍落度3～5cm，则用水量 $m_{w0}=382\times0.48=183(\mathrm{kg/m^3})$；

砂率不变，即 $\beta_s=35\%$；

砂、石总量 $m_{s0}+m_{g0}=2\,425-382-183=1\,860(\mathrm{kg})$；

砂用量 $m_{s0}=1\,860\times35\%=651(\mathrm{kg})$；

石用量 $m_{g0}=1\,860\times(1-35\%)=1\,209(\mathrm{kg})$；

经试拌实测表观密度与假定计算表观密度值一致，则混凝土配合比：

水泥:砂:石:水=1:1.70:3.16:0.48

标准养护28d的混凝土抗压强度：

$$f_{cu,k}=0.46\times43.0\times\left(\frac{1}{0.48}-0.07\right)=39.8(\mathrm{MPa})$$

四、提高混凝土拌和物的稠度

任何一种减水剂均可用来提高混凝土拌和物的稠度，应根据其使用要求来选用。常用的是木质素磺酸钙，当要求和易性显著提高时宜用高效减水剂，泵送混凝土宜用引气型减水剂。配合比设计方法：

(1)水泥用量和水灰比不变(或水灰比稍有减小)。

(2)砂率适当增大。配制大坍落度混凝土时砂率增大3%～5%(砂率增大到40%左右)，并加入适量粉煤灰。

(3)试拌与调整。当流动性过大时减少减水剂的掺量；当保水性较差时，减水用水量或适当增加砂率；当和易性不能满足设计要求时，可改用高效减水剂。

施工中常忽视的是砂率调整，从而使有些拌和物的保水性及黏聚性较差，坍落度无法测试。

[例6-4] 计算利用AF型高效减水剂将例6-1的混凝土配成坍落度18cm左右的大流动性混凝土。

解：水泥用量不变，$m_{c0}=424(\mathrm{kg})$；

水用量不变，$m_{w0}=212(kg/m^3)$；

砂率提高5%，即$\beta_s=40\%$；

砂石总用量$m_{s0}+m_{g0}=2\,425-424-212=1\,789(kg)$；

砂用量$m_{s0}=1\,789\times 40\%=716(kg)$；

石用量$m_{g0}=1\,789\times(1-40\%)=1\,073(kg)$。

经试拌AF减水剂掺量$C\times 0.5\%$时坍落度18cm左右，黏聚性、保水性也较好，实测表观密度与假定的计算表观密度相近。则混凝土配合比：

$$水泥:砂:石:水=1:1.69:4.02:0.50$$

五、既提高流动性又节省水泥

这时，常用普通减水剂，也可用低掺量的高效减水剂。配合比按如下方法调整：

(1)根据具体要求确定水泥用量，节省水泥用量多时流动性改善少。

(2)水灰比保持不变(或稍有减小)，经试拌确定用水量。

(3)砂率基本不变。当流动性较大时，砂率提高1%～3%，由此计算砂、石用量。

(4)试拌。若流动性过大或过小，则保持水灰比不变下减少或增加水泥和水的用量。

[例6-5] 计算利用木质素磺酸钙减水剂，将例6-1中节省水泥5%，坍落度有所提高的混凝土配合比。

解：水泥用量$m_{c0}=424\times(1-5\%)=403(kg/m^3)$；

水灰比稍减小，取$\frac{W}{C}=0.48$；

用水量$m_{w0}=403\times 0.48=193(kg)$；

砂率仍取35%；

砂石总量$m_{s0}+m_{g0}=2\,425-403-193=1\,829(kg)$；

砂用量$m_{s0}=1\,829\times 35\%=640(kg)$；

石用量$m_{g0}=1\,829\times(1-35\%)=1\,189(kg)$。

经试验，木质素磺酸钙掺量为$C\times 0.25\%$时坍落度8cm(即满足要求)，强度也合适，但实测表观密度为$2\,400kg/m^3$，则：

水泥$=430\times\frac{2\,400}{2\,425}=403\times 0.99=399(kg)$；

砂$=640\times 0.99=634(kg)$；

石$=1\,829\times 0.99=1\,811(kg)$；

水$=193\times 0.99=191(kg)$。

混凝土配合比：

$$水泥:砂:石:水=1:1.59:4.54:0.48$$

六、既提高流动性又提高强度

特别要求提高强度时，宜用高效减水剂(冬季时用早强减水剂)。配合比设计方法为：

(1)水泥用量保持不变。

(2)根据要求的流动性用试拌确定用水量。当流动性提高得多，则强度提高得少。

(3)砂率基本不变，计算砂、石用量。

(4)试拌与调整。在满足和易性的情况下，当强度太高时可减少减水剂掺量，增大水灰比；当强度不足时，增加减水剂掺量，减小水灰比或增加水泥用量。

［**例 6-6**］ 要求利用高效减水剂，将例 6-1 中混凝土坍落度提高到 10cm 左右，早期强度和质量尽可能地提高，计算其配合比。

解：水泥用量 $m_{c0}=424(\mathrm{kg})$；

经试拌，高效减水剂掺量 $C\times 0.5\%$，水灰比 0.48 时坍落度为 10cm 左右。则，

用水量 $m_{w0}=424\times 0.48=204(\mathrm{kg})$；砂率仍取 35%；

砂石总用量 $m_{sg}=2\,425-424-204=1\,797(\mathrm{kg})$；

砂用量 $m_{s0}=1\,797\times 0.35=629(\mathrm{kg})$；

石用量 $m_{g0}=1\,797\times(1-0.35)=1\,168(\mathrm{kg})$。

经试验满足要求，则混凝土配合比：

水泥砂：砂：石：水 = 1：1.48：2.75：0.48

第二节 掺引气剂的普通混凝土配合比设计

掺引气剂的普通混凝土配合比设计的方法与不掺引气剂的普通混凝土基本相似，不同之处是要考虑掺入引气剂后混凝土强度的降低和用水量的减少。可用体积法或质量法进行计算。以下为采用体积法计算的实例。

配制室内受冻害部件 C20 引气混凝土，机械搅拌，机械振捣，坍落度 30 ~ 50mm。原材料：水泥，42.5 级普通水泥，$\rho_c=3.1$，砂子；$M_k=2.7$，中砂，$\rho_s=2.65$，$\rho_s'=1\,490\mathrm{kg/m^3}$；石子：卵石，最大粒径 30mm，$\rho_g=2.73$，$\rho_g'=1\,500\mathrm{kg/m^3}$；水：自来水；引气剂为水泥用量的 0.02%；含气量为混凝土体积的 5%。试计算初步配合比。

具体计算步骤如下：

1. 计算水灰比

$$f_{cu,0}=f_{cu,k}+1.645\sigma=20+1.645\times 4=26.58(\mathrm{MPa})$$

要求配制的引气混凝土的含气量为 5%，不掺引气剂的普通混凝土的含气量一般为 1% ~ 2%，按 1.5% 考虑。引气混凝土的含气量在普通混凝土的基础上还应增加3.5%，为了补偿这部分强度损失，必须将配制强度 $f_{ce,0}$ 作如下修正。

因每增加含气量 1%，抗压强度降低 3% ~5%，若强度降低以 5% 计，则强度总降低为：

$$5\times 3.5\%=18\%$$

$$f_{cu,0修}=\frac{26.58}{1-0.18}=\frac{26.58}{0.82}=32.4(\mathrm{MPa})$$

$$\frac{W}{C}=\frac{\alpha_a f_{ce}}{f_{cu,0}+\alpha_a\cdot\alpha_b\cdot f_{ce}}=\frac{0.48\times 42.5\times 1.13}{32.41+0.48\times 0.33\times 42.5\times 1.13}$$

$$=23.05/40.02=0.58$$

对照 JGJ 55—2011 中表 2-24 规定的水灰比最大限值为 0.55，故采用 0.55，符合耐久性要求。

2. 确定用水量

查 JGJ 55—2011 混凝土用水量表 2-33，得 $m_{w0}=170\mathrm{kg}$。

因掺引气剂后，达到同样坍落度可减水9%，经过修正后，用水量为：

$$170 - 170 \times 0.09 = 155(\text{kg})$$

3. 计算水泥用量

$$m_{c0} = \left(\frac{C}{W}\right) m_{w0} = 1.82 \times 155 = 282(\text{kg})$$

对照 JGJ/T 55—2000 耐久性要求规定的最小水泥用量表复核，水泥用量符合耐久性要求。

4. 确定砂率

查 JGJ/T 55—2000 混凝土选用砂率表 2-23，选用 $\beta_s = 0.32$。

5. 计算砂石用量

用水量(体积)：$V_w = 155(\text{L})$

水泥用量(体积)：$\frac{282}{3.1} = 91(\text{L})$

空气含量：$V_{空气} = 50\text{L}$

砂石体积：$1\,000 - (155 + 91 + 50) = 704(\text{L})$

解联立方程

$$\begin{cases} \dfrac{m_{s0}}{2.65} + \dfrac{m_{g0}}{2.73} = 704 \\ \dfrac{m_{s0}}{m_{s0} + m_{g0}} = 0.32 \end{cases}$$

$$m_{s0} = 610(\text{kg})$$

$$m_{g0} = 1\,297(\text{kg})$$

引气剂用量：$0.02\% \times 282 = 56.4(\text{g})$

6. 计算初步配合比

配合比见表 6-1。

表 6-1

卵石最大粒径 (mm)	坍落度 (mm)	空气含量 (%)	水灰比 (W/C)	砂率 (%)	每 1m³ 混凝土材料用量				
					水泥 (kg)	水 (kg)	砂 (kg)	卵石 (kg)	引气剂 (g)
30	30 ~ 50	5	0.55	32	282	155	610	1 297	56.4

第三节　掺高效减水剂的高强混凝土配合比设计

高强混凝土的划分标准在国内外是不一致的。根据我国的情况，在钢筋混凝土结构设计规范中对混凝土强度等级的适用范围是小于 C60，这个范围的混凝土属普通混凝土；C60 到 C100 之间的属高强混凝土；大于 C100 属超高强混凝土。

获得高强度的混凝土有多种途径，如用于硬性混凝土采用振动加压、压蒸釜养生、聚合物浸渍、改善集料界面以及采用高强度水泥掺加高效减水剂等办法。而应用掺加高效减水剂的方法并不改变混凝土的成型工艺，也不需增加附加设备，因而是配制高强混凝土的一种有效途径，既经济又便于推广。

一、原材料选择

配制 C80 及以上的混凝土，需选用 52.5 级以至强度等级更高的纯熟料水泥，目前国产的五羊水泥及高强度明矾石水泥等均能选用。粗集料宜用碎石，石质强度超过 10^5kPa，无风化，片状、针状石子含量要限制，一般的石灰岩、辉绿岩和花岗岩等均能选用。细集料宜用中粗砂。外加剂宜选用非引气型高效减水剂，国内现有生产的 NF、UNF、FDN、CRS 等均能选用。根据工程需要还可复合某些外加剂。

二、配合比设计

根据实验室研究以及工程实践的初步经验，有以下几点可供配合比设计时参考。

(1)水灰比为 0.27 ~ 0.32。配制 C80 混凝土宜选用水灰比 0.30 ~ 0.32，配制 C100 混凝土宜选用 0.27 左右。

(2)水泥用量不宜少于 500kg/m^3，配制 C80 混凝土宜用 550kg/m^3，配制 C100 混凝土宜用 600kg/m^3。

(3)砂率，一般为 0.25 ~ 0.32，C80 混凝土宜选用 0.30，混凝土强度越高砂率宜选得越小。

(4)高效减水剂掺量一般控制在水泥用量的 1% 左右。太小如低于 0.7%，则混凝土强度有降低趋势；过大如高于 1.5%，则可增大坍落度，但强度增长已不明显。

配合比设计时参考上述数值按绝对体积法或质量法（高强混凝土表观密度按 2 500kg/m^3 设计）进行。待得到参考配合比后需进行实验室或现场试配，并根据工程技术要求及施工条件进行适当调整，试验数据满足要求后才能用于工程上。

[例 6-7] 现有五羊牌硅酸盐水泥 52.5 级，$\rho_c = 3.15\text{g/cm}^3$。石子为石灰岩碎石，粒径为 0.5 ~ 2cm，$\rho_g = 2.70\text{g/cm}^3$。砂子为中粗砂，$M_k = 2.70$，$\rho_s = 2.65\text{g/cm}^3$，高效减水剂 NF 为淮南矿物局合成材料厂生产，粉剂。试配制 C80 高强混凝土，求出其配合比。坍落度要求4 ~ 6cm。

解 1：根据参考配合比的建议，用绝对体积法计算。

(1)水泥用量 m_{c0} 为 550kg/m^3，水灰比(W/C)为 0.30。

则用水量 $m_{w0} = (W/C) \times m_{c0} = 0.30 \times 550 = 165\text{kg/m}^3$

(2)砂率为 0.30。

(3)按绝对体积法和砂率的定义可得二元一次联立方程。

$$\frac{m_{c0}}{\rho_c} + m_{w0} + \frac{m_{s0}}{\rho_s} + \frac{m_{g0}}{\rho_g} = 1\,000$$

$$\frac{m_{s0}}{m_{s0} + m_{g0}} = 0.30$$

把已知条件代入可解得，砂重 m_{s0} 为 532kg/m^3，石子重 m_{g0} 为 1 241kg/m^3。

(4)选 NF 减水剂为水泥重的 1%，即为 5.5kg/m^3。

解 2：用质量法(2 500kg/m^3)计算。

(1)水泥用量 m_{c0} 为 550kg/m^3，水灰比(W/C)为 0.30。

则用水量(m_{w0}) = (W/C) × m_{c0} = 0.30 × 550 = 165(kg)。

(2)砂重(m_{s0})+石重(m_{g0})=2 500 -($m_{c0}+m_{w0}$)

即:$m_{s0}+m_{g0}=2\,500-(550+165)=1\,785$(kg)

(3)砂率为0.30

则:
$$\frac{m_{s0}}{m_{s0}+m_{g0}}=0.30,\quad 0.70S=0.30m_{g0}$$

$$\frac{0.30}{0.70}m_{g0}+m_{g0}=1\,785$$

可得,$m_{g0}=1\,249\text{kg/m}^3$

$$m_{s0}=1\,785-1\,249=536(\text{kg})$$

(4)选 NF 减水剂为水泥重的 1%,即为 5.5kg。

上述两种计算方法均适用于高强混凝土的配合比设计。

得到上述配合比后进行试拌,使其坍落度满足设计要求,然后成型试件,待 28d 强度亦满足设计要求后则可成为施工配合比。若上述坍落度和强度不满足要求则需调整。

若采用裹砂或净浆裹石的工艺措施,则水泥用量可减少,水灰比可适当增加,经现场试验达到预期要求后可使用。

三、工程应用实例

(1)某工程,防护大门为带弦杆式的双扇拱形钢筋混凝土门,原设计强度等级为 C35,每扇门重约为 350t。有关部门要求提高抗力,希望根据现场现有施工水平,在不增加门重情况下尽量采用强度高的混凝土。

根据已有的试验成果、材料来源、工程要求,经过综合分析,采用了掺高效减水剂来配制高强混凝土。

①现场设备情况:有 375L 强制式搅拌机及多台高强振捣棒,作业平台用二台卷扬机提升。

②原材料:已调运北京琉璃河水泥厂生产的 62.5 级浇筑水泥。石子为青岛产花岗岩,石质较差,风化较为严重。砂子为中砂,减水剂选用淮南矿务局合成材料厂生产的 NF 高效减水剂。

③配合比选择:经清华大学工程结构实验室和使用单位的试配,考虑到施工期正值炎热的夏季(7 月份),而且新拌混凝土要经过几十米的溜槽(并有一较大拐脖子)才能进入施工平台,再用小车推至有关部位用铁锹倒入模板内,因而坍落度有较大损失。为便于施工,要求坍落度不小于 10cm 而强度达到 C80。

参考以往研究成果,针对工程特点及现场条件,采用了水泥量为 600kg/m^3,水灰比为 0.29,砂率为 32%,NF 减水剂掺量为水泥重的 1%,外加缓凝剂酒石酸 0.3‰。

其配合比及试验结果如表 6-2 所示。

根据实验室和现场试配结果,认为表 6-2 中的配合比是可以满足预期要求的。

(2)日本于 1975 年 3 月建成的安家川铁路桥,是一座上承式预应力桁架桥,跨径 45m,桥梁全长 305.06m,主桁架高 5.45m,节间距 4.5m,混凝土的设计标准强度为 80MPa,节点接缝现场浇注混凝土为 60MPa,横梁和桥面板为 40MPa。主构件由日本混凝土公司川岛预制构件厂制作。

混凝土配合比　表6-2

项目＼材料	每1m³混凝土材料用量(kg)						水灰比	砂率(%)	坍落度(cm)	抗压强度(MPa)
	水泥	水	砂	石	NF	TA				
品种	琉璃河浇筑水泥		当地产	青岛花岗岩						
规格	软炼62.5级		中砂	粒径0.5~2	水泥质量的1%	水泥质量的0.3‰	0.29	32	10	85
用量	600	174	548	1 165	6.0	0.18				

混凝土所用材料及配合比见表6-3。

混凝土配合比　表6-3

项目＼材料	每1m³混凝土材料用量(kg)					水灰比	砂率(%)	坍落度(cm)	抗压强度($\times10^5$Pa)
	水泥	水	砂	石	减水剂				
品种	普通水泥	密度	河砂	碎石	聚烷基丙烯基磺酸钠				
规格	密度为3.17		视密度2.03 $M_k=2.39$	视密度2.60最大粒径2cm	水泥重的1.5%				平均强度984
用量	530	159	677	1 035	7.95	0.30	39.5	12±2.5	

从表6-3可以看出，预制厂生产的主构件达到了预期的要求。

我国已有一些单位在铁路工程应用的轨枕等预应力构件中应用C60混凝土，实际强度可达70MPa左右。

第四节　掺外加剂的防水混凝土配合比设计

外加剂防水混凝土是在混凝土拌和物中加入少量改善混凝土抗渗性的有机或无机物，以适应工程防水需要的混凝土。目前国内外采用的防水混凝土用外加剂以有机物为主，如引气剂、减水剂及三乙醇胺早强剂、氯化铁防水剂等。

掺外加剂防水混凝土的适用范围如表6-4所示。

防水混凝土的适用范围　表6-4

种类		最高抗渗等级	特点	适用范围
外加剂防水混凝土	引气剂防水混凝土	P>22	抗冻性好	适用于北方高寒地区，抗冻等级要求较高的防水工程及一般防水工程，不适于抗压强度大于20MPa或耐磨性要求较高的防水工程
	减水剂防水混凝土	P>22	拌和物流动性好	适用于钢筋密集或捣固困难的薄壁型防水构筑物，也适用于对混凝土凝结时间(促凝或缓凝)和流动性有特殊要求的防水工程(如泵送混凝土工程)
	三乙醇胺防水混凝土	P>38	早期强度高、抗渗等级高	适用于工期紧迫，要求早强及抗渗等级较高的防水工程及一般防水工程
	氯化铁防水混凝土	P>38	密实性好、抗渗等级高	适用于水中结构的无筋少筋厚大防水混凝土工程及一般地下防水工程，砂浆修补抹面工程； 在接触直流电源或预应力混凝土及重要的薄壁结构不宜使用

一、类别及防水机理

外加剂防水混凝土根据其掺加外加剂的不同可分为四类，即引气剂防水混凝土、减水剂防水混凝土、三乙醇胺防水混凝土以及氯化铁防水混凝土。

其防水机理分别为：

(1)引气剂防水混凝土——是在混凝土拌和物中掺入微量引气剂(常用的有松香酸钠和松香热聚物两种)而配制成的混凝土。

引气剂是一种具有憎水作用的表面活性物质，它可显著降低拌和水的表面张力，通过搅拌在混凝土拌和物中产生大量微小、均匀密闭的气泡，从而改善和易性，减少泌水和分层离析，因而达到同样稠度时用水量可减少的。同时由于引入了封闭性气泡，对抗渗是有利的。

(2)减水剂防水混凝土——混凝土中掺加减水剂后，由于其减水作用，可以大大降低拌和物用水量，减少混凝土中游离水，从而相应减少水分蒸发后留下的毛细孔体积，提高混凝土的密实性。同时由于减水剂的分散作用，使水泥成为单颗粒状均匀分布。加之引入少量封闭性的小气泡，改善了混凝土中孔结构分布状况，使毛细孔更加细小和均匀分散。鉴于上述原因，改善了混凝土的抗渗性能。

(3)三乙醇胺防水混凝土——在混凝土中掺入微量三乙醇胺，可以加速水泥的水化，使水泥在早期生成较多的水化产物，这些水化产物在形成过程中能夺取混凝土中的游离水变成水化产物的结合水，而结合水是不蒸发的，因而也就减少了游离水蒸发留下的毛细孔，从而提高了混凝土密实性，改善了抗渗性能。

(4)氯化铁防水混凝土——氯化铁防水剂的主要成分是氯化铁、氯化亚铁和硫酸铝。它与水泥水化过程中析出的氢氧化钙反应，生成氢氧化铁和氢氧化铝等不溶于水的胶体，这些不溶于水的胶体填充于混凝土中空隙间，增加了密实度。

生成的 $CaCl_2$ 激化了熟料矿物，使其加速水化，并与硅酸二钙、硅酸三钙和水化合成氯硅酸钙和氯铝酸钙晶体，也可填充空隙，提高混凝土密实性。

生成的硫酸钙则与铝酸三钙和水合成硫铝酸钙晶体，产生微小体积膨胀，增加混凝土密实性。

二、引气剂防水混凝土的配制

引气剂防水混凝土是在混凝土拌和物中掺入微量(占水泥质量万分之几到十万分之几)引气剂配制而成的防水混凝土。

影响引气剂防水混凝土的因素很多，归纳起来可分为二类，一类是原材料方面的因素，另一类是工艺方面的因素。其关键是在于含气量的多少。因而要取得满足工程要求的恰当配合比必须分析影响含气量的因素。

(一)引气剂掺量

含气量的多少首先取决于引气剂的掺量，掺量的不同会引起混凝土内部结构的差别并影响混凝土的各种性能。据有关单位的试验，引气剂(松香酸钠)掺量不同对抗压强度、拌和物的重度、坍落度和含气量体积的变化规律见图 6-1。

图 6-1 中示出，混凝土由不掺引气剂到掺入约万分之一的引气剂时，含气量显著增加，拌和物坍落度也显著增加，表观密度及混凝土强度则明显下降；当引气剂掺量由万分之一进一步

增加时,以上性能的变化率逐步下降;含气量增加到一定限度后,若再加多,其中有一部分气泡会合并,致使气泡大小不一而且间距不等,影响了混凝土结构,使其性能变坏。因此,引气剂掺量必须在某一合适范围内,在一定的引气剂掺量及含气量范围内,可使混凝土抗渗性最高,详见表6-5。

引气剂不同掺量与抗渗压力　　表6-5

松香酸钠掺量(%)	含气量(%)	吸水率(%)	抗渗压力(MPa)	透水高度(cm)
0	1	10.1	1.4	
0.01	4.5	9.1	>2.2	11.5
0.03	5.6	9.3	>2.2	12
0.05	6.5	9.2	>2.2	12.5
0.1	8.0	9.7	1.8	

注:混凝土水灰比为0.55,水泥用量为280kg/m³。

综上所述,从改善混凝土内部结构、提高抗渗及保持应有的混凝土强度出发,引气剂掺量选择应以获得3%~6%的含气量为宜。此时,松香酸钠的掺量约为万分之一到万分之三。

(二)水灰比

水灰比不仅决定着混凝土内毛细管网的数量及大小,而且对形成的气泡数量与质量也有很大影响,因此,引气剂防水混凝土的水灰比对抗渗的影响很显著。其水灰比、含气量与引气剂掺量之间的关系见图6-2。

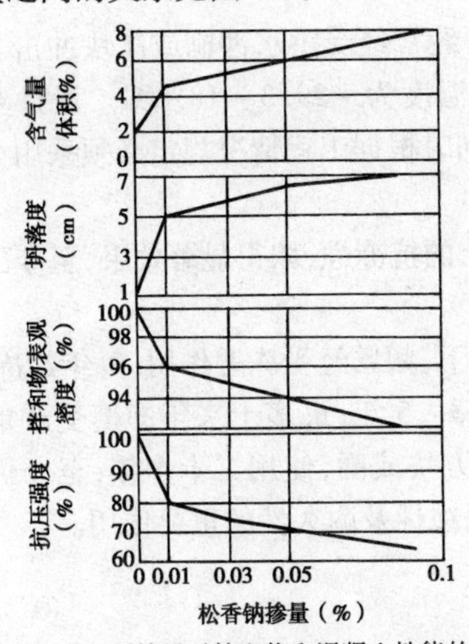

图6-1　引气剂掺量对拌和物和混凝土性能的影响

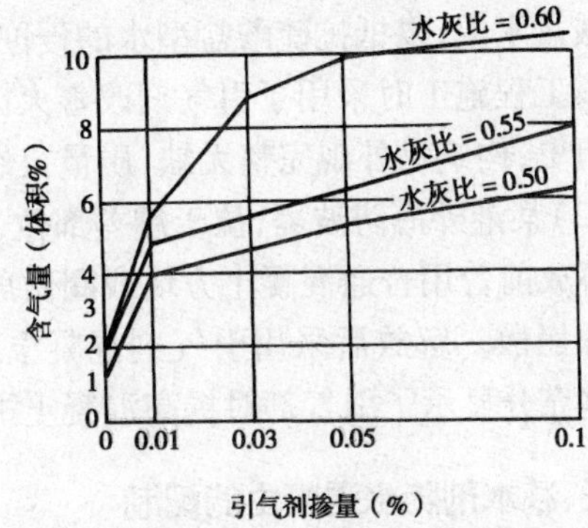

图6-2　水灰比、含气量与引气剂掺量之间关系

从图6-2可以看到,水灰比不同时,引气剂的极限掺量也不同,为了使含气量不超过6%,以保持防水混凝土的抗渗性能能满足要求,其适用范围大致如下:

水灰比=0.50,引气剂掺量为万分之一到万分之五;

水灰比=0.55,引气剂掺量为万分之0.5到万分之三;

水灰比=0.60,引气剂掺量为万分之0.5到万分之一。

(三)水泥和砂子

水泥和砂子的比例,决定了混凝土的黏滞性,水泥所占比例越大,混凝土黏滞性越大,含气量越小。如果增加砂子比例,则物料摩擦机会增加,混凝土的含气量增加。

引气剂对水泥品种的适应较好,只要掌握合宜的含气量,即可保证混凝土的各项性能。

一般水泥量为 250 ~ 300kg/m³,砂率为 28% ~35%,砂子的细度模数在2.6左右为宜。

综上所述,引气剂防水混凝土配制要求如表 6-6 所示。

引气剂防水混凝土配制要求 表 6-6

项　目	要　求
引气剂掺量(%)	以使混凝土获得 3% ~6% 的含气量为宜,松香酸钠掺量为 0.01 ~0.03,松香热聚物掺量约为 0.1
含气量(%)	以 3% ~6% 为宜,此时拌和物容重降低不得超过 6%,混凝土强度降低值不得超过 25%
坍落度(mm)	30 ~50
水泥用量(kg/m³)	≥250,一般为 280 ~300,当耐久性要求较高时,可适当增加用量
水灰比	≤0.65,以 0.5 ~0.6 为宜,当抗冻性耐久性要求高时,可适当降低水灰比
砂率(%)	28 ~35
灰砂比	1:2 ~1:2.5

参考以上数值可用绝对体积法得到配合比。在工程应用时,经现场试配并作局部调整以满足工程要求和施工条件要求。

(四)工程应用实例

(1)包钢水源某进水构筑物,工程位于黄河河道中,经常经受洪水冲刷或冰块冲击。水位变化幅度可达 6m 之多,每年冰冻期约 4 ~5 个月,最低温度为 -29.3 ~18.6℃。设计要求混凝土强度等级为 C20,抗渗强度等级 4,抗冻蚀 100 次,同时根据工程情况规定必须采用火山灰质硅酸盐水泥,以抵抗硫酸盐型水的侵蚀。

该工程施工时采用了引气剂改善火山灰水泥混凝土的抗冻性,取得显著效果,至今已二十多年历史,构筑物外观完整无缺,质量很好。

(2)某港外海防波堤,位于潮差部位,处于海水侵蚀下,频繁经受冻融作用,每年约冻融 81 次。解放前曾用普通混凝土方块或圈做成防波堤,使用 3 ~5 年,最多十来年即遭受严重破坏或全部崩散。解放后采用引气剂混凝土制作的混凝土方块或圈,使用二十多年,至今仍较完好。这充分显示了引气剂对提高混凝土抗渗、抗冻、抗侵蚀性及耐久性的重要作用。

三、减水剂防水混凝土的配制

按对混凝土凝结时间的影响,减水剂又分标准型、缓凝型和早强型三种。一般混凝土中常用标准型,如 NF 或 MF 等。冬季施工和需要早强的混凝土采用早强型减水剂。用 NF、MF 等与早强剂复合使用属早强型减水剂。糖蜜及木质素磺酸钙均属于缓凝型减水剂,适用于大坝、大型设备基础及夏季施工的混凝土工程等。表 6-7 是已在防水混凝土应用中初见成效的几种减水剂。

不同减水剂的适宜掺量如表 6-8 所示。

减水剂防水混凝土的配制,可遵循普通防水混凝土的一般规定,不同点在于视工程需要而调节水灰比。

减水剂防水混凝土配合比设计一般采用绝对体积法。考虑以下原则:

(1)水泥用量由混凝土强度定。水泥用量常不低于 300kg/m³,一般为 350kg/m³ 左右。

用于防水混凝土的几种减水剂 表 6-7

种类		优点	缺点	适用范围
木质素磺酸钙		1. 有增塑及引气作用，提高抗渗等级能最为显著； 2. 有缓凝作用，可推迟水化热峰值出现； 3. 可减水 10% ~15% 或增强 10% ~20%； 4. 价格低廉、货源充足	1. 分散作用不及 NNO、MF、JN 等高效减水剂； 2. 温度较低时强度发展缓慢，需与早强剂复合作用	一般防水工程均可使用，更适用于大坝、大型设备基础等大体积混凝土工程和夏季施工
多环芳香族磺酸钠	NNO	1. 均为高效减水剂减水 12% ~20%，增强 15% ~20%； 2. 可显著改善和易性，提高抗渗性； 3. MF、JN 有引气作用，抗冻性抗渗性较 NNO 好； 4. JN 减水剂在同类减水剂中价格最低，仅为 NNO 的 40% 左右	货源少，价格较贵	防水混凝土工程均可使用，冬季气温低时，使用更为适宜
	MF		生成气泡较大，需用高频振捣器排除气泡，以保证混凝土质量	
	JN FDN UNF			
糖蜜		1. 分散作用及其他性能均同木质素磺酸钙； 2. 掺量少，经济效果显著； 3. 有缓凝作用	由于可从中提取酒精丙酮等副产品，因而货源日趋减少	宜于就地取材，配制防水混凝土

不同品种减水剂的适宜掺量 表 6-8

种类	适宜掺量（占水泥质量%）	备注
木钙、糖蜜	0.2 ~0.3	掺量≤0.3%，否则将使混凝土强度降低及过分缓凝
NNO、MF	0.5 ~1	在此范围内只稍微增加混凝土造价，而对混凝土其他性能无大影响
JN	0.5	

(2)砂石材料符合国家标准，砂率不低于 35%；对钢筋稠密、厚度较小、埋设件较多等不易浇捣施工的工程，可将砂率提高到 40% 左右。

(3)水灰比

确定水灰比主要依据抗渗要求和施工和易性，其次考虑强度要求，一般控制在 0.5 ~0.6 范围。抗渗等级要求大于 P12，强度要求大于 30MPa，水灰比可降到 0.45 ~0.50。

由上述三项控制数即可按绝对体积法计算其配合比。

减水剂的掺量，NF、NNO、MF 等为水泥用量的 0.5% ~1.0%；糖蜜、木钙等为水泥用量的 0.2% ~0.3%。

由于减水剂对水泥有高度的扩散作用，从而使混凝土的和易性得到显著改善。在相同配合比情况下，掺入减水剂比不掺减水剂的防水混凝土坍落度明显增大。其增大值随减水剂的品种、掺量和水泥品种而异，一般情况混凝土坍落度增大值见表 6-9。

不同品种减水剂对混凝土坍落度的影响 表 6-9

减水剂品种	坍落度增大值（mm）
NNO MF JN FDN UNF	100 ~150
木钙及糖蜜	80 ~100

坍落度增大值还与不掺减水剂混凝土的原始坍落度有关。干硬性混凝土及坍落度大于100mm的混凝土,坍落度增加较少,而低流动性混凝土坍落度增加极为显著。

由于减水剂能增大混凝土的流动性,故掺有减水剂的防水混凝土,其最大施工坍落度可不受50mm的限制,但也不宜过大,以50~100mm为宜。当工程需要混凝土坍落度80~100mm时,可不减少或稍减少拌和用水量。当要求坍落度30~50mm时,可大大减少拌和用水量。

四、三乙醇胺防水混凝土的配制

在混凝土拌和物中掺入适量的三乙醇胺以提高其抗渗性能为目的而配制的混凝土称三乙醇胺防水混凝土。该类防水混凝土的配制亦可遵循普通混凝土的原则,剩下的只是三乙醇胺溶液的配制及掺量问题。

1. 三乙醇胺早强防水剂溶液的配制

一般常用三个基本配方,见表6-10。

三乙醇胺早强防水剂配料表 表6-10

1号配方		2号配方			3号配方			
三乙醇胺0.05%		三乙醇胺0.05%+氯化钠0.5%			三乙醇胺0.05%+氯化钠0.5%+亚硝酸钠1%			
水	三乙醇胺	水	三乙醇胺	氯化钠	水	三乙醇胺	氯化钠	亚硝酸钠
$\frac{98.75}{98.33}$	$\frac{1.25}{1.67}$	$\frac{86.25}{85.83}$	$\frac{1.25}{1.67}$	$\frac{12.5}{12.5}$	$\frac{61.25}{60.83}$	$\frac{1.25}{1.67}$	$\frac{12.5}{12.5}$	$\frac{25}{25}$

注:1. 此表为每100kg防水剂的配料表。

2. 用化学纯三乙醇胺时,按表中分子数配料;用纯度为75%的工业三乙醇胺时,按表中分母数配料。

2. 三乙醇胺防水混凝土的配制

(1)三乙醇胺早强防水剂对混凝土具有早强、增强和密实作用,因此,当抗渗性与其他几种防水混凝土相同时,所用水泥用量较低。当设计抗渗压力为0.8~1.2MPa时,每1m^3混凝土的水泥用量以300kg为宜,见表6-11。

水泥用量对三乙醇胺防水混凝土抗渗性影响 表6-11

序号	配合比(水泥:砂:石)	水灰比	水泥用量(kg/m^3)	砂率(%)	早强防水剂(%)		抗压强度(MPa)	抗渗压力(MPa)
					三乙醇胺	氯化钠		
1	1:2.40:3.62	0.58	320	41	0.05	0.5	26.6	2.4
2	1:2.60:3.80	0.62	300	41	0.05	0.5	26.1	2.2
3	1:2.82:4.09	0.66	280	41	0.05	0.5	24.0	1.8
4	1:3.08:4.46	0.69	260	41	0.05	0.5	25.4	1.8

注:1. 巢湖水泥厂42.5级矿渣水泥。

2. 砂子细度模数为2.16~2.71,石子规格为20~40mm。

(2)砂率必须随水泥用量降低而相应提高,使混凝土有足够的砂浆量,以确保其抗渗性(表6-12)。当水泥用量为280~300kg/m^3时,砂率以40%左右为宜。掺三乙醇胺早强防水剂后,灰砂比可以小于普通防水混凝土1:2.5的限值。

三乙醇胺防水混凝土砂率选用表　表6-12

序号	配合比（水泥:砂:石）	水灰比	水泥用量（kg/m^3）	砂率（%）	早强防水剂（%）		抗压强度（MPa）	抗渗压力（MPa）
					三乙醇胺	氯化钠		
1	1:1.84:4.07	0.58	320	31	0.05	0.5	28.2	2.2
2	1:2.12:3.80	0.58	320	36	0.05	0.5	27.6	2.2
3	1:2.40:3.62	0.58	320	41	0.05	0.5	26.6	2.4
4	1:2.00:4.38	0.62	300	31	0.05	0.5	21.6	0.6
5	1:2.30:4.08	0.62	300	36	0.05	0.5	23.9	1.2
6	1:2.60:3.80	0.62	300	41	0.05	0.05	26.1	2.2
7	1:2.50:4.41	0.66	280	36	0.05	0.05	24.7	0.4
8	1:2.82:4.09	0.66	280	41	0.05	0.05	24.0	1.8

注：水泥采用巢湖水泥厂42.5级矿渣水泥；石子粒径为20～40mm。

(3)对石子级配无特殊要求，只要在一定水泥用量范围内并保证有足够的砂率，无论采用哪一种级配的石子，都可以使混凝土有良好的密实度和抗渗性（表6-13）。

不同石子级配下三乙醇胺防水混凝土的抗渗性　表6-13

序号	不同粒级（mm）				水泥品种和强度等级（MPa）	水灰比	水泥用量（kg/m^3）	砂率（%）	三乙醇胺（%）	抗渗压力（MPa）
	5～15	5～25	20～40	5～40						
	含量（%）									
1	—	—	100	—	矿渣水泥	0.62	300	40	—	0.6
2	—	—	100	—	42.5	0.62	300	40	0.05	2.4
3	—	—	—	100	普硅水泥 42.5	0.50	380	38	—	1.4
4	—	—	—	100	矿渣水泥 42.5	0.50	380	38	0.05	>3.0

(4)三乙醇胺早强防水剂对不同品种水泥的适应性较强，特别是能改善矿渣水泥的泌水性和黏滞性，明显地提高其抗渗性。因此，对要求低水化热的热水工程，以使用矿渣水泥为好。

(5)三乙醇胺防水剂溶液随拌和水一起加入，约50kg水泥加2kg溶液。

五、氯化铁防水混凝土的配制

氯化铁防水混凝土的配制和施工与普通混凝土相同。但要注意以下问题：

(1)氯化铁防水混凝土的配制应满足表6-14技术要求。

氯化铁防水混凝土配制要求　表6-14

项　目	技 术 要 求	项　目	技 术 要 求
水灰比	不大于0.55	坍落度（mm）	30～50
水泥用量（kg/m^3）	不小于310	防水剂掺量（%）	以3%为宜，掺量过多对钢筋锈蚀及混凝土干缩有不良影响。如果采用氯化铁砂浆抹面，掺量可增至3%～5%

(2)氯化铁防水剂的掺量一般以3%为宜。含量过多对钢筋锈蚀较严重。

(3)氯化铁防水剂必须符合质量标准,不得使用市场上出售的化学试剂氯化铁。

(4)氯化铁防水剂使用前需用水稀释,再拌入混凝土,严禁将氯化铁防水剂直接注入水泥或集料中。

(5)配料要准确,采用机械搅拌,上料时必须先注入拌和水及水泥,再注入氯化铁水溶液,以免搅拌机遭受腐蚀。搅拌时间不小于2min。

(6)施工缝要用10~15mm厚防水砂浆胶结。防水砂浆的质量配合比为:水泥:砂:氯化铁防水剂=1:0.5:0.03,水灰比为0.55。

(7)养护特殊重要。不同的养护条件下其抗渗性决然不同。蒸养时应控制温度不超过50℃,升温速度不要超过6~8℃/h;自然养护时,浇灌8h后,即用湿草袋等盖上,夏季要提前一些;24h后,定期浇水养护14d,特别是前7d,要保持混凝土充分湿润。

六、配合比设计注意事项

掺外加剂防水混凝土的配合比设计,除普通防水混凝土有关注意事项外,尚需注意以下问题:

(1)防水混凝土设计抗压强度等级不宜低于C18级,但也不必过高。水泥用量增加过多,对提高抗渗性并无显著效果。

(2)从保持抗渗性出发,根据有关试验资料,工作环境温度不宜超过100℃。

(3)抗渗等级较大时($>10\times10^5$Pa),不宜采用引气剂防水混凝土。

(4)必须根据工程特点及施工条件来选用恰当的外加剂,在现场条件下取得试验依据才能在工程上应用。并要满足有关分缝要求的规定,对抗渗要求高的,宜严格控制。

第五节　掺速凝剂的喷射混凝土配合比设计

喷射混凝土是用压缩空气作动力,将混凝土直接喷射到施工部位,迅速凝结硬化而成。

工程上称的"喷锚",顾名思义,是综合了喷射和锚住两层含义,因而"喷锚"是喷射混凝土与锚杆、喷射混凝土与锚杆及钢筋网等类型的支护或衬砌的总称。

我国采用喷锚技术始于1965年的成昆铁路修建初期,现在已广泛应用于铁路工程的隧道衬砌中。同时,在地下工程、冶金和煤炭的矿山井巷,水工隧洞,水封油库以及一些大型洞库中也有使用。

掺加速凝剂的喷射混凝土,对实现混凝土的迅速凝固硬化效果十分显著。

一、原材料选择

水泥应优先选用新鲜的不低于32.5级的普通硅酸盐水泥,也可使用矿渣硅酸盐水泥和火山灰硅酸盐水泥,一般不能使用矾土水泥。

速凝剂有红星一型、71-1型、阳泉一型等,其中应用较多的为红星一型。在掺量为2%~4%时,一般能在5min内初凝,10min内终凝。

砂以中砂和粗砂为好,要求含泥量不大于3%,硫化物和硫酸盐含量不大于1%。

石子应采用坚硬耐久的碎石或卵石,但以卵石为好。卵石表面光滑,有利于管道内输送,可以减少堵管，而且流动性较好。集料的最大粒径不得大于喷射系统输送管道最小断面直径的$\frac{1}{3}\sim\frac{2}{3}$，亦不宜超过一次喷射厚度的$\frac{1}{3}$，限制最大粒径不超过 20mm。

二、配合比设计

喷射混凝土的配合比，采用经验方法选择，常用的经验配合比（水泥∶砂∶石）为 1∶(2～2.5)∶(2～2.5)；胶集比（水泥∶砂加石）为 1∶4～1∶5；砂率一般为 40%～55%。每 $1m^3$ 干拌料中水泥用量为 350～420kg，不宜超过 450kg。水泥用量过多，不仅浪费材料，而且加剧收缩变形，影响质量。速凝剂掺量为水泥重的 2%～4%。

确定了经验配合比后，施工前还要把砂中超过粒径的部分计入石子内，石子中粒径不足的计入砂内，并测出砂石含水率，将经验配合比调整为施工配合比。

由于施工过程中有喷料回弹，所以喷射混凝土的实际配合比与施工配合比是不同的，因而要经常测定实际配合比。

喷射混凝土的用水量由喷射手根据经验控制，一般水灰比在 0.4～0.55 之间为合适，以喷射物不出现干斑、不流淌、色泽均匀时为佳。

典型配合比示例

根据工程实践经验的积累，参照经验配合比，一般可按以下的典型配合比进行施工。

粗集料（石子）	848kg
细集料	848kg
水泥	390kg
速凝剂	11.2kg，约为水泥质量的 3%

三、工程应用实例

（一）淮南矿务局某矿平巷喷射混凝土

采用减水速凝喷射混凝土，其配合比为 1∶2∶3.5，用 32.5 级火山灰水泥掺加 3.5% 速凝剂，此时，28d 的抗压强度比普通混凝土降低 30%，用 42.5 级矿渣水泥掺加 3.5% 速凝剂，28d 的抗压强度比普通混凝土降低 32%。掺入 NF 减水剂 0.7% 后，所配制的混凝土其强度有明显的提高，不但补偿了速凝剂对强度的损失，而且还有提高。

根据工程实际应用，认为 NF 减水剂用于喷射混凝土工程中能使混凝土强度提高一级至二级，在达到原设计强度时可节约水泥 18% 左右，使回弹率减小到 10% 左右，粉尘度降低，在作业点附近能见度提高，改善了环境，对工作人员健康有利，同时，经济效益显著。如该矿的 400m 东运道，净断面下 $14m^2$，普通干喷为 10cm 厚，用 NF 减水剂后喷射仅为 7cm，因而减少了材料用量和材料浪费，节约了成本。据统计，使用 NF 减水剂后，每米造价可比原来节约 23 元左右。又如该矿的 400m 西运道，净断面 $13.17m^2$，普通干喷为 15cm，用 NF 减水剂后喷厚为 10cm，每米可比原来节约 50 元左右。

（二）牛角山隧道

该隧道全长 4 316m，宽 5.0～5.3m，高 7.22m，开挖横断面 $40m^2$，除洞口地段外，全断面喷射混凝土与锚杆衬砌 1 603m，连拱墙喷射混凝土衬砌 2 327m。

开挖采用光面爆破。喷射混凝土施工，水泥为普通硅酸盐水泥 42.5 级或矿渣硅酸盐水泥 42.5 级，速凝剂为红星一型。配合比（水泥∶砂∶石）常用 1∶2∶2 和 1∶2.5∶2.5。砂率为 0.5。

速凝剂掺量为2%、2.5%、3%。水灰比实测结果为0.34~0.44。刚喷上的混凝土有湿润的光泽,没有干斑和滑移流淌现象。

养护由专职人员负责,连续14d经常喷水,保持混凝土表面湿润状态。

质量检查,每5~30延米,拱部和边墙各取一组试件,做抗压强度试验。对1 000多延米中,用同一方法取到80组试件,经试压统计,28d抗压强度平均值为243×10^5Pa,均方差为43×10^5Pa,离差系数为0.18,质量是良好的。

经济技术效果,仅就全断面喷锚的1 603m长的地段,比模注混凝土衬砌节约木材1 040m^3,降低造价60万元左右,而且大大加快了施工进度,取得了显著的技术经济效益。

第六节　掺减水剂的大体积混凝土配合比设计

对于水利、水电站建设中的大坝、港口码头以及某些大型设备基础用混凝土,除了满足一定的强度和耐久性要求以外,还有以下特点:

(1)由于体积大,要求水化热低,混凝土膨胀小,以防止热应力引起裂缝。

(2)要使分层施工的混凝土在初凝前有良好的黏结。

因而除要求恰当的配合比外,特别需要降低水泥的初期水化热或错开水化热峰值,使新拌混凝土缓凝,这必然要借助合适的外加剂。

减水剂可增强、改善拌和物的性质以及提高混凝土的耐久性,而且也是节约水泥简而易行的有效办法。减水剂以至缓凝型减水剂用于大体积混凝土中,缓凝可错开水化热峰值,减少水泥可直接降低水化热,这对减小温度应力有利。

在大体积混凝土施工中,应该根据工程特点、气温条件等选用减水剂。木钙、糖蜜等普通型减水剂可优先选用,必要时可选用NF、UNF、FDN等高效减水剂。

根据工程的具体情况,可以在减水剂中复合其他外加剂。在大体积混凝土(如大坝混凝土)中掺用引气型减水剂或引气剂也可起到改善混凝土质量和节约水泥的目的,尤其对改善混凝土的抗渗性有利。但在减水剂和引气剂复合掺用时,混凝土的含气量应控制在合理范围内。

一、配合比设计

根据已有工程的实践,按经验方法进行配合比设计,其步骤如下:

(一)水灰比及水泥用量

控制大体积混凝土质量主要因素是水灰比和胶凝材料的总用量。对于外部混凝土,为了保证较高的耐久性,在一般情况下,水灰比不宜大于0.55,最低水泥用量不宜低于250kg/m^3,必要时可适当提高。对于内部混凝土,主要是为了保证较好的施工拌和物稠度和均匀性以及控制水化热不易过高,在一般情况下,水灰比不宜大于0.70,使用外加剂后要适当减小,最低水泥用量不宜低于225kg/m^3。

(二)合理选择集料级配

选择集料级配大体包括三个方面,适当扩大石子的最大粒径,选择石子最优级配,改善砂子级配合理选用砂率。大体积混凝土的石子最大粒径一般在80~150mm范围内。石子的级配应以连续级配为宜。砂子的细度模数控制在2.75左右或更大的粗砂。选用最优砂率时，应在混凝土和易性满足施工要求的条件下，以用水量最小为原则，一般控制在0.30左右。

(三)减水剂掺量

单一减水剂掺量一般为水泥用量的0.5% ~0.7%。复合使用时外加剂掺量可参阅表6-14。

(四)按绝对体积法计算出各类材料用量

(五)进行施工现场试配

经调整，满足工程质量和施工要求，则可定为正式配合比。

(六)适当掺入混合材

在施工时，掺一定量的混合材，可以降低成本并能改善混凝土的稠度和低热性。较为经济合理的混合材掺量，应根据具体条件通过试验确定。混合材可用矿渣、粉煤灰及烧黏土等。一般说来，在工厂生产的矿渣水泥中，矿渣最大掺量不宜超过50%，火山灰质水泥中混合材最大掺量不宜超过35%。

在大体积混凝土中可适量埋入块石，以减少热源和混凝土的体积变形，加大混凝土的容重和导热系数，有助于散热。但埋块石后，混凝土的抗拉强度和抗渗性一般会有所降低，因此，在与基岩相连处及大体积混凝土靠外部不宜埋石。

二、工程应用实例

某万吨级原油码头工程是某石油化工总厂之重要配套工程，其主体部位为混凝土靠船墩，长、宽各约18m，高7m。施工正值冬季，而且工期要求紧迫，经研究，在以往试验的基础上，考虑到工程正值冬季施工及早强的要求，决定在混凝土中掺加复合外加剂。其复合成分为，减水剂NNO为0.5%，元明粉为0.5%，三乙醇胺为0.02%，引气剂为0.008%。

结合工地情况，在室内试验探索的基础上，对外加剂的掺入工艺采用两种办法。一种是直接干撒于拌和物中，一种是以液体加入。工程中的拌和时间1min左右，出料后混凝土由小型翻斗车运至灌筑部位，用高频插入式振捣棒振捣密实。

施工现场进行了检测，其试验结果见表6-15。

由表6-15可以归纳如下：

对于C30混凝土而言，当水泥用量不变，减水率可达22.7%，龄期3d、7d、28d增强率分别为50%、60%和22%，达到设计强度70%的天数由6d缩短为2~3d。当减少水泥22%时，强度也未见明显降低。

对于C40混凝土而言，掺加外加剂后，在减水率17%、减水泥11.9%的情况下，施工稠度良好，其抗压强度的增长率3d为40%，7d为36%左右。达设计强度70%的龄期较对比混凝土缩短3.5d。由于该工程下层混凝土可以尽早成为上层继续浇筑混凝土的承重部分，从而显著地加快了工程进度。28d强度仍有10% ~18%的增加。

为了测定掺外加剂混凝土中水泥水化热的差异，在靠船墩的对应部位埋设了热敏电阻温度计，测定两种混凝土块体的温升。结果表明，在相同水泥用量下，两者的温升及其过程波动范围相近，并无很大差异。

该工程中应用外加剂混凝土近1 000m^3，其成本核算见表6-16。

现场试验结果 表 6-15

编号	外加剂掺量（占水泥重%）	水灰比	水泥用量（kg/m³）	减水率（%）	减灰率（%）	坍落度（cm）	抗压强度（MPa）					28d 抗拉强度（MPa）
							3d	7d	14d	28d	28d标准养护	
0	—	0.48	427	—	—	9.5	18.2/100	29.0/100		43.5/100	45.4/100	
1	NNO0.5，元明粉0.5，三乙醇胺0.02，引气剂0.008	0.46	370	17	11.9	9.0	25.0/137	39.6/136		50.0/114	52.0/115	
2	NNO0.5，元明粉0.5，三乙醇胺0.02，引气剂0.008	0.46	370	17	11.9	7.0	26.0/143		42.4	51.5/118	53.5/118	2.50
3	NNO0.5，元明粉0.5，三乙醇胺0.02，引气剂0.008	0.46	370	17	11.9	8.0	21.0*/115		43.7	47.0/108	50.2/111	2.46
4	NNO0.5，元明粉0.5，三乙醇胺0.02，引气剂0.008	0.64	370	17	11.9	8.0				47.4/108		2.37
5	—	0.55	327	—	—		16.0/100	22.7/100		38.4/100	41.7/100	
6	NNO0.5，元明粉0.5，三乙醇胺0.02，引气剂0.008	0.55	255	22	22	3.5			32.3			2.26
7	NNO0.5，元明粉0.5	0.44	327	22.7		3.0	21.7/136					
8	NNO0.5，元明粉0.5，三乙醇胺0.02，引气剂0.008	0.44	327	22.7		3.0	24.0/150	35.7/160		47.0/122	50.8/122	2.59

注：表中编号 3 中*为差 6h 不足 3d。

应用外加剂混凝土成本核算 表 6-16

编号	混凝土设计强度等级（MPa）	混凝土量（m³）	原设计水泥用量（kg/m³）	减水剂混凝土水泥用量（kg/m³）	节省水泥（kg/m³）	折合金额（元/m³）	混凝土成本（元/m³）					成本增减（元）
							NNO	元明粉	三乙醇胺	引气剂	总计	
1	C38	241	427	370	57	7.52	4.63	0.74	0.63	0.13	6.13	-335
2	C28	240	327	255	72	9.50	3.17	0.51	0.43	0.08	4.19	-1 260
3	C28	240	327	262	65	8.58	3.27	0.54	0.47	0.09	4.37	-1 006
4	C28	240	327	327	—	—	4.10	0.66	0.55	0.11	5.42	+1 295

从表6-16中可以看出，应用外加剂可使工程提前竣工得到了保证，而且降低了该工程混凝土的成本。

第七节 掺减水剂的泵送混凝土配合比设计

泵送混凝土除了满足强度和耐久性的要求外，有以下两个特点：

(1)混凝土要能适应泵送，要求坍落度一般为15～20cm。

(2)混凝土匀质性好，集料和水泥砂浆的黏结性能较好。

因而泵送混凝土若简单地把它理解为将原来根据建筑结构需要所定的混凝土配合比，因不能泵送而随便加大用水量来增大流动性，这似乎也能达到泵送要求，但这必然大大降低了混凝土质量，因而是不可取的。泵送一般通过二种途径来实现，一是在不改变混凝土稠度的条件下设计一种也能泵送的泵送车，这个途径难度较大，目前尚未解决好。二是在原配合比不变的条件下掺加外加剂，将其流动性增加。此时，混凝土质量不但不下降，而且某些性能还会更好。

减水剂可使混凝土工作度显著改善，若保持混凝土配合比不变，掺入减水剂可使坍落度增大10cm左右，而且其混凝土强度可基本不变。

以上可以看出，泵送混凝土用在混凝土工程中，掺加外加剂是一个有效途径。

一、配合比设计

根据国内的工程实践及参阅国外有关资料，其配合比可参照以下设计。

(1)水灰比，宜控制在0.45～0.55，必要时可适当放大。

(2)水泥用量，宜控制在350kg/m^{3}左右。

(3)砂率，宜适当增大，控制在0.42左右。

(4)减水剂用量，一般为水泥质量的0.5%左右，也可加入适量引气剂。

(5)根据上述经验数据，按绝对体积法计算出各类材料用量。

(6)进行试配，调整其坍落度满足15～20cm，强度满足工程要求，即可成为施工配合比。

泵送C20混凝土的典型配合比。

选用水灰比为0.52，砂率为0.40。假定表观密度为2 365kg/m^3 ❶。

水泥，普通硅酸盐水泥42.5级，用量345kg/m^3。

水量，180kg/m^3。

砂子，740kg/m^3。

石子，1 100kg/m^3。

减水剂(NF)，水泥用量的0.5%，为1.725kg。

二、工程应用实例

(一)宝山钢铁厂某工程的五道墙体

1. 基本情况

---

❶假定表观密度：C10～C30混凝土为2 400kg/m^{3}左右，C40～C50混凝土为2 450kg/m^{3}左右。

泵送混凝土浇捣质量好坏，在薄壁结构中容易反映出来，故在五道墙体作了工程应用，积累了经验。原设计混凝土强度等级 C20。

浇灌时用了二台 $6m^3$ 浇灌车和一台泵送车，最远浇灌距离泵送车 12m，回转角为 90°。输送管径采用 ϕ125mm。每道墙上布置一台高频振捣器。

2. 原材料

石子——粒径为 5 ~ 40mm 和 5 ~ 25mm 合成，空隙率为 41%，最大含泥量 2%。

砂子——中砂，平均粒径为 0.35mm，空隙率为 41%，最大含泥量 1.8%。

水泥——42.5 级矿渣水泥。

减水剂——木钙。

3. 配合比

水泥用量选为 $310kg/m^3$。水灰比为 0.62，砂率为 0.42，木钙掺量为水泥质量的 0.25%。

4. 施工情况

6 月份施工，室外最高气温为 30℃，平均浇灌速度为 $7.4m^3/h$。浇灌层厚度一般在 40 ~ 50cm。为检查振捣质量，用了 5 种不同振捣时间。每个墙体混凝土均留有试件并测定其坍落度。

5. 结果检查

试块强度：7d 强度平均为 12.7MPa；

28d 强度平均为 23.6MPa。

坍落度：实测为 18 ~ 20cm。

拆模后检查，振捣时间大于 15s 的均无蜂窝麻面现象，故以振捣时间大于 15s 即可。

（二）北京中日友好医院

本工程建筑面积为 83 000m^2 左右，全部混凝土工程中大部为现浇。

本工程为中日合建，由日本提供泵送车。外加剂用了 AF 减水剂，其掺量为水泥重的 0.5%，试用泵送取得了良好效果。

第八节　掺外加剂的预制混凝土配合比设计

在预制混凝土中掺加外加剂，其目的是：

（1）为提高预制构件之模板周转率，加快脱模，提高混凝土的早期强度。

（2）改善拌和物稠度，以便容易成型，但又不希望降低原有混凝土的质量。

（3）某些预制构件如铁路桥梁等，有特殊要求，为施加预应力需要提高混凝土的强度。

（4）节约水泥和能源，降低成本，提高经济效益。

因而在预制构件的混凝土中选用合宜的外加剂是有效的。如需提高强度较多，可选用高效能减水剂，如 NF、UNF、FDN 等。北京丰台桥梁厂生产混凝土强度等级为 C50 以上的桥梁，和 C60 以上的轨枕，选用的是 NF 和 UNF 高效减水剂。若为提高早期强度和防冻等需要，可选用高效减水剂、早强减水剂，也可用复合早强剂等。

一、配合比设计

1. 设计过程

（1）原材料选择。

(2)确定用水量。

(3)确定水灰比和水泥用量。

(4)确定砂、石总量及砂、石比例并确定用量。

(5)试拌调整。

(6)确定施工配合比。

2. 确定用水量

利用下式确定用水量

$$m_{w0} = \frac{10}{3}(T + K) \tag{6-1}$$

式中：T——坍落度值(cm)，根据施工要求确定，但应尽量小。

K——经验系数，由表6-17选用。

经 验 系 数 K 表6-17

类别 \ K \ 石子粒径(mm)	10	20	40	80
碎石	57.5	53	48.5	44
卵石	54.5	50	45.5	41

石子粒径可根据结构情况偏大选择，以按构件截面最小尺寸的1/4和钢筋净距的3/4控制。粒径确定后，则K值可用插入法选取。

利用公式得出的含水率，再根据混凝土施工和易性要求的经验数据确定之含水率，取其小值使用。根据坍落度要求和石子类别和粒径可得到混凝土中单位体积的用水量，见表6-18。

每1m³混凝土的用水量(kg) 表6-18

坍落度(mm) \ 用水量 \ 石子类别	卵石最大粒径(mm)				碎石最大粒径(mm)			
	10	20	40	80	10	20	40	80
0~1	180	170	160	150	200	185	170	160
2~4	190	180	170	160	210	195	180	170
5~8	200	190	180	170	220	205	190	180
9~12	210	200	190	180	230	215	200	190

若石子粒径在中间可以插入，若为卵碎石则可取平均值。

3. 确定水灰比及水泥用量

根据强度的要求，按下式计算其灰水比，并由此得到水灰比。

$$f_{cu,0} = \alpha_a f_{ce}\left(\frac{C}{W} - \alpha_b\right) \tag{6-2}$$

式中：$f_{cu,0}$——所需要之混凝土28d强度；

f_{ce}——水泥的实际强度；

α_a、α_b——经验系数，由表6-19选用。

水灰比计算用 *A*、*B* 值　　表 6-19

石子类别 ＼ 系数 ＼ 水泥种类	普通水泥		矿渣水泥	
	α_a	α_b	α_a	α_b
碎石	0.52	0.57	0.50	0.58
卵石	0.44	0.46	0.50	0.67

A、*B* 的值与集料的品种、水泥品种等因素有关,因而不同的地区当原材料改变和工艺条件变化在数值上会有差异。必要时可通过试验得到。

$$\text{水泥用量}\ m_{c0} = m_{w0} \times \left(\frac{C}{W}\right)$$

水灰比和水泥用量还必须满足耐久性要求,根据环境条件等确定允许最大水灰比和最小水泥用量见表 2-29。由此,取两者中小的水灰比,并满足最小水泥用量要求。

4. 确定砂、石总用量

用绝对体积法 $$\frac{m_{w0}}{\rho_w}+\frac{m_{c0}}{\rho_c}+\frac{m_{s0}}{\rho_s}+\frac{m_{g0}}{\rho_g}=1\,000 \tag{6-3}$$

也可以用假定重度法。

5. 确定砂、石比例及用量

只要能得到合适的砂率,则按绝对体积法就可求出砂、石用量。

$$\text{砂率} = \frac{m_{s0}}{m_{s0}+m_{g0}} \tag{6-4}$$

影响砂率的因素:石子粒径大,砂浆用量少,砂率可小些。水泥用量多则砂率可小些,碎石比卵石要求砂率大些。砂率选用见表 6-20。

砂　率　选　用　　表 6-20

水泥用量(kg) ＼ 砂率(%) ＼ 石子粒径	卵石最大粒径(mm)				碎石最大粒径(mm)			
	10	30	50	80	10	30	50	80
200	37	34	32	29	42	38	35	31
240	36	38	31	28	41	37	34	30
280	35	32	30	27	40	36	33	29
340	33	30	28	25	38	34	31	27
400	31	28	26	—	36	32	29	—
440	29	26	24	—	34	30	27	—
480	27	24	22	—	32	28	25	—

[例 6-8]　混凝土强度 C18,矿渣水泥 32.5 级,中砂,碎石粒径为 5 ~ 20mm,坍落度为 3 ~ 5cm,秋季施工,求出配合比。

解:(1)用水量,利用公式 $m_{w0}=\dfrac{10}{3}(T+K)$

查表6-17,$K=53$。$\therefore m_{w0}=\dfrac{10}{3}\times(5+53)=193(\text{kg/m}^3)$

查表6-18,用水量为200kg/m³,故取193kg/m³。

(2)求水灰比及水泥用量

利用公式

$$f_{cu,0}=Af_{ce}\left(\frac{C}{W}-B\right)$$

查表6-19,$A=0.50$,$B=0.58$。

$$\therefore\quad 200=0.50\times325\times\left(\frac{C}{W}-0.58\right)$$

则 $\dfrac{C}{W}=1.81$

$\therefore\quad \dfrac{W}{C}=0.55$

水泥用量 $m_{c0}=m_{w0}\times\dfrac{C}{W}=193\times1.81=349(\text{kg/m}^3)$

查表6-20,符合耐久性要求。

(3)砂、石总量

按绝对体积法,若已知:

$$\rho'_s=2.65\text{g/cm}^3\qquad \rho'_g=2.70\text{g/cm}^3$$

$$\rho_w=1.00\text{g/cm}^3\qquad \rho_c=3.00\text{g/cm}^3$$

则

$$193+\frac{m_{s0}}{2.65}+\frac{m_{c0}}{3.00}+\frac{m_{g0}}{2.70}=1\,000$$

$$\therefore\quad \frac{m_{s0}}{2.65}+\frac{m_{g0}}{2.70}=1\,000-\left(193+\frac{349}{3.0}\right)=691 \qquad \text{(a)}$$

(4)确定砂率及砂、石用量

根据表6-20并插入,可得砂率为35.7%,近似取0.36。

即:

$$\frac{m_{s0}}{m_{s0}+m_{g0}}=0.36 \qquad \text{(b)}$$

由式(a)和(b)解二元一次方程可得

$$m_{s0}=667\text{kg/m}^3$$

$$m_{g0}=1\,186\text{kg/m}^3$$

计算配合比为:

$$m_{w0}=193\text{kg/m}^3\qquad m_{c0}=349\text{kg/m}^3$$

$$m_{s0}=667\text{kg/m}^3\qquad m_{g0}=1\,186\text{kg/m}^3$$

(5)计算施工配合比

若测定砂子含水率为3%,石子含水率为1%。则:

水称量 $m_{w0}=193-(667\times3\%+1\,186\times1\%)\approx161(\text{kg/m}^3)$

砂子称量 $m_{s0}=667+667\times3\%\approx687(\text{kg/m}^3)$

石子称量 $m_{g0}=1\,186+1\,186\times1\%\approx1\,198(\text{kg/m}^3)$

施工配合比为:

$$m_{w0} = 161\text{kg/m}^3 \qquad m_{c0} = 349\text{kg/m}^3$$

$$m_{s0} = 687\text{kg/m}^3 \qquad m_{g0} = 1\,198\text{kg/m}^3$$

(6)试配掺加减水剂后达到早强和改善和易性的配合比。

水泥用量不变,用NF减水剂减水,减少水的体积用砂和石填充。

已知,NF减水剂的减水率为15%。

则:$m_{w0} = 161 \times (1 - 0.15) \approx 137\text{kg/m}^3$,减少水24L。

用砂、石填充,增加之砂、石量的计算可按下式进行。

$$\begin{cases} \dfrac{m_{s0}}{2.65} + \dfrac{m_{g0}}{2.70} = 24 \\ \dfrac{m_{s0}}{m_{s0} + m_{g0}} = 砂率(0.36) \end{cases}$$

可得:增加之 $m_{s0} = 9\text{kg}$,$m_{g0} = 15\text{kg}$。

所以:$m_{s0} = 687 + 9 = 696(\text{kg/m}^3)$,$m_{g0} = 1\,198 + 15 = 1\,213(\text{kg/m}^3)$。

水泥用量 $m_{c0} = 349\text{kg/m}^3$,减水剂“NF”用量为 $0.5\% \times 349 = 1.745(\text{kg/m}^3)$。

(7)若为了节约水泥,要求流动性相近,混凝土强度不变,水灰比相近。

根据有关资料及试验可知,NF掺量0.5%,可节约水泥15%。

$$m_{c0} = 349 \times (1 - 0.15) = 297(\text{kg/m}^3)$$

而施工配合比时:$W/C = 0.46$

所以 $$m_{w0} = 297 \times 0.46 = 137(\text{kg/m}^3)$$

砂率为0.36,可根据绝对体积法算出砂、石之质量。

二、工程应用实例

1.北京市某建筑工程公司构件厂生产本公司施工中所需各种配套构件,如大型预应力板,内外墙板,各种梁、柱及小型构件,先后单独或复合使用用过的外加剂有NF、MF、NNO、木钙、元明粉、建1、三乙醇胺等,取得了明显的技术经济效果。

以使用NF减水剂为例,在正常配合比下扣除15%的用水量,并以减小的水的体积用砂、石填充。掺加NF为水泥用量的0.4%~0.5%。

其应用效果为:

(1)在自然养护条件下,由于早强而缩短养护周期,加快模板周转,混凝土3d强度比不掺NF的提高50%,7d强度提高15%~50%,28d强度提高10%左右。成型之构件达到设计强度等级的70%的时间由7d缩短到3d,加快了场地周转,提高了构件产量。

(2)缩短了构件蒸养时间,节约了能源。掺加NF的混凝土较不掺的混凝土达到同样强度时,蒸养时间由36h缩短到12h。

(3)在保持强度和坍落度不变情况下,掺NF减水剂后可节约水泥10%~15%。

(4)降低成本,以标准小型构件为例,每1m^3混凝土可降低19元左右。

2.在城镇乡村房屋建设中,随着经济形势的好转,住房的标准不断提高,特别是农村房屋由原来单层向二、三层的楼房发展,因此,许多水泥制品厂开始生产楼板、桁条等构件。这类构件的生产有两种办法:一种是短线生产法,用钢模先张预应力混凝土蒸气养护,优点是生产周期短,产量高,占地少,但设备和厂房投资大,一般像北京东郊第一预制构件厂等大型构件厂有此条件。而另一种是长线生产法,用预应力长线台座,自然养护方法生产,优点是设备简单,投资少,不用蒸气养护,成本低;但生产周期长,夏天一般 7d,冬天需 14 ~ 15d 才能剪丝起吊构件。因而如不采取措施,则占地面积大,生产效率低。

若应用减水剂或复合早强剂后,就可大大缩短自然养护时间,提高经济效益。如杭州水泥制品厂等单位,原来生产混凝土楼板时,气温为 20℃左右,构件剪丝起吊时间要 6d 左右,使用 AF 掺量为水泥质量的 0.5% ~0.7%,水泥用量不变,早期强度较不掺 AF 的提高 40% ~60%,构件移位时间缩短为 3d,而且 28d 强度比设计强度提高 10% 以上。在冬季施工时,使用 AF 减水剂 0.5% ~0.7%,复合一定量的早强剂,构件剪丝起吊时间由原来的 14 ~ 15d 缩短为 7d 左右。

在预制构件厂的预拌混凝土中,选用合适的外加剂是一项重要的技术措施。

第九节　掺外加剂的流动混凝土配合比设计

流动混凝土的含义是,把普通混凝土(坍落度 5 ~ 8cm)在浇灌前加入适量的高效减水剂再一次搅拌,使混凝土坍落度达 20 ±2cm,称为流动混凝土。而且要求凝结硬化后的性能和普通混凝土相当。

一、流动混凝土的适用范围

(1)在钢筋或钢筋束密集的构件或部位,以及断面窄小,振捣器不易到达的部位。

(2)要求迅速灌注的混凝土,如泵送混凝土。

(3)施工部位浇灌混凝土需要较长溜槽或导管的情形。

但在下列情况下建议不用流动性混凝土:在常规施工如用起重机和吊斗以及手推车运输时,混凝土浇注时的坡度与地平超过限度时;以及喷射混凝土工程等均不宜采用。

二、配合比设计

掺加高效减水剂后,可以容易地得到流动混凝土。但为了防止离析,应注意全面配合比设计。

(1)用普通混凝土的常规配合比设计方法,但砂率需适当增加,控制在 0.40 左右为宜。若用粗砂时还可加大些。制备坍落度为 8cm 左右的混凝土。

(2)考虑到高效减水剂的流化效果,要使普通混凝土的坍落度增大 10cm 左右,以高效减水剂的掺量为水泥质量的 0.5% ~0.6% 为宜。普通混凝土的坍落度在 8cm 时,掺加效果最好;若普通混凝土的坍落度在 8cm 以下时,其掺加后坍落度增大,效果差一些,可适当增大高效减水剂的掺量。

三、配合比设计实例

北京某试验楼无黏结预应力混凝土结构,配筋较多,采用现浇混凝土和先张预应力相结合起来施工新工艺,要求混凝土具有较高的早期强度,且混凝土的流动性能保持较长时间,减少坍落度随时间延长的损失。在对本项目经过大量研究后,提出了掺 FE-A 型高效能早强减水剂配制 C30 流动性早强混凝土的方案,现介绍如下:

(一)原材料

水泥采用琉璃河水泥厂生产的 42.5 级普通水泥;砂为中砂;石子采用粒径 0.5 ~3.2cm 的

碎卵石;减水剂采用北京市建筑工程研究所提供的 FE-A 型高效能早强减水剂。

(二)配合比设计

根据工程技术要求,混凝土坍落度选用 15 ~ 18cm。其余按普通混凝土要求进行配合比设计及用料计算。

(三)配合比选定与效果分析

通过试验和试配,C30 流动性早强混凝土每 $1m^3$ 材料用量如下:水泥 350kg,水 158kg,砂子 707kg,石子 1 200kg,FE-A 型减水剂 6.4kg。其配合比为水泥:砂子:石子 =1:2.02:3.43,水灰比为 0.45,砂率为 37%。

通过试压,测得同条件养护混凝土试块 1d、3d、7d、14d 和 28d 的抗压强度分别为设计强度的 44%、86.5%、107.5%、120.6% 和 146%。

为了满足混凝土在大流动条件下 3d 强度达到 210MPa,如果不掺用 FE-A 减水剂,而增加水泥用量(提高混凝土强度),根据试验结果,每 $1m^3$ 混凝土均需增加水泥 100 ~ 200kg,费用为 7.38 ~ 14.76 元,与掺 FE-A 的费用 5.72 ~ 6.67 元相比,掺 FE-A 减水剂除节约大量水泥外,还能降低工程造价。

第十节　加气混凝土配合比设计

加气混凝土是含硅材料(如砂、粉煤灰、尾矿粉等)和钙质材料(如水泥、石灰等)加水并加入适量的发气剂和其他附加剂经混合搅拌、喷注发泡、坯体静停与切割后,再经蒸压或常压蒸气养护制成的多孔轻质混凝土,可制作砌块、屋面板、墙板和保温管等制品,广泛用于工业和民用建筑。

加气混凝土配合比是加气混凝土生产工艺中的核心。加气混凝土的配合比选择很难用单一的计算方法完成。良好的配合比一般需经过小规模试验、中间试验并需在生产中进行多次调整才能获得。

配合比的选择必须满足下列要求:

(1)加气混凝土具有规定的强度,其热工作性、收缩值及耐久性应满足使用要求。

(2)加气混凝土料浆应具有良好的浇筑稳定性,坯体蒸压时不裂。

(3)原料广泛,成本低廉。

一、原材料的技术要求

(一)水泥

加气混凝土宜于采用硅酸盐水泥或普通硅酸盐水泥。矿渣水泥,火山灰水泥等也可采用,但水泥用量要适当增加。

水泥熟料中 CaO 含量要大于 60%,水泥中游离 CaO 不大于 6%,MgO 含量不大于 6%。

水泥中铬酸盐含量不得超过$(30 \sim 40) \times 10^{-6}$,否则将影响浇筑稳定性。一般普通硅酸盐水泥中酪酸盐含量通常不超过 20×10^{-6},符合生产加气混凝土的技术要求。此外,生产加气混凝土用的水泥其碱度必须大于 55mg 当量/L。

(二)生石灰

一般采用回转窑煅烧(1 100 ~ 1 200℃)的中速消解生石灰(消解速度 15 ~ 30min)。要求有效氧化钙含量为 60% ~ 70%;氧化镁含量小于 2% ~ 3%,过烧石灰含量小于 2.5%;细度

(以比表面积计)为5 000 ~6 000cm^2/g,相当于0.088mm筛筛孔余量不大于10%,消解温度大于70℃。

在加气混凝土生产中,不宜采用消石灰,因消石灰蒸压后制品强度较低。

(三)矿渣

生产加气混凝土的矿渣,是经水淬的粒状高炉矿渣,其技术要求是:

(1)水淬质量良好,颗粒松散均匀,外观呈淡黄色或灰白色,有玻璃光泽,无铁渣及硬渣大块;

(2)化学成分:

CaO:含量大于38%;

Al_2O_3:9% ~16%;

S:0.8% ~1.6%;

CaO/SiO_2(质量比):>1。

不符合上述要求的矿渣,还可以通过试验进一步鉴别是否适宜使用。

(四)砂

生产中一般采用全部磨细砂,故其天然级配无意义。国内要求砂中SiO_2总量>70%(国外要求SiO_2>80%),并要求石英含量>40%。Na_2O<1.5%,K_2O<3%,有机杂质(腐殖质)<3%。

砂中碳酸钙物质(如珊瑚、贝壳等)含量不能大于10%。一般要求砂的烧失量<0.02%。

符合上述技术要求的砂,例如河砂、海砂、风积砂、砂岩都可以使用。但在使用海砂时,为防止制品内钢筋锈蚀,要特别注意氯离子(Cl^-)含量不能大于0.02%。否则应将海砂冲洗后再使用。

(五)粉煤灰

粉煤灰应具有必要的细度,4 900孔/cm^2筛筛余小于20%,2 000孔/cm^2筛筛余小于70%,细度不足时,应予磨细。

(六)发气剂

发气剂的种类很多,除铝粉外,还有锌粉、硅化铁、双氧水、无机物系及有机物系等。它们在加气混凝土中与有关物质作用发生放气反应。目前,我国加气混凝土广泛采用铝粉作为发气剂。根据生产经验,铝粉的技术要求如下:细度一般为60 ~75μm;金属铝含量>98%,其中活性铝含量应大于89%;覆盖面积为4 000 ~5 000cm^2/g;发气量与时间的关系如表6-21所示,发气情况与时间的关系如表6-22所示。

发气量与时间的关系 表6-21

发气时间(min)	2	8	16	24
发气量(mL)	5	60	76	全部结束

发气情况与时间的关系 表6-22

时间	2min前	2min后	8min后	16min	24min
发气情况	缓慢	大量放气	开始减缓	基本结束	全部结束

(七)气泡稳定剂

在我国加气混凝土生产中,常用的气泡稳定剂有可溶油、拉开粉、含皂素植物、匀染剂与氧化石蜡皂等。根据生产经验,以采用碳原子数为12 ~16的表面活性物质作为加气混凝土的气泡稳定剂,其效果较好。

(八)调节剂

在加气混凝土料浆中,加入调节剂的目的,主要是为了使铝粉的发气速度与料浆的稠化速度相适应,以保证料浆具有良好的浇筑稳定性。调节铝粉发气开始时间可采用水玻璃;提高液相碱度可采用纯碱;抑制生石灰的消解速度可采用三乙醇胺和石膏;提高坯体强度可采用石膏和水泥;调节坯体的蒸压膨胀值以消除制品的垂直裂缝可采用菱苦土等。另外,随着加气混凝土品种及原材料性质的不同,在要调节的内容相同的情况下,所采用的调节剂亦不完全相同。例如调节加气混凝土料浆的凝结硬化速度,在水泥—石灰—粉煤灰加气混凝土中常用石膏和烧碱;在水泥—矿渣—砂加气混凝土中则采用纯碱和硼砂;在石灰—砂加气混凝土中则采用石膏和水泥等。

在石灰—砂加气混凝土中,由于料浆本身已具备铝粉发气所需要的碱度,因此在配料中一般都不再外加纯碱、烧碱等。但为了延缓石灰的消解过程,目前国内常采用石膏和三乙醇胺作调节剂。

二、水泥—矿渣—砂加气混凝土配合比设计

(一)水泥、矿渣及砂的用量

$1m^3$ 加气混凝土所需水泥、矿渣、砂的数量,主要取决于其容量与抗压强度,另外,也取决于水泥、矿渣和砂本身的品种与质量。

生产实践表明:水泥—矿渣—砂加气混凝土三种基本原料的质量比在下列比例范围内最为适宜:水泥∶矿渣∶砂 = 18 ~ 20∶30 ~ 32∶48 ~ 52。

这样,生产 $1m^3$ 密度为 $500kg/m^3$ 的加气混凝土所需水泥、矿渣与砂的数量分别为:

水泥　　$500 \times (18\% \sim 20\%) = 90 \sim 100kg$

矿渣　　$500 \times (30\% \sim 32\%) = 150 \sim 160kg$

砂　　$500 \times 50\% = 250kg$

一般加气混凝土厂均为湿法生产,砂浆和矿渣需按体积配料,但因砂浆和矿渣浆密度经常波动,故人为地对它们规定一个标准密度值,以此为基准调整砂浆与矿渣浆的用量。

标准密度值规定为 1L 砂浆(或矿渣浆)中含有 1kg 干砂(或干矿渣)时的质量值。砂浆标准密度值按下式计算:

$$\rho_{ds} = m_{s0} + \left(1 - \frac{m_{s0}}{\rho_s}\right)\rho_w \tag{6-5}$$

式中:ρ_{ds}——砂浆标准密度值(kg/L);

m_{s0}——1L 砂浆中干砂质量,规定加 1kg;

ρ_s——砂密度(kg/L);

ρ_w——水密度(kg/L)。

当砂浆(或矿渣浆)的密度等于标准密度时,加入 1L 砂浆(或矿渣浆)就等于加入了 1kg 干砂(或干矿渣)。如果砂浆(或矿渣浆)密度不等于标准密度值,则砂浆(或矿渣浆)用量要进行如下调整。

现设 L_A 是砂浆为标准密度时的用量(L),L_c 为砂浆从非标准密度调整到标准密度时应增加或应减少的砂浆用量(L),将前式作如下变换

$$\rho_{ds} = m_{s0} + \left(1 - \frac{m_{s0}}{\rho_s}\right) \times 1$$

则 $$m_{s0}=\frac{\rho_{ds}-1}{1-\frac{1}{\rho_s}}$$

当砂浆的密度为ρ'_{ds}时，1L 砂浆中干砂质量是：

$$m'_{s0}=\frac{\rho'_{ds}-1}{1-\frac{1}{\rho_s}}(m'_{s0}\neq 1) \tag{6-6}$$

砂浆（或矿渣浆）在密度为ρ_{ds}与ρ'_{ds}的两种情况下干砂（或干矿渣）质量应相等。

$$L_A m_{s0}=(L_A+L_c)m'_{s0}$$

$$L_A\frac{\rho_{as}-1}{1-\frac{1}{\rho_s}}=(L_A+L_c)\frac{\rho'_{ds}-1}{1-\frac{1}{\rho_s}}$$

$$\rho_{cs}=L_A\frac{\rho_{ds}-\rho'_{ds}}{\rho'_{ds}-1} \tag{6-7}$$

按上式计算结果为正值，则在配料中增加砂浆（或矿渣浆）L_c(L)，相应地在配料中减少用水量 L_c(L)；若计算结果为负值，则应减浆加水。

（二）用水量

用水量由料浆浇筑稳定性控制。实践表明，生产密度为 500kg/m^3 的加气混凝土时，水与干物料（水泥＋矿渣＋砂）之间的质量比值（称水料比）以 0.55～0.60 为宜，即：

$$\frac{\text{水}}{\text{水泥}+\text{矿渣}+\text{砂}}=0.55\sim0.60$$

因此 1m^3 密度为 500kg/m^3 的加气混凝土总用水量为：

$$500\times(0.55\sim0.60)=275\sim300\text{kg}$$

这些总用水量中，包括砂浆、矿渣浆、废料浆、碱液等浆液内含有的水量，不足部分在配料时再外加。

影响水用量的因素很多，其中以各种原材料的磨细度、水泥的品种质量、石灰的质量、矿渣浆质量（特别是变质情况）以及砂内黏土含量等因素的影响最为明显。

（三）废料浆

加气混凝土料浆在模具中发气膨胀后形成中间高、边角低的“面包头”。在配料时应增加5%的材料和铝粉。有时只增加铝粉来实现上述要求。废料浆是加气混凝土坯体在切削过程中，切下的“面包头”和一部分边料加水搅拌而成的稀浆。其组成与加气混凝土料浆相同，又经过长时间水化，其中含有大量水化硅酸盐凝胶，且有较高碱度，对浇筑料浆有较好的稳定作用，能有效地改善料浆的浇筑稳定性。实践证明，没有好料浆，加气混凝土料浆就不稳定，在发气膨胀过程中易产生沸腾塌陷、坯体下沉等现象。因此废料浆也是一种有效的、不可缺少的调节剂。

根据料浆的输送能力，将废料浆密度控制在一定值，经几小时储存后代替砂浆使用。使用废料浆后应减少一部分砂浆。

废料浆用量主要由浇筑稳定性和坯体硬化的要求决定。用量太少，浇筑不稳定，坯体硬化速度慢。用量太多，又会使坯体透气能力下降，蒸压时易引起炸裂，并引起加气混凝土强度下降。此外，废料浆的用量还取决于切割过程中可能产生的废料浆数量来定。

生产经验认为，废料浆用量在 20 ~ 60L/m^3 范围为宜。

(四)铝粉用量

铝粉用量取决于加气混凝土表观密度。在使用相同质量铝粉情况下，表观密度大，则铝粉用量少。表观密度小，则铝粉用量多。此外，铝粉质量对其用量也有一定影响。

由前述铝粉发气反应可知，2mol 的纯金属铝可产生 3mol 氢气。则 1g 纯金属铝可生产 $\frac{3}{2\times 27}=0.0556$mol 氢气。

已知任何气体在标准状态下(即 $P=0.1$MPa，$t=0$℃时)1mol 气体体积为 22.4L。

而加气混凝土生产时，铝粉是在 $P=1$ 个大气压，$t=42$℃的料浆环境下发气。这时 1g 分子氢气体积为：

$$22.4\times\left(1+\frac{42}{273}\right)=25.9(\mathrm{L})$$

则 1g 纯金属铝可产生氢气 $0.0556\times 25.9=1.44$L。加气混凝土总体积(V)应等于总干料体积($V_{干}$)、总用水量体积($V_{水}$)以及总氢气体积($V_{气}$)之和。

即：

$$V=V_{干}+V_{水}+V_{气}$$

$$V=\left(\frac{m_{c0}}{\rho_c}+\frac{m_{sl}}{\rho_{sl}}+\frac{m_{s0}}{\rho_s}+m_{w0}\right)+m_{Al}\cdot Z\cdot V_{tp}$$

$$m_{al}=\frac{V\cdot\left(\frac{m_{c0}}{\rho_c}+\frac{m_{sl}}{\rho_{sl}}+\frac{m_{s0}}{\rho_s}+m_{w0}\right)}{V_{tp\cdot Z}} \tag{6-8}$$

式中：V——加气混凝土发气膨胀后总体积(L)；

m_{Al}——铝粉用量(g)；

Z——铝粉中活性铝含量，按 90% 计；

m_{c0}——水泥用量(kg)；

ρ_c——水泥密度(kg/L)；

m_{sl}——矿渣用量(kg)；

ρ_{sl}——矿渣密度(kg/L)；

m_{s0}——砂用量(kg)；

ρ_s——砂密度(kg/L)；

m_{w0}——总用水量(kg/L)；

$$m_{w0}=(0.55\sim 0.60)\times(m_{s0}+m_{sl}+m_{Al})$$

V_{tp}——在温度为 t 和压力为 P 时，1g 纯金属铝粉理论发气量(L)。

设密度为 500L/m^3 的水泥—矿渣—砂加气混凝土的材料用量为：$m_{c0}=90$kg/m^3；$m_{sl}=160$kg/m^3；$m_{s0}=250$kg/m^3；$m_{w0}=280$kg/m^3；又已知 $\rho_c=3.1$；$\rho_{sl}=2.95$；$\rho_s=2.65$，则其铝粉用量为：

$$m_{Al}=\frac{1\,000-\left(\frac{90}{3.1}+\frac{160}{2.95}+\frac{250}{2.65}+280\right)}{1.44\times 0.90}$$

$$=\frac{1\,000-458}{1.3}\approx 420\mathrm{g}$$

(五)气泡稳定剂——可溶油

气泡的存在时间与气泡稳定剂——可溶油浓度有关,可溶油浓度低,气泡存在时间短。随着可溶油浓度增加,气泡稳定程度很快提高。但浓度达到某一限定以后,稳定程度的增加速率随之降低,甚至不再增加。

可溶油的配方是:油酸∶三乙酸胺∶水 =1∶3∶36(体积比)。

对于表观密度为 $500kg/m^3$ 的加气混凝土,可溶油用量以 $0.4 \sim 0.8L/m^3$ 为宜。

(六)调节剂

1. 纯碱用量

纯碱用量与加气混凝土表观密度、水泥的物理化学性能及矿渣活性有关。在正常情况下,表观密度为 $500kg/m^3$ 的加气混凝土,每 $1m^3$ 增加 1kg 纯碱,抗压强度可提高 0.1 ~ 0.2MPa。生产实践表明:在一般情况下,纯碱用量以 $3.5 \sim 4kg/m^3$ 为宜。

2. 硼砂用量

硼砂的用量主要取决于水泥的物理化学性能及水泥用量。

生产实践表明,硼砂用量以 $0.4 \sim 0.6kg/m^3$ 为宜。

3. 水玻璃用量

由于铝粉在料浆中开始发气的时间经常变化,因而,水玻璃的用量也要随时间调整。铝粉开始发气时间早,则需要加水玻璃。反之,则要少加,甚至不加。此外,水玻璃的品种和性能对其用量也有影响。例如,采用波美度(衡量液体比重的一种单位)为 40°Be 的钠水玻璃,其用量比 51°Be 的水玻璃多一倍。

生产实践证明,采用 40 ~ 50°Be 钠水玻璃(Na_2O、$nSiO_2$,模数 n 在 2 ~ 3 范围内),其适宜用量范围为 $0 \sim 300mL/m^3$。用量太多,效果不大,成本增加,还会影响料浆浇筑稳定性。

4. 菱苦土用量

随着板材长度增加和配筋率提高,出现垂直裂缝的可能性增加,因此,菱苦土的用量要随板材的长度及配筋率的变化而改变。另外,菱苦土的用量还取决于加气混凝土自身的蒸压膨胀值和菱苦土的品种和质量等因素。

菱苦土用量少,垂直裂缝有时不能消除,菱苦土用量太多,由于加气混凝土的蒸压膨胀值过大,又会使板材形成端头月牙裂缝。

生产实践表明,对表观密度为 $500kg/m^3$ 的加气混凝土板材而言,其菱苦土用量通常为 $5 \sim 10kg/m^3$(4m 以上板材)。

三、石灰—水泥—粉煤灰加气混凝土配合比设计

(一)钙质材料的组成及用量

1. 钙质材料的组成

当钙质材料用量固定时,钙质材料的组成(水泥和石灰间的相对比例)对加气混凝土强度和干燥收缩的影响示于图 6-3、图 6-4。由于表观密度变化范围不大时,加气混凝土抗压强度和表观密度之间的关系可以看成直线关系。因此,为了消除表观密度变化对强度的影响,可以采用抗压强度和表观密度之比,σ 随钙质材料组成的变化规律来研究强度与钙质材料组成之间的关系:

$$\sigma = \frac{f_{cu,k}}{\rho_{c0}} \tag{6-9}$$

式中：$f_{cu,k}$——加气混凝土的抗压强度(MPa)；

ρ_{c0}——加气混凝土的表观密度(kg/m^3)。

由图可见，当钙质材料用量一定时(例如30%)，随着石灰的加入，水泥量减少，显著地促进了坯体硬化，提高了加气混凝土强度，降低了它的干燥收缩值。

但是，在达到某一最佳的石灰量后，继续增加石灰量，料浆稠化显著加快，硬化缓慢，加气混凝土强度反而降低。因此，对于每一种钙质材料用量，都有一相应的最佳的组成，以这个组成浇注的粉煤灰加气混凝土，浇注稳定性良好，强度最高。如果钙质材料用量不同，则相应的钙质材料最佳组成和加气混凝土强度也不同。

2. 钙质材料用量

钙质材料用量对钙质材料的组成和加气混凝土强度的影响见图6-4。

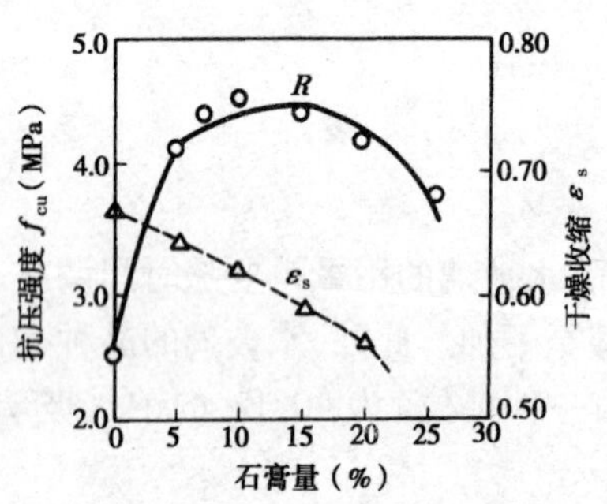

图6-3 钙质材料组成对加气混凝土强度和干燥收缩值的影响(钙质材料量为30%)

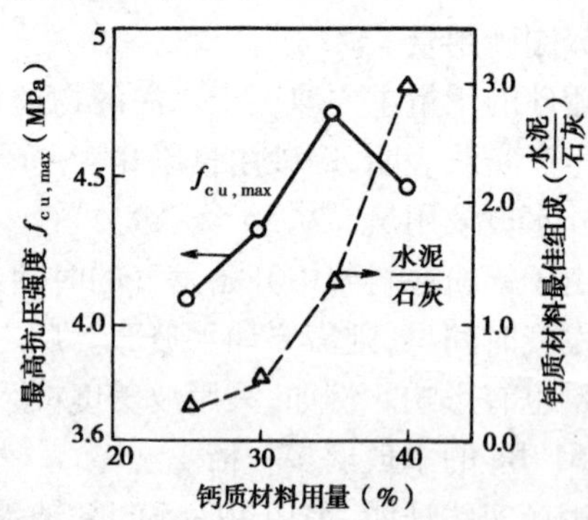

图6-4 钙质材料用量对钙质材料最佳组成和加气混凝土最高抗压强度的影响

由图6-4可见，随着钙质材料用量的增加，粉煤灰用量的减少，钙质材料最佳组成中石灰量相对减少，水泥用量相对增大，加气混凝所获得的最高抗压强度也随之提高。但是，钙质材料用量超过35%时，所能获得的最高强度反而降低。

因此，为了获得最高强度，最适宜的钙质材料用量为35%左右，相应钙质材料最佳的组成为水泥∶石灰=20∶15(有效氧化钙为10%)。但是，这时加气混凝土的收缩较大。从保证强度，降低收缩，尽可能多地利用粉煤灰等应全面考虑。最好采用钙质材料用量30%；钙质材料由水泥10%(普通硅酸盐水泥)，石灰20%(以有效氢化钙计为14.5%)组成。

(二)石膏用量

石膏加入量对加气混凝土抗压强度和收缩值的影响如图6-5所示。由图可见，加入少量石膏(5%)，就可以使加气混凝土强度提高60%以上。但是，如果石膏加入量超过15%以上时，继续增加石膏量，强度并没有显著提高，反而会使强度降低。随着石膏增加，加气混凝土收缩值稍有降低。

综合考虑加气混凝土的浇注稳定性、制品强度和收缩等因素，一般石膏的加入量以占钙质材料用量10%为宜。

(三)铝粉用量

浇注不同表观密度的粉煤灰加气混凝土所需要的铝粉量如图6-6所示。

通常浇注表观密度为 700kg/m^3 的粉煤灰加气混凝土的铝粉用量只占表观密度为 500kg/m^{3}时的一半左右。

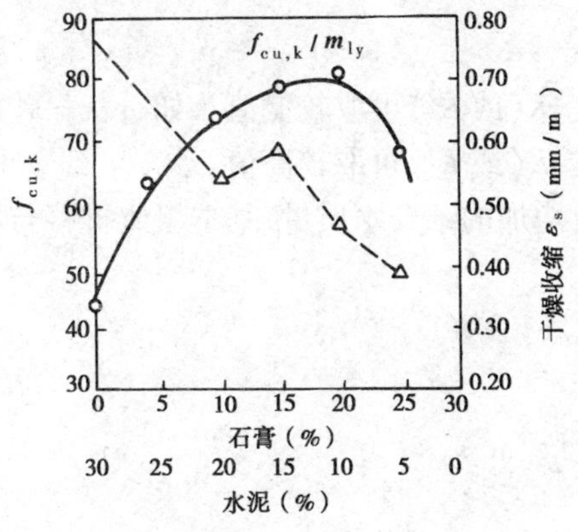

图 6-5 石膏加入量对加气混凝土抗压强度和干燥收缩值的影响

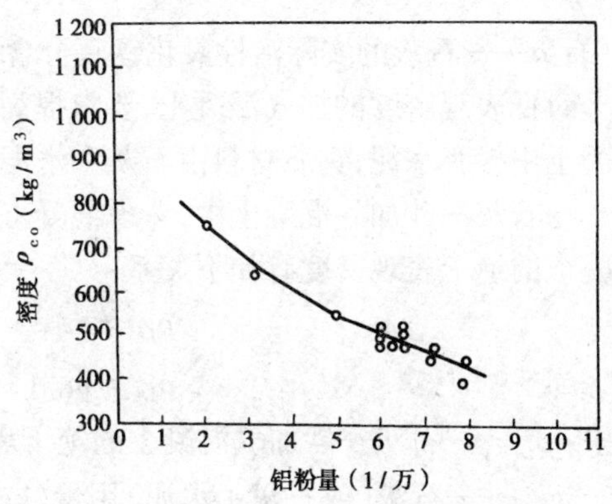

图 6-6 铝粉用量与加气混凝土密度关系

此外由于粉煤灰的密度比砂小，水料比较大，所以，粉煤灰加气混凝土的铝粉用量一般较以砂为含硅材料的加气混凝土少。例如浇筑表观密度为 500kg/m^3 的粉煤灰加气混凝土的铝粉用量约为万分之六，而浇筑相同密度的以砂为含硅材料的加气混凝土，其铝粉用量约为万分之八。

综上所述，生产表观密度为 500kg/m^3 的蒸压养护粉煤灰加气混凝土配合比如下：

水泥（42.5 级硅酸盐水泥）：10%；

生石灰（有效氧化钙以 14.5% 计）：20%；

二水石膏（占钙质材料质量）：10%；

粉煤灰：约 70%；

铝粉：6‱；

气泡稳定剂（可溶油）：少量；

水料比：0.6 ~ 0.7。

四、石灰—砂加气混凝土及石灰—水泥—砂加气混凝土配合比的选择

（一）基本组成材料的钙硅比选择和用量计算

选择好含硅材料和钙质材料的比例是为了保证在混凝土中能生成性能优良的水化硅酸钙胶凝物质（托贝莫来石和硬硅钙石等）。托贝莫来石的摩尔 CaO/SiO_2 比为 0.83，硬硅钙石的为 1。但是在实际生产中却不能按上述比例来配料，因为和 CaO 发生反应的只是砂粒表面的一小部分 SiO_2。在实际配料中，原料的克分子 CaO/SiO_2 比较上述数值低得多。原料 CaO/SiO_2 比和砂的磨细度密切相关。当砂的磨细度为 3 000 ~ 5 000cm^2/g 时，可选用 0.24 ~ 0.5 的 CaO/SiO_2 比（SiO_2/CaO 比为 4.2 ~ 2.0），细度大者为低值，细度小者为高值。考虑到料浆升温不能太快太高，一般常用的摩尔 CaO/SiO_2 比在 0.24 ~ 0.34，换算成质量 CaO/SiO_2 比则在 0.22 ~ 0.32（质量 SiO_2/CaO 比在 4.55 ~ 3.13）。

该石灰的活性氧化钙含量为 70%，为保证原料中所必需的 SiO_2/CaO 比，砂和石灰的质量比 K 可在 2.18 ~ 3.12 选取，或者说石灰—砂干混合料的活性氧化钙含量可在 17% ~ 22% 范

围内选用。若石灰活性氧化钙含量不为70%，砂和石灰的质量比K'为：

$$K' = K\frac{a}{70}$$

式中：a——石灰的实际活性氧化钙百分含量。

对低表观密度的加气混凝土，要求提高砂的细度，K（或K'）可取较低值。如石灰—砂加气混凝土中掺有水泥，钙质材料由石灰和水泥共同组成，K（或K'）可取较高值。

在石灰—砂加气混凝土中，考虑混凝土硬化后所增加的结合水质量，基本组成材料与加气混凝土的绝干表观密度有如下关系：

$$\rho_{Ls} = m_{L0} + m_{s0} = m_{L0}(1+K)$$

或

$$\rho_{Ls} = m_{L0}(1+K') \tag{6-10}$$

式中：ρ_{Ls}——石灰—砂加气混凝土的绝干表观密度（kg/m^3）；

m_{L0}——石灰（或石灰＋水泥）用量（kg/m^3）；

m_{s0}——砂用量（kg/m^3）。

由$\frac{m_{s0}}{m_{L0}}=K$，可得到每$1m^3$加气混凝土的石灰用量和砂用量：

$$m_{L0} = \frac{a\rho_{Ls}}{1+K}$$

$$m_{s0} = \frac{aK\rho_{Ls}}{1+K}$$

式中：a——考虑到结合水的系数，对表观密度为400～600kg/m^3的加气混凝土取0.85，对表观密度700～900kg/m^3的取0.90。

（二）水料比选择和用水量计算

未掺发气剂的料浆流动度可用测定石膏浆散开度的方法测定。加气混凝土表观密度越小，对料浆的膨胀能力要求越高，流动度应越大。未掺发气剂的料浆流动度可按表6-24中的值选用。

选用表6-24中的流动度作为初始值，通过试验寻找满足此流动度所需要的水料比（一般生产密度500kg/m^3的石灰—砂加气混凝土的水料比为0.58～0.63，生产700kg/m^3的石灰—砂加气混凝土的水料比为0.55～0.60）。然后，用选用的初始流动度±2cm的料浆（三组）进行发气试验，观察其发气膨胀情况（浇注在容积不小于500cm^3的容器中）。每组浇三个试件，在膨胀结束后1h测定料浆密度。将所测得的数值，按下式换算成加气混凝土绝干表观密度：

$$\rho_{c0} = \frac{\rho_{料浆}}{a(1+W/T)} \tag{6-11}$$

式中：ρ_{c0}——加气混凝土绝干表观密度（kg/m^3）；

$\rho_{料浆}$——发气后料浆表观密度（kg/m^3）；

a——考虑到结合水的系数，对表观密度为400～600kg/m^3的加气混凝土取0.85，对700～900kg/m^3的取0.90；

W/T——水料比。

根据计算结果，即可确定在选用的W/T情况下所拌制的料浆经硬化后密度是否合乎要求。

W/T比确定以后，即可算出浇注$1m^3$加气混凝土所用料浆的用水量m_{w0}：

$$m_{w0} = \frac{W}{T}(m_{L0} + m_{s0}) \tag{6-12}$$

式中：m_{L0}——石灰用量(kg)；

m_{s0}——砂用量(kg)；

W/T——水料比。

石灰—砂料浆(无发气剂)的流动度见表6-23。

石灰—砂料浆的流动度 表6-23

石灰—砂加气混凝土密度(kg/m^3)	料浆流动度	石灰—砂加气混凝土密度(kg/m^3)	料浆流动度
300	22~25	700	18~20
400	21~23	800	17~19
500	20~22	900	16~18
600	19~21	1 000	15~17

(三)铝粉用量

铝粉用量计算原理与水泥—矿渣—砂加气混凝土相同，即铝粉发气反应所放出的氢气体积一般应等于加气混凝土空隙体积：

$$m_{aL} = \frac{1\,000 - \left(\dfrac{m_{L0}}{\rho_L} + \dfrac{m_{s0}}{\rho_s} + m_{w0}\right)}{ZV_{t,p}} \tag{6-13}$$

式中：$V_{t,p}$——1g铝粉在38~40℃时的发气量(L)；

Z——铝粉的活性系数(一般为0.9)；

m_{L0}、m_{s0}、m_{w0}——分别为$1m^3$加气混凝土石灰、砂及水的用量(kg)；

ρ_L、ρ_s——分别为石灰和砂的视密度，砂视密度2.26，石灰视密度$\rho_L = 3.20a + 2.70(1-a)$，式中$a$为石灰活性氧化钙含量。

(四)其他材料用量

1.石膏

石膏用量过多严重抑制铝粉发气，石膏用量以不超过石灰用量的3%为宜。

2.可溶油

可溶油用量一般为0.4~0.8L/m^3。

3.废料浆

为了保证料浆中总用水量和总用砂量不变，废料浆加入后，应在总用水量和砂量中扣除废料浆中的水量和固体物料量。

设废料浆的密度为$\rho_{废浆}$，质量为$m_{g废浆}$(kg/L)，所含水率为w_g(kg/L)，固体物料量为$m_{g固}$(kg/L)，干废料密度为$\rho_{废料}$，则：

$$m_{g固} = \frac{\rho_s(\rho_{废浆} - 1)}{\rho_s - 1} \tag{6-14}$$

$$w_g = m_{g废料} = m_{g固} = \frac{\rho_{废料}(\rho_{废浆} - 1)}{\rho_s - 1} \tag{6-15}$$

设$1m^3$加气混凝土的配料中加入废料浆$m_{y0(L)}$，则应从总的用砂量中扣除砂$\left[\frac{\rho_{废料}(\rho_{废浆}-1)}{\rho_s-1}\right]m_{y0(L)}$(kg)；在总的用水量中应扣除水$\left[\frac{\rho_s\rho_{废浆}}{\rho_s-1}\right]m_{y0}$(kg)。对于密度为1.3kg/L

的废料浆，其用量为20～60L/m^3。

在以上配合比选择中，最初选用的钙硅比值不一定恰当。应以选用的配合比制备6个10cm×10cm×10cm的试件，经蒸压处理后，测定其密度和强度。若强度偏低时，应增加石灰用量(或水泥用量)，重复上述试验，直到强度和密度满足要求为止。

由于大模浇筑中大量石灰消解使料浆温度急剧上升，料浆稠度急剧增大，难以发气，因而以上实验室初步选定的配合比往往不能直接用于生产，还需经过中间试验并在生产中经过多次调整才能确定。调整配方途径包括加速铝粉发气，延缓料浆稠化两个方面。

延缓料浆稠化除了调整基本材料配合比及各工艺参数外，采用石膏与三乙醇胺复合抑制，可以收到显著效果。此时石膏用量占钙质材料的3%以下，三乙醇胺量约占石灰量的0.2%。表6-25为我国研究的较为成熟的石灰—水泥—砂加气混凝土配方。

(五)配合比设计实例

设石灰—水泥—砂加气混凝土的表观密度为700kg/m^3，试以下列原始资料选择其配合比，并计算每1m^{3}制品的原材料用量。

石灰：活性氧化钙含量56%，视密度3.20g/cm^3；

水泥：普通水泥42.5级，视密度3.10g/cm^3；

砂子：磨细度3 000～3 500cm^3/g，视密度2.65g/cm^3；

铝粉：活性铝含量β为90%，40℃时的发气量(V)为1.40L/g，采用拉开粉作脱脂和气泡稳定剂。

计算：

1.确定原料硅钙比及石灰、水泥和砂用量

取$K=2.5$，a为石灰活性氧化钙含量，则：

$$K' = K\frac{a}{70} = 2.5 \times \frac{56}{70} = 2.0$$

钙质材料用量：

$$m_{g钙} = \frac{a\rho_{Ls}}{1 + K'} = \frac{0.9 \times 700}{1 + 2.0} = 210(\text{kg})$$

考虑在钙质材料中掺入少量水泥以代替部分石灰，为了使石灰—砂加气混凝土的成本不致过分增高，水泥用量以占钙质材料总量的13%～17%为宜。本例取水泥掺量为钙质材料总量的14%，故每1m^{3}制品的水泥和石灰用量为：

$$m_{c0} = 14\% \times 210 = 30(\text{kg})$$

$$m_{L0} = m_{g钙} - m_{c0} = 210 - 30 = 180(\text{kg})$$

每1m^{3}制品砂的用量：

$$m_{s0} = K'm_{g钙} = 2.0 \times 210 = 420(\text{kg})$$

石灰：水泥：砂=1：0.17：2.33

2.水料比及用水量

取料浆散开度为19cm，设通过试验确定满足料浆散开度的水料比为0.57。通过发气试验测得料浆发气后的表观密度为1 010kg/L，算出蒸压后加气混凝土的干表观密度为：

$$\rho_{c0} = \frac{\rho_{料}}{\alpha(1 + B/T)} = \frac{1\,010}{0.9 \times (1 + 0.57)} = 715(\text{kg/m}^3)$$

计算所得混凝土表观密度能满足设计的要求，因此可认为所选用之料浆稠度合适，水料比适宜。确定水料比为 0.57，故用水量为：

$$m_{w0} = \frac{B}{T}(m_{g钙} + m_{s0}) = 0.57 \times (210 + 420) = 358(kg)$$

3. 铝粉用量

$$m_{g钙} = \frac{1\,000 - \left(\frac{m_{c0}}{\rho_l} + \frac{m_{s0}}{\rho_s} + m_{w0}\right)}{\beta_u}$$

$$= \frac{1\,000 - \left(\frac{30}{3.10} + \frac{180}{3.20} + \frac{420}{2.65} + 358\right)}{0.9 \times 1.4}$$

$$= 332(g)$$

铝粉占干物料的百分数为：$\frac{0.332}{210 + 420} \times 100\% = 0.052\%$

4. 石膏用量

取石膏用量为钙质材料的 2%，则每 $1m^3$ 加气混凝土中石膏用量为：

$$m_{Lg} = m_{g钙} \times 2\% = 210 \times 2\% = 4.2(kg)$$

5. 废料浆用量

设拌制每 $1m^3$ 制品用的料浆中掺入视密度为 1.3 的废料浆 m_{y0} 为 40L，则废料浆中的固体物料量和水量分别为：

$$m'_{g固} = \left[\frac{\rho_s(\rho_{废料} - 1)}{\rho_s - 1}\right]m_{y0} = \left[\frac{2.65 \times (1.3 - 1)}{2.65 - 1}\right] \times 40$$

$$= 19.2(kg)$$

$$m'_{w0} = \left[\frac{\rho_s - \rho_{废料}}{\rho_s - 1}\right]m_{y0} = \left[\frac{2.65 - 1.3}{2.65 - 1}\right] \times 40 = 32.7(kg)$$

因此，实际砂用量 $m'_{s0} = 420 - 19.2 = 400.8(kg)$；实际水用量 $m'_{w0} = 358 - 32.7 = 325.3(kg)$。

表 6-25 所列配合比供设计时参考。在选择配合比时，由于最初选用的硅钙比值不一定恰当，所以先应以选用的配合比制备 6 个 10cm × 10cm × 10cm 的试件，经蒸压处理后，测定其密度和强度。若试件强度偏低时，应增加石灰用量（或水泥用量），重复上述试验，直到强度和密度都满足要求为止。

试验室初步选定的配合比，往往不能直接用于生产上，特别是料浆的浇筑稳定性不一定合乎生产实际的要求。因为同工业生产用的模具比较，实验室用的试模很小，同时实验室试验时的浇筑高度较低，材料用量甚少，料浆散热也较快。因此，必须通过中间性试验和生产性的大模试验，对配合比进行修正，最后才能得到料浆浇筑稳定、制品性能良好和成本低廉的用于工业生产的配合比。

石灰—水泥—砂加气混凝土配合比见表 6-24。

石灰—水泥—砂加气混凝土配合比 表 6-24

密度（kg/m^3）	水泥（%）	石灰（%）	砂（%）	石膏（占钙质铝粉材料量%）	三乙醇胺（占石灰量%）	废料浆	水料比	浇筑温度（℃）
700	10	30（按有效钙计为）15	60	1.5～3	0.2	适量	0.50～0.55	36～42
500	10	30	60	1～3	0～0.5	适量	0.64～0.68	32～38

第十一节 掺外加剂配制不同用途混凝土的配合比设计

除了上述几类掺加外加剂的混凝土外，还有其他针对结构用途、使用材料和环境施工条件等不同而选择适宜的外加剂，配制成不同用途的混凝土，如冬季施工混凝土、夏季施工混凝土、负温下施工混凝土等。简述如下：

一、冬季施工混凝土中外加剂应用

冬期施工混凝土由于在低温下施工，其强度发展会受到阻碍。冬季施工混凝土有以下几点需考虑：

(1)为了早期防冻和早强，除了使用早强剂外，可选择水化热大的水泥以及适当提高搅拌温度等措施。

(2)为了得到施工用必要的坍落度及防止冻害，需适当减少单位用水量。

(3)为了保证有一定的耐久性，需要一定的含气量。

(4)可根据当地条件，采用蒸气养护、电热法、蓄热法等措施，但这些是有效而不很经济的办法。

因而，要达到早强防冻，较为经济又有效的办法是：应用早强水泥，使用早强剂、早强减水剂或减水剂复合早强剂。

某工程冬季施工使用早强剂的早强效果列于表6-25。

使用早强剂及其效果 表6-25

编号	混凝土配合比（水泥:砂:石）	水灰比	砂率	混凝土强度等级(MPa)	早强剂名称及掺量(%)			f_{cu}/f^0_{cu}		气温(℃)
					氯化钠	亚硝酸钠	三乙醇胺	$f_{cu,7}/f^0_{cu,7}$	$f_{cu,28}/f^0_{cu,28}$	
1	1:1.79:4.56（32.5级矿渣水泥311kg/m³）	0.53	0.28	C18	—	—	—	30~53	90~102	>10
2					0.5	—	0.03	52~61	99~123	6~10
3					—	0.5	0.03	45	70	1~14
4					—	1.0	0.05	21	41	-3~7
5	1:1.33:3.58（42.5级普通水泥388kg/m³）	0.45	0.27	C23	—	—	—	40°	85	-1~12
6					0.5	0.5	0.05	46°	106	-1~12

注：f^0_{cu}为标准养护条件下的强度。

从表6-25中可见，选用合适的外加剂对于冬季施工是有效的。若处于更低温度下(负温)施工，则黑龙江低温建研所研制的低温早强剂可供选用。

总之，冬季施工混凝土，针对具体工程及施工特点等选择合宜的外加剂是很必要的。这是一项重要的技术措施，应重视该课题的研究，并在实践中不断总结经验，以便更广泛的推广应用。

二、夏季施工混凝土中外加剂应用

夏季施工混凝土由于搅拌时温度高，所以稠度变小，坍落度损失大，混凝土容易变硬。由于干燥使混凝土硬化初期易发生裂缝和由于硬化快容易出现混凝土每层之间结合不好等问题。因此，夏季施工混凝土必须增大流动度并延缓凝结时间，掺加缓凝剂或缓凝减水剂是极为有效的。一般可选用木钙、糖蜜、腐殖酸等，必要时可用高效减水剂或采用复合措施。

掺加合适的外加剂，可以根据需要来调整混凝土的凝结时间和硬化速度。

三、负温下施工混凝土中外加剂应用

温度处于0℃以下以至－15℃施工的混凝土，如不采取有效措施，混凝土会受到冻害而影响质量。

负温下混凝土的破坏程度和含水量、浇注的密实性、孔结构的分布及大小、冻结速度和温度等有关。一般混凝土在凝结前受冻，强度要损失50%左右。在早期受冻，其体积约增大9%，此时混凝土材料的各组成之间的黏聚能力十分薄弱，由于冻结形成的膨胀应力和各组成成分颗粒之间接触处的滑移造成颗粒之间黏结力破坏，对混凝土损伤很大。

国内外的一些试验表明，当混凝土具有一定强度时，在受冻以后又在正温下能够继续硬化，则对其基本物理力学性能影响不大。因而要求在混凝土遭受冻结之前，其强度一般应不低于设计强度等级的50%，并不小于5MPa。

在严寒地区的冬季施工以及在煤炭系统的冻结井筒施工等都会处于负温条件下。以冻结井筒施工而言，由于井壁的冻结是用人工制冷降低岩层温度的方法形成，而井帮岩层的温度随冻结深度的增加而降低。当井深200～300m时其温度可达－10～－15℃。施工采取两种措施，一种是在设计井壁时，有意识多加厚100～300mm的混凝土，以此来保证靠内部混凝土温度不至于降得太低，这是很不经济的。另一种办法是采用适当的早强措施，使混凝土在温度降至0℃前就能获得必要的强度并能在以后继续硬化，这是一种既经济又有效的技术措施。黑龙江省低温建研所研制的低温早强减水剂就能较好地解决这个问题，并在工程实践中得到应用，取得了初步经验。

（一）低温早强剂的类别和掺量

（1）高效减水剂NF（0.25%）和三乙醇胺（0.03%）复合使用，在淮南矿务局某井内层井壁施工中应用，实际水灰比0.38，减水率17%，坍落度为2～4cm，采用1∶1.23∶2.31及1∶1.53∶2.72两种配合比，其7d强度平均为361×10^5Pa和371×10^5Pa，已达设计强度的85%以上。14d强度已超过原设计强度。

（2）三乙醇胺（0.05%）、氯化钠（1%）、亚硝酸钠（1%）复合剂。在淮南矿务局若干煤矿井壁施工中应用，其3d强度达到设计强度的34%～49%，7d（受冻前）的强度达160～230MPa，为设计强度的64%～82%，降至0℃以后，混凝土强度继续发展，28d强度达到设计强度的100%～110%。

（3）减水剂（MF0.5%或NNO0.75%～1%）、三乙醇胺（0.05%）复合使用。其配合比中可适当减水，混凝土早期强度和后期强度均有较大提高。1d强度达设计强度的30%，3d强度达设计强度的85%左右，28d强度超过设计强度。

（4）用硫酸钠（2%～3%）和三乙醇胺（0.03%）复合使用。

以上几类低温早强剂必须结合工程实际作出现场试配，取得试验验证后才能在工程上应用。

（二）对配合比和混凝土要求

（1）负温下施工混凝土其强度不得低于C30。

（2）每$1m^3$混凝土中水泥用量应不少于275kg，须满足钢筋混凝土验收规范中在寒冷地区的要求。

(3)水灰比控制在0.6以内，坍落度以2～4cm为宜。

(4)在混凝土浇灌后的7d内，混凝土温度不低于－10℃。应采取恰当的保温措施。

若在气温低于－10℃下施工，应采取蓄热保温或通入少量蒸气保温等措施，保证7d之内混凝土温度高于－10℃。

(5)必须做好负温下施工混凝土的试件取样工作。要求每次取样有四组检验试块，其中一组用于测定早期强度，一组用于测定负温28d强度，一组用于测定负温28d后转正温28d的强度，一组用于在标准养护时作对比试验用。

第十二节 铁尾矿加气混凝土配合比设计

铁尾矿是铁矿选矿厂排出的粉状废渣，其主要成分是二氧化硅(SiO_2)。采用铁尾矿代替砂子，并以铝粉为发气剂，按一定的配合比和工艺条件，经高压养护后制成的轻质多孔混凝土，称为铁尾矿加气混凝土。

我国铁矿矿藏丰富，选矿厂遍布各地，铁尾矿的排放量很大。为了堆放和处理这些废渣，需要花费大量运费并以巨额奖金来建设尾矿坝，而且还要占用大量农田，影响农业生产。

利用铁尾矿生产加气混凝土具有重大的意义。首先是化害为利，变废为宝，为铁尾矿的综合利用开辟了新途径。其次，铁尾矿的排放量是很大的，原料来源丰富，而且成本十分低廉，可使企业获得很好的经济效益。

试验还证明，除了铁尾矿以外，其他有色金属及非金属选矿厂排出的尾矿，只要含有较高的二氧化硅，而且其他成分不具有回收价值，都可用来生产加气混凝土。因此，因地制宜，就地取材，充分利用当地的工业废渣和地方资源来生产加工混凝土制品，具有一定现实意义。

一、原材料技术要求

(一)铁尾矿

铁尾矿又称尾矿粉，是一种含硅量较高的工业废渣、它同硅砂、河砂、粉煤灰等一样，是生产加气混凝土的主要原材料。

铁尾矿是铁矿石经机械破碎、磨细而成的粒径很小的细粒，颗粒形状极不规则，大部分呈粒状、柱状及板状等，颗粒表面粗糙、棱角多。视密度为2.85～3.05t/m^3，干燥状态下的表观密度约1.5t/m^3。

根据生产经验，铁尾矿应满足如下要求：

二氧化硅	>65%
游离二氧化硅	>40%
氧化钠	<1.5%～2%
氧化钾	<3%～3.5%
三氧化二铁	<18%
烧失量	<5%
黏土含量	<10%

(二)水泥

常用普通硅酸盐水泥和42.5级矿渣水泥，其技术要求与普通水泥混凝土用水泥相同。由于地区条件所限，也可以使用掺有混合材的水泥，但必须了解混合材的品种、掺量及掺量的波动状况，通过试验确定，以满足技术要求。

（三）矿渣

生产加气混凝土的矿渣是粒状高炉矿渣，又称水淬矿渣，是钢铁厂炼铁高炉中的熔融铁渣经过水淬处理而成的细小颗粒（粒径一般在10mm以下，大部分是0.5～5mm）。它在化学成分上与水泥熟料相似，只是氧化钙含量稍低，是有活性的一种水硬性材料，在加气混凝土中可以代替部分水泥。

生产加气混凝土要求使用碱性或弱酸性矿渣，活性要高，水淬良好，含残余铁渣及硬渣大块要少。一般认为，矿渣活性高，坯体硬化快，制品强度高。

粒状高炉矿渣的活性取决于矿渣的化学成分与结构。矿渣中氧化钙和三氧化二铝含量高，则活性大。从实际生产经验得知，$\frac{CaO}{SiO_2}$的比率越大，对加气混凝土生产越有利。

用来生产加气混凝土的矿渣，应满足以下要求：

（1）水淬良好，颗粒松散、均匀，外观呈淡黄色或灰白色，有玻璃光泽，无铁渣及硬渣大块。

（2）化学成分：

氧化钙	>38%
三氧化二铝	9%～16%
硫	0.8%～1.6%
氯化物	<0.02%
活性率	>1

（四）发气剂

目前生产加气混凝土常用的发气剂是铝粉。铝粉是铝锭熔融后用压缩空气吹喷成细粒，再送入磨机磨细而成的银白色粉末。

铝粉在加气混凝土料浆中能与氢氧化钙[$Ca(OH)_2$]、氢氧化钠（NaOH）等碱性物质反应放出氢气。

铝粉发气量主要取决于其中活性铝的含量，一般要求铝粉中活性铝含量不少于89%。铝粉颗粒越细和越均匀，发气开始时间早，发气速度快，发气结束也早。

铝粉的覆盖面积和发气曲线是评定铝粉是否适用于生产加气混凝土的两项重要技术指标。铝粉覆盖面积是指单位质量的铝粉在水面上按颗粒单层连续排列，在颗粒之间无可见空隙时所占有的面积。铝粉覆盖面积大小在一定程度上反映铝粉颗粒细度及颗粒形状。根据使用经验，铝粉覆盖面积以控制在4 000～5 000cm^2/g为宜。

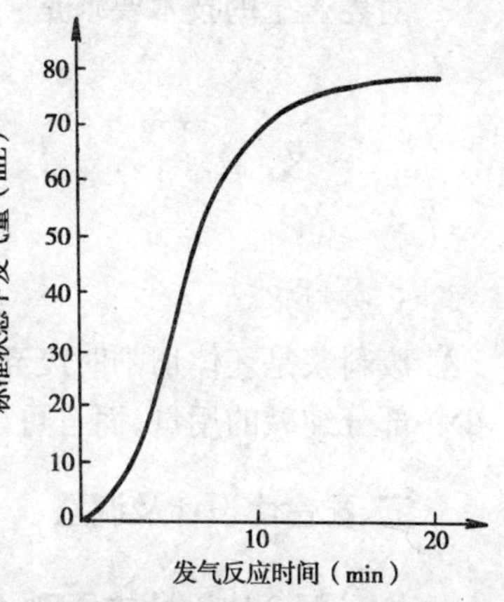

图6-7　铝粉理想的发气曲线

铝粉发气曲线表示铝粉发气反应时间与发气量之间的关系，反映出发气量与发气反应速度的大小。为了适应料浆浇筑工艺的要求，铝粉加入料浆中以后，发气不宜过快或过慢，必须具有如图6-7所示的理想发气曲线。它的特征是：在2min以前发气很慢（2min发气5mL），2～8min大量发气（8min发气60mL），8～16min发气又减慢（16min发气76mL），到24min发气反应全部结束。因此，通常以2min、9min、16min的发气量来判断铝粉的可用性。

（五）气泡稳定剂

加入铝粉后的加气混凝土料浆是固—液—气多相体系。由于体系内各相界面的表面积迅速增大，表面自由能也随之增加，体系极不稳定，气泡易破裂，影响料浆形成多孔结构。要使气泡稳定，必须在料浆中加入气泡稳定剂。目前比较普遍使用的气泡稳定剂是由花生油酸和三乙醇胺配制而成的皂类表面活性物质，通称为可溶油。

工业花生油油酸是花生油经过水解后获得的含有 18 个碳原子的不饱和脂肪酸，分子式为 $C_{17}H_{33}COOH$。它是一种无色无味的油状液体，在空气或阳光下会逐渐氧化变暗。对工业花生油酸的技术要求是：凝固点为 25～30℃，酸值 180～200，碱值 80～100。

三乙醇胺是氯乙醇或环氧乙烷与氨作用制得，具有弱碱性，分子式为 $N(C_2H_4OH)_3$。它是一种无色黏稠液体，有吸湿性，在空气中会变黄褐色，能溶于水、乙醇和氯酸。

加气混凝土气泡稳定剂还可用廉价的氧化石蜡皂代替。对氧化石蜡皂［分子式为 $C_nH_{2n+1}COONa$（$n=5\sim22$）］的技术要求是：总脂肪酸为 37.2%，羧酸 22%～24%，羟酸 15%，游离钙 <0.1%，不皂化物 <5%。

（六）调节剂

调节剂品种的选用与所采用的基本原材料及制品种类等因素有关。常用的调节剂有：纯碱、硼砂、水玻璃、菱苦土和废料浆等。

1. 纯碱

国家标准工业用纯碱中规定的一、二级品工业用纯碱均可作加气混凝土调节剂。

2. 硼砂

国家标准工业用硼砂中规定的一、二级品工业用硼砂均适于作加气混凝土调节剂。

3. 水玻璃

加气混凝土生产中一般用的水玻璃，其分子式为 $Na_2O \cdot nSiO_2$，通称钠水玻璃。视密度为 1.3～1.6，模数在 2.0～3.5。

4. 菱苦土

菱苦土又名煅烧镁石，是菱镁矿经过高温煅烧后磨细而得的产物，其主要成分是氧化镁（MgO）。菱苦土遇水在蒸压条件下消解成氢氧化镁时，其体积比原来增加 118%。

对菱苦土的技术要求是：

氧化镁	>80%
煅烧温度	900～1 000℃❶
细度	900 孔/cm^2 筛余量小于 5%
消解速度	遇水 10h 内几乎不消解

5. 废料浆

废料浆是坯体切割时废弃的坯料经加水搅拌而成的稀浆。利用废料浆，不仅节约原料，减少一部分纯碱的用量，而且可以改善和稳定料浆性能，防止坯体收缩下沉。

二、配合比设计及调整

（一）配合比设计的原则

加气混凝土中各组成材料用量，关系着制品的技术性能和经济成本。在一定工艺条件下，加气混凝土质量的好坏主要决定于配合比是否适当。因此，正确设计配合比，具有很大的技术

❶在这一温度范围内煅烧成的菱苦土为焦黄色，低于这一温度的菱苦土呈浅灰色，不宜使用。

经济意义。

一个合理的配合比需要经过试验并在生产中经过反复实践、多次调整才能形成。概括说来,它应满足以下几项要求:

(1)制品的抗压强度和其他物理力学性能(特别是耐久性)指标,应符合建筑使用要求。

(2)料浆发气和浇注正常,整个工艺便于操作和控制。

(3)在满足上述要求前提下,尽可能减少水泥用量,提高铁尾矿等含硅材料的掺量,以便大量利用工业废渣,降低产品成本。

(二)配合比设计的方法

1. 准备工作

(1)从本地区实际情况出发,调查和选定原材料来源和品种。

(2)对原材料进行必要的物理化学性能鉴定。

(3)按建筑使用要求,初步确定加气混凝土制品的种类及相应的表观密度、强度等指标。

(4)建立必要的试验条件。

2. 各组成材料用量的确定

(1)配合比设计试验

在试制和生产初期,配合比的设计一般需要通过试验,正确选择基本材料的用量,以满足技术经济指标的要求。这里说的主要是指水泥、矿渣和铁尾矿的用量。试验时,可首先找出水泥掺量大小对制品强度的影响,从中选定较合理的水泥掺量;然后再调整矿渣和铁尾矿之间的配合比例。采用大连水泥厂 42.5 级普通硅酸盐水泥,掺量大小对制品强度的影响如图 6-8 所示。从图中看出:在一定工艺条件下,加气混凝土制品的强度随水泥掺量的增加而提高。但当水泥掺量超过一定范围后,强度增加并不显著,甚至有降低的趋势。根据技术和经济效果统一的原则,水泥掺量以采用 18% ~21% 为宜。

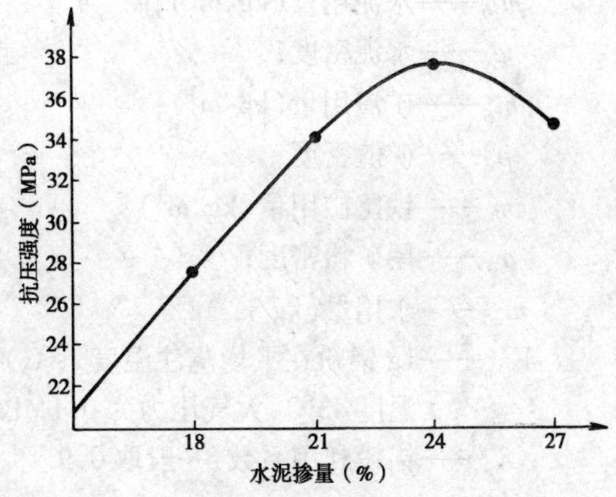

图 6-8 水泥掺量对加气混凝土强度的影响

矿渣和铁尾矿的适宜掺量,则应考虑在满足制品强度要求的前提下,尽可能增大铁尾矿的用量,以达到尽可能多地利用工业废渣,降低生产成本的目的。试验结果及生产实践表明:加气混凝土的配合比例以水泥:矿渣:铁尾矿 = 18 ~22:32 ~30:50 ~48 为宜。

(2)配合比计算步骤和方法

①基本材料用量

根据上述比例,按制品要求表观密度 $\rho_{c,a}$ 计算材料用量

水泥用量 $m_{c0} = 0.18 \sim 0.22 \times \rho_{c,c}(kg/m^3)$

矿渣用量 $m_{sl} = 0.32 \sim 0.30 \times \rho_{c,c}(kg/m^3)$

铁尾矿用量 $m_s = 0.5 \sim 0.48 \times \rho_{c,c}(kg/m^3)$

②用水量

为了使水泥、矿渣、铁尾矿形成适合于铝粉发气和浇筑需要的稀浆,因此,加气混凝土的用水量大大超过普通水泥混凝土。

根据经验,欲达上述要求,在生产加气混凝土时,水与干物料之间的比值(通称为水料比)

以0.55～0.60比较适宜。

即：
$$\frac{水}{水泥+矿渣+铁尾矿}=0.55\sim0.60$$

因此，生产1m³加气混凝土所需用水量为：

$$m_{w0}=0.55\sim0.60\times\rho_{c\cdot c}$$

③铝粉用量

铝粉用量的计算依据，是单位体积除去各种物料和水所占体积，其余部分由铝粉发气体积来充填。计算公式如下：

$$m_{al}=\frac{1\,000-\left(\dfrac{m_{c0}}{\rho_c}+\dfrac{m_{sl}}{\rho_{sl}}+\dfrac{m_s}{\rho_{sF}}+m_{w0}\right)}{V_{t\cdot p}K_n}$$

式中：m_{al}——1m³加气混凝土中铝粉掺量(g)；

m_{c0}——水泥用量(kg/m³)；

ρ_c——水泥密度；

m_{sl}——矿渣用量(kg/m³)；

ρ_{sl}——矿渣密度；

m_s——铁尾矿用量(kg/m³)；

ρ_{sF}——尾矿粉密度；

m_{w0}——水用量(kg/m³)；

$V_{t\cdot p}$——1g铝粉在平均浇注温度t(℃)，大气压力为MPa时的理论产气量(在平均浇注温度43℃，大气压力为0.1MPa下，1g铝粉理论产气量为1.56L)；

K_n——铝粉利用系数，一般取0.9。

三、配合比设计实例

[例6-9] 试计算表观密度为500kg/m³的加气混凝土各种材料用量。已知水泥视密度为3.1g/cm³，矿渣视密度为2.9g/cm³，铁尾矿视密度为2.85g/cm³。

解：根据生产经验，初步选定配合比为水泥∶矿渣∶铁尾矿＝20∶30∶50。计算如下：

水泥用量 $m_{c0}=0.2\times500=100$(kg/m³)

矿渣用量 $m_{sl}=0.3\times500=150$(kg/m³)

铁尾矿用量 $m_s=0.5\times500=250$(kg/m³)

水料比初步选用0.57

故：

水用量 $m_{w0}=0.57\times500=285$(kg/m³)

$$铝粉用量\ m_{al}=\frac{1\,000-\left(\dfrac{100}{3.1}+\dfrac{150}{2.9}+\dfrac{250}{2.85}+285\right)}{1.56\times0.9}$$

$$=388(g/m^3)$$

考虑到5%坯体“面包头”[1]用料，上述各种材料用量均需乘以系数1.05，其实际用量为：

水泥 $m_{c0}=100\times1.05=105(kg/m^3)$

矿渣 $m_{sl}=150\times1.05=158(kg/m^3)$

铁尾矿 $m_{s}=250\times1.05=263(kg/m^3)$

水 $m_{w0}=285\times1.05=300(kg/m^3)$

铝粉 $m_{al}=388\times1.05=407(kg/m^3)$

其他附加剂的用量：

根据国内外生产经验，其他附加剂的用量不必通过计算，可参照采用下列数据：

纯碱：3.5～4kg/m^3

硼砂：0.4～0.6kg/m^3

可溶油：0.4～0.8L/m^3（浓度为油酸∶三乙醇胺∶水=1∶3∶36）

菱苦土：5～10kg/m^3（生产板材时使用）

水玻璃：10～100mL/m^3（视水玻璃的比重及水泥品种而定）

废料浆：20～60L/m^3（视密度为1.25～1.35）

四、浇注中各种材料用量的调整

（一）矿渣浆和尾矿浆

在生产过程中，通常是将矿渣和铁尾矿湿磨成矿渣浆和尾矿浆，并按体积比进行配料。由于湿磨过程中，喂料量和给水量经常变动，所以出磨的矿渣浆和尾矿浆的密度也随之变化。在实际生产中，可以人为规定一个标准密度，将配方中规定的矿渣、铁尾矿的用量（以kg计）折算为按体积计的矿渣浆和尾矿浆，并以标准密度为基础，通过计算编制成不同密度矿渣浆和尾矿浆的调整表，供配料时使用。

标准密度表示1L矿渣浆（或尾矿浆）中有1kg干矿渣（或干铁尾矿）时的质量，料浆的标准密度可按下列步骤计算而得：

已知1L矿渣浆（或尾矿浆）含有1kg干矿渣（或干尾矿），并且其中所含水的质量 = $\left[1-\frac{1}{\text{矿渣(或铁尾矿)视密度}}\right]$×水的密度。则矿渣浆（或尾矿浆）的标准密度=1（干矿渣或干尾矿的质量）+水的质量。

举例：当矿渣视密度=2.9，铁尾矿视密度=2.85时，按上述计算步骤得出：矿渣浆标准密度为1.655g/cm^3，即1L矿渣浆中含1kg干矿渣，0.655L水；尾矿浆标准密度为1.66g/cm^3，即1L尾矿浆中含1L干尾矿粉，0.66L水。

配料时，当矿渣浆和尾矿浆的密度（经过实测）小于标准密度时，则在配料操作时应按计算所得，增加矿渣浆（或尾矿浆）用量，并减少相应数量的外加水；若大于标准密度时，则应按计算减少矿渣浆（或尾矿浆）用量，并增加相应数量的外加水。

为了方便，一般不需现场计算，可直接查阅事先通过计算编制好的密度与用量调整表。

如在生产中采用铁尾矿与矿渣混合湿磨的方法，可事先测得铁尾矿与矿渣的混合密度，按上述方法确定混合料浆的标准密度，然后以同样的步骤进行配料调整。

---

[1] 为保证制品的规格，要求料浆浇注膨胀后所形成的坯体略高于模具沿口，切割时再将高出部分切去，使坯体高度与模高相平。通常称此高出于模具的坯料为“面包头”。

(二)废料浆

废料浆的密度随加水量的改变而经常变化,它对配料时的外加水量有一定影响。同时,考虑到废料浆可以代替部分混合砂浆,在使用废料浆后相应减少混合砂浆的实际用量。为此,必须测定废料浆中固体物料的含量。除了实际测定外,也可以由计算得出。

下面计算一下1L密度为1.3kg的废料浆中含有多少固体物质。设配方中水泥:矿渣:铁尾矿=20:30:50。废料浆中含有$x$kg固体物质和m_{w0}水。已知水泥视密度为$3.1g/cm^3$,矿渣视密度为$2.9g/cm^3$,铁尾矿密度为$2.85g/cm^3$。列方程如下:

体积平衡:
$$\frac{0.2x}{3.1}+\frac{0.3x}{2.9}+\frac{0.5x}{2.85}+m_{w0}=1$$

质量平衡:
$$x+m_{w0}=1.3$$

解二元一次联立方程求得$x\approx0.44(kg)$,$W=0.86L$。即1L密度为1.3kg的废料浆中含有0.44kg固体物质和0.86L水。

在生产中,废料浆的密度取决于原料品种和泵的输送能力,一般以控制在1.3~1.35kg/L为宜,这样,就可以根据上述测定或计算的结果,编制废料浆代替矿渣浆(尾矿浆)的换算关系表,在配料操作时直接查用。

(三)用水量

加气混凝土中总用水量是根据配合比的水料比计算而得的。由于矿渣浆、尾矿浆、废料浆和碱液等均含有一定的水分,故实际外加水量应等于总用水量减去上述各料浆内的含水量,即:外加水量=总用水量-(矿渣浆的含水量+尾矿浆含水量+废料浆含水量+碱液含水量)。

第七章　沥青混凝土配合比设计

第一节　普通沥青混凝土配合比设计

沥青混凝土是用沥青材料与石子、砂子和矿粉，经过适当的配合，拌匀，然后压实成为密实的混合物。

沥青混凝土按所用沥青材料的种类，分为石油沥青混凝土、煤沥青混凝土等；按所用粒料的粒径不同分为粗粒式沥青混凝土（最大粒径 30mm）、中粒式沥青混凝土（最大粒径 20 或 25mm）、细粒式沥青混凝土（最大粒径 10 或 15mm）、沥青砂（最大粒径 5mm）等；按施工方法不同，又分为热拌热铺沥青混凝土、热拌冷铺沥青混凝土、冷拌冷铺沥青混凝土等。

一、原材料的技术要求

沥青混凝土混合料矿料的技术要求，与水泥混凝土对砂石的要求基本相同。其力学强度、表面性质、形状、级配、有害物质含量等指标也有相应要求。沥青混合料矿料及沥青的技术要求如下：

1. 碎石

沥青混合料用的碎石，应尽量选用高强、耐磨与石油沥青黏附性好的碱性碎石（如石灰石等）。若在就地取材的情况下取用酸性石料（如花岗岩）时，则需掺加各种憎水性材料如水泥、石灰或工业废料等使石料表面碱化。此外，也有单位研究采用掺加各种表面活性物质如皂脚铁、低分子聚酰胺树脂等，以改善石料与沥青的黏附性。碎石的形状宜接近于正方形，扁平颗粒含量少，表面粗糙，黏土或脏污杂质含量不大于 1%。

2. 砂

拌制沥青混合料用的砂，采用天然砂或人工砂均可。但砂质应坚硬，清洁不含杂质，含泥量不大于 4%。

3. 矿粉

矿粉要求最好由碱性岩石制成，常用有石灰石粉或利用工业粉末废料煤灰、黄土等代替。使用矿粉时，<0.074mm 的颗粒应不少于 80%，亲水系数≤1。

4. 沥青

沥青材料强度等级的选用，可以根据材料来源、施工条件、地区气候、交通量大小及矿料的尺寸而定。当地区气候较冷，施工气温较低，矿料较软或颗粒偏细时，采用稠度较低的沥青，反之应采用稠度较高的沥青。国产石油沥青技术标准如表 7-1 ~ 表 7-3 所示。各种沥青的使用范围参照有关规范执行。

沥青混合料中矿料的级配要求，至今还无统一的使用范围，根据工程的种类及施工方法的不同可参照表 7-4、表 7-5 选用。近几年来，北京、上海等大城市城建部门，根据生产中积累的经验，提出了适应于本地区特点的常用的几种沥青混合料级配范围，摘录汇总如表 7-6 所示。

道路石油沥青技术要求 表 7-1

指标	单位	等级	沥青标号																	试验方法[①]
			160 号[④]	130 号[④]	110 号			90 号					70 号[③]					50 号[③]	30 号[④]	
针入度(20℃,5s,100g)	0.1mm		140~200	120~140	100~120			80~100					60~80					40~60	20~40	T 0604
适用的气候分区[⑥]			注[④]	注[④]	2-1	2-2	3-2	1-1	1-2	1-3	2-2	2-3	1-3	1-4	2-2	2-3	2-4	1-4	注[④]	JTG F40—2004 附录 A[⑥]
针入度指数 PI[②]		A	−1.5 ~ +1.0																	T 0604
		B	−1.8 ~ +1.0																	
软化点(R&B),不小于	℃	A	38	40	43			45			44		46		45			49	55	T 0606
		B	36	39	42			43			42		44		43			46	53	
		C	35	37	41			42					43					45	50	
60℃动力黏度[②],不小于	Pa·s	A	—	60	120			160			140		180		160			200	260	T 0620
10℃延度[②],不小于	cm	A	50	50	40			45	30	20	30	20	20	15	25	20	15	15	10	T 0605
		B	30	30	30			30	20	15	20	15	15	10	20	15	10	10	8	
15℃延度,不小于	cm	A、B	100															80	50	
		C	80	80	60			50					40					30	20	
蜡含量(蒸馏法),不大于	%	A	2.2																	T 0615
		B	3.0																	
		C	4.5																	
闪点,不小于	℃		230					245					260							T 0611
溶解度,不小于	%		99.5																	T 0607
密度(15℃)	g/cm³		实测记录																	T 0603

续上表

指 标	单位	等级	沥青标号							试验方法[①]
			160 号[③]	130 号[③]	110 号	90 号	70 号[②]	50 号[②]	30 号[③]	
TFOF(或 RTFOT)后[④]										T 0610 或 T 0609
质量变化,不大于	%		±0.8							
残留针入度比(25℃),不小于	%	A	48	54	55	57	61	63	65	T 0604
		B	45	50	52	54	58	60	62	
		C	40	45	48	50	54	58	60	
残留延度(10℃)不小于	cm	A	12	12	10	8	6	4	—	T 0605
		B	10	10	8	6	4	2	—	
残留延度(15℃),不小于	cm	C	40	35	30	20	15	10	—	T 0605

注:①试验方法按照现行《公路工程沥青及沥青混合料试验规程》(JTJ 052—2000)规定的方法执行。用于仲裁试验求取 PI 时的 5 个温度的针入度关系的相关系数不得小于 0.997。

②70 号沥青可根据需要要求供应商提供针入度范围为 60~70 或 70~80 的沥青,50 号沥青可要求提供针入度范围为 40~50 或 50~60 的沥青。

③30 号沥青仅适用于沥青稳定基层。130 号和 160 号沥青除寒冷地区可直接在中低级公路上直接应用外,通常用作乳化沥青、稀释沥青、改性沥青的基质沥青。

④老化试验以 TFOT 为冷,也可以 RTFOT 代替。

经建设单位同意,表中 PI 值、60℃动力黏度、10℃延度可作为选择性指标,也可不作为施工质量检验指标;气候分区见 JTG F40—2004 附录 A。

表 7-2

道路用液体石油沥青技术要求

试验项目		单位	快凝		中凝						慢凝						试验方法
			AL(R)-1	AL(R)-2	AL(M)-1	AL(M)-2	AL(M)-3	AL(M)-4	AL(M)-5	AL(M)-6	AL(S)-1	AL(S)-2	AL(S)-3	AL(S)-4	AL(S)-5	AL(S)-6	
黏度	$C_{25,5}$	s	<20	—	C20	—	—	—	—	—	<20	—	—	—	—	—	T 0621
	$C_{60,5}$	s	—	5~15	—	5~15	16~25	26~40	41~100	101~200	—	5~15	16~25	26~40	41~100	101~200	
蒸馏体积	225℃前	%	>20	>15	<10	<7	<3	<2	0	0	—	—	—	—	—	—	T 0632
	315℃前	%	>35	>30	<35	<25	<17	<14	<8	<5	—	—	—	—	—	—	
	360℃前	%	>45	>35	<50	<35	<30	<25	<20	<15	<40	<40	<35	<25	<20	<15	
蒸馏后残留物	针入度(25℃)	0.1mm	60~200	60~200	100~300	100~300	100~300	100~300	100~300	100~300	—	—	—	—	—	—	T 0604
	延度(25℃)	cm	>60	>60	>60	>60	>60	>60	>60	>60	—	—	—	—	—	—	T 0605
	浮漂度(5℃)	s	—	—	—	—	—	—	—	—	<20	>20	>30	>40	>45	>50	T 0631
闪点(TOC 法)		℃	>30	>30	>65	>65	>65	>65	>65	>65	>70	>70	>100	>100	>120	>120	T 0633
含水量,不大于		%	0.2	0.2	0.2	0.2	0.2	0.2	0.2	0.2	2.0	2.0	2.0	2.0	2.0	2.0	T 0612

表 7-3

道路用煤沥青技术要求

试验项目		T-1	T-2	T-3	T-4	T-5	T-6	T-7	T-8	T-9	试验方法
黏度(s)	$C_{30,5}$	5~25	26~70								T 0621
	$C_{30,10}$			5~25	26~50	51~120	121~200				
	$C_{50,10}$							10~75	76~200		
	$C_{60,10}$									35~65	
蒸馏试验,馏出量(%)	170℃前,不大于	3	3	3	2	1.5	1.5	1.0	1.0	1.0	T 0641
	270℃前,不大于	20	20	20	15	15	15	10	10	10	
	300℃前,不大于	15~35	15~35	30	30	25	25	20	20	15	
300℃蒸馏残留物软化点(环球法)(℃)		30~45	30~45	35~65	35~65	35~65	35~65	40~70	40~70	40~70	T 0606
水分,不大于(%)		1.0	1.0	1.0	1.0	1.0	0.5	0.5	0.5	0.5	T 0612
甲苯不溶物,不大于(%)		20	20	20	20	20	20	20	20	20	T 0646
萘含量,不大于(%)		5	5	5	4	4	3.5	3	2	2	T 0645
焦油酸含量,不大于(%)		4	4	3	3	2.5	2.5	1.5	1.5	1.5	T 0642

表 7-4

冷铺地沥青混凝土或冷铺焦油沥青混凝土矿料级配范围及沥青用量

冷铺沥青混凝土种类	筛孔尺寸（mm）										有机胶结料含量(%)	
	20	15	10	5	2	1.0	0.5	0.25	0.15	0.074	液体沥青	煤沥青
	通过量（%）											
砂质的(d_{max}=5mm)				95~100	65~80	45~65	35~55	2545	20~35	20~33	5.5~7.0	6.5~8.5
细颗粒的(d_{max}=10mm)			95~100	75~85	50~70	35~60	25~45	20~40	18~30	15~30	5.0~6.5	6.0~7.5
细颗粒的(d_{max}=15mm)		95~100	75~85	65~80	40~65	30~50	20~45	15~35	15~30	18~25	5.0~6.5	6.0~7.5
中颗粒的(d_{max}=20mm)	95~100			55~85	35~60	25~50	20~40	15~35	15~30	12~23	4.5~6.0	5.5~7.0

表 7-5

沥青混合料矿料级配及沥青用量范围

级配类型			通过下列筛孔(方孔筛,mm)的质量百分率(%)															供参考的沥青用量(%)
			53.0	37.5	31.5	26.5	19.0	16.0	13.2	9.5	4.75	2.36	1.18	0.6	0.3	0.15	0.075	
沥青混凝土	粗粒	AC—30 Ⅰ		100	90~100	79~92	66~82	59~77	52~72	43~63	32~52	25~42	18~32	13~25	8~18	5~13	3~7	4.0~6.0
		Ⅱ		100	90~100	65~85	52~70	45~65	38~58	30~50	18~38	12~28	8~20	4~14	3~11	2~7	1~5	3.0~5.0
		AC—25 Ⅰ			100	95~100	75~90	62~80	53~73	43~63	32~52	25~42	18~32	13~25	8~18	5~13	3~7	4.0~6.0
		Ⅱ			100	90~100	65~85	52~70	42~62	32~52	20~40	13~30	9~23	6~16	4~12	3~8	2~5	3.0~5.0
	中粒	AC—20 Ⅰ				100	95~100	75~90	62~80	52~72	38~58	28~46	20~34	15~27	10~20	6~14	4~8	4.0~6.0
		Ⅱ				100	90~100	65~85	52~70	40~60	26~45	16~33	11~25	7~18	4~13	3~9	2~5	3.5~5.5
		AC—16 Ⅰ					100	95~100	75~90	58~78	42~63	32~50	22~37	16~28	11~21	7~15	4~8	4.0~6.0
		Ⅱ					100	90~100	65~85	50~70	30~50	18~35	12~26	7~19	4~14	3~9	2~5	3.5~5.5
	细粒	AC—13 Ⅰ						100	95~100	70~88	48~68	36~53	24~41	18~30	12~22	8~16	4~8	4.5~6.5
		Ⅱ						100	90~100	60~80	34~52	22~38	14~28	8~20	5~14	3~10	2~6	4.0~6.0
		AC—10 Ⅰ							100	95~100	55~75	38~58	26~43	17~33	10~24	6~16	4~9	5.0~7.0
		Ⅱ							100	90~100	40~60	24~42	15~30	9~22	6~15	4~10	2~6	4.5~6.5
	砂粒	AC—5 Ⅰ								100	95~100	55~75	35~55	20~40	12~28	7~18	5~10	6.0~8.0

续上表

级配类型			通过下列筛孔(方孔筛,mm)的质量百分率(%)															供参考的沥青用量(%)
			53.0	37.5	31.5	26.5	19.0	16.0	13.2	9.5	4.75	2.36	1.18	0.6	0.3	0.15	0.075	
沥青碎石	特粗	AM—40	100	90~100	50~80	40~65	30~54	25~30	20~45	13~38	5~25	2~15	0~10	0~8	0~6	0~5	0~4	2.5~3.5
	粗粒	AM—30		100	90~100	50~80	38~65	32~57	25~50	17~42	8~30	2~20	0~15	0~10	0~8	0~5	0~4	3.0~4.0
		AM—25			100	90~100	50~80	43~73	38~65	25~55	10~32	2~20	0~14	0~10	0~8	0~6	0~5	3.0~4.5
	中粒	AM—20				100	90~100	60~85	50~75	40~65	15~40	5~22	2~16	1~12	0~10	0~8	0~5	3.0~4.5
		AM—16					100	90~100	60~85	45~68	18~42	6~25	3~18	1~14	0~10	0~8	0~5	3.0~4.5
	细粒	AM—13						100	90~100	50~80	20~45	8~28	4~20	2~16	0~10	0~8	0~6	3.0~4.5
		AM—10							100	85~100	35~65	10~35	5~22	2~16	0~12	0~9	0~6	3.0~4.5
抗滑表层		AK—13A						100	90~100	60~80	30~53	20~40	15~30	10~23	7~18	5~12	4~8	3.5~5.5
		AK—13B						100	85~100	50~70	18~40	10~30	8~22	5~7	3~12	3~9	2~6	3.5~5.5
		AK—16					100	90~100	60~82	45~70	25~45	15~35	10~25	8~18	6~13	4~10	3~7	3.5~5.5

聚合物浸渍材料的有关参数

表 7-6

单位	级配名称	保留(%),筛孔尺寸(mm)													沥青用量(%)
		35(40)	30	25	15	10	5	2.5	1.2	0.6	0.3	0.15	0.074	通过0.074	
上海市城建局	粗粒式混合料	0		0~25	17~46	33~61	54~77	66~85		82~95			95~99	1~5	4~6
北京市政工程局	中粒式混合料			0~5	15~25		45~55	53~65	60~70	70~80	80~90	85~95	92~96	4~8	4.4~5.3
上海市城建局	细粒式混合料				0	0~13	0~29	7~39		30~61		60~93	90~98	2~10	5~9
上海市城建局	沥青细砂混合料					0	0~14	4~24	15~35	26~44	39~57	56~72	80~90	10~20	8~10
北京市政工程局	黑色碎石			0~5	30~45		70~90	85~95			92~100		95~100	0~5	2.5~3.2
上海市城建局	黑色碎石(粒径0~40mm)	0	0~30	8~40	35~62	50~80	68~95		78~98	87~98			95~98	2~6	2.5~4.5
北京市政工程局	黑色石屑						25~35	45~60	52~68	62~77	76~86	85~92	90~94	6~10	4.5~5.4

二、配合比设计的基本原理

沥青混合料和水泥混凝土一样,它的技术性质不仅与组成材料的质量有关,而且还与各组成材料在沥青混合料中数量有关。沥青混合料组成设计的目的就是要确定碎石(或砾石)、砂、矿粉和沥青的最优配合比。

为使设计的沥青混凝土具有足够的强度、稳定性及耐久性,就应合理地选择沥青混合料的组成结构。其组成结构一般为悬浮—密实结构、骨架—空隙结构及骨架—密实结构 3 种。第一种结构,是一种密式连续级配混合料,其中细集料较多,可以形成密实结构,而且有较好的耐久性,但粗集料含量少未能形成骨架,故其高温稳定性较差,低温抗裂性较好;第二种结构,是一种开式连续级配,其中含粗集料较多,可以形成骨架而具有较好的稳定性,但由于细料含量不足以填充粗料的空隙,所以低温抗裂性和耐久性较差;第三种结构,是一种间断型连续级配,其特点是断去中间尺寸集料,这不仅使粗集料有可能形成整齐排列的密排骨架,而且又保证有必要数量的细集料填充骨架间的空隙,所以兼有较高的稳定、抗裂和耐久性。

沥青的质量及用量对沥青混凝土的影响很大,沥青的最佳用量可在其规定范围值内分级分别试验,以最优稳定度等指标控制。

现在常使用的矿料级配范围分为两大类:连续级配和间断级配。

(1)连续级配:是指矿料颗粒各级尺寸是连续的。连续级配又分为密级配与疏级配(或称开级配)两种。

密级配混合料,矿料级配曲线范围较小(如图 7-1),矿料中的矿粉及沥青的用量较多,混合料压实后空隙率在 5% 以下。沥青与石料的黏聚力虽大,但因矿料中粗颗粒用量较少,粒料内摩阻力差,因而沥青混合料高温稳定性差。

疏级配(或称开级配)混合料,矿料级配曲线范围较大(图 7-2),矿料中粗颗粒含量多,混合料压实后空隙率一般在 5% 以上,该级配组成的沥青混合料高温稳定性好。但因沥青用量少很容易渗水,只适于做路面底层。

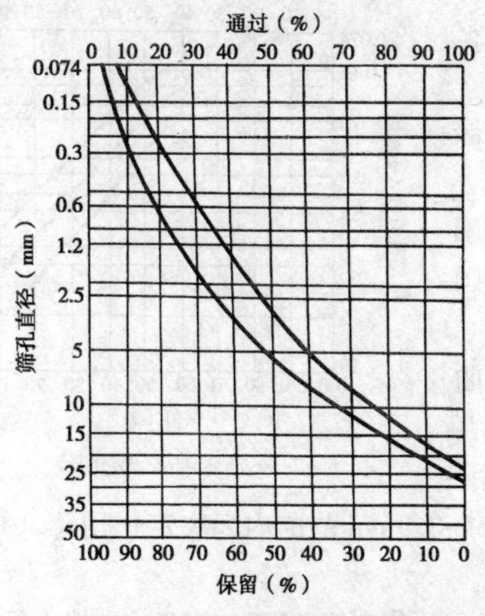

图 7-1　中粒式沥青混凝土级配曲线图(北京)

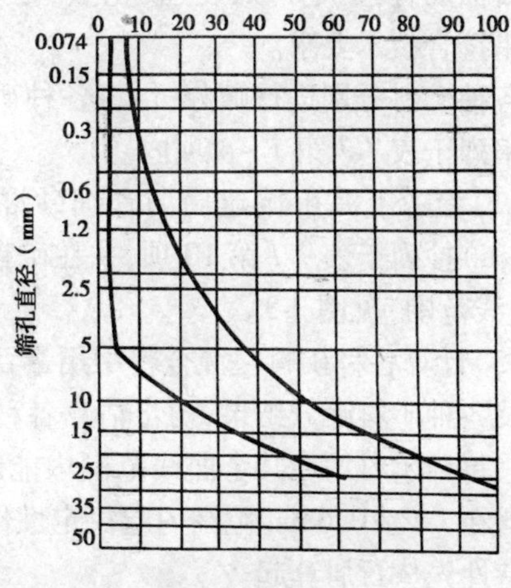

图 7-2　黑色碎石级配曲线图(上海)

(2)间断级配:是由粗颗粒、细颗粒石料和矿粉组成,不含或含有较少的中等粒径的砂料。因在混合料中用有较多粗颗粒石料,保证了沥青混合料具有良好的骨架作用,同时又含有一定数量的细料和粉料，保证沥青混合料具有较好的密实度和柔韧性，所以这种沥青混合料修筑的路面有较好的高温稳定性、低温抗裂性和耐久性。但是这种混合料在配料、生产和施工上也还存在一些问题尚待解决。

三、沥青混合料的组成设计方法

沥青混合料的配合比包括选择各级矿料的用量比例及选择最优沥青用量。选择矿料配合比的方法很多，现仅介绍"试算法"及矩形图解法。最优沥青用量的确定，用无侧限抗压强度试验的几项主要指标（强度、水稳性、温度稳定性等）及马歇尔试验指标（稳定度、流值等）择优决定。

（一）试算法

试算法是根据设计要求的工程结构形式确定混合料的级配曲线范围，以此曲线范围（尽量是中线）为标准，将各级矿料筛分结果对照，按每种矿料在某个曲线范围内起决定性作用的数据初步估算配合比。如设计的配合比通过计算均在要求级配范围之内，证明设计合理，如果超出范围，则调整矿料用量百分比，重新计算，直至符合要求为止。

[例 7-1] 某市某路面用沥青混合料铺装，试用"试算法"计算混合料中各种材料的配合比及用无侧限抗压强度试验指标确定沥青用量。

设计原始资料：

(1)路面结构为双层式路面面层。

(2)拟拌制沥青细砂混合料。

(3)沥青混凝土混合料制备条件及施工设备：沥青混合料在拌和厂拌和；使用摊铺机铺筑；8t 及 12t 压路机碾压。

(4)组成材料：石油沥青、油-60 甲、石屑、黄砂、废模型砂、矿粉。

设计步骤：

(1)原材料试验

石油沥青：测定针入度、软化点、延度三大指标，试验结果符合技术要求。

各种矿料分别进行筛分析：将各种矿料的累计筛余百分率列于表 7-7 第 1 ~4 项内。

(2)参考上海市城建局沥青细砂混合料级配范围（表 7-6）抄列于表 7-7 第 10 项，并在矿料级配曲线中画出"曲线范围"见图 7-3。

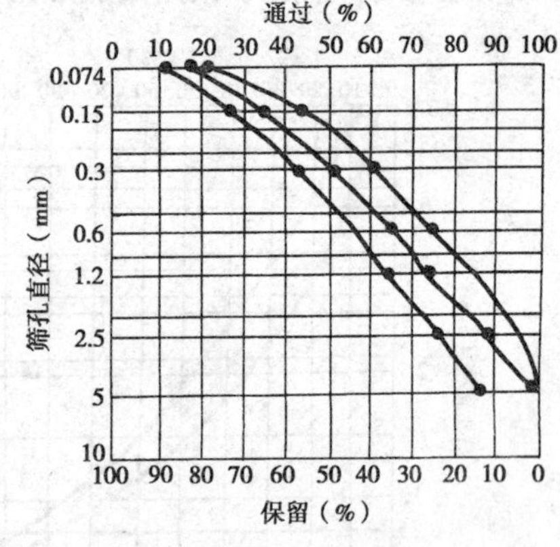

图 7-3　沥青细砂级配曲线

(3)计算各种矿料在混合料中用量百分比。根据曲线图及各种矿料筛分结果，初步估算各种矿料的用量百分比。每种矿料均在某个曲线范围内能起决定性作用，如石屑在 1.2 ~0.6mm 范围内起决定性作用，砂在 0.6 ~0.3mm 范围内起决定作用等，因之可按此特性先从石屑算起。

根据表 7-7 第 10 项级配范围中保留在 1.2mm 筛余百分率为 15% ~35%，取其中间范围约 24%，而石屑现存留在 1.2mm 筛余为 42.6%，因此，石屑占矿质混合料百分比为：

$$24\% \div 42.6\% = 56\%$$

因石屑又由各种尺寸颗粒组成,再应计算出石屑各筛孔筛余占矿质混合料的用量百分比。即以表7-7第1项中各数乘56%得之结果,列于第5项。

如此类推,再估算黄砂在混合料中的用量百分比:砂在0.3mm时起决定作用,级配范围中保留在0.3mm筛为39%~57%,取其中限为48%,而石屑已在0.3mm筛上占41.7%,砂现存留在0.3mm筛上为86.6%,因之砂占混合料用量百分比应为:

$$(48\% - 41.7\%) \div 86.6\% = 7\%$$

表7-7中第2项各数值乘7%所得结果列于第6项。根据上述两种材料算出结果,对照级配标准,0.15mm级配偏细,表示细颗粒太少,因之应加入废模型砂,补足在小筛孔上保留数之不足。在计算废模型砂及石粉两种材料时,一般石粉可先决定,因为只有它大部分颗粒通过0.074mm,且用量较多,影响混合料级配的变化最大。从表7-7第10项可知,通过0.074mm的级配范围为10%~20%,取中间范围为15%,而石屑已有通过0.074mm筛为(100-92.2)×56%=44%,现石粉通过0.074mm筛为94%,因之,石粉占混合料用量百分比应为:

$$(15\% - 4.4\%) \div 94\% = 11\%$$

表7-7第4项数值乘11%,所得结果列于表中第8项。

因此,废模型砂的用量百分比为:

$$100\% - 56\% - 7\% - 11\% = 26\%$$

以表7-7第3项数值乘26%,所得结果列于第7项。

将4种矿料占总矿料的筛余百分数相加(即第5、6、7、8项相加),列于表7-7第9项中,为设计矿质混合料的级配结果。比较第9、10两项,证实设计的矿料级配范围符合要求。并在"级配曲线图"上绘出设计的矿料级配曲线。

(4)混合料试拌及技术性质测定。按以上计算的矿料用量百分比,分别称取矿料,并按推荐的沥青用量范围8%~10%内选取一种用量百分比,今采用9%沥青用量加入其中,进行拌和、制模,测其抗压强度等技术性质。将试验结果与上海城建局对沥青细砂混合料技术要求相比较符合要求(表7-8),参见沥青细砂级配曲线(图7-3)。

(5)选用最佳沥青用量。按照上述方法在推荐的沥青用量百分比中,再取几个接近的(相差0.5%~1%)沥青用量做同样试验,将结果进行对比,取其中技术性质好,且较经济的最佳沥青用量及矿料用量配合比例,交付施工。

本例题根据不同沥青用量试验结果(表7-9)比较,采用最佳用量9%。

(二)矩形图解法

矩形图解法矿料配合比设计方法,原则上适用于最大粒径不超过25mm的热拌沥青混合料的配合比试验。

现将这种试验的程序和方法说明如下:

(1)首先根据工程设计确定混合料的种类,并在此混合料的级配范围内确定标准级配曲线,基本上多采用级配范围的中线。

(2)把所使用的各种粒料分别做筛分试验,求出它们各自的级配(包括填充料在内)。

(3)绘制标准级配和各种颗粒的级配曲线。

①首先在1张普通的方格纸上画出1个方块,如图7-4所示,纵轴表示通过百分率,横轴表示筛的孔径。再画1条对角线(这条对角线表示标准级配曲线),从标准级配曲线的各筛通过百分率的地方横引1条线,与对角线相交于1点,从交点处引1条垂直线下来,这条垂线的位置就是各筛孔的位置。

②把各种粒料的级配曲线画在利用上述方法所制的级配曲线内。因为相邻的各粒料的级

配曲线不外乎图 7-4 所示的 3 种情形，所以可根据各粒料的级配曲线之间的关系（即 3 种情形），按下述的要点作垂直线，决定粒料的配合比。

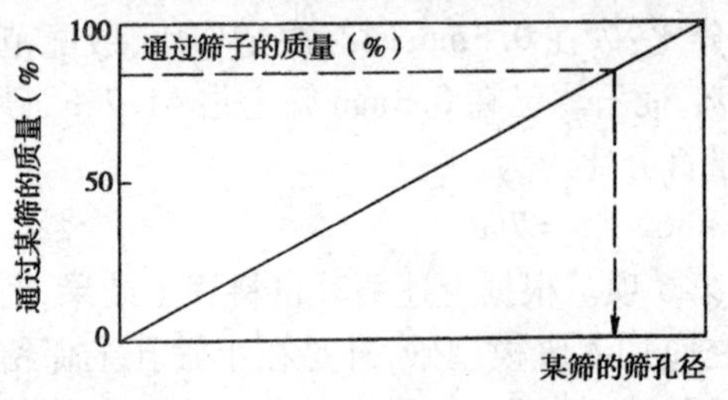

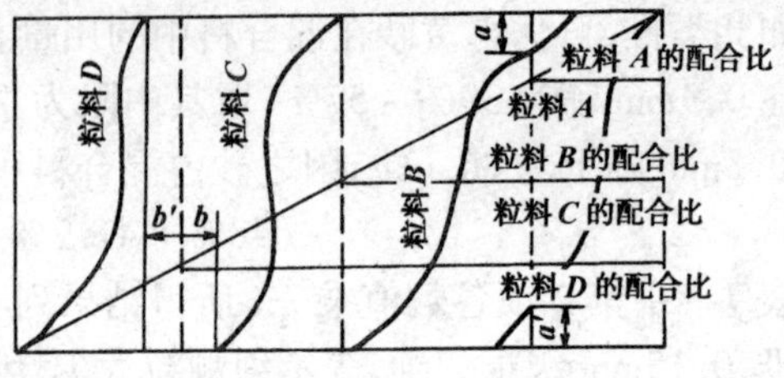

图 7-4　决定粒料配合比的图解法

表 7-7

项 次	材 料 名 称		筛孔尺寸(mm)						沥青用量（%）
			2.5	1.2	0.6	0.3	0.15	0.074	
1	各种矿料累计筛余（%）	石屑 100	19.6	42.6	58.6	74.4	85.4	92.2	
2		黄砂 100	12.7	16.9	41.6	86.6	98.4	99.4	
3		废模型砂 100					41.8	98.8	
4		石粉 100						6	
5	各种矿料在矿质混合料中用量（%）	石屑 56	10.9	23.8	32.8	41.7	47.8	51.7	
6		黄砂 7	0.9	1.2	2.9	6.1	6.9	7.0	
7		废模型砂 26					10.9	25.7	
8		石粉 11						0.7	
9	设计矿质混合料的级配		11.8	25.0	35.7	47.8	65.6	84.1	9
10	上海城建局沥青细砂混合料级配范围		4～24	15～35	26～44	39～57	56～72	80～90	8～10

表 7-8

试 验 项 目	抗压强度不小于(MPa)				水稳性 K_W 不小于	湿度稳定性 K_1 不大于	密度（g/cm^3）	饱水率体积（%）	膨胀率体积（%）
	65℃	50℃	20℃	20℃$_{水}$					
沥青细砂混合料技术指标	14				0.9	3.5		1～3	0.5
试 验 结 果	1.9	2.9	9.0	8.9	0.99	3.22	2.36	2.66	0.95

表 7-9

技 术 指 标	沥 青 用 量 （%）				
	8	8.5	9	9.5	1
50℃抗压强度(MPa)	1.54	1.80	2.31	1.83	1.62
20℃抗压强度(MPa)	6.01	6.59	7.16	6.64	5.75
饱水率体积(%)	2.27	1.88	1.69	1.34	1.09

第一种情形：相邻两级配曲线重叠（即如粒料 A 的下部和粒料 B 的上部搭接），找出两条

曲线距方块上边和下边等距离($a=a'$)的位置,从这个位置画一条垂直线,与方块的对角线交于一点。

第二种情形:相邻两级配曲线的前一条曲线的下点,如果与后一条曲线的上点在同一条垂直线上(如粒料 B 的下点和粒料 C 的上点),就把两条曲线的上、下端联结起来,与方块的对角线交于一点。

第三种情形:如果两条相邻的级配曲线彼此离开一段距离[如粒料(或粒料 D)],则从两条级配曲线的上端、下端各向该方块中央作垂直线,平分这两条垂直线的直线与对角线相交于一点($b=b'$)。

把用以上方法所找到的几条垂直线与对角线的 n 个交点,分别地横向延长,就可以求出各种粒料的配合比。

(4)计算混合料的合成级配(利用以上求得的配合比),必要时加以修正,按确定的配合比制作试件。

(5)混合料试件的制作:根据图解法算出的矿料配合比(经修订后)选取一定数量的用量进行拌和,沥青用量是在规定的范围内,变换 4~5 种沥青用量(依次相差 0.5%),每种沥青用量制作 3~5 个试件(内径为 101.6mm、高为 63.5mm)供做密度、空隙率、沥青填隙率、稳定度、流值等试验(其试验方法参见沥青混合料试验)。

(6)确定混合料的沥青用量。根据测定试件的密度、稳定度、流值、空隙率和沥青填隙率,以沥青用量为横坐标,分别以稳定度、流值、空隙率、沥青填隙率为纵坐标,连接成线,求出符合马氏技术要求范围的共同区间,并选取共同区间的中间值即设计的沥青用量(图 7-5)。还应按照地区的条件、气候、交通量等调整一下,并根据实际的机械拌和的试样试验结果,再作最后的决定。

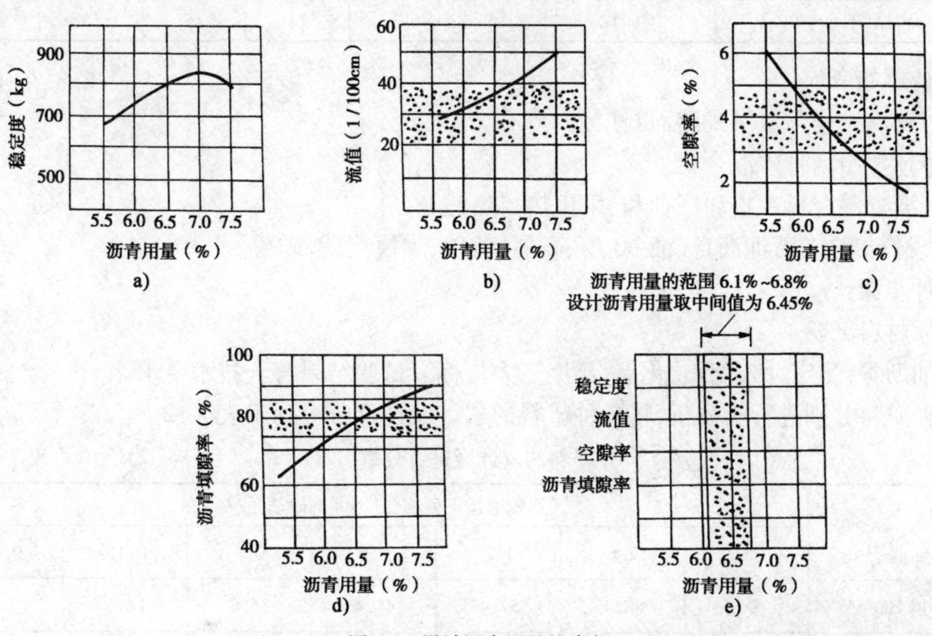

图 7-5 设计沥青用量的确定

马氏法技术要求,我国目前尚无统一规定。现根据有关资料,提出各技术指标要求,列于表 7-10 供参考。

[例 7-2] 某道路路面封层用沥青混合料铺筑,试用矩形图解法计算混合料中各种材料的

配合比及用马歇尔试验的稳定度等指标确定沥青最佳用量。

热拌沥青混合料马歇尔试验技术标准(GB 50092—1966) 表 7-10

项　目		沥青混合料类型	高速公路、一级公路、城市快速路、主干路	其他等级公路及城市道路	行人道路
击实次数(次)		沥青混凝土 沥青碎石、抗滑表层	两面各 75 两面各 50	两面各 50 两面各 50	两面各 35 两面各 35
技术指标	稳定度 MS(kN)	Ⅰ型沥青混凝土 Ⅱ型沥青混凝土、抗滑表层	>7.5 >5.0	>5.0 >4.0	>3.8 —
	流值 FL(0.1mm)	Ⅰ型沥青混凝土 Ⅱ型沥青混凝土、抗滑表层	20~40 20~40	20~45 20~45	2~5 —
	空隙率 VV(%)	Ⅰ型沥青混凝土 Ⅱ型沥青混凝土、抗滑表层 沥青碎石	3~6 4~10 >10	3~6 4~10 >10	2~5 — —
	沥青饱和度 VFA(%)	Ⅰ型沥青混凝土 Ⅱ型沥青混凝土、抗滑表层	70~85 60~75	70~85 60~75	75~90 —
	残留稳定度 MS'_0(%)	Ⅰ型沥青混凝土 Ⅱ型沥青混凝土、抗滑表层	>75 >70	>75 >70	>75 —

注:1. 粗粒式沥青混凝土的稳定度可降低 1~1.5kN。

2. Ⅰ型细粒式及砂粒式混凝土的空隙率可放宽至 2%~6%。

3. 沥青混凝土混合料的矿料间隙率(VMA)宜符合表 7-11 要求。

沥青混凝土混合料的矿料间隙率 表 7-11

集料最大粒径(mm)	37.5	31.5	26.5	19.0	13.2	9.5	4.75
VMA,不小于(%)	12	12.3	13	14	15	16	18

设计原始资料:

(1)路面结构为双层式路面封层。

(2)预拌制沥青砂混合料。

(3)沥青混合料在拌和厂拌和,采用热拌热铺。

(4)材料组成:石油沥青,油-60 甲、石屑、黄砂、废模型砂,矿粉。

设计步骤:

1. 原材料试验

石油沥青:测定针入度、软化点、延度三大指标。试验结果符合技术要求。

各种矿料分别进行筛分析,将各种矿料的累计通过百分率列于表 7-12。

矿料的累计通过百分率 表 7-12

筛孔 / 材料种类	累积通过下列筛孔尺寸(mm)质量(%)						
	5	2.5	1.2	0.6	0.3	0.15	0.07
石屑 100	90	80.4	57.4	41.4	25.6	14.6	7.8
黄砂 100	100	87.3	83.1	58.4	13.4	1.6	0.6
废模型砂 100	100	100	100	100	100	58.2	1.2
矿粉 100	100	100	100	100	100	100	94

2. 决定矿料的配合比

标准级配取"沥青混凝土和黑色碎石矿料级配及油石比表"(表7-5)中的沥青砂已规定的级配范围。

用图解法决定粒料的配合比,步骤同前,见图7-6。

根据图7-6确定的配合比为石屑35%,砂17%,废模型砂30%,石粉18%。合成级配计算结果,与标准级配相比较(表7-12)大部分出现在标准级配范围之内(其中0.074孔的通过量稍有超出),但偏离标准级配中线,均存在细料偏多的现象,需要进行调整。调整的办法是减少砂、废模型砂及石粉的比例,增加石屑的比例。其具体进行方法如下:

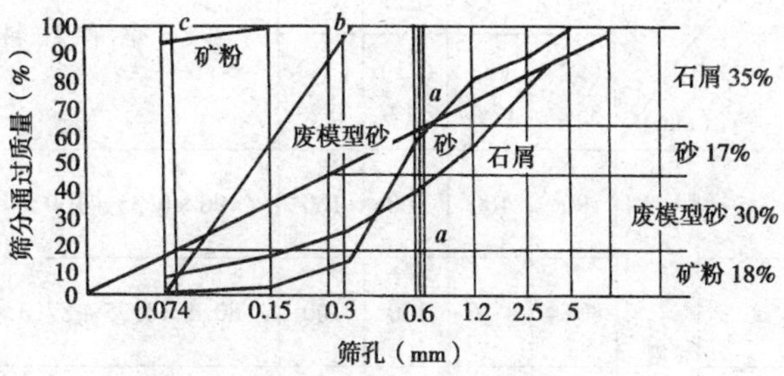

图7-6 用图解法决定粒料的配合比

(1)减少砂的用量:合成级配的1.2mm筛的通过量超过标准级配的数字是82.22% - 75% = 7.22%,而砂本身通过1.2mm筛者即占83.1%,故减少黄砂的用量来调整黄砂的配合比。

设砂的用量减少$x\%$,则:$83.1\times x\% = 7.22$

$$x\% = \frac{7.22}{83.1}\times 100\% = 8.2\%\text{,遂定为减少}9\%$$

砂调整的用量为17% - 9% = 8%。

(2)减少废模型砂的用量:合成级配的0.6mm筛的通过量超过标准级配的数字是(72.42 - 63.7)% = 9.42%,而废模型砂通过0.6mm占100%,故废模型砂的用量对于调整合成级配的0.6mm筛通过量起决定性作用。

设废模型砂的用量减少$x'\%$。

则:$100\times x'\% = 9.42$,$x' = \frac{9.42}{100}\times 100\% = 9.42\%$,遂定为减少9%。

废模型砂调整后的用量为30% - 9% = 21%

(3)减少矿粉的用量:道理同上,(20.11 - 16)% = 4.11%

设减少矿粉用量为$x''\%$,则$x''\% = \frac{4.11}{94}\times 100\% = 4.4\%$,定为减少4%。

(4)增加石屑用量百分比: 35% + 9% + 9% + 4% = 57%

按照调整后的石屑、砂、废模型及矿粉的用量,重新计算它们的配合比(即它们通过各筛孔的百分率),所得的数值即表7-13内括弧中的数字。

将第二次计算的合成级配与标准级配加以比较,基本上是相符的,即作为最后的决定,不再更动。

3. 决定沥青用量

为了求得最佳沥青用量,取标准范围所指定的沥青用量中间值9%,据此每隔0.5%变化一个沥青用量,分别做8%、8.5%、9%、9.5%、10%五种沥青用量的试件(每种沥青用量各做4个标准试件),分别作稳定度、流值,密度,空隙率、沥青填隙率等试验,通过试验结果,选出最合理的沥青用量(图7-7)为9.0%。

(三)计算法

1. 决定混合料矿质材料的最佳配合比

根据预定制备沥青混凝土的类别，选定材料的颗粒级配等资料，定出了矿质混合料级配曲线范围，见表7-14及图7-8后，即可计算混合料中矿质材料的配合比。

设计配合比与标准级配相比较　　表7-13

配合比 / 筛孔(mm)		石屑 (57) 35%	黄砂 (8) 17%	废模型砂 (21) 30%	石粉 (14) 18%	各种粒料配合比合成计算	合成级配(%)	标准级配中线(%)	标准级配范围(%)
5	累计通过百分数	90	100	100	100	90×0.35+100×0.17+100×0.30+100×0.18	(94) 96.5	93	85~100
2.5		80.4	87.3	100	100	80.4×0.35+87.3×0.17+100×0.3+100×0.18	(88) 90.98	85	76~93
1.2		57.4	83.1	100	100	57.4×0.35+83.1×0.17+100×0.3+100×0.18	(74) 82.22	75	65~85
0.6		41.4	58.4	100	100	41.4×0.35+58.4×0.17+100×0.3+100×0.18	(63) 72.42	63	52~74
0.3		25.6	13.4	100	100	26.6×0.35+13.4×0.17+100×0.3+100×0.18	(51) 59.24	50	37~62
0.15		14.6	1.6	58.2	100	14.6×0.35+1.6×0.17+58.2×0.3+100×0.18	(35) 40.84	36	28~44
0.074		7.8	0.6	1.2	94	1.8×0.35+0.6×0.17+1.2×0.3+94×0.18	(18) 20.11	16	12~29
沥青用量(%)							8.9		8~10
备注									

注：(　)内系调整后配合比及级配。

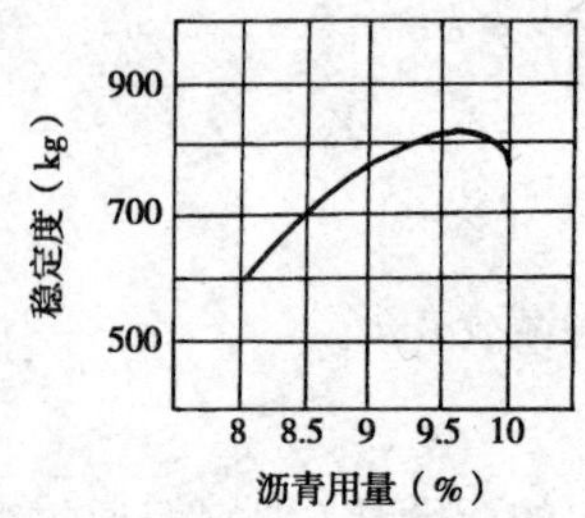

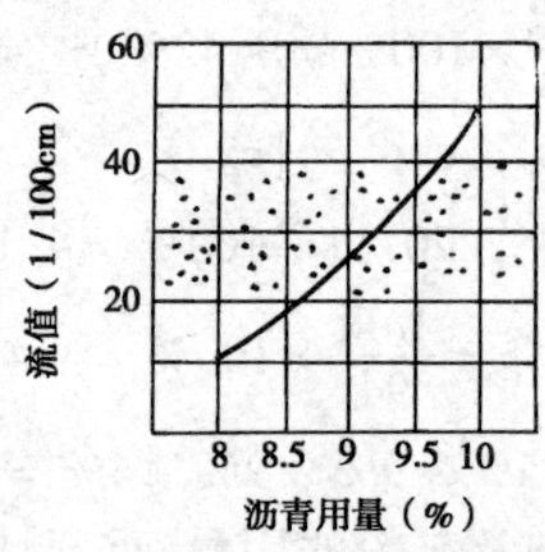

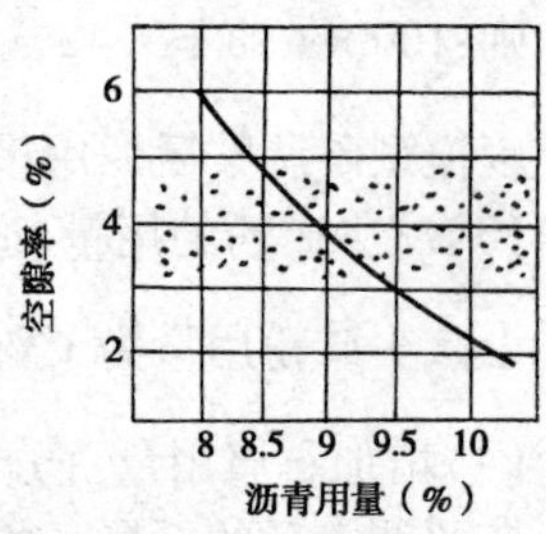

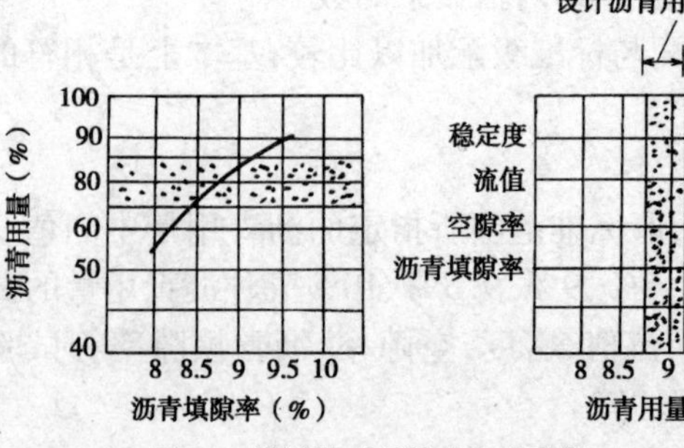

图7-7　设计沥青用量的决定示例

注：图中深颜色范围为马歇尔试验标准值的沥青用量范围。

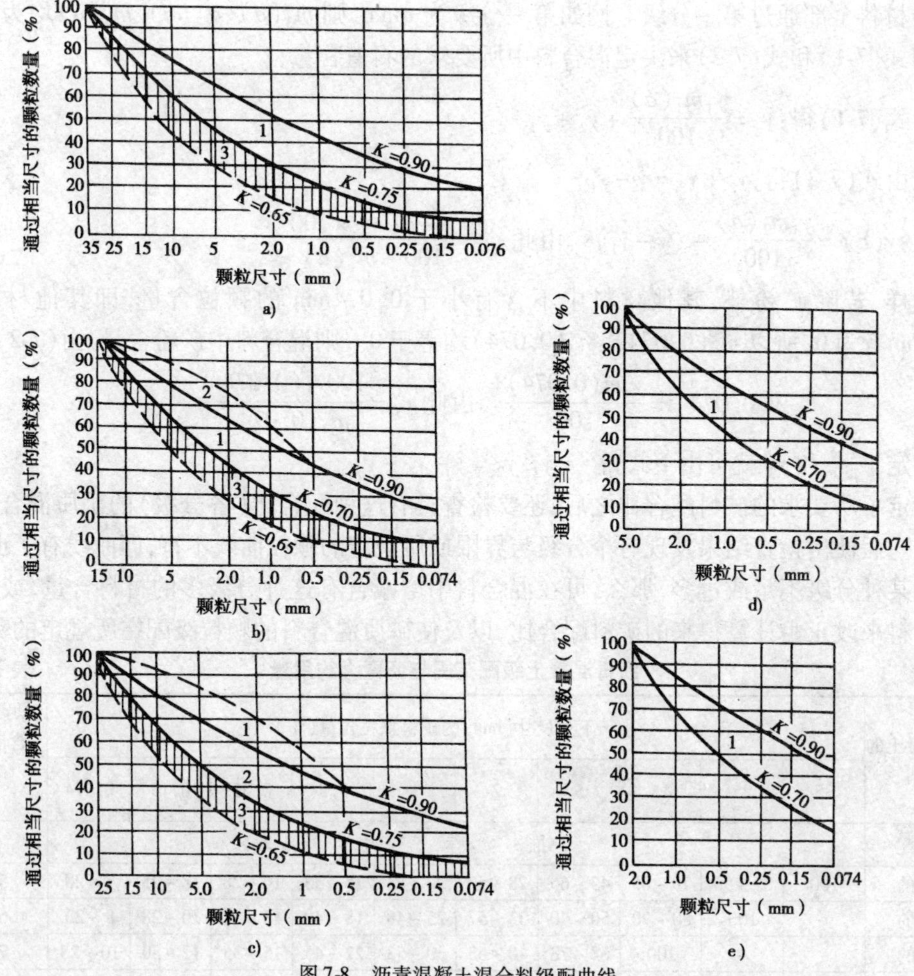

图 7-8　沥青混凝土混合料级配曲线

a）粗粒沥青混凝土级配曲线；b）细粒沥青混凝土级配曲线；c）中粒沥青混凝土级配曲线；d）最大粒径尺寸为 5mm 的砂沥青混凝土级配曲线；e）最大粒径尺寸为 2mm 的砂沥青混凝土级配曲线

1-建议用于密实沥青混凝土的级配范围曲线；2-允许用于密实沥青混凝土的级配范围曲线；3-建议用于多孔隙（开式）沥青混凝土的级配范围曲线（递减系数为 0.65 的曲线，用于混合料最小颗粒尺寸等于 0.06mm 的情况下，其他递减系数的曲线，用于混合料最小颗粒尺寸等于0.004mm的情况下）

在计算时，设有碎石、砂和矿粉三种材料所组成的最佳矿质混合料中配合比为：

矿质混合料中含有碎石 $y_1\%$；

矿质混合料中含有砂 $y_2\%$；

矿质混合料中含有矿粉 $y_3\%$；

则由此三种材料所组成的矿质混合料方程式为如下：

$$y = y_1 + y_2 + y_3 = 100\% \tag{7-1}$$

设：碎石中通过某筛孔尺寸的百分率为 $m_1(x)$，砂石通过某筛孔尺寸的百分率为 $m_2(x)$，矿粉中通过某筛孔尺寸的百分率为 $m_3(x)$，则，矿质混合料中，通过某筛孔尺寸的百分率为：

$$y_x = \frac{y_1 m_1(x)}{100} + \frac{y_2 m_2(x)}{100} + \frac{y_3 m_3(x)}{100} \tag{7-2}$$

即：$100y_x = y_1 m_1(x) + y_2 m_2(x) + y_3 m_3(x)$

如果除石渣外，其他各种材料（石屑、砂、矿粉）中不含有大于某一分级尺寸的颗粒，即其他各种材料全部通过第一分级。例如第一分级为 $a$mm，则 $m_2(a)$、$m_3(a)$、$m_4(a)$ 均为 100%，就可用式(7-1)和式(7-2)来决定混合料中所要求的石渣含量：

由式(7-1)得：$y_a = \frac{y_1 m_1(a)}{100} + y_2 + y_3$

又由式(7-2)得：$y_2 + y_3 = y - y_1$

故：$y(a) = \frac{y_1 m_1(a)}{100} + (y - y_1)$ 由此 $y_1 = \frac{y - y(a) \times 100}{100 - m_1(a)}$ (7-3)

同样，若除矿粉外，其他材料中不含有小于 0.074mm 的颗粒含量，即其他材料通过 0.074mm者为 0，所以 $m_1(0.074)$、$m_2(0.074)$ 均等于 0。则混合料中矿粉含量：由(7-2)式得：

$$y(0.074) = \frac{y_4 m(0.074)}{100} \quad 由此\ y_3 = \frac{100 y_1(0.074)}{m_4(0.074)} \tag{7-4}$$

决定了 y_1 和 y_3 就可由下式得 y_2，$y_2 = y - y_1 - y_3$ (7-5)

确定了所要求的矿料配合比之后，还要检查具有这种配合比（各分级）的矿质混合料的颗粒成分。假使由检查结果发现有个分级与界限或所规定的颗粒曲线不符，即曲线有了曲折，这就表示某种分级不足或过多，那么，可在混合料中增减含有这种分级多的材料含量，或者加入其他材料来改正由计算得来的矿料配合比，以及使矿质混合料的颗粒级配在所规定的范围内。

沥青混凝土级配范围与沥青大约用量 表 7-14

沥青混凝土的类别	小于下列尺寸(mm)的矿料颗粒含量(%)										沥青的大约含量(按质量计)(%)
	35	25	15	5	2	1	0.5	0.25	0.15	0.074	
密级配	推荐的										
粗粒的	100	85~95	70~85	43~65	28~52	22~43	15~35	10~28	18~25	7~20	5~7
中粒的	–	100	80~90	50~70	33~57	25~48	18~40	13~32	10~28	8~23	6~8
细粒的	–	–	100	63~78	40~63	30~53	22~45	15~35	12~30	10~25	7~9
砂质的	–	–	–	100	62~80	43~67	29~55	20~45	14~27	10~30	8~11
土质的	–	–	–	–	100	70~85	48~70	32~60	24~50	16~40	10~16
	许可的										
中粒的		100	80~15	50~85	33~70	25~55	18~40	13~35	10~28	8~23	7~9
细粒的			100	66~70	60~75	30~60	22~45	15~35	12~30	10~25	8~10
开级配	推荐的										
粗粒的	100	80~85	57~70	30~43	15~28	10~22	5~15	3~10	1~8	0~7	8~6
中粒的		100	70~80	35~50	18~33	12~25	6~18	4~13	2~10	0~8	45~6
细粒的			100	50~63	26~40	15~30	10~22	5~15	2~12	0~10	5~7

2. 确定沥青最佳用量

(1)确定沥青的含量 沥青混凝土中所需沥青大致含量可按下式进行计算：

$$Q = \frac{(n_0 - n)d_1}{y_0} \tag{7-6}$$

式中：Q——沥青含量(%)；

n_0——沥青混凝土骨架的空隙率(20℃时在荷载 30.0MPa 下压实的矿质混合料)(%)；

n——在荷载 30MPa 压实下沥青混凝土试件在 20℃时的剩余空隙率(%)；

d_1——20℃时的沥青密度；

γ_0——20℃时沥青混凝土矿质混合料(骨架)的密度。

(2)试验校正沥青用量　为了确定沥青最优用量,以同样用量的矿质材料,但是以不同用量的沥青制备了3~4种沥青混凝土混合料,采用计算得到的用量及其左右波动0.5%~1%。用这些组成按相关规范规定方法制成标准试件进行强度、饱水率、抗渗性、水稳定性能等全面试验。

根据试验结果选择符合技术规范的最优沥青用量,再以最优沥青用量与密实矿质骨架制备控制性技术性质试验,如经控制性能试验结果符合设计符号的要求时,计算工作即算终结,从而得到所选定的试验室配合比。

3. 施工配合比的确定

试验室配合比确定之后,尚需在施工前进行试铺试验,检验其施工是否方便,以及在正常施工条件下,压实的沥青混凝土与室内试验结果是否一致,以便最后确定施工配合比。

4. 配合比选定实例

[例7-3]　某市214汽车干道路面用沥青混合料组成设计。

1. 设计原始资料

(1)道路等级:一级干道。

(2)混凝土所在路面结构层位:双线式路面的面层。

(3)沥青混凝土混合料制备条件及施工设备:有沥青混合料拌和厂,可用混凝土摊铺机铺筑,有8t及12t压路机。

(4)当地气候条件:平均最低气温12℃,平均常温15℃,极端最高温度40℃,极端气温最低温度-40℃。

(5)组成材料

①石油沥青:60甲黏稠石油沥青。

②碎石:石灰石。

③砂:石英砂。

④矿粉:石灰石粉。

矿质材料的筛分级配如表7-15所示。

矿质材料筛分级配　　表7-15

材料名称		筛孔尺寸(mm)								
		15	5	2	1	0.5	0.25	0.15	0.074	<0.074
碎石	分计筛余(%)	0.8	60.0	23.5	14.4	1.3	–	–	–	–
	累计筛余(%)	0.8	60.8	84.3	98.7	100	100	100	100	100
砂	分计筛余(%)	–	–	10.5	22.1	19.4	36.0	7.0	3.0	2.0
	累计筛余(%)	–	–	10.5	32.6	52.0	88.0	95.0	98.0	100
矿粉	分计筛余(%)	–	–	–	–	4.0	4.0	5.5	3.2	83.3
	累计筛余(%)	–	–	–	–	4.0	8.0	13.5	16.9	100

(6)设计标准

①矿质混合料密实级配参见表7-13及图7-8。

②沥青用量参见表7-13。

2. 设计要求

(1)确定组成混凝土矿质骨架的各种矿质材料(碎石、砂、矿粉)的用量配合比。

(2)确定沥青材料最佳用量(提示:按表7-13推荐用量范围,每差0.5%制备不同沥青含量的试件,通过R_{20}、R_{20W}、R_{50}试验确定)。

(3)对所作试件进行沥青混凝土混合料成分分析,校核沥青含量及矿粉级配。

解:1)确定设计先决条件

(1)沥青混凝土要求:按道路等级应制备适于干道的沥青混凝土。

(2)沥青混凝土的种类:按路面结构层位应选择细颗粒的密级配的沥青混凝土。

(3)沥青混凝土施工方法:按制备、运输、施工设备可以制备热拌热铺稠硬的沥青混凝土。

2)设计步骤

(1)确定矿质混合料的级配组成

按规范规定:细颗粒、密级配的碎石石油沥青混凝土的矿质混合料的级配范围应符合表7-16的规定。

沥青混凝土矿质混合料计算辅助表 表7-16

颗粒含量	筛孔尺寸(mm)							
	15	5	2	1	0.5	0.25	0.15	0.74
1.技术规范推荐矿质混合料颗粒级配总通过量(%)	100	63~78	40~63	30~53	22~45	15~35	13~22	10~25
2.技术规范推荐矿质混合料颗粒级配通过量换算为累计筛余(%)		37~22	60~37	70~47	78~55	85~65	88~60	90~75
3.技术规范推荐矿质混合料颗粒级配累计筛余平均值(%)		29.5	48.5	58.5	66.6	75.0	79.0	82.5

(2)碎石用量的确定

在按集料的颗粒组成中主筛余为5mm者(占碎石总质量的60%),在各种矿质材料中5mm尺寸的颗粒除碎石外,砂与矿粉均无。故在混合料中5mm尺寸的颗粒主要为碎石所组成,按公式计算碎石用量:

$$y_1 = \frac{\gamma(5)}{m(5)} \times 100 = \frac{29.5}{60} \times 100 = 49(\%)$$

(3)矿粉用量的确定

在各种矿质材料中,<0.074mm的颗粒基本上就是矿粉,按公式计算矿粉用量:

$$y_3 = \frac{\gamma(0.074)}{m(0.074)} \times 100 = \frac{17.5}{83.3} \times 100 = 21(\%)$$

(4)砂用量的确定:$y_2 = y - (y_1 + y_3) = 100 - (49 + 21) = 30(\%)$

各种矿质材料用量计算及配合比计算及校核列于表7-17。

(5)确定沥青用量

按推荐沥青量大致范围(表7-14),细颗粒沥青混凝土沥青用量为7%~9%。

沥青矿质材料部分配合比计算表 表7-17

筛孔尺寸(mm)		15	5	2	1	0.5	0.25	0.15	0.074	<0.074	复核
组成材料颗粒组成	碎石100%	0.8	60.0	23.5	14.4	1.3					100%
	砂100%			10.5	22.2	19.4	36.0	7.0	3.0	2.0	100%
	矿粉100%					4.0	4.0	5.5	3.2	83.3	100%

续上表

筛孔尺寸(mm)		15	5	2	1	0.5	0.25	0.15	0.074	<0.074	复核
组成材料在设计混合料中的颗粒组成	碎石 49%(γ_1)	0.4	29.4	11.5	7.1	0.6					49%
	砂 30%(γ_2)			3.2	6.6	5.8	10.8	2.1	0.9	0.6	30%
	矿粉 21%(γ_3)					0.1	0.8	1.2	0.7	11.5	21%
设计矿质混合料分计筛余(%)		0.4	29.4	14.7	13.7	6.5	11.6	3.3	1.6	12.1	100%
设计矿质混合料累计筛余(%)		0.4	29.8	44.5	58.2	65.4	77.0	80.3	81.9	100	
最优混合料累计筛余范围(%)		0	37~22	60~37	70~47	78~55	85~65	88~70	90~75	100	-
设计矿质混合料通过量(%)		99.6	70.2	55.5	41.8	34.6	23.0	19.7	18.1	0	-

按《公路工程沥青及沥青混合料实验规程》(JTG E20—2011)规定的方法进行试验,结果列于表 7-18。

沥青混凝土混合料各种配合组成试件试验成果记录 表 7-18

试验项目	混合料中沥青用量(质量%)												沥青混凝土要求技术指标
	配合比 1(7%)				配合比 2(8%)				配合比 3(9%)				
	第一试件	第二试件	第三试件	平均	第一试件	第二试件	第三试件	平均	第一试件	第二试件	第三试件	平均	
50℃极限抗压强度(MPa)	2.13	2.00	2.28	2.14	2.28	2.27	2.45	2.35	1.37	1.375	1.365	1.37	≥1.4
20℃极限抗压强度(MPa)	5.06	5.05	5.04	5.05	5.52	5.54	5.56	5.54	5.37	5.38	5.36	5.37	≥2.5
饱水性(体积%)	1.65	1.55	1.60	1.60	1.35	1.40	1.45	1.40	1.21	1.19	1.20	1.20	1%~3%

从表 7-16 可以看出在三组配合比中以沥青用量 8% 的技术质量最佳。

选定沥青用量为 8%,更进一步试验其全面的技术品质,列于表 7-19。

沥青混凝土混合料控制性试验结果 表 7-19

试验项目	最优沥青含量组成的混合料技术性质				沥青混凝土混合料的要求技术指标
	第一试件	第二试件	第三试件	平均值	
50℃极限抗压强度 R_{50}(MPa)	2.28	2.27	2.45	2.35	不小于 1.0
20℃极限抗压强度 R_{20}(MPa)	5.54	5.50	5.58	5.54	不小于 2.5
20℃极限抗压强度与 50℃极限抗压强度之比,$K_r=\frac{R_{20}}{R_{50}}$	2.4	2.4	2.4	2.4	不大于 3.5
20℃饱水状态的极限抗压强度与 20℃极限抗压强度比, $K_W=\frac{R_{20w}}{R_{20}}$	0.94	0.95	0.96	0.95	不小于 0.9
饱水性(体积%)	1.40	1.35	1.45		不大于 3
膨胀率(体积%)	0.15	0.16	0.17	0.16	不大于 1
残留空隙率(体积%)	3.20	3.50	3.80	3.50	3~5

以试验结果与规范要求的技术指标进行校核,根据校核结果所选定的配合比能满足技术规范要求。

第二节　耐腐蚀沥青混凝土配合比设计

以沥青为胶结材料，加入适量的耐腐蚀粉料及粗、细集料，在热状态下拌制成型，冷却后硬化而成的混凝土称为耐腐蚀沥青混凝土。此种混凝土宜用于室内，使用温度不应高于50℃，施工环境温度不宜低于5℃，且工作面应保持清洁干燥。

一、原材料的技术要求

（一）沥青

在使用前必须经试验合格后方可使用。石油沥青其质量要求见表7-1～表7-3。

（二）粉料

粉料的主要技术指标应符合表7-20的要求。

（三）细集料

细集料的主要技术指标应符合表7-21和表7-22的要求。

（四）粗集料

粗集料的主要技术指标应符合表7-23的要求。

粉料的主要技术指标　　表7-20

指标名称		指标
耐酸率（%）不应小于		94
亲水系数（%）不应大于		1
细度	1 600孔/cm²（0.15mm）筛余（%）不应大于	5
	4 900孔/cm²（0.085mm）筛余（%）	10～30

细集料颗粒级配　　表7-22

筛孔（mm）	5	1.2	0.3	0.15
累计筛余（%）	0～10	20～55	70～55	95～100

细集料的主要技术指标　　表7-21

指标名称	指标
耐酸率（%）不应小于	94
含泥量（%）不应大于	1

粗集料主要技术指标　　表7-23

指标名称	指标
耐酸率（%）不应小于	94
空隙率（%）不应大于	45
含泥量（%）不应大于	1
浸酸安定性	合格

（五）粉料和集料之间的比例

粉料和集料之间的比例应符合表7-24的颗粒级配要求。

粉料和集料混合物的颗粒级配　　表7-24

种类	混合物累计筛余（%）							
	15mm	5mm	2.5mm	1.2mm	0.6mm	0.3mm	0.15mm	0.085mm
细粒式沥青混凝土	0	22～37	37～60	47～70	55～78	62～85	70～88	75～90
中粒式沥青混凝土	10～20	30～50	43～67	52～75	60～82	68～87	72～90	77～92

二、配合比设计

耐腐蚀沥青混凝土的配合比设计，可参考第一节“二、三”条所述方法进行。

三、配合比选择

粉料与粗细集料之间的比例，应选择空隙率最小为好。沥青胶结料，在能施工的情况下以最少为好。其具体要求如下：

(1)沥青用量:采用平板振动器振实时,沥青占粉料和集料混合物质量的百分率(%)为:

细粒式沥青混凝土	8~10
中粒式沥青混凝土	7~9

注:采用碾压机或滚筒压实时,沥青用量应适当减少。

(2)沥青强度等级:采用平板振动器和热滚筒压实时,宜用30号;采用碾压机压实时,宜用60号。

第三节　水工沥青混凝土配合比设计

国内外水工沥青混凝土配合比设计,基本上是采用道路工程的方法,其科学性和实用性尚未达到现在水泥混凝土配合比设计的水平。

一、配合比参数

传统的沥青混凝土配合比设计方法,是先选择几条矿料标准级配曲线,再配以不同沥青用量,通过试验找出所需的配合比。这种方法实质上是将沥青混凝土视为由矿料和沥青两种材料组成,对于既定级配的矿料,只需沥青用量一个配合比参数,即可确定两种材料的数量关系。

根据近代胶浆理论的观点,认为沥青混凝土为一多级空间网状结构的分散体系。沥青胶浆是以沥青为分散介质、填料为分散相组成的微分散系。沥青砂浆以沥青胶浆为分散介质、细骨料为分散相组成的细分散系。沥青混凝土则是粗集料与沥青砂浆组成的粗分散系。沥青胶浆是其中至关重要的组分,可视为单一均匀的填料—沥青相,沥青混凝土的性能主要取决于沥青胶浆的特性和数量。沥青胶浆的特性与填料、沥青等原材料性质有关,对于既定的原材料来说,主要取决于填料/沥青比,称为填料浓度。沥青胶浆的数量可用胶浆/集料比来表示,称为胶骨比。填料浓度和胶骨比反映了沥青混凝土中胶浆的特性和相对数量,更确切地表达出沥青混凝土"组分—结构—性能"的关系,是两个更为合理有效的配合比参数。采用填料浓度和胶集料两个配合比参数的实质,是将沥青混凝土视为由沥青、填料和集料三种材料组成,所以两个配合比参数可以确定三者的相对数量关系。

设沥青混凝土的各种材料用量:沥青为 B、填料为 F、细集料为 S、粗集料为 G。传统的配合比表示方法,以矿料总量为100计,即 $G+S+F=100$。沥青用量按占矿料总量的百分数计,即 $\frac{B}{G+S+F}=B\%$。根据上述定义传统配合比试验是针对既定级配的矿料改变沥青用量。矿料级配确定后,粗集料、细集料及填料均为常量。从式(7-7)可见,沥青用量的改变,使 m、n 值同时变化,试验结果所反映的是沥青胶浆特性变化和相对数量变化的综合效应。因此,根据沥青用量这一参数,难以在较大范围内对沥青混凝土的性能作出可靠的推断,这也正是传统配合比设计方法长期停留在经验范畴试配法水平的重要原因。采用填料浓度和胶集比为配合比参数进行配合比设计,是值得探讨的工作。

$$\text{填料浓度}\quad m=\frac{F}{B}\qquad \text{胶集比}\quad n=\frac{F+B}{G+S}=\frac{F+B}{100-F} \tag{7-7}$$

二、集料级配

(一)矿料级配公式

矿料级配选择就是要确定矿料中粗集料、细集料和填料的合成比例。级配曲线可以清楚地表示出矿料中各种粒径颗粒之间的数量关系，选择不同的级配曲线就是对各种粒径颗粒相互数量关系的调整。矿料级配曲线的特征，可以用级配参数来加以描述。工程上常用的3个级配参数为：最大粒径、细集料率和填料用量。细集料率是指矿料中细集料所占的比例，过去我国工程上常按粒径小于2.5mm的颗粒占矿料总量的百分数计。当矿料总量计为100时，细集料率就等于孔径2.5mm筛上的总通过率$P_{2.5}$。填料用量为填料占矿料总量的百分数，亦即孔径0.074mm筛孔上的总通过率$P_{0.074}$。

连续级配理论认为，矿料合适的级配组成可用一连续曲线表征，并提出过许多级配公式。富勒(Fuller)级配公式是最早提出的公式之一。

$$P_{\mathrm{i}} = 100\sqrt{\frac{d_{\mathrm{i}}}{D}} \tag{7-8}$$

式中：P_{i}——矿料在筛孔为d_{i}筛上的总通过率(%)；

d_{i}——筛孔尺寸(mm)；

D——矿料最大粒径(mm)。

从式(7-8)可以看出，当D确定以后，任一筛孔d_{i}上的总通过率P_{i}均已确定，级配参数$P_{2.5}$、$P_{0.074}$无法加以调整。针对富勒公式存在的问题，保罗米(Bolomey)提出以下修正式：

$$P_{\mathrm{t}} = A + (100 - A)\sqrt{\frac{d_{\mathrm{i}}}{D}} \tag{7-9}$$

保罗米公式引入一常数A，取不同A值代入，可得到不同的$P_{0.074}$，即可对填料用量进行调整。但$P_{0.074}$确定后，$P_{2.5}$亦随之确定，两者不能独立地调整。比尔宾(Birebent)提出另一修正式：

$$P_{\mathrm{i}} = 100\left(\frac{d_{\mathrm{i}}}{D}\right)^{\mathrm{r}} \tag{7-10}$$

比尔宾公式引入级配指数r，r为一常数，取不同r值代入，虽可调整$P_{2.5}$、$P_{0.074}$，但两者仍不能独立调整。为了适应矿料级配调整的需要，应探讨新的级配公式。

(二)新矿料级配公式的探讨

沥青混凝土矿料的理想级配公式应使3个级配参数可以独立的加以调整，如果把保罗米公式和比尔宾公式结合起来，可以得出一个新的矿料级配公式：

$$P_{\mathrm{i}} = A + (100 - A)\left(\frac{d_{\mathrm{i}}}{D}\right)^{\mathrm{r}} \tag{7-11}$$

新矿料级配公式具有以下特点：

1.在保持填料用量为常量的条件下调整矿料级配

将$d_{\mathrm{i}} = 0.074$mm代入式(7-11)可得：

$$P_{0.074} = A + (100 - A)\left(\frac{0.074}{D}\right)^{\mathrm{r}} \tag{7-12}$$

$$A = \frac{P_{0.074} - 100(0.074/D)^{\mathrm{r}}}{1 - (0.074/D)^{\mathrm{r}}} \tag{7-13}$$

当进行级配计算时，最大粒径已经选定，对级配指数r取不同数值代入式(7-13)，再将规定的$P_{0.074}$代入，即得出各相应的A值，再代入式(7-12)即可求得$P_{0.074}$为规定值而级配组成不同的矿料。

2. 在保持集料级配恒定的条件下调整填料用量

式(7-13)中 r 值保持不变，集料级配即不变，$P_{0.074}$ 取不同数值求出各相应的 A 值代入式(7-12)，可使集料级配恒定而调整填料用量。

为了便于实用，可将式(7-12)中的 A 值直接用 $P_{0.074}$ 表达，为此将式(7-13)代入式(7-12)、式(7-11)，得：

$$P_i = \frac{P_{0.074} - 100(0.74/D)^r}{1-(0.074/D)^r} + \left[100 - \frac{P_{0.074} - 100(0.074/D)^r}{1-(0.074/D)^r}\right]\left(\frac{d_i}{D}\right)^r$$

$$= \frac{P_{0.074} - 100(0.074/D)^r + 100(d_i/D)^r - P_{0.074}(d_i/D)^r}{1-(0.074/D)^r}$$

$$= P_{0.074}[1-(0.074/D)^r] + (100-P_{0.074})(d_i/D)^r - (100-P_{0.074})(0.074/D)^r/1 - (0.074/D)^r$$

$$= P_{0.074} + (100-P_{0.074})\frac{(d_i/D)^r-(0.074/D)^r}{1-(0.074/D)^r}$$

$$\therefore \quad P_i = P_{0.074} + (100-P_{0.074})\frac{(d_i)^r-(0.074)^r}{(D)^r-(0.074)^r} \tag{7-14}$$

利用式(7-14)计算较为简便，固定 r 值，即保持集料级配恒定，可任意调整 $P_{0.074}$，即调整填料用量。固定 $P_{0.074}$ 值，即保持填料用量恒定，改变 r 值可任意调整集料级配。

(三)集料级配公式的提出

当采用填料浓度 $m=\frac{F}{B}$、胶集比 $n=\frac{F+B}{S+G}$ 为配合比参数时，沥青用量 B 是一个可以独立选择变量。如果把填料从矿料中分离出来作为独立的变量，并令粗细集料总量为100，即 $G+S=100$，则 $n=\frac{F+B}{100}$，既可简化计算，又可使 m、n 成为独立的配合比参数而分别进行调整。集料只包括粗集料和细集料，当最大粒径选定后，一个级配指数 r 即可确定集料的级配组成，因此提出了集料级配的计算问题。集料级配公式只要令式(7-14)中 $P_{0.074}=0$，即可得出：

$$P_i = 100\left(\frac{d_i^r - 0.074^r}{D_r - 0.074^r}\right) \tag{7-15}$$

由式(7-15)可以算出，当 $d_i = D$ 时，$P_i=100$，当 $d_i=0.074$mm 时，$P_{0.074}=0$。故计算结果是不包括填料的集料级配。现根据式(7-15)可以证明，当级配指数 r 不变时，集料级配保持恒定。设 d_i、d_{i+1} 筛上的分计筛余为 α_i、α_{i+1}，由式(7-15)可得：

$$\alpha_{i+1} = P_i - P_{i+1} = 100\left(\frac{d_i^r-0.074^r}{D^r-0.074^r}\right) - 100\left(\frac{d_{i+1}^r-0.074^r}{D^r-0.074^r}\right) = 100\left(\frac{d_i^r-d_{i+2}^r}{D^r-0.074^r}\right)$$

$$\alpha_i = P_{i-1} - P_i = 100\left(\frac{d_{i-1}^r-0.074^r}{D^r-0.074^r}\right) - 100\left(\frac{d_i^r-0.074^r}{D^r-0.074^r}\right) = 100\left(\frac{d_{i-1}^r-d_i^r}{D^r-0.074}\right)$$

$$\because \quad d_{i-1} = 2d_i = 4d_{i+1}$$

$$\therefore \quad \frac{\alpha_{i+1}}{\alpha_i} = \frac{d_i^r-d_{i+1}^r}{d_{i-1}^r-d_i^r} = \frac{d_i^r-(d_i/2)^r}{(2d_i)^r-d_i^r} = \frac{1-(1/2)^r}{2^r-1} = \frac{1}{2^r}$$

当 r 为常量时，各级集料分计筛余之比为常量，故级配恒定，证毕。由此可见，采用级配指数 r 作为级配参数，比过去工程上采用的细集料率更为科学合理。

(四)级配指数的选择

新矿料级配公式中，3个级配参数：D、r、$P_{0.074}$ 均为独立的变量，故能对各种连续级配曲线很好的拟合。现将表7-24推荐用的水工沥青混凝土矿料级配范围绘成图7-9,图中实线所示即为推荐用的级配范围。现按式(7-14)对其进行拟合,拟合结果如图7-9中虚线所示,可以看出拟合的级配曲线与推荐的级配曲线基本上是一致的,其中个别级配曲线有较大的偏差,看来也是原来推荐用的级配似欠合理。例如,推荐用的开级配2及沥青碎石级配,对粗集料的限制有些过严。

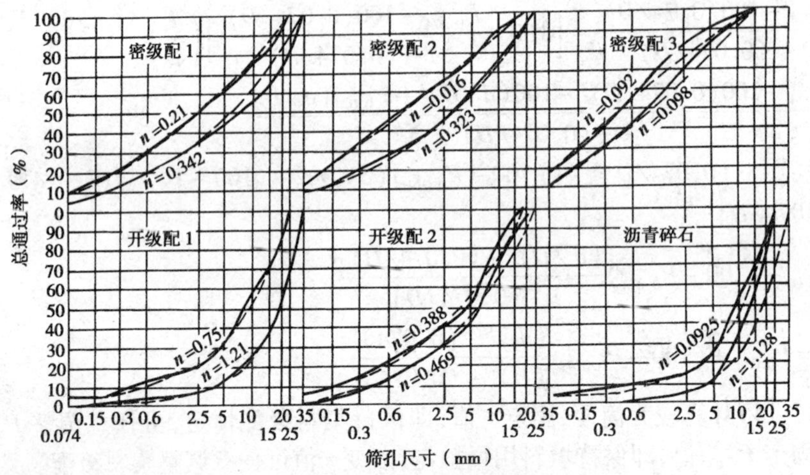

图7-9　矿料级配曲线

——推荐用的级配;┈┈按式(7-14)计算的级配

对式(7-14)新矿料级配公式进一步分析可以看出,该式是以总通过率 P_i 为纵坐标,以筛孔尺寸 d_i 为横坐标的曲线方程。当 D 选定后,由式(7-14)可得 $P_D=100$,曲线的右端点已确定。$P_{0.074}$选定后,曲线的左端点已确定。选取合适的级配指数 r,可使 $P_{2.5}$与规定的数值一致。当一条连续曲线的两个端点和一个中间点确定后,曲线的形状已基本确定,不会发生过大的偏差。

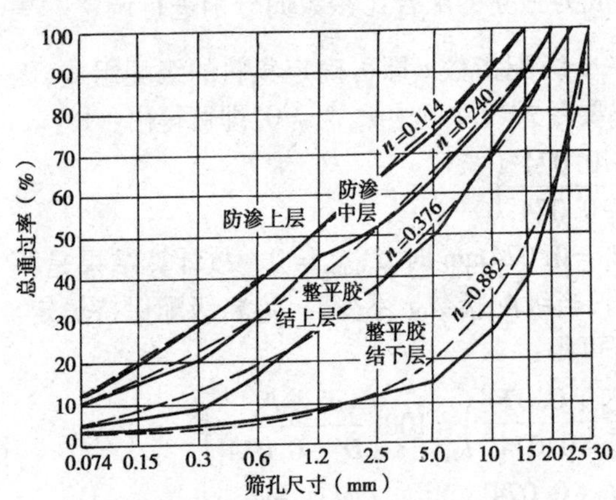

图7-10　石砭峪水库采用的矿料级配

——实际采用的矿料级配;┈┈按式(7-14)计算的矿料级配

过去工程中很少用级配参数对矿料级配进行定量描述,因此不同工程矿料级配的差别,只能定性地加以比较。新级配公式还可用来对实际矿料级配进行分析。石砭峪水库防渗层和整平胶结层采用的矿料级配如图7-10中实线所示,按式(7-14)计算的级配曲线如图中虚线所示,可以看出计算的级配曲线可以反映实际级配的基本特征,4种矿料的级配参数有明显的差别(图中 n 为级配指数)。

根据以上分析可见,当级配参数 D 及 $P_{0.074}$选定后,影响矿料级配的主要因素是孔径2.5mm筛上的总通过率 $P_{2.5}$,根据式(7-14)可得:

$$P_i=P_{0.074}+(100-P_{0.074})\frac{d_i^r-0.074^r}{D^r-0.074^r}$$

当 $d_i=2.5$mm、$P_i=P_{2.5}$,代入上式可得:

$$P_{2.5}=P_{0.074}+(100-P_{0.074})\frac{2.5^r-0.074^r}{D^r-0.074^r}$$

$$\frac{P_{2.5}-P_{0.074}}{100-P_{0.074}}=\frac{2.5^r-0.074^r}{D^r-0.074^r}$$

因为$P_{2.5}$、$P_{0.074}$均已确定,故:

$$\frac{P_{2.5}-P_{0.074}}{100-P_{0.074}}=m \quad (m\text{为常数}) \tag{7-16}$$

即:

$$\frac{2.5^r-0.074^r}{D^r-0.074^r}=m \tag{7-17}$$

上式中D为已知值,故只有1个未知数r,但式(7-17)为一指数方程,不能用简单代数方法求解,现按式(7-17)绘出$r=f(m)$关系曲线如图7-11所示。根据式(7-16)算出m值后,由图即可查得相应的r值。

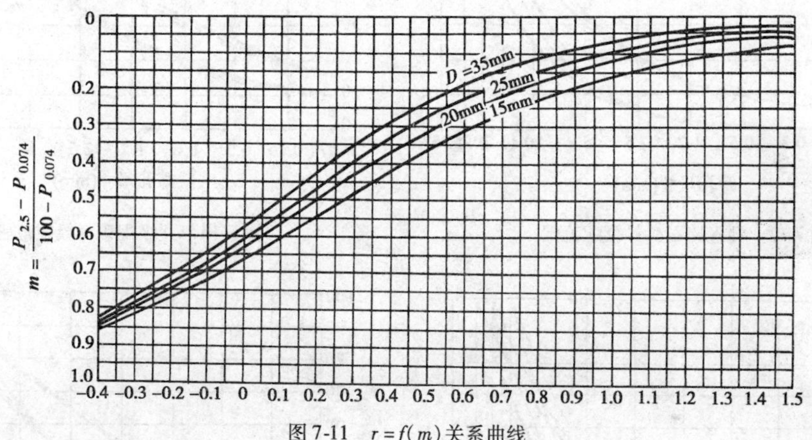

图7-11　$r=f(m)$关系曲线

(五)矿料级配推荐用范围

日本规范将水工沥青混凝土分为8种类型,规定了20种矿料的推荐用范围。按式(7-14)计算只要级配参数选用适当,均能较好的拟合,日本推荐用的级配其特征如表7-25所示。由表可见不同类型沥青混凝土矿料级配参数有较大的差别。表中开级配$P_{2.5}=5\%\sim20\%$,与我国工程中所用的沥青碎石相近;粗粒式级配$P_{2.5}^5=20\%\sim35\%$,相当于国内所说开级配;以下3种均属防渗层沥青混凝土,$P_{2.5}$分别为$35\%\sim50\%$、$50\%\sim65\%$、$65\%\sim80\%$,划分为3个不同的类型。$P_{2.5}$越大,一般来说沥青混凝土的空隙率越小,则不透水性越好。

水工沥青混凝土矿料级配特征　　表7-25

沥青混凝土种类	D=20mm			D=15mm		
	在下列筛孔上的总通过率(%)					
	2.5	0.6	0.074	2.5	0.6	0.074
沥青碎石	0~5	—	0~3	—	—	—
开级配	0~20	—	0~4	5~20	—	0~4
粗粒式级配	20~35	5~20	0~4	20~35	10~22	2~8
密级配	35~50	19~30	0~8	35~50	18~29	4~10
细粒式级配	50~65	25~40	3~10	50~65	25~40	3~10
碎石薄层沥青	65~80	30~55	3~8	65~78	35~60	6~12

为了便于实用,现按式(7-14)对各种矿料级配进行计算。计算沥青碎石时,取$D=35\text{mm}$、25mm、20mm,$P_{2.5}=5\%\sim20\%$,$P_{0.074}=0\%\sim5\%$;开级配取$D=25\text{mm}$、20mm、15mm,$P_{2.5}=$

20% ~35%，$P_{0.074}=5\%\sim10\%$；密级配取 $D=25\text{mm}$、20mm、15mm，$P_{2.5}=35\%\sim50\%$、$50\%\sim65\%$、$65\%\sim80\%$，$P_{0.074}=10\%\sim15\%$，计算结果见表 7-26。

按表 7-25 的数据绘出各种矿料的级配范围见图 7-12 ~ 图 7-16。

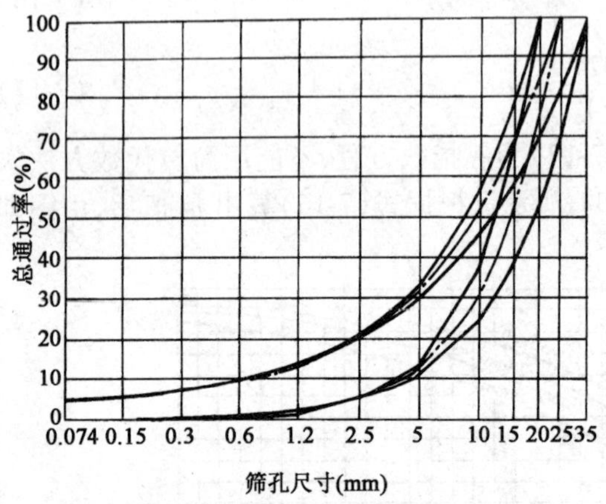

图 7-12　沥青碎石矿料级配范围

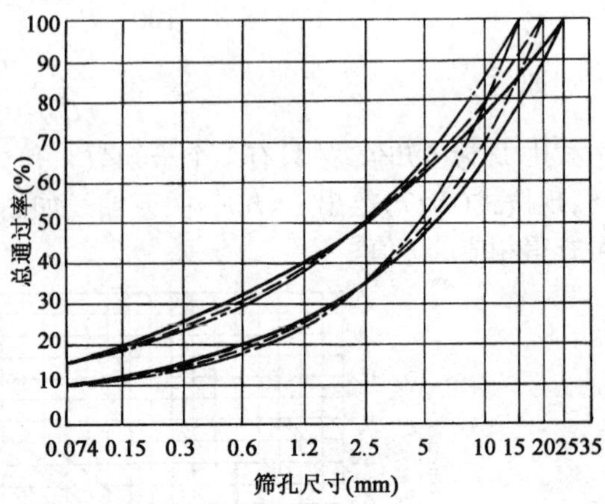

图 7-13　开级配矿料级配范围

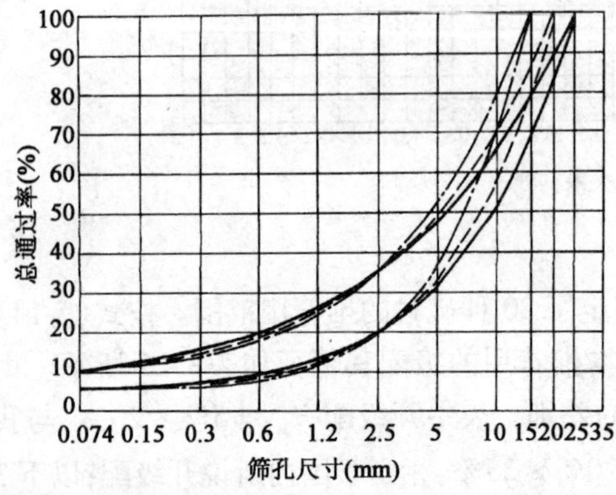

图 7-14　密级配矿料级配范围(一)

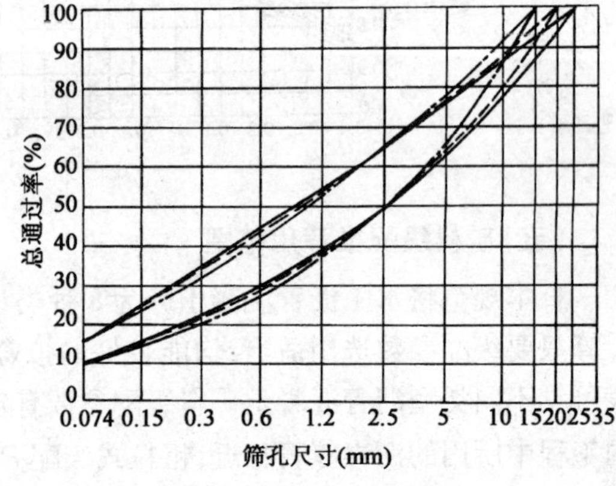

图 7-15　密级配矿料级配范围(二)

表 7-25 列出了水工沥青混凝土常用的矿料级配范围。由这些级配曲线可以看出，最大粒径 D 主要影响粗粒料的组成，对于2.5mm以下的颗粒影响甚小。级配主要的影响因素是级配指数 r，它决定了 $P_{2.5}$ 值的大小。由于施工规范规定允许超径含量为 5%，故最大粒径筛孔上的总通过率可以允许在 95% ~100% 范围内变化。

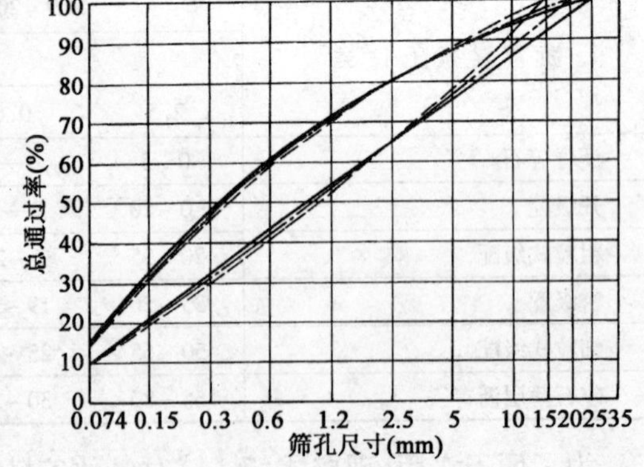

图 7-16　密级配矿料级配范围(三)

三、水工沥青混凝土配合比设计方法

现以某工程防渗层沥青混凝土配合比设计为例，对采用填料浓度和胶集比为配合比参数的设计方法加以介绍。

(一) 防渗层沥青混凝土的技术要求

设计准则规定防渗层沥青混凝土的各项技术要求见表 7-26。

防渗层沥青混凝土的技术要求 表 7-26

技术指标	空隙率(%)	渗透系数(cm/s)	水稳定系数	斜坡流淌值$\left(\frac{1}{10}\text{mm}\right)$
规范要求	2~4	$\leqslant 1\times10^{-7}$	$\geqslant 0.85$	$\leqslant 8$

设计单位根据坝体沉陷计算成果,结合当地气象条件,对抗裂性提出的要求是在10℃温度下沥青混凝土的极限拉伸应变不小于3×10^{-3}。

(二)集料级配的确定

试验采用玄武岩碎石及玄武岩人工砂、石灰岩矿粉,因斜墙施工尚未进入准备阶段,试验所用矿料系临时加工的混合集料。为了使试验时集料级配稳定,将混合集料筛分为:15~10、10~5、5~2.5、2.5~1.25、1.25~0.63、<0.63mm共6级。将6级集料混匀后分别取样筛分,各级集料的自然级配测定结果见表7-27。石灰岩矿粉在0.074mm筛上的总通过率为97%,现近似地作为$P_{0.074}=100$,用来调整填料用量,在计算合成级配时不计入矿料,以简化计算。现按6级集料的自然级配计算合成级配。

集料合成级配计算 表 7-27

集料粒径组(mm)		合成比例(%)	筛孔尺寸(%)								
			15	10	5	2.5	1.25	0.63	0.315	0.16	0.074
			总通过率(%)								
矿料自然级配	15~10	100	100	9.8	0	0	0	0	0	0	0
	10~5	100	100	100	5.9	0	0	0	0	0	0
	5~2.5	100	100	100	100	3.4	0	0	0	0	0
	2.5~1.25	100	100	100	100	100	14.0	0	0	0	0
	1.25~0.63	100	100	100	100	100	100	11.8	0	0	0
	<0.63	100	100	100	100	100	100	100	53.5	35.1	15.9
矿料的合成	1 150~150	29.8	29.8	22.30②	104	0	0	0	0	0	0
	5~2.5	17.0	17.0	17.0	17.0	0.6	0	0	0	0	0
	2.5~1.25	15.2	15.2	15.2	15.2	15.2	2.1	0	0	0	0
	1.25~0.63	7.3	7.3	7.3	7.3	7.3	7.3	0.9	0	0	0
	<0.63	20.1	20.1	20.1	20.1	20.1	20.1	20.1	10.8	7.1	3.1
各筛总通过率之和P_i^*			103.1	85.2③	61.0	43.2	29.5	21.0	10.8	7.1	3.1①
集料合成级配P_i^*			100	82.1④	57.9	40.1	26.4	17.9	7.7	4.0	0
集料标准级配P_i			100	82.1⑤	57.3	40.1	26.8	17.0	9.7	4.4	0

注:①集料合成后,集料总量为100,其中填料含量$P_{0.074}=3.1$。

②按比例合成后,15~10mm集料在10mm筛上的总通过率为$9.8\times19.9\%=2.0$。

③10mm筛上各级集料总通过率之和为$2.0+23.6+17.0+15.2+7.3+20.1=85.2$。

④集料合成级配$P'_i=P''_i-P_{0.074}=85.2-3.1=82.1$。

⑤集料标准级配按式(7-15)计算得到。

1. 集料标准级配的选择

现集料最大粒径采用 $D=15\text{mm}$,参考国内有关工程资料选用 $P_{2.5}=40$,代入式(7-15)得:

$$40=100\left(\frac{2.5^{r}-0.074^{r}}{15^{r}-0.074^{r}}\right) \tag{7-18}$$

解式(7-18)可得 $r=0.433$,r 值亦可查图 7-11 近似求得。将 r 值代入式(7-18)得:

$$P_{i}=100\left(\frac{d_{i}^{0.433}-0.074^{0.433}}{15^{0.433}-0.074^{0.433}}\right) \tag{7-19}$$

按式(7-19)计算的标准级配见表 7-28,标准级配曲线见图 7-17。

2. 集料合成级配的计算

前面已介绍过用试算法求解合成级配的方法,现在我们介绍集料最优合成级配的求解方法。设有 N 种集料,第 j 种集料在 d_i 筛上的总通过率为 P_{ij},合成比例为 C_i,则 N 种集料在 d_i 筛上的总通过率之和 P'_j 为:

$$P'_{i}=\sum_{j-1}^{n}C_{j}P_{ij}-\sum_{j-1}^{N}C_{j}P_{0.074j}$$

设合成级配 P'_j 与标准级配 P_i 的偏差为 Δ_i,则:

$$\Delta_{i}=P'_{i}-P_{i}$$

设各筛上总通过率的偏差平方和为 Q,则:

$$Q=\sum_{i-D}^{0.074}\Delta_{i}^{2}=\sum_{i-D}^{0.074}\left[\sum_{i-1}^{N}C_{j}P_{ij}-\sum_{i-1}^{N}C_{j}P_{0.074}-100\left(\frac{d_{i}^{0.433}-0.074^{0.433}}{15^{0.433}-0.074^{0.433}}\right)\right]^{2}$$

求解 $Q(C_j)$ 极小值,可得出集料最优合成比例 C_j,并要求 $C_j\geqslant 0$

$$\sum_{j-1}^{N}100C_{j}=100+P_{0.074}=100+\sum_{j-1}^{N}C_{j}P_{0.074}$$

因此,最优合成级配计算实际上就是求解以下极值问题。

$$\left.\begin{aligned}&\min Q(C_{j})\\&C_{j}\geqslant 0,\sum_{j-1}^{N}100C_{j}=100+\sum_{j-1}^{N}C_{j}P_{0.074}\end{aligned}\right\} \tag{7-20}$$

按式(7-20)解出的 C_j 将使合成级配与标准级配的偏差最小。式(7-20)可编制 FORTRAN 程序求解。

根据表 7-26 所列 6 级集料的自然级配,电算求解的最优合成比例见表 7-28。

各级集料的最优合成比例

表 7-28

粒径组(mm)	15~10	10~5	5~2.5	2.5~1.25	1.25~0.63	<0.63
合成比例(%)	19.9	23.6	17.0	15.2	7.3	20.1

集料合成级配的计算方法及计算结果列于表 7-26,集料合成级配曲线如图 7-17 中虚线所示。

(三)试验配合比参数选择及配料计算

1. 试验配合比参数选择

填料浓度 m 和胶集比 n 用作配合比参数还缺乏经验,在参考其他工程的资料后加以选择,并适当扩大参数的取值范围。试验采用以下数值:

填料浓度 m:1.25、1.5、1.75、2.0、2.25

胶集比 n:0.15、0.18、0.21、0.24、0.27

共计试验 5×5=25 个配合比。

2. 试验配料计算

根据配合比参数定义：$m=\dfrac{F}{B}$、$n=\dfrac{F+B}{100}$，且 $G+S=100$，可以导出：

沥青质量
$$B=\frac{100n}{1+m} \tag{7-21}$$

填料质量
$$F=\frac{100mn}{1+m} \tag{7-22}$$

集料质量
$$G+S=100$$

将试验选用的 m、n 值代入式(7-21)、式(7-22)可得出100份集料所需沥青及填料的配料用量。设 $m=1.75$、$n=0.25$，代入后可求得 $B=9.09$，$F=15.91$。应注意到，在100份合成集料中，已含有填料3.1份，故填料配料量应为 $15.91-3.1=12.81$，这就是石灰岩矿粉应配的质量。由于石灰岩矿粉在0.074mm筛上的总通过率为97%，现近似取为100%，存在微小的误差。

(四)配合比试验结果及试验室配合比平面的确定

1. 配合比试验结果

将试验选用的各配合比配制成型试件，测定其空隙率、渗透系数、斜坡流淌值及极限拉伸应变等指标，并绘出如图7-18～图7-21所示的各技术指标与配合比参数的关系曲线。试验采用茂名60甲道路沥青。

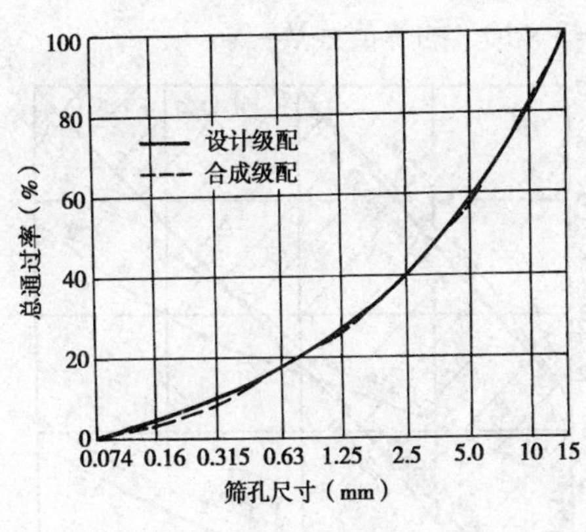

图7-17　集料级配曲线

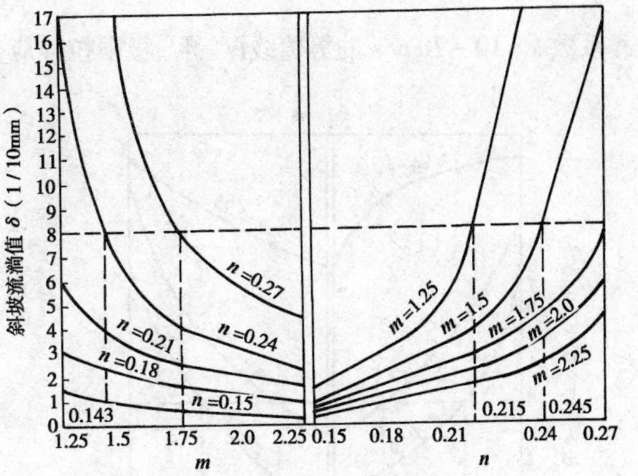

图7-18　空隙率与配合比参数的关系曲线

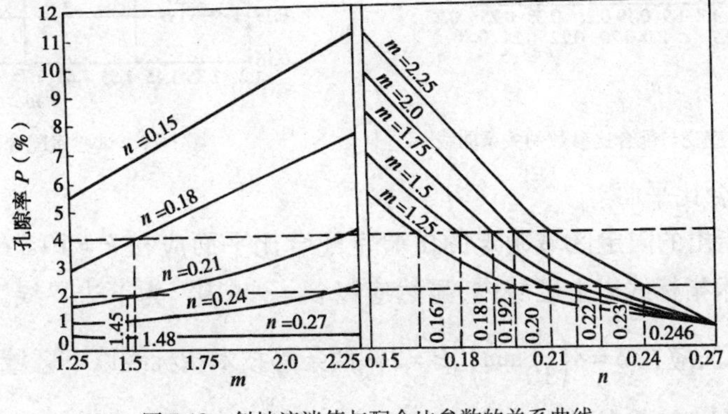

图7-19　斜坡流淌值与配合比参数的关系曲线

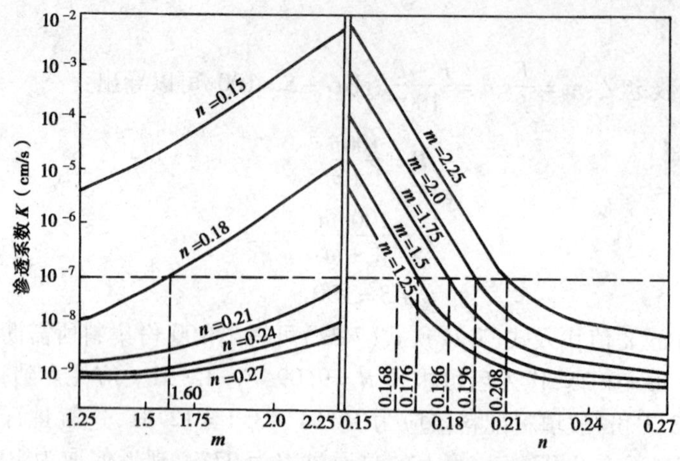

图 7-20 渗透系数与配合比参数的关系曲线

2. 试验室配合比平面确定

当以 m、n 作为配合比参数时，在 $m-n$ 平面内，在试验室条件下能使沥青混凝土的各项技术指标满足设计要求的区域，称为试验室配合比平面。

（1）技术指标等值线的绘制：从图 7-18 ~ 图 7-21 中，找出技术指标可以满足设计要求的各点，将各点所对应的配合比参数列于表 7-30，并绘于图 7-22，再将技术指标相等的各点连线，得出空隙率 $P=4\%$ 的等值线Ⅰ-Ⅰ，$P=2\%$ 的等值线Ⅱ-Ⅱ，斜坡流淌值 $\delta=8\left(\frac{1}{10}\text{mm}\right)$ 的等值线Ⅲ-Ⅲ，渗透系数 $k=10-7\text{cm/s}$ 的等值线Ⅳ-Ⅳ，极限拉伸应变 $\varepsilon=3\times10^{-2}$ 的等值线Ⅴ-Ⅴ。

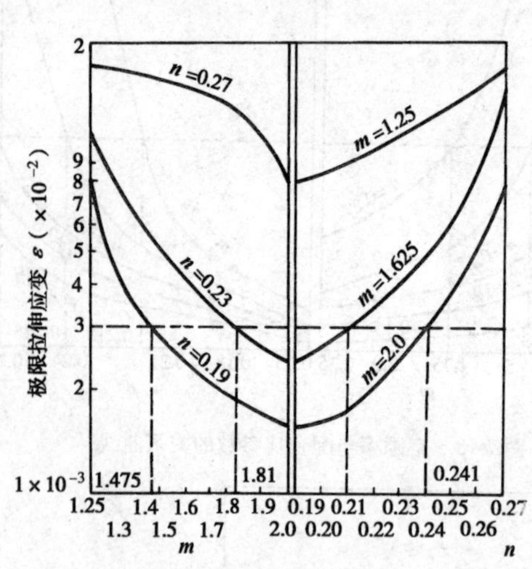

图 7-21 极限拉伸应变与配合比参数的关系曲线

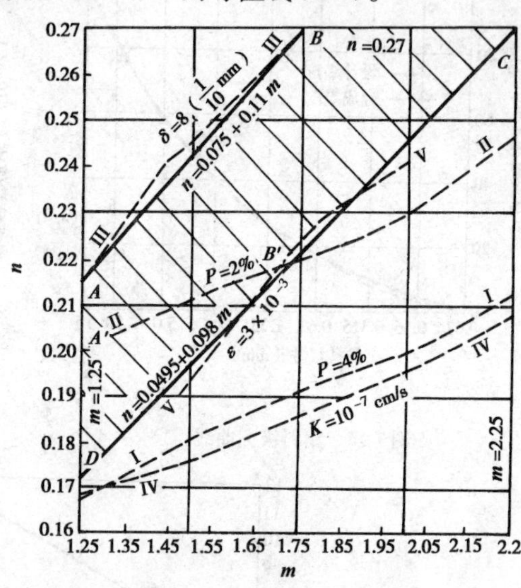

图 7-22 试验室配合比平面图

（2）试验室配合比平面

按表 7-29 中指出的限定区域确定的试验室配合比平面应在 $k=10^{-7}\text{cm/s}$、$P=4\%$、$\varepsilon=3\times10^{-3}$ 三条等技术指标线以上区域内，显然应以 $\varepsilon=3\times10^{-3}$ 为下边界线，以直线 CD 表示。试验室配合比平面又应在 $\delta=8\left(\frac{1}{10}\text{mm}\right)$、$P=2\%$ 两条等技术指标线以下区域内，所以只有三角形 $A'B'D$ 范围内的配合比参数才能完全满足设计要求。由图 7-23 可见，这样小的配合比平面范围将对施工质量控制提出严格的要求,增加施工的难度。现对上边界线的选择加以分析。道路沥青混凝土受到车辆反复压实的作用,沥青混凝土必须保有适量空隙容纳沥青,以免路面翻油。沥青混凝土斜墙的工作条件不同于路面,建成后没有外载的压实作用,空隙率较少发生变化,只要热稳定性能够满足,空隙率即使小一些并无重大影响,亦无损于工程的使用功能。为了使配合比平面保持较大的范围,现取 $\delta=8\left(\frac{1}{10}\text{mm}\right)$ 作为上边界线,以直线 AB 表示,因此,试验室配合比平面被确定在四边形 $ABCD$ 范围内。各边界点的参数列于表 7-30。

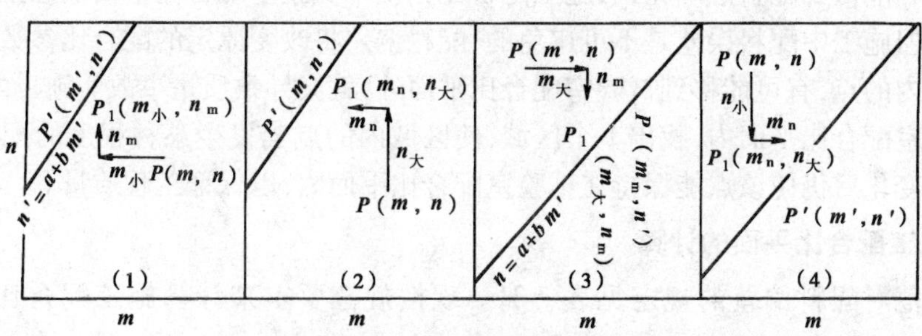

图 7-23　施工配合比平面边界点计算图

满足技术要求的配合比平面范围　　表 7-29

技术要求	m 值						配合比平面区域
	1.25	1.5	1.75	2.0	2.25		
	n 值						
$P\leqslant4\%$	≥0.167	≥0.181	≥0.192	≥0.20	≥0.212	$m\leqslant1.48$ $n=0.18$	Ⅰ-Ⅰ以上区域
$P\geqslant2\%$	≤0.20	≤0.212	≤0.220	≤0.23	≤0.246	$m\geqslant1.45$ $n=0.21$	Ⅱ-Ⅱ以下区域
$\delta\leqslant8\left(\frac{1}{10}\text{mm}\right)$	≤0.215	≤0.245	≤0.27			$m\geqslant1.43$ $n=0.24$	Ⅲ-Ⅲ右下区域
$k\leqslant10^{-7}$(cm/s)	≥0.168	≥0.176	≤0.186	≥0.196	≥0.208	$m\leqslant1.60$ $n=0.18$	Ⅳ-Ⅳ以上区域
$\varepsilon\geqslant3\times10^{-2}$	$m\leqslant1.475$ $n\leqslant0.19$		$m\leqslant1.81$ $n=0.23$	$m=1.625$ $n\geqslant0.21$		$m=2.0$ $n\geqslant0.241$	Ⅴ-Ⅴ以上区域

试验室配合比平面的边界点配合比参数　　表 7-30

边界点		A	B	C	D
配合比参数	m	1.25	1.75	2.25	1.25
	n	0.215	0.27	0.27	0.172

根据边界点的配合比参数可求出各边界线的直线方程

$AB:n=0.0775+0.11m$　　$BC:n=0.27$　　$CD:n=0.0495\sim0.098m$　　$DA:n=1.25$

四、施工配合比平面的问题

(一)施工配合比平面问题的提出

我们在完成某工程的配合比试验中,提出了如图7-22所示的试验室配合比平面,供施工时选择配合比。设计和施工单位感到试验室配合比平面区域较大,要求能限定出更小的区域,以便施工中应用。这个问题的提出,涉及施工配合比平面的概念,促进了对施工配合比平面问题的研究。

施工中如能做到配料准确无误,施工配合比在整个试验室配合比平面任意选择,质量均能得到保证。但施工中配料误差是不可避免的,配料偏差将改变原定的配合比参数,原来试验室配合比平面内的点,有可能移到试验室配合比平面外,就会导致质量事故。施工配合比平面就是要在试验室配合比平面内,找出1个区域,使区域内的点当发生某种程度的配合料偏差时,配合比参数变化后仍使该点能保持在试验室配合比平面内,以保证工程质量。

(二)施工配合比平面的计算

施工规范对配料偏差的规定见表7-31。现按规范要求来计算施工配合比平面的边界范围。

配合比的允许偏差 表7-31

材料种类	沥　青	填　料	砂、石屑	碎　石
配合比的允许偏差(%)	±0.5	±1.0	±2.0	±2.0

有两点应加注意:施工规范规定的为绝对误差,沥青允许偏差为±0.5%,如规定沥青用量为8%,则允许的偏差范围为8.0%±0.5%;施工规范采用的是传统的配合比表示方法,即矿料总重为100。试验采用的是新的配合比表示方法,即集料总量为100。因此,在应用表7-32时,应将试验采用的配合比换算为传统的配合比。现设沥青混凝土各种材料用量为B、F、S、G,新的计算方法规定$G+S=100$,现换算为传统的配合比计算方法,则沥青用量:

$$B'=\frac{B}{S+G+F}\times 100(\%)=\frac{100B}{100+F}(\%)$$

填料用量

$$F'=\frac{F}{S+G+F}\times 100(\%)=\frac{100F}{100+F}(\%)$$

因为$m=\frac{F}{B}$、$n=\frac{F+B}{100}$,代入上式化简可得:

$$B'=\frac{100n}{1+m+mn} \tag{7-23}$$

$$F'=\frac{100mn}{1+m+mn} \tag{7-24}$$

按传统方法计算时,$G'+S'+F'=100$,

所以

$$G'+S'=100-F' \tag{7-25}$$

设试验室配合比平面内一点$P(m、n)$,其相应的B'、F'、$G'+S'$可按式(7-23)~式(7-25)求得,当各种材料发生配料误差$\pm\Delta B'$、$\pm\Delta F'$、$\pm\Delta S'$、$\pm\Delta G'$时,可能出现以下几种不利的组合情况:

1. 当控制条件为上边界线时

现分两种情况加以讨论:

(1)配料偏差使点 $P(m,n)$ 取得最小的 m 值,如图 7-23 所示,则:

$$m_{小}=\frac{F'-\Delta F'}{B'+\Delta B'}$$

与 $m_{小}$ 对应的 n 值为:

$$\begin{aligned}n_{m}&=\frac{(F'-\Delta F')+(B'+\Delta B')}{(S'-\Delta S')+(G'-\Delta G')}\\&=\frac{(F'-\Delta F')+(B'+\Delta B')}{(S'+G')-(\Delta S'+\Delta G')}\\&=\frac{(F'-\Delta F')+(B'+\Delta B')}{(100-F')-(\Delta S'+\Delta G')}\end{aligned}$$

故点 $P(m,n)$ 将位移至点 $P_1(m_{小},n_{m})$。

设 $P'(m',n')$ 为上边界线上的点,应满足方程 $n'=a'+bm'$,现令 $m_{小}=m'$,$n_{m}=n'$,即使点 P_1 与 P' 重合,则:

$$m'=\frac{F'-\Delta F'}{B'+\Delta B'} \tag{7-26}$$

$$n'=\frac{(F'-\Delta F')+(B'+\Delta B')}{(100-F')-(\Delta S'+\Delta G')} \tag{7-27}$$

联立式(7-26)、式(7-27)求解,得

$$F'=\frac{(100-\Delta S'-\Delta G')m'n'+(1+m')\Delta F'}{1+m'+m'n'}=K_1 \tag{7-28}$$

$$B'=\frac{K_1-\Delta F'}{m'}-\Delta B'=K_2 \tag{7-29}$$

上式中的 K_1、K_2 均为已知常数,可将各已知值代入式(7-28)、式(7-29)求得,故有:

$$F'=\frac{100mn}{1+m+mn}=K_1$$

$$B'=\frac{100n}{1+m+mn}=K_2$$

$$m=\frac{K_1}{K_2} \tag{7-30}$$

$$n=\frac{K_1+K_2}{100-K_1} \tag{7-31}$$

将允许的配料偏差及边界点的配合比参数代入式(7-28)、式(7-29)求出 K_1、K_2 值,再代入式(7-30)、式(7-31)即可求得配合比平面边界点的配合比参数。这种情况也可用于左边界线求解。

(2)配料偏差使点 $P(m,n)$ 取得最大的 n 值,如图 7-23(2)所示,则:

$$n_{大}=\frac{(F'+\Delta F')+(B'+\Delta B')}{(100-F')-(\Delta S'+\Delta G')}=n'$$

$$m_{n}=\frac{F'+\Delta F'}{B'+\Delta B'}=m'$$

联立上两式求解,得:

$$F'=\frac{(100-\Delta S'-\Delta G')m'n-(1+m')\Delta F'}{1+m'+m'n'}=K_1$$

$$B'=\frac{K_1+\Delta'}{m'}-\Delta B'=K_2$$

仍按式(7-30)、式(7-31)求出 m、n 值。这种情况也可用于上边界线求解。

2. 当控制条件为下边界线时

仍分两种情况讨论:

(1)配料偏差使点 $P(m,n)$ 取得最大的 m 值,如图 7-24(3)所示,则:

$$m_{大} = \frac{F' + \Delta F'}{B' - \Delta B'} = m'$$

$$n_{m} = \frac{(F' + \Delta F') + (B' - \Delta B')}{(100 - F') + (\Delta S' + \Delta G')} = n'$$

联立上两式求解,得:

$$F' = \frac{(100 + \Delta S' + \Delta G')m'n' - (1 + m')\Delta F'}{1 + m' + m'n'} = K_1$$

$$B' = \frac{K_1 + \Delta F'}{m'} + \Delta B' = K_2$$

按式(7-30)、式(7-31)求解 m、n 值。这种情况也可用于右边界线求解。

(2)配料误差使点 $P(m,n)$ 取得最小的 n 值,如图 7-23(4)所示,则:

$$n_{小} = \frac{(F' - \Delta F') + (B' - \Delta B')}{(100 - F') + (\Delta S' + \Delta G')} = n'$$

$$m_{n} = \frac{F' - \Delta F'}{B' - \Delta B'} = m'$$

联立上两式求解,得:

$$F' = \frac{(100 + \Delta S' + \Delta G')m'n' + (1 + m')\Delta F'}{1 + m' + m'n'} = K_1$$

$$B' = \frac{K_1 - \Delta F'}{m'} + \Delta B' = K_2$$

按式(7-30)、式(7-31)求解 m、n 值。

根据以上方法计算,施工配合比平面的上边界线受到 $m_{小}$ 或 $n_{大}$ 的控制,下边界线受到 $m_{大}$ 或 $n_{小}$ 的控制,应分别加以验算,取最不利的组合作为边界范围。施工配合比平面为现场调整配合比提供了可靠的科学依据,这是传统的配合比设计方法难以办到的。

(三)施工配合比平面的确定

根据以上导出的计算公式,可以分析各种材料的配料偏差对施工配合比平面的影响。分析的结果表明,沥青的配料偏差影响最大,是决定施工配合比平面范围的主要因素,因此施工中注意控制沥青的配料精度,对稳定沥青混凝土的质量有重要的作用。

现按施工规范规定的允许配料偏差,令 $\Delta B' = 0.5$、$\Delta F' = 1.0$、$\Delta S' = 2.0$、$\Delta G' = 2.0$ 对施工配合比平面边界范围进行计算。计算结果表明,试验室配合比平面内的任何点,当发生上述规定允许的配料偏差时,均有可能超出试验室配合比平面的范围而使质量失控,故试验室配合比平面不允许发生规范提出的配料偏差。因为沥青配料偏差是主要的因素,现矿料配料偏差仍按规范规定取值,即 $\Delta F' = 1.0$、$\Delta S' = 2.0$、$\Delta G' = 2.0$,沥青配料偏差 $\Delta B'$ 按 0、0.1、0.2、…取值,计算出各相应的施工配合比平面，计算结果绘成图 7-24。

由图可以看出，当 $\Delta B'$ 增大至 0.35 左右，施工配合比平面将逐渐小而趋于一点，施工配合比将无调整余地。配料偏差越小，施工配合比平面范围越大，质量失控的可能性越小。施工时应根据实际的配料偏差，在相应的施工配合比平面内选择配合比。

根据以上分析，试验室配合比平面宜保持适当面积，应努力提高配料精度，同时在确定设计要求时应慎重考虑，过高的要求总是以牺牲一部分配合比平面面积来实现的，这将增加施工的难度，值得注意。

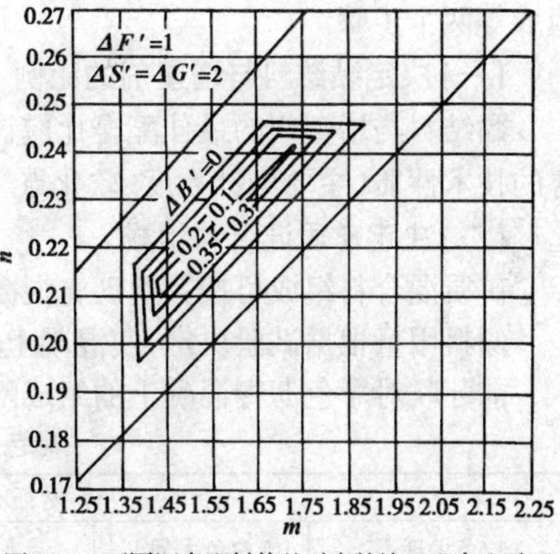

图 7-24　不同沥青配料偏差对应的施工配合比平面

第四节　彩色沥青混凝土配合比设计

彩色沥青混凝土是沥青混凝土的一种变种。彩色沥青混凝土混合料是由各种颜料、透明的黏结料——增塑剂及无色矿质材料（碎石、砂、矿物）所组成。

彩色混凝土通常用作道路铺砌行车道的分车带、行人过街道、城市道路电车停车场，亦可用作公园小路、广场装饰等。

一、彩色沥青混凝土的组成材料

彩色沥青混凝土由颜料、黏结料、增塑剂及矿质材料所组成。这些材料在彩色沥青混凝土中所起的作用及技术要求如下：

（一）颜料

用于彩色混凝土中的颜料应该具有感光性和水稳性（不溶于水），最常采用的有下列颜料：

黄色的黄颜料（黄色），铁色的铅丹（红色），普鲁士蓝（蓝色）；

橙黄色黄颜料（橙黄色），氧化铬（绿色），锌钡白（白色）。

（二）黏结料、增塑剂

彩色沥青混凝土采用的黏结料应该是淡色透明，具有好的耐水性、耐热性及稳定性，同时能保证与各种矿质材料的黏结作用。最常用的黏结料有：树脂、松香等。但松香水稳性较低。

增塑剂用以减少彩色沥青混凝土的脆性，增加塑性与提高抗冻性。增塑剂应有较好的气候稳定性，在其成分中不应在含有较多挥发部分而变坏其性质。最常用的增塑剂有：阿立夫油、奥立斯油、绿油等。

（三）矿质材料

彩色沥青混凝土中的矿质材料最好为白色或淡色的，常用的为：白色大理石或淡色石灰石废料轧制成的石屑及矿料，淡色或白色的石英砂。深色的矿质材料会染坏混合料颜色。

二、彩色沥青混凝土配合比设计

彩色沥青混凝土的配合比设计应根据试验决定。

彩色沥青混凝土的配合比设计可分为:①决定黏结料和增塑剂的比例;②决定矿质混合料组成等两个步骤。

(一)决定黏结料与增塑剂的比例

黏结料与增塑剂的最佳配合比应该使混合物有相当于该种沥青混凝土混合料所要求的沥青的技术性质(主要为针入度、软化点、延度),黏结料与增塑剂用量比例一般为1:4~1:5。

(二)决定矿质混合料组成

矿质混合料组成可按普通沥青混凝土规范推荐方法计算。

颜料用量根据试验决定,使混凝土获得目力观察有足够光亮度与鲜明颜色为度。

前苏联对彩色沥青混凝土的组成配合比,根据实际工作的经验列于表7-32,可供参考。

彩色沥青混凝土组成配合比 表7-32

按质量计组成数量百分率					
白色大理石石渣<3~5mm	白色大理石石粉	石灰石的石粉	白砂	颜料	黏结-增塑剂
18	69	—	10	3	10
20	55	10	—	6	10
20	60	—	10	10	13
22	62	11	—	5	10.5

第五节 工地沥青混凝土配合比简易设计

工地沥青混凝土所用原材料技术性质与普通沥青混凝土相同,配合比设计方法是根据矿质混合料最小空隙度与沥青颗粒上薄膜层厚度进行计算。集料的最大粒径,应不超过上层沥青厚度的0.6。

矿质混合料的空隙率可按下式进行计算:

$$P=\frac{\rho_y-\rho_0}{\rho_y}\times 100 \tag{7-32}$$

式中:P——矿质混合料空隙率(%);

ρ_y——矿质混合料视密度(g/cm^3);

ρ_0——最佳混合料在密实状态的密度(g/cm^3)。

预先计算沥青使用量时(以矿物质混合料按质量计为100份时所占百分数)可采用下式进行计算:

$$C=\frac{P\rho'}{\rho_0}\mu \tag{7-33}$$

式中:C——沥青使用用量(kg);

P——矿质集料空隙率(%);

ρ'——沥青之视密度(g/cm^3);

ρ_0——矿物质混合料的密度(g/cm^3);

μ——沥青使用量折减系数:温带气候为0.85℃,寒带气候为0.9℃。

沥青使用量可根据混合料之密实程度及不同膨胀系数之差数进行折减。

包围矿质沥青颗粒的沥青薄膜厚度取为0.003~0.007mm。

沥青混凝土配合比中之材料用量,依现有材料与材料质量以及对沥青面层的要求而定。

沥青混凝土施工参考配合比见表7-33。

沥青混凝土施工参数配合比 表 7-33

种类	混合物累计筛余(%)									粉料集料混合物	沥青(质量计)(%)
	25	15	5	2.5	1.2	0.6	0.3	0.15	0.074		
细粒式沥青混凝土	—	0	22~37	37~60	47~70	55~78	65~85	70~88	75~90	100	8~10
中粒式沥青混凝土	0	10~20	30~50	43~67	52~75	60~82	68~87	72~90	77~92	100	7~9

注:1. 本表是采用平板振动器振实的沥青用量,采用碾压机或热滚筒压实时,沥青用量应适当减少。

2. 用平板振动器施工时宜采用 30 号沥青,采用碾压机施工时宜采用 60 号沥青。

底层的混合料(粗粒的以及具有相当空隙的)由大量的碎石组成,同时在底层混合料中,一般均不加入填料。

上层则应该是密实的、坚韧而不透水的,因此就需要增加沥青的含量,改善混凝土的颗粒组成并加入粉状填料。沥青砂浆的使用量应较粗粒填料的空隙体积多10%~15%。

最后,将上述沥青混凝土配合比,通过现场试铺检验,测定压实沥青混凝土的各项技术性质后,如施工操作方便,且各项技术指标满足设计要求时,则可将该配合比(即选定的施工配合比)交付施工单位使用。

第八章　砂浆配合比设计

砂浆是由胶凝材料、细集料和水组成。胶凝材料有水泥、石灰、石膏等。细集料主要是砂，也有用工业废渣和石屑的。

砂浆按胶凝材料不同，可分为水泥砂浆、石灰砂浆和混合砂浆等；按用途可分为砌筑砂浆和抹灰砂浆；此外还有一些保温、吸声用砂浆。

第一节　砌筑砂浆配合比设计

用于砌筑砖、石、砌块等砌体的砂浆统称为砌筑砂浆。

一、原材料的技术要求

(一)水泥

常用的5种水泥均可使用，但不同品种的水泥不得混合使用。选用水泥的强度一般为砂浆的强度4~5倍为宜，如强度太高，则应加掺和料。对特殊用途的砂浆，要选用相应的特种水泥。

(二)砂子

宜采用中砂、并应过筛，不得含有草根等杂物。

砂浆强度等于或大于M5级的水泥混合砂浆，砂的含泥量不应超过5%；强度小于M5的水泥混合砂浆，砂的含泥量不应超过10%(技术要求详见混凝土细集料有关规定)。

(三)石灰

生石灰熟化成石灰膏时，熟化时宜用不大于3mm孔径筛过滤，并使其充分熟化，熟化时间不得少于15d。

沉淀池中储存的石灰膏，应防止干燥、冻结和污染；不得含有未熟化颗粒。严禁使用脱水硬化的石灰膏。

(四)水

应采用不含有害物质的洁净水。

(五)掺和料

掺和料技术要求如表8-1所示。

二、配合比设计

砌筑砂浆配合比的设计，就是要计算出每$1m^3$砂浆中水泥、石灰膏、砂子的用量。根据《砌体结构设计规范》(GB 50003—2011)的规定，砂浆强度应满足：同强度等级砂浆试块的平均强度不得低于设计强度，即砂浆配合比的强度比设计强度提高一定幅度，此值应根据当地实际强度标准差σ(表8-2)来决定。无统计数据，可按表8-2取用选配砂浆配合比。砂浆的稠度应满足表 8-3 要求，保水性能良好。

砂浆中常用的掺和料 表 8-1

掺和料名称	材料来源及技术要求	使用方法
黏土	干法：将砂浆烘干磨细 湿法：将砂浆加淋浆，用 6mm 筛过滤、沉淀	直接放入搅拌
电石膏	气焊用的电气水化后，经泌水、去渣得	直接放入搅拌
粉煤灰	电厂、烟囱排灰	直接放入搅拌
塑化剂	皂化松香：松香和氢氧化钠加热融化得纸浆废液 硫酸盐酒精废液	加水稀释后放入搅拌

注：采用细砂地区、砂的含泥量可经试验后酌情放大。

砂浆强度标准差 σ 选用值（MPa） 表 8-2

施工水平 \ 砂浆强度等级	M2.5	M5	M7.5	M10	M15	M20
优良	0.50	1.00	1.50	2.00	3.00	4.00
一般	0.62	1.25	1.88	2.50	3.75	5.00
较差	0.75	1.50	2.25	3.00	4.50	6.00

砌筑砂浆的稠度 表 8-3

砌体种类	砂浆稠度（mm）	砌体种类	砂浆稠度（mm）
烧结普通砖砌体	70～90	烧结普通砖平拱式过梁 空斗墙，筒拱 普通混凝土小型空心砌块砌体 加气混凝土砌块砌体	50～70
轻集料混凝土小型空心砌块砌体	60～90		
烧结多孔砖，空心砖砌体	60～80	石砌体	30～50

(一)计算步骤

砌筑砂浆配合比的计算步骤如下：

1. 确定砂浆的试配强度

砂浆的试配强度应按下式计算：

$$f_{m,0}=f_2+0.645\sigma \tag{8-1}$$

式中：$f_{m,0}$——砂浆的试配强度，精确至 0.1MPa；

f_2——砂浆抗压强度平均值，精确至0.1MPa；

σ——砂浆现场强度标准差，精确至0.1MPa。

2. 计算水泥用量

每 $1m^3$ 砂浆中的水泥用量，应按下式计算：

$$Q_c=\frac{1\,000(f_{m,0}-\beta)}{\alpha f_{ce}} \tag{8-2}$$

式中：Q_c——每 $1m^3$ 砂浆的水泥用量，精确至 1kg；

$f_{m,0}$——砂浆的试配强度，精确至0.1MPa；

f_{ce}——水泥的实测强度，精确至0.1MPa；

注：在无法取得水泥的实测强度值时，可按下式计算f_{ce}：

$$f_{ce}=\gamma_c\cdot f_{ce,k}$$

式中：$f_{ce,k}$——水泥强度等级对应的强度值；

γ_c——水泥强度等级值的富余系数，该值应按实际统计资料确定。无统计资料时γ_c可取1.0；

α、β——水泥的特征系数，其中$\alpha=3.03$，$\beta=-15.09$。

各地区也可用本地区试验资料确定α、β值，统计用的试验组数不得少于30组。

每1m^{3}砂浆的水泥用量Q_c也可根据已知水泥强度f_{ce}和所需配制的砂浆强度$f_{m,0}$由表8-4查得。

水泥用量、水泥强度与砂浆强度关系 表8-4

水泥用量（Q_c）	砂浆的强度$f_{m,0}$（当水泥强度为下列各数值时）（MPa）								
	32.5	34.0	36.0	38.0	40.0	42.5	44.5	46.5	48.0
100	1.7	1.8	1.9	2.0	2.1	2.2	2.3	2.4	2.5
110	2.0	2.4	2.2	2.3	2.4	2.5	2.6	2.7	2.9
120	2.2	2.3	2.5	2.6	2.7	2.8	3.0	3.1	3.2
130	2.5	2.6	2.8	2.9	3.1	3.2	3.3	3.5	3.6
140	2.8	2.9	3.1	3.3	3.4	3.6	3.7	3.9	4.1
150	3.1	3.2	3.4	3.6	3.8	4.0	4.1	4.3	4.5
160	3.4	3.6	3.8	4.0	4.2	4.4	4.6	4.8	5.0
170	3.7	3.9	4.1	4.4	4.6	4.3	5.0	5.2	5.5
180	4.0	4.8	4.5	4.8	5.0	5.2	5.5	5.7	6.0
190	4.4	4.7	4.9	5.2	5.4	5.7	5.9	6.2	6.5
200	4.8	5.0	5.3	5.6	5.9	6.2	6.4	6.7	7.0
210	5.1	5.4	5.7	6.0	6.3	6.6	6.9	7.2	7.5
220	5.5	5.8	6.2	6.4	6.8	7.2	7.5	7.8	8.1
230	5.9	6.3	6.6	7.0	7.3	7.7	8.1	8.4	8.7
240	6.4	6.8	7.1	7.5	7.9	8.2	8.6	9.0	9.4
250	6.8	7.3	7.6	8.0	8.4	8.8	9.2	9.6	10.0
260	7.2	7.7	8.1	8.5	9.0	9.4	9.8	10.2	10.6
270	7.7	8.2	8.6	9.1	9.5	10.0	10.5	10.9	11.3
280	8.2	8.7	9.1	9.6	10.1	10.6	11.0	11.5	12.0
290	8.7	9.2	9.7	10.2	10.7	11.2	11.7	12.2	12.8
300	9.2	9.7	10.2	10.8	11.3	11.9	12.4	13.0	13.5

注：表中所列的数据是根据实践经验推导出来的，所以与公式计算的数字有些差异，应以试验符合试配强度要求的配合比为准。

3. 计算掺和料的用量

为了改进砂浆的稠度，提高保水性，可掺入石灰膏或黏土膏。每m^{3}砂浆中的掺和料（石灰膏或黏土膏）用量按下式计算：

$$Q_D=Q_A-Q_c \tag{8-3}$$

式中：Q_D——每1m^{3}砂浆的掺加料用量，精确至1kg；石灰膏、黏土膏使用时的稠度为120 ±5mm；

Q_c——每1m^{3}砂浆的水泥用量，精确至1kg；

Q_A——每1m^{3}砂浆中水泥和掺加料的总量，精确至1kg；宜为300～350kg。

4. 砂子用量

每 $1m^3$ 砂浆中的砂子用量,应按干燥状态(含水率小于0.5%)的堆积密度值作为计算值(kg)。

5. 水的用量

每 $1m^3$ 砂浆中的用水量,根据砂浆稠度等要求可选用240~310kg。

注:1. 混合砂浆中的用水量,不包括石灰膏或黏土膏中的水;

2. 当采用细砂或粗砂时,用水量分别取上限或下限;

3. 稠度小于70mm时,用水量可小于下限;

4. 施工现场气候炎热或干燥季节,可酌量增加用水量。

(二)试配

为了准确地确定每 $1m^3$ 砂浆中的水泥用量,常用2~3个水泥用量,求出砂浆配合比,进行试验,从试验结果中选出强度较适合的配合比,作为施工配合比。

(三)配合比计算例题

[**例8-1**] 用32.5级普通水泥,含水率小于0.5%的砂,配制M5级水泥砂浆。问每 $1m^3$ 砂浆要用多少水泥和砂?

解:试配强度按式(8-1)计算:

$$f_{m,0}=f_2+0.645\sigma$$
$$=5+0.645\times1.25\quad(\sigma\text{ 按一般施工水平确定})$$
$$=5.8(\text{MPa})$$

水泥用量按式(8-2)计算:

$$Q_c=\frac{1\,000(f_{m,0}-\beta)}{\alpha\cdot f_{ce}}$$
$$=\frac{1\,000\times(5.8+15.09)}{3.03\times32.5}$$
$$=212(\text{kg})$$

砂子用量:砂子用量为 $1m^3$。

设砂子的表观密度为1 500kg/m³,则砂子质量为:$Q_s=1\times1\,500=1\,500$kg

由计算得M5级水泥砂浆材料用量为:$Q_c=204$kg;$Q_s=1\,500$kg

质量配合比为:水泥(Q_c):砂(Q_s)$=\frac{204}{204}:\frac{1\,500}{204}=1:7.4$

体积配合比为:水泥:砂 $=\frac{0.163}{0.163}:\frac{1}{0.163}=1:6.1\left(\text{水泥体积为}\frac{212}{1\,300}=0.163\right)$

[**例8-2**] 用32.5级普通水泥,含水率小于0.5%的砂配制M2.5级混合砂浆,问每 $1m^3$ 砂浆用多少水泥、石灰膏和砂?

解:试配强度按式(8-1)计算:

$$f_{m,0}=f_2+0.645\sigma$$
$$=2.5+0.645\times0.62(\sigma\text{ 按一般施工水平确定})$$
$$=2.9(\text{MPa})$$

水泥用量按式(8-2)计算:

$$Q_c=\frac{1\,000\times(f_{m,0}-\beta)}{\alpha\cdot f_{ce}}=\frac{1\,000\times(2.9+15.09)}{3.03\times32.5}$$
$$=183(\text{kg})$$

石灰膏用量按式(8-3)计算:$Q_D=350-Q_c=350-183=167(\text{kg})$

砂子用量为 $1m^3$。

由计算得 M2.5 级混合砂浆的材料用量：水泥 183kg；石灰膏 167kg；砂 1 500kg。

则质量配合比为：水泥∶石灰膏∶砂 $=\frac{183}{183}:\frac{167}{183}:\frac{1\,500}{183}=1:0.91:8.2$

体积配合比为：水泥∶石灰膏∶砂 $=\frac{0.141}{0.141}:\frac{0.123}{0.141}:\frac{1}{0.141}=1:0.87:7.1$

$\left(\text{水泥的体积为}\frac{183}{1\,300}=0.141\text{；石灰膏体积为}\frac{167}{1\,350}=0.123\right)$

(四)水泥砂浆材料用量

水泥砂浆材料用量可按表 8-5 选用。

每 1m³ 水泥砂浆材料用量 表 8-5

强度等级	每 1m³ 砂浆水泥用量(kg)	每 1m³ 砂子用量(kg)	每 1m³ 砂浆用水量(kg)
M2.5 ~ M5	200 ~ 230	1m³ 砂子的堆积密度值	270 ~ 330
M7.5 ~ M10	220 ~ 280		
M15	280 ~ 340		
M20	340 ~ 400		

注：1. 此表水泥强度等级为 32.5 级，大于 32.5 级水泥用量宜取下限。

2. 根据施工水平合理选择水泥用量。

3. 当采用细砂或粗砂时，用水量分别取上限或下限。

4. 稠度小于 70mm 时，用水量可小于下限。

5. 施工现场气候炎热或干燥季节，可酌量增加用水量。

6. 试配强度应按 JGJ/T 98—2000 规程 5.1.2 条计算。

(五)常用砌筑砂浆参考配合比

1. 混合砂浆参考配合比，如表 8-6 所示。

混合砂浆参考配合比 表 8-6

水泥强度等级	砂浆强度等级	配合比(水泥∶石灰膏∶砂)	每 1m³ 砂浆材料用量(kg)		
			水泥	石灰膏	砂
32.5 级矿渣水泥	M1.0	1∶3.70∶20.90	70	260	1 450
	M2.5	1∶1.73∶13.18	110	190	1 450
	M5.0	1∶0.94∶8.53	170	160	1 450
	M7.5	1∶0.50∶6.59	220	110	1 450
	M10.0	1∶0.27∶5.58	260	70	1 450
42.5 级普通水泥	M2.5	1∶1.95∶14.5	100	195	1450
	M5.0	1∶1.35∶11.15	130	176	1450
	M7.5	1∶0.73∶8.79	165	120	1450
	M10.0	1∶0.56∶7.25	200	112	1450

注：以上配合比所用砂均为中砂。

2. 微沫砂浆参考配合比，如表 8-7 所示。

微沫砂浆参考配合比 表 8-7

砂浆强度等级(MPa)	配合比(水泥∶石灰∶膏砂)	微沫剂掺量(‰)	每 1m³ 砂浆材料用量(kg)		
			水泥	石灰膏	砂
M2.5	1∶0.87∶13.0	3	110	96	1 430
M5.0	1∶0.42∶7.95	2	180	76	1 430

续上表

砂浆强度等级(MPa)	配合比(水泥:石灰:膏砂)	微沫剂掺量(‰)	每 $1m^3$ 砂浆材料用量(kg)		
			水泥	石灰膏	砂
M7.5	1:0.28:6.65	1	215	60	1 430
M10.0	1:0.17:5.28	1	270	46	1 430

注:以上配合比中水泥为32.5级矿渣水泥;砂为中砂。

3.水泥粉煤灰混合砂浆参考配合比,如表8-8所示。

水泥粉煤灰混合砂浆参考配合比　　表8-8

水泥品种	水泥强度等级(MPa)	砂浆强度等级(MPa)	配合比(质量)(水泥:石灰膏:粉煤灰:砂)	每 $1m^3$ 砂浆材料用量(kg)			
				水泥	石灰膏	磨细粉煤灰	砂
矿渣水泥	32.5	M2.5	1:1.54:1.54:16.20	90	135	135	1 460
	32.5	M5.0	1:0.66:0.66:9.12	160	105	105	1 460
	32.5	M7.5	1:0.49:0.49:7.48	195	95	95	1 460
	32.5	M10.0	1:0.23:0.23:6.10	240	95	95	1 460

第二节　抹灰砂浆配合比设计

以薄层涂抹在建筑物表面的砂浆称为抹灰砂浆。

抹灰砂浆按用途可分为一般抹灰砂浆、装饰砂浆和防水砂浆;按材料不同可分为水泥砂浆、白灰砂浆和混合砂浆。

抹灰砂浆可保护墙体不受风雨、潮气等侵蚀,提高墙体防潮、防风化、防腐蚀的能力,增加墙体的耐久性;同时使墙面、地面等建筑部位平整、光滑、清洁美观。

一、原材料质量要求

(一)水泥

常用的五种水泥均可使用,不同品种的水泥不得混合使用。其品种、强度应符合设计要求。

(二)石灰膏

用生石灰化成石灰膏时,熟化时间以1个月以上为宜,其他要求同砌筑砂浆。

(三)砂子

抹灰用的砂最好是中砂,或中砂与粗砂掺和使用。要求颗粒坚硬洁净,含黏土、泥灰、粉末等不得超过有关规定,由于地区的局限性,细砂也可使用,但粉砂不宜使用。砂在使用前应过筛对砂子的其他技术要求和砌筑砂浆相同。对砂子最大粒径要求见表8-10。

(四)水

和砌筑砂浆相同。

(五)石膏

石膏应磨成细粉,无杂质,其凝结时间不应超过表8-9规定。

建筑石膏凝结时间(min)　　表8-9

项次	建筑石膏			模型石膏
	一等	二等	三等	
初凝不早于	5	4	3	4
终凝不早于	7	6	6	6
终凝不迟于	30	30	30	20

(六)电石膏

一般可用于砖基层的底层抹灰,并需根据工程要求适当掺些水泥,以加强砂浆强度。

(七)黏土

应选用砂质黏土,使用前过筛。

(八)炉渣

炉渣使用前应过筛,并浇水润透,一般15d左右。使用粒径不宜超过1.2~2mm。

(九)色石子

色石子是由天然大理石破碎而成,具有多种色泽,多用作水磨石、水刷石及剁斧石的集料。

(十)麻刀、纸筋、玻璃丝、草秸

麻刀、纸筋、玻璃丝、草秸在抹灰层中起拉结和骨架作用,提高抹灰层的抗拉强度,增强抹灰层的弹性和耐久性,使抹灰层不易裂缝脱落。

麻刀:以均匀、坚韧、干燥、不含杂质为好,长度为2~3cm,随用随敲打松散。每5 000g石灰膏掺500g麻刀,搅拌均匀成麻刀灰。抹屋面青灰和室内顶棚打底应适当增加麻刀。

纸筋:有干纸筋和湿纸筋(俗称纸浆)两种。干纸筋的用法是在淋生石灰时,把干纸筋撕碎泡在水桶内,然后按1 000g石灰膏加2 750g纸筋的比例掺到淋灰池内。使用时需要过3mm孔径的筛,或用小钢磨搅磨成纸筋灰使用。湿纸筋使用时先用清水浸透,每1 000g石灰膏掺2 900g纸浆搅拌均匀,过筛和搅磨方法同上。

玻璃丝:抹灰中用的玻璃丝要剪成长度1cm左右。使用时每1 000g白灰膏中掺加200~300g,不宜过多,并要搅拌均匀成为玻璃丝灰。玻璃丝耐热,耐腐蚀而且价格便宜。但在抹灰表面容易有玻璃丝伸出,刺激皮肤,所以最好不用于一般装修工程上。在搅拌玻璃丝灰时由于玻璃丝容易飞扬,操作人员要戴防护眼镜、口罩、手套等劳动保护用品。

草秸:将稻草或麦秸断成5~6cm长,泡在石灰水中,在常温中经半月后即可使用。

(十一)颜料

掺入装饰砂浆中的颜料,应用耐碱、耐日光的矿物颜料。

二、配合比设计

(一)设计要求

抹灰砂浆配合比设计,应满足以下要求:

1.流动性

砂浆的流动性用稠度表示,稠度的大小用沉入度试验来确定,见表8-10。

抹灰砂浆流动性及集料最大粒径 表8-10

抹面层名称	沉入度(cm)		砂子最大粒径(mm)
	人工操作	机械施工	
底层	10~12	8~9	2.6
中层	7~9	7~8	2.6
面层	9~10	7~8	1.2

2.保水性

抹灰砂浆保水性仍用分层度表示。抹灰砂浆的分层度应根据施工条件选定,一般情况下要求分层度为 1 ~2cm。分层度接近于 0 的砂浆,易产生干缩裂缝,不宜作抹灰用。分层度大于 2cm 的砂浆,容易离析,施工不便。

3. 黏结力

黏结力即黏结强度。为了保证砂浆与基层黏结牢固,砂浆应具有一定的黏结强度。影响砂浆黏结强度的因素很多,有砂浆成分、水灰比、基层的湿度,基层表面的清洁及粗糙程度,操作技术和养护条件等。一般情况下,砂浆的黏结力随砂浆的抗压强度增大而提高。有的高级抹灰为了增大黏结力在砂浆中掺入乳胶或 107 胶等。

(二)设计方法

根据对抹灰砂浆的质量要求,通过试验确定。表 8-11 ~ 表 8-13 所示配合比,可供设计时参考。

一般抹面砂浆的配合比 表 8-11

名　称	分层做法	厚度(mm)
普通砖墙 抹石灰砂浆	1:3 石灰砂浆打底 纸筋灰、麻刀灰或玻璃丝灰罩面	10 ~15 2
普通砖墙 抹水泥砂浆	1:3 水泥砂浆打底 1:2.5 水泥砂浆	10 ~15 5
墙面抹混合砂浆	1:0.3:3(或 1:1:6)水泥砂浆打底 1:0.3:3 水泥石灰砂浆罩面	13 5
混凝土墙、 石墙抹水泥砂浆	水泥砂浆一遍 1:3 水泥砂浆打底 1:25 水泥砂浆罩面	 13 5
混凝土墙、 石墙抹灰纸筋灰	水泥浆一遍 1:3:9 水泥石灰砂浆打底 纸筋灰、麻刀灰或玻璃丝灰罩面	 13 2
加气混凝土 墙抹石灰砂浆	1:3:9 水泥石灰砂浆打底 1:3 石灰砂浆找平 纸筋灰、麻刀灰或玻璃丝灰罩面	3 13 2
立墙抹草 秸泥	1:3 石灰膏大泥掺草秸打底 纸筋灰、麻刀灰或玻璃丝灰罩面	13 2
混凝土顶 棚抹混合 砂浆	1:0.5:1(或 1:1:4)水泥石灰砂浆打底 1:3:9(或 1:0.5:4)水泥石灰砂浆 纸筋灰或麻刀灰或玻璃丝灰罩面	2 6 2
板条或苇箔 顶棚抹灰	麻刀灰掺 10% 质量的水泥或 1:0.5:4 麻刀灰 水泥砂浆 1:2.5 石灰砂浆(砂子过 3mm 筛) 1:2.5 石灰砂浆找平层(略掺麻刀) 纸筋灰、麻刀灰或玻璃丝灰罩面	3 5 2
苇箔金属网 顶棚抹灰	1:3:6 水泥砂子麻刀灰 1:1:5 水泥石灰砂浆(砂子过 3mm 筛) 1:2.5 石灰砂浆找平 纸筋灰、麻刀或玻璃丝灰罩面	2 6 2
石膏粉刷	基层用麻刀石灰砂浆(0.006:1:2 ~3 = 麻刀:石灰:砂)找底(底层) 石膏粉浆(石膏粉:水:石灰膏 =13:6:4)(质量比)	20 ~25 2 ~3

续上表

名　　称	分 层 做 法	厚度(mm)
抹重晶石砂浆	1:3 水泥砂浆打底 重晶石砂浆(1:0.25:4～5＝水泥:重晶石砂:重晶石粉:砂粉)面层	12 厚度按设计要求
抹(喷)蛭石 (或珍珠岩砂) 保温砂浆	1:1.5 或 1:3 水泥砂浆打底 1:1:5 或 1:1:10 水泥石蛭石灰浆 (或 1:1:9 水泥石灰珍珠岩砂) 1:1:6～10 水泥石灰蛭石灰浆面层 (或 1:1:9 水泥石灰珍珠岩砂浆)	2～3 8～10 8～10
抹耐酸砂浆	基层用 1:3 水泥砂浆填补刷平,做隔离层耐酸胶泥一遍 分层抹耐酸砂浆,每层厚 2～3mm	厚度按设计要求
抹防水砂浆	基层用水泥浆及 1:3 水泥砂浆抹平抹严面层采用五层做法: 第一层:防水水泥浆(水泥:水:防水剂＝1:0.4:0.01 质量比) 第二层:防水水泥砂浆(水泥:砂:水:防水剂＝1:2.5:0.45:0.01质量比) 第三层:同第一层 第四层:同第二层 第五层:防水水泥浆(水泥:水:防水剂＝1:0.6:0.01 质量比)	 2 4～5 2 4～5 0.5～1

抹面砂浆应用范围　　表 8-12

材　　料	配合比(体积)	应 用 范 围
石灰:砂	1:2～1:4	用于砖石墙表面(檐口、勒脚、女儿墙以及潮湿房间的墙除外)
石灰:黏土:砂	1:1:4～1:1:8	干燥环境墙表面
石灰:石膏:砂	1:0.4:2～1:1:3	用于潮湿房间的本质表面
石灰:石膏:砂	1:0.6:2～1:1.5:3	用于不潮湿房间的墙及天花板
石灰:石膏:砂	1:2:2～1:2:4	用于不潮湿房间的线脚及其他修饰工程
石灰:水泥:砂	1:0.5:4.5～1:1:6	用于檐口、勒脚,女儿墙外脚以及比较潮湿部位
水泥:砂	1:3～1:2.5	用于浴室、潮湿车间等墙裙、勒脚等地面基层
水泥:砂	1:2～1:1.5	用于地面、天棚或墙面面层
水泥:砂	1:0.5～1:1	用于混凝土地面随时压光
水泥:石膏:砂:锯末	1:1:3:5	用于吸音粉刷
水泥:白石子	1:2～1:1	用于水磨石(层底用 1:2.5 水泥砂浆)
水泥:白云灰:白石子	1:(0.5～1):(1.5～2.0)	用于水刷石(打底用 1:0.5:3.5)
水泥:石子	1:1.5	用于剁石(打底用 1:2～2.5 水泥砂浆)
白灰:麻刀	100:2.5(质量比)	用于木板条天棚底层
白灰膏:麻刀	100:1.3(质量比)	用于木板条天棚面层(或 100kg 灰膏加 3.8kg 纸筋)
纸筋:白灰浆	灰膏 0.1m³ 纸筋0.36kg	较高级墙面、天棚

各种外墙装饰砂浆的配合比 表 8-13

名　　称	分 层 做 法	厚　度(mm)
水刷石 (汰石子)	1:3 水泥砂浆打底 水泥浆黏结层 1:1.25 水泥 2 号石子浆或 1:1.5 水泥 3 号石子浆罩面	12 1 10 8
干黏石 (干喷石)	1:3 水泥砂浆打底 1:3 水泥砂浆中层 水泥浆黏结层 3 号石子略掺石屑	12 6 1 3
水磨石	1:3 水泥砂浆打底 水泥浆黏结层 1:2.5 水泥 2 号或 3 号石子浆罩面(按设计要求掺颜色)	12 1 8~10
剁斧石 (软假石) (人造假石)	1:3 水泥砂浆打底 水泥浆黏结层 1:2~2.5 水泥石子浆(4 号石子内掺 30% 石屑)罩面	12 1 11
假瓷砖饰面	1:3 水泥砂浆打底 1:1 水泥砂浆垫层 饰面砂浆(水泥:石灰:氧化铁黄:砂=5:1.3~1.4:0.06:9.7)	8~10 3 3~4
拉毛灰	1:3 水泥砂浆或 1:1:6(或 1:0.5:4)水泥石灰砂浆打底 1:0.5~0.3:0.5~1 水泥石灰砂浆罩面	15 2~4
甩毛灰 (撒云片)	1:3 水泥砂浆打底 1:1 水砂浆或 1:1:4(或 1:0.3:3)水泥石灰砂浆罩面	15 2
大麻点	1:3 水泥砂浆打底 1:1.5~3 水泥砂浆罩面	8 10
浮砂	1:3 水泥砂浆或 1:0.5:3.5 水泥石灰砂浆打底 1:1.5~3 水泥砂浆罩面	8 10
喷涂饰面	1:3 水泥砂浆打底 面层砂浆用 1:1:4 水泥石灰砂浆外加水 泥质量 20% 的 107 胶及 1%~5% 颜料配制而成	8~10 3
滚涂饰面	1:2.5~3 水泥砂浆打底 饰面带色砂浆,配合比(质量比)为: 白水泥:砂渣水泥:砂:107 胶(或二元乳胶): 水=100:10:110:22:33(灰色) 白水泥:砂:氧化铬绿:107 胶:水 =100:30~100:2:20:20~33(绿色) 白水泥:砂:107 胶:水=100:10:20:20~30(白色)	5~10 2~3
嵌卵石	1:3 水泥砂浆或 1:0.5:3.5 水泥石灰砂浆打底 1:1.5~3 水泥砂浆罩面	8 10

第三节　防水砂浆配合比设计

制作防水层的砂浆叫做防水砂浆。砂浆防水层又叫刚性防水层。

常用的防水砂浆主要有下列3种：

(1)多层抹面的水泥砂浆。

(2)掺各种防水剂的防水砂浆。

(3)膨胀水泥与无收缩性水泥配制的防水砂浆。

防水砂浆适用于一般深度(厚度)不大,干燥程度要求不高,使用时不会因结构沉降,或温、湿度变化,以及受振动等产生裂缝的结构上。

一、原材料技术要求

(一)水泥

应采用强度不低于32.5级的普通水泥。

(二)砂子

宜用中砂或粗砂。

二、配合比设计

根据对防水砂浆的质量要求,通过试验确定。对配合比的要求如表8-14所示。

防水砂浆配合比要求　　表8-14

材料	水灰比	配合比(体积比)
水泥:砂	0.40～0.50	1:2～1:3

三、掺加各种防水剂的防水砂浆

它是在普通水泥砂浆中掺入一定量防水剂,来提高抗渗防水能力。国内生产的防水剂按其主要成分可分为三类。

(一)以硅酸钠(即水玻璃)为基料的防水剂

这类防水剂与水泥水化过程中析出的游离氢氧化钙反应生成不溶性的硅酸盐,可填充堵塞砂浆所形成的空隙和毛细管通路,因而使砂浆的抗渗性提高;但另一方面,防水剂含有一定数量的可溶性氧化物,会降低砂浆的密实性和强度。在工程上一般只利用它的速凝作用和黏附性,用来修补堵漏和表面处理。

(二)以拒水性物质为基料的防水剂

其中包括可溶性金属皂类防水剂(因系浆液,又称避水浆)和不溶性金属皂类防水剂,如钙铝皂(因系固体粉末,又称防水粉)。这类防水剂具有塑化作用,可降低水灰比;同时因生成的不溶性物质,可堵塞毛细管通路,具有抗水性。但由于拒水性物质本身是非胶凝性的,会使砂浆强度显著降低,因此掺加量不宜过多,一般为水泥质量的1%～2%。

常用防水剂性能、用途如表8-15所示。

常用防水剂性能、用途表 表 8-15

名　　称	性　　能	用　　途
新建牌防水剂（又名硅酸钠防水剂，防水药水）	系硅酸钠类防水剂，为绿色液体，密度为 1.36g/cm³，与水泥拌和能迅速凝结形成胶膜，阻止外来水浸入和制止漏水	适用于水池、水塔、油库、地下室、屋面和各种砖与混凝土结构的防水和堵漏
防水浆	具有速凝、密实、早强、耐压、防水、抗渗、抗冻等作用	配制防水砂浆和混凝土，用于屋面、地下室、水池、水塔等工程的防水及修补
避水浆	系几种金属皂配制而成的乳白色浆状液体，掺入水泥后生成不溶性物质，堵塞其毛细孔道，或形成憎水薄膜，提高不透水性	适用于工业或民用建筑屋面、地下室、水池、水塔等的防水抹面或配成防水混凝土
红星牌 Q 型防水剂（又名速凝剂）	系绿色油状液体，具有速凝作用，使砂浆紧密结合，堵塞毛细孔道和防止外来水侵入	适用于水池、水塔、油库、地下室、桥梁、堤坝、屋面等工程防水
氯化铁防水剂	深棕色液体，呈酸性，密度不小于 1.30，掺入水泥拌和物中，能增加密实性提高强度，抗渗、抗油、抗冻、抗腐，并对水泥有促凝作用，能降低泌水性，改善稠度	配制防水砂浆和防水混凝土，用于地下室、水池、水塔、设备基础等刚性防水及地下和潮湿环境下砖与混凝土结构的防水
防水粉	与水泥混合凝结在一起，形成坚韧而有弹性物质，封闭水泥孔隙和毛细通路，阻止水渗透，并耐一定酸碱作用	配制防水砂浆与防水混凝土，用于屋面、地下工程、桥梁、水池、水塔等防水工程
有机硅建筑防水剂	防水（潮）剂中含有极性基团，与水泥（或石灰）砂浆水化后生成的氢氧化钙相互吸附化合，在砂浆孔隙中形成阻碍水分渗透的憎水薄膜，起到阻水作用	掺入砂浆、灰浆、混凝土中作防水剂
2 号有机硅防潮剂		

配制时，先将硬脂酸放在锅内加热溶化，另用一个锅盛所需加入量 1/2 的水，热至 50 ~ 60℃，将碳酸钠、氢氧化钾和氟化钠溶于水中，并保持温度，然后将硬脂酸徐徐加入碳酸钠混合液中，并迅速搅拌均匀，最后将另一半水加入拌匀成皂液。待冷却至 25 ~ 30℃ 加入定量氨水拌匀，储存于非金属密闭容器中备用。

拒水性物质防水剂宜制成乳液或悬浮液（常加入 0.1% 洗衣粉）使用，以扩大表面积，提高防水效果。掺加可溶性金属皂避水浆的水泥砂浆配合比为水泥：砂 = 1:3（体积比），用 9 份水稀释 1 份避水浆加以拌和，水灰比为 0.4 ~ 0.5。

（三）以氯化物金属盐类为基料的防水剂

这类防水剂如氯化钙、氯化铝复合物，它加入水泥后，产生含水的氯硅酸钙、氯铝酸钙的化合物，填补了砂浆中的空隙。氯化物金属盐类防水剂一般市场有成品供应，自配时参考配合比见表 8-16。

可溶性金属皂类和氯化物金属盐类防水剂施工配合比　表 8-16

类　别	质量配合比(%)			备　注
	材　料	(1)	(2)	
可溶性金属皂类防水剂	硬脂酸	4.13	1	工业用,凝固点 54~58℃ 皂化值 200~220
	碳酸钠	0.21	0.062 5	工业用,纯度约 99%,含碱量约 82%
	氨水	3.10		工业用,密度 $0.91g/cm^3$,含 NH_3 约 25%
	氟化钠	0.005		工业用
	氢氧化钾	0.82		工业用
	水	91.735	36	自来水或饮用水
氯化物金属盐类防水剂	氯化铝	4	1	工业用,固体
	氯化钙(结晶体)	23	10	工业用,氯化钙含量不少于 70%
	氯化钙(固体)	23	11	可用固体代替
	水	50		自来水或饮用水

配制时,先将氯化钙碎块(小于 3cm)放入水中搅拌至溶解,再加入氯化铝,继续搅拌至溶解(约 5min),沉淀过滤后即成。它在 20℃ 时密度为 $1.30 \sim 1.31g/cm^3$,呈淡黄色。不用时储存于密闭容器中。

氯化物金属盐类防水砂浆配合比为水泥:砂子 =1:2.5~3(体积比),用 20 份水稀释 1 份防水剂加以拌和,水灰比为 0.5。

四、膨胀水泥与无收缩性水泥配制的防水砂浆

这种砂浆的密实性和抗渗性主要是由于这两种水泥的良好抗渗特性所形成,使用于一般的防水工程,能获得较好的防水效果。其砂浆配合比为水泥:砂子 =1:2.5(体积比),水灰比为 0.4~0.5。在常温下配制的砂浆须在 1h 内用完。铺抹方法与防水砂浆相同。

上述各种砂浆防水层做完后,均需加强养护,一般洒水养护 7~10 昼夜,以防出现收缩裂缝,降低防水效果。

第四节　抗冲耐磨水泥砂浆配合比设计

抗冲耐磨水泥砂浆是由水泥、水和砂(细集料)等材料按适当比例配制而成。它与抗冲耐磨水泥混凝土的差别在于没有粗集料。硬化后的砂浆也和混凝土一样可以看成是水泥石和集料组成的复合材料。当水泥石的黏结强度在挟砂石水流条件下足以把砂子黏结在一起时,砂浆的抗冲磨强度也和混凝土一样,主要决定于组成材料的耐冲磨性能及其在砂浆中所占的比例。由于砂浆中只有细集料,细集料的空隙率和总表面积都比混凝土中使用粗细集料搭配的混合集料的要大得多,故 $1m^3$ 砂浆中水泥石所占的比例也要比混凝土的大得多。在一般集料的耐冲磨性能比水泥石高的情况下,砂浆的抗冲磨强度是不如混凝土的。但由于砂浆没有粗集料,故磨损后的表面要比混凝土平整得多,这是对抗气蚀非常有利的一面。砂浆组成中若选用耐冲磨性能较好的细集料,并采用非引气型的高效减水剂以降低砂浆水灰比,提高水泥石的抗冲磨强度与黏结强度,则砂浆的抗冲磨强度也可以得到很大的提高。如三门峡排砂底孔采用 C70 的石英砂浆就比用当地卵石配制的 C30 混凝土抗冲磨强度高 3 倍多。故选用耐冲磨性能好的细集配制的高强砂浆,既有利于作为防止气蚀的材料又有利于作为受挟砂石水流冲磨情况下的抗磨蚀材料。例如,碧口排砂洞、陆水护坦均曾采用高强砂浆修补气蚀及磨损破坏的混凝土,都获得了较满意的效果。所以,抗冲耐磨砂浆可以作为泄水建筑物耐冲蚀的护面材料。

一、干硬性铸石预缩砂浆

干硬性水泥预缩砂浆是将拌制后的砂浆归堆存放0.5~1.5h后，再使用的一种砂浆。干硬性预缩砂浆比普通砂浆强度高，抗冲磨性能较好。为了提高其抗冲耐磨性能，可用铸石砂代替普通石英砂以配制干硬性铸石预缩砂浆。

(一)原材料

铸石砂，级配尽可能符合中、粗砂级配区；水泥，用新鲜高强度等级(强度等级高于52.5级)的硅酸盐水泥或纯大坝水泥；非引气型高效减水剂如FDN、UNF、NF等。

(二)配合比

水:水泥:砂=0.25~0.27(视砂子的粗细及级配而定):1:2，减水剂掺量为水泥质量的1%。

二、氯偏砂浆

氯偏砂浆是在干硬砂浆中掺入5%~10%的氯乙烯、偏氯乙烯和丙烯酸丁酯的共聚物及适量促进剂、扩散剂和消泡剂而成的一种特种砂浆。它具有快硬、早强及抗水等性能，适用于水下沉柜内修补混凝土缺陷时使用。在葛洲坝沉柜内修补冲磨破坏的混凝土时是使用得最多的材料。

(一)氯偏砂浆对原材料的要求

1.氯偏乳液

氯偏乳液是以OP-10为乳化剂，水为溶剂，把氯乙烯、偏氯乙烯和丙烯酸丁酯共聚物乳化而成的乳液。氯偏乳液一般由厂家配成45%~50%共聚物的乳液，用磷酸三钠中和至pH值为7。使用时若pH值降低，可加适量的磷酸三钠直至pH值为7~8为止。

2.水泥

宜选用与被修补混凝土使用的品种相同的高强度的新鲜水泥。

3.砂

选用清洁坚硬的河砂或人工砂。为了减少砂浆中抗冲磨强度较低的水泥石含量且又便于施工，最好选用级配良好的粗砂或中砂，避免用细砂。若修补层较薄，应筛除大于5mm粒径的砂，以利于施工。

4.外加剂

宜采用非引气型的高效减水剂为水泥扩散剂，正硅酸乙酯为促进剂，284P(或742)为消泡剂(消泡剂为武汉市化工研究所研制)。

(二)氯偏砂浆的配合比

一般氯偏砂浆的配合比为：水灰比为0.21~0.23(视施工面干湿程度而定)；灰砂比为1:2；45%的氯偏乳液为水泥质量的15%~20%(具体掺量视修补面积大小而定)。面积较大，一次拌制量较多，掺量可取较小值，使砂浆不致凝结过快，有足够的时间进行施工。OP-10掺用量为氯偏乳液中固体含量的4%，FDN扩散剂为水泥质量的0.75%，一般先配成20%的溶液；正硅酸乙酯促进剂为氯偏固体含量的5%~10%(视施工条件而定)，低温可多一些，反之则少一些。284P(或742)消泡剂为氯偏固体的1%，配制氯偏砂浆加水时，应减去氯偏乳液及FDN溶液中的水分和砂子的表面含水。

例如，氯偏砂浆的常用配合参数为：水灰比为0.22；灰砂比为1:2；氯偏乳液为水泥质量的15%，OP-10为氯偏固体物的4%；FDN为水泥含量的0.75%；正硅酸乙酯促进剂为氯偏固体物的7%，284P消泡剂为氯偏固体物的1%；使用河砂的表面含水率为3%。

氯偏砂浆的施工配料单计算如下(设水泥质量为100):

饱和面干砂重为 $100\times2=200$,工地湿砂重为200;

$200\times103\%=206$(其中砂的表面含水率为6)。

45%氯偏乳液为 $100\times15\%=15$(其中含水率为 $15\times55\%=8.25$ 固体物为6.75);OP-10为 $6.75\times4\%=0.27$;正硅酸乙酯为 $6.75\times7\%=0.4725$;284P消泡剂为 $6.75\times1\%=0.0675$;FDN为0.75,20%的FDN溶液为3.75(其中含水率为3);加水量为 $100\times0.22-6-8.25-3=4.75$。

氯偏砂浆的施工配料单的比例见表8-17。

氯偏砂浆施工配料单的比例 表8-17

材料名称	水	水泥	砂	20% FDN溶液	45%氯偏乳液	OP-10乳化剂	正硅酸乙酯促进剂	284P(或742)消泡剂
质量比	4.75	100	206	3.75	15	0.27	0.473	0.0675

第五节 抗冲耐磨聚合物砂浆配合比设计

一、环氧树脂砂浆

(一)原材料的性质

1. 环氧树脂

凡含有环氧基团 $-\underset{\diagdown O \diagup}{CH-CH_2}$ 的高分子化合物,统称环氧树脂。环氧树脂种类很多,其中应用最广、产量最大的一种是双酚A型环氧树脂,它是由环氧氯丙烷 $\underset{\diagdown O \diagup}{H_2C-CH}-CH_2Cl$ 和双酚A(二酚基丙烷 $HO-C_6H_4-\underset{CH_3}{\overset{CH_3}{C}}-C_6H_4-OH$ 缩聚而成,其分子通式为:

$$\underset{\diagdown O \diagup}{CH_2-CH}-CH_2-\left[O-C_6H_4-\underset{CH_3}{\overset{CH_3}{C}}-C_6H_4-O-CH_2-\underset{OH}{CH}-CH_2\right]_n-O-C_6H_4-\underset{CH_3}{\overset{CH_3}{C}}-C_6H_4-O-CH_2-\underset{\diagdown O \diagup}{CH-CH_2}$$

式中 $n=0\sim19$,平均分子量在340~7 000之间(包括E-51、E-44、E-42等十多种不同分子量的规格品种)。树脂本身是热塑性高分子化合物,分子量不大,使用时可通过加固化剂使它进一步交联成体型结构的巨大分子,从而固化成不溶(不溶)的硬质产物。通常把 $n=0\sim2$ 软化点在50℃以下的环氧树脂称为低分子量树脂,主要用于浸渍、灌注和黏结;$n=2\sim5$,软化点在50~90℃的称为中分子量树脂,主要用于浇筑;$n=6\sim19$,软化点在90℃以上的称为高分子量树脂,主要用于绝缘覆盖层。树脂的分子量越低其软化点也越低,反之亦然。

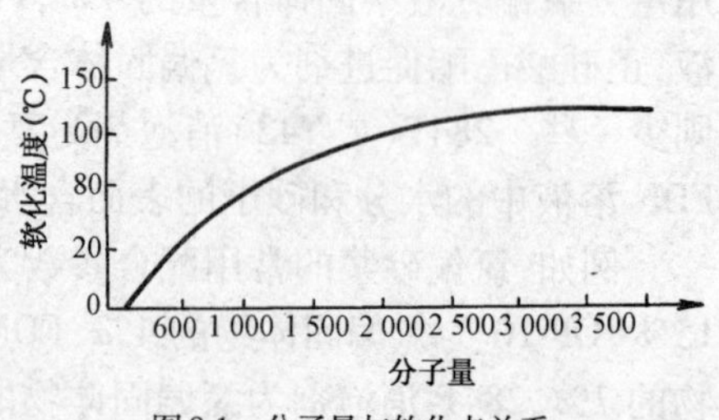

图8-1 分子量与软化点关系

分子量与软化点的关系见图8-1。

环氧树脂中所含环氧基的多少是环氧树脂的一项重要指标，通常用环氧当量和环氧值表示。将分子量除以每个分子中所含环氧基的个数，所得的值叫做环氧当量；每100g环氧树脂所含环氧当量数叫做环氧值。例如，$n=0$ 的环氧树脂分子量为340，每个分子含有两个环氧基，它的环氧当量便是 $340 \div 2 = 170$；环氧值便是 $100 \div 170 = 0.588$。由于每个分子中环氧基总是2，因此，分子量越大则环氧当量越大，而环氧值则越小。常用环氧当量或环氧值来表示环氧树脂的品种和规格。水利水电建筑物中常用的环氧树脂牌号及规格见表8-18。

水工建筑物中常用的环氧树脂 表8-18

国家统一牌号	旧　称	规　格		国家统一牌号	旧　称	规　格	
		软化点(℃)	环氧值			软化点(℃)	环氧值
E-51号	618	液态	0.48～0.54	E-42号	634	21～27	0.32～0.47
	619	液态	≥0.48	E-35号	637	20～35	0.30～0.40
E-44号	6101	12～20	0.40～0.47	E-31号	638	40～55	0.23～0.38

环氧树脂未固化时，可溶于丙酮、甲苯、二甲苯等溶剂中，并具有如下独特的优良性能。

(1)良好的工艺性能：它可以在常温下固化，并且树脂的黏度以及适用时间，都可以按需要在一定范围内调节，而又不影响树脂固化后的性能。并且可用多种固化剂，易和多种填料混合，以满足不同的用途。

(2)黏结性能好：环氧树脂具有独特的高黏结能力，是由于环氧树脂分子中的羟基(—CH—)、醚键(—O—)和极为活泼的环氧基(—CH—CH_2)，使环氧树脂分子与它接触的界面之间容易产生极性的相互作用。其环氧基还可以和氨基、羧基、羟基的化合物反应，生成化学键，因而黏结力特别强。

(3)收缩性小：环氧树脂在固化时没有副产物生成，因而收缩小，一般在2%以下。若加入填料，则收缩率更小(约为0.1%)；同时，膨胀系数也很小。因此，环氧树脂用途十分广泛。

(4)较好的耐腐蚀性：固化后的环氧树脂，由于含有稳定的苯环、醚键，其结构又稠密封闭，因而在化学溶剂中较为稳定，具有耐酸、碱性能。

(5)机械强度高：环氧树脂固化后的力学性能列于表8-19。

环氧树脂固化后的力学性能(单位：MPa) 表8-19

抗拉强度	抗弯强度	抗压强度	抗冲击强度
65.0～80.0	90.0～120.0	110.0～130.0	10.5～13.0

环氧树脂冲击韧性好的原因是环氧树脂的环氧基位于分子键两端，交联点间距较大，分子键的内旋较方便，所以韧性较好。

(6)吸水率低：在室温下吸水率小于0.5%，故可做防潮材料。

2. 固化剂

环氧树脂在使用时，必须加入固化剂，使线形结构交联成体形结构。固化剂的种类很多，常用的有胺类、酸酐类及合成树脂类化合物。随着环氧树脂在水工建筑中使用的增多，不少研究单位根据水工建筑物不易干燥、室外施工温度变化范围广的特点，研制了能使环氧树脂在潮湿环境或低温(负温)下固化的固化剂，如目前较多的水下环氧固化剂有MA及810、T-31；在负温下使用的固化剂有 YH-82。这些固化剂的具体成分尚未公开发表，多数仍属胺类固化剂。

一般采用的胺类固化剂是多元伯胺和仲胺，如乙二胺、二乙烯三胺、间苯二胺等，它们都含有多于3个能与环氧基反应的活泼氢，而环氧树脂也具有2个环氧基，这种多关能度化合物之间的反应，必然产生三维空间的立体网状结构，成为不溶的高聚物。例如，间苯二胺与环氧树脂之间的反应可表示为：

CH_2—CH—CH_2—…（CH_2、CH 间以 O 成环）

…—CH_2—CH—CH_2（CH、CH_2 间以 O 成环）

+ H_2N—C_6H_4—NH_2（间苯二胺）

CH_2—CH—CH_2—…（O 成环）

…—CH_2—CH—CH_2（O 成环）

→

…—CH_2—CH—CH_2
　　　　OH　　　N
　　　　OH
…—CH_2—CH—CH_2

CH_2—CH—CH_2
　　　　OH
—C_6H_4—N
　　　　OH
CH_2—CH—CH_2—…

用胺类固化环氧树脂时，必须正确选择固化剂用量，用量过多或过少都会影响固化交联的密度，从而影响固化后环氧树脂的力学性能。胺类固化剂分子上的一个活泼氢可以和一个环氧基反应，因此，可以通过胺的分子量和活泼氢的数目及环氧树脂的环氧值按下式计算固化剂用量：

$$\text{每 100g 环氧树脂所需胺类固化剂的克数} = \frac{\text{胺的分子量}}{\text{胺基上活泼氢原子总数}} \times \text{环氧值}$$

［例8-3］ E-44号环氧树脂，环氧值为0.44，用间苯二胺固化剂（分子量为108），则每100g树脂所需加的固化剂质量为G(g)，则：

$$G = \frac{108}{4} \times 0.44 = 11.9(\text{g}) \tag{8-4}$$

实际上因为胺有一定的挥发性，故实际用量比理论计算的约需多10%才能确保反应的完成。

脂肪族胺类，如乙二胺、二乙烯三胺等能在室温固化，固化速度快，黏度低，使用方便；缺点是固化时放热量大，且大多数胺类固化剂使用寿命较短，在潮湿和水下环境中使用效果差。酸酐类，如邻苯二甲酸酐、顺丁烯二酸酐等，要在120～200℃高温下长时间才能固化，故水利工程中使用较少。通常使用较多的环氧固化剂有以下几种：

(1)乙二胺：它是具有刺激性臭味的无色液体，含有4个活泼氢，每个分子乙二胺可与4个环氧基起反应。反应时放热量较大，使用寿命短。乙二胺用量为树脂质量的6%～8%，也有用到10%的，是室温固化剂。

(2)二乙烯三胺：它是刺激性无色或淡黄色液体，活泼性强，固化速度快，毒性较乙二胺小，使用寿命较短，掺量8%～11%，也是室温固化剂。

(3)间苯二胺：间苯二胺也具有4个活泼氢，可与树脂中4个环氧基起作用。用它做固化剂的优点是固化的树脂强度高，适用期长，价格较便宜；缺点是需将间苯二胺与树脂分别热至65℃以上才能混合，固化时需加热至35～40℃才能固化，且毒性大，只能在干燥环境使用，掺量为14%～16%。

(4)MA潮湿水下环氧固化剂：它是金属胺类固化剂，为浅棕色油状透明液体，在25℃时粘度为350～450×10^{-3}Pa·s，胺值为550～650，为低毒固化剂，能在潮湿环境及水下使环氧固化。固化最佳温度为20～25℃（不得低于12℃），掺量为环氧树脂质量的10%～15%。此固化剂曾在北京高井渡槽及以礼河毛家村水库泄洪洞等工程中使用。在水下及潮湿环境中修补混凝土，效果较好。

(5)810号水下环氧固化剂：它是一种棕色黏稠状半透明体，溶于丙酮、乙醇等有机溶剂的，不溶于水的微毒固化剂，它具有在干燥、水下及低、高温条件下都能固化的特点。810号固化剂适宜掺量，在0～10℃温度时为35%，20℃以上掺量为32%，在高潮湿或水下施工时，配方中掺入2% KH-560偶联剂（即缩水甘油氧化丙基三甲氧基硅烷），以提高树脂与混凝土的黏结力。此固化剂在葛洲坝二江泄水建筑物中，于水下及沉柜内等潮湿环境中多次维修使用，亦取得较好的效果。

目前还在研究低毒、更便于施工的水下环氧固化剂。如T-31固化剂，已达无毒等级化学品，无刺激性气体挥发，基本实现无毒施工，并能在温度0℃左右、湿度大于80%或水下固化各型号环氧树脂，是各项性能均较好的一种固化剂。

3.增韧剂

增韧剂的主要作用是提高环氧树脂的韧性，增强抗弯、抗冲击能力。它分活性增韧剂及非活性增韧剂两类。非活性增韧剂不带活性基团，不参与固化反应，只起添加物作用，又称增塑剂。非活性增韧剂只能减低环氧树脂分子间的作用，而起到增加树脂的流动性的作用，久之，或者是游离出来，造成固化体变质或老化；或者是仍保留在固化体内部，但影响环氧树脂的刚度，水利工程一般都不使用。活性增韧剂，能参与环氧树脂的固化反应，共同组成体形结构，最常用的是低分子量的聚酰胺树脂（如650号、600号等），其掺量为40%～60%。

能达到增韧效果的增韧剂还有聚硫橡胶和丁腈橡胶等，但价格较高。

4.稀释剂

稀释剂的作用是降低浆材黏度，以利施工操作。

稀释剂也分活性稀释剂和非活性稀释剂两类。非活性稀释剂只起稀释作用而不参与树脂的固化反应，如丙酮、甲苯、氯苯及二甲苯等。这些材料在树脂固化及使用过程中逐渐挥发，因而使环氧树脂的黏结力降低，收缩率增加，甚至降低热变形温度、冲击韧性和抗弯强度。活性稀释剂如690号（环氧丙烷苯基醚）、501号（环氧丙烷丁基醚）、662号（甘油环氧树脂）和糠醛丙酮等。在树脂中既起稀释作用，又参与树脂的固化反应。

各种稀释剂的掺量：糠醛丙酮以及非活性稀释剂的掺量，一般相当于树脂质量的5%～20%；501号为树脂质量的10%～15%；662号可达20%。

应当注意的是，由于活性稀释剂中有环氧基的存在，为使之参与固化作用，应适当增加固化剂的用量。

5.填料

使用填料的目的是为了减少树脂用量，降低成本，提高黏结力、强度、硬度和耐磨性能，增加导热系数，减少收缩率和膨胀系数及变形性能等。

填料的品种很多,可以根据要求选用。为了提高环氧材料的冲击韧性与抗拉、抗弯强度,宜用石棉纤维和玻璃纤维;为了提高抗压强度和硬度,宜用滑石粉、石英粉、水泥、砂子和小石子;为了降低弹性和提高抗开裂能力,可加橡胶粉;为了提高耐磨性,可用石墨粉、铸石粉、二硫化钼和石英粉;为了提高耐热性,可用石棉粉;而提高导热性,则用铝粉或铜粉。此外,选用的填料应与被黏结物的性质相同或近似,如用作金属的黏结,宜用铝粉或其他金属粉末;用以黏结修补混凝土,宜用水泥、铸石粉、石英粉、铸石砂及石子等。

填料用量,随施工要求的黏度及其他技术指标而定,并应使所有的填料都能被树脂润湿。

(二)配合比

根据水利工程修补混凝土建筑物的特点,结合我国化学工业的生产状况,20 世纪 60 年代的环氧砂浆,只能在干燥条件下使用。新安江、青铜峡、新丰江及三门峡水利工程,多使用间苯二胺(属芳香族胺类)固化剂,它是加温固化剂,固化温度约 40℃;脂肪胺类如乙二胺、二乙烯三胺能在常温下固化,固化速度快、黏度小,使用方便,其缺点是使用期短,树脂固化后的强度不如芳香族胺类固化的树脂,一般只在室内用量少时使用。涂抹在干燥条件下的环氧砂浆配合比列于表 8-20。

涂抹在干燥部位的环氧胶液及砂浆配合比 表 8-20

材料名称		环氧砂浆配方(质量比)		
		1	2	3
环氧树脂 E-44		100	100	100
增韧剂	聚酯树脂(牌号 304 号)	30	20	
	聚酰胺树脂(牌号 650 号)			60
稀释剂	环氧丙烷苯基醚(牌号 690 号)	20	20	
	环氧丙烷丁基醚(牌号 501 号)			15
固化剂	间苯二胺	15~17		
	乙二胺		9~10	
	二乙烯三胺			8~11
环氧胶液				
填料	石英粉	125~200	125~200	125~200
	砂	375~600	375~600	375~600
将所有材料拌制均匀则成环氧砂浆				

水利工程在修补混凝土时,需要保持干燥,这就给施工带来许多困难。为此,许多单位研制了能使环氧在潮湿环境甚至在水下固化的固化剂,这类固化剂的品种越来越多,但其成分多未公开,一般价格较贵。涂抹在潮湿或水下目前使用较多的环氧砂浆配合比列于表 8-21。

为了适应水利工程冬季施工(有的地方气温在 0℃以下),又研制了低温固化剂。YH-82 环氧低温固化剂已在引滦入津及白山水电站工程中应用,其配合比如表 8-22 所示。

在填料中适当减少石英粉、水泥、砂子,加入石子的成分便成为环氧混凝土。一般环氧混凝土的填料石英粉或水泥为 100~120、砂子为 300~400、石子为 600~700(均以环氧为 100 的质量计算)。

涂抹在潮湿或水下部位环氧胶液及环氧砂浆配合比　　表 8-21

材 料 名 称	配　方(质量比)		
	1	2	3
环氧树脂 E-44 号(或 E-42 号)	100	100	100
810 号环氧固化剂	32~35		
MA 环氧固化剂		10	
T-31 固化剂			20~40
环氧丙烷丁基醚(牌号 501 号)	15~20		
丙　酮		10	10
聚酰胺树脂(牌号 650 号)	40		
聚硫橡胶(分子量 1 000)		20	
DMP-30 促进剂		1~3	
生石灰粉	20		
石英粉	140~200		160
环　氧　胶　液			
石英砂或河砂	500~600	500~700	400
环　氧　砂　浆			

适用于低温条件下的环氧砂浆配合比　　表 8-22

材 料 名 称	技 术 指 标	质 量 比
环氧树脂 E-44 号	环氧值 0.47	100
糠醇稀释剂	工业品含量 98%	15~25
YH-82 低温固化剂	胺值 >600	30
DMP-30 促进剂	粗品	0~3
水泥填料	42.5 级或 52.5 级大坝水泥	100
砂子填料	混凝土用砂	400~500

二、呋喃砂浆

(一)原材料

1. 呋喃树脂

呋喃树脂是以糠醛($C_5H_4O_2$)、糠醇($C_5H_6O_2$)等为原料制成的一类聚合物的总称,其分子结构都带有呋喃环($\begin{array}{ccc} HC & & CH \\ \| & & \| \\ —C & & C— \\ & \diagdown \quad \diagup & \\ & O & \end{array}$),其品种有糠醇树脂、糠醇—糠醛树脂、糠醛—丙酮树脂及糠醛—丙酮—甲醛树脂等。制成呋喃树脂所用糠醛的原料主要是一些农副产品,如棉籽壳、稻壳、玉米芯及玉米秆等。由于原料来源广泛,故成本较低。

呋喃树脂在酸性固化剂(苯磺酸,苯磺酰氯等)作用下,在常温条件就能使呋喃开环,形成网状结构而固化。对强酸、强碱和有机溶剂的腐蚀作用,有很强的抵抗能力,耐热性好,电绝缘性亦高;黏结力与机械强度也高,但较环氧树脂稍差,性较脆。

2. 固化剂　苯磺酸和苯磺酰氯。

3. 固化剂溶剂　糠醛(单体)。

4. 填料　石英粉和石英砂。

(二)配合比

呋喃胶液及呋喃砂浆配合比如表 8-23 所示。

呋喃胶液及呋喃砂浆配合比　　表 8-23

材料名称＼种类	质量比例		材料名称＼种类	质量比例	
	呋喃胶液	呋喃砂浆		呋喃胶液	呋喃砂浆
呋喃树脂	100	100	苯磺酰氯	2.5	3.75
糠醛(单体)	25	25	石英粉		100～150
苯磺酸		3.75	石英砂	2.5	400～600

三、不饱和聚酯树脂砂浆

(一)不饱和聚酯树脂砂浆的组成成分

1. 不饱和聚酯树脂

不饱和聚酯是由醇和酸酐进行酯化反应后得到的含有 —CH═CH— 不饱和双键的高分子化合物。不饱和树脂是用单体苯乙烯作溶剂溶解不饱和聚酯所组成的溶液,其牌号 UP307 及 UP189 是目前国产较便宜的两种。丙烯酸环氧树脂是一种含有不饱和键的线形结构树脂与苯乙烯的混合物,系属于一种新型的不饱和聚酯树脂。

2. 引发剂

引发剂是容易产生游离基的过氧化合物,使树脂和苯乙烯单体中的双键活化发生共聚反应,放出热量形成立体网状交联结构的大分子。其反应为:

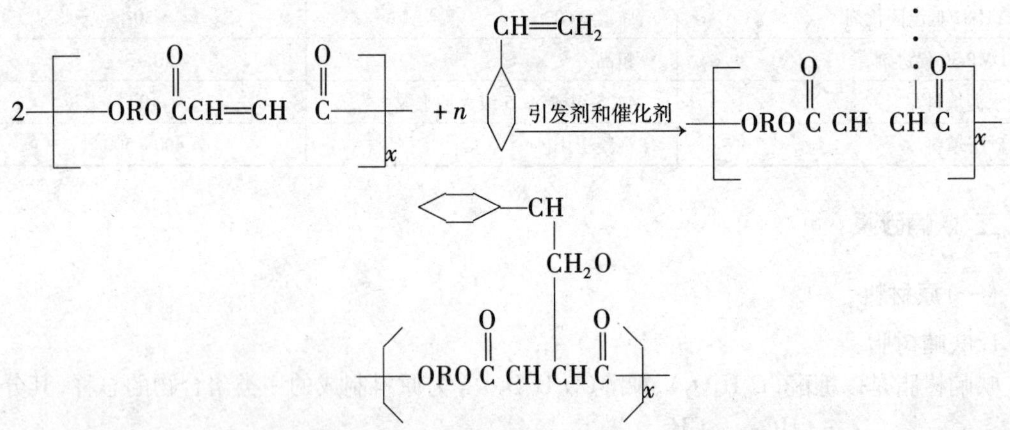

$$2\left[\!-\!ORO\overset{O}{\overset{\|}{C}}CH{=}CH\overset{O}{\overset{\|}{C}}\!-\!\right]_x + n\,C_6H_5CH{=}CH_2 \xrightarrow{\text{引发剂和催化剂}} \left[\!-\!ORO\overset{O}{\overset{\|}{C}}\,CH\quad CH\overset{O}{\overset{\|}{C}}\!-\!\right]_x$$

$$C_6H_5-CH-CH_2O \quad \left(\!-\!ORO\overset{O}{\overset{\|}{C}}\,CH\,CH\overset{O}{\overset{\|}{C}}\!-\!\right)_x$$

一般使用的引发剂为过氧化环乙酮糊,它是过氧化环乙酮与邻苯二甲酸二丁酯各为 50% 的浆状物。

3. 促进剂

促进剂是降低引发剂正常分解温度、加快分解速度的化合物,一般使用环烷酸钴溶液,含钴量约为 0.5%;萘酸钴溶液,含钴量约为 2%。不饱和聚酯树脂在低温使用时,有时需加第 2 促进剂,一般使用二甲基苯胺。

4. 减缩剂

减缩剂是为了克服不饱和聚酯树脂固化时收缩较大而加入配方中的热塑性聚合物。可采用聚氯乙烯粉末或用聚苯乙烯颗粒加到苯乙烯单体中配成减缩剂溶液。根据试验资料表明，掺减缩剂溶液的不饱和聚酯树脂砂浆的和易性及减缩效果都比聚氯乙烯粉末好一些。

5. 填料

填料是为了减少树脂用量、降低成本、减少树脂砂浆收缩及提高抗冲磨等力学性能而加入的矿物质材料。

使用的填料与环氧砂浆填料品质基本相同，一般为矿物粉及砂、石料。

(二) 配合比

不饱和树脂砂浆(及混凝土)已在水利工程中如葛洲坝、三门峡泄水建筑物中开始试用，其配合比见表8-24。

不饱和聚酯树脂砂浆及混凝土配合比 表8-24

材 料 名 称	聚酯砂浆配方(质量比)				凝酯混凝土配方(质量比)
	1	2	3	4	
不饱和聚酯树脂(UP307)	100	80	100		70
丙烯酸环氧树脂(含60%苯已烯)				100	
丙烯酸				3~5	
过氧化环已酮:邻苯二甲酸二丁酯=1:1的糊	2.5	2.5		2.0	2.5
过氧化环已酮			4.0		
萘酸钴苯乙烯溶液	1.25~2.5	2.0	1.5~2.0	1.2	1.5
N-N′-二甲基苯胺				0.35~0.07	
减缩剂溶液		20			30
石英粉	156	156		165	120
辉绿岩铸石粉			300		
河砂	400	400	400	385	270
卵石					940

第六节 高强度喷射砂浆配合比设计

喷射砂浆(或喷射混凝土)施工技术，是一种生产效率较高，施工速度较快，施工方便，节约原材料，并且把混凝土施工中的运输、浇筑、振捣等项施工工序结合在一起，实现机械化连续施工的砂浆(或混凝土)喷射施工工艺，现已广泛地应用在隧洞的加固、衬砌，建筑修补，喷锚支护，坡堤加固，地铁建设等项工程中。但砂浆抗压强度较低，以 $f_{cu,k}=20\text{MPa}$ 以下者居多，$f_{cu,k}=30\text{MPa}$ 以上者则较为少见。由于水泥裹砂施工具有前面所述的特点，因此，为提高喷射砂浆(或喷射混凝土)的强度、改善喷射砂浆(或喷射混凝土)的特性，浆水泥裹砂施工技术应用到喷射砂浆(或喷射混凝浆)中去，使喷射的砂浆抗压强度达到 $R_{cu,k}=50\text{MPa}$ 以上，砂浆的抗磨能力显著地提高，改善了喷射砂浆的性能。

一、原材料的技术要求

影响砂浆强度的因素较多，但原材料的优与劣是配制高强砂浆的基础，因而必须对原材料提出较为严格的技术要求。

(一)水泥

采用强度较高的硅酸盐或普通硅酸盐水泥,水泥必须新鲜,无潮解和板结现象,施工前无论水泥储存期如何,均需进行水泥强度等级鉴定。

(二)砂子

所用的砂子应为均质的天然河砂,细度模数 2.65 ~ 3.10、含泥量不大于 3%,质量必须符合《水工混凝土施工规范》(DL/T 54144—2007)的有关规定。其含水率以不超过 7% 为界,以便能够满足水泥裹砂的技术要求。

(三)高效减水剂

高效减水剂应无引气现象,经试验应满足设计要求。

(四)硅粉

选用高活性材料硅粉作为掺和材料,这是因为硅粉的比表面积为 $20 \times 10^4 \sim 50 \times 10^4\ cm^2/g$,相当于普通水泥的 50 ~ 70 倍,在水泥硬化过程中,硅粉可填充砂浆中水泥无法填充的空隙,因而提高了砂浆的抗压强度及抗磨能力。

(五)拌和用水

可用饮用水或澄清的河水,经化验应满足设计要求。

二、配合比设计

高强砂浆作为水工建筑物的抗磨材料在国内是近期开发的。为提高砂浆的致密性,改善喷射砂浆的抗冲耐磨性,通常选用高强度水泥,采用较小的水灰比,适当的砂率和优质的中粗料,并加入高活性原材料硅粉和高效减水剂,这样就提高了砂浆的致密性和强度,改善了砂浆的稠度,方便了施工。

采用水泥裹砂施工工艺后,经水泥裹砂拌和后的拌和物,在砂子的表面含水适当时,经造壳作用,就会形成以砂为核心,并包裹得较结实的水泥外壳球体。这些球体黏结在一起,可以提高水泥砂浆的温度。山东省水利科学院的水泥裹砂砂浆同一般砂浆强度的比较试验就证明了这一点,表 8-25 即为比较结果。

裹砂砂浆与一般砂浆的比较 表 8-25

	配合比						拌和方式				
名称	水泥	砂子	碎石	水	水灰比	砂子细度模数	方法	一般方法		最砂方法	
单位	kg	kg	kg	kg			龄期	7d	8d	7d	28d
量值	396	667	1 115	195	0.5	2.80	量值	16.6 MPa	27.2 MPa	20.9 MPa	32.0 MPa

室内试验表明,掺入硅粉和高效减水剂后增强效果十分明显,例如,水灰比为 0.3 时,水泥的用量为 $425kg/m^3$ 时,硅粉掺量为 20%,则砂浆的抗压强度可达 $f_z = 98.8MPa$。水灰比为 0.35时,水泥用量为 $337kg/m^3$,硅粉掺量为 20% 时,则砂浆的抗压强度值可达到 $f_z = 90.7MPa$。强度与水泥用量比值可达 0.22 ~ 0.24,远远地超过了普通混凝土与砂浆的该项比值。室内抗冲冲刷试验中,砂浆的致密性由于掺入硅粉而得到了提高,抗磨能力也显著增强。掺 10% 硅粉后与不掺硅粉砂浆相比较,其磨损率减少 50%,初磨阶段可减少 72%。

表 8-26 为施工推荐配合比。

高强砂浆喷射施工配合比　　表 8-26

水(kg)	硅粉(%)	灰砂比	砂子(kg)	水灰比	表观密度(kg/m^3)	FDN(%)	胶凝材料
170	10	1:3.32	1 613	0.35	2 270	0.7	486

三、施工配料

1. 根据强制式搅拌机的容量及施工配合比,推算出每 1 次拌和所需的各种原材料理论质量,再按下式计算出实际材料的用量,其中:

$$Q_{s实} = Q_{s理} \div (1 - w_s) \tag{8-5}$$

式中:$Q_{s实}$——施工中,每次水泥裹砂所需的用砂量;

w_s——实测砂子含水率(%);

$Q_{s理}$——由配合比和拌和机容量推算每次水泥裹砂所需的量。

2. 裹砂时加入的水质量 Q_{W1}

$$Q_{W1} = Q_{W理} - 稀释高效减水剂所需水质量 - Q_{s实} \times w_s \tag{8-6}$$

式中:Q_{W1}——裹砂时,加入搅拌机中水的质量;

$Q_{W理}$——理论推算裹砂时搅拌机所需加入水的量。

水泥裹砂计算时,水灰比取值可取 0.2～0.25 的中间值 0.22。

减水剂在使用前 24h,按照质量比 FDN:水 =1:9 配制好,使用前搅拌均匀,以便施工使用。

第七节　沥青砂浆配合比设计

沥青砂浆是将熬制好的沥青加入粉料拌制而成。沥青为胶结材料,混合搅拌后,沥青被吸附在粉状填充料的周围,经过振捣或压实将粉料胶结在一起,形成一个密实的整体。

沥青砂浆在建筑工程中主要用于铺设平顶屋面的找平层防水或抗腐蚀要求的车间和仓库的地面。在道路工程中主要用于道路路面工程及桥梁防水层等。

一、原材料的技术要求

与"沥青混凝土"所述相同。

二、沥青砂浆的设计步骤

沥青砂浆的性能主要决定于集料的级配及沥青的用量。集料的级配应力求密实;在满足集料表面形成沥青薄膜,便于压实的前提下,应尽量减少沥青的用量。集料的级配可用优选法,选择混合物(砂子与矿粉)的最大干重度来确定。但粉料和细集料之间的比例应符合表 8-27规定的范围。

沥青砂浆中粉料、集料混合物的颗粒级配参考表　　表 8-27

混合物通过下列筛孔(mm)的百分率(%)						
5	2.5	1.2	0.6	0.3	0.15	0.085
100	62～80	43～67	29～55	20～45	14～37	10～30

注:为提高沥青砂浆的抗裂性,可适当加入纤维状的填料。

沥青砂浆配合比设计步骤是：

(1)设计沥青胶结物质(沥青+矿粉)的组成。

(2)设计沥青砂浆(沥青胶结物质+砂)的组成。

(3)沥青砂浆的校核试验。

三、沥青胶结物质的组成设计

沥青胶结物质的组成设计,即选择具有足够黏结性、塑性和温度稳定性的沥青与矿料配合比。

黏结性是用沥青胶结物质制成标准试件(8 字形试件),在规定温度+15℃时的极限抗拉强度来测定,而且其值不得低于1.0MPa。

塑性是以沥青胶结物质制成的标准试件($d=70$mm,$h=20$mm的圆柱体试体),在规定温度+15℃下,用试样沿高度方向在0.3MPa压强下,经历30min的水作用而引起的剩余变形来测定的,塑性变形的大小必须在10~20mm范围内。

温度稳定性是以沥青胶结物质在+30℃、+15℃和0℃3个温度下抗拉强度变化程度来表明。从+15℃满足于前两种指标(黏结性和塑性)的组成中,挑选在温度提高时力学强度降低最小的组成,作为沥青胶结物质的合理组成。

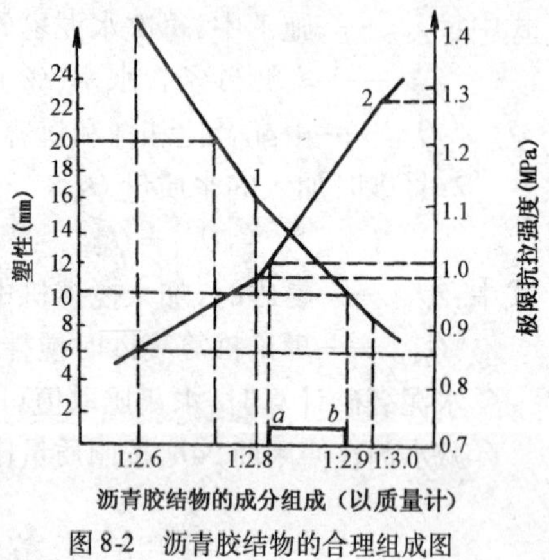

图 8-2 沥青胶结物的合理组成图

1-塑性;2-强度

根据试验结果,绘制抗拉强度或塑性与组成比例曲线。左边纵坐标为塑性指标的毫米数,右边是抗拉强度指标,横坐标为已测定性质指标的沥青胶结物质组成比例(图 8-2)。

根据图 8-2 画出具有在10~20mm内的塑性指标和+15℃时不低于1.0MPa的极限抗拉强度的合理组成范围,选定满足设计沥青胶结物质所规定要求的组成。

四、沥青砂浆配合比设计

沥青砂浆的组成设计,即确定沥青胶结物质与砂的最优配合比,它的选择是以标准试验结果与技术规范(砂质沥青混凝土技术规范)的要求来确定的。

以选定最优配合比的沥青胶结物质,与不同比例的最优级配(按水泥混凝土用砂级配曲线)的砂组成沥青砂浆。沥青砂浆的合理配合比范围为1∶1.0~1∶1.6(平均1∶1.3),在此比例范围内,选取数种比例,按砂质沥青混凝土混合料技术性质试验方法制备的($d=50$mm,$h=50$mm圆柱体)试件,并按技术规范规定进行R_{50}、R_{20}、R_{20}、饱水率和膨胀率等试验。

根据试验结果,选定符合技术规范要求,并具有最优技术指标,且沥青与矿粉(高价材料)的用量最少,制备上最经济的配合比。

如系设计砂质沥青混凝土的组成时,则至此步骤即可告完成。

五、施工配合比的确定

试验室配合比确定后,尚需在施工前进行现场铺设试验,检验其施工是否方便,以及在正常施工条件下,按规定方法进行沥青砂浆性能试验,检验其与室内试验是否一致。必要应对原配合比进行调整,最后确定施工配合比。

六、沥青砂浆配合比选定实例

1. 题目:确定某建筑物防水层沥青砂浆配合比。

2. 材料

(1)河砂;

(2)矿粉:磨细的石灰石;

(3)石油沥青:100 甲。

3. 沥青胶结物质的组成设计

(1)为了选定沥青胶结物质,按照前述"沥青胶结物质组成设计"规定的拌和物温度要求,将沥青和磨碎的石灰石按 3 种组成(配合比),其质量比如下:1:2.6,1:2.8,1:3.0,每种组成的数量不得少于 600g。

(2)用每种组成的沥青胶结物质制备 3 个"8"字形试件,以便测定极限抗拉强度;另外制备一组直径 70mm 而高度为 20mm 的圆柱体试件,以便测定塑性。

(3)将每个试件进行试验,测定极限抗拉强度和塑性。

将试验结果记入记录表(表 8-28)。

沥青胶结物质试验记录表　　表 8-28

配合比编号	沥青胶结物质配合比(质量比)	塑性指标(mm)				极限抗拉强度(MPa)			
		第一试件	第二试件	第三试件	平　均	第一试件	第二试件	第三试件	平　均
1	1:2.6	30	26	28	28	0.84	0.82	0.89	0.85
2	1:2.8	17	18	15	16	0.93	1.00	0.98	0.97
3	1:3.0	8	7	9	8	1.31	1.26	1.24	1.27

(4)根据 3 次试验的平均结果绘成图 8-2,依图决定合理的沥青胶结物组成。但应符合于强度和塑性指标提出的要求。在图上合理配合比的范围是 a—b 区段内。

采用此区段的配合比即 1:2.9。在此例题中不需要更进一步的准确配合比。

4. 沥青砂浆配合比的设计

制备 3 种配合比的沥青砂浆,其范围如下:即 1:1.2,1:1.4,1:1.6。前面数字 1 表示所用沥青胶结物的质量,后面是砂的质量。

如此,所采用且制备的沥青砂浆的配合比(质量比)是:

1:1.2　或　(1:2.9):1.2　或　1:2.9:4.7

1:1.4　或　(1:2.9):1.4　或　1:2.9:5.5

1:1.6　或　(1:2.9):1.6　或　1:2.9:6.3

(沥青质量 1 份,矿粉质量 2.9 份,砂质量 4.7、5.5、6.3 份)。

按照本章第七节"沥青砂浆配合比设计"所述方法制成砂的质量不少于 800g 的混合物组成,然后制备标准试件,以便按照技术规范的要求测定其性质。

将所制备的试件,按规定方法进行试验,但不得早于制备后 6h,亦不得迟于 48h。将试验结果记入记录表(表 8-29)。

沥青砂浆试验记录表 表8-29

配合比编号	沥青砂浆配合比(质量比)	极限抗压强度(MPa)			饱水性体积比(%)	膨胀体积比(%)	$\frac{R_{20}}{R_{50}}$	$\frac{R_{20\omega}}{R_{50}}$
		在+50℃时 R_{50}	在+20℃时 R_{20}	饱水后+20℃时 $R_{20\omega}$				
1	(1:2.9):1.2	0.8	3.6	3.2	0.5	0.2	4.5	0.9
2	(1:2.9):1.4	1.4	3.2	2.9	2.0	1.0	3.0	0.88
3	(1:2.9):1.6	1.3	4.2	2.9	4.0	2.5	3.2	0.69

(1:2.9):1.4 的配合比符合于题目的条件,因而可以被推荐采用。

组成材料的质量百分数按下式计算:(1:2.9):1.4 =1:2.9:5.5

质量百分数为:100 甲石油沥青:$\frac{100\times1}{9.4}=10.6\%$

第八节 水下沥青砂浆配合比设计

用于水下灌筑的沥青砂浆,由沥青、填充料、细砂在加热情况下混合而成。当掺入集料时,便成为沥青混凝土。

熔融状态的沥青砂浆流动性好,遇水后急剧冷却结硬,浇筑时允许抗冲流速可达12m/s以上,且沥青材料本身防渗性能较好(渗透系数$10^{-7}\sim10^{-9}$cm/s),因此,用途较广,例如,可以用来改善抛石体表石的平整度和提高抗冲能力,加固大坝防冲区,浇筑土坝截水墙,灌筑水下防渗层,水下伸缩缝,以及灌注预制混凝土构件的水下接头和在高渗漏区堵漏等。

一、原材料的技术要求

(一)沥青

用于水下施工的沥青砂浆(混凝土),一般都采用石油沥青作为胶凝材料。国产石油沥青技术标准见“沥青混凝土”一章。用于水下施工的沥青强度等级选择,应考虑要求的扩散范围。

当用于填充水下堆石体、预制构件接缝时,为了减少沥青砂浆流失量,应控制浇注时的扩散范围,则宜采用针入度较小的60甲、60乙、30甲、30乙、10号石油沥青。这种沥青在20℃时密度1.0左右,在160℃时经过5h蒸发后,质量损失应不超过1%,着火点不低于230℃;含水量不大于0.2%。

当在水中或膨润土浆液中,采用导管法直接浇筑厚层沥青砂浆(比如,沥青砂浆防渗墙,坝面防渗层等)时,则要求选用的沥青黏滞度较好,以便于流动,为此宜选用针入度较大的200、180号石油沥青。

(二)填充料

填充料是一种砂质粉末。由于其表面积大,能吸收大部分沥青,混合成薄膜胶凝物,使沥青与集料更好地黏结,从而提高沥青砂浆的稳定性、密实性、黏滞度。

一般选用憎水性石料制成的碱性集料加工磨制成填充料。其中,以石灰岩粉为最好;其次白云岩粉、板岩粉、消石灰、水泥以及天然产的细微无机物质。

磨制后的石粉应全部通过80号筛(筛眼直径0.177mm),70%以上通过200号筛(筛眼直径0.074mm)。小于0.005mm的细粒含量也宜控制在5%以内,以节省沥青。亲水系数(吸附水分与吸附煤油的比值)应小于1。石粉中的杂物及水分含量不能大于1%。

(三)细集料

一般选用细度模数为1.3~2.2之间的有机物质含量少的清洁细砂,粒径为0.074~2mm之间(图8-3),含泥量不宜超过3%。

(四)粗集料

在沥青混凝土中,粒径大于2.5mm集料,称为粗集料。

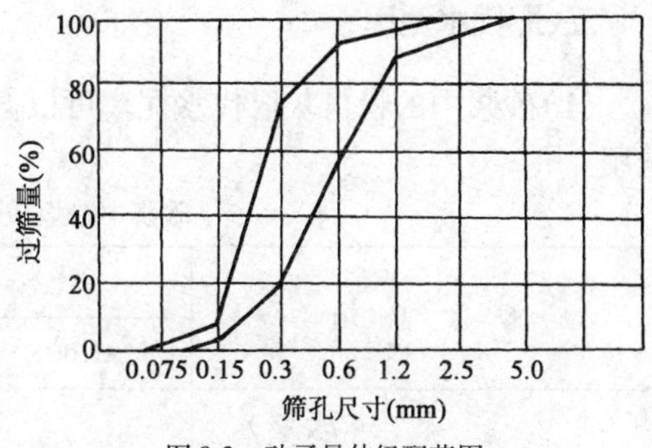

图8-3 砂子最佳级配范围

选择粗集料时,应考虑其化学性质。碱性岩石(石灰岩、白云岩、玄武岩、辉缘岩等)与沥青的黏结力较酸性岩石(花岗岩、延长岩、斑岩、安山岩、闪长岩等)为强,故应尽可能采用碱性集料。由于石料中二氧化硅(SiO_2)含量越高,石料酸性越大,因此不宜采用与沥青黏结力差的硅质石料。若在沥青中加入沥青质量的万分之一的聚酰胺,则能提高沥青与集料黏结力。

因碎石的热稳定性比卵石好,宜选用集料形状带棱角者,表面粗糙而又坚硬;扁平细长颗粒含量不大于5%的碎石。采用的粗集料还要有一定的耐热性,在加热到25℃时,不显著降低强度。集料吸水率以不超过3%为宜。

二、水下沥青砂浆配合比设计

水下施工用的沥青砂浆中的填料与沥青之比约为0.8~1.0;细砂与沥青之比2.5~3.5,因此,在沥青砂浆中,沥青占12%~20%,填充料占5%~20%,细砂占60%~70%。拌制后的沥青砂浆表观密度1.8t/m^{3}以上。

水下沥青混凝土中的粗集料用量为沥青用量的2.3~3.3倍。

几个水下灌筑沥青砂浆(混凝土)工程实际采用的配合比如表8-30所示,供参考。

工程采用的沥青砂浆配合比 表8-30

序号	石油沥青针入度	填充料	粗集料粒径(mm)	配合比(%,质量比)				用途
				沥青	填充料	砂	粗集料	
1	40~50			20	20	60		填充抛石空隙
2	50~60	石灰石粉		17	15	68		填充抛石空隙
3				18~20	22~30	50~58		防坡堤补强
4	38~41 11号煤沥青		6~13 6~13	13 13	8 10	34 34.5	45 42.5	抛石丁坝护面 抛石丁坝护面
5	180~200	消石灰	<3	15	10	40	35	防渗截水墙

按上述经验数据初选沥青砂浆(混凝土)配合比后,通过试配沥青砂浆(混凝土)的流动性、强度、稳定性试验验证,决定采用配合比。

第九节 粉煤灰砂浆配合比设计

一、粉煤灰砂浆品种及适用范围

(1)粉煤灰砂浆依其组成分为粉煤灰水泥砂浆、粉煤灰水泥石灰砂浆(简称粉煤灰混合砂浆)及粉煤灰石灰砂浆。

(2)粉煤灰水泥砂浆主要用于内外墙面,台度、踢脚、窗口、沿口、勒脚、磨石地面底层及墙体勾缝等装修工程及各种墙体砌筑工程;粉煤灰混合砂浆主要用于地面上墙体的砌筑和抹灰工程;粉煤灰石灰砂浆主要用于地面以上内墙的抹灰工程。

二、取代水泥率

(1)砂浆中的粉煤灰取代水泥率可根据其设计强度等级及使用要求参照表8-31的推荐值选用。

砂浆中粉煤灰取代水泥率及超量系数 表8-31

砂浆品种		砂浆强度等级				
		M1.0	M2.5	M5.0	M7.5	M10.0
水泥石灰砂浆	β_m(%)	15~40			10~25	
	δ_m	1.2~1.7			1.1~1.5	
水泥砂浆	β_m(%)	—	25~40	20~30	15~25	10~20
	δ_m		1.3~2.0		1.2~1.7	

注:表中β_m为粉煤灰取代水泥率,δ_m为粉煤灰超量系数。

(2)砂浆中,粉煤灰取代石灰膏率可通过试验确定,但最大不宜超过50%。

三、配合比设计

粉煤灰砂浆的配合比设计按下列顺序进行:

(1)按砂浆设计强度等级及水泥强度等级计算每$1m^3$砂浆的水泥用量。

(2)按求出的水泥用量计算每$1m^3$砂浆的灰膏量。

(3)选择取代水泥(或石灰膏)率和超量系数,计算粉煤灰掺量。

(4)确定每$1m^3$砂浆中砂的用量,求出粉煤灰超出水泥(或石灰膏)体积,并扣除同体积的用砂量。

(5)通过试拌,按稠度要求确定用水量。

(6)通过试验调整配合比。

四、计算实例

[例8-4] 某工程要求用32.5级水泥,配M5.0水泥砂浆,粉煤灰取代水泥率$\beta_m=15\%$。取粉煤灰超量系数$\delta_m=1.8$。

解:(1)每$1m^3$不掺粉煤灰砂浆中的水泥用量按下式确定:

$$m_{c0}=\frac{1.15f_z}{\alpha f_{ce,k}}\times 1\,000$$

式中:f_z——砂浆强度等级;

$f_{ce,k}$——水泥强度等级对应的强度值;

α——调整系数,随砂浆强度等级与水泥强度等级而变化,其值列于表B-32。

上述公式只适用于含水率为2%的中砂和粗砂,同时每$1m^3$砂浆中的用砂量为$1m^3$。

查表 8-32 得 $\alpha = 0.806$

调整系数（α 值）表 表 8-32

水泥强度等级(f_c^0)	砂浆强度等级					水泥强度等级(f_c^0)	砂浆强度等级				
	M10.0	M7.5	M5.0	M2.5	M1.0		M10.0	M7.5	M5.0	M2.5	M1.0
	α 值						α 值				
52.5	0.885	0.815	0.725	0.584	0.412	32.5	0.999	0.915	0.806	0.643	0.450
42.5	0.931	0.855	0.758	0.608	0.427						

$$Q_{c0} = \frac{1.15 \times 5.0}{0.806 \times 32.5} \times 1\,000 = 220(\text{kg})$$

（2）按所选用的取代水泥率 β_m，求每 1m³ 粉煤灰砂浆中的水泥用量：

$$Q_c = Q_{c0}(1 - \beta_m) = 220 \times (1 - 0.15) = 187(\text{kg})$$

（3）按超量系数（δ_m），求出每 1m³ 粉煤灰砂浆中的粉煤灰用量（Q_f）：

$$Q_f = \delta_m(Q_{c0} - Q_c) = 1.8 \times (220 - 187) = 59(\text{kg})$$

（4）取每 1m³ 砂浆中砂用量 $Q_{s0} = 1\,450\text{kg}$。

（5）计算水泥、粉煤灰和砂的绝对体积，求出粉煤灰超出水泥部分的体积，并扣除同体积的砂用量，则得每 1m³ 粉煤灰砂浆中的砂用量（Q_s）。

（取 $\rho_c = 3.1, \rho_f = 2.2, \rho_s = 2.62$）

$$Q_s = Q_{s0} - \left[\frac{Q_c}{\rho_c} + \frac{Q_f}{\rho_f} + \frac{Q_{c0}}{\rho_c}\right]\rho_s = 1\,450 - \left[\frac{187}{3.1} + \frac{59}{2.2} - \frac{220}{3.1}\right] \times 2.62 = 1\,408(\text{kg})$$

（6）由此得每 1m³ 粉煤灰砂浆材料用量：

$$Q_c = 187(\text{kg})$$

$$Q_f = 59(\text{kg})$$

$$Q_s = 1\,408(\text{kg})$$

（7）通过试拌，按砂浆稠度要求确定用水量。

［例 8-5］ 某工程要求用 42.5 级水泥配 M5.0 混合水泥砂浆，粉煤灰取代水泥率 $\beta_{m1} = 10\%$，取代石灰膏 $\beta_{m2} = 50\%$。

解：取粉煤灰超量系数 $\delta_m = 1.8$，查表 8-32 得 $\alpha = 0.758$，求：（1）每 1m³ 不掺粉煤灰砂浆水泥用量：

$$Q_{c0} = \frac{1.15 \times 5.0}{0.758 \times 42.5} \times 1\,000 = 178(\text{kg})$$

（2）每 1m³ 不掺粉煤灰砂浆石灰膏用量：

$$Q_{p0} = 350 - 178 = 172(\text{kg})$$

（3）每 1m³ 粉煤灰砂浆水泥用量：

$$Q_c = Q_{c0}(1 - \beta_{m1}) = 178 \times (1 - 0.1) = 160(\text{kg})$$

（4）每 1m³ 粉煤灰砂浆石灰膏用量：

$$Q_p = Q_{p0}(1 - \beta_{m2}) = 172 \times (1 - 0.5) = 86(\text{kg})$$

（5）每 1m³ 粉煤灰砂浆的粉煤灰用量：

$$Q_f = \delta_m[(Q_{c0} - Q_c) + (Q_{p0} - Q_p)] = 1.8 \times (18 + 86) = 187(\text{kg})$$

(6)计算水泥、粉煤灰、石灰膏和砂的绝对体积，求出粉煤灰超出水泥部分的体积，并扣除同体积的砂用量，得每1m³ 粉煤灰砂浆中的砂用量。

（取 $\rho_c=3.1, \rho_f=2.2, \rho_p=2.9, \rho_s=2.62$）

$$Q_s = Q_{s0}-\left(\frac{Q_c}{\rho_c}+\frac{Q_f}{\rho_f}+\frac{Q_p}{\rho_p}+\frac{Q_{c0}}{\rho_c}-\frac{Q_{p0}}{\rho_p}\right)\rho_s$$

$$=1\,450-\left(\frac{160}{3.1}+\frac{187}{2.2}+\frac{86}{2.9}-\frac{178}{3.1}-\frac{172}{2.9}\right)\times 2.62$$

$$=1\,320(\text{kg})$$

(7)由此得每1m³ 粉煤灰砂浆材料用量：

$$Q_c=160(\text{kg})$$

$$Q_p=86(\text{kg})$$

$$Q_f=187(\text{kg})$$

$$Q_s=1\,320(\text{kg})$$

(8)通过试拌，按砂浆稠度要求，确定用水量。

五、参考配合比

1m³ 砌筑掺粉煤灰水泥砂浆配合比参考表8-33。

砌筑粉煤灰水泥砂浆配合比(1m³) 表8-33

砂浆等级	配合比(质量比) 水泥:粉煤灰:砂	材料用量		
		水泥	粉煤灰	砂
5	1:0.63:9.10	160	102	1 450
7.5	1:0.45:7.25	200	90	1 450
10	1:0.31:5.60	260	80	1 450

第十节　高掺量原状粉煤灰砂浆配合比设计

一、原材料及其对砂浆性能的影响

(一)水泥

采用32.5级火山灰水泥、42.5级矿渣水泥。水泥品种对粉煤灰混合砂浆强度影响不大；强度等级相近的32.5级、42.5级水泥，对砂浆强度有一定影响，但不如普通砂浆那么明显。由于“粉煤灰效应”的缘故，当水泥用量相同时，粉煤灰砂浆强度明显高于普通砂浆。如用32.5级水泥配制M2.5级、M5级混合砂浆，水泥用量分别为120kg/m³、180kg/m³ 左右，掺入粉煤灰后，水泥用量分别只需75kg/m³、145kg/m³ 左右，降低20%～30%。

(二)灰膏

灰膏为普通石灰膏或电石灰膏。工业废料电石灰膏与石灰膏(两者以下简称灰膏)对粉煤灰砂浆性能的影响基本相同；在粉煤灰砂浆中，灰膏仍是影响砂和浆和易性的主要因素，同时也是粉煤灰活性激发剂的重要来源，对砂浆的碳化性能也起重要影响；在保持每1m³ 砂浆水泥用量不变的前提下，在一定范围内，灰膏掺量对粉煤灰砂浆强度影响不大，因而可以根据和易性的需要对其掺量作较为灵活的调整(表8-34)。

灰膏掺量对砂浆性能影响试验　　表 8-34

序号	配合比(质量比)					拌和物稠度	$f_{cu,k}$ (MPa)	120d 碳化深度 (mm)
	水泥	石灰膏	电石灰膏	粉煤灰	砂			
1	1	0.67		1.99	5.97	较好	5.5	13
2	1	1.00		1.99	5.97	好	5.4	9
3	1		0.67	1.99	5.97	较好	5.6	12
4	1		1.00	1.99	5.97	好	5.4	10
5	1	0	0	1.99	5.97	很差	4.4	35

(三)粉煤灰

采用电厂原状湿排粉煤灰,属Ⅲ级灰。粉煤灰的品质对砂浆性能的影响较大。粉煤灰越细,配出砂浆强度越高;含碳量大了,砂浆强度偏低。试验表明,粉煤灰掺量太少,技术经济效益不够明显;掺量太大,砂浆和易性和强度很难满足设计要求。砂浆中粉煤灰与砂的质量比(简称粉/砂)在 1/4 ~3/4 范围内为佳。

(四)细集料与其他

细砂细度模数 1.6 ~2.0。使用中砂或质量好的石粉,砂浆抗压强度较用细砂提高 20% ~30%;掺入适量微沫剂,可以提高砂浆强度,改善和易性。

二、配合比设计

(1)水泥用量 Q_{c0}(kg/m^3)与砂浆强度 $f_{m,0}$(MPa)的关系式(本试验水泥最大用量 190kg/m^3,砂浆稠度 7 ~10cm),当使用 42.5 级水泥时,$f_{m,0}=1.47+0.029Q_c$;当使用 32.5 级水泥时,$f_{m,0}=0.359+0.036Q_C$。

(2)每 1m^3 砂浆水泥与灰膏用量之和 $Q_C+Q_D=300\sim350$kg 为宜。Q_c+Q_D 少于 300kg,砂浆往往较散,泌水较快;$Q_C+Q_D>350$kg,砂浆发黏,收缩较大,强度也较低。

(3)砂浆中粉煤灰与砂的质量比 Q_F/Q_S 以 1/4 ~3/4 为宜。

(4)每 1m^3 砂浆所用材料质量 $Q_{c,c}$($Q_c+Q_D+Q_F+Q_s$,不含拌和用水)与 Q_{F0}/Q_{s0}有极好的相关性。对 30 组试验结果进行一元回归得

$$Q_{c,c}=1\,236(Q_F/Q_s)^{-0.1106}\ (\text{kg/m}^3) \tag{8-7}$$

为了使用方便,根据上式计算的常用数值列于表 8-35。

粉煤灰混合砂浆用料(kg/m^3)　　表 8-35

Q_{F0}/Q_{s0}	0	0.01	0.02	0.03	0.04	0.05	0.06	0.07	0.08	0.09
0.1	1 594	1 579	1 563	1 549	1 535	1 524	1 513	1 504	1 495	1 486
0.2	1 477	1 469	1 461	1 454	1 447	1 441	1 434	1 429	1 423	1 417
0.3	1 413	1 407	1 402	1 397	1 393	1 388	1 384	1 380	1 376	1 372
0.4	1 367	1 364	1 360	1 357	1 353	1 350	1 347	1 344	1 341	1 337
0.5	1 335	1 332	1 329	1 326	1 323	1 320	1 318	1 315	1 313	1 310
0.6	1 308	1 305	1 303	1 301	1 299	1 296	1 294	1 292	1 290	1 288
0.7	1 286	1 284	1 282	1 280	1 278	1 276	1 274	1 272	1 270	1 269
0.8	1 267	1 265	1 263	1 262	1 260	1 258	1 257	1 255	1 254	1 252
0.9	1 250	1 249	1 247	1 246	1 244	1 243	1 242	1 240	1 239	1 237
1.0	1 236	1 235	1 233	1 232	1 231	1 229	1 228	1 227	1 226	1 225

根据上述数据,就可以进行砂浆配合比的设计。具体步骤如下:

(1)根据所得砂浆强度公式和《砖石工程施工及验收规范》(GB 50203—2002)的规定,计算水泥用量 Q_C。

(2)计算灰膏掺量:$Q_D = 300(或350) - Q_C$。

(3)根据经验选择粉/砂,根据粉/砂计算(或查表)材料用量 $Q_{c,c}$。

(4)计算砂与粉煤灰用量:

$$Q_S = (Q_{c,c} - Q_C - Q_D) \div \left(1 + \frac{Q_F}{Q_S}\right) \tag{8-8}$$

$$Q_F = (Q_{c,c} - Q_C - Q_D) \div \left(1 + \frac{Q_S}{Q_F}\right) \tag{8-9}$$

(5)计算配合比:$Q_C : Q_D : Q_F : Q_S$

(6)按所得配合比试配,根据砂浆稠度(7~10cm)确定用水量;根据试块试压强度调整配合比。

第十一节 粉煤灰双灰粉砂浆配合比设计

一、双灰粉

(一)原材料要求

粉煤灰双灰粉是以粉煤灰为主要原料,适当配以生石灰等钙质材料,并掺加一定量的外加剂,经磨细而成的主要用于砂浆工程的粉煤灰胶凝材料(系由锦州市建筑材料研究所等单位研制)。

1. 粉煤灰

烧失量不大于15%,需水量比不大于115%,三氧化硫不大于3%,含水率不大于1%。

粉煤灰为锦州发电厂的原状粉煤灰,其物理性能、化学成分及矿物组成,分别见表8-36、表8-37、表8-38。

物理性能及品质指标 表8-36

性能	表观密度(kg/m^3)	视密度(g/cm^3)	细度(%)	烧失量(%)	需水量比(%)	含水率(%)	抗压强度比(%)	SO_3(%)
数值	860	2.86	7.6	6.44	102	微	144	微

为保证取样的均匀性,将粉煤灰磨细后测定化学成分。

化 学 成 分 表8-37

成分	烧失量	SiO_2	Al_2O_3	Fe_2O_3	CaO	MgO	SO_3
(%)	6.44	52.29	25.71	4.95	0.76	2.62	痕

矿 物 组 成 表8-38

矿物	石英	莫来石	磁铁矿	玻璃体	未燃尽碳
%	17.79	7.39	0.69	73.59	0.54

由表8-37和表8-38可知,对粉煤灰的控制指标相当于《粉煤灰混凝土应用技术规范》(GBJ 146—90)标准中的Ⅲ级灰,而所用粉煤灰为该标准中的Ⅱ级灰。

2. 生石灰

要求使用有效氧化钙(A-CaO),不小于6%,消化速度为中速(10~30min)的生石灰块。

3. 外加剂

可根据实际情况和当地资源条件,选择适宜的外加剂,以改善产品的体积安定性、强度和凝结时间等性能,满足实际使用要求。

(二)生产工艺

粉煤灰双灰粉的生产工艺比较简单,主机设备为磨机,可选用定型的水泥磨机,也可根据实际情况自制。为提高产量,生石灰经粗碎后,再与粉煤灰、外加剂,按一定比例混合、磨细。生产工艺流程如图8-4所示。

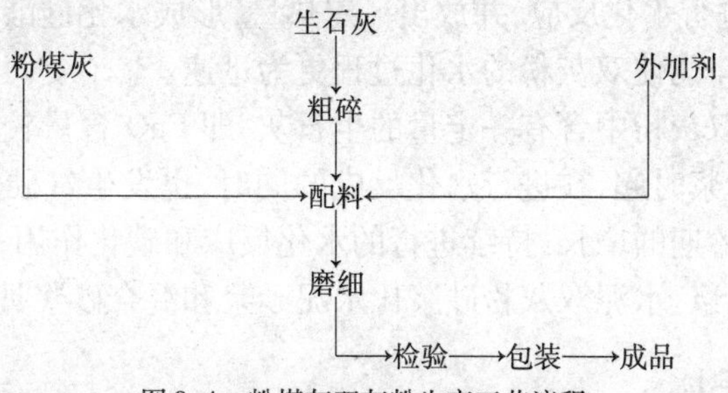

图8-4　粉煤灰双灰粉生产工艺流程

双灰粉的细度控制指标是0.08mm筛的筛余量不超过12%,并全部通过900孔/cm^2筛,即细度相当于水泥。

(三)品质指标

(1)细度　0.08mm方孔筛筛余≤12%。

(2)安定性　用雷氏法检验合格。

(3)凝结时间　初凝不早于45min,终凝不迟于36h。

(4)三氧化硫　三氧化硫的含量不得超过3%。

(5)强度　双灰粉分为50、75和100号3个强度等级。其各龄期强度不得低于表8-39数值。

各龄期强度表　　表8-39

强度等级	抗压强度(MPa)		抗折强度(MPa)	
	7d	28d	7d	28d
50	2.0	4.9	0.4	1.0
75	2.5	7.4	0.6	1.5
100	3.0	9.8	0.8	2.0

(四)双灰粉的水化和硬化机理

粉煤灰中存在着结晶相和玻璃相,而玻璃相是主要的,它一般占粉煤灰的50%~80%(质量),目前一般认为它是粉煤灰中的活性组分。这种玻璃相主要是硅铝玻璃体,它是粉煤灰中的黏土质矿物熔融后产生的液滴,经急冷后形成的微细颗粒。但是,粉煤灰中的玻璃体几乎不能单独进行水化而产生较高的强度,它需要在石灰、水泥熟料等碱性物质(常称碱性激发剂)的作用下才能进行水化反应,而生成不溶于水的水化硅酸盐和水化铝酸盐,形成具有强度的稳定结构。但通常粉煤灰中的活性氧化钙含量很少,根本满足不了其水化反应的需要,研制的双灰粉掺一定量的生石灰是从粉煤灰能够发生水化反应的条件出发的。

双灰粉的水化、硬化过程是：当双灰粉与水混合，搅拌形成浆体后，液相在短时间内即被石灰水化后生成的 $Ca(OH)_2$ 所饱和，随即 $Ca(OH)_2$ 激发粉煤灰中的活性 SiO_2 和 Al_2O_3 发生如下反应：

$$SiO_2 + Ca(OH)_2 + H_2O \longrightarrow CaO \cdot SiO_2 \cdot H_2O$$

$$Al_2O_3 + Ca(OH)_2 + H_2O \longrightarrow CaO \cdot Al_2O_3 \cdot H_2O$$

经上述反应，生成的水化硅酸钙和水化铝酸钙立即以胶体微粒析出，并逐渐形成凝胶，随着龄期的增长，逐步转化为纤维状晶体，且数量不断增加而又相互交织，使强度继续增长。这是使用双灰粉配制砂浆也能获得较高的强度的根本原因。

如果配制水泥双灰粉砂浆，除了要进行上述的反应外，水泥的各种矿物成分（C_3S、C_2S、C_3A 和 C_4AF 等）迅速进行水化反应，并放出一定热量，形成水化硅酸钙、水化铝酸钙，同时，水化反应生成的 $Ca(OH)_2$ 能使双灰粉的水化过程更为迅速。

此外，由于粉煤灰双灰粉中含有一定量的生石灰，即 CaO 含量较高，所以双灰粉砂浆和水泥双灰粉砂浆自拌制砂浆时起，在进行水化反应的同时，也发生气硬作用，而且前期所表现的气硬性更为显著；随着龄期的增长，持续进行的水化反应和碳化作用；使砂浆强度有增无减，所以双灰粉砂浆比石灰砂浆、水泥双灰粉砂浆比水泥砂浆和混合砂浆具有更优越的技术性能。

二、双灰粉砂浆配合比

水泥双灰粉砌筑砂浆、水泥双灰粉抹灰砂浆和双灰粉抹灰砂浆的试验配合比参见表 8-40、表 8-41 和表 8-42。

水泥双灰粉砌筑砂浆配合比 表 8-40

编号	砂浆材料用量(kg/m^3)			抗压强度(MPa)		编号	砂浆材料用量(kg/m^3)			抗压强度(MPa)	
	水泥	双灰粉	砂	7d	28d		水泥	双灰粉	砂	7d	28d
Q-1	60	110	1 450	2.2	4.4	Q-6	160	160	1 450	4.9	9.5
Q-2	85	160	1 450	2.7	5.3	Q-7	170	160	1 450	6.3	10.6
Q-3	120	110	1 450	3.5	7.2	Q-8	195	150	1 450	6.9	12.1
Q-4	120	150	1 450	3.5	7.2	Q-9	220	160	1 450	7.3	13.3
Q-5	145	150	1 450	4.4	8.2	Q-10	240	150	1 450	7.8	14.1

注：所用水泥为 32.5 级矿渣硅酸盐水泥；砂的细度模数 M_k 为 2.70，属 2 区中砂；每 $1m^3$ 砂浆砂用量均为 $1.02m^3$，重 1 450kg（下同）。

水泥双灰粉抹灰砂浆配合比 表 8-41

编号	配合比(体积比)			拌和物稠度		抗压强度(MPa)	
	水泥	双灰粉	砂	坍落度(cm)	分层度(cm)	7d	28d
25-10	1	0	2.5	6.8		16.1	29.6
25-105	1	0.5	3.75	6.7		10.1	19.6
25-11	1	1	5	6.8	2.1	8.1	15.1
25-12	1	2	7.5	7.2	2.6	6.9	12.3
25-13	1	3	10	6.5	2.5	5.5	9.6
25-14	1	4	12.5	6.9	2.0	4.7	8.1
25-15	1	5	15	7.0	2.0	3.6	6.7

续上表

编 号	配合比(体积比)			拌和物稠度		抗压强度(MPa)	
	水泥	双灰粉	砂	坍落度(cm)	分层度(cm)	7d	28d
3-10	1	0	3	8.7	3.3	13.1	20.6
3-105	1	0.5	4.5	6.4	2.0	9.3	16.3
3-11-1	1	1	6	6.8	2.9	7.4	13.7
3-12-2	1	1	6	6.9	2.9	7.1	12.4
3-12	1	2	9	7.1	1.4	5.5	11.2
3-13	1	3	12	7.0	2.2	4.5	8.8
3-14	1	4	15	7.3	2.5	3.5	7.3
3-15	1	5	18	7.1	2.8	2.9	6.4
4-10	1	0	4	6.2	3.6	7.8	14.9
4-105	1	0.5	6	6.6	2.0	6.6	12.5
4-11	1	1	8	7.0	2.4	4.8	9.6
4-12	1	2	12	7.0	1.5	3.7	7.8
4-13	1	3	16	7.2	2.7	2.7	5.7
4-14	1	4	20	6.8	2.7	2.4	5.1
4-15	1	5	24	6.7	2.0	1.9	3.9
5-10	1	0	5	6.6	2.8	6.9	12.8
5-105	1	0.5	7.5	6.8	2.9	4.9	9.3
5-11	1	1	10	6.8	2.8	3.2	7.0
5-12	1	2	15	7.1	2.5	2.6	5.5
5-13	1	3	20	7.0	2.5	2.4	4.9
5-14	1	4	25	6.5	2.6	2.0	4.2
5-15	1	5	30	6.4	2.0	1.5	3.1

双灰粉抹灰砂浆配合比 表 8-42

编 号	配合比(体积比)		拌和物稠度		抗压强度(MPa)	
	双灰粉	砂	坍落度(cm)	分层度(cm)	7d	28d
25-01	1	2.5	7.1	2.1	1.5	3.4
3-01	1	3	6.8	2.0	1.3	2.9
4-01	1	4	7.0		1.0	2.4
5-01	1	5	7.0		0.7	1.6

从表8-38可看出，采用适当配合比所配制的水泥双灰粉砌筑砂浆，可配制出M2.5、M5.0、M7.5和M10的砂浆；由表8-39和表8-40可看出，采用适当配合比所配制的水泥双灰粉砂浆和双灰粉砂浆，从强度上讲，可满足相应抹灰砂浆的要求。

第十二节 水工砂浆配合比设计

一、砂浆配合比设计的基本原则

(1)砂浆的技术指标要求应与其接触的混凝土的设计指标相适应。

(2)砂浆所使用的原材料应与其接触的混凝土所使用的原材料相同。

(3)砂浆应与其接触的混凝土所使用的掺和料品种、掺量相同,减水剂的掺量为混凝土掺量的70%左右;当掺引气剂时,其掺量应通过试验确定,以含气量达到7% ~9%时的掺量为宜。

(4)采用体积法计算每立方米砂浆各项材料用量。

二、砂浆配制强度的确定

(1)砂浆设计抗压强度系指按照标准方法制作和养护的边长为70.7mm的立方体试件,在设计龄期用标准试验方法测得的具有设计保证率的抗压强度,以MPa计。

(2)砂浆配制抗压强度按公式(8-10)计算:

$$f_{m,0} = f_{m,k} + t\sigma \tag{8-10}$$

式中:$f_{m,0}$——砂浆配制抗压强度(MPa);

$f_{m,k}$——砂浆设计龄期的设计抗压强度(MPa);

t——保证率系数,由给定的保证率P选定,其值按表5-61选用;

σ——砂浆立方体抗压强度标准差(MPa)。

(3)砂浆抗压强度标准差,宜按同品种砂浆抗压强度统计资料确定。

①统计时,砂浆抗压强度试件总数应不少于25组。

②根据近期相同抗压强度、生产工艺和配合比基本相同的砂浆抗压强度资料,砂浆抗压强度标准差按公式(8-11)计算:

$$\sigma = \sqrt{\frac{\sum_{i=1}^{n} f_{m,i}^2 - n m_{f_m}^2}{n-1}} \tag{8-11}$$

式中:σ——砂浆抗压强度标准差;

$f_{m,i}$——第i组试件抗压强度(MPa);

m_{f_m}——n组试件的抗压强度平均值(MPa);

n——试件组数。

③当无近期同品种砂浆抗压强度统计资料时,σ值要按表8-43取用。施工中应根据现场施工时段抗压强度的统计结果调整σ值。

标准差σ选用值(MPa) 表8-43

设计龄期砂浆抗压强度标准值	≤10	15	≥20
砂浆抗压强度标准差	3.5	4.0	4.5

三、砂浆配合比计算

(1)可选择与其接触混凝土的水胶比作为砂浆的初选水胶比。

(2)砂浆配合比设计时用水量可按表8-44确定。

砂浆用水量参考表(稠度40~60mm)　　表8-44

水泥品种	砂子细度	用水量(kg/m³)
普通硅酸盐水泥	粗砂	270
	中砂	280
	细砂	310
矿渣硅酸盐水泥	粗砂	275
	中砂	285
	细砂	315
稠度±10mm	用水量±(8~10)kg/m³	

(3)砂浆的胶凝材料用量($m_c + m_p$)、水泥用量 m_c 和掺和料用量 m_p 按式(8-12)~式(8-14)计算:

$$m_c + m_p = \frac{m_w}{w/(c+p)} \tag{8-12}$$

$$m_c = (1 - P_m)(m_c + m_p) \tag{8-13}$$

$$m_p = P_m(m_c + m_p) \tag{8-14}$$

式中: m_c——每1m³砂浆水泥用量(kg);

m_p——每1m³砂浆掺和料用量(kg);

m_w——每1m³砂浆用水量(kg);

$w/(c+p)$——水胶比;

P_m——掺和料掺量。

(4)砂料用量由已确定的用水量和胶凝材料用量,根据体积法计算:

$$V_s = 1 - \left[\frac{m_w}{\rho_w} + \frac{m_c}{\rho_c} + \frac{m_p}{\rho_p} + \alpha\right] \tag{8-15}$$

$$m_s = \rho_s \times V_s \tag{8-16}$$

式中:V_s——砂的绝对体积(m³);

m_w——每1m³砂浆用水量(kg);

m_c——每1m³砂浆水泥用量(kg);

m_p——每1m³砂浆掺和料用量(kg);

α——含气量,一般为7%~9%;

ρ_w——水的密度(kg/m³);

ρ_c——水泥密度(kg/m³);

ρ_p——掺和料密度(kg/m³);

ρ_s——砂料饱和面干表观密度(kg/m³);

m_s——每1m³砂浆砂料用量(kg)。

(5)列出砂浆各组成材料的计算用量和比例。

四、砂浆配合比的试配、调整和确定

(1)按计算出的配合比的各项材料用量进行试拌,固定水胶比,调整用水量直至达到设计要求的稠度。由调整后的用水量得出砂浆抗压强度试验配合比。

(2)砂浆抗压强度试验至少应采用3个不同的配合比,其中一个应为本节四.1确定的配合比,其他配合比的用水量不变,水胶比依次增减,变化幅度为0.05。当不同水胶比的砂浆稠度不能满足设计要求时,可通过增、减用水量进行调整。

(3)测定满足设计要求的稠度时每$1m^3$砂浆的质量、含气量及抗压强度,根据28d龄期抗压强度试验结果,绘出抗压强度与水胶比关系曲线,用作图法或计算法求出与砂浆配制强度$f_{m,0}$相对应的水胶比。

(4)计算出每$1m^3$砂浆中各组成材料用量及比例,并经试拌确定最终配合比。

第九章　混凝土配合比设计中的新技术应用

第一节　早期推定混凝土强度在配合比设计中的应用

混凝土强度的快速测量方法,经国内外有关单位的研究和应用,认为方法成熟、技术可靠,已列为国家或学会标准。各种方法具有各自的特点和应用范围,如采用常规试件的沸水法、热水法、温水和自热法,由于试件不改变混凝土的物理组成,所以最能表征混凝土实际强度,这是它所具有的独特优点。在应用时,这些方法起着互相补充的作用。实际工作中,应根据工程特点和使用者的条件来选用。

在应用早期判定混凝土质量方法前,应做好相应的准备工作,按工程常用材料,通过专门试验,测定有关参数,建立各种关系式。例如,应用混凝土强度的快速测定方法前,应先通过专门试验,建立混凝土标准养护28d强度与快速测定强度的关系式,快速测定强度与水灰比的关系式等。为了便于在实际工作中应用,可将关系式制成相应图表,以便由图表中迅速查得所需的参数。

混凝土快速测定强度在配合比方面的应用,可归纳为以下两个方面:

(1)根据混凝土施工配制强度的要求,混凝土快速测定强度能用于及时正确地设计和调整混凝土配合比,从而既缩短混凝土配合比的试配周期,还能使实际的施工配制强度比较精确地按预期要求合理确定。

(2)混凝土快速测定强度,还可用以综合评价混凝土组成材料的质量,特别是对合理利用水泥活性特点,有比较明显的作用。对混凝土生产单位来说,可以按不同批水泥的强度,调整混凝土配合比,做到既保证强度,又合理利用水泥活性。

在混凝土工程中,过去习惯上以传统的标准养护28d强度为依据,设计和调整混凝土的配合比。这种传统的设计方法,存在着一些难以克服的缺点:①试配周期长达28d,不能适应材料变化和现代快速施工的需要;②每批混凝土的配制强度,无法根据原材料质量的变动情况及时调整配合比,因此,每批混凝土的强度将因原材料质量的差异(特别是不同批水泥强度的差异)而带来较大的波动。但是,应用混凝土快速测定强度,可以较好地克服以上缺点。本节介绍应用《早期推定混凝土强度试验方法标准》(JGJ/T 15—2008)中的试验方法,进行混凝土配合比设计的方法。

一、混凝土配合比的设计程序

混凝土配合比的传统设计程序,可用图9-1来描述。

流程图9-1表明,在设计和调整混凝土配合比时,应根据工程对象的混凝土设计强度、浇筑构件的断面尺寸、配筋情况、施工工艺条件(主要是混凝土的施工方法、运输条件等)和构件使用的环境条件,结合具体施工(生产)单位的技术水平和管理水平,决定混凝土的施工配制强度及其组成材料的规格品种和质量。若对混凝土水灰比无特殊要求时,则可由混凝土施工配制强度和混凝土组成材料的规格、品种，选定适宜的每 $1m^3$ 混凝土的用水量，根据混凝土28d 强度所要求的水灰比及选定的砂率，计算确定混凝土配合比组成。然后，通过试配选定施工配合比。

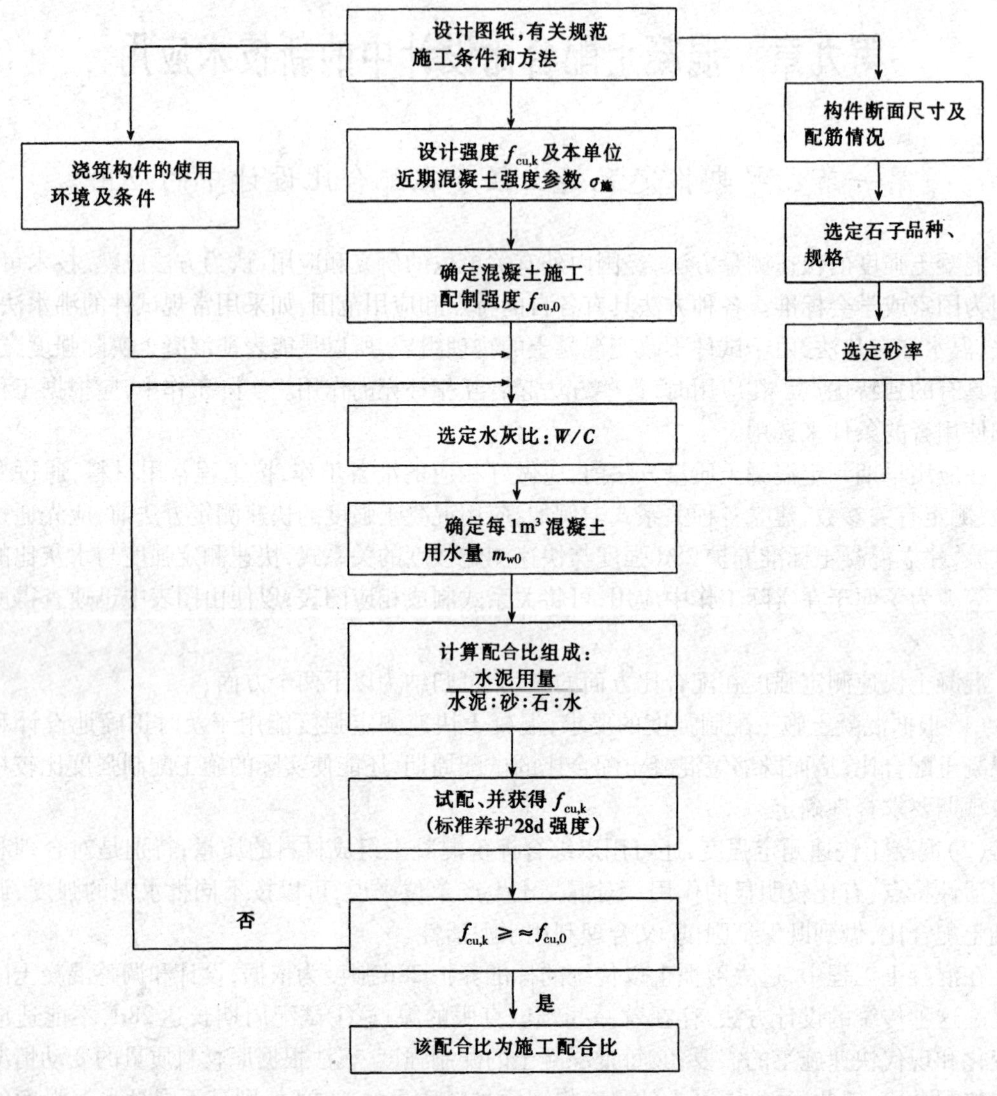

图 9-1　混凝土配合比设计流程图（Ⅰ）

上述的混凝土配合比，由理论计算确定。实际上，混凝土强度是个随机变量，当影响理论配合比的强度条件与实际条件比较接近时，则理论配合比的混凝土强度期望值几乎等于实际强度分布的期望值。这种情况，一般不易实现。但当理论条件和实际条件基本相近时，往往在工程允许误差的范围内，两者视为等同。在统计学上，称这种误差为偶然误差，是正常的变异，是允许的。与此相反，有些条件的变化，如水泥活性的变化、水灰比的变化、养护制度的变化、原材料含水率、材料用量的变化（特别是水和水泥用量的变异）等，均将较大地影响强度的变异。这些因素的作用，将造成理论条件与实际条件的差别，会引起理论期望强度与实际期望强度的显著差异。这种差异，统计学上称为系统误差，工程上是不允许的。在生产中出现上述情况，属于异常现象，是可以采取相应措施予以克服和防止的。所以，也称为可以控制的影响因素。理论配合比的混凝土强度，一般习惯通过混凝土试配来确定。应用混凝土强度快速测定方法，可以在早期确定其理论强度，这就在综合考虑实际材料条件下，使所确定的强度与理论强度基本一致。因此，在正常生产条件下，消除了理论强度与实际强度期望值的差异。它既使试验室的混凝土试配工作按施工配制强度的要求，做到精确、及时，又使实际强度分布的离散程度（可用其标准差 σ 来描述）成为反映混凝土生产过程的技术水平和管理水平的综合指标。显然，这在合理确定混凝土施工配制强度和促进混凝土工程质量的管理方面，是有一定积极作用的。

应用混凝土强度快速测定方法，设计和调整混凝土配合比与传统方法有共同之处，也有其独自的特点，其具体步骤如图 9-2 所示。

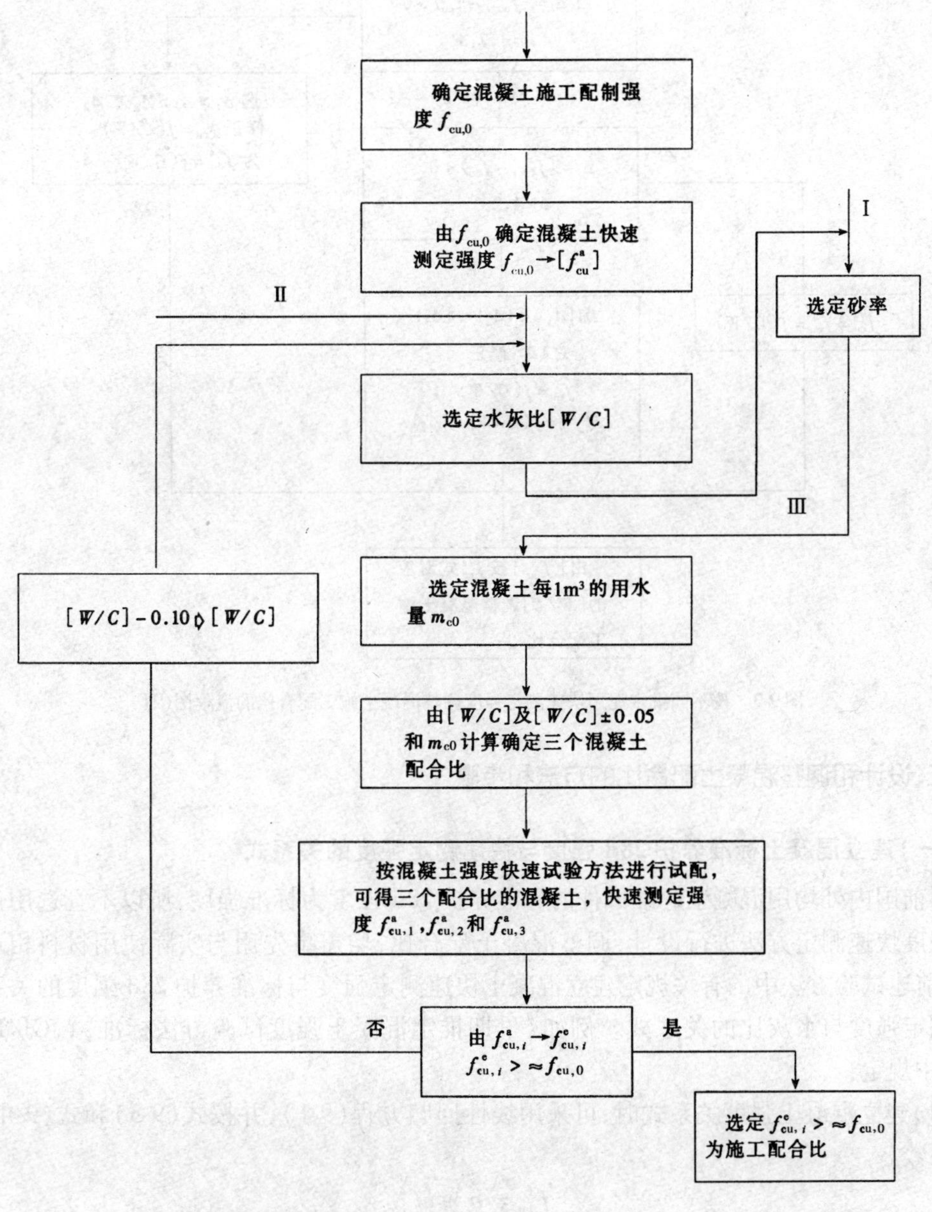

图 9-2　由同批水泥按快速测定强度设计混凝土施工配合比的流程图（Ⅱ）

由图 9-2 可知，应用混凝土强度快速测定方法设计和调整混凝土配合比，需事先通过专门试验，建立混凝土标准养护 28d 强度(f_{cu}^{e})与快速测定强度(f_{cu}^{a})的关系式，然后，即可按施工配制强度($f_{cu,0}$)确定对应的快速测定强度，再由 f_{cu}^{a} 与 W/C 的关系，选定相应的[W/C]。按混凝土强度、构件断面尺寸及配筋情况选用石子粒径规格的砂率，根据生产工艺条件，选定混凝土的稠度及用水量，并计算混凝土配合比的各种材料组成；按计算确定的[W/C]及[W/C] ± 0.05三个水灰比设计计算三个配合比，通过试验快速测得三组混凝土强度，其中快速测定强度值大于或接近预期的 f_{cu}^{a} 的试件的配合比，即为所需选择的施工配合比。当采用与建立回归方程同品种而不同批水泥时，其配合比的调整方法见图 9-3。

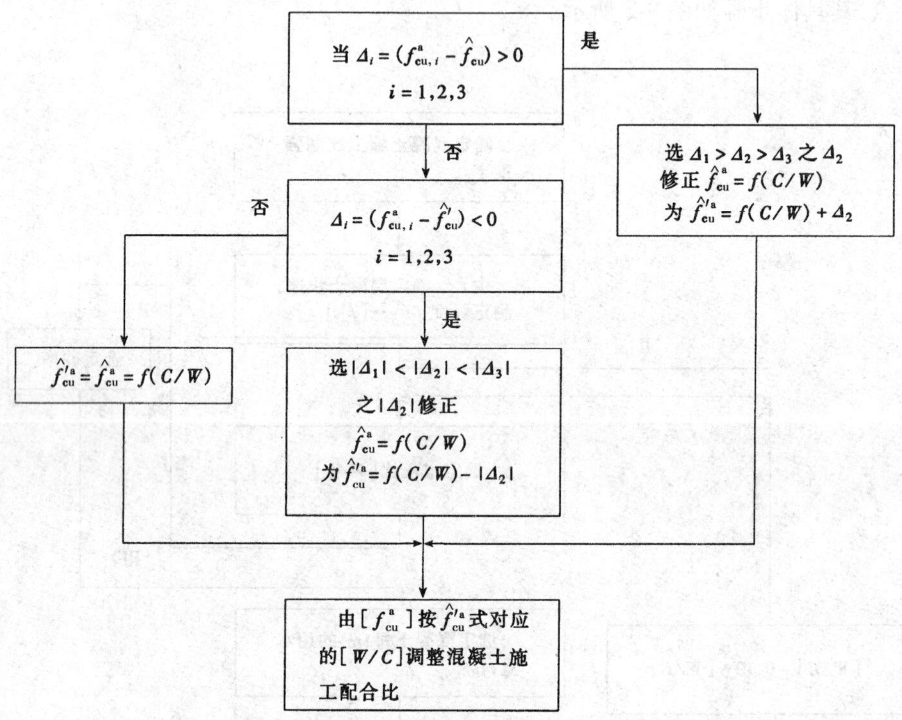

图 9-3　按不同批水泥用快速测定强度调整混凝土施工配合比的流程图(Ⅲ)

二、设计和调整混凝土配合比的方法和步骤

(一)建立混凝土标准养护 28d 强度与快速测定强度的关系式

目前国内外均用混凝土标准试件的标准养护 28d 强度为标准强度，所以不管选用何种混凝土强度快速测定方法进行设计、调整混凝土配合比，均需事先用与实际使用材料相近的材料，按前述试验方法中的有关规定建立混凝土快速测定强度与标准养护 28d 强度的关系式和快速测定强度与水灰比的关系式。例如《早期推定混凝土强度试验方法标准》(JGJ/T 15—2008)中规定：

(1)建立混凝土强度关系式时，可采用线性回归方程(9-1)，并按式(9-3)和式(9-4)计算回归系数。

$$f_{cu}^{e} = a + bf_{cu}^{a} \tag{9-1}$$

$$f_{cu}^{e} = a(f_{cu}^{a})^{b} \tag{9-2}$$

$$b = \frac{\sum_{i=1}^{n}(f_{cu,i} f^{a}_{cu,i}) - \frac{1}{n}\sum_{i=1}^{n} f_{cu,i} \sum_{i=1}^{n} f^{a}_{cu,i}}{\sum_{i=1}^{n}(f^{a}_{cu,i})^2 - \frac{1}{n}(\sum_{i=1}^{n} f^{a}_{cu,i})^2} \tag{9-3}$$

$$a = \frac{1}{n}\sum_{i=1}^{n} f_{cu,i} - \frac{b}{n}\sum_{i=1}^{n} f^{a}_{cu,i} \tag{9-4}$$

式中：f^{e}_{cu}——标准养护 28d 混凝土抗压强度的推定值（MPa）；

f^{a}_{cu}——加速养护混凝土（砂浆）试件抗压强度值（MPa）；

$f^{a}_{cu,i}$——第 i 组加速养护混凝土（砂浆）试件抗压强度值（MPa）；

$f_{cu,i}$——第 i 组标准养护 28d 混凝土试件抗压强度值（MPa）；

n——试件组数；

a、b——回归系数。

（2）相关系数应按下式计算：

$$r = \frac{\sum_{i=1}^{n}(f_{cu,i} f^{a}_{cu,i}) - \frac{1}{n}\sum_{i=1}^{n} f_{cu,i} \sum_{i=1}^{n} f^{a}_{cu,i}}{\sqrt{\left[\sum_{i=1}^{n}(f_{cu,i})^2 - \frac{1}{n}(\sum_{i=1}^{n} f_{cu,i})^2\right]\left[\sum_{i=1}^{n}(f^{a}_{cu,i})^2 - \frac{1}{n}(\sum_{i=1}^{n} f^{a}_{cu,i})^2\right]}} \tag{9-5}$$

式中：r——相关系数。

（3）剩余标准差应按下式计算：

$$S^{*} = \sqrt{\frac{(1 - r^2)\left[\sum_{i=1}^{n}(f_{cu,i})^2 - \frac{1}{n}(\sum_{i=1}^{n} f_{cu,i})^2\right]}{n-2}} \tag{9-6}$$

式中：S^{*}——剩余标准差。

《早期推定混凝土强度试验方法标准》（JTJ/T 15—2008）还规定，当关系式（9-1）的相关系数 r 和剩余标准差 S^{*} 与标准养护 28d 强度平均值之比，分别满足式（9-7）和式（9-8）要求时，关系式（9-1）可用于实际工程。

$$r \geqslant 0.9 \tag{9-7}$$

$$S^{*}/\bar{f}_{cu} \times 100\% \leqslant 10\% \tag{9-8}$$

其中式（9-7）的 0.9 是 f^{a}_{cu} 与 f_{cu} 存在式（9-1）线性相关系数的可靠性下限值，其值由快速试验方法与标准养护 28d 强度方法之间的固有相关系数及建立关系式（9-1）的样本相关系数分布的 2.5% 分位数确定。样本相关系数和剩余标准差分别按式（9-5）、式（9-6）计算确定。

式（9-8）是关系式（9-1）在 $f^{a}_{cu,i} = \bar{f}^{a}_{cu}$ 处的相对误差。它对不同的 f^{e}_{cu} 值，具有更好的可比性。

f^{e}_{cu} 对 f^{a}_{cu} 的关系式（9-1），统计学上是不允许按一般数学函数式使用的，即 $f^{a}_{cu} \neq (f^{e}_{cu} - a)/b$。但在实际工程上，为了方便，当允许在 $\bar{f}^{a}_{cu} \pm 0.35\bar{f}^{a}_{cu}$ 处的 $\bar{f}^{e}_{cu}$ 的绝对误差不大于 ±1.5MPa 时，将式（9-1）简化成函数式应用。此时，可用限定式（9-1）的相关系数值，化为简化条件。即，当 $r = 0.9$ 时，允许式（9-1）按式（9-9）使用。

$$f^{a}_{cu} = (f^{e}_{cu} - a_a)/a_b \tag{9-9}$$

式中：a_a、a_b——回归系数。

在建立混凝土标准养护 28d 强度与快速测定强度关系式的专门试验时，需同时建立混凝土快速测定强度与灰水比的关系式（回归方程）：

$$\hat{f}_{cu}^{a}=\alpha_a+\alpha_b C/W \tag{9-10}$$

为了便于应用,可将式(9-1)和(9-10)绘成关系曲线图,供实际工作中使用。按关系式(9-10)和(9-1)绘制直线时,应由建立关系式所选用最大、最小水灰比值作为(9-10)方程的起始和终止点,而关系式(9-1)的直线起始和终止点可分别由式(9-10)的起始和终止点所对应的R_{jmax}、R_{jmin}值确定。实际工程应用上述关系式时,一般不允许超越上述范围。

(二)确定各强度混凝土的施工配制强度

结构或构件的混凝土强度质量状况,直接影响结构的可靠度。结构设计规范为了保证结构的可靠度,一般对混凝土强度的质量合格水平有明确的要求。在国内外的标准中,都对施工配制强度应达到的水平做出规定。例如美国钢筋混凝土房屋结构规范(ACI318)中,对混凝土配合比的平均抗压强度($f'_{cu,0}$)即施工配制强度,要求同时满足以下规定:

$$f'_{cu,0}=f_{cu,k}+134S(\text{lb/in}^2)^{❶} \tag{9-11}$$

$$f'_{cu,0}=f_{cu,k}+2.33S-500(\text{lb/in}^2) \tag{9-12}$$

式中:$f_{cu,k}$——混凝土标定抗压强度(相当我国标准(GB 50010—2002)的设计取用强度);

S——混凝土强度的标准偏差,当$n<30$时,应乘以与n有关的大于1的修正系数。

又如日本现行的JASS5标准中规定常用混凝土、高级混凝土和预拌混凝土的施工配制强度应分别同时满足以下要求。

对于常用混凝土

$$f_{cu,0}\geqslant f_{cu,k}+\sigma \quad (\text{MPa}) \tag{9-13}$$

$$f_{cu,0}\geqslant 0.7f_{cu,k}+3\sigma \quad (\text{MPa}) \tag{9-14}$$

对于高级混凝土

$$f_{cu,0}\geqslant f_{cu,k}+1.645\sigma \quad (\text{MPa}) \tag{9-15}$$

$$f_{cu,0}\geqslant 0.8f_{cu,k}+3\sigma \quad (\text{MPa}) \tag{9-16}$$

对于预拌混凝土

$$f_{cu,0}\geqslant f_{cu,k}+\sqrt{3}\sigma \quad (\text{MPa}) \tag{9-17}$$

$$f_{cu,0}\geqslant 0.85f_{cu,k}+3\sigma \quad (\text{MPa}) \tag{9-18}$$

式中:$f_{cu,k}$——设计基准强度(相当我国GB 50010—2002的设计取用强度)。当需要考虑由于气温影响而附加强度补正值T(MPa)时,应以气温补正强度($f_{cu,k}+T$)代替公式中的设计基准强度。

我国现行相关规范对混凝土强度也提出了明确要求:

$$\bar{f}_{cu,0}=f_{cu}+\sigma \quad (\text{MPa}) \tag{9-19}$$

$$\bar{f}_{cu,0}=f_{cu,k}+2\sigma \quad (\text{MPa}) \tag{9-20}$$

式中:$\bar{f}_{cu,0}$——要求的混凝土平均强度(即施工配制强度);

$f_{cu,k}$——设计取用强度(MPa),当$f_{cu}\leqslant$C18级时,$f_{cu,k}=0.8f_{cu}$;当C18级$<f_{cu}\leqslant$C38级时,$f_{cu,k}=0.83f_{cu}$;当$f_{cu}\geqslant$C48级时,$f_{cu,k}=0.86f_{cu}$;

f_{cu}——混凝土强度(MPa);

σ——混凝土强度的标准差;

---

❶应为 $\text{lbf/in}^2=6\,894.76\text{Pa}$。

$$\sigma = \sqrt{\frac{\sum_{i=1}^{n} f_{cu,i}^2 - n\mu_{f_{cu}}^2}{n-1}}$$

式中：σ——混凝土强度标准差（MPa）；

$f_{cu,i}$——第 i 组混凝土试件强度代表值（MPa）；

$\mu_{f_{cu}}$——统计周期内混凝土试件强度平均值（MPa）；

n——统计周期内混凝土试件总组数。一般 $n \geqslant 30$。

为了实用上的方便，可按相关规范确定的施工配制强度与混凝土强度标准差，制成图 9-4 形式的关系曲线。在确定混凝土施工配制强度时，按实际混凝土强度的标准差，直接由图表查得。

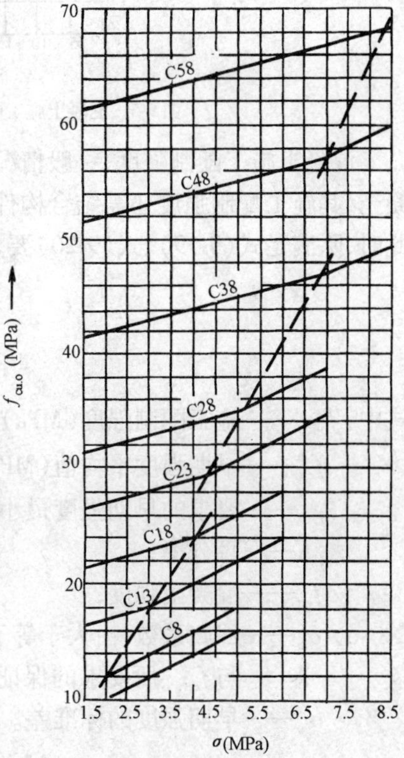

上述三个标准，对施工配制强度的要求，均由混凝土强度总体分布的两个分位值确定。因此，对于不同的标准差值，使 $f_{cu,0}$ 与 σ 的关系曲线发生了折线的变化。其转折点，是两个条件方程的解。同时，由混凝土强度总体分布的两个分位值各自确定了标准所采用的混凝土强度的合格质量水平。施工中，要保证结构的安全可靠，满足设计要求的结构可靠度，混凝土施工配制强度必须定在合格质量水平上，并切实做好混凝土的质量控制，两者不能偏废。

图 9-4　混凝土施工配制强度 $f_{cu,0}$ 与标准差 σ 的关系曲线

国际标准化组织（ISO）对混凝土强度特征值 $f_{cu,k}$ 的取值，建议取在混凝土强度总体分布的 5% 分位值上。所以混凝土施工配制强度可表示为：

$$f_{cu,0} = f_{cu,k} + 1.645\sigma \tag{9-21}$$

我国的有关标准为了有利于国际技术交流，对混凝土强度的定义也作了相应修改。《混凝土结构工程施工质量验收规范》（GB 50204—2002）已将标准试件尺寸由 20cm × 20cm × 20cm 的立方体改为 15cm × 15cm × 15cm 立方体。2002 年修订的《混凝土结构设计规范》（GB 50010—2002），在定义混凝土强度时，也与式（9-21）统一起来，定为：

$$f_{cu,k} = \bar{f}_{cu}(1 + 1.645C_u) \tag{9-22}$$

式中：C_u——混凝土强度的变异系数（$C_u = \sigma/\bar{f}_{cu} \times 100\%$）；

$f_{cu,k}$——由混凝土 15cm × 15cm × 15cm 立方体强度总体分布的 5% 分位值确定，其保证率为 95%。

与上式相对应的施工配制强度，按式（9-23）或式（9-24）确定（或由图 9-5 查得）。

$$f_{cu,0} = f_{cu,k} + 1.645\sigma \tag{9-23}$$

或

$$f_{cu,0} = \frac{f_{cu,k}}{1 - 1.645\sigma} \tag{9-24}$$

实际上，混凝土施工配制强度与混凝土强度的合格验收标准有直接关系，混凝土施工生产单位可按合格验收方案，根据验收批的样本容量（n）、厂方应承担的风险（a）和提高混凝土配制强度的经济效益与社会信誉综合考虑，自行作出选择。

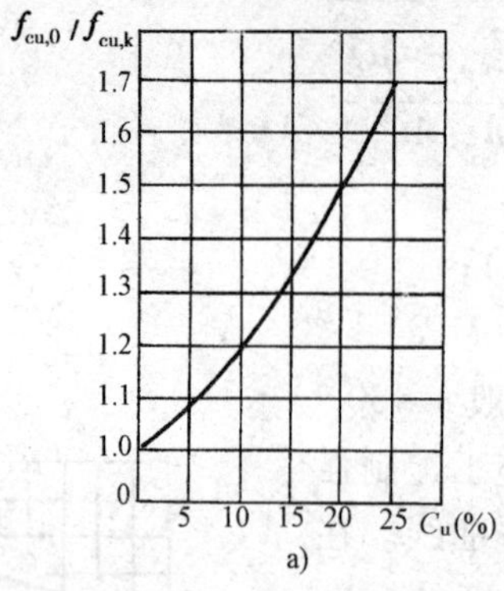

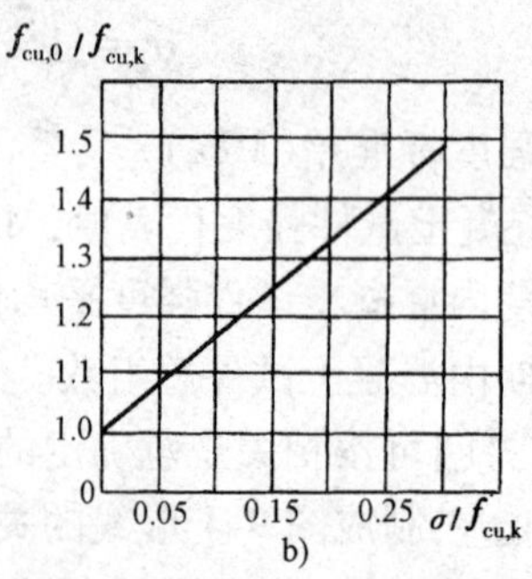

图 9-5 混凝土施工配制强度 $f_{cu,0}$ 与变异系数 C_u 或标准差 σ 关系曲线

混凝土施工配制强度，一般情况下，可按前述要求确定。但是，对于有早期强度要求的混凝土，其施工配制强度还需结合构件脱模、出池、起吊、预应力筋张拉或放松强度的要求确定。此时，除满足式(9-19)、式(9-20)要求外，尚应同时满足式(9-26)的要求：

$$f^{a}_{cu,小} = [Kf_{cu}] \tag{9-25}$$

$$f_{cu,0} = \alpha_a + \alpha_b \bar{f}^{a}_{cu} \tag{9-26}$$

$$\bar{f}^{a}_{cu} = f^{a}_{cu,小} + \lambda\sigma_{\varepsilon} \text{[1]} \tag{9-27}$$

式中：$f_{cu,0}$——施工配制强度(MPa)；

$\bar{f}^{a}_{cu}$——早期强度平均值(MPa)；

$f^{a}_{cu,小}$——要求的早期强度最小值，一般可由混凝土强度的百分率来表示；

K——百分率；

f_{cu}——混凝土强度；

α_a、α_b——回归系数，由大于等于 30 对 $f_{cu,k}$ 与 $f_{cu,小}$ 强度的数据，经回归确定；

λ——与 $f_{cu,小}$ 所要求的保证率有关的系数，可按早期强度的重要性，按表 9-1 选用；

σ_{ε}——早期强度的标准差。

$f^{a}_{cu,小}$ 所要求的保证率与 λ 值的关系 表 9-1

$f^{a}_{cu,小}$ 的保证率(%)	85	90	95
λ 值	1.04	1.282	1.645

(三)由混凝土施工配制强度($f_{cu,0}$)确定混凝土的灰水比(C/W)

按上述要求确定混凝土施工配制强度以后，即根据事先已建立的 $f_{cu}-f^{a}_{cu}$ 关系式确定相应的 f^{a}_{cu}，再按已建立的 $f^{a}_{cu}-C/W$ 关系式确定相应的[C/W]。并取[W/C]和[W/C] ±0.05三个水灰比值设计三个混凝土配合比。

(四)设计计算混凝土配合比

混凝土配合比的设计方法，可采用常规的绝对体积法或假定质量法，配合比的用水量和砂率，可按表 9-2 和表 9-3 选用。三个配合比的用水量和砂率要相同。

[1] 若无足够数据，无法确定早期强度的标准差 σ_{ε} 时，则可根据标准养护 28d 强度的标准差 σ，按 $\sigma_{\varepsilon} = \sigma/\alpha_b \times r$（$r$ 为相关系数）确定。

混凝土用水量选用表（kg/m^3）　　表 9-2

所需坍落度（mm）	卵石最大粒径（mm）			碎石最大粒径（mm）		
	10	20	40	15	20	40
10～30	190	170	160	210	185	170
30～50	200	180	170	220	195	180
50～70	210	190	180	230	200	190
70～90	215	195	185	240	215	200

混凝土砂率选用表（%）　　表 9-3

水灰比（W/C）	卵石最大粒径（mm）			碎石最大粒径（mm）		
	15	20	40	10	20	40
0.40	30～35	29～34	27～32	26～32	25～31	24～30
0.50	33～38	32～37	30～35	30～35	29～34	28～33
0.60	36～41	35～40	33～38	33～38	32～37	31～36
0.70	39～44	38～43	36～41	36～41	35～40	34～39

（五）混凝土配合比的选定

当采用与建立关系式f_{cu}-f^a_{cu}和f^a_{cu}-C/W相同的原材料，并且是同批水泥时，则可由前面设计确定的三个混凝土配合比进行混凝土的试配，并按建立关系式时的快速测定方法进行试验，取得三个混凝土快速测定强度$f^a_{cu,1}$、$f^a_{cu,2}$和$f^a_{cu,3}$。选择其中符合f^a_{cu}要求的混凝土配合比为施工配合比。当采用与建立关系式不同批水泥时，由于水泥活性不仅与生产厂家、品种、强度有关外，而且不同生产批的水泥质量也不完全一样，故当需按水泥的实际活性调整混凝土的配合比时，参见本章第三节。

三、例题

［例 9-1］　按《早期推定混凝土强度试验方法标准》（JGJ/T 15—2008）的热水法，取得的试验数据见表 9-4。试建立f_{cu}-f^a_{cu}、f^a_{cu}-C/W的关系式。并计算其相关系数r，剩余标准差S^*和$S^*/\bar{f}_{cu}$的比值，且绘制成图表。

试　验　数　据　　表 9-4

C/W	f^a_{cu}	f_{cu}	C/W	f^a_{cu}	f_{cu}	C/W	f^a_{cu}	f_{cu}	C/W	f^a_{cu}	f_{cu}	C/W	f^a_{cu}	f_{cu}	C/W	f^a_{cu}	f_{cu}
2.875	20.0	46.5	2.000	10.5	33.9	1.539	5.5	25.6	2.222	12.2	35.8	1.667	6.1	29.3	1.333	3.6	16.3
2.857	20.7	44.6	2.000	10.3	34.5	1.429	4.8	23.9	2.222	13.1	37.5	1.667	6.2	26.5	1.250	4.0	18.6
2.857	18.5	43.8	1.818	7.5	29.6	1.429	5.2	24.6	2.222	12.9	39.0	1.539	5.7	26.2	1.250	4.0	17.5
2.500	16.4	41.9	1.818	6.8	30.4	1.429	5.2	23.0	2.000	10.3	34.8	1.539	5.9	26.5	1.250	3.8	18.9
2.500	15.8	40.7	1.667	5.9	27.9	1.333	4.1	17.9									

解：（1）按表 9-3 所列数据计算整理得：

$$\sum C/Wf^a_{cu} = 584.2732 \qquad \sum f^a_{cu}f_{cu} = 9553.45$$

$$\sum C/W = 55.845 \qquad \sum f_{cu} = 909.0$$

$$\sum(C/W)^2 = 111.551 \qquad \sum f_{cu}^2 = 29\,829.72$$

$$\sum f_{cu}^{a} = 272.5 \qquad \sum C/Wf_{cu} = 1\,821.155\,5$$

$$\sum(f_{cu}^{a})^2 = 3\,275.95 \qquad n = 30$$

$$L_{f_{cu}^{a}f_{cu}^{a}} = \sum(f_{cu}^{a})^2 - \frac{1}{n}(\sum f_{cu}^{a})^2 = 800.741\,667$$

$$L_{f_{cu}^{a}f_{cu}} = \sum f_{cu}^{a}f_{cu} - \frac{1}{n}(\sum f_{cu}^{a})(\sum f_{cu}) = 1\,296.411\,667$$

$$L_{C/WC/W} = \sum(C/W)^2 - \frac{1}{n}(\sum C/W)^2 = 7.592\,2$$

$$L_{f_{cu}f_{cu}} = \sum f_{cu}^2 - \frac{1}{n}(\sum f_{cu})^2 = 2\,286.269\,668$$

(2)求解$\hat{f}_{cu} = a_a + \alpha_b f_{cu}^{a}$回归方程：

$$\alpha_b = \frac{\sum_{i=1}^{n}(f_{cu,i}f_{cu,i}^{a}) - \frac{1}{n}\sum_{i=1}^{n}f_{cu,i}\sum_{i=1}^{n}f_{cu,i}^{a}}{\sum_{i=1}^{n}(f_{cu,i}^{a})^2 - \frac{1}{n}(\sum_{i=1}^{h}f_{cu,i}^{a})^2} = \frac{1\,296.411\,667}{800.741\,667} = 1.619$$

$$\alpha_a = \frac{1}{n}\sum_{i=1}^{n}f_{cu,i} - \frac{\alpha_b}{n}\sum_{i=1}^{n}f_{cu,i}^{a} = 30.303\,33 - 14.705\,92 = 15.597$$

$$r = \frac{\sum_{i=1}^{n}(f_{cu,i}f_{cu,i}^{a}) - \frac{1}{n}\sum_{i=1}^{n}f_{cu,i}\sum_{i=1}^{n}f_{cu,i}^{a}}{\sqrt{\left[\sum_{i=1}^{n}(f_{cu,i})^2 - \frac{1}{n}(\sum_{i=1}^{n}f_{cu,i})^2\right]\left[\sum_{i=1}^{n}(f_{cu,i}^{a})^2 - \frac{1}{n}(\sum_{i=1}^{n}f_{cu,i}^{a})^2\right]}} = \frac{1\,296.411\,667}{1\,353.037\,835}$$

$$= 0.958\,1 > [0.85]$$

$$S^{*} = \sqrt{\frac{(1-r^2)\left[\sum_{i=1}^{n}(f_{cu,i})^2 - \frac{1}{n}(\sum_{i=1}^{n}f_{cu,i})^2\right]}{n-2}} = 2.588\,27 = 2.588$$

$$S^{*}/\bar{f}_{cu} \times 100\% = 8.541\,2\% < [10\%]$$

$$\begin{cases} \hat{f}_{cu}^{e} = 15.597 + 1.62f_{cu}^{a} \quad (\text{MPa}) \\ r = 0.958 \\ S^{*} = 2.588 \quad (\text{MPa}) \\ S^{*}/\bar{f}_{cu} \times 100\% = 8.54\% \end{cases}$$

(3)求解$\hat{f}_{cu}^{a} = \alpha_a + \alpha_b C/W$回归方程：

$$\alpha_b = \frac{\sum_{i=1}^{n}(f_{cu,i}^{a}C/W) - \frac{1}{n}\sum_{i=1}^{n}f_{cu,i}^{a}\sum_{i=1}^{n}C/W}{\sum_{i=1}^{n}(C/W)^2 - \frac{1}{n}(\sum_{i=1}^{n}C/W)^2} = \frac{77.014\,45}{7.592\,2} = 10.143\,9$$

$$\alpha_a = \frac{1}{n}\sum_{i=1}^{n}f_{cu,i}^{a} - \frac{\alpha_b}{n}\sum_{i=1}^{n}C/W = -9.791\,51$$

$$r=\frac{\sum_{i=1}^{n}(f^{a}_{cu,i}C/W)-\frac{1}{n}\sum_{i=1}^{n}f^{a}_{cu,i}\sum_{i=1}^{n}C/W}{\sqrt{\left[\sum_{i=1}^{n}(f^{a}_{cu,i})^2-\frac{1}{n}(\sum_{i=1}^{n}f^{a}_{cu,i})^2\right]\left[\sum_{i=1}^{n}(C/W)^2-\frac{1}{n}(\sum_{i=1}^{n}C/W)^2\right]}}=\frac{77.01445}{77.9704}=0.9877$$

$$S^*=\sqrt{\frac{(1-r)^2\left[\sum_{i=1}^{n}(f^{a}_{cu,i})^2-\frac{1}{n}(\sum_{i=1}^{n}f^{a}_{cu,i})^2\right]}{n-2}}=0.836\text{MPa}$$

$$\therefore\quad\begin{cases}\hat{f}^{a}_{cu}=10.1395C/W-9.791(\text{MPa})\\ r=0.988\\ S^*=0.836(\text{MPa})\end{cases}$$

(4)按上述计算结果绘制f^{a}_{cu}—C/W和f_{cu}—f^{a}_{cu}关系曲线。绘制f^{a}_{cu}—C/W关系曲线时，由试验的最大、最小灰水比分别确定该曲线的起始和终止点为：

$$\begin{cases}(C/W)_{min}=1.25\\ f^{a}_{cu,min}=10.1395C/W-9.791=2.881\end{cases}$$

$$\begin{cases}(C/W)_{max}=2.857\\ f^{a}_{cu,max}=10.1395C/W-9.791=19.182\end{cases}$$

绘f_{cu}—f^{a}_{cu}关系曲线时，其起始和终止点，分别由上述的$f^{a}_{cu,min}$和$f^{a}_{cu,max}$值确定：

$$\begin{cases}f^{a}_{cu,min}=2.881\\ f_{cu}=15.597+1.62f^{a}_{cu}=20.264\end{cases}$$

$$\begin{cases}f^{a}_{cu,max}=19.182\\ f_{cu}=15.597+1.62f^{a}_{cu}=46.672\end{cases}$$

如图 9-6 和图 9-7 所示。

[例 9-2]　已知$f_{cu,k}=20\text{MPa}$，$\sigma_{施}=3.5\text{MPa}$。试由例 9-1 建立的关系式，用混凝土强度快速测定方法设计现浇独立基础用的混凝土的试配配合比。所用水泥与例 9-1 中的品种和强度等级相同，石子为卵石，最大粒径 40mm，坍落度要求为 3～5cm。

解：(1)$f_{cu,0}=f_{cu,k}+1.645\sigma_{施}=25.7575\approx25.8\text{MPa}$

(2)由$f_{cu,0}$确定f^{a}_{cu}；

$\because\ \hat{f}_{cu}=15.597+1.62f^{a}_{cu,r}=0.958>(0.9)$

$\therefore\ f^{a}_{cu}=\dfrac{f_{cu,0}-15.597}{1.62}=6.3\text{MPa}$

(f^{a}_{cu}值也可由$f_{cu,0}$在图 9-7 中直接查得：$f^{a}_{cu}=6.3\text{MPa}$)

(3)由$f^{a}_{cu}=6.3\text{MPa}$，按$\hat{f}^{a}_{cu}=10.139C/W-9.791$得：

$$C/W=(6.3+9.791)/10.139=1.587$$

$$[W/C]=\frac{1}{1.587}=0.63$$

([W/C]值也可由$f^{a}_{cu}=6.3\text{MPa}$在图 9-6 中直接查得：[W/C]$=0.63$)

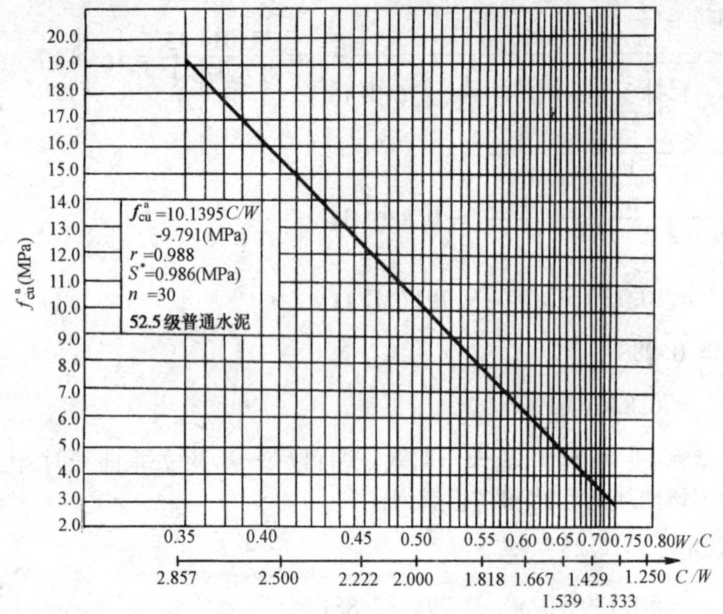

图 9-6 混凝土快速测定强度与灰水比关系曲线

图 9-7 混凝土标准养护 28d 强度与快速测定强度关系曲线

(4)按[*W/C*]=0.63,[*W/C*]+0.05=0.68和[*W/C*]-0.05=0.58设计计算三个混凝土配合比。

混凝土配合比按假定质量法计算,而混凝土的湿密度假定为:$\rho_{c,c}$=2 450kg/m^3。

按题意条件,由表 9-2 得混凝土用水量为 170kg/m^3。由表 9-3 选用砂率为 30%,得试配用的三个配合比见表 9-5。

试配用的三个配合比 表 9-5

W/C	0.58	0.63	0.68
水	170	170	170
52.5 级普通硅酸盐水泥	393	270	250
中砂	596	603	609
卵石 0.5~4cm	1 391	1 407	1 421
配合比	293	270	250
	1:2.034:4.747:0.58	1:2.233:5.211:0.63	1:2.436:5.684:0.68

按上述三个配合比进行试配,取得三个快速测定强度,其中大于和接近f_{cu}^{a}的配合比,便可作为独立基础混凝土的施工配合比。

第二节 1h 推定混凝土强度用于配合比的简捷设计

强度是混凝土配合比设计最主要的参数。采用标准试验方法所得的经过标准养护、龄期为 28d 的抗压强度,由于试验周期太长,不能及时设计确定混凝土配合比或调整施工配合比,以致既不能适应现代化快速施工的需要,也不利于充分利用水泥活性,降低水泥用量,提高经济效益。尤其是对一些工期紧、影响整个建设项目按时投产的混凝土工程,时间就显得尤为宝贵。我国独创的1h推定混凝土强度新技术，即促凝压蒸法，具有试验快速、设备简单、投资少、适用范围广等特点，对于及时完成配合比设计、加强质量控制、节约水泥等都有重要意义。

一、概述

《普通混凝土配合比设计规程》(JGJ 55—2011)提出了考虑水泥实测强度f_{ce}和灰水比C/W的混凝土配制强度$f_{cu,0}$计算式：即$f_{cu,0}=\alpha_a\cdot f_{ce}\left(\frac{C}{W}-\alpha_b\right)$。标准提出，在无法取得水泥实测强度值$f_{ce}$时，可用水泥强度等级富余系数公式($f_{ce}=\gamma_c\cdot f_{ce\cdot g}$)计算$f_{ce}$。按各地区实际统计资料定出$\gamma_c$值，无统计资料时可取$\gamma_c=1.13$。标准还规定，对于出厂期超过三个月或存放条件不良而变质的水泥，应重新鉴定其强度等级，并按实际强度进行计算。在这种情况下，得出水泥实测强度必须等待28d。拌制混凝土，试验得出混凝土实测强度又须等待28d，因此不能满足及时选择混凝土配合比的要求。由于水泥从出厂到工程现场使用是一个复杂多变的过程，水泥强度等级的富余系数并不是固定不变的，采用固定的富余系数(例如$\gamma_c=1.13$)计算混凝土的水灰比往往并不可靠。通过本节的实例可以说明这个问题。用1h快硬砂浆强度进行混凝土配合比的设计和调整，可以做到及时试配，及时得出试验结果，有利于合理利用水泥活性，降低水泥用量，既能保证混凝土质量，又能取得较好的经济效果。

在《混凝土配合比经验公式计算法》一书中提出的选择混凝土配合比的原则和步骤，目前仍然是适用的。但是根据水泥28d实测强度选择混凝土配合比存在不够及时的局限性。为此，参考美国混凝土学会214委员会(ACI214委员会)报告中采用快速试验设计混凝土配合比的方案，用1h推定混凝土28d强度，初次提出1h定出混凝土配合比与间接推定水泥强度的方法。

二、选择混凝土配合比的一般原则和步骤

(一)选择混凝土配合比应当遵循的一般原则

(1)最小单位用水量。

(2)最大石子粒径。

(3)最多石子用量。

(4)最密集料级配。

(二)基本资料

(1)混凝土的设计强度等级、强度保证率等。

(2)施工中采用的石子最大粒径、拌和物的坍落度、混凝土强度标准差或离差系数。

(3)水泥品种、强度、石子种类及捣实密度、砂子细度模数等原材料基本数据。

(三)主要步骤

在原材料一定的条件下，选择混凝土配合比的三个主要步骤是：

(1)根据设计要求的强度和耐久性要求，选定水灰比。

(2)根据施工要求的坍落度和石子最大粒径选定单位用水量，用水量除以选定的水灰比，求出单位水泥用量。

(3)选定砂石用量。通过试拌判断混凝土拌和物的和易性，必要时调整用水量和石子用量(或砂率)。

计算混凝土配合比有两种不同的方法。一种是绝对体积法,另一种是假定质量法。比较起来,后者计算配合比时节省了绝对体积法中的繁琐换算,使计算更加简捷,因此,我们用假定质量法计算混凝土配合比。

三、选择混凝土配合比的主要公式与参数

(一)计算保证强度

根据混凝土的设计强度等级计算配制强度:

$$f_{cu,0} = f_{cu,k} + t\sigma \tag{9-28}$$

或

$$f_{cu,0} = \frac{f_{cu,k}}{1 - tC_u} \tag{9-29}$$

式中:$f_{cu,0}$——混凝土配制强度(MPa);

$f_{cu,k}$——混凝土设计强度等级(MPa);

t——保证率系数,根据设计要求的保证率 p 而定(表 9-6);

σ——强度标准差(MPa);

C_u——回归离差系数❶。

$t-p$ 关系表 表 9-6

t	0.52	0.84	1.00	1.04	1.28	1.64	2.00	2.05	2.33	2.57	3.00	3.09
p(%)	70	80	84	85	90	95	97.7	98	99	99.5	99.87	99.9

(二)计算要求的灰水比

根据计算的保证强度,按下式计算要求的灰水比 C/W 值[参见《普通混凝土配合比设计规程》(JGJ 55—2011)]。

碎石:

$$f_{cu,0} = 0.46 f_{ce}(C/W - 0.52^{*})\text{❷} \tag{9-30}$$

卵石:

$$f_{cu,0} = 0.48 f_{ce}(C/W - 0.61^{*}) \tag{9-31}$$

式中:C/W——混凝土所要求的灰水比值;

$f_{cu,0}$——混凝土配制强度(MPa);

f_{ce}——水泥 28d 实测强度(MPa)。

(三)选择试拌用水量

试拌混凝土时单位用水量及其调整值(坍落度以 6~8cm 为准)参见表 9-7。

混凝土试拌用水量及其调整值(kg/m³) 表 9-7

石子种类	外 加 剂	石子最大粒径(mm)					
		10	20	40	80	120	150
碎石	无	223	202	180	159	147	140
	一般减水剂或加气剂	213	192	170	149	137	130
	高效减水剂	203	182	160	139	127	120

❶C_u——回归离差系数,见蔡正泳等编著《1 小时推定混凝土强度新技术》。人民交通出版社,1990 年 11 月。

❷α_a(0.46、0.48)、α_b(0.52、0.61)—— 回归系数,同上。

续上表

石子种类	外加剂	石子最大粒径(mm)					
		10	20	40	80	120	150
卵石	无	193	172	150	129	117	110
	一般减水剂或加气剂	183	162	140	119	107	100
	高效减水剂	173	152	130	109	97	90

条件变化	调整值			
	用水量(kg/m³)	石子填充体积 V_g(%)		
坍落度 ±1cm	±2.5(2~3)	2.0±1	±2.0(1~3)	±2
需水性大的原材料(水泥、集料、混合材)	±10~20			
干硬性或低坍落度混凝土	−40~20	+10		
泵用或高坍落度混凝土	+30~10	−10		

(四)选择石子用量

根据实测捣实表观密度 ρ_g 值、石子最大粒径 D_{max} 和砂子细度模数 M_K，按表 9-8 选定石子填充体积 V_g 值(%)，则石子用量 $m_{g0}=V_g\times\rho_g$。缺少 ρ_g 值时，也可按表 9-8 中所列石子捣实密度 ρ_g 参考值，乘以选定的 V_g 值(%)求得石子用量。

混凝土石子用量表($m_{g0}=V_g\times\rho_g$) 表 9-8

石子填充体积 V_g(%) / D_{max}(mm) / 砂子细度模数 M_K		10	20	40	80	120	150
3.0		64	69	74	79	83	84
2.8		66	71	76	81	85	86
2.6		68	73	78	83	87	88
2.4		70	75	80	85	89	90
2.2		72	77	82	87	91	92
石子捣实表观密度 ρ_g 参考值(kg/m³)	碎石	1 580	1 620	1 660	1 690	1 710	1 730
	卵石	1 740	1 780	1 820	1 870	1 890	1 900

(五)选择新拌混凝土密度值

混凝土表观密度值 $\rho_{c,c}$ 应通过试验求得。试拌时，可选表 9-9 所列新拌混凝土表观密度(kg/m³)作为参考值。

新拌混凝土表观密度(kg/m³) 表 9-9

混凝土种类	石子最大粒径(mm)					
	10	20	40	80	120	150
普通混凝土	2 330	2 370	2 400	2 430	2 450	2 460
加气混凝土	2 210	2 280	2 320	2 350	2 380	2 390
加气混凝土的含气量(%)	8.0	5.5	4.5	3.5	3.0	3.0

（六）计算砂子用量

混凝土表观密度值$\rho_{c,c}$减去已知各成分的质量和既得砂子用量m_{s0}，即有：

$$m_{s0} = \rho_{c,c} - (m_{g0} + m_{w0} + m_{c0}) \tag{9-32}$$

四、1h 快速试验定出混凝土配合比的举例

现举例说明如何用 1h 快速试验定出混凝土配合比。

某工程采用强度等级为 C20 的混凝土，根据耐久性要求，水灰比不大于 0.55。

（一）已知条件

（1）碎石最大粒径$D_{max} = 40\text{mm}$，石子捣实表观密度$\rho_g = 1\,660\text{kg/m}^3$。

（2）砂子细度模数$M_x = 2.66$。

（3）东川普通 32.5 级水泥，无实测水泥强度值。

（4）不掺外加剂，要求坍落度 7～9cm，用水量m_{w0}约 200kg/m^3。

（5）设计要求强度保证率$p = 90\%$，施工强度标准差$\sigma = 4.5\text{MPa}$（统计资料）。

（6）通过试验已建立 1h 快硬砂浆强度$f_{cu,1h}$与混凝土 28d 强度的经验式：$\hat{f}_{cu,k} = 10.8 + 5.15 f_{cu,1h}$。

（二）试验要求

（1）通过 1h 快速试验求出满足上述设计要求的最经济的混凝土配合比。

（2）同时估计出这批水泥的强度$\hat{f}_{ce}$。

（三）计算步骤

1. 计算混凝土的配制强度$f_{cu,0}$：

$$f_{cu,0} = 20.0 + 1.28 \times 4.5 = 25.8(\text{MPa})$$

2. 确定计算碎石混凝土灰水比的计算公式：

$$f_{cu,0} = 0.46 f_{ce}(C/W - 0.52)$$

3. 确定水泥强度f_{ce}。水泥强度富余系数γ_c分三种情况取$\gamma_c = 1.0$、1.13、1.30。则$f_{ce} = \gamma_c \cdot f_{ce,g} = 32.5\text{MPa}$、36.7MPa、42.3MPa。

4. 按式（9-33）计算三个不同的灰水比：

当$f_{ce} = 32.5$时，$C/W = \dfrac{f_{cu,0}}{0.46 f_{ce}} + 0.52$

$$= \frac{25.8}{0.46 \times 32.5} + 0.52 = 2.25;$$

当$f_{ce} = 36.7\text{MPa}$时，$C/W = 2.05$；

当$f_{ce} = 42.3\text{MPa}$时，$C/W = 1.85$。

5. 根据用水量$m_{w0} = 200\text{kg/m}^3$，计算水泥用量$m_{c0}$：

当$C/W = 2.25$时，$m_{c0} = 200 \times 2.25 = 450\text{kg/m}^3$；

当$C/W = 1.32$时，$m_{c0} = 200 \times 2.05 = 410\text{kg/m}^3$；

当$C/W = 1.85$时，$m_{c0} = 200 \times 1.85 = 370\text{kg/m}^3$。

6. 选择石子用量m_{g0}：

已知砂子细度模数$M_K = 2.66 \approx 2.7$，石子$D_{max} = 400\text{mm}$，表观密度$\rho_g = 1\,660\text{kg/m}^3$，查表

9-8得出石子填充体积 $V_g=77\%$，得石子用量 $m_{g0}=V_g\times\rho_{c,c}=0.77\times1\,660=1\,278\text{kg/m}^3$。

7. 选择新拌混凝土表观密度 $\rho_{c,c}$，计算砂子用量 m_{s0}：

已知 $D_{max}=40\text{mm}$，查表9-9得出普通混凝土密度 $\rho_{c,c}=2\,400\text{kg/m}^3$，求三个灰水比时的砂子用量。

当 $C/W=2.25$ 时，$m_{s0}=\rho_{c,c}-(m_{w0}+m_{c0}+m_{g0})=472\text{kg/m}^3$；

当 $C/W=2.05$ 时，$m_{s0}=512\text{kg/m}^3$；

当 $C/W=1.85$ 时，$m_{s0}=552\text{kg/m}^3$。

8. 得出三种试拌混凝土的配合比见表9-10。

三种试井混凝土配合比　　表9-10

C/W	m_{w0}(kg/m³)	m_{c0}(kg/m³)	m_{g0}(kg/m³)	m_{s0}(kg/m³)	砂率(%)
2.25	200	450	1 278	472	26.8
		(1 : 2.84 : 1.05)			
2.05	200	410	1 278	512	28.6
		(1 : 3.10 : 1.25)			
1.85	200	370	1 278	552	30.2
		(1 : 3.45 : 1.49)			

9. 经试拌符合坍落度要求，可进行快速强度试验。

(四)根据试验结果选出经济的配合比

经过试验得出三种灰水比的1h快速强度 $f_{cu,1h}$❶和混凝土28d强度推定值见表9-11：

三种灰水比的1h快速强度和混凝土28d强度推定值　　表9-11

	C/W	$f_{cu,1h}$(MPa)	m_{c0}(kg/m³)	$f_{cu,k}$❷(MPa)
Ⅰ	2.25	4.65	450	34.7
Ⅱ	2.05	3.84	410	30.5
Ⅲ	1.85	3.04	370	26.4

方案Ⅰ由于水泥实际强度超过32.5级很多，水泥用量过大，混凝土28d强度大大超过设计要求，因此是不经济的。

方案Ⅱ是按水泥强度富余系数 $\gamma_c=1.13$ 计算的，混凝土28d强度仍然超过设计要求，也不是经济的。

方案Ⅲ中 $\hat{f}_{cu,k}=26.4\text{MPa}$，略大于 $f_{cu,0}=25.8\text{MPa}$，按此方案，$C/W=1.85$，$W/C=0.54$，小

---

❶
$$f_{cu,1h}=\frac{P}{F}\times10\quad(\text{MPa})$$

式中：$f_{cu,1h}$——混凝土湿筛砂浆促凝压蒸1h快硬强度值(压蒸养护时间为0.5h或1.5h时，相应的强度记录为 $h_{0.5}$ 或 $h_{1.5}$)；

P——试件的破坏荷载(kN)；

F——试件受压面积(3.16×3.16)(10cm²)。

❷
$$f_{cu,k}=a+bf_{cu,1h}\text{或}f_{cu,k}=Af_{cu,1h}^{B}$$

式中：$f_{cu,k}$——根据混凝土湿筛砂浆快硬强度值推定式计算出混凝土标准养护28d龄期强度的推定值(MPa)；

$f_{cu,1h}$——促凝压蒸1h的混凝土湿筛砂浆快硬强度值(MPa)；

a、b或A、B——通过试验求得的系数(与原材料性质有关)。

于设计规定0.55的要求，水泥用量是最经济的，故选用方案Ⅲ。

（五）估计这批水泥的实际活性

根据$\hat{f}_{cu,k}=10.8+5.15f_{cu,1h}$，通过已知$C/W$的混凝土湿筛砂浆快速强度试验得出$f_{cu,1h}$，按下面公式可以估出这批水泥的实际强度$f_{ce}$：

$$f_{ce}=\frac{\hat{f}_{cu,k}}{A(C/W-B)}=\frac{10.8+5.15f_{cu,1h}}{0.46(C/W-0.52)} \tag{9-33}$$

当$C/W=2.25$时，$f_{cu,1h}=4.65\text{MPa}$，$f_{ce}=43.6(\text{MPa})$；

当$C/W=2.05$时，$f_{cu,1h}=3.84\text{MPa}$，$f_{ce}=43.4(\text{MPa})$；

当$C/W=1.85$时，$f_{cu,1h}=3.04\text{MPa}$，$f_{ce}=43.2(\text{MPa})$。

经实测，这批水泥的实际强度$f_{ce}=42.2\text{MPa}$，说明实测值与估计值比较接近。

五、1h快速试验间接推定水泥强度的验证资料

混凝土工程所用水泥是否达到规定的强度或者超过强度多少，是施工单位经常关心的问题。水泥进场之后往往等不到检定28d强度就必须使用，施工单位很可能由于水泥强度不足而造成混凝土质量事故，也可能由于水泥强度过高而造成浪费。根据中国建筑科学研究院等许多单位建立的$\hat{f}_{cu,k}=Af_{ce}(C/W-B)$经验式，在符合各单位实际情况的条件下，利用$\hat{f}_{cu,k}=a+bf_{cu,1h}$经验式间接推定水泥强度也是快速推定水泥强度的途径之一。其优点是，施工单位可以在进行混凝土强度快速试验的同时，充分利用现成的试验数据，简易可行。当所用$\hat{f}_{cu,k}=Af_{ce}(C/W-B)$经验式不符合本工程的实际情况时，必须注意用这种方法间接推定水泥强度可能造成较大的推定误差。

间接推定水泥强度的步骤如下：

（1）选定或建立混凝土强度经验式。

在推行水泥软练标准过程中，原国家建材局建筑材料科学研究院、中国建筑科学研究院、河海大学曾分别组织全国建工、交通等各个系统在统一试验条件下，进行广泛的试验，提出了全国性的混凝土强度经验式，汇总于表9-12。

混凝土强度经验式汇总 表9-12

单位	混凝土种类	水泥品种	经验式	n	r	平均误差V(%)
原国家建材局建筑材料科学研究院等14个单位(1976年)	碎石	普通水泥	$\hat{f}_{cu,k}=0.52f_{ce}(C/W-0.569)$	66	0.949	8.25
		矿渣水泥	$\hat{f}_{cu,k}=0.50f_{ce}(C/W-0.581)$	69	0.953	8.11
	卵石	普通水泥	$\hat{f}_{cu,k}=0.44f_{ce}(C/W-0.459)$	84	0.961	7.53
		矿渣水泥	$\hat{f}_{cu,k}=0.50f_{ce}(C/W-0.666)$	75	0.952	8.43
	碎石	普通水泥 矿渣水泥	$\hat{f}_{cu,k}=0.51f_{ce}(C/W-0.575)$	135	0.948	8.28
	卵石	普通水泥 矿渣水泥	$\hat{f}_{cu,k}=0.47f_{ce}(C/W-0.563)$	159	0.954	8.49

续上表

单位	混凝土种类	水泥品种	经验式	n	r	平均误差 $V(\%)$
中国建筑科学研究院等11个单位(1979年)	碎石	普通水泥	$\hat{f}_{cu,k}=0.46f_{ce}(C/W-0.519)$	1 595	0.924	$S=(0.007\,2\sim0.007\,6\,f_{ce}$
		矿渣水泥				
	卵石	普通水泥	$\hat{f}_{cu,k}=0.48f_{ce}(C/W-0.612)$	1 392	0.940	
		矿渣水泥				
河海大学等港工系统(1980年)	碎石	普通水泥	$\hat{f}_{cu,k}=0.11f_{ce}(C/W-0.289)$	982	0.899	$S=0.007\,9f_{ce}$
		矿渣水泥				

通过五个地区八个单位的试验结果取得间接推定水泥强度的验证资料列于表9-13。

用混凝土湿筛砂浆快硬强度值 $f_{cu,1h}$ 推定水泥强度 f_{ce}　　表9-13

地区	单位	水泥品种及强度等级(MPa)	石子种类	$\hat{f}_{cu,k}=a+bf_{cu,1h}$		$\hat{f}_{ce}=\frac{a+bf_{cu,1h}}{A/(C/W-B)}$	$\frac{C}{W}$	$\hat{f}_{ce}$(MPa)						$\hat{f}_{ce}$(MPa)	f_{ce}(MPa)	$\hat{f}_{ce}/f_{ce}$
				a	b			1	2	3	4	5	6			
北京	北京房修一公司	琉璃河	碎石	14.8	3.66	$\hat{f}_{ce}=\frac{14.8+3.66f_{cu,1h}}{0.457(C/W-0.519)}$	2.25	42.9	46.0	48.3	45.5	46.8	45.8	45.9	44.8	1.02
	北京城建三公司	矿渣水泥42.5级	碎石	17.9	2.68	$\hat{f}_{ce}=\frac{17.9+2.68f_{cu,1h}}{0.457(C/W-0.519)}$	2.25	47.3	49.8	50.7	46.1	48.4		48.5	50.8	0.95
	北京铁路局		碎石	9.6	4.07	$\hat{f}_{ce}=\frac{9.6+4.07f_{cu,1h}}{0.457(C/W-0.519)}$	2.25	50.5	40.5	33.9	43.5	45.3	49.8	43.9	47.5	0.92
天津	大港油建公司	邯郸矿渣水泥42.5级	碎石	16.1	2.06	$\hat{f}_{ce}=\frac{16.1+2.06f_{cu,1h}}{0.457(C/W-0.519)}$	2.25	49.9	49.7	49.4	46.8	48.1	46.3	48.4	48.7	0.99
沈阳	第一住宅建筑公司	矿渣水泥42.5级	卵石	9.6	5.07	$\hat{f}_{ce}=\frac{9.6+5.07f_{cu,1h}}{0.479(C/W-0.612)}$	2～2.22	39.3	39.4	39.3	50.6	44.4	53.0	44.3	41.8	1.06
昆明	第九冶金建设公司	东川普通水泥42.5级	碎石	10.8	5.15	$\hat{f}_{ce}=\frac{10.8+5.15f_{cu,1h}}{0.457(C/W-0.519)}$	2.25	46.2	45.0	42.6	45.2	39.9	44.2	43.9	42.2	1.04
	云南水利设计院	开运矿渣水泥52.5级	碎石	22.9	2.81	$\hat{f}_{ce}=\frac{22.9+2.81f_{cu,1h}}{0.457(C/W-0.519)}$	2.25	60.0	60.0	58.0	55.4	58.5	58.0	59.3	56.8	1.03
广州	广东交科所原交通部	广州硅酸盐水泥52.5级	碎石	12.4	2.32	$\hat{f}_{ce}=\frac{12.4+2.32f_{cu,1h}}{0.457(C/W-0.519)}$		46.9 0.42	52.3 0.46	50.1 0.47	46.7 0.45	37.5 0.45	36.2 0.43	45.0	47.0	0.96
	四船局一处	英德普通水泥52.5级	碎石	8.9	3.66	$\hat{f}_{ce}=\frac{8.2+3.66f_{cu,1h}}{0.457(C/W-0.519)}$	2.5	46.7	46.2	45.8	40.1			44.7	47.9	0.93

注:本表广州栏倒数第2行下面一排数字0.42、0.46、0.47、0.45…为混凝土的水灰比。

从表9-13可以看出,水泥强度的推定值与实测值之间的误差一般不超过5%,说明有一定的准确性。

表中哪些经验式比较符合本单位的具体情况,由使用者自行选定。

(2)通过强度试验建立 $\hat{f}_{cu,k}=a+bf_{cu,1h}$ 经验式

(3)根据两个已知经验式间接推定水泥实际强度

已知:$\hat{f}_{cu,k}=Af_{ce}(C/W-B)$

则:$f_{ce}=\hat{f}_{cu,k}/A(C/W-B)$

又：　$$\hat{f}_{cu,k}=a+bf_{cu,1h}$$

故有　$$\hat{f}_{cu,k}=\frac{a+bf_{cu,1h}}{A(C/W-B)} \tag{9-34}$$

第三节　按不同水泥强度等级调整混凝土设计配合比

水泥强度对混凝土强度有直接关系。它不仅影响混凝土强度，而且还决定着混凝土的水泥用量。

水泥强度的试验方法，我国和多数国家的标准均采用砂浆法，英国是采用混凝土法。混凝土法反映的水泥强度最符合水泥在混凝土中的使用实际，由此可见，如果能将水泥强度与混凝土的快速测定强度建立一定的关系式，则既可按混凝土快速测定强度来推定水泥强度等级，又可按水泥的强度质量状况，调整混凝土配合比；既能保证混凝土工程质量，又能合理利用水泥强度。它是混凝土快速测定强度应用的一个重要方面。

一、混凝土强度与水泥强度的关系

我国《普通混凝土配合比设计规程》（JGJ 55—2011）中提出的混凝土强度与水泥实测强度的全国通用式如下。

采用碎石时：　$$f_{cu,0}=0.46f_{ce}(C/W-0.52) \tag{9-35}$$

采用卵石时：　$$f_{cu,0}=0.48f_{ce}(C/W-0.61) \tag{9-36}$$

式中：C/W——混凝土所要求的灰水比值；

$f_{cu,0}$——混凝土试配强度（相当本节的混凝土施工配制强度）；

f_{ce}——水泥的实际强度（即水泥强度的平均值，下文将表示为$\bar{f}_{ce}$）。在无法取得水泥实际强度时，可用式（9-37）代入。

$$\bar{f}_{ce}=\gamma_c\cdot f_{ce,g} \tag{9-37}$$

式中：$f_{ce,g}$——水泥强度等级值（MPa）；

γ_c——水泥强度等级富余系数，其值应按各地区实际统计资料定出，当无统计资料时，可取 $\gamma_c=1.13$ 试算。

式（9-35）、式（9-36）可一般表示为：

$$f_{cu,0}{}^{❶}=A\bar{f}_{ce}(C/W+B) \tag{9-38}$$

式（9-38）是混凝土强度与 C/W 的回归方程，其中取每试验批水泥强度为水泥强度等级值的 1.13 倍。因此$\bar{f}_{ce}=1.13f_{ce,g}$是混凝土强度关系式中水泥强度取值指标。若用水泥强度的分布图表示，则如图 9-8 所示。若水泥强度不符合图示关系，则应修正式（9-38）。当$\bar{f}_{ce}/f_{ce,g}>1.13$ 时，在满足$f_{cu,k}$强度的前提下，保持 C/W 值不变，减少每 1m^3 混凝土的水泥用量；当 $\bar{f}_{ce}/f_{ce,g}<1.13$ 时则应增加水泥用量。因此，在使用式（9-38）时，需通过试配，按水泥的实际强度调整混凝土配合比，即修正公式（9-38）。

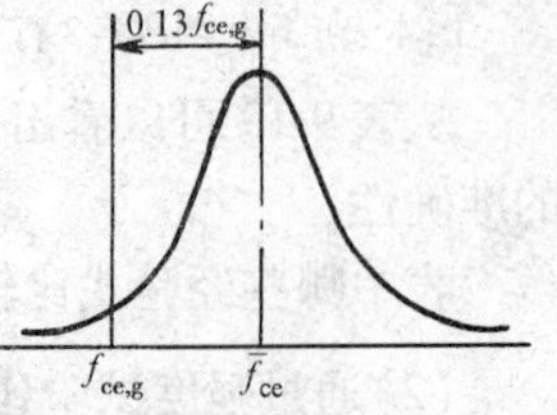

图 9-8　$\bar{f}_{ce}$与$f_{ce,g}$关系曲线

❶$f_{cu,0}$公式中回归系数 α_a、α_b 见本节“三”注。

当由同批水泥的试验结果确定混凝土强度与灰水比的关系时，此时水泥强度变动的因素可作为关系式随机误差的一部分，并由式(9-39)确定。

$$f_{cu,0}=f(C/W)=A_1+B_1C/W \tag{9-39}$$

若考虑水泥强度等级的影响，则应表示为：

$$\bar{f}_{cu,0}=f'(f_{ce,g}、C/W) \tag{9-40}$$

则可令$\hat{f}_{cu,k}=f_{cu,k}=f(C/W)=f'(f_{ce,g}、C/W)$

当关系式中用水泥实际强度($\bar{f}_{ce}$)表示，则：

$$f'(f_{ce,g}、C/W)=a\bar{f}_{ce}(C/W+b) \tag{9-41}$$

其中：

$$a=\frac{B_1}{\bar{f}_{ce}};\quad b=\frac{A_1}{B_1}$$

式中：$\bar{f}_{ce}$——建立关系式时，同批水泥的实测强度(MPa)。

将$\bar{f}_{ce}$与$f_{ce,g}$的关系写成：

$$\bar{f}_{ce}=f_{ce,g}+t\sigma_{fce}=f_{ce,g}(1+tV)$$

并取　$1+tV=1.13$　　(全国平均值)

令$t=1.645$，则$V=\sigma_{fce}/f_{ce,g}=7.9\%$

$\therefore$　$\bar{f}_{ce}=f_{ce,g}(1+1.645V)=1.1299f_{ce,g}\approx1.13f_{ce,g}$代入式(9-41)得：

$$f'(f_{ce,g}、C/W)=a\times1.13f_{ce,g}(C/W+b)$$

但实际上，不同批的水泥，一般其$V_t=\sigma_{fce}/f_{ce,g}\neq7.9\%$，故一般情况下，$\bar{f}_{ce,g}\neq1.13f_{ce,g}$

令　$\bar{f}_{ce,i}/1.13f_{ce,g}=K_i$、取$[\bar{f}_{ce}]=1.13f_{ce,g}$，则得：

$$\bar{f}_{ce,i}=K_i[\bar{f}_{ce}]$$

所以式(9-41)可表示为：

$$\hat{f}_{cu,0}=f'(f_{ce,g}、C/W)=a\bar{f}_{ce,i}(C/W+b_i)=aK_i[\bar{f}_{ce}](C/W+b)=1.13K_iaf_{ce,g}(C/W+b)$$

$$\hat{f}_{cu,0}[f_{ce,g}]=\frac{\hat{f}_{cu,0}}{1.13K_i}=af_{ce,g}(C/W+b) \tag{9-42}$$

式中：$\hat{f}_{cu,0}[f_{ce,g}]$——对应于水泥取用强度，为$f_{ce,g}$的混凝土强度，其保证率为95%。

式(9-42)是按全国水泥质量水平确定的。如按不同质量水平分别对待，因$\bar{f}_{ce,i}\neq1.13f_{ce,g}$，而$\bar{f}_{ce,i}=f_{ce,g}(1+1.645V_i)$

$$\therefore\quad \hat{f}_{cu,0}[f_{ce,g}]=\frac{\hat{f}_{cu,0}}{(1+1.645V_i)K_i}=af_{ce,g}(C/W+b) \tag{9-43}$$

对于不同的K_i值($K_i>1$、$K_i=1$和$K_i<1$)，式(9-43)在图中的相对位置，参见图9-9。

二、混凝土快速测定强度与水泥强度的关系

由前述混凝土标准养护28d强度与灰水比的关系式可知，当有某批水泥通过试验，建立混凝土标准养护28d强度与灰水比的回归方程，在应用于不同批水泥配制的混凝土中，由于不同批的水泥强度的差别，宜按不同的水泥实测强度修正原建立的关系式。实用中，也就是如何按

照不同的水泥强度,根据预期的配制强度,调整混凝土配合比的问题。显然,用标准养护28d的强度试验方法来调整混凝土强度,无法满足工程施工进度和材料供应上的要求。混凝土强度的快速测定方法,可以较好地解决以上矛盾。

《早期推定混凝土强度试验方法标准》(JGJ/T 15—2008),既采用混凝土抗压强度试验的标准试件,又不改变混凝土的物理组成,而直接测定其早期强度(快速测定强度)。因此,可以通过专门试验,建立混凝土快速测定强度(f_{cu}^{a})与灰水比的关系式(9-44)。并参照本节"一"的原理得式(9-45)和式(9-46)。

$$\bar{f}_{cu}^{a}=f(C/W)=A_2+B_2C/W \tag{9-44}$$

$$f_{cu}^{a}=a'\bar{f}_{ce}(C/W+b') \tag{9-45}$$

其中

$$a'=\frac{B_2}{\bar{f}_{ce}},b'=\frac{A_2}{B_2}$$

$$\bar{f}_{cu}^{a}=1.13K_i a' f_{ce,g}(C/W+b') \tag{9-46}$$

当 $K_i\neq1$ 时,式(9-46)的修正图参见图9-10。

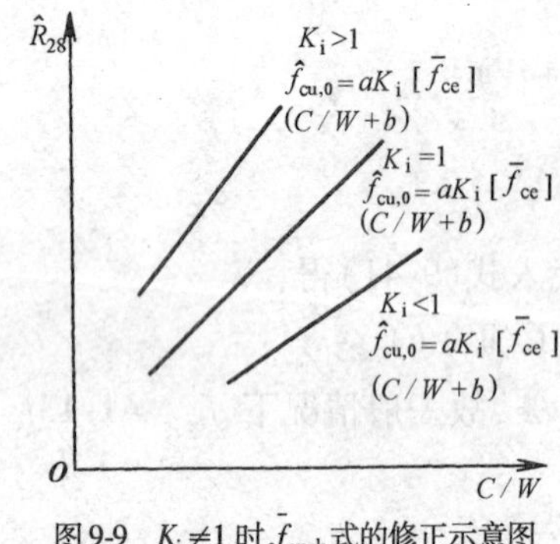

图9-9 $K_i\neq1$ 时 $\bar{f}_{cu,k}$ 式的修正示意图

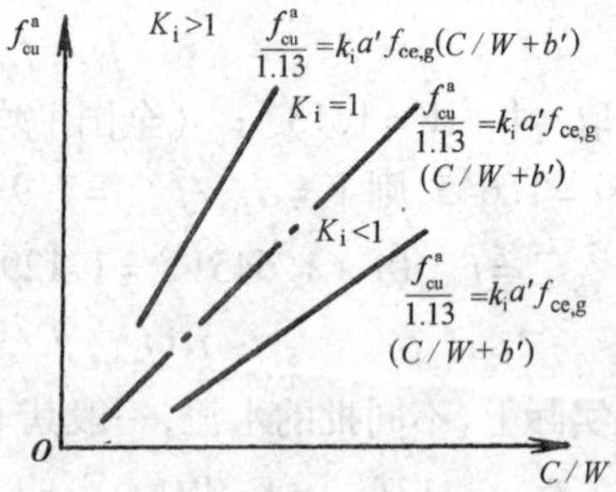

图9-10 $K_i\neq1$ 时 $f_{ce,0}$ 式修正示意图

在实际应用中,一般对每批水泥强度的 $\bar{f}_{ce}$ 及其标准偏差 σ_{fce} 不易取得,故一般难以按上述的精确修正方法调整混凝土配合比。因此,工程上需作适当简化。但是,由式(9-46),在每次专门试验中,可以给出不同厂家不同品种和不同强度水泥所对应的 $f_{ce,jmin}$ 值,可用以鉴别水泥的实际强度是否达到全国的平均质量水平。其值见表9-12。

当按80℃热水法,再选用表9-14的 C/W 值,测定由该厂某强度矿渣水泥配制的混凝土快速测定强度,低于表中对应水泥和灰水比的 $f_{ce,jmin}$ 值时,则该批水泥的实际强度低于全国平均质量水平;反之,则高于全国平均质量水平。这对预测水泥强度,合理利用水泥强度有一定的作用。

各强度等级太行矿渣水泥对应的混凝土80℃热水法快速测定强度最小值 $f_{ce,jmin}$ 表9-14

$f_{ce,g}$	C/W									
	1.25	1.333	1.429	1.538	1.667	1.818	2.000	2.222	2.500	2.857
32.5级	–	–	45	51	57	66	77	92	109	–
42.5级	49	54	59	66	74	87	102	120	143	173
52.5级	61	69	74	82	91	107	127	148	176	213

三、按不同水泥强度调整混凝土配合比的方法

水泥强度的合理利用,是实际工程中根据不同批的水泥调整混凝土施工配合比的重要任务之一。建立混凝土快速测定强度与灰水比的关系式一般由特定批的水泥确定,但水泥的强度与水泥的矿物组成、配料强度、生产工艺条件等因素有关。另外,水泥强度还与水泥运输、储存保管条件和储存时间有关。这些因素既决定不同批水泥的质量状况,又要综合地反映到混

凝土快速测定强度与灰水比的关系式中来，因此，如何根据由专门试验方法所建立的混凝土快速测定强度与灰水比的关系，按使用批的水泥的实际强度随时调整混凝土施工配合比，是混凝土快速测定强度应用的一个重要方面。其调整方法，可按以下的简化方法和步骤进行：

(1)由通过专门试验建立的标准养护 28d 强度与快速测定强度的关系式 $\hat{f}_{cu,0}=f(f^{a}_{cu})$，确定 $f_{cu,0}$ 所对应的 f^{a}_{cu}，再由已建立的 $f^{a}_{cu}=f(C/W)$ 关系式，确定 f^{a}_{cu} 对应的灰水比 (C/W)；

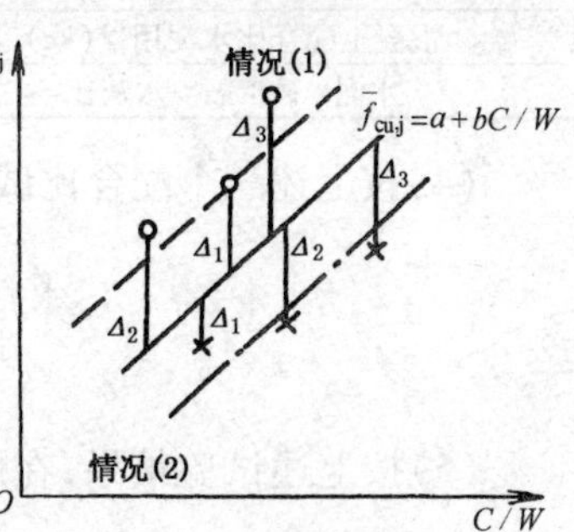

图 9-11 $f_{cu,j}$—C/W 关系式按不同批水泥强度调整方法

(2)按 (C/W) 及 $(C/W)\pm0.05$ 设计三个混凝土配合比，并与建立关系式相同的快速试验方法，同时测定三个配合比的混凝土快速测定强度值 $(f^{a}_{cu,1}、f^{a}_{cu,2}、f^{a}_{cu,3})$；

(3)根据 $f^{a}_{cu,1}、f^{a}_{cu,2}$ 和 $f^{a}_{cu,3}$ 在原建立的 $\hat{f}^{a}_{cu}$-C/W 关系曲线图上的具体位置，以不同的水泥强度来修正原 $\hat{f}^{a}_{cu}$-C/W 关系曲线。其修正方法参见图 9-11。

①当 $f^{a}_{cu,1}、f^{a}_{cu,2}$ 和 $f^{a}_{cu,3}$ 均位于原 $\hat{f}^{a}_{cu}$-C/W 线上侧，则选 $\Delta_i=(f^{a}_{cu,i}-\hat{f}^{a}_{cu,i})$ 中 $\min\Delta_i$ 为定点，过此点作原 $\hat{f}^{a}_{cu}$-C/W 线的平行线，此线即为按该批水泥强度修正后的 f^{a}_{cu}-C/W 关系曲线；

②当 $f^{a}_{cu,1}、f^{a}_{cu,2}$ 和 $f^{a}_{cu,3}$ 均位于原 $\hat{f}^{a}_{cu}$-C/W 线下侧，则过 Δ_2 $(\Delta_1=|f^{a}_{cu,1}-\hat{f}^{a}_{cu,1}|<\Delta_2=|f^{a}_{cu,2}-\hat{f}^{a}_{cu,2}|<\Delta_3=|f^{a}_{cu,3}-\hat{f}^{a}_{cu,3}|)$ 点，作原 $\hat{f}^{a}_{cu}$-C/W 线的平行线，此线即为新修正的 f'^{a}_{cu}-C/W 关系曲线；

③当 $f^{a}_{cu,1}、f^{a}_{cu,2}$ 和 $f^{a}_{cu,3}$ 不在原 $\hat{f}^{a}_{cu}$—C/W 线同侧，则原 $\hat{f}^{a}_{cu}$—C/W 关系式不作修正。

(4)在新修正的 f'^{a}_{cu}—C/W 的关系曲线上，由 $f_{cu,0}$ 确定对应的 (C/W) 值，并按 (C/W) 试配调整混凝土施工配合比。当原 $\hat{f}^{a}_{cu}$—C/W 不必修正时，则按本章第一节"混凝土快速测定强度在配合比设计中的应用"所述方法确定混凝土施工配合比。

四、计算实例

[例 9-3] 北京一构按 JGJ/T 15—2008 的 80℃ 热水法，采用首都水泥厂 32.5 级矿渣硅酸盐水泥建立了以下关系式：$\hat{f}_{cu}=3.8264+2.08f^{a}_{cu}$ 和 $\hat{f}^{a}_{cu}=8.5178C/W-4.901$。实际工程施工中，采用另一批矿渣 32.5 级水泥。其他已知工程条件为：$f_{cu,k}=20$MPa，$f_{cu,0}=24.0$MPa，混凝土用的材料 0.5～2cm 碎石；中砂；拌和物坍落度选用 1～3cm；砂率选 35%；每 1m³ 混凝土用水量为 185kg，原施工配合比是否需要调整？

解：(1)由 $f_{cu,0}=24.0$MPa，按 $\hat{f}_{cu}=3.8264+2.08f^{a}_{cu}$ 计算得：$f^{a}_{cu}=9.7$MPa

(2)由 $f_{cu,0}=9.7$MPa，按 $\hat{f}^{a}_{cu}=8.5178C/W-4.901$

得：$(C/W)=1.714$，$W/C=0.58$

(3)由 $W/C=0.58$，0.53 和 0.63，采用假定质量法 $(\rho_{c,c}=2450\text{kg/m}^3)$，按题意，设计计算的三个混凝土配合比见表 9-15。

设计计算约三个混凝土配合比　　　表 9-15

W/C	0.53	0.58	0.63
水(kg)	185	185	185
32.5 级矿渣水泥(kg)	349	319	294

续上表

W/C	0.53	0.58	0.63
中砂(kg)	671	681	689
碎石(0.5~2cm)(kg)	1 245	1 265	1 282
混凝土配合比水泥用量(kg)	349	319	294
水泥：砂：石：水灰比	1：1.923：3.567：0.53	1：2.135：3.966：0.58	1：2.344：4.425：0.63

(4)按上述三个配合比试配,由80℃热水法试验后得快速测定强度

$$W/C=0.63 \quad f_{cu,1}^{a}=7.2\text{MPa}$$
$$W/C=0.58 \quad f_{cu,2}^{a}=8.8\text{MPa}$$
$$W/C=0.53 \quad f_{cu,3}^{a}=9.5\text{MPa}$$

(5)按上述试验结果,在原$\hat{f}_{cu}^{a}=8.5175C/W-4.901$图上打点(图9-12),因$f_{cu,1}^{a}$、$f_{cu,2}^{a}$、$f_{cu,3}^{a}$均位于原$\hat{f}_{cu}^{a}$-$C/W$线下侧,按本节之"三"修正原$\hat{f}_{cu}^{a}$-$C/W$关系线。因$\Delta_1=|7.2-8.6|=1.4\text{MPa}$,$\Delta_2=|8.8-9.7|=0.9\text{MPa}$,$\Delta_3=|9.5-11.2|=1.7\text{MPa}$,修正线应以$W/C=0.63$,$f_{cu}^{a}=7.2\text{MPa}$为定点作原$\hat{f}_{cu}^{a}$-$C/W$的平行线,得图9-12中虚线。此线说明该批水泥的强度,低于建立原关系式$\hat{f}_{cu}^{a}$-C/W所使用的水泥强度。为保证混凝土强度,由给定的f_{cu}^{a}按新修正线对应的灰水比调整混凝土配合比。

(6)由f_{cu}^{a}在新修正的关系线上,查得$f_{cu}^{a}=9.7\text{MPa}$对应的C/W值为1.887,$W/C=0.53$,则例题中$W/C=0.53$的配合比为实际工程中应采用的混凝土施工配合比。

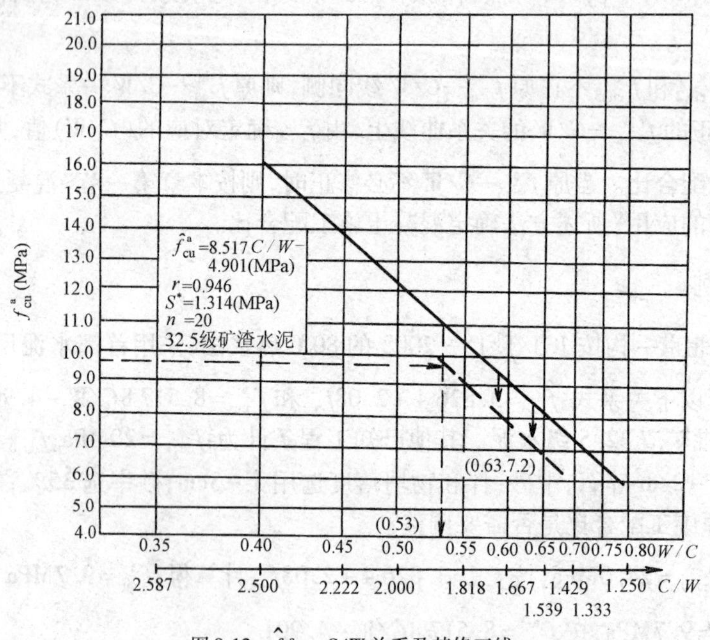

图9-12 $\hat{f}_{cu}^{a}-C/W$关系及其修正线

第四节 混凝土水灰比的快速测定

在混凝土配合比设计过程中,最重要的是水灰比控制指标。采用混凝土水灰比分析的比重计法能迅速测出普通水泥混凝土拌和物的水灰比,方法简易可行。水灰比检验仅需0.5kg左右筛出的砂浆试样,用柏氏比重计测定,分析一个试样仅需15~20min,有利于施工现场试验室检查试拌混凝土的水灰比是否符合设计配合比的水灰比,以便及时调整。

一、试验设备

(1)柏氏比重计 1 支;

(2)秒表 1 只;

(3)小铁筒 1 个(200mL 左右);

(4)5mm 筛 1 个;

(5)4 900 孔筛 1 个;

(6)2 ~3L 容量筒 1 个;

(7)250mL 量筒(竹筒亦可)1 个;

(8)铝盘 1 个,玻璃板 1 小块。

二、试验步骤

(1)将混凝土拌和物用 5mm 筛进行筛选;

(2)用小铁筒取一平筒水泥砂浆;

(3)在 2 ~3L 容量筒中加入 4 小铁筒体积的清水,将小铁筒的水泥砂浆倒进上述容量筒中,充分搅匀后倒进 4 900 孔筛过滤;

(4)过滤液倒进 250mm 量筒(或竹筒)平口时,轻轻吹去气泡,即刻开始计时,并迅速插入比重计,至 25s 时读出比重计读数,读数完毕,将水泥浆倒回容量筒中,又充分搅匀后再测定三次,求得平均数值;

(5)查 $W/C—r$ 关系图可得出混凝土的水灰比值和计算混凝土配合比的水灰比值比较误差。

$$V\% = \frac{\text{水灰比(计算值)} - \text{水灰比(测定值)}}{\text{水灰比(计算值)}} \times 100\% \tag{9-47}$$

三、混凝土配合比水灰比分析

混凝土配合比设计中的水灰比分析,目前多采用比重计法,见表 9-14。

$$l_{11} = \sum X_1^2 - \frac{1}{N}(\sum X_1)^2 = 5.632 - \frac{1}{5} \times (5.306)^2 = 0.001\,272\,8$$

$$l_{22} = \sum X_2^2 - \frac{1}{N}(\sum X_{12})^2 = 6.35 - \frac{1}{5} \times (5.632)^2 = 0.006\,115\,2$$

$$l_{12} = l_{21} = \sum X_1 X_2 - \frac{1}{N}(\sum X_1)(\sum X_2) = 5.979\,435 - \frac{1}{5} \times 5.306 \times 5.632 = 0.002\,756\,6$$

$$l_{1y} = \sum X_1 Y - \frac{1}{N}(\sum X_1)(\sum Y) = 3.172\,1 - \frac{1}{5} \times 5.306 \times 3 = -0.011\,5$$

$$l_{2y} = \sum X_2 Y - \frac{1}{N}(\sum X_2)(\sum Y) = 3.355\,2 - \frac{1}{5} \times 5.632 \times 3 = -0.024$$

$$l_{yy} = \sum Y_2 - \frac{1}{N}(\sum Y)^2 = 1.9 - \frac{1}{5} \times 3^2 = 0.1$$

$$l_{11} b_1 + l_{12} b_2 = l_{1y}$$

$$0.001\,272\,8 b_1 + 0.002\,756\,6 b_2 = -0.011\,5$$

$$l_{12} b_1 + l_{22} b_2 = l_{2y}$$

$$0.002\,756\,6 b_1 + 0.006\,115\,2 b_2 = -0.024$$

$$b_1 = -22.548\,7, b_2 = 6.250\,3$$

$$b_0 = \overline{Y} - b_1 \overline{X} - b_2 \overline{X}_2 = 0.6 + 22.548\,7 \times 1.061\,2 - 6.250\,3 \times 1.126\,4 = 17.488\,4$$

$$Y = W/C = 17.488\,4 - 22.548\,7r + 6.250\,3r^2$$

混凝土配合比设计中水灰比用比重计分析法

表 9-16

顺序号	水泥：砂：碎石：水	小铁筒		水泥砂浆+小铁筒重	水泥砂浆净重	水泥	砂	碎石	水	柏氏比重计读数 r				气温	水温	备注
		体积	质量							(1)	(2)	(3)	平均			
	$C:S_a:S_t:W$	(mL)	(g)	(g)	(g)	(g)	(g)	(g)	(g)					(℃)	(℃)	
1	1:3.22:5.27:0.8	214	44.7		448.25	1 200	3 860	6 320	960	1.038	1.038	1.038	1.038	16	15	D_{max} =4mm；0.5～2cm,50%；2～4cm,50%（普）；无牌号水泥；K62.5 级
2	1:2.54:4.72:0.7	214	44.7		453.55	1 300	3 300	6 140	910	1.05	1.05	1.05	1.05	16	15	
3	1:2.08:4.31:0.6	214	44.7		455.4	1 500	3 130	6 460	900	1.061	1.061	1.061	1.061	16	15	
4	1:1.54:3.6:0.5	214	44.7		459.5	2 000	3 080	7 200	1 000	1.073	1.073	1.073	1.073	16	15	
5	1:1.06:2.78:0.4	214	44.7		463.15	2 500	2 590	6 950	1 000	1.084	1.084	1.084	1.084	16	15	

$Y(W/C)$	$X_1=X$ 比重计计数	$X_2=X_1^2=X^2$	X_2^2	X_1Y	X_2Y	X_1X_2	Y^2
0.8	1.038	1.078	1.162	0.830 4	0.862 4	1.118 96	0.64
0.7	1.05	1.103	1.217	0.735	0.772 1	1.158 15	0.49
0.6	1.061	1.126	1.268	0.636 6	0.675 6	1.194 686	0.36
0.5	1.073	1.151	1.325	0.536 5	0.575 5	1.235 023	0.25
0.4	1.084	1.174	1.378	0.433 6	0.469 6	1.272 616	0.16
Σ	5.306	5.632	6.35	3.172 1	3.355 2	5.979 435	1.9
0.6	1.061 2	1.126 4	1.27				

四、施工现场试验室应用举例

(1)原交通部四航局一处黄埔新港二期工程火车交接库壳面屋顶混凝土配合比设计1:1.43:2.53:0.40:0.3%(外加剂),用柏氏比重计测定平均值为1.082,查图 $W/C-r$(图9-13)或代入关系式 $W/C=17.4884-22.5487\times1.082+6.2503\times1.082^2=0.408$,误差:$V\%=\frac{0.40-0.408}{0.40}\times100\%=2\%$。

(2)中国科学院广州分院电子所第二栋助研住宅楼混凝土配合比设计1:2.54:4.36:0.64,用柏氏比重计测定,第一组平均值为1.059,第二组平均值为1.057;测定水灰比值为0.619及0.638;两组平均值为0.624。误差 $V\%=\frac{0.64-0.624}{0.64}\times100\%=2.5\%$。

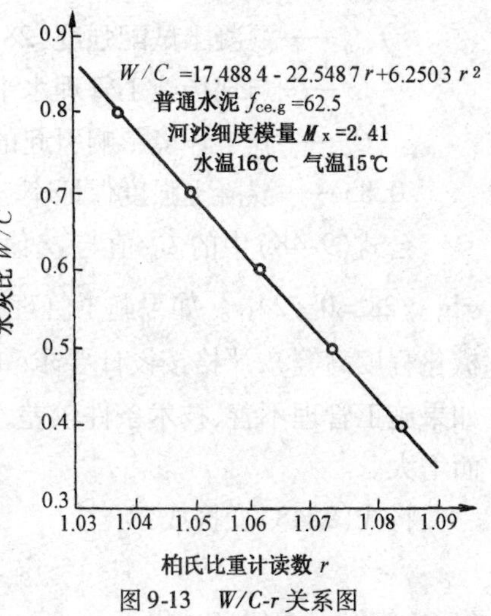

图9-13 W/C-r 关系图

本试验方法求得的 W/C—r 关系图或关系式 $W/C=b_0+b_1r+b_2r^2$ 不能随便套用,应用时应由各单位根据现场原材料对不同水灰比0.4、0.5、0.6、0.7、0.8测定比重计读数值 r,计算出上述关系式后方可应用。

第五节 混凝土试配强度确定新方法

混凝土配合比设计,是混凝土工程全面质量管理中的一个根本性问题。而配合比设计的首要问题,则是试配强度的确定。

混凝土的试配强度,我国在20世纪60年代中期至70年代末,根据当时施行的规范《钢筋混凝土工程施工及验收规范》(GBJ 10—65)的规定,在混凝土施工中一直沿用按设计强度等级提高10%~15%来确定,方法较简便。但是,这种方法主要是依据试验数据的统计结果,没有与施工中的质量控制联系起来,因此要达到预定的设计强度等级是不容易的。为了使混凝土配合比试配强度的计算既简便又准确,以达到快速进行配合比设计的目的,研究人员参考了小林一辅提出的理论,立足于系统工程的观点,根据国家现行规范的规定,考虑到施工管理水平、技术条件及施工环境的影响,同时参考过去沿用的试配强度计算方法,经试验反馈,对混凝土试配强度的公式进行了推导。推导得出的公式用于配合比设计,能较好地反映出施工中对混凝土质量的控制。

影响混凝土强度的因素是多方面的,主要可概括为两种:一是直接因素,包括水泥、砂子和石子等原材料以及外加剂的质量和性质的影响,这是决定混凝土强度的内因。混凝土配合比设计中,在对原材料进行选择的时候,直接因素已经按照国家有关规范的规定予以充分考虑了,并且将成为混凝土设计强度等级的决定性因素而反映到工程实体的混凝土抗压强度上。二是间接因素,包括施工管理水平、施工技术条件和施工环境的影响,这是决定混凝土强度的外因。显然,间接因素是随着管理水平、技术条件与环境影响的变化而变化的。在周密考虑这些因素的前提下,遵照国家现行规范的有关规定,可以建立如下试配强度的关系式:

$$f_{cu,0} - f_{cu,0}\sigma - f_{cu,0}C_u > 0.85 f_{cu,k} \tag{9-48}$$

式中：$f_{cu,k}$——混凝土设计强度等级值；

$f_{cu,0}$——混凝土试配强度（28d 龄期）；

σ——与现场施工管理水平及施工技术条件有关的预期混凝土强度标准差；

C_u——施工环境影响引起的并且与28d 龄期有关的混凝土强度离差系数；

0.85——混凝土强度保证率。

公式（9-48）中的 C_u 值与 σ 值大小有关，根据试验结果，用数理统计方法计算得出：$C_u = \sigma\lg\sqrt{28} = 0.724\sigma$。如果施工管理得好，又有着良好的施工技术条件（如工人技术水平高、机械化程度高等），严格按设计要求和规范标准施工，那么 C_u 值随着 σ 值的减小而减小；反之，如果施工管理不善、技术条件较差，环境的影响因素就会越来越明显，则 C_u 值随 σ 值的增大而增大。

将式（9-48）变换成：

$$f_{cu,0}[1-(\sigma + C_u)] \geqslant 0.85 f_{cu,k} \tag{9-49}$$

将 C_u 值代入式（9-49）得：

$$f_{cu,0} \geqslant \frac{0.85 f_{cu,k}}{1-1.724\sigma} \tag{9-50}$$

然后引入过去沿用的试配强度选择方法求出 σ 值：

$$\frac{0.85 f_{cu,k}}{1-1.724\sigma} = f_{cu,k}[1+(10\% \sim 15\%)]$$

$$\sigma = 13\% \sim 15\%$$

对于具有现代化管理水平、技术条件良好的混凝土施工工程，σ 值可取上限值 13%；对于一般管理水平和一般技术条件的混凝土施工工程，σ 值可取下限值 15%。

当满足 $\sigma = 13\%$ 的条件时，混凝土试配强度可由式（9-50）求得：

$$f_{cu,01} \geqslant 1.095 f_{cu,k} \tag{9-51}$$

当满足 $\sigma = 15\%$ 的条件时，混凝土试配强度为：

$$f_{cu,02} \geqslant 1.147 f_{cu,k} \tag{9-52}$$

这样，我们在做混凝土配合比设计的时候，就可直接选用式（9-51）、式（9-52）来计算混凝土的试配强度了。

实际应用表明，用式（9-51）或式（9-52）在混凝土配合比设计中计算试配强度，既非常简便，又能反映出混凝土工程施工时的质量控制情况。

第六节　混凝土配合比设计主要数据的合理取值

设计混凝土配合比时，合理选用强度计算公式、用水量、水泥用量、砂率等主要参数，是每个设计必须慎重考虑的事情，它关系到设计出的混凝土配合比的实用性和技术经济指标是否先进。在全国十一个科研、试验单位对“软练强度水泥配制混凝土”专题研究试验过程中，通过对400 多组混凝土配合比试验研究，发现了一些与以往配合比设计常用数据不同的规律性。

一、建立强度计算式

这是设计混凝土时，正确确定强度的核心。

1. 选定混凝土强度计算经验公式

$$f_{cu,k}=f_{ce}A\left(\frac{C}{W}-B\right) \tag{9-53}$$

式中：$f_{cu,k}$——混凝土 28d 的标养试验强度（MPa）；

f_{ce}——水泥实测强度（MPa）；

$\frac{C}{W}$——灰水比；

$A=b$（斜率）；

$B=\frac{a}{b}$；

$a=$截距。

2. 相关系数

$$r=\frac{n\sum xy-\sum x\sum y}{\sqrt{\left[n\sum x^2-(\sum x)^2\right]\left[n\sum y^2-(\sum y)^2\right]}} \tag{9-54}$$

3. 标准误差（商差）

$$\sigma=\sqrt{1-r^2}\sqrt{\frac{n\sum y^2-(\sum y)^2}{n(n-2)}} \tag{9-55}$$

4. 相对误差（变异系数）

$$C_u=\frac{\sigma}{\bar{y}}\times 100 \tag{9-56}$$

5. 平均值

$$\bar{x}=\sum x/n \qquad x\text{ 为灰水比}\frac{C}{W} \tag{9-57}$$

$$\bar{y}=\sum y/n \qquad y\text{ 为 }f_{cu,k}/f_{ce} \tag{9-58}$$

6. 统计用表格形式与取值的位数

用表 9-17 中数据代入以上各式得混凝土强度计算经验式。

各统计数据表 表 9-17

组号	x	y	x^2	y^2	$x\cdot y$	取值到小数点后	
						名称	位数
1	x_1	y_1	x_1^2	y_1^2	$x_1\cdot y_1$	x	2
2	x_2	y_2	x_2^2	y_2^2	$x_2\cdot y_2$	y	3
3	x_3	y_3	x_3^2	y_3^2	$x_3\cdot y_3$	x^2	5
4	i	i	i	i	i	y^2	5
n	$\sum x$	$\sum y$	$\sum x^2$	$\sum y^2$	$\sum x\cdot y$	$x\cdot y$	5

$$f_{cu,k}=f_{ce}A\left(\frac{C}{W}-B\right) \tag{9-59}$$

也可用表 9-17 中的各个数据，直接输入有数理统计功能的计算器内，直接得到计算公式。

根据我国对“软练强度水泥配制混凝土”专题试验及我国部分科研、试验单位提供资料，

各强度计算式中 A、B 值整理如表 9-18 所示。

各强度计算式中 A、B 值 表 9-18

应用范围	混凝土种类	计算式中		应用范围	混凝土种类	计算式中	
		A	B			A	B
全国	卵石	0.48	0.61	本溪	卵石		
	碎石	0.46	0.52		碎石		
沈阳	卵石	0.38	0.71	鞍山	卵石		
	碎石	—	—		碎石		
抚顺	卵石	0.54	0.66	辽阳	卵石	0.46	0.72
	碎石	0.55	0.65		碎石	—	—
大连	卵石	0.46	0.56	朝阳	卵石		
	碎石	0.42	0.39		碎石		
丹东	卵石	0.52	0.56	营口	卵石		
	碎石	0.52	0.52		碎石		
锦州	卵石			锦西	卵石	0.39	0.62
	碎石				碎石	0.48	0.50

二、混凝土坍落度值与用水量的关系

通过混凝土强度计算式确定水灰比后，进而确定满足设计要求坍落度时的最少用水量。通过大量试验发现，合理的用水量与目前大家常用的用水量表选用值不一样，用水量除与水泥品种、集料粒径与种类及所需坍落度值有关外，还与水灰比有关，故应把现用水量选用表调整一下。试验表明，当各种原材料条件不变，而且处于合理砂率状态时，要求混凝土坍落度值控制在同级范围内时，用水量随水灰比大小变动而波动，水灰比大或小的两端用水量要多，只是在 0.47～0.60 时，用水量较小，故在设计混凝土配合比时应根据混凝土强度等级合理选用水泥强度，以利于把水灰比控制在 0.5 左右，这样有利于减少用水量。如水灰比偏小时，应在混凝土中掺入减水剂为宜，这样可改善其流动性，从而降低水泥用量。根据试验资料，用水量选用见表 9-19。

绝干砂石每 $1m^3$ 混凝土用水量(kg) 表 9-19

石子品种规格	坍落度(cm)	W/C					石子品种规格	坍落度(cm)	W/C				
		0.76	0.64	0.56	0.49	0.44			0.76	0.64	0.56	0.49	0.44
0.5～1.5cm 卵石	1～3	189	188	186	187	187	0.5～1.0cm 碎石	1～3	230	225	225	230	230
	3～5	197	195	194	195	197		3～5	242	237	237	242	242
	5～7	204	201	200	202	202		5～7	249	247	247	249	249
	7～9	208	205	204	208	208		7～9	256	254	254	256	256
0.5～2.0cm 卵石	1～3	182	180	178	180	182	0.5～2.0cm 碎石	1～3	195	194	192	193	194
	3～5	199	186	185	186	188		3～5	202	202	199	201	203
	5～7	194	191	190	191	194		5～7	207	206	202	207	207
	7～9	198	195	195	195	197		7～9	212	210	209	210	212

续上表

石子品种规格	坍落度(cm)	W/C 0.76	0.64	0.56	0.49	0.44	石子品种规格	坍落度(cm)	W/C 0.76	0.64	0.56	0.49	0.44
0.5~4.0cm 卵石	1~3	172	167	157	158	159	0.5~4.0cm 碎石	1~3	177	177	176	207	177
	3~5	176	170	163	164	164		3~5	181	181	180	181	181
	5~7	150	172	167	168	169		5~7	184	183	182	183	184
	7~9	184	175	171	172	173		7~9	187	187	185	187	187

表9-19中砂子为中砂,细度模数为3~2.3,如改用粗砂或细砂时,应适当增减用水量5~8kg。根据表9-19绘制成等坍落度值用水量图,如图9-14所示。

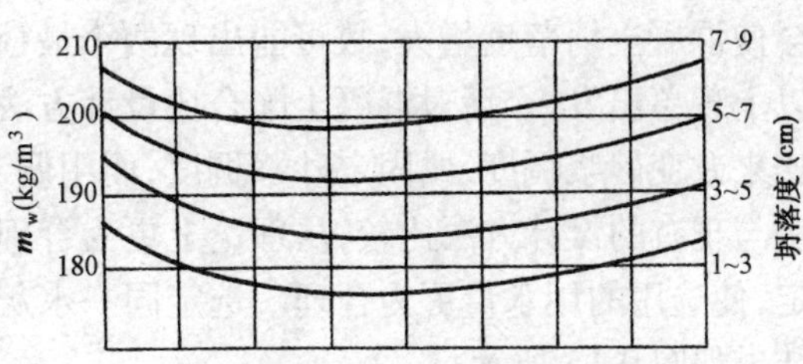

图9-14 等坍落度值用水量图

三、砂率的选用

通过大量试验,随着石子级配和空隙率、砂子粒度、坍落度值的大小不同,有一个砂率的合理选用问题。砂率变动对坍落度值影响较敏感,而对混凝土强度影响较小。以往都是根据每立方米混凝土的水泥用量选用砂率,往往随水泥用量的增多而减少,这只适用于水灰比有变化的情况下。如水灰比为固定值时,要求坍落度增大,水泥用量就相应增多,此时,砂率不但不能减少,反而应适当增大,才能保证水泥浆不致因砂率小而产生离析现象,使混凝土和易性不良。因此,按表9-20选用砂率,较为合理。

卵石混凝土砂率选用表 表9-20

石子规格 D(cm)	坍落度 S(cm)	W/C 0.40	0.44	0.50	0.57	0.67	0.80
0.5~1.5	1~3	29	30	31	33	35	38
	3~5	31	32	33	35	37	40
	5~7	33	33	34	37	38	41
	7~9	35	36	38	39	41	42
0.5~2	1~3	28	29	30	32	31	33
	3~5	30	31	32	34	35	36
	5~7	32	33	34	36	37	38
	7~9	34	35	36	38	40	42
0.5~4	1~3	26	26	27	30	32	34
	3~5	28	28	27	31	35	38
	5~7	30	30	31	35	37	39
	7~9	32	32	33	37	38	40

注:水灰比应控制在0.44~0.6较好。

试验结果表明：

(1)最佳砂率随水灰比增大而增大。当水灰比一定时，随水泥量增多而增大，故最佳砂率应根据水灰比和水泥用量两个变量来制定。

(2)当水灰比和用水量不变时，砂率变化，坍落度有可能出现两个最佳点，也可能在一定时间内缓慢变化，但一般不超过一级坍落度值。这种现象的出现，是由于砂率变化时，混凝土内砂浆体积稠度同时发生变化。当水灰比固定，如保持灰砂比不变时，砂浆稠度为一固定值。如增大混凝土内砂浆体积，这时坍落度会增大，相反坍落度则相应减小。如砂灰比和砂浆体积同时变化时，因为稠度和体积成反比，就有可能出现稠度适当或砂浆体积适当，在这两点上都会使混凝土坍落度增大，故可能出现两个最佳点。但这种情况下，砂率变动不会超过6%。从以上现象出发，今后对混凝土配合比设计方法可作如下变革，即可固定砂浆体积，用调整砂灰比来改变砂浆稠度；或固定砂浆稠度，而用调节砂浆体积的方法调整混凝土坍落度。这两种方法与现有的设计方法比较，从理论上更为合理、可靠。混凝土用水量可通过砂浆稠度计算来确定，使选用的用水量更为合理。选定同一水灰比和五种用水量，改变砂率对坍落度的影响试验结果如图9-15所示。

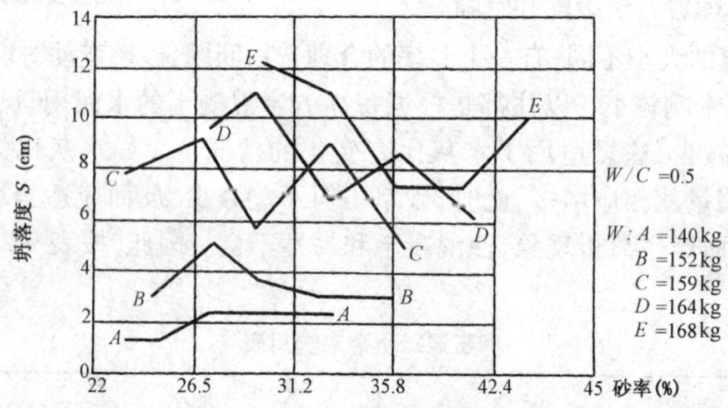

图9-15　五种用水量砂率变化与坍落度关系

注：上图情况不但我们发现，全国参加科研的单位也有相同的发现。

(3)当混凝土中水泥用量较少时，砂率变化对坍落度影响特别敏感，其变化曲线坡度较陡。每1m³ 混凝土水泥用量在280kg以上时，随水泥用量的增多，砂率允许变化范围也相应增大。因此在设计混凝土配合比时，应特别注意砂率的选定工作。这样，可在满足坍落度要求的前提下，选用最少用水量，达到节约水泥的目的。

(4)对水灰比较大的混凝土作配合比设计时，在保证砂浆中水泥浆不产生离析的情况下，应尽可能选用低砂率，这有利于降低砂子间的摩擦力，同时也可充分发挥水泥砂浆的润滑作用。

(5)当水灰比小的时候，特别是0.44以下时，在保持砂浆稠度最好的情况下，尽可能选用低砂率，以保证砂浆有最好的流动性。

(6)最佳砂率的允许波动范围与水灰比和水泥用量有关，一般允许在3%～5%，对坍落度影响不明显。

四、相同水灰比时坍落度变化对混凝土强度的影响

这是设计混凝土配合比时必须考虑的问题。一般认为坍落度增大，会使混凝土强度有降低的趋势，但从试验结果看，坍落度在1～9cm波动，强度降低趋势很小，故设计混凝土配合比时可以不考虑其降低值，以简化计算公式。试验结果见表9-21。

坍落度变化对混凝土强度影响 表 9-21

石子规格 D(cm)	W/C	S(cm)				总平均(cm)
		1~3	3~5	5~7	7~9	
0.5~1.5	0.40	30.2	32.3	32.1	34.0	32.3
	0.50	22.8	22.7	21.2	23.8	22.6
	0.57	17.2	18.8	18.6	19.0	18.4
	0.67	13.0	12.7	14.8	14.5	13.8
	平均	20.8	21.6	21.7	22.8	21.8
0.5~4	0.40	32.5	28.8	32.4	29.9	30.9
	0.50	23.0	22.5	23.2	22.6	22.8
	0.57	19.2	16.3	19.2	19.7	18.6
	0.67	13.7	12.9	13.3	15.4	13.8
	平均	22.1	20.1	22	21.9	21.6
0.5~2	0.40	34.5	34.4	34.3	33.4	34.2
	0.44	31.9	31.6	31.1	—	31.5
	0.50	24.8	25	25.5	24.5	25.0
	0.57	20.4	19.6	20.6	19.4	20.0
	0.67	15.1	14.3	15.1	14.2	14.7
	0.80	11.0	10.3	11.0	—	10.7
	平均	23.0	22.5	22.9	22.9	22.8

注:表内各数值为 n 批同一水灰比和坍落度时,混凝土相应的强度平均值,参加统计组数为 306 组,强度值单位为 MPa。

五、石子粒级变化对混凝土强度的影响

从表 9-21 看出,石子粒级以 0.5~1.5cm,0.5~2cm,0.5~4cm 三种规格变动时,对混凝土强度影响很小,试验结果列于表 9-22。

从表 9-22 可看出:石子粒级在 0.5~4cm 变化时,对配制出的混凝土强度影响不大。当石子粒级变化时,对强度的影响在 6% 内波动,故混凝土强度计算式用一综合计算公式,以简化混凝土配合比强度计算公式是可以的。

石子规格变化对混凝土强度影响 表 9-22

石子粒级(cm)	水灰比—强度		水灰比—强度变化(%)	
	0.8	0.4	0.8	0.4
三种粒级混合统计	9.9	32.7	100	100
0.5~1.5	9.7	32.5	97.98	99.38
0.5~2	9.3	34.1	93.94	104.28
0.5~4	10.5	31.4	106.06	96.02

注:强度单位为 MPa,水泥强度等级为 42.5 级,坍落度 1~9cm。

六、混凝土密度变化规律

混凝土表观密度的变化取决于石子的级配、坍落度大小以及水灰比等因素,为简化其计算

程序,目前都用假定每 1m^3 混凝土质量为 2 400kg 来计算混凝土配合比。但根据试验结果,混凝土表观密度与所用石子规格有关,石子规格选用 0.5 ~ 1.5cm 和 0.5 ~ 2cm 时,表观密度可取2 376kg/m^3,0.5 ~ 4cm 时,可取 2 416kg/m^3。

第七节　按砂浆富余率、水泥浆富余率进行混凝土配合比设计

普通混凝土一般由石子、砂、水和水泥四种材料组成。水和水泥构成水泥浆,它填充砂的空隙且包裹其周围,从而构成砂浆。砂浆填充石子的空隙并包裹其周围,即成为混凝土。所谓配合比设计,即在 1m^3 混凝土的拌和物中,对四种组成材料各确定一个合理值,以达到所要求的强度、耐久性、工作性和经济性。

对于这一工作,有已使用多年的"绝对体积法"、"假定质量法",也有近些年来有关专家学者提出的新见解与方法,如"稠度法"、"配合比诺模图"等。本节则提出按砂浆富余率、水泥浆富余率进行配合比的设计。

填充砂、石子空隙体积的水泥浆和砂浆是混凝土结构密实的基本要求,而包裹砂、石子周围的水泥浆和砂浆(此部分即本文所称水泥浆富余量及砂浆富余量)赋予混凝土拌和物以流动性,这个富余量越大,混凝土拌和物的流动性越大。只要选择恰当,强度、耐久性和流动性是可以满足设计要求且能达到经济的目的。

基于上述原理,通过数学推导得出四种材料用量的计算公式,并取常用数值代入,由计算机作运算,经简化后,绘制出有关图表供查用。可以说,按砂浆富余率和水泥浆富余率进行混凝土配合比的设计是一简便易行的设计方法。

一、计算公式

$$V_g = 1\,000 - \alpha - 10M \tag{9-60}$$

$$V_s = (100 - P)(V_g P_g + 1\,000M)/10^4 \tag{9-61}$$

$$V_w = (V_g P_g + 1\,000M)[0.01P_s(100 - P) + P]K_1/10^4 \tag{9-62}$$

$$V_c = W\frac{K_2}{K_1} \tag{9-63}$$

式中:V_g、V_s、V_w、V_c——分别为 1m^3 混凝土拌和物中石子、砂、水和水泥所用(松散)体积(L);

P_g、P_s——分别为石子、砂的空隙率(%);

M——砂浆富余率(%)(以 1m^3 混凝土体积为 100 计);

P——水泥浆富余率(%)(以砂浆体积为 100 计);

K_1——水体积占水泥浆体积的比例,$K_1 = \dfrac{W/C}{W/C + 1/\rho_c}$;

K_2——水泥体积占水泥浆体积的比例,$K_2 = \dfrac{1/\rho_c}{W/C + 1/\rho_c}$;

W/C——水灰比,由强度和耐久性确定;

ρ_c——水泥密度(g/cm^3),可由试验得之,一般 $\rho_c = 3.0 \sim 3.15\text{g/cm}^3$;

α——混凝土含气量(L),参考《普通混凝土配合比设计规程》(JGJ 55—2011),在不使用含气型外加剂时,可取 $\alpha = 10\text{L}$。

在以上变量中,除 M(%),p(%)外,其余均可通过试验或计算得到。

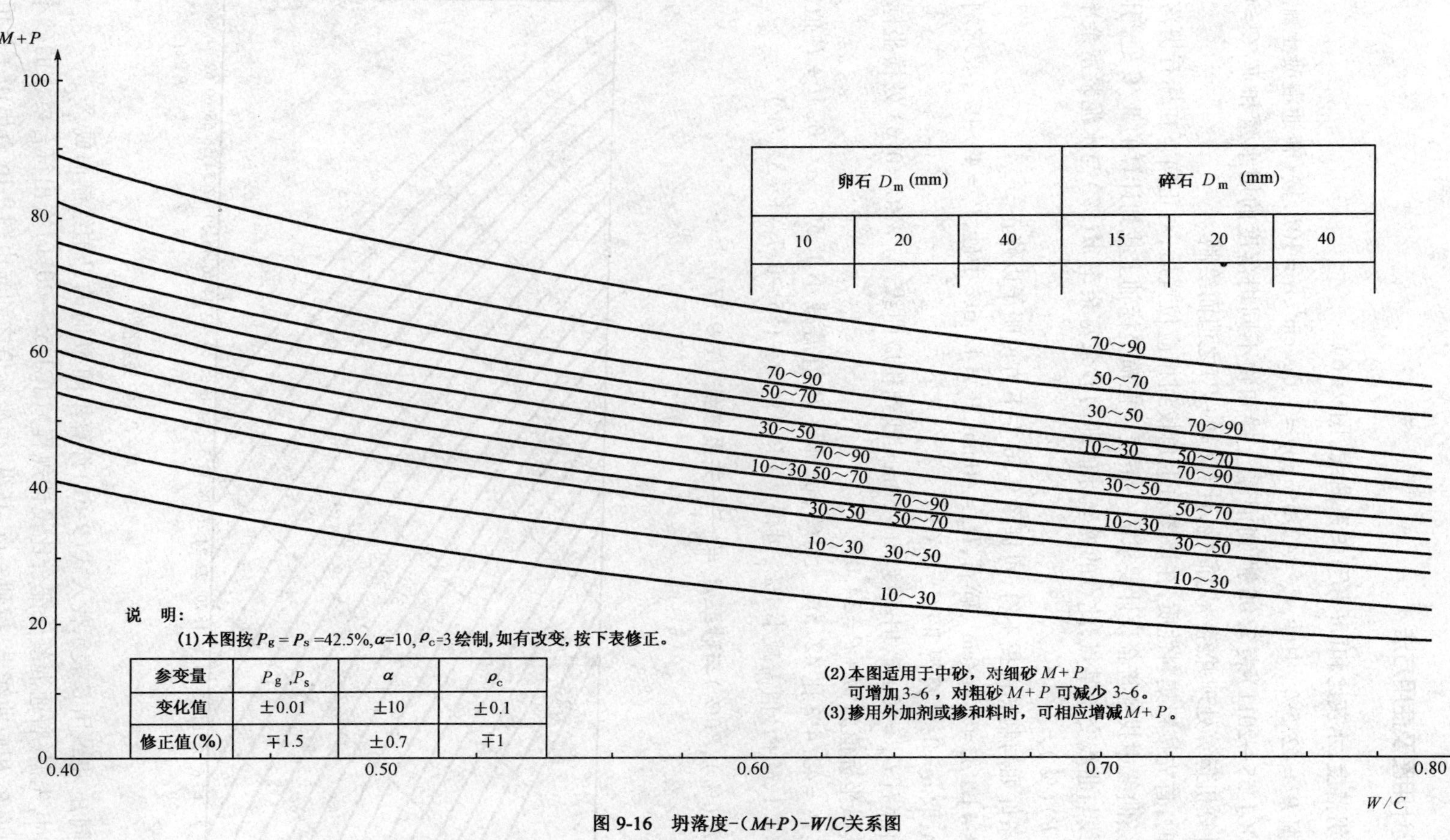

参变量	P_g, P_s	α	ρ_c
变化值	±0.01	±10	±0.1
修正值(%)	∓1.5	±0.7	∓1

图 9-16　坍落度-（$M+P$）-W/C 关系图

从式(9-60)～式(9-63)可以看出，当M、P有改变时，V_g、V_s、V_w、V_c将随之变化，据此，通过选择恰当的M、P进行混凝土配合比的设计。

二、设计用图及使用方法

(一)坍落度，水灰比和($M+P$)关系曲线(图9-16)

该图据$P_g=42.5\%$，中砂，$P_s=42.5\%$，$\rho_c=3.0g/cm^3$，$\alpha=10L$，按《普通混凝土配合比设计规程》(JGJ 55—2011)表2.05所列混凝土拌和物不同坍落度的用水量和$W/C=0.40\sim0.80$，经计算机运算处理并经一定简化，计算($M+P$)之值而绘制。

使用时，首先按粗集料性质，在该图右上角找到相应位置后，对正向下在标有坍落度变化范围的四条曲线中找到符合设计要求的一条线。在横坐标轴上找到计算的W/C处，引横坐标轴的垂直线与曲线交于某点，此点的纵坐标值即为砂浆富余率M(%)与水泥浆富余率P(%)之和($M+P$)(%)。

设计条件如与制图前提不符，可据图9-16左下方说明予以修正。

[例9-4] $\rho_c=3.1g/cm^3$，碎石，$D_m=40mm$，$P_g=42.6\%$中砂，$P_s=43.4\%$；要求坍落度为30～50mm；取$\alpha=0$；计算得$W/C=0.63$。

解：由碎石$D_m=40mm$，坍落度30～50mm找到相应曲线，与$W/C=0.63$处横坐标轴垂线的交点，其纵坐标值为$M+P=34.0$。

修正：$P_s=43.4\%$比42.5%大1%，故$M+P$值需减小1.5%；$\alpha=0$，$M+P$值需减小0.7%；$\rho=3.1$，$M+P$值需减小1%，可得$M+P=34.0-1.5-0.7-1\approx31(\%)$

(二)M(%)，P(%)与砂率$\beta_s=\dfrac{S}{S+G}$关系曲线(图9-17)

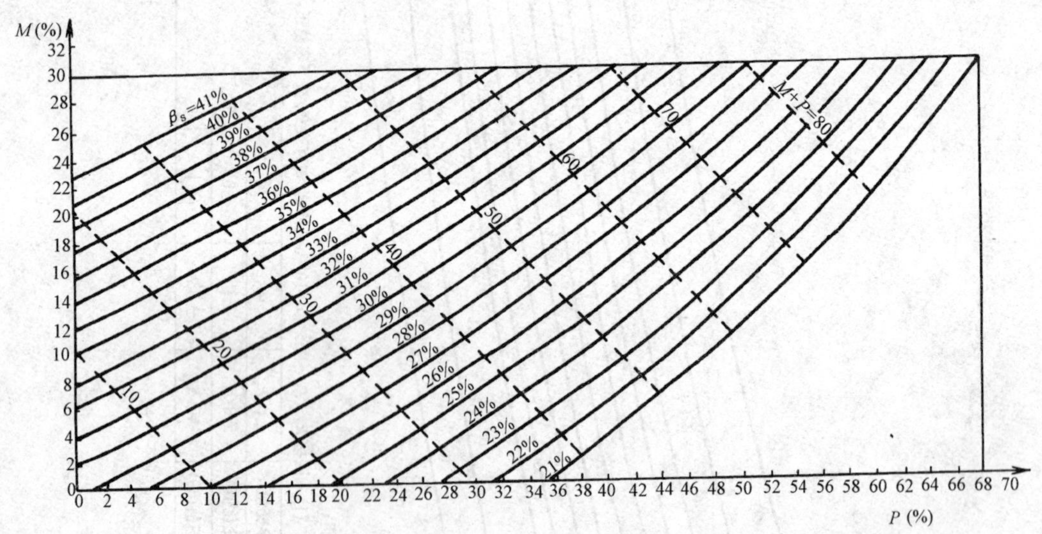

图9-17 $M-P-\beta_s$关系图

据不同β_s将S用G表示代入式(9-61)计算不同M时的P值绘制而成。

使用时，先据《普通混凝土配合比设计规程》(JGJ 55—2011)查出符合要求的砂率β_s，在图9-17的该β_s相应曲线上，找到一点，其纵、横坐标值之和与由图9-16查出$M+P$相近。该点纵横坐标值，即为所求的M(%)，P(%)。

[**例 9-5**]　由图 9-16 上已查出 $M+P=31\%$，现由《普通混凝土配合比设计规程》(JGJ 55—2011)决定 $\beta_s=35\%$。由图 9-17，$\beta_s=35\%$ 的曲线上，可知 $M+P=31\%$ 的点的纵横坐标为 $M=17.5\%$，$P=14\%$。

三、配合比设计步骤

(一)设计要求

包括强度、耐久性、工作性(坍落度)、强度保证率及混凝土抗压强度离差系数等。

(二)材料性质

石子:种类(卵石,碎石),视密度 ρ_g',表观密度 ρ_g,最大粒径 D_m,级配比例等;

砂:相对密度 ρ_s',表观密度 ρ_s,细度模数 M_k 等;

水泥:品种,强度,密度 ρ_c。

(三)配合比设计步骤

(1)有关数据的计算

石子空隙率
$$P_g(\%)=1-\frac{\rho_g}{\rho'_g}\times 100 \tag{9-64}$$

砂空隙率
$$P_s(\%)=1-\frac{\rho_s}{\rho'_s}\times 100 \tag{9-65}$$

按强度、耐久性计算决定水灰比 W/C 后计算:

$$K_1=\frac{W/C}{W/C+1/\rho_c}\qquad K_2=\frac{1/\rho_c}{W/C+1/\rho_c} \tag{9-66}$$

(2)据坍落度、粗集料性质及 W/C 在图 9-16 有关曲线上查出需要的 M 与 P 之和 $M+P$。

(3)由《普通混凝土配合比设计规程》(JGJ 55—2011)表 3.0.2 或有关表格选择砂率 β_s，并在图 9-17 相应曲线上,取一点使其纵、横坐标之和等于(或近于)$M+P$ 之值,则该点纵、横坐标值即我们要求的 M、P。

(4)将 M、P 值代入式(9-60)~式(9-63)可求各材料的体积,对砂、石乘以表观密度得相应质量,水的体积即为拌和用水量,由 W/C 可得水泥用量。

(5)按上述结果,按《普通混凝土配合比设计规程》(JGJ 55—2011)规定,称部分试料进行试拌调整,直至满足拌和物稠度要求,而后实测表观密度,按比例重新计算各材料实际用量。

四、举例

以下示例与其他设计方法相同部分从简或从略,仅对本法作较详细说明。

[**例 9-6**]　碎石，$\rho_g'=2.70(g/cm^3)$，$\rho_g=1.55(g/cm^3)$，$D_m=40mm$，中砂，$\rho_s'=2.65(g/cm^3)$，$\rho_s=1.50(g/cm^3)$

42.5 级普通水泥，$\rho_c=3.1(g/cm^3)$，施工要求坍落度为 3~5cm，$\alpha=0$。

解:(1)$P_g=\left(1-\frac{1.55}{2.70}\right)\times 100=42.6(\%)$　　$P_s=\left(1-\frac{1.50}{2.65}\right)\times 100=43.4(\%)$

经计算确定:$W/C=0.63$，$\beta_s=35\%$，$K_1=\frac{0.63}{0.63+1/3.1}=0.6614$，$K_2=\frac{1/3.1}{0.63+1/3.1}=0.3386$。

(2)据碎石 $D_m=40mm$，$W/C=0.63$，由图 9-16 有关曲线查并修正(具体过程见前述

图 9-16使用方法举例)得 $M+P=31(\%)$。

(3)据 $\beta_s=35\%$,在图 9-17 该曲线上查得 $M=17.5\%$,$P=14\%$。

(4)将 $M=17.5$、$P=14$ 代入式(9-60)、式(9-63)得各材料体积:

$$V_g=1\,000-0-10\times17.5=825(\mathrm{L})$$

$$V_s=(100-14)\times(825\times42.6+1\,000\times17.5)/10^4=453(\mathrm{L})$$

$$V_w=(825\times42.6+1\,000\times17.5)\times[0.01\times43.4\times(100-14)+14]\times0.661\,4/10^4=179(\mathrm{L})$$

$$V_c=179\times0.338\,6/0.661\,4=92(\mathrm{L})$$

质量计算:

$$m_{g0}=825\times1.55=1\,279(\mathrm{kg})$$

$$m_{s0}=453\times1.5=680(\mathrm{kg})$$

$$m_{w0}=179(\mathrm{kg})$$

$$m_{c0}=92\times3.1=285(\mathrm{kg})$$

或

$$m_{c0}=\frac{m_{w0}}{\left(\frac{W}{C}\right)}=\frac{179}{0.63}=284(\mathrm{kg})$$

原设计按绝对体积法计算,其结果为:

$$m_{g0}=1268(\mathrm{kg})\quad m_{s0}=682(\mathrm{kg})\quad m_{w0}=180(\mathrm{kg})\quad m_{c0}=286(\mathrm{kg})$$

结果接近,最大相对误差不超过 1%。

五、本方法特点

(1)与绝对体积法比,本方法仅增加了简单的重密度试验资料外,无需解方程,计算并不复杂,精度也不差。

(2)本方法因有 M、P 值,对混凝土中砂浆充实石子空隙程度以及砂浆中水泥浆的充实程度有比较直观的了解。如上面例中可知砂浆除填满石子空隙体积外,尚有 175L 包裹于石子的周围(称砂浆富余率 17.5%);在砂浆中,水泥浆填满砂子空隙体积外,尚有占砂浆总体积 14%(可用式 $GP_g\%+10M=825\times0.426+10\times17.5=526\mathrm{L}$ 得砂浆总体积;$526\times14\%=73\mathrm{L}$ 为富余水泥浆体积)的水泥浆包裹在砂子周围。

(3)对缺少试验资料而要求一个相差不多的配合比,用本方法则更简单。首先据计算的 W/C 以及已确定的粗集料性质,由图 9-16 查出相应于要求的 $M+P$;由图 9-17 对应于 β_s 曲线上查出 M、P 后,取材料常用数据,代入式(9-60)~式(9-63)即可得到各材料体积,只需作简单密度试验就可得到基本满意的配合比。

(4)本法设计的图 9-16、图 9-17 主要根据《普通混凝土配合比设计规程》(JGJ 55—2011)中的相关表格制作,有些资料选用坍落度值和 W/C 与该表相差较大或超出 D_m 范围,用本图表计算其值误差较大,但可据同样道理和方法设计相应的图。

第八节 混凝土配合比设计砂率速算公式

目前,设计普通混凝土配合比,采用确定砂率的方法计算砂石用量,应用较为普遍。而砂率的确定,又以查表法和公式计算法应用较广。这两种方法各有所长,但均需根据砂子的粗细程度及水泥用量等进行修正。

下面介绍的砂率速算公式,是传统的计算砂率公式的简便算法,并根据经验加以改进,应用效果较好。

一、速算公式推导

常用计算砂率公式如下:

$$\beta_s = k\frac{P_g\rho_s}{\rho_g + P_g\rho_s} \tag{9-67}$$

式中:β_s——砂率,即砂与砂石的质量比;

k——拨开系数,机械振捣时 $k=1.1$,人工捣固时 $k=1.2$;

P_g——石子空隙率;

ρ_s——砂子的表观密度(kg/L);

ρ_g——石子的表观密度(kg/L)。

设 $\lambda=\rho_g+P_g\rho_s$,并将 k 看作常数,则式(9-67)的全微分如下:

$$\begin{aligned} d\beta_s &= \frac{\partial\beta_s}{\partial P_g}dP_g + \frac{\partial\beta_s}{\partial\rho_s}d\rho_s + \frac{\partial\beta_s}{\partial\rho_g}d\rho_g \\ &= \frac{k}{\lambda^2}\rho_s\rho_g dP_g + \frac{k}{\lambda^2}P_g\rho_g d\rho_s - \frac{k}{\lambda^2}P_g\rho_s d\rho_g \end{aligned} \tag{9-68}$$

在一般情况下,石子空隙率的变化范围为 37% ~53%,砂石密度的变化范围为 1.32 ~1.60kg/L,分别取其中值 $P_{g0}e_0=45\%$,$\rho_{s0}=\rho_{g0}=\rho_0=1.46$kg/L。另取 $k=1.1$,则根据式(9-70)和式(9-71)有:

$$\beta_{s0} = \frac{ke_0}{1+e_0} = 34.1\% \tag{9-69}$$

$$d\beta_s = \frac{k}{(1+e_0)^2}dp_g + \frac{ke_0}{(1+e_0)^2\rho_0}(d\rho_s - dp_g) = 0.52dp_g + 0.16(d\rho_s - d\rho_g) \tag{9-70}$$

如果略去高阶微量,可得砂率的近似计算公式如下:

$$\beta_s \approx \beta_{s0} + d\beta_s = [34.1 + 52dP_g + 16(d\rho_s - d\rho_g)](\%) \tag{9-71}$$

为了计算简便及便于记忆和应用,令 $\beta_{sp}=\beta_s$,$E=100P_g$。并考虑到公式应用的普遍性,将式(9-71)修改整理为如下形式:

$$\beta_{sp} = \beta_{s0} + \beta_{se} + \beta_{sr} + \beta = 30 + \frac{1}{2}(E-37) + 16(\rho_s - \rho_g) + \beta \tag{9-72}$$

式(9-72)即为计算砂率的速算公式,β 为修正值,$\beta=\sum\beta_i$,β_i 的取值如下:

(1)单位水泥用量在 200 ~480kg/m³ 时,$\beta_1=\dfrac{300-C}{30}$;

(2)采用中砂 $\beta_2=0$,采用粗砂 $\beta_2=3$,采用细砂 $\beta_2=-3$;

(3)机械振捣 $\beta_3=0$,人工捣固 $\beta_3=4$;

(4)坍落度为 1 ~8cm 时,$\beta_4=0$,其他情况可根据经验确定。

二、速算公式含义

从上面的推导可以看出,速算公式是将式(9-67)展开分解为三项,然后求其代数和,因而各因素与砂率的关系一目了解。β 如前所述,为各种因素对砂率影响的综合修正值。

β_{s0}为一常数，是特定条件下的砂率值。

$\beta_{se}=(E-37)/2$，描述了一定条件下砂率与石子空隙率的直线函数关系，系数1/2为其斜率。即石子空隙率越大，砂率越大；反之，砂率就越小。

$\beta_{sr}=16(\rho_s-\rho_g)$，描述了一定条件下砂率与砂石密度之差的直线函数关系，系数16为其斜率。当$\rho_s=\rho_g$时，$\beta_{sr}=0$。此时，砂率的大小与砂石密度的大小无关。当$\rho_s>\rho_g$时，$\beta_{sr}>0$；当$\rho_s<\rho_g$时$\beta_{sr}<0$。也就是说，用来填充一定石子空隙的砂子，若密度越大，需要的砂率越大；反之，砂率就越小。

三、速算公式的特点

(1)速算公式简单明了。便于理解和记忆，有利于推广使用。

(2)计算简捷。不需借助计算器，只用口算便可很快算出砂率值，故称为速算公式。

(3)计算精度高。当砂石表观密度为1.32～1.60kg/L，石子空隙率为37%～53%时，与式(9-67)比较，计算砂率的绝对误差在0.5%以内。

(4)适用范围广，效果好。根据多年的试验观察分析，采用这种方法计算的砂率所拌制的混凝土，当材料一定时，单位用水量规律性强，石子用量比较稳定。一般情况下，砂率都比较适宜，混凝土质量好。

速算公式的实质是反映了砂与水泥浆的混合物填充石子颗粒之间空隙这一客观规律。所以，速算公式不仅计算简捷，适用范围广，效果好，而且，将对混凝土配合比设计方法的改进与简化提供理论根据。

由于影响砂率的因素较多，而且即便对于同一种因素，情况又有差异。所以，目前还没有哪一种计算方法能够精确地确定最佳砂率，大都采用经验估计与试拌校正相结合的方法。速算公式也是如此，其关键在于建立公式对修正值的确定是否恰当和应用公式时对具体情况的了解是否准确。

第九节　混凝土配合比设计中粗集料人工级配简便测算法

粗集料(卵石或碎石)的颗粒级配状况，直接影响着混凝土的各项技术性能。但有的地区在采集加工过程中，由于设备和工艺水平等的限制，往往难以按“标准”规定的级配范围供料，只能在运抵现场后，再进行人工调配，即将两种或两种以上不同粒级的粗集料，按一定质量比例关系配合使用。进行混凝土配合比设计时，对于这个比例关系的确定，必须通过测算，使其建立在优良级配的基础上。

确定粗集料优良级配比例关系的测算方法较多，下面介绍一种适用于一般建筑工程的两个粒级范围的粗集料人工级配简便测算法——“最大表观密度法”。此法是通过固定均分级次配方后最大表观密度的优选，间接得出与优良级配相应的人工级配配合比，方法如下：

(1)在参与混凝土配合比设计的两粒级粗集料中，以大粒级粗集料(D_x)试样(m_{gx})为基准定样，在整个测试过程中，一次称量制备，连续使用。

称量计算：设D_x自身表观密度为$\rho_{g,x}$(kg/m^3)，测定表观密度时采用的容量筒容积为V(L)，试样富余系数为K，则

$$m_{gx}=K\rho_{g,x}V(\text{kg}) \tag{9-73}$$

(2)一般两粒级级配时,小粒级粗集料(D_y)所占份额不会超过50%,因而试样总用量$m_{gy} \leqslant m_{gx}$,取:

$$m_{gy} = m_{gx}(\text{kg}) \tag{9-74}$$

(3)以D_x: D_y =90% : 10%作为第一级配方,之后依级次逐级增加5% D_y用量,共构成8个(即8级)比例关系,因而在第一级配方后,即可在前一级混合试样的基础上增加D_y用量($g_1, g_2 \cdots g_8$)作为下一级配方的新试样,这时,因为各级是等比值均分,得比值差为常数值(K_1, $K_2 \cdots K_8$),D_y在各级配方中试样称量为:

第一级 $$g_1 = K_1 m_{gx} = 10/90 m_{gx} = 0.111 m_{gx} \quad (\text{kg}) \tag{9-75}$$

第二级 $$g_2 = K_2 m_{gx} = (15/85 - 10/90) m_{gx} = 0.065 m_{gx} \quad (\text{kg}) \tag{9-76}$$

依此类推,可得$g_3, g_4 \cdots g_8$。

(4)为了直观迅速地发现最佳配方级次,制成常用表9-23,将计算得出的$g_1, g_2 \cdots g_8$和测得的各级混合表观密度逐步填入表内。

人工两粒级配粗集料常用表 表9-23

配方级次	配合比 D_x: D_y(%)	常数值($K_1 \sim K_8$)	D_y 称量 $g_1 \sim g_8$(kg)	混合表观密度(kg/m^3)
1	90 : 10	0.111	4.66	1 685
2	85 : 15	0.065	2.73	1 695
3	80 : 20	0.074	3.11	1 712
4	75 : 25	0.083	3.49	1 736
5	70 : 30	0.095	3.99	1 750
6	65 : 35	0.11	4.62	1 740
7	60 : 40	0.128	5.38	1 715
8	55 : 45	0.152	6.38	1 698

(5)在已制备D_x试样m_{gx}中,掺入D_y试样g_1,混合均匀,测得第一级表观密度;这时继续掺入D_y试样g_2,测得第二级表观密度。如此连续进行,测得各级表观密度,填入表9-23内,选择最大表观密度相应级次配方,即为优良级配配合比。

(6)上述方法按质量比组合,级配后视密度ρ_g'和空隙率P_g可由计算得出,不再实测。

假设优良级配配合比D_x: D_y =70% : 30%;经测定混合表观密度为ρ_g,D_x、D_y视密度分别为ρ_{gx}'、ρ_{gy}',则:

$$\rho_g' = (70\rho_{gx}' + 30\rho_{gy}') \times 1/100 \tag{9-77}$$

$$P_g = \left(1 - \frac{\rho_g}{\rho_g'}\right) \times 100\% \tag{9-78}$$

[例9-7] 某工地试验室备有5 ~ 20mm和20 ~ 40mm卵石各一批,其中20 ~ 40mm卵石(D_x)视密度ρ_{gx}' = 2.72g/cm^3,表观密度ρ_{gx} = 1 680kg/m^3;5 ~ 20mm卵石(D_y)视密度ρ_{gy}' = 2.68g/cm^3,表观密度ρ_{gy} = 1 610kg/m^3,要求进行人工级配,试测算出优良级配配合比。

解:(1)按规定,粗集料最大粒级为40mm时,测定表观密度应采用容量筒容积为V = 20L,考虑试样富余系数K = 1.25,根据式(9-67)、式(9-68)得两种卵石各应制备的试样量为:$m_{gy} = m_{gx} = 1.25 \times 1.68 \times 20 = 42(\text{kg})$

(2)依各级常数,分别按式(9-75)、式(9-76)计算得出5 ~ 20mm卵石各级试样称量,记入常用表9-23第四栏。

$$g_1 = 0.111 \times 42 = 4.66(\text{kg})$$

$$g_2 = 0.065 \times 42 = 2.73(\text{kg})$$

……

(3)称取5～20mm卵石4.66kg,加入42kg约20～40mm卵石试样内并拌和均匀,测得第一级配方表观密度为1 685kg/m³。将其保留,不使散失,再继续加入5～20mm卵石2.73kg,测得第二级配方表观密度为1 695kg/m³。这样逐级加入5～20mm卵石称量,测定表观密度,填入表9-23第五栏。

(4)从表9-23中可发现,第五级配方时混合表观密度1 750kg/m³为最大,所以70%的20～40mm卵石和30%的5～20mm卵石按质量配合时,为该两种卵石人工级配的最佳配合比。

(5)级配后视密度和空隙率分别为:

由式(9-77)可得:

$$\rho_g' = (70 \times 2.72 + 30 \times 2.68) \times \frac{1}{100} = 2.708\text{g/cm}^3$$

由式(9-78)可得:

$$P_g = \left(1 - \frac{1.75}{2.708}\right) \times 100\% = 35.38\%$$

以上方法简便易行,迅速可靠,应用到混凝土的配制中,是能够满足技术要求的。实践证实,甚至应用到有低抗渗(S15以下)、低耐冻(D35以下)技术指标要求的混凝土配制中,也能收到预期效果。

第十节　混凝土配合比设计中用砂石混合比重法计算砂石用量

《普通混凝土配合比设计规程》(JGJ 55—2011)规定,在已知砂率的情况下,粗细集料的用量可用体积法或质量法计算。

质量法,即假定表观密度法,计算较简便,但精确度较差。特别是假定表观密度不准确,只有靠实测表观密度来校正。经验证明,操作的准确程度很难使实测表观密度达到满意的精度。

体积法,即密实体积法,计算理论严谨,精确度高,但自砂率的概念由体积改为质量后,计算起来很繁琐,通常的方法都要解一个联立方程。方程虽简单,但用普通计算器也要五六步才能解出,计算一个配合比要十多分钟。特别是在系统配合比设计试配过程中,由于砂率和加水量的调整,必须计算一组,试拌一组,一个人计算,几个人等着,既费事又浪费时间。所以现在很多人都采用质量法,而放弃了体积法。

《普通混凝土配合比设计规程》(JGJ 55—2011)中的式(5.5.1-1)可以写成:

$$V_{sg} = 1\,000 - \frac{m_{w0}}{\rho_w} - \frac{m_{c0}}{\rho'_c} - 10\alpha \tag{9-79}$$

式中:V_{sg}——砂石总体积(L);

α——混凝土含气量,百分数在不使用引气型外加剂前时,$\alpha = 1$。

砂石用量的计算为:

$$m_{s0} = V_{sg} \cdot \beta'_s \cdot \rho'_s$$

$$m_{g0} = V_{sg} \cdot (1 - \beta'_s) \cdot \rho'_g$$

计算结果不符合质量砂率公式:

$$\frac{m_{s0}}{m_{s0}+m_{g0}}\times 100\% = \beta_s(\text{质量砂率})$$

只能符合体积砂率公式：

$$\frac{\dfrac{m_{s0}}{\rho_s{}'}}{\dfrac{m_{s0}}{\rho_s{}'}+\dfrac{m_{g0}}{\rho_g{}'}}\times 100\% = \beta_s'(\text{体积砂率})$$

所以计算砂石用量通常都要解一组联立方程。

$$\begin{cases}\dfrac{m_{c0}}{\rho_c{}'}+\dfrac{m_{g0}}{\rho_g{}'}+\dfrac{m_{s0}}{\rho_s{}'}+\dfrac{m_{w0}}{\rho_w}+10\alpha = 1\,000 \\ \dfrac{m_{s0}}{m_{s0}+m_{g0}}\times 100\% = \beta_s\end{cases} \tag{9-80}$$

如果用前面的公式求出砂石总体积后，能够知道砂石在不同砂率下的混合相对表观密度ρ_{sg}'，就可以算出砂石的总质量，再用砂率分开砂石质量。这样计算理论上严谨，又非常简便。

[例9-8] 已求得砂石总体积V_{sg}砂石的混合相对表观密度为ρ'_{sg}。砂石总质量m_{sg}和砂石用量计算式如下：

$$m_{sg}=V_{sg}\cdot\rho'_{sg}\qquad m_{s0}=m_{sg}\cdot\beta_s\qquad m_{g0}=m_{sg}-m_{s0}$$

这里只要求出ρ'_{sg}即可，因此推导出不同砂率下，砂石混合相对表观密度公式：

$$\rho_{sg}{}'=\frac{\rho_s{}'\cdot\rho_g{}'}{\beta_s(\rho_g{}'-\rho_s{}')+\rho_s{}'} \tag{9-81}$$

此式可以引申到任何固体材料，不同配合成分的混合相对表观密度计算。

现以砂石用量计算为例介绍如下。公式中的代号均用《普通混凝土配合比设计规程》(JGJ 55—2011)中的通用代号，个别引进的文中加注明。

一、砂石混合视密度公式推导

假设1m³混凝土中砂石总体积为V_{sg}，砂率为β_s，砂子视密度为$\rho_s{}'$，石子视密度为$\rho_g{}'$，求不同砂率下砂石的混合相对表观密度ρ'_{sg}。

1. 求砂石总质量

砂石总体积计算中已给出砂石总质量计算式如下：

设：砂石总质量为$m_{sg}=m_{g0}+m_{s0}$，

$$\because\quad \frac{m_{sg}\cdot\beta_s}{\rho_s'}+\frac{m_{sg}\cdot(1-\beta_s)}{\rho_g'}=V_{sg}$$

$$m_{sg}\cdot\beta_s\cdot\rho_g'+m_{sg}\cdot\rho_s'(1-\beta_s)=V_{sg}\cdot\rho_s{}'\cdot\rho_g{}'$$

$$m_{sg}\cdot\beta_s\cdot\rho_g'+m_{sg}\cdot\rho_s'-m_{sg}\cdot\rho_s'\cdot\beta_s=V_{sg}\cdot\rho_s{}'\cdot\rho'_g$$

$$m_{sg}(\beta_s\cdot\rho_g'+\rho_s'-\beta_s\cdot\rho_s')=V_{sg}\cdot\rho_s'\cdot\rho_g'$$

$$\therefore\quad m_{sg}=\frac{V_{sg}\cdot\rho_s'\cdot\rho_g'}{\beta_s\cdot\rho_g'-\beta_s\cdot\rho_s'+\rho_s'} \tag{9-82}$$

2. 求不同砂率下，砂石混合相对表观密度

相对表观密度 = $\frac{质量}{体积}$,即: $\rho sg = \frac{m_{sg}}{V_{sg}}$ (7-83)

将式(9-81)代入式(9-82)得:

$$\rho'_{sg} = \frac{V_{sg} \cdot \rho_s' \cdot \rho'_g}{(\beta_s \cdot \rho_g - \beta_s \cdot \rho_s' + \rho_s')V_{sg}} = \frac{\rho_s' \cdot \rho_g'}{\beta_s \cdot \rho_g' - \beta_s \cdot \rho_s' + \rho_s'}$$

$$= \frac{\rho_s' \cdot \rho_g'}{\beta_s(\rho_g' - \rho_s') + \rho_s'}$$

二、计算实例

[例9-9] 设:在一个系统配合比设计中,砂子视密度 $\rho'_s = 2.63\text{g/cm}^3$;石子相对表观密度 $\rho_g' = 2.80\text{g/cm}^3$;碎率 $\beta_s = 35\%$,计算砂石混合视密度。

解:利用砂石混合视密度公式:

$$\rho_{sg}' = \frac{\rho_s' \cdot \rho_g'}{\beta_s(\rho_g' - \rho_s') + \rho_s'} = \frac{2.63 \times 2.80}{0.35 \times (2.80 - 2.63) + 2.63} = 2.738 \approx 2.74\text{g/cm}^3$$

[例9-10] 配合比计算实例。

例9-2中表9-5是我们平时使用的配合比试验原始记录,在系统的配合比试验中,通常水灰比为0.40~0.85,因为全系统的配合比都要成型,所以不必计算水灰比。现选其中0.55水灰比为例,见表9-24。

应用砂石混合视密度法计算砂石用量,不必解方程组,可以在一张记录纸上进行一个水灰比的全过程计算,计算简便,精确度高,适应密实体积法的严谨性。

混凝土配合比试验原始记录 表9-24

编号: 年 月 日

试验项目	普通,系统复验 坍落度3~5cm				
试配材料	1.水泥厂别:大水	品种强度等级:普42.5级	出厂日期:	实际强度:47.5	快速强度:
	2.石规格:单2~4cm	表观密度:1 360kg/m³	相对表观密度:2.80	空隙率:51.4%	产地:87-1试
	3.砂粒径:2.6mm	表观密度:1 415kg/m³	相对表观密度:2.63	空隙率:46.2%	产地87-5试

配合比计算							
1.水灰比:$\frac{W}{C} = \frac{Af_{ce}}{f_{cu,k} + ABf_{ce}} = 0.55$							$\frac{C}{W} = 1.818$
2.用水量:$m_{w0} = 190\text{kg/m}^3$							
3.水泥用量:$m_{c0} = \frac{m_{w0}}{W/C} = \frac{190}{0.55} = 345 \div 3.12 = 110.57\text{kg/m}^3$							
4.砂率:$\beta_s = 35\%$							
5.砂石总体积:$V_{sg} = 1\,000 - 190 - 110.57 - 10 = 689.43\text{L}$							
6.砂石总质量:$m_{sg} = V_{sg} \cdot \frac{\rho_g'\rho_s'}{\beta_s(\rho_g' - \rho_s') + \rho_s'} = 689.43 \times 2.74 = 1\,889\text{kg/m}^3$							
7.砂质量:$m_{s0} = m_{sg}\beta_s = 1\,889 \times 0.35 = 661 \approx 662\text{kg/m}^3$							
8.石子质量:$m_{g0} = m_{sg} - m_{s0} = 1\,889 - 662 = 1\,227 \approx 1\,228\text{kg/m}^3$							
9.质量配合比	水泥	砂子	石子				水
$\frac{质量}{材料用量(\text{kg/m}^3)}$	$\frac{1}{345}$	$\frac{1.92}{662}$	$\frac{3.56}{1\,228}$	—	—	—	$\frac{0.55}{190}$

<table>
<tr><td>试验项目</td><td colspan="9">普通,系统复验　　坍落度 3~5cm</td></tr>
<tr><td rowspan="11">试块制作记录</td><td colspan="2">名　称</td><td colspan="2">每次拌和用干料(kg)</td><td colspan="2">含水率(%)</td><td colspan="2">改正量(kg)</td><td>含水在内实际用料(kg)</td></tr>
<tr><td colspan="2">水泥</td><td colspan="2">11.5</td><td colspan="2"></td><td colspan="2"></td><td>11.5</td></tr>
<tr><td colspan="2">砂子</td><td colspan="2">22.08</td><td colspan="2">3.5</td><td colspan="2">+0.77</td><td>22.85</td></tr>
<tr><td colspan="2">石子</td><td colspan="2">40.94</td><td colspan="2"></td><td colspan="2"></td><td>40.94</td></tr>
<tr><td colspan="2">水</td><td colspan="2">6.325</td><td colspan="2">22.85×0.035</td><td colspan="2">−0.80</td><td>5.525</td></tr>
<tr><td colspan="2">拌和方法</td><td>机 3min</td><td colspan="2">振捣方法</td><td>台 40s</td><td colspan="2">养护条件</td><td>标</td></tr>
<tr><td>坍落度</td><td>3.5~4.0cm</td><td>黏度</td><td></td><td>含砂量</td><td>中</td><td>黏聚性　中</td><td>析水性</td><td>微</td></tr>
<tr><td colspan="2">试件编号</td><td>龄期</td><td colspan="2">试压日期</td><td>试压吨数</td><td colspan="2">强度</td><td></td></tr>
<tr><td colspan="2">87-5</td><td>3</td><td colspan="2">1.23</td><td></td><td colspan="2"></td><td></td></tr>
<tr><td colspan="2">87-5</td><td>7</td><td colspan="2">1.27</td><td></td><td colspan="2"></td><td></td></tr>
<tr><td colspan="2">87-5</td><td>28</td><td colspan="2">2.17</td><td></td><td colspan="2"></td><td></td></tr>
<tr><td>备注</td><td colspan="9"></td></tr>
</table>

计算：　　　　　　　　　　　核对：　　　　　　　　　　　制模：

三、平均砂率、砂石混合视密度的应用

砂石混合相对密度是随着砂率变化的,每一个砂率都有一个对应的混合相对密度,这就是每一个配合比都要计算一个砂石混合相对密度,当然可以事先一次计算出来供试配时使用,但仍感到繁琐。研究人员发现,通常的混凝土砂率都在 30%~40%,不同砂率的砂石混合相对密度,可以用平均砂率的砂石混合相对密度(实际也是平均砂石混合相对密度)来代替,对砂石质量计算结果影响极小,所以在砂石相对密度不变的情况下,只要计算出平均砂率的砂石混合相对密度即可,这就更为简便。

使用平均砂率的砂石混合相对密度,与用不同砂率的砂石混合相对密度分别计算的砂石用量,误差分析见表 9-25。

平均砂率的砂石混合相对密度与不同砂率砂石混合相对密度误差分析　　表 9-25

ρ_s (g/cm³)	ρ_g (g/cm³)	m_{c0} (kg)	m_{w0} (kg)	$\frac{W}{C}$	β_s (%)	V_{sg} (L)	ρ_{sg}	$m_{s0}+m_{g0}$ (kg)	$m_{s0}+m_{g0}$ (kg)	误差 (kg)	%
2.60	2.70	227	193	0.85	40	723.77	2.659	1 924.5	1 928.1	+3.6	+0.187
2.60	2.70	345	190	0.55	35	688.71	2.664	1 834.7	1 834.7	0	0
2.60	2.70	475	190	0.40	30	646.77	2.669	1 726.2	1 723.2	−3.2	−0.185

注：表中第二个 $m_{s0}+m_{g0}$ 是用平均砂率的砂石相对密度 2.664 计算的。

表 9-25 列出一个系统配合比计算中,用最大、最小和平均砂率的砂石混合相对密度计算的砂石用量。从表中可以看出,砂率在 30% ~40% 的砂石混合相对密度只差 0.01。用平均砂率(35%)的砂石混合相对密度(2.664)计算的砂石总质量与用不同砂率的砂石混合相对密度计算的砂石总质量,每 1m^3 混凝土中,最多差 3.6kg,误差小于 0.2%,精度是令人满意的。所以在一个系统配合比计算中,只要计算一个平均砂率的砂石混合相对密度就可以了。

第十一节　混凝土混合集料获得所要求级配的几种方法

一、图解法

假设现有一种集料的筛分分析如表 9-26 所示。

现在的问题是如何使单一粒径为 20.00mm 的集料与单一粒径为 10.0mm 的集料及砂拌和,以得到一种处于表 9-27 范围内的混合级配。

集料的筛分分析　　表 9-26

	筛孔尺寸							
	20.0mm	10.0mm	5.0mm	2.36mm	1.18mm	600μm	300μm	150μm
通过率(%)	91	3						
	100	87	9					
		100	100	83	67	45	8	1

理想范围内的混合级配　　表 9-27

	筛孔尺寸							
	20.0mm	10.0mm	5.0mm	2.36mm	1.18mm	600μm	300μm	150μm
通过率(%)	100	55 ~65	35 ~42	28 ~35	21 ~28	14 ~21	3 ~5	0 ~1
范围中值	100	60	38	31	24	17	4	1

图 9-18 标示了整个程序。在左边纵坐标上标出每个筛孔尺寸通过率的刻度。画一条与水平线成任一角度的直线 *AB*,但其在水平轴的投影 *AC* 线不能太短。*AB* 线代表所要求的级配。由于我们要求通过 20.0mm 筛孔的是 100%,因此图中 *AB* 线与过 100% 通过率刻度的一条水平线相交,交点正是在表示 20.0mm 筛孔的纵坐标上,通过这点画一条直线与通过 *A* 点的水平线相交于 *C* 点,这样便得到了 20.0mm 的纵坐标 *BC*。同样,我们要求 60% 通过 10.0mm 的筛孔,于是,过 60% 通过率的刻度画一条水平线与 *AB* 线相交于 *D* 点,由 *D* 点画一垂线,就是 10.0mm 的纵坐标。

其他各筛孔尺寸都以此类推,直至在 *AC* 线上画完筛孔尺寸刻度。这里,我们把直线 *AB* 作为混合级配,并画一组筛孔尺寸刻度与之相配,刻度是呈不均等增加的,这和一般程序不同。一般程序中,筛孔尺寸刻度总是先均等增加,而后再给出混合级配,故总是非直线形的。

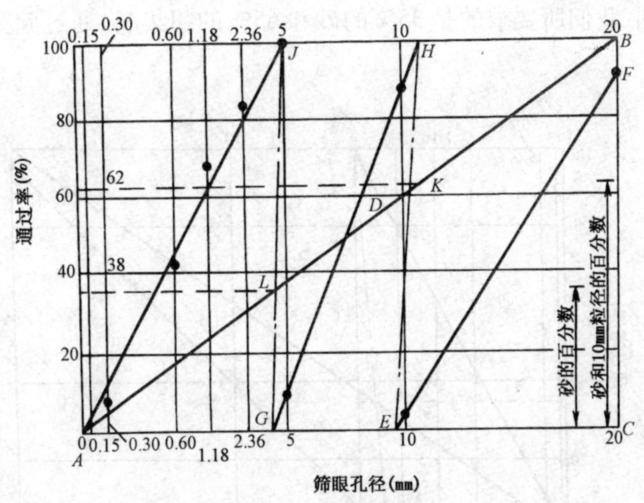

图 9-18　三种集料混合以获得所要求级配的图解法

首先把现有的集料标在图上，然后画出通过这些点的“最佳”线，这对于(20.0 ~ 10.0mm)和(10.0 ~ 5.0mm)集料来说是容易的。因为每一组粒径只有两个点，但对砂来说，却有 6 个点，当砂的级配情况是这些点自然地趋于一条直线时——即如本图，就能成功地运用图解法。*AJ* 线是砂的级配，*GH* 和 *EF* 分别代表粒径为(10.0 ~ 5.0mm)和(20.0 ~ 10.0mm)的集料，连接 *E* 和 *H*，与 *AB* 线相交于 *K* 点；连接 *G* 和 *J*，与 *AB* 线相交于 *L* 点，*L* 就是混凝土配合比中的砂率。在通过率刻度上，*L* 是 38%。*K* 代表砂加 10.0mm 集料，刻度上是 62%。因而，就得到 10.0mm 集料含量为(62 − 38)% = 24%；20.0mm 集料含量为(100 − 62)% = 38 %。

接着验算，结果见表 9-28。

验 算 结 果　　表 9-28

筛孔尺寸 / 通过率(%) / 项目	20.0mm	10.0mm	5.0mm	2.36mm	1.18mm	600μm	300μm	150μm
38% 的 20.0mm 集料	35	1						
24% 的 10.0mm 集料	24	21	2					
38% 的砂	38	38	38	31	25	17	3	0
混合后的	97	60	40	31	25	17	3	0
可求的	100	60	38	31	24	17	4	1

假如我们用(20.0 ~ 5.0mm)级配粗集料加砂，就得到下面的筛分分析(表 9-29)。

筛 分 分 析 表　　表 9-29

筛孔尺寸	20.0mm	10.0mm	5.0mm	2.36mm	1.18mm	600μm	300μm	150μm
通过率(%)	95	40	5					
		100	100	80	62	40	10	2

从图9-19看到，我们所要求的是35%的砂和65%的粗集料，通过验算，得到表9-30所示结果。

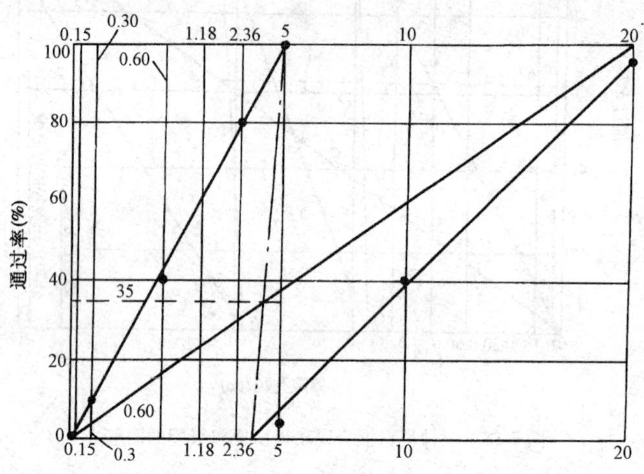

图9-19　混合细集料和级配的粗集料的图解法

验 算 结 果

表9-30

通过率(%) 筛孔尺寸 项　目	20.0mm	10.0mm	5.0mm	2.36mm	1.18mm	600μm	300μm	150μm
65%的粗集料	62	26	3					
35%的砂	35	35	35	28	22	14	3	1
混合后的	97	61	38	28	22	14	3	1
要求的	100	60	38	31	24	17	4	1

采用图解法获得混凝土混合集料所要求级配是有局限性的。下面将举例说明图解法的局限性。现有集料的级配见表9-31。

现有集料的级配表

表9-31

筛孔尺寸	20.0mm	10.0mm	5.0mm	2.36mm	1.18mm	600μm	300μm	150μm
	95	5						
通过率(%)	100	90	6					
		100	100	100	100	93	30	10

将表9-31中数据标在图9-20上，可看到砂的级配完全不是直线形，要画一条通过这些点的"最佳"线是很困难的。这条最佳线应能使得连接这一条线的上端点和第二条线的下端点(就如图9-18中的J点和G点)的连线尽可能垂直。而在图9-20中，这根本不是一条垂直线。于是，从图9-20中可看到，我们要求的砂率是33%，(10.0～5.0mm)和(20.0～10.0mm)的集料分别为28%和39%。通过计算，就得到混合级配见表9-32。

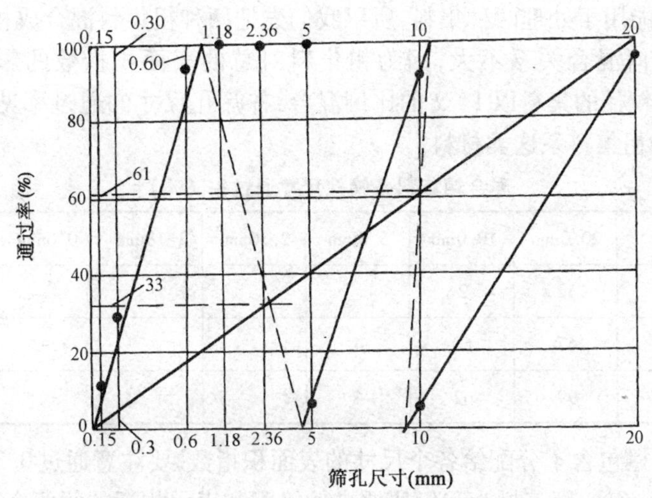

图 9-20　混合集料图解法的局限性举例

混 合 级 配 表　　表 9-32

筛孔尺寸	20.0mm	10.0mm	5.0mm	2.36mm	1.18mm	600μm	300μm	150μm
通过率(%)	98	60	35	33	33	31	10	3

由表 9-32 可知,较小的筛孔尺寸(1.18mm,600μm 和 300μm)的通过率要求相差甚远,因此,必须尝试用别的方法解决。这样,就得用"计算法"求解。

二、计算法

比面[集料表面积与体积之比(m^2/m^3),实际常用表面积与质量之比(m^2/kg)来表示]概念是计算法的基础。上面的例子意味着混合级配可能变动很大,但只要集料总比面不变,仍可配制出特性类似的混凝土。相对来说,测定比面较难,我们回避直接研究这个问题,而采用表面积指数代替。表面积指数是每相邻两种筛孔之间材料的任意数值,这个值表示表面积——它是间接地与比面有关,由于标准集料的相对密度不可能随粒径有很大的变化——筛孔尺寸总是对半递减(40mm、20mm、10mm 等),所以表面积指数就应倍增。假定颗粒形状在级配刻度上是保持不变的,这显然是一个不符实际的假定,但却是很方便的。假如我们设(37.5 ~ 20.0mm)材料的指数为 1,那么(20.0 ~ 10.0mm)材料的指数就应该是 2,(10.0 ~ 5.0mm)的就是 4,(5.0 ~ 2.36mm)的就应是 8 等。这样一来,(300 ~ 150μm)的指数就达到了 128。这样的计算还是很不便的,因此,一开始就用分数表示会更方便些,如 1/8 等。当然,这并非强制性的,每人可有自己选择的方法。

用计算法时要记住的重要一点是:通过 300μm 和 150μm 筛孔的材料应有同样的表面积指数。

现在用计算法来解决前面提出的集料级配存在的问题。首先选择我们所要的近似级配(已经做了),然后把指数按不同的量分配到这组级配的每个筛孔,通过累计算出整个级配的总表面指数。因此,用已有的集料重复进行筛分分析,就可算出其表面积指数,并决定每一筛孔的比例,而这种比例对于求出我们所要求的混合指数来说,则是必需的。表 9-33、表 9-34 说明了全部过程。

由于计算法只能用于处理两种集料，所以我们先把两种粗集料混合成相当于 20～5mm 粒径的一种集料。如何混合关系不大，因为粗集料对总的表面积指数的影响很小。将 20～10mm 和 10～5mm 粒径的集料以 1∶2 的比例混合，各筛孔尺寸的通过率见表 9-33，这就得到表 9-34 第五栏中的粗集料系这类材料。

混合粗集料各筛孔尺寸通过率（%） 表 9-33

筛孔尺寸	20.0mm	10.0mm	5.0mm	2.36mm	1.18mm	0.6mm	0.3mm	0.15mm
1/3×(20～10)mm	32	2						
2/3×(10～5)mm	67	60	4					
混合后	99	62	4					

表 9-34 中第二栏包含了分配给各个尺寸的表面积指数，要注意通过 0.3mm 和 0.15mm 筛孔尺寸的集料归在一组。第三栏为我们所要求的级配和表示相近的每两个筛孔之间材料的百分率（即通过 20.0mm 筛孔的为 100%，通过 10.0mm 的为 60%，则筛余率为 40%；5.0mm 筛孔的通过率和筛余率分别为 38% 和 22%）。第四栏是第二栏和第三栏乘积的最接近的整数积。很多情况可以证明，20～10mm 和 10～5mm 的集料以 2∶1 比例混合，比 1∶2 比例混合的效果可能更好。若是这样的话，在 20mm、10mm 和 5mm 筛孔上的通过率将分别是 96%、33% 和 2%，颗粒半径尺寸位于 20～10mm、10～5mm 和 5～2.36mm 之间的集料百分率将分别为 67%、31% 和 2%。这种级配粗集料相关的表面积指数为 0.17，而不是表 9-33 中的 0.21。砂率也不是 20.2%，而是 20.9%（即 21% 而不是 20%）。虽然这对于 5mm 尺寸以下计算出来的综合级配没什么影响，但如果用表 9-26 中的值时，10mm 尺寸的通过率就将是 47%，而不是 70%，这点对于使用非轧碎集料的混凝土影响不大，但对于用碎石集料的混凝土就会有影响。第六栏是第三栏和第五栏的乘积。

鉴于第三栏和第五栏中所用到的都是百分数，因此，它们的指数和必须除以 100，这样做，比每一指数都除以 100 更方便。因此，119 成为 1.19，506 和 21 分别变成 5.06 和 0.21。

两种集料按比例混合 表 9-34

1	2	3	4	5		6	
筛孔尺寸（mm）	表面积指数值	所要求的级配（筛孔间百分率）（%）	要求的表面积指数（2×3）	现有集料在筛孔间的百分率（%）		可得的表面积指数（2×5）	
				细	粗	细	粗
20.0～10.0	1/8	40	6		38		5
10.0～5.0	1/4	22	5		58		14
5.0～2.36	1/2	7	4		4		2
2.36～1.18	1	7	7				
1.18～0.6	2	7	14	7		14	
0.6～0.3	4	13	52	63		252	
通过 0.3	8	4	32	30		240	
			1.19			5.06	0.21

注：1. 参看“一、图解法”。

2. 包括在 20.0mm 筛孔上的 1% 筛余。

设β_s = 混合后的砂率,那么:

$$1.19 = \beta_s \times 5.06 + (1 - \beta_s) \times 0.21$$

$$\beta_s = 0.98/4.85 \times 100\% = 20.2\%$$

因此,所需的砂和粗集料分别为20%和80%。得到的级配见表9-35。

混 合 级 配 表 表9-35

筛孔尺寸	20.0mm	10.0mm	5.0mm	2.36mm	1.18mm	600μm	300μm	150μm
通过率(%)	98	70	23	20	20	19	6	2

当然,这级配与实际要求的级配不同,但能配制成特性基本一致的混凝土。

计算法还可用于解决其他问题。以图9-19中(20.0~5.0)mm级配粗集料为例,表9-36说明其过程。

混合集料和级配的粗集料过程 表9-36

1 筛孔尺寸 (mm或μm)	2 表面积 指数值	3 所要求的级配(筛孔间百分率)(%)	4 要求的表面积指数 (2×3)	5 现有集料 (筛孔间百分率)		6 可得表面积指数 (2×5)	
				细	粗	细	粗
20.0~10.0	1/8	40	5		60		7
10.0~5.0	1/4	22	5		35		9
5.0~2.36	1/2	7	4	20	5	10	2
2.36~1.18	1	7	7	18		18	
1.18~600	2	7	14	22		44	
600~300	4	13	52	30		120	
通过300	8	4	32	10		80	
			1.19			2.72	0.18

$$1.19 = 2.72\beta_s + 0.18(1 - \beta_s)$$

其中β_s(砂率)=40%。

因而,混合级配见表9-37。表9-35数值虽与前面的例子略有不同,但同样可配制出相同特性的混凝土。

混 合 级 配 表 表9-37

筛孔尺寸	20.0mm	10.0mm	5.0mm	2.36mm	1.18mm	600μm	300μm	150μm
通过率(%)	97	64	43	32	25	16	4	1

假如计算法用于非常细的砂,将由于计算表面积指数着重强调其更小的颗粒,而使得算出的砂率会不合理地偏低。按一般常识,大多数混凝土的砂率不能低于20%,如果低于这个标准,在实际的混凝土配制中会产生严重的问题。

三、摩氏配合比设计法

摩达克(Murdock)提出的设计法与上述谈到的计算法有关,但此法还包括另外一些影响混凝土和易性的因素,并尝试使配合比设计更趋于合理。该法中,拌和物稠度与颗粒形状、大小分布及配合比比例相关,并可通过数字来评估这些因素。

(一)表面指数(f_s)

通过对许多配合比的分析,进而用逐次渐近法求出的各筛孔尺寸间颗粒的表面指数是试验值,而不是理论值,见表9-38。

逐次渐近法求出的各筛孔尺寸间颗粒的表面指数　　表9-38

筛孔尺寸(mm)	筛孔尺寸间颗粒的表面指数(f_s)	筛孔尺寸(mm)	筛孔尺寸间颗粒的表面指数(f_s)
40.0~20.2	-2	1.18~0.60	8
20.0~10.0	-1	0.60~0.30	9
10.0~5.0	1	0.30~0.15	7
5.0~2.26	4	通过0.15	1
2.26~1.18	7		

值得注意的是这些表面指数不是随着筛孔尺寸的缩小而倍增,在1.18mm和0.6mm处,指数达到最高点,通过0.15mm的集料指数很低,为平衡粗集料筛孔出现的负值指数,在计算任一个级配的综合表面指数f_s时,加上一个330的常数。为方便起见,再将这个值除以1 000。具体操作将在以下的配合比设计实例中给予说明。

(二)颗粒形状

棱角数测试可用于颗粒形状的数值估算,摩氏法也用此手段,但作了修改,称为棱角指数。

$$f_a=\frac{3f_h}{20}+1.0 \tag{9-84}$$

式中:f_a——棱角指数;

f_h——棱角数。

表9-39就是各种集料的棱角指数值。

各种集料的棱角指数值　　表9-39

粗集料类型	来源	棱角指数(f_a)
天然石英岩砾石	布里德波(Bridport)	1.15
天然燧石砾石	切特基(Cher tsty)	1.9
石灰岩碎石	梅狄普斯(Mendips)	2.05
花岗岩和玄武岩碎石以及轧碎的切特基燧石砾石	各地	2.2~2.5

摩氏法采用的棱角指数示于表9-40。

摩氏法采用的棱角指数 表9-40

集料类别	棱角指数(f_a)	集料类别	棱角指数(f_a)
圆粗集料	1.15	不规则的河砾石、砂	1.90
细集料	1.80	轧碎的花岗岩(粗、细集料)	2.35

(三)用水量

用于拌和水泥所需的用水量是通过试验来确定的。水灰比为0.23~0.29。一般认为0.25较适当(必要的话,做一个简单的试验,就可得知具体所用水泥的正确用水量)。考虑到和易性,用水量总是以0.25的水灰比为依据。

水灰比是以饱和面干的集料为基础,这意味着如果是用干集料时,要在拌和之前半小时对干集料加入必要的水,因为吸水性的影响是个复杂的因素。

(四)水泥用量

当水泥量增加时,集料级配和形状的影响就变得不太重要了。分析表明,当集灰比(绝对体积比)为2的时候,集料级配和形状的影响极小。这样,集灰比就有一个(A_v-2)的"基数"。其中,A_v为集料与水泥的绝对体积比,引入的目的是为了测出对拌和物稠度有影响的各种因素,并在它们之间建立一种数学关系:

$$CF=0.74\left[\frac{10(W/C-0.25)}{f_sf_a(A_v-2)}+0.67\right] \tag{9-85a}$$

$$A_v=\frac{\text{集料质量}}{\text{集粒相对密度}}\times\frac{\text{水泥相对密度}}{\text{水泥质量}}=\frac{3.15m_{sg}}{m_{c0}\rho'_{sg}} \tag{9-85b}$$

式中:CF——密实数;

W/C——自由水灰比;

f_s——集料混合级配的表面指数;

f_a——集料混合级配的棱角指数;

A_v——集料与水泥的绝对体积比;

m_{sg}——集料质量;

m_{c0}——水泥质量;

ρ'_{sg}——集料的相对密度。

(3.15是硅酸盐水泥的相对密度)

(五)配合比设计

(1)从强度和耐久性的考虑来确定水灰比。

(2)确定f_s和f_a。f_s的建议值:

40.0mm(最大粒径) $f_s=0.55$

20.0mm(最大粒径) $f_s=0.60$

10.0mm(最大粒径) $f_s=0.70$

如果集料相对均匀,上面的建议值可相应减小0.05;反之,如集料比一般的还不均匀,则要增加f_s的值。

通过对现有的粗、细集料的筛分分析,可确定各个表面指数f_s和砂率,进而得到所要求的总的表面指数(如"计算法"中所示)。

棱角指数f_a可以通过测定或按已有的资料给予假定。

(3)确定$(W/C-0.25)/f_sf_a$。

(4)使用图9-21来确定一个有特定密实度的集灰比(绝对体积比)。

(5)按质量计算的集灰比是$(A_v \times \rho'_{sg})/3.15$。

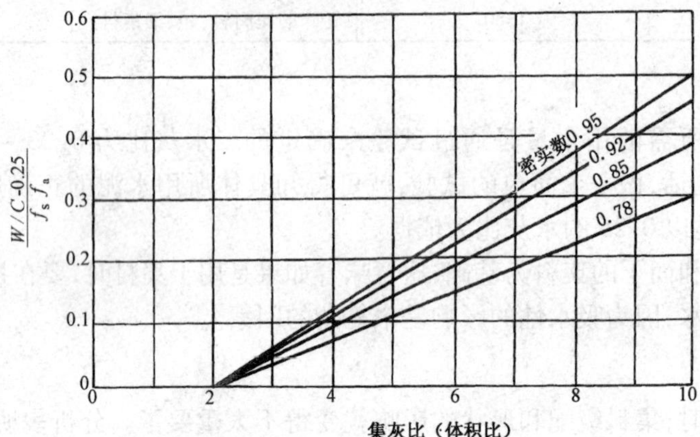

图9-21　密实数、水灰比、表面指数、棱角指数和集灰比之间的关系

摩氏法应用举例:

(1)确定某集料级配的综合表面指数$f_{s综}$见表9-41。

摩氏法计算某集料级配的综合表面指数$f_{s综}$　　表9-41

筛孔尺寸(mm)	f_s	筛孔间百分率(%)		$f_{s综}$		筛孔尺寸(mm)	f_s	筛孔间百分率(%)		$f_{s综}$	
		较粗级配	较细级配	粗级配	细级配			较粗级配	较细级配	粗级配	细级配
20.0~10.0	-1	45	35	-45	-35	0.60~0.30	9	11	16	99	144
10.0~5.0	1	20	23	20	23	0.30~0.15	7	3	5	21	35
5.0~2.26	4	7	7	28	28	通过0.15	1	0	0	0	0
2.26~1.18	7	7	7	49	49					235 +330 565	307 +330 637
1.18~0.60	9	7	7	63	63						

总的$f_{s综}$值加常数330,再除以1 000,565变成了0.565,637变成了0.637。

(2)用试拌来确定f_a。

集灰质量比=6∶1

砂率=35%,水灰比=0.55

相对平均密度2.50

$$A_v=\frac{6\times 3.15}{2.50\times 1}=7.55$$

从试拌得到密实度=0.85

因而,从图9-21可得到:

$$\frac{W/C-0.25}{ff_a}=0.26$$

$$f_sf_a=\frac{0.30}{0.26}=1.15$$

如果$f_s=0.60$(从级配和表面指数得到),那么:

$$f_a=\frac{1.15}{0.60}=1.92$$

这个数值可用于使用这些集料和级配的配合比设计。

(3)配合比要满足下列标准：

28d 龄期的抗压强度 =29MPa。

使用普通硅酸盐水泥、未筛砾石和砂，最大粒径为20.0mm，级配见表9-42。

级 配 表 表9-42

筛孔尺寸	20.0mm	10.0mm	5.0mm	2.36mm	1.18mm	0.6mm	0.3mm	0.15mm
通过率(%)	98	35	3					
		100	100	87	69	47	22	7

细、粗集料的相对密度分别为2.65和2.55，密实度为0.85。

①水灰比 =0.61(图9-22)；

②f_a =1.90(假定)；

③f_s 要求为0.60。

除以1 000，细、粗集料的 f_s 分别为1.043和0.307，见表9-43。

摩氏法计算某集料级配的综合表面指数 $f_{s综}$ 表9-43

筛孔尺寸(mm或μm)	f_s	筛孔间筛余率(%)		$f_{s综}$		筛孔尺寸(mm或μm)	f_s	筛孔间筛余率(%)		$f_{s综}$	
		细	粗	细	粗			细	粗	细	粗
40.0~20.0	-2		2		4	0.6~0.3	9	25		225	
20.0~10.0	-1		63		-63	0.3~0.15	7	15		105	
10.0~5.0	1		32		32	通过0.15的	1	7		7	
5.0~2.26	4	13	3	52	12					113	-23
2.26~1.18	7	18		126						+330	+330
1.18~0.6	9	22		198						1 043	307

设：β_s 为混合后集料的砂率

于是：

$$0.60=\beta_s\times1.043+(1-\beta_s)\times0.307$$

$$\beta_s=40\%$$

④$\frac{W/C-0.25}{f_s f_a}=\frac{0.61-0.25}{0.60\times1.19}=\frac{0.36}{1.14}=0.315$

⑤A_v =8.5(图9-21)

⑥集灰质量比 $=8.5\rho'_{sg}/3.15$

$$\rho'_{sg}=(0.40\times2.65)+(0.60\times2.55)=1.06+1.53=2.59$$

集灰质量比 $=\frac{8.5\times2.59}{3.15}=7$

⑦最终配合比为：1∶2.8∶4.2，水灰比为0.61。

四、注意事项

混合集料以获取所要求级配的几种方法，只是混凝土配合比设计中的次要部分，不能过分强调。这些方法为解决计算问题提供了方便,但它们对正确选用原材料却起不了作用。

上面所谈三种近似方法中,摩氏法可能是最现实而合理的一种。但如果用普通的集料级配,哪一种都可应用。例如,当由于砂的粒径分布原因,不能用图解法时,可用另两种方法中的任何一种。应当注意的是:无论采用哪一种方法,如果发现最后解答十分荒谬,就应视其为错误,而代以直觉或资料为基础的评估。

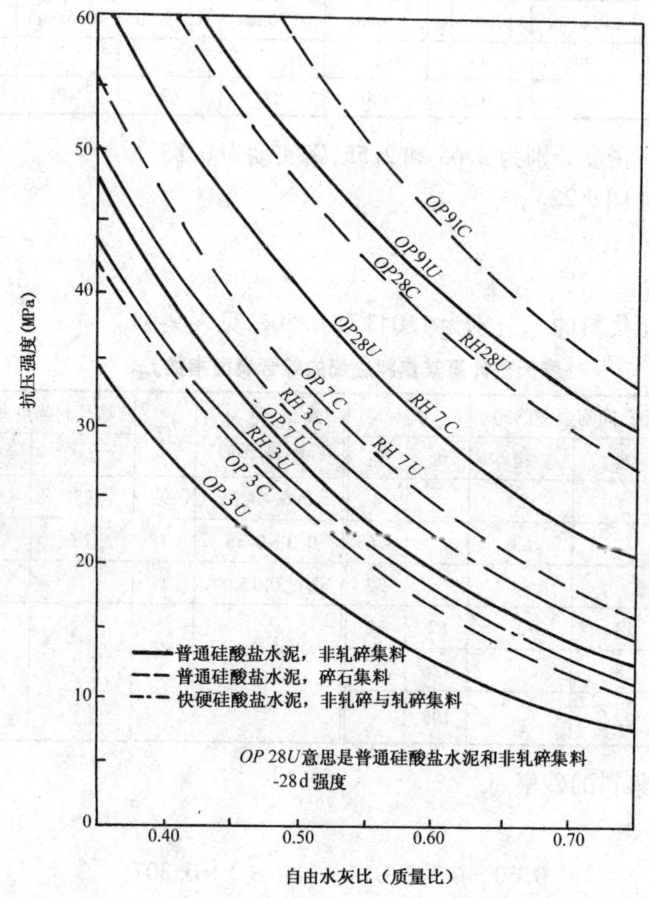

图 9-22　用普通和快硬硅酸盐水泥混凝土不同龄期的立方体强度和水灰比之间的典型关系

第十二节　混凝土配合比计算尺

一、概述

如图 9-23 所示,JH82 - 1 型混凝土配合比计算尺,是一种简便的混凝土配合比计算工具,可在建筑、水利及道路等工程的施工现场供工地基层人员使用(尺长仅 15cm)。

该计算尺的设计方法及有关参数基本上遵照《普通混凝土配合比设计规程》(JGJ 55—2011),因此用该尺算出的结果和技术规程的要求是一致的。

为了贯彻“直观、实用、简便、通俗”的原则,该尺计算配合比以搅拌机每盘的加料量为目标,每盘水泥用量为一袋(50kg)不变。高强度等级混凝土砂石较少的情况,可考虑搅拌机每盘双倍加料。如果需要求出每 m^3 混凝土的用料量及比例,可按公式折合。

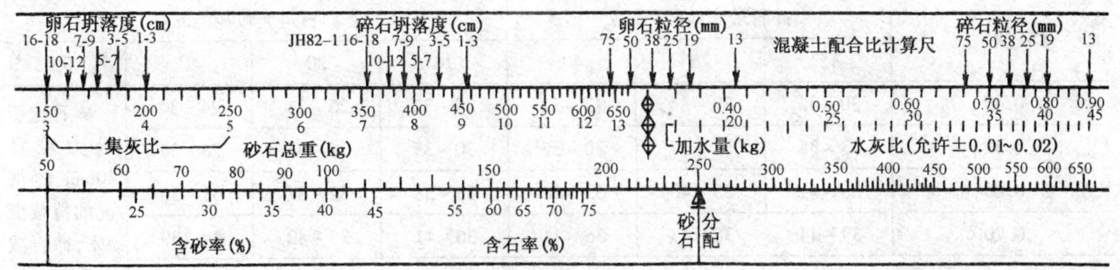

图 9-23 混凝土配合比计算尺(正面)

二、参数的确定

配合比的几个重要参数,该尺按照下列方法掌握。

(1)水灰比 采用《普通混凝土配合比设计规程》(JGJ 55—2011)推荐的强度公式计算即:

碎石混凝土: $$f_{cu,0}=0.46f_{ce}(C/W-0.07) \quad (9\text{-}86)$$

卵石混凝土: $$f_{cu,0}=0.48f_{ce}(C/W-0.33) \quad (9\text{-}87)$$

式中:C/W——混凝土所要求的灰水比;

$f_{cu,0}$和f_{ce}——分别是混凝土和水泥的强度,它们可以做两种理解,如果f_{ce}是水泥的实际强度,$f_{cu,0}$就是混凝土所能达到的实际强度(MPa)。如假设水泥实际强度比较其名义强度富余13%(富余系数为1.13),同时混凝土试配强度也恰好比其设计强度留有13%的储备,即以水泥富余的强度抵补混凝土的安全储备,那么$f_{cu,0}$和f_{ce}可以同时作为混凝土的设计强度和水泥名义强度(软练)理解。

根据上面两公式标出的水灰比列表(表 9-44)附在计算尺背面供参考,表中仅列出混凝土及水泥强度对应的水灰比值。

碎石/卵石混凝土水灰比　　表 9-44

f_{ce} \ $f_{cu,k}$	C15	C20	C25	C30	C35	C40	C45	C50
32.5 级	0.93/0.74	0.71/0.62	0.57/0.52	0.48/0.44	0.41/0.37	0.36/0.35	0.32/0.31	
42.5 级		0.93/0.76	0.76/0.64	0.64/0.56	0.55/0.49	0.48/0.44	0.43/0.39	0.39/0.36
52.5 级			0.90/0.76	0.76/0.66	0.66/0.58	0.58/0.52	0.52/0.47	0.47/0.43

(2)砂率 也按照(JGJ 55—2011)选用,列表(表 9-45)附在尺背。因计算尺考虑水利及道路工程的需要,包括石子粒径较大的情况(可到 75mm),建议暂时比照粒径 40mm 情况酌情减少 3%(碎石)或 2%(卵石)选用。

(3)各级流动性需水量估算 各种规格大小的石子,拌和制成各级流动性混凝土拌和物所需要的单方加水量分两步估算。首先,根据已有统计资料,为每一规格粒径的石子确定一个适宜的"基准需水量"(即达到 1 ~ 3cm 坍落度"低流"状态的需水量),然后按照固定比例倍数,确定达到其他流动性等级的需水量。本尺中各品种、规格石子的"低流"状态"基准需水量"(kg/m^3)采用表 9-46 所列数值。

砂率选用表(%) 表9-45

水灰比	碎石最大粒径(mm)			卵石最大粒径(mm)			
	15	20	40	10	20	40	75
0.40	30~35	29~34	27~32	26~32	25~31	24~30	碎石比照最大粒径40mm的情况酌情减少3%,卵石减少2%
0.50	33~38	32~37	30~35	30~35	29~34	28~33	
0.60	36~41	35~40	33~38	33~38	32~37	31~36	
0.70	39~44	38~43	36~41	36~41	25~40	34~39	
注:可先试用推荐范围中间值							

"低流"状态基准需水量(kg/m^3) 表9-46

石子规格 / 品种	三英寸	二英寸	一英寸半	一英寸	四六分	二四分
	≈75mm	≈50mm	≈38mm	≈25mm	≈13~19mm	≈6~13mm
碎(渣)石	155	163	170	176	183	200
卵(砾)石	144	150	157	163	170	186

以上石子规格并列英制和公制,这是为了照顾各个地区不同的使用习惯。上列公制尺寸是从英制折合过来的名义尺寸,各地供应石子的规格,实际粒径有可能比名义尺寸略大一些。

其他等级流动性(坍落度)和需水量按照下列公式估算,此式对于各种不同成分、配合比的混凝土统一适用:

$$T(\text{cm}) = 2.223K^{10}$$

式中:K——需水倍数,即达到某级流动性的需水量对上述"低流基准需水量"的倍数。此数和混凝土成分无关。本尺按照表9-47所列倍数估算各级流动性的需水量。

各级流动性需水倍数 表9-47

流动性级别,坍落度(cm)	1~3(低流基准)	3~5	5~7	7~9	10~12	16~18
需水倍数 K	1	1.060 5	1.104 4	1.136 6	1.173 4	1.225 6

(4)新拌混凝土密度—本计算尺设计混凝土配合比采用通用的"假定表观密度"。设计中假定混凝土表观密度为2 450kg/m^3,这与各地振捣混凝土的实际情况相差不远。表观密度数值虽不反映各成分的配合比例,但它牵涉材料定额管理问题,如果确有需要细致修正,可根据新拌混凝土实际表观密度修正(见后)。

三、计算尺使用实例

[例9-11] 42.5级水泥配制C25混凝土,使用粒径25mm(1in)的碎石,要求低流拌和物坍落度1~3cm,求每盘用料量。

解:(1)查尺背水灰比表,确定$W/C=0.55$(试用),于是水泥量=50kg(定值不变),加水量=27.5kg(从尺面读出)。

(2)拉动滑尺使水灰比"0.55"的刻线对准"碎石粒径"中"25mm"刻线如图9-24所示,从"碎石坍落度"一组箭头中选择最右面"1~3cm"箭头,从滑尺上读出:

每盘砂石总重=305kg(集灰比=6.1)

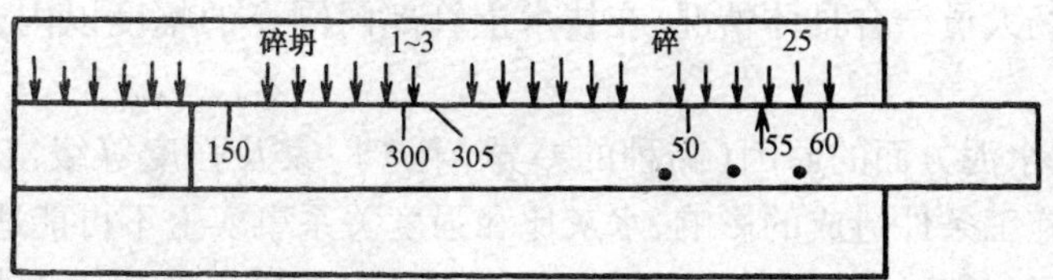

图 9-24　计算尺使用实例(一)

(3)参考尺背表格选择砂率。参看碎石粒径 20mm 一栏数值,因为水灰比 = 0.55,介于 0.50和 0.60 之间,砂率应在 32% ~37% 和 35% ~40% 内插取值。又因碎石实际粒径比 25mm 略大,砂率应稍低,确定初次试用砂率 = 34%;相应的含石率 = 100 - 34 = 66(%)。

(4)拉动滑尺使它下侧的"305kg"刻线对准定尺上"砂石分配"箭头如图 9-25 所示,从砂率"34"刻线读出"每盘砂重" = 104kg,从含石率"66"刻线读出"每盘石重" = 201kg。

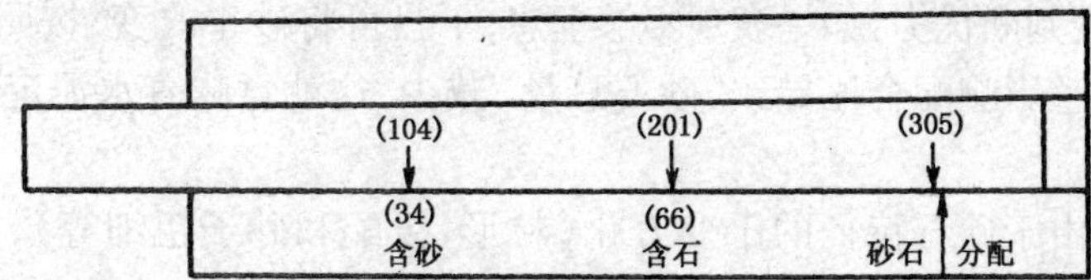

图 9-25　计算尺使用实例(二)

[例 9-12]　32.5 级水泥配制 C15 混凝土,使用粒径 38mm(1.5in)的卵石,要求坍落度 57cm,求每盘用料量。

解:(1)同前查表确定水灰比 = 0.63,于是水泥 = 50kg,加水量 = 31.5kg。

(2)拉动滑尺使水灰比"0.63"刻线对准"卵石粒径"中"38mm"刻线如图 9-26 所示,从"卵石坍落度"箭头中选择"5 ~7cm"箭头,向下读出:每盘砂石总重 = 363kg。

(3)参看砂率表格中卵石最大粒径 40mm 栏,按照 $W/C \approx 0.60$ 情况,在 32% ~37% 范围中取略高数值,确定砂率 = 36%,于是相应的含石率 = 64%。

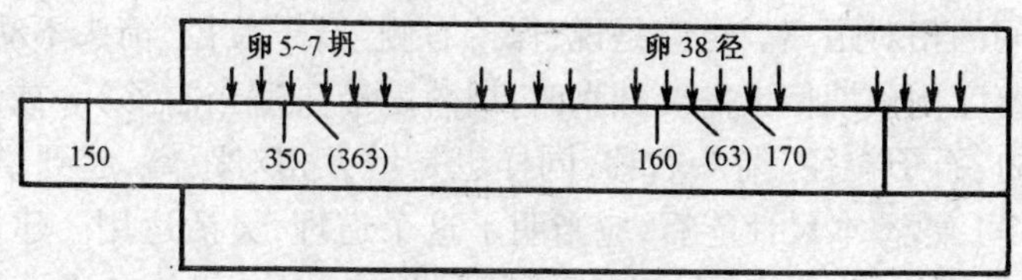

图 9-26　计算尺使用实例(三)

(4)拉动滑尺使"砂石分配"箭头对准"363kg",于是:

砂率"36"指示"每盘砂重" = 131kg;

含石率"64"指示"每盘石重" = 232kg。

四、现场调整配合比

由于任何试验室下达的配合比,到了具体工地很难完全符合工地实际条件,这方面常有不少潜力可挖。只有在现场经过拌和,细心考查实际效果,对于配合比进行因时、因地、因材、及时细致的调整,才能充分发挥材料潜力,在保证质量的前提之下尽量节约水泥。计算尺设计前提认定,即使是一个基本妥善准确的参数也必须配合现场必要的机动调整才能找到真正"最好"的配合比例。本计算尺为现场机动调整提供了现实可能性。因此前面介绍的参数仅为推荐数值，应许可现场人员结合具体情况，在技术主管部门同意的幅度以内，进行适当调整。现分别说明如下。

水灰比　由于水泥方面的原因（品种的差异、生产厂家及强度等级富余系数的不同等），以及砂、石特性及施工条件造成的影响，水灰比和强度关系事实上不可能适用全国统一的关系式。各地区、各部门、各工地如经过一段时间积累了较多混凝土抗压强度数据，凡有条件提出本地区（部门、工地）强度公式的，建议整理成公式或表格形式，以技术指令的形式下达，取代本计算尺的统一规定，在指定范围之内使用。

如果临时情况变动（水泥或砂石材料批量改变及其他），在一定时间内试验室连续报告混凝土抗压强度出现明显偏高或偏低情况，应该及时调整水灰比。凡混凝土强度明显偏高的，以后水灰比应照规定酌量加大0.01～0.02；强度偏低的，应照规定减小0.01～0.02。

砂率　开始时可试用表格中推荐范围的平均值，试拌一两盘观察拌和物状态，主要根据外观、黏聚性及坍落度判断优劣，如果表现不够理想，下盘可将砂率改变，按照新的砂、石用量拌和。如因坍落度调整影响配合比导致"砂石总量"减少，这就意味着水泥定额用量（kg/m^3）要有所增加。

坍落度调整　由于砂石特征的千变万化（粒形、级配和砂子粗细等），坍落度（或许需水量）也许是全部混凝土配合比设计中最难掌握的环节。本尺的设计，各种石子假定基准含水量并按照需水倍数估计坍落度，经各地试用尚较符合实际。但如遇特殊规格石子，或工作要求细致，可能发现实际拌出的混凝十坍落度会有微小出入。如确有必要调整，建议采用下述方法：

在混凝土工艺上，凡属导致坍落度减小的因素（如石子粒径减小、粒形级配不良、砂子变细或砂率过大），通常都采取加大单方用水量的方法补偿。就这一基本原理来说，本计算尺并无特殊。但因本尺将水泥用量固定为50kg，且强度要求确定后，水灰比也是定值。所以单方加水量提高在尺面上将表现为每盘砂石总量的减少（反之降低加水量的因素将表现为砂石总重加多）。进一步可以说：凡遇到应该增大加水量的因素应该加大（指定）坍落度箭头和（指定）石子粒径箭头间的相对距离。也就是说，保持右侧"石子粒径"箭头不动，读表时"坍落度"箭头适当左移（坍落度比预期偏大需要减水时，坍落度箭头适当右移）。或者也可保持坍落度箭头不动，使指定的"石子粒径"箭头右移，同样也是增大相对距离，起到增加加水量的效果。使用者经过一段时间，熟悉本尺性能后，应当明了这个道理，灵活运用。建议加深对本地区材料特点及施工条件的理解，找出各用量指标之间的规律，在自己的专用计算尺上作出特殊标志。实际牵涉的箭头移动可能不过半毫米左右（对每盘砂石总重的影响，对低强度等级混凝土减少4～5kg，对中、高强度等级混凝土减少2～3kg），这样坍落度估算可能达到十分准确的程度。当然这是高水平的要求，现举实例加以说明。

［例9-13］　经过一段时间的使用，发现本地区碎石按本尺掌握，坍落度一般偏低，接近规定坍落度范围的下限。

解：根据经验，暂定以后"碎石坍落度"各箭头向左移动1/3mm读数，原来"1～3cm"箭头读出"305kg"，现在左移1/3mm（目测掌握或做一标志都可以，尺子不需抽动），读出"303kg"。

［例9-14］　本地区一种卵石，名义规格38mm，但按本尺计算配合比坍落度稍低，如按"25mm"卵石掌握，坍落度又稍大。经过一段时间摸索，决定按两种规格的中间情况掌握，在尺上"38"和"25"两箭头之间做一标志（如给一虚线临时箭头）。使用这种卵石重做例2。

解：将水灰比"0.63"刻线对准标志，此时"卵石坍落度5～7cm"将指示"355kg"，而不是原来的“363kg”，如图 9-27 所示。

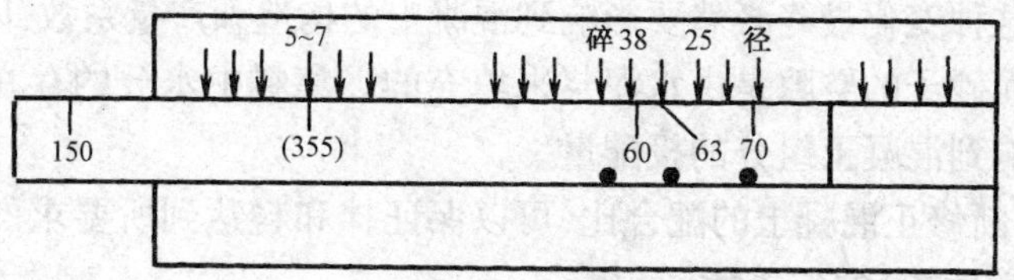

图 9-27 现场调整配合比使用实例

五、必要的折合、修正

(1)每 $1m^3$ 混凝土用料量 通常设计配合比都以每 $1m^3$ 混凝土用料量为对象，这是试验室的语言。本尺只限使用坍落度、石子粒径及每盘用料量等直观、形象的工地概念。但是为了技术管理人员考核及编制材料预算，仍然有必要折合成每 $1m^3$ 用料量形式。此时可利用下列公式：

$$\text{砂子倍数}\ x=\frac{\text{每盘砂重}}{50}$$

$$\text{石子倍数}\ y=\frac{\text{每盘石重}}{50}$$

集灰比 $n=x+y$，在读出“砂石总重”的同时可从刻度上直接读出这个 n 值。

配合比的比例形式为：$1:x:y, W/C=?$

其次求每 $1m^3$ 混凝土应拌盘数 N：

$$N=\frac{2\,450}{\text{每盘水泥量}+\text{水重}+\text{砂石总重}}$$

$$=\frac{2\,450}{50(1+x+y+W/C)}=\frac{2\,450}{50(1+n+W/C)}=\frac{49}{(1+n+W/C)}$$

于是每 $1m^3$ 混凝土用料量为：

水泥： $m_{c0}=50N(\text{kg/m}^3)$

水： $m_{w0}=N\times\text{每盘水重}(\text{kg/m}^3)$

砂子： $m_{s0}=N\times\text{每盘砂重}(\text{kg/m}^3)$

石子： $m_{g0}=N\times\text{每盘石重}(\text{kg/m}^3)$

(2)混凝土实际表观密度修正——本尺设计假定新拌混凝土表观密度为“$2\,450\text{kg/m}^3$”，如实测数字与此相差不大，建议求出用料量不必修正。如因审核材料预算或其他情况，确有修正的必要，可使用下列公式。

$$\text{表观密度修正系数}\ K=\frac{\text{新拌混凝土实测表观密度}(\text{kg/m}^3)}{2\,450}$$

$$\text{实际用料量}=K\times\text{计算尺求出用料量}$$

第十三节 混凝土设计配合比现场修正新方法

正确选定混凝土集料的配合比，对于保持混凝土的强度特性及其匀质性具有十分重要的意义。碎石和砂子的级配，应在保证达到混凝土额定强度与和易性的前提下，使水泥用量维持在最低水平上。

在生产条件下，集料的级配和湿度是变化着的，这就导致拌和料粒径级配、集料间的空隙体积产生变化，而这种变化最终必然要影响到混凝土的构造和产量系数，因为碎石间的空隙是由砂子来填充的，而砂子的空隙是由水泥浆来填充的。集料中水分的存在改变着拌和料的易浇灌性，甚至也影响到混凝土组分的投配量。

生产条件下不断修正混凝土的配合比，可以保证拌和料达到所要求的易浇灌性和混凝土构造（包括物理力学性能）的匀质性。

在生产条件下，为确定碎石中砂子的精确含量和砂子中碎石的精确含量，也为了测定集料的湿度，以据此修正原定的混凝土配合比。设：

m_{s0}和m_{g0}——清洁的砂和干碎石的实际用量；

m_{w0}——水的实际用量；

m'_{s0}和m'_{g0}——生产条件下砂和碎石的用量；

m'_{w0}——生产条件下的用水量；

β_s——碎石中的含砂率（%）；

β_g——砂子中的含碎石率（%）；

w_s和w_g——砂子和碎石的湿度（%）。

由于碎石中的含砂率是以系数$\frac{\beta_s}{100}$来表示的，砂中含碎石率是以系数$\frac{\beta_g}{100}$来表示的，砂中的含水率是以系数$\frac{w_s}{100}$来表示的，碎石中的含水率是以系数$\frac{w_g}{100}$来表示的，所以，在生产条件下砂子和碎石的用量应为$1-\frac{\beta_g}{100}$和$1-\frac{\beta_s}{100}$，而砂子和碎石中的含水率相应为$1-\frac{w_s}{100}$和$1-\frac{w_g}{100}$。

综上所述并根据质量不灭定律，集料的实际用量（考虑到它的湿度）应为：

$$m_{s0}=\left[m'_{s0}\left(1-\frac{\beta_g}{100}\right)+\frac{\beta_s}{100}m'_{g0}\right]\left(1-\frac{w_s}{100}\right)$$

$$m_{g0}=\left[m'_{g0}\left(1-\frac{\beta_s}{100}\right)+\frac{\beta_g}{100}m'_{s0}\right]\left(1-\frac{w_g}{100}\right)$$

此时水的实际用量为：

$$m_{w0}=m'_{w0}+\left[m'_{s0}\left(1-\frac{\beta_g}{100}\right)+m'_{g0}\frac{\beta_s}{100}\right]\frac{w_s}{100}+\left[m'_{g0}\left(1-\frac{\beta_s}{100}\right)+m'_{s0}\frac{\beta_g}{100}\right]\frac{w_g}{100} \tag{9-88}$$

解方程式可得m'_{s0}和m'_{g0}如下：

$$m'_{s0}=\frac{m_{s0}\left(1-\frac{w_g}{100}\right)\left(1-\frac{\beta_s}{100}\right)-m_{g0}\left(1-\frac{w_s}{100}\right)\frac{\beta_s}{100}}{\left(1-\frac{w_s}{100}\right)\left(1-\frac{w_g}{100}\right)\left[\left(1-\frac{\beta_g}{100}\right)\left(1-\frac{\beta_s}{100}\right)-\frac{\beta_g\beta_s}{100\times100}\right]} \tag{9-89}$$

$$m'_{g0}=\frac{m_{g0}\left(1-\frac{w_s}{100}\right)\left(1-\frac{\beta_g}{100}\right)-m_{s0}\left(1-\frac{w_g}{100}\right)\frac{\beta_g}{100}}{\left(1-\frac{w_s}{100}\right)\left(1-\frac{w_g}{100}\right)\left[\left(1-\frac{\beta_g}{100}\right)\left(1-\frac{\beta_s}{100}\right)-\frac{\beta_g\beta_s}{100\times100}\right]} \tag{9-90}$$

由方程(9-87)可得:

$$m'_{w0}=m_{w0}-\left[m'_{s0}\left(1-\frac{\beta_g}{100}\right)+m'_{g0}\frac{\beta_s}{100}\right]\times\frac{w_s}{100}-\left[m'_{g0}\left(1-\frac{\beta_s}{100}\right)+m'_{s0}\frac{\beta_g}{100}\right]\frac{w_g}{100} \quad (9\text{-}91)$$

在其他先决条件起变化的情况下,可用式(9-88)~式(9-90)算出 m'_{s0}、m'_{g0}、m'_{w0} 的变化值。为了保持 m'_{s0}、m'_{g0}、m'_{w0} 值不变,必须降低 β_s、β_g 和 w_s、w_g 之值。

如果使用干集料,w_s 和 w_g 值接近 0 时,式(9-88)和式(9-89)可以采用下式:

$$m'_{s0}=\frac{m_{s0}\left(1-\frac{\beta_s}{100}\right)-m_{g0}\frac{\beta_s}{100}}{\left(1-\frac{\beta_g}{100}\right)\left(1-\frac{\beta_s}{100}\right)-\frac{\beta_g\beta_s}{100\times100}} \quad (9\text{-}92)$$

$$m'_{g0}=\frac{m_{g0}\left(1-\frac{\beta_g}{100}\right)-m_{s0}\frac{\beta_g}{100}}{\left(1-\frac{\beta_g}{100}\right)\left(1-\frac{\beta_s}{100}\right)-\frac{\beta_g\beta_s}{100\times100}} \quad (9\text{-}93)$$

目前,这一种修正混凝土配合比的方法已为工程所采用。试验室负责对所有进场的惰性材料进行入场检查:测定湿度、碎石中砂子的含量、砂子中碎石的含量、空隙率、自然状态下的密度等。进而,在试验室分析的基础上,根据式(9-88)~式(9-90)的计算结果,对混凝土的原始配合比进行修正。由于集料湿度不同而对混凝土拌和料所进行的修正每天做一次,粒径级配每周修正 1~2 次;当每批新集料到场时,也要修正一次配合比。

混凝土的原始配合比为:水泥 =32.5 级,440kg/m^3,$m_{s0}=810$kg/m^3,$m_{g0}=900$kg/m^3,$m_{w0}=230$kg/m^3;如果考虑到集料含水率 $w_s=6\%$,$w_g=4\%$,碎石中的含砂率 $\beta_s=5\%$,砂中含碎石量 $\beta_g=10\%$,又假设水泥的用量不变,那么修正的混凝土的配合比应是:$m'_{s0}=907.9$;$m'_{g0}=891.3$kg/m^3;$m'_{w0}=140.8$kg/m^3。

经验说明,采用上述方法能够使集料粒径级配经常保持稳定,亦较易于保证混凝土拌和料的匀质性以及它的构造和强度特性的稳定。此外,用这种方法修正混凝土的配合比,比现在采用的方法更为合理,因为现在采用的方法对集料中的含水率没有给予足够的重视,因而会导致各种材料的配合比不适当。

第十四节　用排水法计算砂子的含水率

混凝土配合比设计中的一项重要工作是混凝土试配。试配时如果采用的砂子不是干料,则应根据它们的含水率修正每盘混凝土的材料称量。以往基层试验室常用炒干法,设备简单,方法简便,试验速度快。但对泥污含量较多的砂子,测定精度较差,因而适用范围受到一定的限制。

采用排水法(即质量法、体积法)测定砂子的含水率与表面含水率,不但具有炒干法的优点,而且适用范围广,不消耗能源。虽然试验原理不如炒干法那样简单直观,技术要求也较高,但测试方法并不复杂,技术也容易掌握。

现将对砂子含水率、表面含水率的基本计算公式及应用简要介绍如下。

一、基本公式及应用

$$w_s = \frac{m_{s0} - \dfrac{m_{ss}}{\rho_s'}}{m_{s0} - m_{ss}} \times 100 + \beta_t \tag{9-94}$$

$$w_{sH} = \frac{m_{s0} - \dfrac{m_{ss}}{\rho_{sH}'}}{m_{s0} - m_{ss}} \times 100 + \beta_t \tag{9-95}$$

式中：w_s——含水率(以干砂为基准,%)；

w_{sH}——表面含水率(以饱和面干砂为基准,%)；

m_{s0}——湿砂试样排开水的质量(g)；

m_{ss}——湿砂试样的质量(kg)；

ρ_s'——干砂的相对密度；

ρ_{sH}'——饱和面干砂的相对密度；

β_t——由试验水温引起的修正值(%),见表9-48。

由试验水温引起修正值 β_t 表9-48

水温(℃)	10~11	12~16	17~20	21~23	24~26	27~29	30
β_t(%)	0	0.05	0.10	0.15	0.20	0.25	0.30

式(9-93)、式(9-94)是质量法测定砂子含水率、表面含水率的计算公式。当采用体积法时,两式中的 $\beta_t=0$,而且：

$$m_{s0} = 1 \times V \tag{9-96}$$

式中：V——湿砂试样排开水的体积(mL)。

试验步骤可参考《普通混凝土用砂质量标准及检验方法》(JGJ 52—92)第6.2条。关于质量法及体积法测定砂子相对密度的,不同之处说明如下：

(1)试验可用自来水或洁净的天然水；

(2)砂样加入水中,搅动排除气泡稍置之后,便可进行称量或读数；

(3)试验水温可放宽到10~30℃,试验温差应控制在1℃以内。

二、试验结果及分析

含水率试验采用标准法(烘干法)、炒干法、质量法、体积法进行对比,两种砂子的测定结果见表9-49。其中 A 砂的泥污含量为3.83%,B 砂为1.40%。试验水温29℃左右,试验温差在0.5℃以内,试验结果为5次平均值。

根据试验结果的数理统计分析,标准法、炒干法及质量法的标准差均没有明显差异。对含水率平均值的检验结果,质量法与标准法无显著差别；炒干法与标准法比较,对泥污含量较少的 B 砂无显著差别,但对泥污含量较多的 A 砂,差别十分显著。体积法测定结果不稳定,离散程度较大,但对泥污含量较多的砂子,测定结果并不亚于炒干法。

含水率测定结果统计比较 表 9-49

砂样编号		含水率平均值 $\bar{w}_s$(%)				标准差 σ_s(%)			
		标准法	炒干法	质量法	体积法	标准法	炒干法	质量法	体积法
A	1	6.73	6.90	6.71	—	0.063	0.055	0.072	—
	2	3.36	3.51	3.38	3.42	0.030	0.045	0.040	0.110
B	1	7.19	7.25	7.25	7.21	0.029	0.041	0.039	0.165
	2	2.68	2.75	2.63	2.50	0.033	0.065	0.050	0.075

注：$\sigma_s = \sqrt{\frac{1}{n-1}\sum_{i=1}^{n}(\omega_{si}-\bar{\omega}_s)^2}$。

综上所述，质量法的测定精度较高，适用于基层试验室及混凝土制品工厂；体积法的测定精度要差一些，适用于施工现场试配调整。

附 录

一、混凝土配合比设计的基本知识

(一)混凝土的概念

胶结材料(如水泥)、水、细集料(如砂子)、粗集料(如石子)以及必要时掺入的化学外加剂与矿物混合料,按一定比例配合,通过搅拌成为塑性状态的拌和物,称为未凝固混凝土。未凝固混凝土在一定条件下,随着时间的推移逐渐硬化成具有强度和其他性能的块体,则称作硬化混凝土。混凝土中没有粗集料的称作砂浆;砂浆中没有细集料的称作水泥净浆。

当今混凝土的含义是颇为广泛的,可以说,凡使用胶结材料同集料相互结合而制成的复合体,都可以称为混凝土。若以这种广义的混凝土作为对象,那么所使用的胶结材料、集料以及外加剂、混合材等是多种多样的。

根据所要求的未凝固状态和硬化后的条件,如和易性、受强度、弹性模量、表观密度等,混凝土的各项组成材料——胶结材料、水、细集料、粗集料和外加剂的组成比例是不相同的。混凝土配合比设计的任务就是为达到上述要求和条件,找到一种经济合理的各项组成材料的最佳配合比例。

(二)混凝土的分类

当前混凝土的品种日益增多,使用各种胶结材料和集料,可制得不同种类的混凝土。

1. 根据胶结材料分类

根据胶结材料不同,通常在混凝土前面冠以主要胶结材料的名称。以无机和有机胶结材料组成的各类混凝土如附表 1-1 所示。

混凝土根据不同胶结材料的分类 附表 1-1

胶结材料		概要	混凝土名称
材质	名称		
无机胶结材料	水泥类	包括普通硅酸盐水泥、混合硅酸盐水泥、矾土水泥等在内的全部硅酸盐类及铝酸盐类水泥	水泥混凝土
	石灰类	天然水泥、含黏土的不纯石灰烧成的熟化物、火山灰或岩石风化物等活性硅、含铝化合物和消石灰的混合物	石灰—硅质胶结材料混凝土(硅酸盐混凝土)
	石膏类	天然石膏及其副产品和加工改性产品	石膏混凝土
	镁质水泥	在轻烧苦土中加入氯化镁	镁质水泥混凝土
	硫磺	硫磺加热熔融后再冷却硬化	硫磺混凝土

胶结材料		概要	混凝土名称
材质	名称		
有机胶结材料	沥青类	天然沥青（岩沥青及湖沥青）、人造沥青	沥青混凝土
	聚合物＋水泥	将乳状呈水溶性聚合物掺入水泥中	聚合物水泥混凝土
	树脂	黏结力强的天然或合成树脂（热硬性）	树脂混凝土
	聚合物（浸渍）	将水泥混凝土基材在低黏度单体中浸渍，用热或射线使表面固化	聚合物浸渍混凝土

2. 根据集料分类

有碎石混凝土、卵石混凝土、细粒混凝土（仅由细集料和胶结材料制成）、大孔混凝土（仅由粗集料和胶结材料制成）、多孔混凝土（混凝土中既无粗集料、也无细集料）、纤维混凝土、木片混凝土等。

3. 根据表观密度分类

有重混凝土（表观密度大于 2 500kg/m^3）、普通混凝土（表观密度为 1 900～2 500kg/m^3）、轻集料混凝土（表观密度小于 1 900kg/m^3），其中采用普通砂作细集料的轻集料混凝土，为砂轻混凝土；采用轻细集料的为全轻混凝土等。

4. 根据强度分类

有高强混凝土（抗压强度≥60MPa）、超高强混凝土（抗压强度≥100MPa）等。

5. 根据水泥用量分类

有贫水泥混凝土（大体积内部水泥≤170kg/m^3）、富水泥混凝土（大体积外部水泥≥230kg/m^3）等。

6. 根据和易性分类

有干硬性混凝土（坍落度小于 10mm）、塑性混凝土（坍落度为 10～90mm）、流动性混凝土（坍落度为 100～150mm）、大流动混凝土（坍落度≥160mm）。

7. 根据施工方法分类

有灌浆混凝土、喷射混凝土、泵送混凝土、真空混凝土、热拌混凝土、预应力混凝土、商品混凝土（预拌混凝土）等。

8. 根据施工场地和季节分类

有水下混凝土、海洋混凝土、寒冷季节施工混凝土、炎热季节施工混凝土等。

9. 根据用途分类

有结构用混凝土、防射线混凝土、大坝混凝土、道路混凝土、隧道混凝土、耐蚀混凝土、耐热混凝土、耐火混凝土等。

（三）混凝土的技术性质

混凝土性质包括混凝土混合物的性质和混凝土硬化后的性质。

1. 混凝土混合物的性质

水泥、石、砂、水及必要时掺入的化学外加剂或矿物混合料，按一定比例配合，搅拌均匀而成的塑性状态的拌和物，称为新拌混凝土或混凝土混合物。

混凝土的强度和耐久性，在很大程度上决定于混凝土混合物的一系列性质。因为它最终能确定混凝土硬化后的结构是否密实，以及与密实密切相关的混凝土强度、抗渗性、抗冻性等。

混凝土混合物，应具有良好的拌和稠度。

1）稠度的概念

稠度是一个综合技术指标，通常包括下面三方面的含义：流动性、黏聚性和保水性。

（1）流动性：指混凝土混合物在本身自重作用下或机械振捣下，能够流动并均匀密实填满模板的性质。流动性大小与加水量、砂率等有关。提高水灰比可改善流动性。

（2）黏聚性：是指混凝土混合物具有一定黏聚力，使运输、浇筑、捣实过程中不致产生分层、离析泌水。黏聚性大小与水泥浆用量及配合比有关。

混凝土混合物是由密度和粒径不同的固体颗粒和水分组成。在外力作用下，各组成材料的沉降各有不同。如混凝土混合物之间配合不当，黏聚力较小，则在施工中易发生分层离析，致使混凝土硬化后产生蜂窝、麻面等缺陷，影响混凝土强度和耐久性。

（3）保水性：保持水分不易析出的能力。

混凝土拌和时所加入的水，包括两部分，一部分是保证水泥水化所需水量，约占拌和水量的20%～25%；另一部分是为使混凝土混合物有足够流动性，便于浇捣所需的水量。前者与水泥水化物形成晶体和凝胶（结晶水和凝胶水），将永存于混凝土内。后者在混凝土输送、浇捣中，在凝结硬化前很容易聚集到混凝土表面，引起表面疏松，或积聚在集料或钢筋的下表面，形成孔隙，削弱了集料或钢筋与水泥石的黏结力，这种现象称泌水性。泌水是材料离析的一种表现形式，即保水性差。

泌水的原因是由于在混凝土混合物中，分散在水泥浆体中的集料颗粒比较大，由于重力在集料与浆体的界面处所产生的剪应力超过了浆体的屈服应力，破坏了组分均匀分布面而产生位移，水分被挤上升。此时，由于混凝土内部存在上下贯通的通道，因而产生的具有一定流速的局部泌水，会带走一些细微颗粒，在混凝土表面形成泌水坑口。水泥用量少、水用量又多的情况下，易出现此现象，这对抗渗、抗冻性都有很大危害。

2）稠度的表示方法

目前，还没有一个科学的测试方法和定量指标，能完整表达混凝土混合物的稠度。通常采用测定混凝土混合物的流动性，辅以直观经验评定黏聚性和保水性等情况，来确定稠度。由于混凝土混合物稠度的变化幅度很大，反映不同稠度的试验方法也不同。一类是靠重力作用，使混凝土混合物产生变形，测其变形值，适用于具有流动性的混合物；一类是测定使混合物密实所做的功，以时间或以密实度表示，此法适用于干硬性混合物。

流动性用“坍落度”或“维勃稠度”表示。《普通混凝土拌合物性能试验方法标准》（GB 50080—2002）规定，坍落度大于10mm时，以坍落度值来评定混合物的稠度。坍落度小于10mm时，以维勃稠度来评定。

（1）坍落度及其测定

坍落度试验方法是将混凝土混合物按规定方法分三次装入截头圆锥筒内，每层插捣25次，三层装完后刮平，垂直向上将筒提起移到一旁，混合物因自重将产生坍塌现象，量出筒高与坍落后混凝土最高点之间的高度差，以 mm 为单位表示，就叫坍落度。

(2)坍落度的选择

混凝土混合物坍落度的大小，应根据结构种类、钢筋疏密程度及振捣方法而定。一般按附表 1-2 采用。

混凝土浇筑时的坍落度

附表 1-2

项次	结构种类	坍落度(mm)	
		振捣器捣实	人工捣实
1	基础或地面等的垫层	0～30	20～40
2	无配筋的厚大结构(挡土墙基础或厚大的块体等)或配筋稀疏的结构板、梁和大型及中型截面的柱子等	10～30	30～50
3	板、梁和大型及中型截面的柱子等	30～50	50～70
4	配筋密列的结构(薄壁、斗仓筒仓、细柱等)	50～70	70～90
5	配筋特密的结构	70～90	90～120

注：1. 使用高频振捣器时，坍落度可酌情予以减小。

2. 曲面或斜面结构的混凝土，其坍落度值应根据实际需要另行选定。

3. 连续浇筑高大结构时，坍落度宜随浇筑高度的上升，酌情予以分段递减。

4. 大模板施工或液压、滑模施工混凝土，应满足施工工艺对坍落度的要求。一般大模板施工坍落度宜为 40～60mm，液压滑模施工坍落度宜为 60～80mm。

根据坍落度的不同，可将混凝土混合物分为：塑性的(坍落度大于 10～90mm)和低流动性的(坍落度 100～150mm)。

(3)维勃稠度测定

维勃稠度测定采用维勃稠度仪[1]。按试验方法要求进行：固定仪器、调整、装料、插捣，由开始振动至透明圆盘的底面完全被水泥浆所布满瞬间的时间，以"s"表示，即为所测试混合物的稠度。

3)影响和易性的主要因素

混凝土混合物的和易性与混凝土的用水量、材料的性质及其相对含量以及外加剂等因素有关。

(1)加水量

混合物的流动性(坍落度、维勃稠度)大小主要取决于用水量的多少。增加用水量，流动性增大，但硬化后混凝土会产生较大空隙。据一般计算，混凝土空隙率每增加 5%，强度将降低 30%；即使每增加 2%，也能降低 10% 左右。另外，用水量过多会使混合物发生分层、泌水现象，反而降低了和易性。因此加水量要适度。

---

[1]对于干硬性混合物的稠度，我国以前采用苏联标准，用工业黏度计进行测量，并以工作度(s)表示。该设备使用不便，精度不高。现大多数国家都统一以维勃稠度仪进行干硬性混合物的稠度测定。苏联也于 1977 年废除工业黏度计法而改用维勃稠度仪法。国际标准化协会已颁发《新搅拌混凝土——稠度测定(维勃试验)》(ISO4110)，作为对坍落度小于 10mm 混凝土混合物稠度的标准试验方法。维勃稠度仪和原工业黏度计测得结果，虽然都以时间(s)表示，但同一秒数所代表稠度相差很大。工业黏度计测得的值是维勃稠度值的 3.5～5 倍。因此，维勃稠度仪的适用范围相当于工业黏度计工作度的 18～150s。

(2)水泥品种及用量

混凝土配料的成分相同时,水泥的品种及用量均影响混凝土混合物的稠度。如采用普通水泥的混凝土混合物较采用掺有混合材料的水泥坍落度大,稠度较好。这是由于各种水泥吸水性能不同的缘故。此外,掺有混合材料的水泥一般保水性能差(如矿渣水泥),易使混凝土混合物产生泌水现象。在水量适当的情况下,水泥用量越多则稠度越好,但不经济。水泥用量太少稠度不好,也不易满足混凝土设计强度和耐久性的要求。所以,在混凝土配合比设计时应规定最少水泥用量。

(3)水泥浆的含量

混凝土混合物的用水量增加,流动性也会提高,但混凝土的强度却显著降低。因此,绝不能以单纯改变用水量的办法来调整混凝土混合物的流动性。且水分太多时,也会降低混合物的黏聚性及出现泌水现象。而应按照水灰比(单位体积混凝土中水与水泥的质量比)在增加用水量的同时增加水泥用量,也就是增加水泥浆用量,则混凝土混合物流动性增加,稠度好,但混凝土强度并不降低。但若水泥浆过多,则集料的含量必然会相对减少,且集料中间层太厚,对混凝土的强度及耐久性也会产生一定的影响。另外,水泥浆数量多,就要增加水泥用量,提高混凝土的造价。所以水泥浆的数量,应根据具体条件,在满足各种性能的条件下尽量用得少些。故在混凝土配合比设计时应限制最大水灰比和最大用水量。

(4)集料的性质

集料级配好,空隙率小,在保持水泥浆数量不变的条件下,填充空隙用的水泥浆数量减少,而包围在集料表面周围形成的润滑层的厚度就增大,混合物的流动性就比较好;相反,如果集料级配不好,空隙率大,则混凝土混合物的稠度就差。

卵石颗粒形状圆滑,相互间的摩擦力比较小,能增加混合物的流动性;相反,碎石颗粒多棱角,表面粗糙,则同样的水泥浆含量,混合物的流动性就较小。因此,卵石配制的混凝土混合物的流动性通常比碎石混凝土要大些。

(5)砂率

是指砂子的质量占砂石总质量的百分率,是表示砂子与石子两者组合的关系。由于砂的颗粒远比石子小,砂率的变动会使集料的总表面积有很大改变,而对混凝土混合物的稠度有显著影响。

当砂率过大时,集料的总表面积增大,在水泥浆用量一定条件下,混凝土混合物就显得干稠,流动性小。但砂率过小时,虽然集料的总表面积减小,但由于砂浆量不足,不能在粗集料的周围形成足够的砂浆层来起润滑作用,因而使混凝土混合物的黏聚性与保水性差甚至出现离析、泌水等不良现象。因此,每种混凝土都有一个最佳含砂率。最佳含砂率的确定,尚无合适的理论计算公式,而是通过初步计算或参考经验数据,而后通过稠度试验确定。

(6)外加剂

在配制混凝土混合物时,加入少量的表面活性物质(如减水剂、加气剂等),可以提高混凝土混合物的稠度,并能改善混凝土或砂浆的其他技术性能。

(7)温度

混凝土混合物的流动性,随着温度的升高而减小。温度提高10℃,坍落度大约减小20~40mm。另外随着时间的延长,混合物的坍落度也会逐渐变小,进行混凝土配合比设计时对施工环境、浇筑时间等亦应予以考虑。

2. 混凝土的表观密度

普通混凝土的表观密度为1 900 ~2 500kg/m^3,约为钢材的1/3,比铝稍小些。作为结构材料使用时,与其他材料相比,在取得同一承载能力下,其质量较大,这在一般建筑物设计中是一个不利因素。但用于以质量为主要目标的场所,它却又很适合。

3. 混凝土的力学性质

1)混凝土的强度

混凝土强度应包括抗压、抗拉、抗弯、抗剪、握裹、疲劳强度等,其中最主要的是抗压强度。在各种强度中,抗压强度值为最大。同时抗压强度大,其他强度指标也高。在钢筋混凝土结构中,大都采用混凝土的抗压强度作设计依据;在施工控制中也都采用抗压强度评定混凝土质量。

(1)抗压强度

混凝土强度可以分立方体抗压强度及轴心抗压(棱柱体抗压)强度。

①立方体抗压强度

按照现行《普通混凝土力学性能试验方法标准》(GB/T 50081—2002)中的规定,以边长15cm的标准立方体试块,在标准条件下[在温度为20℃ ±5℃的环境中静置一昼夜至两昼夜,然后编号、拆模。拆模后应立即放入温度为20℃ ±2℃,相对湿度为90%以上的标准养护室中,或者温度为20℃ ±2℃的不流动的$Ca(OH)_2$饱和溶液中]养护28d,用标准试验方法测得的抗压极限强度即为混凝土立方体抗压强度。

$$f_{cu} = \frac{F}{A} \tag{附1-1}$$

式中:f_{cu}——混凝土立方体抗压强度(MPa);

F——试件破坏荷载(N);

A——试件承压面积(mm^2)。

混凝土强度等级应按立方体抗压强度标准值确定。《混凝土结构设计规范》(GB 50010—2010)将混凝土强度分为C15、C20、C25、C30、C35、C40、C45、C50、C55、C60、C65、C70、C75和C80共14个等级。《混凝土结构设计规范》(GB 50010—2010)中,立方体抗压强度标准值系指按标准方法制作、养护的边长为150mm的立方体试件,在28d或设计规定龄期以标准试验方法测得的具有95%保证率的抗压强度值。

《混凝土结构设计规范》(GB 50010—2010)中规定,素混凝土结构的混凝土强度等级不应低于C15;钢筋混凝土结构的混凝土强度等级不应低于C20;采用强度等级400MPa及以上的钢筋时,混凝土强度等级不应低于C25。

预应力混凝土结构的混凝土强度等级不宜低于C40,且不应低于C30。

承受重复荷载的钢筋混凝土构件,混凝土强度等级不应低于C30。

②轴心抗压(棱柱体抗压)强度

棱柱体抗压强度用f_{cp}表示。棱柱体强度与立方体强度相比,由于立方体受压时受到上下支承面摩擦力的约束,所以立方体抗压强度要高于棱柱体抗压强度。

轴心抗压强度标准值f_{ck}按$0.88a_{c1}a_{c2}f_{cu,k}$计算。其中,d_{c1}为棱柱强度与立方强度之比值:对C50及以下普通混凝土取0.76;对高强混凝土C80取0.82,中间按线性插值。a_{c2}为C40以上的混凝土考虑的脆性折减系数:对C40取1.00,对高强混凝土C80取0.87,中间按线性插值。

(2)影响抗压强度主要因素

混凝土抗压强度主要决定于水泥强度等级与水灰比、集料品质、施工时浇捣方法、养护条件(温、湿度)、龄期等因素。

①水泥强度、水灰比对强度的影响

混凝土的强度是由水泥水化硬化并将砂石连成一个整体而产生的。因此,在其他条件相同的前提下,水泥强度越高,则混凝土强度越高;在一定范围内,水灰比越小,混凝土强度越高;反之,水灰比较大,混凝土强度越低。水灰比大,用水量多,混凝土不密实。因此水泥水化需要的结合水大约为水泥质量的20%~25%。为满足流动性的需要,要多加(一般大于40%)水。多余的游离水在水泥硬化后逐渐蒸发,在混凝土中留下许多微细小孔,使强度降低。瑞士学者保罗米提出,它们之间关系可用下式来表示:

$$f_{cu,k} = A \cdot f_{ce}\left(\frac{C}{W} - B\right) \tag{附 1-2}$$

式中:$f_{cu,k}$——混凝土 28d 立方体抗压强度标准值(MPa);

f_{ce}——水泥 28d 强度(MPa);

C——每 $1m^3$ 混凝土中水泥用量(kg);

W——每 $1m^3$ 混凝土中水用量(kg);

C/W——灰水比(水泥与水质量比);

A、B——经验系数,与集料品种水泥品种等因素有关,其数值通过试验确定。

②集料对强度的影响

集料的表面特征会影响混凝土强度。表面粗糙、多棱角的碎石与水泥石的黏结力就比表面光滑的卵石要好,所以在水泥强度、水灰比相同的情况下,碎石混凝土强度高于卵石混凝土的强度。

③养护温度、湿度对强度发展的影响

混凝土强度增长必须保证两个条件,即温度和湿度。

a. 温度的影响

在保持一定湿度的条件下,养护温度在 4~40℃,在 28d 龄期前,温度越高,强度越大,温度低于 0℃时,硬化不但停止,并且可能因水结冰膨胀,而使混凝土强度降低。混凝土浇筑温度低于 5℃时,应按冬季施工要求采取相应措施。

b. 湿度的影响

混凝土混合物浇筑后,必须保持一定时间的潮湿,水泥水化硬化才能顺利进行,以保证混凝土强度的正常发展。如果湿度不够,导致失水,影响水化硬化正常进行,会严重降低强度。混凝土的强度与保湿日期的关系如附图 1-1 所示。

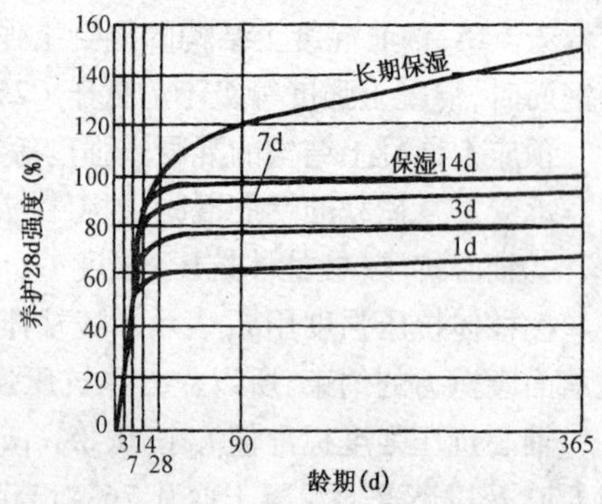

附图 1-1　混凝土强度与保湿日期的关系

混凝土的潮湿养护就是采取措施防止混凝土中水分过快散失。通常采取洒水、覆盖草等保湿措施。一般在混凝土浇筑后,12h 以内即应加覆盖物并待混凝土具有一定强度时浇水;干硬性混凝土应于浇筑完毕后立即覆盖并注意浇水。

混凝土浇水养护日期，对于普通硅酸盐水泥混凝土，不得少于7昼夜；对于矾土水泥混凝土，不得少于3昼夜；对于矿渣硅酸盐水泥混凝土，不得少于7昼夜；对于火山灰水泥、粉煤灰水泥混凝土或在施工中掺用引气剂等时，不得少于14昼夜；对于有抗渗性要求的混凝土，不得少于14昼夜；气温低于5℃时，不得浇水。

c. 龄期对混凝土强度发展的影响

混凝土的强度是随龄期的增长而逐渐提高，在正常养护条件下混凝土的强度初期(3~7d)发展快，后期发展较慢，28d可达设计强度等级规定数值，此后增加缓慢，甚至可延续数十年之久。不同龄期混凝土强度增长值见附表1-3。

各龄期混凝土强度的增长值 附表1-3

龄 期	7d	28d	3个月	6个月	1年	2年	4~5年	20年
混凝土强度	0.6~0.75	1	1.25	1.5	1.75	2	2.25	3.00

根据试验，混凝土强度增长与龄期的关系如附图1-2，附图1-3所示。强度增长大致与龄期的对数成正比。

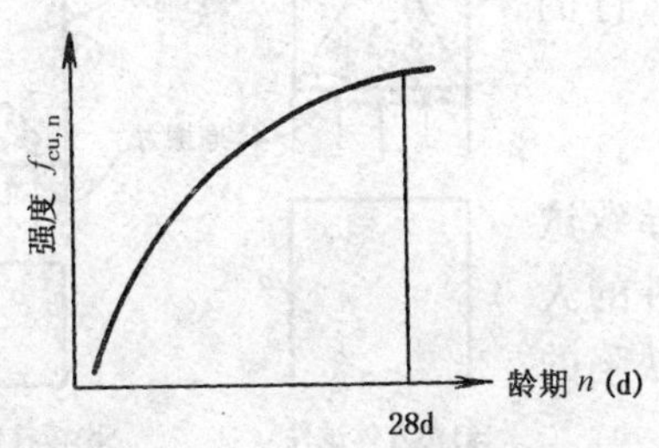

附图1-2 混凝土强度发展曲线

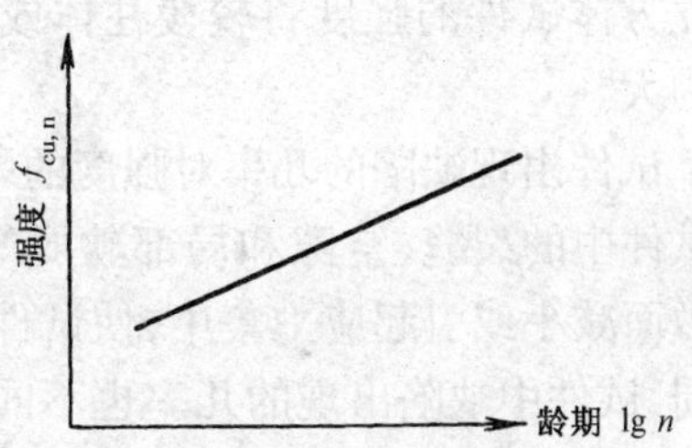

附图1-3 混凝土强度增长与龄期对数的线性关系

根据混凝土各龄期强度与龄期对数成正比关系，可用低龄期的抗压强度推算28d标准抗压强度。

由于

$$\frac{f_{cu,n}}{\lg n} = \frac{f_{cu,k}}{\lg 28} = 常数 \tag{附1-3a}$$

所以

$$f_{cu,k} = f_{cu,n}\frac{\lg 28}{\lg n} \tag{附1-3b}$$

式中：$f_{cu,k}$——推算的28d立方体抗压强度标准值(MPa)；

$f_{cu,n}$——n天龄期的立方体抗压强度标准值(MPa)，n不得少于3d；

$\lg n$、$\lg 28$——n和28的常用对数。

上述公式只适用于在标准养护条件下，采用普通硅酸盐水泥拌制的中等强度混凝土。由于水泥品种养护条件、施工方法不同等，混凝土强度发展与龄期关系也不一样，利用上式有一定局限性，故此式只能作参考。

④试验条件对混凝土抗压强度值的影响

混凝土的抗压强度值是在人为规定试验条件下测出来的。如果试验条件不同，试验结果就会不同，试验中各个环节都会在一定程度上影响试验结果，因此必须严格按标准方法的规定进行。

a. 试件形状和尺寸对抗压强度的影响

试验时所用试件的形状、尺寸及装置情况等对试验结果均有一定影响。试验证明，在其他条件相同的情况下，试块尺寸越小，测得的抗压强度值越高。因为试件受压时沿荷载作用方向在产生纵向变形的同时将产生横向变形，压板的弹性模量比混凝土大 5 ~ 15 倍，而泊松比则不大于混凝土两倍，所以在荷载作用下承压板的横向变形小于混凝土的横向变形，因而在上下压板与试块上下表面之间产生横向力即摩擦阻力，对试块的横向膨胀起着约束作用，这种横向力的存在，将提高试件的强度值。越接近承压面，这种约束力越大。在距离承压面大约$\frac{\sqrt{3}}{2}a$（a 为试件的横向尺寸）的范围以外，约束作用才会消失。在压板约束下，试件破坏成两个顶角相接的截头锥体［附图 1-4a］，如在压板与试件表面涂石蜡等润滑剂时，破坏形式为直裂。

当试件较高时，这种由横向力使强度提高的影响将较小，试件高度大于宽度 3 ~ 4 倍，影响已不明显［附图 1-4b)］。因此立方体试件的强度将较棱柱体或较高的圆柱体试件的强度为大。

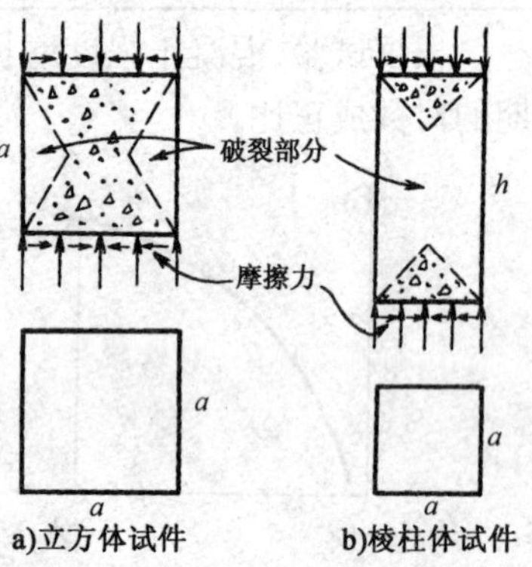

a)立方体试件　　b)棱柱体试件

附图 1-4　混凝土试件的破坏状态

b. 试件出现缺陷的几率对强度的影响

试件中的裂缝、空隙和局部软弱等缺陷，都将会导致试件受力面减小或引起应力集中，使试件强度降低。试件的大小不同，试件中缺陷出现的几率也不同。大试件出现缺陷的几率比小试件多，也会导致大试件强度低于小试件。

c. 加荷速度、试件表面平整度对强度的影响

加荷速度将会影响试验结果。加荷速度增大，试验结果偏高；加荷速度较慢将得到较低强度值。按标准规定，测定混凝土抗压强度时加荷速度应为每秒钟 0.2 ~ 0.3MPa，并应连续而均匀的进行。

试件的上下表面应光滑平整且与中轴垂直，以保证受力均匀，否则将由于凸凹不平而引起应力集中使其强度降低。

⑤提高混凝土强度和促进混凝土强度发展的主要措施

采用高强度等级水泥和快硬早强类水泥，但此类水泥价格昂贵，一般只在紧急工程施工中应用。

a. 采用干硬性混凝土

干硬性混凝土的水灰比小，含砂率小，如配有强力振捣，混凝土的密实度大，混凝土强度高。在水泥相同情况下，较塑性混凝土可提高强度 40% ~80%。

b. 采用化学外加剂法

在混凝土混合物中加入少量有机或无机化学物质，以降低水灰比，促进水泥水化和硬化，可提高混凝土强度（详见“掺外加剂”的混凝土配合比设计部分）。

c. 采用机械搅拌与振捣

采用机械搅拌与振捣易使混凝土混合物均匀，成型密实，提高强度，这对低流动性或干硬性混凝土尤为重要。

d. 采用蒸气养护和蒸压养护

蒸气养护是使浇筑完毕的混凝土构件在温度高于60℃,湿度大于90%的饱和水蒸气中经1～3h预养,以加速混凝土强度的发展。

普通水泥混凝土经过蒸气养护后,早期强度提高快,一般经过一昼夜蒸气养护,混凝土强度能达到$f_{cu,k}$的70%。但对后期强度增长有影响,所以用普通水泥配制的混凝土养护温度不宜太高,时间不宜太长,一般养护温度为60～80℃,恒温养护时间5～8h为宜。

用火山灰质水泥和矿渣水泥配制的混凝土,蒸气养护效果比普通水泥混凝土好,不但早期强度增长快,而后期强度比自然养护还稍有提高。这两种水泥混凝土可以采用较高温度养护,一般可达90℃,养护时间也可以长,但不超过12h为好。

蒸压养护是将浇筑完的混凝土构件静停8～10h,放入蒸压釜内,通入高压高温(如8个大气压或以上,175℃以上)饱和蒸气进行养护,称为蒸压养护。

在高温、高压蒸气下,水泥水化时析出的氢氧化钙不仅能充分与活性的氧化硅结合,而且也能与结晶状态的氧化硅结合而生成含水硅酸盐结晶,从而加速水泥的水化和硬化,提高了混凝土强度。此法比蒸气养护的混凝土质量好,特别是对采用掺有活性混合材的水泥及掺入磨细石英砂的混合硅酸盐水泥制备的混凝土更为有效。

(3)抗拉强度

混凝土抗拉强度很低,仅为抗压强度1/10～1/20。在普通混凝土结构设计中,一般不考虑抗拉强度。

测定混凝土抗拉强度的试验方法通常有两种,即轴心拉伸法和劈裂法。

轴心拉伸试验使混凝土单纯承受拉力,受力条件简单,但试验工作量较大。

采用劈裂试验方法,试件小,工作量少。但在试件的断面上并不完全受拉力,在受拉的同时还有一定的压应力,另外受到加荷条件影响,用劈裂法测定的抗拉强度($f_{cu,L}^{P}$)与同条件测定的轴心抗拉强度($f_{cu,L}$)往往不等。

根据有关科研单位经验,得出经验关系式为:

$$f_{cu,L} = (1.0 \sim 1.24) f_{cu,L}^{P} \tag{附1-4}$$

劈裂试验采用的标准试块为15cm×15cm×15cm立方体,亦可采用圆柱体试件。

劈裂抗拉强度按下式计算:

对于立方体试块

$$f_{cu,L}^{P} = \frac{2P}{\pi a^2} = 0.637 \times \frac{P}{a^2} \tag{附1-5}$$

式中:$f_{cu,L}^{P}$——劈裂抗拉强度(Pa);

P——破坏时最大荷载(N);

a——立方体试件的边长(m)。

对于圆柱体试件:

$$f_{cu,L}^{P} = \frac{2P}{\pi dL} = 0.637\frac{P}{dL} \tag{附1-6}$$

式中:P——破坏荷载(N);

d——圆柱体试件的直径(m);

L——圆柱体试件的长度(m)。

根据《混凝土结构设计规范》(GB 50010—2010)规定,轴心抗拉强度与抗压强度之间的关系可按下式换算：

$$f_{cu,L}^{P}=0.395f_{cu}^{0.55} \quad (附 1\text{-}7)$$

式中：f_{cu}——混凝土立方体抗压强度。

2）混凝土的变形性能

混凝土结构物在实际使用中，经常由于受相邻部件牵制而处于不同程度的约束状态。当混凝土发生变形时，由于约束作用，混凝土内会产生拉应力，又因混凝土的抗拉强度不高，变形过大就会引起混凝土裂缝。裂缝将会导致混凝土构件承载力降低，影响抗渗性和耐久性。

混凝土的变形有两种，即非荷载作用的变形和外荷载作用引起的变形。

（1）非荷载作用的变形——体积变形

混凝土中由于所含水分的改变、化学反应、温度变化所引起的变形，包括干缩变形、自生体积变形和温度变形，均称为混凝土体积变形。

①干缩变形

混凝土在硬化过程中，由于水分的散失，体积发生收缩的现象称为混凝土的干缩。

水泥水化生成硅酸钙胶体和结晶体，一般结晶不会受干燥条件的影响，因此支配干缩的主要因素是胶体的数量及特征。胶体中有大量的微细孔隙，在干燥条件下，胶体中自由水逐渐蒸发产生毛细管压力，压缩管壁，胶体的体积也随水分蒸发而减少，因此引起了混凝土干缩。

干缩与水泥品种、细度、水灰比、龄期、水泥用量和单位用水量有关。矿渣水泥比普通水泥的收缩大；高强度水泥，细度较细，收缩较大。混凝土中若水泥用量多和单位用水量多，胶体数量就比较多，因而混凝土干缩较大。集料的绝对体积越大，混凝土干缩率越小。在混凝土中增大集料绝对体积，对收缩有一定的抑制作用。干净的砂石、捣固密实的混凝土，收缩率小。在水中或潮湿条件下养护，可减少混凝土收缩。经蒸压养护的混凝土收缩较小。

②自生体积变形

由于胶凝材料自身水化引起的体积变形称为自生体积变形。

自生体积变形是在保证充分水化条件下产生的，主要取决于胶凝材料的性质，它不同于干缩变形，与混凝土的单位用水量无关。

混凝土的自生体积变形大多为收缩，少数为膨胀（膨胀混凝土）。如果以混凝土线膨胀系数为 $10\times10^{-6}/℃$ 计，混凝土的自身体积变形为 $-50\times10^{-6}\sim+50\times10^{-6}$，相当于温度变化10℃引起的变形。利用自生体积膨胀变形可改善混凝土抗裂性。例如用膨胀水泥配制的自应力混凝土在硬化过程中体积膨胀，可补偿混凝土收缩。

③温度变形

随着温度的变化而发生膨胀或收缩变形称为温度变形。

混凝土具有热胀冷缩的性质。不同集料的热膨胀相差很大。在同一混凝土中，集料和水泥浆之间或不同集料之间的热膨胀差别是导致混凝土破坏的因素之一。混凝土的温度膨胀系数为 0.000 01，即温度升高 1℃，每米混凝土膨胀 0.01mm。大体积混凝土裂缝主要是由温度变形而引起的。在混凝土硬化初期，水泥水化会放出较多的热量，由于混凝土是热的不良导体，散热缓慢，如不采取人工降温措施，大体积混凝土内部的温度将增高，有时可达 50～70℃，在混凝土内部产生较大的体积膨胀。而在混凝土外部却随气温降低而冷却收缩。因此混凝土内部膨胀与外部收缩这种相反的作用使外部混凝土产生很大的拉应力。当外部混凝土所受的拉应力一旦超过混凝土的极限抗拉强度时，外部就会开裂，而这种裂缝会严重破坏混凝土结构物整体性和降低耐久性,所以如何减少温度变形是一个很重要的问题。浇筑大体积混凝土时,应采取以下措施减少温度变形,防止出现裂缝:采用水化热低的水泥如大坝水泥;在保证强度的前提下,降低水泥用量和最大限度减少混凝土的单位用水量来降低水化热;利用夜间或低温季节浇筑混凝土以降低浇筑温度;适当减薄浇筑层厚度,利用层面散热;设法降低拌和水和原材料的温度,以降低浇筑温度;在混凝土中埋设冷却水管,浇筑后通水冷却以降低水化热产生的温升;应合理分缝分块,改善约束条件,减轻约束作用;注意避免引起应力集中等不利的结构形式;合理安排施工程序,避免过大的高差和长期暴露面等。

(2)外荷载作用引起的变形

①在外荷载作用下微裂缝的扩展和荷载—变形曲线

所谓微裂缝就是用肉眼难以看到,只有借助显微镜才能发现的裂缝。在未受外力作用之前,微裂缝就存在于硬化的混凝土中。这种裂缝是由于沉陷,水泥浆的水化、干燥、碳化等因素在混凝土内部引起收缩产生的。混凝土中微裂缝有三种:黏结裂缝——石子与砂浆黏结面上的裂缝;砂浆裂缝——砂浆本身产生的裂缝;穿过石子的裂缝——石子强度不够,这种裂缝很少,主要是黏结裂缝和砂浆裂缝。

黏结裂缝发生在黏结强度小的大粒径石子周围,随着荷载的增加,这些裂缝长度、宽度和数量均相应增大。当混凝土应力在抗压强度的30% ~50%以下时,黏结裂缝的增加可以忽略,应力更大时,裂缝急骤增加。在应力达到抗压强度的70% ~90%以后,砂浆裂缝急骤发生,微细裂缝发展成为连续裂缝使混凝土破坏。所以微裂缝的存在使混凝土的力学性质呈现各向异性。当混凝土在外力作用下,外力和变形以及内部裂缝变化的关系,可通过试验和显微镜观察发现。

以混凝土单轴受压为例,通过显微镜观察,发现混凝土内部裂缝的发展可分为如附图1-5所示的四个阶段。

*OA*段,荷载与变形成直线关系,*A*点为比例极限,荷载加到比例极限(约为极限荷载的30%)以前,微裂缝无明显变化(Ⅰ阶段)。*AB*段,随着荷载的增加,超过"比例极限"以后,变形增大的速度超过荷载增大的速度,荷载与变形之间不再是直线关系,而成为曲线(Ⅱ阶段),此时微裂缝数量、长度和宽度都不断增大,但尚无明显的砂浆裂缝。*BC*段,当荷载超过"临界荷载"(约为极限荷载的70% ~90%)以后,变形增大的速度进一步加快,荷载—变形曲线明显地弯向变形轴方向(Ⅲ阶段)。微细裂缝继续发展,同时开始出现砂浆裂缝,并将邻近的微细裂缝连接成连续裂缝。*CD*段,当荷载超过极限荷载以后(Ⅳ阶段),混凝土的承载能力下降,变形迅速增大,荷载—变形曲线逐渐下降,连续裂缝急速发展,以至完全破坏。

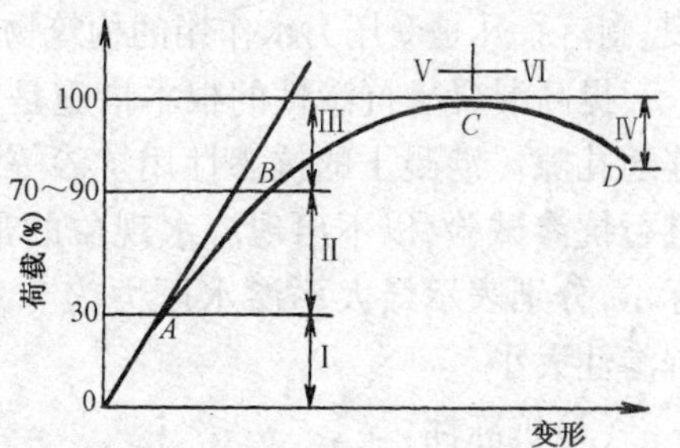

附图1-5　混凝土受压荷载—变形曲线

Ⅰ-界面裂缝无明显变化;Ⅱ-界面裂缝增长;Ⅲ-出现砂浆裂缝和连续裂缝;Ⅳ-连续裂缝迅速发展;Ⅴ-裂缝缓慢增长;Ⅵ-裂缝迅速增长

混凝土内部微裂在外力作用下扩展的主要原因是在微裂缝尖端处产生应力集中,导致微裂缝进一步延伸、汇合、扩大,最后形成可见裂缝而导致混凝土的破坏。所以,混凝土在外力作用下的变形和破坏过程也就是内部裂缝的发生和发展过程。

②徐变

在恒定的长期荷载作用下,混凝土将产生随着时间而增加的塑性变形,称为混凝土的徐变。

徐变产生原因目前尚未弄清，一般认为是在持续荷载的作用下，凝胶体中水分缓慢的压出、水泥石的黏性流动、微细孔的闭合、结晶内部的滑动、微细裂缝发生等各种因素的累加结果。

影响徐变的主要因素包括：水泥的品种、混凝土配合比（包括水灰比）、水泥用量和集灰比、加荷的龄期、加荷期间的温度与湿度、加荷应力的大小和荷载的种类、试件的大小等。徐变随着水泥品种按下列顺序增加，早强水泥、高强水泥、普通水泥、矿渣水泥；加荷应力大，徐变大；加荷时混凝土龄期越短，徐变越大；持荷时间越长，徐变越大；结构尺寸越小，徐变越大。对于预应力钢筋混凝土，徐变可造成钢筋的预应力损失；对于大体积混凝土，徐变可消除一部分温度变形所产生的破坏应力。

3）混凝土的耐久性

混凝土除具有足够强度，还应具有耐久性。

暴露在自然环境中的混凝土结构物，经常会受到各种物理和化学因素如温度变化、冻融循环、环境水、有害气体、土壤侵蚀等的破坏作用，混凝土抵抗上述各种破坏作用的能力称为混凝土耐久性。

根据破坏作用性质的不同，混凝土的耐久性主要可分为三个方面，即抗渗性、抗冻性和耐化学腐蚀性（简称耐蚀性）。

（1）抗渗性

抗渗性指抵抗压力水通过内部的能力。

混凝土中多余水分蒸发留下的孔道，新拌混凝土由于泌水在粗集料颗粒与钢筋下缘形成的水囊以及由于泌水留下的孔道，施工缝处理不好，捣固不密实都容易形成的蜂窝、孔洞、孔道和缝隙等都会引起渗水。若渗入的水冰冻，还会引起钢筋混凝土中钢筋的锈蚀和保护层的开裂、剥落。凡是受压力水作用的构筑物，均应有一定的抗渗性。

提高混凝土抗渗性的根本措施是增强混凝土的密实度和改变混凝土中孔隙结构，减小连通孔隙。混凝土的抗渗性用抗渗等级来表示。它是以28d龄期的标准试件，按标准方法进行抗渗试验，以不出现渗水现象的最大水压来确定抗渗等级。抗渗等级用P_4，P_8、P_{12}等标示，分别表示最大不渗水压力为0.4MPa、0.8MPa、1.2MPa。另外，也可用渗透系数表示抗渗性大小。

（2）抗冻性

抗冻性为混凝土在饱和水状态下遭受冰冻时抵抗冰冻破坏作用的性质。抗冻性是评定混凝土耐久性的总指标。抗冻性用抗冻等级表示，它是按标准方法将试件进行冻融循环，以强度降低不超过25%时所能承受的最大冻融循环次数来确定。混凝抗冻等级分为F50、F100、F150及以上等级。混凝土的密实度和孔隙特征是决定抗冻性的重要因素，提高混凝土抗冻性的有效方法是采用加气混凝土或密实混凝土。

我国目前一般使用松香热聚合物加气剂配制抗冻混凝土，根据经验，一般掺量为水泥重的0.01%。

控制混凝土抗冻性，含气量并不是唯一的指标，还与气泡性质有关。若含气量合乎要求，气泡尺寸和间距比较大（即单位体积水泥浆中的气泡个数比较小），并不能有效地改善混凝土的抗冻性。松香热聚合物混凝土中产生的气泡，其直径大部分在50μm以下，气泡间距大体在200~250μm，超过此值，混凝土抗冻耐久性指数显著下降。

为提高混凝土抗冻性,应严格限制加气混凝土的水灰比。因为在含气量基本相同的条件下,加气混凝土中的气泡平均尺寸及其间距均随着水灰比的增加而加大。同时水泥浆中可冻水的百分率也相应增大,使混凝土的抗冻性显著下降。水灰比减小,气泡平均尺寸、间距也随之减小。在含气量相同的条件下,气泡个数增加,可大大提高混凝土的抗冻性。加气混凝土比普通混凝土抗冻等级提高 3 ~4 倍。

对于有抗冻要求的混凝土,其最大水灰比按附表 1-4 选用。

要求抗冻性混凝土的最大水灰比　附表 1-4

工程部位	气候条件	
	严寒	温和
重要部位	0.45	0.55
次要部位	0.55	0.66

在较小水灰比条件下,加气剂与某些优质减水剂复合使用效果更好。近年来使用烷基磺钠、烷基萘磺酸钠、脂肪醇硫酸钠和乙基多羟硅油等,可使混凝土抗冻等级提高 3 倍左右,抗渗性提高约 50%。

在保持坍落度不变的情况下,掺加气剂的混凝土比不掺加气剂的混凝土可减少用水量 8% ~9%。

冬季施工要求混凝土早强,在节约水泥的情况下,往往限制加气剂的使用。在这种情况下,可与某些早强剂(氯化钙、三乙醇胺等)和减水剂(如 NNO、MF 等)复合使用,弥补加气剂降低强度的不足。

抗冻试验证明,各种水泥混凝土在掺入加气剂后的抗冻效果,依次为:抗硫酸盐水泥加气混凝土,硅酸盐水泥加气混凝土,矿渣水泥加气混凝土,火山灰质水泥加气混凝土。

含气量过多则混凝土呈浮石状态,强度将随含气量的增加而降低,一般每增加含气量 1%,抗压强度降低 3% ~5%。由于制品种类、集料品种,集料的形状和粒径及混凝土配合比不同,加气剂的掺量和引入混凝土的含气量也不相同,而气泡的多少不仅直接影响加气混凝土的抗冻性而且影响其他性能,所以应通过试验确定加气剂掺量。

(3)抗蚀性

如混凝土不密实,外界侵蚀介质就会通过内部的孔隙或毛细管通路,侵入到硬化水泥石内部进行化学反应,引起混凝土的腐蚀破坏。混凝土的抗侵蚀性与混凝土密实度、孔隙特征有关,也与水泥品种有关。

(4)提高耐久性的主要措施

①合理选择水泥品种。

②适当控制水灰比及水泥用量。水灰比的大小不仅影响强度,而且影响密实性、耐久性。保证足够的水泥用量,也能保证混凝土密实性和耐久性。

③掺用加气剂或减水剂。

④加强搅拌。浇筑、养护环节,施加二次振捣,以保证混凝土的密实度,增加耐久性。

(四)制取优质混凝土的途径

保证获得优质混凝土的三个基本条件是:①具有良好的原材料,②选择适宜的混凝土配合比,③保证施工全过程的质量。

优质混凝土除应表现在强度和耐久性两方面外,还必须是经济的。优质混凝土的主要性能、相互关系及控制因素如附图 1-6 所示。

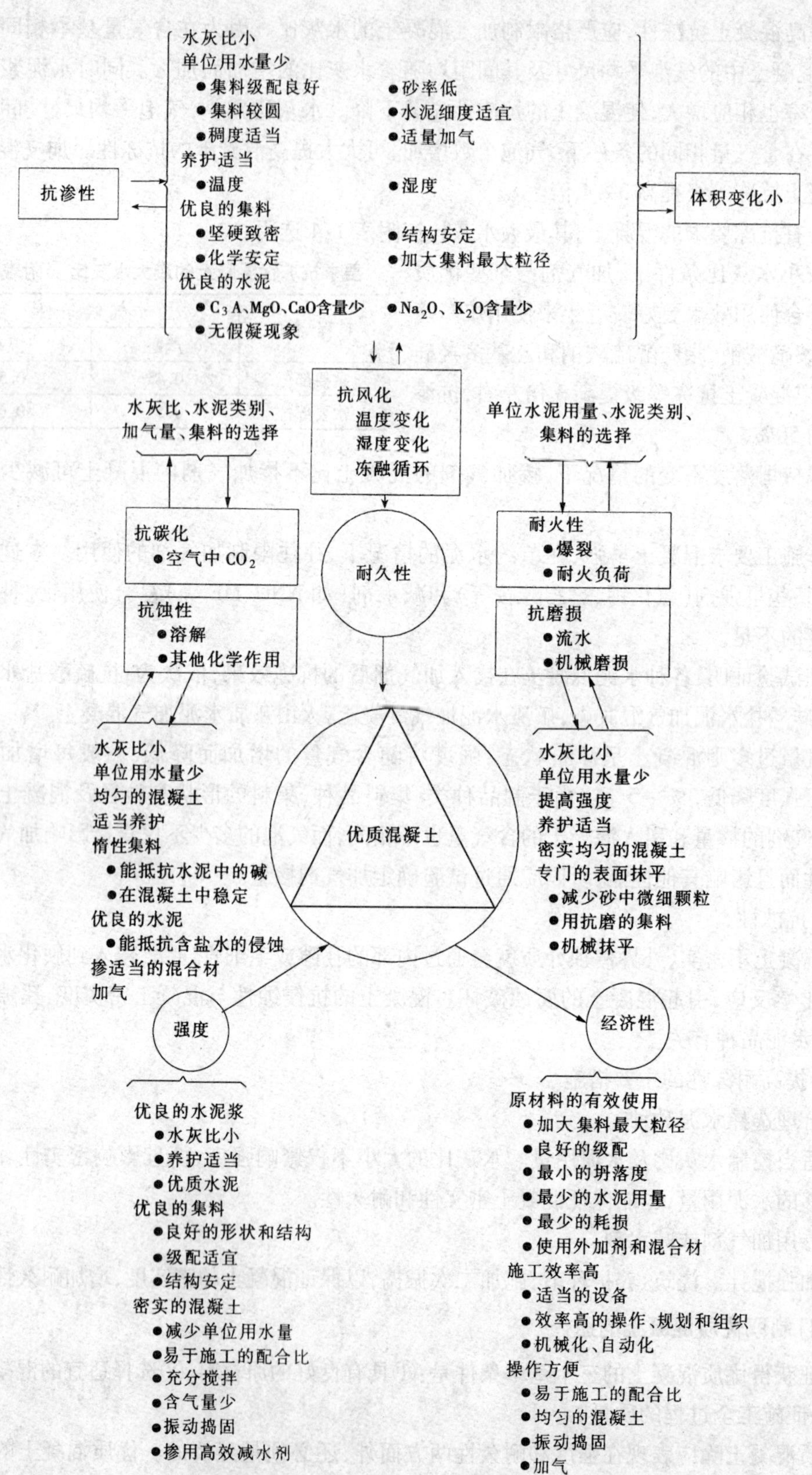

附图 1-6　优质混凝土的主要性能、相互关系及控制因素

二、混凝土应用外加剂的基本知识

在配制混凝土过程中，除水泥、水、集料外，为使混凝土具有某种特性、改善混凝土性能和节约水泥，还可适当掺入一些其他材料。这些材料可分为两类：外掺料和外加剂。

外掺料指用量多、掺料本身的体积影响到混凝土配合比设计的掺和材料，通常掺加量为水泥质量 5% 以上。

外加剂指用量少、本身体积不影响混凝土配合比设计的掺和材料，一般掺加量为水泥质量 5% 以下。

（一）应用外加剂的重要性

外加剂最普遍定义是：为改善新拌及硬化后的砂浆或混凝土性质而掺入的物质。

混凝土是使用最广泛的建筑材料，而外加剂已成为混凝土中必不可少的第五组分。根据已有的研究和工程实践的经验以及从土建事业发展的趋势看，混凝土中外加剂的应用有十分重要的技术和经济意义。

1. 混凝土中掺外加剂是近年来混凝土技术的一次重大突破

外加剂的研制和生产，推动了混凝土科技事业的发展。由于外加剂的应用，混凝土施工技术的新工艺如泵送、喷射等才能实现；特殊工程需要的如特殊防水混凝土、流态混凝土、高强混凝土等才可能出现；同时为轻质高强结构开辟了途径；为大面积的现浇和结构大型化奠定了基础。

2. 应用外加剂对节约水泥具有特别重要的意义

节约水泥应是建材的发展方向，应用外加剂特别是减水剂是节约水泥的重要途径。

统计分析资料表明，建一个年产 1 百万吨的大型水泥厂，约需投资 1 亿元以上，需 4 ~ 5 年时间才能投产使用。然而，要节约 1 百万吨水泥，只要在混凝土中掺加 5 万吨左右减水剂即可。根据现有的工艺技术水平及施工条件，建成一个年产 5 万吨的减水剂工厂，只需投资 1 千 5 百万元左右，用 1 ~ 2 年时间即可投产使用。对比可见，投资可节约 80% 左右，时间可缩短一半以上。设想，随着我国应用外加剂的增加，如果按我国现有水泥产量子的$\frac{1}{3}$配用减水剂，每年就可节约水泥几百万吨，相当于每年建造几个投资 1 亿元以上的大型水泥厂。

3. 应用外加剂对节约能源有现实意义

能源是国民经济的一个突出问题，我国的能源方针是“开发和节约并重，近期把节约放在优先地位”。据统计，我国建材工业所耗的能源约占工交部门全部能源的 12.3%，而各类建筑材料生产的能耗中，水泥生产的能耗占建材总能耗的 35.8% 左右。从应用外加剂后节约水泥这一项就可看到节能的意义。更何况应用外加剂后，有的可减少混凝土构件的蒸气养护时间，有的可缩短施工周期等，都可直接或间接地降低能量消耗，起到了节约能源的作用。

4. 改善混凝土的性能

掺加合适的外加剂，可提高混凝土的强度，提高掺渗、抗冻、耐化学腐蚀及防锈蚀等性能。在某种意义上讲，掺加外加剂的混凝土可代替由特种水泥制备的混凝土，以扩大混凝土的使用范围。

5. 从国内外应用外加剂的情况看，我国应大力推广使用外加剂

据 1982 年的统计资料，不少国家使用外加剂的混凝土已占混凝土总量的 50% 以上。如

美国达65%左右，日本已达80%左右，有的国家如挪威凡是使用混凝土的工程几乎都使用了外加剂。不少国家的外加剂应用很广且已形成系列。而目前我国应用外加剂的情况很不平衡，还不普遍。可以这样说，我国外加剂的现状，在品种、质量、成本、应用技术上与发达国家相比都存在差距，积极、慎重、科学地扩大新品种，形成系列，制定统一技术规程，不断推广应用，已成当务之急。

(二)外加剂的分类

混凝土的外掺材料根据使用量的大小，基本可分为外加剂和混合材两大类。但两者并没有十分明确的界限。一般来说，在混凝土拌和时或拌和前掺入掺量不大于水泥质量5%(特殊情况除外)，并能使混凝土的性能按要求改变的产品称为混凝土外加剂；而将掺量较大(一般为水泥质量的5%以上)，其体积影响到混凝土配合比设计的外掺材料称作混合材(有的称掺和料、外掺料等)。

每种外加剂是按其所具有的一种或多种功能给出定义，并根据其对混凝土改性的主要功能命名。凡属于复合性的外加剂常具有数种主要功能，则常按其一种以上功能命名。

外加剂可由材料的作用、效果或使用目的为主来区分；也可由材料的组成、化学作用或物理化学作用为主来区分。

外加剂按其一种或数种主要功能可分成以下5类：

(1)改善新拌混凝土流变性能——减水剂、引气剂、保水剂等。

(2)调节混凝土凝结、硬化性能——缓凝剂、早强剂、速凝剂等。

(3)调节混凝土气体含量——引气剂、发气剂、泡沫剂、消泡剂等。

(4)改善混凝土耐久性——引气剂、阻锈剂、抗冻剂、抗渗剂等。

(5)为混凝土提供特殊性能——发气剂、泡沫剂、着色剂、膨胀剂、碱—集料反应抑制剂等。

外加剂按其化学性质及对混凝土的作用可按附表2-1分类。该表有助于对外加剂的研究及作用机理的探讨，也有助于选择和使用外加剂。但该表不能详细注明外加剂的各种用途，同时，作用功能基本相同的化学成分很多，也难以一一列举。

混合材主要可分以下几类：

(1)起火山灰作用的材料——粉煤灰、高炉矿渣、硅酸白土等。

(2)在硬化过程中引起膨胀——各类膨胀性混合材。

(3)蒸压养护中使产生高强度——硅酸质粉末等。

(4)着色用——各类着色剂。

(5)其他——聚合物、填充剂等。

混凝土外加剂按化学性质的分类 附表2-1

<table>
<tr><th rowspan="2">类 别</th><th colspan="2">类 别</th><th rowspan="2">外 加 剂</th><th rowspan="2">作 用</th></tr>
<tr><th>名称</th><th>分类</th></tr>
<tr><td rowspan="2">无机化合物 外加剂</td><td rowspan="2">无机电解质盐类</td><td>I价
金属强酸盐</td><td>$LiCl$、Li_2SO_4
$NaCl$、KNO_3、KCl、K_2SO_4、Na_2SO_4
$NaNO_3$、$NaNO_2$</td><td>碱—集料反应抑制剂
调凝剂
阻锈剂</td></tr>
<tr><td>I价
金属弱酸盐</td><td>Na_2CO_3、Na_2SiO_2、Na_3PO_4
$Na_4P_2O_7$、$K_4P_2O_7$、CH_3COONa</td><td>调凝剂</td></tr>
</table>

续上表

类别	类别		外加剂	作用
	名称	分类		
无机化合物外加剂	无机电解质盐类	I 价 金属强酸盐	$CaCl_2$、$MgCl_2$、CaI_2、CaF_2 $Ca(NO_3)_2$、$Ca(NO_2)_2$ $BaCl_2$、$SiCl_2$、$Ba(NO_2)_3$ $CaSO_4 \cdot 2H_2O$、$CaSO_4$、$MgSO_4$、$PbSO_4$ $BeSO_4$	调凝剂、早强剂（作用并不全部相同）
		I 价 金属弱酸盐	$Ca(CH_3COO)_2$、$CaCO_3$、$ZnCO_3$、$Ca_2P_2O_7$	调凝剂
		I 价 金属强酸盐	$Al_2(SO_4)_3$、$AlCl_3$、$Al(NO_3)_3$	
	金属氢氧化物		$NaOH$、KOH、$Ca(OH)_2$ $Mg(OH)_2$、$Al(OH)_3$、$Fe(OH)_3$	调凝剂、早强剂
	金属氧化物		CaO	膨胀剂
			CaO、CuO、Fe_2O_3、Cr_2O_3	着色剂
			ZnO、PbO、CdO、B_2O_3	缓凝剂
	轻金属		Al 粉、Mg 粉	加气剂
有机化合物外加剂	表面活性剂	阴离子 表面活性剂	木质素磺酸盐类 多环芳香族磺酸盐类 羟基、羟基酸盐类 多羟基碳水化合物及其盐类 水溶性蜜胺树脂甲醛磺酸盐 烷基苯磺酸盐类 其他	减水剂 调凝剂 引气剂
		阳离子 表面活性剂	三甲烷基或二甲二烷基胺盐 杂环胺盐 其他	减水剂 调凝剂
		非离子表面活性剂	多元醇化合物 含氧有机酸 醇胺 其他	早强剂 调凝剂

续上表

类别	类别		外加剂	作用
	名称	分类		
有机化合物外加剂	高分子聚合物	树脂类	聚氯乙烯 聚酯酸乙烯	黏结剂
			聚丙烯酸酯 聚乙烯基呋喃	防水剂
		橡胶类	合成橡胶	黏结剂
		高分子电解质	各种高分子盐类	凝聚剂
	各种有机化合物及复盐	各种醇、酸、酯、酚及衍生物	烷基磷酸盐 硼酸酯等	消泡剂
		皂类化合物	松香皂热聚物	引气剂
有机化合物外加剂	各种化合物及复盐	硬酯酸盐 油酸盐	硬酯酸钙、硬酯酸锌、硬酯酸铵 油酯钙、油酯铵、丁基硬脂酸	防水剂
各种有机及无机化合物复合外加剂				

我国外加剂按功能可分为6大类，主要有10余个品种，参见附表2-2。

混凝土外加剂按功能的分类 附表2-2

序号	按外加剂功能分类	品种	序号	按外加剂功能分类	品种
1	改善新拌混凝土流变特性	普通减水剂 高效减水剂 早强减水剂 缓凝减水剂 引气减水剂	4	改善混凝土耐久性	抗冻剂
2	调节混凝土硬化性能	速凝剂	5	提供混凝土特殊性能	膨胀剂 防水剂 养护剂
3	调节混凝土含气量	引气剂 消泡剂	6	其他功能	砂浆外加剂 矿渣水泥改性剂 混凝土表面缓凝剂 混凝土界面处理剂

目前，正在开发的产品有：流平剂、抗渗剂、起泡剂、疏水剂、灌浆剂、黏结剂、阻锈剂、减气剂、絮凝剂、保水剂、密实剂、着色剂等。

国外主要混凝土外加剂的种类及应用范围见附表 2-3。

国外主要混凝土外加剂的种类及应用范围 附表 2-3

种类及代号	主要成分	性能特点	应用领域
塑化剂 (BV)	木质磺酸盐、 亚硫酸盐废液之衍生物	减水 改善和易性	现浇混凝土 预制混凝土
流化剂 (即超塑化剂) (FM)	磺化三聚氰胺甲醛缩合物、 磺化苯——甲醛缩合物、 改性木质磺酸盐	减水显著, 和易性显著提高	流态混凝土, 早、高强流态混凝土
密实剂 (DM)	硬脂酸盐、 油酸盐、 硅酮、硅烷	憎水,缩小孔隙, 隔断毛细孔道	防水要求高的工程
引气剂 (LP)	松香或其钠盐、 某些洗涤剂、 某些石油衍生物	引入小气泡以 提高抗冻性、改善和易性	抗冻性要求高的工程
促硬剂 (BE)	三乙醇胺、氮化物、草酸盐、铝酸盐	提前脱模、起吊与承载	现浇混凝土 预制混凝土
防冻剂 (FS)		新浇混凝土早期防冻	冬季施工
喷射助剂 (SH)	铝酸钾、铝酸钠、 KOH、碱的氟化物	速凝、早强、高强、与岩石黏结好	喷射混凝土(隧道衬里,地下矿井岩石加固等)
缓凝剂 (VZ)	磷酸盐、硼酸盐、 木质磺酸盐及其衍生物、柠檬酸	延缓和易性保持时间	大面积施工、大尺寸预制件
加气剂 (GB)	Al、Mg、Zn、H_2O_2	产生小气泡	加气混凝土
泡沫剂 (SB)	蛋白质、松香皂、某些洗涤剂	产生稳定泡沫	泡沫混凝土
空心微珠 (MHK)	包裹空气的塑料小球	提高抗冻性	抗冻性要求高的混凝土
稳定剂 (ST)	多电解质	防止离析 增加黏度	均匀性要求高的混凝土
泵送助剂 (PH)	LP、BV、ST 剂	塑化、引入小气泡、 增强黏度	泵送混凝土
灌注助剂 (EH)	BV、LP、VZ、CB、ST、某些膨胀剂	塑化、减水、膨胀	预应力构筑物或预制件
消泡剂 (EL)	磷酸三丁酯,酞酸二丁酯	消泡	无气泡的混凝土
碱反应阻止剂 (AH)	锂盐、锆盐、钡盐	抑制碱—集料反应	使用对碱敏感的集料时用
防蚀剂:混凝土防蚀剂 (KSB)	氟硅酸盐	减少 $Ca(OH)_2$ 阻塞毛细孔	管道、液体储罐
防蚀剂:钢筋防锈剂 (KSS)	氮化钠 苯甲酸钠	钝化钢筋	防锈蚀

(三)外加剂的作用和应用范围

1. 基本作用

各类外加剂都有各自的特殊功能,综合起来,外加剂可以在以下几方面发挥作用:

(1)能改善施工条件,减轻体力劳动,并有利于机械化施工,对保证及提高工程质量有积极的作用。能使在现场条件下完成过去难以完成的高质量的工程,例如可掺加高效能减水剂在工地条件下配制 C80 ~ C100 的超高强混凝土,掺加减水剂可配制泵送混凝土等。

(2)能减少养护时间,或缩短蒸养时间,可以提早拆模加速模板周转,还可以提早对预应力钢筋混凝土进行钢筋放张、剪筋。总之可以加快施工进度。

(3)能提高或改善混凝土质量。许多外加剂可以提高混凝土的强度,增加耐久性、密实性,增强抗冻性、抗渗性,改善干燥收缩及流变性能;有些外加剂能提高钢筋的耐蚀性等。只要掺用得当是不会降低混凝土性能的。

(4)在采取一定措施的条件下,可适量地节约水泥而不影响混凝土的质量(附表 2-4)。

(5)可以节约能源。节约水泥就是节约了能源;而增加和易性使捣固、抹平工序易于进行,自然就使能源消耗减少,减少养护或蒸养时间也节省了能源。因此,外加剂对能源的节约可起到相当大的作用(附表 2-5)。

各类外加剂节约水泥情况 附表 2-4

外加剂类别		外加剂示例	节约水泥(%)
减水剂	萘磺酸盐	NNO、MF、UNF、FDN、NF	10 ~ 20
	木质素	木钙、木钠、碱木素	5 ~ 10
	糖	糖蜜、TM	5 ~ 12
	树脂	密胺	15 ~ 25
引气剂	松香	松脂皂、松香热聚物	5 ~ 8
	表面活性剂	烷基苯磺酸盐、平平加	5 ~ 8
早强剂	无机盐	硫酸盐、氯盐	—
	防冻剂	氨盐、亚硝酸盐	5 ~ 10
	复合剂	减水早强剂	10 ~ 15

使用 1t 外加剂的节能效果 附表 2-5

节能项目 / 使用目的	能量(10^4kJ)	换算为煤(t)	换算为电(10^4kW)
节约水泥	4.18 × 5 410	8.74	2.2
减少振捣	4.18 × 100	0.16	0.04
(代替或部分代替)蒸气养护	4.18 × 40 000	64.56	16.32
进行温度控制	4.18 × 6 110	9.87	2.49

2. 应用范围

外加剂的应用范围十分广泛,在以下条件下都可以使用外加剂。

(1)自然条件下养护的混凝土制品或构件,掺用减水剂能改善稠度,提高强度,节约水泥。

(2)冬季现场浇筑混凝土施工时,可掺用早强剂或早强型减水剂。

(3)夏季滑模施工、水坝等大体积工程中,可掺用缓凝剂或缓凝型减水剂以延缓水泥放热过程,可减少收缩裂缝而保证混凝土质量。

(4)喷射混凝土、防水堵漏工程中可掺用速凝剂,使混凝土很快就可以凝结。

(5)大模板或钢筋密集的预应力钢筋混凝土工程,可使用高效减水剂以利浇筑,保证工程质量。

(6)港工、水工混凝土可掺用引气剂、减水剂以降低水泥用量,提高混凝土和易性或耐久性。

(7)高强度(C60～C70)、超高强度(C70以上)混凝土可掺用高效减水剂来配制。

(8)大型设备基础螺栓孔灌浆,大体积混凝土防止裂缝,补偿混凝土收缩,防止裂缝和对混凝土补强时的屋面、地下防水等工程中可掺用膨胀剂。

(9)许多预制构件制品可掺用各类外加剂,有的可减少蒸养时间,有的可改善强力振捣的工艺,这些均有利于提高制品质量。

部分外加剂(引气、减水类)在不同种类混凝土中的使用参见附表2-6。

部分外加剂在不同种类混凝土中的使用 附表2-6

条件	混凝土的种类 \ 外加剂的种类	引气剂	减水剂			引气减水剂		
			标准型	缓凝型	早强型	标准型	缓凝型	早强型
材料	卵石混凝土	○○○		○ ○			○○○	
	使用碎石、碎砂和高炉矿渣的混凝土	○○○		○ ○			○○○	
	轻混凝土	○○○		○ ○			○○○	
构件	大体积混凝土	○○	○○	○○○	×	○○	○○○	×
	高强度混凝土	○		○ ○			○○○	
施工	低温施工的混凝土	○○○		×		○○○	×	○○○
	高温施工的混凝土	○○	○○	○○○	×	○○	○○○	×
特殊条件	受海水作用的混凝土	○○		○○			○○○	
	水密混凝土	○○		○○			○○○	
	受冻融作用的混凝土	○○○		×			○○○	
	屏蔽用混凝土	○○	○	○	×	○○○	○○○	×
施工方法	预应力混凝土	○○	○○	○○	×	○○○	○○○	×
	用于滑动模板施工的混凝土	○○○		○			○○○	
	预填集料灌浆混凝土	○	○○	○○○	×	○○	○○○	×

注:○○○:特别希望使用;○○:最好使用;○:也可以使用;×:不可使用或最好不用。

3. 主要外加剂的功能及使用范围

(1)普通减水剂　在保证混凝土和易性及水泥用量不变的条件下,可减少用水量5%,提高混凝土强度10%左右。在保持混凝土用水量及水泥用量不变的条件下,可增大混凝土流动性,适用于最低气温5℃以上的各种预制及现浇混凝土、钢筋混凝土、预应力钢筋混凝土以及大模板、滑模施工用混凝土,还可配制大体积混凝土、泵送混凝土、流动性混凝土等。国内主要产品有MN、TRB、WN-1型等。

(2)高效减水剂　有较高的减水增强效果,在保证混凝土和易性及水泥用量不变条件下,可减少用水量12%以上,提高混凝土抗压强度15%以上。在保证混凝土用水量及水泥用量不变的条件下,可大大提高混凝土的和易性和流动性,适用于日最低气温0℃以上的混凝土施工,用于配制高强、大流动度、泵送、耐久性高的混凝土;可用于干硬性、塑性混凝土和预应力构件,以及用滑模施工自流灌浆和自密实混凝土等。主要产品有UNF、FDN、NF、AF等。

(3)早强减水剂　除有普通减水剂的功能外,还可缩短混凝土的凝结时间,即可缩短混凝土的养护时间,加速自然养护混凝土的硬化,提高混凝土的早期抗压强度25%,适用于日最低温度-5~+5℃时自然气温正负交替的亚寒地区混凝土的施工,即有早强要求的普通混凝土、钢筋混凝土、预应力混凝土中;可用于锚固地脚螺栓、设备基础、二次灌浆、修补接缝等采用的砂浆及细砂混凝土中。主要产品有CF、JZS、金属四型、BC等。

(4)缓凝减水剂　除具有普通减水剂的一般性能外,能使新拌混凝土在较长时间内保持其塑性,以利于浇筑、成型、提高施工质量、降低水化热,适用于大体积混凝土、水工混凝土及炎热地区夏季施工的混凝土;可用于泵送混凝土、预拌混凝土以及滑模施工。主要产品有天府牌、HY、CM、TMC型等。

(5)引气减水剂　在混凝土中兼有引入微小气泡和对水泥颗粒起分散润湿的双重作用,所以具有减水增强的作用。还可增加硬化混凝土的抗冻融性,改善混凝土拌和物的和易性,减少混凝土泌水离析。适用于工业、民用建筑工程中有防水、抗渗、抗冻融要求的混凝土中;可用于港工、水工、地下、防水、道路等工程有耐久性要求的混凝土中。主要产品有RH、YJ-1型等。

(6)速凝剂　可使混凝土在较短时间(3~5min)内急速凝结、硬化,适用于工业和民用建筑工程中要求速凝的混凝土以及坑道喷锚支护等工程施工用的喷射混凝土。主要产品有711、红星一型等。

(7)引气剂　能使混凝土在搅拌过程中产生大量微小(20~200μm)气泡,从而改善混凝土的和易性和耐久性,适用于港工混凝土,也可用于有抗渗、防水要求的建筑用混凝土中。主要产品有DH9、PC-2、801型等。

(8)防冻剂　通过降低混凝土中拌和水的冰点,使混凝土在负温条件下仍有一定的强度,适用于工业、民用建筑工程中有抗冻要求的混凝土及冬期施工时的混凝土。主要产品有NON-FLD-B等。

(9)膨胀剂　能使混凝土在硬化过程中产生微量体积膨胀,以补偿混凝土收缩,少量净余膨胀使体积更为致密,适用于地下防水工程、自防水混凝土屋面及混凝土的后浇缝、接头、地脚螺栓和补偿收缩砂浆等。主要产品有UEA、建新牌等。

(10)防水剂　能使砂浆致密,达到抗渗、防水的效果。常常是综合效应,如LHT型防水剂可加快水泥的水化作用,具有早强、塑化、抑制碱—集料反应等作用,适用于地下工程和有防水要求的建筑物中。主要产品有DC-氯化铁、A型、LHT等。

(11)养护剂　对新拌混凝土起到养护、固化、封闭和防尘作用,保证混凝土正常水化,减少水分的蒸发,适用于库房、机场、码头、结构物及高层建筑的混凝土表面,也可用于大面积混凝土的养护。主要产品有 CM-A、W 型等。

(12)泵送剂　能保证混凝土在泵送过程中顺利通过且又不产生离析。具有综合效果,如 LBS 型混凝土泵送剂就具有减水、早强、引气和润滑管壁、减水混凝土坍落度损失、提高混凝土黏结性和保水性等功效,适用于泵送施工混凝土。主要产品有 LBS 型等。

(13)砂浆外加剂　能改善砂浆的和易性、密实性及其他性能;有一定的减水作用,可代替混合砂浆中石灰膏,起塑化作用,适用于工业和民用建筑工程中的混合砂浆、水泥砂浆中。主要产品有 P-CS、BL 等。

(四)外加剂品种的选择

对应用外加剂的主要目的明确以后,关键问题就是根据使用目的选择适用的外加剂。

下面介绍苏州混凝土水泥制品研究院对农房构件应用外加剂的研究。其目的是为了提高农房构件的产量和质量。要求外加剂的早强效果显著,混凝土的后期强度也较高,其他性能也有所改善。

1. 高温季节外加剂的选择(附表 2-7)

(1)气温在 25℃以上时,NF、FDN、UNF-2、SN-Ⅱ、AF 等非引气(或低引气)型高效减水剂的早强效果显著,混凝土的 1d 强度提高 1 倍左右;3d 强度提高 80% 以上,已超过剪丝起吊强度 21MPa;7d 强度提高 40% 以上,已超过混凝土设计强度等级 C30,可以出厂使用;28d 强度提高 25% 以上。从经济指标看,以使用 AF、NF、UNF-2 高效减水剂较为便宜。

(2)气温在 25℃以上时,NSZ、H 型、NC、3F、AF + 元明粉等复合早强减水剂的早强效果与上述的高效减水剂相近,而 28d 强度低于高效减水剂,成本也比单用高效减水剂贵些,故不推荐使用。

(3)普通减水剂如木质素磺酸钙和天山Ⅰ型(腐殖酸减水剂)的早强效果不大,28d 强度也提高得较小,从早强出发不宜单独使用。

(4)引气性较大的高效减水剂 JN、建Ⅰ型的早强效果也较大,但 28d 强度有时增加得较少。

为此,夏秋季节从早强、高强出发,宜用减水率大、引气量小、减水剂水溶液的表面张力大和消泡时间短的高效减水剂 NF、UNF-2、AF、SN-Ⅱ、FDN 等。

高温季节早强混凝土用外加剂品种选择试验　　附表 2-7

序号	外加剂		水灰比	坍落度(cm)	抗压强度($\frac{MPa}{\%}$)				
	名称	掺量($C\times\%$)			1d	3d	7d	28d	半年
1	空白	—	0.55	0.8	$\frac{7.6}{100}$	$\frac{15.2}{100}$	$\frac{22.9}{100}$	$\frac{33.3}{100}$	$\frac{47.3}{100}$
2	AF	0.7	0.47	0.6	$\frac{15.3}{201}$	$\frac{27.3}{180}$	$\frac{32.8}{143}$	$\frac{41.5}{125}$	$\frac{57.5}{122}$
3	NF	0.5	0.47	0.6	$\frac{16.5}{217}$	$\frac{28.5}{188}$	$\frac{36.0}{157}$	$\frac{45.9}{138}$	$\frac{57.7}{122}$
4	FDN	0.5	0.47	1.7	$\frac{16.8}{221}$	$\frac{28.6}{188}$	$\frac{35.2}{154}$	$\frac{44.8}{135}$	$\frac{57.4}{121}$

续上表

序号	外加剂		水灰比	坍落度(cm)	抗压强度($\frac{MPa}{\%}$)				
	名称	掺量(C×%)			1d	3d	7d	28d	半年
5	UNF-2	0.5	0.47	2.6	$\frac{16.1}{212}$	$\frac{28.3}{186}$	$\frac{35.5}{155}$	$\frac{44.6}{134}$	$\frac{58.4}{123}$
6	SN-Ⅱ	0.6	0.47	1.1	$\frac{16.0}{210}$	$\frac{28.9}{190}$	$\frac{35.2}{154}$	$\frac{46.3}{139}$	$\frac{58.0}{123}$
7	JN	0.75	0.47	6.4	$\frac{13.1}{172}$	$\frac{26.4}{174}$	$\frac{30.1}{131}$	$\frac{38.5}{116}$	$\frac{50.9}{108}$
8	建Ⅰ型(低浓)	0.6	0.47	2.0	$\frac{10.5}{138}$	$\frac{18.7}{123}$	$\frac{27.1}{118}$	$\frac{35.6}{107}$	$\frac{43.8}{93}$
9	木钙	0.25	0.48	3.7	$\frac{7.7}{97}$	$\frac{15.5}{103}$	$\frac{22.6}{99}$	$\frac{32.0}{96}$	$\frac{41.6}{88}$
10	天山Ⅰ型	0.25	0.50	0.4	$\frac{77}{101}$	$\frac{15.6}{103}$	$\frac{22.6}{99}$	$\frac{31.4}{94}$	$\frac{40.6}{86}$
11	NC	3.0	0.50	0.1	$\frac{14.5}{191}$	$\frac{24.7}{163}$	$\frac{28.7}{125}$	$\frac{35.0}{105}$	$\frac{42.2}{89}$
12	H型	3.0	0.50	1.9	$\frac{15.0}{197}$	$\frac{23.5}{155}$	$\frac{28.4}{124}$	$\frac{36.1}{108}$	$\frac{44.1}{93}$
13	NSZ	1.5	0.49	0.1	$\frac{14.3}{188}$	$\frac{23.0}{151}$	$\frac{29.5}{129}$	$\frac{33.3}{100}$	$\frac{44.7}{95}$
14	AF+元明粉	0.7+1.0	0.47	3.4	$\frac{13.5}{178}$	$\frac{22.5}{148}$	$\frac{28.0}{122}$	$\frac{33.4}{100}$	$\frac{44.3}{94}$

2. 低温季节外加剂的选择(附表2-8)

(1)木质素磺酸钙在低温季节不起早强作用,强度发展较慢。

(2)高效减水剂NF、AF等在低温季节有一定的早强作用,但不显著。

(3)复合早强减水剂,如AF+元明粉、NSZ、S型、NC、H型、3F等,低温季节的早强效果显著,混凝土龄期3d的抗压强度提高90%以上。各地可因地制宜选用。

为了节省水泥,宜采用木质素磺酸钙,每1m^3混凝土可降低一定成本。

当然,利用高效减水剂节省水泥也是有利可图的。如AF、NF、UNF-2等,每1m^3混凝土也可降低成本,为采用木钙的1/3~2/3。尤其当节省水泥与早强要求相结合时,利用高效减水剂的效果更好。

低温季节早强混凝土用外加剂品种选择 附表2-8

序号	外加剂		水灰比	坍落度(cm)	抗压强度($\frac{MPa}{\%}$)		
	名称	掺量(C×%)			3d	7d	28d
1	空白	—	0.50	2.9	$\frac{6.9}{100}$	$\frac{17.5}{100}$	$\frac{30.4}{100}$
2	元明粉	2	0.50	3.2	$\frac{11.8}{177}$	$\frac{22.8}{130}$	$\frac{33.3}{110}$

续上表

<table>
<tr><th rowspan="2">序　号</th><th colspan="2">外　加　剂</th><th rowspan="2">水灰比</th><th rowspan="2">坍落度
(cm)</th><th colspan="3">抗　压　强　度 $\left(\frac{MPa}{\%}\right)$</th></tr>
<tr><th>名称</th><th>掺量($C\times\%$)</th><th>3d</th><th>7d</th><th>28d</th></tr>
<tr><td>3</td><td>AF＋元明粉</td><td>0.7＋2.0</td><td>0.43</td><td>3.8</td><td>$\frac{17.6}{255}$</td><td>$\frac{32.7}{187}$</td><td>$\frac{39.5}{130}$</td></tr>
<tr><td>4</td><td>S型</td><td>2.0</td><td>0.43</td><td>3.0</td><td>$\frac{13.7}{198}$</td><td>$\frac{30.1}{172}$</td><td>$\frac{44.3}{146}$</td></tr>
<tr><td>5</td><td>NSZ</td><td>1.5</td><td>0.44</td><td>2.5</td><td>$\frac{13.4}{194}$</td><td>$\frac{33.3}{190}$</td><td>$\frac{41.0}{135}$</td></tr>
<tr><td>6</td><td>3F</td><td>2.0</td><td>0.45</td><td>4.5</td><td>$\frac{12.3}{178}$</td><td>$\frac{22.2}{127}$</td><td>$\frac{43.2}{142}$</td></tr>
<tr><td>7</td><td>H型</td><td>3.0</td><td>0.45</td><td>2.8</td><td></td><td>$\frac{26.0}{153}$</td><td>$\frac{48.8}{160}$</td></tr>
<tr><td>8</td><td>NC</td><td>3.0</td><td>0.46</td><td>2.0</td><td>$\frac{13.1}{190}$</td><td>$\frac{28.9}{165}$</td><td>$\frac{45.1}{148}$</td></tr>
<tr><td>9</td><td>AF</td><td>0.7</td><td>0.43</td><td>2.4</td><td>$\frac{9.8}{142}$</td><td>$\frac{24.4}{139}$</td><td>$\frac{38.3}{126}$</td></tr>
<tr><td>10</td><td>NF</td><td>0.5</td><td>0.43</td><td>2.6</td><td>$\frac{8.4}{122}$</td><td>$\frac{22.1}{126}$</td><td>$\frac{37.8}{124}$</td></tr>
<tr><td>11</td><td>JN</td><td>0.5</td><td>0.43</td><td>4.4</td><td>$\frac{9.2}{133}$</td><td>$\frac{23.7}{135}$</td><td>$\frac{37.1}{122}$</td></tr>
<tr><td>12</td><td>木钙</td><td>0.25</td><td>0.45</td><td>4.5</td><td>$\frac{5.2}{75}$</td><td>$\frac{19.0}{108}$</td><td>$\frac{35.9}{118}$</td></tr>
</table>

注：气温3～10℃下自然养护；混凝土配合比水泥:砂:石＝1:1.55:2.925，水泥用量400kg/m^3，砂率35%；中国水泥厂42.5级普通水泥；河砂；碎石（粒径5～20mm）；强度栏内分子为抗压强度，分母为与空白混凝土强度的比值。

（五）使用外加剂应注意的事项

1. 根据工程特点选用合适的外加剂

几乎各种混凝土都可以掺用外加剂，但必须根据工程需要、施工条件和施工工艺等选择合适的外加剂。如一般混凝土主要采用普通减水剂，早强、高强混凝土采用高效减水剂；气温高时，掺用引气性大的减水剂或缓凝减水剂；气温低时，一般不用单一引气型减水剂，多用复合早强减水剂；为了提高混凝土的和易性，一般要掺引气型减水剂；湿热养护混凝土多用非引气型高效减水剂。冬期施工采用防冻剂，有防水要求时需采用防水剂，高层建筑采用泵送混凝土时应使用泵送剂等。为了发挥各种外加剂的特点，不宜互为代用，如将高效减水剂作普通减水剂用，普通减水剂当早强减水剂用都是不合适的。外加剂对不同的水泥有一个适用性问题，如某些减水剂对掺硬石膏的水泥不发挥作用。

2. 注意外加剂的质量

除关注某些厂家不注意原材料质量控制，粗制滥造，以假乱真，提供伪劣产品外，对质量较好的产品也应注意某些问题，如应详细了解产品实际性能，注意生产厂所提供的技术资料和应用说明。又如目前我国减水剂牌号众多，诸多厂家未明显标示其产品品种，而且质量不一。因此，在工程应用前，应按照质量标准对选择好的减水剂进行掺减水剂混凝土性能要求(与基准混凝土相比)的检验。为了确定掺量,对液态减水剂应测定溶液密度;对粉剂减水剂应测定固体物含量。在粉剂产品中,有些由于烘干不彻底或包装不符合要求而受潮,致使产品中的固体含量大都为75%~80%,因此在这种情况下切勿将固态物质以100%用作计算掺量的依据。

3.注意水泥品种的选择

在原材料中,水泥对外加剂的影响最大。水泥品种不同,将影响减水剂的减水、增强效果,其中对减水效果影响更明显。高效减水剂对水泥更有选择性,不同水泥其减水率相差较大,水泥矿物组成、掺和料、调凝剂、碱含量、细度等都将影响减水剂的使用效果。如掺有硬石膏的水泥,对于某些掺减水剂的混凝土将产生速硬或使混凝土初凝时间大大缩短。掺有萘系减水剂影响较小,糖蜜类会引起速硬,木钙类会使初凝时间延长。因此,同一种减水剂在相同的掺量下,往往因水泥不同而使用效果明显不同,或同一种减水剂,在不同水泥中为了达到相同的减水增强效果,减水剂的掺量明显不同。在某些水泥中,有的减水剂会引起异常凝结现象。为此,当水泥可供选择时,应选用对减水剂较为适应的水泥,以提高减水剂的使用效果。当减水剂可供选择时,应选择对施工用水泥较为适用的减水剂。为使减水剂发挥更好效果,在使用前,应结合工程进行水泥选择试验。

4.使用前进行试验

为了确保工程质量,根据现有的标准,对减水剂在使用前首先要作均质性试验,一般应测定表面张力和含固量两项,当测定表面张力有困难时,可用起泡性代替。然后进行混凝土试配,如检验掺减水剂混凝土的性能,一般应测定坍落度损失、减水率、含气量和抗压强度4项。

5.注意掌握掺量

每种外加剂都有适宜的掺量,即使同一种外加剂,不同的用途有不同的适宜掺量。掺量过大,不仅在经济上不合理,而且可能造成质量事故。尤其对有引气、缓凝作用的减水剂,要特别注意不能超掺量。如木钙掺量大于水泥质量的0.5%,会引入过量空气而使初凝缓慢,降低混凝土早期强度。高效减水剂掺量过少,失去高效能作用,而掺量过大(>1.5%),则会由于泌水而影响质量。氯盐的限制是众所周知的,过量会引起钢筋锈蚀。防冻剂的掺量与温度有关,并且根据强度效果作了掺量规定。总之,影响外加剂掺量的因素较多,如对减水剂就有掺加方法、水泥品种、拌和物的初始流动性及养护制度等。

6.采用适宜的掺加方法

在混凝土搅拌过程中,外加剂的掺加方法对外加剂的使用效果影响较大。如减水剂掺加方法大体分为先掺法(在拌和水之前掺入)、同掺法(与拌和水同时掺入)、滞水法(在搅拌过程中减水剂滞后于水2~3min加入)、后掺法(在拌和后经过一定的时间才按1次或几次加入到具有一定含量的混凝土拌和物中,再经2次或多次搅拌)。不同的掺和方法将会带来不同的使用效果。不同品种的减水剂,由于作用机理不同,其掺加方法也不大一样。如对于萘系高效减水剂,为了避开水泥中的C_3A、C_4AF矿物成分的选择性吸附,以后掺法为好;又如木钙类减水剂,由于其作用机理是大分子保护作用,故不同的掺加方法影响不显著。影响减水剂掺加方法的因素主要有水泥品种、减水剂品种、减水剂掺量、掺加时间及复合的其他外加剂等,均宜通过试拌确定。

7.注意调整混凝土的配合比

一般地说,外加剂对混凝土配合比没有特殊要求,可按普通方法进行设计。但在减水或节约水泥的情况下，应对砂率、水泥用量、水灰比等作适当调整。

(1)砂率　砂率对混凝土的和易性影响很大。由于掺入减水剂后和易性能获得较大改善，因此砂率可适当降低，其降低幅度为1%～4%，如木钙可取下限1%～2%，引气型减水剂可取上限3%～4%。若砂率偏高，则降低幅度可增大，因为过高的砂率不仅影响混凝土强度，也给成型操作带来一定的困难。具体配合比均应由试配结果来确定。

(2)水泥用量　混凝土中掺用减水剂均有不同程度节约水泥的效果，使用普通减水剂可节约5%～10%，高效减水剂可节约10%～15%。用高强度等级水泥配制混凝土，掺减水剂可节约更多的水泥。

(3)水灰比　掺减水剂混凝土的水灰比应根据所掺品种的减水率确定。原来水灰比大者减水率也较水灰比小者高。在节约水泥后为保持坍落度相同，其水灰比应与未节约水泥时相同或增加0.01～0.03。

8.注意施工特点

搅拌过程中要严格控制减水剂和水的用量，选用合适的掺加方法和搅拌时间，保证减水剂充分起作用。对于不同的掺加方法应有不同的注意事项，如干掺时注意所用的减水剂要有足够的细度，粉粒太粗，溶解不匀，效果就不好；后掺或干掺的，必须延长搅拌时间1min以上。

掺减水剂的混凝土坍落度损失一般较快，应缩短运输及停放时间，一般不超过30min，否则要用后掺法。在运输过程中应注意保持混凝土的匀质性，避免分层，掺缓凝型减水剂要注意初凝时间延缓，掺高效减水剂或复合剂有坍落度损失快等特点。又如，蒸养混凝土中外加剂若使用不当，混凝土表面会出现起鼓、胀裂、酥松等质量问题，强度也显著下降。因此在蒸养混凝土中要注意如下问题：选择合适的外加剂，如引气型外加剂就不宜使用；要控制外加剂掺量；要有一定的预养期和升温期；要通过试验确定恒温温度和时间。

9.注意搅拌、运输和成型操作

在搅拌时，对于不同的掺加方法需有不同的注意事项。如干掺时必须注意所用的减水剂要有足够的细度，粉粒太粗，溶解不匀，效果就不好；后掺或干掺的，必须延长搅拌时间1min以上，在预制构件生产中尤其要注意这一点。在运输过程中应注意保持混凝土的匀质性，避免分层，掺缓凝型减水剂要注意初凝时间延缓，掺高效减水剂或复合剂要注意坍落度损失快等特点；掺引气型减水剂成型时，要注意振捣除气，否则会影响效果。

(六)外加剂的适宜掺量

1.外加剂掺量的影响因素及作用

混凝土中外加剂的用量与砂、石、水泥及水相比，虽然很少，但却显著地影响混凝土的性能(如和易性、强度、凝结时间等)及经济指标。使用不当不仅达不到预期效果，甚至还会出现不凝及强度严重下降等质量事故。

影响外加剂掺量的因素较多，有外加剂的掺加方法、水泥品种、拌和物的起始流动性、气温等，需要根据具体条件通过试验确定。

减水剂用量的一般规律是，在配合比相同的情况下，随着减水剂掺量的增加，拌和物的流动性提高。但当掺量增加到一定值后，流动性也增加得很少。

减水剂用量与强度的关系视减水剂品种而定。非引气及低引气型高效减水剂(如NF、FDN、UNF-2、AF等)掺量对混凝土及砂浆的强度影响较小，与不掺外加剂的基本一致。引气型减水剂如木质素磺酸钙，随着掺量的增加强度下降，由附图 2-1 可知，只有当木质素磺酸钙的掺量小于 $C\times0.3\%$ 时强度才下降较小。

复合早强高效减水剂的掺量对拌和物流动性的影响与上述减水剂有所不同，掺量增加到一定值后，随着掺量的增加，拌和物的流动性反而下降，增强效果也不明显。

在流动性相同情况下，随着减水剂掺量的增加，用水量减少，但当减水剂掺量增加到一定程度，减水率就增加得较少。混凝土及砂浆的强度一般也是随着减水剂掺量的增加而提高，但当掺量增加到一定值后，再增加减水剂掺量，砂浆及混凝土的性能改善不多。说明减水剂有一个经济的适宜掺量。

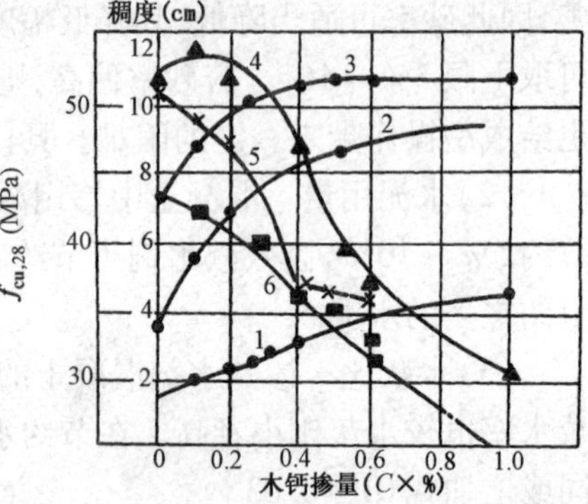

附图 2-1 木质素磺酸钙掺量对砂浆稠度和强度的影响

注：42.5 级矿渣水泥（苏州第二水泥厂生产）；河砂（$M_K=1.91$）；16℃ ±2℃水中养护 28d；1、2、3-水灰比为 0.35、0.4、0.45 时的稠度曲线；4、5、6-水灰比为 0.35、0.4、0.45 时龄期 28d 的抗压强度曲线。

要注意木质素磺酸钙的掺量，随着掺量的增加，减水率虽然提高，但强度显著下降（附表 2-9）。有关资料说明，糖蜜、腐殖酸类减水剂也有同样情况，并且混凝土几天也不凝结硬化，国内由此造成的事故也不少，使用时必须引起注意。

复合早强高效减水剂掺量增加到一定值后，减水率有所下降，强度也有所降低。

木质素磺酸钙掺量对混凝土强度的影响　　附表 2-9

序号	木钙掺量（$C\times\%$）	水灰比	坍落度（cm）	抗压强度（MPa）				备注
				3d	7d	28d	105d	
1	0	0.55	2.1	15.8	24.0	34.5	42.4	
2	0.25	0.48	3.5	17.7	21.7	32.0	38.4	
3	1.0	0.40	5.8	1.1	3.1	9.6	15.8	缓凝含气量大
4	1.5	0.40	12.9	3.0	1.3	4.7	11.2	缓凝含气量大

注：气温 25℃，混凝土配合比水泥：砂：石 = 1：1.575：2.925；中国水泥厂 42.5 级普通水泥；中砂 $M_k=2.57$，碎石粒径 5 ~ 15mm。

2. 部分外加剂的适宜掺量

下面以减水剂、早强减水剂、早强剂为例介绍各自的适宜掺量。

（1）减水剂　减水剂的掺量显著地影响混凝土的性能及经济指标。影响减水剂掺量的因素也较多，故应按产品说明书上的推荐掺量增减 20% ~30%，结合具体条件通过试验确定。

一般，AF 减水剂的掺量为水泥质量的 0.5% ~0.75%；NF、UNF-Ⅱ、FDN 等减水剂的掺量为水泥质量的 0.2% ~0.3%。

（2）早强减水剂　早强减水剂的掺量与要求的剪筋起吊时间及气温有关，要求的剪筋起吊时间短及气温偏低时，掺量取高值；要求的剪筋起吊时间偏长及气温偏高时取低值。

通常 NSZ 的掺量为水泥质量的 1.0% ~1.5%，S 型掺量为 1.5% ~2.5%，H 型为 3%，3F 为 2%，NC 为 3%。

(3)早强剂　早强剂元明粉与减水剂复合使用时的掺量为水泥质量的 0.5% ~1.5%，气温低时的掺量取高值，气温高时的掺量取低值，当气温在 25℃以上时，减水剂就不必用复合元明粉。

附表 2-10 为减水剂掺量参考表。

减水剂掺量参考表　　附表 2-10

序　号	名　　称	掺　量（C×%）	常用掺量（C×%）	主　要　生　产　厂
1	木质素磺酸钙	0.2 ~0.3	0.25	吉林省开山屯化学纤维浆厂
2	高效减水剂 NF	0.5 ~1.5	0.5	淮南矿务局合成材料厂
3	高效减水剂 FDN	0.3 ~1.5	0.5	广东湛江外加剂厂
4	高效减水剂 UNF-Ⅱ	0.3 ~1.5	0.5	天津自强化工厂
5	高效减水剂 SN-Ⅱ	0.5 ~1.0	0.5 ~0.7	上海市五田农场
6	高效减水剂 AF	0.5 ~1.0	0.5 ~0.7	江苏省江都县减水剂厂 北京焦化厂
7	建Ⅰ型(低浓)	0.5 ~1.0	0.5	江苏省江都县减水剂厂 北京焦化厂
8	JN	0.3 ~1.0	0.5 ~0.7	镇江焦化厂
9	MF	0.5 ~1.0	0.5	江苏省江都县减水剂厂
10	NNO	0.5 ~1.0	0.5	江苏省吴县磷肥厂 上海华树脂厂
11	高效减水剂 SM	0.2 ~1.0	0.5	上海助剂厂等
12	超塑化剂 CRS	0.2 ~1.0	0.5	武汉四新建材助剂厂
13	FFT	0.2 ~1.0	0.5	广东湛江外加剂厂
14	早强减水剂 UNF-4	1.0 ~2.5	1.5	天津自强化工厂
15	早强减水剂 NSZ	1.0 ~1.5	1.5	江苏省如东第三化工厂
16	早强减水剂 S	1.5 ~3.0	2.0	江苏省吴县磷肥厂

续上表

序　号	名　　称	掺　量（$C\times\%$）	常用掺量（$C\times\%$）	主　要　生　产　厂
17	早强减水剂 MS-F	0.5	0.5	黑龙江建筑安装公司青年农场
18	早强减水剂 H		3	上海市建筑材料厂
19	早强减水剂 3F		2	上海川沙县洋泾化工厂
20	早强减水剂 NC	2 ~ 4	3	天津市同生化工厂
21	糖蜜减水剂	0.2 ~ 0.5	0.2 ~ 0.3	一般均自制
22	腐殖酸减水剂	0.2 ~ 0.3		延庆县腐殖酸厂
23	棉浆减水剂	0.25 ~ 0.35	0.25	保定造纸厂

3. 外加剂适宜掺量的试配试验

因为各种外加剂对不同矿物组成及不同含量的水泥其效果不完全一样；环境气温、施工条件对某些外加剂的效力也有影响；各外加剂生产工厂的产品质量稳定性也不相同，为求稳妥、可靠，在工程中新选用某种外加剂之前，或使用一批新进外加剂之前，应该对外加剂的掺量进行必要的试配试验。

外加剂试配试验一般是按照产品说明书所推荐的掺量范围，用优选法来进行。

优选法即黄金分割法，其实质是，在所选择的整体 1 的范围内，有这样两个最佳对比点，它们符合对称性和相似性的要求，这两个对比点就是 0.382 和 0.618。注意：在 0.382 和 1 之间，原来0.618那点正好是其间的 0.382；而在 0 和0.618之间，原来 0.382 那点正好是其间的 0.618，这就是所谓的对称性和相似性。

下面，以实例来说明优选法的具体应用。

[例附 2-1]　CON-A 型减水剂，从产品说明书上知其掺量范围是水泥质量的$(25\sim125)\times10^{-6}$，试用优选法进行试配试验。

解：[试配步骤]

(1)第一轮试验的两个对比方案：

Ⅰ——$25+(125-25)\times0.618=86.8(\times10^{-6})$

Ⅱ——$25+(125-25)\times0.382=63.2(\times10^{-6})$

按Ⅰ、Ⅱ方案掺用 CON-A 减水剂，做两组试块进行强度对比试验。如果经试验后，淘汰了方案Ⅰ而保留了方案Ⅱ，则可进行第二轮试验。

(2)第二轮试验的两个对比方案：

Ⅱ——第一轮试验保留下来的结果[$63.2(\times10^{-6})$]

Ⅲ——$25+(86.8-25)\times0.382=48.6(\times10^{-6})$

Ⅱ、Ⅲ方案试块对比试验后，如方案Ⅲ被淘汰，则可进行第三轮试验。

(3)第三轮试验的两个对比方案：

Ⅱ——第二轮试验保留结果[$63.2(\times10^{-6})$]

Ⅳ——$48.6+(86.8-48.6)\times0.618=72.2(\times10^{-6})$

Ⅱ、Ⅳ方案试块对比试验后，方案Ⅱ被淘汰，可进行第四轮试验。

(4)第四轮试验的两个对比方案：

Ⅳ——第三轮试验保留结果表明[$72.2(\times10^{-6})$]

Ⅴ——63.2 + (86.8 − 63.2) × 0.618 = 77.8($\times 10^{-6}$)

Ⅵ、Ⅴ方案试块对比试验后，如果方案Ⅴ试块强度更高，则最后即可选用方案Ⅴ，CON-A减水剂的掺量为77.8($\times 10^{-6}$)，相当于万分之0.778。

一般的优选法试验做4轮对比已足够准确。由于相似性和对称性，4轮试验只用了5个方案，而且逼近最佳值的速度较快，所以优选法是一种实用、经济而又易于掌握的科学试配方法。

(七)外加剂掺量的表示方法

目前我国还没有外加剂试验和使用的统一标准，其中外加剂掺量的表示方法也没有统一规定。在使用中，外加剂掺量一般以占水泥用量的质量百分比表示，有时也用占拌和水的质量百分比表示(如降低冰点的抗冻剂 $CaCl_2$、NaCl、$NaNO_2$ 等)。

由于没有统一的外加剂掺量表示方法，有时就可能造成混乱。例如，同一种材料(如明矾石膨胀剂)当作外加剂使用时，其掺量用占水泥质量的百分比表示；而当作混合材使用时，又往往用占全部胶结材料(水泥 + 混合材)的质量百分比表示。又如，当为了控制混入集料中及其他外加剂中的氯盐含量时，常用占干燥集料或其他外加剂的质量百分比表示，而当为了迅速测出硬化混凝土中的氯盐含量时，又常用占混凝土质量的百分比表示。除质量百分比外，在测定氯盐引起混凝土中钢管锈蚀的浓度界限时，尚有用摩尔浓度或(g/L)的方法来表示的。最近还出现了用氯离子占水泥的质量百分比来表示的新方法。

下面介绍的是国内专业人员建议的表示方法，供参考使用。

(1)作为统一的表示方法，建议按下述原则表达："用于混凝土的外加剂的掺量，在一般情况下都应采用外加剂中最积极的有效成分占胶结材料(一般情况下为水泥)用量的质量百分比来表示。"

(2)对于绝大多数无机盐类外加剂，可采用抗冻剂的纯无水盐占水泥质量的百分比表示。对于既有液剂又有固剂，且因等级、品种不同而纯度不同的外加剂，则用其有效固体成分占水泥质量的百分比表示。这样，在使用中便可以根据所用外加剂有效成分的实际含量，通过换算来求得使用该种外加剂的正确掺量，以免造成误差。

(3)对于 $CaCl_2$、NaCl、$NaNO_2$ 一类的抗冻剂，可采用抗冻剂的纯无水盐占水泥质量的百分比表示。过去其掺量常用占拌和水质量的百分比来表示。这种表示法不很准确，因为加入抗冻剂后混凝土内水溶液的实际冰点要受混凝土内其他盐类及水泥水化的影响，与抗冻剂水溶液的理论冰点并不相同；在使用中通过测定外加剂溶液密度来控制抗冻剂掺量也要受到温度等因素的影响，而且集料含水率的变化还会引起实际用水量的变化。所以说，按用水量的百分比来计算抗冻剂的掺量是不准确的。而一般来说，对混凝土中水泥用量的控制比较准确，而且抗冻剂的掺量与水泥用量也有关系，冬季使用的混凝土的水灰比变化范围又不很大，因此通过试验后，在实际使用中也可统一采用抗冻剂的纯无水盐占水泥质量的百分比表示。

(4)对于既可作混合材又可作为外加剂的材料(如明矾石膨胀剂等)，建议除生产水泥时直接加入外，在施工现场掺加时其掺量也应统一采用占水平泥用量的质量百分比表示。

(5)当为了防止氯盐引起混凝土中钢筋锈蚀而要控制氯盐掺量时，由于引起锈蚀的主要因素是 Cl^-，因此按上述原则，用 Cl^- 占水泥质量的百分比来表示氯盐的掺量(含量)是合理的。此时，无论掺什么品种的氯盐或何种纯度的氯盐，均可通过换算求得其 Cl^- 含量，以利于按照氯盐允许掺量的统一标准进行控制。如1% Cl^- = 1.64% NaCl 或 1.565% $CaCl_2$。为简化计算,可采用两者 Cl^- 含量的平均值,即 1% Cl^- = 1.6% NaCl 或 $CaCl_2$。目前,英国、美国、日本等在有关规范标准中已规定采用固体组分的表示方法。

三、商品混凝土配合比设计

预拌混凝土就是在混凝土的生产厂拌制好混凝土拌和物,用运输工具运往施工现场的商品混凝土,商品混凝土配合比设计是其配制的前奏,是确保商品混凝土配制质量的重要技术数据,是供应方向需要方提供合格商品的重要依据。它对于满足用户的需要,保证产品质量具有十分重要的意义。

商品混凝土的配合比设计,与普通混凝土的配合比设计有所不同。以下介绍日本商品混凝土的设计方法,以便从中学习一些国外的经验。

(一)商品混凝土配合比的确定

1. 满足混凝土用户的要求

通常是先由用户向生产单位提出标准品、特购品或非标准品中任何一种混凝土的订购要求。混凝土生产厂在接到订货确定最终产品的配合比时,要考虑从工厂拌制混凝土时起,直至运往施工现场卸车时止,可能发生的质量变化,以使满足已确定的质量要求。

在建筑施工中,根据有关规定需要对结构混凝土的强度试验进行检查时,用户所指定的公称强度,不仅要符合 JISA 5308 的规定,而且还要研究该强度是否能符合该项检查规定的要求。在一般情况下,生产厂只要能保证满足 JISA 5308 规定的强度即可。

2. 严格执行有关标准的规定

预拌混凝土的配合比要执行 JISA 5308 的规定。标准品种的配合比由生产厂决定,特购品的配合比要经过协商,由生产厂决定。但是,无论是何种产品(即使标准品),都要明确一些必要的事项。无论在何种情况下,所确定的配合比均应保证满足指定的质量,并应通过检验合格。

为确保混凝土的质量,生产厂在发货之前,还应把生产中所用的材料与配合比报告给用户,用户若有其他方面的要求,还应提供混凝土配合比设计的有关基础资料。

3. 根据用户要求做试配搅拌试验

修订的 JISA 5308 虽未规定试配搅拌,在必要时用户仍可与生产厂协商,会同进行搅拌试验。不过,在 JISA 批准的工厂里都有自己的内部标准,即根据实际使用的状况对所用的材料与配合比等分别做出相应的规定。这样,由生产厂确定的标准品配合比是可以信赖的。因此,除特殊情况外,标准品的搅拌试验可以免做。当由于某些原因必须进行试配搅拌时,对所需费用可协商解决。

特购品的配合比,虽然是由生产厂与用户协商决定的,但由于对混凝土的质量和使用材料也有某些指定的项目,所以,为了确认配合比和混凝土的质量,也可根据实际情况,经过协商进行试配搅拌。

(二)商品混凝土标准配合比的确定

(1)在一般情况下,商品混凝土工厂是按附图 3-1(普通混凝土)和附图 3-2(轻混凝土)所示的程序来确定标准品混凝土的标准配合比。为适应 JISA 5308 中质量和配合比的规定,

JASS 5和土木学会 RC 规范中也有相应的规定。

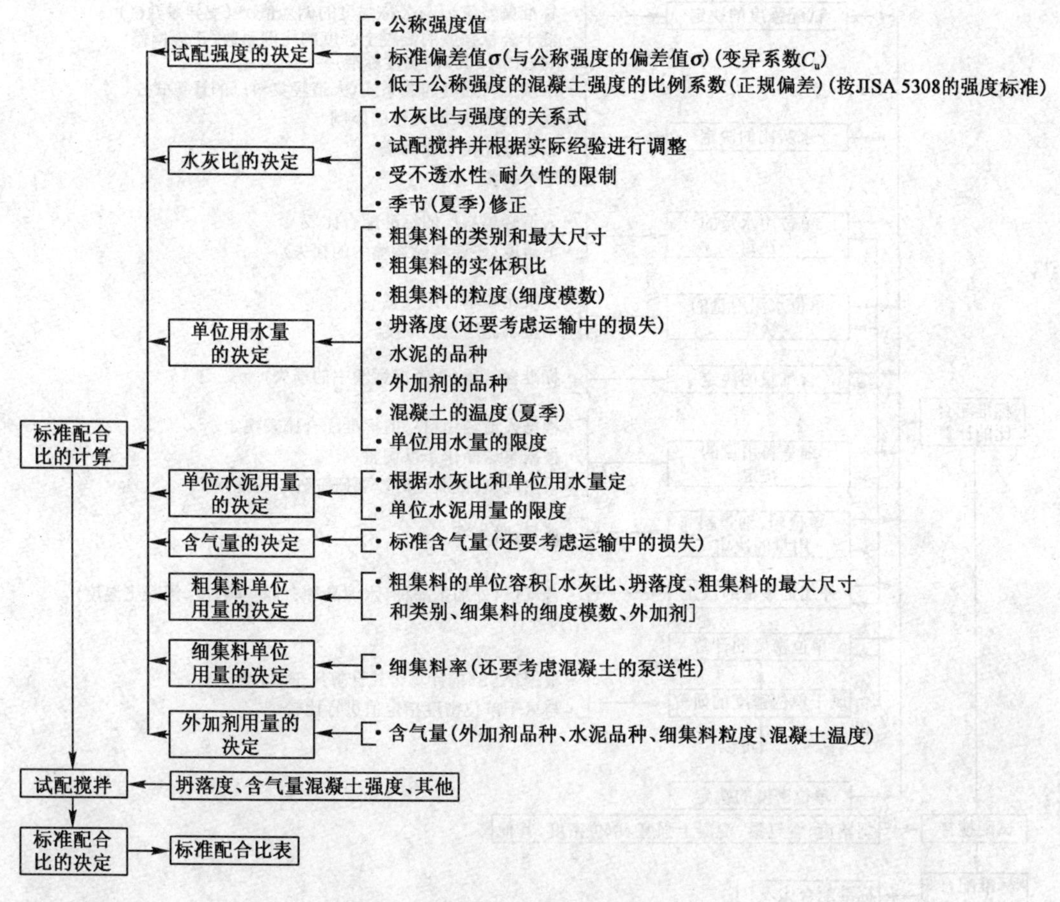

附图 3-1 普通混凝土标准配合比的设计程序

(2)为了保证进货时混凝土体积满足交货单上的数量,生产厂通常把由工厂至施工现场运输过程中损失的含气量估计在内、标准配合比设计时,以 $1m^3$ 混凝土的含气量为 30L 算出各种材料的用量,但是,实际上则是以新拌混凝土的含气量为 4% 来配制混凝土的,因此,配制好的混凝土量为 $1.01m^3$。

(3)当用户在商品混凝土工厂参与会同试配搅拌时,新拌混凝土的坍落度、含气量,轻混凝土的密度等,有时与指定值有一定差异,这是因为在混凝土配合比设计时,已把坍落度和含气量的损失估计在内,对于此结果,用户应听取生产厂的说明。

(4)特购品配合比的确定方法,与标准品配合比一样。在用户指定的事项中,若指定了生产厂平时未曾使用,甚至没有任何经验的材料(水泥、集料、外加剂)时,生产厂必须认真研究有关的参考资料,并与用户充分协商、达成共识后确定。同时,作为特购品,事先还要弄清可接受材料的类别、混凝土类别及有关的各项规定。

(三)标准配合比的变动

当已确定的混凝土标准配合比的条件(主要指原材料质量和混凝土强度)长期超过某些标准规定时,就必须改变原来确定的标准配合比。为此,对标准配合比的变动条件要加以规定。混凝土标准配合比致变要因和更改条件见附表 3-1。

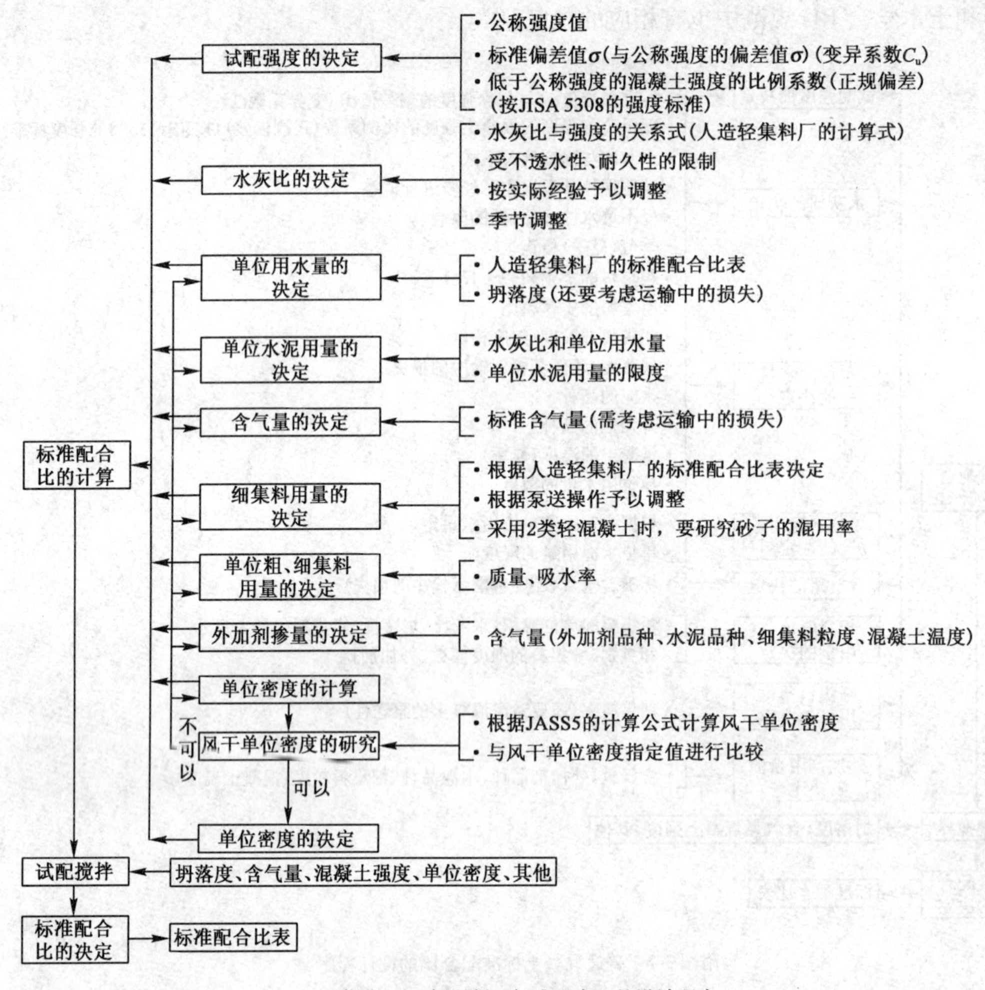

附图 3-2　轻混凝土标准配合比的设计程序

混凝土标准配合比致变要因和更改条件　　　附表 3-1

致变要因		更改条件
原材料质量发生变化	水泥	改用了新品种水泥 水灰比与混凝土强度的关系式不符合实际情况时
	集料	使用的集料与制定标准配合比表时的集料不同(特别是密度、吸水率、实体积比、细度模数)时
	外加剂	改用非标准配合比规定的外加剂时
混凝土质量发生变化	混凝土强度	工艺管理、产品检验表明,强度的变动和倾向均有明显变化时 在强度管理区里,强度的倾向或标准值均与内部规定的标准值发生明显变化时要改变内部标准对质量的保证措施时(改变低于公称强度的废品率时)

(四)标准配合比的修正

当混凝土生产厂所用的材料质量发生变化,或需要重做坍落度试验以及对混凝土泵进行校正时,为了不改变混凝土原指定的质量,则要修正混凝土配合比。在通常情况下,主要是改变单位用水量、细集料用量(或粗集料用量)和 AE 剂的掺加量。普通混凝土标准配合比的条件变化与修正值的关系,见附表 3-2。

普通混凝土标准配合比的条件变化与修正值的关系 附表 3-2

条件的变化		修正值		
		单位用水量	细集料量	备注
水灰比	增减 0.05	0	增减 1%	
坍落度	增减 1cm	坍落度 < 18cm 时,可增减 1.2%; 坍落度 < 18cm 时,可增减 1.5%	0	按下式求算 单位用水量的增加率(%) $= \frac{[(1-\Delta_E)V_E}{(100-\Delta_E)]} \times 100$ 式中:Δ_E——碎石对砾石实体积率之比; V_E——同一水灰比、同一坍落度砂和砾石混凝土中砾石的绝对容积(L/m^3)
含气量	增减 1%	增减 30%	增减(0.5% ~1%)	
细集料的细度模数	增减 0.1%	0	增减 0.5%	
粗集料的实体积比	增减 1%	增减 3kg	增减 0.9%	
细集料率	增减 1%	坍落度不足 15cm 时,可增减 1 ~ 5kg;坍落度超过 15cm 时,可增减 2 ~ 7kg	—	
回收水	对固体物添加量而言(2% ±1%)	增 2% ~3%	减 1%	AE 剂添加量增 15% ~20%

通过多次试验表明,当混凝土标准配合比条件发生变化时,其性能还发生如下变化。

(1)含气量增减 1%,混凝土强度则增减 4% ~6%,坍落度增减 2cm。

(2)普通混凝土砂子的 FM = 2 ~ 8,$W/C = 0.55$,坍落度为 8cm 时,若采用碎石,则单位用水量增加 9 ~ 15kg,细集料率增加 3% ~5%;若采用碎石砂,则单位用水量增加 6 ~ 9kg,细集料率增加 2% ~3%。

(3)普通混凝土(砂和砾石混凝土),当砾石的最大尺寸为 25mm 时,则可分为:

①砾石 AE 混凝土、碎石混凝土、碎石 AE 混凝土的配合比,必须按照附表 3-3 中的规定值予以补偿。

几种混凝土配合比补偿规定值 附表 3-3

混凝土品种	水泥用量	含砂量(绝对容积)	粗集料量(绝对容积)	用水量
砂和砾石 AE 混凝土	不补偿	减少 15L	不补偿	减少 8%
砂和碎石混凝土	不补偿	增加 15L	减少 10%	增加 8%
砂和碎石 AE 混凝土	不补偿	增加 10L	减少 10%	不补偿

②粗骨料的尺寸小于 30mm 或小于 40mm(砾石尺寸小于 25mm)的配合比,按附表 3-4 予以补偿。

粗集料尺寸影响配合比补偿规定值 附表 3-4

粗集料尺寸	水泥用量	含砂量(绝对容积)	粗集料量(绝对容积)	用水量
小于 30mm	减少 3%	减少 15L	增加 5%	减少 3%
小于 40mm	减少 6%	减少 20L	增加 10%	增加 6%

(五)现场配合比的制定

为了配制标准配合比的混凝土,应根据生产厂所用材料的状态(集料的湿润状态、细集料的细度模数)和计量方法(一次搅拌量)对标准配合比予以修正,以制定现场用的配合比。

(1)按集料的表面含水率予以补偿

先测出集料的表面含水率(采用人造轻集料时,则要测出含水率),再按下式算出单位用水量和单位粗集料用量以及单位细集料用量。细集料的表面含水率,1d要测定两次,粗集料的表面含水率即使变化,也比细集料为小,除下雨后要测定外,通常都按一个常数值(例如,当砾石的尺寸为25mm时,其采用值为0.5%~1.5%)予以补偿。

同时,在一般情况下,细集料的表面水量,是采用生产厂表面水补偿装置来补偿的。

$$W = W_0 - \frac{1}{100}(S_0 \cdot P_s + G_0 P_g) \tag{附3-1}$$

$$S = \left(1 + \frac{P_s}{100}\right) S_0 \tag{附3-2}$$

$$G = \left(1 + \frac{P_g}{100}\right) G_0 \tag{附3-3}$$

式中:W、S、G——补偿的用水量、细集料用量、粗集料用量(kg/m^3);

W_0、S_0、G_0——标准配合比时的单位用水量,单位细集料用量,单位粗集料用量(kg/m^3);

P_s、P_g——细集料、粗集料的表面含水率(%)。

(2)集料混合比的变动

粗集料的最大尺寸为40mm时,通常是采用40~20mm(碎石为40~25mm)和25~5mm(碎石为20~5mm)的集料,使之处于最大尺寸为40mm的标准粒度区域内,据以确定适当的混合比进行计量。因此,必须根据所使用的集料粒度来改变集料比,以达到所确定的标准粒度的要求。

当使用的细集料是把粗、细砂混合成具有一定细度模数(FM)以确定混合比时,则要根据所用的粗、细砂的FM值来改变混合比,使其处于所规定的FM值±0.2的范围内。

同时,粗集料中小于5mm者作为细集料,细集料中大于5mm者作为粗集料来对粗、细集料的用量予以修正。

(3)外加剂是通过稀释求出稀释的外加剂掺量。

(4)根据一次搅拌量来修正各种材料的计量值。但是,容量的变动装置有时也可不予修正。

(5)按轻集料的吸水率予以修正。

标准配合比时轻集料的量,通常是用全干质量予以表示。因此,计量轻集料的质量,每次都要测定其吸水率和表面含水率,视含水量(吸水量+表面水量)为其补偿值。

(6)一旦算出各种材料的用量,即可将其约为最小单位来设定出现场配合比。

(六)标准配合比设计参考资料

1.运输中坍落度降低的估计值

混凝土在运输过程中坍落度降低的程度,取决于使用材料的质量、坍落度大小、施工季节、外加剂品种、运输时间等。有人曾对运输时间为40~50min商品混凝土坍落度降低进行统计分析,由调查结果可见,不同地区差异很大。特别是气温高和采用缓凝剂时,混凝土坍落度损失很大,应引起足够的重视。

2.运输中含气量散失的估计值

混凝土在运输过程中含气量散失的程度,会因水泥品种、混凝土种类、配合比、预拌混凝土温度、搅拌时间、道路状况等不同而有所差异。建筑混凝土含气量散失的估计值,一般取0.5%~2.0%,配合比设计时多采用1.0%。

3. 混凝土温度的变化

在冬季施工时，混凝土浇筑时的温度规定为10～20℃。因此，在施工过程中，必须在充分考虑当地气象和施工条件的基础上，预计混凝土运输中温度的下降，以保证浇筑时混凝土的温度不低于10℃。

混凝土运输中温度下降的程度，可按下式计算：

$$\Delta T = 0.15(T_1 - T_0)t \tag{附3-4}$$

式中：ΔT——预拌混凝土温度的下降值（℃）；

T_1——搅拌时混凝土的温度（℃）；

T_0——混凝土运输中的环境温度（℃）；

t——混凝土从开始搅拌至浇筑完毕的时间（h）。

夏季采用泵送施工时，浇筑部位的预拌混凝土的温度可能上升0.5～1.5℃。特别是在夏季进行大体积混凝土施工时，必须考虑到运输过程中的温升、浇筑后水化热导致温度上升等，据以确定搅拌时混凝土的温度。为了降低混凝土的温度，可以采取投入冰块拌和、预冷集料、选择适宜搅拌时间、搅拌车运输等措施。

4. 混凝土强度的标准偏差

混凝土强度的标准偏差，是采用以往拌制混凝土的实际数据推算的。这时，或取平均值，或视其波动取大一点的安全值，并要明确该计算值的适用期间或季节。通常，取比平均值大0.5MPa的数值为宜。

从对全国预拌混凝土厂的调查可以看出，混凝土强度若为24～27MPa时，其强度标准偏差为2.0MPa，多采用2～2.5MPa；混凝土强度若为30～35MPa时，其强度标准偏差为3～3.5MPa。

5. 正规偏差值

为满足JISA 5308对混凝土强度的要求，变异系数低于10%的工厂，在规定试配强度时应把低于公称强度的混凝土的比例，限制在4%以下。因此，这时的正规偏差值$k=1$（废品率为16%）足可以满足要求。然而，预拌混凝土厂大都根据生产过程中的误差，从安全角度考虑，设$k=2$来确定各自的配合比，即在设计基准强度的基础上加上2σ确定试配强度。

由上述的调查实例可见，$k=1$～2，通过这次修订应予增大，使$k=1.73$。在原标准JISA 5308中，采用了$k=2$的数值，理应满足其要求。不过若为安全计，似应取$k=2.5$（混凝土强度增加1～1.5MPa，水灰比约减少2%）左右。但是，由于它还同确定与公称强度相适应的水灰比时的安全率和标准偏差σ的安全率等有关，必须对已生产的混凝土的强度进行实际调查后，再来确定正规偏差k值。

6. 水灰比和混凝土强度的计算公式

（1）通常，预拌混凝土厂是通过对本厂所用材料进行试配搅拌以确定水灰比与强度的关系式。该关系式是按水泥品种、集料类别与质量、AE剂、AE减水剂、减水剂及其他外掺物组合的关系（通过标准养护）确定的。但实际配制的混凝土的强度还会因受到混凝土的温度、季节变化、水泥强度的变化、集料质量的变化、养护方法、试验误差和试验技术等的影响而变化，因此，确定关系式时最好要考虑到这些因素。

（2）常用混凝土在进行试配搅拌时，其水灰比为0.50～0.70，取用三种以上的水灰比，对每种水灰比至少试做两种坍落度试验。高强混凝土的水灰比低于0.50，并按相同方法求其计算式。

在确定可靠性高的计算式时，要进行多次试配搅拌。而当整年使用同一个计算式时，则要考虑到季节的变化，每间隔适当期间重新进行多次试拌后确定。

另外，在实际生产中，由于设备的特性、配合比修正误差和计量操作误差等，有时也会使混凝土的实际强度与试拌确定的计算公式不相符合。因此，一定要把在工艺管理中通过试验得出的强度结果列于水灰比与强度的关系图里，以便对通过试拌确定的关系式予以修正。此外，还要考虑到集料质量的变化和气温引起的变化等。

通常就是采用上述方法得出关系式的，并据以确定水灰比或灰水比，从而获得能与公称强度相适应的混凝土强度。

该关系式除28d强度外，还要求3d、7d的强度，并要求出与累计计算温度的关系。在指定采用不经常使用的水泥、集料和外加剂等情况下，除试拌结果外，还要参考过去的大量资料，经过充分研究后再以较保险的方式，来确定水灰比的计算式。

(3)对冬期施工的混凝土而言，根据累计温度求算公称强度的水灰比时，可采用JASS 5规定的方法和参考混凝土冬期施工指南等。

预拌混凝土厂通常是把20℃下28d龄期时的水灰比与强度的关系视为累计温度，即M840°D·D，来求累计温度M与水灰比以及强度之间的关系图。在这种情况下，若采用4种水灰比，并分别对5℃时的1d、3d、5d、7d、14d和28d，20℃时的1d、2d、3d、7d、14d和28d，以及10℃时的几种龄期的强度进行试验时，则可得出精度相当好的关系图。

7.单位用水量、单位粗集料用量、细集料率

如前面所述，混凝土标准配合比是按照附图3-1和附图3-2中所示的顺序确定的。水灰比一旦确定，便可针对坍落度决定单位用水量，继而再决定细集料率（或单位粗集料用量），最后通过设定含气量便可计算出各种材料的用量。在进行混凝土配合比初步设计时，单位用水量、单位粗集料容积、细集料率的参考值，可参见附表3-5。

混凝土单位粗集料容积、细集料率和单位用水量参考值 附表3-5

粗集料最大尺寸（mm）	单位粗集料容积（%）	未掺AE剂的混凝土			掺加AE剂的混凝土				
						掺加优质AE剂时		适当掺加优质减水剂时	
		截留空气（%）	细集料率（%）	单位用水量（kg）	含气量（%）	细集料率（%）	单位用水量（kg）	细集料率（%）	单位用水量（kg）
15	53	8.5	49	190	7.0	48	170	47	160
20	61	8.0	45	185	6.0	42	165	43	155
25	66	1.5	41	175	5.0	37	155	38	145
40	72	1.2	36	165	4.5	33	145	34	135
50	75	1.0	33	156	4.0	30	135	31	125
80	81	0.5	31	140	3.5	28	130	29	110

附表3-5中所列数值，系集料为普通粒度的砂子（细度模数为2.08）和砾石、水灰比为0.55、坍落度为8cm混凝土的试验结果。当所用材料或混凝土的质量与附表3-5中的规定有差异时，必须把附表3-5中的数值按附表3-6的规定予以修正。

混凝土的细集料率和单位用水量修正　　附表 3-6

修 正 因 素	细集料率(%)的修正	单位用水量(kg)的修正
当砂子的细度模数每增加(减少)0.1	增加(减小)0.5	不修正
混凝土坍落度每增加(减小)1cm	不修正	增加(减小)1.2%
混凝土中含气量每增加(减小)1%	减小(增加)0.5～1	减小(增加)3%
混凝土的水灰比每增加(减小)0.05	增加(减小)1	不修正
细集料率每增加(减小)1%时		增加(减小)1.5
采用碎石时	增加3～5	增加9～15
采用碎石砂时	增加2～5	增加6～9

四、绿化混凝土配合比设计

绿化混凝土也称为绿化多孔混凝土,是一种连续空隙的硬化体,空隙内填有保水材料、肥料和种子。多孔混凝土内的空隙既是保水材料、肥料和种子的填充空间,也是植物生长的空间。

绿化混凝土用于城市的道路两侧及中央隔离带、水边扩坡、楼顶、停车场等部位,可以增加城市的绿色空间,调节人们的生活情绪,同时能够吸收噪声和粉尘,对城市气候的生态平衡也起到积极作用,是符合可持续发展原则,与自然协调,具有环保意义的混凝土材料。

近年来我国城市建设加快,城区被大量的建筑物和混凝土道路所覆盖,绿色面积明显减少。所以也开始重视混凝土结构的绿化问题。

(一)原材料技术要求

1. 对水泥的要求

绿化混凝土所用的透水性混凝土,在选择水泥时应尽量选择碱性低的水泥,可以选用硅酸盐水泥、普通硅酸盐水泥,也可以用矿渣硅酸盐水泥、粉煤灰硅酸盐水泥或快硬水泥,为了提高混凝土的强度,可掺加适量的混合材料(如硅灰),一般应选用强度为32.5MPa以上的水泥。

无论选用何种水泥,均需要降低游离石灰的溶出,以不对植物生长产生影响,同时也不使耐久性下降为宜。为此,最好选用硅酸二钙(C_2S)含量少的水泥,或者选用掺加火山灰质混合材的水泥。

2. 对骨料的要求

为了使植物能够在混凝土孔隙内生根发芽并穿透至土层,要合理选择集料的粒径,保证绿化混凝土有一定的孔隙率、表面空隙率。如果表面空隙率小时,虽然混凝土强度较好,对地面防护效果较好,但植物生长材料不容易填充,草的成活率低;如果表面空隙率过大时,混凝土中容易产生贯通性孔隙,植物的生长环境较好,但混凝土强度较低,影响混凝土对地面的防护功能。

由以上可知,为确保绿化混凝土内部具有要求的孔隙率,有利于透水和植物的生长,配制多孔连续型绿化混凝土所用的粗集料,应当选用粒径为10～20mm或20～31.5mm的单一粒级碎石,其质量技术指标应符合国家标准《建筑用卵石、碎石》(GB/T 14685—2011)中的要求。配制多孔连续型混凝土所用的细集料,应当选用质地坚硬、杂质较少、级配适宜的中砂或中粗砂,其质量技术指标应符合国家标准《建设用砂》(GB/T 14684—2011)中的要求。

3. 对外加剂的要求

配制多孔连续型混凝土所用的外加剂,主要包括高效减水剂和增强剂。这种外加剂的作用是在保持一定稠度或干湿度的前提下,提高颗粒间的黏结强度,进而提高制品的整体力学性能和耐磨性能。

(二)混凝土配合比参数的确定

影响透水绿化混凝土技术性能的因素很多,主要有透水方式、材料密度、原材料性能、配合比、成型方法和养护条件等。但是,透水绿化混凝土的透水性和强度是对立的,同时也是必须统一的,在进行配合比设计时必须综合考虑。

在进行透水绿化混凝土配合比设计时,主要应考虑的参数有:水灰比、用水量、骨浆比、集料用量和水泥用量。

1. 水灰比

绿化混凝土的水灰比(W/C)大小,既影响透水绿化混凝土的强度,又影响混凝土的透水性。因此,所选择的水灰比,既要保证绿化混凝土具有相互贯通的孔隙,有利于植物根系的生长,又要使绿化混凝土制品具有良好的耐久性。

配合比材料试验证明,对特定的某一集料均有一个最佳的水灰比。当选用的水灰比(W/C)小于最佳值时,很容易造成水泥浆过于干稠,混凝土拌和物的和易性比较差,水泥浆体不能充分包裹集料表面,不利于透水绿化混凝土强度的提高;当选用的水灰比(W/C)大于最佳值时,水泥浆可能会把透水孔隙部分或全部堵塞,既不利于混凝土的透水,也不利于混凝土强度提高。

材料试验和工程实践证明,在配制透水性绿化混凝土时,其水灰比(W/C)一般应取0.25~0.35比较适宜。

2. 用水量

对于透水性绿化混凝土来说,在一般情况下不进行和易性试验,也不必要进行坍落度测试,只要目测判断所有集料颗粒表面均形成平滑的水泥浆包裹层,而且包裹层有光泽、不流淌就认为质量合格,用水量比较适宜。

混凝土配制证明,对普通集料来说,一般用水量为80~120kg/m^3;对透水性绿化混凝土的实际用水量,应根据其透水及强度由试验确定。

3. 骨浆比

骨浆比(G/C)是指集料用量(G)与水泥用量(C)的比例。选择合理的骨浆比,就是保证绿化混凝土具有相互贯通的孔隙,以利于植物根系的生长,并具有良好的耐久性,可防护地面不被草根膨胀而导致破坏。

配制试验证明:当水泥用量一定时,增大骨浆比(G/C),集料颗粒周围包裹的水泥浆厚度减薄,从而增加了混凝土的孔隙率,但透水性混凝土的强度减小;减小骨浆比(G/C),集料颗粒周围包裹的水泥浆厚度增大,透水性混凝土的强度提高,但其孔隙率减小,透水性能降低。

另外,小粒径集料具有较大的比表面积,为保持水泥浆体在集料表面的合理厚度,小粒径集料的骨浆比(G/C)应适当比大粒径的小一些。通常透水性混凝土的骨浆比(G/C)取3~6。

4. 骨料用量

透水性混凝土配合比试验证明,1m^3 透水性混凝土所用骨料总量,一般取骨料的紧密堆积密度数量,大约在1200~1800kg/m^3 之间。其中主要是粗骨料,细骨料用量控制在20%以内。骨料级配一般宜选用单一粒级,以10~20mm或20~30mm最佳。

5. 水泥用量

根据集料的单位体积孔隙率,胶结材料在集料内的填充率一般为25%~50%,再根据水泥密度和所用集料粒径定出水泥的用量。水泥用量随着所用集料粒径的增大而减小，一般控制在 180 ~ 250kg/m^3。

（三）参考配合比

附表 4-1 中列出了某工程绿化混凝土的配合条件和配合材料，附表 4-2 中列了几种环保型绿化混凝土的配合比参考值。

某工程绿化混凝土的配合条件和配合材料 附表 4-1

绿化混凝土混合材料密度（kg/m^3）	配合条件		配合材料（kg/m^3）			
	水灰比	空隙率（%）	水泥	水	粗集料	添加剂
700	0.29	20	345	100	418	1.725
1 200	0.27	20	370	100	700	2.220

环保型绿化混凝土的配合比参考值 附表 4-2

集料粒径（mm）	材料用量/（kg/m^3）					
	水泥	集料	水	粗集料比例	水灰比	骨浆比
10.0 ~ 20.0	259	1 546	93	0.88	0.36	5.97
20.0 ~ 31.5	200	1 544	94	0.83	0.47	7.72
31.5 ~ 40.0	182	1 106	86	0.78	0.47	6.08

五、城市步行道路混凝土（透水性混凝土）配合比设计

透水性混凝土的特点是雨水能够迅速地渗入地表还原成地下水，使地下水资源得到及时补充；提高地表的透气、透水性，保持土壤湿度，改善城市地表生态平衡；吸收车辆行驶产生的噪声，创造安静舒适的交通环境；雨天能防止路面积水和夜间反光，改善车辆行驶以及行人行走的舒适性与安全性；透水性路面材料具有较大的孔隙率，能蓄积较多的热量，有利于调节城市地表的温度和湿度，消除热岛现象；该种混凝土成本低，制作简单，耐久性好，适用于用量较大的道路铺筑。

透水性混凝土主要有 3 种类型：水泥透水性混凝土、高分子透水性混凝土、烧结透水性混凝土。本章主要介绍水泥透水性混凝土（简称透水性混凝土）。

（一）原材料技术要求

普通透水性混凝土的组成材料包括水泥、集料和水，必要时还掺入增强剂和减水剂等外加剂。

（1）水泥　透水性混凝土一般采用硅酸盐水泥或普通硅酸盐水泥，也可用矿渣水泥或快硬水泥，水泥的强度最好在 40MPa 以上。通常水泥用量取 250 ~ 400kg/m^3。

（2）集料　集料可以采用普通砂、碎石，也可以采用浮石、陶粒等轻集料，甚至可以用废弃建筑物的碎砖、废弃混凝土等。集料粒径的大小，应视透水混凝土的结构的厚度和强度而定。通常集料的粒径不宜过大。大于 20mm 的集料应控制在 5% 以内，最大粒径不应超过 25mm，细集料含量也不宜太大。试验资料表明，集料粒径越小，集料堆积的空隙率越大且颗粒间的接触点越多，配制的透水性混凝土强度越高。

透水性混凝土的粗集料通常采用粒径较小的单一粒级，如 10～20mm 或 5～10mm。对于碎石型的粗集料除应满足强度和压碎指标要求外，碎石中针、片状颗粒含量应尽量少，且石子的含泥量应不大于 1%。

(3)外加剂　透水性混凝土通常还掺入一定量的外加剂。例如添加一定量的增强剂，有助于提高水泥浆与集料间的界面强度；添加一定量的减水剂，有助于改善混凝土成型时的和易性并提高强度；为了使路面更美观，通常添加一定量的着色剂；添加一定量的消石灰可增加水泥浆的黏性，提高施工时面层的平整度，另外其碱性对酸性雨有中和作用，能提高混凝土的耐久性；冬季施工时可酌情采用硫酸钠、氯化钙等早强剂，以加速混凝土的硬化。

(4)拌和水　采用一般洁净的饮用水即可，单方用水量控制在 80～120kg/m^3。

(二)透水性混凝土的配合比设计

(1)水灰比(*W/C*)的选择　*W/C* 既影响透水砖的强度，又影响其透水性。对特定的某一集料有一最佳水灰比。当 *W/C* 小于这一最佳值时，水泥浆过于干稠，混凝土拌和物和易性太差，水泥浆体不能充分包裹集料表面，不利于透水砖强度提高；反之，*W/C* 过大，水泥浆可能把透水孔隙部分或全部堵死，既不利于透水，也不利于强度提高。具有代表性的 *W/C* 介于 0.25～0.35。

(2)用水量的选择　透水性混凝土没有和易性试验，无需坍落度测试，只要目测判断所有集料颗粒表面均形成平滑的水泥浆包裹层，而且包裹层有光泽、不流淌就可以了。对普通集料来说，一般用水量为 80～120kg/m^3，对透水砖的实际用水量应根据其透水性及强度由试验确定。

(3)集灰比(*G/C*)的选择　水泥用量一定时，增大 *G/C*，集料颗粒周围包裹的水泥浆厚度减薄，增加了孔隙率，但透水性混凝土强度减小；相反 *G/C* 减小，集料周围的水泥浆层厚度增大，透水性混凝土强度提高，但孔隙率减小，透水性能下降。另外，小粒径集料具有较大比表面积，为保持水泥浆体的合理厚度，小粒径集料的 *G/C* 适当比大粒径的小一些。通常透水砖的 *G/C* 取 3～6。

(4)集料用量　1m^3 透水混凝土所用集料总量取集料的紧密堆积密度的数值，为 1 200～1 800kg/m^3，其中主要是粗集料，细集料量控制在 20% 以内。

(5)水泥用量　根据集料的单位体积孔隙率，胶凝材料在集料内的填充率一般为 25%～50%，再根据水泥密度定出水泥用量。

六、国外水下不分散混凝土配合比设计

水下不分散混凝土也称为水下浇筑混凝土。是一种可以在水下浇筑的、不会像普通水泥混凝土那样在水的作用下集料与水泥浆发生分离的新型混凝土。

很多混凝土工程是需要在水下进行施工的。例如混凝土桥墩、海上油气井台的桩基，海岸的防浪堤坝、混凝土码头和船坞等。还有一些水下混凝土构筑物的修补及加固工程也需要在水下进行混凝土的浇筑施工。

普通混凝土在硬化后是一种水硬性材料，但在施工时只是水泥、集料和水的混合物(也即混凝土拌和物)，若将其直接在水中浇筑，集料与水泥浆必定会因水的分散作用而产生集料与部分水泥浆的分离。其中集料与部分水泥浆沉落水底，大部分水泥浆将被水分散带走。尤其在流动水中，即使沉落到水底的水泥浆也会被流动的水冲走很多。

从 20 世纪 70 年代初开始，一些国家着手研究这种水中不分散的混凝土。1974 年，联邦

德国首先研制出这种混凝土,并以英文"不分散混凝土"(non dispersible concrete)的缩写(NDC)为其定名。NDC除了在水中不分散外还有优良的流动性和填充性,通过导管法或压浆法对NDC施工,不仅可以在水下高质量地浇筑如桥墩这样的大体积钢筋混凝土构件,还可以进行大面积的薄壁水下施工及对水下混凝土构筑物进行抢修和补强。

NDC问世后,很快在世界各国得到推广应用,日本在1981年从德国引进该技术,迄今已浇筑约100多万立方米的水下混凝土,英、美等国也相继研制出了与此类似的产品。

NDC的关键技术是在混凝土搅拌时掺入一种"水下不分散外加剂"即NDCA(non dispersible concrete admixture)。近年来,我国也对NDCA进行了研制,原石油部天津科学技术研究院、交通部第二航务工程局科研所、南京水利科学研究院都相继成功地研制出了"NDCA",并在很多工程中得到成功应用。

(一)原材料技术要求

水下不分散混凝土的主要原料有水泥、砂石、水下不分散剂及其他一些外加剂(减水剂)等。

1.水泥

水泥强度一般应大于或等于42.5MPa。对于海水和工业废水中的工程,应选用耐硫酸盐侵蚀的混凝土,如火山灰硅酸盐水泥、粉煤灰硅酸盐水泥等。在一般江河水中可选用普通硅酸盐水泥或硅酸盐水泥。

有时为增加混凝土的流动性、黏性及强度,还可以用一些超细粉掺和料(如超细粉煤灰、超细矿渣粉、硅灰等)替代一部分水泥。

2.集料

(1)粗集料 应优先选用卵石。如需增加水泥砂浆和集料的黏结力,也可在卵石中掺入少量(20%~30%)碎石。粗集料的最大粒径D_{max}一般应小于或等于40mm,因为粒径太大,易产生沉淀,影响混凝土的均匀性。另外,在具体确定最大粒径时,还要考虑所采用的施工方法。如果采用导管法,D_{max}应小于导管直径的1/5(卵石)和1/4(碎石),而泵送则应小于输送管道直径的1/3(卵石)。粗集料的级配应采用连续级配。

(2)细集料 宜选用细度模数M_x=2.6~3.1的中砂。为满足流动性和黏性要求,砂子应选用表面较光滑、外观浑圆的石英砂。有关其他质量指标应符合混凝土用砂标准。

3.水下不分散剂(NDCA)

NDCA是制备水下不分散混凝土的关键材料,其主要成分是水溶性离子物质及具有高比表面积的物质,主要作用是增加混凝土的黏聚性和充填能力。据有关资料报道,用于配制NDCA的材料可分为以下几类。

(1)合成天然水溶性有机聚合物,如纤维素酯、淀粉胶、聚氧化乙烯、聚丙烯酰胺、聚乙烯醇、羧乙烯基聚合物等。其作用是提高拌和物黏性。

(2)各种有机物乳液。用于增加粒子间吸引力,并在水泥浆中提供超细的粒子。主要材料有石蜡乳液、丙烯酸乳液等。

(3)具有大比表面积的无机材料。其主要作用是增加拌和物的保水性。主要有硅灰、膨润土、压碎石棉及一些纤维状粉。

(4)填充性细颗粒材料。其作用是向水泥浆中提供细填料,进一步增加水泥浆的黏聚性。

我国现在尚未制定出NDCA的质量标准,购买使用时可参考日本现行NDCA的质量标准,详见附表6-1。

日本 NDCA 质量标准　　附表 6-1

项目 \ 种类		标准型	缓凝型
泌水率(%)		<0.01	<0.01
含气量(%)		<4.5	<4.5
坍落流动值经时变化(cm)	3min 后	<3.0	—
	2h 后	—	<3.0
水中分离度	悬浮物质(mg/L)	<50	<50
	pH	<12.0	<12.0
凝结时间(h)	初凝	>5.0	>18
	终凝	>15	<48
水中制作试件强度(N/mm^2)	7d	>15	>15
	28d	>25	>25
水中、空气中强度比值(%)	7d	>80	>80
	28d	>80	>80

4. 其他外加剂

主要有高效减水剂、早强剂等。其作用是增加混凝土的流动性、强度及早期强度,但使用前必须进行试验,确定这些外加剂与所使用的水下不分散剂的相容性。

(二)配合比设计

水下不分散混凝土的配合比设计因施工方法不同而有一定的差异,但设计计算步骤和要求基本相同。现以导管施工法为例介绍 NDC 的配合比设计。

1. 配制强度的确定

根据我国《水运工程混凝土施工规范》(JTS 202—2011)规定,采用导管施工等方法进行水下浇筑的混凝土在陆上干地配制强度比设计强度标准值应提高 40% ~50%。对水下不分散混凝土配制强度的要求我国尚未明确规定,可参考日本现用的配制强度提高系数 P。

$C_r \geqslant 10\%$　　$$P=\frac{1}{1-\sqrt{3}\cdot C_r/100} \quad (附 6\text{-}1)$$

$C_r < 10\%$　　$$P=\frac{1}{1-3\cdot C_r/100} \quad (附 6\text{-}2)$$

式中:P——水下不分散混凝土配制强度比设计强度提高的系数,即混凝土抗压强度标准值为 $f_{cu,k}$ 时,配制强度 $f_{cu,0}$ 为

$$f_{cu,0} = P\cdot f_{cu,k} \quad (附 6\text{-}3)$$

C_r——离差系数,可根据施工历史统计值确定。

2. 流动性的确定

流动性的大小关系到施工质量的好坏。在 W/C 确定的条件下,流动性要求大的混凝土水泥用量要求也大。因此,应在满足流动性的要求下使水泥用量最小。

流动性大小的指标是坍扩度(也称坍展度)。坍扩度大,流动性也大,但流动性太大易出现粗集料下沉;太小则混凝土填充不密实。因此,坍扩度应根据施工情况经试验确定。南京水

科院的试验研究给出了坍扩度的范围推荐值，见附表6-2。

水下不分散坍扩度的范围推荐值 附表6-2

施工条件	水下滑道施工	导管施工	泵压施工	要求大流动度施工
坍扩度(mm)	30~40	36~45	45~55	>55

坍扩度的测定方法与普通混凝土坍落度的测定方法基本相同，只是将坍落度筒垂直提起后，不测坍落前后的高度差（坍落度值），而是测坍扩后料堆底部坍扩的最大值及垂直方向直径，而后取其平均值作为坍扩度值。

3. 水灰比（W/C）的确定

和普通混凝土一样，W/C 不仅对混凝土强度有重要影响，而且对耐久性有很大影响。对于水下混凝土工程，主要需考虑其耐水性（海水和工业废水还需考虑耐蚀性），在寒冷地区还要考虑抗冻性。在保证流动性的条件下尽量降低 W/C，可以提高混凝土的致密性，对抗水、抗蚀及抗冻性都能起到重要作用。

确定水下不分散混凝土的 W/C 可根据对耐久性的要求来确定。

(1)海水中的工程用混凝土

①完全在海水中或大气中 $W/C \leqslant 0.50$；

②浪溅带 $W/C \leqslant 0.45$。

(2)江河工程中用混凝土

①冰冻地区或反复冻融环境 $W/C \leqslant 0.55$；

②非冰冻地区或仅有很少负温的环境 $W/C \leqslant 0.60$。

4. 用水量（W_0）的确定

单位混凝土用水量直接影响水下不分散混凝土的流动性、填充性及砂率大小。在 W/C 确定后，用水量大，水泥用量也大，应在满足流动性的条件下尽量减小用水量。

NDCA 的掺入一般会使拌和物内部水的黏性提高。因此用水量较普通混凝土大。南京水科院的研究建议，当坍扩度为45cm左右，粗集料最大粒径 D_{max} 为20mm左右时，用水量为220~230kg/m^3；D_{max} 为40mm左右时，用水量为215~225kg/m^3。但最后必须经试配调整确定。

5. 水泥用量（C_0）的确定

已知 W/C 和 W_0，则水泥用量 C_0(kg/m^3)应为

$$C_0 = W_0 \cdot \frac{1}{W/C} \tag{附6-4}$$

实践证明，对于水下不分散混凝土，还应限制水泥的最小用量，以满足混凝土的耐久性和有关施工方法的要求。

①有抗渗性要求时 $C_0 \geqslant 300$kg/m^3；

②有抗冻性要求时 $C_0 \geqslant 330$kg/m^3；

③泵送施工时 $C_0 \geqslant 300$kg/m^3；

④泵压式导管施工时 $C_0 \geqslant 370$kg/m^3。

6. 砂率（S_P）的选择

实践表明，水下不分散混凝土的砂率（S_P）一般应取35%~40%。最后确定可通过试配，一般以坍扩度为指标来确定。

7. 粗集料量(G_0)和细集料用量(S_0)的确定

可利用普通混凝土配合比计算的绝对体积法计算 G_0 和 S_0,其中混凝土中的空气含量 α 应取 3% ~5%。

(三)参考配合比

SCR 水下不分散混凝土的参考配合比见附表 6-3。

SCR 水下不分散混凝土的参考配合比 附表 6-3

混凝土的种类	粗集料最大粒径(mm)	水灰比(W/C)	砂率(%)	混凝土组成材料(kg/m^3)				
				水	水泥	细集料	粗集料	SCR 剂
普通混凝土	20	0.53	40	228	430	658	985	0
SCR 混凝土	20	0.53	40	228	430	658	985	4.3

一些 NDC 配合比的工程实例见附表 6-4,可作为配合比设计时的参考。

NDC 配合比设计工程实例 附表 6-4

工程名称	坍落度(cm)	含气量(%)	水灰比(%)	砂率(%)	28d 抗压强度(MPa)	每 $1m^3$ 混凝土材料用量(kg/m^3)					
						水	水泥	砂	石	NDCA	减水剂(L)
防坡堤加固(1981 年)	45 ~50	4 ±1	0.508	38.2	28.3 ~29.4	220	455	588	965	2.66	11
某电厂块石护坡修补(1981)	<40	4 ±1	0.513	40.0	—	191	400	616	924	3.50	14
修补某河底虹吸管(1981 年)	40 ~45	4 ±1	0.588	39.1	满足设计要求	200	359	650	1 033	2.74	11
某桥墩修补(1982 年)	50 ~55	3 ±1	0.556	31.4	27.5	260	468	473	1 033	3.00	13
某桥河床底部加固(1982)	45 ~50	4 ±1	0.588	37.7	满足设计要求	210	374	614	1 033	2.53	10
某水下坝基加固(1982 年)	40 ~50	3 ±1	0.584	35.0	21.9 ~24	220	377	576	1 082	2.90	8
某灯塔基础加固(1982 年)	40 ~50	3 ±1	0.547	36.7	21.2 ~22.5	198	380	588	1 103	2.50	10
某水电厂进水口修补(1981 年)	35 ~50	3.5 ±1	0.507	37.7	43.1	190	400	600	1 000	2.50	10
某水电厂进水闸修补(1984 年)	50 ~55	3 ±1	0.498	34.8	30.6 ~33.7	208	438	548	1 058	2.50 ~3.30	10
某水电厂坝基修补(1983 年)	40 ~50	3.5 ±1	0.588	37.7	40.8	210	374	614	1 033	2.66	10
某水电厂下游河床淘刷加固	45 ~50	3.5 ±1	0.589	40.8	19.2 ~25.0	220	392	643	968	2.66	11

七、抗拉强度控制的混凝土配合比设计

从工程角度而言,混凝土开裂几乎是不可避免的,因为混凝土的抗拉强度远小于抗压强度,仅为其抗压强度的1/20~1/10,因此在大多数使用条件下,混凝土的抗拉强度可能是具有重要作用的一个参数。

在像混凝土道路和机场跑道这样的刚性路面结构中(除去霜冻和盐的影响以外),混凝土的抗压强度很可能反映其耐久性。但是,从假定的由于交通及温度影响引起的应力来看,将混凝土的抗拉强度看作相应的结构参数,也许是合乎逻辑的。这似乎并没有被对现场道路的观察所证实,并且在各种评估中,存在明显的分歧,然而,目前的趋势,似乎恰恰是倾向于采用混凝土的抗拉强度。因此,需要一些资料,以便在此基础上选择配合比。

(一)抗弯强度

在英国莱特(Wright)所做的工作中,具有许多一流的资料,利用这些资料作为指导,有可能相当合理地选择配合比。值得注意的几点是:

(1)从侧面检验梁比沿浇筑方向检验更方便些,前者允许用英国标准(BS 1881,1970年),对所得结果无重要影响。

(2)像所有试验一样,所得到的结果是加荷速率的函数,莱特确立了断裂模量即抗弯强度与应力增加速率的对数值之间的线性关系。例如,当应力速率从每秒0.3MPa变化到1.5MPa时,将导致最终抗弯强度增加约9%。

(3)集料类别对混凝土抗弯强度具有主导作用。对同一配合比而言,假定采用坚固的材料,用碎石集料配制的混凝土比用砾石集料配制的混凝土具有更高的抗弯强度。即使是同一类的集料,由于集料来源不同,也将会使抗弯强度有些不同。通常假定这些不同小于由于集料类别不同所引起的差别。这样,能方便地将砾石归为一类,以区别于碎石,所得的数据代表了实践中可能遇到的典型值。

1. 随龄期而增加的抗弯强度

大多数配合比设计资料考虑到常规强调的28d强度要求,但很明显,为了混凝土质量控制的目的,具备其他龄期的混凝土强度资料常常是有用的,或是必需的。根据道路研究技术文献资料;以28d龄期的强度作为基准,附表7-1提供了两类集料,即砾石(圆的和不规则的分为一类)和碎石混凝土在四个不同龄期的强度资料。

2. 抗弯与抗压强度的关系

通过对研究资料的分析,可以得到混凝土抗弯与抗压强度的关系,如附图7-1所示。它表明,在28d立方体强度及梁试件强度方面,砾石混凝土与碎石混凝土具有明显的对比,这两类混凝土之间的主要差别是显而易见的。另外,附图7-1也清楚地表明了极限抗弯强度变化的趋势。

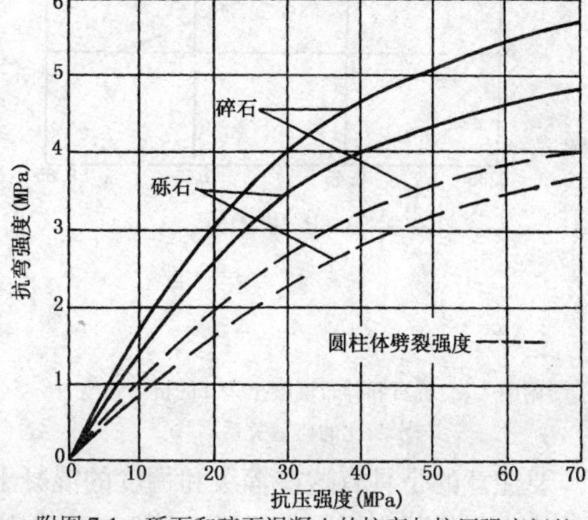

附图7-1　砾石和碎石混凝土的抗弯与抗压强度间的典型关系

随龄期而增加的典型混凝土抗弯强度 附表 7-1

集料类别	28d 强度（MPa）	在下列龄期时的强度与28d 强度的百分比(%)				集料类别	28d 强度（MPa）	在下列龄期时的强度与28d 强度的百分比(%)			
		7d	28d	91d	365d			7d	28d	91d	365d
砾石和砂	4.5	89	100	114	128	碎石和砂	6.0	83	100	112	117
	4.0	89	100	114	130		5.0	81	100	118	124
	3.5	86	100	116	134		4.5	77	100	117	127
	3.0	81	100	117	131		4.0	74	100	120	132

3. 抗弯强度与水灰比的关系

虽然莱特发现，在给定水灰比的条件下，混凝土的抗压强度取决于混凝土的施工水平。但通过对其他资料的研究表明，从实用角度，这一点是允许忽略的。附图 7-2 表明了 28d 抗弯强度与水灰比之间的关系。其中，混凝土粗集料分别为砾石（包括圆的及不规则的）和碎石，采用同一料坑中的天然砂。附图 7-2 表明，混凝土抗弯强度与水灰比近似关系是可能得到的。同时，也反映了粗集料的影响。在龄期较长时，粗集料的影响可能是不同的。另外，除了天然砂，混凝土中的细集料，如石灰岩粉也对这一关系有影响。

4. 集灰比和抗弯强度的关系

附图 7-3 比附图 7-2 所示的关系更有用，它表示了集灰比（质量比）与低稠度和很低稠度（密实度分别为 0.78 和 0.85）的混凝土 28d 抗弯强度的关系。

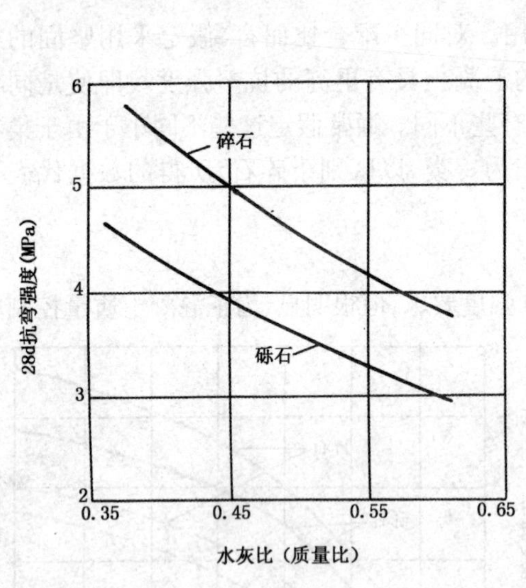

附图 7-2 砾石和碎石混凝土 28d 的抗弯强度与水灰比的典型关系

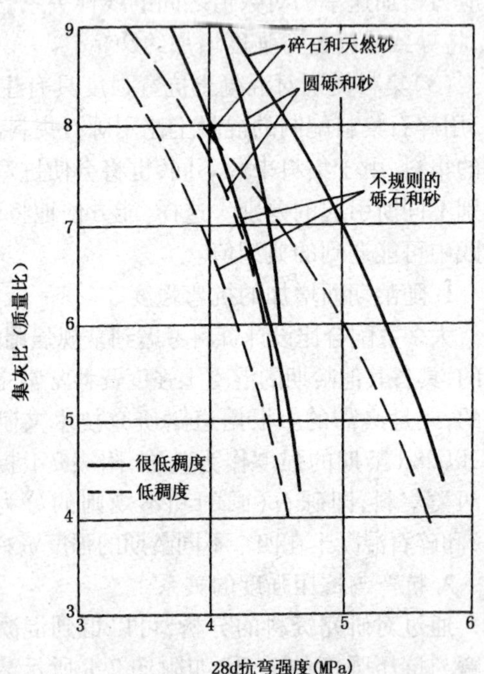

附图 7-3 集灰比（质量比）与低稠度和很低稠度混凝土 28d 抗弯强度的关系

要注意的是具有这些等级和稠度的混凝土只适用于混凝土路面结构，而不是通常的混凝土结构。很低稠度混凝土通常要用压实的方法施工。应注意，对于给定的抗弯强度，当稠度降低时，集灰比便要增加。因此，对于给定的抗弯强度 4.0MPa，随稠度降低而集灰比要增加如附

表7-2。

通常,按混凝土规范所允许的水泥含量(因此,集料确定后,集灰比也就随之确定),例如,如果集灰比值为7.0:1,则可以从附表7-3看到其对抗弯强度的影响。

随稠度降低集灰质量比增加　　附表7-2

集料类别	稠度	
	低	很低
	集灰质量比	
磨圆型的	7.7	9.2
不规则的	6.7	8.0
棱角形的	7.9	9.4

抗弯强度随稠度降低而增加　　附表7-3

集料类别	稠度	
	很低	低
	28d 抗弯强度(MPa)	
磨圆型的	4.4	4.2
不规则的	4.3	3.9
棱角形的	5.0	4.5

5. 配合比设计

原则上,抗拉强度控制的混凝土配合比的设计基本上与普通混凝土配合比设计相同,但集料的类别具有重要的作用,不可忽略。

混凝土的规定特征抗弯强度和设计平均抗弯强度之间还没有建立起像立方体抗压强度那样的关系,当然,最好是积累经验和数据,以便得到可靠的计算。莱特建议:采用一个固定的范围,其大小取决于现场作业的质量控制情况,对于立方强度,最小值为0.55MPa;在缺少基本资料的情况下,此值需取1.1MPa。

[例附7-1]　要求设计一个配合比,所用集料的最大粒径为20.0mm,低稠度,28d的特征抗弯强度为3.0MPa。可以使用砾石(不规则形状)或碎石(有棱角的),配用天然砂。施工质量控制良好。

解:(1)在本例中,可以采用(3.0 + 0.8)MPa的设计平均抗弯强度。

(2)如果需要,可以从附图7-4获得自由水灰比的估计值,对于砾石是0.47,碎石为0.60。

(3)从附图7-3可以获得集灰比,对于砾石比值为7.3,碎石为8.1。

值得注意的是,特征抗弯强度越高,集灰比之间的差别就越大,例如:特征抗弯强度为3.5MPa,设计平均抗弯强度为4.3MPa时,对于碎石,其集灰比为7.5,而砾石则为5.8。

如果已经指定混凝土的抗压特征强度(如27.5MPa)及设计平均强度(如37.5MPa),则附图7-4、附图7-5表明了对于砾石和碎石混合料合适的集灰比是很类似的。它们的水泥含量分别是295 kg/m^{3}和305kg/m^3。

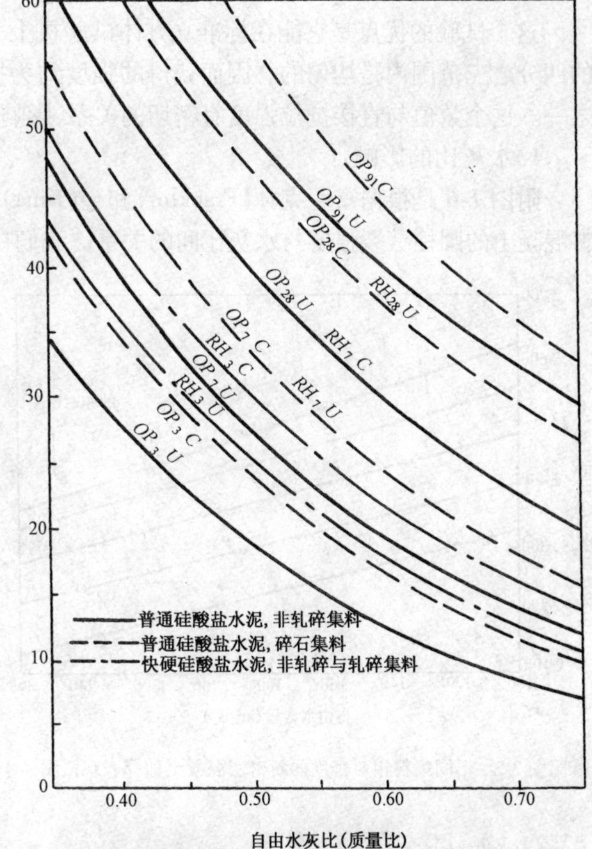

附图7-4　用普通和快硬硅酸盐水泥混凝土不同龄期的立方强度和水灰比之间的典型关系

注:$OP_{28}U$ 意思是普通硅酸盐水泥和非轧碎集料28d强度。

显然,根据抗弯强度进行配合比设计时,由于所用集料类别引起集灰比的差别比立方强度的情况显著。

(二)圆柱体劈裂强度

研究表明,许多因素会显著地影响混凝土的极限强度。这些因素为:

(1)有无垫条。

(2)垫条的宽度与类型。

(3)试件尺寸。

(4)在材料试验机上试件的准确位置。

(5)用于试验机球形支座的润滑油型号。

通过压板加载所引起的拉应力用下式计算:

$$f_t = \frac{2P}{\pi dl} \tag{附 7-1}$$

式中:f_t——拉应力(MPa);

P——破坏荷载(N);

d——圆柱直径(mm);

l——圆柱高度(mm)。

这个试验的优点是它能在标准立方体试验机上完成。理论上说,拉应力一般只在试件直径的四分之三范围内是均匀的。因而获得的强度约为抗弯强度的三分之二,或抗压强度的十五分之一。这个数值与直接抗拉强度有密切的关系,影响它的主要因素与影响抗弯强度的因素相同。

1. 水灰比的影响

附图 7-6 是根据富兰克林(Franklin)和金(King)提供的资料绘出的,它表明了碎石和砾石集料混凝土的圆柱劈裂强度与水灰比间的关系。我们在这里再次看到集料的影响是非常明显的。

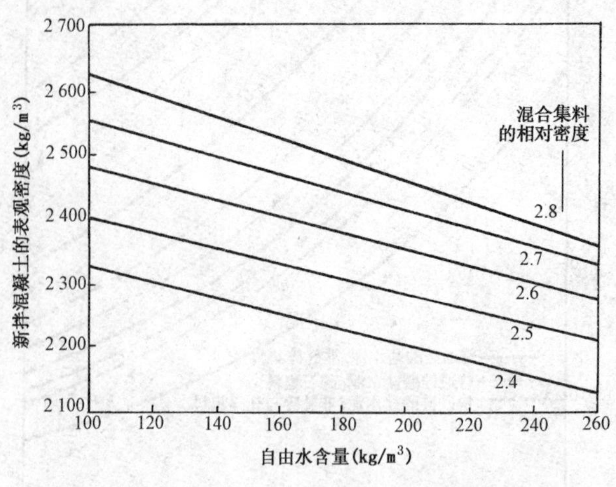

附图 7-5 不同集料相对密度的新密实混凝土估算表观密度

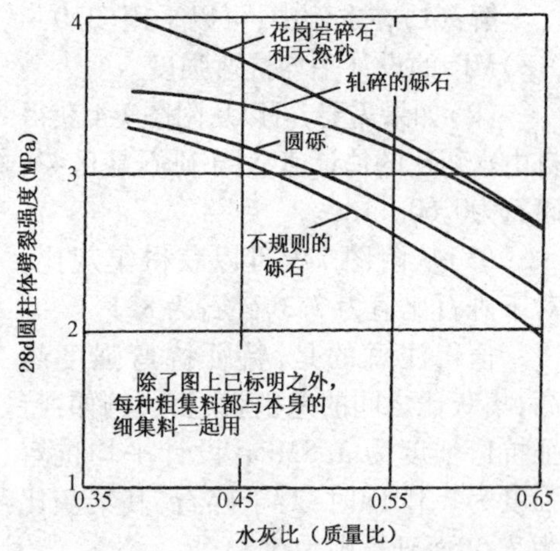

附图 7-6 砾石和碎石集料混凝土的圆柱体劈裂强度与水灰比的典型关系

2. 龄期的影响

圆柱体劈裂强度与龄期的关系很像观察到的抗弯强度与龄期的关系,只是从数值上说,前者较小,后者较大。附表 7-4 所列数据为混凝土(水灰比为 0.50)在不同龄期所期望的圆柱体劈裂强度。

不同龄期混凝土圆柱体劈裂强度

附表 7-4

水灰比	粗集料类别	圆柱体劈裂强度(MPa)				
		8d	7d	28d	91d	365d
0.50	磨圆的砾石	1.70	2.5	2.75	3.25	3.45
	不规则的和有棱角的砾石	2.00	2.55	3.25	3.70	3.95
	碎石	2.30	2.95	3.70	4.30	4.60

附表 7-5 给出的数据,来自道路研究试验所的报告。

随龄期增长的典型混凝土圆柱体劈裂强度

附表 7-5

集料类型	28d 强度(MPa)	所列龄期的强度与 28d 强度的百分比(%)			
		7d	28d	91d	365d
磨圆的砾石	2.5	80	100	119	127
不规则的和有棱角的砾石	3.0	79	100	115	123
碎石	3.5	80	100	117	125

3. 圆柱体劈裂强度与抗压强度的关系

圆柱体劈裂强度与抗压强度的关系如附图 7-6 所示,由图可知,两者之间的关系曲线具有与抗弯强度与抗压强度关系相似的形式。这里又一次清楚地表示了集料的影响。对于给定抗压强度的混凝土,采用有棱角的碎石集料,其抗拉强度会有明显的增加。

4. 集灰比、水泥含量与圆柱体劈裂强度的关系

利用富兰克林和金的资料可以绘出集灰比(质量比)与圆柱体劈裂强度的关系如附图 7-7 所示。混凝土维勃稠度为(8 ± 2)s,即大约是属于低稠度的,其密实度约为 0.85。或许附图 7-8的形式更有用,它绘出了水泥含量与强度的关系。除了指明是碎石之外,集料基本上是

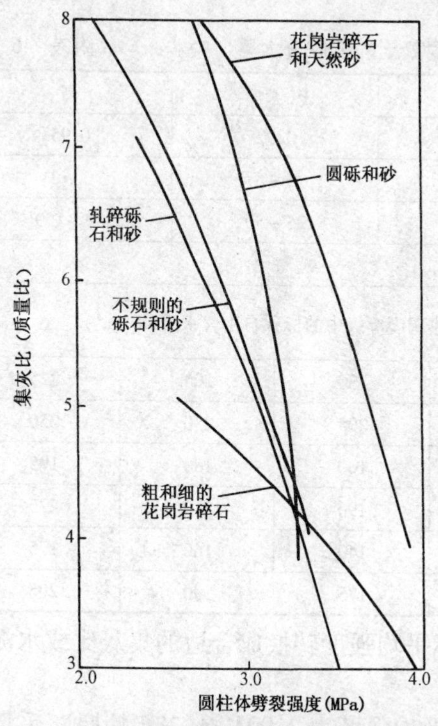

附图 7-7 不同集料类别的低稠度混凝土圆柱体劈裂强度与集灰比(质量比)的典型关系(根据参考文献 58)

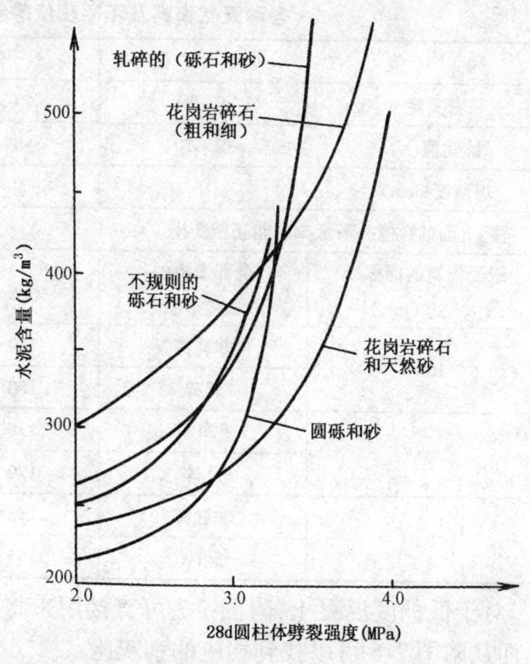

附图 7-8 不同集料类别的低稠度混凝土圆柱体劈裂强度与水泥含量的典型关系

指磨圆的、不规则的和有棱角的颗粒形状（粗、细两种）的粗集料与圆形的天然砂相混合。值得注意的是，集料类别对抗拉强度的影响（大约3.0MPa）。

很明显，碎石粗集料和天然砂的混合是最有利的。不过这还要取决于材料价格、运输等因素。一般来说，如果当地材料可以利用，就应正常地使用。不过也可能出现这样的情况，即受最小水泥含量和最大自由水灰比的限制，可能会抵消利用碎石粗集料和天然砂的混合料所产生的有利影响。

（三）配合比设计

道路用混凝土要求的劈裂特征强度为1.8MPa。但发现一些道路收缩引起的间接抗拉强度变化相当于标准离差0.33MPa，当考虑1%的误差时，目标平均强度应该是1.8+2.33×0.33=2.57，取为2.60MPa。如果达不到良好的质量控制，或者没有可利用的数据，建议标准离差限0.6MPa，那么目标平均强度就是1.8+2.33×0.6=3.2MPa。

类似抗压强度控制的混凝土的配合比设计方法也适用于此。具体步骤基本上与普通混凝土相同。但需对现有数据作一些限定：

(1)为了得到目标平均强度，建议取标准离差为0.6MPa，其最小容许值为0.3MPa。

(2)水灰比为0.5的混凝土，几个龄期的间接抗拉强度值列在附表7-4、附表7-5中。这两表仅适用于普通硅酸盐水泥。

(3)水灰比为0.35~0.65的混凝土，其抗拉强度与自由水灰比之间的关系与附图7-4中所示的立方体强度的曲线类似，但仅指普通硅酸盐水泥。

(4)与抗压强度控制的混凝土的配合比设计方法一样，利用附表7-6和附图7 5中有关含水量和混凝土密度的数据进行配合比设计。

各种天然集料及不同稠度等级的混凝土的近似含水量 附表7-6

稠　　度		很　低	低	中　等	高
密实度		0.78	0.85	0.92	0.95
维勃值(s)		12~20	8~12	3~6	1~3
坍落度(mm)		0	0~25	25~50	60~150
注：上面的数值并不意味着能互相变换。					
级配集料的标称最大尺寸(mm)	全部集料的颗粒形状	上述稠度等级中的标称自由含水量(kg/m³)			
10	非轧碎	150	180	205	225
	轧碎	180	205	230	250
20	非轧碎	135	160	180	195
	轧碎	170	190	210	225
40	非轧碎	115	140	160	175
	轧碎	155	175	190	205

对于低稠度混凝土，附图7-7可直接用来将目标平均强度转换成合适的集灰比或水泥含量，而从附图7-6可以找到相应的水灰比。

[例附7-2] 用于混凝土道路所要求的混凝土平均强度为2.90MPa(28d龄期)，采用普通硅酸盐水泥，非轧碎的原状砾石和砂（具有不规则的颗粒形状）或坚硬的碎石和圆形的砂，粗集料最大粒径为20mm。混合后的相对密度分别为2.55和2.70；要求混凝土为低稠度的。

解：(1)从附图 7-6 可知，砂与砾石[1]和砂与碎石两种混凝土的水灰比分别是 0.48 和 0.60。

(2)从附表 7-6 可得，砂与砾石配合比的含水量为 160kg/m³；对于圆形砂与碎石，考虑到砂颗粒形状对和易性的影响，先估用相同的含水量，因此，也取 160kg/m³。

(3)从附图 7-5 可知，前者的新拌混凝土密度为 2 370kg/m³，后者为 2 465kg/m³。

(4)集料含量为：

砂与砾石：　　　2 370 − (160/0.48) − 160 = 1 877kg/m³

砂与碎石：　　　2 465 − (160/0.60) − 160 = 2 038kg/m³

(5)集灰比为：

砂与砾石：　　　1 877/333 = 5.64

砂与碎石：　　　2 038/267 = 7.63

从附图 7-7 可得出：

砂与砾石混凝土集灰比为 5.6；

砂与碎石混凝土集灰比为 7.6。

因此，两种方法得到了相同的结果。值得注意的是，为了得到合适的稠度，含水量的选择是明显带有主观性的，而且不主张以砂的圆度来给出应有的质量。我们可能选定了一个较高的含水量，因而集灰比较低。另外，我们还假定坚硬的碎石和圆砂的混合料与附图 7-6 和附图 7-7 中的花岗岩碎石和砂的混合料极为相似。而实际上，这可能并不正确。因此，在试配时，这两方面都可能需要调整。

应当指出，规范几乎不容许使用砂与碎石的混合料，因为按实际情况，0.6 的自由水灰比超出规定的最大容许值 0.55；实践中，我们大概应该使用 0.55 的值，其附带的好处是抗拉强度明显增加。

八、国外轻集料混凝土配合比设计示例

以下主要介绍德国轻集料混凝土配合比的设计方法和有关理论。

(一)拌和物各组分对混凝土性质的影响

1. 基本关系

只有当集料的强度与刚度至少和砂浆的强度与刚度一样高时，混凝土才能够达到砂浆的强度。这些条件在普通混凝土中一般是能满足的。然而，由于轻集料颗粒是多孔结构，其强度和刚度一般要比普通集料低，甚至低于砂浆所能达到的最大数值。这意味着对于轻混凝土来说，上面指出的条件仅仅当混凝土强度在一定极限值之内才能被满足，这个极限取决于轻集料的刚度和强度。

在这个极限以下，内部的强度传递与普通混凝土的情况一样。在这种情况下，混凝土强度近似等于砂浆强度，普通混凝土适用的水灰比数值在轻混凝土中也可不加改变地使用，只要用有效水代替总水量就可以了(附图 8-1 区域 1)。各种轻集料极限强度根据有关文献资料计算从附图 8-2 中取用。

当然，配制比上面说到的极限强度更高的轻混凝土也是可能的，但要达到此目的需要一种

[1]系指混凝土中的集料是砂和砾石的混合料。

坚硬的砂浆。这种坚硬砂浆刚度也较大,因为水泥石的变形模量随着强度增长而增大。由于轻混凝土的变形模量比砂浆为低,颗粒不能像砂浆一样在同样变形下长期传递同样的应力,因此在这样的强度比下,轻混凝土不能达到砂浆的强度。

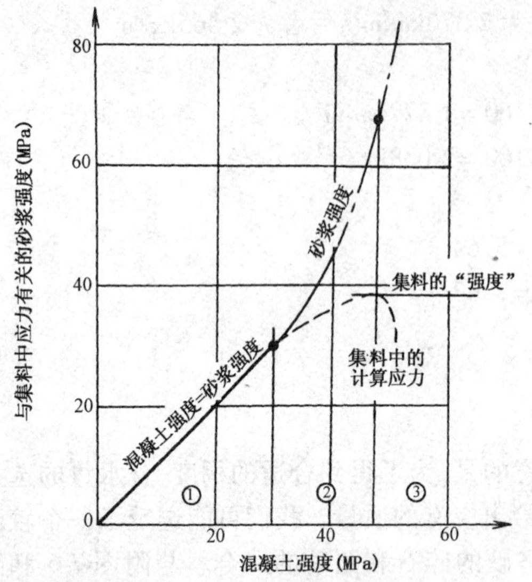

附图 8-1 混凝土强度、砂浆强度和集料所传递的压应力计算值之间的简单关系

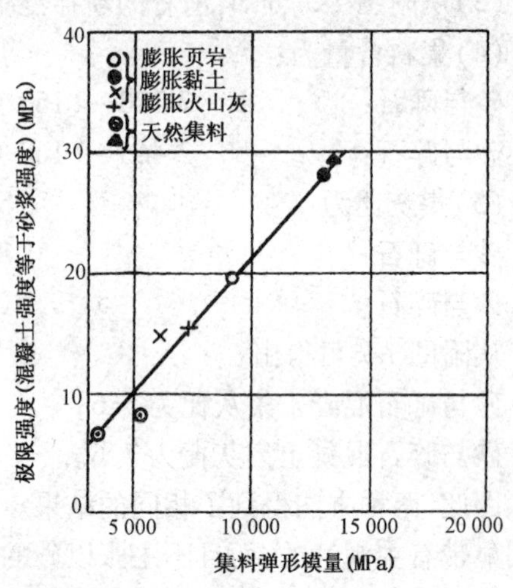

附图 8-2 由轻集料平均动弹形模量决定的轻混凝土强度与砂浆强度相等时的强度极限值

假如要求用一种给定的轻集料获得更高强度的混凝土,那么在某一点上,荷载达到混凝土强度之前,一部分集料已经破坏。显然,作用于砂浆上的力将要更大,因此就需要一种强度远比混凝土强度高出很多的砂浆(附图 8-1 区域 3)。为了经济的原因,在这种情况下最好改用一种更坚硬的集料,这样就可用一种较低强度的砂浆来达到所需混凝土强度。

混凝土的各种性质在很大程度上取决于是用坚硬集料和相应的低强度砂浆制作,还是用弱集料和相应的较高强度砂浆制作。

2. 集料的种类

在选择集料时,首先要考虑的是究竟选用一种低密度的,通常也是低刚度和低强度的集料,还是选用一种较坚硬、刚度较大因而也较重的轻集料。较弱集料要像较坚硬集料那样获得同样的混凝土强度,一般要求选用强度较高的砂浆。但是用各种不同强度集料制造的具有同样强度的轻混凝土,必须注意到如附表 8-1 所示的区别。

不同强度集料制造具有同样强度轻混凝土的区别 附表 8-1

低强度和颗粒密度小的集料	高强度和颗粒密度大的集料
水泥用量较高	水泥用量与普通混凝土相近
混凝土表观密度较低	混凝土表观密度较高
早期强度较高,以后强度增长不多	强度增长规律与普通混凝土相似
钢筋与混凝土之间黏结力较好	对于受弯构件黏结力不如普通混凝土,但对垂直受压构件则与普通混凝土相同
应力应变图几乎呈直线,下降段非常陡	应力应变图与普通混凝土相似
变形模量低	变形模量高,但比普通混凝土小

因为通常得不到轻集料的颗粒强度和 E 值，实践中，通常采用轻集料的颗粒密度或松散密度来判断其对某种特定用途的适用性。

附图 8-3 表明一种膨胀黏土集料（Liapor）的松散密度或颗粒密度与用其配制的混凝土 28d 立方体抗压强度之间的关系。附图 8-4 为水灰比与立方体抗压强度之间的关系图，当所用砂浆的有效水灰比为 0.5，抗压强度达到 50～55MPa。

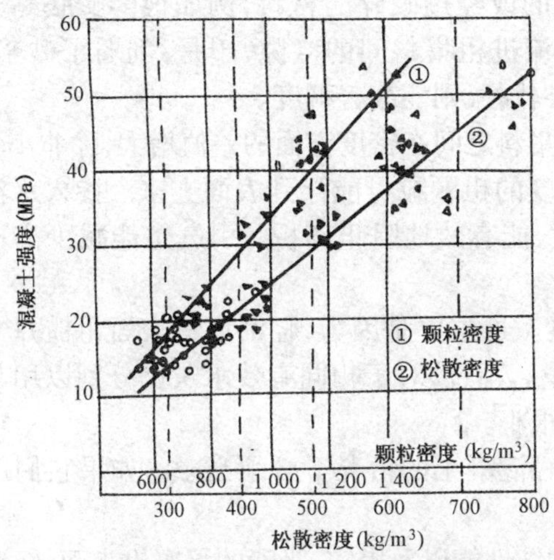

附图 8-3 膨胀黏土集料（Liapor）的颗粒密度和松散密度（干燥松散的）分别和混凝土立方抗压强度之间的关系（有效水灰比 0.5）

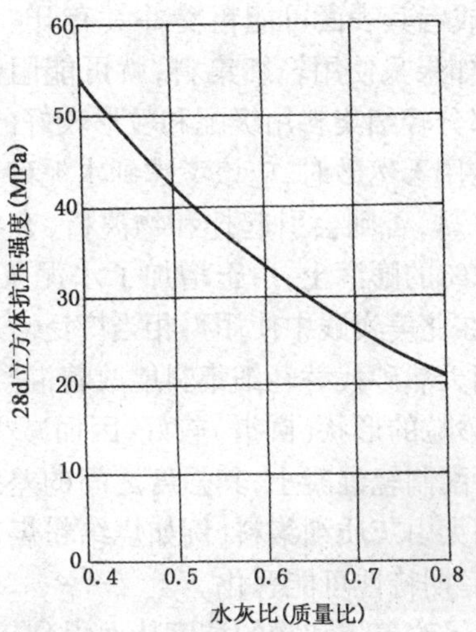

附图 8-4 水灰比与 28d 立方体抗压强度之间的关系

借助这两条曲线，为了能制成具有指定抗压强度的轻混凝土，轻粗集料颗粒密度或松散密度所需的数量级可以估计出来。集料太轻，将要求不合理的过高的水泥用量；而集料太重，将导致混凝土表观密度很高。

苏联主要采用一种粗略确定松散集料试样的抗压强度的方法。此法是将装在高、直径均为 150mm 的圆筒中的集料，压入 20mm 所需的力来确定其抗压强度。一般要求粗集料颗粒强度最少应为混凝土强度的 50%。

3. 集料的级配

在普通混凝土中，主要影响集料颗粒级配的是为达到足够和易性所需的拌和水的数量。细粒比例增加将提高需水量，除非同时也增加水泥用量，否则将导致混凝土强度降低。因此，只要稠度满足，粗粒的比例和最大粒径应该尽可能大。

对于结构轻混凝土，上述颗粒级配、需水量和混凝土强度之间的关系一般也是有效的，但还有一些其他因素需要考虑。对于大多数轻集料，较大粒径颗粒的变形模量、强度和容重都比较小。轻混凝土中，采用很大的轻集料颗粒时，会使混凝土强度降低，其原因一部分是由于集料强度较低，一部分是因为围绕集料的砂浆网架变弱所致。所以最大粒径应限制在 25mm 以下（附图 8-5）。最大粒径较小和细粒比例增大，可以使强度增加，但这时混凝土表观密度也将增加。例如，最大粒径从 25mm 降到 16mm，则混凝土强度

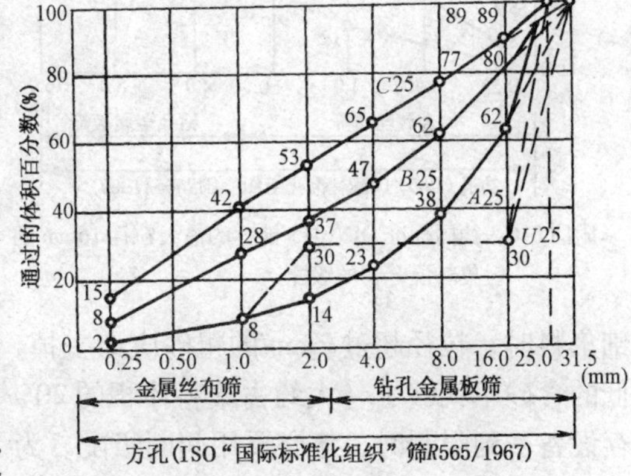

附图 8-5 德国标准 DIN1045 推荐的最大粒径 25mm 的集料混合物的级配

可期望增加10%左右。

天然砂(普通河砂)常用以改善新拌混凝土的稠度和减少收缩,增加混凝土强度或者提高经济效果,但是这样将使混凝土表观密度大大提高。例如,在某些轻混凝土中将轻集料体积的10%用天然砂代替,使密度增加100kg/m³左右,变形模量增加20%。轻细集料常含有很大比例的粒径大于1mm的颗粒。在某些情况下(例如膨胀页岩细集料),它们的粒形使它们显得粗大,或者其表面可能粗糙并具有开口孔(碎的或经过破碎的材料,例如很多膨胀黏土细集料)。如果只使用轻细集料,就可能阻碍砂浆流进粗集料间的空隙,于是,削弱了砂浆骨架。如果部分轻细集料用级配和粒形较好的天然砂代替,则能改善稠度。

在用天然砂时,应该考虑到水泥砂浆和粗集料之间在密度方面的差值增大,除非小心地控制用水量,否则会引起拌和物离析,有些低密度的粗颗粒可能浮到表面上来。掺入水泥量的1%~2%的膨润土,由于增加了水泥浆的黏度,能有效地阻止离析。引气也能减少离析的危险,这在北美实践中使用得相当广泛。

用天然砂代替轻细集料能改善混凝土强度。这主要是因为,轻细集料表面粗糙并常有棱角,而砂粒的形状(圆滑)较好,因而减少需水量。不过,对于相同有效水灰比分别以用与不用天然砂配制轻混凝土,其强度之间的差别一般很小。

用火山灰质细集料,例如烧结粉煤灰配制轻混凝土的情况下必须当心。如果它们用砂子代替,后期特性可能恶化。

为了改善拌和物的稠度从而得到较好的黏结性能以及密实、光滑的混凝土表面,轻混凝土比普通混凝土需要的水泥用量要多些。在轻混凝土中砂浆量应占体积的50%~60%。在用轻细集料时需用较高的砂浆量,特别是对于外露的竖直混凝土表面更是如此。而用天然砂时较低的砂浆量就够了。砂浆含量不足会导致不够密实、形成多孔构造并降低强度。相反,砂浆过量,特别是含水率太大的话,会引起离析,粗集料颗粒将浮到表面上来。在某些情况下,只有采用天然砂或加气才能达到足够高的砂浆含量。

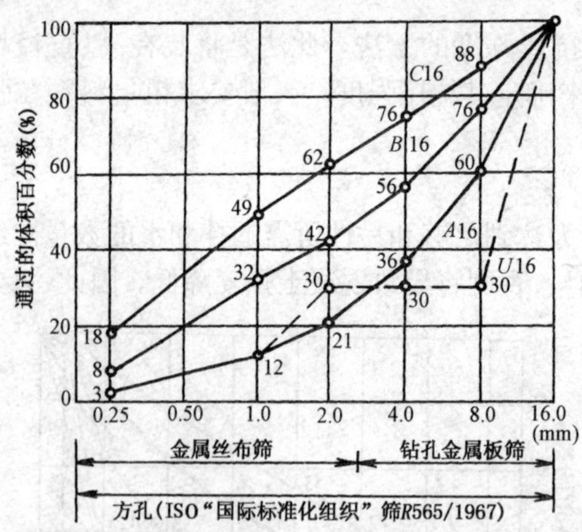

附图8-6 德国标准DIN1045推荐的最大粒径16mm的集料混合物的级配

像普通集料混凝土一样,轻混凝土既能用连续级配也能用间断级配集料配制。级配选择由混凝土所需强度、表观密度和稠度决定,也和集料所能供应的粒级范围及各粒级分别储存设施的情况有关。连续级配曲线一般使新拌混凝土有较好的黏聚性并减少离析的危险。已经发现,与附图8-6中级配曲线B16(根据DIN1045)相似的级配,对稠度和强度是有益的。对于低表观密度中等强度的保温轻混凝土(例如适于外墙使用的),与级配曲线A16或A25(根据DIN1045)相似,粗粒含量较多的颗粒级配则更好。

使用间断级配也有优点。当用天然砂为细集料时,粒径超过2mm的粗砂应该去掉,因为较细的砂子对于改善稠度更好。同时,较低的含砂率就够了(大约占集料体积的20%~30%),而混凝土的表观密度也将较低。当储存设备受到限制时,势必要用间断级配。为了防止离析,混入足够比例的0.25mm及更细的颗粒是必要的。某些轻混凝土(特别是那些用表面光滑的、圆形颗粒集料配制的轻混凝土)的极细颗粒需要量由集料最大粒径决定,如附表8-2所示。

加气可以部分代替此种极细的集料。

如果颗粒形状不规则(例如某些膨胀页岩),或者是开口孔的(例如经过破碎的材料或者泡沫矿渣),那么细料含量必须达到20%以上。

集料级配对大多数轻混凝土的性质的影响是很敏感的,一旦用试样的方法确定了一种特定级配之后,就应该准确地控制它,这是很重要的。

将级配分成粗、细两种粒级来控制混凝土的性质可能是不够的,这是因为颗粒密度不同而有离析的危险。根据最大粒径,轻集料最好分成下列各组,如附表8-3所示。

轻混凝土细料含量由集料最大粒径决定表 附表8-2

集料最大粒径(mm)	$1m^3$ 密实混凝土中细粒含量(水泥+粒径≤0.25mm细料)	
	kg	L
8	525	180
16	450	150
25	420	140

轻集料根据最大粒径的推荐粒级 附表8-3

最大粒径(mm)	推荐的粒级(mm)
8	0/2,2/8或0/4,4/8
16	0/2,2/8,8/16或0/4,4/8,8/16
25	0/2,2/8,8/16,16/25或0/4,4/8,8/16,16/25

如果可能的话,有一个粒级应该为0~2mm。在间断级配情况下,对于最大粒径为16mm的,中间粒级可以省掉。同样,对于最大粒径为25mm的,两个中间粒级可以省掉。

4. 水泥强度

在前面所规定的极限强度以下,结构轻混凝土的强度可能等于砂浆的强度(附图8-1区域1)。所以如同普通混凝土一样,水泥强度的变化将影响轻混凝土的强度。在这个极限强度以上(附图8-1区域2或3),混凝土强度比砂浆强度增长慢些。所以,水泥强度对混凝土强度的影响随混凝土强度增加而减弱。

对属于低强度范畴但用刚强集料配制的轻混凝土,水泥强度的影响与在普通混凝土中观察到的一样。在强度较高但用较轻及较弱集料配制的轻混凝土的情况下,水泥强度变化对混凝土强度影响很小。

5. 水泥用量

某一特定混凝土强度所需的水泥用量,对于不同集料,其变化可能相当大。本质上它取决于集料颗粒的强度和变形模量,也和满足稠度所需要的游离水含量有关。但是,这些因素的影响不能可靠地预测。水泥需用量只能将一定级配的特定集料用试拌的方法来确定,才有一定的准确性。此外,对于每一种集料,在水泥强度、有效水灰比剩余绝对体积与水泥比值和混凝土的抗压强度之间存在着相互依赖的关系。

为了保证足够的稠度、耐久性,保护埋入混凝土的钢筋不致锈蚀并保证其黏结力,一般来说,对密实混凝土,水泥用量不应该少于300kg/m^3。增加水泥用量将提高轻混凝土强度,但通常达不到普通混凝土中提高的程度。在普通混凝土中,增加10%的水泥通常提高强度约15%。在轻混凝土中,强度的相应提高可能限制在5%~10%或者更少(附图8-1)。增加水泥用量也使徐变和收缩、硬化过程中的水化热和开裂的危险增大,因此水泥用量一般不应该超过500kg/m^3。

由于水泥密度大(约3 100kg/m^3),增加水泥用量显然增大混凝土的表观密度。水泥用量增加50kg/m^3,混凝土表观密度增大约30kg/m^3。

就所需要的混凝土强度而论，如果使用强度更高的水泥，常常能减少水泥用量。这能使混凝土表观密度稍有降低，因为水泥石比轻集料要重。

6. 用水量与拌和物稠度

轻混凝土拌和物的总用水量由有效水或游离水和集料颗粒孔隙中包含的水所组成。

一般占绝大部分的游离水是在水泥浆中，它决定了混凝土的强度和拌和物稠度。游离水所需的数量主要取决于集料颗粒的最大粒径、级配、表面形状和特征（圆滑或粗糙），而与水泥用量的关系较小。

对于最大粒径为16mm粒状圆滑的集料，当其级配大体与附图8-6中级配曲线一致时，其新拌某一稠度混凝土的游离水的需要量可以从附图8-7中得到。对于形状不规则或存在开口孔的颗粒，具有相同的稠度时，需水量一般要多5% ~15%。

关于集料颗粒孔隙内所保持的水，大多数轻集料吸水比普通集料多得多。吸水量取决于集料颗粒的表面构造、其内部孔的结构和体积、搅拌前集料的含水量、新拌砂浆的黏度和完成捣实所费的时间等。预先估计在浇筑和捣实后有多少水会保持在集料孔隙中，是不可能的。然而，通过某一合理的近似方法对水泥浆中空隙体积加以考虑后，吸水量能根据配合比例和新拌混凝土捣实后的湿表观密度计算出来，也可根据集料浸水30min的吸水率作出粗略估计。

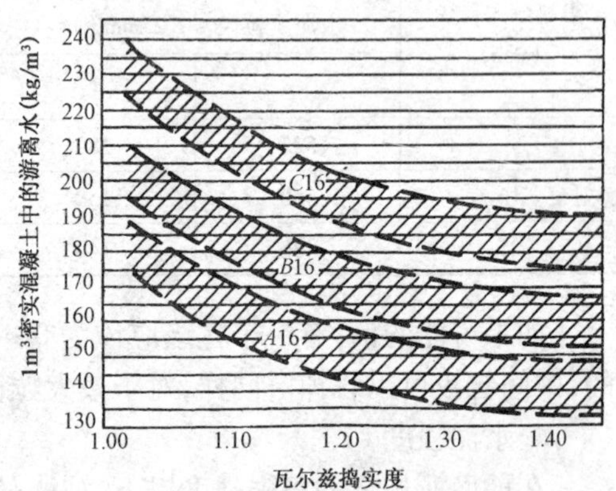

附图8-7　瓦尔兹（Walz）捣实度与$1m^3$密实混凝土中游离水量的关系

注：来用0/16mm颗粒圆滑的集料

新拌混凝土的稠度应该这样来选择，即利用现有设备能容易地将拌和物捣实到要求的表观密度。如果用插入式振捣器，应采用塑性混凝土，但应避免采用过分稀的拌和物。在预制厂中，使用表面振捣器和有时与内部振捣器结合使用的情况下，可用较干硬的拌和物。

7. 水灰比、剩余绝对体积与水泥的比值

对于普通混凝土，需要的水泥用量一般用水灰比法则来计算。经验表明，混凝土强度基本上取决于水泥强度和水灰比，其余的因素（集料种类、水泥浆数量等）通常不大重要。由于混凝土和水泥强度之间的近似线性关系，使计算得以简化。捣实不完全造成水泥浆中孔隙对混凝土强度的影响，通常不予单独考虑。表示混凝土抗压强度与水灰比关系的著名的一族曲线，往往按照混凝土平均孔隙含量为其体积的2%来考虑。

但是，水灰比法则对轻混凝土的适用程度是很难令人满意的。下列区别应予考虑：

①计算水灰比所考虑的水量不是加入的总水量，而仅是有效水或游离水部分（见用水量与拌和物稠度）。

②强度和有效水灰比之间的关系随集料不同而变化。

③水泥强度对混凝土强度的影响不是线性的。

④与普通混凝土相比，夹带入的空气含量往往较高而不均匀，且不能用已知的方法精确测定。

轻混凝土配合比设计的主要问题在于“预测”混凝土达到最终重度时（一般指的就是混凝土刚刚完全捣实后那一时刻）水泥浆中有效水量和孔隙含量究竟是多少。这个预测很难做到，因为在整个搅拌过程中，由于集料吸水，有效（游离）水不断减少，除非使用完全饱和的集料或者集料表面是不透水的情况。

由于游离水被集料吸收，在初凝前尽可能晚的时刻进行捣实可能有利，因为那时有效水灰比减小，混凝土强度较高。同时应注意，在较晚的时期稠度要降低。

游离水和含气量事先只能作非常近似的估计。当新拌混凝土湿表观密度、配合比和颗粒密度已知时，混凝土总体积减去水泥固相和集料体积得到水和空气的总体积，即作为剩余绝对体积。

$$V_{剩余} = m_{W0} + K_{\alpha} = 1\,000\left(1 - \frac{m_{c0}}{\rho_c} - \frac{m_{sg}}{\rho_a}\right) \tag{附 8-1}$$

式中：$V_{剩余}$——剩余绝对体积；

m_{W0}——每 $1m^3$ 混凝土中用水量（kg）；

K_{α}——每 $1m^3$ 混凝土中含气量（L）；

m_{c0}——每 $1m^3$ 混凝土中水泥用量（kg）；

m_{sg}——每 $1m^3$ 混凝土中集料用量（kg）；

ρ_c——水泥的密度（kg/m^3）；

ρ_a——集料平均颗粒密度（kg/m^3）。

轻混凝土剩余绝对体积与水泥的比值和强度之间的关系与普通混凝土水灰比与强度之间的关系相似。然而，它将随集料种类而变化。

附图 8-8 表示用膨胀黏土和膨胀页岩集料配制的轻混凝土和用砂子与砾石配制的普通混凝土，在水泥用量相同的情况下，它们的 28d 立方体抗压强度和剩余绝对体积与水泥的比值之间的关系。对于这三种类型的混凝土得到相似的曲线。当剩余绝对体积与水泥的比值较高（相应于低的水泥石强度）时，混凝土强度差别微小，当这个比值减小时，混凝土强度增加，但轻混凝土强度增长比普通混凝土要少些。

对于每一种轻集料都表现出混凝土抗压强度同剩余绝对体积与水泥的比值和水泥强度有一定的关系，正因为如此，轻混凝土配合比设计才有可能。但是，轻混凝土配合比设计不如普通混凝土那么精确，因为集料的吸水作用只能事先粗略估计。

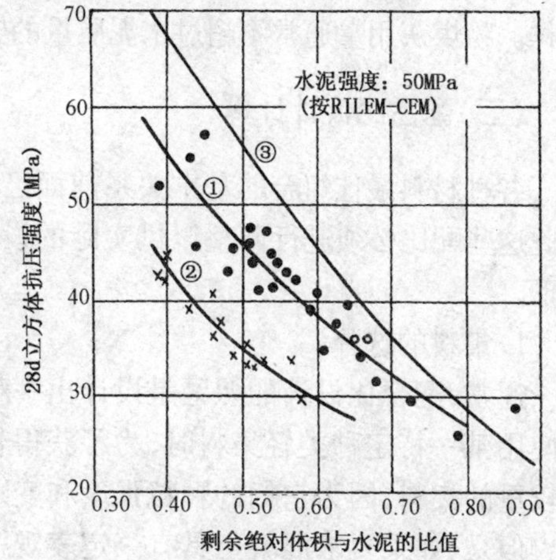

附图 8-8　混凝土的剩余绝对体积与水泥的比值和 28d 立方体抗压强度的关系

注：①-膨胀黏土；②-膨胀页岩；③-用砂，砾石配制的普通混凝土

8. 外加剂和掺和料

一般来说，在轻混凝土中使用外加剂和掺和料的作用与在普通混凝土中一样。不过，当外加剂溶化在水中时，其作用与集料饱和程度有关。如果集料未饱和，在混凝土硬化前，外加剂溶液中一部分游离水被吸收，将会降低外加剂的效果。

液化剂能降低游离水用量，从而不需要增加水泥用量而提高了混凝土强度。

缓凝剂的目的在于延长混凝土的施工时间。对于用吸水性集料配制的轻混凝土，缓凝剂用途有限，因为即使水泥浆的凝结能被延缓，由于集料颗粒不断吸水，使得混凝土拌和物不断丧失坍落度,因而必须在混凝土失去坍落度之前充分捣实。不管怎样,集料不断吸水将减小水泥浆的体积,同时捣实的新混凝土的变形能力减小,抗拉强度发展延迟,这就使得收缩开裂的危险性增加。

即使是在使用缓凝剂时,轻混凝土也会过早失去稠度。集料预湿可以减轻这种情况。然而,预湿至少在一般时间内对混凝土许多性质都有不利的影响,如表观密度、导热系数、抗冻融能力、耐火性能以及由于收缩应力产生表面开裂等。这是在设计时应该考虑到的。

使用引气剂有几个目的,其一是要减小混凝土的表观密度。加入3%空气将使混凝土密度减小50kg/m³。像增加细料一样,引气能使水泥浆变得更为黏稠。对于给定的坍落度,引气也能减少用水量,加入10L空气和加入3~5L水具有同样的液化效应。

美国的经验指出,如含气量小于6%,只要保持坍落度相同而将用水量减少,水泥用量不需要增加。当含气量超过6%时,为防止混凝土强度降低,含气量每增加1%,水泥用量要增加10kg/m³。德国所做试验表明,用膨胀黏土和膨胀页岩做集料的道路混凝土中多加入2.5%的空气,在水泥用量和坍落度相同时,可使抗压强度降低约15%。为防止强度降低,使用这些集料配制的混凝土,含气量每增加1%,水泥用量必须增加约20kg/m³。但由于集料颗粒中含有孔隙,水泥浆中的含气量很难测定。

混凝土中用引气剂的另一重要目的是提高抵抗冻融的能力和抵抗冻盐类的影响。如果轻集料本身具有足够的抗冻性,那么水泥石中包含均匀分布的细小气孔能保护轻混凝土免于冻坏。

用填充材料代替部分轻集料,会使混凝土表观密度增加。例如,集料体积的3%用火山凝灰岩或粉煤灰等掺和料代替,可使结构轻集料混凝土的表观密度增加50kg/m³。

为了确定为某一特定目的所需加入的外加剂或掺和料的数量,必须在实际情况下进行试拌。为了检查其效果应分别以掺与不掺外加剂或掺和料两种情况下制备的拌和物进行对比试验。粉煤灰和其他火山灰质材料既能用来代替部分水泥也可用以补充细集料,这和普通混凝土中情形一样。粉煤灰用量通常不超过水泥质量的30%,但使用粉煤灰将延缓混凝土的硬化速度。

(二)配合比设计计算

各种材料最佳组合的基本关系前面已经讨论过,但最终配合比应借助试验室试配来确定。因此这些配比必须进行调整以供实际的设计之用。现将轻混凝土配合比实际设计的步骤叙述如下。

1. 集料的选择

通常,配合比设计的课题是设计出一种具有要求的强度和指定最大表观密度的轻混凝土。当使用某一特定种类轻集料时,为了获得较高的混凝土强度同时水泥用量也较低,一般最好采用较重的集料,因为它们的颗粒强度和变形模量较高。

但是,如果要求混凝土具有一定表观密度,那么集料的平均颗粒密度不应超过附表8-4所列的最大值。

集料平均颗粒表观密度的最大值　　附表8-4

集料平均颗粒密度近似值(可包括天然砂)(kg/m³)	轻混凝土的烘干表观密度(kg/m³)	集料平均颗粒密度近似值(可包括天然砂)(kg/m³)	轻混凝土的烘干表观密度(kg/m³)
800	1 000	1 700	1 600
1 150	1 200	2 000	1 800
1 450	1 400	2 300	2 000

对于部分饱水的轻混凝土,其表观密度约高出 50kg/m³(经长期存放在建筑物中,体积含水率可达 5%)。

附图 8-3 给出针对某一特定的混凝土强度所需的粗集料松散密度和颗粒密度数值。这个混凝土强度是以砂浆强度为 50 ~ 55MPa 为基础获得的。如果为降低混凝土密度而要求一种较轻的集料,则砂浆强度必须提高。

2. 集料最大粒径和级配的选择

在(一)中的 1、3 两部分已对集料最大粒径和级配选择的影响因素作了讨论。在某些情况下,最大粒径还受到构件尺寸、钢筋间净距和钢筋所需的混凝土保护层的影响。和普通混凝土的做法不同,因为各种粒级的颗粒密度不同,所以级配曲线应按体积来计量。一定量的集料所占的体积等于它的质量除以其颗粒密度。当颗粒密度未知时,则可假定每一粒级所占体积近似地和干燥松散密度成比例来考虑。

3. 水泥用量的计算

当使用某一特定集料和水泥时,如果有参考曲线可供使用的话(附图 8-8),则对某一给定混凝土强度,其所需的水泥用量可从剩余绝对体积与水泥的比值或从有效水灰比来粗略估计。为获得良好坍落度,所需的含气量和游离水量,必须按(一)中第六部分所指出的方法来估计。

集料生产厂通常提供推荐的配合比,并针对指定的混凝土质量规定所需水泥用量。如果某种集料没有这种可靠的资料可供使用的话,最佳水泥用量应由试配确定,但在任何情况下,最好能从试配开始。通常以普通砂和卵石混凝土所用的水泥用量开始,但发现大多数轻集料混凝土常需要较多的水泥用量。

4. 确定集料用量

直到目前为止,轻混凝土配合比设计计算所遵循的程序和所有配合比设计方法都是一样的,但集料用量可用下列方法确定:

(1)绝对体积法

各种材料以任何一种配合比所制成的新拌塑态混凝土的体积等于水泥、集料、水及夹带或加入的空气的绝对体积的总和。1m³ 轻混凝土包含(正如 1m³ 普通混凝土一样)水泥约0.1m³、集料 0.7m³ 和水泥浆中的水及空气 0.2m³(附图 8-9)。

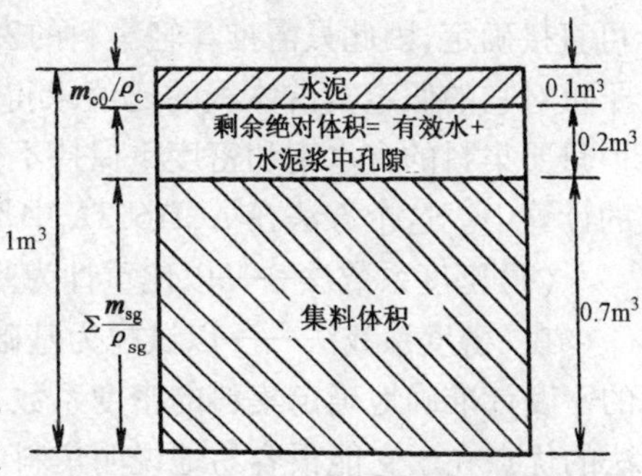

附图 8-9　密实轻混凝土中各组分的绝对体积

m_{c0}-水泥用量(kg/m³);m_{sg}-集料用量(kg/m³);ρ_c-水泥密度(kg/m³);ρ_{sg}-集料颗粒表观密度(kg/m³)

如果把水、空气和水泥的估计体积从总体积(1m³)中减去,便可得出 1m³ 密实混凝土中所含集料的体积。为使级配近似地符合所要求的级配曲线,集料各粒级的体积必须求出,这通常是用尝试和控制误差的方法进行的。干集料的质量是将其绝对体积乘以颗粒密度求得。如果含水率已知的话,则湿集料的需用量就能确定。对于湿集料各粒级的质量必须按照下式计算:

$$m_{sg含} = m_{sg干}(1 + w_{sg})$$

式中:$m_{sg干}$——干集料用量(kg);

w_{sg}——含水率,以占干集料质量的百分比表示。

当集料按体积计量时,可将集料质量除以所用的特定粒级的松散表观密度求得所需的体积。

搅拌机内,加到材料中的水量不能正确预估。水最好一直加到拌和物估计能达到要求的坍落度时为止,但应记住轻集料在搅拌开始后还要吸水。搅拌机操纵者必须补加一些水使混凝土在浇筑过程中保持坍落度不变。

绝对体积法是普通混凝土拌和物广泛应用的一种实用配合比设计法。此法原则上也适用于轻混凝土,而且也广泛采用。配合比设计的准确性取决于和要求的坍落度相对应的剩余绝对体积的预估程度,因此,用水量和集料吸水量应通过试拌确定。

当拌和物的配合比需要改变或某一组成材料的数量有变动时,其余组成成分的数量必须随之变更,使拌和物的总体积保持不变。

(2)体积法

用体积法确定拌和物的集料用量是近似的。对于大多数轻集料,配制 $1m^3$ 密实混凝土需要松散的干集料的数量为 $1.15 \sim 1.22m^3$,但用级配良好和粒形圆滑的集料时其数量可小到 $1.05m^3$。先用适宜的集料比例和水泥用量制备一种试验用拌和物,加入足够的水以达到要求的稠度,然后测定坍落度和新拌混凝土的湿表观密度,计算制成量(试配的材料总量除以新拌混凝土的湿表观密度)和制备 $1m^3$ 混凝土所用各种材料的实际用量。

进行必要的调整计算并作进一步试配,直到获得满意的配合比为止。试配时,必须已知集料的干松散密度、含水率、最佳的粗细集料比,以及针对规定强度所需水泥用量的估计值。ACI211 委员会用实例对体积法作了叙述。

(3)密度系数法——以试配为基础

按体积法制备一种试验用拌和物,计算水泥、空气和水的实占体积,剩余的体积归集料,假定每种集料所占体积与其干松散密度成正比。对于细集料用砂子代替的拌和物,砂子的绝对体积可直接确定,因此只需推算轻集料的密度系数。每种粒级集料的密度系数按拌和物中该粒级干重对它的假定实占体积的比值求得,这样确定的数值不是实际的密度而仅仅是一个系数。但只要集料的含水率和密度重保持不变,这个系数就像颗粒密度一样,用于以后用绝对体积法的计算中。这个方法在 ACI1613A 中作了叙述,参见后面所举实例。

(4)密度系数法——以比重计为基础

在"密度系数法——以试配为基础"中,密度系数是从试配求得。本方法则是用一个简单的密度计准确地确定集料的密度系数并且能建立起密度系数和搅拌时集料含水率的关系。此法的优点在于它能很容易地说明集料含水率的变动。

(5)质量法

如果含有某特定集料的新拌混凝土湿表观密度能够估计出来,而且单位体积中的水泥用量和总水量已知或能估计出的话,则该体积中轻集料的质量可用减法求出。

(6)有效水灰比法

此方法是对惯用的密实集料混凝土配合比设计程序的一个修正。假如轻集料吸水迅速,并可获得可靠的 0.5h 吸水数据,而且能在与空隙水分开的情况下测得细粒级的真实吸水量(质量增加占烘干状态的百分比),也就是说,细集料的饱和面干吸水率能准确判定的话,则该方法是适用的。此配合比设计方法就是针对 Lytag(粉煤灰陶粒的商品名称)而设计的。采用 Lytag 时细集料的饱和面干吸水率是这样测定的,即把水逐渐加到干燥试样中,直到空隙水引起膨胀,即当"加水量—松散密度"的曲线上出现不连续点为止。

为获得要求的强度,配合比设计采取的步骤可总结如下:

①决定所要求的 28d 立方体抗压强度平均值,从水灰比曲线上读出相应的水灰比

数值；

②从列有水泥用量（kg/m^3）、要求的集料体积与满足特定坍落度所要求的最佳细集料（%）的表格上，根据水灰比数值读出正确的集灰比数值；表格有好几个，每个表格对应一种坍落度；

③将集料的体积换算成质量，即乘以所用粒级的准确干燥松散密度而得；

④将水灰比加上每粒级干燥集料的附加吸水量算出最小总水量。

显然，为绘制有效水灰比（质量）与28d立方体抗压强度的关系曲线和必要的表格，此法需要一些试验室配合比。任何一种拌和物中有效的游离水量计算如下：

测定新拌混凝土的湿表观密度，调整所用各种材料的质量，以得到1 000L的体积。于是总体积（1 000L）＝拌和物各组分的绝对体积之和，即：

$$1\,000\text{L} = \frac{\text{水泥量}}{\text{水泥密度}} + \frac{\text{浸水 0.5h 的细集料量}}{\text{浸水 0.5h 的平均颗粒密度}} + \frac{\text{浸水 0.5h 的粗集料重}}{\text{浸水 0.5h 的平均颗粒密度}} + \text{空气} + \text{游离水}$$

附表8-5给出集灰比，轻细集料最佳用量和水泥用量在不同有效水灰比下的变化。

集灰比、轻细集料最佳用量和水泥用量随有效水灰比的变化　　附表8-5

有效水灰比 $\left(\frac{W}{C}\right)$	拌和物稠度					
	中等稠度			高稠度		
	捣实因数0.9，坍落度16～75mm			捣实因数0.95，坍落度75～150mm		
	集灰比（按体积计）	细集料（%）	水泥（kg/m^3）	集灰比（按体积计）	细集料（%）	水泥（kg/m^3）
0.40	3.00	28	525	2.65	27	591
0.45	3.50	30	468	3.03	28	533
0.50	4.04	32	419	3.50	30	474
0.55	4.63	35	372	4.01	32	425
0.60	5.35	40	332	4.55	34	383
0.65	6.05	49	293	5.23	38	342
0.70	6.83	58	260	5.99	44	306
0.75	8.02	69	230	6.75	53	273

水泥用量是根据新拌混凝土湿表观密度和采用不同粗、细集料比的试验得出的最佳含砂率按比例计算而得。所试验的每种拌和物都测定稠度，对所有三个变量进行列表，即可编制如附表8-5所示的表格，从表中可按需要选择具有任何强度或稠度的拌和物。只要水泥强度和这一系列试验中所用标准普通硅酸盐水泥的强度没有太大的差别，这方法在使用上已证明是可靠的。

5. 例题

（1）绝对体积法实例

要求：轻混凝土28d立方体抗压强度≥22.5MPa，干表观密度≤1 400kg/m^3。

稠度：塑性的，瓦尔兹法捣实度1.20。

可采用的材料：

水泥：根据 RILEM-CEM 试验，强度为 46MPa；

轻集料：

或是颗粒表观密度（粗粒级）800kg/m^3 左右的Ⅰ级膨胀黏土；

或是颗粒表观密度 1 100kg/m^3 左右的膨胀页岩；

或是颗粒表观密度 1 400kg/m^3 左右的Ⅱ级膨胀黏土。

控制的强度增值：约 5MPa。

试配所要求的强度：$22.5+5=27.5$（MPa）。

配合比设计的程序：

①集料的选择。考虑到混凝土强度，粗集料的颗粒密度至小应为 900kg/m^3（附图 8-3）。

考虑到混凝土的表观密度，集料混合物的平均颗粒密度不应超过 1 450kg/m^3，现有的Ⅰ、Ⅱ级膨胀黏土集料皆不适用。Ⅰ级膨胀黏土太弱，将要求砂浆具有过高的强度。细集料的颗粒密度要比粗集料高很多，使用Ⅱ级膨胀黏土配制得到的混凝土将太重了，因此选择了膨胀页岩。所用集料的 3 个粒级具有如附表 8-6 所示性能。

②级配。选用附图 8-6 中靠近 *B*16 级配曲线的一种颗粒级配。

轻粗、细集料的划分 附表 8-6

集料粒级（mm）	颗粒密度（干）（kg/m^3）	0.5h 体积吸水率（近似值）（%）
0/4	1 480	7
4/8	1 180	5
8/16	1 080	4

③用水量和剩余绝对体积与水泥的比值。附图 8-7 表明，用球状集料，每 1m^3 密实混凝土约需 175kg 游离水。所用膨胀页岩颗粒有一部分是有棱角的，有一部分则是具有棱角和圆滑边缘的不规则形状。颗粒表面由一个封闭的光滑烧结表皮构成。与卵石、砂混凝土相比，用水量预期要高出约 10%。于是，可得出：

有效（游离）水约 190kg/m^3 = 190L/m^3

含气量（估计）约 2% = 20L/m^3

剩余绝对体积 = 210L/m^3

附图 8-8 表明剩余绝对体积与水泥的比值和混凝土抗压强度之间的关系的若干实例，当集料种类改变时，这个关系也随之变化。对于所用的膨胀页岩，宜用附图 8-8 曲线所给出的关系。应该注意到：这条曲线是采用一种强度稍高的水泥得出的（50MPa，而不是所用的强度为 46MPa 的水泥）。

近似地可以假设水泥强度对轻混凝土强度的影响是线性的，因此剩余绝对体积与水泥的比值可从附图 8-8 中针对下列混凝土强度求出：$27.5\times\frac{50}{46}\approx30$（MPa）

于是，求得剩余绝对体积与水泥的比值约为 0.6。

④水泥用量。必要的水泥用量根据剩余绝对体积与水泥的比值计算：

$$\frac{210}{0.6}=350(\text{kg/m}^3)（密实混凝土）$$

⑤集料。为求得 1m^3 密实混凝土中集料的绝对体积，必须从总体积中减去剩余绝对体积和水泥体积。

集料绝对体积 $=1-0.210-350/3\ 100=1-0.210-0.113=0.677$（m^3）

小于 0.25mm 细集料应有的数量：

$450\times1.05=475$（kg/m^3）（因为颗粒形状不规则，要提高 5%），其中包括：

水泥　　350kg/m³

轻集料　　75kg/m³(估计值)

总计　　425kg/m³

50kg/m³ 左右的不足以颗粒密度为 2 620kg/m³ 的,粒径为 0～0.25mm 的细砂补足。为简单起见,这一项取集料体积的 3%:0.677×0.03×2 620＝54(kg/m³)。

集料级配计算见附表 8-7。

集料级配计算表　　附表 8-7

	每个筛的通过量(绝对体积百分比)						
公称尺寸(方孔筛)(mm)	0.25	1	2	4	8	16	25
DIN1045 *B*16 理论级配曲线	8	32	42	56	76	100	100
供应的各种颗粒级配	材料通过量(质量百分比) (此次计算中,假定等于绝对体积百分比)						
天然砂 0～0.25	100	100	100	100	100	100	100
膨胀页岩 0～4	7.8	32.9	66.7	99.7	100	100	100
膨胀页岩 4～8	0.2	0.5	0.8	18.3	99.8	100	100
膨胀页岩 8～16	1.8	1.8	2.3	3.0	26.9	95.8	100
以绝对体积百分比表示各粒级的比例	材料通过量(绝对体积百分比)						
3% 天然砂 0～0.25	3.0	3.0	3.0	3.0	3.0	3.0	3.0
53% 膨胀页岩 0～4	4.1	17.4	35.3	52.8	53.0	53.0	53.0
20% 膨胀页岩 4～8	0.0	0.1	0.2	3.7	20.0	20.0	20.0
24% 膨胀页岩 8～16	0.4	0.4	0.5	0.7	6.5	23.0	24.0
100%							
实际级配曲线	7.5	20.9	39.0	60.2	82.5	99.0	100.0
与 *B*16 理论级配曲线的偏离	−0.5	−11.1	−3	+4.2	+6.5	−1.0	−

各粒级无论怎样配合,都不能避免 0.25～1mm 的材料不够的情况(见附表 8-7 最后一行),因为它在轻细集料中含量很少。

为了达到要求的混凝土密度,轻集料体积的 8% 左右可以用天然砂代替,这将改善混凝土的稠度,并在某些情况下将节省水泥。但为了简便起见并未这样做。所设计的拌和物即使级配不改善,稠度也很好。下面是 1m³ 密实混凝土的组成:

水泥浆:

有效水(游离水)(估计值)　　190kg

含气量(估计值)　　0.02

集料吸水(根据膨胀页岩 0.5h 吸水估计)

$$0.359\times0.07+0.136\times0.05+0.162\times0.04=0.038(m^3)$$

总水量(粗略估计):

有效水(游离水)(190kg)+吸收水(38kg)＝228kg

新拌轻集料混凝土湿密度的估计:

水泥浆(540kg/m³)+集料(920kg/m³)+吸收水(38kg/m³)=1 498kg/m³

可能的烘干表观密度：

水泥用量(350kg/m³)+化学结合水(近似0.2×350kg/m³)+集料(920kg/m³)=1 340kg/m³

低于最大允许表观密度1 400kg/m³，满足要求。

砂浆量：

水泥浆(0.323m³)+4mm以下的集料(0.379m³)=0.702m³

小于0.25mm的细集料：

水泥	3 50kg=113L
天然砂0~0.25mm	53kg=20L

膨胀页岩：级配曲线近似地按这样的假定计算的，假设所供应的集料所有粒级的颗粒密度都相同，并且以质量百分数计算的通过筛的量等于绝对体积百分数计算的量。为了估计小于0.25mm的细料，这个假定不免过于粗略，因为细料的颗粒密度差不多和材料的表观密度一样。膨胀页岩中的细料含量，借助各自的级配曲线计算如下：

$$532\times\frac{7.8}{100}=41.4(\mathrm{kg/m^3})$$

$$160\times\frac{0.2}{100}=0.3(\mathrm{kg/m^3})$$

$$175\times\frac{1.8}{100}=3.2(\mathrm{kg/m^3})$$

$$44.9\mathrm{kg/m^3}\text{或约等于}\frac{44.9}{2\,600}\times100=17(\mathrm{L/m^3})$$

总计：350+53+45=448(kg/m³)或：113+20+17=140(L/m³)

虽然小于0.25mm的细集料含量稍低了些。但是，当砂浆量高和水泥用量比较多时，所选用的含量也还是足够的。

水是同试拌的材料一起加入到搅拌机里，加到要求的稠度为止。后来发现估计的用水量

$$m_{W0}=190+38=228(\mathrm{kg/m^3})$$

偏少。对于干集料，需要加的水量为236kg/m³。

搅拌后0.5h，按瓦尔兹法测得捣实度为1.26，塑态混凝土的表观密度是1 505kg/m³。从试拌得到的数据算出的各原材料的实际用量如下：

水泥(350kg)　　集料(920kg)　　水(236kg)

配合比：1∶2.630∶0.674

水泥用量：$\frac{1505}{1+2.630+0.674}=350(\mathrm{kg/m^3})$

这意味着正好得到了原来希望的拌和物组成。事实上，实际得到的剩余绝对体积以及还有整个配合比和理论数值总会有些出入。于是，实际的剩余绝对体积与水泥的比值和类似附图8-8所给出的参考曲线将直接表明：混凝土强度是可能高于或低于预期数值。

本例题，28d立方体抗压强度达到28MPa。

现在我们将简要说明对湿集料如何进行设计。

测得湿集料含水率见附表8-8。

1m³ 密实混凝土材料用量如下：

水泥:350kg;天然砂:53kg。

湿集料含水率测定表 附表 8-8

膨胀页岩粒级(mm)	集料表面游离水+集料内部孔隙水(质量百分比)	松散密度(潮湿、松散)(kg/m³)
0~4	17.2	850
4~8	8.8	660
8~16	8.0	620

轻集料质量计算见附表 8-9。

轻集料质量计算表 附表 8-9

膨胀页岩的粒径(mm)	干料重(kg)	湿料量		
		质量计(kg)	松散体积计(m³)	含水量(kg)
0~4	532	532×1.172=623	$\frac{623}{850}=0.733$	$532\times\frac{17.2}{100}=91$
4~8	160	160×1.088=174	$\frac{174}{660}=0.264$	$160\times\frac{1.8}{100}=14$
8~16	175	175×1.08=189	$\frac{189}{620}=0.305$	$175\times\frac{80}{100}=14$
总计	867	986	1.302	119

水:一直加到达到要求的稠度(即 131kg)。

试验的拌和物实际组成：

配合比=水泥(350kg):干集料(920kg):水(131+119=250kg)

=1:2.63:0.714

塑态混凝土表观密度值:水泥(350kg)+集料(920kg/m³)+总水量(250kg/m³)=1 520kg/m³

实际值:1 500kg/m³

实际值/理论值=1 500/1 520=0.987

实际用量：

水　250×0.987=247(kg)

水泥　350×0.987=345(kg),绝对体积:0.113×0.987=0.111(m³)

集料　920×0.987=908(kg),绝对体积 0.677×0.987=0.668(m³)

（水泥、集料绝对体积合计）0.779m³

剩余绝对体积　1.000-0.779=0.221(m³)

1 500kg　1.000m³

剩余绝对体积与水泥的比值:221/345=0.64

预期的强度约为:$28.5(3-1-0.8)\times\frac{46}{50}=31.5(\text{MPa})$

(2)密度系数法实例——以试拌为基础

设混凝土拌和物必须含水泥 330kg/m³,又细集料和粗集料的干燥松散密度分别是 880kg/m³和 720kg/m³。假设 1m³ 混凝土约需 1.185m³ 干松散集料(未混合的粗细集料总和),粗细集料按同体积混合,然后加水直到获得规定和易性为止。

于是,搅拌机内拌和一盘 30L 试验用料包含：

水泥　0.03×330=9.9(kg)

细集料	$0.5 \times 0.03 \times 1.185 \times 880$	$= 15.7(\text{kg})$
粗集料	$0.5 \times 0.03 \times 1.185 \times 720$	$= 12.8(\text{kg})$
水		$= 8.6(\text{kg})$
		$47.0(\text{kg})$

校核捣实的混凝土时,发现事实上混凝土体积是 30.22L 而不是 30L,且新拌混凝土湿表观密度是 1 555kg/m^3。假定含气量为 2.5%。

则每 1m^3 混凝土各项材料用量为:

水泥	328(kg)
细集料	519(kg)
粗集料	423(kg)
水	285(kg)
	1 555(kg)

由于使用了密度系数(SGF),只要集料的含水率保持不变,就可能得出采用这种集料的所有其他的试拌配合比:

水泥(定值)330/3 150	0.105(m^3)
水	0.285(m^3)
含气量 2.5%	0.025(m^3)
	0.415(m^3)

集料所占体积为:

$$1.000 - 0.415 = 0.585(\text{m}^3)$$

粗集料和细集料是按等体积加入,因此:

$$\frac{0.585}{2} = 0.293(\text{m}^3)$$

细集料: 519/0.293 = 1 770(kg/m^3)

粗集料: 423/0.293 = 1 450(kg/m^3)

第一次试验拌和物的稠度不够好,可能需要较高的砂率。因此,少用一些粗集料来配制拌和物,直到获得要求的稠度为止。

假设采用 60% 细集料和 40% 粗集料,则:

$$细集料用量 = 0.6 \times 0.585 = 0.351(\text{m}^3)$$

$$粗集料用量 = 0.4 \times 0.585 = 0.234(\text{m}^3)$$

或以质量计:

$$0.351 \times 1\,770 = 621(\text{kg})(细集料)$$

$$0.234 \times 1\,450 = 339(\text{kg})(粗集料)$$

	质量(kg)	绝对体积(m^3)
水泥	330	0.105
细集料	621	0.351
粗集料	339	0.234
水	285	0.285
空气	—	0.025
总计	1 575	1.000

然后,用上述每 $1m^3$ 用量制备一种试验用拌和物,测定新拌混凝土的湿表观密度,并算出每 $1m^3$ 各项材料的准确用量。

掺有加气剂的混凝土拌和物用同样方法设计。一般每掺入 1% 空气,用水量降低3 ~ $5L/m^3$。

为举例起见,重新考虑一下上述配合比,这一次采用了引气剂,使含气量多增加了 4%,则总的含气量约为 6.5%。

	绝对体积(m^3)
水泥	0.105
水	(0.285 − 0.005 × 4) = 0.265
粗集料	0.234
空气	0.065
总计	0.669

细集料的绝对体积:1.000 − 0.669 = 0.331(m^3)

细集料的质量:0.331 × 1 770 = 586(kg)

(3)水灰比法配合比设计实例(见有效水灰比法)

28d 立方体抗压强度(设计平均值):40MPa

要求和易性:高(捣实因数 0.95)

材料:

水泥:松散密度	1 420kg/m^3	
集料	细	中
松散密度(kg/m^3)	1 040	800
含水率(以质量百分比计)	10	5
短期吸水率(以质量百分比计)	5	12

步骤:

有效水灰比(附图 8-10)	0.53
集灰比(附表 8-5)	3.80
细集料百分比(附表 8-5)	31%
水泥用量(附表 8-5)	440kg/m^3

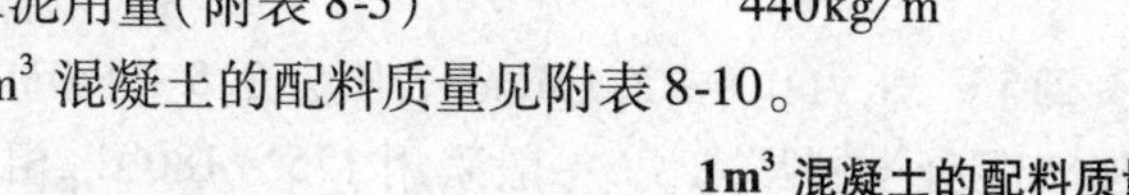

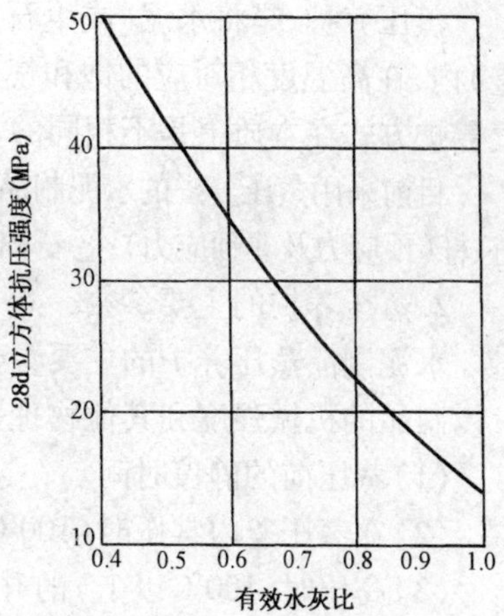

附图 8-10 使用某种轻集料(Lytag)配制轻混凝土,其 28d 立方体抗压强度和有效水灰比之间的关系

$1m^3$ 混凝土的配料质量见附表 8-10。

$1m^3$ 混凝土的配料质量 附表 8-10

	水泥	集料(集料总量:3.8 × 0.310 = 1.180m^3)	
		细	中
$1m^3$ 混凝土的干体积(m^3)	440/1 420 = 0.310	1.180 × 31% = 0.336	1.180 − 0.336 = 0.844
$1m^3$ 混凝土的干配料质量(kg)		0.336 × 1040 = 349	0.844 × 800 = 675
按测定的含水量得正确的配料质量(kg)	440	10% = 35 384	5% = 34 709

总水量:

有效水灰比	0.53 × 440 = 233(kg)
细集料吸水	349 × 5% = 17(kg)

中集料吸水　　675 × 12% = 81kg

331kg

减去细集料含水量　　35kg

减去中集料含水量　　34kg

最小加水量　　约为262kg

应当强调指出,计算出来的拌和物组成,特别是需水量,只是一个粗略的估计值。因此,应该通过实际试拌来确定用水量。搅拌人员必须十分谨慎地按保证和易性的需要来改变加水量。根据新拌的密实混凝土湿密度校核实际水泥用量。如果水泥用量不准,可以加水泥减同体积细集料或减水泥加同体积细集料作一些微小的调整。

九、蒸压养护高强水泥制品配合比设计

(一)蒸压养护水泥制品的特点及原材料

1. 概述

蒸压养护,是将水泥(或生石灰)同其他含硅质原料混合、成型,置于密闭高压容器(蒸压釜)内,在高温度相对应的饱和气压下,进行水热反应的一种高压蒸气养护方式。它与常压蒸气养护方式在本质上是不相同的。

目前采用蒸压养护的水泥制品主要有如下几类:①混凝土砌块、板材、瓦等建筑制品;②混凝土桩、杆(预应力及非预应力);③石棉水泥制品(石棉水泥板、石棉水泥管等);④加气混凝土制品。

2. 蒸压养护的主要参数

水泥制品蒸压养护的主要参数是温度、压力和恒温时间。

制品的机械强度和其他物理力学性质在蒸压过程中受到下列因素的影响:

(1)蒸压前的静停时间。

(2)在蒸压釜内常压时(100℃以下)的升温速度。

(3)高压时(100℃以上)的升温速度。

(4)高温时的恒温温度及相应的饱和蒸气压。

(5)恒温时间。

(6)恒温恒压结束后的降温时间。

通常采用的参数范围是,温度160~215℃,压力0.6~2.1MPa(表压为0.5~2.0MPa),恒温5~13h。对于高强度混凝土制品和加气混凝土制品来说,一般采用175~180℃,相应压力为0.8~1MPa。

3. 蒸压养护水泥制品的特点

水泥制品采用蒸压养护方式,近来有逐渐发展的趋势,因为它比常压蒸气养护有一系列优点,这主要表现在以下几方面:

(1)制品从成型开始,能够在24h以内出厂。

(2)可大大加速模具的周转率,尽管需要蒸压釜设备,但对于某些制品,从全面技术经济指标考虑,仍然是适宜的。

(3)可获得1d龄期相当于标准养护28d的早期高强度,并且该早期强度能永久保持,可制备高强度水泥制品,例如预应力混凝土桩的强度可达85~95MPa。

(4)从饱和水状态直到干热状态，制品干燥过程中的收缩率较常压蒸气养护均减少50%左右。

(5)制品表观密度降低。

(6)提高了制品抗硫酸盐侵蚀的能力，只要在集料中不含有硫酸盐等盐类，就不会发生粉化现象。

(7)产品色泽浅，较美观。

(8)产品含水率、吸水性下降。

当然，蒸压养护水泥制品也存在不足，如混凝土同钢筋的黏结能力、抗渗能力、刚性及抗冲击强度等性能并未获得改善。同时，由于制品的脆性较大，某些类型制品的边角处易破碎，这是因为除加气混凝土外，一般的混凝土制品通过蒸压养护后，其抗压强度大为增长，抗折强度和抗拉强度的绝对值也有所提高(如抗折强度达7.5MPa，抗拉强度达6MPa)，但脆度系数对抗压强度的比率，同常压蒸气养护制品相比是较小的。因此，目前抗折能力的缺陷常由预应力来弥补，高强度预应力桩和预应力杆等就是这种应用实例。

4. 蒸压养护水泥制品的原材料

蒸压养护水泥制品，系通过水热合成反应获得必要的强度。含钙质原料有水泥、石灰或水泥石灰混合料。一般还需混合相当大比例的含硅质原料，这是为了使高钙低比表面积托勃莫来石转化为低钙高比表面积托勃莫来石。因此，除从水泥中获得 SiO_2 外，还需从混合的含硅质原料中补充 SiO_2。通过蒸压养护，将促进 SiO_2 同含高钙的硅酸钙以及同水泥因加水分解和水化作用而析出的 $Ca(OH)_2$ 相结合。

当以水泥为主要钙质原料时，原料组合可分为水泥—硅砂类、水泥—外加剂类及水泥—硅砂—外加剂类。目前常使用的水泥品种，有普通硅酸盐水泥(包括早强、超早强、白色水泥等)、矿渣硅酸盐水泥和粉煤灰硅酸盐水泥等。

作为含硅质原料，有石英石、硅石、硅砂、花岗岩、熔岩、膨胀页岩及高岭土等，也使用工业废料或工业副产品(如高炉矿渣、粉煤灰)以及碎玻璃和煅烧页岩等。一般认为，采用结晶性硅质原料比非结晶性原料为好，因为使用非结晶性原料时，从CSH(I)转变为托勃莫来石的速度较慢。

蒸压水泥制品的原料还包括掺量很少的外加剂如分散剂(芳香族多环聚合物磺酸盐系减水剂等)、发泡剂(铝粉等)。为了改善混凝土拌和物和硬化后制品的质量，也常使用引气剂和其他各种减水剂。在选择这些外加剂时，应考虑其对蒸压釜筒体是否会产生腐蚀作用，还要注意适宜的掺入量。

(二)原材料对制品性能的影响

1. 硅质材料掺量的影响

附图9-1表明，在水泥中，不同含硅质原料(以下以硅灰为例)掺量对制品抗压强度具有很大影响。在掺量少于10%时，随着硅灰的增加，强度有所下降；但掺量为10%~30%时，随着硅灰的增加，则强度显著地增长；越过最高强度后，硅灰增加，强度又趋于下降。

从反应生成物分析，有如下规律：

硅灰掺量为0~10%时，$Ca(OH)_2$ 减少，α-$C_2S \cdot nH_2O$ 增加；硅灰掺量为10%~30%时，α-$C_2S \cdot nH_2O$ 减少，托勃莫来石增加；硅灰掺量为30%~40%时，托勃莫来石生成量最高；硅灰掺量为40%~100%时，托勃莫来石减少，未反应的 SiO_2 增加。

2. 硅质材料细度及纯度的影响

硅质材料细度较大，同含钙质原料反应时可较快和较完全地生成托勃莫来石，故强度可增高。但细度过细，则成型和易性不好，并增加收缩而易产生裂缝。

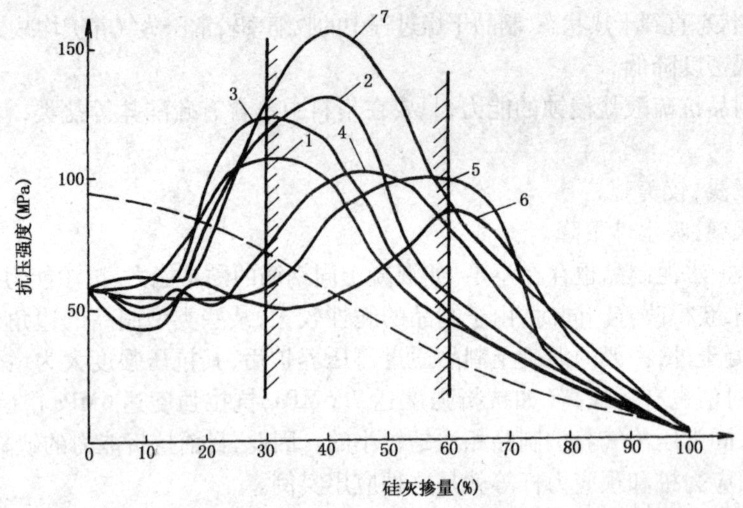

附图 9-1　硅灰掺量与制品抗压强度(图中虚线为常压标准养护 28d 制品的抗压强度)

1-硅灰粒度 0 ~ 5μm;2-硅灰粒度 5 ~ 25μm;3-硅灰粒度 25 ~ 74μm;4-硅灰粒度 74 ~ 150μm;5-硅灰粒度 150 ~ 300μm;6-硅灰粒度 300 ~ 600μm;7-硅灰粒度 0 ~ 74μm

从附图 9-1 可知,所使用的硅灰细度越高,则强度越大,但仅限于硅灰掺量较少的情况下,即硅灰掺量为 30% ~ 60% (0 ~ 5μm 时为 30%,0. 3 ~ 0. 6mm 时为 60%,其中间的颗粒群除 25 ~ 74μm 外,大致呈规律性变化)时,对于各自相应的掺量具有最高强度,表明含硅质原料的细度对强度及其掺量有很大影响。

从附图 9-1 还可得知,具有 0 ~ 74μm 连续粒径的硅灰,在掺量为 40% 时,比其他细度范围的强度均高,这说明影响强度的因素不仅有颗粒细度,还有颗粒级配。

试验测定,水泥硅灰混合料的细度,从 2 000cm²/g 提高为 5 000cm²/g,强度可增长 2 倍以上,随着细度增加,反应速度也相应加快。

曾以石灰—硅砂类原料做试验(附图 9-2),得知硅灰的最优细度,大致为比表面积 2 000 ~

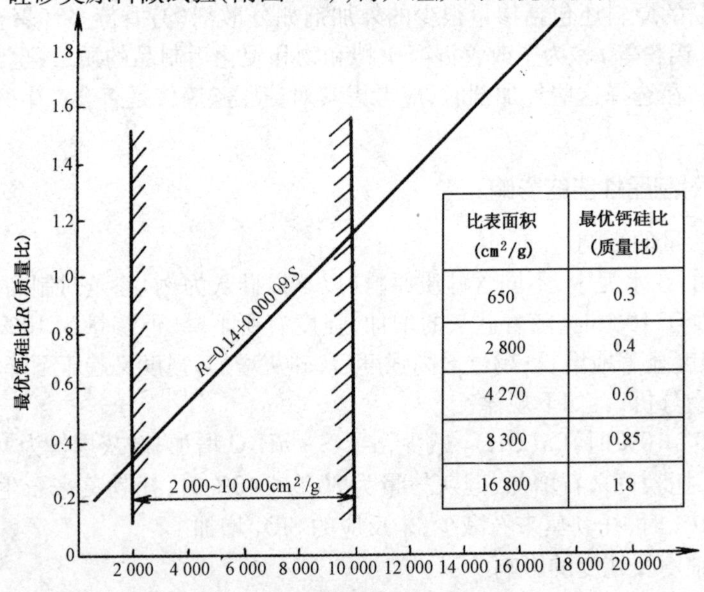

比表面积 (cm²/g)	最优钙硅比 (质量比)
650	0.3
2 800	0.4
4 270	0.6
8 300	0.85
16 800	1.8

附图 9-2　硅灰比表面积与最优钙硅比

10 000cm^2/g,细度再小则效果不好。附图 9-2 表明,硅灰越细即比表面积越大,则其最优钙硅比相应增大,也即硅砂的掺量可以减少。

由于细度对成型、和易性及强度具有完全相反的影响,故在选择细度时,应兼顾这些因素。

含硅质原料纯度(SiO_2 含量)不同,蒸压养护后获得的最高抗压强度相差很大,但不论使用哪种原料,获得最高强度的掺量范围均为 30% ~65%(附表 9-1)。

水泥硅灰混合料中硅质原料纯度对抗压强度的影响 附表 9-1

含硅质原料	SiO_2 含量(%)	最大抗压强度(MPa)	最优掺量(%)	含硅质原料	SiO_2 含量(%)	最大抗压强度(MPa)	最优掺量(%)
硅砂	99 以上	12.6	30	煅烧页岩	58.7	8.4	35
熔岩	49.9	9.0	55	煤渣	40.7	8.0	60
粉煤灰	46.1	10.0	45	长石	—	2.8	65
玻璃	—	10.5	40	大理石	—	4.0	15
花岗岩	—	8.4	50				

3. SO_3 含量的影响

蒸压养护的硅酸钙水化物,其机械强度受到原料中硫化物(SO_3)含量的影响,试验结果表明,SO_3 最优含量为2%左右。从抗压强度考虑,普通硅酸盐水泥中 SO_3 的最优含量为1.5% ~3.0%,矿渣硅酸盐水泥为 4.0%左右,水泥硅灰混合料为 1.0%左右。

SO_3 的掺量不宜过多,其原因在于,当 SO_3 量过多时,则生成无水石膏($CaSO_4$)及 $Ca_{10}(SiO_4)_3(SO_4)_3(OH)_2$,而这些水热反应合成物对制品强度是不利的。

4. 外加剂的影响

用于高强度水泥制品的外加剂,对改善工艺操作条件及产品性能具有明显的影响。现举 β-萘磺酸钠减水剂为例加以说明。这种减水剂由于发泡力小、消泡度大而引进空气少,即使增加掺量,也不会延迟凝结,而且随着掺量的增加,混凝土的单位用水量相应地减少,强度获得增长。这种完全不包含氯化物、引气量少的减水剂,其分散和湿润效果很显著,具有很强的减水作用。

附图 9-3 为掺外加剂和不掺外加剂的砂浆、混凝土,不同单位水泥用量与蒸压养护抗压强度的关系。曲线显示,掺有外加剂(β-萘磺酸钠)的砂浆,在单位水泥用量 900kg/m^3 时,获得 133MPa 的高强度(水灰比 24.4%)。掺有外加剂的混凝土,在单位水泥用量 500kg/m^3 时,获得 108.41MPa 的强度(水灰比 26.8%)。不掺外加剂所获得的强度,砂浆为 92.2MPa(水灰比 29.1%),混凝土为 76.6MPa(水灰比 34.0%)。上述砂浆及混凝土的坍落度均为 5cm 以上。

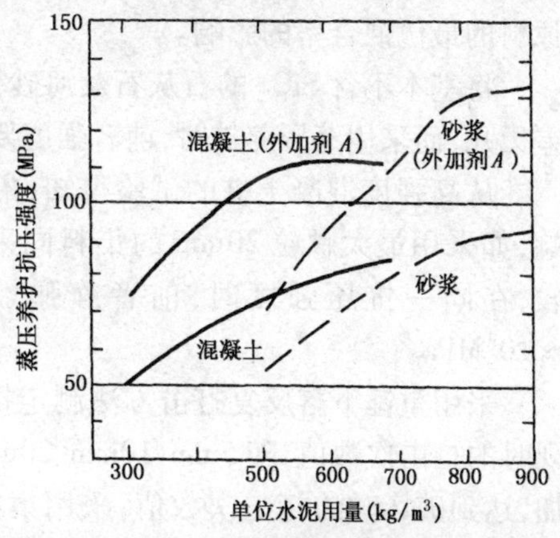

附图 9-3 单位水泥用量与蒸压养护抗压强度(掺外加剂和不掺外加剂)

试验得知,如果单一使用水泥(不掺外加剂)进行蒸压养护,由于高温的影响,会生成较大的结晶体,对强度并不利。当进行常压蒸养时,水泥硬化体颗粒的比表面积均为 2 ×

$10^6cm^2/g$；当在温度为180℃、恒温10h的蒸压养护条件下，其比表面积要减少1/20～1/10，因此，由高温高压养护获得的水泥硬化体强度，较普通养护的强度低。

采用蒸压养护的水泥制品，掺入含硅质原料和外加剂后为何能获得如此高的强度，一般认为是基于下述理由：

(1)上述外加剂具有强力分散和湿润作用，使在搅拌中通常有10%～30%起凝聚作用的水泥颗粒作静电分散，水被吸附于水泥颗粒表面，并且水泥颗粒同搅拌水之间的吸附力比水的凝聚力更大，从而将这些水泥颗粒很好地润湿，因此降低了单位用水量。

(2)在高温高压下，可促进水热反应的进行。

这两方面的结果，足以弥补前述强度的降低并可使强度大为增长。

试验还表明，如果能够适宜地使用这种性能优良的外加剂，甚至不必掺入硅灰，单独使用普通硅酸盐水泥，也能制成符合各项质量标准的高强度混凝土。

通过电子显微镜观察得知，掺有上述外加剂的混凝土，同不掺外加剂的普通混凝土相比较，前者水化物组织极为致密，在1μm间存在许多结晶颗粒。

5. 集料的影响

蒸压养护制品使用的集料，对制品强度和其他物理力学性能也有很大影响，必须严格控制集料质量。例如淤泥、黏土、云母等易在集料的表面生成微粉质薄膜，将妨碍水泥浆同集料的黏结；盐类及泥煤质或腐殖土等有机杂质产生的腐殖酸等，将损害蒸压制品的强度、耐久性和安定性，必须通过水洗达到规定标准以下方能使用。

此外，含硫酸盐的集料，因水泥的水化反应生成$Ca(OH)_2$或同水泥中的C_3A反应产生膨胀性的结晶体，从而使制品出现裂缝；另一方面，还应避免产生粉化现象。如果使用的集料同水泥、搅拌用水、掺和料或空气等发生水化、溶解、氧化等反应时，则不仅会引起强度下降，还可能在制品表面出现影响美观的斑点。

一般来说，不同种类的集料将获得不同的制品强度，例如石灰岩或大理石比石灰质砾石或花岗岩的强度低，煅烧页岩或矿渣的强度更低。石灰岩和大理石强度偏低的原因是：①全部由石灰质组成的集料，同砂浆结合的界面生成$\alpha\text{-}C_2S \cdot nH_2O$，将降低两者黏结力；②大理石在高温蒸气条件下硬度将稍有下降。当然，不同集料所获得的最高强度，还受与其相对应的含硅质原料的最优混合率的影响。

将基本不含SiO_2的石灰石及河砂作为砂浆集料相比较得知，当进行水养护时，其强度相差无几，而采用蒸压养护时，前者强度要偏低30%左右。

从高强度混凝土桩的试验得知，集料的最大尺寸对静弹性系数及抗冲击强度有一定影响，如采用最大颗粒20mm的集料同采用5mm的集料比较，在同一抗压强度时，前者静弹性系数约提高0.5×10^4MPa。

采用重锤下落反复打击方法测定抗冲击能力，裂缝出现时的打击次数值，随5mm、10mm、20mm集料的顺序而增加，达到破坏时的打击次数值，采用集料最大尺寸10mm、20mm比5mm的约增加1倍。

附图9-4为水泥浆、砂浆和混凝土采用蒸压养护获得最大强度时的最优配合比选择图。可以得知，水泥、硅灰及集料三组分的最优配合比系在一条直线上变化。

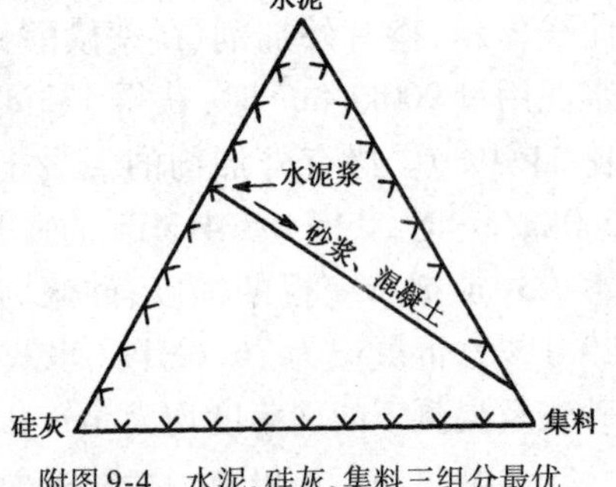

附图9-4 水泥、硅灰、集料三组分最优配合比选择图

(三)蒸压养护混凝土桩配合比设计

下面以蒸压养护混凝土桩为例,以进一步阐述蒸压养护制品的配合比设计:

1. 水泥硅砂比

附图 9-5 为采用混合水泥配制的混凝土、砂浆和水泥浆的抗压强度试验结果。混合水泥由普通硅酸盐水泥和硅砂(硅纯度 92.8%、比表面积 3 700cm^2/g)组成,两者的比例为 10/0、8/2、7/3、6/4 和 4/6。配制砂浆及混凝土用的集料是河砂($FM = 2.87$)、卵石($FM = 6.58$,最大尺寸为 20mm)。混凝土、砂浆和水泥浆的单位水泥用量和水灰比相同,均不掺外加剂,仅在混合水泥中加入适量的石膏,使 SO_3 含量达到水泥成分的 2%。混凝土和砂浆的试件采用 ϕ10cm × 20cm 的圆柱体;水泥浆试件采用 4cm × 4cm × 16cm 的长方体。蒸压养护条件为:升温 2h,在 180℃(10MPa)下恒温 5h,降温 2h。

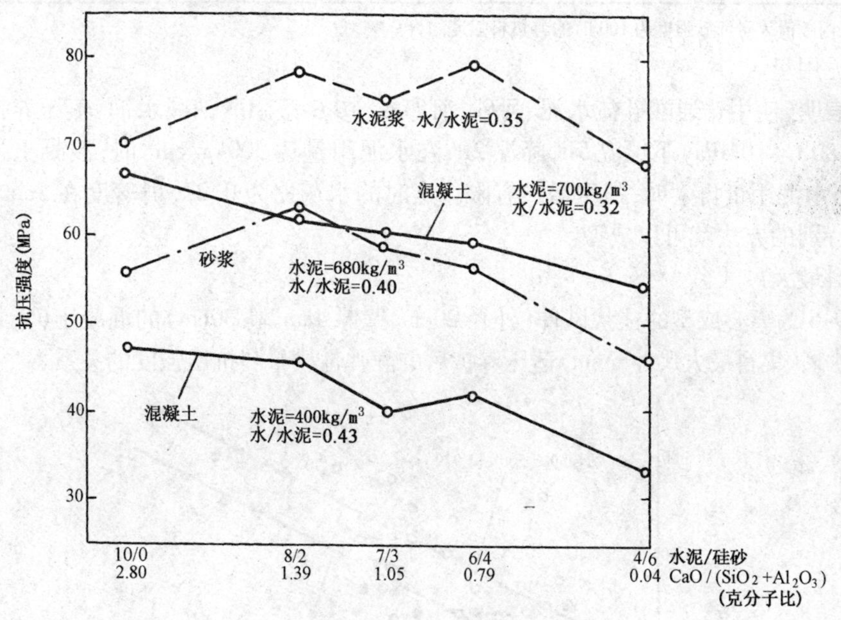

附图 9-5 水泥硅砂比对抗压强度的影响

由图得知,当水泥硅砂比为 6/4 ~ 8/2 时,掺硅砂水泥浆的抗压强度比纯水泥浆的抗压强度要提高一成左右。但是,对混凝土而言,其强度则是使用不掺硅砂的水泥时为最高,并随着硅质材料掺量的增加而降低。另外,当混合水泥中的化学成分的摩尔比值 $CaO/(SiO_2 + Al_2O_3)$ 为 0.8 ~ 1.0时,试件强度最高。产生这一情况的原因,在于集料表面的硅同普通硅酸盐水泥中的碱发生水热反应;而对于砂浆或混凝土,即使在水泥中不掺硅质材料,其强度也不会下降。

2. 集料种类

附表 9-2 为不同细集料的蒸压养护砂浆试件的强度。

试件分别以河砂、破碎的硅石和石灰石作集料,三种集料的粒径一样。试件分别进行水养护和蒸压养护。试件尺寸为 4cm × 4cm × 16cm,水灰比均为 40%,采用单一普通硅酸盐水泥,不掺外加剂。

从附表 9-2 可以看出,以不掺硅质材料的石灰石配制的砂浆,当采用水养护时,其强度与用河砂配制的砂浆强度相似,而当采用蒸压养护时,强度却降低 30% 左右。

集料种类和蒸压养护砂浆的强度 附表 9-2

集料种类	化学成分（%）			砂浆流动度（mm）	水养护（20℃）					蒸压养护		
					7d			28d				
	SiO_2	Al_2O_3 + Fe_2O_3	CaO		试件质量（g）	抗弯强度（MPa）	抗压强度（MPa）	抗弯强度（MPa）	抗压强度（MPa）	试件质量（g）	抗弯强度（MPa）	抗压强度（MPa）
河砂	70.7	18.1	2.1	173	595	8.62（100）	54.6（100）	9.34（100）	76.6（100）	565	14.1（100）	86.9（100）
硅石	95.5	2.8	0.1	130	587	82.3（95）	53.4（98）	9.77（105）	71.4（93）	562	13.7（97）	83.6（96）
石灰石	3.4	1.3	53.6	147	538	9.35（108）	56.9（104）	10.9（117）	73.5（96）	563	9.67（69）	65.5（75）

注：括号内数值表示河砂强度为 100 时的各集料强度的百分率。

3. 水泥用量

试验表明，使用普通酸硅盐水泥、河砂、河卵石，掺β-萘磺酸钠减水剂，蒸压养护条件为升温 2h，在 180℃（10MPa）下恒温 5h，降温 2h，在水泥用量达 500kg/cm^3 时，混凝土强度可超过 100MPa；当水泥用量再大时，强度增长有限。这时的水灰比为 0.27，坍落度在 5cm 以上，因此不需使用特别的方法就可以成型。

4. 集料最大尺寸

附图 9-6 为离心成型的柱状试件（外径 20cm、壁厚 4cm、高 30cm）的混凝土（集料最大尺寸 20mm）和砂浆（集料最大尺寸 5mm）蒸压养护后的静弹性模量与抗压强度的关系。

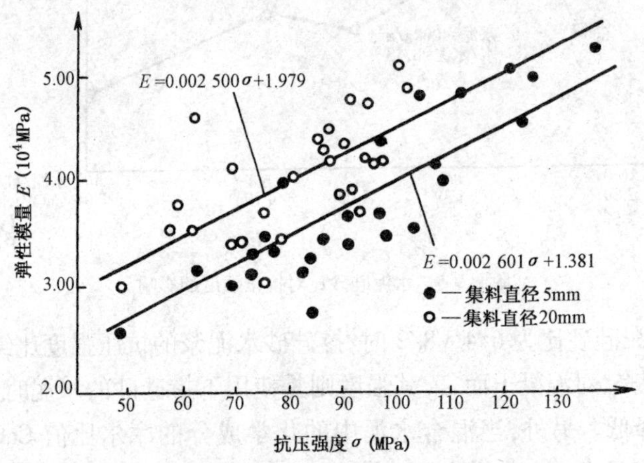

附图 9-6 离心成型试件的静弹性模量同抗压强度的关系

当抗压强度为 80MPa 时，静弹性模量达 4.0×10^4MPa，抗压强度为 100MPa 时则达 4.5×10^4MPa。还可看出，在同一抗压强度时，混凝土比砂浆的静弹性模量大 0.5×10^4MPa 左右。

附表 9-3 为集料最大尺寸对抗冲击性的影响。集料最大尺寸分别为 5mm、10mm 和 20mm，离心成型试件的抗压强度值大致相同。

试验结果表明，尽管三者的抗压强度基本相同，均为 105MPa 左右，但采用重锤下落反复打击方法测定抗冲击能力时，裂缝出现时的打击次数值，随 5mm、10mm、20mm 集料的顺序而增加；达到破坏时的打击次数值，采用集料最大尺寸 10mm、20mm 时，比 5mm 的约增加 1 倍。

集料最大尺寸对抗冲击性的影响　　附表 9-3

试件号	集料的最大尺寸(mm)	水泥用量(kg/m^3)	水灰比	砂率(%)	试件抗压强度(MPa)	裂缝出现时的打击次数(次)		破坏时的打击次数(次)	
1	5	734	0.26	—	107.4	65	平均 71	459	平均 374
						70		437	
						50		256	
						98		343	
2	10	600	0.25	42.0	104.5	71	114	700	625
						130		632	
						157		501	
						99		666	
3	20	600	0.25	42.0	107.1	118	163	685	670
						190		700	
						150		583	
						193		710	

十、国外压力灌浆混凝土配制示例

本节主要介绍日本压力灌浆混凝土配制方法。

(一)原材料的技术要求

1. 水泥

水泥要使用符合日本工业标准 R5210 的普通水泥;也可以使用预先将粉煤灰掺和料掺入水泥中的粉煤灰水泥(日本工业标准 R5213),在一般工程中使用粉煤灰水泥较易管理,从保证混凝土质量均匀上来说也比较有利。如果缺乏粉煤灰水泥,也可用符合标准的矿渣水泥或普通水泥。

2. 掺和料

加入掺和料是为了给予灌注砂浆必需的各种性质。优质粉煤灰正是合乎这种目的的极好材料,它在尚未凝固的灌注砂浆中作为非活性的填充材料起作用,可以提高灌注砂浆的流动性,同时还有延缓凝结时间及抑制流动性迅速丧失的效果。此外,因火山灰反应而使混凝土的后期强度增加,对混凝土的抗渗性、耐久性、水化热、干缩等性质的改善也起作用。

在选择粉煤灰时,要竭力确保其为具有良好效果的优质粉煤灰,同时搞清该种粉煤灰的特性是很重要的。所谓优质粉煤灰就是细度高、含炭量少、单位用水量小、抗压强度比较大。以按日本工业标准 A6201 规定的试验值加以研讨,再进一步对实际使用的灌注砂浆进行特性试验为宜。

3. 外加剂

外加剂一般采用优质减水剂及具有膨胀效果的铝粉,或者事先将它们混匀而成的。灌浆减水剂的品种很多,其性能因原料种类的不同而异,故应通过试验选用。

铝粉与水泥中的碱性物质反应,产生细微的氢气泡,使尚未凝固的砂浆膨胀,这就使因泌水而下沉收缩的现象得到缓和;同时,因膨胀所产生的压力,使砂浆浸透到粗集料的细微间隙,提高了砂浆与粗集料的黏附力。

具有膨胀效果的铝粉(用硬脂精酸作过表面处理而具有亲水性)呈鳞片状,其细度是符合日本工业标准 K5906《涂料用铝粉》第二种规定的。

在实际工程中,一般使用兼有减水缓凝效果及膨胀效果的灌浆用外加剂,既安全又方便。此外,在这些外加剂中多掺有防止材料离析的黏稠剂及抑制铝粉早期发泡的缓冲剂等。

4. 细集料

用于灌注砂浆的细集料应符合日本土木学会混凝土标准规范对质量及粒度的规定。规范中规定的颗粒尺寸范围如附表 10-1 所示。细度模数的范围以 1.4 ~ 2.2 为宜。

细集料粒度的标准 附表 10-1

筛孔尺寸(mm)	过筛质量百分比(%)	筛孔尺寸(mm)	过筛质量百分比(%)
2.5	100	0.3	20 ~ 50
1.2	90 ~ 100	0.15	5 ~ 30
0.6	60 ~ 85		

5. 粗集料

粗集料应以坚硬、表面不沾泥和石粉等为条件,其颗粒形状以近似球形者为佳,表面最好是有点粗糙。

粗集料的石质要求与普通混凝土的要求一样,但对集料的粒形及其表面状态却应加以注意。立方形、扁平形的集料不利于砂浆的流通。

另外粗集料表面黏附的泥土及石粉等,会使砂浆与集料间的黏结力减弱。

为此,必须尽可能使用干净的集料和表面粗糙一点的集料,以便提高砂浆与集料间物理性黏结力,以弥补其弱点,这也是很重要的。

填充在模板内的粗集料的空隙率,视模板的结构、粗集料的粒径分布及填充方法而异,一般为 38% ~48% 。

按上述看来,对于粗集料的尺寸有两种想法:一是尽可能增大粗集料的空隙,以便尽可能改善砂浆在粗集料空隙中的流动性,例如在日本黑之濑户大桥、本四联络桥试验工程中,把 80 ~150mm 的粗集料的尺寸增大,使其粒度分布几乎近于单一,虽然这样会使每 $1m^3$ 混凝土所需的砂浆增多,但灌浆管的间距却得以放宽,因而适用于巨大结构物的施工。另一种想法,是在砂浆可能流动的范围内,尽量减小粗集料的空隙。在一般的压浆混凝土工程上采用这一想法,粗集料的最小尺寸取最大尺寸的 1/4 左右。

粗集料的最小尺寸要按照施工的目的、灌注砂浆的品质、灌浆方法等的不同而异,但在实用上没有什么妨碍的范围内,以尽量增大为宜。这是指一般所用砂浆可能灌注的界限。在把粗集料尺寸减小的情况下,也要把最大尺寸增大,把粒度的范围扩大,并尽可能地减少最小尺寸集料掺量,较为安全。

(二)灌注砂浆配合比

1. 灌注砂浆的性质

用稠度(流动度)、膨胀率、泌水率、凝结时间、抗压强度等特性值表示砂浆的性质,而用来评价灌注砂浆质量的则是这些特性的综合值。这里将叙述对灌注砂浆适用的特性值范围及影响各种特性的因素。

1)稠度

稠度是表示尚未凝固的砂浆的灌注难易程度及抵抗材料分离程度等性质的。灌注砂浆属于宾汉流体,其流动特性可用一般黏度与屈服应力来表示。但灌注砂浆的屈服应力与黏度成比例,故在一般施工中,无须考虑它。在调查灌注砂浆的流动性时,也有采用通过细管式黏度计来直接测定黏度与屈服应力的方法；但一般是按日本土木学会标准《压浆混凝土灌注用砂浆稠度试验方法》来进行试验。这种方法是将一定容积的砂浆灌入附有流出管的圆形漏斗（流动锥体），使之从流出管流出，测定全部流出所需要的时间，把它叫做流动度，以秒作为流动度的单位。此值大致与黏度及屈服应力成比例。

适用于灌注砂浆的流动度的范围，大致为 16 ~ 26s。灌注砂浆流动度值的施工管理，经常规定在这一范围之内，这是很重要的。附图 10-1 分别示出灌注砂浆的水灰比与流动度值间的关系及当砂表面含水率有 1% 测量误差时对应于各流动度目标值的流动度变动范围。灌注砂浆的流动性对于压浆混凝土施工的成败影响重大，所以宁愿把流动度目标值选得低一些，即把水灰比选得大一点，以使流动度稳定。普通混凝土在水灰比按强度需要决定的情况下，尽管由于温度、历时、计量误差等形成偏硬的混凝土，但是若经过充分的振捣，还是能得到所要求的质量的混凝土。但在压浆混凝土施工中，出泵的砂浆是否已完全填充了粗集料间的孔隙，不可能控制得一点缺陷也没有，因此即使牺牲了一点强度，也要保证流动性的稳定。流动度的目标值虽然可由集料的粒度、灌浆管设置的间隔、材料的性质、配合比等的不同而有变化，但一般选用 17 ~ 18s 较为安全。

影响灌注砂浆流动性的因素是配合比、水泥及粉煤灰的特性、细集料的粒度、搅拌机的性能、搅拌时间等。

水灰比 $W/(C+F)$ 与稠度的关系是，不论使用的材料及配合比如何，灌注砂浆是随着 $W/(C+F)$ 的增加而变稀的，但流动度减小的趋势随之变缓。附图 10-2 为试验结果的一例。

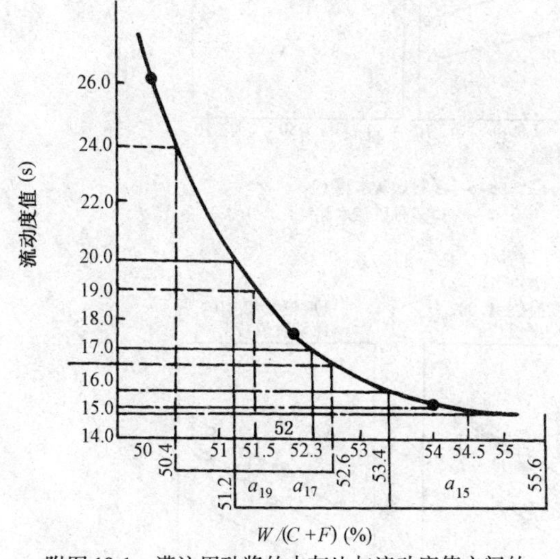

附图 10-1 灌注用砂浆的水灰比与流动度值之间的关系曲线

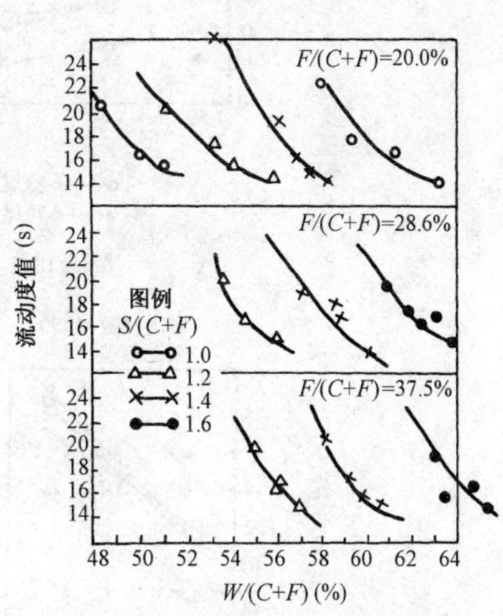

附图 10-2 $W/(C+F)$ 与流动度的关系

粉煤灰的掺率 $F/(C+F)$ 与流动度的关系，按粉煤灰质量不同而异。使用优质粉煤灰时，$F/(C+F)$ 越大流动度越低，流动度值保持一定时可降低所需的水灰比；用劣质粉煤灰时，流动度值保持一定时，随 $F/(C+F)$ 的增加所需要的水灰比增大。附图 10-3、附图 10-4 为试验结果的一例。

砂灰比 $S/(C+F)$ 与稠度的关系是，流动度值随 $S/(C+F)$ 的增大而增大，若要保持一定的流动度值，就要增加 $W/(C+F)$。附图 10-5 为试验结果的一例。

砂的细度模数与流动度的关系是细度模数越大，流动度值降低。若要保持原来所需要的流动度值，就要使 $W/(C+F)$ 减小。附图 10-6 所示为试验结果的一例。

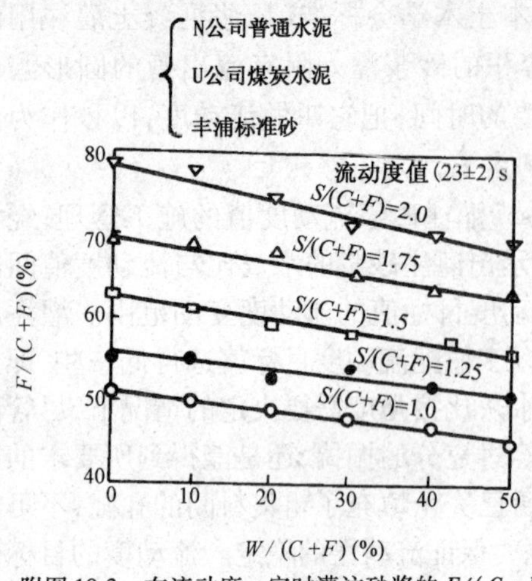

附图 10-3 在流动度一定时灌注砂浆的 $F/(C+F)$ 与所需 $W/(C+F)$ 的关系

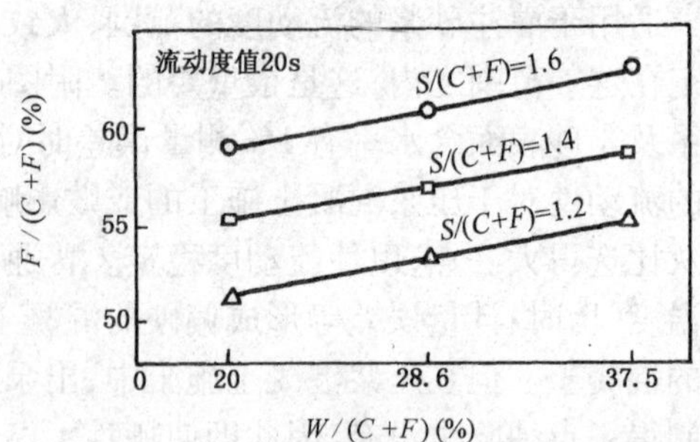

附图 10-4 在流动性一定时 $F/(C+F)$ 与 $W/(C+F)$ 的关系(劣质粉煤灰)

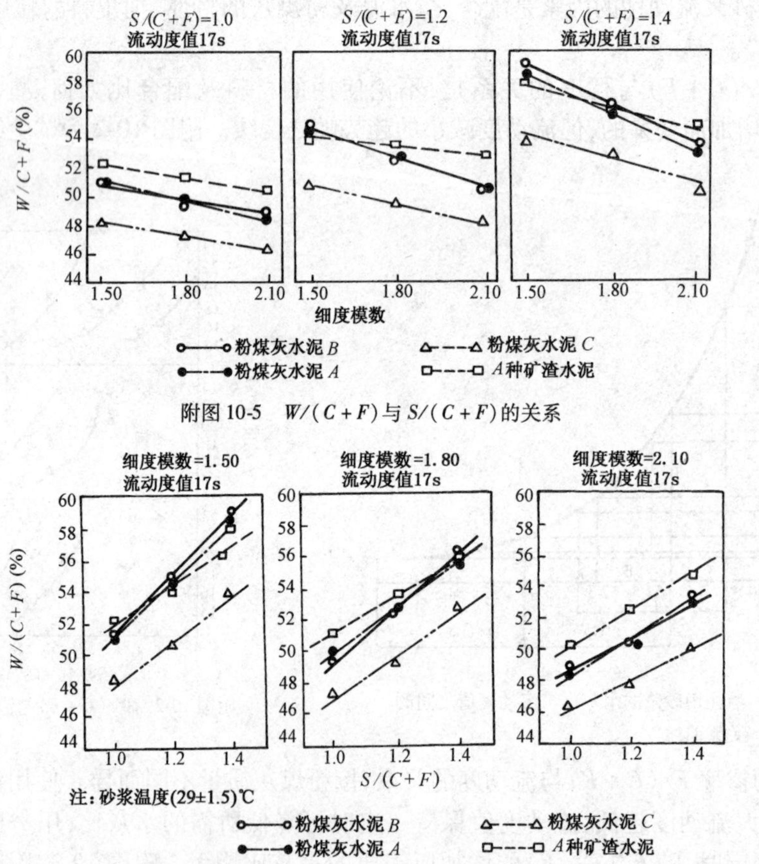

附图 10-5 $W/(C+F)$ 与 $S/(C+F)$ 的关系

细度模数=1.50 流动度值17s　细度模数=1.80 流动度值17s　细度模数=2.10 流动度值17s

W/(C+F)(%)

S/(C+F)

注:砂浆温度(29±1.5)℃

粉煤灰水泥 B　粉煤灰水泥 C　粉煤灰水泥 A　A种矿渣水泥

附图 10-6 砂的细度模数与 $W/(C+F)$ 的关系

2)泌水率

泌水率表示已灌入粗集料空隙后的砂浆在尚未凝固之前的材料离析程度。随着灌注砂浆的下沉而析出的水,通过混凝土中形成的毛细管通路等上升,积聚在混凝土的上部;也有一部分泌水由于上升通路被粗集料堵塞,而滞留在它的下面。这种现象显著时,就会引起混凝土上部的强度降低、混凝土表面上的浮沫增大、砂浆与粗集料的黏结强度降低、抗渗性降低等后果。所以泌水量以尽量少为宜。

要想减少泌水量，当然一定要降低灌注砂浆的泌水率。泌水量还与混凝土的灌注高度、砂浆的上升速度、灌注砂浆的膨胀率、已灌混凝土的初凝时间等有关。对这些问题也要充分地考虑。

泌水率的测定，按日本土木学会标准《压浆混凝土的灌注砂浆的泌水率与膨胀率试验方法》进行。在标准规范中规定：以过去实践作为参考，规定泌水率的限值为30%。还有，泌水率是在常温时砂浆搅拌后经过3h左右出现最大的数值；而在10℃以下的低温时，在3h以后，泌水还有逐渐增加的趋势。一定要测出最后的泌水率值，这是很重要的。

泌水率按水泥风化的程度，水泥、粉煤灰及细集料的颗粒形状，粉煤灰掺率，水灰比等的不同而变化。材料颗粒形状能影响颗粒间互相啮合的状态，而这些啮合越紧密，砂浆的沉降就越少。目前有人认为泌水量也许就是物理地外浮于表面的水量与由于水化作用所吸收的水量二者之间的差值。因此，由于水灰比增加而多余水量也增加时，或由于粉煤灰掺量增加导致单位水泥用量减少，从而使得由于水化作用消耗的水量减少时，泌水量就增加。水灰比、粉煤灰掺量增加，推迟了砂浆的凝结时间，即延长了泌水时间，从而使泌水量增加。附图10-7、附图10-8为有关泌水试验结果的一例。

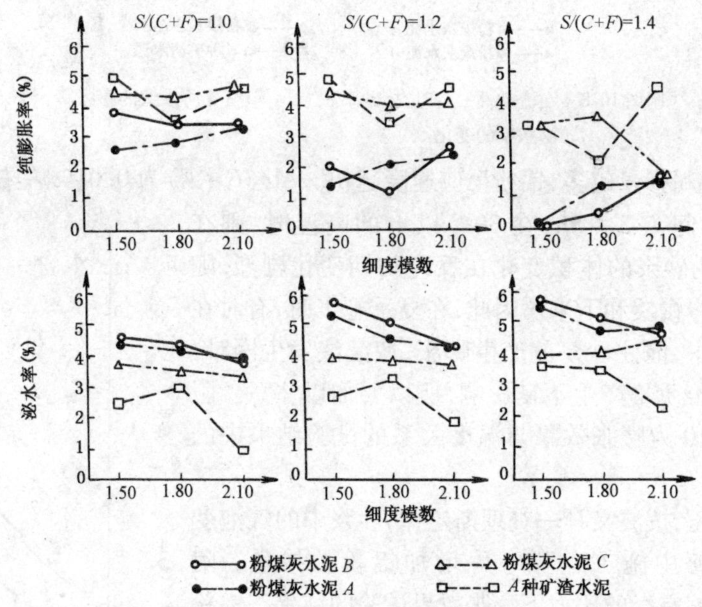

附图10-7　在流动性一定时砂的细度模数的变化导致膨胀率、泌水率的变化

3）膨胀率

使灌注的砂浆具有膨胀性的目的，是为了使因泌水而下沉收缩的砂浆膨胀起来，以防止在粗集料与砂浆之间形成间隙；同时将多余的变形转化为压力，使彼此间的结合加强。因此，就有增加膨胀率使之大于泌水率的必要，二者之差称为纯膨胀率。纯膨胀率是了解砂浆膨胀效果的最重要的指标。为了获得所需的膨胀率，增加了砂浆中的气泡数，这样就会制出低密度的砂浆。因此必须既不过分增大膨胀率，又要使泌水量尽量减小才行。在一般的情况下，正常的灌注砂浆的膨胀率为5%～10%，纯膨胀率为2%～6%。

膨胀率随着发泡剂掺加率Al/($C+F$)的增加而增大。膨胀率的大小与膨胀的比例按水泥、粉煤灰、减水剂的不同种类，是否用海水作拌和水，水灰比的多少等而稍微有些变化，但一般还不能影响配合比设计。但是，灌注砂浆的温度和砂浆所受到的压力却对膨胀效果有非常大的影响。

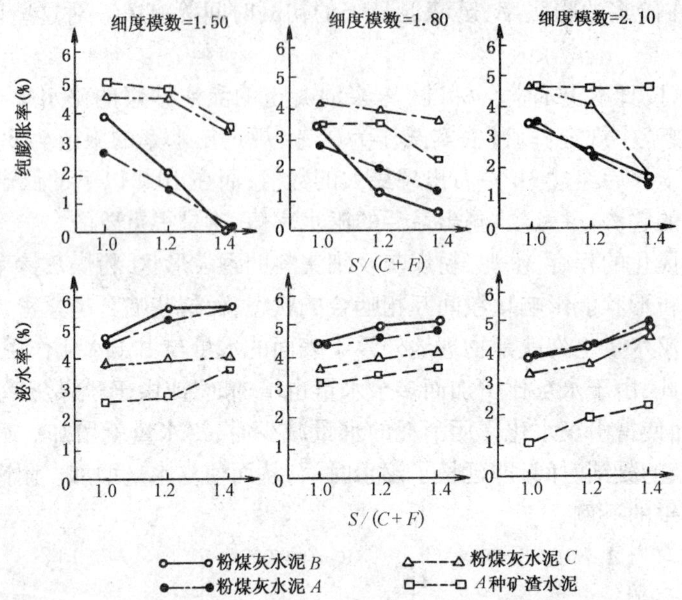

附图 10-8　在流动性一定时，掺砂率 $S/(C+F)$ 变化所导致的膨胀率、泌水率的变化

温度越高、铝粉掺量越多，铝粉反应速度越快。$Al/(C+F)$ 为 0.01% 左右并在常温时，普通砂浆的反应时间为 3～5h；在 30℃ 以上的高温时，则在 30min 之内。灌注砂浆的体积变化在反应初期变化剧烈，随着时间的推移而慢慢缓和下来。因此，在夏季施工时，有时在搅拌灌注的过程中，灌注砂浆就产生膨胀，使灌注发生困难，或对砂浆及混凝土质量产生不良影响，所以要加以注意。附图 10-9、附图 10-10 为膨胀效果与温度关系的试验结果中的一例。

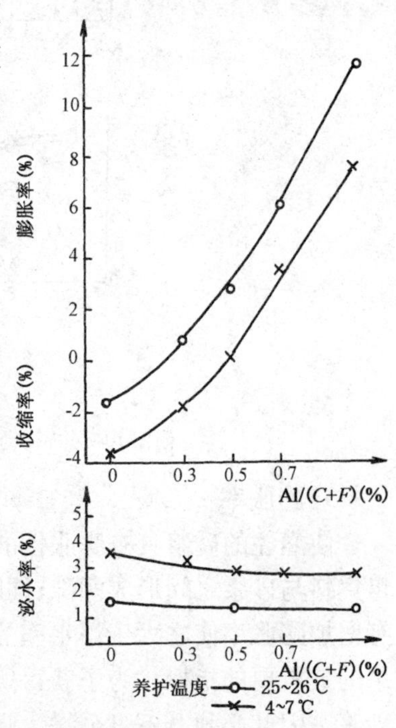

附图 10-9　不同养护温度的压浆混凝土浆液的膨胀率与泌水率

若对砂浆加压，按波义耳—查理斯定律，砂浆中的气泡变小。因此，在深海中施工也要考虑增加铝粉的掺量。附表 10-2表示在压缩空气的压力下膨胀效果试验的结果。铝粉掺量与膨胀效果的关系，在大气下与压缩空气压力下的膨胀效果虽说有所不同，但按照波义耳—查理斯定律，从大气下灌注砂浆的膨胀率来推算出在加压下的膨胀率，在实用上似乎也可行。但是，在这种情况下，随着铝粉掺量的增加，膨胀速度就变得非常之快，所以就要采取措施，使铝粉在灌注之前不发生膨胀作用。

如上所述，膨胀率由于受多种因素的影响，所以变化复杂，同时还会发生危险，所以要在接近实际施工的条件下进行试拌，切实搞清膨胀效果为宜。

压力对膨胀率的影响 附表 10-2

外加剂掺率(%)		膨胀率(%)		比率 E_8/E_0(%)
$AD/(C+F)$	$AD/(C+F)$	大气压下 E_0	压力下 E_8	
3.0	0	12.9	0.6	4.7
2.0	0	26.0	2.5	9.6
1.0	0	7.0	0.6	7.9
1.0	0.01	16.7	2.9	17.4
1.0	0.02	23.3	3.2	13.7
1.0	0.03	31.0	3.8	12.3
1.0	0.04	56.0	5.8	10.0
2.0	0	17.1	1.5	8.8

注：试验条件：膨胀历时为3h，保存温度为20℃ ±2℃，加压0.8MPa，1 000CC 量桶法（两只桶的平均值）。

4）凝结时间

灌注砂浆的凝结时间对灌注效果、膨胀效果及泌水量有影响。想使灌注砂浆容易渗透，并且使之密实，就必须使新砂浆贯入到已灌的老砂浆中去，为此，就要保持自砂浆上升面以下0.5～2.0m的砂浆处于容易流动的状态。灌注砂浆失掉流动性的时刻，要比初凝时间早得多，这是因为不能像普通混凝土那样，用振动机械等的力量把早期凝固所致的结硬状态再度恢复原状的缘故。因为没有表示砂浆失掉流动性时期的恰当的指标，所以只好以凝结时间作为大致的指标。但从过去的许多实际情况判断，初凝时间大致定为8h以上是安全的。初凝时间也与膨胀效果有关。已进入硬化过程的塑性砂浆的膨胀不仅会使填充不完全，并且对已形成的混凝土的质量可能产生不良影响，因此，必须把初凝时间放在膨胀反应完成之后。但是，凝结时间太迟，就使泌水时间拖长，泌水量就增加。若从凝结时间与泌水率关系的试验成果来判断，初凝时间的最大值大约在16h以下，似乎较为安全。

灌注砂浆的凝结时间也视外加剂的种类而变；但水泥的细度越高、砂浆的温度越高，则凝结越快；水灰比及粉煤灰掺率越大，则凝结越慢。此外，用海水作拌和水时，初凝时间要比用淡水时快1～5h左右。在这些影响因素之中，对凝结时间影响最大的是温度。就温度与凝结时间关系进行试验得出的结果如附图10-11所示。与此试验同时进行的膨胀泌水试验的结果如附图10-12和附图10-13所示。

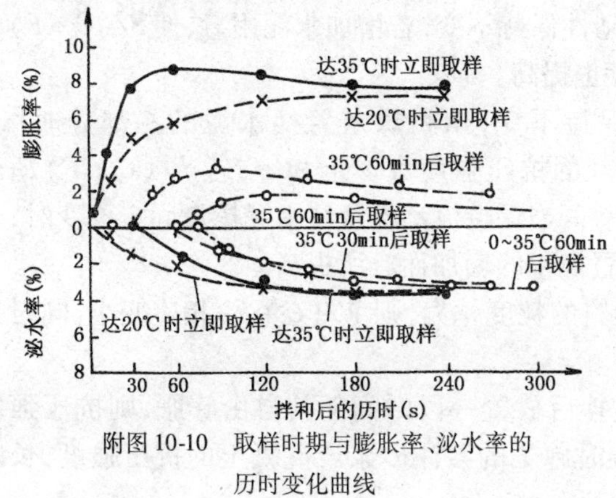

附图10-10 取样时期与膨胀率、泌水率的历时变化曲线

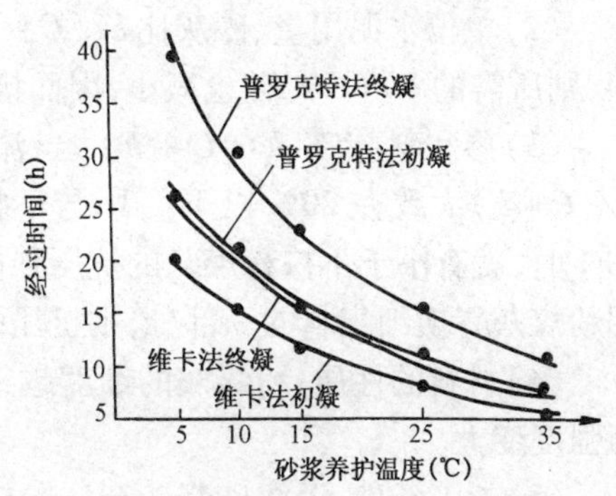

附图10-11 砂浆养护温度与凝结时间（维卡法与普罗克特法）的关系

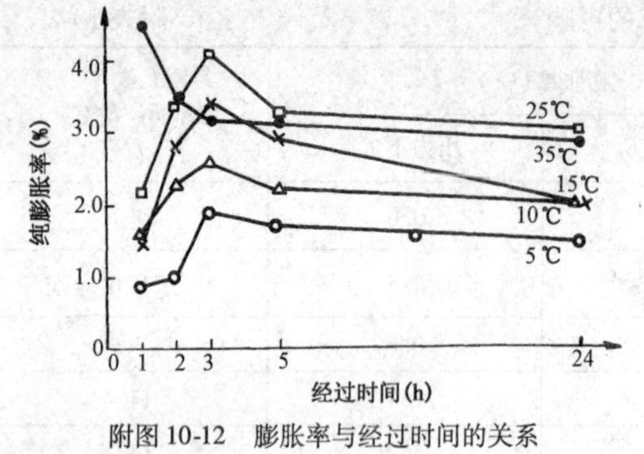

附图 10-12　膨胀率与经过时间的关系

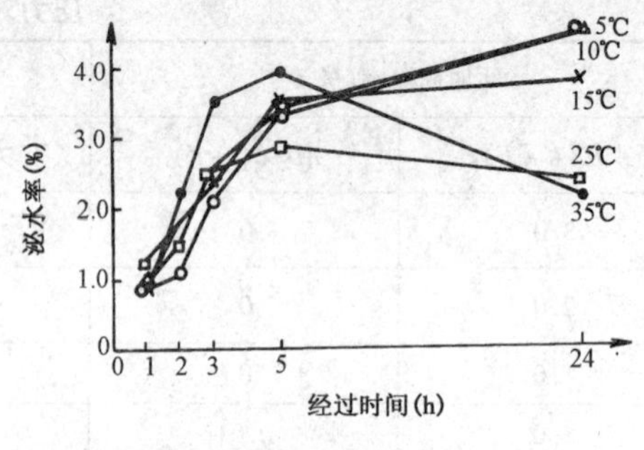

附图 10-13　砂浆的纯膨胀率与泌水率

5)抗压强度

灌注砂浆的抗压强度与普通混凝土一样，是与材料的质量、配合比、施工条件、试验方法多种因素有关。一般有如下倾向：

(1)水灰比：对灌注砂浆抗压强度影响最大的是水灰比 $W/(C+F)$。在粉煤灰掺率 $F/(C+F)$ 一定时，灌注砂浆的抗压强度与灰水比 $(C+F)/W$ 成正比。试验结果之一如附图 10-14 所示。

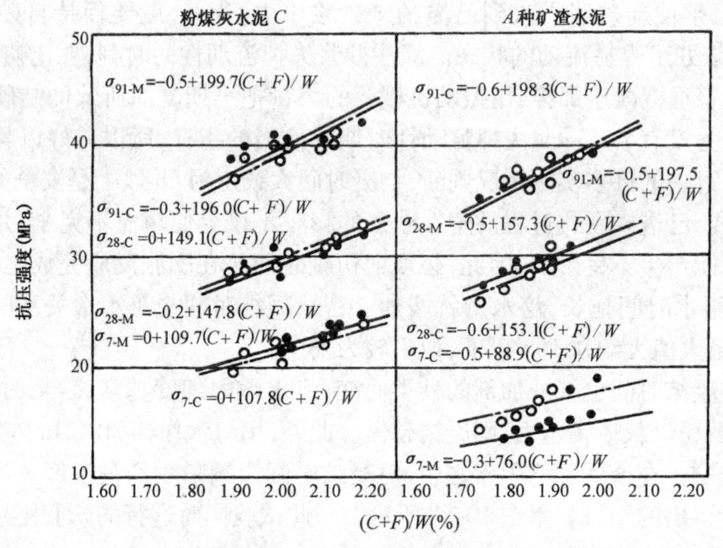

附图 10-14　灰水比与抗压强度的关系

(2)单位水泥用量、砂灰比 $S/(C+F)$：流动性保持不变，若增加水泥用量，使 $S/(C+F)$ 减小，则所需的 $W/(C+F)$ 也减小，因而抗压强度也提高。

(3)掺和料掺率 $F/(C+F)$：当流动性保持不变，用粉煤灰置换水泥的一部分时[若 $F/(C+F)$ 大致在 20% 以下]，则与不掺粉煤灰的抗压强度大体上相等；若 $F/(C+F)$ 超过 20% 时，就有小于不掺粉煤灰的抗压强度的趋势。当保持流动性及纯水泥掺量固定不变时，若用粉煤灰置换细集料的一部分，则抗压强度随置换率的增加而有所提高。

(4)材料的性质：粉煤灰的细度越细、细集料的粒度越大，则 $W/(C+F)$ 相应变小，同时抗压强度变大。

(5)施工条件：灌注砂浆未充分搅拌、或搅拌后放置一段时间任其自由膨胀，则抗压强度变小。此外，抗压强度还受温度的影响，在低温时施工的灌注砂浆或混凝土的抗压强度，长龄期后一般比高温时施工的混凝土的抗压强度要高一些。

2. 配制方法

1)配制的顺序

压浆混凝土在施工过程中,受很多外界干扰的影响,所以实际做出的混凝土的抗压强度与灌注砂浆或混凝土试件的抗压强度相比,一般有减小的趋势。越是贫水泥混凝土在施工过程中强度的损失越大。因此,就有必要把作为结构部件设计标准的28d或91d龄期的抗压强度乘以预计在现场灌注砂浆的抗压强度变动系数,以此将灌注时及灌注后的强度损失弥补上去。

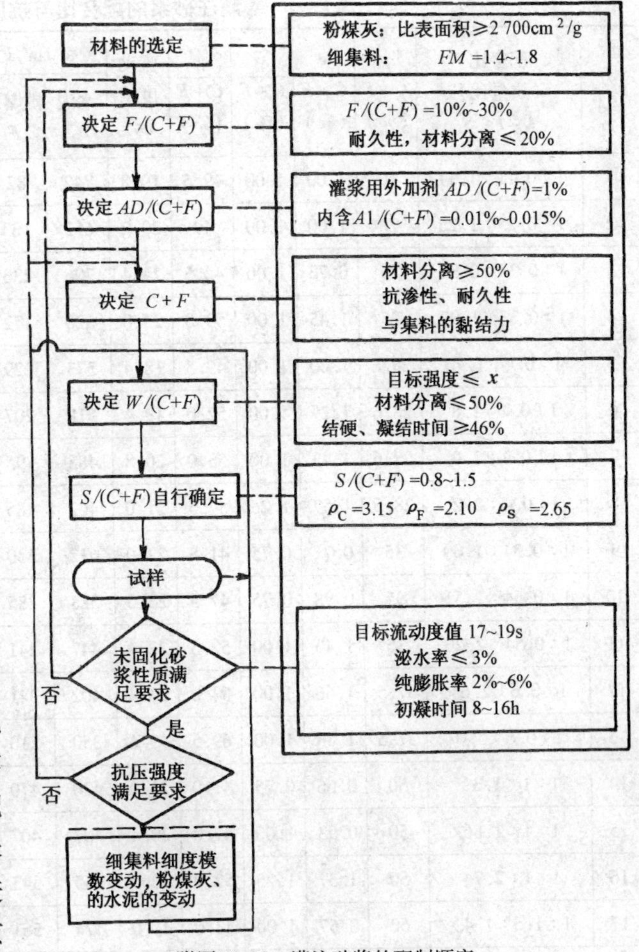

附图 10-15 灌注砂浆的配制顺序

满足尚未固化的灌注砂浆的各种性质的砂浆抗压强度,在龄期91d时,大约为35~50MPa,一般所必需的配制强度多在这一范围之内。因此实用的配制顺序是:首先按结构物的目的、规模等建立灌注计划,参考已施工的实例,假定出配合比;其次,用假定的配合比进行试拌,证实是否可以得到未固化砂浆的各种性质,同时反复地进行配合比的修正,直到获得这些性质为止。若已经获得了所需要的配合比,则应以此进行抗压强度的试验,以确认是否达到所需强度或为达此目的进行修正。附图10-15示出了灌注砂浆的配制顺序。附图10-16为纯水泥用量与$S/(C+F)$的关系。附图10-17为以上各种配合比水平的效果图。此外,附表10-3为灌注砂浆的配合比与抗压强度的关系。附表10-4为使用粉煤灰水泥或矿渣水泥制做的压浆混凝土的试验结果。附表10-5示出迄今为止已经实施的压浆混凝土配合比的几个例子。

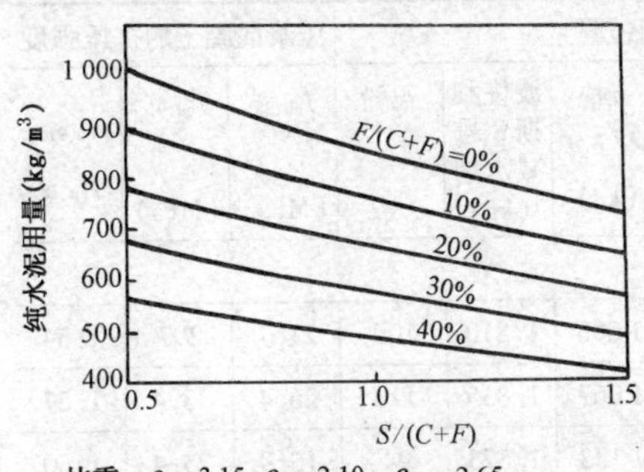

比重：$\rho_C=3.15$ $\rho_F=2.10$ $\rho_S=2.65$

$W/(C+F)=48\%$

附图 10-16 纯水泥用量与$S/(C+F)$及$F/(C+F)$的关系

2)掺和料掺率$F/(C+F)$的选定

掺用优质粉煤灰,有利于改善灌注砂浆的流动性及抗压强度。但必须注意,若增大粉煤灰的掺率,则在灌注过程中容易引起材料分离,并且在灌注后泌水量也会增加。附图10-18是掺和料掺率与混凝土表面产生的浮沫厚度的关系进行试验而得出的一例。与水泥相对密度3.0~3.2相比较,粉煤灰的相对密度仅为2.0~2.1;而在水中二者密度之比则为2:1。这种密度的差别就是砂浆在水中流动时引起材料分离的重大原因。因此,掺和料掺率过大,容易导致材料的分离,从而浮沫的厚度也增加。

灌注砂浆的配合比与抗压强度　　附表 10-3

配方编号	配合比（质量比）$C:F:S$	$\frac{F}{C+F}$ (%)	$\frac{S}{C+F}$ (%)	$\frac{Al}{C+F}$ (%)	$\frac{W}{C+F}$ (%)	流动度值 (s)	每 $1m^3$ 砂浆的材料用量(kg) 水泥 C	粉煤灰 F	膨胀剂 Al	水 W	砂 S	抗压强度(MPa) 28d	91d	180d	365d
1	1:0.11:1.11	10	1.00	1.00	49.5	19.8	742	82	8.24	408	824	25.6	23.8		38.8
2	1:0.25:1.25	20	1.00	1.00	49	20.2	652	163	8.15	400	815	26.2	33.5		40.4
3	1:0.33:0.97	25	0.73	1.00	42.5	24.4	706	233	9.39	399	692	28.6	37.5	41.6	42.9
4	1:0.33:1.93	25	1.45	1.00	53.0	23.0	520	172	6.92	367	1 004	21.0	26.8	29.7	35.2
5	1:0.4:1.40	28.6	1.00	1.00	49.5	18.4	573	229	8.02	397	802	214	30.4		387
6	1:0.4:1.8	28.6	1.29	1.00	52.0	19.4	518	207	7.25	377	932	220	29.9		
7	1:0.4:2.0	28.6	1.43	1.00	55.0	20.8	488	195	6.83	376	976	17.4	23.2		
8	1:0.4:2.2	28.6	1.57	1.25	57.5	21.0	462	185	8.09	372	1 016	17.5	22.8		
9	1:0.54:1.09	35	0.71	0.75	41.5	23.0	612	330	7.07	391	667	272	36.7	37.6	41.5
10	1:0.54:1.51	35	0.98	0.75	47.5	23.0	528	285	6.10	386	797	23.0	31.9	32.3	35.8
11	1:0.54:2.20	35	1.43	1.00	52.5	22.4	447	241	6.88	361	983	16.5	23.0	28.8	30.9
12	1:0.6:2.65	37.5	1.66	1.00	54.0	23.4	402	241	6.43	347	1 065	13.1	223		
13	1:0.6:3.0	37.5	1.88	1.00	69.5	19.6	350	210	5.60	389	1 050	10.7	17.4		
14	1:1:1.32	50	0.66	0.75	41.0	25.0	470	470	7.05	385	620	23.6	32.9	35.6	39.4
15	1:1:1.86	50	0.93	1.00	47.0	20.4	407	407	8.14	383	757	18.0	26.8	29.6	35.0
16	1:1:2.74	50	1.37	1.25	52.0	20.0	345	345	8.63	359	945	12.4	20.4	24.9	28.5
17	1:1.5:1.42	60	0.57	1.00	43.0	21.0	374	561	9.35	402	531	19.5	31.5		
18	1:1.5:2.5	60	1.00	1.00	46.5	20.0	315	473	7.88	366	788	11.9	21.9	28.6	34.6
19	1:1.5:3.38	60	1.35	1.50	51.5	19.2	275	413	10.32	354	930	7.5	13.8	16.7	21.3

注：这是关于灌注砂浆的配合比与抗压强度的关系的 1 个试验示例，是按照压浆混凝土抗压强度试验方法得出的试件试验成果。用粉煤灰做掺和料时，龄期 28d 时的抗压强度约为龄期 91d 时抗压强度的 60% 左右，而直到龄期 1 年为止，抗压强度一直在持续增长。

使用粉煤灰水泥与矿渣水泥的压浆混凝土的抗压强度　　附表 10-4

配方记号	流下时间范围 (s)	粗集料最小尺寸 (mm)	养护温度 (℃)	水灰比 W/C (%)	单位用料量 粉煤灰水泥 (kg)	矿渣水泥 (kg)	海水 (kg)	自来水 (kg)	砂 (kg)	波佐利斯 8 号减水剂 (kg)	铝粉 (g)	压浆混凝土的抗压强度 $f_{cu,28}$ (MPa)	$f_{cu,91}$ (MPa)	$f_{cu,91}/f_{cu,28}$
在 5℃时														
FF55				50	724			362	1 086	1.810	109	21.7	297	1.34
FS55				50	734		367		1 067	1.835	110	26.4	33.4	1.27
FS56				60	629		377		1 132	1.573	94	15.9	25.4	1.60
SF55	10 ±2	20	5	50		750		375	1 050	1.875	113	20.3	38.0	1.87
SS55				50		760	380		1 026	1.900	114	23.3	35.4	1.52
SS56				60		613	368		1 165	1.533	92	193	27.8	1.44

续上表

配方记号	流下时间范围(s)	粗集料最小尺寸(mm)	养护温度(℃)	水灰比 W/C(%)	单位用料量							压浆混凝土的抗压强度		
					粉煤灰水泥(kg)	矿渣水泥(kg)	海水(kg)	自来水(kg)	砂(kg)	波佐利斯8号减水剂(kg)	铝粉(g)	$f_{cu,28}$(MPa)	$f_{cu,91}$(MPa)	$f_{cu,1}/f_{cu,28}$
在20℃时														
FF205				50	747			374	1 031	1.868	112	33.0	44.2	1.34
FS205				50	764		382		99.3	1.910	115	35.2	45.9	1.33
FS206				60	608		365		1 186	1.52	91	26.0	33.1	1.27
SF205	19±2	20	20	50		841		421	841	2.103	126	33.8	37.7	1.12
SS205				50		829	415		870	2.073	124	32.4	36.7	1.14
SS206				60		645	387		1 290	1.613	97	24.5	27.8	1.13

注：这是对用B种粉煤灰水泥与B种矿渣水泥的灌注砂浆制成的两类压浆混凝土所做的抗压强度比较，此二者均获得大致相同的强度。在低温施工时，28d龄期的抗压强度较低，但91d龄期的抗压强度的增长率却是高的。另外，用海水及用自来水（淡水）拌和混凝土两者相比，在抗压强度上几乎看不出有什么差别。

压浆混凝土配合比实例 附表10-5

名　　称	$C:F:S$	$W/(C+F)$(%)	$F/(C+F)$(%)	$S/(C+F)$(%)	外加剂
大黑码头联络桥		49.0	16.0	90	助灌剂
广岛大桥	1:0.25:1.12	48.0	20		助灌剂
黑之濑户大桥	1:0:1	49.5		100	波佐利斯8号
本四联络桥实验	1:0.25:1.25	49.0	20	100	波佐利斯8号
鹿岛干船坞	1:0.2:1	45.6	16.7	83	助灌剂
吉田港(基础加固)	1:0.4:2.08	53.0	28.6	149	助灌剂
真鹤港(中间填实)	1:0.4:1.84	50	28.6	132	助灌剂
佐世保港(中间填实)	1:0.42:1.5	51	29.6	106	波佐利斯8号
唐津港(单块)	1:0:1.2	50		120	波佐利斯8号

名　　称	流下时间(s)	抗压强度(试件)(MPa)		粗集料尺寸(mm)	粗集料空隙率(%)	备　　注
		$f_{cu,28}$	$f_{cu,91}$			
大黑码头联络桥	19±3	25.0		40~120		
广岛大桥	18	18.9	27.3	最大尺寸120	43.6	
黑之濑户大桥	17±2	25.0		80~150	41	B种粉煤灰
本四联络桥实验	17±2	31.6	40.9	80~150	49	
鹿岛干船坞	19±3	22.6		最小尺寸20	40	
吉田港(基础加固)	19±1		24.4	15~50	44	
真鹤港(中间填实)	20±2	20.1	32.4	15~50	43	
佐世保港(中间填实)	20	16.6	20.5	15~50	46	
唐津港(单块)	20	20.0	22.7	15~100	45	矿渣水泥

为避免水泥与粉煤灰有分离现象这样的理由来看，也必须把压浆混凝土中掺和料的掺率压低到某种程度(一般控制在30%)以下。在必须具有良好耐久性时，控制在20%以下是安全的。

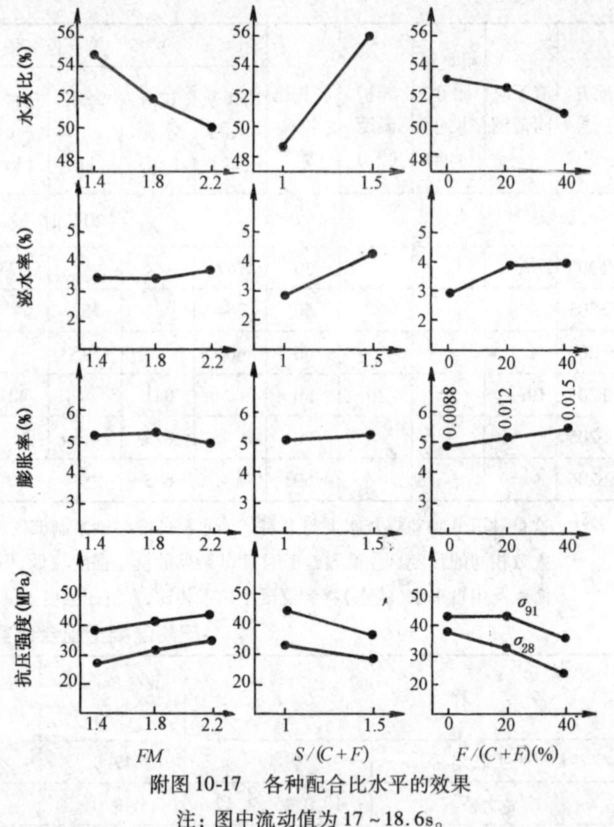

附图 10-17 各种配合比水平的效果

注：图中流动值为17~18.6s。

3)外加剂 $AD/(C+F)$ 的选定

作为外加剂使用的助灌剂、波佐利斯 NO. 600 等在灌浆使用时，外加剂掺率 $AD/(C+F)$ 定为1%；减水剂与铝粉并用时，铝粉掺量以 $(C+F)$ 的0.01%~0.015%为标准。

4)单位用灰量 $(C+F)$ 的选定

贫灰砂浆容易导致材料分离以及和集料的黏结力的降低，有增加灌注过程中及灌注后强度损失的趋向。因此，灌注砂浆每 $1m^3$ 用灰量通常均定在750kg以上。在施工条件苛刻时，例如灌浆管的间隔很宽或仓面内每次砂浆升程很高时，为了弥补强度的损失，水泥用量采用 $800kg/m^3$ 以上是安全的。

5)水灰比 $W/(C+F)$ 的选定

$W/(C+F)$ 的确定，既要满足配合比强度的要求，又必须抑制灌注砂浆的材料分离，防止体积变化，具有良好的抗渗性，把 $W/(C+F)$ 压低到50%以下为宜。但是，如果 $W/(C+F)$ 过小，则在灌注初期容易发生灌注砂浆的硬结，因此即使在有意降低水灰比时，也要保持在45%以上。

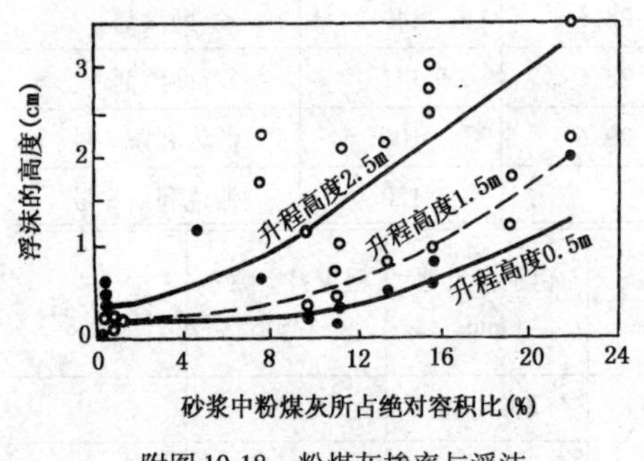

附图 10-18 粉煤灰掺率与浮沫

6)砂灰比 $S/(C+F)$ 的选定

$F/(C+F)$、$C+F$、$W/(C+F)$ 一经确定，$S/(C+F)$ 也就自然地确定下来。$S/(C+F)$ 一般为0.8~1.5，水泥用量为 $750kg/m^3$ 时，其值为1.3左右；$800kg/m^3$ 时，其值为1.1左右。

砂与结合料比和水与结合料比如附图10-19所示。

在试验配合比时，先以三种以上的水灰比的砂浆进行试拌，然后，在实际施工中，还要对 $W/(C+F)$ 进行修正，以便不改变砂浆的流动性。因为材料质量若有变化，也会使砂浆的流动性发生变化。在这种情况下，只需按水的绝对体积的增、减来改变砂的绝对体积即可，灌注砂浆的体积保持不变。

7)试拌

试拌时采用的水灰比 $W/(C+F)$ 不少于三种，例如采用45%、48%、50%三种，定出各批次的试验配合比，这三种水灰比都应把整个容许范围内的从最大到最小的水灰比包括进去，并用实际施工所用的材料进行试拌。灌注砂浆的流动性因搅拌机的不同而异，所以要尽量使用实际工程中所用的搅拌机为宜。若办不到时，就使用200L以上的搅拌机。

关于试验的批数，最好每个试验配合比都试验五批以上。在搅拌机的内侧表面上，常是偏湿偏干的，致使流动度值发生变动，所以常将开始的1～2批舍去，用后3批以上的试拌砂浆进行流动度值或其他各种性质的试验。

8）配合比的修正

在$W/(C+F)$的容许范围内，仍得不到所需的流动性时，就调整单位水泥用量及掺砂率$S/(C+F)$。此外，在已获得所需要的流动性但又想改善泌水率、凝结时间等各种性质时，也可以减小$F/(C+F)$，然后把各种试验中已经合格的尚未固化的砂浆进行强度试验。在达不到预期的强度时，便把$W/(C+F)$的上限值减小。若由于这种措施引起流动性恶化，就必须采取补救措施，如减小$S/(C+F)$、加大砂的粒径、增加$F/(C+F)$等。

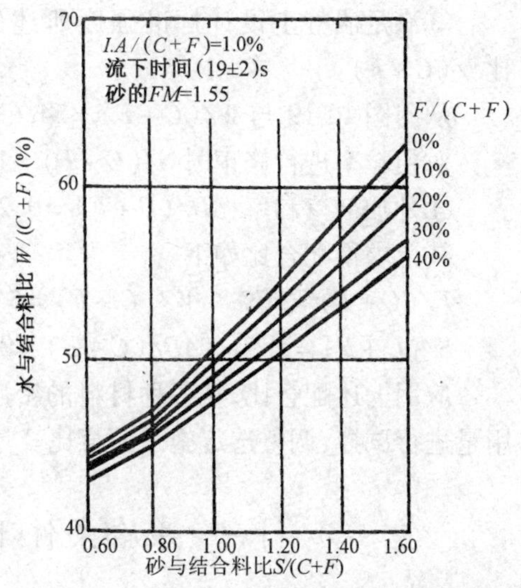

附图10-19　砂与结合料比和水与结合料的关系

根据这些已经合格的试验配合比来决定标准配合比，但在现场由于各种变动因素的影响，流动度还是有变化，所以在标准配合比中选用的$W/(C+F)$，要比可以容许的上限值小一点。

按照标准规范的规定，配合比的表示方法如附表10-6所示。

配合比的表示方法　　附表10-6

粗集料			流下时间的范围 (s)	水灰比 $W/(C+F)$ (%)	掺和料掺率 $F/(C+F)$ (%)	砂灰比 $S/(C+F)$ (%)	单位用量①					
最小尺寸 (mm)	最大尺寸 (mm)	孔隙率 (%)					m_W (kg)	m_C (kg)	m_F (kg)	m_S (kg)	外加剂 (kg)	铝粉 (g)

注：①这里所说的单位用量，指配制$1m^3$砂浆所用的材料质量，外加剂用量用g或mL表示，是未加稀释或溶解的。

9）配合比设计实例

(1)构筑物的条件　构筑物是有较大截面的防波堤，位于气候条件温和的地点。

(2)配合强度　设计标准强度$f_{cu}=15MPa$，预计变异系数$C_u=20\%$，查表得：

配合强度$f_{cu,0}=1.402\times15=21MPa$

(3)材料　普通波特兰水泥和粉煤灰，砂的粗砂率=1.85，减水剂及铝粉。

(4)配合比计算

①掺和料率$F/(C+F)$：　构筑物的性质在考虑经济价值时$F/(C+F)=30\%$；

②水与结合料比$W/(C+F)$：在$\sigma_r=21MPa$，查有关图可对应求出$(C+F)/W$，$(C+F)/W=1.83$；

$W/(C+F)=54.6\%$。

③满足混凝土设计标准强度所述的最大水与结合料比(60%)的条件,砂与结合料之比$S/(C+F)$:

从附图 10-19 与 $W/(C+F)=54.6\%$ 可得对应的 $S/(C+F)=1.45$

对粗粒率进行修正时 $S/(C+F)=1.45+(1.85-1.55)\times0.03/0.1=1.54$

④外加剂掺和率:$AD/(C+F)=0.25\%$,$Al/(C+F)=0.015\%$

从上求得配合比如下:

$F/(C+F)=30\%$　$W/(C+F)=54.6\%$

$S/(C+F)=1.54$　$AD/(C+F)=0.25\%$　$Al/(C+F)=0.015\%$

应用上述配合比,从各种材料的密度计算灌注每 $1m^3$ 的水泥砂浆使用量,按照计算的使用量进行试拌,调整选定施工配合比。

十一、寒冷条件下浇筑混凝土的配合比设计

在新浇筑的混凝土中,水泥与液相状态的水起化学反应,生成复合物,并牢固地与砂石、钢筋结合。当温度低于常温时,产生新复合物的化学反应速度减慢,混凝土强度的增强延缓;当温度低于 4℃时,水的体积就会膨胀,如果进行水化所需的水结冰了,这种结冰的水就不能与水泥化合,则混凝土内化学反应所产生的新复合物就大为减少,会造成混凝土强度、耐久性、水密性的永久损害。因此,进行寒冷条件下浇筑混凝土配合比设计时,必须注意以下两个问题:

(1)按当地多年气温资料,当室外低于冰点或平均气温连续 5 天稳定低于 5℃时,必须遵守冬期混凝土施工的有关规定。

(2)冬期浇筑的混凝土在受冻前的抗压强度(临界强度)不得低于下述规定:

①硅酸盐水泥和普通硅酸盐水泥配制的混凝土为设计强度等级的 30%,但 C10 级(含 C10 级)以下的混凝土不得低于 35%。

②矿渣硅酸盐水泥配制的混凝土为设计强度等级的 40%,但 C10 级(含 C10 级)以下的混凝土不得低于 50%。

(一)原材料要求

配合比设计所用的原材料的技术要求与常温普通混凝土要求相同,但选材时还必须注意与寒冷条件下浇筑混凝土的特性相适应。

1. 水泥

在寒冷条件下(冬期)浇筑混凝土施工的一般方法中(如外加剂法、蓄热法、暖棚法),应选用活性高、水化热大的水泥品种,宜优先选用硅酸盐水泥或普通硅酸盐水泥。采取蒸气湿热养护的混凝土宜优先考虑矿渣水泥。对于电流加热养护的混凝土,由于高活性水泥配制的混凝土对干热脱水较为敏感,因此不适用急速干热高温养护环境,一般电热法养护的混凝土采用 32.5 级以下水泥配制会收到较好的效果。

冬期施工的混凝土一般采用的水泥强度不低于 32.5 级,水泥用量最低不少于 $300kg/m^3$。

2. 集料

作为大宗材料的集料,多处于露天堆置条件,集料要求提前清洗和储备,做到集料清洁,无冻块或不掺有冰雪。冬期混凝土所用集料的储备场地,应选择地势较高,不积水的地方。

3. 外加剂

(1)氯盐

混凝土掺入适量的氯盐会促进硬化,尚可减少养护时间和受冻机会。在钢筋混凝土中氯盐掺量不得超过水泥质量的1%(按无水状态计算),素混凝土不超过3%。掺氯盐的混凝土必须振捣密实,且不宜采用蒸气养护。掺氯盐的混凝土适用的结构部位应严格遵照《混凝土结构工程施工质量验收规范》(GB 50204—2010)规定范围慎重使用。

(2)引气剂

使用引气剂可以减少用水量,混凝土具有适当的空气含量,抗冻性会大为改善,这主要是由于分布均匀的微孔能减缓游离水的冻结压力,所以在冬期浇筑混凝土宜使用引气型减水剂,并控制混凝土含气量达到3% ~5%,以提高混凝土的抗冻性能。

(二)配合比设计

配合比设计方法及步骤与常温条件下普通混凝土相同,需要注意的是对水灰比的控制,因为混凝土的冻结主要是其中水分的冻结所致。混凝土孔结构的直径与孔隙间隔对抗冻害起着明显的作用,而水灰比又直接影响混凝土的孔结构,故寒冷条件下浇筑混凝土的水灰比应不大于0.6,另外为适应目前一般的施工工艺水平,水灰比最好也不要低于0.4。

(三)配合比设计的实例

附表11-1 中列出了冬季施工混凝土的C20、D150 实际工程配合比,供配合比设计中参考。

C20、D150 冬季施工混凝土配合比实例 附表11-1

质量配合比(水泥:砂:碎石)	水泥用量(kg/m^3)	水灰比	粗集料		引气剂掺量(%)	抗压强度(MPa)	冻融质量损失(%)	抗渗等级
			粒径(mm)	掺量(%)				
1:1.57:3.35	379	0.50	20~40	100	0	30.8	31.4	
1:1.57:3.34	368	0.50	20~40	100	0.01	21.9	16.0	0.8
1:1.57:2.92	384	0.50	20~40 5~15	80 20	0.01	23.8	14.5	1.2
1:1.63:3.30	380	0.50	20~40 5~25	80 20	0.01	31.5	9.6	1.2
1:1.77:3.15	385	0.45	20~40 15~20 5~15	50 30 20	0.01	32.7	10.0	0.8~1.2
1:2.00:0	590	0.45			0.02	32.0	1.2	

十二、炎热条件下浇筑混凝土的配合比设计

炎热条件是指当月平均气温超过25℃时的施工环境。在炎热条件下浇筑的混凝土,硬化前水分蒸发快,容易引起假凝或早凝而导致塑性裂缝。在硬化过程大约只有水泥质量20%的水是水化所必需的,其余都蒸发掉,因而在混凝土内部形成孔隙和渗水通道,从而降低了混凝

土的强度、抗掺性和耐久性。因此，为确保在炎热条件下浇筑混凝土的质量，在采取合适施工方法与加强施工控制的同时，对混凝配合比设计还必须给予足够的重视。

（一）原材料技术要求

配合比设计用原材料技术要求与常温浇筑混凝土相同，但选用材料时还必须注意与炎热条件下浇筑的混凝土特性相适应。

1. 水泥

水泥的水化热太高，会对混凝土有不利的影响。对于混凝土的制成温度，水泥温度的影响并不大，一般水泥温度每 ±8℃，混凝土的温度约变化 ±1℃，但在初期有使混凝土容易变硬的缺点。为降低混凝土的温度，应尽量使用温度低的水泥，这对于防止水化热产生的温度裂缝是有效的。因此，炎热条件下不可使用水化热高的水泥。

2. 集料

集料温度对混凝土的温度影响较大，原因是集料的用量最大。一般是集料温度每 ±2℃，混凝土温度变化 ±1℃。施工时尽量使用低温度集料，要避免集料的温度上升，可以采取对集料给予覆盖以免日光直接照射，或洒水防止温度上升等措施。

3. 水

在材料之中，水的比热大，相当于水泥和集料的 4～5 倍。一般，水温每 ±4℃时，混凝土温度有 ±1℃的变化，所以水温对于混凝土制成温度的影响与使用量成正比。水的温度容易控制，要降低混凝土的制成温度，可用低温地下水。储水罐、输水管要避免阳光直接照射，必要时可采用冷却措施。

（二）配合比设计

配合比设计的方法及步骤与常温条件下普通混凝土相同。但是，由于炎热条件下混凝土的单位用水量往往偏多，是混凝土发生缺陷的一大原因。因此，配合比设计还必须认真考虑以下几点：

（1）应采用优质集料，严格控制砂、石含泥量，并注意改善砂石级配。

（2）尽量压缩单位用水量，采取坍落度小、水灰比小的混凝土。

（3）掺入适当的减水缓凝剂。使用减水缓凝剂，对减小坍落度的效果不大，但是对捣固和整修工作有利，可以防止冷接头，又因单位用水量和单位水泥用量少而减少水化热的影响。各种缓凝剂各有其剂量及缓凝程度，见附表 12-1。

常用缓凝剂掺量及缓凝性 附表 12-1

剂　名	掺量（$C\times\%$）	缓凝程度（h）	备　注
糖钙减水剂	0.05～0.25	2～4	掺吸收剂的除外
蔗糖	0.008～0.5		超过 0.5（$C\times\%$）强度损失严重
木钙减水剂	0.05～0.5	2～3	超过 0.5（$C\times\%$）强度受损失
柠檬酸	0.02～0.1	2～9	超过 0.06（$C\times\%$）强度下降
酒石酸	0.03～0.1		
葡萄糖酸盐	0.01～0.1		7d 后强度超过空白*
聚乙烯醇	0.01～0.3	0.5～1.0	低掺量用作增稠剂

续上表

剂　名	掺量($C\times\%$)	缓凝程度(h)	备　注
磷酸盐(包括多聚磷酸盐)	0.01～0.2		低掺量用作调整
硼酸盐	0.1～0.2	不够稳定	
锌盐	0.1～0.2	10～29	

注:1. C 为水泥用量。

2. ＊空白指未掺任何添加剂。

(4)确定配合比时,应根据运输和施工方法通过试拌确定。

十三、国外加气混凝土配合比设计

在英国,加气混凝土广泛应用于道路、机场跑道及公路附属构筑物,如桥梁护栏等。采用加气剂主要是为了抗冻及克服抗冻盐所引起的严重后果。

(一)加气对混凝土特性的影响

1. 强度

实际应用上,加气对混凝土强度的影响通常假定和混凝土中滞留空气所产生的影响相同,即加气量每增加1%,抗压强度降低约5%。对富灰配合比来说,这种影响比少灰配合比大。当水泥含量为250kg/m^3 时,强度降低了3%～4%;当水泥含量为400kg/m^3 时,强度降低可达到9%～10%。对强度的影响不仅与加气剂和所用水泥品种有关,而且与水泥含量、和易性及其他因素等有密切的关系。

2. 稠度

加气会增加稠度。莱特(Wright)发现,加气量每增加5%,密实度增加约0.07,而少灰混合料的和易性增加程度要大于富灰混合料;湿拌混合料的和易性增加程度要大于干拌混合料;用棱角集料的混合料和易性增加程度要大于用圆形集料的混合料。“维—勃”试验也证实了加气有类似结果,其影响大概是减少一半的“维—勃”时间。如要求同等的稠度,与相应的不加气的混凝土相比,当然可减少含水量。

3. 改善了孔隙结构

加气有利地影响着混凝土的抗冻性、渗透性、吸水性和稳定性。其中抗冻性是最重要的特性,除了最有用的副作用是提高稳定性外,其他是次要的。

(二)影响加气量的因素

这些因素可归纳如下:

(1)加气剂的种类和用量。

(2)混合料的和易性。

(3)配合比。

(4)集料类别和级配。

(5)水泥的特性。

(6)拌和时间和搅拌机类型。

(7)温度。

具体说明如下：

(1)现有许多种加气剂，最好以制造厂的数据作为预拌的指南。

(2)要达到指定的含气量，如混凝土稠度越好，则所需加气剂就越少(两者成反比)。附表13-1是几项典型的实验结果。

实际上，加气混凝土在取得一定的操作经验之前，比普通混凝土更难控制。因为稠度、含气量和加气剂用量之间存在着相互依存的关系，并要求精心选择用水量和加气剂用量，以确保稳定的稠度和空气体积。稠度的变化可能意味着加气条件的变化，而加气剂用量并没有变。积累了一定的经验就足以应付这类情况。

(3)要产生同样的含气量，富灰配合比通常要比少灰配合比需要更多的加气剂。附表13-2的实验数据是一些典型值。

水泥会阻碍气泡的形成，对富灰配合比加气效果不大。

混凝土稠度对加气剂用量的影响

附表 13-1

水泥含量（kg/m^3）	稠度	加气剂（水泥质量的百分率）	含气量（体积百分率）
300	低	0.11	5
300	高	0.09	5.5

水泥含量对加气剂用量的影响

附表 13-2

水泥含量（kg/m^3）	稠度	加气剂（水泥质量百分率）	含气量（体积百分率）
385	低	0.09	5.5
300	高	0.08	5.5

(4)在给定的条件下，棱角集料含气量可能多于圆形集料，不过，这种影响不大。有关集料级配的影响，各种数据也不一致，可以假定为次要因素。但能够通过75μm筛的极细的集料的确对混凝土内气泡的形成有阻碍作用。

(5)细颗粒水泥形成的气泡量要少于粗颗粒水泥。

(6)用稳定的加气剂只要不少于1min，拌和时间的长短一般不是关键因素。如少于1min，形成的气泡量则很大程度上可能取决于拌和时间了。如果随着拌和时间的增加，含气量也一直增加，这可能说明所用的加气剂不合适。

(7)在其他条件都相同的情况下，混凝土湿度越高，形成的气泡量就越少。不过，通常这点无关紧要，因为湿度变化很大时，其影响可通过调整加气剂用量很容易消除。

(三)含气量的测定

含气量的测定可用三种方法。但对于标准的密实集料，压力法是其中最好的一种。它需要对已知体积的混凝土(含气的)施加特定的已知压力，来测定其体积的缩小。这种缩小与含气量有关，可用一个有刻度的玻璃水位计，通过混凝土体积的变化来确定其含气量。英国标准BS(88)提供了这种标准试验法。这种试验所得到的结果中包括了滞留空气，因此，加气量可取比测定的少1%~1.5%。应当指出，砂浆中的含气量更具重要性，但通常测定对象都是混凝土，测定结果也是用混凝土体积来表示，这自然影响了不同的砂浆含量的混合料之间的比较。

(四)配合比设计

莱特提出了一种配合比设计法，过分“精确”，但一直被认为太繁琐，是不实用的方法。但无论人们是否选用，这个方法还是值得研究的，因为它提供了一个合乎逻辑的、逐步逼近的计算程序，把一个不加气的配合比调整至相应的加气配合比，有助于人们了解调整的技巧。

1. 莱特法

本法包括下列步骤：

(1)用任何一种合适的方法，确定配合比(即必须是切实可行的配合比，而不是“纸上谈兵”)。

(2)将质量比换算成绝对体积比(除以视密度，可用近似值)。

(3)将这些绝对体积比以占总体积百分率的形式表示。

(4)按形成的气泡量来减少集料体积，保持总的体积不变以维持恒定的水泥含量。只减少砂的含量是不可取的，因为这会导致混合料过分干硬。应根据稳定性的要求分别减少细、粗集料。常规做法是粗集料减少1% ~2%。

(5)加气能提高稠度，因此，为保持稠度不变，应减少用水量。每加气1%，减少用水量 m_{W0}。m_{W0} 的值可以从莱特提供的数据中查得(附表13-3)。在最初的配合比中，是用增加相等体积的集料来弥补减少的水的体积的。

(6)将这些绝对体积数字转化成质量百分率。

(7)最后，再转化成质量比例。

增加含气量1%引起用水量的减少 m_{W0}(kg/m^3)

附表13-3

集灰比(质量比)	集料的颗粒形状		
	圆形	不规则	棱角形
6∶1	0.325	0.375	0.425
7.5∶1	0.40	0.45	0.50
9∶1	0.45	0.50	0.55

下面举例说明了调整不加气混配合比的全过程，所用集料为砂和最大粒径为20.0mm的砾石(未破碎的)，见附表13-4。

水泥、砂和砾石的相对密度分别为3.12、2.55和2.50。

从附表13-3得 m_{W0} 值为0.375，5×0.375 = 1.875，近似取1.9，再分成0.60和1.30。

最终配合比为：集灰比为1∶5.75，水灰比为0.49，砂率为37%，含气量5%(附表13-4)。

调整不加气混凝土配合比的全过程 附表13-4

	水泥	砂	砾石	水	空气	总计
质量比	1	2.4	3.6	0.55	0	
绝对体积	0.32	0.94	1.44	0.55	0	3.25
绝对体积百分率(%)	9.85	28.92	44.31	16.92		100.00
加气、减集料	$\frac{-}{9.85}$	$\frac{4.00}{24.92}$	$\frac{1.00}{43.31}$	$\frac{-}{16.92}$	$\frac{5}{5}$	
减水、加集料	$\frac{-}{9.85}$	$\frac{0.60}{25.52}$	$\frac{1.30}{44.61}$	$\frac{1.90}{15.02}$	$\frac{-}{5}$	100.00
转化成质量	30.7	65.08	111.53	15.02		
转化成质量比	1	2.12	3.63	0.49		

2. 估定强度

原配合比中，水灰比为0.55，28d龄期抗压强度约为38MPa，调整后的配合比中，水灰比为0.49，28d龄期抗压强度为43MPa。

$$强度降低 = 5 \times \frac{5.5}{100} \times 43 \approx 12\text{MPa}$$

调整后的强度 = 43 − 12 = 31MPa

如果必要，可按（38 + 7）MPa，即45MPa重新设计配合比，以保持所要求的强度38MPa。

3. 绝对体积法

这一种设计配合比的方法是用下列步骤来调整一个合格的不加气配合比：

（1）加气量每增加1%，砂减少0.75% ~1%，最后的选择将取决于配合比的要求。

（2）加气量每增加1%，用水量减少4.5 ~5.0kg/m^3。

（3）水泥用量不变。

这样形成新的水灰比和集灰比。

采用前面的配合比，水泥：砂：砾石 = 1：2.4：3.6，水灰比为0.55的配合比为例，并假定混凝土完全密实，来计算水泥用量：

$$水泥用量 = \frac{1\,000}{\frac{1}{3.12} + \frac{2.4}{2.55} + \frac{3.6}{2.50} + 0.55}$$

$$= \frac{1\,000}{3.25} = 308(\text{kg/m}^3)$$

因此：砾石 = 308 × 3.6 = 1 109（kg/m^3）

砂 = 308 × 2.4 = 739（kg/m^3）

水 = 308 × 0.55 = 169（kg/m^3）

$$新的用水量 = 169 - \left[\frac{(4.5 + 5.0)}{2} \times 5\right] \approx 145(\text{kg/m}^3)$$

新的砂率 = (40 − 4)% = 36%

新的水灰比 = 145/308 = 0.47

加气配合比的组分为：

水泥 = 308kg/m^3 = 绝对体积99L

水 = 145kg/m^3 = 绝对体积145L

空气 = 5% = 50L

总计 = 294L

因而：集料量 = 1 000 − 294 = 706（L/m^3）

砂：36% × 706 = 254（L/m^3）

砾石：64% × 706 = 452（L/m^3）

质量为：水泥 = 308kg/m^3

砂 = 648kg/m^3（即254 × 2.55）

砾石 = 1 130kg/m^3（即452 × 2.5）

水 = 145kg/m^3

质量配合比为:水泥∶砂∶砾石∶水 =1∶2.10∶3.67∶0.47。

即集灰比为5.77,水灰比为0.47,砂率为36%。

值得注意的是,在计算砂和砾石的绝对体积时,采用了质量百分率,严格地讲,本应该采用绝对体积百分比。不过,这影响不大,除非砂和砾石的密度相差很大。

4.环境部法

本法的步骤如下:

(1)先增加目标平均强度,以补偿加气时可能产生的强度下降。一般假定,加气量每增加1%,立方体强度将下降5.5%,因而,如果不加气,目标强度 =(f_0 +M)(其中,f_0 为立方体抗压强度标准值,M 为立方体抗压强度标准差)。加气5%,则目标平均强度将降低(5 ×5.5)%(即0.275倍);如果不加调整,得到的强度就是:

$$(f_0 + M) \times 0.725$$

即

$$(f_0 + M)(1 - 0.275)$$

所以,希望目标强度为(f_0 +M)/0.725。

若(f_0 +M) =38MPa,对一个含气量为5%的配合比来说,目标平均强度应提高到:

$$\frac{38}{0.725} = 52.4\text{MPa}$$

如含气量为3%,预期强度将是:

$$52.4 - \frac{3 \times 5.5}{100} \times 52.4 = 43.8\text{MPa}$$

但是,如含气量为7%,预期强度就是:

$$52.4 - \frac{7 \times 5.5}{100} \times 52.4 = 32.2\text{MPa}$$

一般来说,调整后的目标平均强度为:

$$\text{目标平均强度} = \frac{f_0 + M}{1 - 0.055\alpha}$$

式中:α——加气百分数。

(2)加气对和易性的影响只是使稠度增加一级,即如不加气混凝土的“维—勃”时间为(6~12)s,那么,当加气量为5%时,“维—勃”时间就变成(3~6)s,稠度从“低”变成“中等”。

(3)视材料和条件相应减少砂量。

(4)可以从任一张图(比如附图13-1)预估出混凝土表观密度,有:

$$\rho_{w\alpha} = \rho_w - 10K_\alpha \rho'_{sg} \qquad (附13\text{-}1)$$

式中:$\rho_{w\alpha}$,ρ_w——分别为加气混凝土表观密度和普通不加气混凝土表观密度;

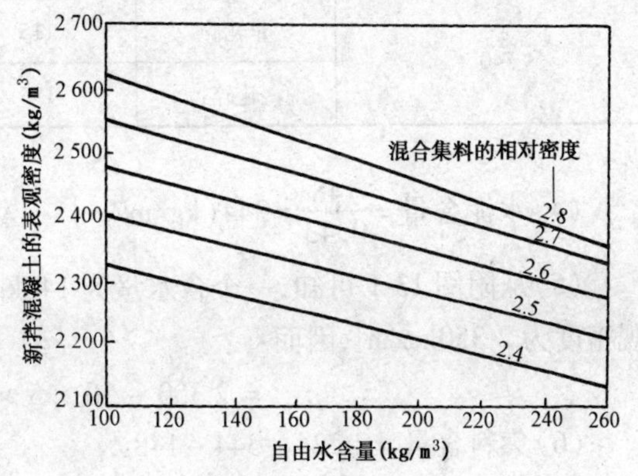

附图13-1　不同集料密度的新密实混凝土估算表观密度

α——加气百分数；

ρ'_{sg}——集料相对密度。

如果：$\rho'_{sg}=2.7$　　$\alpha=5\%$　　$\rho_w=2\,440\text{kg/m}^3$

于是：$\rho_{w\alpha}=2\,440-10\times5\times2.7$

$=2\,305(\text{kg/m}^3)$

现在用这个方法来检验一下前面“莱特法”和“绝对体积法”中的例子。

(1)28d龄期目标平均强度为38MPa(前“估定强度”所述)。加气量为5%的强度调整值$=\dfrac{38}{0.725}=52.5(\text{MPa})$。

(2)从有关图表查得水灰比为0.43。

(3)从附表13-5可得原配合比(不加气)的含水量是160kg/m³。对于最大粒径为20mm非轧碎集料来说，稠度居于“低”和“中等”之间。因此，所需要的用水量应适合于从“很低”到“低”的稠度级别，为：

$$\frac{160+135}{2}=148(\text{kg/m}^3)$$

各种天然集料及不同稠度等级的混凝土的近似含水量　　附表13-5

和易性	很低	低	中等	高
密实度	0.78	0.85	0.92	0.95
维勃值(s)	12～20	8～12	3～6	1～3
坍落度(mm)	0	0～25	25～50	60～150

注意：上面的数值并不意味着能互相变换。

级配集料的标称最大尺寸(mm)	全部集料的颗粒形状	上述稠度等级中的标称自由含水量(kg/m³)			
10	非轧碎	150	180	205	225
	轧碎	180	205	230	250
20	非轧碎	135	160	180	195
	轧碎	170	190	210	225
40	非轧碎	115	140	160	175
	轧碎	155	175	190	205

(4)水泥含量$=\dfrac{148}{0.43}=344(\text{kg/m}^3)$

(5)从附图13-1可知，一个含水量为148kg/m³，集料视密度为2.52的不加气混凝土的表观密度为2 350kg/m³，因而：

$$\rho_{w\alpha}=2\,350-10\times5\times2.52=2\,224(\text{kg/m}^3)$$

(6)集料含量$=2\,224-344-148$

$=1\,732(\text{kg/m}^3)$

$$集灰比 = \frac{1\ 732}{344} = 5.03$$

这个配合比的富灰程度显著高于其他配合比,更有可能稍加调整就能达到所要求的强度。

通过上述介绍可以看出,加气混凝土的配合比设计,比起普通和高强混凝土的配合比来,更有赖于经验。因为,这些加气剂对新拌的和已结硬的混凝土的特性都会产生事先难以预料的影响。不过,通过实践和经验积累,尤其是知道了加气剂特性之后,最终配合比的选定并不很困难。

如果要从一个正确的不加气配合比调整到所需的加气配合比,首先要观察整个过程,这样可能更容易些。这也有助于弄清那些从试配中得到的,对加气配合比也可能是必然的变化。显然,试配和调整几乎是必不可少的。

从检验混凝土含气量的观点看,尤其是当结果有可能导致混合料的比例发生变化时,每次对施工过程的混凝土取样是十分重要的。在英国,从道路施工现场获得的经验已经证明了现场操作是如何影响混凝土的,见附图 13-2a)。此外,大规模海岸工程的经验也已经证明了这种影响,参见附图 13-2b)。显然,合理的做法是对这些影响要加以考虑,以使这些被认为是配合比中必然的变化建立在合理的基础上。

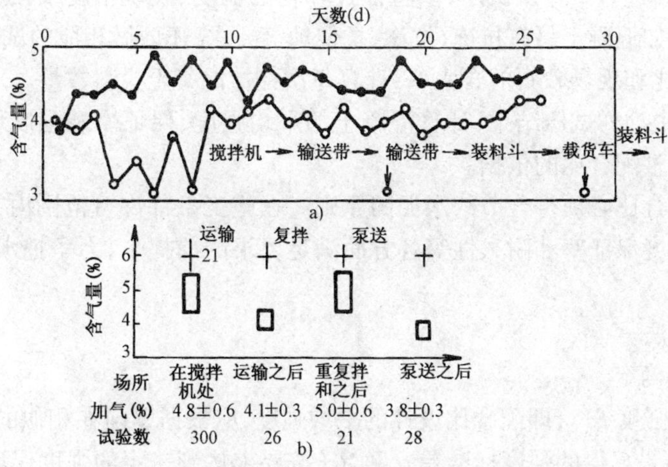

附图 13-2 由于不同的现场操作,新拌混凝土含气量的变化

十四、用图表计算确定混凝土配合比

(一)图表法

混凝土配合比的计算是一项较为繁琐的工作。利用现成的图表[1]进行混凝土配合比设计,却可以大大减少计算工作量,提高配合比设计效率。但由于各地使用的材料性质不一样,试验中应注意积累资料,以形成自己的修正系数。现将利用图表计算确定混凝土配合比的方法简要介绍如下。

---

[1]介绍“图表法”的目的不是要读者生搬硬套,而是学会掌握这种方法;再根据混凝土的实际使用条件、水泥、集料及施工水平等,积累资料,利用在实践中找出的回归系数 α_a、α_b 及标准差 σ 等参数,在实际工作中运用好这一简便易行的有效工具。

1. 配合比计算程序

本方法适用于硅酸盐水泥、普通硅酸盐水泥、矿渣水泥、火山灰质水泥、粉煤灰水泥拌制的以天然砂石为集料的普通混凝土。

利用本方法计算混凝土配合比，需要掌握以下基本资料：工程特征，工程耐久性要求，施工工艺，水泥的品种、强度等级，砂石的种类、粒径、相对密度、表观密度及其他技术性质，工程统计的混凝土强度标准差或离差系数等。其计算程序如下：

(1)根据工程设计强度等级，工程统计的强度标准差(或离差系数)和工程对混凝土强度保证率的要求，确定混凝土配制强度。

(2)根据工程特征和施工工艺，选择混凝土拌和物的坍落度，并参照砂石种类和粒径选择单位体积混凝土的用水量。

(3)根据配制强度、水泥品种和强度等级，并参照有关耐久性要求计算水灰比。

(4)根据水灰比计算单位体积混凝土的水泥用量。

(5)根据用水量和水泥用量，计算单位体积混凝土中集料的绝对体积，并选择砂率。

(6)根据集料绝对体积、砂率和砂石相对密度计算单位体积混凝土中的砂子、石子用量。

(7)用少量材料进行试拌及试压，以验证拌和物的稠度、表观密度及强度，调整并最后确定混凝土配合比。如混凝土另有抗冻、抗渗、抗侵蚀等要求，还要做相应的试验。

(8)根据配合比和现场砂石的含水率，计算每次搅拌混凝土投料数量。

(9)根据施工中抽样试压结果，计算混凝土的平均强度、保证率和强度均方差，作为提高质量控制水平和调整配合比的依据。

确定混凝土配合比必须符合节约水泥的原则。在施工条件许可范围内，尽可能降低用水量；在平均强度、强度保证率和耐久性等各方面满足要求的前提下，力争把水泥用量降低到最低限度。

2. 配合比计算法

1)配制强度的确定

混凝土的配制强度$f_{cu,0}$，即配合比设计的平均强度，应根据以前在相似的工程中至少连续30次的抽样检验结果算得的强度标准差σ确定(按要求达到一定的强度保证率)。如缺乏此项资料时，其值可先根据现行国家标准《混凝土结构工程施工质量验收规范》(GB 50240—2002)的规定取用，作为计算配制强度。在施工时注意积累资料，以便修正配合比。

(1)强度数据的计算公式

①平均强度

$$\bar{f}_{cu}=\frac{f_{cu,1}+f_{cu,2}+f_{cu,3}\cdots f_{cu,n}}{n} \quad (附14\text{-}1)$$

式中：$\bar{f}_{cu}$——所有各组试块的总平均强度(MPa)；

$f_{cu,1}$、$f_{cu,2}$、$f_{cu,3}\cdots f_{cu,n}$——在施工现场制作的各组试块的抗压强度(MPa)；

n——全部试块组数。

②强度标准差

$$\sigma=\sqrt{\frac{(f_{cu,1}-\bar{f}_{cu})^2+(f_{cu,2}-\bar{f}_{cu})^2+(f_{cu,3}-\bar{f}_{cu})^2\cdots+(f_{cu,n}-\bar{f}_{cu})^2}{n-1}} \quad (附14\text{-}2)$$

式中：σ——强度标准差（MPa）；

其余符号意义同前。

③强度离差系数

$$C_u = \frac{\sigma}{f_{cu}} \times 100 \qquad (附 14\text{-}3)$$

式中：C_u——强度离差系数；

其余符号意义同前。

④试配强度

试配强度有两种计算方法，即均方差法和离差系数法。前者认为在各种不同强度等级的混凝土中均方差为一恒量，而后者则认为在各种不同强度等级的混凝土中离差系数为一恒量。至于应以何种方法计算为准，可在试配中加以验证，选择较准确的一法采用。

均方差法计算公式：

$$f_{cu,0} = f_{cu,k} + t\sigma \qquad (附 14\text{-}4)$$

离差系数法计算公式：

$$f_{cu,0} = \frac{f_{cu,k}}{1 - tC_u} \qquad (附 14\text{-}5)$$

式中：$f_{cu,0}$——混凝土配制强度（28d 抗压强度，MPa）；

$f_{cu,k}$——混凝土设计强度等级值（MPa）；

t——保证率系数（附表 14-1）。

其余符号意义同前。

（2）强度保证率与保证系数

混凝土强度保证率按其定义应为：

$$p = \frac{n'}{n} \times 100 \qquad (附 14\text{-}6)$$

式中：p——强度保证率（%）；

n'——达到工程混凝土强度的试块组数；

n——全部试块组数。

保证率系数根据公式（15-4）应为：

$$t = \frac{f_{cu,0} - f_{cu,k}}{\sigma} \qquad (附 14\text{-}7)$$

t 值可根据标准正态频率分布曲线下的面积分配算出（附图 14-1），也可直接从现成的正态频率分布函数表中查得，现列出见附表 14-1。

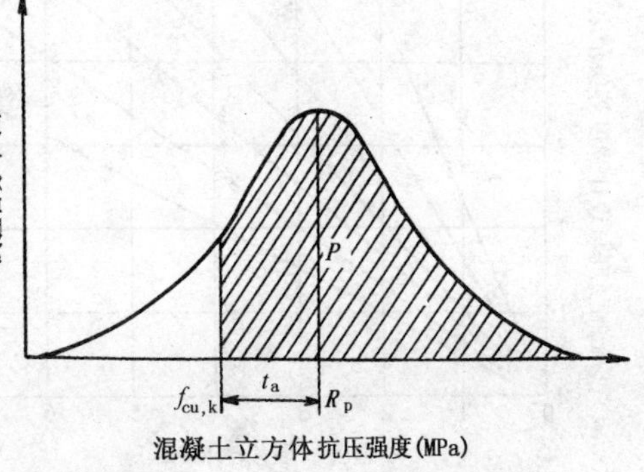

附图 14-1　强度保证率系数示意图

（3）计算配制强度的曲线图

当强度保证率已经确定，工程统计的强度标准差也已知时，可由附图 14-2 查得 $f_{cu,0}$ 与 $f_{cu,k}$ 的差值。当工程统计的强度离差系数为已知时，可由附图 14-3 查得 $f_{cu,0}$ 与 $f_{cu,k}$ 的比值。根据这些数据即可直接算出配制强度。

强度保证率系数表 附表 14-1

保证率 p（%）	保证率系数 t	保证率 p（%）	保证率系数 t	保证率 p（%）	保证率系数 t
50	0.00	70	0.52	90	1.28
51	0.03	71	0.55	91	1.34
52	0.05	72	0.58	92	1.41
53	0.08	73	0.61	93	1.48
54	0.10	74	0.64	94	1.55
55	0.13	75	0.67	95	1.64
56	0.15	76	0.71	96	1.75
57	0.18	77	0.74	97	1.88
58	0.20	78	0.77	98	2.05
59	0.23	79	0.81	99	2.33
60	0.25	80	0.84	99.1	2.37
61	0.28	81	0.88	99.2	2.41
62	0.31	82	0.92	99.3	2.46
63	0.33	83	0.95	99.4	2.51
64	0.36	84	0.99	99.5	2.58
65	0.39	85	1.04	99.6	2.65
66	0.41	86	1.08	99.7	2.75
67	0.44	87	1.13	99.8	2.88
68	0.47	88	1.18	99.9	3.09
69	0.50	89	1.23		

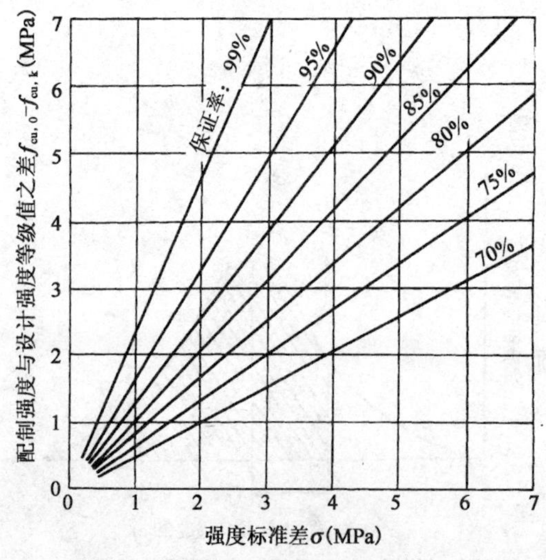

附图 14-2 在不同的强度标准差时配制强度与等级值之差

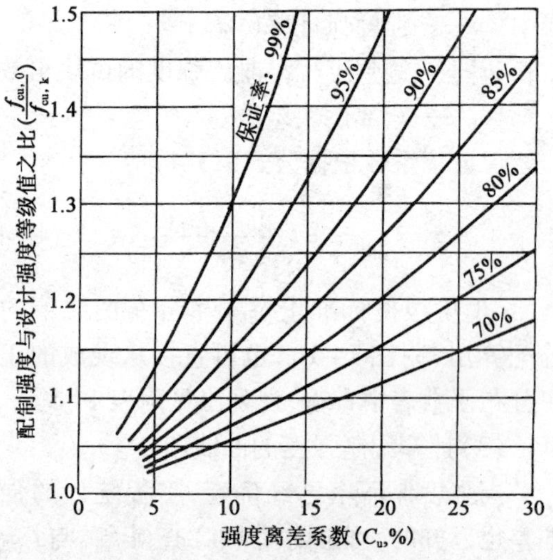

附图 14-3 在不同的离差系数时，配制强度与设计强度等级值之比

2)用水量的确定

混凝土拌和物按流动性分为塑性混凝土、低流动性混凝土、干硬性混凝土和特干硬性混凝土,分别以坍落度(或干硬度)表示,见附表14-2。混凝土拌和物在保证振捣密实的前提下,应尽可能选择较低的流动性,以节约水泥并达到较大的密实性。各种不同构件在浇筑时所需要的坍落度可参考附表14-3选择。每1m^{3}混凝土的用水量,根据坍落度要求并参照砂石情况可按附表14-4、附表14-5选择。用水量的多少,直接决定混凝土的流动性。用水量过大时,不仅使水泥用量相应增多,还会产生离析和泌水现象。因此,对用水量要严格控制。

混凝土按流动性分类 附表14-2

项 次	混凝土种类	坍落度(cm)	干硬度(s)	项 次	混凝土种类	坍落度(cm)	干硬度(s)
1	特干硬性混凝土	0	>180	3	低流动性混凝土	1~3	15~30
2	干硬性混凝土	0	30~180	4	塑性混凝土	3~9	5~15

混凝土浇筑时的坍落度 附表14-3

项 次	结 构 种 类	坍落度(cm)	
		振动器捣实	人工捣实
1	基础或地面等的垫层	0~3	2~4
2	无配筋的厚大结构(挡土墙、基础或厚大的块体等)或配筋稀疏的结构	1~3	3~5
3	板、梁和大型及中型截面的柱子等	3~5	5~7
4	配筋密列的结构(薄壁、斗仓、筒仓或细柱等)	5~7	7~9
5	配筋特密的结构	7~9	9~12

注:1.曲面或斜面结构的混凝土、采用滑动式模板的混凝土、掺毛石的混凝土和用混凝土泵输送的混凝土等,其坍落度值应根据实际需要另行选定。

2.连续浇筑高大结构时,混凝土的坍落度宜随浇注高度的上升,酌予分段递减。

塑性混凝土的用水量(kg/m^3) 附表14-4

拌和物稠度		卵石最大粒径(mm)				碎石最大粒径(mm)			
项目	指标	10	20	31.5	40	16	20	31.5	40
坍落度(mm)	10~30	190	170	160	150	200	185	175	165
	35~50	200	180	170	160	210	195	185	175
	55~70	210	190	180	170	220	205	195	185
	75~90	215	195	185	175	230	215	205	195

注:1.本表用水量系采用中砂时的平均取值。采用细砂时,每1m^{3}混凝土用水量可增加5~10kg;采用粗砂时,则可减少5~10kg。

2.掺用各种外加剂或掺和料时,用水量应相应调整。

3)水泥用量的计算

混凝土的水灰比根据试配强度、水泥品种和强度等级计算,混凝土中的水泥用量根据用水量和水灰比计算。混凝土的水灰比和单位体积中的水泥用量除满足强度要求外,还必须满足耐久性的要求。当按强度计算的水灰比和水泥用量达不到耐久性的有关限值时,应按耐久性的有关要求来确定。

干硬性混凝土的用水量(kg/m^3)　　附表 14-5

拌和物稠度		卵石最大粒径(mm)			碎石最大粒径(mm)		
项目	指标	10	20	40	16	20	40
维勃稠度(s)	16~20	175	160	145	180	170	155
	11~15	180	165	150	185	175	160
	5~10	185	170	155	190	180	165

(1)混凝土耐久性对水灰比和水泥用量的要求

混凝土的耐久性,是指混凝土除了具有一定的强度以能安全承受荷载外,还应在周围环境中具有经久耐用的性能,例如抗渗、抗冻、抗磨、抗侵蚀、抗风化等,这些性能统称耐久性。混凝土的耐久性与混凝土的密实性有着密切的关系,而混凝土的密实性主要取决于水灰比和单位体积中的水泥用量。

有抗渗要求的混凝土,其水灰比可参考附表 14-6 选择,同时,每 $1m^3$ 混凝土中水泥用量不宜少于 300kg;有抗冻要求的混凝土,可参考附表 14-7 选择水灰比,如混凝土周围介质具有侵蚀性时,应针对侵蚀的性质选择水泥品种,同时也必须严格控制水灰比。有抗渗、抗冻等特殊要求的混凝土,在配合比计算出来后,除按常规进行验证外,还应通过有关试验,才能确定配合比。

抗渗等级与水灰比关系　　附表 14-6

抗渗等级	最大水灰比	
	C20~C30	C30 以上混凝土
P_6	0.6	0.55
$P_{8\sim12}$	0.55	0.50
P_{12}以上	0.5	0.45

注:混凝土的抗渗等级,表示混凝土抵抗压力水渗透的能力,如 P_8 表示混凝土在 0.8MPa 的压力水作用下不渗透。

抗冻等级与水灰比关系　　附表 14-7

抗冻等级	最大水灰比	
	普通混凝土	引气混凝土
F_{50}	0.55	0.60
F_{100}	—	0.55
F_{150}以上	—	0.50

注:混凝土的抗冻等级,以试件所能承受的反复冻融循环次数表示,如 F_{50} 表示混凝土能够承受反复冻融 50 次,此时试件的抗压强度下降不得超过 25%。

(2)计算水灰比

①根据强度要求计算水灰比的公式

用硅酸盐水泥或普通水泥拌制碎石混凝土:

$$\frac{W}{C}=\frac{0.525f_{ce}}{f_{cu,0}+0.299f_{ce}} \tag{附 14-8}$$

用矿渣水泥、水山灰质水泥或粉煤灰水泥拌制碎石混凝土:

$$\frac{W}{C}=\frac{0.503f_{ce}}{f_{cu,0}+0.292f_{ce}} \tag{附 14-9}$$

用硅酸盐水泥或普通水泥拌制卵石混凝土:

$$\frac{W}{C}=\frac{0.444f_{ce}}{f_{cu,0}+0.20f_{ce}} \tag{附 14-10}$$

用矿渣水泥、火山灰质水泥或粉煤灰水泥拌制卵石混凝土：

$$\frac{W}{C}=\frac{0.501f_{ce}}{f_{cu,0}+0.334f_{ce}} \tag{附 14-11}$$

式中：$\frac{W}{C}$——水灰比；

f_{ce}——水泥实测强度（28d 软练强度，MPa）；

$f_{cu,0}$——混凝土配制强度（28d 抗压强度，MPa）。

②根据强度要求计算水灰比的图表

用硅酸盐水泥或普通水泥拌制碎石混凝土的水灰比可从附表 14-8 或附图 14-4 查得。

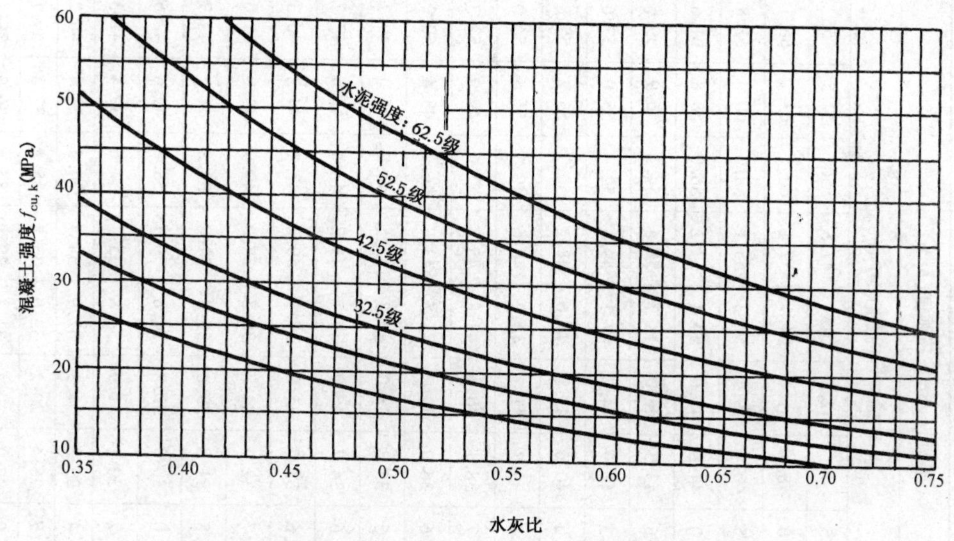

附图 14-4　用硅酸盐水泥或普通水泥拌制碎石混凝土的水灰比曲线

注：表中最低强度等为 32.5 级，约相当于原水泥强度等级 42.5 级。

用矿渣水泥、火山灰质水泥或粉煤灰水泥拌制碎石混凝土的水灰比可从附表 14-9 或附图 14-5查得。

用硅酸盐水泥或普通水泥拌制卵石混凝土的水灰比可从附表 14-10 或附图 14-6 查得。

用矿渣水泥、火山灰质水泥或粉煤灰水泥拌制卵石混凝土的水灰比可从附表 14-11 或附图 14-7 查得。

(3)计算水泥用量

①每 $1m^3$ 混凝土中的水泥用量按下式计算：

$$m_{c0}=\frac{m_{w0}}{\frac{W}{C}} \tag{附 14-12}$$

式中：m_{c0}——每 $1m^3$ 混凝土中的水泥用量（kg）；

m_{w0}——每 $1m^3$ 混凝土中的用水量（kg）；

$\frac{W}{C}$——水灰比。

②每 $1m^3$ 混凝土中的水泥用量也可从附表 14-12 或附图 14-8 查得。

附表 14-8

用硅酸盐水泥或普通硅酸盐水泥拌制碎石混凝土的水灰比选择表

水灰比	混凝土 28d 抗压强度(MPa)																			
	水泥 28d 软练强度(MPa)																			
	20	22.5	25	27.5	30	32.5	35	37.5	40	42.5	45	47.5	50	52.5	55	57.5	60	62.5	65	67.5
0.35	24.0	27.0	30.0	33.0	36.0	39.0	42.0	45.0	48.1	51.1	54.1	57.1	60.1	63.1	66.1	69.1	72.1	75.1	78.1	81.1
0.36	23.2	26.1	29.0	31.9	34.8	37.7	40.6	43.5	46.4	49.3	52.2	55.1	58.0	60.9	63.8	66.7	69.6	72.5	75.4	78.3
0.37	22.4	25.2	28.0	30.8	33.6	36.4	39.2	42.0	44.8	47.6	50.4	53.2	56.0	58.8	61.6	64.4	67.2	70.0	72.8	75.6
0.38	21.7	24.4	27.1	29.8	32.5	35.2	37.8	40.6	43.3	46.0	48.7	51.4	54.1	56.9	59.6	62.3	65.0	67.7	70.4	73.1
0.39	21.0	23.6	26.2	28.8	31.4	34.0	36.7	39.3	41.9	44.5	47.1	49.8	52.4	55.0	57.6	60.2	62.9	65.5	68.1	70.7
0.40	20.3	22.8	25.3	27.9	30.4	33.0	35.5	38.0	40.6	43.1	45.6	48.2	50.7	53.2	55.8	58.3	60.8	63.4	65.9	68.4
0.41	19.6	22.1	24.5	27.0	29.5	31.9	34.4	36.8	39.3	41.7	44.2	46.6	49.1	51.5	54.0	56.5	58.9	61.4	63.8	66.3
0.42	19.0	21.4	23.8	26.2	28.5	30.9	33.3	35.7	38.1	40.4	42.8	45.2	47.6	49.9	52.3	54.7	57.1	59.5	61.8	64.2
0.43	18.4	20.8	23.1	25.4	27.7	30.0	32.3	34.6	36.9	39.2	41.5	43.8	46.1	48.4	50.7	53.0	55.3	57.6	59.9	62.3
0.44	17.9	20.1	22.4	24.6	26.8	29.1	31.3	33.5	35.8	38.0	40.3	42.5	44.7	47.0	49.2	51.4	53.7	55.9	58.1	60.4
0.45	17.4	19.5	21.7	23.9	26.0	28.2	30.4	32.6	34.7	36.9	39.1	41.2	43.4	45.6	47.7	49.9	52.1	54.3	56.4	58.6
0.46	16.9	19.0	21.1	23.2	25.3	27.4	29.5	31.6	33.7	35.8	37.9	40.0	42.1	44.2	46.3	48.5	50.6	52.7	54.3	56.9
0.47	16.4	18.4	20.5	22.5	24.6	26.6	28.6	30.7	32.7	34.8	36.3	38.9	40.9	43.0	45.0	47.1	49.1	51.1	53.2	55.2
0.48	15.9	17.9	19.9	21.9	23.9	25.3	27.8	29.8	31.8	33.8	35.8	37.8	39.8	41.7	43.7	45.7	44.7	49.7	51.7	53.7
0.49	15.4	17.4	19.3	21.3	23.2	25.1	27.0	29.0	30.9	32.8	34.8	36.7	38.6	40.6	42.5	44.4	46.4	48.3	50.2	52.2
0.50	15.0	16.9	18.8	20.7	22.5	24.4	26.3	28.2	30.1	31.9	33.8	35.7	37.6	39.4	41.3	43.2	45.1	47.0	48.8	50.7
0.51	14.6	16.4	18.3	20.1	21.9	23.7	25.6	27.4	29.2	31.1	32.9	34.7	36.5	38.4	40.2	42.0	43.8	45.7	47.5	49.3
0.52	14.2	16.0	17.8	19.6	21.3	23.1	24.9	26.7	28.4	30.2	32.0	33.8	35.5	37.3	39.1	40.9	42.7	44.4	46.2	48.0
0.53	13.8	15.6	17.3	19.0	20.8	22.5	24.2	25.9	27.7	29.4	31.1	32.9	34.6	36.3	38.1	39.8	41.5	43.2	45.0	46.7
0.54	13.5	15.2	16.8	18.5	20.2	21.9	23.6	25.3	26.9	28.6	30.3	32.0	33.7	35.4	37.0	38.7	40.4	42.1	43.8	45.5

续上表

水灰比	混凝土28d抗压强度(MPa)																			
	水泥28d软练强度(MPa)																			
	20	22.5	25	27.5	30	32.5	35	37.5	40	42.5	45	47.5	50	52.5	55	57.5	60	62.5	65	67.5
0.55	13.1	14.8	16.4	18.0	19.7	21.3	23.0	24.6	26.2	27.9	29.5	31.2	32.8	34.4	36.1	37.7	39.4	41.0	42.6	44.3
0.56	12.8	14.4	16.0	17.6	19.2	20.8	22.4	24.0	25.6	27.2	28.8	30.3	31.9	33.5	35.1	36.7	38.3	39.0	41.5	43.1
0.57	12.4	14.0	15.6	17.1	18.7	20.2	21.8	23.3	24.9	26.5	28.0	29.6	31.1	32.7	34.2	35.8	37.3	38.0	40.5	42.0
0.58	12.1	13.7	15.2	16.7	18.2	19.7	21.2	22.7	24.3	25.8	27.3	28.8	30.3	31.8	33.4	34.9	36.4	37.9	39.4	40.9
0.59	11.8	13.3	14.8	16.3	17.7	19.2	20.7	22.2	23.6	25.1	26.6	28.1	29.6	31.0	32.5	34.0	35.5	36.9	38.4	39.9
0.60	11.5	13.0	14.4	15.9	17.3	18.7	20.2	21.6	23.1	24.5	35.9	27.4	28.8	30.3	31.7	33.1	34.6	36.0	27.5	38.9
0.61	11.2	12.6	14.0	15.5	16.9	18.3	19.7	21.1	22.5	23.9	25.3	26.7	28.1	29.5	30.9	32.3	33.7	35.1	36.5	37.9
0.62	11.0	12.3	13.7	15.1	16.4	17.8	19.2	20.6	21.9	23.3	24.7	26.0	27.4	28.8	30.1	31.5	32.9	34.3	35.6	37.0
0.63	10.7	12.0	13.4	14.7	16.0	17.4	18.7	20.1	21.4	22.7	24.1	25.4	26.7	28.1	29.4	30.7	32.1	33.4	34.8	36.1
0.64	10.4	11.7	13.0	14.3	15.6	17.0	18.3	19.6	20.9	22.2	23.5	24.8	26.1	27.4	28.7	30.0	31.3	32.6	33.9	35.2
0.65	10.2	11.5	12.7	14.0	15.3	16.5	17.8	19.1	20.4	21.6	22.9	24.2	25.5	26.7	28.0	29.3	30.5	31.8	33.1	34.4
0.66	99	11.2	12.4	13.7	14.9	16.1	17.4	18.6	19.9	21.1	22.4	23.6	24.8	26.1	27.3	28.6	29.8	31.0	32.3	33.5
0.67	97	10.9	12.1	13.3	14.5	15.8	17.0	18.2	19.4	20.6	21.8	23.0	24.2	25.5	26.7	27.9	29.1	30.3	31.5	32.7
0.68	95	10.7	11.8	13.0	14.2	15.4	16.6	17.8	18.9	20.1	21.3	22.5	23.7	24.9	26.0	27.2	28.4	29.6	30.8	32.0
0.69	92	10.4	11.6	12.7	13.9	15.0	16.2	17.3	18.5	19.6	20.8	22.0	23.1	24.3	25.4	26.6	27.7	28.9	30.0	31.2
0.70	90	10.2	11.3	12.4	13.5	14.7	15.8	16.9	18.1	19.2	20.3	21.4	22.6	23.7	24.8	25.9	27.1	28.2	29.3	30.5
0.71	88	99	11.0	12.1	13.2	14.3	15.4	16.5	17.6	18.7	19.3	20.9	22.0	23.1	24.2	25.3	26.4	27.5	28.6	29.7
0.72	86	97	10.7	11.8	12.9	14.0	15.1	16.1	17.2	18.3	19.4	20.4	21.5	22.6	23.7	24.8	25.8	26.9	28.0	29.1
0.73	84	95	10.5	11.6	12.6	13.7	14.7	15.8	16.8	17.0	18.9	20.0	21.0	22.1	23.1	24.2	25.2	26.3	27.3	28.4
0.74	82	92	10.3	11.3	12.3	13.3	14.4	15.4	16.4	17.5	18.5	19.5	20.5	21.6	22.6	23.6	24.6	25.7	26.7	27.7

用矿渣水泥、火山灰质水泥或粉煤灰水泥拌制碎石混凝土的水灰比选择表

附表 14-9

水灰比	混凝土 28d 抗压强度(MPa)																
	水泥 28d 软练强度(MPa)																
	20	22.5	25	27.5	30	32.5	35	37.5	40	42.5	45	47.5	50	52.5	55	57.5	60
0.35	22.9	25.8	28.6	31.5	34.3	37.2	40.1	42.9	45.8	48.6	51.5	54.4	57.2	60.1	63.0	65.8	68.7
0.36	22.1	24.9	27.6	30.4	33.1	35.9	38.7	41.4	44.2	47.0	49.7	52.5	55.2	58.0	60.8	63.5	66.3
0.37	21.3	24.0	26.7	29.3	32.0	34.7	37.4	40.0	42.7	45.4	48.0	50.7	53.4	56.0	58.7	61.4	64.0
0.38	20.6	23.2	25.8	28.4	30.9	33.5	36.1	38.7	41.3	43.8	46.4	49.0	51.6	54.2	56.7	69.3	61.9
0.39	20.0	22.4	24.9	27.4	29.9	32.4	34.9	37.4	39.9	42.4	44.9	47.4	49.9	52.4	54.9	57.4	59.9
0.40	19.3	21.7	24.1	26.5	29.0	31.4	33.8	36.2	38.6	41.0	43.4	45.8	48.3	50.7	53.1	55.0	57.9
0.41	18.7	21.0	23.4	25.7	28.0	30.4	32.7	35.0	37.4	39.7	42.1	44.4	46.7	49.1	51.4	53.7	56.1
0.42	18.1	20.4	22.6	24.9	27.2	29.4	31.7	34.0	36.2	38.5	40.7	43.0	45.3	47.5	49.8	52.1	54.3
0.43	17.6	19.7	21.9	24.1	26.3	28.5	30.7	32.9	35.1	37.3	39.5	41.7	43.9	46.1	48.3	50.5	52.7
0.44	17.0	19.1	21.3	23.4	25.5	27.7	29.3	31.9	34.0	36.2	38.3	40.4	42.5	44.7	46.8	48.9	51.1
0.45	16.5	18.6	20.6	22.7	24.8	26.8	28.9	31.0	33.0	35.1	37.1	39.2	41.3	43.3	45.4	47.5	49.5
0.46	16.0	18.0	20.0	22.0	24.0	26.0	28.0	30.0	32.0	34.1	36.1	38.1	40.1	42.1	44.1	46.1	48.1
0.47	15.6	17.5	19.4	21.4	23.3	25.3	27.2	29.2	31.1	33.1	35.0	37.0	38.9	40.8	42.8	44.7	46.7
0.48	15.1	17.0	18.9	20.8	22.7	24.6	26.4	28.3	30.2	32.1	34.0	35.9	37.8	39.7	41.6	43.5	45.3
0.49	14.7	16.5	18.4	20.2	22.0	23.9	25.7	27.5	29.4	31.2	33.0	34.9	36.7	38.6	40.4	42.2	44.1
0.50	14.3	16.1	17.8	19.6	21.4	23.2	25.0	26.8	28.6	30.3	32.1	33.9	35.7	37.5	39.3	41.0	42.8
0.51	13.9	15.6	17.4	19.1	20.8	22.6	24.3	26.0	27.8	29.5	31.2	33.0	34.7	36.4	38.2	39.9	41.6
0.52	13.5	15.2	16.9	18.6	20.3	21.9	23.6	25.3	27.0	28.7	30.4	32.1	33.8	35.4	37.1	38.8	40.5
0.53	13.1	14.8	16.4	18.1	19.7	21.3	23.0	24.6	26.3	27.9	29.6	31.2	32.8	34.5	36.1	37.8	39.4
0.54	12.8	14.4	16.0	17.6	19.2	20.8	22.4	24.0	25.6	27.2	28.8	30.4	32.0	33.6	35.2	36.8	38.4

续上表

水灰比	混凝土 28d 抗压强度(MPa)																
	水泥 28d 软练强度(MPa)																
	20	22.5	25	27.5	30	32.5	35	37.5	40	42.5	45	47.5	50	52.5	55	57.5	60
0.55	12.4	14.0	15.6	17.1	18.7	20.2	21.8	23.3	24.9	26.4	28.0	29.6	31.1	32.7	34.2	35.8	37.3
0.56	12.1	13.6	15.1	16.7	18.2	19.7	21.2	22.7	24.2	25.8	27.3	28.8	30.3	31.8	33.3	34.8	36.4
0.57	11.8	13.3	14.8	16.2	17.7	19.2	20.7	22.1	23.6	25.1	26.6	28.0	29.5	31.0	32.5	33.9	35.4
0.58	11.5	12.9	14.4	15.8	17.2	18.7	20.1	21.6	23.0	24.4	25.9	27.3	28.7	30.2	31.6	33.1	34.5
0.59	11.2	12.6	14.0	15.4	16.8	18.2	19.6	21.0	22.4	23.8	25.2	26.6	28.0	29.4	30.8	32.2	33.6
0.60	10.9	12.3	13.7	15.0	16.4	17.7	19.1	20.5	21.8	23.2	24.6	25.9	27.3	28.7	30.0	31.4	32.8
0.61	10.6	12.0	13.3	14.6	16.0	17.3	18.6	20.0	21.3	22.6	24.0	25.3	26.6	27.9	29.3	30.6	31.9
0.62	10.4	11.7	13.0	14.3	15.6	16.9	18.2	19.5	20.8	22.1	23.4	24.7	26.0	27.2	28.5	29.8	31.1
0.63	10.1	11.4	12.7	13.9	15.2	16.5	17.7	19.0	20.2	21.5	22.8	24.0	25.3	26.6	27.8	29.1	30.4
0.64	9.9	11.0	12.3	13.6	14.8	16.0	17.3	18.5	19.7	21.0	22.2	23.5	24.7	25.9	27.2	28.4	29.6
0.65	9.6	10.8	12.0	13.2	14.4	15.7	16.9	18.1	19.3	20.5	21.7	22.9	24.1	25.3	26.5	27.7	28.9
0.66	9.4	10.6	11.7	12.9	14.1	15.3	16.4	17.6	18.8	20.0	21.1	22.3	23.5	24.7	25.8	27.0	28.2
0.67	9.2	10.3	11.5	12.6	13.8	14.9	16.0	17.2	18.3	19.5	20.6	21.8	22.9	24.1	25.2	26.4	27.5
0.68	8.9	10.1	11.2	12.3	13.4	14.5	15.7	16.3	17.9	19.0	20.1	21.3	22.4	23.5	24.6	25.7	26.8
0.69	8.7	9.3	10.9	12.0	13.1	14.2	15.3	16.4	17.5	18.6	19.7	20.7	21.8	22.9	24.0	25.1	26.2
0.70	8.5	9.6	10.7	11.7	12.3	13.9	14.9	16.0	17.1	18.1	19.2	20.3	21.3	22.4	23.4	24.5	25.6
0.71	8.3	9.4	10.4	11.4	12.5	13.5	14.6	15.6	16.6	17.7	18.7	19.8	20.8	21.9	22.9	23.9	25.0
0.72	8.1	9.1	10.2	11.2	12.2	13.2	14.2	15.2	16.3	17.3	18.3	19.3	20.3	21.3	22.4	23.4	24.4
0.73	7.9	8.9	9.9	10.9	11.9	12.9	13.9	14.9	15.9	16.9	17.9	18.8	19.8	20.8	21.8	22.8	23.8
0.74	7.7	8.7	9.7	10.7	11.6	12.6	13.6	14.5	15.5	16.5	17.4	18.4	19.4	20.3	21.3	22.3	23.2

用硅酸盐水泥或普通硅酸盐水泥拌制卵石混凝土的水灰比选择表

附表 14-10

水灰比	混凝土 28d 抗压强度(MPa)																			
	水泥 28d 软练强度(MPa)																			
	20	22.5	25	27.5	30	32.5	35	37.5	40	42.5	45	47.5	50	52.5	55	57.5	60	62.5	65	67.5
0.35	21.3	24.0	26.6	29.3	31.9	34.6	37.3	39.9	42.6	45.3	47.9	50.6	53.2	55.9	58.6	61.2	63.9	66.5	69.2	71.9
0.36	20.6	23.2	25.7	28.3	30.9	33.5	36.0	38.6	41.2	43.8	46.3	48.9	51.5	54.1	56.6	59.2	61.8	64.3	66.9	69.5
0.37	19.9	22.4	24.9	27.4	29.9	32.4	34.9	37.4	39.8	42.3	44.8	47.3	49.8	52.3	54.8	57.3	59.8	62.3	64.8	67.2
0.38	19.3	21.7	24.1	26.5	28.9	31.4	33.8	36.2	38.6	41.0	43.4	45.8	48.2	50.6	53.1	55.5	57.9	60.3	62.7	65.1
0.39	18.7	21.0	23.4	25.7	28.0	30.4	32.7	35.0	37.4	39.7	42.1	44.4	46.7	49.1	51.4	53.7	56.1	58.4	60.8	63.1
0.40	18.1	20.4	22.7	24.9	27.2	29.5	31.7	34.0	36.2	38.5	40.8	43.0	45.3	47.6	49.8	52.1	54.4	56.6	58.9	61.2
0.41	17.6	19.8	22.0	24.2	26.4	28.6	30.8	33.0	35.2	37.4	39.6	41.8	44.0	46.2	48.4	50.6	52.7	54.9	57.1	59.3
0.42	17.1	19.2	21.3	23.5	25.6	27.7	29.9	32.0	34.1	36.3	38.4	40.5	42.7	44.8	46.9	49.1	51.2	53.3	55.5	57.6
0.43	16.6	18.6	20.7	22.8	24.9	26.9	29.0	31.1	33.2	35.2	37.3	39.4	41.4	43.5	45.6	47.7	49.7	51.8	53.9	55.9
0.44	16.1	18.1	20.1	22.1	24.2	26.2	28.2	30.2	32.2	34.2	36.2	38.3	40.3	42.3	44.3	46.3	48.3	50.3	52.3	54.4
0.45	15.7	17.6	19.6	21.5	23.5	25.4	27.4	29.4	31.3	33.3	35.2	37.2	39.1	41.1	43.1	45.0	47.0	48.9	50.9	52.8
0.46	15.2	17.1	19.0	20.9	22.8	24.7	26.6	28.6	30.5	32.4	34.3	36.2	38.1	40.0	41.9	43.8	45.7	47.6	49.5	51.4
0.47	14.8	16.7	18.5	20.4	22.2	24.1	25.9	27.8	29.6	31.5	33.3	35.2	37.0	38.9	40.7	42.6	44.5	46.3	48.2	50.0
0.48	14.4	16.2	18.0	19.8	21.6	23.4	25.2	27.0	28.8	30.7	32.5	34.3	36.1	37.9	39.7	41.5	43.3	45.1	46.9	48.7
0.49	14.0	15.8	17.6	19.3	21.1	22.8	24.6	26.3	28.1	29.8	31.6	33.4	35.1	36.9	38.6	40.4	42.1	43.9	45.7	47.4
0.50	13.7	15.4	17.1	18.8	20.5	22.2	23.9	25.7	27.4	29.1	30.8	32.5	34.2	35.9	37.6	39.3	41.1	42.8	44.8	46.2
0.51	13.3	15.0	16.7	18.3	20.0	21.7	23.3	25.0	26.7	28.3	30.0	31.7	33.3	35.0	36.7	38.3	40.0	41.7	43.3	45.0
0.52	13.0	14.6	16.3	17.9	19.5	21.1	22.8	24.4	26.0	27.6	29.3	30.9	32.5	34.1	35.8	37.4	39.0	40.6	42.2	43.9
0.53	12.7	14.3	15.8	17.4	19.0	20.6	22.2	23.8	25.4	26.9	28.5	30.1	31.7	33.3	34.9	36.5	38.0	39.6	41.2	42.8
0.54	12.4	13.9	15.5	17.0	18.6	20.1	21.6	23.2	24.7	26.3	27.8	29.4	30.9	32.5	34.0	35.6	37.1	38.7	40.2	41.7

续上表

水灰比	混凝土28d抗压强度(MPa)																			
	水泥28d软练强度(MPa)																			
	20	22.5	25	27.5	30	32.5	35	37.5	40	42.5	45	47.5	50	52.5	55	57.5	60	62.5	65	67.5
0.55	12.1	13.6	15.0	16.6	18.1	19.6	21.1	22.6	24.1	25.6	27.2	28.7	30.2	31.7	33.2	34.7	36.2	37.7	39.2	40.7
0.56	11.8	13.3	14.7	16.2	17.7	19.1	20.6	22.1	23.6	25.0	26.5	28.0	29.5	30.9	32.4	33.9	35.3	36.8	38.3	39.8
0.57	11.5	12.9	14.4	15.8	17.3	18.7	20.1	21.6	23.0	24.4	25.9	27.3	28.8	30.2	31.6	33.1	34.5	35.9	37.4	38.8
0.58	11.2	12.6	14.0	15.4	16.9	18.3	19.7	21.1	22.5	23.9	25.3	26.7	28.1	29.5	30.9	32.3	33.7	35.1	36.5	37.9
0.59	11.0	12.3	13.7	15.1	16.5	17.8	19.2	20.6	21.9	23.3	24.7	26.1	27.4	28.8	30.2	31.6	32.9	34.3	35.7	37.0
0.60	10.7	12.1	13.4	14.7	16.1	17.4	18.8	20.1	21.4	22.8	24.1	25.5	26.8	28.2	29.5	30.8	32.2	33.5	34.9	36.2
0.61	10.5	11.8	13.1	14.4	15.7	17.0	18.3	19.7	21.0	22.3	23.6	24.9	26.2	27.5	28.8	30.1	31.4	32.8	34.1	35.4
0.62	10.2	11.5	12.8	14.1	15.4	16.7	17.9	19.2	20.5	21.8	23.1	24.3	25.6	26.9	28.2	29.5	30.7	32.0	33.3	34.6
0.63	10.0	11.3	12.5	13.8	15.0	16.3	17.5	18.8	20.0	21.3	22.5	23.8	25.0	26.3	27.6	28.8	30.1	31.3	32.6	33.8
0.64	9.8	11.0	12.2	13.5	14.7	15.9	17.1	18.4	19.6	20.8	22.0	23.3	24.5	25.7	26.9	28.2	29.4	30.6	31.8	33.1
0.65	9.6	10.8	12.0	13.2	14.4	15.6	16.8	18.0	19.2	20.4	21.6	22.8	24.0	25.2	26.4	27.6	28.8	30.0	31.2	32.4
0.66	9.4	10.6	11.7	12.9	14.1	15.2	16.4	17.6	18.8	19.9	21.1	22.3	23.4	24.6	25.8	27.0	28.1	29.3	30.5	31.7
0.67	9.2	10.3	11.5	12.6	13.8	14.9	16.1	17.2	18.4	19.5	20.7	21.8	22.9	24.1	25.2	26.4	27.5	28.7	29.8	31.0
0.68	9.0	10.1	11.2	12.4	13.5	14.6	15.7	16.8	18.0	19.1	20.2	21.3	22.5	23.6	24.7	25.8	26.9	28.1	29.2	30.3
0.69	8.8	9.9	11.0	12.1	13.2	14.3	15.4	16.5	17.6	18.7	19.8	20.9	22.0	23.1	24.2	25.3	26.4	27.5	28.6	29.7
0.70	8.6	9.7	10.8	11.8	12.9	14.0	15.1	16.1	17.2	18.3	19.4	20.4	21.5	22.6	23.7	24.8	25.8	26.9	28.0	29.1
0.71	8.4	9.5	10.5	11.6	12.6	13.7	14.8	15.8	16.9	17.9	19.0	20.0	21.1	22.1	23.2	24.2	25.3	26.3	27.4	28.5
0.72	8.3	9.3	10.3	11.4	12.4	13.4	14.5	15.5	16.5	17.5	18.6	19.6	20.6	21.7	22.7	23.7	24.8	25.8	26.8	27.9
0.73	8.1	9.1	10.1	11.1	12.1	13.1	14.2	15.2	16.2	17.2	18.2	19.2	20.2	21.2	22.2	23.3	24.3	25.3	26.3	27.3
0.74	7.9	8.9	9.9	10.9	11.9	12.9	13.9	14.9	15.8	16.8	17.8	18.8	19.8	20.8	21.8	22.8	23.8	24.8	25.8	26.7

用矿渣水泥、火山灰质水泥或粉煤灰水泥拌制卵石混凝土的水灰比选择表 附表 14-11

水灰比	混凝土 28d 抗压强度(MPa)																
	水泥 28d 软练强度(MPa)																
	20	22.5	25	27.5	30	32.5	35	37.5	40	42.5	45	47.5	50	52.5	55	57.5	60
0.35	22.0	24.7	27.4	30.2	32.9	35.7	38.4	41.2	43.9	46.7	49.4	52.1	54.9	57.6	60.4	63.1	65.9
0.36	21.2	23.8	26.5	29.1	31.7	34.4	37.0	39.7	42.3	45.0	47.6	50.3	52.9	55.5	58.2	60.8	63.5
0.37	20.4	23.0	25.5	28.1	30.6	33.2	35.7	38.3	40.8	43.4	45.9	48.5	51.0	53.6	56.1	58.7	61.2
0.38	19.7	22.2	24.6	27.1	29.5	32.0	34.5	36.9	39.4	41.9	44.3	46.8	49.2	51.7	54.2	56.6	59.1
0.39	19.0	21.4	23.8	26.2	28.5	30.9	33.3	35.7	38.0	40.4	42.8	45.2	47.5	49.9	52.3	54.7	57.1
0.40	18.4	20.7	23.0	25.3	27.6	29.9	32.2	34.5	36.3	39.1	41.3	43.6	45.9	48.2	50.5	52.8	55.1
0.41	17.8	20.0	22.2	24.4	26.6	28.9	31.1	33.3	35.5	37.8	40.0	42.2	44.4	46.6	48.9	51.1	53.3
0.42	17.2	19.3	21.5	23.6	25.8	27.9	30.1	32.2	34.4	36.5	38.7	40.8	43.0	45.1	47.3	49.4	51.6
0.43	16.6	18.7	20.8	22.9	24.9	27.0	29.1	31.2	33.3	35.3	37.4	39.5	41.6	43.7	45.7	47.8	49.9
0.44	16.1	18.1	20.1	22.1	24.1	26.2	28.2	30.2	32.2	34.2	36.2	38.2	40.2	42.3	44.3	46.3	48.3
0.45	15.6	17.5	19.5	21.4	23.4	25.3	27.3	29.2	31.2	33.1	35.1	37.0	39.0	40.9	42.9	44.8	46.8
0.46	15.1	17.0	18.9	20.8	22.7	24.6	26.4	28.3	30.2	32.1	34.0	35.9	37.8	39.7	41.6	43.4	45.3
0.47	14.6	16.5	18.3	20.1	22.0	23.8	25.6	27.5	29.3	31.1	33.0	34.8	36.6	38.4	40.3	42.1	43.9
0.48	14.2	16.0	17.8	19.5	21.3	23.1	24.9	26.6	28.4	30.2	32.0	33.7	35.5	37.3	39.1	40.8	42.6
0.49	13.8	15.5	17.2	18.9	20.7	22.4	24.1	25.8	27.6	29.3	31.0	32.7	34.4	36.2	37.9	39.6	41.3
0.50	13.4	15.0	16.7	18.4	20.1	21.7	23.4	25.1	26.7	28.4	30.1	31.7	33.4	35.1	36.8	38.4	40.1
0.51	13.0	14.6	16.2	17.8	19.5	21.1	22.7	24.3	25.9	27.6	29.2	30.8	32.4	34.1	35.7	37.3	38.9
0.52	12.6	14.2	15.7	17.3	18.9	20.5	22.0	23.6	25.2	26.8	28.3	29.9	31.5	33.1	34.6	36.2	37.8
0.53	12.2	13.8	15.3	16.8	18.3	19.9	21.4	22.9	24.5	26.0	27.5	29.1	30.6	32.1	33.6	35.2	36.7
0.54	11.9	13.4	14.9	16.3	17.8	19.3	20.8	22.3	23.8	25.2	26.7	28.2	29.7	31.2	32.7	34.2	35.6

续上表

水灰比	混凝土28d抗压强度(MPa)																
	水泥28d软练强度(MPa)																
	20	22.5	25	27.5	30	32.5	35	37.5	40	42.5	45	47.5	50	52.5	55	57.5	60
0.55	11.5	13.0	14.4	15.9	17.3	18.8	20.2	21.6	23.1	24.5	26.0	27.4	28.9	30.3	31.7	33.2	34.6
0.56	11.2	12.6	14.0	15.4	16.8	18.2	19.6	21.0	22.4	23.8	25.2	26.6	28.0	29.5	30.9	32.3	33.7
0.57	10.9	12.3	13.6	15.0	16.4	17.7	19.1	20.4	21.8	23.2	24.5	25.9	27.3	28.6	30.0	31.4	32.7
0.58	10.6	11.9	13.3	14.6	15.9	17.2	18.6	19.9	21.2	22.5	23.9	25.2	26.5	27.8	29.2	30.5	31.8
0.59	10.3	11.6	12.9	14.2	15.5	16.8	18.0	19.3	20.6	21.9	23.2	24.5	25.8	27.1	28.4	29.6	30.9
0.60	10.0	11.3	12.5	13.8	15.0	16.3	17.5	18.8	20.1	21.3	22.6	23.8	25.1	26.3	27.6	28.8	30.1
0.61	9.8	11.0	12.2	13.4	14.6	15.8	17.1	18.3	19.5	20.7	21.9	23.2	24.4	25.6	26.8	28.0	29.3
0.62	9.5	10.7	11.9	13.0	14.2	15.4	16.6	17.8	19.0	20.2	21.3	22.5	23.7	24.9	26.1	27.3	28.5
0.63	9.2	10.4	11.5	12.7	13.8	15.0	16.2	17.3	18.5	19.6	20.8	21.9	23.1	24.2	25.4	26.5	27.7
0.64	9.0	10.1	11.2	12.4	13.5	14.6	15.7	16.8	18.0	19.1	20.2	21.3	22.5	23.6	24.7	25.8	26.9
0.65	8.7	9.8	10.9	12.0	13.1	14.2	15.3	16.4	17.5	18.6	19.7	20.8	21.9	22.9	24.0	25.1	26.2
0.66	8.5	9.6	10.6	11.7	12.8	13.8	14.9	16.0	17.0	18.1	19.1	20.2	21.3	22.3	23.4	24.5	25.5
0.67	8.3	9.3	10.4	11.4	12.4	13.5	14.5	15.5	16.6	17.6	18.6	19.7	20.7	21.7	22.8	23.8	24.8
0.68	8.1	9.1	10.1	11.1	12.1	13.1	14.1	15.1	16.1	17.1	18.1	19.1	20.1	21.2	22.2	23.2	24.2
0.69	7.8	8.8	9.8	10.8	11.8	12.8	13.7	14.7	15.7	16.7	17.7	18.6	19.6	20.6	21.6	22.6	23.5
0.70	7.6	8.6	9.6	10.5	11.5	12.4	13.4	14.3	15.3	16.2	17.2	18.1	19.1	20.1	21.0	22.0	22.9
0.71	7.4	8.4	9.3	10.2	11.2	12.1	13.0	13.0	14.9	15.8	16.7	17.7	18.6	19.5	20.5	21.4	22.3
0.72	7.2	8.1	9.1	10.0	10.9	11.8	12.7	13.6	14.5	15.4	16.3	17.2	18.1	19.0	19.9	20.8	21.7
0.73	7.1	7.9	8.8	9.7	10.6	11.5	12.3	13.2	14.1	15.0	15.9	16.8	17.6	18.5	19.4	20.3	21.2
0.74	6.9	7.7	8.6	9.4	10.3	11.2	12.0	12.9	13.7	14.6	15.5	16.3	17.2	18.0	18.9	19.7	20.6

水泥用量计算表

附表 14-12

水灰比	每 1m³ 混凝土中的水泥用量(kg)																			
	每 1m³ 混凝土中的用水量(kg)																			
	14	14.5	15	15.5	16	16.5	17	17.5	18	18.5	19	19.5	20	20.5	21	21.5	22	22.5	23	23.5
0.35	40.0	41.4	42.9	44.3	45.7	47.1	48.6	50.0	51.4	52.9	54.3	55.7	57.1	58.6	60.0	61.4	62.9	64.3	65.7	67.1
0.36	38.9	40.3	41.7	43.1	44.4	45.8	47.2	48.6	50.0	51.4	52.8	54.2	55.6	56.9	58.3	59.7	61.1	62.5	63.9	65.3
0.37	37.8	39.2	40.5	41.9	43.2	44.6	45.9	47.3	48.6	50.0	51.4	52.7	54.1	55.4	56.8	58.1	59.5	60.8	62.2	63.5
0.38	36.8	38.2	39.5	40.8	42.1	43.4	44.7	46.1	47.4	48.7	50.0	51.3	52.6	53.9	55.3	56.6	57.9	59.2	60.5	61.8
0.39	35.9	37.2	38.5	39.7	41.0	42.3	43.6	44.9	46.2	47.4	48.7	50.0	51.3	52.6	53.8	55.1	56.4	57.7	59.0	60.3
0.40	35.0	36.3	37.5	38.8	40.0	41.3	42.5	43.8	45.0	46.3	47.5	48.8	50.0	51.3	52.5	53.8	55.0	56.3	57.5	58.8
0.41	34.1	35.4	36.6	37.8	39.0	40.2	41.5	42.7	43.9	45.1	46.3	47.6	48.8	50.0	51.2	52.4	53.7	54.9	56.1	57.3
0.42	33.3	34.5	35.7	36.9	38.1	39.3	40.5	41.7	42.9	44.0	45.2	46.4	47.6	48.8	50.0	51.2	52.4	53.6	54.8	56.0
0.43	32.6	33.7	34.9	36.0	37.2	38.4	39.5	40.7	41.9	43.0	44.2	45.3	46.5	47.7	48.8	50.0	51.2	52.3	53.5	54.7
0.44	31.8	33.0	34.1	35.2	36.4	37.5	38.6	39.8	40.9	42.0	43.2	44.3	45.5	46.6	47.7	48.9	50.0	51.1	52.3	53.4
0.45	31.1	32.2	33.3	34.4	35.6	36.7	37.8	38.9	40.0	41.1	42.2	43.3	44.4	45.6	46.7	47.8	48.9	50.0	51.1	52.2
0.46	30.4	31.5	32.6	33.7	34.8	35.9	37.0	38.0	39.1	40.2	41.3	42.4	43.5	44.6	45.7	46.7	47.8	48.9	50.0	51.1
0.47	29.8	30.9	31.9	33.0	34.0	35.1	36.2	37.2	38.3	39.4	40.4	41.5	42.6	43.6	44.7	45.7	46.8	47.9	48.9	50.0
0.48	29.2	30.2	31.2	32.3	33.3	34.4	35.4	36.5	37.5	38.5	39.6	40.6	41.7	42.7	43.7	44.8	45.8	46.9	47.9	49.0
0.49	28.6	29.6	30.6	31.6	32.7	33.7	34.7	35.7	36.7	37.8	38.8	39.8	40.8	41.8	42.9	43.9	44.9	45.9	46.9	48.0
0.50	28.0	29.0	30.0	31.0	32.0	33.0	34.0	35.0	36.0	37.0	38.0	39.0	40.0	41.0	42.0	43.0	44.0	45.0	46.0	47.0
0.51	27.5	28.4	29.4	30.4	31.4	32.4	33.0	34.3	35.3	36.3	37.3	38.2	39.2	40.2	41.2	42.2	43.1	44.1	45.1	46.1
0.52	26.9	27.9	28.8	29.8	30.8	31.7	32.7	33.7	34.6	35.6	36.5	37.5	38.5	39.4	40.4	41.3	42.3	43.3	44.2	45.2
0.53	26.4	27.4	28.3	29.2	30.2	31.1	32.1	33.0	34.0	34.9	35.8	36.8	37.7	38.7	39.6	40.6	41.5	42.5	43.4	44.3
0.54	25.9	26.9	27.8	28.7	29.6	30.6	31.5	32.4	33.3	34.3	35.2	36.1	37.0	38.0	38.9	39.8	40.7	41.7	42.6	43.5

续上表

水灰比	每 1 m³ 混凝土中的水泥用量(kg)																			
	每 1m³ 混凝土中的用水量(kg)																			
	14	14.5	15	15.5	16	16.5	17	17.5	18	18.5	19	19.5	20	20.5	21	21.5	22	22.5	23	23.5
0.55	25.5	26.4	27.3	28.2	29.1	30.0	30.9	31.8	32.7	33.6	34.5	35.5	36.4	37.3	38.2	39.1	40.0	40.9	41.8	42.7
0.56	25.0	25.9	26.8	27.7	28.6	29.5	30.4	31.2	32.1	33.0	33.9	34.8	35.7	36.6	37.5	38.4	39.3	40.2	41.1	42.0
0.57	24.6	25.4	26.3	27.2	28.1	28.9	29.8	30.7	31.6	32.5	33.3	34.2	35.1	36.0	36.8	37.7	38.6	39.5	40.4	41.2
0.58	24.1	25.0	25.9	26.7	27.6	28.4	29.3	30.2	31.0	31.9	32.8	33.6	34.5	35.3	36.2	37.1	37.9	38.8	39.7	40.5
0.59	23.7	24.6	25.4	26.3	27.1	28.0	28.8	29.7	30.5	31.4	32.2	33.1	33.9	34.7	35.6	36.4	37.3	38.1	39.0	39.3
0.60	23.3	24.2	25.0	25.8	26.7	27.5	28.3	29.2	30.0	30.8	31.7	32.5	33.3	34.2	35.0	35.8	36.7	37.5	38.3	39.2
0.61	23.0	23.8	24.6	25.4	26.2	27.0	27.9	28.7	29.5	30.3	31.1	32.0	32.8	33.6	34.4	35.2	36.1	36.9	37.7	38.5
0.62	22.6	23.4	24.2	25.0	25.8	26.6	27.4	28.2	29.0	29.8	30.6	31.5	32.3	33.1	33.9	34.7	35.6	36.3	37.1	37.9
0.63	22.2	23.0	23.8	24.6	25.4	26.2	27.0	27.8	28.6	29.4	30.2	31.0	31.7	32.5	33.3	34.1	34.9	35.7	36.5	37.3
0.64	21.9	22.7	23.4	24.2	25.0	25.8	26.6	27.3	28.1	28.9	29.7	30.5	31.2	32.0	32.8	33.6	34.4	35.2	35.9	36.7
0.65	21.5	22.3	23.1	23.8	24.6	25.4	26.2	26.9	27.7	28.5	29.2	30.0	30.8	31.5	32.3	33.1	33.8	34.6	35.4	36.2
0.66	21.2	22.0	22.7	23.5	24.2	25.0	25.8	26.5	27.3	28.0	28.8	29.5	30.3	31.1	31.8	32.6	33.3	34.1	34.8	35.6
0.67	20.9	21.6	22.4	23.1	23.9	24.6	25.4	26.1	26.9	27.6	28.4	29.1	29.9	30.6	31.3	32.1	32.8	33.6	34.3	35.1
0.68	20.6	21.3	22.1	22.8	23.5	24.3	25.0	25.7	26.5	27.2	27.9	28.7	29.4	30.1	30.9	31.6	32.4	33.1	33.8	34.6
0.69	20.3	21.0	21.7	22.5	23.2	23.9	24.6	25.4	26.1	26.8	27.5	28.3	29.0	29.7	30.4	31.2	31.9	32.6	33.3	34.1
0.70	20.0	20.7	21.4	22.1	22.9	23.6	24.3	25.0	25.7	26.4	27.1	27.9	28.6	29.3	30.0	30.7	31.4	32.1	32.9	33.6
0.71	19.7	20.4	21.1	21.8	22.5	23.2	23.9	24.6	25.4	26.1	26.8	27.5	28.2	28.9	29.6	30.3	31.0	31.7	32.4	33.1
0.72	19.4	20.1	20.8	21.5	22.2	22.9	23.6	24.3	25.0	25.7	26.4	27.1	27.8	28.5	29.2	29.9	30.6	31.2	31.9	32.6
0.73	19.2	19.9	20.5	21.2	21.9	22.6	23.3	24.0	24.7	25.3	26.0	26.7	27.4	28.1	28.8	29.5	30.1	30.8	31.5	32.2
0.74	18.9	19.6	20.3	20.9	21.6	22.3	23.0	23.6	24.3	25.0	25.7	26.4	27.0	27.7	28.4	29.1	29.7	30.4	31.1	31.8

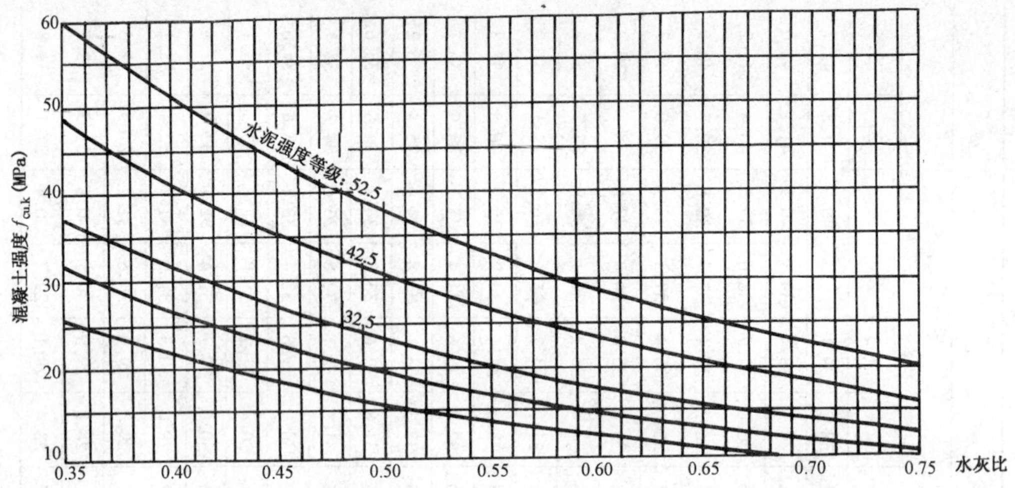

附图 14-5 用矿渣水泥、火山灰质水泥或粉煤灰水泥拌制碎石混凝土的水灰比曲线

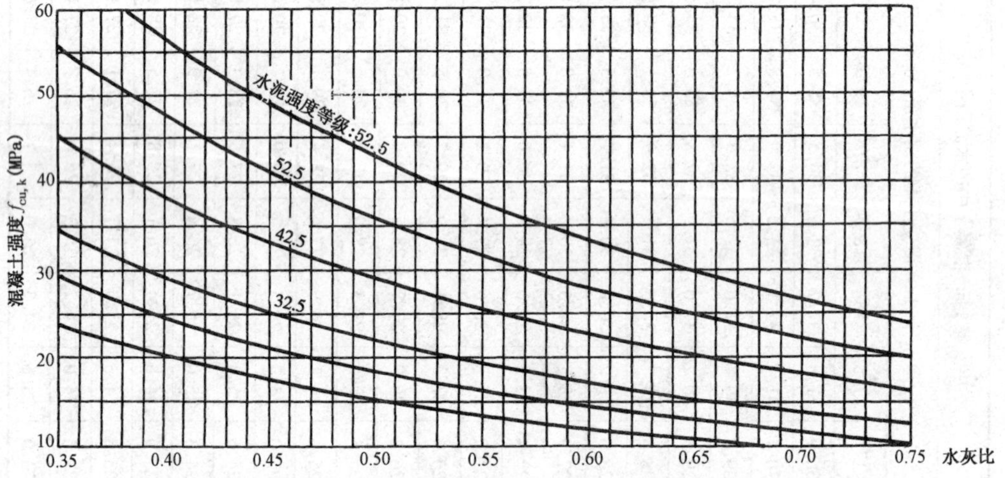

附图 14-6 用硅酸盐水泥或普通硅酸盐水泥拌制卵石混凝土的水灰比曲线

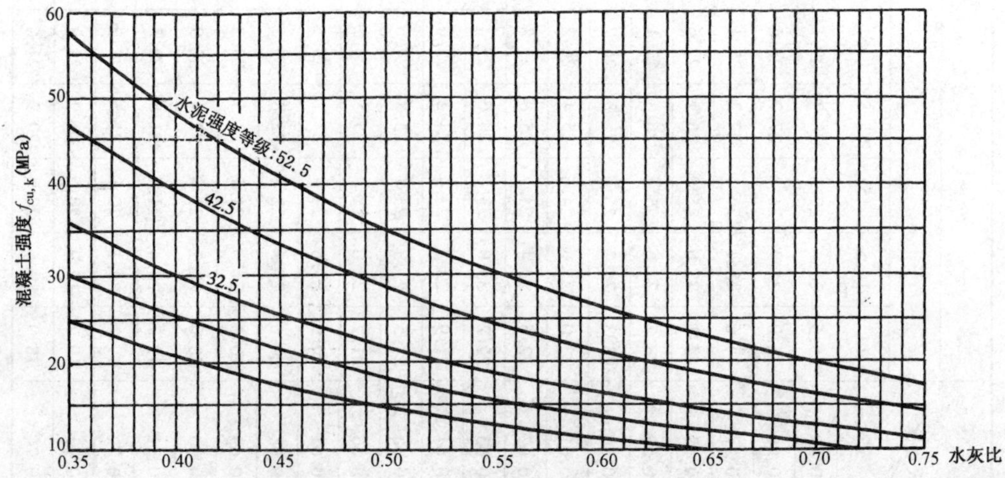

附图 14-7 用矿渣水泥、火山灰质水泥拌制卵石混凝土的水灰比曲线

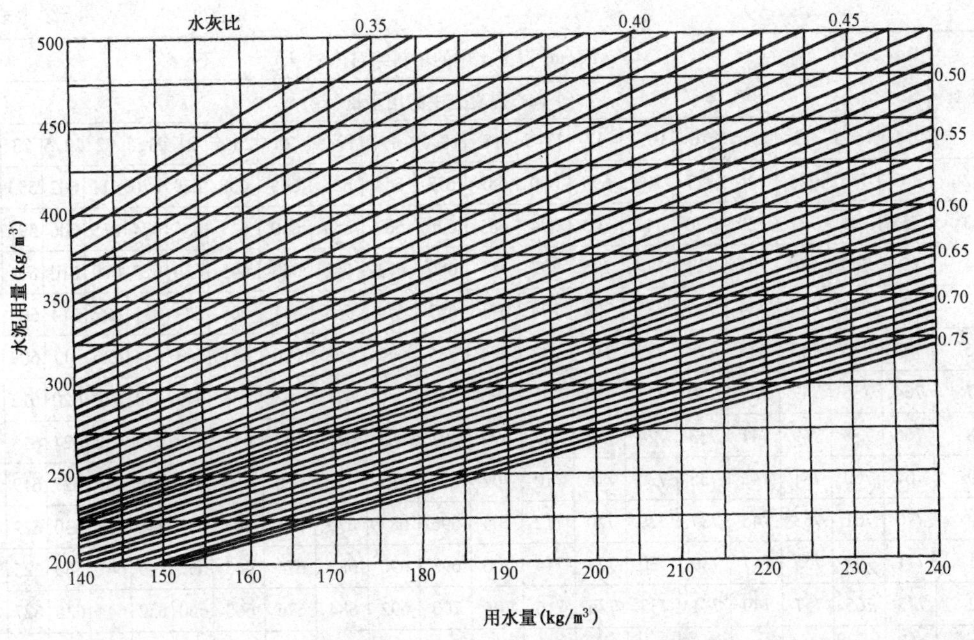

附图 14-8 已知用水量、水灰比求水泥用量

4)砂石用量的计算

每 1m³ 混凝土中的砂子、石子用量,在已求得的用水量和水泥用量的基础上,用绝对体积法计算。

(1)计算集料的绝对体积

每 1m³ 混凝土中集料(砂、石)所占的绝对体积按下式计算:

$$V_{sg} = 1\,000 - m_{w0} - \frac{m_{c0}}{3.1} \tag{附 14-13}$$

式中:V_{sg}——每 1m³ 混凝土中集料的绝对体积(L);

m_{w0}——每 1m³ 混凝土中的用水量(L);

m_{c0}——每 1m³ 混凝土中的水泥用量(kg);

3.1——水泥相对密度。

集料绝对体积也可从附表 14-13 查得。

集料绝对体积计算表 附表 14-13

水灰比	每 1m³ 混凝土中的集料绝对体积(L) 每 1m³ 混凝土中的用水量(kg)																			
	14	14.5	15	15.5	16	16.5	17	17.5	18	18.5	19	19.5	20	20.5	21	21.5	22	22.5	23	23.5
0.35	731	721	712	702	693	683	673	664	654	644	635	625	616	606	596	587	577	568	558	549
0.36	735	725	715	706	697	687	678	668	659	649	640	630	621	611	602	592	583	573	564	554
0.37	738	729	719	710	701	691	682	672	663	654	644	634	625	616	607	598	588	579	569	560
0.38	741	732	723	713	704	695	686	676	667	658	649	640	630	621	612	602	593	584	575	566
0.39	744	735	726	717	708	699	689	680	671	662	653	644	634	625	616	607	598	589	580	570
0.40	747	738	729	720	711	702	693	684	675	666	657	648	639	630	621	611	603	593	585	575
0.41	750	741	732	723	714	705	696	687	678	670	661	651	643	634	625	616	607	598	589	580

续上表

水灰比	每 $1m^3$ 混凝土中的集料绝对体积(L)																			
	每 $1m^3$ 混凝土中的用水量(kg)																			
	14	14.5	15	15.5	16	16.5	17	17.5	18	18.5	19	19.5	20	20.5	21	21.5	22	22.5	23	23.5
0.42	753	744	735	726	717	708	699	690	682	673	664	655	646	638	629	620	611	602	593	584
0.43	755	746	737	729	720	711	703	694	685	676	667	659	650	641	633	624	615	606	597	589
0.44	758	749	740	731	723	714	705	697	688	680	671	662	653	645	636	627	619	610	601	593
0.45	760	751	743	734	725	717	708	700	691	682	674	665	657	648	639	631	622	614	605	597
0.46	762	753	745	736	728	719	711	702	694	685	677	668	660	651	643	634	626	617	609	600
0.47	764	755	747	739	730	722	713	705	696	688	680	671	663	654	646	638	629	620	612	604
0.48	766	758	749	741	733	724	716	707	699	691	682	674	665	657	649	640	632	624	615	607
0.49	767	760	751	743	735	726	718	710	702	693	685	677	668	660	652	643	635	627	619	610
0.50	770	761	753	745	737	729	720	712	704	696	687	679	671	663	655	646	638	630	622	613
0.51	771	763	755	747	739	730	724	714	706	698	690	682	674	665	657	649	641	633	625	616
0.52	773	765	757	749	741	733	725	716	708	700	692	684	676	668	660	652	644	635	627	619
0.53	775	767	759	751	743	735	726	719	710	702	695	686	678	670	662	654	646	638	630	622
0.54	776	768	760	752	745	736	728	720	713	704	696	689	681	672	665	657	649	640	633	625
0.55	778	770	762	754	746	738	730	722	715	707	699	690	683	675	667	659	651	643	635	627
0.56	779	771	764	756	748	740	732	724	716	709	701	693	685	677	669	661	653	645	637	630
0.57	781	773	765	757	749	742	734	726	718	710	703	695	687	679	671	663	655	648	640	632
0.58	782	774	766	759	751	743	735	728	720	712	704	697	689	681	673	665	658	650	642	634
0.59	784	776	768	760	753	745	737	729	722	714	706	698	691	683	675	668	660	652	644	637
0.60	785	777	769	762	754	746	739	731	723	716	708	700	693	685	677	670	662	654	646	639
0.61	786	778	771	763	755	748	740	732	725	717	710	702	694	687	679	671	664	656	648	641
0.62	787	780	772	764	757	749	742	734	726	719	711	703	696	688	681	673	665	658	650	643
0.63	788	781	773	766	758	750	743	735	728	720	713	705	698	690	683	675	668	660	652	645
0.64	789	782	775	767	759	752	744	737	729	722	714	707	699	692	684	677	669	661	654	647
0.65	791	783	776	768	761	753	745	738	731	723	716	708	701	693	686	678	671	663	656	648
0.66	792	784	777	769	762	754	747	740	732	725	717	710	702	695	687	680	673	665	658	650
0.67	793	785	778	770	763	756	748	741	733	726	718	711	704	696	689	681	674	667	659	652
0.68	794	786	779	771	764	757	749	742	735	727	720	712	705	698	690	683	675	668	661	653
0.69	795	787	780	772	765	758	751	743	736	729	721	714	706	699	692	684	677	670	663	655
0.70	795	788	781	774	766	759	752	744	737	730	723	715	708	700	693	686	679	671	664	657
0.71	796	789	782	775	767	760	753	745	737	731	724	716	709	702	695	687	680	673	665	658
0.72	797	790	783	776	768	761	754	746	739	732	725	718	710	703	696	689	681	674	667	660
0.73	798	791	784	777	769	762	755	747	740	733	726	719	712	704	697	690	683	676	668	661
0.74	799	792	785	778	770	763	756	748	742	734	727	720	713	706	698	691	684	677	670	662

(2)计算砂石用量

计算每 $1m^3$ 混凝土中砂石用量的理论公式是:

$$\begin{cases} \dfrac{m_{s0}}{\rho'_s} + \dfrac{m_{g0}}{\rho'_g} = V_{sg} \\ \dfrac{m_{s0}}{\rho_s} = \dfrac{m_{g0}}{\rho_g} = P_g \end{cases} \quad \text{(附 14-14)}$$

式中：V_{sg}——每 1m³ 混凝土中集料的绝对体积(L)；

m_{s0}、m_{g0}——分别为每 1m³ 混凝土中砂子、石子用量(kg)；

ρ_s'、ρ_g'——分别为砂子、石子的相对表观密度(g/cm³)；

ρ_s、ρ_g——分别为砂子、石子的表观密度(kg/L)；

P_g——石子空隙率，$P_g = \left(1 - \dfrac{\rho_g}{\rho_g} \times 100\%\right)$。

(3)砂石用量的简易计算法

为减少计算工作量，砂石用量可用简易法计算。先根据材料条件选择砂率，然后根据绝对体积和砂石密度分别计算砂石用量。

①选择砂率

砂率表示砂的绝对体积占全部集料(砂和石)绝对体积的百分率。最佳砂率是在水和水泥用量一定时，能使混凝土拌和物获得最大的流动性而又不致出现离析或泌水现象。附表 14-14所列砂率可供试拌选择。

②每 1m³ 混凝土中的砂石用量可按下列公式计算：

砂子用量：

$$m_{s0} = V_{sg}\beta_s\rho_s' \quad \text{(附 14-15)}$$

石子用量：

$$m_{g0} = V_{sg}(1 - \beta_s)\rho_g' \quad \text{(附 14-16)}$$

式中：m_{s0}、m_{g0}——分别为每 1m³ 混凝土中的砂子、石子用量(kg)；

V_{sg}——每 1m³ 混凝土中集料绝对体积(L)；

β_s——砂率，按附表 14-14 选择；

ρ_s'、ρ_g'——分别为砂子、石子的相对表观密度(g/cm³)。

砂率选用表(%) 附表 14-14

水泥用量(kg/m³)	卵石 最大粒径(cm)				碎石 最大粒径(cm)				水泥用量(kg/m³)	卵石 最大粒径(cm)				碎石 最大粒径(cm)			
	1	3	5	8	1	3	5	8		1	3	5	8	1	3	5	8
200	37	34	32	29	42	38	35	31	400	31	28	26	—	36	32	29	—
240	36	33	31	28	41	37	34	30	420	30	27	25	—	35	31	28	—
280	35	32	30	27	40	36	33	29	440	29	26	24	—	34	30	27	—
310	34	31	29	26	39	35	32	28	460	28	25	23	—	33	29	26	—
340	33	30	28	25	38	34	31	27	480	27	24	22	—	32	28	25	—
370	32	29	27	—	37	33	30	—									

注：1. 本表适用于中砂，若用细砂则减少 3%，用粗砂则增加 3%。

2. 本表适用于低流动性及塑性混凝土，若坍落度小于 1cm 的半干硬性混凝土，砂率应减小 2% ~3%。

(4)按各种不同砂率配制混凝土的砂子用量也可从附表 14-15 ~ 附表 14-32 或附图 14-9 查得。

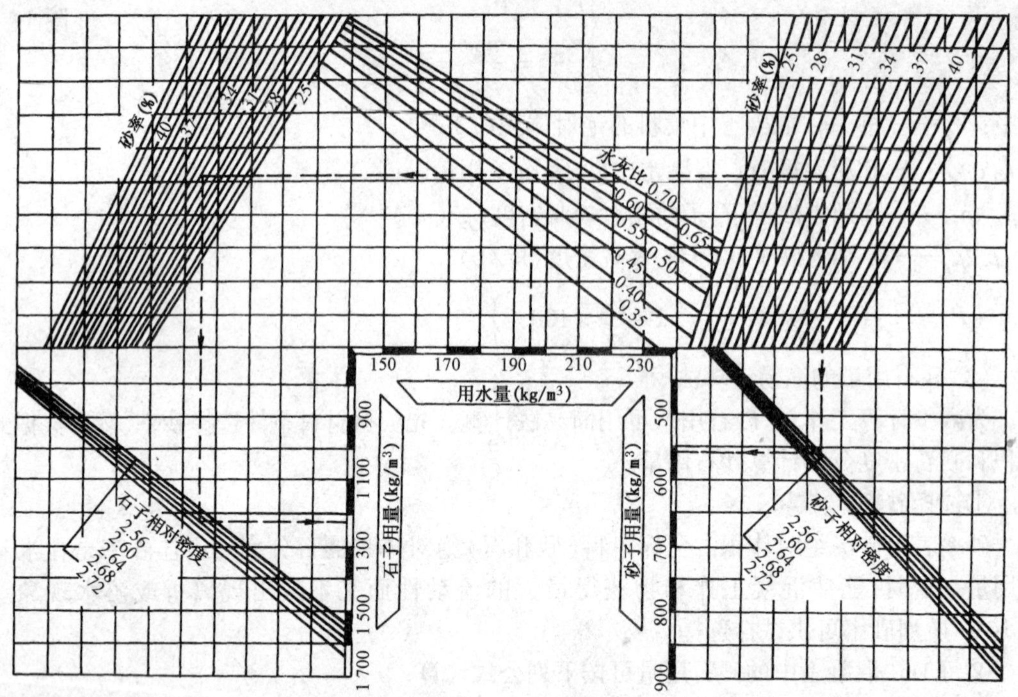

附图 14-9　已知用水量、水灰比、砂率和砂石相对密度求砂石用量

当砂率为 25% 时的砂石用量计算表　　附表 14-15

集料绝对体积(L)	每 1m³ 混凝土中的砂子用量(kg)										每 1m³ 混凝土中的石子用量(kg)									
	砂子相对密度										石子相对密度									
	2.56	2.58	2.60	2.62	2.64	2.66	2.68	2.70	2.72	2.74	2.56	2.58	2.60	2.62	2.64	2.66	2.68	2.70	2.72	2.74
610	390	393	397	400	403	406	409	412	415	418	1 171	1 180	1 190	1 199	1 208	1 217	1 226	1 235	1 244	1 254
620	397	400	403	406	409	412	415	419	422	424	1 190	1 200	1 209	1 218	1 228	1 237	1 246	1 256	1 265	1 274
630	403	406	410	413	416	419	422	425	428	432	1 210	1 219	1 229	1 238	1 247	1 257	1 266	1 276	1 285	1 295
640	410	413	416	419	422	426	429	432	435	438	1 229	1 238	1 248	1 258	1 267	1 277	1 286	1 296	1 306	1 315
650	416	419	423	426	429	432	436	439	442	445	1 248	1 258	1 268	1 277	1 287	1 297	1 307	1 316	1 326	1 336
660	422	426	429	432	436	439	442	446	449	452	1 267	1 277	1 287	1 297	1 307	1 317	1 327	1 337	1 346	1 356
670	428	432	436	439	442	446	449	452	456	459	1 286	1 296	1 307	1 317	1 327	1 337	1 347	1 357	1 367	1 377
680	435	438	442	445	449	452	456	459	462	466	1 306	1 316	1 326	1 336	1 346	1 357	1 367	1 377	1 387	1 397
690	442	445	449	452	455	459	462	466	469	473	1 325	1 335	1 346	1 356	1 366	1 337	1 387	1 397	1 408	1 418
700	448	452	455	459	462	466	469	473	476	480	1 344	1 354	1 365	1 376	1 386	1 397	1 407	1 418	1 428	1 439
710	454	458	462	465	469	472	476	479	483	486	1 363	1 374	1 385	1 395	1 406	1 416	1 427	1 438	1 448	1 459
720	461	464	468	472	475	479	482	486	490	493	1 382	1 393	1 404	1 415	1 426	1 436	1 447	1 458	1 469	1 480
730	467	471	475	478	482	485	489	493	496	500	1 402	1 413	1 424	1 434	1 445	1 456	1 467	1 478	1 489	1 500
740	474	477	481	485	488	492	496	500	503	507	1 421	1 432	1 443	1 454	1 465	1 476	1 487	1 499	1 510	1 521
750	480	484	488	491	495	499	502	506	510	514	1 440	1 451	1 463	1 474	1 485	1 496	1 508	1 519	1 530	1 541
760	486	490	494	498	502	505	509	513	517	521	1 459	1 471	1 482	1 439	1 505	1 516	1 582	1 539	1 550	1 562
770	493	497	501	504	508	512	516	520	524	527	1 478	1 490	1 502	1 513	1 525	1 536	1 548	1 559	1 571	1 582
780	499	503	507	511	515	519	523	527	530	534	1 498	1 509	1 521	1 533	1 544	1 556	1 568	1 580	1 591	1 603
790	506	510	514	517	521	525	529	533	537	541	1 517	1 529	1 541	1 552	1 564	1 576	1 588	1 600	1 612	1 623
800	512	516	520	524	518	532	536	540	544	548	1 536	1 548	1 560	1 572	1 584	1 596	1 608	1 620	1 632	1 644

当砂率为26%时的砂石用量计算表

附表 14-16

集料绝对体积(L)	每 $1m^3$ 混凝土中的砂子用量(kg)										每 $1m^3$ 混凝土中的石子用量(kg)									
	砂子相对密度										石子相对密度									
	2.56	2.58	2.60	2.62	2.64	2.66	2.68	2.70	2.72	2.74	2.56	2.58	2.60	2.62	2.64	2.66	2.68	2.70	2.72	2.74
610	406	409	412	416	419	422	425	428	431	435	1 156	1 165	1 174	1 183	1 192	1 201	1 210	1 219	1 228	1 237
620	413	416	419	422	426	429	432	435	438	442	1 175	1 184	1 193	1 202	1 211	1 220	1 230	1 238	1 248	1 257
630	419	423	426	429	432	436	439	442	446	449	1 193	1 203	1 212	1 221	1 231	1 240	1 249	1 259	1 268	1 277
640	426	429	433	436	439	443	446	449	453	456	1 212	1 222	1 231	1 241	1 250	1 260	1 269	1 279	1 288	1 298
650	433	436	439	443	446	450	453	456	460	463	1 231	1 241	1 251	1 260	1 270	1 279	1 289	1 299	1 308	1 318
660	439	443	446	450	453	456	460	463	467	470	1 250	1 260	1 270	1 280	1 289	1 299	1 309	1 319	1 328	1 338
670	446	449	453	456	460	463	467	470	474	477	1 269	1 279	1 289	1 299	1 309	1 319	1 329	1 339	1 349	1 358
680	453	456	460	463	467	470	474	477	481	484	1 288	1 298	1 308	1 318	1 328	1 339	1 349	1 359	1 369	1 379
690	459	463	466	470	474	477	481	484	488	492	1 307	1 317	1 328	1 338	1 348	1 358	1 368	1 379	1 389	1 399
700	466	470	473	477	480	484	488	491	495	499	1 326	1 336	1 347	1 357	1 368	1 378	1 388	1 399	1 409	1 419
710	473	476	480	484	487	491	495	498	502	506	1 345	1 356	1 366	1 377	1 387	1 398	1 408	1 419	1 429	1 440
720	479	483	487	490	494	498	502	505	509	513	1 364	1 375	1 385	1 396	1 407	1 417	1 428	1 439	1 449	1 460
730	486	490	493	497	501	505	509	512	516	520	1 383	1 394	1 405	1 415	1 426	1 437	1 448	1 459	1 469	1 480
740	493	496	500	504	508	512	516	519	523	527	1 402	1 413	1 424	1 435	1 446	1 457	1 468	1 479	1 489	1 500
750	499	503	507	511	515	519	523	527	530	534	1 421	1 432	1 443	1 454	1 465	1 476	1 487	1 499	1 510	1 521
760	506	510	514	518	522	526	530	534	537	541	1 440	1 451	1 462	1 473	1 485	1 496	1 507	1 518	1 530	1 541
770	513	517	521	525	529	533	537	541	545	549	1 459	1 470	1 481	1 493	1 504	1 516	1 527	1 538	1 550	1 561
780	519	523	527	531	535	539	544	548	552	556	1 478	1 489	1 501	1 512	1 524	1 535	1 547	1 558	1 570	1 582
790	526	530	534	538	542	546	550	555	559	563	1 497	1 508	1 520	1 532	1 543	1 555	1 567	1 578	1 590	1 602
800	532	537	541	545	549	553	557	562	566	570	1 516	1 527	1 539	1 551	1 563	1 575	1 587	1 598	1 610	1 622

当砂率为27%时的砂石用量计算表

附表 14-17

集料绝对体积(L)	每 $1m^3$ 混凝土中的砂子用量(kg)										每 $1m^3$ 混凝土中的石子用量(kg)									
	砂子相对密度										石子相对密度									
	2.56	2.58	2.60	2.62	2.64	2.66	2.68	2.70	2.72	2.74	2.56	2.58	2.60	2.62	2.64	2.66	2.68	2.70	2.72	2.74
610	422	425	428	432	435	438	441	445	448	451	1 140	1 149	1 158	1 167	1 176	1 184	1 193	1 201	1 211	1 220
620	429	432	435	439	442	445	449	452	455	459	1 159	1 168	1 177	1 186	1 195	1 204	1 213	1 222	1 231	1 240
630	435	439	442	446	449	452	456	459	463	466	1 177	1 187	1 196	1 205	1 214	1 223	1 233	1 242	1 251	1 260
640	442	446	449	453	456	460	463	467	470	473	1 196	1 205	1 215	1 224	1 233	1 243	1 252	1 261	1 271	1 280
650	449	453	456	460	463	467	470	474	477	481	1 215	1 224	1 234	1 243	1 253	1 262	1 272	1 281	1 291	1 300
660	456	460	463	467	470	474	478	481	485	488	1 233	1 243	1 253	1 262	1 272	1 282	1 291	1 301	1 310	1 320
670	463	467	470	474	478	481	485	488	492	496	1 252	1 262	1 272	1 281	1 291	1 301	1 310	1 321	1 330	1 340
680	470	474	477	481	485	488	492	496	499	503	1 271	1 281	1 291	1 301	1 310	1 320	1 330	1 340	1 350	1 360
690	477	481	484	488	492	496	499	503	507	510	1 289	1 300	1 310	1 320	1 330	1 340	1 350	1 360	1 370	1 380
700	484	488	491	495	499	503	507	510	514	518	1 308	1 318	1 329	1 339	1 349	1 359	1 369	1 380	1 390	1 400
710	491	495	498	502	506	510	514	518	521	525	1 327	1 337	1 348	1 358	1 368	1 379	1 389	1 399	1 410	1 420

续上表

集料绝对体积(L)	每 1m³ 混凝土中的砂子用量(kg)										每 1m³ 混凝土中的石子用量(kg)									
	砂子相对密度										石子相对密度									
	2.56	2.58	2.60	2.62	2.64	2.66	2.68	2.70	2.72	2.74	2.56	2.58	2.60	2.62	2.64	2.66	2.68	2.70	2.72	2.74
720	498	502	505	509	513	517	521	525	529	533	1 346	1 356	1 367	1 377	1 388	1 398	1 409	1 419	1 430	1 440
730	505	509	512	516	520	524	528	532	536	540	1 364	1 375	1 386	1 396	1 407	1 418	1 428	1 439	1 449	1 460
740	511	515	519	523	527	531	535	539	543	547	1 383	1 394	1 405	1 415	1 426	1 437	1 448	1 459	1 469	1 480
750	518	522	527	531	535	539	543	547	551	555	1 402	1 413	1 424	1 434	1 445	1 456	1 467	1 478	1 489	1 500
760	523	529	534	538	542	546	550	554	558	562	1 420	1 431	1 442	1 454	1 465	1 476	1 487	1 498	1 509	1 520
770	532	536	541	545	549	553	557	561	565	570	1 439	1 450	1 461	1 473	1 484	1 495	1 506	1 518	1 529	1 540
780	539	543	548	552	556	560	564	569	573	577	1 458	1 469	1 480	1 492	1 503	1 515	1 526	1 537	1 549	1 560
790	546	550	554	559	563	567	572	576	580	584	1 476	1 488	1 499	1 511	1 522	1 534	1 546	1 557	1 569	1 580
800	553	557	562	566	570	575	579	583	588	592	1 495	1 507	1 514	1 530	1 542	1 553	1 565	1 577	1 588	1 600

当砂率为 28% 时的砂石用量计算表 附表 14-18

集料绝对体积(L)	每 1m³ 混凝土中的砂子用量(kg)										每 1m³ 混凝土中的石子用量(kg)									
	砂子相对密度										石子相对密度									
	2.56	2.58	2.60	2.62	2.64	2.66	2.68	2.70	2.72	2.74	2.56	2.58	2.60	2.62	2.64	2.66	2.68	2.70	2.72	2.74
610	437	441	444	447	451	454	458	461	465	468	1 124	1 133	1 142	1 151	1 159	1 168	1 177	1 186	1 195	1 203
620	444	448	451	455	458	462	465	469	472	476	1 143	1 152	1 161	1 170	1 178	1 187	1 196	1 205	1 214	1 223
630	452	455	459	462	466	469	473	476	480	483	1 161	1 170	1 179	1 188	1 198	1 207	1 216	1 225	1 234	1 243
640	459	462	466	470	473	477	480	484	487	491	1 180	1 189	1 198	1 207	1 217	1 226	1 235	1 244	1 253	1 263
650	466	470	473	477	480	484	488	491	495	499	1 198	1 207	1 217	1 226	1 236	1 245	1 254	1 264	1 273	1 282
660	473	477	480	484	488	492	495	499	503	506	1 217	1 226	1 236	1 245	1 255	1 264	1 274	1 283	1 293	1 302
670	480	484	488	492	495	499	503	507	510	514	1 235	1 245	1 254	1 264	1 274	1 283	1 293	1 302	1 312	1 322
680	487	491	495	499	503	506	510	514	518	522	1 253	1 263	1 273	1 283	1 293	1 302	1 312	1 322	1 332	1 342
690	495	498	502	506	510	514	518	522	526	529	1 272	1 282	1 292	1 302	1 312	1 321	1 331	1 341	1 351	1 361
700	502	506	510	514	517	521	525	529	533	537	1 290	1 300	1 310	1 320	1 331	1 341	1 351	1 361	1 371	1 381
710	509	513	517	521	523	529	533	537	541	545	1 309	1 319	1 329	1 339	1 350	1 360	1 370	1 380	1 390	1 401
720	516	520	524	528	532	536	540	544	548	552	1 327	1 337	1 348	1 358	1 369	1 379	1 389	1 400	1 410	1 420
730	523	527	531	536	540	544	548	552	556	560	1 346	1 356	1 367	1 377	1 388	1 398	1 409	1 419	1 430	1 440
740	530	535	539	543	547	551	555	559	564	568	1 364	1 375	1 385	1 396	1 407	1 417	1 428	1 439	1 449	1 460
750	538	542	546	550	554	559	563	567	571	575	1 382	1 393	1 404	1 415	1 426	1 436	1 447	1 458	1 469	1 480
760	545	549	553	558	562	566	570	575	579	583	1 401	1 412	1 432	1 434	1 445	1 456	1 466	1 477	1 488	1 499
770	552	556	561	565	569	573	578	582	586	591	1 419	1 430	1 441	1 453	1 464	1 475	1 486	1 497	1 508	1 519
780	559	563	568	572	577	581	585	590	594	598	1 438	1 449	1 460	1 471	1 483	1 494	1 505	1 516	1 528	1 539
790	566	571	575	580	584	588	593	597	602	606	1 456	1 468	1 479	1 490	1 502	1 513	1 524	1 536	1 547	1 559
800	573	578	582	587	591	596	600	605	609	614	1 475	1 468	1 498	1 509	1 521	1 532	1 544	1 555	1 567	1 578

当砂率为 29%时的砂石用量计算表

附表 14-19

集料绝对体积(L)	每 1m^3 混凝土中的砂子用量(kg)										每 1m^3 混凝土中的石子用量(kg)									
	砂子相对密度										石子相对密度									
	2.56	2.58	2.60	2.62	2.64	2.66	2.68	2.70	2.72	2.74	2.56	2.58	2.60	2.62	2.64	2.66	2.68	2.70	2.72	2.74
610	453	456	460	463	467	471	474	478	481	485	1 109	1 117	1 126	1 135	1 143	1 152	1 161	1 169	1 178	1 187
620	460	464	467	471	475	478	482	485	489	493	1 127	1 136	1 145	1 153	1 162	1 171	1 180	1 189	1 197	1 206
630	468	471	475	479	482	486	490	493	497	501	1 145	1 154	1 163	1 172	1 181	1 190	1 199	1 208	1 217	1 226
640	475	479	483	486	490	494	497	501	505	509	1 163	1 172	1 181	1 191	1 200	1 209	1 218	1 227	1 236	1 245
650	483	486	490	494	498	501	505	509	513	516	1 181	1 191	1 200	1 209	1 218	1 228	1 237	1 246	1 255	1 265
660	490	494	498	501	505	509	513	517	521	524	1 200	1 209	1 218	1 228	1 237	1 246	1 256	1 265	1 275	1 284
670	497	501	505	509	513	517	521	525	528	532	1 218	1 227	1 237	1 246	1 256	1 265	1 275	1 284	1 294	1 303
680	505	509	513	517	521	525	528	532	536	540	1 236	1 246	1 255	1 265	1 275	1 284	1 294	1 304	1 313	1 323
690	512	516	520	524	528	532	536	540	544	548	1254	1 264	1 274	1 284	1 293	1 303	1 313	1 323	1 333	1 342
700	520	524	528	532	536	540	544	548	552	556	1 272	1 282	1 292	1 302	1 312	1 322	1 332	1 342	1 352	1 362
710	527	531	535	539	544	548	552	556	560	564	1 290	1 301	1 311	1 321	1 331	1 341	1 351	1 361	1 371	1 381
720	535	539	543	547	551	555	560	564	568	572	1 309	1 319	1 329	1 339	1 350	1 360	1 370	1 380	1 390	1 401
730	542	546	550	555	559	563	567	572	576	580	1 327	1 337	1 348	1 358	1 368	1 379	1 389	1 399	1 410	1 420
740	549	554	558	562	567	571	575	579	584	588	1 345	1 356	1 366	1 377	1 387	1 398	1 408	1 419	1 429	1 440
750	557	561	566	570	574	579	583	587	592	596	1 363	1 374	1 385	1 395	1 406	1 416	1 427	1 438	1 448	1 459
760	564	569	573	577	582	586	591	595	599	604	1 381	1 392	1 403	1 414	1 425	1 435	1 446	1 457	1 468	1 479
770	572	576	581	585	590	594	598	603	607	612	1 400	1 410	1 421	1 432	1 443	1 454	1 465	1 476	1.487	1 498
780	579	584	588	593	597	602	606	611	615	620	1 418	1 429	1 440	1 451	1 462	1 473	1 484	1 495	1 506	1 517
790	586	591	596	600	605	609	614	619	623	628	1 436	1 447	1 458	1 470	1 481	1 492	1 503	1 514	1 526	1 537
800	594	599	603	608	612	617	622	626	631	636	1 454	1 465	1 477	1 488	1 500	1 511	1 522	1 534	1 545	1 556

当砂率为 30%时的砂石用量计算表

附表 14-20

集料绝对体积(L)	每 1m^3 混凝土中的砂子用量(kg)										每 1m^3 混凝土中的石子用量(kg)									
	砂子相对密度										石子相对密度									
	2.56	2.58	2.60	2.62	2.64	2.66	2.68	2.70	2.72	2.74	2.56	2.58	2.60	2.62	2.64	2.66	2.68	2.70	2.72	2.74
610	468	472	476	479	483	487	490	494	498	501	1 093	1 102	1 110	1 119	1 127	1 136	1 144	1 153	1 161	1 170
620	476	480	484	487	491	495	498	502	506	510	1 111	1 120	1 128	1 137	1 146	1 154	1 163	1 172	1 180	1 189
630	484	487	491	495	499	503	507	510	514	518	1 129	1 138	1 147	1 155	1 164	1 173	1 182	1 191	1 200	1 208
640	492	495	499	503	507	511	515	518	522	526	1 147	1 156	1 165	1 174	1 183	1 192	1 201	1 210	1 219	1 228
650	499	503	507	511	515	519	523	527	530	534	1 165	1 174	1 183	1 192	1 201	1 210	1 219	1 229	1 238	1 247
660	507	511	515	519	523	527	531	535	539	543	1 183	1 192	1 201	1 210	1 220	1 229	1 238	1 247	1 257	1 266
670	515	519	523	527	531	535	539	543	547	551	1 201	1 210	1 219	1 229	1 238	1 248	1 257	1 266	1 276	1 285
680	522	526	530	534	539	543	547	551	555	559	1 219	1 288	1 238	1 247	1 257	1 266	1 276	1 285	1 295	1 304
690	530	534	538	542	546	551	555	559	563	567	1 236	1 246	1 256	1 265	1 275	1 285	1 294	1 304	1 314	1 323
700	538	542	546	550	554	559	563	567	571	575	1 254	1 264	1 274	1 284	1 294	1 303	1 313	1 323	1 333	1 343

续上表

集料绝对体积(L)	每1m³混凝土中的砂子用量(kg)										每1m³混凝土中的石子用量(kg)									
	砂子相对密度										石子相对密度									
	2.56	2.58	2.60	2.62	2.64	2.66	2.68	2.70	2.72	2.74	2.56	2.58	2.60	2.62	2.64	2.66	2.68	2.70	2.72	2.74
710	545	550	554	558	562	567	571	575	579	584	1 272	1 282	1 292	1 302	1 312	1 322	1 332	1 342	1 352	1 362
720	553	557	562	566	570	575	579	583	588	592	1 290	1 300	1 310	1 320	1 331	1 341	1 351	1 361	1 371	1 381
730	561	565	569	574	578	583	587	591	596	600	1 308	1 318	1 329	1 339	1 349	1 359	1 369	1 380	1 390	1 400
740	568	573	577	582	586	591	595	599	604	608	1 326	1 336	1 347	1 357	1 368	1 378	1 388	1 399	1 409	1 419
750	576	581	585	590	594	599	603	608	612	617	1 344	1 355	1 365	1 376	1 386	1 397	1 407	1 417	1 428	1 439
760	584	588	593	597	602	606	611	616	620	625	1 362	1 373	1 383	1 394	1 404	1 415	1 426	1 436	1 447	1 458
770	591	596	600	605	610	614	619	624	628	633	1 380	1 391	1 401	1 412	1 423	1 434	1 445	1 455	1 466	1 477
780	599	604	608	613	618	622	627	632	636	641	1 398	1 409	1 420	1 431	1 441	1 452	1 463	1 474	1 485	1 496
790	607	611	616	621	626	630	635	640	645	649	1 416	1 427	1 438	1 449	1 460	1 471	1 482	1 493	1 504	1 515
800	614	619	624	629	634	638	643	648	653	658	1 434	1 445	1 456	1 467	1 478	1 490	1 501	1 512	1 523	1 534

当砂率为31%时的砂石用量计算表 附表14-21

集料绝对体积(L)	每1m³混凝土中的砂子用量(kg)										每1m³混凝土中的石子用量(kg)									
	砂子相对密度										石子相对密度									
	2.56	2.58	2.60	2.62	2.64	2.66	2.68	2.70	2.72	2.74	2.56	2.58	2.60	2.62	2.64	2.66	2.68	2.70	2.72	2.74
610	484	488	492	495	499	503	507	511	514	518	1 078	1 086	1 094	1 103	1 111	1 120	1 128	1 136	1 145	1 153
620	492	496	500	504	507	511	515	519	523	527	1 095	1 104	1 112	1 121	1 129	1 138	1 147	1 155	1 164	1 172
630	500	504	508	512	516	519	523	527	531	535	1 113	1 122	1 130	1 139	1 148	1 156	1 165	1 174	1 182	1 191
640	508	512	516	520	524	528	532	536	540	544	1 130	1 139	1 148	1 157	1 166	1 175	1 183	1 192	1 201	1 210
650	516	520	524	528	532	536	540	544	548	552	1 148	1 157	1 166	1 175	1 184	1 193	1 202	1 211	1 220	1 229
660	524	528	532	536	540	544	548	552	557	561	1 166	1 175	1 184	1 193	1 202	1 211	1 220	1 230	1 239	1 248
670	532	536	540	544	548	552	557	561	565	569	1 183	1 193	1 202	1 211	1 220	1 230	1 239	1 248	1 257	1 267
680	540	544	548	552	557	561	565	569	573	578	1 201	1 211	1 220	1 229	1 239	1 248	1 257	1 267	1 276	1 286
690	548	552	556	560	565	569	573	578	582	586	1 219	1 228	1 238	1 247	1 257	1 266	1 276	1 285	1 295	1 305
700	556	560	564	569	573	577	582	586	590	595	1 236	1 246	1 256	1 265	1 275	1 285	1 294	1 304	1 314	1 323
710	563	568	572	577	581	585	590	594	599	603	1 254	1 264	1 274	1 284	1 293	1 303	1 313	1 323	1 333	1 342
720	571	576	580	585	589	594	598	603	607	612	1 272	1 282	1 292	1 302	1 312	1 321	1 331	1 341	1 351	1 361
730	579	584	588	593	597	602	606	611	616	620	1 289	1 300	1 310	1 320	1 330	1 340	1 350	1 360	1 370	1 380
740	587	592	596	601	606	610	615	619	624	629	1 307	1 317	1 328	1 338	1 348	1 358	1 368	1 379	1 389	1 399
750	595	600	605	609	614	618	623	628	632	637	1 325	1 335	1 346	1 356	1 366	1 377	1 387	1 397	1 408	1 418
760	603	608	613	617	622	627	631	636	641	646	1 342	1 353	1 363	1 374	1 384	1 395	1 405	1 416	1 426	1 437
770	611	616	621	625	630	635	640	644	649	654	1 360	1 371	1 381	1 392	1 403	1 413	1 424	1 435	1 445	1 456
780	619	624	629	634	638	643	648	653	658	663	1 378	1 389	1 399	1 410	1 421	1 432	1 442	1 453	1 464	1 475
790	627	632	637	642	646	651	656	661	666	671	1 395	1 406	1 417	1 428	1 439	1 450	1 461	1 472	1 483	1 494
800	635	640	645	650	655	660	665	670	675	680	1 413	1 424	1 435	1 446	1 457	1 468	1 479	1 490	1 501	1 512

当砂率为32%时的砂石用量计算表

附表14-22

集料绝对体积(L)	每1m³混凝土中的砂子用量(kg)										每1m³混凝土中的石子用量(kg)									
	砂子相对密度										石子相对密度									
	2.56	2.58	2.60	2.62	2.64	2.66	2.68	2.70	2.72	2.74	2.56	2.58	2.60	2.62	2.64	2.66	2.68	2.70	2.72	2.74
610	500	504	508	511	515	519	523	527	531	535	1 062	1 070	1 078	1 087	1 095	1 103	1 112	1 120	1 128	1 137
620	508	512	516	520	524	528	532	536	540	544	1 079	1 088	1 096	1 105	1 113	1 121	1 130	1 138	1 147	1 155
630	516	520	524	528	532	536	540	544	548	552	1 097	1 105	1 114	1 122	1 131	1 140	1 148	1 157	1 165	1 174
640	524	528	532	537	541	545	549	553	557	561	1 114	1 123	1 132	1 140	1 149	1 158	1 166	1 175	1 184	1 192
650	532	537	541	545	549	553	557	562	566	570	1 132	1 140	1 149	1 158	1 167	1 176	1 185	1 193	1 202	1 211
660	541	545	549	553	558	562	566	570	574	579	1 149	1 158	1 167	1 176	1 185	1 194	1 203	1 212	1 221	1 230
670	549	553	557	562	566	570	575	579	583	587	1 166	1 175	1 185	1 194	1 203	1 212	1 221	1 230	1 239	1 248
680	557	561	566	570	574	579	583	588	592	596	1 184	1 193	1 202	1 211	1 221	1 230	1 239	1 248	1 258	1 267
690	565	570	574	578	583	587	592	596	601	605	1 201	1 211	1 220	1 229	1 239	1 248	1 257	1 267	1 276	1 286
700	573	578	582	587	591	596	600	605	609	614	1 219	1 228	1 238	1 247	1 257	1 266	1 276	1 285	1 295	1 304
710	582	586	591	595	600	604	609	613	618	623	1 236	1 246	1 255	1 265	1 275	1 284	1 294	1 304	1 313	1 323
720	590	594	599	604	608	613	617	622	627	631	1 253	1 263	1 273	1 283	1 293	1 302	1 312	1 322	1 332	1 342
730	598	603	607	612	617	621	626	631	635	640	1 271	1 281	1 291	1 301	1 310	1 320	1 330	1 340	1 350	1 360
740	606	611	616	620	625	630	635	639	644	649	1 288	1 298	1 308	1 318	1 328	1 339	1 349	1 359	1 369	1 379
750	614	619	624	629	634	638	643	648	653	658	1 306	1 316	1 326	1 336	1 346	1 357	1 367	1 377	1 387	1 397
760	623	627	632	637	642	647	652	657	662	666	1 323	1 333	1 344	1 354	1 364	1 375	1 385	1 395	1 406	1 416
770	631	636	641	646	650	655	660	665	670	675	1 340	1 351	1 361	1 372	1 382	1 393	1 403	1 414	1 424	1 435
780	639	644	649	654	659	664	669	674	679	684	1 358	1 368	1 379	1 390	1 400	1 411	1 421	1 432	1 443	1 453
790	647	652	657	662	667	672	678	683	688	693	1 375	1 386	1 397	1 407	1 418	1 429	1 440	1 450	1 461	1 472
800	655	660	666	671	676	681	686	691	696	701	1 393	1 404	1 414	1 425	1 436	1 447	1 458	1 469	1 480	1 491

当砂率为33%时的砂石用量计算表

附表14-23

集料绝对体积(L)	每1m³混凝土中的砂子用量(kg)										每1m³混凝土中的石子用量(kg)									
	砂子相对密度										石子相对密度									
	2.56	2.58	2.60	2.62	2.64	2.66	2.68	2.70	2.72	2.74	2.56	2.58	2.60	2.62	2.64	2.66	2.68	2.70	2.72	2.74
610	515	519	523	527	531	535	539	544	548	552	1 046	1 054	1 063	1 071	1 079	1 087	1 095	1 103	1 112	1 120
620	524	528	532	536	540	544	548	552	557	561	1 063	1 072	1 080	1 088	1 097	1 105	1 113	1 122	1 130	1 138
630	532	536	541	545	549	553	557	561	565	570	1 081	1 089	1 097	1 106	1 114	1 123	1 131	1 140	1 148	1 157
640	541	545	549	553	558	562	566	570	574	579	1 098	1 106	1 115	1 123	1 132	1 141	1 149	1 158	1 166	1 175
650	549	553	558	562	566	571	575	579	583	588	1 115	1 124	1 132	1 141	1 150	1 158	1 167	1 176	1 185	1 193
660	558	562	566	571	575	579	584	588	592	597	1 132	1 141	1 150	1 159	1 167	1 176	1 185	1 194	1 203	1 212
670	566	570	575	579	584	588	593	597	601	606	1 149	1 158	1 167	1 176	1 185	1 194	1 203	1 212	1 221	1 230
680	574	579	583	588	592	597	601	606	610	615	1 166	1 175	1 185	1 194	1 203	1 212	1 221	1 230	1 239	1 248
690	583	587	592	597	601	606	610	615	619	624	1 183	1 193	1 202	1 211	1 220	1 230	1 239	1 248	1 257	1 267
700	591	596	601	605	610	614	619	624	628	633	1 201	1 210	1 219	1 229	1 238	1 248	1 257	1 266	1 276	1 285

续上表

集料绝对体积(L)	每1m^3混凝土中的砂子用量(kg)										每1m^3混凝土中的石子用量(kg)									
	砂子相对密度										石子相对密度									
	2.56	2.58	2.60	2.62	2.64	2.66	2.68	2.70	2.72	2.74	2.56	2.58	2.60	2.62	2.64	2.66	2.68	2.70	2.72	2.74
710	600	604	609	614	619	623	628	633	637	642	1 218	1 227	1 237	1 246	1 256	1 265	1 275	1 284	1 294	1 303
720	608	613	618	623	627	632	637	642	646	651	1 235	1 245	1 254	1 264	1 274	1 283	1 293	1 302	1 312	1 322
730	617	622	626	631	636	641	646	650	655	660	1 252	1 262	1 272	1 281	1 291	1 301	1 311	1 321	1 330	1 340
740	625	630	635	640	645	650	654	659	664	669	1 269	1 279	1 289	1 299	1 309	1 319	1 329	1 339	1 349	1 358
750	634	639	544	648	653	658	663	668	673	678	1 286	1 296	1 307	1 317	1 327	1 337	1 347	1 357	1 367	1 377
760	642	647	652	657	662	667	672	677	682	687	1 304	1 314	1 324	1 334	1 344	1 354	1 365	1 375	1 385	1 395
770	650	656	661	666	671	676	681	686	691	696	1 321	1 331	1 341	1 352	1 362	1 372	1 383	1 393	1 403	1 414
780	659	664	669	674	680	685	690	695	700	705	1 338	1 348	1 359	1 369	1 380	1 390	1 401	1 411	1 421	1 432
790	667	673	678	683	688	693	699	704	709	714	1 355	1 366	1 376	1 387	1 397	1 408	1 419	1 429	1 440	1 450
800	676	681	686	692	697	702	708	713	718	723	1 372	1 383	1 394	1 404	1 415	1 426	1 436	1 447	1 458	1 469

当砂率为32%时的砂石用量计算表 附表14-24

集料绝对体积(L)	每1m^3混凝土中的砂子用量(kg)										每1m^3混凝土中的石子用量(kg)									
	砂子相对密度										石子相对密度									
	2.56	2.58	2.60	2.62	2.64	2.66	2.68	2.70	2.72	2.74	2.56	2.58	2.60	2.62	2.64	2.66	2.68	2.70	2.72	2.74
610	531	535	539	543	548	552	556	560	564	568	1 031	1 039	1 047	1 055	1 063	1 071	1 079	1 087	1 095	1 103
620	540	544	548	552	557	561	565	569	573	578	1 048	1 056	1 064	1 072	1 080	1 088	1 097	1 105	1 113	1 121
630	548	553	557	561	565	570	574	578	583	587	1 064	1 073	1 081	1 089	1 098	1 106	1 114	1 123	1 131	1 139
640	557	561	566	570	574	579	583	588	592	596	1 081	1 090	1 098	1 107	1 115	1 124	1 132	1 140	1 149	1 157
650	566	570	575	579	583	588	592	597	601	606	1 098	1 107	1 115	1 124	1 133	1 141	1 150	1 158	1 167	1 175
660	574	579	583	588	592	597	601	606	610	615	1 115	1 124	1 133	1 141	1 150	1 159	1 167	1 176	1 185	1 194
670	583	588	592	597	601	606	611	615	620	624	1 132	1 141	1 150	1 159	1 167	1 176	1 185	1 194	1 203	1 212
680	592	596	601	606	610	615	620	624	629	633	1 149	1 158	1 167	1 176	1 185	1 194	1 203	1 212	1 221	1 230
690	601	605	610	615	619	624	629	633	638	643	1 166	1 175	1 184	1 193	1 202	1 211	1 220	1 230	1 239	1 248
700	609	614	619	624	628	633	638	643	647	652	1 183	1 192	1 201	1 210	1 220	1 229	1 238	1 247	1 257	1 266
710	618	623	628	632	637	642	647	652	657	661	1 200	1 209	1 218	1 228	1 237	1 246	1 256	1 265	1 275	1 284
720	627	632	636	641	646	651	656	661	666	671	1 217	1 226	1 236	1 245	1 255	1 264	1 274	1 283	1 293	1 302
730	635	640	645	650	655	660	665	670	675	680	1 233	1 243	1 253	1 262	1 272	1 282	1 291	1 301	1 310	1 320
740	644	649	654	659	664	669	674	679	684	689	1 250	1 260	1 270	1 280	1 289	1 299	1 309	1 319	1 328	1 338
750	653	658	663	668	673	678	683	689	694	699	1 267	1 277	1 287	1 297	1 307	1 317	1 327	1 337	1 346	1 356
760	662	667	672	677	682	687	693	698	703	708	1 284	1 294	1 304	1 314	1 324	1 334	1 344	1 354	1 364	1 374
770	670	675	681	686	691	696	702	707	712	717	1 301	1 311	1 321	1 331	1 342	1 352	1 362	1 372	1 382	1 392
780	679	684	690	695	700	705	711	716	721	727	1 318	1 328	1 338	1 349	1 359	1 369	1 380	1 390	1 400	1 411
790	688	693	698	704	709	714	720	725	731	736	1 335	1 345	1 356	1 366	1 376	1 387	1 397	1 408	1 418	1 429
800	696	702	707	713	718	724	729	734	740	745	1 352	1 362	1 373	1 383	1 394	1 404	1 415	1 426	1 436	1 447

当砂率为35%时的砂石用量计算表 附表14-25

集料绝对体积（L）	每 $1m^3$ 混凝土中的砂子用量（kg）										每 $1m^3$ 混凝土中的石子用量（kg）									
	砂子相对密度										石子相对密度									
	2.56	2.58	2.60	2.62	2.64	2.66	2.68	2.70	2.72	2.74	2.56	2.58	2.60	2.62	2.64	2.66	2.68	2.70	2.72	2.74
610	547	551	555	559	564	568	572	576	581	585	1 015	1 023	1 031	1 039	1 047	1 055	1 063	1 071	1 078	1 086
620	556	560	564	569	573	577	582	586	590	595	1 032	1 040	1 048	1 056	1 064	1 072	1 080	1 088	1 096	1 104
630	546	569	573	578	582	587	591	595	600	604	1 048	1 057	1 065	1 073	1 081	1 089	1 097	1 106	1 114	1 122
640	573	578	582	587	591	596	600	605	609	614	1 065	1 073	1 082	1 090	1 098	1 107	1 115	1 123	1 132	1 140
650	582	587	592	596	601	605	610	614	619	623	1 082	1 090	1 099	1 107	1 115	1 124	1 132	1 141	1 149	1 158
660	591	596	601	605	610	614	619	624	628	633	1 098	1 107	1 115	1 124	1 133	1 141	1 150	1 158	1 167	1 175
670	600	605	610	614	619	624	628	633	638	643	1 115	1 124	1 132	1 141	1 150	1 158	1 167	1 176	1 185	1 193
680	609	614	619	624	928	633	638	643	647	652	1 132	1 140	1 149	1 158	1 167	1 176	1 185	1 193	1 202	1 211
690	618	623	628	633	638	642	647	652	657	662	1 148	1 157	1 166	1 175	1 184	1 193	1 202	1 211	1 220	1 229
700	627	632	637	642	647	652	657	662	666	671	1 165	1 174	1 183	1 192	1 201	1 210	1 219	1 229	1 238	1 247
710	636	641	646	651	656	661	666	671	676	681	1 181	1 191	1 200	1 209	1 218	1 228	1 237	1 246	1 255	1 265
720	645	650	655	660	665	670	675	680	685	690	1 198	1 207	1 217	1 226	1 236	1 245	1 254	1 264	1 273	1 282
730	654	659	664	669	675	680	685	690	695	700	1 215	1 224	1 234	1 243	1 253	1 262	1 272	1 281	1 291	1 300
740	663	668	673	679	684	689	694	699	704	710	1 231	1 241	1 251	1 260	1 270	1 279	1 289	1 299	1 308	1 318
750	672	677	683	688	693	698	704	709	714	719	1 248	1 258	1 268	1 277	1 287	1 297	1 307	1 316	1 326	1 336
760	681	686	692	697	702	708	713	718	724	729	1 265	1 275	1 284	1 294	1 304	1 314	1 324	1 334	1 344	1 354
770	690	695	701	706	711	717	722	728	733	738	1 281	1 291	1 301	1 311	1 321	1 331	1 341	1 351	1 361	1 371
780	699	704	710	715	721	726	732	737	743	748	1 398	1 308	1 318	1 328	1 338	1 349	1 359	1 369	1 379	1 389
790	708	713	719	724	730	735	741	747	752	758	1 315	1 325	1 335	1 345	1 356	1 366	1 376	1 386	1 397	1 407
800	717	722	728	734	739	745	750	756	762	767	1 331	1 342	1 352	1 362	1 373	1 383	1 394	1 404	1 414	1 425

当砂率为36%时的砂石用量计算表 附表14-26

集料绝对体积（L）	每 $1m^3$ 混凝土中的砂子用量（kg）										每 $1m^3$ 混凝土中的石子用量（kg）									
	砂子相对密度										石子相对密度									
	2.56	2.58	2.60	2.62	2.64	2.66	2.68	2.70	2.72	2.74	2.56	2.58	2.60	2.62	2.64	2.66	2.68	2.70	2.72	2.74
610	562	567	571	575	580	584	589	593	597	602	999	1 007	1 015	1 023	1 031	1 038	1 046	1 054	1 062	1 070
620	571	576	580	585	589	594	598	603	607	612	1 016	1 024	1 032	1 040	1 048	1 055	1 063	1 071	1 079	1 087
630	581	585	590	594	599	603	608	612	617	621	1 032	1 040	1 048	1 056	1 064	1 073	1 081	1 089	1 096	1 105
640	590	594	599	604	608	613	617	622	627	631	1 049	1 057	1 065	1 073	1 081	1 090	1 098	1 106	1 114	1 122
650	599	604	608	613	618	622	627	632	636	641	1 065	1 073	1 082	1 090	1 098	1 107	1 115	1 123	1 132	1 140
660	608	613	618	623	627	632	637	642	646	651	1 081	1 090	1 098	1 107	1 115	1 124	1 132	1 140	1 149	1 157
670	617	622	627	632	637	642	646	651	656	661	1 098	1 106	1 115	1 123	1 132	1 141	1 149	1 158	1 166	1 175
680	627	632	636	641	646	651	656	661	666	671	1 114	1 123	1 132	1 140	1 149	1 158	1 166	1 175	1 184	1 192
690	636	641	646	651	656	661	666	671	676	681	1 130	1 139	1 148	1 157	1 166	1 175	1 183	1 192	1 201	1 210
700	645	650	655	660	665	670	675	680	685	690	1 147	1 156	1 165	1 174	1 183	1 192	1 201	1 210	1 219	1 228

续上表

集料绝对体积(L)	每 $1m^3$ 混凝土中的砂子用量(kg)										每 $1m^3$ 混凝土中的石子用量(kg)									
	砂子相对密度										石子相对密度									
	2.56	2.58	2.60	2.62	2.64	2.66	2.68	2.70	2.72	2.74	2.56	2.58	2.60	2.62	2.64	2.66	2.68	2.70	2.72	2.74
710	654	659	665	670	675	680	685	690	695	700	1 163	1 172	1 181	1 191	1 200	1 209	1 218	1 227	1 236	1 245
720	664	669	674	679	684	689	695	700	705	710	1 180	1 189	1 198	1 207	1 217	1 226	1 235	1 244	1 253	1 263
730	673	678	683	689	694	699	704	710	715	720	1 196	1 205	1 215	1 224	1 233	1 243	1 252	1 261	1 271	1 280
740	682	687	693	698	703	709	714	719	725	730	1 212	1 222	1 231	1 241	1 250	1 260	1 269	1 279	1 288	1 298
750	691	697	702	707	713	718	724	729	734	740	1 229	1 238	1 248	1 258	1 267	1 277	1 286	1 296	1 306	1 315
760	700	706	711	717	722	728	733	739	744	750	1 245	1 255	1 265	1 274	1 284	1 294	1 304	1 313	1 323	1 333
770	710	715	721	726	732	737	743	748	754	760	1 262	1 271	1 281	1 291	1 301	1 311	1 321	1 331	1 340	1 350
780	719	724	730	736	741	747	753	758	764	769	1 278	1 288	1 298	1 308	1 318	1 328	1 338	1 348	1 358	1 368
790	728	734	739	745	751	757	762	768	774	779	1 294	1 305	1 315	1 325	1 335	1 345	1 355	1 365	1 375	1 385
800	737	743	749	755	760	766	772	778	783	789	1 311	1 321	1 331	1 341	1 352	1362	1 372	1 382	1 393	1 403

当砂率为37%时的砂石用量计算表 附表14-27

集料绝对体积(L)	每 $1m^3$ 混凝土中的砂子用量(kg)										每 $1m^3$ 混凝土中的石子用量(kg)									
	砂子相对密度										石子相对密度									
	2.56	2.58	2.60	2.62	2.64	2.66	2.68	2.70	2.72	2.74	2.56	2.58	2.60	2.62	2.64	2.66	2.68	2.70	2.72	2.74
610	578	582	587	591	596	600	605	609	614	618	984	991	999	1 007	1 015	1 022	1 030	1 038	1 045	1 053
620	587	592	596	601	606	610	615	619	624	629	1 000	1 008	1 016	1 023	1 031	1 039	1 047	1 055	1 062	1 070
630	597	601	606	611	615	620	625	629	634	639	1 016	1 024	1 032	1 040	1 048	1 056	1 064	1 072	1 080	1 088
640	606	611	616	620	625	630	635	639	644	649	1 032	1 040	1 048	1 056	1 064	1 073	1 081	1 089	1 097	1 105
650	616	620	625	630	635	640	645	649	654	659	1 048	1 057	1 065	1 073	1 081	1 089	1 097	1 106	1 114	1 122
660	625	630	635	640	645	650	654	659	664	669	1 064	1 073	1 081	1 089	1 098	1 106	1 114	1 123	1 131	1 139
670	635	640	645	649	654	659	664	669	674	679	1 081	1 089	1 097	1 106	1 114	1 123	1 131	1 140	1 148	1 157
680	644	649	654	659	664	669	674	679	684	689	1 097	1 105	1 114	1 122	1 131	1 140	1 148	1 157	1 165	1 174
690	654	659	664	669	674	679	684	689	694	700	1 113	1 122	1 130	1 139	1 148	1 156	1 165	1 174	1 182	1 191
700	663	668	673	679	684	689	694	699	704	710	1 129	1 138	1 147	1 155	1 164	1 173	1 182	1 191	1 200	1 208
710	673	678	683	688	694	699	704	709	715	720	1 145	1 154	1 163	1 172	1 181	1 190	1 199	1 208	1 217	1 226
720	682	687	693	698	703	709	714	719	725	730	1 161	1 170	1 179	1 188	1 198	1 207	1 216	1 225	1 234	1 243
730	691	697	702	708	713	718	724	729	735	740	1 177	1 187	1 196	1 205	1 214	1 223	1 233	1 242	1 251	1 260
740	701	706	712	717	723	728	734	739	745	750	1 193	1 203	1 212	1 221	1 231	1 240	1 249	1 259	1 268	1 277
750	710	716	722	727	733	738	744	749	755	760	1 210	1 219	1 229	1 238	1 247	1 257	1 266	1 276	1 285	1 295
760	720	725	731	737	742	748	754	759	765	770	1 226	1 235	1 245	1 254	1 264	1 274	1 283	1 293	1 302	1 312
770	729	735	741	746	752	758	764	769	775	781	1 242	1 252	1 261	1 271	1 281	1 290	1 300	1 310	1 319	1 329
780	739	745	750	756	762	768	773	779	785	791	1 258	1 268	1 278	1 287	1 279	1 307	1 317	1 327	1 337	1 346
790	748	754	760	766	772	778	783	789	795	801	1 274	1 284	1 294	1 304	1 314	1 324	1 334	1 344	1 354	1 364
800	758	764	770	776	781	787	793	799	805	811	1 290	1 300	1 310	1 320	1 331	1 341	1 351	1 361	1 371	1 381

当砂率为 38%时的砂石用量计算表

附表 14-28

集料绝对体积(L)	每 $1m^3$ 混凝土中的砂子用量(kg)										每 $1m^3$ 混凝土中的石子用量(kg)									
	砂子相对密度										石子相对密度									
	2.56	2.58	2.60	2.62	2.64	2.66	2.68	2.70	2.72	2.74	2.56	2.58	2.60	2.62	2.64	2.66	2.68	2.70	2.72	2.74
610	593	598	603	607	612	617	621	626	630	635	968	967	983	991	998	1 006	1 014	1 021	1 029	1 036
620	603	608	613	617	622	627	631	636	641	646	984	992	999	1007	1 015	1 023	1 030	1 038	1 046	1 053
630	613	618	622	627	632	637	642	646	651	656	1 000	1 008	1 016	1 023	1 031	1 039	1 047	1 055	1 062	1 070
640	623	627	632	637	642	647	652	657	662	666	1 016	1 024	1 032	1 040	1 048	1 055	1 063	1 071	1 079	1 087
650	632	637	642	647	652	657	662	667	672	677	1 032	1 040	1 048	1 056	1 064	1 072	1 080	1 088	1 096	1 104
660	642	647	652	657	662	667	672	677	682	687	1 048	1 056	1 064	1 072	1 080	1 088	1 097	1 105	1 113	1 121
670	652	657	662	667	672	677	682	687	693	698	1 063	1 072	1 080	1 088	1 097	1 105	1 113	1 122	1 130	1 138
680	662	667	672	677	682	687	693	698	703	708	1 079	1 088	1 096	1 105	1 113	1 121	1 130	1 138	1 147	1 155
690	671	676	682	687	692	697	703	708	713	718	1 095	1 104	1 112	1 121	1 129	1 138	1 147	1 155	1 164	1 172
700	681	686	692	697	702	708	713	718	724	729	1 111	1 120	1 128	1 137	1 146	1 154	1 163	1 172	1 180	1 189
710	691	696	701	707	712	718	723	728	734	739	1 127	1 136	1 145	1 153	1 162	1 171	1 180	1 189	1 197	1 206
720	700	706	711	717	722	728	733	739	744	750	1 143	1 152	1 161	1 170	1 178	1 187	1 196	1 205	1 214	1 223
730	710	716	721	727	732	738	743	749	755	760	1 159	1 168	1 177	1 186	1 195	1 204	1 213	1222	1 231	1 240
740	720	725	731	737	742	748	754	759	765	770	1 175	1 184	1 193	1 202	1 211	1 220	1 230	1 239	1 248	1 257
750	730	735	741	747	752	758	764	770	775	781	1 190	1 200	1 209	1 218	1 228	1 237	1 246	1 256	1 265	1 274
760	739	745	751	757	762	768	774	780	786	791	1 206	1 216	1 225	1 235	1 244	1 253	1 263	1 272	1 282	1 291
770	749	755	761	767	772	778	784	790	796	802	1 222	1 232	1 241	1 251	1 260	1 270	1 279	1 289	1 299	1 308
780	759	765	771	777	782	788	794	800	806	812	1 238	1 248	1 257	1 267	1 277	1 286	1 296	1 306	1 315	1 325
790	769	775	781	787	793	799	805	811	817	823	1 254	1 264	1 273	1 283	1 293	1 303	1 313	1 322	1 332	1 342
800	778	784	790	796	803	809	815	821	827	833	1 270	1 280	1 290	1 300	1 309	1 319	1 329	1 339	1 349	1 359

当砂率为 39%时的砂石用量计算表

附表 14-29

集料绝对体积(L)	每 $1m^3$ 混凝土中的砂子用量(kg)										每 $1m^3$ 混凝土中的石子用量(kg)									
	砂子相对密度										石子相对密度									
	2.56	2.58	2.60	2.62	2.64	2.66	2.68	2.70	2.72	2.74	2.56	2.58	2.60	2.62	2.64	2.66	2.68	2.70	2.72	2.74
610	609	614	619	623	628	633	638	642	647	652	953	960	967	975	982	990	997	1 005	1 012	1 020
620	619	624	629	634	638	643	648	653	658	663	968	976	983	991	998	1 006	1 014	1 021	1 029	1 036
630	629	634	639	644	649	654	658	663	668	673	984	991	999	1 007	1 015	1 022	1 030	1 038	1 045	1 053
640	639	644	649	654	659	664	669	674	679	684	999	1 007	1 015	1 023	1 031	1 038	1 046	1 054	1 062	1 070
650	649	654	659	664	669	674	679	684	690	695	1 015	1 023	1 031	1 039	1 047	1 055	1 063	1 071	1 078	1 086
660	659	664	669	674	680	685	690	695	700	705	1 031	1 039	1 047	1 055	1 063	1 071	1 079	1 087	1 095	1 103
670	669	674	679	685	690	695	700	706	711	716	1 046	1 054	1 063	1 071	1 079	1 087	1 095	1 103	1 112	1 120
680	679	684	690	695	700	705	711	716	721	727	1 062	1 070	1 078	1 087	1 095	1 103	1 112	1 120	1 128	1 137
690	689	694	700	705	710	716	721	727	732	737	1 078	1 086	1 094	1 103	1 111	1 120	1 128	1 136	1 145	1 153
700	699	704	710	715	721	726	732	737	743	748	1 093	1 102	1 110	1 119	1 127	1 136	1 144	1 153	1 161	1 170

续上表

集料绝对体积(L)	每 1m³ 混凝土中的砂子用量(kg)										每 1m³ 混凝土中的石子用量(kg)									
	砂子相对密度										石子相对密度									
	2.56	2.58	2.60	2.62	2.64	2.66	2.68	2.70	2.72	2.74	2.56	2.58	2.60	2.62	2.64	2.66	2.68	2.70	2.72	2.74
710	709	714	720	725	731	737	742	748	753	759	1 109	1 117	1 126	1 135	1 143	1 152	1 161	1 169	1 178	1 187
720	719	724	730	736	741	747	753	758	764	769	1 124	1 133	1 142	1 151	1 159	1 168	1 177	1 186	1 195	1 203
730	729	735	740	746	752	757	763	769	774	780	1 140	1 149	1 158	1 167	1 176	1 184	1 193	1 202	1 211	1 220
740	739	745	750	756	762	768	773	779	785	791	1 156	1 165	1 174	1 183	1 192	1 201	1 210	1 219	1 228	1 237
750	749	755	761	766	772	778	784	790	796	801	1 171	1 180	1 190	1 199	1 208	1 217	1 226	1 235	1 244	1 254
760	759	765	771	777	782	788	794	800	806	812	1 187	1 196	1 205	1 215	1 224	1 233	1 242	1 252	1 261	1 270
770	769	775	781	787	793	799	805	811	817	823	1 202	1 212	1 221	1 231	1 240	1 249	1 259	1 268	1 278	1 287
780	779	785	791	797	803	809	815	821	827	834	1 218	1 228	1 237	1 247	1 256	1 266	1 275	1 285	1 294	1 304
790	789	795	801	807	813	820	826	832	838	844	1 234	1 243	1 253	1 263	1 272	1 282	1 291	1 301	1 311	1 320
800	799	805	811	817	824	830	836	842	849	855	1 249	1 259	1 269	1 279	1 288	1 298	1 308	1 318	1 327	1 337

当砂率为 40%时的砂石用量计算表 附表 14-30

集料绝对体积(L)	每 1m³ 混凝土中的砂子用量(kg)										每 1m³ 混凝土中的石子用量(kg)									
	砂子相对密度										石子相对密度									
	2.56	2.58	2.60	2.62	2.64	2.66	2.68	2.70	2.72	2.74	2.56	2.58	2.60	2.62	2.64	2.66	2.68	2.70	2.72	2.74
610	625	630	634	639	644	649	654	659	664	669	937	944	952	959	966	974	981	988	996	1 003
620	635	640	645	650	655	660	665	670	675	680	952	960	967	975	982	990	997	1 004	1 012	1 019
630	645	650	655	660	665	670	675	680	685	690	968	975	983	990	998	1 005	1 013	1 021	1 028	1 036
640	655	660	666	671	676	681	686	691	696	701	983	991	998	1 006	1 014	1 021	1 029	1 037	1 044	1 052
650	666	671	676	681	686	692	697	702	707	712	998	1 006	1 014	1 022	1 030	1 037	1 045	1 053	1 061	1 069
660	676	681	686	692	697	702	708	713	718	723	1 014	1 022	1 030	1 038	1 045	1 053	1 061	1 069	1 077	1 085
670	686	691	697	702	708	713	718	724	729	734	1 029	1 037	1 045	1 053	1 061	1 069	1 077	1 085	1 093	1 101
680	696	702	707	713	718	724	729	734	740	745	1 044	1 053	1 061	1 069	1 077	1 085	1 093	1 102	1 110	1 118
690	707	712	718	723	729	734	740	745	751	756	1 060	1 068	1 076	1 085	1 093	1 101	1 110	1 118	1 126	1 134
700	717	722	728	734	739	745	750	756	762	767	1 075	1 084	1 092	1 100	1 109	1 117	1 126	1 134	1 142	1 151
710	727	733	738	744	750	755	761	767	772	778	1 091	1 099	1 108	1 116	1 125	1 133	1 142	1 150	1 159	1 167
720	737	743	749	755	760	766	772	778	783	789	1 106	1 115	1 123	1 132	1 140	1 149	1 158	1 166	1 175	1 184
730	748	753	759	765	771	777	783	788	794	800	1 121	1 130	1 139	1 148	1 156	1 165	1 174	1 183	1 191	1 200
740	758	764	770	776	781	787	793	799	805	811	1 137	1 146	1 154	1 163	1 172	1 181	1 190	1 199	1 208	1 217
750	768	774	780	786	792	798	804	810	816	822	1 152	1 161	1 170	1 179	1 188	1 197	1 205	1 215	1 224	1 233
760	778	784	790	796	803	809	815	821	827	833	1 167	1 176	1 186	1 195	1 204	1 213	1 222	1 231	1 240	1 249
770	788	795	801	807	813	819	825	832	838	844	1 183	1 192	1 201	1 210	1 220	1 229	1 238	1 247	1 257	1 266
780	799	805	811	817	824	830	836	842	849	855	1 198	1 207	1 217	1 226	1 236	1 245	1 254	1 264	1 273	1 282
790	809	815	822	828	834	841	847	853	860	866	1 213	1 223	1 232	1 242	1 251	1 261	1 270	1 280	1 289	1 299
800	819	826	832	838	845	851	858	864	870	877	1 229	1 238	1 248	1 258	1 267	1 277	1 286	1 296	1 306	1 315

当砂率为 41%时的砂石用量计算表

附表 14-31

集料绝对体积(L)	每 1 m^3 混凝土中的砂子用量(kg)										每 1 m^3 混凝土中的石子用量(kg)									
	砂子相对密度										石子相对密度									
	2.56	2.58	2.60	2.62	2.64	2.66	2.68	2.70	2.72	2.74	2.56	2.58	2.60	2.62	2.64	2.66	2.68	2.70	2.72	2.74
610	640	645	650	655	660	665	670	675	680	685	921	929	936	943	950	957	965	972	979	986
620	651	656	661	666	671	676	681	686	691	697	936	944	951	958	966	973	980	988	995	1 002
630	661	672	666	677	682	687	692	697	703	708	952	959	966	974	981	989	996	1 004	1 011	1 018
640	672	682	677	687	693	698	703	708	714	719	967	974	982	989	997	1 004	1 012	1 020	1 027	1 035
650	682	693	688	698	704	709	714	720	725	730	982	989	997	1 005	1 012	1 020	1 028	1 035	1 043	1 051
660	693	698	704	709	714	720	725	631	736	741	997	1 005	1 012	1 020	1 028	1 036	1 044	1 051	1 059	1 067
670	703	709	714	720	725	731	736	742	747	753	1 012	1 020	1 028	1 036	1 044	1 051	1 059	1 067	1 075	1 083
680	714	719	725	730	736	742	747	753	758	764	1 027	1 035	1 043	1 051	1 059	1 067	1 075	1 083	1 091	1 099
690	724	730	736	741	747	753	758	764	769	775	1 042	1 050	1 058	1 067	1 075	1 083	1 091	1 099	1 107	1 115
700	735	740	746	752	758	763	769	775	781	786	1 057	1 066	1 074	1 082	1 090	1 099	1 107	1 115	1 123	1 132
710	745	751	757	763	769	774	780	786	792	798	1 072	1 081	1 089	1 098	1 106	1 114	1 123	1 131	1 130	1 148
720	756	762	768	773	779	785	791	797	803	809	1 087	1 096	1 104	1 113	1 121	1 130	1 138	1 147	1 155	1 164
730	766	772	778	784	790	796	802	808	814	820	1 103	1 111	1 120	1 128	1 137	1 146	1 154	1 163	1 172	1 180
740	777	783	789	795	801	807	813	819	825	831	1 118	1 126	1 135	1 144	1 153	1 161	1 170	1 179	1 188	1 196
750	787	793	800	806	812	818	824	830	836	843	1 138	1 142	1 151	1 159	1 168	1 177	1 186	1 195	1 204	1 212
760	798	804	810	816	823	829	835	841	848	854	1 148	1 157	1 166	1 175	1 184	1 193	1 202	1 211	1 220	1 229
770	808	815	821	827	833	840	846	852	859	865	1 163	1 172	1 181	1 190	1 199	1 208	1 218	1 227	1 236	1 245
780	819	825	831	838	844	851	867	863	870	876	1 178	1 187	1 197	1 206	1 215	1 224	1 233	1 243	1 252	1 261
790	820	836	842	849	855	862	868	875	881	887	1 193	1 203	1 212	1 221	1 231	1 240	1 249	1 258	1 268	1 277
800	840	846	853	859	866	872	879	886	892	899	1 208	1 218	1 227	1 237	1 246	1 256	1 265	1 274	1 284	1 293

当砂率为 42%时的砂石用量计算表

附表 14-32

集料绝对体积(L)	每 1 m^3 混凝土中的砂子用量(kg)										每 1 m^3 混凝土中的石子用量(kg)									
	砂子相对密度										石子相对密度									
	2.56	2.58	2.60	2.62	2.64	2.66	2.68	2.70	2.72	2.74	2.56	2.58	2.60	2.62	2.64	2.66	2.68	2.70	2.72	2.74
610	656	661	666	671	676	681	687	692	697	702	906	913	920	927	934	941	948	955	962	969
620	667	672	677	682	687	693	698	703	708	713	921	928	935	942	949	957	964	971	978	985
630	677	633	688	693	699	703	709	714	720	725	735	743	950	957	965	972	979	987	994	1 001
640	688	694	699	704	710	715	720	726	731	737	950	958	965	973	980	987	995	1 002	1 010	1 017
650	699	704	710	715	721	726	732	737	743	748	965	973	980	988	995	1 003	1 010	1 018	1 025	1 033
660	710	715	721	726	732	737	743	748	754	760	980	988	995	1 003	1 011	1 018	1 026	1 034	1 041	1 049
670	720	726	732	737	743	749	754	760	765	771	995	1 003	1 010	1 018	1 026	1 034	1 041	1 049	1 057	1 065
680	731	737	743	748	754	760	765	771	777	783	1 010	1 018	1 025	1 033	1 041	1 049	1 057	1 065	1 073	1 081
690	742	748	753	759	765	771	777	782	788	794	1 025	1 033	1 041	1049	1 057	1 065	1 073	1 081	1 089	1 097
700	753	759	764	770	776	782	788	794	800	806	1 039	1 047	1 056	1 064	1 072	1 080	1 088	1 096	1 104	1 112

集料绝对体积(L)	每 $1m^3$ 混凝土中的砂子用量(kg)										每 $1m^3$ 混凝土中的石子用量(kg)									
	砂子相对密度										石子相对密度									
	2.56	2.58	2.60	2.62	2.64	2.66	2.68	2.70	2.72	2.74	2.56	2.58	2.60	2.62	2.64	2.66	2.68	2.70	2.72	2.74
710	763	769	775	781	787	793	799	805	811	817	1 054	1 062	1 071	1 079	1 087	1 095	1 104	1 112	1 120	1 128
720	774	780	786	792	798	804	810	816	823	829	1 069	1 077	1 086	1 094	1 102	1 111	1 119	1 128	1 136	1 144
730	785	791	797	803	809	816	822	828	834	840	1 084	1 092	1 101	1 109	1 118	1 126	1 135	1 143	1 152	1 160
740	796	802	808	814	821	827	833	839	845	852	1 099	1 107	1 116	1 125	1 133	1 142	1 150	1 159	1 167	1 176
750	806	813	819	825	832	838	844	851	857	863	1 114	1 122	1 131	1 140	1 148	1 157	1 166	1 175	1 183	1 192
760	817	824	830	836	843	849	855	862	868	875	1 128	1 137	1 146	1 155	1 164	1 173	1 181	1 290	1 199	1 208
770	828	834	841	847	854	860	867	873	880	886	1 143	1 152	1 161	1 170	1 179	1 188	1 197	1 206	1 215	1 224
780	839	845	852	858	865	871	878	885	891	898	1 158	1 167	1 176	1 185	1 194	1 203	1 212	1 221	1 231	1 240
790	849	856	863	869	876	883	889	896	902	909	1 173	1 182	1 191	1 200	1 210	1 219	1 228	1 237	1 246	1 255
800	860	867	874	880	887	894	900	907	914	921	1 188	1 197	1 206	1 216	1 225	1 234	1 244	1 253	1 262	1 271

3.配合比计算示例

某建筑物钢筋混凝土梁板,设计混凝土强度等级为C20,构件断面最小尺寸80mm,钢筋之间最小净距40mm。使用材料:32.5级矿渣水泥;中砂,相对密度2.65;碎石,相对密度2.65,最大粒径选定30mm;自来水。混凝土由机械搅拌,机械振捣,试计算混凝土配合比。

1)计算试配强度

将以前在相似的工程中所做试块,各组的抗压强度列出如下(共30组):

16.6、17.0、17.8、18.1、18.3、19.0、19.9、20.1、20.2、21.0、21.8、21.8、23.0、23.2、23.2、23.5、23.8、23.8、24.0、24.1、24.7、25.2、25.4、25.8、26.0、26.8、27.0、27.6、28.2、29.1(MPa)。

(1)求平均强度

按式(附14-1)计算:

$$\bar{f}_{cu}=\frac{16.6+17.0+\cdots+29.1}{30}=22.9(\text{MPa})$$

(2)求强度的均方差

按式(附14-2)计算:

$$\sigma=\sqrt{\frac{(16.6-22.9)^2+(17.0-22.9)^2+\cdots+(29.1-22.9)^2}{30-1}}$$

$$=3.5(\text{MPa})$$

如取得的试验结果较多,用式(附14-2)计算有困难时,可将所有试验结果按强度值分组,然后综合计算,但组数不得少于10,计算公式如下:

$$\sigma=\sqrt{\frac{d_1(\gamma_1-\bar{R})^2+d_2(\gamma_2-\bar{R})^2+\cdots+d_n(\gamma_n-\bar{R})^2}{n-1}} \tag{附14-17}$$

式中: σ——强度标准差(MPa);

$\bar{R}$——强度平均值;

γ_1、γ_2、…、γ_n——各组的中间值(MPa);

d_1、d_2、…、d_n——各组内的试块组数;

n——全部试块组数。

本例可以分组附表14-33所示。

附表 14-33

组　别 (MPa)	各组中间值 (MPa)	试块组数 d_i	组　别 (MPa)	各组中间值 (MPa)	试块组数 d_i
16.0~16.9	16.5	1	23.0~23.9	23.5	6
17.0~17.9	1.75	2	24.0~24.9	24.5	3
18.0~18.9	18.5	2	25.0~25.9	25.5	3
19.0~19.9	19.5	2	26.0~26.9	26.5	2
20.0~20.9	20.5	2	27.0~27.9	27.5	2
21.0~21.9	21.5	3	28.0~28.9	28.5	1
22.0~22.9	22.5	0	29.0~29.9	29.5	1

代入式(附 14-7)得:

$$\sigma = \sqrt{\frac{1 \times (16.5 - 22.9)^2 + 2 \times (17.5 - 22.9)^2 + \cdots + 1 \times (29.5 - 22.9)^2}{30 - 1}}$$

$$= 3.5(\mathrm{MPa})$$

(3)求保证率系数

按现行规范,保证率定为 85%,从附表 14-1 查得保证率系数 $t = 1.04$。

(4)求试配强度

如用标准差计算时,代入式(附 14-4):

$$f_{cu,0} = 20.0 + 1.04 \times 3.5 = 23.6(\mathrm{MPa})$$

亦可从附图 14-2 查得,当 $\sigma = 3.5\mathrm{MPa}$,$P = 85\%$ 时,$f_{cu,0} - f_{cu,k} = 3.6$

故:

$$f_{cu,0} = 20.0 + 3.6 = 23.6(\mathrm{MPa})$$

如用离差系数法计算时,先按式(附 14-3)算出离差系数:

$$C_u = \frac{3.5}{22.9} \times 100 = 15(\%)$$

再按式(附 14-5)计算试配强度:

$$f_{cu,0} = \frac{20.0}{1 - 1.04 \times 0.15} = 23.7(\mathrm{MPa})$$

也可从附图 14-3 查得,当 $C_u = 15\%$,$P = 85\%$ 时,$\frac{f_{cu,0}}{f_{cu,k}} = 1.185$

故:

$$f_{cu,0} = 1.185 \times 20.0 = 23.7(\mathrm{MPa})$$

2)选择用水量

根据工程性质和施工条件按附表 14-3 确定混凝土拌和物的坍落度为 3~5cm,再根据砂石条件按附表 14-4 选择每 $1\mathrm{m}^3$ 混凝土用水量为 185kg。

3)计算水灰比

用 32.5 级矿渣水泥拌制强度 23.7MPa 的碎石混凝土,其水灰比可按式(附 14-9)计算:

$$\frac{W}{C} = \frac{0.503 \times 325}{237 + 0.292 \times 325} = 0.5$$

也可从附表 14-9 或附图 14-5 查得。

4)计算水泥用量

每 1m³ 混凝土中的水泥用量,根据已算出的用水量和水灰比按式(附 14-12)计算。

$$m_{c0} = \frac{m_{w0}}{\frac{W}{C}} = \frac{185}{0.5} = 370(\mathrm{kg})$$

也可从附表 14-12 或附图 14-8 查得。以上算得的结果应满足有关最大水灰比和最小水泥用量的规定。

5)计算砂石用量(简易法)

(1)求集料绝对体积

每 1m³ 混凝土中的集料绝对体积可按式(附 14-13)计算:

$$V_{sg} = 1\,000 - 185 - \frac{370}{3.1} = 689(\mathrm{L})$$

也可从附表 14-13 查得。

(2)选择砂率

根据附表 14-14,选择砂率为 32%。

(3)求砂子用量

根据集料绝对体积、砂率和砂子比重,按式(附 14-15)计算:

$$m_{s0} = 689 \times 0.32 \times 2.56 = 564(\mathrm{kg})$$

也可从附表 14-22 或附图 14-9 查得。

(4)求石子用量

根据集料绝对体积、砂率和石子相对密度,按式(附 14-16)计算:

$$m_{g0} = 689 \times (1 - 0.32) \times 2.65 = 1\,242(\mathrm{kg})$$

同样,也可从附表 14-22 或附图 14-9 查得。

(5)试拌与调整

根据上述计算,初步得出混凝土配合比如附表 14-34 所示。

初步得出的混凝土配合比 附表 14-34

材料名称	规　　格	每 1m³ 混凝土用量(kg)	技　术　要　求
水	自来水	185	密度:2 361kg/cm³ 坍落度:3~5cm 28d 抗压强度:23.7MPa
水泥	32.5 级矿渣水泥	370	
砂子	中砂	564	
石子	最大粒径 30mm 碎石	1 242	

在此基础上,可进行试拌以验证其和易性、重度和强度是否符合要求,必要时进行调整,最后正式确定配合比。

4. 施工配合比的计算

以上所得的混凝土配合比叫理论配合比(即试验室配合比)。将理论配合比换算为施工配合比的方法详见前述。

下面介绍一种供施工现场使用的砂石含水率快速测定方法,以及运用图表快速计算混凝土施工配合比的方法。

1)砂石含水率的快速测定法

(1)仪器

天平:最大称量1kg,感量0.5g;

量筒:容量1 000ml。

(2)准备工作

对同一产地、同一规格的砂子,事先应测知其真相对密度,其操作方法如下:

取砂样约10kg,混合均匀,用四分法选出其中两份,每份重1~5kg;

将其中1份砂样按常规方法用烘箱测定其含水率 w_s;

与此同时,将另一份砂样准确称重1 000g,投入已装有500ml水的量筒中,读出其总体积 V(ml);

按下式计算砂子的真相对密度 ρ'_s:

$$\rho'_s = \frac{1\,000}{V - w_s(1\,500 - V) - 500} \tag{附14-18}$$

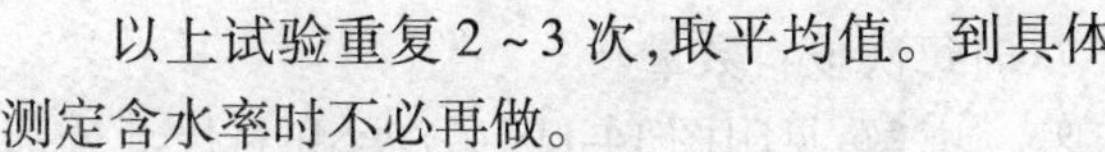

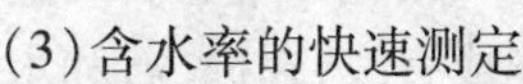

以上试验重复2~3次,取平均值。到具体测定含水率时不必再做。

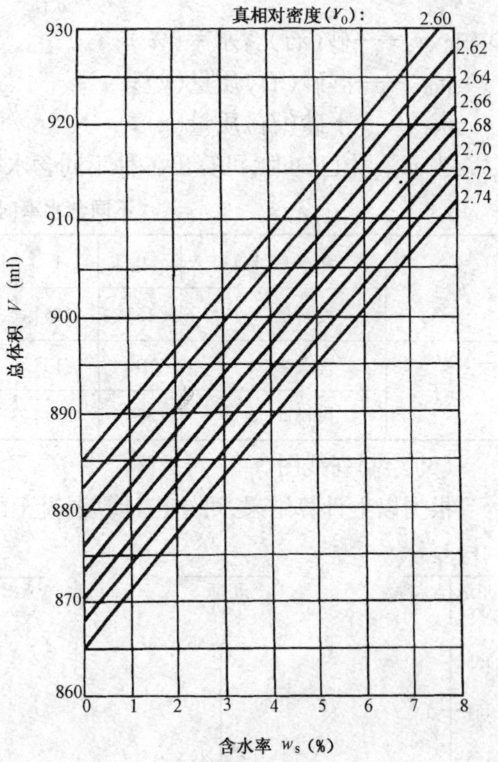

附图14-10 砂石含水率快速测定曲线

(3)含水率的快速测定

预先在量筒中装入500ml清水,再准确称取砂样1 000g,投入量筒,读出其总体积(V),最后按下式计算其含水率 w_s(%):

$$w_s = \frac{\rho'_s(V - 500) - 1\,000}{\rho'_s(1\,500 - V)} \times 100 \tag{附14-19}$$

含水率也可从附图14-10查得。

2)绘制计算施工配合比的列线图

(1)计算搅拌时每次投料数量

根据已确定的理论配合比和实际施工条件,按比例算出搅拌时每次投料数量,举例如附表14-35所示。

搅拌混凝土时每次投料数量 附表14-35

材料名称	水泥	砂子	石子	水
每1m^3 混凝土用量(kg)	370	564	1 242	185
每次搅拌用量(kg)	100	153	336	50

(2)计算砂(石)在不同含水率时的投料数量:

根据含水率的定义:

$$w_s(\%) = \frac{m_{s0,1} - m_{s0,2}}{m_{s0,2}} \times 100 \tag{附14-20}$$

得出：

$$m_{s0,1} = m_{s0,2}(1 + w_s) \quad (附 14\text{-}21)$$

式中：w_s——砂（石）含水率（%）；

$m_{s0,1}$——湿砂（石）质量（g）；

$m_{s0,2}$——干砂（石）质量（g）。

当 $m_{s0,2}$ 为已知时，可算出各种不同含水率时的砂（石）用量 $m_{s0,1}$，列出如附表 14-36 所示。

不同含水率时的砂（石）用量 $m_{s0,1}$ 附表 14-36

砂子	含水率（%）	0	1	2	3	4	5	6	7	8
	投料量（kg）	153	155	156	158	159	161	162	164	165
石子	含水率（%）	0	1	2	3	4	5	6		
	投料量（kg）	336	339	343	346	349	353	356		

（3）绘制列线图

根据以上计算结果，可绘出计算混凝土配合比的列线图如附图 14-11 所示。

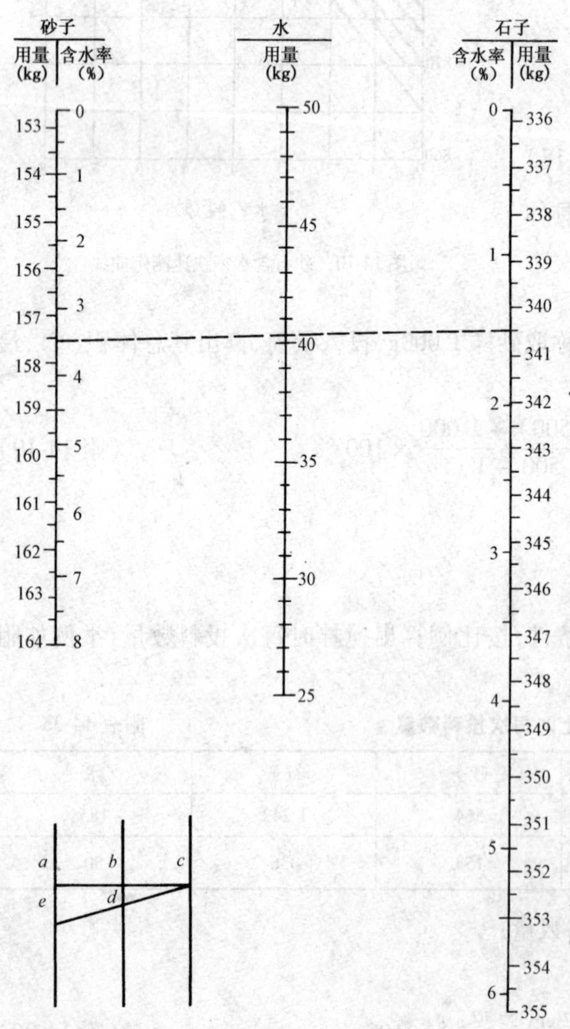

附图 14-11 计算施工配合比的列线图

当已知砂、石的含水率时，首先分别在砂、石尺上找到相应的点，然后连接成一直线，即可读出砂、石和水的每次投料数量。

[例附 14-1] 已知砂子的含水率为 3.5%，石子的含水率为 1.5%，试计算搅拌时每次投料数量。

解：见附图 14-11，在砂尺和石尺上分别找到相应的点，连成直线，在砂、石和水尺上分别读得砂子 157.9kg，石子 340.6kg，水 40.3kg，水泥仍为 100kg 不变，此即为搅拌时每次投料数量。

这种列线图要根据具体的配合比绘制。绘制的要点是：水、砂、石三尺均为直线，并保持一定间距；三支尺的端部即砂、石含水率等于 0 的点应在一个水平面上；砂、石二尺表示投料数量的刻度是用量数刻度，向下逐渐增加；水尺的刻度，其距离相当于砂或石尺的一半用量数刻度，向下逐渐减少；最后根据计算，在砂、石二尺的内侧标上相应的含水率。

绘制这种列线图的原理是：当砂、石含水率相等时，所连接的线是水平的，即 $b = a = c$

$$b = \frac{1}{2}(a + c)$$

当砂、石含水率不等时，其连线是倾斜

的，增加了一个三角形，由于相似三角形关系：

$$d = \frac{1}{2}e$$

故：

$$b + d = \frac{1}{2}(a + c + e)$$

由于用水量的水平的刻度距离为砂（石）尺的1/2，所以实际数值相等。即水减少的数量等于砂与石增加的数量。

（二）查表法

在第一章、第二章中已经详细地叙述了混凝土配合比设计的原则及步骤，指出了配合比设计的复杂性，以及试拌调整的重要性。因为不论采用何种方法计算得出的配合比，必须经过试拌调整，才能得到经济合理的配合比，才能在保证质量的前提下，尽量节约水泥。广大基层施工单位，尤其是乡镇企业施工队，希望能有一些现成的配合比，提供施工参考，以减少计算工作量。为此，本节特将通过查表的方法选择混凝土的配合比予以详细介绍。

通过查表得出的混凝土配合比，虽然仍要经过试拌调整，但可以省去大量的计算手续，节省计算所需的时间，以满足基层尤其是乡镇企业施工单位施工混凝土需要。

本节所列表格均根据现行国家规定进行计算，在条件相同时，查表得出的配合比与直接计算得出完全相同。

1. 确定配制强度

根据《普通混凝土配合比设计规程》（JGJ 55—2011）推荐的经验公式，混凝土配合比设计的配制强度可按下式计算：

$$f_{cu,0} = f_{cu,k} + 1.645\sigma \qquad \text{（附 14-22）}$$

式中：$f_{cu,0}$——配制强度（MPa）；

$f_{cu,k}$——混凝土设计强度等级值（MPa）；

σ——标准差（MPa），σ 无系统统计资料时，可按 C10 ~ C20 为 4MPa，C25 ~ C40 为 5MPa 取值。

2. 水灰比选用表

附表 14-37 及附表 14-38 是水灰比选用表。其水灰比可按照《普通混凝土配合比设计规程》（JGJ 55—2011）推荐的经验公式计算得到。

采用碎石时

$$f_{cu,0} = 0.46 f_{ce}\left(\frac{C}{W} - 0.07\right) \qquad \text{（附 14-23a）}$$

或

$$\frac{W}{C} = \frac{0.46 f_{ce}}{f_{cu,0} + 0.07 \times 0.46 f_{ce}} \qquad \text{（附 14-23b）}$$

采用卵石时

$$f_{cu,0} = 0.48 f_{ce}\left(\frac{C}{W} - 0.33\right) \qquad \text{（附 14-24a）}$$

或

$$\frac{W}{C} = \frac{0.48 f_{ce}}{f_{cu,0} + 0.48 \times 0.33 f_{ce}} \qquad \text{（附 14-24b）}$$

碎石混凝土水灰比选用表(15cm 立方试块)　　附表 14-37

f_{ce}(MPa) \ $f_{cu,0}$(MPa)/$f_{cu,k}$(MPa)	21.58/15	26.58/20	33.23/25	38.23/30	43.23/35	48.23/40
32.5	0.66	0.54	0.44	0.38	0.34	0.30
33.5	0.68	0.56	0.45	0.39	0.35	0.31
34.5	0.70	0.57	0.46	0.40	036	0.32
35.5	0.72	0.59	0.48	0.41	0.37	0.33
36.5	0.74	0.60	0.49	0.43	0.38	0.34
37.5	0.76	0.62	0.50	0.44	0.39	0.35
38.5	0.78	0.64	0.51	0.45	0.40	0.36
39.5	0.80	0.65	0.53	0.46	0.41	0.37
40.5	—	0.67	0.54	0.47	0.42	0.38
41.5	—	0.68	0.55	0.48	0.43	0.39
42.5	—	0.70	0.57	0.49	0.44	0.39
43.5	—	0.72	0.58	0.50	0.45	0.40
44.5	—	0.73	0.59	0.52	0.46	0.41
45.5	—	0.75	0.60	0.53	0.47	0.42
46.5	—	0.76	0.62	0.54	0.48	0.43
47.5	—	0.78	0.63	0.55	0.49	0.44
48.5	—	0.79	0.64	0.56	0.50	0.45
49.5	—	0.81	0.65	0.57	0.51	0.46
50.5	—	—	0.67	0.58	0.52	0.47
51.5	—	—	0.68	0.59	0.53	0.47
52.5	—	—	0.69	0.60	0.54	0.48
53.5	—	—	0.70	0.62	0.55	0.49
54.5	—	—	0.72	0.63	0.56	0.50
55.5	—	—	0.73	0.64	0.57	0.51
56.5	—	—	0.74	0.65	0.58	0.52
57.5	—	—	0.75	0.66	0.59	0.53
58.5	—	—	0.77	0.67	0.60	0.54
59.5	—	—	0.78	0.68	0.61	0.55
60.5	—	—	0.79	0.69	0.62	0.56
61.5	—	—	0.81	0.71	0.63	0.56
62.5	—	—	0.82	0.71	0.64	0.57

卵石混凝土水灰比选用表(15cm 立方试块)　附表 14-38

f_{ce}(MPa) \ $f_{cu,0}$(MPa)/$f_{cu,k}$(MPa)	21.58/15	26.58/20	33.23/25	38.23/30	43.23/35	48.23/40
32.5	0.58	0.49	0.41	0.36	0.32	0.29
33.5	0.60	0.50	0.42	0.37	0.33	0.30
34.5	0.61	0.52	0.43	0.38	0.34	0.31
35.5	0.63	0.53	0.44	0.39	0.35	0.32
36.5	0.64	0.54	0.45	0.40	0.36	0.32
37.5	0.65	0.55	0.46	0.41	0.37	0.33
38.5	0.67	0.57	0.47	0.42	0.37	0.34
39.5	0.68	0.58	0.48	0.43	0.38	0.35
40.5	0.69	0.59	0.49	0.44	0.39	0.36
41.5	0.71	0.60	0.50	0.44	0.40	0.36
42.5	0.72	0.61	0.51	0.45	0.41	0.37
43.5	0.73	0.62	0.52	0.46	0.42	0.38
44.5	0.75	0.64	0.53	0.47	0.42	0.39
45.5	0.76	0.65	0.54	0.48	0.43	0.40
46.5	0.77	0.66	0.55	0.49	0.44	0.40
47.5	0.78	0.67	0.56	0.50	0.45	0.41
48.5	0.80	0.68	0.57	0.51	0.46	0.42
49.5	0.81	0.69	0.58	0.52	0.47	0.42
50.5	0.82	0.70	0.59	0.52	0.47	0.43
51.5	0.83	0.71	0.60	0.53	0.46	0.44
52.5	0.84	0.72	0.61	0.54	0.49	0.45
53.5	—	0.73	0.62	0.55	0.50	0.45
54.5	—	0.74	0.62	0.56	0.50	0.46
55.5	—	0.75	0.63	0.57	0.51	0.47
56.5	—	0.76	0.64	0.57	0.52	0.47
57.5	—	0.77	0.65	0.58	0.53	0.48
58.5	—	0.78	0.66	0.59	0.53	0.49
59.5	—	0.79	0.67	0.60	0.54	0.50
60.5	—	0.80	0.68	0.61	0.55	0.50
61.5	—	0.81	0.69	0.62	0.56	0.51
62.5	—	0.82	0.70	0.62	0.56	0.52

注：$f_{cu,0}/f_{cu,k}$——分子为混凝土配制强度，分母则为设计强度。

当已知水泥实际强度f_{ce}及混凝土配制强度时，就可从表中查出水灰比值。如无法取得水泥实际强度值时，可以用水泥强度等级值乘以富余系数r_c，富余系数可根据当地水泥厂的生产情况确定。表中混凝土的强度已考虑加上相应的标准差σ，如附表14-39所示。

σ 取 值 表 附表14-39

混凝土强度等级	C10～C20	C25～C40	C50～C60
标准差σ(MPa)	4	5	6

应该指出式(附14-22)及式(附14-23)中混凝土的强度是以边长为15cm的立方体试块强度，如采用10cm及20cm边长的立方体试块，应进行换算，分别乘以1.05或0.95。

从保证混凝土的耐久性及合理使用水泥的原则出发，水泥强度等级与混凝土设计强度等级之间应有一个合理的比值，建议按附表14-40选用。

水泥强度等级选用参考表 附表14-40

混凝土设计强度等级	C15	C20	C25	C30	C35	C40
水泥强度等级	32.5	32.5	—	—	—	—
	42.5	42.5	42.5	42.5	42.5	—
	—	52.5	52.5	52.5	52.5	52.5
	—	—	62.5	62.5	62.5	62.5

3. 用水量

混凝土的用水量可凭经验或参照附表14-41选用。

混凝土用水量选用表(kg/m^3) 附表14-41

拌和物稠度		卵石最大粒径(mm)				碎石最大粒径(mm)			
项目	指标	10	20	31.5	40	16	20	31.5	40
坍落度(mm)	10～30	190	170	160	150	200	185	175	165
	35～50	200	180	170	160	210	195	185	175
	55～70	210	190	180	170	220	205	195	185
	75～90	215	195	185	175	230	215	205	195

注：1. 本表用水量系采用中砂时的平均取值。采用细砂时，每$1m^3$混凝土用水量可增加5～10kg；采用粗砂时，则可减少5～10kg。

2. 掺用各种外加剂或掺和料时，用水量应相应调整。

4. 砂率

砂率可凭经验或根据水灰比及石子的种类及最大粒径从附表14-42选用。

混凝土的砂率(%) 附表14-42

水灰比(W/C)	卵石最大粒径(mm)			碎石最大粒径(mm)		
	10	20	40	16	20	40
0.40	26～32	25～31	24～30	30～35	29～34	27～32
0.50	30～35	29～34	28～33	33～38	32～37	30～35
0.60	33～38	32～37	31～36	36～41	35～40	33～38
0.70	36～41	35～40	34～39	39～44	38～43	36～41

注：1. 本表数值系中砂的选用砂率，对细砂或粗砂，可相应地减少或增大砂率。

2. 只用一个单粒级粗集料配制混凝土时，砂率应适当增大。

3. 对薄壁构件，砂率取偏大值。

4. 本表中的砂率系指砂与集料总量的质量比。

5. 混凝土配合比表

附表 14-43 为混凝土配合比选用表。用查表法选择混凝土配合比的顺序为:

(1)根据混凝土的设计强度等级值及水泥实际强度从水灰比选用表(附表 14-37 ~ 附表 14-38)查出水灰比。

(2)根据需要的坍落度,凭经验或从用水量表(附表 14-41)中查出用水量。

(3)凭经验或根据水灰比、石子种类及最大粒径从砂率选用表(附表 14-42)中查出相应的砂率。

(4)根据查出的水灰比、用水量及砂率从[附表 14-43(1) ~ 附表 14-43(31)]中即可查出混凝土的配合比及每 $1m^3$ 混凝土中材料用量。在表列数据之间的数值均可用插入法求得。

(5)称取 15 ~ 30L 混凝土用料量进行试拌,测定坍落度,观察混凝土的稠度。如坍落度不能满足要求时,可选用配合比表中相邻近的用水量(或砂率)的配合比,再进行试拌直至混凝土的坍落度符合要求为止。

(6)用试拌合格的混凝土拌和物制作试块。为了便于调整,可同时制作用水量相同、水灰比不同的三组试块,这三组试块的配合比均可从配合比表中查出。试块经标准养护 28d(或采用快速试验)后进行试压,根据试块的试压结果,即可确定混凝土的设计配合比。

(7)混凝土配合比选用表是采用质量法计算所得,混凝土的假定表观密度 2 350kg/m^3。实际材料用量还需根据试拌时测定的混凝土表现密度进行调整,调整的方法与第二章第一节所述"配合比的调整"相同。

混凝土配合比表 附表 14-43(1)

	砂率 β_s(%)	配合比 $m_{c0}:m_{s0}:m_{g0}$	每 $1m^3$ 混凝土材料用量(kg)				砂率 β_s(%)	配合比 $m_{c0}:m_{s0}:m_{g0}$	每 $1m^3$ 混凝土材料用量(kg)			
			水泥	水	砂	石子			水泥	水	砂	石子
水灰比 $W/C=0.4$	31	1 : 1.39 : 3.09	400	160	555	1 235	31	1 : 1.10 : 2.45	475	190	522	1 163
	33	1 : 1.48 : 3.00	400	160	591	1 199	33	1 : 1.72 : 2.38	475	190	556	1 129
	35	1 : 1.57 : 2.91	400	160	627	1 164	35	1 : 1.24 : 2.31	475	190	590	1 095
	37	1 : 1.66 : 2.82	400	160	662	1 128	37	1 : 1.31 : 2.23	475	190	623	1 062
	39	1 : 1.75 : 2.73	400	160	698	1 092	39	1 : 1.38 : 2.16	475	190	657	1 028
	41	1 : 1.83 : 2.64	400	160	734	1 056	41	1 : 1.45 : 2.09	475	190	691	994
	31	1 : 1.28 : 2.85	425	170	544	1 211	31	1 : 1.02 : 2.28	500	200	512	1 139
	33	1 : 1.36 : 2.77	425	170	579	1 176	33	1 : 1.09 : 2.21	500	200	545	1 106
	35	1 : 1.45 : 2.68	425	170	614	1 141	35	1 : 1.16 : 2.15	500	200	578	1 073
	37	1 : 1.53 : 2.60	425	170	649	1 106	37	1 : 1.22 : 2.08	500	200	611	1 040
	39	1 : 1.61 : 2.52	425	170	684	1 071	39	1 : 1.29 : 2.01	500	200	644	1 007
	41	1 : 1.69 : 2.44	425	170	720	1 035	41	1 : 1.35 : 1.95	500	200	677	974
	31	1 : 1.18 : 2.64	450	180	533	1 187	31	1 : 0.95 : 2.12	525	210	501	1 114
	33	1 : 1.26 : 2.56	450	180	568	1 152	33	1 : 1.02 : 2.06	525	210	533	1 082
	35	1 : 1.34 : 2.48	450	180	602	1 118	35	1 : 1.08 : 2.00	525	210	565	1 050
	37	1 : 1.41 : 2.41	450	180	636	1 084	37	1 : 1.14 : 1.94	525	210	598	1 017
	39	1 : 1.49 : 2.33	450	180	671	1 049	39	1 : 1.20 : 1.88	525	210	630	985
	41	1 : 1.57 : 2.26	450	180	705	1 015	41	1 : 1.26 : 1.81	525	210	662	953

附表 14-43(2)

	砂率 β_s(%)	配合比 $m_{c0}:m_{s0}:m_{g0}$	每 1m³ 混凝土材料用量(kg)				砂率 β_s(%)	配合比 $m_{c0}:m_{s0}:m_{g0}$	每 1m³ 混凝土材料用量(kg)			
			水泥	水	砂	石子			水泥	水	砂	石子
水灰比 $W/C=0.41$	31	1:1.43:3.18	390	160	558	1 242	31	1:1.13:2.53	463	190	526	1 171
	33	1:1.52:3.09	390	160	594	1 206	33	1:1.21:2.45	463	190	560	1 137
	35	1:1.61:3.00	390	160	630	1 170	35	1:1.28:2.38	463	190	594	1 103
	37	1:1.71:2.91	390	160	666	1 134	37	1:1.35:2.31	463	190	628	1 069
	39	1:1.80:2.81	390	160	702	1 098	39	1:1.43:2.23	463	190	662	1 035
	41	1:1.89:2.72	390	160	738	1 062	41	1:1.50:2.16	463	190	696	1 001
	31	1:1.32:2.94	415	170	547	1 218	31	1:1.06:2.35	488	200	515	1 147
	33	1:1.41:2.85	415	170	583	1 183	33	1:1.12:2.28	488	200	549	1 114
	35	1:1.49:2.77	415	170	618	1 147	35	1:1.19:2.21	488	200	582	1 080
	37	1:1.58:2.68	415	170	653	1 112	37	1:1.26:2.15	488	200	615	1 047
	39	1:1.66:2.60	415	170	688	1 077	39	1:1.33:2.08	488	200	648	1 014
	41	1:1.75:2.51	415	170	724	1 042	41	1:1.40:2.01	488	200	682	981
	31	1:1.22:2.72	439	180	537	1 194	31	1:0.99:2.19	512	210	505	1 123
	33	1:1.30:2.64	439	180	571	1 160	33	1:1.0:2.13	512	210	537	1 091
	35	1:1.38:2.56	439	180	606	1 125	35	1:1.11:2.07	512	210	570	1 058
	37	1:1.46:2.48	439	180	640	1 091	37	1:1.18:2.00	512	210	602	1 026
	39	1:1.54:2.41	439	180	675	1 056	39	1:1.24:1.94	512	210	635	993
	41	1:1.62:2.33	439	180	710	1 021	41	1:1.30:1.88	512	210	667	960

附表 14-43(3)

	砂率 β_s(%)	配合比 $m_{c0}:m_{s0}:m_{g0}$	每 1m³ 混凝土材料用量(kg)				砂率 β_s(%)	配合比 $m_{c0}:m_{s0}:m_{g0}$	每 1m³ 混凝土材料用量(kg)			
			水泥	水	砂	石子			水泥	水	砂	石子
水灰比 $W/C=0.42$	31	1:1.47:3.28	381	160	561	1 248	31	1:1.17:2.60	452	190	529	1 178
	33	1:1.57:3.18	381	160	597	1 212	33	1:1.25:2.53	452	190	564	1 144
	35	1:1.66:3.09	381	160	633	1 176	35	1:1.32:2.45	452	190	598	1 110
	37	1:1.76:2.99	381	160	669	1 140	37	1:1.40:2.38	452	190	632	1 076
	39	1:1.85:2.90	381	160	706	1 104	39	1:1.47:2.30	452	190	666	1 042
	41	1:1.95:2.80	381	160	742	1 067	41	1:1.55:2.23	452	190	700	1 007
	31	1:1.36:3.03	405	170	550	1 225	31	1:1.09:2.43	476	200	519	1 155
	33	1:1.45:2.94	405	170	586	1 189	33	1:1.16:2.36	476	200	552	1 121
	35	1:1.54:2.85	405	170	621	1 154	35	1:1.23:2.28	476	200	586	1 088
	37	1:1.62:2.76	405	170	657	1 118	37	1:1.30:2.21	476	200	619	1 055
	39	1:1.71:2.68	405	170	692	1 083	39	1:1.37:2.14	476	200	653	1 021
	41	1:1.80:2.59	405	170	728	1 047	41	1:1.44:2.07	476	200	686	988
	31	1:1.26:2.80	429	180	540	1 202	31	1:1.02:2.26	500	210	508	1 132
	33	1:1.34:2.72	429	180	575	1 167	33	1:1.08:2.20	500	210	541	1 099
	35	1:1.42:2.64	429	180	610	1 132	35	1:1.15:2.13	500	210	574	1 066
	37	1:1.50:2.56	429	180	644	1 097	37	1:1.21:2.07	500	210	607	1 033
	39	1:1.58:2.48	429	180	679	1 062	39	1:1.28:2.00	500	210	640	1 000
	41	1:1.67:2.40	429	180	714	1 027	41	1:1.34:1.94	500	210	672	968

附表 14-43(4)

	砂　率 β_s(%)	配合比 $m_{c0}:m_{s0}:m_{g0}$	每 $1m^3$ 混凝土材料用量(kg)				砂　率 β_s(%)	配合比 $m_{c0}:m_{s0}:m_{g0}$	每 $1m^3$ 混凝土材料用量(kg)			
			水泥	水	砂	石子			水泥	水	砂	石子
水灰比 $W/C=0.43$	31	1:1.51:3.37	372	160	564	1 254	31	1:1.21:2.68	442	190	533	1 186
	33	1:1.61:3.27	372	160	600	1 218	33	1:1.28:2.61	442	190	567	1 151
	35	1:1.71:3.18	372	160	636	1 182	35	1:1.36:2.53	442	190	601	1 117
	37	1:1.81:3.08	372	160	673	1 145	37	1:1.44:2.45	442	190	636	1 082
	39	1:1.91:2.98	372	160	709	1 109	39	1:1.52:2.37	442	190	670	1 048
	41	1:2.00:2.88	372	160	745	1 073	41	1:1.59:2.29	442	190	704	1 014
	31	1:1.40:3.11	395	170	553	1 231	31	1:1.12:2.50	465	200	522	1 163
	33	1:1.49:3.02	395	170	589	1 196	33	1:1.20:2.43	465	200	556	1 129
	35	1:1.58:2.93	395	170	625	1 160	35	1:1.27:2.35	465	200	590	1 095
	37	1:1.67:2.84	395	170	660	1 124	37	1:1.34:2.38	465	200	623	1 061
	39	1:1.76:2.75	395	170	696	1 089	39	1:1.41:2.21	465	200	657	1 028
	41	1:1.85:2.66	395	170	732	1 053	41	1:1.49:2.14	465	200	691	994
	31	1:1.30:2.89	419	180	543	1 208	31	1:1.05:2.33	488	210	512	1 140
	33	1:1.38:2.80	419	180	578	1 173	33	1:1.12:2.27	488	210	545	1 107
	35	1:1.46:2.72	419	180	613	1 138	35	1:1.18:2.20	488	210	578	1 074
	37	1:1.55:2.64	419	180	648	1 003	37	1:1.25:2.13	488	210	611	1 041
	39	1:1.63:2.55	419	180	683	1 068	39	1:1.32:2.06	488	210	644	1 007
	41	1:1.72:2.47	419	180	718	1 033	41	1:1.39:2.00	488	210	677	974

附表 14-43(5)

	砂　率 β_s(%)	配合比 $m_{c0}:m_{s0}:m_{g0}$	每 $1m^3$ 混凝土材料用量(kg)				砂　率 β_s(%)	配合比 $m_{c0}:m_{s0}:m_{g0}$	每 $1m^3$ 混凝土材料用量(kg)			
			水泥	水	砂	石子			水泥	水	砂	石子
水灰比 $W/C=0.44$	31	1:1.56:3.47	364	160	566	1 260	31	1:1.24:2.76	432	190	536	1 192
	33	1:1.68:3.37	364	160	603	1 224	33	1:1.32:2.68	432	190	570	1 158
	35	1:1.76:3.26	364	160	639	1 187	35	1:1.40:2.60	432	190	605	1 123
	37	1:1.86:3.16	364	160	676	1 151	37	1:1.48:2.52	432	190	639	1 089
	39	1:1.96:3.06	364	160	712	1 114	39	1:1.56:2.44	432	190	674	1 054
	41	1:2.06:2.96	364	160	749	1 078	41	1:1.64:2.36	432	190	709	1 020
	31	1:1.44:3.20	386	170	556	1 238	31	1:1.16:2.57	455	200	526	1 170
	33	1:1.53:3.11	386	170	592	1 202	33	1:1.23:2.50	455	200	560	1 136
	35	1:1.62:3.02	386	170	628	1 166	35	1:1.31:2.42	455	200	593	1 102
	37	1:1.72:2.92	386	170	664	1 130	37	1:1.38:2.35	455	200	627	1 068
	39	1:1.81:2.83	386	170	700	1 094	39	1:1.45:2.28	455	200	661	1 034
	41	1:1.90:2.74	386	170	735	1 058	41	1:1.53:2.20	455	200	695	1 000
	31	1:1.33:2.97	409	180	546	1 215	31	1:1.08:2.40	477	210	515	1 147
	33	1:1.42:2.88	409	180	581	1 180	33	1:1.15:2.38	477	210	549	1 114
	35	1:1.51:2.80	409	180	616	1 145	35	1:1.22:2.26	477	210	582	1 081
	37	1:1.59:2.71	409	180	652	1 109	37	1:1.29:2.19	477	210	615	1 048
	39	1:1.68:2.63	409	180	687	1 074	39	1:1.36:2.13	477	210	648	1 014
	41	1:1.76:2.54	409	180	722	1 039	41	1:1.43:2.06	477	210	682	981

附表 14-43(6)

	砂率 β_s(%)	配合比 $m_{c0}:m_{s0}:m_{g0}$	每 1m^3 混凝土材料用量(kg)				砂率 β_s(%)	配合比 $m_{c0}:m_{s0}:m_{g0}$	每 1m^3 混凝土材料用量(kg)			
			水泥	水	砂	石子			水泥	水	砂	石子
	31	1∶1.60∶3.56	356	160	569	1 266	31	1∶1.28∶2.84	422	190	539	1 199
	33	1∶1.70∶3.46	356	160	605	1 229	33	1∶1.36∶2.76	422	190	573	1 164
	35	1∶1.81∶3.35	356	160	642	1 192	35	1∶1.44∶2.68	422	190	608	1 130
	37	1∶1.91∶3.25	356	160	679	1 156	37	1∶1.52∶2.59	422	190	643	1 095
	39	1∶2.01∶3.15	356	160	715	1 119	39	1∶1.61∶2.51	422	190	678	1 060
	41	1∶2.12∶3.04	356	160	752	1 082	41	1∶1.69∶2.43	422	190	712	1 025
	31	1∶1.48∶3.29	378	170	559	1 244	31	1∶1.19∶2.65	444	200	529	1 177
水灰比 $W/C=0.45$	33	1∶1.57∶3.20	378	170	595	1 207	33	1∶1.27∶2.57	444	200	563	1 143
	35	1∶1.67∶3.10	378	170	631	1 171	35	1∶1.34∶2.49	444	200	597	1 109
	37	1∶1.77∶3.01	378	170	667	1 135	37	1∶1.42∶2.42	444	200	631	1 075
	39	1∶1.86∶2.91	378	170	703	1 099	39	1∶1.50∶2.34	444	200	665	1 040
	41	1∶1.96∶2.81	378	170	739	1 063	41	1∶1.57∶2.26	444	200	699	1 006
	31	1∶1.37∶3.05	400	180	549	1 221	31	1∶1.11∶2.47	467	210	519	1 155
	33	1∶1.46∶2.96	400	180	584	1 186	33	1∶1.18∶2.40	467	210	552	1 121
	35	1∶1.55∶2.88	400	180	620	1 151	35	1∶1.26∶2.33	467	210	586	1 088
	37	1∶1.64∶2.79	400	180	655	1 115	37	1∶1.33∶2.26	467	210	619	1 054
	39	1∶1.73∶2.70	400	180	690	1 080	39	1∶1.40∶2.19	467	210	653	1 021
	41	1∶1.81∶2.61	400	180	726	1 044	41	1∶1.47∶2.12	467	210	686	987

附表 14-43(7)

	砂率 β_s(%)	配合比 $m_{c0}:m_{s0}:m_{g0}$	每 1m^3 混凝土材料用量(kg)				砂率 β_s(%)	配合比 $m_{c0}:m_{s0}:m_{g0}$	每 1m^3 混凝土材料用量(kg)			
			水泥	水	砂	石子			水泥	水	砂	石子
	31	1∶1.64∶3.65	348	160	571	1 271	31	1∶1.31∶2.92	413	190	542	1 205
	33	1∶1.75∶3.55	348	160	608	1 234	33	1∶1.40∶2.83	413	190	576	1 170
	35	1∶1.85∶3.44	348	160	645	1 197	35	1∶1.48∶2.75	413	190	611	1 136
	37	1∶1.96∶3.34	348	160	682	1 161	37	1∶1.56∶2.66	413	190	646	1 101
	39	1∶2.07∶3.23	348	160	718	1 124	39	1∶165∶2.58	413	190	681	1 066
	41	1∶2.17∶3.12	348	160	755	1 087	41	1∶1.73∶2.50	413	190	716	1 031
	31	1∶1.52∶3.38	370	170	561	1 249	31	1∶1.22∶2.72	435	200	532	1 184
水灰比 $W/C=0.46$	33	1∶1.62∶3.28	370	170	597	1 213	33	1∶1.30∶2.64	435	200	566	1 149
	35	1∶1.71∶3.18	370	170	634	1 177	35	1∶1.38∶2.56	435	200	600	1 115
	37	1∶1.81∶3.09	370	170	670	1 141	37	1∶1.46∶2.49	435	200	635	1 081
	39	1∶1.91∶2.99	370	170	706	1 104	39	1∶1.54∶2.41	435	200	669	1 046
	41	1∶2.01∶2.89	370	170	742	1 068	41	1∶1.62∶2.33	435	200	703	1 012
	31	1∶1.41∶3.14	391	180	551	1 227	31	1∶1.14∶2.54	457	210	522	1 162
	33	1∶1.50∶3.05	391	180	587	1 192	33	1∶1.22∶2.47	457	210	556	1 128
	35	1∶1.59∶2.95	391	180	623	1 156	35	1∶1.29∶2.40	457	210	589	1 094
	37	1∶1.68∶2.86	391	180	658	1 121	37	1∶1.36∶2.32	457	210	623	1 061
	39	1∶1.77∶2.77	391	180	694	1 085	39	1∶1.44∶2.25	457	210	657	1 027
	41	1∶1.86∶2.68	391	180	729	1 049	41	1∶1.51∶2.18	457	210	690	993

附表 14-43(8)

	砂　率 β_s(%)	配合比 $m_{c0}:m_{s0}:m_{g0}$	每 1m³ 混凝土材料用量(kg)				砂　率 β_s(%)	配 合 比 $m_{c0}:m_{s0}:m_{g0}$	每 1m³ 混凝土材料用量(kg)			
			水泥	水	砂	石子			水泥	水	砂	石子
水灰比 $W/C=0.47$	31	1 : 1.68 : 3.75	340	160	573	1 276	31	1 : 1.35 : 3.00	404	190	544	1 211
	33	1 : 1.79 : 3.64	340	160	610	1 239	33	1 : 1.43 : 2.91	404	190	579	1 176
	35	1 : 1.90 : 3.53	340	160	647	1 202	35	1 : 1.52 : 2.82	404	190	615	1 141
	37	1 : 2.01 : 3.42	340	160	684	1 165	37	1 : 1.61 : 2.74	404	190	650	1 106
	39	1 : 2.12 : 3.31	340	160	721	1 128	39	1 : 1.69 : 2.65	404	190	685	1 071
	41	1 : 2.23 : 3.21	340	160	758	1 091	41	1 : 1.78 : 2.56	404	190	720	1 036
	31	1 : 1.56 : 3.47	362	170	564	1 255	31	1 : 1.26 : 2.80	426	200	535	1 190
	33	1 : 1.66 : 3.37	362	170	600	1 218	33	1 : 1.34 : 2.72	426	200	569	1 155
	35	1 : 1.76 : 3.27	362	170	636	1 182	35	1 : 1.42 : 2.63	426	200	604	1 121
	37	1 : 1.86 : 3.17	362	170	673	1 146	37	1 : 1.50 : 2.55	426	200	638	1 086
	39	1 : 1.96 : 3.07	362	170	709	1 109	39	1 : 1.58 : 2.47	426	200	673	1 052
	41	1 : 2.06 : 2.97	362	170	746	1 073	41	1 : 1.66 : 2.39	426	200	707	1 017
	31	1 : 1.45 : 3.22	383	180	554	1 233	31	1 : 1.17 : 2.61	447	210	525	1 168
	33	1 : 1.54 : 3.13	383	180	590	1 197	33	1 : 1.25 : 2.54	447	210	559	1 134
	35	1 : 1.63 : 3.03	383	180	625	1 162	35	1 : 1.33 : 2.46	447	210	593	1 101
	37	1 : 1.73 : 2.94	383	180	661	1 126	37	1 : 1.40 : 2.39	447	210	626	1 067
	39	1 : 1.82 : 2.85	383	180	697	1 090	39	1 : 1.48 : 2.31	447	210	660	1 033
	41	1 : 1.91 : 2.75	383	180	733	1 054	41	1 : 1.55 : 2.24	447	210	694	999

附表 14-43(9)

	砂　率 β_s(%)	配合比 $m_{c0}:m_{s0}:m_{g0}$	每 1m³ 混凝土材料用量(kg)				砂　率 β_s(%)	配 合 比 $m_{c0}:m_{s0}:m_{g0}$	每 1m³ 混凝土材料用量(kg)			
			水泥	水	砂	石子			水泥	水	砂	石子
水灰比 $W/C=0.48$	31	1 : 1.73 : 3.84	333	160	576	1 281	31	1 : 1.38 : 3.08	396	190	547	1 217
	33	1 : 1.84 : 3.73	333	160	613	1 244	33	1 : 1.47 : 2.99	396	190	582	1 182
	35	1 : 1.95 : 3.62	333	160	650	1 207	35	1 : 1.56 : 2.90	396	190	617	1 147
	37	1 : 2.06 : 3.51	333	160	687	1 170	37	1 : 1.65 : 2.81	396	190	653	1 111
	39	1 : 2.17 : 3.40	333	160	724	1 133	39	1 : 1.74 : 2.72	396	190	688	1 076
	41	1 : 2.28 : 3.29	333	160	761	1 095	41	1 : 1.83 : 2.63	396	190	723	1 041
	31	1 : 1.60 : 3.56	354	170	566	1 260	31	1 : 1.29 : 2.87	417	200	537	1 196
	33	1 : 1.70 : 3.45	354	170	603	1 223	33	1 : 1.37 : 2.79	417	200	572	1 161
	35	1 : 1.80 : 3.35	354	170	639	1 187	35	1 : 1.46 : 2.70	417	200	607	1 127
	37	1 : 1.91 : 3.25	354	170	676	1 150	37	1 : 1.54 : 2.62	417	200	641	1 092
	39	1 : 2.01 : 3.14	354	170	712	1 114	39	1 : 1.62 : 2.54	417	200	676	1 057
	41	1 : 2.11 : 3.04	354	170	749	1 077	41	1 : 1.71 : 2.45	417	200	711	1 023
	31	1 : 1.48 : 3.30	375	180	556	1 239	31	1 : 1.21 : 2.69	438	210	528	1 175
	33	1 : 1.58 : 3.21	375	180	592	1 203	33	1 : 1.28 : 2.61	438	210	562	1 141
	35	1 : 1.68 : 3.11	375	180	628	1 167	35	1 : 1.36 : 2.53	438	210	596	1 107
	37	1 : 1.77 : 3.02	375	180	664	1 131	37	1 : 1.44 : 2.45	438	210	630	1 073
	39	1 : 1.87 : 2.92	375	180	700	1 095	39	1 : 1.52 : 2.37	438	210	664	1 039
	41	1 : 1.96 : 2.82	375	180	736	1 059	41	1 : 1.60 : 2.30	438	210	698	1 004

附表 14-43(10)

	砂率 β_s(%)	配合比 $m_{c0}:m_{s0}:m_{g0}$	每 $1m^3$ 混凝土材料用量(kg)				砂率 β_s(%)	配合比 $m_{c0}:m_{s0}:m_{g0}$	每 $1m^3$ 混凝土材料用量(kg)			
			水泥	水	砂	石子			水泥	水	砂	石子
	31	1:1.77:3.94	327	160	578	1 286	31	1:1.42:3.15	388	190	549	1 223
	33	1:1.88:3.82	327	160	615	1 249	33	1:1.51:3.06	388	190	585	1 187
	35	1:2.00:3.71	327	160	652	1 211	35	1:1.60:2.97	388	190	620	1 152
	37	1:2.11:3.60	327	160	689	1 174	37	1:1.69:2.88	388	190	656	1 117
	39	1:2.23:3.48	327	160	727	1 137	39	1:1.78:2.79	388	190	691	1 081
	41	1:2.34:3.37	327	160	764	1 099	41	1:1.87:2.70	388	190	727	1 046
	31	1:1.64:3.65	347	170	568	1 265	31	1:1.32:2.94	408	200	540	1 202
水灰比 $W/C=0.49$	33	1:1.74:3.54	347	170	605	1 228	33	1:1.41:2.86	408	200	575	1 167
	35	1:1.85:3.43	347	170	642	1 191	35	1:1.49:2.77	408	200	610	1 132
	37	1:1.95:3.33	347	170	678	1 155	37	1:1.58:2.69	408	200	644	1 097
	39	1:2.06:3.22	347	170	715	1 118	39	1:1.66:2.60	408	200	679	1 063
	41	1:2.17:3.12	347	170	752	1 082	41	1:1.75:2.52	408	200	714	1 028
	31	1:1.52:3.39	367	180	559	1 244	31	1:1.24:2.76	429	210	531	1 181
	33	1:1.62:3.29	367	180	595	1 208	33	1:1.32:2.68	429	210	565	1 147
	35	1:1.72:3.19	367	180	631	1 172	35	1:1.40:2.60	429	210	599	1 112
	37	1:1.82:3.09	367	180	667	1 136	37	1:1.48:2.52	429	210	633	1 078
	39	1:1.91:2.99	367	180	703	1 100	39	1:1.56:2.44	429	210	667	1 044
	41	1:2.01:2.90	367	180	739	1 064	41	1:1.64:2.36	429	210	702	1 010

附表 14-43(11)

	砂率 β_s(%)	配合比 $m_{c0}:m_{s0}:m_{g0}$	每 $1m^3$ 混凝土材料用量(kg)				砂率 β_s(%)	配合比 $m_{c0}:m_{s0}:m_{g0}$	每 $1m^3$ 混凝土材料用量(kg)			
			水泥	水	砂	石子			水泥	水	砂	石子
	31	1:1.81:4.03	320	160	580	1 290	31	1:1.45:3.23	380	190	552	1 228
	33	1:1.93:3.92	320	160	617	1 253	33	1:1.53:3.14	380	190	587	1 193
	35	1:2.05:3.80	320	160	655	1 216	35	1:1.64:3.04	380	190	623	1 157
	37	1:2.16:3.68	320	160	692	1 178	37	1:1.73:2.95	380	190	659	1 121
	39	1:2.28:3.56	320	160	729	1 141	39	1:1.83:2.86	380	190	694	1 086
	41	1:2.40:3.45	320	160	767	1 103	41	1:1.92:2.76	380	190	730	1 050
	31	1:1.68:3.73	340	170	570	1 270	31	1:1.36:3.02	400	200	543	1 208
水灰比 $W/C=0.5$	33	1:1.79:3.63	340	170	607	1 233	33	1:1.44:2.93	400	200	578	1 173
	35	1:1.89:3.52	340	170	644	1 196	35	1:1.53:2.84	400	200	613	1 138
	37	1:2.00:3.41	340	170	681	1 159	37	1:1.62:2.76	400	200	648	1 103
	39	1:2.11:3.30	340	170	718	1 122	39	1:1.71:2.67	400	200	683	1 068
	41	1:2.22:3.19	340	170	754	1 086	41	1:1.79:2.58	400	200	718	1 038
	31	1:1.56:3.47	360	180	561	1 249	31	1:1.27:2.83	420	210	533	1 187
	33	1:1.66:3.37	360	180	597	1 213	33	1:1.35:2.74	420	210	568	1 152
	35	1:1.76:3.27	360	180	634	1 177	35	1:1.43:2.66	420	210	602	1 118
	37	1:1.86:3.17	360	180	670	1 140	37	1:1.52:2.58	420	210	636	1 084
	39	1:1.96:3.07	360	180	706	1 104	39	1:1.60:2.50	420	210	671	1 049
	41	1:2.06:2.97	360	180	742	1 068	41	1:1.68:2.42	420	210	705	1 015

附表 14-43(12)

	砂　率 β_s(%)	配合比 $m_{c0}:m_{s0}:m_{g0}$	每 $1m^3$ 混凝土材料用量(kg)				砂　率 β_s(%)	配 合 比 $m_{c0}:m_{s0}:m_{g0}$	每 $1m^3$ 混凝土材料用量(kg)			
			水泥	水	砂	石子			水泥	水	砂	石子
水灰比 $W/C=0.51$	31	1 : 1.85 : 4.13	314	160	582	1 295	31	1 : 1.49 : 3.31	373	190	554	1 233
	33	1 : 1.97 : 4.01	314	160	619	1 257	33	1 : 1.58 : 3.21	373	190	590	1 198
	35	1 : 2.09 : 3.89	314	160	657	1 220	35	1 : 1.68 : 3.12	373	190	626	1 162
	37	1 : 2.21 : 3.77	314	160	694	1 182	37	1 : 1.78 : 3.02	373	190	661	1 126
	39	1 : 2.33 : 3.65	314	160	732	1 145	39	1 : 1.87 : 2.93	373	190	697	1 090
	41	1 : 2.45 : 3.53	314	160	769	1 107	41	1 : 1.97 : 2.83	373	190	733	1 055
	31	1 : 1.72 : 3.82	333	170	572	1 274	31	1 : 1.39 : 3.09	392	200	545	1 213
	33	1 : 1.83 : 3.71	333	170	609	1 237	33	1 : 1.48 : 3.00	392	200	580	1 178
	35	1 : 1.94 : 3.60	333	170	646	1 200	35	1 : 1.57 : 2.91	392	200	615	1 143
	37	1 : 2.05 : 3.49	333	170	683	1 163	37	1 : 1.66 : 2.82	392	200	650	1 107
	39	1 : 2.16 : 3.38	333	170	720	1 126	39	1 : 1.75 : 2.73	392	200	686	1 072
	41	1 : 2.27 : 3.27	333	170	757	1 090	41	1 : 1.84 : 2.64	392	200	721	1 037
	31	1 : 1.60 : 3.55	353	180	563	1 254	31	1 : 1.30 : 2.90	412	210	536	1 192
	33	1 : 1.70 : 3.54	353	180	600	1 217	33	1 : 1.39 : 2.81	412	210	570	1 158
	35	1 : 1.80 : 3.35	353	180	636	1 161	35	1 : 1.47 : 2.73	412	210	605	1 123
	37	1 : 1.90 : 3.24	353	180	672	1 145	37	1 : 1.55 : 2.64	412	210	639	1 089
	39	1 : 2.01 : 3.14	353	180	709	1 108	39	1 : 1.64 : 2.56	412	210	674	1 054
	41	1 : 2.11 : 3.04	353	180	745	1 072	41	1 : 1.72 : 2.48	412	210	709	1 020

附表 14-43(13)

	砂　率 β_s(%)	配合比 $m_{c0}:m_{s0}:m_{g0}$	每 $1m^3$ 混凝土材料用量(kg)				砂　率 β_s(%)	配 合 比 $m_{c0}:m_{s0}:m_{g0}$	每 $1m^3$ 混凝土材料用量(kg)			
			水泥	水	砂	石子			水泥	水	砂	石子
水灰比 $W/C=0.52$	31	1 : 1.90 : 4.22	308	160	584	1 299	31	1 : 1.52 : 3.39	365	190	556	1 238
	33	1 : 2.02 : 4.10	308	160	621	1 261	33	1 : 1.62 : 3.29	365	190	592	1 202
	35	1 : 2.14 : 3.98	308	160	659	1 224	35	1 : 1.72 : 3.19	365	190	628	1 167
	37	1 : 2.26 : 3.85	308	160	696	1 186	37	1 : 1.82 : 3.09	365	190	664	1 131
	39	1 : 2.39 : 3.73	308	160	734	1 148	39	1 : 1.92 : 3.00	365	190	700	1 095
	41	1 : 2.51 : 3.61	308	160	772	1 111	41	1 : 2.01 : 2.90	365	190	736	1 059
	31	1 : 1.76 : 3.91	327	170	574	1 279	31	1 : 1.42 : 3.17	385	200	547	1 218
	33	1 : 1.87 : 3.80	327	170	612	1 242	33	1 : 1.51 : 3.08	385	200	583	1 183
	35	1 : 1.98 : 3.68	327	170	649	1 205	35	1 : 1.61 : 2.98	385	200	618	1 148
	37	1 : 2.10 : 3.57	327	170	686	1 167	37	1 : 1.70 : 2.89	385	200	653	1 112
	39	1 : 2.21 : 3.46	327	170	723	1 130	39	1 : 1.79 : 2.80	385	200	689	1 077
	41	1 : 2.32 : 3.34	327	170	760	1 093	41	1 : 1.88 : 2.71	385	200	724	1 042
	31	1 : 1.63 : 3.64	346	180	565	1 258	31	1 : 1.33 : 2.97	404	210	538	1 198
	33	1 : 1.74 : 3.53	346	180	602	1 222	33	1 : 1.42 : 2.88	404	210	573	1 163
	35	1 : 1.84 : 3.42	346	180	638	1 186	35	1 : 1.50 : 2.79	404	210	608	1 129
	37	1 : 1.95 : 3.32	346	180	675	1 149	37	1 : 1.59 : 2.71	404	210	642	1 094
	39	1 : 2.05 : 3.21	346	180	711	1 113	39	1 : 1.68 : 2.62	404	210	677	1 059
	41	1 : 2.16 : 3.11	346	180	748	1 076	41	1 : 1.76 : 2.54	404	210	712	1 024

附表 14-43(14)

	砂率 β_s(%)	配合比 $m_{c0}:m_{s0}:m_{g0}$	每 1m³ 混凝土材料用量(kg)				砂率 β_s(%)	配合比 $m_{c0}:m_{s0}:m_{g0}$	每 1m³ 混凝土材料用量(kg)			
			水泥	水	砂	石子			水泥	水	砂	石子
水灰比 $W/C=0.53$	31	1:1.94:4.32	302	160	585	1 303	31	1:1.56:3.47	358	190	558	1 243
	33	1:2.06:4.19	302	160	623	1 265	33	1:1.66:3.37	358	190	594	1 207
	35	1:2.19:4.07	302	160	661	1 227	35	1:1.76:3.27	358	190	631	1 171
	37	1:2.31:3.94	302	160	699	1 190	37	1:1.86:3.17	358	190	667	1 135
	39	1:2.44:3.82	302	160	736	1 152	39	1:1.96:3.07	358	190	703	1 099
	41	1:2.56:3.69	302	160	774	1 114	41	1:2.06:2.96	358	190	739	1 063
	31	1:1.80:4.00	321	170	576	1 283	31	1:1.46:3.24	377	200	550	1 223
	33	1:1.91:3.88	321	170	614	1 246	33	1:1.55:3.15	377	200	585	1 188
	35	1:2.03:3.77	321	170	651	1 209	35	1:1.64:3.05	377	200	620	1 152
	37	1:2.14:3.65	321	170	688	1 171	37	1:1.74:2.96	377	200	656	1 117
	39	1:2.26:3.54	321	170	725	1 134	39	1:1.83:2.87	377	200	691	1 081
	41	1:2.38:3.42	321	170	762	1 097	41	1:1.93:2.77	377	200	727	1 046
	31	1:1.67:3.72	340	180	567	1 263	31	1:1.36:3.04	396	210	541	1 203
	33	1:1.78:3.61	340	180	604	1 226	33	1:1.45:2.95	396	210	575	1 168
	35	1:1.89:3.50	340	180	641	1 190	35	1:1.54:2.86	396	210	610	1 133
	37	1:1.99:3.40	340	180	677	1 153	37	1:1.63:2.77	396	210	645	1 099
	39	1:2.10:3.29	340	180	714	1 117	39	1:1.72:2.68	396	210	680	1 064
	41	1:2.21:3.18	340	180	750	1 080	41	1:1.80:2.60	396	210	715	1 029

附表 14-43(15)

	砂率 β_s(%)	配合比 $m_{c0}:m_{s0}:m_{g0}$	每 1m³ 混凝土材料用量(kg)				砂率 β_s(%)	配合比 $m_{c0}:m_{s0}:m_{g0}$	每 1m³ 混凝土材料用量(kg)			
			水泥	水	砂	石子			水泥	水	砂	石子
水灰比 $W/C=0.54$	31	1:1.98:4.41	296	160	587	1 307	31	1:1.59:3.55	352	190	561	1 248
	33	1:2.11:4.28	296	160	625	1 269	33	1:1.70:3.44	352	190	597	1 211
	35	1:2.24:4.15	296	160	663	1 231	35	1:1.80:3.34	352	190	633	1 175
	37	1:2.36:4.03	296	160	701	1 193	37	1:1.90:3.24	352	190	669	1 139
	39	1:2.49:3.90	296	160	739	1 155	39	1:2.00:3.13	352	190	705	1 103
	41	1:2.62:3.77	296	160	776	1 117	41	1:2.11:3.03	352	190	741	1 067
	31	1:1.84:4.09	315	170	578	1 287	31	1:1.49:3.32	370	200	552	1 228
	33	1:1.96:3.97	315	170	616	1 250	33	1:1.59:3.22	370	200	587	1 192
	35	1:2.07:3.85	315	170	653	1 212	35	1:1.68:3.12	370	200	623	1 157
	37	1:2.19:3.73	315	170	690	1 175	37	1:1.78:3.03	370	200	658	1 121
	39	1:2.31:3.61	315	170	727	1 138	39	1:1.87:2.93	370	200	694	1 086
	41	1:2.43:3.50	315	170	765	1 100	41	1:1.97:2.83	370	200	730	1 050
	31	1:1.71:3.80	333	180	569	1 267	31	1:1.40:3.11	389	210	543	1 208
	33	1:1.82:3.69	333	180	606	1 231	33	1:1.49:3.02	389	210	578	1 173
	35	1:1.93:3.58	333	180	643	1 194	35	1:1.58:2.93	389	210	613	1 138
	37	1:2.04:3.47	333	180	680	1 157	37	1:1.67:2.84	389	210	648	1 103
	39	1:2.15:3.36	333	180	716	1 120	39	1:1.76:2.75	389	210	683	1 068
	41	1:2.26:3.25	333	180	753	1 084	41	1:1.85:2.66	389	210	718	1 033

附表 14-43(16)

	砂率 β_s(%)	配合比 $m_{c0}:m_{s0}:m_{g0}$	每 1m³ 混凝土材料用量(kg)				砂率 β_s(%)	配合比 $m_{c0}:m_{s0}:m_{g0}$	每 1m³ 混凝土材料用量(kg)			
			水泥	水	砂	石子			水泥	水	砂	石子
水灰比 W/C=0.55	31	1:2.02:4.50	291	160	589	1 310	31	1:1.63:3.62	345	190	563	1 252
	33	1:2.15:4.37	291	160	627	1 272	33	1:1.73:3.52	345	190	599	1 216
	35	1:2.28:4.24	291	160	665	1 234	35	1:1.84:3.41	345	190	635	1 179
	37	1:2.42:4.11	291	160	703	1 196	37	1:1.94:3.31	345	190	671	1 143
	39	1:2.55:3.98	291	160	741	1 158	39	1:2.05:3.20	345	190	708	1 107
	41	1:2.68:3.85	291	160	779	1 120	41	1:2.15:3.10	345	190	744	1 071
	31	1:1.88:4.18	309	170	580	1 291	31	1:1.52:3.39	364	200	554	1 233
	33	1:2.00:4.06	309	170	617	1 254	33	1:1.62:3.29	364	200	590	1 197
	35	1:2.12:3.93	309	170	655	1 216	35	1:1.72:3.19	364	200	625	1 161
	37	1:2.24:3.81	309	170	692	1 179	37	1:1.82:3.09	364	200	661	1 125
	39	1:2.36:3.69	309	170	730	1 141	39	1:1.92:3.00	364	200	697	1 090
	41	1:2.48:3.57	309	170	767	1 104	41	1:2.01:2.90	364	200	732	1 054
	31	1:1.75:3.89	327	180	571	1 271	31	1:1.43:3.18	382	210	545	1 213
	33	1:1.86:3.77	327	180	608	1 235	33	1:1.52:3.09	382	210	580	1 178
	35	1:1.97:3.66	327	180	645	1 198	35	1:1.61:2.99	382	210	615	1 143
	37	1:2.08:3.55	327	180	682	1 161	37	1:1.70:2.90	382	210	651	1 108
	39	1:2.20:3.43	327	180	719	1 124	39	1:1.80:2.81	382	210	686	1 072
	41	1:2.31:3.32	327	180	756	1 087	41	1:1.89:2.72	382	210	721	1 037

附表 14-43(17)

	砂率 β_s(%)	配合比 $m_{c0}:m_{s0}:m_{g0}$	每 1m³ 混凝土材料用量(kg)				砂率 β_s(%)	配合比 $m_{c0}:m_{s0}:m_{g0}$	每 1m³ 混凝土材料用量(kg)			
			水泥	水	砂	石子			水泥	水	砂	石子
水灰比 W/C=0.56	31	1:2.07:4.60	286	160	590	1 314	31	1:1.66:3.70	339	190	564	1 256
	33	1:2.20:4.47	286	160	628	1 276	33	1:1.77:3.60	339	190	601	1 220
	35	1:2.33:4.33	286	160	667	1 238	35	1:1.88:3.49	339	190	637	1 183
	37	1:2.47:4.20	286	160	705	1 200	37	1:1.99:3.38	339	190	674	1 147
	39	1:2.60:4.07	286	160	743	1 162	39	1:2.09:3.27	339	190	710	1 111
	41	1:2.73:3.93	286	160	781	1 124	41	1:2.20:3.17	339	190	746	1 074
	31	1:1.92:4.27	304	170	582	1 295	31	1:1.56:3.46	357	200	556	1 237
	33	1:2.04:4.14	304	170	619	1 257	33	1:1.66:3.36	357	200	592	1 201
	35	1:2.16:4.02	304	170	657	1 220	35	1:1.76:3.26	357	200	628	1 165
	37	1:2.29:3.89	304	170	694	1 182	37	1:1.86:3.16	357	200	663	1 130
	39	1:2.41:3.77	304	170	732	1 145	39	1:1.96:3.06	357	200	699	1 094
	41	1:2.53:3.65	304	170	769	1 107	41	1:2.06:2.96	357	200	735	1 058
	31	1:1.78:3.97	321	180	573	1 276	31	1:1.46:3.25	375	210	547	1 218
	33	1:1.90:3.85	321	180	610	1 239	33	1:1.55:3.15	375	210	582	1 183
	35	1:2.01:3.74	321	180	647	1 202	35	1:1.65:3.06	375	210	618	1 147
	37	1:2.13:3.62	321	180	684	1 165	37	1:1.74:2.97	375	210	653	1 112
	39	1:2.24:3.51	321	180	721	1 128	39	1:1.84:2.87	375	210	688	1 077
	41	1:2.36:3.39	321	180	758	1 091	41	1:1.93:2.78	375	210	724	1 041

附表 14-43(18)

	砂率 β_s(%)	配合比 $m_{c0}:m_{s0}:m_{g0}$	每 1m³ 混凝土材料用量 (kg)				砂率 β_s(%)	配合比 $m_{c0}:m_{s0}:m_{g0}$	每 1m³ 混凝土材料用量 (kg)			
			水泥	水	砂	石子			水泥	水	砂	石子
水灰比 $W/C=0.57$	31	1 : 2.11 : 4.69	281	160	592	1 317	31	1 : 1.70 : 3.78	333	190	566	1 260
	33	1 : 2.24 : 4.56	281	160	630	1 279	33	1 : 1.81 : 3.67	333	190	603	1 224
	35	1 : 2.38 : 4.42	281	160	668	1 241	35	1 : 1.92 : 3.56	333	190	639	1 187
	37	1 : 2.52 : 4.29	281	160	706	1 203	37	1 : 2.03 : 3.45	333	190	676	1 151
	39	1 : 2.65 : 4.15	281	160	745	1 165	39	1 : 2.14 : 3.34	333	190	712	1 114
	41	1 : 2.79 : 4.01	281	160	783	1 126	41	1 : 2.25 : 3.23	333	190	749	1 078
	31	1 : 1.96 : 4.35	298	170	583	1 298	31	1 : 1.59 : 3.54	351	200	558	1 241
	33	1 : 2.08 : 4.23	298	170	621	1 261	33	1 : 1.69 : 3.44	351	200	594	1 205
	35	1 : 2.21 : 4.10	298	170	659	1 223	35	1 : 1.79 : 3.33	351	200	630	1 169
	37	1 : 2.33 : 3.97	298	170	696	1 186	37	1 : 1.90 : 3.23	351	200	666	1 133
	39	1 : 2.46 : 3.85	298	170	734	1 148	39	1 : 2.00 : 3.13	351	200	702	1 097
	41	1 : 2.59 : 3.72	298	170	772	1 110	41	1 : 2.10 : 3.03	351	200	738	1 061
	31	1 : 1.82 : 4.05	316	180	575	1 279	31	1 : 1.49 : 3.32	368	210	549	1 222
	33	1 : 1.94 : 3.93	316	180	612	1 242	33	1 : 1.59 : 3.22	368	210	585	1 187
	35	1 : 2.06 : 3.82	316	180	649	1 105	35	1 : 1.68 : 3.13	368	210	620	1 152
	37	1 : 2.17 : 3.70	316	180	686	1 168	37	1 : 1.78 : 3.03	368	210	655	1 116
	39	1 : 2.29 : 3.58	316	180	723	1 131	39	1 : 1.88 : 2.93	368	210	691	1 081
	41	1 : 2.41 : 3.46	316	180	760	1 094	41	1 : 1.97 : 2.84	368	210	726	1 045

附表 14-43(19)

	砂率 β_s(%)	配合比 $m_{c0}:m_{s0}:m_{g0}$	每 1m³ 混凝土材料用量 (kg)				砂率 β_s(%)	配合比 $m_{c0}:m_{s0}:m_{g0}$	每 1m³ 混凝土材料用量 (kg)			
			水泥	水	砂	石子			水泥	水	砂	石子
水灰比 $W/C=0.58$	31	1 : 2.15 : 4.79	276	160	593	1 321	31	1 : 1.73 : 3.86	328	190	568	1 264
	33	1 : 2.29 : 4.65	276	160	632	1 282	33	1 : 1.85 : 3.75	328	190	605	1 228
	35	1 : 2.43 : 4.51	276	160	670	1 244	35	1 : 1.96 : 3.64	328	190	641	1 191
	37	1 : 2.57 : 4.37	276	160	708	1 206	37	1 : 2.07 : 3.52	328	190	678	1 154
	39	1 : 2.71 : 4.23	276	160	747	1 168	39	1 : 2.18 : 3.41	328	190	715	1 188
	41	1 : 2.84 : 4.09	276	160	785	1 129	41	1 : 2.29 : 3.30	328	190	751	1 081
	31	1 : 2.00 : 4.44	293	170	585	1 302	31	1 : 1.62 : 3.61	345	200	560	1 246
	33	1 : 2.12 : 4.31	293	170	623	1 264	33	1 : 1.73 : 3.51	345	200	596	1 209
	35	1 : 2.25 : 4.18	293	170	660	1 226	35	1 : 1.83 : 3.40	345	200	632	1 173
	37	1 : 2.38 : 4.06	293	170	698	1 189	37	1 : 1.94 : 3.30	345	200	668	1 137
	39	1 : 2.51 : 3.93	293	170	736	1 151	39	1 : 2.04 : 3.19	345	200	704	1 101
	41	1 : 2.64 : 3.80	293	170	774	1 113	41	1 : 2.15 : 3.09	345	200	740	1 065
	31	1 : 1.86 : 4.13	310	180	576	1 283	31	1 : 1.52 : 3.39	362	210	551	1 227
	33	1 : 1.98 : 4.01	310	180	614	1 246	33	1 : 1.62 : 3.29	362	210	587	1 191
	35	1 : 2.10 : 3.89	310	180	651	1 209	35	1 : 1.72 : 3.19	362	210	622	1 156
	37	1 : 2.22 : 3.78	310	180	688	1 172	37	1 : 1.82 : 3.09	362	210	658	1 120
	39	1 : 2.34 : 3.66	310	180	725	1 134	39	1 : 1.92 : 3.00	362	210	693	1 085
	41	1 : 2.46 : 3.54	320	180	762	1 097	41	1 : 2.01 : 2.90	362	210	729	1 049

附表 14-43(20)

	砂率 β_s(%)	配合比 $m_{c0}:m_{s0}:m_{g0}$	每 $1m^3$ 混凝土材料用量(kg)				砂率 β_s(%)	配合比 $m_{c0}:m_{s0}:m_{g0}$	每 $1m^3$ 混凝土材料用量(kg)			
			水泥	水	砂	石子			水泥	水	砂	石子
	31	1:2.19:4.88	271	160	595	1 324	31	1:1.77:3.94	322	190	570	1 268
	33	1:2.33:4.74	271	160	633	1 286	33	1:1.88:3.82	322	190	607	1 231
	35	1:2.48:4.60	271	160	672	1 247	35	1:2.00:3.71	322	190	643	1 195
	37	1:2.62:4.46	271	160	710	1 209	37	1:2.11:3.60	322	190	680	1 158
	39	1:2.76:4.32	271	160	748	1 170	39	1:2.23:3.48	322	190	717	1 121
	41	1:2.09:4.17	271	160	787	1 132	41	1:2.34:3.37	322	190	754	1 084
	31	1:2.04:4.53	288	170	586	1 305	31	1:1.66:3.69	339	200	561	1 250
水灰比 $W/C=0.59$	33	1:2.17:4.40	288	170	624	1 268	33	1:1.76:3.58	339	200	598	1 213
	35	1:2.30:4.27	288	170	662	1 230	35	1:1.87:3.47	339	200	634	1 177
	37	1:2.43:4.14	288	170	700	1 192	37	1:1.98:3.37	339	200	670	1 141
	39	1:2.56:4.01	288	170	738	1 154	39	1:2.08:3.26	339	200	706	1 105
	41	1:2.69:3.87	288	170	776	1 116	41	1:2.19:3.15	339	200	743	1 069
	31	1:1.89:4.22	305	180	578	1 287	31	1:1.55:3.46	356	210	553	1 231
	33	1:2.02:4.10	305	180	615	1 249	33	1:1.65:3.36	356	210	589	1 195
	35	1:2.14:3.97	305	180	653	1 212	35	1:1.75:3.26	356	210	624	1 160
	37	1:2.26:3.85	305	180	690	1 175	37	1:1.85:3.16	356	210	660	1 124
	39	1:2.38:3.73	305	180	727	1 138	39	1:1.95:3.06	356	210	696	1 088
	41	1:2.51:3.61	305	180	765	1 100	41	1:2.06:2.96	356	210	731	1 053

附表 14-43(21)

	砂率 β_s(%)	配合比 $m_{c0}:m_{s0}:m_{g0}$	每 $1m^3$ 混凝土材料用量(kg)				砂率 β_s(%)	配合比 $m_{c0}:m_{s0}:m_{g0}$	每 $1m^3$ 混凝土材料用量(kg)			
			水泥	水	砂	石子			水泥	水	砂	石子
	31	1:2.24:4.98	267	160	596	1 327	31	1:1.80:4.02	317	190	571	1 272
	33	1:2.38:4.83	267	160	635	1 289	33	1:1.92:3.90	317	190	608	1 235
	35	1:2.52:4.69	267	160	673	1 250	35	1:2.04:3.78	317	190	645	1 198
	37	1:2.67:4.54	267	160	712	1 212	37	1:2.15:3.67	317	190	682	1 161
	39	1:2.81:4.40	267	160	750	1 173	39	1:2.27:3.55	317	190	719	1 124
	41	1:2.96:4.26	267	160	789	1 135	41	1:2.39:3.43	317	190	756	1 088
	31	1:2.08:4.62	283	170	588	1 309	31	1:1.69:3.76	333	200	563	1 254
水灰比 $W/C=0.6$	33	1:2.21:4.49	283	170	626	1 271	33	1:1.80:3.65	333	200	600	1 217
	35	1:2.34:4.35	283	170	664	1 233	35	1:1.91:3.54	333	200	636	1 181
	37	1:2.48:4.22	283	170	702	1 195	37	1:2.02:3.43	333	200	672	1 145
	39	1:2.61:4.08	283	170	740	1 157	39	1:2.13:3.32	333	200	709	1 108
	41	1:2.74:3.95	283	170	778	1 119	41	1:2.23:3.22	333	200	745	1 072
	31	1:1.93:4.30	300	180	580	1 290	31	1:1.59:3.53	350	210	555	1 235
	33	1:2.06:4.18	300	180	617	1 253	33	1:1.69:3.43	350	210	591	1 199
	35	1:2.18:4.05	300	180	655	1 216	35	1:1.79:3.32	350	210	627	1 164
	37	1:2.31:3.93	300	180	692	1 178	37	1:1.89:3.22	350	210	662	1 128
	39	1:2.43:3.80	300	180	729	1 141	39	1:1.99:3.12	350	210	698	1 092
	41	1:2.56:3.68	300	180	767	1 103	41	1:2.10:3.02	350	210	734	1 056

附表 14-43(22)

	砂率 β_s(%)	配合比 $m_{c0}:m_{s0}:m_{g0}$	每 $1m^3$ 混凝土材料用量(kg)				砂率 β_s(%)	配合比 $m_{c0}:m_{s0}:m_{g0}$	每 $1m^3$ 混凝土材料用量(kg)			
			水泥	水	砂	石子			水泥	水	砂	石子
水灰比 $W/C=0.61$	31	1:2.28:5.07	262	160	598	1 330	31	1:1.84:4.09	311	190	573	1 275
	33	1:2.43:4.92	262	160	636	1 292	33	1:1.96:3.98	311	190	610	1 239
	35	1:2.57:4.78	262	160	675	1 253	35	1:2.08:3.86	311	190	647	1 202
	37	1:2.72:4.63	262	160	713	1 214	37	1:2.20:3.74	311	190	684	1 165
	39	1:2.87:4.48	262	160	752	1 176	39	1:2.31:3.62	311	190	721	1 128
	41	1:3.01:4.34	262	160	790	1 137	41	1:2.43:3.50	311	190	758	1 091
	31	1:2.11:4.71	279	170	589	1 312	31	1:1.72:3.83	328	200	565	1 257
	33	1:2.25:4.57	279	170	627	1 274	33	1:1.83:3.72	328	200	601	1 221
	35	1:2.39:4.43	279	170	665	1 236	35	1:1.95:3.61	328	200	638	1 184
	37	1:2.52:4.30	279	170	703	1 198	37	1:2.06:3.50	328	200	674	1 148
	39	1:2.66:4.16	279	170	742	1 160	39	1:2.17:3.39	328	200	711	1 112
	41	1:2.80:4.03	279	170	780	1 122	41	1:2.28:3.28	328	200	747	1 075
	31	1:1.97:4.38	295	180	581	1 294	31	1:1.62:3.60	344	210	557	1 239
	33	1:2.10:4.26	295	180	619	1 256	33	1:1.72:3.49	344	210	593	1 203
	35	1:2.22:4.13	295	180	656	1 219	35	1:1.83:3.39	344	210	629	1 167
	37	1:2.35:4.00	295	180	694	1 181	37	1:1.93:3.29	344	210	664	1 131
	39	1:2.48:3.88	295	180	731	1 144	39	1:2.02:3.18	344	210	700	1 095
	41	1:2.61:3.75	295	180	769	1 106	41	1:2.14:3.08	344	210	736	1 059

附表 14-43(23)

	砂率 β_s(%)	配合比 $m_{c0}:m_{s0}:m_{g0}$	每 $1m^3$ 混凝土材料用量(kg)				砂率 β_s(%)	配合比 $m_{c0}:m_{s0}:m_{g0}$	每 $1m^3$ 混凝土材料用量(kg)			
			水泥	水	砂	石子			水泥	水	砂	石子
水灰比 $W/C=0.62$	31	1:2.32:5.17	258	160	599	1 333	31	1:1.88:4.17	306	190	575	1 279
	33	1:2.47:5.02	258	160	638	1 294	33	1:2.00:4.05	306	190	612	1 242
	35	1:2.62:4.87	258	160	676	1 256	35	1:2.12:3.93	306	190	649	1 205
	37	1:2.77:4.72	258	160	715	1 217	37	1:2.24:3.81	306	190	686	1 168
	39	1:2.92:4.57	258	160	753	1 178	39	1:2.36:3.69	306	190	723	1 131
	41	1:3.07:4.42	258	160	792	1 140	41	1:2.48:3.57	306	190	760	1 094
	31	1:2.15:4.80	274	170	591	1 315	31	1:1.76:3.91	323	200	567	1 261
	33	1:2.29:4.66	274	170	629	1 277	33	1:1.87:3.80	323	200	603	1 224
	35	1:2.43:4.52	274	170	667	1 239	35	1:1.98:3.68	323	200	640	1 188
	37	1:2.57:4.38	274	170	705	1 201	37	1:2.10:3.57	323	200	676	1 151
	39	1:2.71:4.24	274	170	743	1 163	39	1:2.21:3.46	323	200	713	1 115
	41	1:2.85:4.10	274	170	781	1 124	41	1:2.32:3.34	323	200	749	1 078
	31	1:2.01:4.47	290	180	583	1 297	31	1:1.65:3.67	339	210	558	1 243
	33	1:2.14:4.34	290	180	620	1 259	33	1:1.75:3.56	339	210	594	1 207
	35	1:2.27:4.21	290	180	658	1 222	35	1:1.86:3.46	339	210	630	1 171
	37	1:2.40:4.08	290	180	695	1 184	37	1:1.97:3.35	339	210	666	1 135
	39	1:2.53:3.95	290	180	733	1 147	39	1:2.07:3.24	339	210	703	1 099
	41	1:2.65:3.82	290	180	771	1 109	41	1:2.18:3.14	339	210	739	1 063

附表 14-43(24)

	砂　率 β_s(%)	配合比 $m_{c0}:m_{s0}:m_{g0}$	每 1m³ 混凝土材料用量(kg)				砂　率 β_s(%)	配 合 比 $m_{c0}:m_{s0}:m_{g0}$	每 1m³ 混凝土材料用量(kg)			
			水泥	水	砂	石子			水泥	水	砂	石子
	31	1∶2.36∶5.26	254	160	600	1 336	31	1∶1.91∶4.25	302	190	576	1 282
	33	1∶2.52∶5.11	254	160	639	1 297	33	1∶2.03∶4.13	302	190	613	1 245
	35	1∶2.67∶4.96	254	160	678	1 258	35	1∶2.16∶4.01	302	190	650	1 208
	37	1∶2.82∶4.80	254	160	716	1 220	37	1∶2.28∶3.88	302	190	688	1 171
	39	1∶2.97∶4.65	254	160	755	1 181	39	1∶2.40∶3.76	302	190	725	1 134
	41	1∶3.13∶4.50	254	160	794	1 142	41	1∶2.53∶3.64	302	190	762	1 096
水灰比 $W/C=0.63$	31	1∶2.19∶4.88	270	170	592	1 318	31	1∶1.79∶3.98	317	200	568	1 264
	33	1∶2.34∶4.74	270	170	630	1 280	33	1∶1.90∶3.87	317	200	605	1 228
	35	1∶2.48∶4.60	270	170	669	1 242	35	1∶2.02∶3.75	317	200	641	1 191
	37	1∶2.62∶4.46	270	170	707	1 203	37	1∶2.14∶3.64	317	200	678	1 155
	39	1∶2.76∶4.32	270	170	745	1 165	39	1∶2.25∶3.52	317	200	715	1 118
	41	1∶2.90∶4.18	270	170	783	1 127	41	1∶2.37∶3.41	317	200	751	1 081
	31	1∶2.04∶4.55	286	180	584	1 300	31	1∶1.68∶3.74	333	210	560	1 247
	33	1∶2.18∶4.42	286	180	622	1 262	33	1∶1.79∶3.63	333	210	596	1 210
	35	1∶2.31∶4.29	286	180	660	1 225	35	1∶1.90∶3.52	333	210	632	1 174
	37	1∶2.44∶4.15	286	180	697	1 187	37	1∶2.01∶3.41	333	210	668	1 138
	39	1∶2.57∶4.02	286	180	735	1 149	39	1∶2.11∶3.31	333	210	705	1 102
	41	1∶2.70∶3.89	286	180	773	1 112	41	1∶2.22∶3.20	333	210	741	1 066

附表 14-43(25)

	砂　率 β_s(%)	配合比 $m_{c0}:m_{s0}:m_{g0}$	每 1m³ 混凝土材料用量(kg)				砂　率 β_s(%)	配 合 比 $m_{c0}:m_{s0}:m_{g0}$	每 1m³ 混凝土材料用量(kg)			
			水泥	水	砂	石子			水泥	水	砂	石子
	31	1∶2.41∶5.35	250	160	601	1 330	31	1∶1.95∶4.33	297	190	578	1 286
	33	1∶2.56∶5.20	250	160	640	1 300	33	1∶2.07∶4.20	297	190	615	1 248
	35	1∶2.72∶5.04	250	160	679	1 261	35	1∶2.20∶4.08	297	190	652	1 211
	37	1∶2.87∶4.89	250	160	718	1 222	37	1∶2.32∶3.95	297	190	689	1 174
	39	1∶3.03∶4.73	250	160	757	1 183	39	1∶2.45∶3.83	297	190	727	1 137
	41	1∶3.18∶4.58	250	160	795	1 145	41	1∶2.57∶3.70	297	190	764	1 099
水灰比 $W/C=0.64$	31	1∶2.23∶4.97	266	170	593	1 321	31	1∶1.82∶4.06	313	200	570	1 268
	33	1∶2.38∶4.83	266	170	632	1 283	33	1∶1.94∶3.94	313	200	606	1 231
	35	1∶2.52∶4.68	266	170	670	1 244	35	1∶2.06∶3.82	313	200	643	1 194
	37	1∶2.67∶4.54	266	170	708	1 206	37	1∶2.18∶3.70	313	200	680	1 158
	39	1∶2.81∶4.40	266	170	747	1 168	39	1∶2.29∶3.59	313	200	717	1 121
	41	1∶2.95∶4.25	266	170	785	1 129	41	1∶2.41∶3.47	313	200	753	1 084
	31	1∶2.08∶4.63	281	180	586	1 303	31	1∶1.71∶3.81	328	210	562	1 250
	33	1∶2.22∶4.50	281	180	623	1 265	33	1∶1.82∶3.70	328	210	598	1 214
	35	1∶2.35∶4.37	281	180	661	1 228	35	1∶1.93∶3.59	328	210	634	1 178
	37	1∶2.48∶4.23	281	180	699	1 190	37	1∶2.04∶3.48	328	210	670	1 141
	39	1∶2.62∶4.10	281	180	737	1 152	39	1∶2.15∶3.37	328	210	707	1 105
	41	1∶2.75∶3.96	281	180	774	1 114	41	1∶2.26∶3.26	328	210	743	1 069

附表 14-43(26)

	砂率 β_s(%)	配合比 $m_{c0}:m_{s0}:m_{g0}$	每 $1m^3$ 混凝土材料用量(kg)				砂率 β_s(%)	配合比 $m_{c0}:m_{s0}:m_{g0}$	每 $1m^3$ 混凝土材料用量(kg)			
			水泥	水	砂	石子			水泥	水	砂	石子
水灰比 $W/C=0.65$	31	1:2.45:5.45	246	160	603	1 341	31	1:1.98:4.41	292	190	579	1 289
	33	1:2.61:5.29	246	160	641	1 302	33	1:2.11:4.28	292	190	616	1 251
	35	1:2.76:5.13	246	160	680	1 264	35	1:2.24:4.15	292	190	654	1 214
	37	1:2.92:4.98	246	160	719	1 225	37	1:2.36:4.03	292	190	691	1 177
	39	1:3.08:4.82	246	160	758	1 186	39	1:2.49:3.90	292	190	728	1 139
	41	1:3.24:4.66	246	160	797	1 147	41	1:2.62:3.77	292	190	766	1 102
	31	1:2.27:5.06	262	170	595	1 324	31	1:1.86:4.13	308	200	571	1 271
	33	1:2.42:4.91	262	170	633	1 285	33	1:1.98:4.01	308	200	608	1 234
	35	1:2.57:4.77	262	170	671	1 267	35	1:2.10:3.89	308	200	645	1 198
	37	1:2.71:4.62	262	170	710	1 209	37	1:2.22:3.77	308	200	682	1 161
	39	1:2.86:4.47	262	170	748	1 170	39	1:2.34:3.65	308	200	719	1 124
	41	1:3.01:4.33	262	170	787	1 132	41	1:2.45:3.53	308	200	755	1 087
	31	1:2.12:4.72	277	180	587	1 306	31	1:1.74:3.88	323	210	563	1 254
	33	1:2.26:4.58	277	180	625	1 268	33	1:1.86:3.77	323	210	600	1 217
	35	1:2.39:4.44	277	180	663	1 231	35	1:1.97:3.66	323	210	636	1 181
	37	1:2.53:4.31	277	180	700	1 193	37	1:2.08:3.54	323	210	672	1 145
	39	1:2.67:4.17	277	180	738	1 155	39	1:2.19:3.43	323	210	709	1 108
	41	1:2.80:4.03	277	180	776	1 117	41	1:2.31:3.32	323	210	745	1 072

附表 14-43(27)

	砂率 β_s(%)	配合比 $m_{c0}:m_{s0}:m_{g0}$	每 $1m^3$ 混凝土材料用量(kg)				砂率 β_s(%)	配合比 $m_{c0}:m_{s0}:m_{g0}$	每 $1m^3$ 混凝土材料用量(kg)			
			水泥	水	砂	石子			水泥	水	砂	石子
水灰比 $W/C=0.66$	31	1:2.49:5.54	242	160	604	1 344	31	1:2.02:4.49	288	190	580	1 292
	33	1:2.65:5.38	242	160	643	1 305	33	1:2.15:4.36	288	190	618	1 254
	35	1:2.81:5.22	242	160	682	1 266	35	1:2.28:4.23	288	190	655	1 217
	37	1:2.97:5.06	242	160	721	1 227	37	1:2.41:4.10	288	190	693	1 179
	39	1:3.13:4.90	242	160	760	1 188	39	1:2.54:3.97	288	190	730	1 142
	41	1:3.29:4.74	242	160	799	1 149	41	1:2.67:3.84	288	190	768	1 105
	31	1:2.31:5.15	258	170	596	1 326	31	1:1.89:4.21	303	200	573	1 274
	33	1:2.46:5.00	258	170	634	1 288	33	1:2.01:4.08	303	200	610	1 237
	35	1:2.61:4.85	258	170	673	1 250	35	1:2.13:3.96	303	200	646	1 201
	37	1:2.76:4.70	258	170	711	1 211	37	1:2.26:3.84	303	200	683	1 164
	39	1:2.91:4.55	258	170	750	1 173	39	1:2.38:3.72	303	200	720	1 127
	41	1:3.06:4.40	258	170	788	1 134	41	1:2.50:3.60	303	200	757	1 090
	31	1:2.16:4.80	273	180	588	1 309	31	1:1.77:3.95	318	210	565	1 257
	33	1:2.30:4.66	273	180	626	1 271	33	1:1.89:3.84	318	210	601	1 221
	35	1:2.43:4.52	273	180	664	1 233	35	1:2.00:3.72	318	210	638	1 184
	37	1:2.57:4.38	273	180	702	1 195	37	1:2.12:3.61	318	210	674	1 148
	39	1:2.71:4.24	273	180	740	1 157	39	1:2.23:3.49	318	210	711	1 111
	41	1:2.85:4.10	273	180	778	1 119	41	1:2.35:3.38	318	210	747	1 075

附表 14-43(28)

	砂率 β_s(%)	配合比 $m_{c0}:m_{s0}:m_{g0}$	每 1m³ 混凝土材料用量(kg)				砂率 β_s(%)	配合比 $m_{c0}:m_{s0}:m_{g0}$	每 1m³ 混凝土材料用量(kg)			
			水泥	水	砂	石子			水泥	水	砂	石子
水灰比 $W/C=0.67$	31	1 : 2.53 : 5.64	239	160	605	1 346	31	1 : 2.05 : 4.57	284	190	582	1 295
	33	1 : 2.70 : 5.47	239	160	644	1 307	33	1 : 2.18 : 4.43	284	190	619	1 257
	35	1 : 2.86 : 5.31	239	160	683	1 268	35	1 : 2.32 : 4.30	284	190	657	1 220
	37	1 : 3.02 : 5.15	239	160	722	1 229	37	1 : 2.45 : 4.17	284	190	694	1 182
	39	1 : 3.19 : 4.98	239	160	761	1 190	39	1 : 2.58 : 4.04	284	190	732	1 145
	41	1 : 3.35 : 4.82	239	160	800	1 151	41	1 : 2.71 : 3.90	284	190	769	1 107
	31	1 : 2.35 : 5.24	254	170	597	1 329	31	1 : 1.92 : 4.28	299	200	574	1 278
	33	1 : 2.51 : 5.09	254	170	636	1 291	33	1 : 2.05 : 4.16	299	200	611	1 241
	35	1 : 2.66 : 4.93	254	170	674	1 252	35	1 : 2.17 : 4.03	299	200	648	1 203
	37	1 : 2.81 : 4.78	254	170	713	1 214	37	1 : 2.29 : 3.91	299	200	685	1 166
	39	1 : 2.96 : 4.63	254	170	751	1 175	39	1 : 2.42 : 3.78	299	200	722	1 129
	41	1 : 3.11 : 4.48	254	170	790	1 136	41	1 : 2.54 : 3.66	299	200	759	1 092
	31	1 : 2.19 : 4.88	269	180	589	1 312	31	1 : 1.81 : 4.02	313	210	566	1 260
	33	1 : 2.34 : 4.74	269	180	627	1 274	33	1 : 1.92 : 3.90	313	210	603	1 224
	35	1 : 2.48 : 4.60	269	180	665	1 236	35	1 : 2.04 : 3.79	313	210	639	1 187
	37	1 : 2.62 : 4.46	269	180	703	1 198	37	1 : 2.16 : 3.67	313	210	676	1 151
	39	1 : 2.76 : 4.32	269	180	742	1 160	39	1 : 2.27 : 3.55	313	210	712	1 114
	41	1 : 2.90 : 4.18	269	180	780	1 122	41	1 : 2.93 : 3.44	313	210	749	1 078

附表 14-43(29)

	砂率 β_s(%)	配合比 $m_{c0}:m_{s0}:m_{g0}$	每 1m³ 混凝土材料用量(kg)				砂率 β_s(%)	配合比 $m_{c0}:m_{s0}:m_{g0}$	每 1m³ 混凝土材料用量(kg)			
			水泥	水	砂	石子			水泥	水	砂	石子
水灰比 $W/C=0.68$	31	1 : 2.58 : 5.73	235	160	606	1 349	31	1 : 2.09 : 4.64	279	190	583	1 298
	33	1 : 2.74 : 5.57	235	160	645	1 310	33	1 : 2.22 : 4.51	279	190	621	1 260
	35	1 : 2.91 : 5.40	235	160	684	1 271	35	1 : 2.36 : 4.37	279	190	658	1 222
	37	1 : 3.07 : 5.23	235	160	723	1 231	37	1 : 2.49 : 4.24	279	190	696	1 185
	39	1 : 3.24 : 5.07	235	160	762	1 192	39	1 : 2.62 : 4.11	279	190	733	1 147
	41	1 : 3.41 : 4.90	235	160	801	1 153	41	1 : 2.76 : 3.97	279	190	771	1 110
	31	1 : 2.39 : 5.33	250	170	598	1 332	31	1 : 1.96 : 4.35	294	200	575	1 281
	33	1 : 2.55 : 5.17	250	170	637	1 293	33	1 : 2.08 : 4.23	294	200	612	1 243
	35	1 : 2.70 : 5.02	250	170	676	1 255	35	1 : 2.21 : 4.10	294	200	650	1 206
	37	1 : 2.86 : 4.86	250	170	714	1 216	37	1 : 2.33 : 3.98	204	200	687	1 169
	39	1 : 3.01 : 4.71	250	170	753	1 177	39	1 : 2.46 : 3.85	294	200	724	1 132
	41	1 : 3.17 : 4.55	250	170	791	1 139	41	1 : 2.59 : 3.72	294	200	761	1 096
	31	1 : 2.23 : 4.97	265	180	591	1 315	31	1 : 1.84 : 4.09	309	210	568	1 264
	33	1 : 2.38 : 4.82	265	180	629	1 277	33	1 : 1.96 : 3.97	309	210	604	1 227
	35	1 : 2.52 : 4.68	265	180	667	1 238	35	1 : 2.08 : 3.85	309	210	641	1 190
	37	1 : 2.66 : 4.53	265	180	705	1 200	37	1 : 2.19 : 3.74	309	210	678	1 154
	39	1 : 2.81 : 4.39	265	180	743	1 162	39	1 : 2.31 : 3.62	309	210	714	1 117
	41	1 : 2.95 : 4.25	265	180	781	1 124	41	1 : 2.43 : 3.50	309	210	751	1 080

附表 14-43(30)

	砂 率 β_s(%)	配合比 $m_{c0}:m_{s0}:m_{g0}$	每 $1m^3$ 混凝土材料用量(kg)				砂 率 β_s(%)	配 合 比 $m_{c0}:m_{s0}:m_{g0}$	每 $1m^3$ 混凝土材料用量(kg)			
			水泥	水	砂	石子			水泥	水	砂	石子
水灰比 W/C=0.69	31	1:2.62:5.83	232	160	607	1 351	31	1:2.12:4.72	275	190	584	1 300
	33	1:2.79:5.66	232	160	646	1 312	33	1:2.26:4.59	275	190	622	1 263
	35	1:2.96:5.49	232	160	685	1 273	35	1:2.40:4.45	275	190	660	1 225
	37	1:3.12:5.32	232	160	725	1 234	37	1:2.53:4.31	275	190	697	1 187
	39	1:3.29:5.15	232	160	764	1 194	39	1:2.67:4.17	275	190	735	1 150
	41	1:3.46:4.98	232	160	803	1 155	41	1:2.81:4.04	275	190	773	1 112
	31	1:2.43:5.42	246	170	599	1 334	31	1:1.99:4.43	290	200	577	1 284
	33	1:2.59:5.26	246	170	638	1 296	33	1:2.12:4.30	290	200	614	1 246
	35	1:2.75:5.10	246	170	677	1 257	35	1:2.25:4.17	290	200	651	1 209
	37	1:2.90:4.94	246	170	715	1 218	37	1:2.37:4.04	290	200	688	1 172
	39	1:3.06:4.79	246	170	754	1 180	39	1:2.50:3.91	290	200	725	1 135
	41	1:3.22:4.63	246	170	793	1 141	41	1:2.63:3.79	290	200	763	1 097
	31	1:2.27:5.05	261	180	592	1 317	31	1:1.87:4.16	304	210	569	1 267
	33	1:2.42:4.90	261	180	630	1 279	33	1:1.99:4.04	304	210	606	1 230
	35	1:2.56:4.76	261	180	668	1 241	35	1:2.11:3.92	304	210	642	1 193
	37	1:2.71:4.61	261	180	706	1 203	37	1:2.23:3.80	304	210	679	1 156
	39	1:2.85:4.46	261	180	745	1 165	39	1:2.35:3.68	304	210	716	1 120
	41	1:3.00:4.32	261	180	783	1 126	41	1:2.47:3.56	304	210	753	1 083

附表 14-43(31)

	砂 率 β_s(%)	配合比 $m_{c0}:m_{s0}:m_{g0}$	每 $1m^3$ 混凝土材料用量(kg)				砂 率 β_s(%)	配 合 比 $m_{c0}:m_{s0}:m_{g0}$	每 $1m^3$ 混凝土材料用量(kg)			
			水泥	水	砂	石子			水泥	水	砂	石子
水灰比 W/C=0.7	31	1:2.65:5.92	229	160	608	1 353	31	1:2.16:4.80	271	190	585	1 303
	33	1:2.83:5.75	229	160	647	1 314	33	1:2.30:4.66	271	190	623	1 265
	35	1:3.00:5.58	229	160	687	1 275	35	1:2.44:4.52	271	190	661	1 228
	37	1:3.18:5.41	229	160	726	1 236	37	1:2.57:4.38	271	190	699	1 190
	39	1:3.35:5.23	229	160	765	1 196	39	1:2.71:4.24	271	190	737	1 152
	41	1:3.52:5.06	229	160	804	1 157	41	1:2.85:4.11	271	190	774	1 114
	31	1:2.47:5.50	243	170	601	1 337	31	1:2.02:4.50	286	200	578	1 286
	33	1:2.63:5.34	243	170	639	1 298	33	1:2.15:4.37	286	200	615	1 249
	35	1:2.79:5.18	243	170	678	1 259	35	1:2.28:4.24	286	200	653	1 212
	37	1:2.95:5.03	243	170	717	1 220	37	1:2.41:4.11	286	200	690	1 175
	39	1:3.11:4.87	243	170	755	1 182	39	1:2.54:3.98	286	200	727	1 137
	41	1:3.27:4.71	243	170	794	1 143	41	1:2.68:3.85	286	200	764	1 100
	31	1:2.31:5.13	257	180	593	1 320	31	1:1.90:4.23	300	210	570	1 270
	33	1:2.45:4.98	257	180	631	1 282	33	1:2.02:4.11	300	210	607	1 233
	35	1:2.60:4.84	257	180	670	1 243	35	1:2.15:3.99	300	210	644	1 196
	37	1:2.75:4.69	257	180	708	1 205	37	1:2.27:3.86	300	210	681	1 159
	39	1:2.90:4.54	257	180	746	1 167	39	1:2.39:3.74	300	210	718	1 122
	41	1:3.05:4.39	257	180	784	1 129	41	1:2.51:3.62	300	210	754	1 086

6. 用查表法选择混凝土配合比实例

［**例附14-2**］ 采用42.5级矿渣水泥（实际强度$f_{ce}=47.5\text{MPa}$），中砂及5～40mm的卵石，求坍落度为3～5cm设计强度等级为C20的混凝土配合比。

解：按下面四个步骤进行：

（1）查出混凝土配合比

查附表14-38，水灰比$\frac{W}{C}=0.67$；

查附表14-41，用水量$W=160\text{kg}$；

查附表14-42，中砂砂率β_s采用33%；

查附表14-43，得出配合比为1∶2.70∶5.47（水泥∶砂∶石子）。

每1m^{3}混凝土材料用量（kg）

水泥	水	砂	石子
239	160	644	1 307

（2）试拌

称取15L混凝土用材料，经试拌测得坍落度为2cm，低于要求，改用附表14-43中用水量为170kg的配合比。

得出配合比1∶2.51∶5.09（水泥∶砂∶石子）。

每1m^{3}混凝土材料用量（kg）

水泥	水	砂	石子
254	170	636	1 291

（3）制作试块

第二次查得的配合比经试拌后测定坍落度符合要求。制作试块，经28d标准养护后试压，试压结果为平均强度为27.5MPa，大于配制强度26.58MPa，此配合比即认为合适，可用于施工。如试压强度达不到要求，应增加或减小水灰比，再查出相应的配合比。为了便于选用，可同时制作三组试块，水灰比分别为0.62、0.67、0.72，选用三组试块中强度接近配制强度的配合比作为施工配合比。

（4）材料用量的校正

在试拌时测定混凝土的表观密度，如实测密度接近2 350kg/m^3，则不需校正；如相差较大，可按第二章第一节的例题进行校正。

十五、统计学在混凝土配合比设计中的应用

混凝土配合比设计，离不开混凝土试验。例如，强度服从正态分布的混凝土配合比设计，就是在通过混凝土的试验，对大量试验数据运用数理统计方法处理后进行的。而混凝土配合比设计的计算公式和设计参数，也都是在混凝土试验基础上确立的。

在混凝土试验中，对数据的取舍和分析，应力图避免偏见，必须如实反映情况，才能获得科学的结论。数理统计可以帮助我们去伪存真，由表及里地对试验结果作出正确判断，正因为如此，数理统计方法已在国内外混凝土试验中得到广泛应用。随着混凝土科学事业的发展，大量混凝土试验工作有待开展，涉及数理统计的问题日益增多，广大混凝土专业工作者，尤其是从事混凝土配合比设计的科技人员，掌握必要的数理统计方面的知识十分重要。

(一)统计的主要特征值

用来表示统计数据分布及其某些特性的特征值分为两类:一类表示数据的集中位置,例如算术平均值、中位数等;一类表示数据的离散程度,例如平方和、均方、极差、标准差、离差系数等。

1. 平均值

(1)算术平均值

算术平均值是表示数据集中位置最有用的代数值,经常用样本的算术平均值来代表总体的平均水平,以 $\overline{X}$ 表示。

$$\overline{X} = \frac{X_1 + X_2 + \cdots + X_n}{n} = \frac{\sum X}{n} \tag{附 15-1}$$

式中: $\overline{X}$——算术平均值;

$X_1, X_2 \cdots X_n$——各个试验数据值;

$\sum X$——各试验数据值的总和;

n—试验数据个数。

(2)均方根平均值

均方根平均值对数据大小跳动反映较为灵敏,计算公式如下:

$$S = \sqrt{\frac{X_1^2 + X_2^2 + \cdots + X_n^2}{n}} = \sqrt{\frac{\sum X^2}{n}} \tag{附 15-2}$$

式中: S——各试验数据的均方根平均值;

$X_1, X_2 \cdots X_n$——各个试验数据值;

$\sum X^2$——各试验数据值平方的总和;

n——试验数据个数。

(3)加权平均值

加权平均值是各个试验数据和它的对应数的算术平均值。计算采用加权平均值。计算公式如下:

$$m = \frac{X_1 g_1 + X_2 g_2 + \cdots + X_n g_n}{g_1 + g_2 + \cdots + g_n} = \frac{\sum Xg}{\sum g} \tag{附 15-3}$$

式中: m——加权平均值;

$X_1, X_2 \cdots X_n$——各试验数据值;

$\sum Xg$——各试验数据值和它的对应数乘积的总和;

$\sum g$——各对应数的总和。

2. 中位数

在一组数据 $X_1, X_2 \cdots X_n$ 中,按其大小次序排列,以排在正中间的一个数表示总体的平均水平,称为中位数。n 为奇数时,正中间的数只有一个 i,当 n 为偶数时,正中间的数有两个,此时取这两个数的算术平均值作为中位数。

3. 极差

在一组数据中最大值与最小值之差,称为极差,记作 R。

$$R = x_{最大} - x_{最小} \text{ 或 } R = \max\{x_1, x_2, \cdots, x_n\} - \min\{x_1, x_2, \cdots, x_n\}$$

极差没有充分利用数据的信息,但计算十分简单,仅适用于 $n < 10$ 的情况。

4. 误差计算

(1)范围误差

范围误差也叫极差,是试验值中最大值和最小值之差。

例如,三块砂浆试件抗压强度分别为5.21MPa、5.63MPa、5.72MPa。

则这组试件的极差或范围误差为:

$$5.72-5.21=0.51 \quad (\mathrm{MPa})$$

(2)算术平均误差

算术平均误差的计算公式为:

$$\delta=\frac{|X_1-\overline{X}|+|X_2-\overline{X}|+|X_3-\overline{X}|+\cdots+|X_n-\overline{X}|}{n}=\frac{\sum|X-\overline{X}|}{n} \quad (\text{附 }15\text{-}4)$$

式中: δ——算术平均误差;

$X_1,X_2,X_3\cdots X_n$——各试验数据值;

$\overline{X}$——试验数据值的算术平均值;

n——试验数据个数;

$|\ \ |$——绝对值。

[例附15-1] 三块砂浆试块的抗压强度为5.21MPa、5.63MPa、5.72MPa,求算术平均误差。

解:这组试件的平均抗压强度为5.52MPa,其算术平均误差为:

$$\delta=\frac{|5.21-5.52|+|5.63-5.52|+|5.72-5.52|}{3}=0.2(\mathrm{MPa})$$

(3)标准差(均方差,均方根误差)

只知试件的平均水平是不够的,要了解数据的波动情况及其带来的危险性,标准差(均方差)是衡量波动性(离散性大小)的指标。标准差的计算公式为:

$$\sigma=\sqrt{\frac{(X_1-\overline{X})^2+(X_2-\overline{X})^2+(X_3-\overline{X})^2+\cdots+(X_n-\overline{X})^2}{n-1}}=\sqrt{\frac{\sum(X-\overline{X})^2}{n-1}} \quad (\text{附 }15\text{-}5)$$

式中: σ——标准离差(均方差);

$X_1,X_2,X_3\cdots X_n$——各试验数据值;

$\overline{X}$——试验数据值的算术平均值;

n——试验数据个数。

[例附15-2] 某厂某月生产10个编号的32.5级矿渣水泥混凝土试块,28d抗压强度为37.3、35.0、38.4、35.8、36.7、37.4、38.1、37.8、36.2、34.8(MPa),求标准差。

解:10个编号水泥的算术平均强度

$$\overline{X}=\frac{\sum X}{n}=\frac{367.5}{10}=36.8(\mathrm{MPa})$$

计算标准差,数据处理见附表15-1。

数 据 处 理 附表15-1

	X_1	X_2	X_3	X_4	X_5	X_6	X_7	X_8	X_9	X_{10}
	37.3	35.0	38.4	35.8	36.7	37.4	38.1	37.8	36.2	34.8
$X-\overline{X}$	0.5	1.8	1.6	−1.0	−0.1	0.6	1.3	1.0	−0.6	−2.0
$(X-\overline{X})^2$	0.25	3.24	2.56	1.0	0.01	0.36	1.69	1.0	0.36	4.0

$$\sum(X-\overline{X})^2 = 14.47$$

$$标准差\ \sigma = \sqrt{\frac{\sum(X-\overline{X})^2}{n-1}} = \sqrt{\frac{14.47}{9}} = 1.27(\text{MPa})$$

(4)极差估计法

极差是表示数据离散的范围，也可用来度量数据的离散性。极差是数据中最大值和最小值之差：

$$R = X_{max} - X_{min}$$

当一批数据不多时($n \leqslant 10$)，可用极差法估计总体标准离差：

$$\hat{\sigma} = \frac{1}{d_n}R$$

当数据很多时($n > 10$)，要将数据随机分成若干个数量相等的组，对每组求极差，并计算平均值：

$$\overline{R} = \frac{\sum_{i=1}^{m} R_i}{m}$$

则标准离差的估计值近似地用下式计算：

$$\hat{\sigma} = \frac{1}{d_n}\overline{R}$$

式中：d_n——与 n 有关的系数(见附表 15-2)；

m——数据分组的组数；

n——每一组内数据拥有的个数；

$\hat{\sigma}$——标准离差的估计值；

R、$\overline{R}$——极差、各组极差的平均值。

极差估计法系数表 附表 15-2

n	1	2	3	4	5	6	7	8	9	10
d_n	—	1.128	1.693	2.059	2.326	2.534	2.704	2.847	2.970	3.078
$1/d_n$	—	0.886	0.591	0.486	0.429	0.395	0.369	0.351	0.337	0.325

[例附 15-3] 35 个混凝土强度数据，随机分成 5 个一组，共七个组，计算如下：

第一组	40.0	41.6	47.1	47.5	43.9	$W_1 = 7.5$
第二组	41.5	40.6	39.5	43.8	44.5	$W_2 = 5.0$
第三组	36.9	40.7	47.3	44.1	45.6	$W_3 = 10.4$
第四组	38.7	41.4	49.0	36.1	45.9	$W_4 = 12.9$
第五组	38.7	47.1	43.5	36.0	41.0	$W_5 = 11.1$
第六组	40.7	42.8	41.7	39.0	38.9	$W_6 = 3.9$
第七组	40.9	42.1	43.7	34.0	41.5	$W_7 = 9.7$

$$\overline{R} = \frac{1}{7} \times (7.5 + 5.0 + 10.4 + 12.9 + 11.1 + 3.9 + 9.7) = 8.64$$

$$\hat{\sigma} = \frac{1}{d_n} - \overline{R} = \frac{1}{2.33} \times 8.64 = 3.71(\text{MPa})$$

极差估计法主要出于计算方便，但反映实际情况的精确度较差。

5. 离差系数(离散系数)

标准差是表示绝对波动大小的指标，当测量较大的量值，绝对误差一般较大；测量较小的

量值,绝对误差一般较小。因此要考虑相对波动的大小,即用平均值的百分率来表示标准差,即离差系数。计算式为:

$$C_u(\%) = \frac{\sigma}{\overline{X}} \times 100 \tag{附 15-6}$$

式中:C_u——离差系数(%);

σ——标准离差;

$\overline{X}$——试验数据的算术平均值。

离差系数可以看出标准差所表示不出来的数据波动情况。

现用以下实例来阐述离差系数的计算方法。附表 15-3 为两组不同混凝土试件的拉伸强度值。

两组不同混凝土试件的拉伸强度值　　　附表 15-3

(1)(MPa)	(2)(MPa)	(1)(MPa)	(2)(MPa)	(1)(MPa)	(2)(MPa)	(1)(MPa)	(2)(MPa)
2.0	2.0	2.2	2.8	2.0	1.8	2.2	2.2
2.4	2.2	2.9	2.2	2.3	1.6	2.4	3.0
2.0	2.4	2.3	2.4	5.0	3.0	1.4	2.9

组(1)的平均值是 2.43MPa,组(2)的平均值是 2.38MPa,就平均强度而言,两者非常接近。

每组的变化幅度(也就是最大值与最小值之差),即组(1)为(5.0 - 1.4) = 3.6MPa,组(2)为(3.0 - 1.6) = 1.4MPa,两者存在着一些差别。但这只是考虑了两个极端值的影响,而没有考虑所有其他值,是不可靠和不全面的。而标准差(均方离差)则将每个值都考虑进去,它却是衡量每个平均值偏差的标准。它不是特别地偏于某一个数值,而是受全部数值的影响。其表达式如下:

$$\sigma = \left[\frac{\sum(x-\bar{x})^2}{n}\right]^{\frac{1}{2}} \tag{附 15-7}$$

式中:σ——标准差(MPa);

x——某个数值;

$\bar{x}$——平均值;

n——数值的个数。

实际上,真正的标准差是不可能知道的,因为不可能对所有的混凝土都进行试验。因此,为了区别于理论值,测量值用符号“σ_s”表示;考虑到 s 是从较小的试件中算得,其值比 σ 小这个事实,这就需用一个改进表达式予以修正:

$$\sigma_s = \left[\frac{\sum(x-\bar{x})^2}{n-1}\right]^{\frac{1}{2}} \tag{附 15-8}$$

式中的符号与公式(附 15-7)相同。

若 n 值很大,σ_s 值接近 σ,分母($n-1$)可以变成 n。实际上,对诸如混凝土或类似的易变材料的试验值进行修正似乎是有问题的,因为内在偏差相当高,基于这样一个修正的推论,它假定的精确度和可靠性通常与试验结果不相称。尽管如此,常在实践中采用这个方法,同时,技术规范和规程也主张这个方法。因此，为了一致起见，采用这种方法也许更好些。

标准差的另一种表示方法为：

$$\sigma_s = \left[\frac{\sum x^2 - [(\sum x)^2/n]}{n-1}\right]^{\frac{1}{2}} \tag{附 15-9}$$

该式有不需要计算 $\bar{x}$ 的优点。对累计数据，用该式计算标准差是重要的。现在，许多袖珍计算器，只要一按键，输入数据，就可以得出一组数据的平均值和标准差。附表 15-4，用对上述组(1)、组(2)进行计算，来说明这种算法。

标准差计算 附表 15-4

(1) 组		(2) 组		(1) 组		(2) 组	
x (MPa)	x^2	x (MPa)	x^2	x (MPa)	x^2	x (MPa)	x^2
2.0	4.00	2.0	4.00	2.9	8.41	2.2	4.84
2.4	5.76	2.2	4.84	2.3	5.29	2.4	5.76
2.0	4.00	2.4	5.76	2.2	4.84	2.2	4.84
2.0	4.00	1.8	3.24	2.4	5.76	3.0	9.00
2.3	5.29	1.6	2.56	1.4	1.96	2.9	8.41
5.0	25.00	3.0	9.00	$\sum x = 29.1$	$\sum x^2 = 79.15$	$\sum x = 28.5$	$\sum x^2 = 70.09$
2.2	4.84	2.8	7.84				

$$\sigma_{s1} = \left[\frac{79.15 - (29.1)^2/12}{11}\right]^{\frac{1}{2}} = 0.88(\text{MPa})$$

$$\sigma_{s2} = \left[\frac{70.09 - (28.5)^2/12}{11}\right]^{\frac{1}{2}} = 0.47(\text{MPa})$$

因为 σ_{s1} 约等于两倍的 σ_{s2}，因此，明显地前者的偏差较大。因为这两组的平均强度相近，因此，根据每组的标准差来比较两者的偏差值，既合理又实用。然而，当有必要比较在同样条件下产生的平均强度为不同等级的两组数据时，也许这个参数不那么有效了。例如，对组(1)和平均强度为 4.05MPa 的组(3)进行比较，如果后者的标准差是 1.42MPa，那么这几乎不能反映试件制造过程中的监控水平。然而，如果核对一下离差系数（离散系数），也许能得到更可靠的反映。其表达式为：

$$C_u = \frac{\sigma}{\bar{x}} \times 100 \tag{附 15-10}$$

式中：C_u——离差系数(%)；

σ——标准差(MPa)；

$\bar{x}$——强度平均值(MPa)。

因此，对于组(1)有：

$$C_{u1} = \frac{0.88}{2.43} \times 100 = 36.2(\%)$$

对于组(3)有：

$$C_{u2} = \frac{1.42}{4.05} \times 100 = 35.0(\%)$$

由此可见,它能够更好地表示离散程度(该值很高,是所用数字引起的。实用中,离散系数的变化范围为5% ~20%)。对于一个给定的控制水平,评估强度平均值相差很大的数组观测值的偏差时,用离散系数很有效。

这里也许能观察到上述两组的强度变异性很高。假定试件的制造是正常的,那么这种试验技术是不能令人满意的。

(二)正态分布和概率

1. 正态分布的概念

正态分布又称高斯分布,它是以总体平均值μ为中心,以"中间高、两侧低、左右对称"为特点的表示事件概率密度的钟形曲线,如附图15-1a)所示。大量实践证明,混凝土施工中强度的波动符合正态分布的规律,例如某工程C15混凝土取得533组抽检试件的抗压强度(示于附表15-5)。以强度(组中值)为横坐标,以频数为纵坐标绘成强度直方图,如附图15-1b)所示。如将强度值的分组间距缩小,组数扩大到无限大,就可得到与附图15-1a)很近似的平滑曲线。此曲线称为正态分布曲线。

正态分布曲线的概率密度函数为:

$$f(x) = \frac{1}{\sigma\sqrt{2\pi}} e^{-\frac{(x_i-\mu)^2}{2\sigma^2}} \quad \text{(附 15-11)}$$

式中:e——自然对数的底,$e = 2.718\ 3$;

μ——曲线最高点的横坐标,即总体平均值;

σ——总体标准差,表示数据分散的程度;

$\frac{1}{\sqrt{2\pi}}$——常数,$\frac{1}{\sqrt{2\pi}} = 0.398\ 9$。

一般用$N(\mu,\sigma^2)$表示正态分布,N是正态(Normal)之意。若已知μ和σ,即可确定分布的几何形状。

当$\mu = 0,\sigma = 1$时的正态分布,叫做标准正态分布(见附图15-2),以$N(0,1)$表示。标准正态变量为:

$$t = \frac{x_i - \mu}{\sigma} \quad \text{(附 15-12)}$$

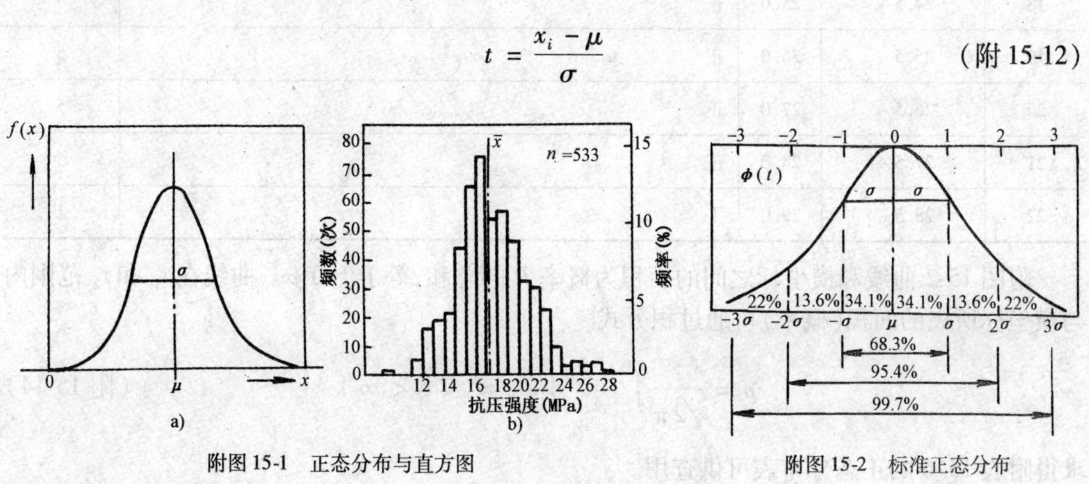

附图15-1 正态分布与直方图

附图15-2 标准正态分布

其概率密度函数为：

$$f(t) = \frac{1}{\sqrt{2\pi}} e^{-t^2/2} \tag{附 15-13}$$

混凝土抗压强度数据表 附表 15-5

组号	分组强度（MPa）	组中 x_i	符号	频数 f_i
1	7.5 ~	8.0	一	1
2	8.5 ~	9.0		0
3	9.5 ~	10.0		0
4	10.5 ~	11.0	正丅	7
5	11.5 ~	12.0	正正正下	18
6	12.5 ~	13.0	正正正正一	21
7	13.5 ~	14.0	正正正正丅	22
8	14.5 ~	15.0	正正正正正正正正正	45
9	15.5 ~	16.0	正正正正正正正正正正正正正正丅	72
10	16.5 ~	17.0	正正正正正正正正正正正正正正正一	76
11	17.5 ~	18.0	正正正正正正正正正正正正正	65
12	18.5 ~	19.0	正正正正正正正正正正正正正丅	67
13	19.0 ~	20.0	正正正正正正正正正丅	47
14	20.5 ~	21.0	正正正正正正正正下	43
15	21.5 ~	22.0	正正正正正正	30
16	22.5 ~	23.0	正正正正下	23
17	23.5 ~	24.0	正正一	11
18	24.5 ~	25.0	正	5
19	25.5 ~	26.0	正	5
20	26.5 ~	27.0	正	5
21	27.5 ~	28.0	正	5
22	28.5 ~	29.0	丅	2

附图 15-2 曲线和横坐标之间的面积为概率 P 的总和，等于 100%。曲线在 t_1 和 t_2 范围内与横坐标所夹的面积（概率）可通过积分式

$$p = \frac{1}{\sqrt{2\pi}} \int_{t_1}^{t_2} e^{-t^2/2} dt \quad (-\infty < t < \infty) \tag{附 15-14}$$

求得附表 15-6 的正态分布表可供查用。

$$\int_{u_a}^{\infty} \frac{1}{\sqrt{2\pi}} e^{-\frac{x^2}{2}} dx = a$$

正 态 分 布 表 附表 15-6

U_a	0.00	0.01	0.02	0.03	0.04	0.05	0.06	0.07	0.08	0.09
0.0	0.500 0	0.496 0	0.492 0	0.488 0	0.484 0	0.480 1	0.476 1	0.472 1	0.468 1	0.464 1
0.1	0.460 2	0.456 2	0.452 2	0.448 3	0.444 3	0.440 4	0.436 4	0.432 5	0.428 6	0.424 7
0.2	0.420 7	0.416 8	0.412 9	0.409 0	0.405 2	0.401 3	0.397 4	0.393 6	0.389 7	0.389 5
0.3	0.382 1	0.378 3	0.374 5	0.370 7	0.366 9	0.363 2	0.359 4	0.355 7	0.352 0	0.348 3
0.4	0.344 6	0.340 9	0.337 2	0.333 6	0.330 0	0.326 4	0.322 8	0.319 2	0.315 6	0.312 1
0.5	0.308 5	0.305 0	0.301 5	0.298 1	0.294 6	0.291 2	0.287 7	0.284 3	0.281 0	0.277 6
0.6	0.274 3	0.270 9	0.267 6	0.264 3	0.261 1	0.257 8	0.254 6	0.251 4	0.248 3	0.245 1
0.7	0.242 0	0.238 9	0.235 8	0.232 7	0.229 6	0.226 6	0.223 6	0.220 6	0.217 7	0.214 8
0.8	0.211 9	0.209 0	0.206 1	0.203 3	0.200 5	0.197 7	0.194 9	0.192 2	0.189 4	0.186 7
0.9	0.184 1	0.181 4	0.178 8	0.176 2	0.173 6	0.171 1	0.168 5	0.166 0	0.163 5	0.161 1
1.0	0.158 7	0.156 2	0.153 9	0.151 5	0.149 2	0.146 9	0.144 6	0.142 3	0.140 1	0.137 9
1.1	0.135 7	0.133 5	0.131 4	0.129 2	0.127 1	0.125 1	0.123 0	0.121 0	0.119 0	0.117 0
1.2	0.115 1	0.113 1	0.111 2	0.109 3	0.107 5	0.105 6	0.103 8	0.102 0	0.100 3	0.098 5
1.3	0.096 8	0.095 1	0.093 4	0.091 8	0.090 1	0.088 5	0.086 9	0.085 3	0.083 8	0.082 3
1.4	0.080 8	0.079 3	0.077 8	0.076 4	0.074 9	0.073 5	0.072 1	0.070 8	0.069 4	0.068 1
1.5	0.066 8	0.065 5	0.064 3	0.063 0	0.061 8	0.060 6	0.059 4	0.058 2	0.057 1	0.055 9
1.6	0.054 8	0.053 7	0.052 6	0.051 6	0.050 5	0.049 5	0.048 5	0.047 5	0.046 5	0.045 5
1.7	0.044 6	0.043 6	0.042 7	0.041 8	0.040 9	0.040 1	0.039 2	0.038 4	0.037 5	0.036 7
1.8	0.035 9	0.035 1	0.034 4	0.033 6	0.032 9	0.032 2	0.031 4	0.030 7	0.030 1	0.029 4
1.9	0.028 7	0.028 1	0.027 4	0.026 8	0.026 2	0.025 6	0.025 0	0.024 4	0.023 9	0.023 3
2.0	0.022 8	0.022 2	0.021 7	0.021 2	0.020 7	0.020 2	0.019 7	0.019 2	0.018 8	0.018 3
2.1	0.017 9	0.017 4	0.017 0	0.016 6	0.016 2	0.015 8	0.015 4	0.015 0	0.014 6	0.014 3
2.2	0.013 9	0.013 6	0.013 2	0.012 9	0.012 5	0.012 2	0.011 9	0.011 6	0.011 3	0.011 0
2.3	0.010 7	0.010 4	0.010 2	0.009 90	0.009 64	0.009 39	0.009 14	0.008 89	0.008 66	0.008 42
2.4	0.008 20	0.007 98	0.007 76	0.007 55	0.007 34	0.007 14	0.006 95	0.006 76	0.006 75	0.006 39
2.5	0.006 21	0.006 04	0.005 87	0.005 70	0.005 54	0.005 39	0.005 23	0.005 08	0.004 94	0.004 80
2.6	0.004 66	0.004 53	0.004 40	0.004 27	0.004 15	0.004 02	0.003 91	0.003 79	0.003 68	0.003 57
2.7	0.003 47	0.003 36	0.003 26	0.003 17	0.003 07	0.002 98	0.002 89	0.002 80	0.002 72	0.002 64
2.8	0.002 56	0.002 48	0.002 40	0.002 33	0.002 26	0.002 19	0.002 12	0.002 05	0.001 99	0.001 93
2.9	0.001 87	0.001 81	0.001 75	0.001 69	0.001 64	0.001 59	0.001 54	0.001 49	0.001 44	0.001 39
U_a	0.0	0.1	0.2	0.3	0.4	0.5	0.6	0.7	0.8	0.9
3	0.001 35	0.039 68	0.036 87	0.034 83	0.033 37	0.032 33	0.031 59	0.031 08	0.047 23	0.044 81
4	0.043 17	0.042 07	0.041 33	0.058 54	0.055 41	0.053 40	0.052 11	0.051 30	0.067 93	0.064 79
5	0.062 87	0.061 70	0.079 96	0.075 79	0.073 33	0.071 90	0.071 07	0.035 99	0.033 32	0.031 82
6	0.099 87	0.095 30	0.092 82	0.091 49	0.010 777	0.010 402	0.010 206	0.010 104	0.011 523	0.011 260

2. 正态分布的特点

正态分布的特点如下：

(1)曲线有一个高峰。这个高峰的横坐标正好是平均值。

(2)以平均值 μ 为对称轴，左右两侧对称，即大于平均值和小于平均值的概率大体相等。

(3)曲线与横坐轴所围成的面积等于1或100%。曲线与 $\mu \pm \sigma$ 围成的面积为68.26%；与 $\mu \pm 2\sigma$ 围成的面积为95.45%；与 $\mu \pm 3\sigma$ 围成的面积为99.73%。

(4)离平均值 μ 越近，概率越大，离 μ 越远，概率越小，例如 $\mu \pm 3\sigma$ 以外的概率仅0.27%，几乎为0。

(5)在对称轴 $\mu \pm \sigma$ 处各有一个拐点，两个拐点之间的曲线向下弯曲，拐点以外的曲线向上弯曲，σ 的大小可以表达曲线胖瘦的程度。σ 越小，曲线越瘦，数据越集中；σ 越大，曲线越胖，数据越分散。

3. 正态分布的应用

正态分布在混凝土配合比设计、质量验收、计量值管理图等方面被广泛的应用。举例如下：

样本平均值 $\bar{x}$、标准差 σ_s 和离差系数 C_u 的计算。

从总体抽取一个大小为 n 的样本 $x_1, x_2 \cdots x_n$。样本的均值和标准差按 $\bar{x} = \frac{1}{n}\sum_{i=1}^{n} x_i$，$\sigma_s = \sqrt{\frac{1}{n-1}\sum_{i=1}^{n}(x_i - \bar{x})^2}$ 进行计算，分别用它们来估计总体的均值 μ 和标准离差 σ。直接按这样的方法计算是比较麻烦的。在一般的电子计算器中，只要输入所得的数据，即可得出样本均值 $\bar{x}$ 和样本标准差 σ_s，计算是很方便的。如果没有计算器，而且数据又比较多，则需要采用简化的计算方法。通常可以把数据分成若干组，以每组的中点值（即组中值）来代替这一组的值。分组越多（即组距越小），越接近实际情况。分组越少（即组距越大），计算越简单，精度也越差，一般分为15~25组。然后作一个简单的变量替换，即减去一个比较中间的组中值，再除以组距。这样变换的好处是，所有组中值均变为整数。用变量替换后的数据计算 $\bar{x}'$ 和 σ_s：

$$\bar{x}' = \frac{\sum fx'}{n} \tag{附 15-15}$$

$$\sigma'^2_s = \frac{1}{n-1}\left[\sum fx'^2 - \left(\sum fx'\right)^2 / n\right] \tag{附 15-16}$$

算出 $\bar{x}'$ 和 σ_s' 后用下式求出 $\bar{x}$ 和 σ_s'：

$$\bar{x} = A + C\bar{x}' \tag{附 15-17}$$

$$\sigma_s = \sigma'_s \tag{附 15-18}$$

式中：A——变量替换减去的组中值；

C——组距。

变量替换的计算方法见下例。

[附15-4] 通过试验取得533组混凝土抗压强度数据，其范围为7.5~28.5*MPa*，取组距 C=1.0*MPa*，分为22组，落入每组的数目称为频数。列成附表15-5的形式，称为频数分布表。计算抗压强度的样本平均值 $\bar{x}$，标准差 σ_s 和离差系数 C_u。取中间频数最多的一组 A=17*MPa*

为组中值作简化计算,其方法和结果列于附表15-7。表中最后一行三个数是我们计算所需要的,即:

$n=533$, $\sum_{i=1}^{22} f_i x_i' = 565$, $\sum_{i=1}^{22} f_i x_i'^2 = 6\,929$。代入式(附15-8)和式(附15-4)得:

$$\bar{x}' = \frac{565}{533} = 1.1(\text{MPa})$$

$$\sigma_s'^2 = \frac{1}{533-1} \times (6\,929 - 565^2/533) = 6\,330.08/532 = 11.898\,6(\text{MPa})$$

$$\sigma_s' = 3.45(\text{MPa})$$

由式(附15-10)和式(附15-11)有:

$$\bar{x} = 17.0 + 1.1 = 18.1(\text{MPa})$$

$$\sigma_s = 1 \times 3.45 = 3.45(\text{MPa})$$

$$C_u = 3.45/18.1 = 0.19 \text{ 或 } 19\%$$

$\bar{x}$、σ_s 和 C_u 计算表(组距 $C=1$,坐标原点 $A=17.0$MPa)　　附表15-7

组号	分组强度(MPa)	组中值(t_1)	频　数(f_i)	$x_i' = \frac{x_i - 17.0}{10}$	$f_i x_i'$	$f_i x_i'^2$
1	7.5 ~	8.0	1	−9	−9	81
2	8.5 ~	9.0	0	−8	0	0
3	9.5 ~	10.0	0	−7	0	0
4	10.5 ~	11.0	7	−6	−42	252
⋮	⋮	⋮	⋮	⋮	⋮	⋮
9	15.5 ~	16.0	67	−1	−67	67
10	16.5 ~	17.0	76	0	0	0
⋮	⋮	⋮	⋮	⋮	⋮	⋮
20	26.5 ~	27.0	4	10	40	400
21	27.5 ~	28.0	5	11	55	605
22	28.5 ~	29.0	2	12	24	288
合计			533		565	6 929

[例附15-5]　假定一批混凝土试件的数据为正态分布,试件的平均强度为41.9MPa,标准差为3.56MPa,求强度比30MPa、40MPa、50MPa低的概率。

$$P(X \leqslant 30) = F(30) = \Phi\left(\frac{30-41.9}{3.56}\right) = \Phi(-3.34) = 1 - \Phi(3.34) = 1 - 0.999\,6 = 0.000\,4$$

$$P(X \leqslant 40) = F(40) = \Phi\left(\frac{40-41.9}{3.56}\right) = \Phi(-0.53) = 1 - \Phi(0.53) = 1 - 0.701\,9 = 0.298\,1$$

$$P(X \leqslant 50) = F(50) = \Phi\left(\frac{50-41.9}{3.56}\right) = \Phi(2.28) = 0.9887$$

$$\Phi(t) = \frac{1}{\sqrt{2\pi}}\int_{-\infty}^{t} e^{-\frac{t^2}{2}}\mathrm{d}t\,(t \geqslant 0)$$

(三)特征强度和平均强度

特征强度的定义是:在低于某个强度时不合格试件不超过某一规定的比例。这个比例有时是1%,对于结构混凝土通常是2.5%甚至5%。一旦概念定义以后,就有可能对配合比设计选择合适的目标平均强度,配合比设计强度,用下式表示:

$$f_{cu,k} = f_{cu,0} - k\sigma \quad (附15\text{-}19)$$

式中:$f_{cu,k}$——特征强度(MPa);

$f_{cu,0}$——设计平均强度;

σ——标准差;

k——概率系数,与$f_{cu,k}$定义有关,可从正态分布曲线(高斯分布曲线)的统计表获得(参见附表15-8)。

附表15-8给出一些在不同比例的"不合格"试件下的k值。如果平均值和标准差都是预测值,存在着试件强度小于特征强度的比例,这仅仅证实了统计是正确的,而并没有反映出混凝土质量的不可靠性。

低于特征强度的试件含量与概率系数值 k 附表15-8

低于特征强度的试件含量		k	低于特征强度的试件含量		k
几个之中有1个	百分数		几个之中有1个	百分数	
6	16	1.00	33	3	1.88
10	10	1.28	40	2.5	1.96
20	5	1.64	50	2	2.05
25	4	1.75	100	1	2.33

与其他许多在技术上更为复杂,控制更为精确,所分析的试验结果数目大的领域相比,混凝土强度试验结果的数目较小,变异性相对较高。因此,必须强调k值可方便、有效地精确到小数点后一位。

σ值是操作质量控制的函数。对于混凝土立方体试件通常为3.5~7.5MPa,但对操作质量控制很差的情况,可能会更大些。抗弯强度值为0.25~0.50MPa,圆柱体劈裂强度为0.30~0.60MPa。

对于给定质量控制的情况,σ_s 建议采用附表15-9中的值:

给定质量控制的情况下 σ_s 建议值 附表15-9

控制等级	标准差 σ_s(MPa)	控制等级	标准差 σ_s(MPa)
试验室	2.0~3.5	一般的现场	5.0~6.0
极好的现场	3.5~4.5	差的现场	7.0~8.0

自然，根据从前收集的类似的工程资料来选择 σ 要比凭空推测估定好，不过推测也是需要的。适当的方法是 σ 值不要取得太保守。然后，可用下式确定设计平均强度值：

$$\bar{f}_c = f_{cu} + k_1 \qquad (附 15\text{-}20)$$

与下式相比：

$$f_{cu,0} = f_{cu,k} + k\sigma \qquad (附 15\text{-}21)$$

$\bar{f}'_c$与$f_{cu,0}$相同（$f_{cu,0}$为目标平均强度，即设计平均强度）；f_{cu}与$f_{cu,k}$相同（$f_{ou,k}$为规定的特征强度）；k_1 与 $k\sigma$ 相同（常数是质量控制函数）。

对于给定的质量控制水平，在稠度等级已定的情况下，设计平均强度将取决于规定的特征强度的确定，即取决于配合比。附表 15-10 给出了含有粒径为 20mm 不规则砾石集料，稠度中等，规定特征强度 20MPa 的混凝土的一些资料。

附表 15-10

标准差 σ(MPa)			
4.0		8.0	
低于特征强度的试件含量(%)			
1.0	2.5	1.0	2.5
设计平均强度 $f_{cu,0}$(MPa)			
29.3	27.8	38.6	35.7
水泥含量约为 (kg/m^3)			
290	285	355	335

一旦混凝土正在生产中，重要的是尽可能快地获得 $\bar{f}_c$ 和 σ 合理可靠的估计值。以校核预先的假设是否正确。考虑到这点，通常最少的试验结果数目是 40 个，分析表明 σ 或 $\bar{f}_c$ 与期望值不同，可以采取中间步骤改变这种情况。采用上述例子，假定标准差为 4.0MPa，同时期望的平均强度为 29.3MPa，如果现场试验结果表明实际的平均强度是 29.0MPa 但标准差是 6.0MPa。这意味着：可以预料到不合格率为 1% 的结果特征强度小于 29.0 − (2.33 × 6.0)，也即15.0MPa，明显地比规定的特征强度 20.0MPa 的值将小更多。同样，如果标准差为 4.0MPa，但平均强度只有 25.0MPa，则预料的不合格含量为 1% 的特征强度将是 25.0 − (2.33 × 4.0) 也即 15.7MPa。前一种情况，配合比需要重新设计使平均强度达到 20.0 + (2.33 × 6.0) 即 34.0MPa；后一种情况，标准差可减少到(25.0 − 20.0)/2.33，也即 2.1MPa。但实际上标准差未必能达到这个值，更现实的是消除减少平均强度的根源。

（四）比较法

统计学非常有用的一个方面是：比较几组数据以检查它们存在显著差别的可能性，也即检查原则上它们是否可能来自相同的母体。

例如，比较第一节中两组抗拉强度，我们可以知道这个方法是怎样进行的。

令 $\bar{x}_1$、$\bar{x}_2$、σ_{s1} 和 σ_{s2} 分别为组(1)和组(2)的平均值和均方差。

计算：
$$\sigma^2=\left[\sum(x_2)^2-\frac{(\sum x_2)^2}{n_2}+\sum(x_1)^2-\frac{(\sum x_1)^2}{n_1}\right]/(n_1+n_2-2)$$
$$=[\sigma_{s2}^2(n_2-1)+\sigma_{s1}^2(n_1-1)]/(n_1+n_2-2)$$
$$=(0.47^2\times11+0.88^2\times11)/22=0.499$$

然后计算“学生氏”t——检验：

$$t=\left(\frac{\bar{x}_1-\bar{x}_2}{\sigma}\right)\left(\frac{n_1\times n_2}{n_1+n_2}\right)^{\frac{1}{2}}=\left(\frac{2.43-2.38}{0.71}\right)\times\left(\frac{144}{24}\right)^{\frac{1}{2}}=0.17\quad(\text{自由度22即}\ n_1+n_2-2)$$

当我们查t的统计表时发现，对于22个自由度，相对于10%、5%、2%、1%和0.1%的显著性，t值必须分别不小于1.72、2.07、2.51、2.82和3.79。因为算得的t值是0.17，大大小于要求有10%显著性水平的1.72。这意味着两组抗拉强度来自不同母体的可能性大大小于1/10（实际上确实来自不同母体），因此，我们可以认为，两者之间没有真正的差别。

现在我们如果再看看下列组(3)和组(4)的两组数：

(3)2.36　2.45　2.48　2.16　2.30

(4)2.35　2.90　2.69　2.79　2.79

我们求出：

$$\bar{x}_3=2.35,\quad \sigma_3=0.13$$
$$\bar{x}_4=2.70,\quad \sigma_4=0.21$$
$$\sigma^2=(0.21^2\times4+0.13^2\times4)/8=0.0305$$

所以

$$\sigma=0.17$$
$$t=\left(\frac{2.70-2.35}{0.17}\right)\times\left(\frac{5\times5}{5+5}\right)^{\frac{1}{2}}=3.26$$

这样，对于8个自由度，我们查到当显著性分别为10%、5%、2%、1%和0.1%时，t值为1.86、2.31、2.90、3.36和5.04，由于我们算得的t值是大于2%，而又小于1%的显著性水平所对应的值。这意味着这两组不同的可能性与2%差的较多，与1%差较少。因此，我们可以断定组(3)与组(4)是不同的。

（五）比较两个离散值

由于标准差本身不能简单地相加，因此将标准差的平方定义为离散值，常在处理或平衡变异性时使用。有时也用于比较两组值的变异性。例如，对于两批拌和的混凝土试验结果，用下面的近似法计算（显著性水平的Fisher检验）。

我们计算两个离散值的比$\sigma_{s1}^2/\sigma_{s2}^2$（这里$\sigma_{s1}>\sigma_{s2}$），附加两个数组的自由度$(n_1-1)$和$(n_2-1)$。这样，原有的组(1)、(2)的自由度都是11。

$$\sigma_{s1}^2=0.77,\sigma_{s2}^2=0.22\ \text{和}\ \sigma_{s1}^2/\sigma_{s2}^2=3.50$$

从有关离散值比值的统计表中，我们可以看到，3.50大于5%的显著性水平而小于1%显著性水平的对应值，因此，可以合理地假定两者的离散性不同。

对于组(3)和组(4)：$\sigma_{s1}^2/\sigma_{s2}^2=0.044/0.017=2.59$，自由度都为4。这个值略大于20%显

著性水平下的值(2.5)。因此,可以合理地断定两者的离散值不可能有实质性的区别。

(六)正确分析测量值

从“统计比较法”和“比较两个离散值”中介绍的简单处理方法提醒我们可以合理地检查数据以便客观地确定明显的差异是否真实。鉴于数据本身内在的变异性,不应把本来是相同的数据认为有差异存在。所以我们应当设法根据试拌及生产过程中收集到的数据加以评估,并积累足够的经验,以便使我们有能力正确地分析测量值。

对所有的试验和获得的数值,我们必须持这样一种看法:出现错误的数字不是罕见的,在特殊情况下总有可能得出没有意义的结果。统计学本质上是用于有相当多数据的数组(虽然理论上可以求出小数组所包含的最少数据个数的限制),所得的数值总是应当加以谨慎的处理。概率是它们的实质而不是必然的。

十六、混凝土标号与混凝土强度等级的换算关系

混凝土标号:《钢筋混凝土结构设计规范》(TJ10)中规定:混凝土标号系指按标准方法制作和养护的边长为200mm的立方体试件,经28d龄期用标准试验方法测得的抗压强度。该强度对标号而言具有不低于85%的保证率。

混凝土强度等级:《混凝土结构设计规范》(GB 50010—2010)中规定:混凝土强度等级按立方体抗压强度标准值划分。立方体抗压强度标准值系指按标准方法制作、养护的边长为150mm的立方体试件,在28d龄期,用标准试验方法测得具有95%保证率的抗压强度值。

混凝土标号可按附表16-1换算为混凝土强度等级。

附表16-1

混凝土标号	10	15	20	25	30	40	50	60
混凝土强度等级	C8	C13	C18	C23	C28	C38	C48	C58

混凝土标号与混凝土强度等级的换算步骤:

1. 按混凝土标号定义,求出该标号混凝土强度的平均值μ_{R20}。

2. 由μ_{R20}值换算成边长150mm立方体强度的平均值μ_{fcu},并以法定计算单位表示。

3. 由混凝土强度定义,求出该标号混凝土相应的混凝土立方体抗压强度标准值$f_{cu,k}$。

[例附16-1] 现有20号混凝土其变异系数$\delta = 0.18$(由附表16-2查得),试求其相应的混凝土强度标准值,即$f_{cu,k}$。

解:1)首先应按混凝土标号定义,求20号混凝土强度的平均值:

$$\mu_{R20} = \frac{R_{20}^{b}}{1-\delta} = \frac{20}{1-0.18} = 22.4(\text{MPa})$$

2)由μ_{R20}值换算成边长为150mm立方体强度的平均值μ_{fcu},并以法定计量单位表示,则有:

$$\mu_{R20} = 1.05 \times \mu_{R20} \times 0.1 = 1.05 \times 2.44 \times 0.1 = 25.6(\text{N/mm})^2$$

3）由混凝土强度定义，求出20号混凝土相应的混凝土立方体抗压强度标准值：

$$f_{cu,k}=\mu_{fcu}(1-1.645\delta)=25.6\times(1-1.645\times0.18)=18.0(N/mm^2)$$

由例（附16-1）计算结果与附表16-2可见，相同质量的一批混凝土，其设计标号与强度等级按法定计量单位计算时，两者相差约为2.0N/mm²，相当于按习惯用的公制计量单位计算时，两者差约20MPa。

混凝土标号与混凝土强度等级的换算关系 附表16-2

$f_{cu,k}$	δ	$\frac{(1-\delta)\times0.95}{1-0.645\delta}$	R_{20}^{b}	$R_{20}^{b}-f_{cu,k}$	$f_{cu,k}$	δ	$\frac{(1-\delta)\times0.95}{1-0.645\delta}$	R_{20}^{b}	$R_{20}^{b}-f_{cu,k}$
10.0	0.24	1.193 0	11.9	1.9	35.0	0.13	1.051 3	36.8	1.8
15.0	0.21	1.146 6	17.2	2.2	40.0	0.12	1.041 6	41.7	1.7
20.0	0.18	1.106 7	22.1	2.1	45.0	0.12	1.041 6	46.9	1.9
25.0	0.16	1.083 1	27.1	2.1	50.0	0.11	1.032 3	51.6	1.6
30.0	0.14	1.061 5	31.8	1.8	60.0	0.10	1.023 3	61.4	1.4

注：R_{20}^{b}——混凝土标号，其值为$\mu_{R20}(1-\delta)$，(MPa)。

$f_{cu,k}$——混凝土立方体抗压强度标准值，其值为$\mu_{fcu}(1-1.645\delta)$，(MPa)。

0.95——边长为150mm立方体换算成边长为20mm立方体试件强度的换算系数。

δ——混凝土试件强度的变异系数，其值是按1979～1980年全国混凝土统计资料确定的。

十七、常用耐火混凝土参考配合比

（一）硅酸盐水泥系列耐火混凝土

该品种系列耐火混凝土，适宜使用温度≤1 200℃的中、低温工程部位，如热工设备基础和底板，烟道及烟道内衬、热储矿槽等。

硅酸盐水泥系列耐火混凝土，取材容易，成本低廉，应用的时间较长，应用范围也比较广泛，是普及性传统材料。

1. 耐火机理

普通混凝土之所以不能在高温环境中使用，主要原因是：

（1）水泥水化物脱水（结晶不排脱）引起结构疏松。

（2）集料受热破坏。如三斜晶系的长石，其两个不同方向的平均热膨胀系数分别为$17.3\times10^{-6}℃^{-1}$、$1.4\times10^{-6}℃^{-1}$）。石英两个不同方向的平均热膨胀系数分别为$14\times10^{-6}℃^{-1}$与$7.7\times10^{-6}℃^{-1}$，而且，加热时伴生晶型转化而产生内应力。石灰岩超过800℃引起分解而导致耐火混凝土裂缝。

（3）水泥石随着加热过程产生很大收缩，而水泥石包裹的集料却在加热过程中膨胀，温度越升高，二者差异越大，直至水泥石与集料间的联系被破坏。

针对普通混凝土的三个缺点，耐火混凝土采取如下三个措施：

①加入特定的耐火粉,其作用是:

a. 减少水泥石的收缩,例如未加入粉料的水泥石,700℃时收缩为1.4%;而加入与水泥等量的耐火黏土砖粉,则收缩仅为0.6%,相差一倍多。

b. $Ca(OH)_2$ 是硅酸盐水泥水化产物之一,高温作用下脱水生成 CaO。冷却后吸水消解又形成 $Ca(OH)_2$,体积膨胀致使混凝土破坏。如掺入适量活性较强的水渣粉、黏土熟料粉、火山灰、叶腊石粉等,加热过程中与游离氧化钙结合成硅酸钙、铝酸钙等,消除了游离氧化钙吸水膨胀这一弊病。

c. 水泥石中的硅酸二钙,当冷却至525~673℃时由 $\beta-Ca_2Si$ 转化为 $\gamma-Ca_2Si$,体积膨胀10%,引起混凝土破坏或强度降低。但加入特定的耐火粉能使硅酸二钙与游离氧化钙起固相反应,生成三硅酸二钙 Ca_2Si_3 或硅酸三钙 Ca_3Si 稳定矿物。

不同配合比的水泥石,烧后游离氧化钙含量测定值如附表17-1所示。

掺入不同粉料的水泥石烧后游离氧化钙 附表17-1

编号	配合比(%)			水灰比	烧后游离氧化钙含量(%)				
	水泥组成		黏土熟料粉(外加)		110℃	400℃	500℃	700℃	900℃
	熟料	混合材							
1	100	—	—	0.23	10.08	10.25	8.85	10.89	12.71
2	100	—	40	0.23	8.10	8.86	6.31	5.29	0.29
3	100	—	100	0.23	5.88	4.22	4.18	3.61	0
4	85	水渣15	—	0.22	8.58	9.45	5.75	6.59	3.78
5	85	水渣15	40	0.23	6.36	5.19	5.44	3.29	0
6	85	水渣15	100	0.25	4.41	4.50	3.33	3.68	0.36
7	85	火山灰15	—	0.25	5.74	5.74	3.73	1.92	0
8	85	火山灰15	40	0.25	4.89	3.60	2.90	2.58	0
9	85	火山灰15	100	0.26	3.56	2.64	2.13	1.79	0
10	90	石灰石10	—	0.22	9.63	10.31	8.09	10.55	16.90
11	85	石灰石15	40	0.23	6.03	5.14	1.99	2.27	0.16
12	90	石灰石10	100	0.23	3.93	3.56	2.64	2.71	0
13	60	水渣40	—	0.23	7.00	6.90	5.34	1.43	0.11
14	50	水渣50	—	0.23	5.33	5.34	4.68	1.38	0.12
15	40	水渣60	—	0.23	4.15	3.92	3.48	0.48	0.07
16	50	水渣50	30	0.24	4.63	3.55	3.29	0.81	0
17	50	水渣50	50	0.24	3.92	3.09	2.90	1.02	0

②合理选用耐火集料

即选用热膨胀系数较小的集料，以缩小和水泥石收缩的差值。严禁选用高温下会分解的集料，限制集料的最大粒径，选好集料级配，都有助于提高耐火混凝土的体积稳定性。

几种常用材料的膨胀系数如附表 17-2 所示。

几种常用材料的膨胀系数 附表 17-2

材料名称	膨胀系数（$\times10^{-6}$℃$^{-1}$）	材料名称	膨胀系数（$\times10^{-6}$℃$^{-1}$）
大粒花岗石	33（0～900℃）	高铝砖	5.25～6.00
砂岩	24（0～800℃）	高炉矿渣	8.70
石英圆卵石	27（0～800℃）	黏土砖	5.20～5.80
矾土熟料	6.12	铬渣	6.17

③硅酸盐系列水泥本身虽不耐火，但可通过选用具有相当高温性能的耐火集料，以调整耐火混凝土达到适宜的高温性能。

2. 硅酸盐水泥系列耐火混凝土的配合比及性能

（1）矿渣硅酸盐水泥耐火混凝土

矿渣硅酸盐水泥耐火混凝土，适宜用于温度在 700～800℃的中低温非工作层，或非要害热工部位，例如高炉、平炉基础、烟道底板、焦炉抵抗墙等工程部位。但配制用于 800℃的矿渣水泥耐火混凝土，需相应选用耐火性能稍高的集料、粉料（如耐火黏土砖、焦宝石熟料）等。

由于 42.5 级特别是 32.5 级矿渣硅酸盐水泥中，硅酸三钙 C_3S 含量较低，且水泥中已掺入相当数量的活性混合材——矿渣，矿渣水泥较普通硅酸盐水泥密度小，单位质量水泥产浆量大，水泥石中的游离氧化钙含量较少。因此，无论是从改善耐火混凝土和易性，还是改善其体积安定性方面考虑，耐火粉可以少加或不加。即使掺用耐火粉也只宜占矿渣水泥质量的 30%～40%。振动成型的矿渣水泥耐火混凝土配合比及性能综合如附表 17-3 所示。

附表 17-3 中的试验数据表明：

①矿渣水泥耐火混凝土，随着焙烧温度的升高，烧后的残余强度均相应降低。如 800℃残余强度，约比 500℃残余强度降低 10% 左右；

②同纯熟料水泥相比，矿渣水泥耐火混凝土具有较高的残余强度，如 800℃烧后残余强度与相对强度，较前者高 1 倍以上；

③用于不超过 700℃的矿渣水泥耐火混凝土具有较高的残余强度，如 800℃烧后残余强度与相对强度，较前者高 1 倍以上；

④掺用矿渣水泥用量约 30% 的粉料，可使烧后相对强度约提高 10%～15%。

（2）普通硅酸盐水泥耐火混凝土

①常用配合比及主要性能

配制普通硅酸盐耐火混凝土常用的耐火集料，是黏土熟料，废旧耐火黏土砖、砂块。近年来各地结合本地资源，还成功地试验了用许多天然岩石作集料的耐火混凝土。

水电部门还使用了耐火粉料与水泥熟料混合磨制硅酸盐耐热水泥，并配制了耐火混凝土。这些耐火混凝土的配合比和最高使用温度，列于附表 17-4。

矿渣水泥耐火混凝土的配合比及性能 附表 17-3

配合比（kg/m³）					坍落度	110℃烘干强度	烧后强度（MPa）/相对强度（%）					荷载软化温度（℃）		热振稳定性（次）
								500℃		700℃				
32.5 级矿渣水泥	废耐火黏土砖粉	细集料	粗集料	水	（cm）	（MPa）	300℃	烧后	残余	烧后	残余	开始点	4%	
370	120	耐火黏土砖砂 680	废耐火黏土砖块 890	320	4.5	29.2/100	—	23.2/79.5	21.7/74.5	800℃ 22.1/75.7	800℃ 19.6/67.2	—	—	—
350	110	700	920	329	3.0	21.6/100	—	17.4/80.5	15.4/71.4	800℃ 15.9/73.6	800℃ 13.7/63.3	—	—	—
纯熟料 42.5 级水泥 330	330	620	760	320	3.0	28.1/100	—	—	—	800℃ 10.9/39	800℃ 8.7/31	—	—	—
300	—	矿渣 750	矿渣 1 170	171	—	25.0/100	—	17.5/70	—	10.0/400	—	1 000	1 150	8
360	矿渣 750	矿渣 750	矿渣 1 120	180	—	23.5/100	18.5/78.8	—	16.5/70.3	—		—	1 180	14
340	—	耐火黏土砖砂 643	废红砖	853	167	—	16.5/100	14.5/88	17.5/106	—	10.0/60.6		950	1 060
330	—	安山岩 710	安山岩 1 300	192	—	25.0/100	—	19.0/76	—	12.0/48	—	—	—	—

编号 1 ~ 3 是常用配合比，其中 1 是通用配合比。使用时可结合当地材料情况，参照编号 1 配合比进行试配和高温性能检验，以确定施工配合比。

②影响性能的主要因素

a. 水灰比$\left(\frac{\text{水}}{\text{水泥}+\text{粉料}}\right)$对耐火混凝土抗压强度的影响，如附表 17-5 所示。

普通硅酸盐水泥耐火混凝土单位体积材料用量和最高使用温度　　附表 17-4

编号	每 $1m^3$ 混凝土材料用量(kg)									湿密度	最高使用温度
	水泥		粉料		细集料		粗集料		水	(kg/m^3)	(℃)
	品种	数量	品种	数量	品种	数量	品种	数量			
1	32.5～42.5 级普通硅酸盐水泥	250～400	黏土熟料	200～350	黏土熟料	500～700	黏土熟料	700～1 000	200～300	2 200～2 300	1 200
2	42.5 级普通硅酸盐水泥	250	黏土熟料	250	黏土熟料	650	黏土熟料	950	200	2 300	1 200
3	42.5 级普通硅酸盐水泥	300	黏土熟料	300	黏土熟料	570	黏土熟料	850	240	2 200	1 200
4	32.5 级普通硅酸盐水泥	300	叶腊石	150	叶腊石	630	叶腊石	1 170	210	2 510	1 200
5	42.5 级普通硅酸盐水泥	300	白砂石	300	白砂石	560	白砂石	840	233	2 250	1 200
6	42.5 级普通硅酸盐水泥	250～300	四、五级黏土熟料	250～350	四、五级黏土熟料	480～560	四、五级黏土熟料	690～800	250～290	2 200～2 260	1 000
7	42.5 级普通硅酸盐水泥	250～300	废黏土熟料	250～300	废黏土熟料	480～560	废黏土熟料	690～730	230～250	2 030～2 050	1 000
8	42.5 级普通硅酸盐水泥	310	耐火黏土砖粉	310	焦宝石熟料 <6mm	620	焦宝石熟料 <15mm	810	247～260	2 300	1 200
9	硅酸盐耐热水泥	620	—	—	三级矾土熟料	600	三级矾土熟料	800	310	2 330	1 200

水灰比对耐火混凝土抗压强度的影响　　附表 17-5

水泥用量 (kg/m^3)	配合比 水泥：粉料：细集料：粗集料	水灰比	常温、烧后抗压强度(MPa)/相对抗压强度(%)							
			常温	100℃	200℃	400℃	600℃	800℃	1 000℃	1 200℃
250	1：1：2.5：3.2	0.38	$\frac{14.6}{71}$	$\frac{20.4}{100}$	$\frac{20.0}{98}$	$\frac{17.8}{87}$	$\frac{16.0}{79}$	$\frac{4.9}{24}$	$\frac{5.9}{29}$	$\frac{8.3}{41}$
		0.36	$\frac{19.0}{85}$	$\frac{22.2}{100}$	$\frac{21.0}{95}$	$\frac{20.0}{90}$	$\frac{18.0}{91}$	$\frac{8.0}{39}$	$\frac{10.3}{46}$	$\frac{14.6}{66}$
325	1：0.54：2.0：2.3	0.46	$\frac{17.2}{75}$	$\frac{22.8}{100}$	$\frac{20.4}{89}$	$\frac{19.0}{83}$	$\frac{18.4}{81}$	$\frac{5.6}{25}$	$\frac{6.7}{29.5}$	$\frac{5.8}{25.5}$
		0.43	$\frac{25.0}{80}$	$\frac{31.0}{100}$	$\frac{29.0}{94}$	$\frac{27.8}{89}$	$\frac{26.8}{86}$	$\frac{9.8}{31.6}$	$\frac{11.7}{38}$	$\frac{10.1}{32.5}$
400	1：0.25：1.5：2.0	0.52	$\frac{20.4}{75}$	$\frac{30.0}{100}$	$\frac{23.0}{77}$	$\frac{22.0}{73}$	$\frac{21.4}{71}$	$\frac{8.0}{26.5}$	$\frac{9.6}{32}$	$\frac{5.2}{17.3}$
		0.50	$\frac{36.0}{87}$	$\frac{41.2}{100}$	$\frac{39.5}{95}$	$\frac{37.0}{90}$	$\frac{36.0}{87}$	$\frac{14.8}{36}$	$\frac{17.8}{43}$	$\frac{9.6}{23.3}$

由附表 17-5 可看出：a）由于耐火混凝土的实际用水量，约为达到设计强度时水泥结合用水量（占水泥质量 10% ~15%）的 7 ~9 倍，因此，水灰比变动幅度大，随着水灰比的降低，强度提高的幅度也大；b）水灰比小的耐火混凝土，不仅常温耐压强度较高，而且不同温度烧后的相对抗压强度也几乎无一例外地提高。

水灰比对耐火混凝土高温性能的影响，如附表 17-6 所示。

水灰比对耐火混凝土高温性能的影响　　附表 17-6

编号	水灰比	荷载软化温度℃		热振稳定性（次）	烧后线变化率（%）					
		开始点	4%		300℃	500℃	700℃	900℃	1 100℃	1 200℃
1	0.45	1 180	1 240	15	-0.014	-0.045	-0.118	-0.085	0	+0.120
2	0.50	1 170	1 220	12	-0.042	-0.057	-0.133	-0.051	+0.040	+0.141

硅酸盐耐火混凝土水灰比增大，极明显地降低其热振稳定性。如水灰比由 0.45 提高到 0.50，热振稳定性减少达 3 次之多。

b. 水泥与粉料的用量

水泥用量对硅酸盐水泥黏土质耐火混凝土性能的影响如附表 17-7 所示。

水泥用量对耐火混凝土性能的影响　　附表 17-7

材料用量（kg/m^3）				水灰比	烧后抗压强度（MPa）/相对抗压强度（%）						荷载软化温度（℃）	
水泥	粉料	集料	水		110℃	300℃	700℃	900℃	1 100℃	1 200℃	开始点	4%
200	200	1 755	165	0.42	35.8/100	27.6/78	22.4/62	15.3/43	12.3/34	20.4/57	1 150	1 190
300	300	1 415	199	0.33	43.2/100	38.7/89	28.2/65	15.3/35	12.2/28	18.9/44	1 150	1 200

由附表 17-7 中数据可看出：随着水泥用量的增加，耐火混凝土高温烧后的相对强度降低。如相较于水泥用量为 300kg/m^3 的混凝土，当水泥用量为 200kg/m^3 时，900℃、1 100℃、1 200℃的烧后相对强度，分别高 5%、6% 及 13%。因此，能保证达到设计强度的情况下，尽量减少水泥用量，有利于提高硅酸盐水泥耐火混凝土的高温性能。

不同水泥粉料比值的耐火混凝土性能，如附表 17-8 所示。

不同水泥与粉料比值对耐火混凝土高温性能的影响　　附表 17-8

水泥：粉料	材料组成（kg/m^3）				烧后抗压强度（MPa）/相对抗压强度（%）						荷载软化温度（℃）	
	水泥	粉料	集料	水	110℃	500℃	700℃	900℃	1 100℃	1 200℃	开始点	4%
1：0.25	400	100	1 600	195	50.0/100	41.3/81	26.0/52	14.5/28	11.1/22	41.6/81	1 185	1 230
1：1	250	250	1 590	183	45.0/110	32.3/80	23.1/51	15.3/35	12.5/28	42.1/93	1 180	1 260
1：1.5	200	300	1 582	175	35.0/100	31.9/95	23.0/65	15.2/45	14.3/41	32.0/91	1 150	1 280

由附表 17-8 可看出：相比于水泥与粉料比值为 1∶0.25 的混凝土，当水泥与粉料为 1∶1 时，水泥用量即使降低了 $150kg/m^3$，1 200℃烧后强度仍基本接近，4% 变形的荷载软化温度反而提高了 30%，且 900℃、1 100℃烧后，无论是绝对强度还是荷载软化温度均较高。

综上所述，可以认为：当水泥∶粉料比值适当[1∶(1～0.85)]时，耐火混凝土中游离氧化钙已趋近于零，且具有较好的高温性能。

c. 集料的粒径和级配：集料的最大粒径与级配，对耐火混凝土高温性能的影响如附表 17-9 所示。

集料级配对耐火混凝土性能的影响 附表 17-9

材料用量(kg/m^3)					砂率	水灰比	烧后抗压强度(MPa)/相对抗压强度(%)						荷载软化温度(℃)	
水泥	粉料	细集料	粗集料 20～10mm	粗集料 10～5mm			110℃	300℃	700℃	900℃	1 100℃	1 200℃	开始点	4%
250	250	658	691	296	0.40	0.37	42.6/100	32.8/77	18.2/43	12.5/29	10.0/23	23.7/56	1 155	1 255
250	250	666	500	500	0.40	0.37	38.8/100	30.7/79	20.6/53	10.8/28	10.2/26	15.9/41	1 220	1 260
250	250	655	—	995	0.40	0.37	35.0/100	26.9/77	15.9/54	11.1/32	9.4/27	25.3/72	1 230	1 280

由附表 17-9 可看出：将粗集料粒径从 20～10mm 降至 10～5mm，虽然烘干强度由42.6MPa 降至 35MPa，但如果选择普通硅酸盐水泥配制 1 200℃使用的耐火混凝土时，该温度下的烧后强度反而比前者提高了 1.6MPa。荷载软化温度约提高 25℃。加热温度高于 700℃时，烧后相对强度也提高了 3%～16%。可见，作为耐火混凝土粗集料，严格控制其最大粒径是十分必要的。

(二)铝酸盐耐火混凝土

铝酸盐耐火混凝土，是以铝酸盐水泥为胶结材料配制的混凝土。

铝酸盐水泥可分为矾土水泥、铝-60 水泥、低钙铝酸盐水泥、纯铝酸钙水泥、超高铝水泥等品种。

这是一类没有游离氧化钙的中性水泥，具有快硬、高强、热振稳定性好、耐火度高等特点，在冶金、石油化工、建材、水电和机械工业的一般工业窑炉上得到了广泛的应用。其最高使用温度为 1 300～1 600℃，有的甚至达 1 800℃左右。

1. 耐火机理

铝酸盐水泥配制的耐火混凝土，之所以具有相当高的耐火性能，主要是：

(1)铝酸盐水泥素有“耐火水泥”之称，其所含的主要矿物 CaAl——熔点 1 600℃，$CaAl_2$——熔点 1 765℃；少量可能含有的矿物 Ca_3Al_5——熔点 1 700℃，铝黄长石 Ca_2AlSi——1 590℃熔融，因而综合表现为具有较高的荷载软化温度(4% 变形为 1 230～1 400℃)。

(2)铝酸盐水泥既无游离氧化钙消解的危害，又无β-C_2S之类晶型转化导致内应力的“隐患”，热变形又小，具有优良的热振稳定性。

(3)可以根据使用要求选用高矾土熟料、焦宝石、高铝废砖乃至铬渣、刚玉、碳化硅等高温性能优良的耐火集料，以进一步提高耐火混凝土的高温性能。但铝酸盐水泥耐火混凝土在高温（>1 400℃）下，徐变稍大。用于双面受热的制品、构件，宜采用高品位耐火集料配制。

2. 常用配合比及主要性能

(1)矾土水泥耐火混凝土

矾土水泥耐火混凝土常用配合比如附表17-10所示。

矾土水泥耐火混凝土常用配合比 附表17-10

项目		质量配合比（%）								
		1	2	3	4	5	6	7	8	9
胶结料	矾土水泥	6~12	12	15	15	15	15	15	15	15
粉料	高铝矾土熟料	15				15	10	12		
	铝铬渣粉		12							Ⅱ级矾土 10~15
	耐火黏土砖粉			15	15					10~15
	黏土质熟料								15	
集料	高铝矾土熟料砂(0.15~5mm)	30~35								
	铝铬渣		76						<5mm	
	焦宝石熟料(<6mm)			30					35	75
	焦宝石熟料(<15mm)								5~15mm	
	2级矾土(<6mm)				30				35	
	2级矾土(<15mm)			40	40	70				
	高铝质熟料(5~15mm)	35~40					40	43		
	高铝矾土熟料块(15~20mm)						35	35		
	高铝质(<5mm)									
水	(外 加)				10	10		8~9	11~12	

注：铝铬渣应符合如下要求：化学成分为Al_2O_3占80%~85%，Cr_2O_3占9%~10%；耐火度1 900℃；其粗、细集料级配是：5~10mm为55%，1.2~5mm为18%，<1.2mm为27%；铝铬渣粉粒度<0.088mm大于80%。

此外，矾土水泥还可与硅质、镁质耐火原料配制耐火混凝土，其最高使用温度为1 400℃，且具有较好的导热性和抗渣性。

(2)铝-60水泥的Al_2O_3含量和高温性能介于矾土水泥与低钙铝酸盐水泥之间。它比低钙铝酸盐水泥凝结硬化快，而耐火性能则优于矾土水泥。这一来，就弥补了两者的缺陷。

铝-60水泥耐火混凝土的最高使用温度为1 500℃，可满足一般工业窑炉使用。

铝-60水泥耐火混凝土的常用配合比及其相应的主要性能，综合如附表17-11所示。

铝-60 水泥耐火混凝土及其主要性能　　附表 17-11

项目		质量配合比（%）					
		1	2	3	4	5	6
胶结料	铝－60 水泥	15.5	15	15	15	15	15
粉料	高铝矾土熟料粉	8.5					
	2 级矾土粉		15		10	15	15
	一级黏土熟料			15			
集料	高铝矾土熟料砂（0.15～5mm）	46					
	二级矾土（＜6mm）		30				
	二级矾土（＜15mm）		30				
	一级黏土熟料（＜15mm）		70			70	
	一级矾土熟料		—	70	75		70
	高铝矾土熟料块（5～20mm）	30					
烘干抗压强度（MPa）		—	—	30.0	35.5	34.0	31.0
烧后抗压强度（MPa）	800℃	—	—	28.0	32.0	30.0	27.0
	1 000℃			24.0	24.5	24.0	23.0
	1 200℃			18.0	20.0	17.0	16.0
	1 400℃			28.0	34.0	30.0	25.0
荷载软化温度（℃）	开始点	1 330	1 270	1 300	1 310	1 300	1 331
	4%	1 420	1 380	1 380	1 385	1 395	1 410
耐火度	℃	＞1 770	1 730～1 750	1 710	1 710	＞1 770	1 770
1 400℃烧后线变化率（%）		－1.0（1 450℃）	－0.36	－0.49	－0.32	－0.41	－0.32
20～1 200℃热膨胀系数（$\times10^{-6}℃^{-1}$）		—	—	5.6	5.1	5.0	4.4
烘干表观密度（kg/m^3）		—	—	2 250	2 270	2 300	2 650
热振稳定性（850℃水冷次数）		8（1 300℃水冷）	＞50	—	—	—	—
常温抗压强度（MPa）	1d	—	—	31.0	38.0	28.0	26.0
	3d			38.0	43.0	42.5	29.5
	7d			44.0	51.0	54.0	50.0

铝-60 水泥耐火混凝土的另一特点，是低于 1 200℃时，随着加热温度的升高，显气孔率增加。1 200℃时的烧后强度最低，超过 1 200℃则随着加热温度的升高，显气孔率下降，是一种良好的筑炉材料。

(3)低钙铝酸盐水泥耐火混凝土

低钙铝酸盐水泥耐火混凝土，由于水泥中 Al_2O_3 含量（约 70%）高于矾土水泥和铝－60 水泥,因此,具有耐火度高、热膨胀系数小、热振稳定性好、抗渣性强等特点,最高使用温度为1 600℃。

该水泥凝结硬化虽不如矾土水泥快,但可采取蒸气养护而达到快硬早强的目的。

低钙铝酸盐耐火混凝土,可用于建造砖窑、电炉炉盖、炉门、烧嘴、真空吸嘴、回转窑内衬及加热炉系统的高温段。

低钙铝酸盐水泥耐火混凝土,常用配合比及其相应的高温性能综合如附表 17-12、附表 17-13 所示。

低钙铝酸盐水泥耐火混凝土常用配合比及其性能(一) 附表 17-12

项目		质量配合比(%)							
		1	2	3	4	5	6	7	8
胶结料	低钙铝酸盐水泥	12~15	15	15	14	15	15	12	12
粉料	高铝矾土熟料粉	15							
	一级矾土熟料粉			15	10				
	二级矾土熟料粉		15			15	15		12
	铬渣粉							12	
集料	高铝矾土熟料砂(0.15~5mm)	30~35							
	一级矾土熟料(<15mm)			40					(<10mm) 76
	一级矾土熟料(<6mm)			30	(<5mm) 36				
	二级矾土砂料(<15mm)		40		(5~15mm) 40	35	70		
	二级矾土熟料(<6mm)		30			35			
	高铝矾土熟料(5~20mm)	35~40							
	铬渣(5~15mm)							41	
	铬渣(<5mm)							36	
水(外加)		—	—	—	10	11	11	9	—
常温和烘干抗压强度(MPa)	3d	—	—	—	17.0	20.0	18.0	15.0	—
	蒸养				30.0	35.0	31.0	29.0	—
	110℃烘干				31.0	34.0	30.5	37.0	30.0
烧后抗压强度(MPa)	400℃	—	—	—	26.0	27.0	24.0	33.0	29.2
	800℃				34.0	24.5	22.0	26.0	27.4
	1 200℃				18.0	18.0	16.5	17.0	17.0
	1 400℃				23.5	26.0	22.0	24.0	19.8
高温抗压强度(MPa)	1 000℃	(900℃) 15.0~20.0	—	—	19.0	20.0	18.0	14.0	16.4
	1 200℃	(1 300℃) 10.0~15.0			13.0	10.0	9.0	9.0	—

低钙铝酸盐水泥耐火混凝土常用配合比及其性能(二) 附表17-13

项目		质量配合比(%)							
		1	2	3	4	5	6	7	8
荷载软化温度(℃)	开始点 变形(4%)	1 300~1 400 1 400~1 440	1 270 1 300	1 270 1 380	1 320 1 410	1 300 1 400	1 300 1 390	1 410 1 650	1 320 1 350
耐火度(℃)		1 750~1 790	1 730~1 750	<1 790	>1 790	1 790	1 790	>1 790	
1 400℃烧后线变化率(%)		0.6~0.9	-0.36	-0.62	-0.20	-0.41	-0.45	+0.26	-0.164
20~1 200℃热膨胀系数($\times 10^{-6}℃^{-1}$)		4.5~6.0	—	—	4.7	5.2	5.6	5.2	5.9
常温导热系数(4.1kJ/m·h·℃)0.8~1.4		—	—	0.918	0.907	0.892	0.92	0.9~1.1	
显气孔率(%)		—	—	—	18	17	17	16	—
烘干表观密度(kg/m^3)		—	—	—	2 680	2 450	2 420	2 800	2 700
热振稳定性(850℃水冷次数)		>25	>50	>50	>50	>50	>50	>50	(1 000℃ 气冷)40

由附表17-13可以看出：

①低钙铝酸盐耐火混凝土，常温3d强度较矾土水泥和铝-60水泥耐火混凝土低，但蒸养和110℃烘干强度相当高(30.0MPa以上)。这是因为$CaAl_2$水化速度较慢，烘干过程中其内部水分起“自蒸养”作用。

②加热温度为1 200℃时，低钙铝酸盐水泥耐火混凝土烧后强度达到最低值。加热温度为1 400℃时，开始显示烧结作用，烧后强度开始提高。据有关试验查明：到1 600℃烧后强度达30MPa。但该温度下，已较多出现液相，其热态强度只有1.0MPa。

③低钙铝酸盐水泥耐火混凝土，耐火度多为1 790℃左右。但其荷载软化温度开始点波动于1 270~1 340℃之间(铝铬渣作集料者达1 410℃)，低于同成分的高铝砖，主要是由于任何耐火混凝土均比耐火砖气孔率高，且未经预先煅烧的缘故。

④低钙铝酸盐水泥耐火混凝土的平均热膨胀系数(20~1 200℃时)波动于(4.5~6.0)×$10^{-6}℃^{-1}$，与同材质的耐火砖相接近。其导热系数随着温度的升高而提高。例如高铝质耐火混凝土常温导热系数为1.02W/(m·K)，500℃时为0.99~1.11W/(m·K)，800℃时为1.11~1.14W/(m·K)，1 000℃时为1.14~1.36W/(m·K)。

⑤低钙铝酸盐水泥耐火混凝土的热振稳定性，远优于同材质的耐火砖。因为二者热膨胀系数相同，而耐火混凝土的气孔率较耐火砖大，铝酸盐胶体干燥后又具有弹性，均能缓冲应力和应变。

(4)纯铝酸钙水泥耐火混凝土

纯铝酸钙水泥耐火混凝土，是以纯铝酸钙水泥作胶结材料，以特级矾土熟料、烧结氧化铝和刚玉等作集料、粉料，按比例配合加水拌和、成型、养护制成的不烧高级耐火材料。

纯铝酸钙水泥主要含$CaAl_2$和CaAl等铝酸钙，其余成分极少，因而得名纯铝酸钙水泥。用它配制的混凝土除具有优异的高温性能外，尚有耐磨性好、抗还原性气体能力强等特点。其最高使用温度为1 800℃。

纯铝酸钙水泥耐火混凝土配合比及其性能如附表17-14所示。纯铝酸钙混凝土所用刚玉集料最大粒径为3mm，颗粒级配为：3~1.2mm，55%；1.2~0.3mm，35%；<0.3mm，10%，各配

合比中均掺用一定量减水剂。

纯铝酸钙水泥耐火混凝土及其性能 附表 17-14

编号		1	2	3	编号		1	2	3
配合比(%)	水泥	15	13	15	高温抗压强度(MPa)	1 000℃ 1 300℃	28.5 29.5	— —	— 10.0(1 400℃)
	耐火粉料	15 氧化铝粉	17 氧化铝粉	10 铝铬渣粉	烧后抗折强度(MPa)	1 000℃ 1 300℃	5.5 6.0	— —	— 5.5
	耐火集料	70 电熔刚玉	70 特级矾土熟料	75 铝铬渣	荷载软化温度(℃)	开始点 4%	1 570 >1 630	1 400 1 590	1 400 >1 620
	水	11	12	10	1 500℃烧后线变化率(%)	—	+0.31 (1 400℃)	-0.6	+0.42
3d 常温抗压强度(MPa)		30.0	27.0	28.0	显气孔率(%)		20	19	21
烧后抗压强度(MPa)	110℃ 1 000℃ 1 300℃ 1 400℃	40.0 28.0 31.0 38.0	35.0 24.0 — 31.0	35.0 26.5 — 20.0	烘干表观密度(kg/m^3)		1 850	2 800	2 820

由附表 17-14 可以看出:

①由于纯铝酸钙 Al_2O_3 含量相当高,杂质极少,烧结温度 >1 300℃,因此具有优异的耐火性能。如 1 300℃热态高温抗压强度 >15.0MPa,1 400℃约为 4.0MPa,1 000 ~ 1 300℃烧后抗折强度 >5.0MPa,当采用刚玉集料时,变形 4% 荷载软化温度约为 1 700℃。

②纯铝酸钙水泥耐火混凝土,具有良好的导热性能和热振稳定性。常温导热系数 4.5kJ/(m·h·℃),850℃水冷循环 >30 次,但成本较高,一般只用于有特殊要求的热工部位。如处理钢水的真空吸嘴衬里即采用这种混凝土捣打成型,其使用寿命达 30 次左右。此外,石油化工窑炉衬里和热工设备的耐磨衬里等,采用这种纯铝酸钙耐火混凝土,也取得良好的使用效果。

(5)超高铝水泥耐火混凝土

①超高铝水泥耐火混凝土,是用超高铝水泥作胶结材料,刚玉粉作掺和料,电熔或烧结刚玉为集料并掺入微量外加剂的高纯度耐火混凝土,最高使用温度可达 1 700℃。

由于超高铝水泥的 Al_2O_3 含量为 77% ~80%,CaO 为 18% ~20%,而 SiO_2、Fe_2O_3 杂质含量极微,因此,是近几年问世的、具有优异高温性能的耐火混凝土新品种。

②美国、日本、法国和我国超高铝水泥的化学成分,如附表 17-15 所示。

几个国家超高铝水泥的化学成分(%) 附表 17-15

名称	Al_2O_3	CaO	SiO_2	Fe_2O_3	MgO	K_2O	Na_2O	酌减	耐火度(℃)	附注
美国 CA-25	79.0	18.0	0.20	0.30	0.40	—	0.50	1.5	1 763	
日本超高铝水泥	79.96	18.14	0.10	0.18	0.05	0.01	0.65	1.5	—	
法国 Secar 80	80.5	18.0	0.20	0.15	0.10	0.03	0.25	—	—	
我国生产的超高铝水泥	77 ~80	18.20	微	微	—	—	—	—	—	

(6)外加剂对超高铝水泥刚玉质耐火混凝土性能的影响综合如附表 17-16 所示。

外加剂对超高铝水泥刚玉质耐火混凝土性能影响 附表 17-16

编号	外加剂占混凝土总量(%)	混凝土用水量(%)	流动性	加热后抗压强度(MPa)							残余线变形(%)					热态抗折强度(MPa)(1 400℃)	热态抗压强度(MPa)(1 500℃)
				1d	110℃	800℃	1 000℃	1 400℃	1 500℃	1 600℃	800℃	1 000℃	1 400℃	1 500℃	1 600℃		
AC_1	CBM②	9	良好	50.4	41.7	31.1	28.7	60.0	50.9	—	—	-0.15	-0.22	+0.14	—	4.29	3.90
AC_2	—	10.3	差	32.2	28.9	19.7	17.9	22.7	38.9	—	—	-0.19	-0.45	-0.10	—	2.90	2.40
BC_{23}	—	11.5	差	17.3	19.4	14.4	11.2	39.5	25.8	32.3	-0.29	-0.28	-0.86	-0.14	-0.44	1.88	
BC_{24}	CB①	8	良好	41.2	42.0	36.4	36.4	99.6	36.8	66.0	-0.18	-0.27	-0.52	+6.44	+0.35	3.63	

注:①CB 是高效减水剂、早强剂和占水泥质量 0.25% ~5% 聚磷酸盐的一种复合外加剂。

②CBM 是 CB 复合外加剂,再掺用水泥质量 0.1% ~0.05% M 型外加剂的一种复合外加剂。

由附表 17-16 可看出:外加剂除了改善耐火混凝土流动性外,还会引起强度成倍地提高。例如1 400℃的高温烧后强度,AC_1 为60.0MPa、AC_2 只有 27.2MPa。同样,不掺外加剂的 BC_{23} 为39.5MPa,而 BC_{24}高达 99.6MPa,比不掺外加剂的 1 400℃烧后抗压强度提高 2.5 倍以上。

不掺外加剂的耐火混凝土,经各种温度加热后的残余变形均为负值。但由于掺用外加剂,1500℃烧后残余变形反而出现正值。由此可见,复合外加剂有综合改善超高铝水泥耐火混凝土性能的优良功能。

3. 影响铝酸盐系列耐火混凝土性能的主要因素

(1)水泥用量

不同矾土水泥用量对耐火混凝土性能影响如附表 17-17 所示。

矾土水泥用量对耐火混凝土性能的影响 附表 17-17

水泥用量(%)	标准养护 3d 的抗压强度(MPa)	耐火度(℃)	荷载软化温度(℃)		1 300℃烧后线变化率(%)
			开始点	4%	
10	32	1 730	1 320	1 410	-0.12
12	35	1 710	1 300	1 400	-0.12
15	37	1 710	1 300	1 390	-0.14
18	40	1 690	1 290	1 380	-0.18
20	42	1 680	1 280	1 360	-0.22
25	45	1 650	1 260	1 345	-0.29

注:耐火混凝土采用二级矾土熟料作粉料和集料。取集料:(粉料+水泥)=70:30。

由附表 17-17 可看出:虽然随着矾土水泥用量的提高,耐火混凝土常温抗压强度显著提高,但水泥用量由 10% 增至 15%,耐火度降低 80℃;4% 变形荷载软化温度降低 65℃。特别是 1 300℃烧后线变化率增大 1.42 倍。

不同低钙铝酸盐水泥用量,对耐火混凝土性能的影响如附表 17-18 所示。

由附表 17-18 可看出:随着水泥用量增多和加热温度的升高,强度下降很多。水泥用量从 8% 增至 25%,相对抗压强度降低一半,但其绝对值一般均能保持在 15.0MPa 左右。荷载软化温度(4%变形)约降低70℃。最不利的是1 450℃烧后线变化率,增大近4.5倍。

低钙铝酸盐水泥用量对耐火混凝土性能的影响 附表17-18

编号		1	2	3	4	5	6	7
相对烧后抗压强度(%)	110℃	100 (220)	100 (300)	100 (350)	100 (380)	100 (410)	100 (400)	100 (440)
	800℃	—	91	76	74	70	75	60
	1 200℃	70	57	49	51	37	48	35
	1 450℃	80	68	67	65	84	60	52
耐火度(℃)		>1 790	>1 790	>1 790	>1 790	>1 770	>1 790	>1 790
荷载软化温度(%)	开始点	1 320	1 320	1 310	1 300	1 270	1 290	1 270
	4%	1 440	1 430	1 410	1 390	1 380	1 390	1 370
烧后线变率(%)	1 200℃	-0.13	-0.16	-0.16	-0.17	-0.20	-0.20	-0.22
	1 450℃	-0.39	-0.42	-0.60	-0.70	-1.90	-0.99	-2.10
显气孔率(%)	110℃	19	18	19	20	19	19	18
	1 200℃	—	—	22	22	25	24	26
热振稳定性(850℃水冷)	次数	30	30	30	30	30	30	30
	剩余强度(MPa)	14.0	16.0	18.0	17.0	22.0	24.0	22.0
烘干表观密度(kg/m^3)		2 700	2 680	2 620	2 640	2 620	2 600	2600

注:括号内均为强度绝对值。

因此,在满足耐火混凝土设计强度的情况下,应尽可能减少水泥用量,既可提高其耐火性能,也是降低成本的一个重要措施。铝酸盐水泥耐火混凝土的水泥用量为10%~18%,常用15%左右。

(2)用水量

①用水量对矾土水泥性能的影响,综合如附表17-19所示。表中的混凝土配合比为<15mm集料占70%,水泥占15%时,当用水量从9%增加至15%时1 200℃高温强度降低4MPa,荷载软化温度降低了140~170℃。烧后线变化率及显气孔率显著增大,但用水量以11%为适宜。

②水灰比对铝酸盐水泥耐火混凝土性能的影响,如附表17-20所示。

随着水灰比的增大,各项性能指标几乎呈线性下降。低钙铝酸盐水泥耐火混凝土,最适宜的用水量为9%~12%。

(3)耐火粉料

铝酸盐水泥既无游离氧化钙,又具有良好的耐火性能,配制耐火混凝土可不掺耐火粉。但为减少水泥用量,改善混凝土和易性,进一步提高基质的耐火性能,仍掺用适量的耐火粉。

不同耐火粉加量,对铝酸盐水泥耐火混凝土性能的影响如附表17-21所示。

用水量对矾土水泥耐火混凝土性能的影响 附表 17-19

编号		1	2	3	4
用水量(%)		9	11	13	15
常温抗压强度(MPa)	1d	31.0	31.4	28.0	22.0
	3d	38.0	41.0	37.0	30.0
	7d	39.5	43.0	40.0	34.0
烘干抗压强度(MPa)		24.0	28.0	25.0	19.0
烧后抗压强度(MPa)	1 000℃	19.0	21.0	19.5	13.0
	1 200℃	14.0	17.0	14.0	10.0
	1 400℃	23.0	29.0	25.0	17.0
高温抗压强度(MPa)	1 000℃	18.0	21.5	19.0	9.5
	1 200℃	10.0	14.0	9.0	6.0
用水量(%)		9	11	13	15
荷载软化温度(℃)	开始点	1 310	1 300	1 270	1 140
	4%	1 390	1 400	1 360	1 250
烧后线变化率(%)	1 200℃	-0.27	-0.21	-0.39	-0.40
	1 400℃	-0.40	-0.38	-0.52	-0.96
显气孔率(%)	110℃	20	19	23	23
	1 400℃	25	24	27	30
表观密度(g/cm^3)	110℃	2.25	2.29	2.20	2.17
	1 400℃	2.20	2.25	2.13	2.04

水灰比对铝酸盐水泥耐火混凝土性能的影响 附表 17-20

编号		1	2	3	4
用水量(%)		9	11	13	15
水灰比		0.40	0.43	0.46	0.50
烘干抗压强度(MPa)		60.0	56.0	45.0	30.0
烧后抗压强度(MPa)	1 000℃	35.0	31.0	27.0	15.0
	1 200℃	28.0	25.0	20.0	10.0
	1 400℃	30.0	28.0	26.0	17.0
烧后线变化率(%)	1 200℃	-0.33	-0.42	-0.62	-0.58
	1 400℃	-0.90	-1.20	-1.81	-2.01
显气孔率(%)	110℃	18	19	19	21
	1 400℃	25	27	28	30
荷载软化温度(℃)	开始点	1 330	1 320	1 300	1 270
	4%	1 410	1 400	1 380	1 360
热振稳定性(850℃)	次数	30	30	30	20
	剩余强度(MPa)	18	16	12	—

耐火粉加量对铝酸盐水泥耐火混凝土性能的影响　　附表 17-21

编号		1	2	3	4	5
耐火粉用量(%)		5	8	17	25	34
表观密度(g/cm^3)	养护 7d 后	2.36	2.37	2.33	2.31	2.23
	110℃烘干	2.30	2.34	2.30	2.32	2.17
	1 350℃烧后	2.20	2.21	2.17	2.12	2.09
显气孔率(%)	110℃烘干	15	12	13	18	19
	1 350℃烧后	22	22	23	24	26
抗压强度(MPa)	养护 7d 后	57.0	62.0	74.0	63.0	50.0
	110℃烘干	43.0	49.0	53.0	43.0	37.0
	1 350℃烧后	23.0	32.0	45.0	44.0	37.0

表中混凝土配合比为铝酸盐水泥 15%,耐火集料级配如下:10～5mm 粒级占 60%,5～20mm 粒级占 10%,2～0.15mm 粒级占 30%。

铝酸盐水泥耐火混凝土振动成型时,耐火粉用量以占干料量 10%～20% 为宜。

(4)耐火集料

①耐火集料品种对耐火混凝土性能的影响,综合如附表 17-22 所示。

耐火集料品种对耐火混凝土性能影响　　附表 17-22

编号		1	2	3	4
耐火集料(名称)		一级矾土熟料	废高铝砖块	铬　渣	镁　砂
常温抗压强度(MPa)	蒸养	—	29.0	36.0	22.0
	7d	41.0	31.0	25.0	15.0
烘干抗压强度(MPa)		44.0	50.0	47.0	30.0
烧后抗压强度(MPa)	1 200℃	20.0	21.0	—	9.0
	1 400℃	23.0	28.0	16.0	10.0
荷载软化温度(℃)	开始点	1 340	1 320	1 345	1 410
	4%	1 460	1 440	1 610	1 460
1 400℃烧后线变化率(%)		−0.70	−0.89	−0.08	−0.09(1 200℃)

铝酸盐水泥耐火混凝土,最常用的集料是高铝质、黏土质熟料或同材质的废旧耐火砖,但铝-60 水泥及低钙铝酸盐水泥多选用一、二级矾土熟料,二者耐火性能较为相应。有特殊性能要求的耐火混凝土,也可选用特一级矾土熟料或刚玉、莫莱石作集料。

②耐火集料级配对耐火混凝土性能的影响，综合如附表17-23所示。

耐火集料级配对耐火混凝土性能的影响 附表17-23

编号	耐火集料颗粒级配(%)			水灰比	烘干密度(kg/m^3)	抗压强度(MPa)			荷载软化温度(℃)	
	10~5mm	5~1.2mm	1.2~0.15mm			蒸养	110℃烘干	1400℃烧后	开始点	4%
1	55	18	27	0.31	2 865	25.0	46.0	25.0	1 560	1 760
2	50	20	30	0.31	2 820	20.0	33.0	26.0	—	—
3	45	22	33	0.33	2 820	19.0	39.0	27.0	1 470	1 760
4	40	24	36	0.34	2 840	18.0	39.0	27.0	1 490	1 680

表中配合比均采用12%低钙铝酸盐水泥。

由附表17-23中可以看出：编号1和4级配较好。集料级配的优劣，110℃烘干强度相差7MPa，荷载软化温度开始点相差70~80℃。根据三角形坐标图，得出最紧密堆积的集料级配一般为：10~5mm粒级占40%~60%，5~1.2mm粒级占10%~30%，1.2~0.15mm粒级占20%~40%。

（三）水玻璃耐火混凝土

水玻璃耐火混凝土是以水玻璃为胶结材料，与各种耐火集料、粉料按一定比例配制的气硬性耐火材料。它具有高温下强度损失小、耐磨、耐腐蚀、热振稳定性好等特点。适用温度为800~1 200℃，是理想的耐火混凝土品种。

1. 促凝剂及其用量计算

用水玻璃调制的硅酸盐耐火混凝土拌和物，其硬化首先是由胶体氧化硅[$Si(OH)_4$]的凝结作用引起的。从溶液中析出的$Si(OH)_4$胶体，将集料颗粒胶结起来，从而促进了凝结过程。由于水玻璃自行硬结过程是一个可逆反应，过程缓慢而又不易完全。

为此，必须掺入适量的促凝剂，这些促凝剂包括：

(1)氟硅酸盐：氟硅酸钠Na_2SiF_6；氟硅酸美$MgSiF_6$；氟硅酸铝[$Al_2(SiF_6)_3$]等。

(2)缩合硼磷酸盐：$B_2O_3 \cdot P_2O_5 \cdot M_xO_y \cdot nH_2O$(M表示Ⅰ—Ⅵ族一种或二种以上的金属，是由硼酸盐和磷酸盐按一定工艺加工制得)。它可大大加速水玻璃的凝结硬化，适宜作高温耐火涂料的促凝剂。

(3)硅酸盐水泥、铝酸盐水泥等。

$MgSiF_6$、$Al_2(SiF_6)_3$溶解度较大，适宜促进水玻璃水泥石快速凝结硬化。

现将常用的促凝剂氟硅酸钠用量理论计算方法介绍如下：

以模数为3.0、密度1.38~1.40g/cm^3(含硅酸钠38%~40%)的水玻璃为例，其计算步骤是：

①配平化学方程式：

$$2(Na_2O \cdot 3SiO_2) + 14H_2O \rightleftharpoons 4NaOH + 6Si(OH)_4$$

$$Na_2SiF_6 + 4H_2O \rightleftharpoons 2NaF + 4HF + Si(OH)_4$$

$$4NaOH + 4HF \rightleftharpoons 4NaF + 4H_2O$$

②依题意列比例式：

$$\frac{2M(Na_2O \cdot 3SiO_2)}{M(Na_2SiF_6)} = \frac{38}{x}$$

$$x=\frac{38\times M(Na_2SiF_6)}{2M(Na_2O\cdot 3SiO_2)}$$

式中：$M(Na_2SiF_6)$——氟硅酸钠分子量(188)；

$M(Na_2O\cdot 3SiO_2)$——模数为3.0的硅酸钠分子量(242)；

38——考虑水玻璃密度1.38～1.40g/cm³时相应的硅酸钠含量为38%。

代入上式：

$$x=\frac{38\times 188}{484}=14.7(\%)$$

则氟硅酸钠理论用量占水玻璃质量14.7%。由于耐火混凝土需经一定温度烘烤后使用，烘烤过程能促进氟硅酸钠溶解并提高利用率。因此，实际用量略低于此值(约12%左右)即可。

不同模数和密度的水玻璃的氟硅酸钠理论用量，如附表17-24所示。

不同模数、密度的水玻璃氟硅酸钠理论用量(%) 附表17-24

密度(g/cm³)＼模数	2.0	2.2	2.4	2.6	2.8	3.0	密度(g/cm³)＼模数	2.0	2.2	2.4	2.6	2.8	3.0
1.42	18.20	17.12	16.04	14.96	13.88	12.80	1.36	16.36	15.34	14.38	13.42	12.46	11.50
1.40	17.60	16.56	15.52	14.48	13.44	12.40	1.34	15.60	14.68	13.76	12.84	11.92	11.00
1.38	17.00	16.00	15.00	14.00	13.00	12.00							

2. 常用配合比

水玻璃耐火混凝土，因工程要求的材料条件和施工条件不同而各异。常用的配合比如附表17-25所示，可供配合比设计时参考。

水玻璃耐火混凝土的常用配合比 附表17-25

编号	水玻璃			氟硅酸钠		粉料		细集料		粗集料		湿密度
	模数	密度(g/cm³)	用量(kg/m³)	占水玻璃重(%)	用量(kg/m³)	品种	用量(kg/m³)	品种	用量(kg/m³)	品种	用量(kg/m³)	(kg/m³)
1	3.0	1.38	290	10	29	铬渣粉	870	铬渣	850	铬渣	1 110	2 900
2	2.4～2.9	1.36～1.38	290～310	10～12	29～37.5	黏土熟料	385～410	黏土熟料	575～620	黏土熟料	770～835	2 200～2 300
3	2.9	1.38	310	12	37.5	黏土熟料	410	黏土熟料	620	黏土熟料	825	2 200
4	2.9	1.38	310	15	37.5	黏土熟料	410	黏土熟料	620	黏土熟料	825	2 200
5	2.9	1.38	310	12	37.5	黏土熟料	410	黏土熟料	620	黏土熟料	825	2 200
6	2.9	1.38	310	12	37	白砂石	420	白砂石	630	白砂石	825	2 200

续上表

编号	水玻璃			氟硅酸钠		粉料		细集料		粗集料		湿密度
	模数	密度（g/cm³）	用量（kg/m³）	占水玻璃重（%）	用量（kg/m³）	品种	用量（kg/m³）	品种	用量（kg/m³）	品种	用量（kg/m³）	（kg/m³）
7	2.6	1.38	370	12	45	叶腊石	460	叶腊石	690	叶腊石	920	2 490
8	3.0	1.38	300～370	10～12	30～43	石英石粉	400～500	耐火黏土砖	600～700	耐火黏土砖	800～900	2 300～2 370
9	3.0	1.38	300～370	10～12	30～43	耐火黏土砖粉	400～500	耐火黏土砖	600～700	耐火黏土砖	800～900	2 300～2 370
10	2.6	1.38	300～370	10～12	30～43	耐火黏土砖粉	400～500	高铝砖	1 500～1 600	—	—	2 300～2 375
11	3.0	1.38	240	10	24	镁砂粉	660	镁砂	880	镁砂	660	2 460

在确定耐火混凝土配合比时，还必须考虑混凝土在高温下的弹性模量。

按附表 17-26 配合比调制的试样，成型 100mm×100mm×300mm 棱柱形试件，在空气中养护 14d 后置于镍铬丝加热的高温炉中，测得的弹性模量如附表 17-26 所示。

水玻璃耐火混凝土配合比及不同温度下弹性模量 附表 17-26

配合比（kg/m³）	水玻璃模数 2.6 密度 1.38g/cm³		氟硅酸钠	细磨耐火黏土	耐火黏土细砂	耐火黏土碎块	
	360		43	535	380	815	
弹性模量（MPa）	加热温度（℃）						
	20①	100	400	600	700	800	900
	9×10⁴	13.3×10⁴	17×10⁴	10.8×10⁴	9.8×10⁴	4.2×10⁴	17×10⁴
E_t②	0.67	1.00	1.27	0.81	0.73	0.31	0.12

注：①水玻璃模数略偏低，是因为试件在保存 3d 以后进行试验的。

②E_t——高温弹性模量与 110℃时弹性模量的比值。

3. 影响性能的主要因素

影响水玻璃耐火混凝土性能的主要因素，不外乎材质、工艺、设备和操作情况等。就材质因素而言，最重要的是水玻璃模数、密度、用量，促凝剂的种类和用量，耐火集料、粉料品种及级配等。因此，进行配合比设计时对这些因素应予以考虑。

以下讨论黏土质集料振动成型的耐火混凝土的影响因素。

(1) 水玻璃模数、密度和用量

不同水玻璃用量的耐火混凝土，对荷载软化温度的影响，综合如附表 17-27 所示。

水玻璃用量对混凝土荷载软化温度的影响 附表 17-27

水玻璃模数	水玻璃用量 (kg/m³)	荷载软化温度(℃)			软化温度范围(℃)	附　注
		开始点	4%	40%		
2.9	310	1 120	1 240	1 340	220	粉料、集料均为耐火黏土砖破碎,水玻璃密度 1.38g/cm³
2.9	345	1 030	1 150	—	—	

水玻璃用量增加,不但会降低耐火混凝土强度(因水玻璃中水分蒸发,增加留下的孔隙),而且显著降低其荷载软化温度。水玻璃用量增加 35kg/m³,荷载软化温度开始点及 4% 变形均降低 90℃。

水玻璃模数对耐火混凝土耐火度、荷载软化温度的影响,综合如附表 17-28 所示。

水玻璃模数对混凝土高温性能的影响 附表 17-28

水玻璃模数	荷载软化温度(℃)		耐火度(℃)
	开始点	4%	
2.9	1 050	1 160	1 580
2.6	960	1 100	1 480
2.0	850	997	1 470

氟硅酸钠用量对耐火混凝土耐火度、荷载软化温度的影响,综合如附表 17-29 所示。

氟硅酸钠用量对水玻璃耐火混凝土高温性能的影响 附表 17-29

氟硅酸钠用量(占水玻璃量百分数,%)	荷载软化温度(℃)			耐火度(℃)
	开始点	4%	40%	
12	1 120	1 240	1 340	1 580
15	1 050	1 200	1 300	1 460

综合附表 17-27、附表 17-29 可以看出,在满足强度和正常施工硬化要求下,应尽量减少水玻璃和氟硅酸钠用量,以提高混凝土高温性能。

(2)耐火集料、粉料的品种、数量

耐火集料品种不同,对耐火混凝土荷载软化温度的影响如附表 17-30 所示。

耐火集料、粉料品种对混凝土荷载软化温度的影响 附表 17-30

粉料品种	集料品种	荷载软化温度(℃)			软化温度范围(℃)
		开始点	4%	40%	
叶蜡石粉	叶蜡石	1 010	1 120	—	—
耐火黏土砖粉	耐火黏土砖颗粒	1 120	1 240	1 340	220
白砂石粉	白砂石	1 180	1 260	1 320	140
安山岩粉	安山岩	850	880	900	50

耐火集料、粉料品种对耐火混凝土性能的影响,如附表 17-31 所示。

耐火集料、粉料品种对热膨胀系数的影响 附表 17-31

粉料品种	集料品种	热膨胀系数 ($\times10^{-6}$℃$^{-1}$)	试验温度(℃)	集料的热膨胀系数 ($\times10^{-6}$℃$^{-1}$)
白砂石粉	白砂石	17.8	0 ~ 800	17.5
耐火黏土砖粉	耐火黏土砖颗粒	4.85	0 ~ 800	5.0
叶蜡石	叶蜡石	5.40	0 ~ 800	4.4

附表 17-31 充分说明：耐火集料本身的热膨胀系数是影响耐火混凝土热膨胀系数的决定性因素。

耐火粉料、集料品种对耐火混凝土热振稳定性的影响，如附表 17-32 所示。

耐火粉料、集料品种对混凝土热振稳定性的影响表 附表 17-32

粉料品种	集料品种	800℃烧后抗压强度(MPa)	热振稳定性		强度降低值(%)
			次数	剩余强度(MPa)	
白砂石粉	白砂石颗粒	41.4	15	24.1	42
耐火黏土硅粉	耐火黏土砖颗粒	38.3	15	33.2	13
石英粉	耐火黏土砖颗粒	32.9	15	29.0	12

4. 磷酸及磷酸盐耐火混凝土

磷酸或磷酸盐耐火混凝土，是以磷酸或磷酸铝溶液与耐火集料、粉料按一定比例配制成型并经养护烘烤后，具有良好耐火性能的热硬性新型耐火材料。

磷酸盐耐火混凝土具有热振稳定性好，黏结力强，抗渣性、抗冲击性强，耐火度、荷载软化温度高，化学稳定性好等特点。

根据原材料品位不同，其使用温度为 1 000 ~ 2 000℃。

因此磷酸盐耐火混凝土，除广泛用于工业窑炉和热工设备上外，在空间技术等尖端科学领域也得到了广泛应用。

(1)凝结硬化机理

常温或加热过程中，磷酸与耐火集料特别是与粉料中的组分发生反应，生成具有胶凝性的磷酸盐。

但部分磷酸盐凝胶材料的凝结硬化很慢，如磷酸二氢铝和烧黏土制成的胶凝材料 5d 不凝固。为便于施工和应用，常需掺入一些促凝剂。

常用的促凝剂有下列几种：

①氟化铵(NH_4F)：是目前用得较多的促凝剂，其用量为 0.2% ~ 0.5%；

②氧化镁(MgO)：上述的磷酸二氢铝中，加入 1.5% MgO 则凝结时间大为缩短；但掺量过多会使材料变脆；

③滑石粉、ZnO、$Al(OH)_3$、NaCl 等；

④我国常用硅酸盐、铝酸盐水泥促凝剂，其促凝效果随着 CaO 含量的增多而加速；水泥中 CaO 含量与促凝反应速度关系如附表 17-33 所示。

附表 17-33

编号	促凝剂品种	水泥中 CaO 含量(%)	反应速度	编号	促凝剂品种	水泥中 CaO 含量(%)	反应速度
1	硅酸盐水泥	60 ~ 67	快	4	低钙铝酸盐水泥	21 ~ 25	较慢
2	矾土水泥	35 ~ 55	适宜	5	纯铝酸钙水泥	19 ~ 23	慢
3	铝-60 水泥	27 ~ 31	稍慢				

(2)常用配合比

①高铝质、黏土质磷酸盐耐火混凝土

常用配合比如附表 17-34 所示。其主要性能如下：

高铝质黏土质磷酸盐耐火混凝土常用配合比

附表 17-34

项目		质量配合比（%）或说明													
		P－1	P－2	P－3	P－4	P－5	P－6	P－7	P－8	P－9	P－10	P－11	P－12	P－13	P－14
胶结料（外加量）	磷酸	15～18（40%～60%浓度）	13～14（50%浓度）	6.5～18（40%～60%浓度）		10～12 Be:45	12～14 Be：32～35	12～14 Be：32～35	14（50%）	12（42.5%）	12（42.5%）	13.5（43.5%）	12（43.5%）		
	磷酸铝	—			6.5～14（40%浓度）	—		—						13（42.5%）	12（42.5%）
促凝剂	矾土水泥	—	2			2	2～3	2～3						2	
粉料	高铝矾土熟料粉	25～30								二级矾土30	二级矾土30	二级矾土28			二级矾土30
	一级矾土熟料		28						30				30	30	
	矾土熟料（<0.088mm的粒级>70%）			25～30	25～30	28									
	耐火砖粉						30								
细料	高铝矾土熟料（<5mm）	70～75													
	矾土熟料(5～1.2mm)			30～40	30～40	25		30							
	矾土熟料（<1.2mm） 焦宝石熟料（<3mm）			35～40	35～40		30	30							
	焦宝石熟料（<15mm）						40								
粗集料	二级矾土熟料块		70								70	72			70
	矾土熟料(10～15mm)					45		40							
	一级矾土熟料								70	70			70	70	
最高使用温度(℃)		1 400～1 500	1 450	1 400～1 500	1 400～1 500	1 400～1 500	1 450	1 450	1 600	—	—	—	—	—	—

a. 磷酸盐高铝质、黏土质耐火混凝土常温 1d、3d 强度分别为 7.0 ~ 8.0MPa 与 >10.0MPa。烘干抗压强度均大于 26.0MPa，1 400℃烧后抗压强度达 30.0 ~ 40.0MPa，1 200℃热态强度为 6.0 ~ 11.0MPa。高温烧后强度远远高于常温强度，这是热硬性耐火混凝土的一大特征。

b. 磷酸或磷酸铝耐火混凝土的荷载软化温度开始点，比铝酸盐水泥耐火混凝土低 80℃左右。这主要是磷酸铝（$AlPO_4$）加热过程聚合与多缩聚合及类似石英的晶型转变引起膨胀，而到 1 200℃时开始出现较多的液相有关，但只要在振动或机压成型时掺入 10% 左右硅石、3% ~5% 石英石可使烧后收缩转为膨胀，约可提高荷载软化温度开始点 100 ~ 200℃。

c. 一般情况下，高铝或黏土质磷酸盐耐火混凝土 20% ~1 200℃平均热膨胀系数为 $(5.5 \sim 7.0) \times 10^{-6}℃^{-1}$；1 400℃烧后线变化率为 -0.3% ~ +1.1%；显气孔率为 17% ~24%。

②锆质磷酸盐耐火混凝土

一般指采用锆英石（$ZrO_2 \cdot SiO_2$）或氧化锆（ZrO_2）做耐火集料、粉料，磷酸或磷酸盐做胶结剂配制的耐火混凝土。

采用 ZrO_2 占 64% ~65%、SiO_2 占 32.13%；0.3 ~ 0.088mm 粒级占 60%、<0.088mm 粒级占 40%；60% 浓度磷酸 12% 调制的锆质耐火混凝土性能指标如下：

荷载软化温度开始点 1 470℃、变形 4% 温度为 1 620℃；耐火度 >1 800℃。1 200℃烧后变形率分别为0.15% 与 0.25%，略有膨胀。锆英石质耐火混凝土用磷酸做胶结剂时，常温下不硬化，经 450℃烘干后方有强度。其烘干温度必需 450℃，否则因 ZrP_2O_7 在 340℃具有可逆转化易发生潮解。

③铬质耐火混凝土

磷酸铬渣耐火混凝土配合比（%）：

60% 浓度磷酸	外加 12.5
铬渣集料（10 ~ 5mm）	30
铬渣集料（5 ~ 0.15mm）	40
铬渣粉（<0.088mm 粒级占 80%）	30

而获得的铬质耐火混凝土性能是：荷载软化温度开始点 1 680℃；耐火度 >1 800℃；1 200℃烧后强度 48.0MPa。具有良好的高温体积稳定性，经 1 200℃和 1 400℃烧后，未发生胀缩。这种耐火混凝土具有较好的抗渣性、耐磨性，适宜在高温、磨蚀及渣浸等部位使用。

（3）影响性能的主要因素

①胶结剂浓度和用量

磷酸浓度对耐火混凝土性能的影响，如附表 17-35 所示。

磷酸浓度对混凝土性能的影响 附表 17-35

编号	磷酸		成型情况	烧后抗压强度（MPa）			常温抗压强度（MPa）	高温抗压强度（MPa）		荷载软化温度（℃）	
	浓度（%）	用量（%）		110℃	1 200℃	1 400℃		1 000℃	1 200℃	开始点	4%
1	42.5	10	稍干	45.5	50.4	50.4	24.1	—	—	1 200	1 430
2	42.5	12	正常	33.2	38.4	35.8	17.6	25.5	8.5	1 220	1 445
3	42.5	14	正常	24.1	29.1	25.7	8.3	25.1	8.5	1 190	1 400
4	42.5	16	稀	13.2	20.9	15.8	2.6	13.8	8.0	1 170	1 340
5	40	12	稍稀	24.9	32.4	29.4	1.39	20.6	7.5	1 180	1 425
6	50	12	正常	30.4	42.3	35.6	10.9	23.7	8.0	1 180	1 425
7	55	12	正常	29.5	40.3	31.2	7.4	29.3	10.0	1 175	1 395
8	60	12	稍干	27.7	40.7	31.1	3.0	29.3	9.0	1 170	1 430
9	70	12	干	31.4	24.7	20.3	0	25.2	6.0	1 250	1 470

附表 17-35 混凝土配合比为：二级矾土熟料（<15mm）占 70%，二级矾土熟料粉占 30%，矾土水泥促凝剂占 2.5%。由附表 17-35 可以看出：

a. 随着磷酸用量的增大和浓度的增加，荷载软化温度有降低的趋势；磷酸用量由 12% 增加至 16% 时，1 400℃烧后线变化率分别为 +0.63% 和 0.45%；

b. 磷酸浓度一般为 40% ~60%，1 100℃、1 200℃及 1 400℃烧后强度均较高；

c. 磷酸作胶结剂的耐火混凝土，拌和料正常稍干强度最高；但太干则无强度。

②耐火集料和粉料

不同耐火集料、粉料品种和用量，对耐火混凝土性能的影响如附表 17-36 所示。

耐火集料、粉料品种用量对混凝土性能的影响　　附表 17-36

编号	耐火粉料		烧后抗压强度（MPa）				荷载软化温度（℃）		1 400℃烧后线变化率（%）	显气孔率（%）	表观密度（g/cm³）
	品种	用量（%）	110℃	1 000℃	1 200℃	1 400℃	开始点	4%			
1	一级矾土	30	36.5	36.5	37.2	33.5	1 210	1 450	+0.71	20.0	2.36
2	二级矾土	30	33.2	29.9	38.4	35.8	1 220	1 445	+0.63	19.9	2.34
3	黏土粉	30	30.3	27.7	35.1	36.8	1 145	1 390	+0.88	21.1	2.28
4	二级矾土	20	27.2	25.1	28.2	28.0	1 155	1 380	+1.16	20.7	—
5	二级矾土	25	30.9	29.6	36.9	34.5	1 165	1 370	+0.65	20.1	2.29
6	二级矾土	35	34.1	35.0	40.1	39.1	1 190	1 380	+0.52	21.2	2.26
7	二级矾土	40	29.1	34.3	41.9	41.7	1 150	1 380	+0.33	22.0	2.31

当<0.088mm 粒级的耐火粉料>85%，比表面积 3 400cm^2/g 增至 4 120cm^2/g，则 200℃、500℃烧后强度提高 25% 和 18%。粉料用量为 30% 时，各温度（1 000℃、1 200℃、1 400℃）烧后强度较高。

耐火集料品种对磷酸铝耐火混凝土性能的影响，综合如附表 17-37 所示。

耐火集料品种对混凝土性能的影响　　附表 17-37

编号	耐火集料		烧后抗压强度（MPa）				荷载软化温度（℃）		1 400℃烧后线变化率（%）	显气孔率（%）	表观密度（g/cm³）
	品种	用量（%）	110℃	1 000℃	1 200℃	1 400℃	开始点	4%			
1	一级矾土熟料	70	34.9	28.6	46.5	41.3	1 250	1 455	−0.21	23.0	2.54
2	二级矾土熟料	70	28.1	20.3	35.4	30.4	1 190	1 470	+1.03	19.9	2.54
3	一级黏土熟料	70	24.6	19.2	31.8	31.8	1 160	1 390	+1.27	18.4	2.31

附表 17-37 中配合比采用：磷酸铝用量为 13%，矾土水泥促凝剂用量为 2%，粉料为二级矾土粉料，用量为 30%。

由附表 17-37 可以看出：随着耐火集料品位的降低，荷载软化温度降低。一级矾土熟料与一级黏土熟料相比,荷载软化温度(4%变形)相差50~60℃。

③促凝剂

磷酸铝耐火混凝土,最常用的促凝剂是矾土水泥、铝-60水泥和低钙铝酸盐水泥,加入量为2%~3%。超过这一范围达3.5%,虽然1d强度提高3倍,但荷载软化温度开始点与4%变形分别下降60℃与160℃。

促凝剂用量对磷酸盐耐火混凝土性能的影响,如附表17-38所示。

促凝剂用量对混凝土性能的影响 附表17-38

编号	促凝剂用量(%)	常温硬化情况	常温抗压强度(MPa)		烘干抗压强度(MPa)	烧后抗压强度(MPa)		荷载软化温度(℃)	
			1d	3d		1 200℃	1 400℃	开始点	4%
1	1.0	3d不凝	0	0	29.4	38.3	35.0	1 130	1 420
2	1.5	2d后表面硬内部软	—	—	29.1	—	—	1 160	1 445
3	2.0	1d后凝固	3.8	8.0	29.6	37.0	34.0	1 205	1 485
4	2.5	6h凝固	9.4	11.6	29.5	38.0	35.8	1 220	1 445
5	3.0	6h凝固	12.0	21.0	30.2	—	—	1 145	1 350
6	3.5	3h凝固	16.4	26.4	29.6	35.0	31.0	1 145	1 325

附表17-38中混凝土配合比是:集料、粉料均为二级矾土熟料,集料与粉料质量比为70:30,磷酸浓度42.5%,用量12%。

④施工工艺与存放条件

合理的工艺条件才能获得性能良好的磷酸盐耐火混凝土。而工艺环节的中心是提高混凝土密实性。为此,常采用下述工艺方法:

a.闷料:将耐火集料与胶结材料用量的3/5先混拌均匀,覆盖塑料布后静置一段时间,以使胶结材料(磷酸或酸性磷酸铝)与耐火集料、粉料中的金属充分反应,借以排除氢气。

有关试验证明:环境温度为20℃左右时,闷料时间为8h;如环境温度为5℃以下或金属铁质含量较多时,闷料时间应延长至24h。

b.采用瓷球磨机粉磨或磁选等办法,避免带入或排除金属杂质。

c.减少胶结材料用量,掺入抑制剂或提高成型压力。Cr_2O_3是一种良好的酸性抑制剂。其加入量为100ml磷酸溶液,加入1~2g氧化铬。此外,双丙酮酒精、磷酸铁都可作酸性抑制剂。

d.不加促凝剂的磷酸或磷酸盐耐火混凝土,必须经过热处理后才能存放。热处理温度为450~500℃,升温速度宜缓慢。如热处理温度低,易产生"潮解"现象。

(四)其他品种耐火混凝土

1.硫酸铝耐火混凝土

这是以硫酸铝溶液与耐火粉料、集料配制而成的不定形耐火材料。其性能与磷酸盐耐火混凝土相似,但成本较低,只是中温抗压强度降低略大些。

(1)硫酸铝的调制

硫酸铝为白色结晶颗粒或粉末，密度 $1.62g/cm^3$，熔点 865℃，溶于水、酸和碱溶液中，其水溶液呈酸性。

将需要量的硫酸铝置于水中，使之溶解（可以采用热水或蒸汽加快溶解）成溶液，静置 1d 经过滤澄清后制得清彻、透明的溶液备用。硫酸铝溶液密度与浓度的关系如附表 17-39 所示。

硫酸铝溶液浓度与密度的关系 附表 17-39

硫酸铝溶液浓度(%)	15.3	18.4	23.1	33.1	42.9	44.4	47.3	50.0
相对密度	1.10	1.12	1.14	1.20	1.27	1.30	1.34	1.38

用以配制耐火混凝土的硫酸铝浓度为 33.1% ~44.4%，相对密度为 1.20 ~1.30。

(2)硫酸铝耐火混凝土的硬化机理

一般硫酸铝耐火混凝土，需掺入 2% ~4% 矾土水泥作促凝剂。硫酸铝溶液中含有 SO_4^{2-}、$Al(OH)^{2+}$ 等离子，其中 SO_4^{2-} 能夺取促凝剂中的钙离子(Ca^{2+})，形成为数较多的硫酸钙($CaSO_4$)，进而与促凝剂、耐火原料中的其他组分反应形成水化硫铝酸钙（高型为 $3CaO \cdot Al_2O_3 \cdot 3CaSO_4 \cdot 31H_2O$；低型为 $3CaO \cdot Al_2O_3 \cdot CaSO_4 \cdot 12H_2O$）和硫铝酸铁（$FeO \cdot Al_2O_3 \cdot 4SO_3 \cdot 22H_2O$）等长柱形或针状晶体，能在常温下凝结硬化，并形成一定强度。

(3)硫酸铝耐火混凝土的配合比，及其相应的性能指标如附表 17-40 所示。

硫酸铝耐火混凝土配合比及性能 附表 17-40

编号	耐火集料		耐火粉料		结合黏土量(%)	硫酸铝溶液		促凝剂	
	名称	用量(%)	名称	用量(%)		视密度	用量(%)	名称	用量(%)
1	一级矾土熟料	60	一级矾土熟料	30.1	9.9	1.25	12	—	—
2	二级矾土熟料	60	二级矾土熟料	30	10	1.25	13	—	—
3	二级矾土熟料	70	二级矾土熟料	25	5	1.3	13	矾土水泥	2.5
4	三级矾土熟料	70	二级矾土熟料	30	—	1.25	14	矾土水泥	3.5
5	三级矾土熟料	70	二级矾土熟料	30	—	1.25	14.5	①矾土水泥 ②含钙材料	3.0 2.5
6	三级矾土熟料	70	二级矾土熟料	30	—	1.20	14	矾土水泥	3.5
7	一级黏土熟料	60	二级矾土熟料	30	10	1.25	15	—	—

2. 聚合氯化铝耐火混凝土

聚合氯化铝是一种无机高分子聚合物，它可在集料和粉料四周形成薄膜，再经排水紧密而起胶结作用，也可借助促凝剂（如电熔镁砂等）发生化学反应，形成氢氧化铝[$Al(OH)_3$]凝胶干涸而凝结，因此，具有一定胶凝性，可制耐火涂料或超纯氧化铝制品，或用作耐火混凝土胶结料。

它具有不降低耐火度、高温下活性较强等特点。其原料丰富，成本低廉，是一种很有发展前途的胶结材料。

聚合氯化铝耐火混凝土的常用配合比如附表 17-41 所示。

聚合氯化铝耐火混凝土的常用配合比 附表 17-41

编号	成型方法	耐火集料用量(%)					结合黏土粉(<0.088mm,%)	聚合氯化铝溶液(相对密度 1.235,外加百分比,%)
		7~3mm	3~0.1mm	<0.1mm	3~1mm	1~0.1mm		
1	振动成型	30	30	35	—	—	5	12
2	捣打成型	—	—	25	40	30	5	9~10

3. 镁质耐火混凝土

镁质耐火混凝土包括用镁质水泥、水玻璃或磷酸盐作胶结剂与镁质集料,按比例配制而成的碱性耐火材料。

其特点是荷载软化温度高、耐火度高,抗渣性好,适宜用于熔炼炉或直接受渣浸的热工设备上。

(1)镁质水泥耐火混凝土

①常用的镁质水泥为方镁石或轻烧镁砂细磨粉水泥。水泥水化方程式如下:

$$MgO + H_2O = Mg(OH)_2$$

形成氢氧化镁凝胶,再结晶成为晶体而具有强度。由于氢氧化镁在水中溶解度非常小(仅为 9×10^{-3}g/L)。因此,多采用氯化镁($MgCl_2$)、硝酸铵(NH_4NO_3)、硫酸镁($MgSO_4$)、氯化钾(KC1)、氯化钙($CaCl_2$)、硝酸镁[$Mg(NO_3)_2$]等电解质作调和剂,以提高其强度。

②方镁石水泥耐火混凝土常用配合比为:水泥用量 20% ~30%;粒级 0~10mm 的耐火集料 70% ~80%,调和剂用量 9% ~11%。

方镁石水泥耐火混凝土常用配合比如附表 17-42 所示。

方镁石水泥耐火混凝土配合比 附表 17-42

编号			1	2	3	4
配合比(%)	耐火集料	名 称	冶金镁砂	冶金镁砂	冶金镁砂	电熔镁砂
		10~5mm	30	30	30	—
		5~2.5mm	15	15	15	30(3~2mm)
		<2.5mm	30	30	19 铬渣 11	30(2~1mm)
	胶结剂	方镁石水泥	25	25	25*	40
	调和剂	氯化镁溶液(相对密度 1.14)	10	—	—	—
		硫酸镁溶液(相对密度 1.12)	—	12	10	8(相对密度 1.24)

方镁石水泥耐火混凝土,具有较高的荷载软化温度,开始点均为 1430~1480℃,因此,适宜高温受荷或要求高温徐变小的工程部位使用。

(2)磷酸和磷酸盐镁质耐火混凝土

利用磷酸或磷酸盐(如磷酸镁、聚磷酸钠、磷酸铝、磷酸铵等)胶结的耐火集料包括:冶金镁砂、电熔镁砂、镁橄榄石和镁尖晶石等。上述原料按一定比例配制成的磷酸盐镁质耐火混凝土,具有烧后强度变化小、荷载软化温度高等特点,是一种优良的碱性耐火材料。

①胶结材料的种类:任何酸式磷酸盐(如磷酸铝等),由于与镁砂之间反应激烈,造成暴凝而无法施工。有代表性的胶结材料是六偏磷酸钠。

②以六偏磷酸钠为代表的冶金镁砂耐火混凝土,配合比如附表 17-43 所示。

六偏磷酸钠胶结的镁质耐火混凝土配合比 附表 17-43

编号		1	2	3	4	5	6
配合比（%）	镁砂集料（<5mm）	65	65	65	65	65	65
	镁砂粉料	35	30	30	30	30	28
	矾土水泥	—	5	5	5	5	5
	其他外加剂	—	—	0.2（外加铁磷）	2（外加铁磷）	2（黏土粉）	7（矾土粉）
	六偏磷酸钠溶液（外加）	9	9	10	10	10	10

4. 硅质耐火混凝土

胶结材料与硅石、废旧硅砖等硅质耐火集料、粉料按比例配制而成的混凝土，称硅质耐火混凝土。

胶结材料包括水玻璃、磷酸或磷酸盐、硫酸盐或硅酸盐水泥。

硅质耐火混凝土具有荷载软化温度高、热膨胀系数大、导热性好、抗酸性熔渣侵蚀性强等特点，在焦炉、高炉热风炉、均热炉等热工设备上使用效果良好。

(1)水玻璃硅质耐火混凝土

水玻璃硅质耐火混凝土，常采用如下配合比：

硅石集料(10～5mm) 45%～50%
废旧硅砖(或煅烧硅石)(<5mm) 20%～25%
硅石或废旧硅砖粉 25%～30%
水玻璃(相对密度 1.3～1.4、模数 2.4～3.0) 9%～12%
氟硅酸钠(占水玻璃质量) 10%～12%

采用机压成型的硅质耐火混凝土，其配合比如下：

硅石集料(<5mm) 5%(铁磷外加 1%)
废硅砖集料 20%
硅石粉 30%
水玻璃(模数 3.0、相对密度 1.4) 外加 7%

(2)磷酸和磷酸盐硅质耐火混凝土

磷酸和磷酸盐硅质耐火混凝土，常用配合比列于附表 17-44。

磷酸盐硅质耐火混凝土常用配合比 附表 17-44

编号	废硅砖集料用量（%）	耐火粉料		胶结剂		促凝剂	
		名称	用量（%）	名称	用量（%）	名称	用量（%）
1	65	废硅砖	50	磷酸	16	镁砂粉	1
2	60	硅石粉	40	磷酸	16	镁砂粉	1
3	70	废硅砖	30	磷酸	12	矾土水泥	2
4	65	废硅砖	35	磷酸铝	18	镁砂粉	1.5
5	60	硅石粉	40	磷酸铝	18	镁砂粉	1.5
6	65	废硅砖	35	磷酸镁	19	镁砂粉	0.75
7	60	硅石粉	40	磷酸镁	19	镁砂粉	0.78
8	70	废硅砖	30	硫酸铝	12	矾土水泥	2
9	70	废硅砖	30	磷酸－硫酸铝	10	矾土水泥	2

附表 17-44 中集料级配为:6 ~3mm 粒级占 23%;3 ~1mm 粒级占 32%;1.0 ~0.5mm 粒级占 15%;0.5 ~0.1mm 粒级占 30%。

耐火粉料中,<0.088mm 粒级的细粉占 80% 以上。

胶结材料为:①磷酸浓度 50%;②磷酸铝、磷酸镁溶液是用浓度 50% 的磷酸 75% 与工业氧化铝或氢氧化铝调制的;③硫酸铝浓度 44%;④磷酸－硫酸铝混合液是用浓度 50% 磷酸和浓度 44% 硫酸铝按 1∶1(质量比)配制的。

为了提高混凝土热振稳定性,可掺入适量刚玉和碳化硅粉。掺入碳化硅粉对磷酸铝废硅砖耐火混凝土性能的影响,综合如附表 17-45 所示。

磷酸盐硅质耐火混凝土性能 附表 17-45

编号	配合比(%)			耐火度(℃)	500℃ 烧后			热振稳定性(1 300℃水冷循环)
	废硅砖集料	废硅砖粉料	碳化硅细粉		抗压强度(MPa)	显气孔率(%)	表观密度(g/cm^3)	
1	67.5	32.5	—	1 690 ~1 710	19.0	23	1.76	2 次破坏
2	17.5	17.5	15	1 690 ~1 710	20.0	23	1.81	3 次破坏
3	67.5	2.5	30	1 690 ~1 710	24.0	26	1.82	5 次破坏
4	55	—	45	1 690 ~1 710	18.5	26	1.91	7 次破坏

表中硅质耐火混凝土的各材料用量为:磷酸铝溶液用量 19%;镁砂粉、氢氧化铝粉促凝剂各 1.5%。碳化硅粉掺量以 15% ~30% 为宜。

5. 轻质耐火混凝土

由耐火轻集料、粉料和胶结材料或只掺外加剂等组成,按规定条件制作、养护后即成可使用的耐火材料,称轻质耐火混凝土。

(1)轻质耐火混凝土分类

①按施工和制作方法分:

a. 轻集料耐火混凝土;b. 泡沫耐火混凝土;c. 加气耐火混凝土。

②按胶结材料种类分:

a. 水泥胶结的轻质耐火混凝土;b. 有机胶结剂轻质耐火混凝土;c. 其他无机胶结剂轻质耐火混凝土;d. 复合胶结剂轻质耐火混凝土。

③根据轻集料品种分:

a. 膨胀珍珠岩耐火混凝土;b. 膨胀蛭石耐火混凝土;c. 陶粒耐火混凝土;d. 轻质砖砂耐火混凝土;e. 氧化铝空心球耐火混凝土;f. 黏土质或高铝质多孔熟料耐火混凝土。

由于轻质耐火混凝土的热容量低,能提高热工设备作业率,节约能源;能减轻设备质量,节约钢材;可采用整体浇筑,或预制成型方法加工成任意形状,便于施工,因此,很有推广价值。

(2)几种轻质耐火混凝土的配合比及其性能如附表 17-46、附表 17-47 所示。

轻集料耐火混凝土配合比及其主要性能(一)

附表 17-46

编号	质量配合比(%)			水灰比	组成材料			荷载软化温度(℃)		抗压强度(MPa)	加热冷却后抗压强度(MPa)	
	胶结材料	掺和料	集料		胶结材料	粉料	集料	开始点	4%		700℃	800℃
1	40~45	30~35	20~30	—	水玻璃加促凝剂	耐火黏土砖粉或 耐火黏土熟料粉	膨胀蛭石	850~900	900~950	8.0~8.5	5.0~6.0	6.0~6.5
2	15~20	15~20	60~65	0.4~0.55	硅酸盐水泥	耐火黏土砖粉或 耐火黏土熟料粉	陶粒	1 000~1 050	1 050~1 090	12.0~15.0	4.0~5.0	—
3	30~35	—	65~70	—	矾土水泥	—	陶粒	1 050~1 100	1 120~1 150	15.0~18.0	10.0~15.0	—
4	123.8(kg/m³) 41.2(kg/m³) 33.0(kg/m³)	—	165 (kg/m³)	—	磷酸铝 硫酸铝 纸浆废液	—	膨胀珍珠岩	—	—	—	—	—
5	27~28	8~9	37~38	0.7~0.8	矾土水泥	耐火黏土砖 (或熟料)粉	轻质黏土砖	1 190	1 280	16.0	—	—

编号	加热冷却后抗压强度(MPa)			残余线变形(%)				导热系数[kJ/(m²·h·℃)]	烘干表观密度(kg/m³)
	900℃	1 000℃	1 300℃	700℃	800℃	900℃	1 300℃		
1	—	—	—	+0.25~+0.30	+0.11~+0.12	—	—	—	950~1 000
2	4.0~5.0	—	—	-0.12~-0.10	—	-0.25~-0.20	—	—	1 200~1 250
3	10.0~15.0	—	—	-0.10~-0.80	—	-0.15~-0.18	—	—	1 300~1 500
4	—	3.2	—	—	—	—	—	0.042(常温)	212(450℃) 210(1 000℃)
5	78	—	12.3	—	—	-0.15	-0.45	0.518 5(28~275℃) 0.224 9(30~357℃)	1 465

附表 17-47

轻集料耐火混凝土配合比及其性能(二)

编号	质量配合比	水灰比	每 $1m^3$ 材料中水泥用量	湿表观密度(kg/m^3)	最高使用温度(℃)	使用范围	烘干或烧后抗压强度(MPa) 烧后线变化率(%) 110℃	300℃	500℃
6	矾土水泥:蛭水粉:蛭石块 = 1:0.47:0.21	1.12	455	1 230	800	隔热部位	2.4/—	1.8/-0.20	1.9/-0.29
7	矾土水泥:陶粒砂:陶粒 = 1:0.9:1.15	0.57	415	1 500	900	隔热承重部位	17.6/—	13.4/-0.13	14.8/-0.09
8	矾土水泥:蛭石砂:陶粒 = 1:0.34:0.83	0.9	398	1 230	1 000	隔热部位	5.5/—	4.0/-0.16	3.5/-0.14
9	矾土水泥:粉煤灰:珍珠岩(体积比) = 1:1.0:(3~4)(另掺1%结合黏土)	0.8~1.1	—	—	1 000	隔热部位	13.0~18.0/—	—	7.5~8.5/-0.21
10	矾土水泥:黏土砖粉:轻质黏土砖砂:轻质黏土砖块 = 1:0.33:0.33:1.07	0.77	460	1 700	1 300	隔热部位	12.9/—	—	6.8/-0.11
11	矾土水泥:轻质高铝砖粉:轻质高铝砖砂:轻质高铝砖块 = 1:0.62:0.25:0.63	0.56	458	1 690	1 300	隔热部位	5.8/—	—	8.8/-0.07
12	矾土水泥:珍珠岩:轻质高铝砖砂(体积比) = 1:2:2	52%(外加)	—	1 340	1 300	隔热部位	2.3/—	—	1.8/-0.28
13	纯铝酸钙水泥:氧化铝粉:氧化铝空心球 = 1:1.15:2.85	13%(外加)	—	—	1 600	隔热部位	27.4/—	—	—

(3)泡沫耐火混凝土

这是由耐火粉料和胶结材料、泡沫剂等，按一定比例组成采用泡沫法制得的一种隔热材料。

常用的矾土水泥泡沫耐火混凝土的配合比如附表17-48所示。

矾土水泥泡沫耐火混凝土配合比及性能 附表17-48

矾土水泥：黏土熟料粉		1∶1	1∶1.5	1∶1	1∶1[①]
烘干表观密度(kg/m^3)		1 050	860	640	630
显气孔率(%)		65~68	65~70	68~72	71
导热系数[4.2kJ/(m^2·h·℃)]		0.21	0.18	0.13	0.13
烘干和烧后抗压强度(MPa)	110℃	3.1	1.3	0.8	1.0
	800℃	1.7	1.0	0.4	—
	1 100℃	1.8	0.6	0.5	0.25 (900℃)
	1 200℃	3.5	1.2	0.6	—
1 200℃高温抗压强度(MPa)		1.8	—	0.6	—

注：①为耐火黏土砖粉。

十八、普通混凝土参考配合比

为便于施工过程中拌制混凝土方便，作为混凝土设计和施工时的配合参考、对照，按照新的行业标准《普通混凝土配合比设计规程》(JGJ 55—2011)的规定，按照混凝土质量法的设计程序，特编制出不同强度等级、不同粗集料最大粒径、不同水灰比、不同水泥强度、不同水泥富余系数下碎石和卵石混凝土配合比参考数值，以供设计和施工单位参考，见附表18-1~附表18-32所列。

C15碎石混凝土配合比参考表 附表18-1

粗集料最大粒径(mm)	水泥富余系数	水泥强度(MPa)	坍落度(mm)	砂率(%)	每1m^3混凝土材料用量(kg)				混凝土的配合比			
					水	水泥	砂	石子	水	水泥	砂	石子
16.0	1.00	32.5	10~30	41.0	200	303	761	1 096	0.66	1	2.512	3.617
			35~50		210	318	751	1 081	0.66	1	2.362	3.399
			55~70		220	333	741	1 066	0.66	1	2.225	3.201
	1.08	35.1	10~30	43.0	200	282	807	1 071	0.71	1	2.862	3.798
			35~50		210	296	797	1 057	0.71	1	2.693	3.571
			55~70		220	310	787	1 043	0.71	1	2.539	3.365
20.0	1.00	32.5	10~30	39.0	185	280	739	1 156	0.66	1	2.639	4.129
			35~50		195	295	729	1 141	0.66	1	2.471	3.868
			55~70		205	311	719	1 125	0.66	1	2.312	3.617
	1.08	35.1	10~30	41.0	185	261	785	1 129	0.71	1	3.008	4.326
			35~50		195	275	775	1 115	0.71	1	2.818	4.055
			55~70		205	289	765	1 101	0.71	1	2.647	3.810

续上表

粗集料最大粒径(mm)	水泥富余系数	水泥强度(MPa)	坍落度(mm)	砂率(%)	每 $1m^3$ 混凝土材料用量(kg)				混凝土的配合比			
					水	水泥	砂	石子	水	水泥	砂	石子
31.5	1.00	32.5	10~30	38.0	175	265	730	1 190	0.66	1	2.755	4.491
			35~50		185	280	720	1 175	0.66	1	2.571	4.196
			55~70		195	295	710	1 160	0.66	1	2.497	3.932
	1.08	35.1	10~30	40.0	175	246	776	1 163	0.71	1	3.154	4.728
			35~50		185	261	766	1 148	0.71	1	2.935	4.398
			55~70		195	275	756	1 134	0.71	1	2.749	4.124
40.0	1.00	32.5	10~30	37.0	165	250	720	1 225	0.66	1	2.880	4.900
			35~50		175	265	710	1 210	0.66	1	2.679	4.566
			55~70		185	280	701	1 194	0.66	1	2.504	4.264
	1.08	35.1	10~30	39.0	165	232	766	1 197	0.71	1	3.302	5.159
			35~50		175	246	756	1 183	0.71	1	3.073	4.809
			55~70		185	261	746	1 168	0.71	1	2.858	4.475

注:混凝土强度标准差为4MPa;混凝土配制强度为21.58MPa;假定每 $1m^3$ 混凝土用料总重为2 360kg;砂采用细度模数为2.7~3.4的中粗砂。

C20碎石混凝土配合比参考表 I 附表18-2

粗集料最大粒径(mm)	水泥富余系数	水泥强度(MPa)	坍落度(mm)	砂率(%)	每 $1m^3$ 混凝土材料用量(kg)				混凝土的配合比			
					水	水泥	砂	石子	水	水泥	砂	石子
16.0	1.00	32.5	35~50	36.0	210	412	640	1 138	0.51	1	1.553	2.762
			55~70		220	421	630	1 119	0.51	1	1.462	2.596
			75~90		230	451	610	1 100	0.51	1	1.373	2.439
	1.08	35.1	35~50	37.0	210	382	669	1 139	0.55	1	1.751	2.982
			55~70		220	400	659	1 121	0.55	1	1.648	2.803
			75~90		230	418	648	1 104	0.55	1	1.550	2.641
20.0	1.00	35.1	35~50	35.0	195	382	638	1 185	0.51	1	1.670	3.102
			55~70		205	402	628	1 165	0.51	1	1.562	2.898
			75~90		215	422	617	1 146	0.51	1	1.462	2.716
	1.08	35.1	35~50	36.0	195	355	666	1 184	0.55	1	1.876	3.335
			55~70		205	373	656	1 166	0.55	1	1.759	3.126
			75~90		215	391	646	1 148	0.55	1	1.652	2.936
31.5	1.00	32.5	35~50	34.0	185	363	630	1 222	0.51	1	1.736	3.366
			55~70		195	382	620	1 203	0.51	1	1.623	3.149
			75~90		205	402	609	1 184	0.51	1	1.515	2.945
	1.08	35.1	35~50	35.0	185	336	658	1 221	0.55	1	1.958	3.634
			55~70		195	355	648	1 202	0.55	1	1.825	3.386
			75~90		205	373	638	1 184	0.55	1	1.710	3.174

续上表

粗集料最大粒径(mm)	水泥富余系数	水泥强度(MPa)	坍落度(mm)	砂率(%)	每1m³混凝土材料用量(kg)				混凝土的配合比			
					水	水泥	砂	石子	水	水泥	砂	石子
40.0	1.00	32.5	35~50	33.0	175	343	621	1 261	0.51	1	1.810	3.676
			55~70		185	363	611	1 241	0.51	1	1.683	3.419
			75~90		195	382	602	1 221	0.51	1	1.576	3.196
	1.08	35.1	35~50	34.0	175	318	648	1 259	0.55	1	2.038	3.959
			55~70		185	336	639	1 240	0.55	1	1.902	3.690
			75~90		195	355	629	1 221	0.55	1	1.772	3.439

注:混凝土强度标准差为5MPa;混凝土配制强度为28.23MPa;假定每1m³混凝土用料总重为2 400kg;砂采用细度模数为2.7~3.4的中粗砂。

C20碎石混凝土配合比参考表Ⅱ

附表18-3

粗集料最大粒径(mm)	水泥富余系数	水泥强度(MPa)	坍落度(mm)	砂率(%)	每1m³混凝土材料用量(kg)				混凝土的配合比			
					水	水泥	砂	石子	水	水泥	砂	石子
16.0	1.00	32.5	10~30	41.0	210	318	768	1 104	0.66	1	2.415	3.472
			35~50		220	333	757	1 090	0.66	1	2.273	32.73
			55~70		230	348	747	1 075	0.66	1	2.147	3.089
	1.08	35.1	10~30	43.0	210	296	814	1 080	0.71	1	2.750	3.649
			35~50		220	310	804	1 066	0.71	1	2.594	3.439
			55~70		230	324	794	1 052	0.71	1	2.451	3.247
20.0	1.00	32.5	10~30	39.0	195	295	745	1 165	0.66	1	2.525	3.949
			35~50		205	311	735	1 149	0.66	1	2.363	3.695
			55~70		215	326	725	1 134	0.66	1	2.224	3.479
	1.08	35.1	10~30	41.0	195	275	791	1 139	0.71	1	2.876	4.142
			35~50		205	289	781	1 125	0.71	1	2.702	3.893
			55~70		215	303	772	1 110	0.71	1	2.548	3.663
31.5	1.00	32.5	10~30	38.0	185	280	735	1 120	0.66	1	2.626	4.286
			35~50		195	295	726	1 184	0.66	1	2.461	4.014
			55~70		205	311	716	1 168	0.66	1	2.302	3.756
	1.08	35.1	10~30	40.0	185	261	782	1 172	0.71	1	2.996	4.490
			35~50		195	275	772	1 158	0.71	1	2.807	4.211
			55~70		205	289	762	1 144	0.71	1	2.637	3.958
40.0	1.00	32.5	10~30	37.0	175	265	725	1 235	0.66	1	2.736	4.660
			35~50		185	280	716	1 219	0.66	1	2.557	4.354
			55~70		195	295	707	1 203	0.66	1	2.397	4.078
	1.08	35.1	10~30	39.0	175	246	772	1 207	0.71	1	3.138	4.907
			35~50		185	261	762	1 192	0.71	1	2.919	4.597
			55~70		195	275	753	1 177	0.71	1	2.738	4.280

注:混凝土强度标准差为5MPa;混凝土配制强度为28.23MPa;假定每1m³混凝土用料总重为2 400kg;砂采用细度模数为2.7~3.4的中粗砂。

C25 碎石混凝土配合比参考表 I 附表 18-4

粗集料最大粒径(mm)	水泥富余系数	水泥强度(MPa)	坍落度(mm)	砂率(%)	每 1m³ 混凝土材料用量(kg) 水	水泥	砂	石子	混凝土的配合比 水	水泥	砂	石子
16.0	1.00	32.5	35~50	34.0	210	477	654	1 059	0.44	1	1.371	2.220
			55~70		220	500	571	1 109	0.44	1	1.142	2.218
			75~90		230	523	560	1 087	0.44	1	1.071	2.078
	1.08	35.1	35~50	36.0	210	447	527	1 116	0.47	1	1.403	2.497
			55~70		220	468	616	1 096	0.47	1	1.316	2.342
			75~90		230	489	605	1 076	0.47	1	1.237	2.200
20.0	1.00	32.5	35~50	33.0	195	443	581	1 181	0.44	1	1.312	2.666
			55~70		205	466	571	1 158	0.44	1	1.225	2.485
			75~90		215	489	560	1 136	0.44	1	1.145	2.323
	1.08	35.1	35~50	35.0	195	415	627	1 163	0.47	1	1.511	2.802
			55~70		205	436	616	1 143	0.47	1	1.413	2.622
			75~90		215	457	605	1 123	0.47	1	1.324	2.457
31.5	1.00	32.5	35~50	32.0	195	420	574	1 221	0.44	1	1.367	2.907
			55~70		205	443	564	1 198	0.44	1	1.273	2.704
			75~90		215	466	553	1 176	0.44	1	1.187	2.524
	1.08	35.1	35~50	34.0	185	394	619	1 202	0.47	1	1.571	3.051
			55~70		195	415	609	1 181	0.47	1	1.467	2.846
			75~90		205	436	598	1 161	0.47	1	1.372	2.663
40.0	1.00	32.5	35~50	31.0	175	398	566	1 261	0.44	1	1.422	3.168
			55~70		185	420	556	1 239	0.44	1	1.324	2.950
			75~90		195	443	546	1 216	0.44	1	1.233	2.745
	1.08	35.1	35~50	31.5	175	372	584	1 269	0.47	1	1.570	3.411
			55~70		185	394	574	1 247	0.47	1	1.457	3.166
			75~90		195	415	564	1 226	0.47	1	1.359	2.954

注:混凝土强度标准差为 5MPa;混凝土配制强度为 33.25MPa;假定每 1m³ 混凝土用料总重为 2 400kg;砂采用细度模数为 2.7~3.4 的中粗砂。

C25 碎石混凝土配合比参考表 II 附表 18-5

粗集料最大粒径(mm)	水泥富余系数	水泥强度(MPa)	坍落度(mm)	砂率(%)	每 1m³ 混凝土材料用量(kg) 水	水泥	砂	石子	混凝土的配合比 水	水泥	砂	石子
16.0	1.00	42.5	35~50	37.0	210	368	674	1 148	0.57	1	1.832	3.120
			55~70		220	386	664	1 130	0.57	1	1.720	2.927
			75~90		230	404	654	1 113	0.57	1	1.616	2.756
	1.08	45.9	35~50	39.0	210	344	720	1 126	0.61	1	2.093	3.273
			55~70		220	361	709	1 110	0.61	1	1.964	3.075
			75~90		230	377	699	1 094	0.61	1	1.854	2.902

续上表

粗集料最大粒径(mm)	水泥富余系数	水泥强度(MPa)	坍落度(mm)	砂率(%)	每1m³混凝土材料用量(kg)				混凝土的配合比			
					水	水泥	砂	石子	水	水泥	砂	石子
20.0	1.00	42.5	35~50	36.0	195	342	671	1 192	0.57	1	1.962	3.485
			55~70		205	360	661	1 174	0.57	1	1.836	3.261
			75~90		215	377	651	1 157	0.57	1	1.727	3.060
	1.08	45.9	35~50	38.0	195	320	716	1 169	0.61	1	2.238	3.653
			55~70		205	336	706	1 153	0.61	1	2.101	3.432
			75~90		215	352	697	1 136	0.61	1	1.980	3.227
31.5	1.00	42.5	35~50	35.0	195	325	662	1 228	0.57	1	2.037	3.778
			55~70		205	342	652	1 211	0.57	1	1.906	3.541
			75~90		215	360	642	1 193	0.57	1	1.783	3.314
	1.08	45.9	35~50	37.0	185	303	707	1 205	0.61	1	2.333	3.977
			55~70		195	320	697	1 188	0.61	1	2.178	3.713
			75~90		205	336	688	1 171	0.61	1	2.048	3.485
40.0	1.00	42.5	35~50	34.0	175	307	652	1 266	0.57	1	2.124	4.124
			55~70		185	325	643	1 247	0.57	1	1.978	3.837
			75~90		195	342	633	1 230	0.57	1	1.854	3.596
	1.08	45.9	35~50	36.0	175	287	697	1 241	0.61	1	2.347	4.324
			55~70		185	303	688	1 224	0.61	1	2.271	4.040
			75~90		195	320	679	1 206	0.61	1	2.122	3.769

注:混凝土强度标准差为5MPa;混凝土配制强度为33.23MPa;假定每1m³混凝土用料总重为2 400kg;砂采用细度模数为2.7~3.4的中粗砂。

C30碎石混凝土配合比参考表Ⅰ 附表18-6

粗集料最大粒径(mm)	水泥富余系数	水泥强度(MPa)	坍落度(mm)	砂率(%)	每1m³混凝土材料用量(kg)				混凝土的配合比			
					水	水泥	砂	石子	水	水泥	砂	石子
16.0	1.00	32.5	35~50	32.0	210	553	524	1 113	水泥用量过大,一般情况下不宜选用			
			55~70		220	579	512	1 089				
			75~90		230	605	510	1 064				
	1.08	35.1	35~50	33.0	210	512	554	1 124				
			55~70		220	536	543	1 101				
			75~90		230	561	531	1 078				
20.0	1.00	32.5	35~50	31.0	195	513	525	1 167				
			55~70		205	529	513	1 143				
			75~90		215	566	502	1 117				
	1.08	35.1	35~50	34.0	195	477	552	1 176	0.41	1	1.157	2.465
			55~70		205	500	542	1 153	0.41	1	1.084	2.306
			75~90		215	524	532	1 129	0.41	1	1.015	2.156

续上表

粗集料最大粒径（mm）	水泥富余系数	水泥强度（MPa）	坍落度（mm）	砂率（%）	每1m³ 混凝土材料用量(kg)				混凝土的配合比			
					水	水泥	砂	石子	水	水泥	砂	石子
31.5	1.00	32.5	35～50	30.0	195	487	518	1 210	0.38	1	1.064	2.485
			55～70		205	513	508	1 184	0.38	1	0.990	2.308
			75～90		215	539	497	1 159	0.38	1	0.922	2.150
	1.08	35.1	35～50	31.0	185	451	547	1 217	0.41	1	1.213	2.698
			55～70		195	475	536	1 194	0.41	1	1.128	2.514
			75～90		205	500	525	1 170	0.41	1	1.050	2.340
40.0	1.00	32.5	35～50	29.0	175	461	512	1 252	0.38	1	1.111	3.716
			55～70		185	487	501	1 227	0.38	1	1.029	2.520
			75～90		195	513	491	1 201	0.38	1	0.957	2.341
	1.08	35.1	35～50	30.0	175	427	539	1 259	0.41	1	1.239	2.948
			55～70		185	451	529	1 235	0.41	1	1.173	2.738
			75～90		195	476	519	1 210	0.41	1	1.090	2.542

注：混凝土强度标准差为5MPa；混凝土配制强度为38.23MPa；假定每1m³ 混凝土用料总重为2 400kg；砂采用细度模数为2.7～3.4的中粗砂。

C30碎石混凝土配合比参考表Ⅱ 附表18-7

粗集料最大粒径（mm）	水泥富余系数	水泥强度（MPa）	坍落度（mm）	砂率（%）	每1m³ 混凝土材料用量(kg)				混凝土的配合比			
					水	水泥	砂	石子	水	水泥	砂	石子
16.0	1.00	42.5	35～50	35.5	210	429	625	1 136	0.49	1	1.457	2.648
			55～70		220	449	615	1 116	0.49	1	1.370	2.486
			75～90		230	409	604	1 097	0.49	1	1.288	2.339
	1.08	45.9	35～50	37.0	210	396	664	1 130	0.53	1	1.677	2.854
			55～70		220	415	653	1 112	0.53	1	1.573	2.680
			75～90		230	434	642	1 094	0.53	1	1.479	2.524
20.0	1.00	42.5	35～50	34.5	195	398	623	1 184	0.49	1	1.565	2.975
			55～70		205	418	613	1 164	0.49	1	1.467	2.785
			75～90		215	439	602	1 144	0.49	1	1.371	2.606
	1.08	45.9	35～50	36.0	195	368	661	1 176	0.53	1	1.796	3.196
			55～70		205	387	651	1 157	0.53	1	1.682	2.990
			75～90		215	407	640	1 138	0.53	1	1.572	2.796
31.5	1.00	42.5	35～50	33.5	195	378	615	1 222	0.49	1	1.627	3.233
			55～70		205	398	605	1 202	0.49	1	1.520	3.020
			75～90		215	418	595	1 182	0.49	1	1.423	2.828
	1.08	45.9	35～50	35.0	185	349	653	1 213	0.53	1	1.871	3.476
			55～70		195	368	643	1 194	0.53	1	1.747	3.245
			75～90		205	387	633	1 175	0.53	1	1.636	3.036

续上表

粗集料最大粒径(mm)	水泥富余系数	水泥强度(MPa)	坍落度(mm)	砂率(%)	每1m³混凝土材料用量(kg)				混凝土的配合比			
					水	水泥	砂	石子	水	水泥	砂	石子
40.0	1.00	42.5	35~50	32.5	175	357	607	1 261	0.49	1	1.700	3.532
			55~70		185	378	597	1 240	0.49	1	1.579	3.280
			75~90		195	398	587	1 220	0.49	1	1.475	3.065
	1.08	45.9	35~50	34.0	175	330	644	1 251	0.53	1	1.952	3.791
			55~70		185	349	634	1 232	0.53	1	1.817	3.530
			75~90		195	368	625	1 212	0.53	1	1.698	3.293

注:混凝土强度标准差为5MPa;混凝土配制强度为38.23MPa;假定每1m³混凝土用料总重为2 400kg;砂采用细度模数为2.7~3.4的中粗砂。

C35碎石混凝土配合比参考表I 附表18-8

粗集料最大粒径(mm)	水泥富余系数	水泥强度(MPa)	坍落度(mm)	砂率(%)	每1m³混凝土材料用量(kg)				混凝土的配合比			
					水	水泥	砂	石子	水	水泥	砂	石子
16.0	1.00	42.5	35~50	34.0	210	477	582	1 131	0.44	1	1.220	2.371
			55~70		220	500	571	1 109	0.44	1	1.142	2.218
			75~90		230	522	560	1 088	0.44	1	1.073	2.084
	1.08	45.9	35~50	35.0	210	447	610	1 133	0.47	1	1.365	2.535
			55~70		220	468	599	1 113	0.47	1	1.280	2.378
			75~90		230	489	588	1 093	0.47	1	1.202	2.235
20.0	1.00	42.5	35~50	33.0	195	443	581	1 181	0.44	1	1.312	2.666
			55~70		205	466	571	1 158	0.44	1	1.225	2.485
			75~90		215	489	560	1 136	0.44	1	1.145	2.323
	1.08	45.9	35~50	34.0	195	415	609	1 181	0.47	1	1.467	2.846
			55~70		205	436	598	1 161	0.47	1	1.372	2.663
			75~90		215	457	588	1 140	0.47	1	1.287	2.495
31.5	1.00	42.5	35~50	32.0	195	420	574	1 221	0.44	1	1.367	2.907
			55~70		205	443	564	1 198	0.44	1	1.273	2.704
			75~90		215	466	553	1 176	0.44	1	1.187	2.524
	1.08	45.9	35~50	33.0	185	394	601	1 220	0.47	1	1.525	3.096
			55~70		195	415	591	1 199	0.47	1	1.424	2.889
			75~90		205	436	580	1 179	0.47	1	1.330	2.704
40.0	1.00	42.5	35~50	31.0	175	398	566	1 261	0.44	1	1.422	3.168
			55~70		185	420	556	1 239	0.44	1	1.324	2.950
			75~90		195	443	546	1 216	0.44	1	1.233	2.745
	1.08	45.9	35~50	32.0	175	372	593	1 260	0.47	1	1.594	3.387
			55~70		185	394	583	1 238	0.47	1	1.480	3.142
			75~90		195	415	573	1 217	0.47	1	1.381	2.933

注:混凝土强度标准差为5MPa;混凝土配制强度为43.23MPa;假定每1m³混凝土用料总重为2 400kg;砂采用细度模数为2.7~3.4的中粗砂。

C35 碎石混凝土配合比参考表Ⅱ 附表 18-9

粗集料最大粒径（mm）	水泥富余系数	水泥强度（MPa）	坍落度（mm）	砂率（%）	每 1m³ 混凝土材料用量（kg）				混凝土的配合比			
					水	水泥	砂	石子	水	水泥	砂	石子
16.0	1.00	52.5	35~50	36.0	210	389	648	1 153	0.54	1	1.666	2.964
			55~70		220	407	638	1 135	0.54	1	1.568	2.789
			75~90		230	426	627	1 117	0.54	1	1.472	2.622
	1.08	56.7	35~50	38.0	210	362	695	1 133	0.58	1	1.920	3.130
			55~70		220	379	684	1 117	0.58	1	1.805	2.955
			75~90		230	397	674	1 099	0.58	1	1.698	2.768
20.0	1.00	52.5	35~50	35.0	195	361	645	1 199	0.54	1	1.787	3.321
			55~70		205	380	635	1 180	0.54	1	1.671	3.105
			75~90		215	398	625	1 162	0.54	1	1.570	2.920
	1.08	56.7	35~50	37.0	195	336	692	1 177	0.58	1	2.060	3.503
			55~70		205	353	682	1 160	0.58	1	1.932	2.286
			75~90		215	371	671	1 143	0.58	1	1.809	3.088
31.5	1.00	52.5	35~50	34.0	195	343	636	1 236	0.54	1	1.854	3.603
			55~70		205	361	627	1 217	0.54	1	1.737	3.371
			75~90		215	380	617	1 198	0.54	1	1.624	3.153
	1.08	56.7	35~50	36.0	185	320	682	1 213	0.58	1	2.131	3.791
			55~70		195	336	673	1 196	0.58	1	2.003	3.560
			75~90		205	353	663	1 179	0.58	1	1.878	3.340
40.0	1.00	52.5	35~50	33.0	175	324	627	1 274	0.54	1	1.935	3.932
			55~70		185	343	618	1 254	0.54	1	1.802	3.656
			75~90		195	361	609	1 235	0.54	1	1.687	3.421
	1.08	56.7	35~50	35.0	175	302	673	1 250	0.58	1	2.228	4.139
			55~70		185	319	664	1 232	0.58	1	2.082	3.862
			75~90		195	336	654	1 215	0.58	1	1.946	3.616

注：混凝土强度标准差为 5MPa；混凝土配制强度为 43.23MPa；假定每 1m³ 混凝土用料总重为 2 400kg；砂采用细度模数为 2.7~3.4 的中粗砂。

C40 碎石混凝土配合比参考表Ⅰ 附表 18-10

粗集料最大粒径（mm）	水泥富余系数	水泥强度（MPa）	坍落度（mm）	砂率（%）	每 1m³ 混凝土材料用量（kg）				混凝土的配合比			
					水	水泥	砂	石子	水	水泥	砂	石子
16.0	1.00	42.5	35~50	33.0	210	553	540	1 097	水泥用量过大，一般情况下不宜选用			
			55~70		220	579	528	1 073				
			75~90		230	603	517	1 050				
	1.08	45.9	35~50	34.0	210	512	586	1 142	0.38	1	1.145	2.230
			55~70		220	537	576	1 117	0.38	1	1.075	2.080
			75~90		230	561	564	1 095	0.38	1	1.005	1.952

续上表

粗集料最大粒径（mm）	水泥富余系数	水泥强度（MPa）	坍落度（mm）	砂率（%）	每1m³混凝土材料用量（kg）				混凝土的配合比			
					水	水泥	砂	石子	水	水泥	砂	石子
20.0	1.00	42.5	35~50	33.0	195	513	575	1 167	0.41	1	1.121	2.275
			55~70		205	539	563	1 143	0.41	1	1.045	2.121
			75~90		215	566	551	1 118	0.41	1	0.975	1.975
	1.08	45.9	35~50	34.0	195	476	605	1 174	0.38	1	1.271	2.466
			55~70		205	500	593	1 152	0.38	1	1.180	2.304
			75~90		215	524	582	1 129	0.38	1	1.111	2.155
31.5	1.00	42.5	35~50	32.0	195	487	569	1 209	0.41	1	1.168	2.483
			55~70		205	513	557	1 185	0.41	1	1.086	2.310
			75~90		215	539	546	1 160	0.41	1	1.013	2.152
	1.08	45.9	35~50	33.0	185	451	599	1 215	0.38	1	1.328	2.694
			55~70		195	476	587	1 192	0.38	1	1.233	2.504
			75~90		205	500	576	1 169	0.38	1	1.152	2.338
40.0	1.00	42.5	35~50	30.0	175	460	545	1 270	0.41	1	1.185	2.761
			55~70		185	487	533	1 245	0.41	1	1.094	2.556
			75~90		195	513	523	1 219	0.41	1	1.019	2.376
	1.08	45.9	35~50	32.0	175	427	591	1 257	0.38	1	1.384	2.944
			55~70		185	451	580	1 234	0.38	1	1.286	2.736
			75~90		195	475	570	1 210	0.38	1	1.200	2.547

注：混凝土强度标准差为5MPa；混凝土配制强度为49.87MPa；假定每1m³混凝土用料总重为2 450kg；砂采用细度模数为2.7~3.4的中粗砂。

C40碎石混凝土配合比参考表Ⅱ 附表18-11

粗集料最大粒径（mm）	水泥富余系数	水泥强度（MPa）	坍落度（mm）	砂率（%）	每1m³混凝土材料用量（kg）				混凝土的配合比			
					水	水泥	砂	石子	水	水泥	砂	石子
16.0	1.00	42.5	35~50	34.0	210	447	610	1 183	0.47	1	1.365	2.647
			55~70		220	468	599	1 163	0.47	1	1.280	2.485
			75~90		230	489	589	1 142	0.47	1	1.204	2.335
	1.08	45.9	35~50	35.5	210	420	646	1 174	0.50	1	1.538	2.795
			55~70		220	440	635	1 155	0.50	1	1.443	2.625
			75~90		230	460	625	1 135	0.50	1	1.350	2.467
20.0	1.00	42.5	35~50	33.0	195	415	607	1 233	0.47	1	1.463	2.971
			55~70		205	436	597	1 212	0.47	1	1.369	2.780
			75~90		215	457	587	1 191	0.47	1	1.284	2.606
	1.08	45.9	35~50	34.5	195	390	643	1 222	0.50	1	1.649	3.133
			55~70		205	410	633	1 202	0.50	1	1.544	2.932
			75~90		215	430	623	1 181	0.50	1	1.449	2.740

续上表

粗集料最大粒径（mm）	水泥富余系数	水泥强度（MPa）	坍落度（mm）	砂率（%）	每1m³混凝土材料用量（kg）				混凝土的配合比			
					水	水泥	砂	石子	水	水泥	砂	石子
31.5	1.00	42.5	35~50	32.0	195	394	599	1 272	0.47	1	1.520	3.228
			55~70		205	415	589	1 251	0.47	1	1.419	3.014
			75~90		215	436	579	1 230	0.47	1	1.328	2.821
	1.08	45.9	35~50	33.5	185	370	635	1 260	0.50	1	1.716	3.407
			55~70		195	390	625	1 240	0.50	1	1.597	3.179
			75~90		205	410	615	1 220	0.50	1	1.500	2.976
40.0	1.00	42.5	35~50	31.0	175	372	590	1 313	0.47	1	1.586	3.530
			55~70		185	394	580	1 291	0.47	1	1.472	3.277
			75~90		195	415	570	1 270	0.47	1	1.373	3.060
	1.08	45.9	35~50	32.5	175	350	626	1 299	0.50	1	1.780	3.711
			55~70		185	370	616	1 279	0.50	1	1.665	3.457
			75~90		195	390	606	1 259	0.50	1	1.554	3.228

注：混凝土强度标准差为5MPa；混凝土配制强度为49.87MPa；假定每1m³混凝土用料总重为2 450kg；砂采用细度模数为2.7~3.4的中粗砂。

C45碎石混凝土配合比参考表Ⅰ 附表18-12

粗集料最大粒径（mm）	水泥富余系数	水泥强度（MPa）	坍落度（mm）	砂率（%）	每1m³混凝土材料用量（kg）				混凝土的配合比			
					水	水泥	砂	石子	水	水泥	砂	石子
16.0	1.00	32.5	35~50	33.0	210	488	578	1 174	0.43	1	1.184	2.406
			55~70		220	511	567	1 152	0.43	1	1.110	2.254
			75~90		230	535	556	1 129	0.43	1	1.039	2.031
	1.08	35.1	35~50	34.5	210	456	615	1 169	0.46	1	1.349	2.564
			55~70		220	478	604	1 148	0.46	1	1.264	2.402
			75~90		230	500	593	1 127	0.46	1	1.186	2.254
20.0	1.00	32.5	35~50	32.0	195	453	577	1 225	0.43	1	1.274	2.704
			55~70		205	477	566	1 202	0.43	1	1.187	2.520
			75~90		215	500	555	1 180	0.43	1	1.110	2.360
	1.08	35.1	35~50	33.5	195	424	613	1 218	0.46	1	1.446	2.873
			55~70		205	446	603	1 196	0.46	1	1.352	2.682
			75~90		215	467	592	1 176	0.46	1	1.268	2.518
31.5	1.00	32.5	35~50	31.0	195	430	569	1 266	0.43	1	1.323	2.944
			55~70		205	453	559	1 243	0.43	1	1.234	2.744
			75~90		215	477	548	1 220	0.43	1	1.149	2.558
	1.08	35.1	35~50	33.0	185	402	645	1 248	0.46	1	1.530	3.104
			55~70		195	424	604	1 227	0.46	1	1.425	2.894
			75~90		205	446	594	1 205	0.46	1	1.332	2.702

续上表

粗集料最大粒径（mm）	水泥富余系数	水泥强度（MPa）	坍落度（mm）	砂率（%）	每 $1m^3$ 混凝土材料用量（kg）				混凝土的配合比			
					水	水泥	砂	石子	水	水泥	砂	石子
40.0	1.00	32.5	35 ~ 50	30.0	175	407	560	1 308	0.43	1	1.376	3.214
			55 ~ 70		185	430	551	1 284	0.43	1	1.281	2.986
			75 ~ 90		195	453	541	1 261	0.43	1	1.194	2.784
	1.08	35.1	35 ~ 50	32.0	175	380	606	1 289	0.46	1	1.595	3.392
			55 ~ 70		185	402	596	1 267	0.46	1	1.483	3.152
			75 ~ 90		195	424	586	1 245	0.46	1	1.382	2.936

注：混凝土强度标准差65MPa；混凝土配制强度为54.87MPa；假定每 $1m^3$ 混凝土用料总重为2 450kg；砂采用细度模数为2.7 ~ 3.4 的中粗砂。

C45 碎石混凝土配合比参考表Ⅱ 附表 18-13

粗集料最大粒径（mm）	水泥富余系数	水泥强度（MPa）	坍落度（mm）	砂率（%）	每 $1m^3$ 混凝土材料用量（kg）				混凝土的配合比			
					水	水泥	砂	石子	水	水泥	砂	石子
16.0	1.00	62.5	35 ~ 50	35.0	210	412	640	1 188	0.51	1	1.553	2.883
			55 ~ 70		220	431	630	1 169	0.51	1	1.462	2.712
			75 ~ 90		230	451	619	1 150	0.51	1	1.373	2.550
	1.08	67.5	35 ~ 50	37.0	210	389	685	1 166	0.54	1	1.761	2.997
			55 ~ 70		220	407	675	1 148	0.54	1	1.658	2.821
			75 ~ 90		230	426	664	1 130	0.54	1	1.559	2.653
20.0	1.00	62.5	35 ~ 50	34.0	195	382	637	1 236	0.51	1	1.668	3.236
			55 ~ 70		205	402	627	1 126	0.51	1	1.560	3.025
			75 ~ 90		215	422	616	1 197	0.51	1	1.460	2.836
	1.08	67.5	35 ~ 50	36.0	195	361	682	1 212	0.54	1	1.880	3.357
			55 ~ 70		205	380	671	1 194	0.54	1	1.766	3.142
			75 ~ 90		215	398	661	1 176	0.54	1	1.661	2.955
31.5	1.00	62.5	35 ~ 50	33.0	195	363	628	1 274	0.51	1	1.730	3.510
			55 ~ 70		205	382	618	1 255	0.51	1	1.618	3.285
			75 ~ 90		215	402	608	1 235	0.51	1	1.512	3.072
	1.08	67.5	35 ~ 50	35.0	185	343	673	1 249	0.54	1	1.962	3.641
			55 ~ 70		195	361	663	1 231	0.54	1	1.837	3.410
			75 ~ 90		205	380	653	1 212	0.54	1	1.718	3.189
40.0	1.00	62.5	35 ~ 50	32.0	175	343	618	1 314	0.51	1	1.802	3.831
			55 ~ 70		185	363	609	1 293	0.51	1	1.678	3.561
			75 ~ 90		195	382	599	1 274	0.51	1	1.568	3.335
	1.08	67.5	35 ~ 50	34.0	175	324	663	1 288	0.54	1	2.046	3.975
			55 ~ 70		185	343	653	1 269	0.54	1	1.904	3.700
			75 ~ 90		195	361	644	1 250	0.54	1	1.784	3.463

注：混凝土强度标准差 6MPa；混凝土配制强度为 54.87MPa；假定每 $1m^3$ 混凝土用料总重为 2 450kg；砂采用细度模数为2.7 ~ 3.4 的中粗砂。

C50 碎石混凝土配合比参考表 I 附表 18-14

粗集料最大粒径(mm)	水泥富余系数	水泥强度(MPa)	坍落度(mm)	砂率(%)	每 $1m^3$ 混凝土材料用量(kg)				混凝土的配合比			
					水	水泥	砂	石子	水	水泥	砂	石子
16.0	1.00	52.5	35~50	32.5	210	538	537	1 115	水泥用量过大,一般情况下不宜选用			
			55~70		220	564	525	1 091				
			75~90		230	590	514	1 066				
	1.08	56.7	35~50	33.0	210	500	572	1 168	0.42	1	1.144	2.336
			55~70		220	524	563	1 143	0.42	1	1.074	2.184
			75~90		230	548	552	1 120	0.42	1	1.007	2.044
20.0	1.00	52.5	35~50	31.5	195	500	553	1 202	0.39	1	1.106	2.404
			55~70		205	526	541	1 178	0.39	1	1.020	2.240
			75~90		215	551	530	1 154	0.39	1	0.962	2.094
	1.08	56.7	35~50	32.0	195	464	573	1 218	0.42	1	1.235	2.625
			55~70		205	488	562	1 195	0.42	1	1.152	2.449
			75~90		215	512	551	1 172	0.42	1	1.076	2.289
31.5	1.00	52.5	35~50	30.5	195	474	546	1 245	0.39	1	1.152	2.627
			55~70		205	500	535	1 220	0.39	1	1.070	2.440
			75~90		215	526	524	1 195	0.39	1	0.996	2.272
	1.08	56.7	35~50	31.0	185	440	566	1 259	0.42	1	1.286	2.861
			55~70		195	464	555	1 236	0.42	1	1.196	2.664
			75~90		205	488	545	1 212	0.42	1	1.117	2.484
40.0	1.00	52.5	35~50	29.5	175	449	539	1 287	0.39	1	1.200	2.866
			55~70		185	474	528	1 263	0.39	1	1.114	2.665
			75~90		195	500	518	1 237	0.39	1	1.036	2.474
	1.08	56.7	35~50	30.0	175	417	557	1 301	0.42	1	1.336	3.120
			55~70		185	440	548	1 227	0.42	1	1.245	2.902
			75~90		195	464	537	1 254	0.42	1	1.157	2.703

注:混凝土强度标准差 6MPa;混凝土配制强度为 59.87MPa;假定每 $1m^3$ 混凝土用料总重为 2 450kg;砂采用细度模数为 2.7~3.4 的中粗砂。

C50 碎石混凝土配合比参考表 Ⅱ 附表 18-15

粗集料最大粒径(mm)	水泥富余系数	水泥强度(MPa)	坍落度(mm)	砂率(%)	每 $1m^3$ 混凝土材料用量(kg)				混凝土的配合比			
					水	水泥	砂	石子	水	水泥	砂	石子
16.0	1.00	62.5	35~50	33.0	210	457	586	1 195	0.46	1	1.287	2.615
			55~70		220	478	578	1 174	0.46	1	1.209	2.456
			75~90		230	500	568	1 152	0.46	1	1.136	2.304
	1.08	67.5	35~50	36.0	210	420	655	1 165	0.50	1	1.560	2.774
			55~70		220	440	644	1 146	0.50	1	1.464	2.605
			75~90		230	460	634	1 126	0.50	1	1.378	2.448

续上表

粗集料最大粒径(mm)	水泥富余系数	水泥强度(MPa)	坍落度(mm)	砂率(%)	每 1m³ 混凝土材料用量(kg)				混凝土的配合比			
					水	水泥	砂	石子	水	水泥	砂	石子
20.0	1.00	62.5	35~50	32.0	195	424	586	1 245	0.46	1	1.382	2.936
			55~70		205	446	576	1 223	0.46	1	1.291	2.742
			75~90		215	467	566	1 202	0.46	1	1.212	2.574
	1.08	67.5	35~50	35.0	195	390	653	1 212	0.50	1	1.674	3.108
			55~70		205	410	642	1 193	0.50	1	1.566	2.910
			75~90		215	430	632	1 173	0.50	1	1.470	2.728
31.5	1.00	62.5	35~50	31.0	195	402	578	1 285	0.46	1	1.438	3.197
			55~70		205	424	568	1 263	0.46	1	1.340	2.978
			75~90		215	446	558	1 241	0.46	1	1.251	2.783
	1.08	67.5	35~50	34.0	185	370	644	1 251	0.50	1	1.741	3.381
			55~70		195	390	634	1 231	0.50	1	1.626	3.156
			75~90		205	410	624	1 211	0.50	1	1.522	2.954
40.0	1.00	62.5	35~50	30.0	175	380	569	1 326	0.46	1	1.497	3.489
			55~70		185	402	559	1 304	0.46	1	1.391	3.244
			75~90		195	424	549	1 282	0.46	1	1.295	3.024
	1.08	67.5	35~50	33.0	175	350	635	1 290	0.50	1	1.814	3.686
			55~70		185	370	625	1 270	0.50	1	1.689	3.432
			75~90		195	390	615	1 250	0.50	1	1.577	3.205

注:混凝土强度标准差 6MPa;混凝土配制强度为 59.87MPa;假定每 1m³ 混凝土用料总重为 2 450kg;砂采用细度模数为 2.7~3.4 的中粗砂。

C55 碎石混凝土配合比参考表 附表 18-16

粗集料最大粒径(mm)	水泥富余系数	水泥强度(MPa)	坍落度(mm)	砂率(%)	每 1m³ 混凝土材料用量(kg)				混凝土的配合比			
					水	水泥	砂	石子	水	水泥	砂	石子
16.0	1.00	62.5	35~50	32.5	210	488	569	1 183	0.43	1	1.166	2.424
			55~70		220	512	558	1 160	0.43	1	1.090	2.266
			75~90		230	535	548	1 137	0.43	1	1.024	2.125
	1.08	67.5	35~50	34.0	210	457	606	1 177	0.46	1	1.326	2.575
			55~70		220	478	597	1 155	0.46	1	1.249	2.416
			75~90		230	500	585	1 135	0.46	1	1.170	2.270
20.0	1.00	62.5	35~50	31.5	195	453	568	1 234	0.43	1	1.254	2.724
			55~70		205	477	557	1 211	0.43	1	1.168	2.530
			75~90		215	500	547	1 188	0.43	1	1.094	2.376
	1.08	67.5	35~50	33.0	195	424	604	1 227	0.46	1	1.425	2.894
			55~70		205	446	594	1 205	0.46	1	1.332	2.702
			75~90		215	467	583	1 185	0.46	1	1.248	2.593

续上表

粗集料最大粒径（mm）	水泥富余系数	水泥强度（MPa）	坍落度（mm）	砂率（%）	每 $1m^3$ 混凝土材料用量(kg)				混凝土的配合比			
					水	水泥	砂	石子	水	水泥	砂	石子
31.5	1.00	62.5	35～50	30.5	195	430	560	1 275	0.43	1	1.302	2.965
			55～70		205	453	550	1 252	0.43	1	1.214	2.764
			75～90		215	477	539	1 229	0.43	1	1.130	2.577
	1.08	67.5	35～50	32.0	185	402	596	1 267	0.46	1	1.483	3.152
			55～70		195	424	586	1 245	0.46	1	1.382	2.936
			75～90		205	446	576	1 223	0.46	1	1.291	2.742
40.0	1.00	62.5	35～50	29.5	175	407	551	1 317	0.43	1	1.354	3.236
			55～70		185	430	541	1 294	0.43	1	1.258	3.002
			75～90		195	453	532	1 270	0.43	1	1.174	2.803
	1.08	67.5	35～50	31.0	175	380	587	1 308	0.46	1	1.545	3.442
			55～70		185	402	578	1 285	0.46	1	1.438	3.197
			75～90		195	424	568	1 263	0.46	1	1.340	2.979

注：混凝土强度标准差6MPa；混凝土配制强度为64.87MPa；假定每 $1m^3$ 混凝土用料总重为2 360kg；砂采用细度模数为2.7～3.4的中粗砂。

C15 卵石混凝土配合比参考表

附表 18-17

粗集料最大粒径（mm）	水泥富余系数	水泥强度（MPa）	坍落度（mm）	砂率（%）	每 $1m^3$ 混凝土材料用量(kg)				混凝土的配合比			
					水	水泥	砂	石子	水	水泥	砂	石子
16.0	1.00	32.5	10～30	35.5	190	328	654	1 188	0.58	1	1.994	3.622
			35～50		200	345	644	1 171	0.58	1	1.867	3.394
			55～70		210	362	635	1 153	0.58	1	1.754	3.185
	1.08	35.1	10～30	36.0	190	306	671	1 193	0.62	1	2.193	3.897
			35～50		200	323	661	1 176	0.62	1	2.046	3.641
			55～70		210	339	652	1 159	0.62	1	1.923	3.419
20.0	1.00	32.5	10～30	34.5	170	293	654	1 243	0.58	1	2.232	4.242
			35～50		180	310	645	1 225	0.58	1	2.080	3.952
			55～70		190	328	635	1 207	0.58	1	1.936	3.608
	1.08	35.1	10～30	35.0	170	274	671	1 245	0.62	1	2.449	4.544
			35～50		180	290	662	1 228	0.62	1	2.283	4.234
			55～70		190	306	652	1 212	0.62	1	2.131	3.961
31.5	1.00	32.5	10～30	33.5	160	276	645	1 279	0.58	1	2.337	4.634
			35～50		170	293	635	1 262	0.58	1	2.167	4.307
			55～70		180	310	626	1 244	0.58	1	2.019	4.013
	1.08	35.1	10～30	34.0	160	258	660	1 282	0.62	1	2.558	4.969
			35～50		170	274	651	1 165	0.62	1	2.376	4.252
			55～70		180	290	643	1 247	0.62	1	2.217	4.300

续上表

粗集料最大粒径（mm）	水泥富余系数	水泥强度（MPa）	坍落度（mm）	砂率（%）	每1m³ 混凝土材料用量（kg）				混凝土的配合比			
					水	水泥	砂	石子	水	水泥	砂	石子
40.0	1.00	32.5	10~30	33.0	150	259	644	1 307	0.58	1	2.486	5.046
			35~50		160	276	635	1 289	0.58	1	2.301	4.670
			55~70		170	293	626	1 271	0.58	1	2.137	4.338
	1.08	35.1	10~30	34.5	150	242	679	1 289	0.62	1	2.806	5.326
			35~50		160	258	670	1 276	0.62	1	2.597	4.930
			55~70		170	274	661	1 255	0.62	1	2.412	4.580

注：混凝土强度标准差4MPa；混凝土配制强度为21.58MPa；假定每1m³ 混凝土用料总重为2 360kg；砂采用细度模数为2.7~3.4的中粗砂。

C20 卵石混凝土配合比参考表 I 附表18-18

粗集料最大粒径（mm）	水泥富余系数	水泥强度（MPa）	坍落度（mm）	砂率（%）	每1m³ 混凝土材料用量（kg）				混凝土的配合比			
					水	水泥	砂	石子	水	水泥	砂	石子
16.0	1.00	32.5	35~50	31.0	200	426	550	1 224	0.47	1	1.291	2.873
			55~70		210	447	540	1 203	0.47	1	1.208	2.691
			75~90		215	457	536	1 192	0.47	1	1.173	2.608
	1.08	35.1	35~50	32.5	200	400	585	1 215	0.50	1	1.463	3.038
			55~70		210	420	575	1 195	0.50	1	1.369	2.845
			75~90		215	430	570	1 185	0.50	1	1.326	2.756
20.0	1.00	32.5	35~50	30.0	180	383	551	1 286	0.47	1	1.439	3.358
			55~70		190	404	542	1 264	0.47	1	1.342	3.129
			75~90		195	415	537	1 253	0.47	1	1.294	3.019
	1.08	35.1	35~50	31.5	180	360	586	1 274	0.50	1	1.628	3.539
			55~70		190	380	576	1 254	0.50	1	1.516	3.300
			75~90		195	390	572	1 243	0.50	1	1.467	3.187
31.5	1.00	32.5	35~50	29.5	170	362	551	1 317	0.47	1	1.522	3.638
			55~70		180	383	542	1 295	0.47	1	1.415	3.381
			75~90		185	394	537	1 284	0.47	1	1.363	3.259
	1.08	35.1	35~50	31.0	170	340	586	1 304	0.50	1	1.724	3.835
			55~70		180	360	577	1 283	0.50	1	1.603	3.564
			75~90		185	370	572	1 273	0.50	1	1.546	3.441
40.0	1.00	32.5	35~50	29.0	160	340	551	1 349	0.47	1	1.621	3.968
			55~70		170	362	542	1 326	0.47	1	1.497	3.663
			75~90		175	372	537	1 316	0.47	1	1.444	3.538
	1.08	35.1	35~50	30.5	160	320	586	1 334	0.50	1	1.831	4.169
			55~70		170	340	576	1 314	0.50	1	1.694	3.865
			75~90		175	350	572	1 303	0.50	1	1.634	3.723

注：混凝土强度标准差为5MPa；混凝土配制强度为28.23MPa；假定每1m³ 混凝土用料总重为2 400kg；砂采用细度模数为2.7~3.4的中粗砂。

C20 卵石混凝土配合比参考表Ⅱ 附表 18-19

粗集料最大粒径(mm)	水泥富余系数	水泥强度(MPa)	坍落度(mm)	砂率(%)	每 1m³ 混凝土材料用量(kg)				混凝土的配合比			
					水	水泥	砂	石子	水	水泥	砂	石子
16.0	1.00	32.5	35~50	35.0	200	345	649	1 206	0.58	1	1.881	3.496
			55~70		210	362	640	1 188	0.58	1	1.768	3.282
			75~90		215	371	635	1 179	0.58	1	1.716	3.178
	1.08	35.1	35~50	36.5	200	323	685	1 192	0.62	1	2.121	3.690
			55~70		210	339	676	1 175	0.62	1	1.994	3.466
			75~90		215	347	671	1 167	0.62	1	1.934	3.363
20.0	1.00	32.5	35~50	34.0	180	310	649	1 261	0.58	1	2.094	4.068
			55~70		190	328	640	1 242	0.58	1	1.951	3.787
			75~90		195	336	635	1 234	0.58	1	1.896	3.673
	1.08	35.1	35~50	35.5	180	290	685	1 245	0.62	1	2.362	4.293
			55~70		190	306	676	1 228	0.62	1	2.209	4.013
			75~90		195	315	671	1 219	0.62	1	2.130	3.809
31.5	1.00	32.5	35~50	33.5	170	293	649	1 288	0.58	1	2.215	4.396
			55~70		180	310	640	1 270	0.58	1	2.065	4.097
			75~90		185	319	635	1 261	0.58	1	1.991	3.953
	1.08	35.1	35~50	34.5	170	274	675	1 281	0.62	1	2.464	4.675
			55~70		180	290	666	1 264	0.62	1	2.297	4.357
			75~90		185	298	651	1 256	0.62	1	2.218	4.215
40.0	1.00	32.5	35~50	33.0	160	276	648	1 316	0.58	1	2.348	4.768
			55~70		170	293	639	1 298	0.58	1	2.181	4.430
			75~90		175	302	635	1 288	0.58	1	2.103	4.265
	1.08	35.1	35~50	34.0	160	258	674	1 308	0.62	1	2.612	5.070
			55~70		170	274	665	1 291	0.62	1	2.427	4.712
			75~90		175	282	661	1 282	0.62	1	2.344	4.546

注：混凝土强度标准差为 5MPa；混凝土配制强度为 28.23MPa；假定每 1m³ 混凝土用料总重为 2 400kg；砂采用细度模数为 2.7~3.4 的中粗砂。

C25 卵石混凝土配合比参考表 I 附表 18-20

粗集料最大粒径(mm)	水泥富余系数	水泥强度(MPa)	坍落度(mm)	砂率(%)	每 1m³ 混凝土材料用量(kg)				混凝土的配合比			
					水	水泥	砂	石子	水	水泥	砂	石子
16.0	1.00	32.5	35~50	29.0	200	488	496	1 216	0.41	1	1.016	2.492
			55~70		210	512	487	1 191	0.41	1	0.951	2.326
			75~90		215	524	482	1 179	0.41	1	0.920	2.250
	1.08	35.1	35~50	305	200	465	529	1 206	0.43	1	1.138	2.594
			55~70		210	488	519	1 183	0.43	1	1.064	2.424
			75~90		215	500	514	1 171	0.43	1	1.028	2.342

续上表

粗集料最大粒径(mm)	水泥富余系数	水泥强度(MPa)	坍落度(mm)	砂率(%)	每1m³混凝土材料用量(kg)				混凝土的配合比			
					水	水泥	砂	石子	水	水泥	砂	石子
20.0	1.00	32.5	35~50	28.0	180	439	499	1 282	0.41	1	1.137	2.920
			55~70		190	463	489	1 258	0.41	1	1.056	2.717
			75~90		195	476	484	1 245	0.41	1	1.017	2.616
	1.08	35.1	35~50	29.5	180	419	531	1 270	0.43	1	1.267	3.031
			55~70		190	442	521	1 247	0.43	1	1.179	2.821
			75~90		195	453	517	1 235	0.43	1	1.141	2.726
31.5	1.00	32.5	35~50	27.5	170	415	499	1 316	0.41	1	1.202	3.171
			55~70		180	439	490	1 291	0.41	1	1.116	2.941
			75~90		185	451	485	1 279	0.41	1	1.075	2.836
	1.08	35.1	35~50	29.0	170	395	532	1 303	0.43	1	1.347	3.299
			55~70		180	419	522	1 279	0.43	1	1.246	3.053
			75~90		185	430	518	1 267	0.43	1	1.205	2.947
40.0	1.00	32.5	35~50	27.0	160	390	500	1 350	0.41	1	1.282	3.462
			55~70		170	415	490	1 325	0.41	1	1.181	3.193
			75~90		175	427	485	1 313	0.41	1	1.136	3.075
	1.08	35.1	35~50	28.5	160	372	532	1 336	0.43	1	1.430	3.591
			55~70		170	395	523	1 312	0.43	1	1.324	3.322
			75~90		175	407	518	1 300	0.43	1	1.273	3.194

注:混凝土强度标准差为5MPa;混凝土配制强度为33.23MPa;假定每1m³混凝土用料总重为2 400kg;砂采用细度模数为2.7~3.4的中粗砂。

C25 卵石混凝土配合比参考表Ⅱ 附表 18-21

粗集料最大粒径(mm)	水泥富余系数	水泥强度(MPa)	坍落度(mm)	砂率(%)	每1m³混凝土材料用量(kg)				混凝土的配合比			
					水	水泥	砂	石子	水	水泥	砂	石子
16.0	1.00	42.5	35~50	32.8	200	392	593	1 215	0.51	1	1.513	3.099
			55~70		210	412	583	1 195	0.51	1	1.415	2.900
			75~90		215	422	578	1 185	0.51	1	1.370	2.808
	1.08	45.9	35~50	33.7	200	370	617	1 213	0.54	1	1.668	3.278
			55~70		210	389	607	1 194	0.54	1	1.560	3.069
			75~90		215	398	602	1 185	0.54	1	1.513	2.977
20.0	1.00	42.5	35~50	31.8	180	353	594	1 273	0.51	1	1.683	3.606
			55~70		190	373	584	1 253	0.51	1	1.566	3.359
			75~90		195	382	580	1 243	0.51	1	1.518	2.254
	1.08	45.9	35~50	32.7	180	333	617	1 270	0.54	1	1.824	3.814
			55~70		190	352	608	1 250	0.54	1	1.727	3.551
			75~90		195	361	603	1 241	0.54	1	1.670	3.438

续上表

粗集料最大粒径(mm)	水泥富余系数	水泥强度(MPa)	坍落度(mm)	砂率(%)	每 $1m^3$ 混凝土材料用量(kg)				混凝土的配合比			
					水	水泥	砂	石子	水	水泥	砂	石子
31.5	1.00	42.5	35~50	31.3	170	333	594	1 303	0.51	1	1.784	3.913
			55~70		180	353	584	1 283	0.51	1	1.654	3.635
			75~90		185	363	580	1 272	0.51	1	1.598	3.504
	1.08	45.9	35~50	32.2	170	315	617	1 298	0.54	1	1.959	4.121
			55~70		180	333	608	1 279	0.54	1	1.826	3.841
			75~90		185	343	603	1 268	0.54	1	1.758	3.700
40.0	1.00	42.5	35~50	30.8	160	314	593	1 333	0.51	1	1.889	4.245
			55~70		170	333	584	1 313	0.51	1	1.754	3.943
			75~90		175	343	580	1 302	0.51	1	1.691	3.796
	1.08	45.9	35~50	31.7	160	296	616	1 328	0.54	1	2.018	4.486
			55~70		170	315	607	1 308	0.54	1	1.927	4.152
			75~90		175	324	602	1 299	0.54	1	1.858	4.009

注:混凝土强度标准差为5MPa;混凝土配制强度为33.23MPa;假定每 $1m^3$ 混凝土用料总重为2 400kg;砂采用细度模数为2.7~3.4的中粗砂。

C30卵石混凝土配合比参考表Ⅰ 附表18-22

粗集料最大粒径(mm)	水泥富余系数	水泥强度(MPa)	坍落度(mm)	砂率(%)	每 $1m^3$ 混凝土材料用量(kg)				混凝土的配合比			
					水	水泥	砂	石子	水	水泥	砂	石子
16.0	1.00	32.5	35~50	28.5	200	526	477	1 197	水泥用量过大,一般情况下不宜选用			
			55~70		210	553	467	1 170				
			75~90		215	566	461	1 158				
	1.08	35.1	35~50	29.5	200	488	505	1 207	0.41	1	1.035	2.473
			55~70		210	512	495	1 183	0.41	1	0.967	2.311
			75~90		215	524	490	1 171	0.41	1	0.935	2.235
20.0	1.00	32.5	35~50	28.0	180	474	489	257	0.38	1	1.032	2.652
			55~70		190	500	479	1 231	0.38	1	0.958	2.462
			75~90		195	513	474	1 218	0.38	1	0.924	2.374
	1.08	35.1	35~50	30.0	180	439	534	1 247	0.41	1	1.216	2.841
			55~70		190	463	524	1 223	0.41	1	1.132	2.641
			75~90		195	476	519	1 210	0.41	1	1.090	2.542
31.5	1.00	32.5	35~50	27.0	170	447	481	1 302	0.38	1	1.076	2.913
			55~70		180	474	471	1 275	0.38	1	0.944	2.690
			75~90		185	487	467	1 261	0.38	1	0.959	2.589
	1.08	35.1	35~50	29.0	170	415	526	1 289	0.41	1	1.267	3.106
			55~70		180	439	516	1 265	0.41	1	1.175	2.882
			75~90		185	451	512	1 252	0.41	1	1.135	2.776

续上表

粗集料最大粒径(mm)	水泥富余系数	水泥强度(MPa)	坍落度(mm)	砂率(%)	每1m³混凝土材料用量(kg)				混凝土的配合比			
					水	水泥	砂	石子	水	水泥	砂	石子
40.0	1.00	32.5	35~50	26.0	160	421	473	1 346	0.38	1	1.124	3.197
			55~70		170	447	464	1 319	0.38	1	1.038	2.951
			75~90		175	461	459	1 305	0.38	1	0.996	2.831
	1.08	35.1	35~50	28.0	160	390	518	1 332	0.41	1	1.328	3.415
			55~70		170	415	508	1 307	0.41	1	1.224	3.149
			75~90		175	427	503	1 295	0.41	1	1.178	3.033

注:混凝土强度标准差为5MPa;混凝土配制强度为38.23MPa;假定每1m³混凝土用料总重为2 400kg;砂采用细度模数为2.7~3.4的中粗砂。

C30卵石混凝土配合比参考表II 附表18-23

粗集料最大粒径(mm)	水泥富余系数	水泥强度(MPa)	坍落度(mm)	砂率(%)	每1m³混凝土材料用量(kg)				混凝土的配合比			
					水	水泥	砂	石子	水	水泥	砂	石子
16.0	1.00	42.5	35~50	30.7	200	444	539	1 217	0.45	1	1.214	2.741
			55~70		210	467	529	1 194	0.45	1	1.133	2.557
			75~90		215	478	524	1 183	0.45	1	1.096	2.475
	1.08	45.9	35~50	32.3	200	417	576	1 207	0.48	1	1.381	2.894
			55~70		210	438	566	1 186	0.48	1	1.292	2.708
			75~90		215	448	561	1 176	0.48	1	1.252	2.625
20.0	1.00	42.5	35~50	29.7	180	400	541	1 279	0.45	1	1.353	3.198
			55~70		190	422	531	1 257	0.45	1	1.258	2.979
			75~90		195	433	526	1 246	0.45	1	1.215	2.878
	1.08	45.9	35~50	31.5	180	375	581	1 264	0.48	1	1.549	3.371
			55~70		190	396	571	1 243	0.48	1	1.442	3.139
			75~90		195	406	567	1 232	0.48	1	1.397	3.034
31.5	1.00	42.5	35~50	29.3	170	378	543	1 309	0.45	1	1.437	3.463
			55~70		180	400	533	1 287	0.45	1	1.333	3.218
			75~90		185	411	529	1 275	0.45	1	1.287	3.102
	1.08	45.9	35~50	30.8	170	354	578	1 398	0.48	1	1.633	3.949
			55~70		180	375	568	1 277	0.48	1	1.515	3.405
			75~90		185	385	564	1 266	0.48	1	1.465	3.288
40.0	1.00	42.5	35~50	28.7	160	356	541	1 343	0.45	1	1.520	3.772
			55~70		170	378	532	1 320	0.45	1	1.407	3.492
			75~90		175	389	527	1 309	0.45	1	1.355	3.365
	1.08	45.9	35~50	30.3	160	333	578	1 329	0.48	1	1.736	3.991
			55~70		170	354	568	1 308	0.48	1	1.605	3.695
			75~90		175	365	564	1 296	0.48	1	1.545	3.551

注:混凝土强度标准差为5MPa;混凝土配制强度为38.23MPa;假定每1m³混凝土用料总重为2 400kg;砂采用细度模数为2.7~3.4的中粗砂。

C35 卵石混凝土配合比参考表 I 附表 18-24

粗集料最大粒径(mm)	水泥富余系数	水泥强度(MPa)	坍落度(mm)	砂率(%)	每 1m³ 混凝土材料用量(kg)				混凝土的配合比			
					水	水泥	砂	石子	水	水泥	砂	石子
16.0	1.00	42.5	35~50	29.0	200	488	496	1 216	0.41	1	1.016	2.492
			55~70		210	512	487	1 191	0.41	1	0.951	2.326
			75~90		215	524	482	1 179	0.41	1	0.920	2.250
	1.08	45.9	35~50	30.5	200	455	532	1 213	0.44	1	1.169	2.666
			55~70		210	477	622	1 191	0.44	1	1.094	2.497
			75~90		215	489	517	1 179	0.44	1	1.057	2.411
20.0	1.00	42.5	35~50	28.0	180	439	499	1 292	0.41	1	1.137	2.943
			55~70		190	463	489	1 258	0.41	1	1.056	2.717
			75~90		195	476	484	1 245	0.41	1	1.017	2.616
	1.08	45.9	35~50	29.5	180	409	534	1 277	0.44	1	1.306	3.122
			55~70		190	432	525	1 253	0.44	1	1.215	2.900
			75~90		195	443	520	1 242	0.44	1	1.174	2.804
31.5	1.00	42.5	35~50	27.5	170	415	499	1 316	0.41	1	1.202	3.171
			55~70		180	439	490	1 291	0.41	1	1.116	2.941
			75~90		185	451	485	1 279	0.41	1	1.075	2.836
	1.08	45.9	35~50	29.0	170	386	535	1 309	0.44	1	1.380	3.391
			55~70		180	409	525	1 286	0.44	1	1.284	3.144
			75~90		185	420	521	1 274	0.44	1	1.240	3.033
40.0	1.00	42.5	35~50	27.0	160	390	500	1 350	0.41	1	1.282	3.462
			55~70		170	415	490	1 325	0.41	1	1.181	3.193
			75~90		175	427	485	1 313	0.41	1	1.136	3.075
	1.08	45.9	35~50	28.5	160	364	535	1 341	0.44	1	1.470	3.684
			55~70		170	386	526	1 318	0.44	1	1.363	3.415
			75~90		175	398	521	1 306	0.44	1	1.309	3.281

注:混凝土强度标准差为 5MPa;混凝土配制强度为 43.23MPa;假定每 1m³ 混凝土用料总重为 2 400kg;砂采用细度模数为 2.7~3.4 的中粗砂。

C35 卵石混凝土配合比参考表 Ⅱ 附表 18-25

粗集料最大粒径(mm)	水泥富余系数	水泥强度(MPa)	坍落度(mm)	砂率(%)	每 1m³ 混凝土材料用量(kg)				混凝土的配合比			
					水	水泥	砂	石子	水	水泥	砂	石子
16.0	1.00	52.5	35~50	34.0	200	370	622	1 208	0.54	1	1.681	3.265
			55~70		210	389	612	1 189	0.54	1	1.573	3.057
			75~90		215	398	608	1 179	0.54	1	1.528	2.962
	1.08	56.7	35~50	35.0	200	345	649	1 206	0.58	1	1.881	3.496
			55~70		210	362	640	1 188	0.58	1	1.768	3.281
			75~90		215	371	635	1 179	0.58	1	1.712	3.178

续上表

粗集料最大粒径(mm)	水泥富余系数	水泥强度(MPa)	坍落度(mm)	砂率(%)	每1m³混凝土材料用量(kg)				混凝土的配合比			
					水	水泥	砂	石子	水	水泥	砂	石子
20.0	1.00	52.5	35~50	33.0	180	333	623	1 264	0.54	1	1.871	3.796
			55~70		190	352	613	1 245	0.54	1	1.741	3.537
			75~90		195	361	609	1 235	0.54	1	1.687	3.421
	1.08	56.7	35~50	34.0	180	310	649	1 261	0.58	1	2.094	4.068
			55~70		190	328	640	1 242	0.58	1	1.951	3.787
			75~90		195	336	635	1 234	0.58	1	1.890	3.673
31.5	1.00	52.5	35~50	32.0	170	315	613	1 302	0.54	1	1.946	4.133
			55~70		180	333	604	1 283	0.54	1	1.814	3.853
			75~90		185	343	599	1 273	0.54	1	1.746	3.711
	1.08	56.7	35~50	33.0	170	293	639	1 298	0.58	1	2.181	4.430
			55~70		180	310	630	1 280	0.58	1	2.032	4.129
			75~90		185	319	626	1 270	0.58	1	1.962	3.981
40.0	1.00	52.5	35~50	31.0	160	296	603	1 341	0.54	1	2.037	4.530
			55~70		170	315	594	1 321	0.54	1	1.886	4.194
			75~90		175	324	589	1 312	0.54	1	1.818	4.049
	1.08	56.7	35~50	32.0	160	276	628	1 336	0.58	1	2.275	4.841
			55~70		170	393	620	1 317	0.58	1	2.116	4.495
			75~90		175	302	615	1 308	0.58	1	2.036	4.331

注:混凝土强度标准差为5MPa;混凝土配制强度为43.23MPa;假定每1m³混凝土用料总重为2 400kg;砂采用细度模数为2.7~3.4的中粗砂。

C40 卵石混凝土配合比参考表 I 附表18-26

粗集料最大粒径(mm)	水泥富余系数	水泥强度(MPa)	坍落度(mm)	砂率(%)	每1m³混凝土材料用量(kg)				混凝土的配合比			
					水	水泥	砂	石子	水	水泥	砂	石子
16.0	1.00	42.5	35~50	28.0	200	526	483	1 241	水泥用量过大,一般情况下不宜选用			
			55~70		210	553	472	1 215				
			75~90		215	566	467	1 202				
	1.08	45.9	35~50	30.0	200	488	529	1 238	0.41	1	1.084	2.527
			55~70		210	512	518	1 210	0.41	1	1.012	2.363
			75~90		215	524	513	1 198	0.41	1	0.979	2.286
20.0	1.00	42.5	35~50	27.0	180	474	485	1 311	0.38	1	1.023	2.766
			55~70		190	500	475	1 285	0.38	1	0.950	2.570
			75~90		195	513	470	1 272	0.38	1	0.916	2.480
	1.08	45.9	35~50	29.0	180	439	531	1 300	0.41	1	1.210	2.961
			55~70		190	463	521	1 276	0.41	1	1.125	2.756
			75~90		195	476	516	1 263	0.41	1	1.084	2.653

续上表

粗集料最大粒径(mm)	水泥富余系数	水泥强度(MPa)	坍落度(mm)	砂率(%)	每1m³混凝土材料用量(kg)				混凝土的配合比			
					水	水泥	砂	石子	水	水泥	砂	石子
31.5	1.00	42.5	35~50	26.5	170	447	486	1 347	0.38	1	1.087	3.013
			55~70		180	474	476	1 320	0.38	1	1.004	2.785
			75~90		185	487	471	1 307	0.38	1	0.967	2.684
	1.08	45.9	35~50	28.5	170	415	532	1 333	0.41	1	1.282	3.212
			55~70		180	439	522	1 309	0.41	1	1.189	2.982
			75~90		185	451	517	1 297	0.41	1	1.146	2.876
40.0	1.00	42.5	35~50	25.0	160	421	467	1 402	0.38	1	1.109	3.330
			55~70		170	447	458	1 375	0.38	1	1.025	3.076
			75~90		175	461	454	1 360	0.38	1	0.985	2.950
	1.08	45.9	35~50	28.0	160	390	532	1 368	0.41	1	1.364	3.508
			55~70		170	415	522	1 343	0.41	1	1.258	3.236
			75~90		175	429	517	1 329	0.41	1	1.205	3.098

注:混凝土强度标准差为6MPa;混凝土配制强度为49.87MPa;假定每1m³ 混凝土用料总重为2 450kg;砂采用细度模数为2.7~3.4的中粗砂。

C40卵石混凝土配合比参考表Ⅱ 附表18-27

粗集料最大粒径(mm)	水泥富余系数	水泥强度(MPa)	坍落度(mm)	砂率(%)	每1m³混凝土材料用量(kg)				混凝土的配合比			
					水	水泥	砂	石子	水	水泥	砂	石子
16.0	1.00	52.5	35~50	30.0	200	465	536	1 249	0.43	1	1.153	2.686
			55~70		210	488	526	1 226	0.43	1	1.078	2.512
			75~90		215	500	521	1 214	0.43	1	1.042	2.428
	1.08	56.7	35~50	31.0	200	435	563	1 252	0.46	1	1.294	2.878
			55~70		210	457	553	1 230	0.46	1	1.210	2.691
			75~90		215	467	548	1 220	0.46	1	1.173	2.612
20.0	1.00	52.5	35~50	29.0	180	419	537	1 314	0.43	1	1.281	3.136
			55~70		190	442	527	1 291	0.43	1	1.192	2.921
			75~90		195	453	523	1 279	0.43	1	1.155	2.823
	1.08	56.7	35~50	30.0	180	391	564	1 315	0.46	1	1.442	3.363
			55~70		190	413	554	1 293	0.46	1	1.341	3.131
			75~90		195	424	549	1 282	0.46	1	1.294	3.024
31.5	1.00	52.5	35~50	28.5	170	395	537	1 348	0.43	1	1.359	3.413
			55~70		180	419	528	1 323	0.43	1	1.260	3.158
			75~90		185	430	523	1 312	0.43	1	1.216	3.051
	1.08	56.7	35~50	29.5	170	370	563	1 347	0.46	1	1.522	3.641
			55~70		180	391	554	1 325	0.46	1	1.417	3.389
			75~90		185	402	550	1 313	0.46	1	1.368	3.266

续上表

粗集料最大粒径(mm)	水泥富余系数	水泥强度(MPa)	坍落度(mm)	砂率(%)	每1m³混凝土材料用量(kg)				混凝土的配合比			
					水	水泥	砂	石子	水	水泥	砂	石子
40.0	1.00	52.5	35~50	28.0	160	372	537	1 381	0.43	1	1.444	3.712
			55~70		170	395	528	1 357	0.43	1	1.337	3.435
			75~90		175	407	523	1 345	0.43	1	1.285	3.305
	1.08	56.7	35~50	29.0	160	348	563	1 379	0.46	1	1.618	3.963
			55~70		170	370	553	1 357	0.46	1	1.495	3.668
			75~90		175	380	550	1 345	0.46	1	1.447	3.539

注:混凝土强度标准差为6MPa;混凝土配制强度为49.87MPa;假定每1m³混凝土用料总重为2 450kg;砂采用细度模数为2.7~3.4的中粗砂。

C45卵石混凝土配合比参考表I 附表18-28

粗集料最大粒径(mm)	水泥富余系数	水泥强度(MPa)	坍落度(mm)	砂率(%)	每1m³混凝土材料用量(kg)				混凝土的配合比			
					水	水泥	砂	石子	水	水泥	砂	石子
16.0	1.00	52.5	35~50	29.0	200	500	508	1 242	0.40	1	1.016	2.484
			55~70		210	525	497	1 228	0.40	1	0.947	2.339
			75~90		215	538	492	1 205	0.40	1	0.914	2.240
	1.08	56.7	35~50	30.5	200	465	544	1 241	0.43	1	1.170	2.669
			55~70		210	488	534	1 218	0.43	1	1.094	2.496
			75~90		215	500	529	1 206	0.43	1	1.058	2.412
20.0	1.00	52.5	35~50	28.0	180	450	510	1 310	0.40	1	1.133	2.911
			55~70		190	475	500	1 285	0.40	1	1.053	2.705
			75~90		195	488	495	1 272	0.40	1	1.014	2.607
	1.08	56.7	35~50	30.0	180	419	555	1 296	0.43	1	1.325	3.093
			55~70		190	442	545	1 273	0.43	1	1.233	2.880
			75~90		195	453	541	1 261	0.43	1	1.194	2.784
31.5	1.00	52.5	35~50	27.5	170	425	510	1 345	0.40	1	1.200	3.165
			55~70		180	450	501	1 319	0.40	1	1.113	2.931
			75~90		185	463	496	1 306	0.40	1	1.071	2.821
	1.08	56.7	35~50	29.0	170	395	547	1 338	0.43	1	1.385	3.387
			55~70		180	419	537	1 314	0.43	1	1.282	3.136
			75~90		185	430	532	1 303	0.43	1	1.237	3.030
40.0	1.00	52.5	35~50	27.0	160	400	510	1 380	0.40	1	1.275	3.450
			55~70		170	425	501	1 354	0.40	1	1.179	3.186
			75~90		175	438	496	1 341	0.40	1	1.132	3.062
	1.08	56.7	35~50	28.5	160	372	547	1 371	0.43	1	1.470	3.685
			55~70		170	395	537	1 348	0.43	1	1.359	3.413
			75~90		175	407	532	1 336	0.43	1	1.307	3.283

注:混凝土强度标准差为6MPa;混凝土配制强度为54.87MPa;假定每1m³混凝土用料总重为2 450kg;砂采用细度模数为2.7~3.4的中粗砂。

C45 卵石混凝土配合比参考表 Ⅱ 附表 18-29

粗集料最大粒径（mm）	水泥富余系数	水泥强度（MPa）	坍落度（mm）	砂率（%）	每 1m³ 混凝土材料用量（kg）				混凝土的配合比			
					水	水泥	砂	石子	水	水泥	砂	石子
16.0	1.00	62.5	35 ~ 50	32.5	200	392	604	1 251	0.51	1	1.541	3.191
			55 ~ 70		210	412	594	1 234	0.51	1	1.442	2.995
			75 ~ 90		215	422	589	1 224	0.51	1	1.396	2.900
	1.08	67.5	35 ~ 50	33.5	200	370	630	1 250	0.54	1	1.698	3.378
			55 ~ 70		210	389	620	1 231	0.54	1	1.594	3.165
			75 ~ 90		215	398	615	1 222	0.54	1	1.545	3.070
20.0	1.00	62.5	35 ~ 50	31.5	180	353	604	1 313	0.51	1	1.711	3.720
			55 ~ 70		190	373	594	1 293	0.51	1	1.592	3.466
			75 ~ 90		195	382	590	1 283	0.51	1	1.545	3.359
	1.08	67.5	35 ~ 50	33.0	180	333	639	1 298	0.54	1	1.919	3.898
			55 ~ 70		190	352	630	1 278	0.54	1	1.790	3.631
			75 ~ 90		195	361	625	1 269	0.54	1	1.731	3.515
31.5	1.00	62.5	35 ~ 50	31.0	170	333	604	1 343	0.51	1	1.814	4.033
			55 ~ 70		180	353	594	1 323	0.51	1	1.683	3.748
			75 ~ 90		185	363	590	1 312	0.51	1	1.625	3.614
	1.08	67.5	35 ~ 50	32.5	170	315	639	1 326	0.54	1	2.029	4.210
			55 ~ 70		180	333	630	1 307	0.54	1	1.892	3.925
			75 ~ 90		185	343	625	1 297	0.54	1	1.822	3.781
40.0	1.00	62.5	35 ~ 50	30.5	160	314	603	1 373	0.51	1	1.920	4.373
			55 ~ 70		170	333	594	1 353	0.51	1	1.784	4.063
			75 ~ 90		175	343	589	1 343	0.51	1	1.717	3.915
	1.08	67.5	35 ~ 50	32.0	160	296	638	1 356	0.54	1	2.155	4.581
			55 ~ 70		170	315	629	1 336	0.54	1	1.997	4.241
			75 ~ 90		175	324	624	1 327	0.54	1	1.926	4.096

注：混凝土强度标准差为 6MPa；混凝土配制强度为 54.87MPa；假定每 1m³ 混凝土用料总重为 2 450kg；砂采用细度模数为 2.7 ~ 3.4 的中粗砂。

C50 卵石混凝土配合比参考表 Ⅰ 附表 18-30

粗集料最大粒径（mm）	水泥富余系数	水泥强度（MPa）	坍落度（mm）	砂率（%）	每 1m³ 混凝土材料用量（kg）				混凝土的配合比			
					水	水泥	砂	石子	水	水泥	砂	石子
16.0	1.00	52.5	35 ~ 50	29.0	200	540	496	1 214	水泥用量过大，一般情况下不宜选用			
			55 ~ 70		210	568	485	1 187				
			75 ~ 90		215	581	480	1 174				
	1.08	56.7	35 ~ 50	31.0	200	500	543	1 207	0.40	1	1.086	2.414
			55 ~ 70		210	525	532	1 183	0.40	1	1.013	2.253
			75 ~ 90		215	538	526	1 171	0.40	1	0.978	2.177

续上表

粗集料最大粒径(mm)	水泥富余系数	水泥强度(MPa)	坍落度(mm)	砂率(%)	每 $1m^3$ 混凝土材料用量(kg)				混凝土的配合比			
					水	水泥	砂	石子	水	水泥	砂	石子
20.0	1.00	52.5	35~50	28.0	180	486	500	1 284	0.37	1	1.029	2.642
			55~70		190	514	489	1 251	0.37	1	0.951	2.446
			75~90		195	527	484	1 244	0.37	1	0.918	2.361
	1.08	56.7	35~50	30.0	180	450	546	1 274	0.40	1	1.213	2.831
			55~70		190	475	536	1 249	0.40	1	1.128	2.629
			75~90		195	488	530	1 237	0.40	1	1.086	2.535
31.5	1.00	52.5	35~50	27.0	170	459	492	1 329	0.37	1	1.072	2.895
			55~70		180	486	482	1 302	0.37	1	0.992	2.679
			75~90		185	500	477	1 288	0.37	1	0.954	2.575
	1.08	56.7	35~50	29.0	170	425	538	1 317	0.40	1	1.266	3.099
			55~70		180	450	528	1 292	0.40	1	1.173	2.871
			75~90		185	463	523	1 279	0.40	1	1.130	2.743
40.0	1.00	52.5	35~50	26.0	160	432	483	1 375	0.37	1	1.118	3.183
			55~70		170	459	473	1 348	0.37	1	1.031	2.937
			75~90		175	473	469	1 333	0.37	1	0.992	2.818
	1.08	56.7	35~50	28.0	160	400	529	1 361	0.40	1	1.323	3.403
			55~70		170	425	519	1 336	0.40	1	1.221	3.144
			75~90		175	438	514	1 323	0.40	1	1.174	3.021

注:混凝土强度标准差为6MPa;混凝土配制强度为59.87MPa;假定每 $1m^3$ 混凝土用料总重为2 450kg;砂采用细度模数为2.7~3.4的中粗砂。

C50 卵石混凝土配合比参考表Ⅱ

附表 18-31

粗集料最大粒径(mm)	水泥富余系数	水泥强度(MPa)	坍落度(mm)	砂率(%)	每 $1m^3$ 混凝土材料用量(kg)				混凝土的配合比			
					水	水泥	砂	石子	水	水泥	砂	石子
16.0	1.00	62.5	35~50	31.0	200	435	563	1 252	0.46	1	1.294	2.878
			55~70		210	457	553	1 230	0.46	1	1.210	2.691
			75~90		215	467	548	1 220	0.46	1	1.173	2.612
	1.08	67.5	35~50	32.5	200	400	601	1 249	0.50	1	1.503	3.123
			55~70		210	420	591	1 229	0.50	1	1.407	2.926
			75~90		215	430	587	1 218	0.50	1	1.365	2.833
20.0	1.00	62.5	35~50	30.0	180	391	564	1 315	0.46	1	1.442	3.363
			55~70		190	413	554	1 293	0.46	1	1.341	3.131
			75~90		195	424	549	1 282	0.46	1	1.295	3.024
	1.08	67.5	35~50	31.5	180	360	602	1 308	0.50	1	1.672	3.633
			55~70		190	380	592	1 288	0.50	1	1.558	3.389
			75~90		195	390	587	1 278	0.50	1	1.505	3.277

续上表

粗集料最大粒径(mm)	水泥富余系数	水泥强度(MPa)	坍落度(mm)	砂率(%)	每 $1m^3$ 混凝土材料用量(kg)				混凝土的配合比			
					水	水泥	砂	石子	水	水泥	砂	石子
31.5	1.00	62.5	35~50	29.5	170	370	563	1 347	0.46	1	1.522	3.641
			55~70		180	391	554	1 325	0.46	1	1.417	3.388
			75~90		185	402	550	1 313	0.46	1	1.368	3.266
	1.08	67.5	35~50	31.5	170	340	601	1 339	0.50	1	1.768	3.938
			55~70		180	360	592	1 318	0.50	1	1.644	3.661
			75~90		185	370	587	1 308	0.50	1	1.586	3.535
40.0	1.00	62.5	35~50	29.0	160	348	563	1 379	0.46	1	1.618	3.963
			55~70		170	370	554	1 356	0.46	1	1.497	3.665
			75~90		175	380	550	1 345	0.46	1	1.447	3.539
	1.08	67.5	35~50	30.5	160	320	601	1 369	0.50	1	1.878	4.278
			55~70		170	340	592	1 348	0.50	1	1.741	3.965
			75~90		175	350	587	1 338	0.50	1	1.677	3.823

注:混凝土强度标准差为6MPa;混凝土配制强度为59.87MPa;假定每 $1m^3$ 混凝土用料总重为2 450kg;砂采用细度模数为2.7~3.4的中粗砂。

C55 卵石混凝土配合比参考表 附表 18-32

粗集料最大粒径(mm)	水泥富余系数	水泥强度(MPa)	坍落度(mm)	砂率(%)	每 $1m^3$ 混凝土材料用量(kg)				混凝土的配合比			
					水	水泥	砂	石子	水	水泥	砂	石子
16.0	1.00	62.5	35~50	29.0	200	500	508	1 242	0.40	1	1.016	2.484
			55~70		210	525	497	1 218	0.40	1	0.947	2.320
			75~90		215	538	492	1 205	0.40	1	0.914	2.240
	1.08	67.5	35~50	33.0	200	465	598	1 196	0.43	1	1.267	2.572
			55~70		210	488	578	1 174	0.43	1	1.184	2.406
			75~90		215	500	573	1 162	0.43	1	1.146	2.324
20.0	1.00	62.5	35~50	28.0	180	450	510	1 310	0.40	1	1.133	2.911
			55~70		190	475	500	1 285	0.40	1	1.053	2.705
			75~90		195	488	495	1 272	0.40	1	1.014	2.607
	1.08	67.5	35~50	32.0	180	419	592	1 259	0.43	1	1.413	3.005
			55~70		190	442	582	1 236	0.43	1	1.317	2.796
			75~90		195	453	577	1 225	0.43	1	1.274	2.704
31.5	1.00	62.5	35~50	27.5	170	425	510	1 345	0.40	1	1.200	3.105
			55~70		180	450	501	1 319	0.40	1	1.113	2.931
			75~90		185	463	496	1 306	0.40	1	1.071	2.821
	1.08	67.5	35~50	31.5	170	395	594	1 291	0.43	1	1.504	3.268
			55~70		180	419	583	1 268	0.43	1	1.391	3.026
			75~90		185	430	578	1 357	0.43	1	1.344	3.156

续上表

粗集料最大粒径(mm)	水泥富余系数	水泥强度(MPa)	坍落度(mm)	砂率(%)	每 $1m^3$ 混凝土材料用量(kg)				混凝土的配合比			
					水	水泥	砂	石子	水	水泥	砂	石子
40.0	1.00	62.5	35~50	27.0	160	400	510	1 380	0.40	1	1.275	3.450
			55~70		170	425	501	1 354	0.40	1	1.179	3.186
			75~90		175	438	496	1 341	0.40	1	1.132	3.062
	1.08	67.5	35~50	31.0	160	372	595	1 323	0.43	1	1.599	3.556
			55~70		170	395	584	1 301	0.43	1	1.478	
			75~90		175	407	579	1 289	0.43	1	1.423	

注:混凝土强度标准差为6MPa;混凝土配制强度为64.87MPa;假定每 $1m^3$ 混凝土用料总重为2 450kg;砂采用细度模数为2.7~3.4的中粗砂。

参考文献

[1] 杨伯科. 混凝土实用新技术手册. 长春:吉林科技出版社,1998.
[2] 李立权. 混凝土工手册. 北京:中国建筑工业出版社,1990.
[3] 尹国元. 混凝土工基本技术(修订版). 北京:金盾出版社,2002.
[4] 国家建材局标准化研究所. 混凝土常用标准汇编. 北京:中国标准出版社,2000.
[5] 中华人民共和国行业标准. JGJ 55—2011 普通混凝土配合比设计规程. 北京:中国建筑工业出版社,2011.
[6] 中华人民共和国行业标准. JGJ/T 98—2011 砌筑砂浆配合比设计规程. 北京:中国建筑材料工业出版社,2010.
[7] 中华人民共和国国家标准. GB 50204—2002 混凝土结构工程施工质量验收规范(2010版). 北京:中国建筑工业出版社,2010.
[8] 重庆建筑工程学院,南京工学院. 混凝土学. 北京:中国建筑出版社,1981.
[9] 黑龙江建筑工程学校,南京建筑工程学校. 建筑材料. 北京:中国建筑工业出版社,1982.
[10] 武汉水利电力学院. 建筑材料. 北京:水利电力出版社,1983.
[11] 河北省交通学校,等. 地质土质与建筑材料. 北京:人民交通出版社,1984.
[12] 《建筑施工手册》编写组. 建筑施工手册(第二版,中下册). 北京:中国建筑工业出版社,1988.
[13] 杨光煦. 水下灌注混凝土. 北京:水利电力出版社,1983.
[14] 王异. 工地试验员手册. 黑龙江省建筑情报中心站,1983.
[15] 建设部人事教育劳动司. 试验工. 北京:中国建筑工业出版社,1980.
[16] 项翥行. 混凝土配合比计算图表. 北京:中国工业出版社,1984.
[17] 刘晓燕,郑光和. 实用混凝土技术. 北京:中国建材工业出版社,1993.
[18] 浦心成,赵镇浩. 灰砂硅酸盐混凝土配合设计. 北京:中国建筑工业出版社,1980.
[19] 何水清. 墙体材料生产技术. 北京:中国工人出版社,1992.
[20] [英]F. D 莱登. 混凝土配合比设计. 屠克嘉、林伟春、鄢瑞珠,译. 北京:人民交通出版社,1991.
[21] 赵志经,等. 新型混凝土及其施工工艺. 北京:中国建筑工业出版社. 1986.
[22] 纪午生,陈伟,张应立,等. 常用建筑材料试验手册. 北京:中国建筑工业出版社,1990.
[23] 中国建筑科学研究院混凝土研究所. 混凝土实用手册. 北京:中国建筑工业出版社,1987.
[24] [日]赤冢雄三,关博. 水下混凝土施工法. 滕福崇、周壬壬,译. 北京:中国建筑工业出版社,1983.
[25] 蔡正咏,王足献,李秀英,等. 概率统计在混凝土试验中的应用. 北京:中国铁道出版社,1988.
[26] 沈旦申. 粉煤灰混凝土. 北京:中国铁道出版社,1989.

[27] 耿维恕,韩素芳,杜益彦.混凝土质量的早期判定与控制.北京:中国建筑工业出版社,1986.
[28] 中国建筑材料科学研究院混凝土研究所,等译.国外轻集料混凝土应用.北京:中国建筑工业出版社,1982.
[29] [日]樱井红朗,壹版右三,宫板庄男.特殊混凝土施工.李德富,译.北京:水利电力出版社,1985.
[30] 冯乃谦.流态混凝土.北京:中国铁道出版社,1988.
[31] 蔡正咏,李世绮,俞瑞堂.1小时推定混凝土强度新技术.北京:人民交通出版社,1990.
[32] 加气混凝土编写组.加气混凝土.北京:中国建筑工业出版社,1976.
[33] 白福来,廖碧娥.抗冲耐磨材料的选择与施工.北京:水利水电出版社,1988.
[34] 卢璋,吴俊刚,顾德珍.混凝土外加剂概论.北京:清华大学出版社,1985.
[35] 张云理,卡葆芝,等.混凝土外加剂产品及应用手册.北京:中国铁道出版社,1988.
[36] 裘炽昌.混凝土实用知识及图表.北京:中国建筑工业出版社,1987.
[37] 王异,周兆桐.混凝土手册(1、3、5册).长春:吉林科技出版社,1985.
[38] [日]小林一辅.纤维补强混凝土.邹崇富,译.北京:中国铁道出版社,1985.
[39] 李立权.混凝土配合比设计手册.广州:华南理工大学出版社,2002.
[40] 李继业.混凝土配制实用技术手册.北京:化学工业出版社,2008.
[41] 尺培云,吕平,周宗辉.现代混凝土技术.上海:同济大学出版社,1999.
[42] 中国工程建设标准化协会标准.CECS 203:2006 自密实混凝土应用技术规程.北京:中国计划出版社,2006.
[43] 徐培华,王安玲.公路工程混合料配合比设计与试验技术手册.北京:人民交通出版社,2002.
[44] 中国工程建设标准化协会标准.CECS 207:2006 高性能混凝土应用技术规程.北京:中国计划出版社,2006.
[45] 中华人民共和国行业标准.JGJ 52—2006 普通混凝土用砂、石质量及检验方法标准.北京:中国建筑工业出版社,2007.
[46] 中华人民共和国行业标准.JGJ 63—2006 混凝土用水标准.北京:中国建筑工业出版社,2006.